核能制氢技术

Nuclear Hydrogen Production Technology

张平 彭威 石磊 等编著

HYDROGEN H₂

化学工业出版社

·北京·

内容简介

《核能制氢技术》系统地介绍了核能制氢的原理、方法、技术路线及最新研究进展。全书共分 13 章，包括氢能与核能概述、核能系统与核能制氢技术、高温气冷堆、热化学碘硫循环分解水制氢技术、混合硫循环制氢技术、核能高温电解制氢、核热辅助的碳基燃料制氢技术、高温气冷堆与制氢技术的耦合、高温堆制氢安全特性分析、核能制氢系统中氢气的泄漏扩散、核能制氢在煤液化和氢冶金领域的应用、核能制氢经济性初步评价以及核能制氢技术生命周期评价。

本书可供研究和从事氢能、核能非发电应用、核能制氢等领域的科技人员和相关高等院校的研究生阅读参考。

图书在版编目（CIP）数据

核能制氢技术 / 张平等编著. -- 北京：化学工业出版社，2025. 4. -- ISBN 978-7-122-47255-7

I. TL

中国国家版本馆 CIP 数据核字第 20252VK918 号

责任编辑：袁海燕 文字编辑：丁海蓉
责任校对：宋　夏 装帧设计：王晓宇

出版发行：化学工业出版社
　　　　　（北京市东城区青年湖南街 13 号　邮政编码 100011）
印　　装：北京建宏印刷有限公司
787mm×1092mm　1/16　印张 30　字数 768 千字
2025 年 7 月北京第 1 版第 1 次印刷

购书咨询：010-64518888　　　　售后服务：010-64518899
网　　址：http://www.cip.com.cn
凡购买本书，如有缺损质量问题，本社销售中心负责调换。

定　　价：268.00 元　　　　　　版权所有　违者必究

"双碳"目标的提出为包括氢能和核能在内的清洁能源的发展提供了重要机遇。按照国家有关规划，氢能是我国未来国家能源体系的重要组成部分，是用能终端实现绿色低碳转型的重要载体，氢能产业是战略性新兴产业和未来产业重点发展方向。除了在电力系统、交通运输和建筑行业的应用外，氢在工业领域尤其是碳排放强度较大领域的减排中有望发挥重要作用，最主要的应用场景包括氢气直接还原炼铁、绿氢化工、天然气掺氢等，这些行业对氢气的需求呈现规模大、集中供应、经济性好等特点。

氢气作为一种二次能源，需要利用一次能源制备。目前我国氢气供应以化石燃料转化为主；可再生能源电力电解制氢，无疑将成为未来绿氢供应的主要途径，其发展方兴未艾。与此同时，一些利用其他一次能源（如核能）、适应不同应用场景的新型制氢技术也在不断发展中。

核能是清洁的一次能源，目前在世界范围内尤其是我国呈现出良好的发展态势。为实现核能的可持续发展，国际上于21世纪初提出了第四代核能系统概念。除了反应堆系统自身性能、经济性等方面的重大改进外，提出要重视核能的非发电利用，特别是利用核能制氢。在可用于核能制氢的反应堆堆型中，高温气冷堆因其固有安全性、高出口温度等特点，被认为在核能制氢方面具有独特优势。在国家科技重大专项支持下，我国已建成了高温气冷堆示范电站并投入商运。实现核能制氢可以有效拓展核能特别是高温气冷堆工艺热的应用领域，也为我国将来绿氢大规模供应提供一条新的途径，对保持我国在第四代核能系统方面的领先优势及能源结构调整发挥重要作用。

作为一种新兴且具有特色的制氢方法，核能制氢在国际上的研发从20世纪70年代开始，在我国的研发也已有近 20 年的历史，有大量成果发表，但目前国内尚未有相关领域的专著出版，为此我们组织编写了本书。

···············

《核能制氢技术》对核能制氢用反应堆、制氢技术、反应堆与制氢厂的耦合等进行了介绍。全书共分 13 章：第 1 章氢能与核能概述，对我国氢能和核能产业的发展现状以及在实现"双碳"目标中的作用进行了概述；第 2 章核能系统与核能制氢技术，对核能与核反应堆系统、核能制氢技术以及典型的核反应堆与制氢系统的集成进行了介绍；第 3 章高温气冷堆，对高温堆技术的发展历程、系统与设备、技术特性及用于制氢的特点进行了介绍与分析；第 4 章热化学碘硫循环分解水制氢技术，对该技术的原理、工艺、过程模拟与优化、集成台架、关键设备等进行了介绍；第 5 章混合硫循环制氢技术，对二氧化硫去极化电解过程的工艺、催化剂、电解池结构、机理，以及混合硫循环的主要设备、流程和未来发展方向进行了介绍与论述；第 6 章核能高温电解制氢，对固体氧化物电解技术的原理、分类、电堆与系统、应用场景、经济性等进行了介绍与评述；第 7 章核热辅助的碳基燃料制氢技术，对核热辅助的甲烷重整、煤气化、核能与生物质耦合制氢等技术进行了介绍；第 8 章高温气冷堆与制氢技术的耦合，主要对高温气冷堆耦合热化学循环进行梯级热利用的原理、耦合方案以及氢电联产的设计方案进行了分析；第 9 章高温堆制氢安全特性分析，对核热与核氢系统的安全要求、核能制氢过程的安全特性、氚的产生及影响等进行了分析与论述，并介绍了不同核能制氢工艺的安全实践，提出了针对不同核能制氢技术的安全对策；第 10 章核能制氢系统中氢气的泄漏扩散，重点对核能制氢系统可能产生的氢气泄漏扩散及其对反应堆的安全影响进行了研究；第 11 章核能制氢在煤液化和氢冶金领域的应用，提出了高温堆制氢用于煤液化和氢冶金两个工业领域的方案和效果；第 12 章对核能制氢经济性进行了初步评价；第 13 章核能制氢技术生命周期评价，利用生命周期评价方法对高温堆耦合碘硫循环和混合硫循环两种工艺进行了分析与评价。

···············

本书主要由清华大学核能与新能源技术研究院（简称核研院）多年从事高温堆制氢研发的科研人员编写完成。全书内容的设计、编排及统稿由张平负责，共分 13 章，各章标题及作者如下：

第 1 章　氢能与核能概述（清华大学　张平）；

第 2 章　核能系统与核能制氢技术（清华大学　张平　石磊）；

第 3 章　高温气冷堆（清华大学　石磊　张皓杰）；

第 4 章　热化学碘硫循环分解水制氢技术（清华大学　张平　王来军　陈崧哲）；

第 5 章　混合硫循环制氢技术（清华大学　陈崧哲）；

第 6 章　核能高温电解制氢（清华大学　于波）；

第 7 章　核热辅助的碳基燃料制氢技术（清华大学　张平）；

第 8 章　高温气冷堆与制氢技术的耦合（清华大学　彭威　倪航）；

第 9 章　高温堆制氢安全特性分析（清华大学 张平，德国于利希研究中心 Karl Verfondern）；

第 10 章　核能制氢系统中氢气的泄漏扩散（清华大学 彭威 高群翔）；

第 11 章　核能制氢在煤液化和氢冶金领域的应用（清华大学 彭威 曲新鹤倪航）；

第 12 章　核能制氢经济性初步评价（清华大学 彭威 倪航）；

第 13 章　核能制氢技术生命周期评价（北京林业大学 占露露 李瑞）。

·················

中核能源科技有限公司张鹏工程师和清华大学核研院肖鹏工程师为本书的插图绘制、文稿校对、资料调研与整理做了大量工作，在此一并表示衷心感谢。

·················

本书大部分章节的内容源自清华大学核研院承担的国家科技重大专项"大型先进压水堆与高温气冷堆示范电站"中"高温堆制氢关键技术研究""高温堆制氢关键设备研究""核能制氢安全特性分析"等课题的研究成果；也引用了部分国内外发表的相关论文和著作，均列在文献中，在此谨向原作者表示谢意。

·················

核能制氢技术是一项新兴技术，涉及核能、化学化工、材料、安全分析等多学科和领域的理论、方法和知识，希望本书能对该领域的发展有所贡献，对相关读者有所裨益。由于作者学识和能力有限，书中难免有不足和疏漏之处，恳请读者批评指正。

作者

2024 年 6 月 10 日于北京

目 Contents
录

H₂

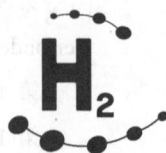

第 10 章

核能制氢系统

中氢气的

泄漏扩散

第 11 章

核能制氢在

煤液化和氢

冶金领域的应用

第1章
氢能与核能概述

1.1　氢能概述

1.1.1　"双碳"目标的提出

2020 年 9 月 22 日，我国政府提出中国将提高国家自主贡献力度，采取更加有力的政策和措施，二氧化碳排放力争于 2030 年前达到峰值，努力争取 2060 年前实现碳中和。

为实现这一宏伟目标，需要对我国目前以化石燃料为主体的能源结构进行重大调整，逐渐增加太阳能、风能、水能、核能等新能源的份额。按照国家发展改革委、国家能源局 2022 年发布的《关于促进新时代新能源高质量发展的实施方案》，到 2030 年我国风电、太阳能发电总装机容量达到 12 亿千瓦以上，发电量超过 27 亿千瓦时，占到总发电量的 25%；同时加快构建清洁低碳、安全高效的能源体系。在这一能源体系中，氢作为能源载体将有望发挥重要作用，起到稳定新能源的间歇性和随机性的作用，改善能源系统的稳定性。

氢是重要的工业原料，也是未来理想的二次能源或能源载体；在作为能源使用时只产生水，是最清洁的能源。与电能相比，氢作为二次能源便于储存和运输，且可以直接作为燃料使用。如果能解决氢的生产、储存、运输、应用等方面的问题，将来氢就有希望在多个领域中得到应用。除传统的合成氨、合成甲醇、石油精炼外，氢气有望在氢冶金、煤液化、石油精炼以及燃料电池汽车中作为燃料得到大规模利用。利用核能制氢，可以实现氢气的高效、大规模、无碳排放制备，为实现我国"双碳"目标提供技术支撑。

核能是清洁的一次能源，目前在世界范围内尤其是我国呈现出良好的发展态势。为实现核能的可持续发展，国际上于 21 世纪初提出了第四代核能系统概念[1]，除了反应堆系统自身性能、经济性等方面要有重大改进外，还应重视核能的非发电利用，特别是利用核能制氢。与传统方法相比，核能制氢具有高效、清洁、大规模、经济性好等多方面的优点。在可用于核能制氢的反应堆堆型中，高温气冷堆因其固有安全性、高出口温度等优势，被认为是最适合用于制氢的堆型。如果能实现核能制氢，则不仅为我国将来绿氢大规模供应提供一条新的途径，也为核能特别是高温气冷堆工艺热的应用拓展新的领域，对我国能源结构调整以及保持在第四代核能系统方面的领先优势发挥重要作用。

1.1.2 氢能在实现"双碳"目标中的角色

1.1.2.1 我国目前各领域的碳排放

根据国际能源署（IEA）的统计[2]，2022 年全球能源和工业过程的碳排放达到创纪录的 368 亿吨，比前一年增加了 0.9%，即 3.21 亿吨。排放量的增长明显低于 3.2% 的全球经济增长率。包括干旱和热浪在内的极端天气事件都导致了排放量的增加，但是通过增加清洁能源技术的部署，避免了 0.55 亿吨的排放。

以化石能源为主的能源供应和消费结构决定了我国的碳排放总量和组成。目前我国能源消费总量约为 50 亿吨标准煤，其中煤、石油、天然气占比近 85%，非碳能源占比 15%[3]。在三类化石能源中，碳排放因子最高的煤炭占比近 70%。2022 年，我国碳排放总量达到 121 亿吨，约占全球总排放量的 1/4，比上一年度减少了 0.2%。这是自 2015 年结构性改革推动排放量下降以来的首次年度总体下降。在 100 多亿吨的总碳排放中，发电和供热占 45 亿吨，交通排放占 10 亿吨，建筑物运行（煤和气）排放占 5 亿吨，工业排放占 39 亿吨。工业排放的四大领域分别为建材、钢铁、化工和有色金属。如果电力/热力生产过程中的 CO_2 排放纳入消费领域计算，则有 29 亿吨碳排放应计入工业领域排放，12.9 亿吨为建筑物运行排放。按照这个统计口径，我国工业排放要占到总排放的 68%。

1.1.2.2 氢在多个领域的减排中将发挥重要作用

为实现碳中和远期目标，国内外正在开发多种技术，其中具有典型性、减碳效应显著且具有广泛共识的技术包括可再生能源发电、电动汽车、可再生氢能、节能、碳捕获与封存（CCUS）、生物燃料以及碳汇等。其中前三项技术对全球大部分国家的减排都具有战略意义。

"双碳"目标及相关技术涉及各个领域，包括能源、交通、工业、建筑以及民用等。

(1) 氢气在电力系统中的应用

由于制氢系统对电力的需求具有较好的灵活性，通过电解制氢可以支持可再生能源的存储和调节。电解槽具有灵活的调节能力，可以帮助匹配可变和间歇的风能或太阳能。这个特点有助于扩大可再生能源的应用场景，因为它部分解决了供应端的间歇性问题；储存的氢气可以通过燃料电池或氢气涡轮机发电，可以实现长期、高容量的电力存储。氢燃料电池可以作为数据中心、医院和其他关键基础设施等多种应用场景的备用电源或离网电源，还可以作为军事基地或遥远的设施的离网电源。

(2) 氢气在交通运输领域的应用

燃料电池汽车和电动汽车是可行的零排放车辆解决方案，可减少轻型卡车、重型卡车和物流车等运输工具的排放问题。燃料电池汽车是我国新能源汽车发展的两个重要方向之一，受到高度关注。随着相关技术的突破及规模效应带来的成本下降，氢燃料电池车的市场化进程将加快。按照我国实际情况，氢能在交通领域的应用将先关注于氢燃料电池商用车，包括公交客车、重卡、物流车等，在这些应用场景可发挥氢燃料电池车功率大、续航里程长的优势，为该领域的减排提供解决方案。除了可以降低碳排放外，氢气用作车辆燃料可以完全消除尾管颗粒物、氮氧化物（NO_x）和硫氧化物（SO_x）的排放，改善区域空气质量。

(3) 氢气在建筑行业的应用

通过在天然气中添加部分低碳氢气，可以降低居民住宅、商业和工业供热环节的温室气体排放，无须增加新的基础设施部署。可通过将氢气混入天然气管网或部署固定式燃料电池直接在建筑物上发电、使用它们产生的热量来代替传统空间的热水器来实现供暖。

除以上领域的应用外，氢能可用于减排最具有挑战性的工业领域，因为这些领域的减排涉及多种多样的工艺变革。通过可再生能源电气化只能减少生产中低品位热能造成的碳排放，而绿氢被认为是这些难减排能源脱碳的重要解决方案之一。

（4）氢气在工业领域的应用

在碳排放强度（指生产每单位产品排放的二氧化碳量）较大的几个工业领域中，氢有望发挥重要作用。如前所述，我国工业领域排放占到总排放的68%，氢能在工业领域减排应用中的潜力巨大，最主要的应用场景包括氢气直接还原炼铁、绿氢化工、天然气掺氢等。难以脱碳的工业部门可以使用低碳氢作为工业过程中的原料，例如炼钢、化工生产、石油精炼，或作为加热热源代替化石燃料。以炼钢为例，氢气可以作为还原剂，替代煤或天然气。其他工业领域如合成氨、甲醇以及石油精炼等已经大量使用传统氢，这些行业需要向低碳氢过渡，减少排放。

① 氢气炼钢　我国从2015年起钢产量已居于世界首位，占世界总产量的1/2以上。以钢铁工业为代表的黑色冶金工业是碳排放的大户，仅次于燃煤发电，2022年我国钢铁工业碳排放占总排放量的9.7%（不含炼焦工业排放）。目前全球75%的钢铁采用"长流程"炼钢工艺生产，即在高炉中用焦炭还原铁矿石，得到铁水后进入转炉去除各种杂质，再经过精炼和轧制得到钢材。长流程工艺的高炉还原过程的碳排放占整个炼钢流程的90%，同时使用的焦炭，其生产过程也排放大量CO_2和其他污染物。按照全球平均水平，钢的比消耗为20GJ/t钢（吨钢消耗大约相当于1t煤），而CO_2的比排放为1.85t/t钢[4]；我国钢铁冶炼的能源消耗和CO_2排放均高于世界平均水平。

为降低钢铁行业的碳排放，各国提出了多种减排技术，包括高效炼铁、CO_2捕获与利用、CO或CO+LNG（液化天然气）还原、富氢气体还原、氢气还原等。图1-1为几种主要钢铁生产工艺的CO_2排放强度。

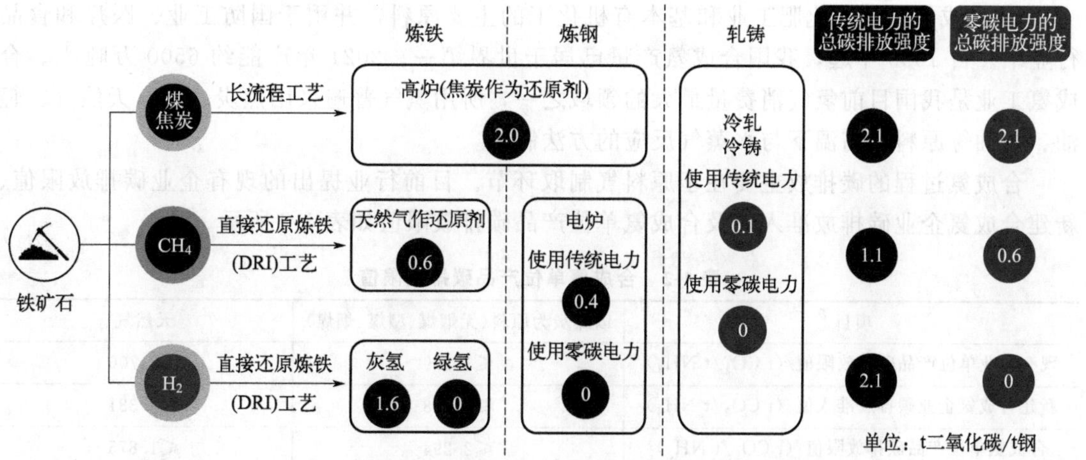

图1-1　几种主要钢铁生产工艺的二氧化碳排放强度

在这些方法中，只有纯氢还原能够从源头上减少或消除CO_2排放，在多个国家作为钢铁行业减排的重点方向展开研究，开展的项目包括日本COURSE50、瑞典钢铁的HYBRIT、德国萨尔茨吉特SALCOS、奥地利奥钢联H2FUTURE、德国蒂森克虏伯Carbon2Chem等。目前瑞典钢铁的HYBRIT（突破性氢能炼铁技术）项目可实现钢铁生产中碳的近零排放，有望引发行业的重大变革。

氢气直接还原炼铁技术用氢气将铁矿石还原为铁，反应如式（1-1）所示：

$$Fe_2O_3（矿石）+3H_2 \longrightarrow 2Fe+3H_2O \tag{1-1}$$

该过程用氢气将铁矿石还原成铁，得到碳、硅含量低的海绵铁，其成分类似钢，可代替废钢用于炼钢。用氢气作为还原剂代替传统工艺中作为还原剂的焦炭和煤粉，过程中无碳和其他有害气体产生。据测算，采用 HYBRIT 工艺的吨钢 CO_2 排放仅为 25kg。

除炼钢工艺的技术变革外，氢能炼钢需要解决的另一个重要问题是低成本氢气的大规模供应，而且氢气必须是由低/无排放的制氢技术生产的。核能制氢是同时满足氢气大规模、无排放制备和供给的最重要选择之一。

2020 年我国粗钢产量已突破 10 亿吨，达到 10.5 亿吨；按每吨钢排放 1.9 吨 CO_2 计，钢铁行业的总排放达到近 20 亿吨。用可再生能源或核能制氢，采用氢气直接还原炼铁，可显著降低该行业的碳排放，具有巨大的减排潜力。我国钢铁企业从 2019 年开始，积极探索氢能冶金，目前已有一些示范项目落地。表 1-1 给出了国内钢企氢冶金项目的一些信息。

表 1-1　中国氢能冶金项目进展

钢铁集团	合作时间	合作对象	合作内容
宝武集团	2019 年 1 月	中核集团	核能制氢（高温气冷堆）
		清华大学	氢能冶金
河钢集团	2019 年 11 月	意大利特诺恩集团、中冶京诚	氢冶金技术方共同研发建设全球首个 120 万吨规模的氢冶金示范工程
中国钢研	2020 年 5 月	京华日钢	开发中国首台（套）2×20 万吨国产化转底炉技术、三电工程、品种研发等，开展具有中国自主知识产权的首台（套）年产 50 万吨氢冶金及高端钢材制造项目建设

② 合成氨　氨是化肥工业和基本有机化工的主要原料，并用于国防工业、医疗和食品行业中。自 1999 年起，我国合成氨产量已居于世界第一；2021 年产能约 6500 万吨[5]。合成氨工业是我国目前氢气消费最大的领域之一，所用氢气普遍采用焦炭、煤、天然气、轻油、重油等原料在高温下与水蒸气反应的方法制备。

合成氨过程的碳排放主要在于原料气制取环节。目前行业提出的现有企业碳排放限值、新建合成氨企业碳排放准入值及合成氨单位产品碳排放限值如表 1-2 所示。

表 1-2　合成氨单位产品碳排放限值

项目	以煤炭为原料（无烟煤、型煤、烟煤）	天然气
现有企业单位产品碳排放限值/($t\,CO_2/t\,NH_3$)	≤3.279	≤2.706
新建合成氨企业碳排放准入值/($t\,CO_2/t\,NH_3$)	≤2.778	≤2.381
合成氨单位产品碳排放限值/($t\,CO_2/t\,NH_3$)	≤2.294	≤1.875

以煤为原料的合成氨厂吨氨的单位过程排放为 4.22t CO_2，基于实际工程数据考虑公用工程的煤制合成氨的单位碳排放约为 6.05t CO_2/t NH_3。IPCC（联合国政府间气候变化专门委员会）给出的天然气制氨的过程排放量为 2.10t CO_2/t NH_3，公用工程排放为 1.0t CO_2/t NH_3，总排放量 3.10t CO_2/t NH_3，气头合成氨的碳排放优势明显。

目前我国以煤为原料的合成氨装置占比达到 75.5%，产量约 5100 万吨/年，总碳排放约 3 亿吨；以天然气为原料的合成氨装置占比达到 21.1%，产量约 1425 万吨，碳排放 4400 万吨；两者合计总碳排放约 3.44 亿吨。新建的合成氨装置单系列规模要达到 30 万吨/年，总计规模达到 60 万吨/年；合成每吨 NH_3 理论需氢量 0.1765 吨，一个典型的 60 万吨/年的合成氨厂需氢量为 10.6 万吨。我国按目前 6000 万吨的氨年产量计，共需氢约 1000 万吨。

合成氨行业的脱碳除了进一步优化工艺，减少单位产品的碳排放外，用蓝氢或绿氢代替灰氢是实现该行业深度脱碳的重要途径。该行业属于大规模集中式用氢领域，可考虑采用核能或可再生能源制氢，实现行业减排。

③ 石油精炼　催化加氢指在氢气存在下对石油馏分进行催化加工，包括加氢精制/处理和加氢裂化两类。加氢精制的目的在于脱除油品中的硫、氮、氧杂原子及金属杂质，并使烯烃、芳烃选择性加氢饱和，从而改善油品的使用性能。加氢裂化主要是生产高品质的轻质油品。催化技术已成为炼油工业的支柱技术，随着原油变重、变差，炼厂加工含硫原油和重质原油的比例逐年增大；同时经济发展对轻质油品的需求持续增长，环境保护的要求也使加氢技术的发展及在炼厂中的应用进入新阶段。

加氢工艺是生产清洁燃料的重要手段，随着其广泛应用，对氢气的需求量迅速增加；稳定、大量供应的氢气成为炼油企业提高轻油收率、改善产品质量不可缺少的基本原料。另外，随着含硫原油比例的增加，以及减压渣油加氢脱硫/脱金属/催化裂化能力的增加，炼油厂的氢气原料需求也在增加，其用量一般占原油的 0.8%～1.4%。不同加氢过程的需氢量典型数据见表 1-3[6]。

表 1-3　不同加氢过程的需氢量典型数据

过程	化学氢耗(对原料的质量分数)/%	过程	化学氢耗(对原料的质量分数)/%
直馏石脑油加氢精制	0.10	催化柴油加氢精制	0.7～1.0
直馏煤油加氢精制	0.3	柴油深度加氢脱硫、脱芳烃	2～3.2
催化汽油加氢脱硫	0.8～1.2	加压蜡油加氢裂化	2.0～3.0
直馏柴油加氢精制	0.5～0.7	常压渣油加氢脱硫	1.2～1.5
焦化汽柴油加氢精制	1.0～1.5	减压渣油加氢脱硫	1.5～2.0

2019 年我国原油加工量约 6.5 亿吨，氢气用量估算为 500 万～900 万吨。

石油加氢过程所用氢气可来源于催化重整的副产物氢气；如果无重整装置或重整氢不能满足需要，则必须建设与加氢裂化装置配套的制氢装置。在加氢裂化过程中加工一吨原料消耗的氢气费用占总费用的 60%～80%，因此氢的消耗量对加氢过程的经济性影响很大。

炼油产业的各种工艺装置的副产氢产率典型数据见表 1-4。

表 1-4　氢气产率的典型数据

过程	产率/%	过程	产率/%
半再生式重整	2.0～2.5	催化干气-水蒸气转化(PSA 法)	23.5
连续再生式重整	3.5	沥青部分氧化(PSA 法)	20
催化裂化	0.1	石脑油裂解制乙烯副产氢	0.76～0.89
抽余油水蒸气转化(常规流程)	37	柴油裂解制乙烯副产氢	0.58
拔头油水蒸气转化(PSA 法)	27.8	加氢尾油裂解制乙烯副产氢	0.46～0.69
焦化干气-水蒸气转化(常规流程)	40	乙烷裂解制乙烯副产氢	3.86～5.0
焦化干气-水蒸气转化(PSA 法)	28.5		

目前炼厂富氢气体净化回收的氢气量远不能满足要求。

工业氢气的生产方法很多，就全球范围内炼油企业而言，除炼厂含氢副产气的回收外，90%的制氢装置都采用烃类蒸汽转化法。该法采用炼油厂大量副产的多种廉价炼厂气为原料，可降低制氢成本；工艺成熟，投资少，且适宜建设大型化工装置。

轻烃蒸汽转化的常规流程如图 1-2 所示。

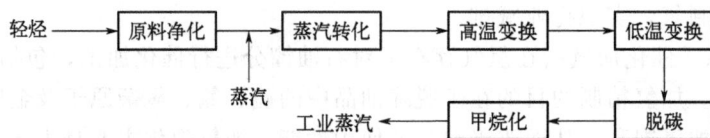

图 1-2 轻烃蒸汽转化的常规流程

由于烃类重整的主要原料天然气、液化气、石脑油等为化石燃料，在重整过程中所含碳都转化成 CO_2 排放。上述三种原料经蒸汽重整过程的单位氢碳排放值（每摩尔氢排放的 CO_2 摩尔数）分别为 0.4450、0.5485、0.565；折合为单位质量的排放值（生产 1kg H_2 的 CO_2 排放量）分别为 9.79kg、12.07kg、12.43kg。

按我国原油加工行业每年消耗氢气 500 万～900 万吨计，由氢气生产产生的碳排放大约为 5000 万～9000 万吨。

绿氢代替灰氢同样是石化行业减排的重要手段。国外壳牌等石油公司已开始启动绿氢替代灰氢减量行动；壳牌在德国莱茵州的炼厂建设 10MW 的 PEM 电解制氢厂，绿氢年产量 1300t；壳牌在丹麦 Fredericia 炼厂启动 P2X（可再生能源发电-电解水制氢）项目，近期目标规模 20MW，远期目标规模 1GW。

目前石油精炼厂不断趋向大型化，同时由于优质原油供应量的减少，炼厂对氢气的需求在不断增加。核能制氢作为一种可大规模供应绿氢的手段，有望在石油精炼领域发挥重要作用。同时，核反应堆可为炼厂提供不同温度的蒸汽，替代原来用化石燃料产生的蒸汽，进一步为减排发挥作用。

④ 替代天然气 我国天然气资源相对匮乏，且供需场地匹配性较差，同时天然气燃烧也产生 CO_2 排放。如果以绿氢替代天然气供给民用或者工业领域使用，可实现工业燃料的低碳化，或让供热领域获得低碳燃料。

随着氢能产业发展速度的加快，天然气网络掺氢研究和示范项目也在不断增加。德国从 2013 年开始向天然气分销管道掺氢，刚开始比例为 2%；2019 年 Eon 公司的项目已计划将掺氢比例提高到 20%；2020 年英国首个零碳氢气注入天然气管网供热的示范项目 HyDeploy 掺氢率达到 20%。我国国家电投公司也在辽宁朝阳、河北张家口开展了天然气掺氢技术研发及应用示范项目。

天然气掺氢供民用或做工业燃料可有效实现碳减排。这一领域的应用对氢气需求量大，纯度要求不高，为集中供应、分散使用的应用场景，与核能制氢的供应特性匹配良好。其应用前景主要取决于氢气的经济性。

综上，氢能在各领域实现减排目标的过程中具有大规模应用的必然性。我国具有全球规模最大、门类最齐全的工业生产体系，在多种大宗产品生产和应用方面都居于世界前列。氢气在钢铁生产、石化、化工等行业可作为原料，减少这些"难减排领域"的

CO_2 排放，通过天然气掺氢或使用纯氢为工业和民用领域提供高品位热力，在交通领域代替传统燃料实现 CO_2 和其他污染物减排，在可再生能源发电领域作为储能和调峰的重要手段。

1.1.3 核能制氢在氢气大规模供应中的作用

"难减排领域"未来的减排对绿氢和其他低碳燃料具有巨大的潜在需求。在所有低碳能源中，核能是少数几个可以同时实现发电、供热和制氢的能源之一。许多创新的核技术如小型模块化反应堆（SMRs）和先进核反应堆的发展，为其在这些领域的应用提供了选择。根据 IEA、IAEA（国际原子能机构）等机构的预测，到 2050 年实现净零排放所需的减排量将近一半必须来自包括先进核反应堆在内的新低碳技术[7]。核电作为清洁、低碳、高效的基础负荷能源，对保障我国能源供应、优化能源结构、实现碳排放峰值和碳中和等目标具有重要意义，同时通过核能-氢能的转换，可以为氢气的高效、无排放、稳定大规模供应提供解决方案。

核能是一种可大规模利用的零排放清洁能源，不排放二氧化碳、二氧化硫和氮氧化物，是实现碳中和目标的重要能源技术选项；在电力系统低碳转型、供热方案深度脱碳、支撑绿色氢能发展等方面都具有重要的战略意义。

核能制氢利用核能作为一次能源，从含氢元素的物质（包括水、生物质或化石燃料）中制备氢气。与目前成熟的制氢方法相比，核能制氢技术具有如下特点。

一是制氢过程中基本上不会产生温室气体。目前世界上的绝大部分工业氢的生产都依靠化石能源，我国主要通过煤制氢、天然气制氢以及工业副产氢，占目前氢供给的 99%，这些过程产生大量的排放。生产 1kg 氢气，如通过煤制氢将产生超过 20kg 的二氧化碳，通过天然气制氢将产生超过 10kg 的二氧化碳，即使通过接入电网电解制氢也间接使用化石能源，生产 1kg 氢气会产生超过 30kg 的二氧化碳，这些制氢方式难以满足未来发展的需求。在"碳达峰、碳中和"背景下，绿氢必将是未来氢能的主要方向，通过核能等低碳能源制氢是氢能发展的必然选择。

二是通过先进的核反应堆，如高温气冷堆制氢，预期经济性较好。高温气冷堆通过超高温运行可以产生 950℃ 以上的高温，与先进的热化学循环分解水、高温蒸汽电解等制氢工艺耦合可以将水分解为氢气和氧气，热利用效率高，经济性好。通过氢、电、热联产联供，其热效率方面的优势将更加明显。特别是考虑到未来的碳定价，核能制氢的经济性将更具优势，优于化石能源制氢。

三是稳定性好，可实现大规模供氢。例如采用两个热功率为 250MW 的高温气冷堆模块（相当于目前的高温气冷堆示范工程 HTR-PM 的规模）制氢，每小时可生产 65000m³（标）氢气，并可以全年不间断提供氢能，占地面积不到 180 亩；如采用光伏电解水达到同样的制氢能力，则需要占地 8500 亩（1 亩≈666.7m²）以上，而且受到日照时间、天气条件的限制，供氢不稳定。这些优势使得核能制氢特别适用于氢冶金、石油精炼、合成氨等需要大规模氢气供应的应用领域，对这些领域的碳减排发挥重大作用。

四是可在邻近需求端部署。高温气冷堆是具有固有安全性的四代反应堆，可以在工业企业周边部署，减少氢储运环节，特别适合冶金、化工等用氢主体的需求。

基于以上特性，核能制氢有望在我国未来氢气大规模供应和应用领域发挥重要作用。

1.2 氢能产业发展现状及未来趋势

1.2.1 氢能发展现状

1.2.1.1 国际氢能产业发展

根据 IEA 发布的报告，目前氢能产业发展主要特点如下[8,9]。

① 氢气需求增长，关键领域应用呈现积极态势。2021 年，全球氢气需求达到 9400 万吨，占全球最终能源消耗的 2.5%。大部分增长来自炼油和工业的传统用途，一些关键新应用正在不断取得新进展，包括直接还原炼铁、交通领域以及电力部门等。预计到 2030 年，氢气需求可能达到 1.15 亿吨，到 2050 年，实现净零排放需要近 2 亿吨。

② 用于低碳排放氢气生产项目的管道不断增加，但很少有项目可以达到最终投资决定阶段。2021 年氢气需求的大部分增长由化石燃料生产的氢气来满足，而且都来自使用化石燃料进行碳捕获、利用和储存（CCUS）的工厂，这对缓解气候变化没有任何好处。但低排放氢气生产项目的管道正在以惊人的速度增长。规划中的大部分项目目前处于深度规划阶段，只有少数（4%）项目正在建设中或已做出最终投资决定。主要原因包括需求不确定性、缺乏监管框架和向最终用户提供氢气的可用基础设施不足。

③ 扩大电解槽制造能力对推动氢气供应链至关重要。要实现有效减排，就需要使用低排放电力的电解槽来生产低排放氢气。目前电解槽的制造能力接近 8GW/a，根据行业年增长率，到 2030 年可能超过 60GW/a。IEA 分析表明，如果以目前的化石能源价格作为比较基准，可再生氢气已经可以在许多地区与化石燃料生产的氢气竞争，尤其是那些可再生能源条件良好且必须进口化石燃料才能满足氢气生产需求的地区。如果正在进行的电解槽项目得以实现，并计划扩大生产能力，到 2030 年，电解槽的成本可能会比现在下降 70% 左右。再加上可再生能源成本的预期下降，可再生氢的成本有望降至 $1.3 \sim 4.5$ 美元/kg H_2［相当于 $39 \sim 135$ 美元/(MW·h)］。

④ 如果相关障碍很快得到解决，大规模的氢气贸易可能会进入实施阶段。2022 年 2 月，世界上第一批液化氢从澳大利亚运往日本，这是国际氢市场发展的一个关键里程碑。根据正在开发的出口导向型项目，预计到 2030 年，每年可出口 1200 万吨氢气，大多数已经确定氢气载体的项目都将氨作为首选。项目开发商和投资者在一个新兴市场中面临着高度的不确定性，许多政府都有尚未实施的具体氢能贸易政策，这对项目的成功开发是必要的。国际合作对减少氢市场发展的障碍至关重要。

⑤ 全球能源危机可能是氢能发展的额外推动力。氢可以通过减少对化石燃料的依赖，或在最终用途中取代化石燃料，或将基于化石燃料的氢生产转向可再生氢，来促进能源安全。国际氢市场的发展还可以增加潜在能源供应商的多样性，特别是加强能源进口国的能源安全。

⑥ 将基础设施重新用于氢气的运输既有机遇也有挑战。相对于新管道的开发，将天然气管道重新用于氢气输送可以将投资成本降低 $50\% \sim 80\%$。也在开展利用天然气管道输送纯氢和氨的研发，但实际经验有限，需要进行重大的重新配置和调整。

⑦ 各国政府继续将氢能视为其能源部门战略的支柱，但具体的项目实施必须加强。一

些国家正在采取进一步行动，实施具体政策，特别侧重于支持低排放氢气生产和基础设施的商业规模项目，但仍然没有足够的政策活动来促进氢气需求的增长，缺乏需求可能会阻碍最终的投资决策。

基于以上分析，国际能源署研究提出了如下加快低排放氢气生产和使用的政策建议：（1）从政策发布转向实施，需要政府推进降低风险的政策，提高低排放氢项目的经济可行性。（2）提高在关键应用中创造需求的决心，需通过制定政策、利用拍卖、授权、配额和降低公共采购要求等手段，创造对低排放氢气的需求。（3）加强创新和示范工作，重点关注那些利用氢气既能支持脱碳又能减少对化石燃料依赖的行业。（4）确定氢基础设施建设的机会，确保短期行动与长期计划相一致，并仔细考虑新的天然气相关基础设施如何在碳中和背景下支持氢气的未来发展。（5）加强氢气贸易的国际合作，制定氢气生产和运输的排放强度标准，制定健全可行的法规，并在认证方面进行合作，以确保可操作性并避免市场分裂。（6）消除监管障碍，努力提高这些过程的效率和协调性。

1.2.1.2 我国氢能产业发展

2022年3月，国家发改委、能源局发布了《氢能产业发展中长期规划（2021—2035年）》，对我国氢能发展现状与形势和战略定位进行了明确阐述，认为氢能是未来国家能源体系的重要组成部分、用能终端实现绿色低碳转型的重要载体，氢能产业是战略性新兴产业和未来产业的重点发展方向。在此基础上提出了氢能发展的总体要求和发展目标，到2035年，形成氢能产业体系，构建涵盖交通、储能、工业等领域的多元氢能应用生态。可再生能源制氢在终端能源消费中的比重明显提升，对能源绿色转型发展起到重要支撑作用。并提出了实现这些要求和目标的重点任务和组织实施方式。

目前我国氢能产业发展具有如下特点。

（1）在氢气制取环节氢气产能不断提高

根据《中国氢能源及燃料电池产业白皮书》数据，2021年我国氢气产能约4000万吨/年，产量3300万吨，达到工业氢气质量标准的约1200万吨，我国已经成为世界第一产氢大国。但目前我国氢气生产仍然以化石燃料制氢和工业副产氢为主，其中煤制氢63.6%，天然气制氢13.8%，工业副产氢21.2%，电解水1%。研发中的制氢技术包括核能制氢、生物质制氢、太阳能制氢等。表1-5列出了不同制氢路线的技术成熟程度、生产规模、碳排放对比[10]。

表1-5 不同制氢路线的技术成熟度、生产规模和碳排放对比[10]

氢气类型	工艺路线	技术成熟度	生产规模/[m³(标)/h]	碳排放/(kg CO₂/kg H₂)
灰氢	煤制氢	成熟	1000～200000	19
	天然气制氢	成熟	200～200000	10
蓝氢	煤制氢＋碳捕集技术（CCS）	示范论证	1000～200000	2
	天然气重整制氢＋CCS	示范论证	200～200000	1
	甲醇裂解制氢	成熟	50～500	8.25
	芳烃重整副产氢	成熟	—	有
	焦炉煤气副产氢	成熟	—	有
	氯碱副产氢	成熟	—	有

氢气类型	工艺路线	技术成熟度	生产规模 /[m³(标)/h]	碳排放 /(kg CO₂/kg H₂)
绿氢	电解水制氢	初步成熟	0.01~40000	—
	核能制氢	基础研究	—	—
	生物质制氢	基础研究	—	—
	光催化制氢	基础研究	—	—

根据中国氢能联盟对未来中国氢气供给结构的预测,中短期我国氢气来源仍以化石能源制氢为主,以工业副产氢作为补充,可再生能源制氢的占比将逐年升高。到2050年,约70%的氢将由可再生能源制取,20%由化石能源制取,10%由其他制氢技术供给。

氢气来源多样,需从资源禀赋、制氢成本、环境效应多方面综合考虑,选择合适的制氢方式。目前化石燃料制氢凭借成本优势成为主要氢气来源,但长远来看,化石燃料制氢必须加装碳捕集装置使用,方能满足碳排放要求,这将导致其成本升高,在供氢结构中比例逐步下降。可再生能源电解水制氢可实现净零排放,且随着技术进步和规模化生产,其成本有望进一步降低,到2030年可在资源禀赋好的地区与化石能源制氢形成竞争力,到2050年具备成本竞争优势,届时将成为主流制氢技术。此外,具备本地资源优势的地区,可以适当将工业副产氢和核能制氢作为氢气来源。

(2) 氢气储运技术不断取得突破

按照美国能源部提出的商业化储氢密度要求,质量储氢密度需达到6.5%(存储氢气质量占整个储氢系统的质量分数),体积储氢密度达到62kg/m³。由于氢气分子尺寸小,易泄漏,还可能引起氢脆和氢腐蚀问题,对储存容器的要求极高。此外,氢气是易燃易爆气体,其燃点为574℃,爆炸极限为4%~75%,安全问题极为重要。因此,氢气的储运具有一定难度,它也是保证氢气安全且经济性应用的关键。

储氢技术包括物理储氢和化学储氢两类。前者主要包括常温高压储氢、低温液态储氢、低温高压储氢和多孔材料吸附储氢;后者主要包括金属氢化物储氢和有机液体储氢。表1-6给出了不同储氢方式的对比。

表1-6 不同储氢方式的对比

制氢方法	单位质量储氢密度	优点	缺点	技术难点	应用场合
高压气态储氢	1%~5%	成本低,技术成熟,充放氢速度快	体积储氢密度低	提高体积储氢密度	主要用于车载储氢器具
低温液态储氢	5.7%	体积储氢密度高,液态氢纯度高	制液氢过程耗能大,易挥发,成本高	降低成本,减少能耗	用于航空航天,近期在向民用加氢站领域拓展
固态储氢	1%~4.5%	体积储氢密度高,安全,压力低,具备氢气纯化作用	质量储氢密度低,制造成本高,吸放氢有温度要求	提高质量储氢密度,降低制造成本	长期储能、储氢、工业余热利用、制冷、热泵等领域
氢基化合物储氢,有机液态储氢,醇类、甲酸、合成氨储氢等	5%~17.6%,有机液态储氢可介于5%~7%,合成氨储氢可达17.6%	储氢密度高,储存、运输、维护保养安全方便,可多次循环使用	有机液态储氢所用甲苯为高致癌物,成本高,操作条件苛刻,有效性有待验证	降低成本,降低操作条件限制难度	工业应用以及对氢气纯度要求不高的场合

氢气运输方式主要包括长管拖车、液氢槽车/船、氢气管网三种，这些方式分别适应不同的输送量和运输距离。短距离小体量运输宜选用氢气拖车，长距离运输宜选用液氢槽车或船舶，固定线路上大体量输氢宜选用管网运输。目前这些技术都在开展进一步研发与示范，以提高储氢密度，实现更安全、更便利和更低成本的氢气运输，提高经济性。表 1-7 对比了不同氢气运输方式的特性。

表 1-7　不同氢气运输方式的对比

运输种类	技术方式	特点	适用场合
高压气态运输	高压长管拖车	技术成熟，产业化程度高	短途运输，加氢站及部分用氢量不大的场合
液态运输	低温液氢运输	输氢量大，能耗大，运输过程有损失，成本高	军用领域，航空航天领域、大规模工业应用领域、交通领域
	氢基化合物运输、有机液态运输、绿色甲醇运输、液氢运输	输氢量大，安全性高，成本高，用氢操作条件繁杂	工业应用、民用领域，可提供高纯氢
管道运输	纯氢管道运输	管道制造要求高，大规模运输有优势	大规模用氢领域，如化工、冶金等行业
	天然气掺混运输	可利用现有的天然气管道，对掺混比有要求	天然气工业应用领域、民用燃气领域
固态运输	固态储氢材料运输	安全性高，成本高，对材料要求高	储能领域、航空领域（如小型无人机）等

（3）氢气应用场景更加广泛

目前氢气主要作为化工原料用于化工和石化领域，随着"双碳"目标的提出，氢的应用场景更加丰富，应用领域更为广泛。在工业领域，除传统的化工和石化用氢主要以绿氢和蓝氢取代灰氢降低化工行业碳排放外，新增应用主要为氢冶金，包括富氢高炉冶炼、富氢烧结和氢基直接还原等，需要大规模、低成本、无碳排放的氢气供应。交通领域随着各种燃料电池交通工具的研发与示范，对氢的需求也在不断增长。此外，通过燃料电池热电联产/供和天然气管道掺氢等方式，氢在建筑和民用领域的应用也将有效拓展。

中国氢能与燃料电池联盟预测，到 2060 年我国氢气需求预计将达 1.3 亿吨，其中工业需求占比约 60%，交通运输领域达到 31%。

此外，随着加氢站建设步伐的不断加快，加氢网络逐步形成，产业集聚度不断增大，多家能源央企入局，为我国氢能产业走向成熟提供了重要支撑。

1.2.2　制氢技术概述

制氢技术多种多样，可以根据所用原料、制氢过程一次能源、技术发展成熟度等不同标准进行分类。国内外也出版多部制氢相关的专著，本节对现有制氢技术进行概述。

目前工业上应用的成熟制氢技术主要有三类，分别是化石燃料重整制氢、工业副产氢和电解水制氢。2019 年我国氢气产量 3342 万吨，其中煤制氢 2124 万吨，天然气制氢 460 万吨，工业副产氢 708 万吨，电解水制氢约 50 万吨。

1.2.2.1 化石燃料重整制氢

煤制氢技术是煤清洁利用的重要途径之一，也是我国目前供氢量最多的技术，主要包括煤气化、煤焦化和煤的超临界水气化三种工艺。煤气化是指在高温常压或高温高压下，煤与水蒸气或氧气（空气）反应转化为以氢气和CO为主的合成气，再将CO经水气变换反应得到氢气和CO_2的过程。煤焦化是指在隔绝空气的条件下，将煤加热到$900\sim1100℃$，得到焦炭和含有$55\%\sim60\%$氢气的焦炉煤气。超临界水气化过程是在水的临界点以上（温度大于647K，压力大于22MPa）进行煤的气化，主要包括造气、水气变换、甲烷化三个变换过程。

煤制氢是目前成本最低的制氢方法，也是我国氢气供应的主要方法，但存在大量碳排放，需要耦合CCS技术实现清洁化制氢。

天然气的主要成分是甲烷，是一种优质清洁燃料和原料。在天然气资源丰富、成本较低的国家，天然气制氢是应用广泛的制氢路线。天然气制氢工艺包括甲烷蒸汽重整、甲烷部分氧化、甲烷自热重整、甲烷裂解、甲烷干重整等，主要装置为制氢反应器。除传统的固定床和流化床反应器外，近年来膜反应器、微通道反应器以及等离子体反应器等发展较快。

天然气重整制氢技术成熟，碳排放相对较低，但我国天然气资源比较匮乏，发展存在原料不足、成本较高等问题。

除以煤和天然气为原料外，石化行业还以重油为原料通过部分氧化法制取氢气。重油是炼油过程中的残余物，包括常/减压渣油及石油深度加工后的燃料油，与水蒸气及氧气反应后可制得含氢的气体产物。

1.2.2.2 工业副产氢

工业副产氢是我国氢气供应的另一种主要途径，来源主要为炼焦工业和氯碱工业。此外，甲醇、合成氨、丙烷脱氢等行业也可回收大量的氢气。2021年，我国工业副产氢约700万吨。

工业副产氢来自不同行业，其中带有大量杂质，如CH_4、CO、CO_2、SO_2等，要满足不同的应用场景，大都需要经过提纯。常用提纯方法包括变压吸附、低温分离、膜分离法和金属氢化物分离等。

1.2.2.3 电解水制氢

电解水制氢已有200多年的发展历史，是由电能提供动力，将水分解为氢和氧的化学过程。在我国大规模发展可再生能源发电的背景下，电解水制氢同时可为电能大规模、长时间存储提供可能。

电解水制氢技术目前主要有碱性电解（AE）制氢技术、质子交换膜电解（PEM）制氢技术和固体氧化物电解（SOEC）制氢技术。表1-8给出了三种典型电解水制氢技术的对比。

表1-8　三种典型电解水制氢技术的对比

项目	AE制氢技术	PEM制氢技术	SOEC制氢技术
电解效率/%	$60\sim75$	$70\sim90$	$85\sim95$
运行温度/℃	$70\sim90$	$70\sim80$	$700\sim1000$
电流密度/（A/cm²）	$0.2\sim0.4$	$1\sim2$	$1\sim10$
能耗/（kW·h/m³）	$4.5\sim5.5$	$3.8\sim5.0$	$2.6\sim3.6$
响应速度	较快	快	慢

项目	AE 制氢技术	PEM 制氢技术	SOEC 制氢技术
电能质量要求	稳定电源	稳定或波动	稳定电源
系统运维	有腐蚀液体,后期运维复杂,成本高	无腐蚀液体,运维简单,成本低	目前尚处于实验室阶段,运维需求暂不明确
电解槽寿命/h	12000	10000	—
设备成本/(元/kW)	2000	8000	—
特点	技术成熟,已基本实现工业大规模应用,成本低	具有较好的可再生能源适应性,无污染,现阶段成本较高,国内暂未实现商业化,PEM更换成本较高,催化剂为贵金属	部分电能可以使用热能替代,转化效率较高,高温条件下材料选择困难,尚未实现商业化

除上述三类工业应用的制氢技术外,还有很多处于研发中的先进制氢技术,如海水直接电解制氢、太阳能光/电解水制氢、生物质制氢、热化学循环制氢、氨分解制氢以及核能制氢等。表 1-9 比较了不同典型制氢工艺的能量密度和能量转换效率[11,12]。

表 1-9 不同典型制氢工艺的能量密度和能量转换效率

制氢工艺	原料	能源	能量密度/(MW/km²)	能量转换效率/%
重整制氢	烃类	天然气	750	76
煤气化制氢	煤炭	煤炭	750	59
电解水制氢	水	核能	500	28
		水力	5	70
		潮汐	1	70
		风能	4	70
		太阳能	120	10.5
光催化制氢	水	太阳能	120	4

1.3 我国核能发展现状与展望

1.3.1 我国核电发展现状

核能是人类 20 世纪最伟大的发现之一。持续推进核能的和平利用,对保障能源供应与安全、保护环境、调整与优化能源结构、实现可持续发展具有重要意义。

我国核能利用起步于 1955 年,在发展早期主要为国防建设服务,先后成功研制出原子弹、氢弹和核潜艇,奠定了我国核大国的地位。改革开放以来,核能开发和利用的重点逐渐转向为国民经济发展服务。1991 年,我国自主设计、建造、运营和管理的第一座核电厂——秦山 300MW 压水堆核电厂投入使用,结束了中国大陆无核电的历史,标志着我国核工业的发展上了一个新台阶,成为我国核能军转民及和平利用的典范。1994 年我国第一座大型商用核电厂——大亚湾核电厂建成,为我国核电建设实现跨越式发展、追赶国际先进水平奠定了良好基础。此后,我国先后建设了秦山二期、岭澳、秦山三期、田湾、福清、红沿河、防城港等核电厂,形成了多个核电基地。

进入 21 世纪以来，在我国"积极有序发展核电"的方针指导下，核电发展迈入了规模化发展的新阶段，建设了一批自主设计的二代改进型核电，并通过引进、消化、吸收、再创新开展三代核电项目建设，逐步掌握了大型先进压水堆核电站的自主开发能力。2011 年发生的日本福岛核事故对全球核电发展带来了巨大冲击，我国充分吸收和借鉴福岛核事故的经验教训，提升核电安全水平，核电发展进入安全高效发展的新阶段，从二代向三代转型升级。

"双碳"目标的提出为包括核能在内的清洁能源的发展提供了重要机遇，目前全球已经有 130 多个国家和地区正式提出碳中和承诺。能源领域二氧化碳排放是全球温室气体排放的主要来源，实现碳达峰、碳中和目标必须大幅提高非化石能源消费比重。核能具有的清洁、低碳、安全、高效等特点使其对"双碳"目标的实现具有重要支撑作用。与同等规模的燃煤发电相比，一台百万千瓦发电功率的核电机组每年可减少二氧化碳排放 600 多万吨，是实现"双碳"目标的重要战略性项目。此外，核能在构建清洁低碳、安全高效的能源体系中的作用也日益显著。

2021 年，我国政府工作报告中明确提出，在确保安全的前提下，积极有序发展核电。2021 年 10 月，中国政府印发了《2030 年前碳达峰行动方案》，再次明确了积极安全有序发展核电的方针。核电运行稳定可靠，换料周期长，是目前唯一可大规模替代传统化石能源发电的基荷电源。核电可以为电网安全运行提供稳定的支撑，推动核能与以风能、太阳能等间歇性、季节性可再生能源为主体的未来电力系统的协同、互补发展，是构建清洁低碳、安全高效能源体系的迫切需求。

核电进入在确保安全前提下积极有序发展的新阶段。未来 5 年及更长时间内，中国大陆大型自主三代核电机组有望按照每年 6～8 台的开工及投产节奏实现规模化、批量化、可持续发展，预计到 2025 年、2030 年、2035 年，中国核电在运装机容量有望分别达到 0.7 亿千瓦、1.2 亿千瓦、1.8 亿千瓦左右，核电发电量占比有望分别达到 6%、8%、10% 左右。

展望 2060 年，核能将在我国实现碳中和目标中发挥更加重要的作用，核电发电量占比有望达到 20% 左右，核能综合利用的深度、广度、维度有望加速拓展。核能既可以在大规模替代传统化石能源发电方面发挥重要作用，也可以在绿色低碳、居民供热、工业供气、海水淡化、制氢、核动力民用船舶、同位素生产等核能综合利用领域发挥重要作用，并推动大型核电基地向周边地区供热、高温气冷堆核电、分布式供热、燃煤发电机组替代等技术发展。

1.3.2 核能在实现"双碳"目标中的作用

核能是一种可大规模利用的零排放清洁能源，不排放二氧化碳、二氧化硫和氮氧化物，是实现碳中和目标的重要能源技术选项，在电力系统低碳转型、供热方案深度脱碳、支撑绿色氢能发展等方面都具有重要的战略意义。

1.3.2.1 发电

目前核能主要用于发电。截止到 2023 年 12 月，我国在运机组共 55 台，总装机容量 5700 万千瓦，位居全球第三；在建及已核准核电机组 38 台，总装机容量 4480 万千瓦，在运、在建及已核准总装机规模超过 1 亿千瓦。2023 年，中国核电机组发电量为 4334 亿千瓦时，位居全球第二，占全国发电量的 4.86%，年度等效减排二氧化碳约 3.4 亿吨。按照"十四五"规划，我国核电装机容量要在 2025 年达到 7000 万千瓦。在"双碳"目标的大背景下，业内普遍预测到 2030 年在运核电装机规模将达 1 亿千瓦，2035 年在运和在建核电装机容量合计将达到 2 亿千瓦，核电发电量有望超过美国，核电占比将上升到 10% 左右。核电是一种零碳电力技术，技术较为成熟，功率密度高、负荷因子高、稳定可靠，可在不改变当前电网架构前提下替代化石能源发电装机，起到基荷的作用，提升核电灵活性以满足电力系统的尖峰负荷，可有效支撑电网的安全稳定运行，加速电力系统深度脱碳进程。

1.3.2.2 区域供热

区域供热是我国消耗煤炭和产生碳排放的重要领域，在"双碳"发展目标下也需要向清洁化方向转型。核能作为清洁低碳、安全有效的能源形式，在集中供热领域有望发挥重要作用。

我国北方地区居民冬季取暖是重要的国计民生事项，目前全国需要采暖的省份有 17 个，占国土面积的 60% 以上，采暖人口达到 7 亿以上。我国集中供暖的热源以热电联产和区域锅炉房为主，使用的燃料以煤炭为主，每年消耗煤炭数亿吨。燃煤是导致华北地区冬季雾和霾、拉闸限电及减排压力的重要原因，亟须采用新型清洁能源替代燃煤取暖。随着我国农村城镇化的快速发展和南方部分地区逐步实现冬季供暖，我国集中供热面积还在不断攀升。

核能作为清洁能源，在供热方面的优势包括低碳、清洁、规模化。以一座 400MW 的供热堆为例，每年可替代 32 万吨燃煤或 1.6 亿立方米燃气；与同等规模燃煤供热相比，可减少二氧化碳排放约 64 万吨、二氧化硫排放约 5000 吨、氮氧化物排放约 1600 吨、烟尘颗粒物排放约 5000 吨。

国际上核能供热主要有两种方式，分别是热电联产和单一核能供热。热电联产是指从大型核电站的汽轮机或管道中抽取部分热量，作为城市供热的热源。20 世纪 60～70 年代，国际上就开始核供热技术研发，至今已具有一定规模，主要采用核电机组热电联供方式。目前世界上约有 57 座商用反应堆（占总数的 11.6%）在发电的同时产生热水或蒸汽用于区域供热，我国也已在北方地区开始实施核电站热电联供。单一核能供热方式是指以纯供热为目的建造的低温核供热反应堆，在供热期内以供热方式运行，在非供热期内停运，考虑到经济性也可将其用于其他工业应用。核能供热的安全性与可靠性已经得到验证，至今积累了超过 1000 堆年的应用经验，未发生与核安全相关的事件和事故。

我国目前已有 10 多座池式核供热堆，累计运行近 500 堆年。2017 年国家发改委、国家能源局、环保部等十部门共同制定的《北方地区冬季清洁取暖规划（2017—2021 年）》明确提出，研究探索核能供热，推动现役核电机组向周边供热，安全发展供暖示范。中核集团推出了"燕龙"泳池式低温供热堆，中广核集团和清华大学推出了壳式低温供热堆，国家电投提出了微压供热堆等。2019 年山东海阳核电联产供热已经成功运行。2021 年，秦山核电供热项目在浙江海盐投入运行。另外，石岛湾核电、红沿河核电、徐大堡核电等也正在实施或者计划实施。

1.3.2.3 海水淡化

淡水资源不足是全球很多地区面临的问题。据联合国统计，全球约 20% 的人口无法获得安全饮用水，而且这一比例还在增加。根据世界银行测算，到 2025 年，将有超过 10 亿人生活在缺水地区。根据中国水利部数据，2030 年中国人均水资源量预计仅有 1750 m^3；在充分考虑节水的情况下，用水总量为 7000 亿～8000 亿 m^3，要求供水能力比当前增长 1300 亿～2300 亿 m^3。考虑到海水资源量巨大，成本低廉，将海水淡化使用极具发展潜力。目前大多数海水淡化工艺使用化石燃料，因此也产生了大量碳排放。而利用核能淡化海水，占地少、水质好、供给稳定，应用前景广阔。根据国际原子能机构的定义，核能海水淡化是以反应堆作为海水淡化过程的能源来生产饮用水,来自反应堆的热能和/或电能直接由海水淡化厂使用。在核反应堆和海水淡化厂之间设置一个隔离回路确保没有放射性污染,并保护淡化水。将海水淡化和发电厂置于同一场址可以共享基础设施,反应堆同时实现发电和海水淡化两种功能,可以提高热利用效率,并改善经济性,实现核能的多用途利用。

苏联于1973年开始利用核能技术(快增殖反应堆)进行海水淡化实验,结果证明,在技术和经济效益上皆可行。20世纪90年代以来,核能应用于海水淡化技术中得到了国际原子能机构和世界许多国家的广泛重视。目前较成熟的方案是依托大型核电机组建设海水淡化厂,该方案已在中国红沿河、宁德、三门、海阳等多座核电厂采用;也可直接建设低温供热堆用于海水淡化,相关技术方案正在研究中。以红沿河核电海水淡化厂为例,最大产水规模1.5万吨/天,正常情况下1.3万吨/天,该技术较为成熟,在许多地区具备进一步扩大产能和商业化推广的条件。

此外,随着我国海防建设的需要,如何解决海岛供水安全问题已迫在眉睫。我国存在资源性缺水问题的海岛约占全国海岛总数的91%,大多远离大陆、分散偏僻,无法引水,面积较小,开发本地水资源的能力有限。淡水资源保障是中国大力发展海洋科技的后盾,鉴于此,对滨海核电海水淡化厂、浮动堆海水淡化的需求预计将持续增加。根据对用水能力增长的预测目标,综合考虑2050年人口变化、人均用水量增加和节水技术进步等多重因素作用,保守假设2030年、2050年中国需水量分别为1300亿立方米和2300亿立方米,核能海水淡化占比分别为4%、10%(即同年核电发电量占比的1/2),按能耗$4kW \cdot h/m^3$测算,即2030年、2050年新增核能淡化能力分别为52亿立方米和230亿立方米,相当于270万千瓦和1180万千瓦核电装机,分别减少二氧化碳排放约0.17亿吨/年和0.74亿吨/年。

1.3.2.4 核能制氢

如前所述,氢气在化工领域的应用主要是作为原料。在减排目标约束下,需要实现用绿氢替代合成氨、石油精炼等过程中使用的灰氢甚至蓝氢。在钢铁领域的应用则需要与钢铁工业的技术更新甚至技术革命相配合。我国钢铁行业以"长流程"为主,采用焦炭还原铁矿石,每年排放二氧化碳20亿吨左右,如果用零碳氢代替焦炭还原铁矿石,可以大幅减少钢铁行业碳排放。交通和建筑领域目前氢气需求量较少,随着氢燃料电池车的市场化进程加快,以及建筑部门微型热电联供和管道掺氢,预期未来这些领域氢需求量也将大幅度增加。

目前我国氢气主要基于化石燃料制氢,煤制氢的碳排放达到$20 \sim 30kg/kg\ H_2$,天然气制氢碳排放约$8 \sim 10kg/kg\ H_2$。如果未来氢气供应仍以化石燃料转化或以燃煤/天然气发电-电解为主,则氢气生产所产生的碳排放将超过10亿吨,远超碳汇可能的消耗,也不符合"双碳"目标的初衷。因此,必须大力发展绿氢制备和供应体系,实现氢气制备过程及多个领域的减排作用。

根据我国能源禀赋特点及新能源发展趋势,未来绿氢的大规模供应将以可再生能源电解水制氢为主体。在2060年碳中和情景下,我国氢气的年需求量将增至1.3亿吨左右,在终端能源消费中占比约为20%,可再生能源制氢产量约1亿吨,部署电解槽装机500GW,仅可再生能源制氢减排量便有望达到15亿吨/年,约占当前我国二氧化碳总排放量的13%。以2060年绿氢需求量计算,新能源发电装机容量、发电量分别超过$2 \times 10^9 kW$和$5 \times 10^{12}kW \cdot h$;在总发电装机容量和发电量中的占比分别超过25%和20%,将超过传统的工业高耗能行业,成为新型电力系统中最大的单一用电负荷。

我国大规模可再生能源制氢仍然存在诸多挑战,包括可再生能源及相应的绿氢制备资源与大规模氢气需求的空间分布不匹配,间歇性生产与连续性使用在时间上的特性不一致,现有氢气生产与应用相关的机制体制、法律法规与未来需要不相适应，适应可再生能源波动性的 PEM 电解槽大批量生产带来的资源、技术、成本等方面的挑战等。因此，除了采取多种措施应对以上挑战外，仍需要开发新兴技术作为在特定需求场景下氢气供应手段的补充，核能制氢就是有望满足要求的、有应用前景的方法之一。

1.4 核能制氢的意义

尽管可再生能源的发电潜力足以满足人类的能源需求，但其相对较高的成本限制了它们的大规模采用，同时可再生能源制氢也存在诸多挑战。太阳能存在间歇性和波动性问题，同时太阳能制氢技术转换效率较低，成本较高；风力发电量波动大，容量系数小；生物质能源的大量使用也存在能源作物与粮争地的问题；地热资源可开发量有限。

在未来的能源结构中，需要稳定的能源以确保没有温室气体排放情景下的基本负荷，核能正是满足这种需要的一种能源。目前运行的所有核电站的设计都通过稳定发电以满足电网的基本负荷。越来越多的国家正在采用核能计划，全球范围内对开发第四代核反应堆用于发电、高温热供应及制氢联产的兴趣在不断增加。

预计将来所有能源系统都将是混合系统，多种能源和能量转换方法联合起来作为一个系统运行，以最大限度地提高效率并减少废热和对环境的影响。氢是连接可再生能源和核能的有前途的能源载体，在可持续和环境良性的混合系统中发挥重要作用。与其他制氢方法相比，核能制氢的优势如下：

a. 核能制氢为核能利用开辟了新的途径，制备的氢可在电力需求高峰时通过燃料电池发电，也可以作为交通运输燃料、工业领域的化学原料，具有多方面的优势。

b. 反应堆通过与高温电解和热化学循环分解水等制氢技术集成，可以提高核电站的成本竞争性和安全性。

c. 可以实现大规模、超低碳排放制氢。

在力争 2060 年实现碳中和的宏大目标的背景下，国家发布了一系列规划。在《氢能产业发展中长期规划（2021—2035 年）》中，明确氢能是未来国家能源体系的组成部分，是战略性新兴产业的重点方向，提出氢能的发展要构建清洁化、低碳化、低成本的多元制氢体系，重点发展可再生能源制氢，严格控制化石能源制氢。到 2035 年，形成氢能多元应用生态，可再生能源制氢在终端能源消费中的比例明显提升。并提出除合理布局制氢设施，因地制宜选择制氢技术路线，开展可再生能源制氢示范外，有效推进核能高温制氢等技术研发。在《"十四五"现代能源体系规划》中提出，加快推动能源绿色低碳转型，积极安全有序发展核电，积极推动高温气冷堆等先进堆型示范工程，推动核能综合利用。

因此，核能制氢的研发、示范及产业化符合国家氢能与核能相关规划，对国家能源转型和"双碳"目标实现具有重要支撑作用。

参 考 文 献

[1] Locatelli G，Mancini M，Todeschini N. Generation Ⅳ nuclear reactors：Current status and future prospects [J]. Energy Policy，2013，61：1503-1520.

[2] IEA. CO$_2$ Emissions in 2022 [R]. Paris：IEA，2023. https：//www.iea.org/reports/co2-emissions-in-2022.

[3] 周孝信，赵强，张玉琼. "双碳"目标下我国能源电力系统发展前景[J]. 科学通报，2024，69（8）：983-989.

[4] 中国金属学会. 氢冶金技术进展及关键问题[M]. 北京：化学工业出版社，2023.

[5] 中国氮肥工业协会.2021年我国合成氨、尿素产能、产量、进出口量统计 [J]. 煤化工，2022，50 (3)：78.

[6] 陈博，廖祖维，王靖岱，等. 烃类蒸汽重整制氢装置及碳排放分析 [J]. 石油学报（石油加工），2012，28 (4)：662-669.

[7] IAEA. Nuclear energy for a net zero world [R]. Vienna：IAEA，2021.

[8] IEA. Net Zero by 2050 [R]. Paris：IEA，2021. https：//www.iea.org/reports/net-zero-by-2050.

[9] IEA. Global Hydrogen Review 2022 [R]. Paris：IEA，2022. https：//www.iea.org/reports/global-hydrogen-review-2022.

[10] 陈馨. 典型制氢工艺生命周期碳排放对比研究 [J]. 当代石油石化，2023，31 (1)：19-25.

[11] 郑励行，赵黛青，漆小玲，等. 基于全生命周期评价的中国制氢路线能效、碳排放及经济性研究 [J]. 工程热物理学报，2022，43 (9)：2305-2317.

[12] 李言瑞，白云生，韩绍阳，等. 核能供热发展现状及趋势分析 [C]//中国核学会. 中国核科学技术进展报告（第六卷）——中国核学会 2019 年学术年会论文集第 9 册（核科技情报研究分卷、核技术经济与管理现代化分卷）. 北京：中国原子能出版社，2019：6. DOI：10.26914/c.cnkihy.2019.051476.

第2章
核能系统与核能制氢技术

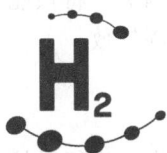

2.1 核能与核反应堆系统

2.1.1 核能

核能分为核裂变能与核聚变能。

核能释放的理论依据是原子核核子平均结合能随原子核质量数而变化的规律。核能释放有以下两种途径：重核的裂变和轻核的聚变。将重核分裂成质量数中等的原子核，称为重核的裂变，又叫作核裂变。核裂变是1938年德国科学家哈恩和斯特拉斯曼发现的，他们用中子轰击铀原子核，导致了铀原子核的裂变，因此，快速中子的轰击是实现核裂变的条件。重核裂变放出新的中子，新中子又引起其他重核裂变。这种不断进行的核裂变反应，称为链式反应。重核材料（如含铀的同位素 U-238 和 U-235 的材料）能够产生核裂变链式反应的最小体积，称为重核材料的临界体积。重核材料的体积一旦超过其临界体积，核裂变链式反应就迅速进行，同时在极短的时间内释放出巨大的能量，引起猛烈的爆炸。重核在核裂变反应过程中释放出的巨大能量，称为核裂变能。例如，1g U-235 完全裂变所释放的核裂变能，相当于 2.4t 煤完全燃烧所释放的化学能。

核聚变反应则是两个或多个氢及其同位素（氘、氚）原子在一定条件（如超高温和高压）下，发生原子核互相聚合作用，生成新的质量更重的原子核，并伴随着巨大的能量释放的一种核反应形式。

核反应释放的能量是反应产物质量损失的结果，其值由质能方程给出。

$$E = mc^2$$

式中，E 为能量；m 为质量；c 为光速。

基于核裂变反应的核反应堆技术已经完全成熟，按照国际原子能机构的数据，截至 2022 年 12 月 31 日，世界上 32 个国家在运核电机组共计 411 台，装机容量 371.0GW。我国 2023 年底商用机组数量达到 55 台，总装机容量约为 5700 万千瓦。同时，我国核电安全运行也持续保持国际先进水平。

作为一种清洁能源，核能的产生和使用不向环境排放 CO_2 和其他污染物。以核能作为一次能源，通过电解和热化学循环分解水制氢，可实现高效、无排放、大规模制氢。将核能与甲烷重整、生物质转化等方式结合制氢，也可以大幅度减少传统重整技术的碳排放。

2.1.2 传统核反应堆系统

核能的和平利用在第二次世界大战后出现，主要利用核能发电。在核反应堆中进行受控裂变反应，稳定产生热量，然后通过朗肯循环（或其他动力循环）驱动发电机产生电力。1951年，在美国爱达荷州第一台电功率为100kW的全尺寸核电站投入运营。1954年，加拿大原子能有限公司测试了其第一个核反应堆，几年后成为一种被称为 CANadian Natural Deuterium Uranium 的商业发电厂技术，即大家熟知的 CANDU 堆[1]。

可控核聚变的研发在过去70多年里一直在进行，但目前可用的核能技术仍然以核裂变为基础，发展了多种基于裂变的核反应堆。1957年，旨在和平利用核能的国际原子能机构成立，总部位于奥地利维也纳。20世纪70年代能源危机之后，越来越多的国家提出了发展核电的国家研究计划，国际和区域合作不断加强，发展的目标包括通过提高反应堆冷却剂温度以提高发电效率、扩大核能作为工艺热的用途、提高安全性（包括降低恐怖分子利用放射性材料的风险）、增强核能的可持续性等。除了发电外，核反应堆还提供了一种清洁地获取高温工艺热的途径，可以满足很多工业过程的需要，而且没有直接与核电站运行相关的温室气体排放。

核反应堆一般可以按照其用于在燃料中产生裂变的中子光谱的能量分为热中子反应堆（热堆）和快中子反应堆（快堆）。热堆是用慢化剂把快中子速度降低，使之成为热中子（或称慢中子），再利用热中子来引发链式反应的堆型。快堆是以快中子引发易裂变 U-235 或 Pu-239 等发生链式反应的堆型。如果按照用于从反应堆堆芯中移出裂变热的冷却剂类型分类，核反应堆可分为水冷反应堆（WCR）、气冷反应堆（GCR）、液态金属冷却反应堆（LMR）和熔盐冷却反应堆（MSR）等。水冷反应堆又可分为沸水堆和压水堆。前者堆芯处于相对较低的压力，允许冷却剂沸腾；后者堆芯保持高压，冷却剂保持液态。水冷堆还可分为使用氘水的轻水堆（LWR）和重水堆（HWR）。此外，根据反应堆功率，反应堆可分为小型（小于300MW）、中型（300~700MW）和大型（超过700MW）反应堆。一般来说，大多数水冷反应堆和气冷反应堆是热反应堆，而大多数快堆是由液态金属或熔盐冷却的。

到目前为止，商用核反应堆已经经历了70多年的发展历程，并将继续不断发展，以实现更高水平的燃料利用率、效率、安全性、可持续性和成本效益。21世纪以来，国际上提出了第四代核反应堆的概念，预计将在2030年实现商业化，其功率规模可在20~2000MW。

2.1.3 核反应堆的分代

21世纪初，美国能源部（DOE）倡议政府、行业和全球研究界积极开展关于下一代核反应堆的技术交流。根据 DOE 提议，商业核反应堆可分为四代，其中第四代处于研发早期阶段[2,3]。

第一代反应堆大多是增殖反应堆类型，它利用天然铀或 Th-232 作为燃料（称为可转换材料）。当用中子轰击时，可转换材料就会转换为裂变燃料。U-238 在大约2天半内裂变，因此，天然铀基反应堆被称为"快增殖反应堆（FBR）"。在 FBR 中，吸收一个中子可产生约2.7个中子，这样就有1.7个中子产生燃料增殖。钍的增殖比天然铀慢，大约要21天。因此，钍基反应堆被称为"热增殖反应堆（TBR）"。还有一种类型是原型沸水反应堆。一般来说，核反应堆都有一个反应堆容器，放射性物质置于其中，并被流体冷却剂和慢化剂包围。慢化剂的主要作用是使裂变反应产生的散射中子减速，同时起到冷却燃料包壳的作用。核燃料嵌入由锆、镁和钢等中子吸收率低的材料制成的包壳中，防止放射性物质进入污染冷却剂，在正常运行期间只有中子可以通过包壳。核反应的进程通过控制棒调节，控制棒由吸收中子的材料制成，它可以吸收中子，降低裂变反应速率。控制棒使用的典型材料包括银、硼、铱、镉等。

第一代核反应堆主要是在1954～1965年间投入使用的早期原型实验电厂，目前已经不再运行。表2-1总结了主要的第一代反应堆及其特征。

表 2-1 主要的第一代反应堆及其特征

反应堆名称	国家	反应堆类型与特征	功率	使用时间
奥布宁斯克核电站	苏联	增殖反应堆,石墨慢化,并使用轻水作为冷却剂和天然铀	5MW	1954～2002年
芒果1号	英国(考尔德豪尔)	快中子增殖反应堆,使用加压二氧化碳作为冷却剂[约7bar(1bar=10^5Pa)的工作压力和约390℃的最高温度],镁基燃料包层,硼钢控制棒和石墨慢化剂	60MWe	1956～2003年
费米1号	美国(伊利湖附近的门罗)	快中子增殖反应堆开发的核电站原型	约100MWe	1957～1972年
希平港原子能发电站	美国(宾夕法尼亚州)	第一座全尺寸核电站,轻水慢化剂的热增殖堆	60MWe	1958～1982年
德累斯顿1号发电站	美国(伊利诺伊州)	沸水反应堆	210MWe	1960年
核电示范(NPD)反应堆	加拿大(安大略省罗尔夫顿)	坎杜反应堆原型,加压重水反应堆(PHWR)使用轻度浓缩或者天然铀	19.5MWe	1961～1987年

第二代核反应堆约在1975～1990年间投入使用，主要包括五种反应堆：CANDU、压水堆、"水-水高能反应堆"（VVER-440，俄罗斯版压水堆）、沸水反应堆（BWR）和先进气冷反应堆（AGR）。

CANDU-6是加拿大原子能公司设计的重水反应堆，对应于DOE的第二代核反应堆。它使用天然铀（UO_2）作为燃料，以重水为慢化剂和冷却剂，锆合金包壳。重水吸收的中子比轻水少，留下足够的中子引发燃料束中天然（未浓缩）铀反应。CANDU堆中燃料放置在作为冷却剂的加压重水中。冷却剂将核热传递到作为热交换器的蒸汽发生器中，产生大约350℃的热流，从浸没在重水中的压力管道中流出，此处重水也起到慢化剂的作用，其压力约为1atm（即101325Pa）。燃料棒可随时通过特殊机制独立更换或取出。在慢化剂中放置了一系列可以衰减中子的石墨棒，控制反应速率和临界状态。CANDU-6的电功率为500～600MW。

压水堆包括燃料束、慢化剂容器、压力容器、换热器（蒸汽发生器）和冷却液泵。压水堆的燃料为约含有4% U-235的浓缩铀，采用锆包壳，以轻水为慢化剂。燃料和慢化剂置于155bar的压力容器中，该压力下对应的水的沸点为344℃。在反应堆压力容器中，水从275℃加热到315℃过程中始终保持液态。为了增强燃料棒和水之间的传热效果，将流量设置在使过冷的成核沸腾发生在棒的表面，形成的小蒸汽泡立即被过冷的液态水吸收。轻水是很好的慢化剂。为控制反应速率，采用碳化硼或银-铟-镉（Ag-In-Cd）制作的可移动式控制棒。通过配备电加热器的压力容器，将蒸汽压力保持在 155bar；蒸汽空间位于增压器的顶部，而其底部始终充满过冷液体。热交换器用于将核热从主回路输送到二回路，通过蒸汽发生器产生蒸汽，经汽轮机发电。产生的蒸汽通常为 275℃、60bar。

与压水堆类似，BWR 同时使用水作为慢化剂和冷却剂；不同的是 BWR 产生饱和蒸汽，没有压水堆系统那样的一回路和二回路。过冷水进入反应堆，预热并沸腾至饱和点。BWR 的典型压力约为 75bar，相应的温度为 285℃。反应堆具有特殊的结构，可以稳定沸腾过程。当流体进入反应堆时，水首先被引导到下水器（down-comer）被预热，然后上升并围绕垂直燃料棒流动通过反应堆堆芯区域。产生的含 15％左右蒸汽质量的两相流被导向反应堆顶部的旋风分离器和蒸汽干燥器，收集饱和蒸汽。通常反应堆保持在安全壳结构中，而蒸汽轮机、冷凝器和泵位于外部。

VVER 是苏联版的压水堆，作为第二代核反应堆的 VVER-440 设计输出功率为 440MWe，用轻水作为冷却剂和慢化剂。VVER 有一些设计特征将其与压水堆区分开来，即它使用卧式锅炉而不是立式锅炉。

第三代核反应堆基于第二代设计原则，但在效率、模块化、安全性、组件标准化等方面都有了提高。设计寿命增加到 60 年，是第二代核反应堆的 1.5 倍，而且降低了投资和维护成本。第三代反应堆在 1990～2005 年之间投入使用，包括增强型 CANDU-6（EC6）反应堆、VVER-1000/392 压水堆、BARC-AHWR（印度先进重水反应堆）、先进压水反应堆（APWR）和先进沸水反应堆（ABWR）等。

第三代＋（Ⅲ＋）核反应堆的发展从 2010 年延长到 2030 年，包括以下商用反应堆类型：先进坎杜（ACR-1000）反应堆、欧洲压水反应堆（EPR）、VVER-1200、APWR-Ⅳ、经济型简化沸水反应堆（ESBWR）、AP1000 反应堆、APR1400 和 EUAPWR。其中 ACR-1000 是一种混合设计，使用重水作为慢化剂、轻水作为冷却剂，电功率为 1200MW，增强了安全功能。AP1000 是西屋电气设计的Ⅲ＋核反应堆，功率约为 1150MWe。EPR 由西门子公司（AG）、阿海珐（NP）和法国电力公司（EDF）联合组成的国际团队开发，它是一种压水堆型反应堆，效率可达 37％，功率为 1650MW。

2.1.4　第四代核能系统 [4]

在过去的大半个世纪中，世界核能强国在先进核能技术领域持续开展基础科学研究、工程技术与经验反馈的再创新研究，不断取得技术上的突破，促进了核能产业的发展。2002 年，国际上 10 个核能利用强国在第四代核能系统国际论坛（GIF）上提出了第四代核能系统的概念，从核安全目标、经济性指标、可持续发展和防止核扩散等四个方面，提出了第四代核能系统的总体技术要求。在 GIF 框架下，国际上开展了与先进核能系统相关的大量研发计划。十多年来，GIF 一直领导相关领域的国际合作，致力于开发下一代核能系统，以帮助满足世界未来的能源需求。第四代核能系统设计将更有效地使用燃料，减少废物产生，具有经济竞争力，并满足严格的安全和防扩散标准。在这些要求之下，筛选了六种反应堆型作为发展目标，分别是气冷快堆（GFR）、超高温反应堆（VHTR）、超临界水冷反应堆（SCWR）、钠冷快堆（SFR）、铅冷快堆（LFR）以及熔盐反应堆（MSR）。当时认为其中一些反应堆设计可以在未来十年内展示，商业部署将于 2030 年开始。

与以前的反应堆相比，第四代核反应堆是一种范式变革，主要涉及堆芯出口温度、反应堆功率和用途方面。由于冷却剂温度要远高于Ⅲ＋，第四代反应堆的相关卡诺效率可以达到

60%～75%，远高于Ⅰ～（Ⅲ＋）代的45%～52%。更高的冷却剂出口温度下使得第四代反应堆能够提供高温工艺热，实现热化学制氢和其他应用。此外，在较高温度下产生热量的能力使得第四代核反应堆的功率范围变广，可以从20MWe到1700MWe，这有利于将核反应堆用于多种工艺以及集成系统，包括制氢（热化学循环、甲烷重整、高温蒸汽电解）、工业领域（石油精炼、煤气化、煤制油、合成燃料、化肥生产等）所需的高温蒸汽和高温热供应、中等温度范围内高效发电、区域供热、海水淡化等。与传统的核能发电相比，工业过程热利用的市场更为广阔，在该领域的应用将极大地促进核能的发展。

2.1.4.1 第四代核能系统的目标

第四代核能系统在四大领域（即可持续性、经济性、安全性与可靠性以及防核扩散与实物保护）确定了八项技术目标。这些目标旨在应对21世纪的经济、环境和社会要求。目标的具体含义及要求见表2-2。

表2-2 第四代核能系统的目标的具体含义及要求

目标	含义及要求
可持续性	（1）将提供可持续的能源生产，并为全球能源生产提供长期可用的系统和有效的燃料利用。 （2）将最大限度地减少和管理核废料，并显著减轻长期管理负担，从而改善对公众健康和环境的保护
经济性	（1）与其他能源相比将具有明显的生命周期成本优势。 （2）财务风险水平将与其他能源项目相当
安全与可靠性	（1）运行将在安全性和可靠性方面表现出色。 （2）损坏反应堆堆芯的可能性和程度非常低。 （3）将消除对场外应急响应的需求
防扩散与实物保护	在防核扩散方面具有显著优势，并加强实物保护，防止恐怖主义行为

在这些目标指导下，GIF成员合作开展研发工作，加强在反应堆、能量转换系统和燃料循环设施等方面的创新研发，这种合作使得有可能同时寻求多种制度和技术选择。

2.1.4.2 第四代核能系统技术路线图[5,6]

第四代核能系统的技术路线图定义并规划了必要的研发工作，以支持创新核能系统的研发。该路线图是十个国家协调一致的国际努力，包括阿根廷、巴西、加拿大、法国、日本、韩国、南非、瑞士、英国、美国，以及国际原子能机构和经合组织核能机构。

2009年，GIF专家组发布了《第四代核能系统研发展望》，提出了GIF成员希望在2010～2014年期间共同实现的目标。作为2012年启动的GIF战略规划活动的一部分，技术路线图已在专门工作组的协调下进行了更新。更新后的路线图考虑了在未来十年内通过部署原型堆或示范设施来加速某些技术开发的计划，并在各任务组、专家组和各系统指导委员会之间讨论的基础上发表了报告。

2.1.4.3 第四代核能系统的堆型

GIF通过的目标为确定和选择六个核能系统进一步发展提供了基础。选定的系统依赖于各种反应堆、能量转换和燃料循环技术。GIF提出的堆型设计具有热中子谱和快中子谱、封闭或开放的燃料循环以及从非常小到非常大功率的各种反应堆。根据各自的技术成熟度，第四代系统预计将在2030年左右或以后投入商业使用。2002年题为"第四代核能系统技术路线图"的报告描述了从现有核系统到第四代系统的路径，该报告目前仍在更新中。

所有第四代核能系统都旨在提高反应堆性能、拓展核能的新应用领域以及发展更可持续的核材料管理方法。高温系统为高效的工艺加热应用和实现最终的制氢目标提供了可能性。增强可持续性主要是通过采用封闭式燃料循环来实现的，包括在快堆中对钚、铀和少量锕系元素进行后处理和再循环，以及通过高热效率来实现。这种方法大大减少了废物产生和铀资源需求。表 2-3 总结了六种第四代核能系统的主要特征[7]。

表 2-3 六种第四代核能系统特征概览[7]

系统	中子谱	冷却剂	出口温度/℃	燃料循环	规模/MWe
VHTR	热谱	氦	900～1000	开式	250～300
SFR	快谱	钠	500～550	闭式	50～150 300～1500 600～1500
SCWR	热谱/快谱	水	510～625	开式/闭式	300～700 1000～1500
GFR	快谱	氦气	850	闭式	1200
LFR	快谱	铅	480～570	闭式	20～180 300～1200 600～1000
MSR	热谱/快谱	氟化物熔盐	700～800	闭式	1000

下面对上述六种堆型的特点进行介绍。

(1) 超高温气冷堆 (VHTR)

VHTR 是高温反应堆的进一步发展。它是一种氦气冷却、石墨慢化的热中子谱反应堆，堆芯出口温度高于 900℃，目标为 1000℃，可以支持高温工艺分解水制氢。反应堆的参考热功率设定在允许被动衰减散热的水平，目前估计约为 600MW。VHTR 可用于电力和氢气的热电联产以及其他工艺热应用，它能够通过热化学循环、高温蒸汽电解或混合循环以水为原料生产氢气，减少 CO_2 气体排放。

在 GIF 技术路线图规划的六种候选堆型中，VHTR 主要用于热电联产来生产电力和氢气，同时冷却剂的高出口温度使其对化工、石油和钢铁行业也具有吸引力。VHTR 固有安全性的技术基础是 TRISO 包覆颗粒燃料，以石墨为结构，以氦气为冷却剂，通过特殊设计的布局和较低的功率密度，可以以自然冷却的方式移出衰变热。VHTR 具有固有安全性、高热效率、工艺热应用能力、低运行和维护成本以及模块化结构的潜力。

目前 VHTR 的反应堆堆芯类型有两种，分别是棱柱形块状堆芯（日本的高温工程试验堆，HTTR）和球床堆芯（中国 10MW 高温气冷堆，HTR-10）。虽然两种堆芯采取的燃料元件形状不同，但其技术基础是相同的。例如石墨基体中的 TRISO（三元结构各向同性）包覆颗粒燃料、全陶瓷（石墨）核心结构、采用氦作为冷却剂、较低的堆芯功率密度等。通过这些技术可以实现反应堆的高出口温度，并在正常操作条件和事故条件下使得包覆颗粒内部裂变产物得以保留。VHTR 可以支持多种燃料循环，如 U-Pu、Pu、MOX、U-Th 等。

VHTR 可利用氦气透平直接设置在一次冷却剂回路中的布雷顿循环发电，也可以利用蒸汽发生器经过传统的朗肯循环发电。对于核热应用，例如炼油厂的工艺热、石油化学、冶金和制氢，需要采用所谓的间接循环，即通过中间热交换器（IHX）与反应器耦合来实现。图 2-1 给出了 VHTR 与中间换热器及制氢系统耦合的示意图。

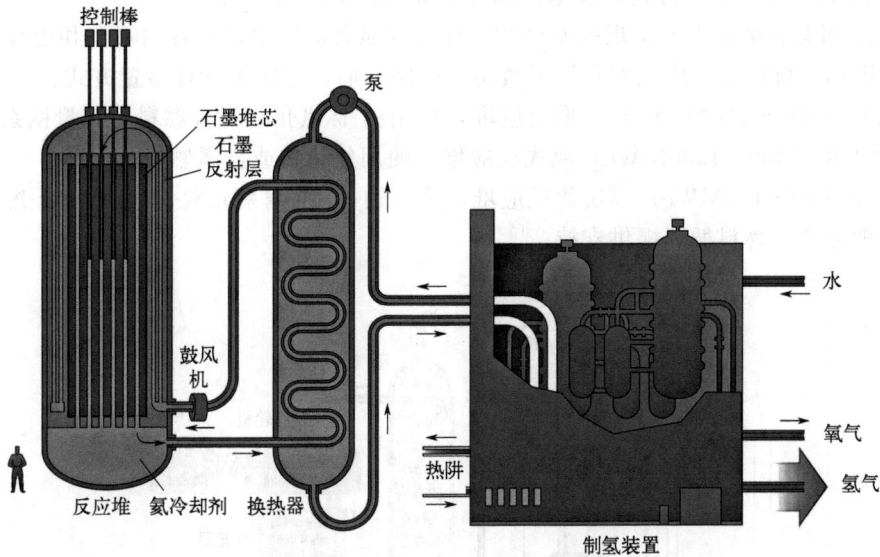

图 2-1　VHTR 与中间换热器及制氢系统耦合的示意图

虽然最初设计的 VHTR 侧重于非常高的出口温度和制氢，但目前的市场评估表明，基于高温蒸汽的电力生产和工业过程需要适度的出口温度（700～850℃），在近期具有最大的应用潜力，并且还可以降低与更高出口温度相关的技术风险。因此，近年来，研发重点已从较高的出口温度设计（如 GT-MHR 和 PBMR）转向较低的出口温度设计，例如中国的HTR-PM 和美国的 NGNP。

（2）钠冷快堆（SFR）

钠冷快堆是利用液态钠作为冷却剂，由快中子引发裂变并进行自持反应的堆型。钠冷快堆的优点在于可以有效地利用铀资源。与压水堆核燃料不同，钠冷快堆使用钚-239 作为燃料，而普通压水堆使用的是浓度为 3%～4% 的铀原料。钠中子的吸收截面小、导热性好，是快中子堆良好的冷却剂。反应堆可以采用池布局或紧凑回路布局，功率范围从小型（50～150MWe）模块化反应堆到大型（300～1500MWe）反应堆，冷却剂出口温度为 500～550℃。混合氧化物燃料可通过水法处理，混合金属燃料采用干法后处理。图 2-2 为 SFR 系统发电示意图。

SFR 使用液态钠作为反应堆冷却剂，虽然无氧环境可防止腐蚀，但钠与空气和水发生化学反应，需要密封的冷却液系统。

SFR 闭式燃料循环使裂变燃料能够再生，并有助于管理次锕系元素。其重要安全特性包括较长的热响应时间、冷却液沸腾的合理余量、一回路系统在大气压下运行，以及在一回路和功率转换系统之间设置中间钠系统。功率转换系统可采用水/蒸汽、超临界二氧化碳或氮气作为工质，以实现热效率、安全性和可靠性方面的高性能。与热堆相比，快中子光谱堆可大幅提高铀资源利用率。

快堆在锕系元素管理任务中发挥着独特的作用，因为它使用高能中子运行，这些中子在裂变锕系元素方面更有效。

SFR 用于锕系元素管理任务的主要特点包括：

a. 在封闭的燃料循环中消耗超铀元素，减少放射性毒性和热负荷，从而促进废物处理和地质隔离。

b. 通过有效管理裂变材料和多重再循环，加强铀资源的利用。

c. 通过固有和被动方式实现高安全性，允许以显著的安全裕度容纳瞬态和边界事件。

反应堆单元可以布置成池式布局或紧凑型回路布局，考虑了三种布置方式：

a. 大型（600～1500MWe）环形反应堆，使用铀-钚氧化物混合燃料和少量锕系元素。

b. 中大型（300～1500MWe）池式反应堆，使用氧化物或金属燃料。

c. 小型（50～150MWe）模块化反应堆，使用铀-钚-次锕系元素-锆金属合金燃料，采用干法后处理方式为燃料循环提供支持。

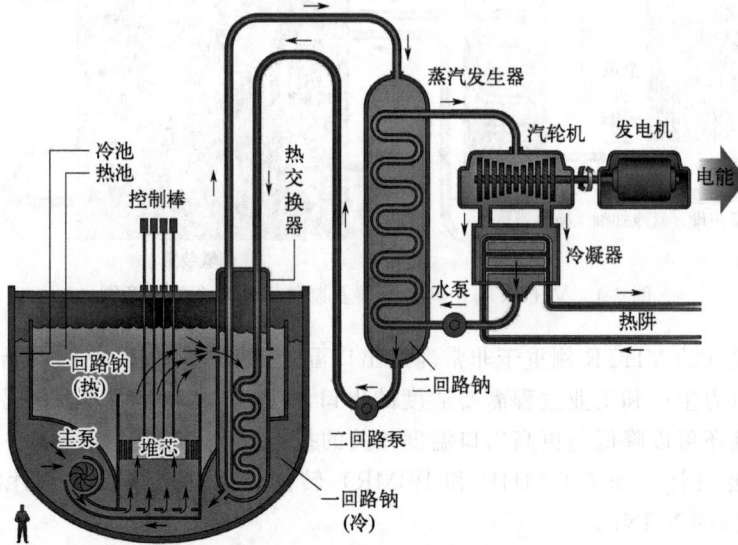

图 2-2　SFR 系统发电示意图

SFR 的大部分技术已经在以前的快堆计划中得到发展，并且通过法国的 Phenix 寿命终止测试、日本 Monju 堆的重新启动以及俄罗斯 BN-600 的寿命延长得到证实。我国建设的中国实验快堆（CEFR）也于 2011 年 7 月并网，至此我国成为国际上少数几个掌握快堆技术的国家。

(3) 超临界水堆（SCWR）

SCWR 是高温、高压、轻水冷却反应堆，在水的热力学临界点（374℃，22.1MPa）以上运行。采用的高温单相冷却剂提供了更高的热力学效率，系统相对简单，经济性好。

SCWR 反应堆堆芯可以采用热中子谱或快中子谱，可使用轻水或重水作为慢化剂，可采用压力容器型或压力管型设计。与目前水冷堆不同的是，SCWR 反应堆中冷却剂在堆芯中的焓升将显著提高，从而降低给定热功率下的堆芯质量流量，并将堆芯出口焓增加到过热状态。对于压力容器型和压力管型的设计，可以采用一次通过蒸汽循环，省略了反应堆内的任何冷却剂再循环。与沸水反应堆一样，过热蒸汽将直接供应到高压蒸汽轮机，蒸汽循环中的给水将返回堆芯。因此，SCWR 概念结合了水冷反应堆的设计运行经验与采用化石燃料的超临界发电厂的经验。图 2-3 给出了 SCWR 系统发电示意图。

SCWR 具有如下优势：

a. SCWR 的热效率可以接近 44％或更高，显著高于目前水堆的效率（34％～36％）。

b. 在正常运行条件下驱动冷却剂的泵是给水泵和冷凝水抽取泵，不需要反应堆冷却剂泵。

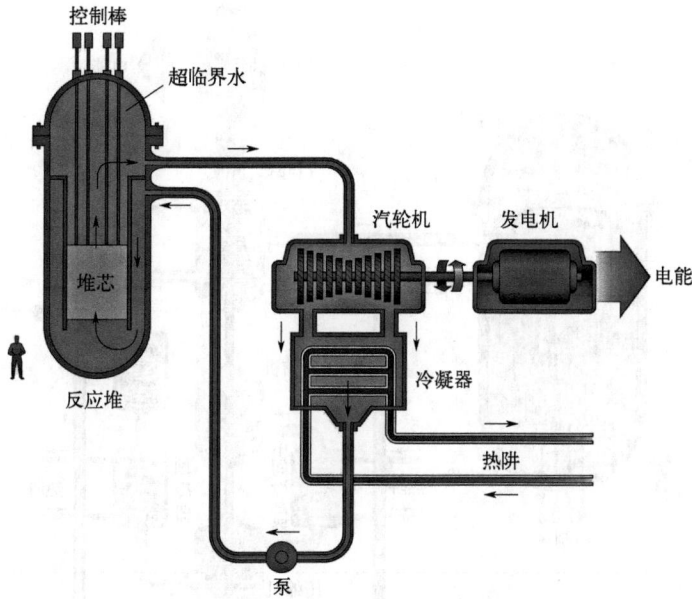

图 2-3　SCWR 系统发电示意图

c. 因为冷却剂在堆芯中过热，在压水堆中使用的蒸汽发生器以及沸水反应堆中使用的蒸汽分离器和干燥器可以省去。

d. 具有压力抑制池、紧急冷却和余热排出系统的安全壳小于常规水堆。

e. 蒸汽焓高，可以减小涡轮机系统尺寸，降低常规岛投资成本。

这些特性可降低资本成本，提高燃料利用潜力，与轻水反应堆相比具有明显的经济优势。

SCWR 开发也存在一些技术挑战，包括瞬态传热模型的验证、燃料元件材料的鉴定、被动安全系统的演示等。

（4）气冷快堆（GFR）

GFR 系统是一种具有闭式燃料循环的高温氦冷快谱反应堆。它结合了铀资源长期可持续性和废物最小化（通过燃料多次后处理和长寿命锕系元素裂变）的快谱系统的优点与高温系统的优点。

GFR 使用与 SFR 相同的燃料回收工艺和与 VHTR 相同的反应堆，可以参考为 VHTR 开发的结构、材料、组件和功率转换系统技术，但核心设计和安全方法仍需要开发。图 2-4 为 GFR 系统发电示意图。

GFR 的核芯由六边形燃料元件组件组成，每个元件由包含在陶瓷六角管内的陶瓷包覆的混合碳化物燃料芯块构成。目前芯块和六角管的优选材料是碳化硅纤维增强的碳化硅，用于提高强度和耐腐蚀性。图 2-5 显示了位于其制造的钢制压力容器内的反应堆堆芯，周围环绕着主热交换器和衰变散热回路。整个初级回路被包含在防护容器次级压力边界内。

GFR 的冷却剂为氦气，核心出口温度约为 850℃。热交换器将热量从初级氦冷却剂传递到包含氦氮混合物的二级气体回路，驱动闭式循环燃气轮机。燃气轮机废气的废热用于在蒸汽发生器中提升蒸汽温度，然后用于驱动蒸汽轮机。

（5）铅冷快堆（LFR）

LFR 系统的特点是快中子谱和闭合燃料循环，有可能在中央或区域燃料循环设施中实

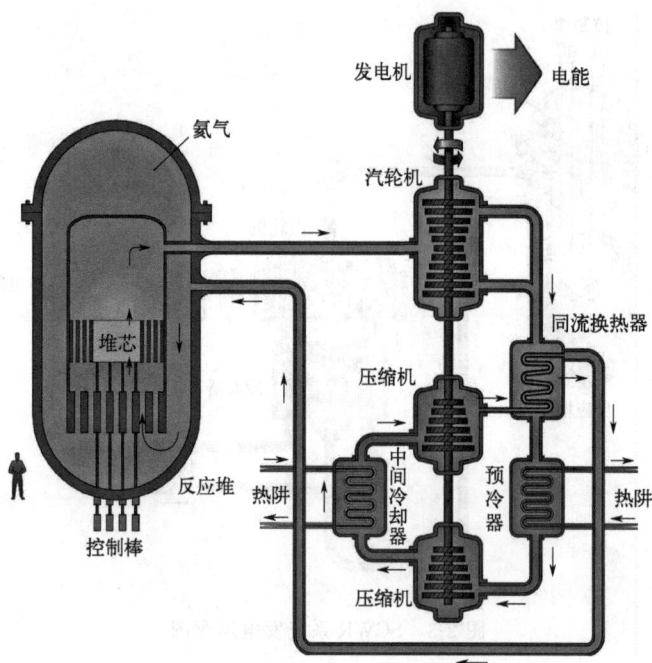

图 2-4　GFR 系统发电示意图

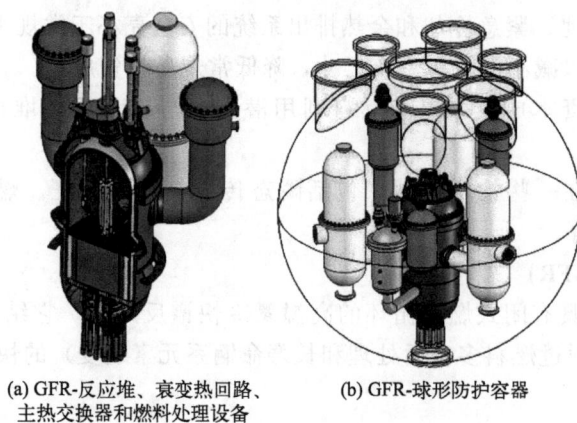

(a) GFR-反应堆、衰变热回路、　　　(b) GFR-球形防护容器
主热交换器和燃料处理设备

图 2-5　GFR 概念设计示意图

现完全锕系元素循环,冷却剂可以是铅或铅铋合金。LFR 可以作为增殖器、乏燃料锕元素燃烧器以及使用惰性基质燃料或使用钍基质的燃烧器/增殖器运行。已提出了两种反应器功率设计:具有非常长堆芯寿命的小型(50～150MWe)可运输系统,以及中型(300～600MWe)系统。未来可设计 1200MWe 的大型系统。

铅冷快堆具有快中子光谱、高温操作以及熔融铅或铅铋合金冷却的特点,可低压操作,热力学特性好,且在与空气或水的相互作用方面相对惰性,未来可用于发电、制氢和工艺热的生产。图 2-6 给出了 LFR 结构及发电系统示意图。

铅作为冷却剂最重要的特征之一是其相对化学惰性。与其他冷却剂(尤其是钠和水)相比,铅是一种惰性材料,在事故状态下不会发生可能导致能量释放的快速化学反应。铅的沸腾温度高达 1749℃,可消除冷却剂沸腾的问题,具有重要的安全优势;冷却剂常压运行,

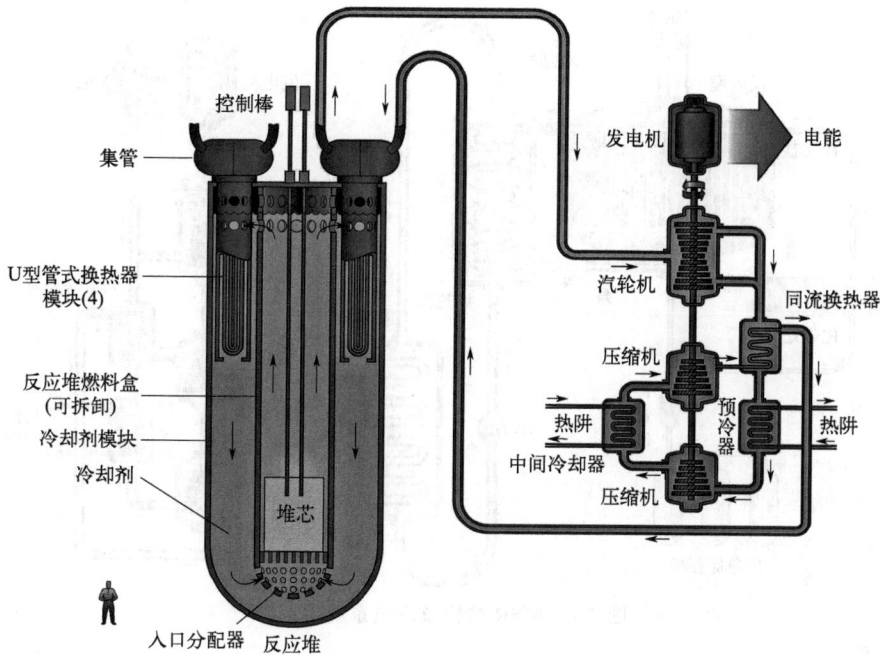

图 2-6　LFR 结构及发电系统示意图

通过适当设计的防护容器几乎可以避免冷却剂事故损失，体现出多重安全优势。此外，铅具有保留裂变产物和其他材料的能力，可阻止在事故状态下放射性的释放；不需要中间冷却剂系统将主冷却剂与能量转换系统的水和蒸汽隔离。以上特点可以使 LFR 的设计简化，提高经济性。

LFR 具有出色的材料管理能力，因为它在快中子谱运行，可采用闭合燃料循环来有效转化铀；可以作为燃烧器消耗轻水堆乏燃料中的锕系元素；还可以作为钍基燃料的燃烧器或增殖器。由于选择熔融铅作为相对惰性和低压的冷却剂，提高了安全性。在可持续性方面，LFR 燃料循环的转换能力大大提高了燃料的可持续性；同时铅储量丰富，容易获得。由于 LFR 概念含有液体冷却剂，沸腾余量非常高，对空气或水的相对惰性等原因，其在安全性、设计简化、抗扩散性、经济性等方面具有潜力。

与其他第四代先进反应堆技术一样，LFR 的开发也存在诸多挑战。铅的高熔化温度（327℃）要求将主冷却剂系统保持在一定温度下，防止冷却剂凝固，需要通过适当的主系统和一回路设计来解决这个问题。铅的不透明度及高熔化温度给反应堆堆芯部件的检查和监测以及燃料处理带来了挑战。因为铅的密度高，作为冷却剂使用时需要对回路的结构设计进行特殊考虑，以防止地震对反应堆系统的影响。最大的挑战来自铅在高温下对结构钢的腐蚀性，需要在运营期间仔细选择材料以及组件和系统监控。在开发较高温度下抗铅腐蚀的材料之前，提出了表面处理（例如镀铝）作为保护浸入铅的材料免受腐蚀的有效方法。

(6) 熔盐堆（MSR）

MSR 技术于 20 世纪 50 年代开始在美国橡树岭国家实验室开发，包括两个示范反应堆，示范的 MSR 是热中子光谱-石墨慢化的概念。自 2005 年以来，研发一直专注于快中子谱MSR 概念（熔盐快堆）的开发，将快中子反应堆的通用优点（扩展资源利用、废物最小化）与氟化物熔盐作为流体燃料和冷却剂的优点（低压和高沸腾温度、光学透明度）相结合。图 2-7 给出了 MSR 结构及发电系统示意图。

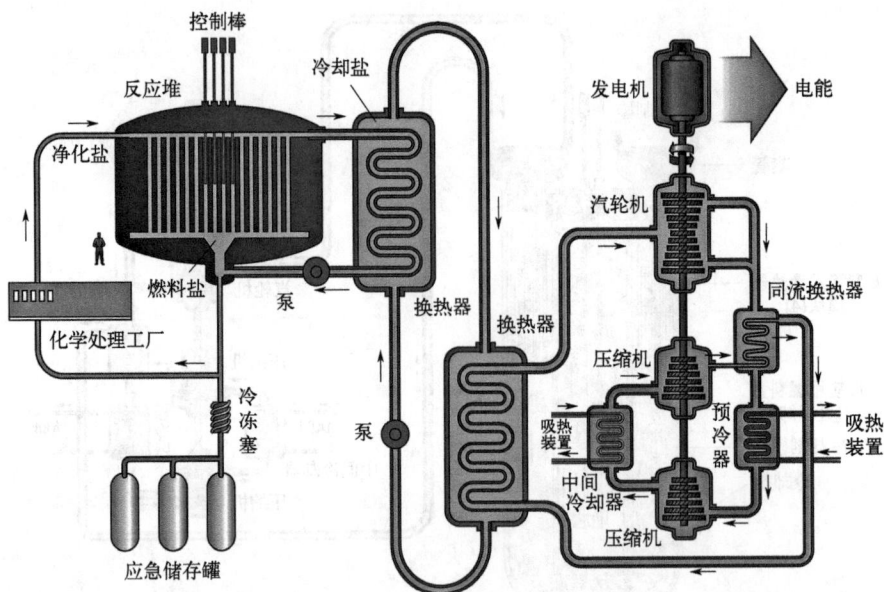

图 2-7　MSR 结构及发电系统示意图

与先前研究的大多数其他熔盐反应器相比，MSR 的特点是其堆芯燃料溶解在熔融的氟化物盐中，不包含任何固体慢化剂（通常是石墨）。这种设计选择是基于对反馈系数、增殖比、石墨寿命和 ^{233}U 初始库存等参数的研究结果。MSR 表现出较大的负温度系数和反应性空隙反应系数，这是固体燃料快堆中没有的独特安全特性。

与固体燃料反应堆相比，MSR 系统具有较低的裂变存量，对可达到的燃料燃耗没有辐射损害限制，不需要制造和处理固体燃料，反应堆中燃料的同位素组成均匀。这些特性使 MSR 具有燃烧锕系元素和扩展燃料资源的潜在能力。

熔盐反应堆系统体现了液体燃料的特殊性。MSR 可用作轻水反应堆乏燃料中超铀元素的有效燃烧器，在从热中子（钍燃料循环）到快中子（铀-钍燃料循环）的中子谱中都具有增殖能力。无论是燃烧还是增殖，MSR 在减少放射性有毒核废料方面都具有很大潜力。

研发的挑战包括开发类似于高温气冷反应堆的包覆颗粒燃料、高性能熔盐、专用的安全方法以及熔盐氧化还原电位测量和控制等。此外，在熔盐技术及相关设备方面还需要开展大量研发。

2.1.5　核能制氢系统对反应堆的要求

氢是二次能源，需要利用一次能源制备。在实现"双碳"目标的背景下，氢气的大规模制备必须利用清洁的一次能源，目前可选择的清洁能源包括核能（裂变和聚变）、太阳能、可再生能源（水电、地热、风能、生物质能）等。相对其他清洁新能源来说，核能的发展与应用较为成熟，已经有很多年成熟的商业运营经验，而且核能的产生过程不向环境排放温室气体和其他有害废物，为大规模制氢提供了新的可能。

2.1.5.1　制氢过程对核能体系的要求

除了核能本身的安全性、经济性要求外，利用核能制氢对反应堆还有以下几个方面的要求[8,9]：

① 反应堆冷却剂出口温度高。利用核热制氢的技术，如核能辅助的蒸汽重整、高温电

解和热化学循环分解水制氢等过程需要的温度范围分别为 $500\sim900℃$、$700\sim900℃$ 以及 $750\sim900℃$，要提高制氢效率，希望高温热源的温度尽可能高。因此，需要反应堆的最高输出温度能够和制氢过程的最高温度相匹配。

② 反应堆输出热的温度范围稳定。在制氢过程中所有涉及的高温化学反应都是分解反应，在近似恒温下操作。因此，要求反应堆出口温度波动范围很小，使制氢过程波动尽可能小。

③ 反应堆功率适宜。典型的核能应用的反应堆功率为 $100\sim1000$MWe，可以很好地适应大规模制氢过程和设施的规模。

④ 合适的压力范围。涉及的化学反应可在较低压力下完成，高压不利于所需的反应的完成。制氢过程与核能输送的接口也应该是低压氛围，以降低化学过程由高压带来的危险，并降低对高温材料的强度要求。

⑤ 核反应堆系统与制氢系统的隔离。核设施与化学设施应该分离开，以使一个设施中出现的扰动不至于影响另外一个。应使氚产生量尽可能小，并防止其进入制氢设施。

目前先进的核能制氢工艺包括蒸汽重整、高温电解以及热化学循环分解水制氢等技术，对反应堆的要求是相似的。

2.1.5.2 制氢过程需要的反应堆堆型

考虑到以上制氢过程对反应堆堆型的要求，可以对现有的反应堆体系进行改进，也可以研究发展新的反应堆体系用于制氢。美国 Sandia 国家实验室评估了可能适用于不同制氢工艺的反应堆，研究的类型包括压水冷却、沸水冷却、有机冷却、碱金属冷却、重金属冷却、气体冷却、融盐冷却等多种堆型。评价认为，氦气冷却堆、重金属（铅-铋）冷却堆和融盐冷却堆适用于核能制氢。

图 2-8 给出了不同制氢工艺过程需要的温度范围以及不同类型反应堆可提供的热源温度。由图可见，碘硫循环制氢所需温度约为 $750\sim900℃$，甲烷重整为 $550\sim900℃$，要达到较高的效率，就需要较高的温度。而在提供核热的反应堆中，只有高温气冷堆（HTGR）和超高温堆（VHTR）可以提供高达 850℃ 甚至更高的温度，满足高效核能制氢的要求。

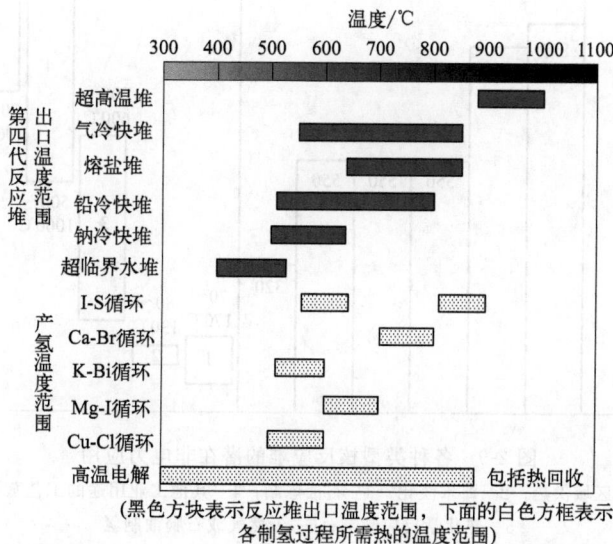

(黑色方块表示反应堆出口温度范围，下面的白色方框表示
各制氢过程所需热的温度范围)

图 2-8　不同制氢工艺过程需要的温度范围以及不同类型反应堆可提供的热源温度

2.1.5.3 高温气冷堆及其用于核能制氢的优势

在目前研发的堆型中，只有氦气冷却的超高温反应堆可以提供足够高的温度，来驱动制氢体系，尤其是热化学循环分解水工艺。高温气冷堆使用氦气作冷却剂，可用于高效发电，但在高温气冷堆概念提出及发展初期，就考虑了未来将其用于高温制氢工艺，主要是因为它具有以下优点[10]：

a. 高温陶瓷包覆燃料具有很高的安全性。

b. 可允许的冷却剂温度高，可达850～950℃。最高出口温度可以达到950℃，可以很好地与热化学循环过程的最高温度相匹配。

c. 可以与气体透平耦合发电，效率达48%以上。

d. 与热化学水分解循环过程耦合，制氢效率可以达50%以上。

由于这些特点，高温气冷堆一直被认为是最适用于核能制氢的堆型。此外，也考虑研发更新的堆型专门满足制氢的需要，如美国提出的先进高温反应堆，可采用液态金属冷却或者气体冷却。

2.2 核能制氢技术

除发电以外，核能在非电力领域也具有重要的应用，如海水淡化、制氢、区域供热、炼油、三次采油及煤气化等（见图2-9），其中核能区域供热和海水淡化已有诸多应用实例。近年来，随着石油精炼、石油化工等行业对高温蒸汽和氢气的需求不断增加，核能在这些领域巨大的应用潜力已逐步体现。钢铁、煤液化、液体燃料生产等行业减排的实现也需要大量清洁的蒸汽和氢气供应，还有许多其他工业部门（如造纸和纸浆、食品工业、汽车工业或纺织制造业）对不同温度的热力/蒸汽也有需求。这些应用都增加了对核能制氢及氢、电、热联产技术的需求。

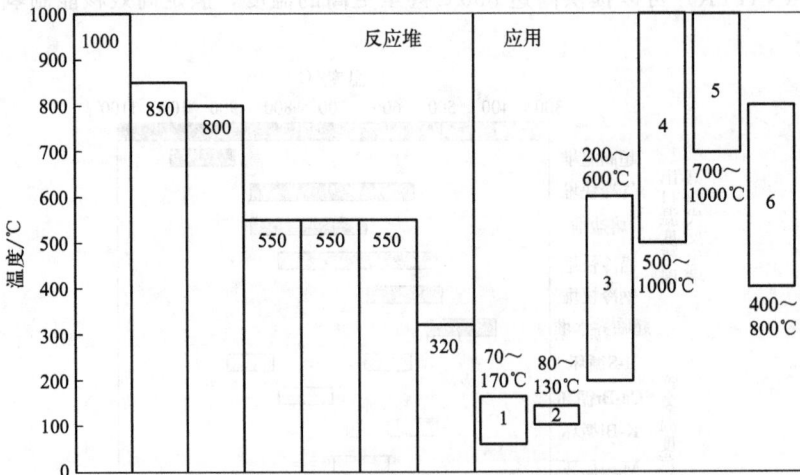

图 2-9　各种类型核反应堆的潜在非电力应用

1—区域供热；2—海水淡化；3—石油炼制；4—其他工业用途的工艺蒸汽；
5—热化学反应制氢；6—天然气或石脑油制氢

核反应的能量可以以热能、电能和辐射能的方式向外界提供，与不同制氢技术或工艺相结合，可以形成多种核能制氢技术。图2-10给出了核能到氢能的转换路线示意图。

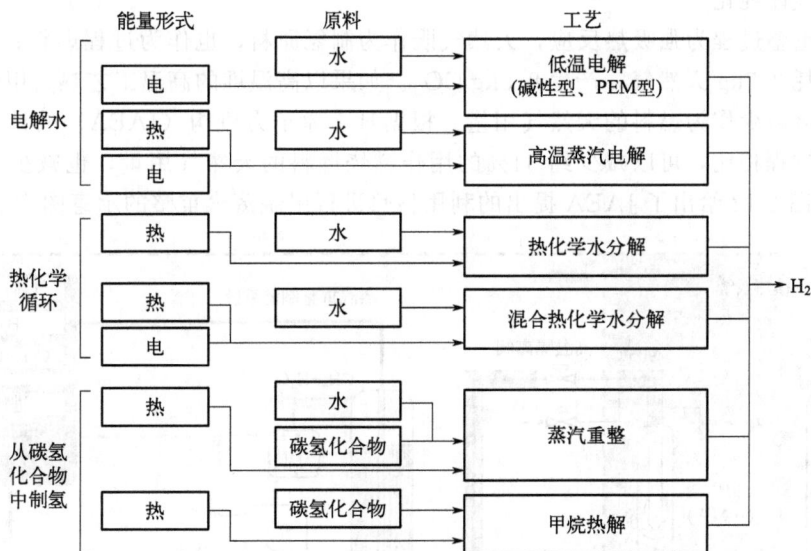

图 2-10   以核能为一次能源制氢的技术路线

按照能源利用的方式，核能制氢方法可分为核热辅助的核电低温电解、甲烷蒸汽重整、热化学循环分解水、混合循环、高温蒸汽电解等。

2.2.1   甲烷蒸汽重整

甲烷蒸汽重整过程包括蒸汽重整、部分氧化、自热重整、干重整以及甲烷裂解等。

蒸汽重整是最主要的甲烷制氢方法，已有近百年的工业应用历史。高温环境（典型条件为850℃、2.5~5MPa）中甲烷和水蒸气在催化剂作用下，转变为合成气（CO+H$_2$）。为提高氢气收率，可通过水气变换反应，使合成气中的CO与水进一步反应生成H$_2$和CO$_2$。该过程涉及的主要化学反应如下。

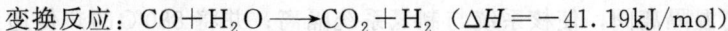

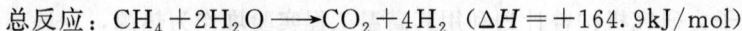

重整反应：$CH_4 + H_2O \longrightarrow CO + 3H_2$（$\Delta H = +206.29kJ/mol$）
变换反应：$CO + H_2O \longrightarrow CO_2 + H_2$（$\Delta H = -41.19kJ/mol$）
总反应：$CH_4 + 2H_2O \longrightarrow CO_2 + 4H_2$（$\Delta H = +164.9kJ/mol$）

图2-11是甲烷蒸汽重整制氢流程示意图。

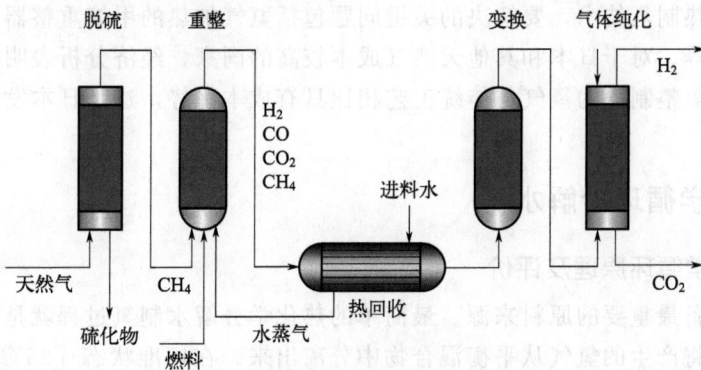

图 2-11   甲烷蒸汽重整制氢流程示意图

如图 2-11 所示，重整单元中的脱硫设备除去原料天然气中的含硫杂质，重整器中发生甲烷和水蒸气的催化重整反应，热交换器冷却产物并回收热量。在变换单元中发生变换反应，并完成气体纯化。

天然气重整过程为强吸热反应，天然气既作为制氢原料，也作为过程燃料；每生产 1kg 氢气大约消耗 3.5kg 天然气，产生 8.8kg CO_2。如果以高温堆的高温工艺热为甲烷重整的热源，可以显著减少作为燃料的天然气用量。根据日本原子力机构（JAEA）的计算，与传统的蒸汽重整过程相比，可以减少约 34％的用作燃烧燃料的天然气用量，也减少相应份额的 CO_2 排放。图 2-12 给出了 JAEA 提出的利用核热进行甲烷蒸汽重整的示意图[11]。

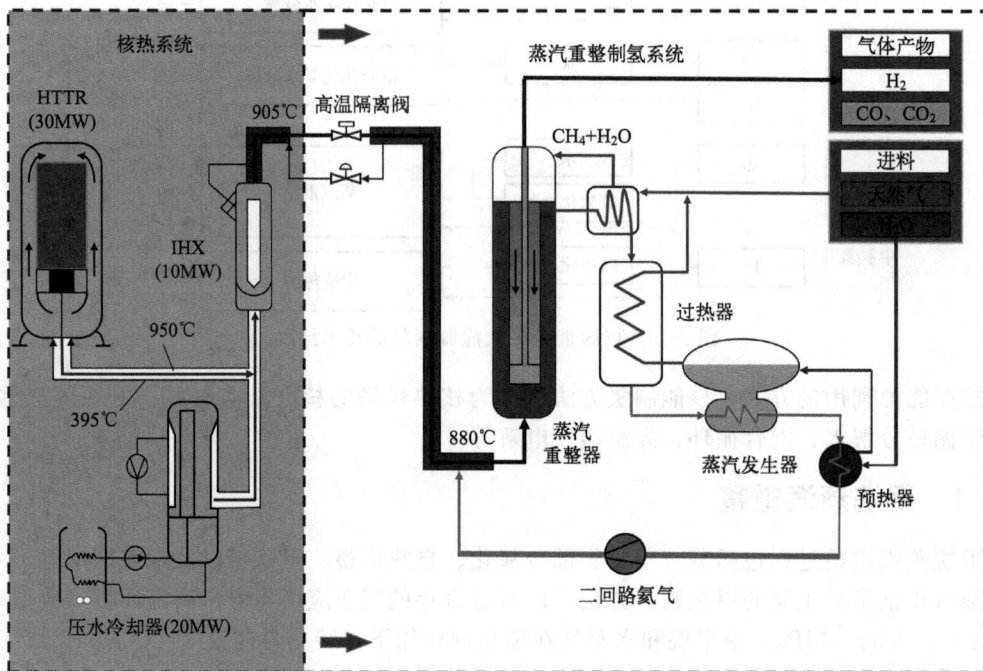

图 2-12　核能经蒸汽重整制氢流程示意图[11]

图 2-12 中左侧部分为核热系统，高温堆产生 950℃的高温热，经中间换热器（IHX）后温度降为 905℃，再经过高温隔离阀，使核系统与制氢系统隔离；并将 880℃的热传递到蒸汽重整制氢系统。日本原子力研究机构曾计划利用其高温工程实验堆作为热源，发展蒸汽重整技术制氢。由于该制氢系统采用传统的制氢技术，减少而不是消除 CO_2 的排放，所以代表的是近期的核热制氢技术，要解决的关键问题包括氢气加热的甲烷重整器研发、核系统与制氢系统的连接等。对于日本和其他天然气成本较高的国家，经济分析表明用核反应堆产生的热进行天然气重整制得的氢气与传统工艺相比具有成本优势，这是日本发展该项目的重要原因。

2.2.2　热化学循环分解水

2.2.2.1　热化学循环原理及评价

水是氢气制备最重要的原料来源。最简单的热化学分解水制氢过程就是将水加热到足够高的温度，然后将产生的氢气从平衡混合物中分离出来。在标准状态［25℃、1atm(1atm＝101325Pa)］下水分解反应的热化学性质变化如下：

$$H_2O(l) \longrightarrow H_2(g) + 1/2O_2(g)$$

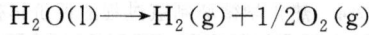

$$\Delta H = 285.84\text{kJ/mol}; \quad \Delta G = 237.19\text{kJ/mol}; \quad \Delta S = 0.163\text{kJ/(mol} \cdot \text{K)}$$

熵变是 ΔG 的温度导数的负值，且值很小。图 2-13 给出了水分解的热力学参数随温度的变化及常压下水分解体系中分子组成随温度的变化。由计算可知，直到温度上升到 4700K 左右时，反应的 Gibbs（吉布斯）自由能变才能为零。Kogan 等[12]研究表明，在温度高于 2500K 时，水的分解才比较明显，而在此条件下的材料和分离问题都很难解决。因此，水的直接分解在工程上基本是不可行的。

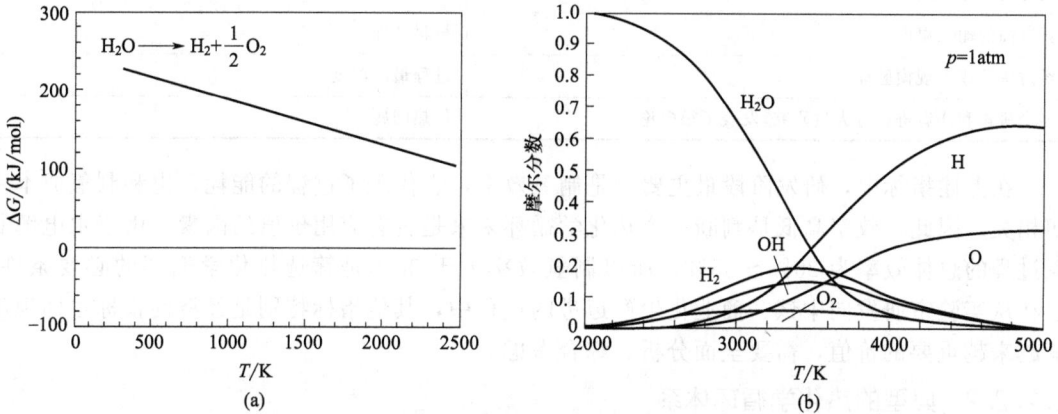

图 2-13 水分解反应热力学参数

Funk 和 Reinstrom 等于 1964 年最早提出了利用热化学循环过程分解水制氢的概念。引入新的可在过程中循环使用的反应物种，将水分解反应分成几个不同的反应，并组成如下所示的循环过程[13]：

$$H_2O + X \longrightarrow XO + H_2$$

$$XO \longrightarrow X + 1/2O_2$$

其净结果是水分解产生氢气和氧气：

$$H_2O \longrightarrow H_2 + 1/2O_2$$

各步反应的熵变、焓变和 Gibbs 自由能变化的加和等于水直接分解反应的相应值，而每步反应有可能在相对较低的温度下进行。在整个过程中只消耗水，其他物质在体系中循环，这样就可以达到热分解水制氢的目的，这就是热化学循环分解水制氢的原理。

热化学循环分解水的研究始于 20 世纪 60 年代末，七八十年代发表了大量的文献，提出了许多循环，过程包含的反应最少为 2 个，最多可达 8 个，大部分为 3～6 个。研究过程一般先通过热力学计算和理论可行性论证来寻找合适的化学反应；其次用实验证实可行性并对动力学过程进行评价；此外，对于过程中的关键反应步骤，需要材料验证实验；最后进行经济性评价。由于热化学循环种类繁多，美国和欧洲分别提出了对其优劣进行评价的准则和指标，如表 2-4 所示，包括制氢效率、化学反应步骤数量、各步反应转化率、分离过程、副反应、热利用、涉及元素与化合物的毒性、元素在地壳中的丰度、可用性、物质的流动性、是否涉及昂贵材料、成本、研发强度等[14-16]。

表 2-4　热化学循环制氢过程的评价指标

美国提出的理想热化学循环应具有的特征	欧洲 Ispra 项目提出的评价指标
过程高效且成本有优势	热效率
化学反应步骤最少	化学反应转化率
循环过程中分离步骤少	副反应
涉及元素毒性低	涉及的元素和化合物的毒性
涉及元素在地壳、海洋或大气中的丰度高	涉及化学物质的成本及可用性
尽量少用到昂贵的材料	材料分离
固态物流尽可能少	腐蚀问题
具有高的输入温度	材料处理
经过中等或大规模验证	过程最高温度
多个机构和作者进行过大量研究，发表了很多论文	传热问题

在上述指标中，研发阶段最重要的是制氢效率，它代表了过程的能耗，也和制氢成本密切相关，因此，效率高低是判断一个热化学循环未来是否有应用价值的因素。由于水电解制氢过程的总体效率为 26%～35%，所以制氢效率大于 35% 是筛选热化学循环的必要条件。但在从实验室研发向中试、商业化生产迈进的过程中，其他指标特别是经济性指标也体现出其越来越重要的价值，需要全面分析、综合考虑。

2.2.2.2　典型的热化学循环体系

按照涉及的元素和物料，热化学循环制氢体系可分为氧化物体系、含硫体系和卤化物体系。

氧化物体系是利用较活泼的金属与水反应，以及得到的氧化物再分解为金属的过程实现水分解的热化学循环体系，也可以利用不同价态的金属氧化物之间的转化实现这一目的。氧化物循环通常包括两个步骤：一是高价氧化物（MO_{ox}）在高温下分解成低价氧化物（MO_{red}），放出氧气；二是 MO_{red} 被水蒸气氧化成 MO_{ox} 并放出氢气。这两步反应的焓变相反。

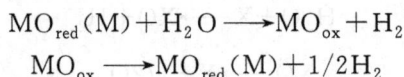

$$MO_{red}(M) + H_2O \longrightarrow MO_{ox} + H_2$$
$$MO_{ox} \longrightarrow MO_{red}(M) + 1/2H_2$$

研究的整比金属氧化物包括 Fe_3O_4/Fe_2O_3、Zn/ZnO、$Mn(III)/Mn(II)$ 等体系，这些氧化物分解反应温度高，一般都在 1400℃ 以上甚至更高，工业实施过程对材料的要求很高。相较而言，非整比氧化物因其分解温度较低，有可能在较温和的条件下实现分解水制氢。Kuhn 等[17]、Ehrensberger 等[18] 研究了 Fe_3O_4 中部分 Fe 被 Co、Mn 或 Mg 等取代后形成的 $(Fe_{1-x}Mn_x)_{1-y}O$ 固体材料对还原温度的影响。Kojima 等[19] 验证了太阳能用在 1000K 左右经两步反应分解水制氢中的可能，在 >1173K 时形成阳离子过剩的 (Ni、Mn) Fe 氧化物（或铁酸盐），在 <1073K 下分解水，但水分解反应仅由铁酸盐中不饱和氧引起，因此氢气产量较低。

金属氧化物经热化学循环分解水制氢时，氧化物的分解反应较快进行所需的温度较高，所以一般考虑与高温太阳能热源耦合，期望实现太阳能光热分解水制氢。这一类循环的显著优点在于步骤比较简单，氢气和氧气在不同步骤生成，因此不存在高温气体分离问题。但由于过程温度高，工程材料选择及物料输送方面都有很大难度。另外，在高低温转换、物料运输等过程实现连续操作较为困难，热量损失较多，导致热效率较低。

含硫体系是研究最广泛的一类热化学循环，基本都以硫酸吸热分解反应作为吸收高温热能的反应，其中研究最广泛的是碘硫（也称硫碘）循环。

碘硫循环由美国通用原子（GA）公司于 20 世纪 70 年代发明，且进行了大量研究，因此又被称为 GA 流程[20]。碘硫循环过程由以下三步反应组成：

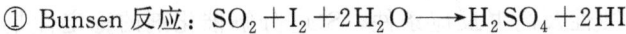

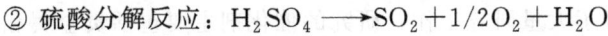

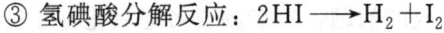

① Bunsen 反应：$SO_2 + I_2 + 2H_2O \longrightarrow H_2SO_4 + 2HI$

② 硫酸分解反应：$H_2SO_4 \longrightarrow SO_2 + 1/2O_2 + H_2O$

③ 氢碘酸分解反应：$2HI \longrightarrow H_2 + I_2$

三个反应的净反应为水分解反应：$H_2O \longrightarrow H_2 + 1/2O_2$

虽然碘硫循环过程原理比较简单，但在实际过程进行时由于反应热力学、动力学、分离特性等多方面的限制，要真正实现循环闭合及连续需要除三个反应外的多个分离单元。图 2-14 给出了一个典型的碘硫循环流程的组成单元。

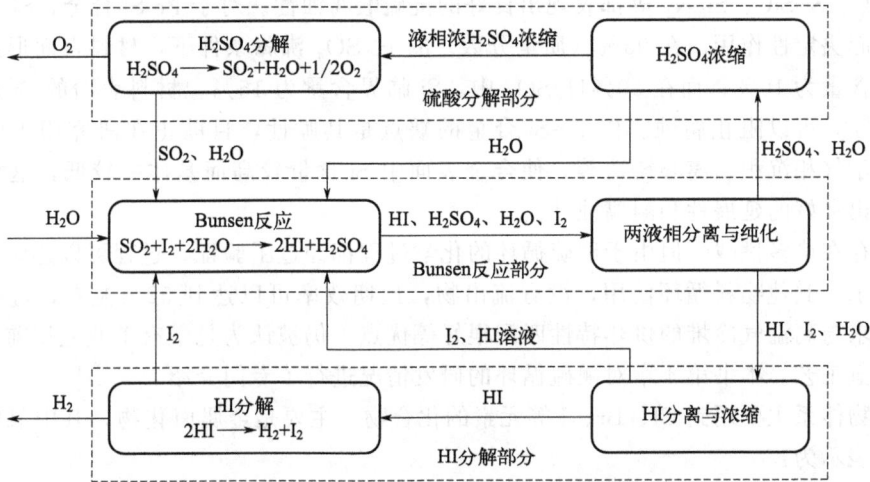

图 2-14　一个典型的碘硫循环流程的组成单元

按照涉及的三个反应，可将碘硫循环流程分为对应的三个单元。在 Bunsen 单元中，来自其他两个单元的碘、SO_2 与加入的水反应，生成硫酸和氢碘酸。GA 早期的研究发现，在过量碘存在的条件下，HI 酸和 H_2SO_4 由于溶剂化作用以及碘在这两种酸中溶解度的显著差异的作用下可以自发分离成两个互不相溶的液相，从而实现分离，然后分别进入后续单元。在硫酸分解单元，含有微量 HI 和 I_2 的硫酸通过逆 Bunsen 反应除去杂质，进一步浓缩到较高的浓度，然后经硫酸蒸发、分解及 SO_3 催化分解后生成 SO_2、O_2 和 H_2O；O_2 作为产物移出循环体系，SO_2 和 H_2O 则返回 Bunsen 反应部分继续作为产物参与反应。在氢碘酸分解单元，含有微量硫酸的 HI_x 相（即 $HI + I_2 + H_2O$）也同样先通过逆 Bunsen 反应除去杂质，经浓缩、从 HI_x 中分离 HI，HI 催化分解生成 H_2 和 I_2；H_2 作为产物移出循环，而 I_2 返回 Bunsen 部分继续参与反应，由此形成闭合循环。

碘硫循环的闭合连续稳定运行及实现过程高效制氢依赖于各单元的精密配合以及诸多关键基础和工艺问题的解决。

在 Bunsen 单元，循环过程返回的物料组成对产物相平衡和两相分离有重要影响。对反应物组成、温度、I_2 在 HI 中的溶解等因素对相平衡和相态的影响进行了系统研究，以期在反应后得到双水相，避免形成均相或者析出固体碘，影响流程连续运行。

在 HI 单元，由于 HI 和水可形成伪共沸（pseudo-azeotropic）体系（HI：$H_2O = 1:5$），常规的精馏方法难以得到高浓的 HI 酸或 HI 气体，大部分 HI 酸需要回流，导致热负荷增加，热效率降低。研究者们提出磷酸萃取、反应精馏、电解渗析等多种打破伪共沸的方法。此外，由于 HI 的分解反应速度慢、平衡转化率低，对高性能催化剂进行了大量研究，并提出用膜分离等方法提高平衡转化率。

在硫酸单元，由于物料的强腐蚀性及高温反应条件，SO_3 分解催化剂的稳定性是关键问题之一。对硫酸分解催化剂已进行了大量研究工作，研究的催化剂主要包括贵金属和金属氧化物两大类，前者需要解决载体因硫酸化作用失效的问题，后者则要考虑氧化物在长时间使用中的稳定性问题。

材料是碘硫循环需要解决的另一个重要问题。在整个碘硫过程中，H_2SO_4 在 400℃ 时的沸腾蒸发是腐蚀最严重的步骤。GA 和 JAERI 筛选了几种材料，包括 Fe-Si 合金 SiC、Si-SiC、Si_3N_4 等，研究了它们在浓度不同的硫酸蒸发和汽化条件下的抗腐蚀性能。含硅陶瓷材料如 SiC、Si-SiC、Si_3N_4 等都表现出良好的抗硫酸腐蚀性。对于 Fe-Si 合金，Si 含量对抗腐蚀性能起决定性作用。在 95%（质量分数）的 H_2SO_4 沸腾条件下，材料表面形成钝化层的临界硅含量为 10%；而在 50%H_2SO_4 中，Si 临界含量为 15%。材料表面的 Si 形成硅氧化物钝化膜，可以阻止腐蚀。但 Fe-Si 合金的缺点是其脆性，目前正在研究用表面修饰技术，如化学气相沉积、离心铸造等，使合金表面中 Si 含量较高而基体中较低，这样得到的材料表现出良好的延展性和耐腐蚀性。

尽管存在诸多挑战，但由于碘硫循环的化学过程都经过了验证，过程可以连续操作，只需要加入水，其他物料循环使用，没有流出物，预期效率可以达到 52% 左右，过程容易放大，热需求与高温气冷堆的供热特性匹配很好等优点，仍被认为是最有工业应用前景的热化学循环制氢工艺。本书第 4 章对碘硫循环的研发情况进行了专门介绍。

卤化物体系主要用到 Cl、Br、I 等元素的化合物，主要是金属卤化物，其中氢气的生成反应可以表示为：

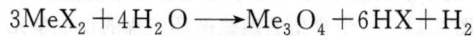

$$3MeX_2 + 4H_2O \longrightarrow Me_3O_4 + 6HX + H_2$$

Me 可以为 Mn 和 Fe，X 可以为 Cl、Br 和 I。

本体系中最著名的循环为日本东京大学发明的绝热 UT-3 循环[21]，金属选用 Ca，卤素选用 Br，循环过程包括如下四个化学反应：

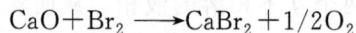

$$CaBr_2 + H_2O \longrightarrow CaO + 2HBr$$
$$CaO + Br_2 \longrightarrow CaBr_2 + 1/2O_2$$
$$Fe_3O_4 + 8HBr \longrightarrow 3FeBr_2 + 4H_2O + Br_2 \qquad \Delta G = 123.18kJ/mol$$
$$3FeBr_2 + 4H_2O \longrightarrow Fe_3O_4 + 6HBr + H_2 \qquad \Delta G = 134.51kJ/mol$$

美国 Argonne 国家实验室也对该过程进行了研究和发展，并称之为 "Calcium-Bromine" 循环，或 "Ca-Br 循环"[22]，以与最初的 UT-3 循环相区别。其主要特点是用电解法或冷等离子体法使 HBr 分解生成 H_2 和单质 Br_2，过程条件为温度约 100℃、气相、$\Delta G_T = +114.20kJ/mol$。

$$2HBr \xrightarrow{\text{电解}} H_2 + Br_2$$
$$2HBr + \text{冷等离子体} \longrightarrow H_2 + Br_2$$

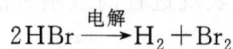

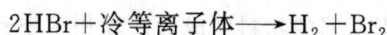

UT-3 循环的预期热效率为 35%～40%，如果同时发电，总体效率可以提高 10%；过程热力学非常有利；两步关键反应都为气-固反应，显著简化了产物与反应物的分离；整个过程中所用的元素都廉价易得，没有用到贵金属。过程只涉及固态和气态的反应物与产物，分离问题较少。但由于过程涉及固液反应，固体物料输送问题不易解决。另外，由于 CaO 和 $CaBr_2$ 在反应

过程中可能发生不可逆的晶型转变，造成有效物料的损失，近年来相关的研究报道已很少。

2.2.3 混合循环

混合循环过程是指热化学过程与电解反应的联合过程。混合过程为低温电解反应提供了可能性，而引入电解反应则可使流程简化。选择混合过程的重要准则包括电解步骤最小的电解电压、可实现性以及效率。研究的混合循环主要包括混合硫（HyS）循环[23,24]和铜氯（Cu-Cl）循环[25,26]。

2.2.3.1 HyS 循环

HyS 循环利用 SO_2 去极化电解分解水产生硫酸和氢气，利用高温热分解硫酸产生 SO_2 再用于电解反应组成循环，所需热和电可由太阳能（或核能）以热和电的方式提供，从而实现大规模无 CO_2 排放制氢。此外，利用 HyS 循环可将从煤燃烧、石油精炼等过程中回收的 SO_2 转化成需求不断增长的终端产品硫酸和氢气，具有良好的环境效益和经济效益。

HyS 循环由如下两步反应组成：

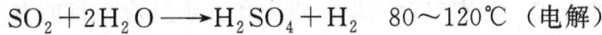

$$SO_2 + 2H_2O \longrightarrow H_2SO_4 + H_2 \quad 80 \sim 120℃ \text{（电解）}$$
$$H_2SO_4 \rightleftharpoons H_2O + SO_2 + 1/2O_2$$

总反应为：$2H_2O(l) + SO_2(aq) \longrightarrow H_2SO_4(aq) + H_2(g)$

其中第一步反应称为 SO_2 去极化电解反应（SDE），其半电池反应为：

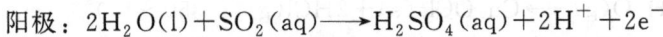

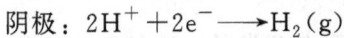

阳极：$2H_2O(l) + SO_2(aq) \longrightarrow H_2SO_4(aq) + 2H^+ + 2e^-$

阴极：$2H^+ + 2e^- \longrightarrow H_2(g)$

阳极反应标准电池电势 $E = -0.158V$（25℃），显著低于水电解的可逆电动势（-1.229V）。因此 SDE 可大幅降低水电解电压，实际条件下所需电能可降低 70%，显著提高制氢效率。

HyS 循环中的硫酸分解过程与碘硫循环完全相同，已经在碘硫循环的研究中进行了大量工作，因此 HyS 循环研发主要集中于 SDE 过程，核心是构建高性能、长寿命电解池并实现高效电解。1980 年以来开发了不同材料和结构的电解池，近年来随着燃料电池技术的快速发展，以质子交换膜（PEM）为隔离材料、膜电解组件（MEA）为主的电解池成为 SDE 的主导形式。其基本结构和电解反应如图 2-15 所示。

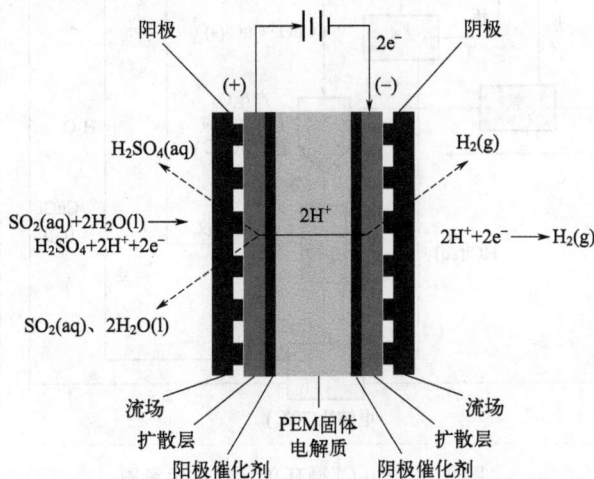

图 2-15 SDE 电解池基本结构和电解反应

美国萨凡纳河国家实验室（SRNL）和南卡罗来纳大学对 HyS 循环进行了大量研发，经优化后的电解池可在 0.7V 电压下操作，电流密度达到 $500mA/cm^2$。法国、日本、韩国以及欧洲的研究机构都开展了相关研究。国内清华大学开发了 SDE 电解池并成功验证了去极化电解过程。

目前 SDE 的性能和理论目标仍有较大差距，关键问题包括：a. SO_2 在阳极催化剂表面的氧化动力学受多种因素影响；b. SO_2 跨膜扩散到阴极后还原成 S 沉积在阴极表面，造成催化剂中毒；c. SDE 能耗与硫酸分解能耗的影响因素相互作用；d. Pt/C 催化剂的寿命/价格不能满足要求。

混合硫循环过程简单，制氢效率高，具有很好的工业应用前景，本书第 5 章对其进行了介绍。

2.2.3.2 Cu-Cl 循环

Cu-Cl 循环是另一类得到广泛研究的混合循环制氢工艺，利用铜和氯的化合物作为过程循环物质，实现水分解制氢的目的，相关研究主要在加拿大开展。

Cu-Cl 循环有三种方式，分别包含三步、四步和五步反应。目前典型的 Cu-Cl 循环由如下四步反应组成：

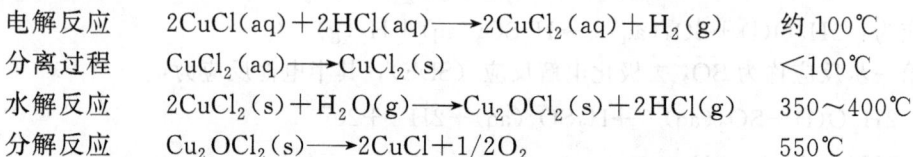

电解反应 $2CuCl(aq) + 2HCl(aq) \longrightarrow 2CuCl_2(aq) + H_2(g)$ 约 100℃
分离过程 $CuCl_2(aq) \longrightarrow CuCl_2(s)$ ＜100℃
水解反应 $2CuCl_2(s) + H_2O(g) \longrightarrow Cu_2OCl_2(s) + 2HCl(g)$ 350～400℃
分解反应 $Cu_2OCl_2(s) \longrightarrow 2CuCl + 1/2 O_2$ 550℃

Cu-Cl 循环过程的最高温度约 550℃，可以用加拿大重点开发的、冷却剂出口温度在 500～600℃ 的超临界水堆作为热源，利用热-电联合实现水分解，预期实现制氢效率为 43%，要显著高于反应堆发电-电解水制氢过程。

图 2-16 为 Cu-Cl 循环的单元组成示意图。

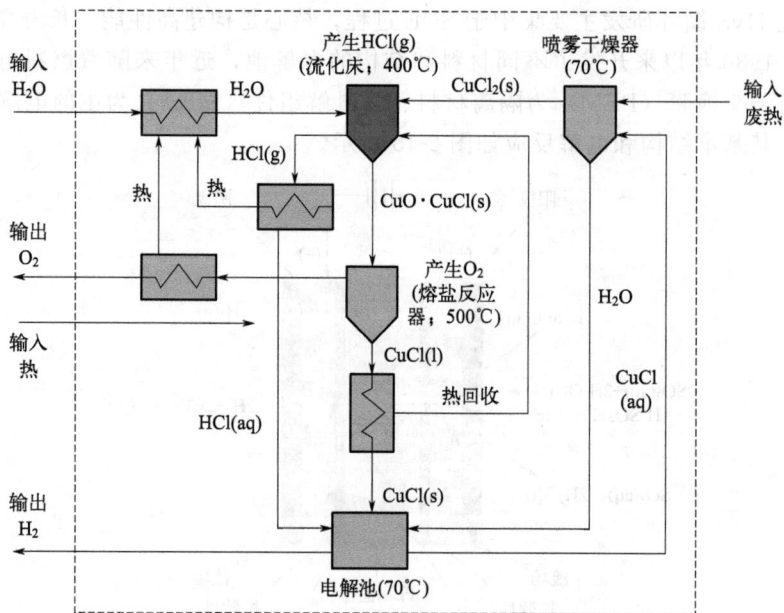

图 2-16 Cu-Cl 循环单元组成示意图

2.2.4 高温蒸汽电解[27,28]

电解技术适用于可以得到廉价电能或者需要高纯氢气的场合，电解反应需要大量的电能，取决于反应焓（或总燃烧热）、熵和反应温度。

$$H_2O \longrightarrow H_2 + 1/2O_2 \qquad -242 kJ/mol$$

分解的理想（可逆）电压为 1.229V。如果需要的能量以电的形式提供，需要的理论电势要增加 0.252V。由于实际过程不可逆和产生热量等原因，分解电势要更高。要达到较高的电解效率，过电势要尽可能小。典型的电解池电压为 1.85～2.02V，效率为 72%～80%。在标准条件下电解制氢的电能消耗约为 4.5kW·h/m³（标）。

在电解体系温度升高的情况下，水分解过程所需要的能量可以部分用热能来代替，减少电能消耗，因此整体效率有望提高。

高温电解过程中热力学参数变化如下：

$$\Delta H = \Delta G + T\Delta S$$

$$E = -\frac{\Delta G}{nF}$$

$$\Delta H = \Delta H_{298K} + \int_{298K}^{T} C_p \mathrm{d}T$$

$$\Delta S = \Delta S_{298K} + \int_{298K}^{T} \frac{C_p}{T} \mathrm{d}T$$

式中，ΔH 为反应焓变，J/mol，代表电解所需的总能量；ΔG 为反应的 Gibbs 自由能变，J/mol，对应电解所需电能；ΔS 为反应熵变，J/(mol·K)，$T\Delta S$ 对应高温热能；E 为不同温度下水的理论分解电压，V；n 为电子转移数，此处取值为 2；F 为法拉第常数；C_p 为不同气体的总等压摩尔热容，J/(mol·K)。

根据以上公式，可计算不同温度下各部分的能量大小，结果如图 2-17 所示。由图可见，电解所需电能 ΔG 随着温度升高而降低，水的理论分解电压也随之降低，热能所占比例增大。

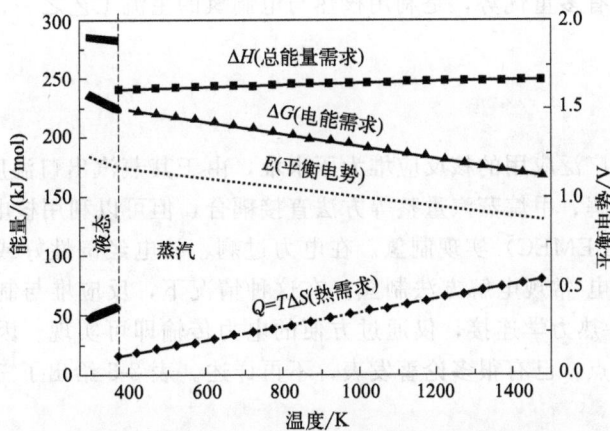

图 2-17 高温蒸汽电解过程所需能量与温度的关系

随着金属氧化物隔膜固体和氧离子传导电极的发展，高温水蒸气电解过程可以实现。高温电解主要是基于固体氧化物电解（SOEC）过程实现的，其原理如图 2-18 所示。

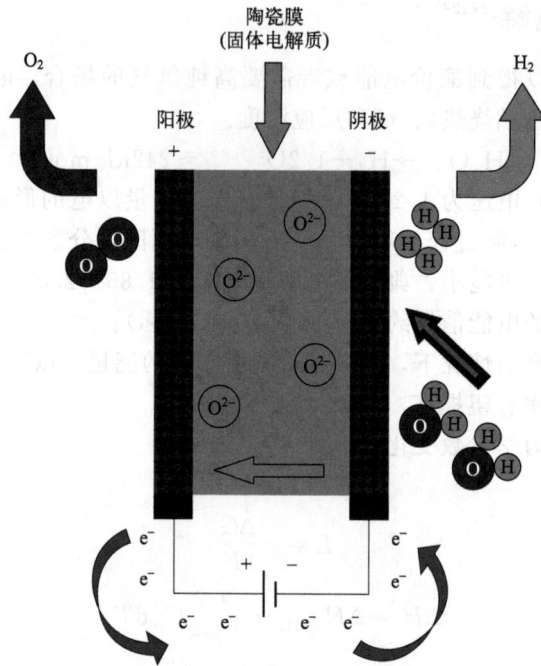

图 2-18　SOEC 过程原理图

SOEC 典型操作温度为 800℃，产氢耗电量为 3.5kW·h/m³（标）氢气。选择的金属氧化物隔膜为锆基陶瓷膜，在操作温度下氧离子传导率很高；在 1000℃ 下操作时耗电减少 30%。蒸汽高温电解的过程为固体氧化物燃料电池的逆过程，目前研究的目标是发展低成本、高效、可靠、耐用的电解池。

如果用高温气冷堆或者太阳能技术给系统提供高温热或低温热或蒸汽，电能消耗可以大幅降低，实现高温（800～1000℃）电解，其优点包括热力学上需要的电能减少，电极表面反应的活化能能垒易于克服从而提高效率，以及电解池中的动力学得到改善等。

高温蒸汽电解具有多重优势，是利用核热与电制氢的主流工艺之一，本书第 6 章对其进行了专门介绍。

2.2.5　水电解

如前所述，目前广泛应用的核反应堆为压水堆，由于其蒸汽出口温度约 320℃，难以与热化学循环、高温电解、甲烷蒸汽重整等方法直接耦合，但可以利用核电经碱性电解（AE）或质子交换膜电解（PEMEC）实现制氢。在电力过剩、核电经济性好或者需要高纯氢气的场合，可采用核能发电-常规电解方法制氢。在这种情况下，反应堆与制氢过程耦合不需要像其他方法那样流体-热力学连接，仅通过方便的电力传输即可实现。因为水电解制氢技术是目前制氢研究的热点，已有很多论著发表，不再详述。表 2-5 给出了三种主要电解制氢技术的对比。

表 2-5　三种主要电解制氢技术的对比

项目	AE	PEMEC	SOEC
电解效率/%	60～77（理论上可以达到 82）	62～77（理论上可以达到 84）	89（实验室） 90（理论上）

项目	AE	PEMEC	SOEC
操作温度/℃	80~90	60~80	700~900
能量消耗/[kW·h/m³(标)]	5.0~5.9	5.0~6.5	3.7~3.9
冷/热启动时间	1~2h/1~5min	5~10min/<10s	小时级/15min
负载弹性/%	30~100	0~100	0~100
使用寿命	10~20年(已验证)	5年(已验证) 10年(预测)	1年(已验证) 10年(预测)
应用场景	稳定能源,电源	可再生能源	稳定能源,电源
技术成熟度	商业化	初始商业化	研究阶段

2.2.6 核热辅助碳氢化合物及生物质转化制氢[29,30]

化石燃料和生物质都可以通过蒸汽重整或汽化转化为氢气和CO。煤制氢技术是煤清洁利用的重要途径之一,主要包括煤气化、煤焦化和煤的超临界水气化三种工艺。煤气化制氢成本最低,但存在大量碳排放,严重污染环境。若耦合CCS技术捕集CO_2实现清洁化制氢,成本会上升二倍左右。超临界水气化制氢技术环保性好,该技术在我国已进入示范工程阶段。随着CCS和超临界水气化技术不断成熟,"煤气化+CCS"和"超临界水煤气化制氢"有望为我国提供成本较低、环保性较好的氢源。

核热辅助的化石燃料重整主要由德国在20世纪70年代开展,名为PNP(Prototype Nuclear Process Heat)的项目主要开展了基于德国煤炭与核电结合的能源系统的发展、设计和建设。与常规工艺相比,核热与蒸汽重整或煤气化系统耦合是实现化石燃料转化为精制产品的经济的手段,可以节省化石燃料原料,并得到氢、SNG、氨、甲醇和其他液态燃料等具有较高价值的产品。

生物质是种类多样、来源广泛的可再生能源,可通过热解制氢;有机生物质也可以通过厌氧发酵产生富含甲烷的气体,再经过重整制氢。生物质中氢含量一般为6%~7%,其气化过程分两步进行:首先,生物质发生热裂解、可挥发物重整、焦油和木炭产生等过程;其次,产生的烃类气体和生物质中的碳与CO、CO_2、H_2、H_2O等反应产生更多的轻质气体。

碳氢化合物与生物质转化制氢都需要吸收大量能量,如果对反应堆的高温热进行梯级利用,实现制氢、发电和供热,则可在实现核能高效利用的同时,减少碳氢化合物与生物质制氢过程中的碳排放。

2.2.7 水辐射分解制氢

目前辐射在工业领域中已有广泛应用,如辐照灭菌、食品辐照、辐射治疗、聚合物生产、水资源修复等。不同类型的电离辐射(α、β、γ)与水的相互作用也可以产生分子氢。图2-19给出了水分子辐射分解过程示意图。如图所示,水分子通过激发和电离发生分解;电离形成H_2O^+阳离子和电子,阳离子与周围的水分子反应形成氢氧自由基·OH;部分激发的水分子分解形成氢自由基、氧自由基或氢分子和氧原子。因此,水辐射分解的产物包括e_{aq}^-、·H、·OH、H_3O^+、H_2和H_2O_2等。这些产物中的自由基、电子、氢原子等都具有较高活性,可继续发生反应,最后产物主要为H_2和H_2O_2。

水辐射分解反应的氢气产率较低,每吸收100eV的辐射能量,会有约4.1个水分子分解，有 0.41 个氢分子产生。这主要是由于辐射形成的物种的快速复合造成水的净分解产量不大，分子产物只能积累到一个较低的平衡浓度。如果可以形成防止辐射降解物种快速复合或促进化学平衡的物理条件，或存在储存能量的杂质，则氢气的净产率可以大幅提高。另外，吸收在不同固体表面的水辐射时的氢气产率会显著提高。

由于辐射的控制、防护、有效利用在工程上都有很多困难，而且目前以铀为主的核燃料中铀只有 α 放射性，能量很低，利用价值不高。其他放射源（如钴源）γ 射线虽然能量相对较高，但用于分解水也相对较弱，例如 γ 射线辐射纯水，分子产物浓度只有 $10^{-6} \sim 10^{-5}$ mol/L。综上可见，利用核辐射能很难实现规模制氢。

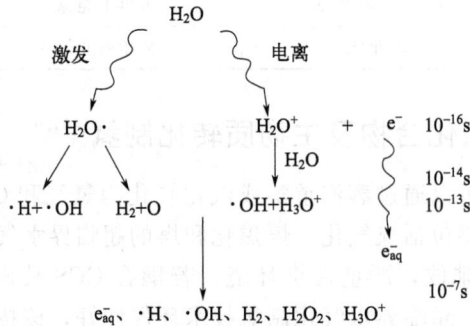

图 2-19　水分子辐射分解过程示意图

2.3　核能系统与制氢技术的集成

如上所述，利用核反应堆产生的热和/或电，通过热化学循环分解水、高温电解、常规电解以及核热辅助的羰基燃料重整等过程，可以实现氢气的制备，减少甚至消除 CO_2 排放。原则上任何类型和规模的核反应堆都可以用作制氢的能量来源，国际上也已经提出了若干种核反应堆与不同制氢技术耦合的概念，将不同类型的反应堆与不同特征的制氢方法相匹配，组成制氢系统来实现高效制氢。

核能制氢系统一般包括三个或四个功能单元：反应堆、中间换热器、发电厂、制氢厂。最容易实现的核能制氢系统是核电厂与常规碱性电解联合制氢，但从热到氢转换的总体效率比较低。其他方案包括用反应堆的核热进行碳氢化合物重整、用反应堆热和/或电驱动热化学循环分解水和混合循环分解水等。由于不同类型的反应堆的出口温度、功率、冷却剂特性等不同，需要跟不同制氢方法的需求进行匹配，以实现高效制氢。

甲烷蒸汽重整、热化学循环、高温电解等核能制氢技术都需要较多的换热设备或化工反应器，这些设备必须在高达 900℃ 的温度、4MPa 压力以及腐蚀性流体等使用条件下保持良好的性能和足够的使用寿命，同时不用昂贵的材料。虽然 SMR 已经是工业上成熟的技术并有广泛应用，但在利用核热作为热源时，需要考虑反应堆与制氢厂耦合带来的许多新的安全设计及操作要求。例如，在一个高温堆甲烷重整制氢系统中，二回路氦气和工艺气体的压力差就是一个重要问题，重整器中的反应管形成高温堆二回路氦气与甲烷和蒸汽混合物组成的工艺气体间的压力边界，因此反应管壁厚必须能够承受两者的最大压差，包括稳态操作条件以及启停、热源/热阱丧失等非正常操作条件。

由于传统的水堆冷却剂出口温度相对较低，只能通过发电再进行电解实现制氢。近期内使用核电通过电解生产氢气可能是一个可行的选择，特别是对于使用非高峰电力的分布式氢气生产。美国、日本和其他国家正在探索利用该方法生产氢气。本节讨论的核氢系统主要是基于出口温度较高的第四代核能系统展开的。表 2-6 列出了第四代反应堆堆型与制氢技术的匹配。

表 2-6　第四代反应堆堆型与制氢技术的匹配

制氢技术	第四代反应堆堆型（出口温度）					
	SFR (723K)	LFR (723~1000K)	SCWR (823K)	CFR (1023K)	VHTR (1223K)	MSR (973K)
碱性电解水	是	是	是	否	否	是
高温蒸汽电解	否	否	否	是	是	是
碘硫循环	否	否	否	是	是	否
混合硫循环	否	否	否	是	是	否
铜氯循环	否	否	是	是	是	是
天然气重整	否	否	否	是	是	是
煤气化	否	否	否	是	是	是

利用核能大规模生产氢气的高效技术主要包括以下几类：提高温度（473K）下的碱性电解、1000K 以上温度下的高温蒸汽电解、碘硫热化学循环分解水、混合硫循环、铜氯循环、核热辅助的天然气重整、煤气化等。根据这些制氢技术所需的输入热的温度范围，可以与不同类型的反应堆耦合。在中间温度（低于 900K）下产生热量的核反应堆 SFR、LFR、SCWR、MSR 可以驱动在高温、加压条件下运行的大型碱性水电解制氢厂；蒸汽电解可以与中高温和超高温核反应堆（如 MSR、GFR 和 VHTR）耦合；碘硫循环和混合硫循环仅与 GFR 和 VHTR 兼容；铜氯循环可以与 SCWR、MSR、GFR 以及 VHTR 耦合；天然气重整和煤气化过程可利用 MSR、GFR 和 VHTR 的热。本节将对几种典型的核反应堆-制氢技术集成进行讨论。

2.3.1　核反应堆系统与天然气和煤转化制氢技术的集成

尽管煤和天然气的使用会产生 CO_2 排放，但在一定时期内仍将继续使用。天然气重整制氢涉及的反应主要是甲烷和蒸汽在高温下的吸热反应：

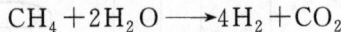

$$CH_4 + 2H_2O \longrightarrow 4H_2 + CO_2$$

在温度高于 900K 的条件下反应转化率才会比较高。

煤气化制氢的总反应如下：$C + 2H_2O \longrightarrow 2H_2 + CO_2$

天然气重整和煤气化制氢都产生大量的 CO_2 排放，部分来自原料中碳的转化，部分来自化石燃料燃烧。如果以核反应堆产生的高温热为热源，可以减少由燃料燃烧产生的 CO_2 排放。据测算，在用核热辅助的情况下，生产同样氢气的 CO_2 排放可以减少 1/3 以上，相关工作主要在德国和日本开展[31]，研发了中试规模的关键设备并进行了实验。

尽管甲烷蒸汽重整工艺可以与 GFR、VHTR 和 MSR 耦合制氢，仍需要通过研发高性能重整设备、更高活性的催化剂、氢气分离膜技术等提高转化率，增强经济性。VHTR 由于其出口温度更高，可以得到更高的转化率，被认为是最合适的堆型。

在用 VHTR 辅助供热的情况下，蒸汽可以通过中间换热器提高温度后进入重整器，也可以利用氦气回路给蒸汽发生器和蒸汽甲烷重整反应器加热供给工艺过程所需要的热。图 2-20 为 VHTR 和 MSR 过程耦合制氢的示意图。本部分研究将在本书第 7 章中进一步介绍。

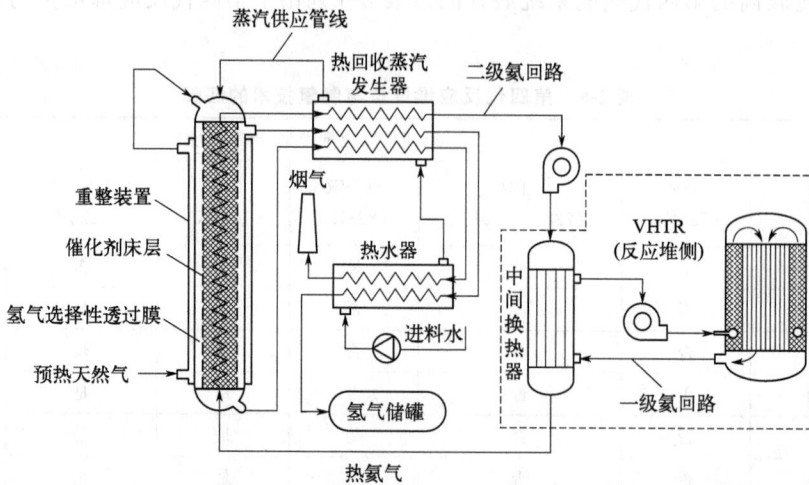

图 2-20　VHTR 和 MSR 过程耦合制氢的示意图

2.3.2　核能与高温蒸汽电解的结合

高温蒸汽电解过程比较简单，运行温度在 923～1223K 范围内，供热温度与之相匹配的反应堆类型为 VHTR、SFR 和 MSR。同样，由于 VHTR 出口温度高，可以得到更高的热效率，目前提出的耦合方案大都是基于 VHTR[32]。

由于高温蒸汽电解过程的能源供应仍然以电能为主，所以匹配的总体方案设计以氢电联产为主。图 2-21 为利用高温蒸汽电解工艺的氢电联产的核电站概念示意图，主要包括三个单元：VHTR、以氦为工质的布雷顿循环发电系统、高温蒸汽电解单元。

来自反应堆的氦气首先通过 IHX 将热量传递到二级氦回路，在二回路中氦气加热蒸发器并将蒸汽过热供给 HTSE（高温蒸汽电解）过程。

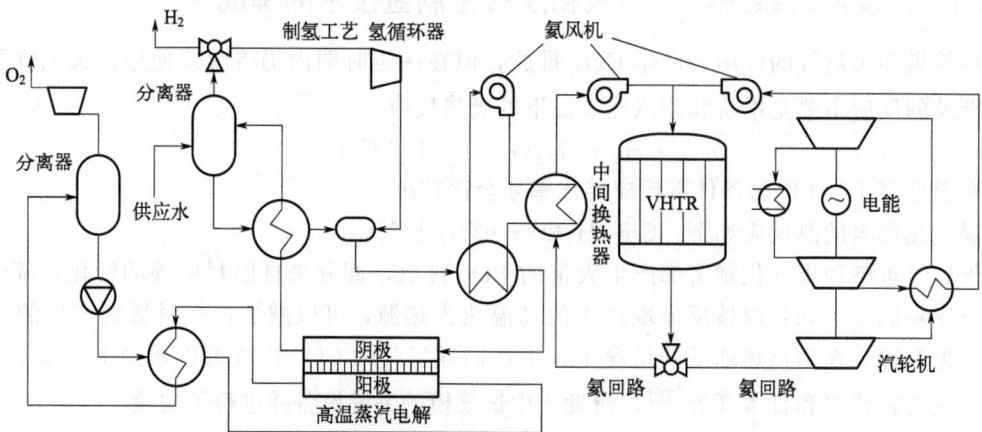

图 2-21　反应堆耦合高温蒸汽电解发电制氢的概念系统

一个典型的 HTSE 的模拟工厂参数如下：

① VHTR 输出温度：1223K。

② 高温电解工艺温度：1100K。

③ 发电：312MW。

④ 为 HTSE 工艺供电：292MW。

⑤ 热能传递到 HTSE：68MW。

⑥ 基于 LHV 的制氢效率：46%。

2.3.3　VHTR 与 I-S 循环结合

碘硫热化学循环分解水制氢技术是研究最深入的热化学制氢工艺。由于硫酸分解工艺需要在 800℃ 以上进行时才能有高制氢效率，而且其能量需求以高温热为主，所以被认为是用超高温气冷堆大规模制氢的最优流程之一。

超高温气冷堆与碘硫循环的耦合过程相对比较简单，利用中间换热器将高温堆产生的热引出，在二回路中氦气可梯级利用，分别加热硫酸分解器、氢碘酸分解器和蒸汽发生器。蒸发器既可以产生蒸汽为碘硫循环供热，也可作为安全调节设备。

多个研究机构都提出过 VHTR 与碘硫循环耦合制氢的概念方案。由日本原子力机构（JAEA）提出的一个典型耦合方案示意图如图 2-22 所示[33]。

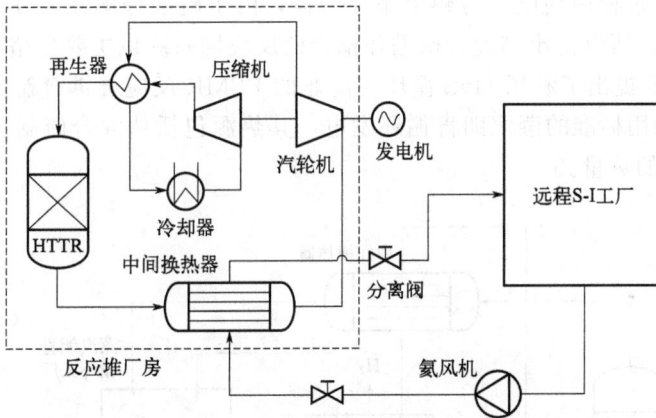

图 2-22　JAEA 开发的 VHTR 与 S-I 循环耦合制氢的概念方案（GTHTR-300C）

JAEA 提出的两种超高温气冷堆氢电联产方案的参数如表 2-7 所示，可依据应用端对氢、电、热的不同需求进行调整。

表 2-7　JAEA 的两种超高温气冷堆氢电联产方案的参数

参数	GTHTR-300C	GTHTR-300H
氢气产量	60t/d	120t/d
产氢净效率	约 42%	约 40%
发电量	175MW	35MW
总产热量	395MW·h	540MW·h

在 JAEA 的方案中，碘硫循环制氢厂与 GTHTR-300C 反应堆通过中间换热器和氦风机耦合。流出和返回反应堆的冷热氦气的温度分别为 950℃ 和 490℃；从反应堆出来的高温氦气首先通过 IHX（中间换热器），降温到 850℃，然后在涡轮机中膨胀，温度降低到 590℃；然后进一步冷却到 27℃ 后再压缩，之后氦气温度达到 223℃。在蓄热式热交换器中，该物流

被加热到 490℃ 后进入反应堆。

二回路中从 IHX 出来的高温氦气温度为 900℃，进入碘硫循环制氢厂中的 SO_3 分解器，此时温度约为 870℃（流体输送过程中的温度损失估计为 30℃）；然后依次通过硫酸蒸发器和 HI 分解器，温度降为 477℃。

GTHTR-300H 设计中采用了直接布雷顿循环用于发电，压力比为 1.5～2，氦气压力为 5.1MPa，发电效率范围为 38%～47%，制氢过程采用基于电渗析技术的 HI 蒸馏工艺的碘硫循环实现高效制氢。

除 JAEA 外，欧洲的 RAPHAEL 和 HYTHEC 项目、美国 DOE-NERI 和 GA 公司等都提出过 VHTR 耦合碘硫循环制氢的方案，其基本思想与上述方案相似，只在规模、产品结构、热利用参数、具体布置方面有所不同。

清华大学提出了超高温气冷堆与碘硫循环制氢技术耦合实现氢、电、热联产的方案，并进行了效率、有效能等方面的分析，详见本书第 8 章。

2.3.4 VHTR 与 HyS 循环耦合

混合硫循环由硫酸分解和 SO_2 去极化电解两步反应组成，其中硫酸的高温分解用到高温工艺热，而 SDE 过程用到电。与碘硫循环一样，由于硫酸分解需要在 800℃ 以上才能以较高的转化率进行，所以提出与混合硫循环耦合的反应堆系统也主要是超高温气冷堆。西屋电气和 Shaw 集团曾提出了利用 HyS 循环与南非的 PBMR 反应堆耦合制氢的概念方案[34]，如图 2-23 所示。采用标准的蒸汽朗肯循环发电，其热源包括从混合硫制氢厂回收的热量和来自中间热交换器的热量。

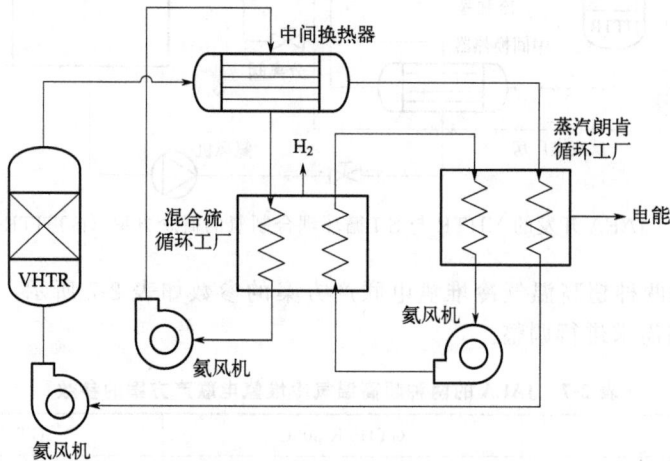

图 2-23 采用混合硫工艺和 PBMR 制氢的综合工厂

基于 PMBR 的混合硫（HyS）制氢厂包括 VHTR、IHX、三个氦气回路和 HyS 单元，四个 PBMR/HyS 模块连接一个蒸汽朗肯循环。PBMR 反应堆产生 500MW 热，同时将主回路中的氦气从 700K 加热到 1223K，在 IHX 中来自主回路的氦气温度降低到 1020K。由于传热到朗肯循环，氦气温度降低到约 700K。500MW 的热输出中大约 195MW 通过二次氦回路被转移到 HyS 工艺，热端温度为 1173K，冷端温度为 970K。从 HyS 制氢单元排出的低品位热量（约 100MW 热能）被回收并转移到发电厂。

在 PBMR 制氢的设计中，每个 HyS 单元使用约 54MW 的电能。发电厂单元产生约

600MW 的电能，效率高于 38%。总发电量的约 62% 输送到电网，其余部分用于制氢过程（包括辅助设备）。这样总产氢率约为 20t/d，输出电功率为 380MW。每个工厂的四个反应堆产生的总热量输入为 2.4GW。

2.3.5 SCWR 与 Cu-Cl 循环耦合

铜氯循环也是一种同时用到热和电的混合循环，其最高反应温度发生在 Cu_2OCl_2 的热分解环节。这个温度的热需求与超临界水堆可提供的热的温度匹配很好，因此加拿大对这一流程进行了重点开发。图 2-24 是加拿大安大略理工大学提出的 SCWR 与 Cu-Cl 循环耦合的概念流程示意图[35]。

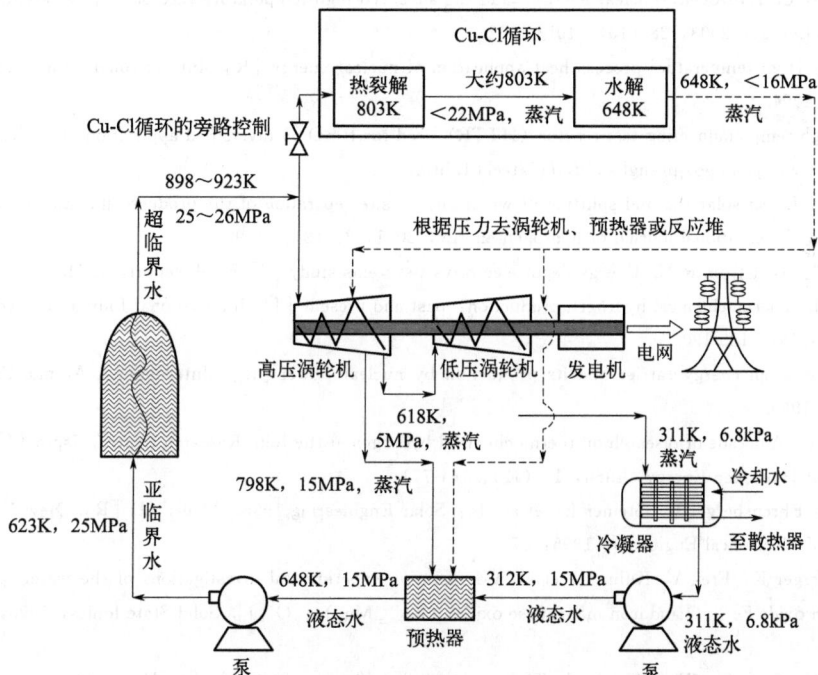

图 2-24　SCWR 与 Cu-Cl 的循环和再热朗肯循环进行热交换的流程图

提出的总体设计方案为氢电联产，发电系统采用蒸汽朗肯循环，带有单再热系统，使用预热器和两个涡轮机。在所提出的系统中，SCWR 出口处的超临界水流的一部分通过旁路控制阀输送到铜氯热化学制氢厂。该物流依次通过铜氯循环中的热解反应器（800K）和水解反应器（640K），为热解和水解过程提供热源。在将热量传递给制氢过程后，超临界水流温度和压力分别降低为 648K、16MPa，然后通过高压透平或预热器继续用于朗肯循环。

通过上述核氢系统集成方案，可进行核能单独产氢或是氢电联产，实现核能大规模制氢的目的。

参 考 文 献

[1]　Naterer G F, Dincer I, Zamfirescu C. Nuclear Energy and its Role in Hydrogen Production. In: Hydrogen Production from Nuclear Energy, vol 8 [M]. London: Springer, 2013. https://doi.org/10.1007/978-1-4471-4938-5_2.

[2]　Stanculescu A G. GIF R&D outlook for generation IV nuclear energy systems [C]. GIF, 2009.

[3]　Generation IV international forum [Z/OL]. GIF, 2011. http://www.gen-4.org.

［4］ Generation Ⅳ nuclear energy systems ［Z/OL］. Department of Energy，2011-10. http：//www. ne. doe. gov/genⅣ/neGenⅣ3. html.

［5］ Generation Ⅳ roadmap final system screening evaluation methodology R&D report ［R］. The nuclear energy research advisory committee and the generation Ⅳ international Forum，2002.

［6］ USDOE & GIF. Technology road-map update for generation Ⅳ nuclear energy systems ［R］. NEA：Organisation for Economic Co-Operation and Development，Nuclear Energy Agency，Generation Ⅳ International Forum，Le Seine Saint-Germain，12 boulevard des Iles，F-92130 Issy-les-Moulineaux （France），2014.

［7］ Şahin Sümer，Şahin Haci Mehmet. Generation Ⅳ reactors and nuclear hydrogen production ［J］. International Journal of Hydrogen Energy，2021，46 （57）：28936-28948.

［8］ Summers W A，Buckner M R. Infrastructure and economics analysis of nuclear hydrogen production ［J］. Global，2003，16-20：1521-1522.

［9］ Forsberg W C. Hydrogen，nuclear energy，and the advanced high-temperature reactor ［J］. International Journal of Hydrogen Energy，2003，28 （10）：1073-1081.

［10］ Wang D. High temperature process heat application of nuclear energy ［R］. International Atomic Energy Agency，Vienna，1994.

［11］ Jaeri. High-temp engineering test reactor （HTTR） used for R&D on diversified application of nuclear energy ［R］. http：//www. jaeri. go. jp/english/ff/ff45/tech01. html

［12］ Kogan A. Direct solar thermal splitting of water and on-site separation of the products-Ⅱ. Experimental feasibility study ［J］. International journal of hydrogen energy，2001，23 （2）：89-98.

［13］ Funk J E，Reinstrom R M. Energy depot electrolysis systems study ［C］. Final Report，1964.

［14］ Funk E J. Thermochemical hydrogen production：past and present ［J］. International Journal of Hydrogen Energy，2001，26 （3）：185-190.

［15］ Hydrogen as an energy carrier and its production by nuclear power ［R］. International Atomic Energy Agency，Vienna，1999.

［16］ Beghi G E. A decade of research on thermochemical hydrogen at the Joint Research Centre，Ispra ［J］. International Journal of Hydrogen Energy，1986，11 （12）：761-771.

［17］ Kuhn P，Ehrensberger K，Steiner E，et al. In：Solar Engineering 1995，Maui，HI ［R］. New York：American Society of Mechanical Engineers，1995：375.

［18］ Ehrensberger K，Frei A，Kuhn P，et al. Comparative experimental investigations of the water-splitting reaction with iron oxide $Fe_{1-y}O$ and iron manganese oxides $(Fe_{1-x}Mn_x)_{1-y}O$ ［J］. Solid State Ionics，1995，78 （1）：151-160.

［19］ Kojima M，Sano T，Wada Y，et al. Thermochemical decomposition of H_2O to H_2 on cation-excess ferrite ［J］. Journal of Physics and Chemistry of Solids，1996，57 （11）：1757-1763.

［20］ Norman J H，Besenbruch G E，Brown L C，et al. Thermochemical water-splitting cycle，bench-scale investigations，and process engineering . final report，1981 ［R］. United States，1982.

［21］ Yoshida K，Kameyama H，Aochi T，et al. A simulation study of the UT-3 thermochemical hydrogen production process ［J］. International Journal of Hydrogen Energy，1990，15 （3）：171-178.

［22］ Doctor R D，Wade D C，Mendelsohn M H. STAR-H_2：A calcium-bromine hydrogen cycle using nuclear heat ［J］. American Institute of Chemical Engineers （AlChE'02），2002：10-14.

［23］ Weirich W，Knoche K F，Behr F，et al. Thermochemical processes for water splitting—Status and outlook ［J］. Nuclear Engineering and Design，1984，78 （2）：285-291.

［24］ Goossen J E，Lahoda E J，Matzie R A，et al. Improvements in the Westinghouse process for hydrogen production ［J］. Global，New Orleans，2003：1509-1513.

［25］ Naterer G，Suppiah S，Lewis M，et al. Recent Canadian advances in nuclear-based hydrogen production and the thermochemical Cu-Cl cycle ［J］. International Journal of Hydrogen Energy，2009，34 （7）：2901-2917.

［26］ Naterer G，Suppiah S，Stolberg L，et al. Canada's program on nuclear hydrogen production and the thermochemical Cu-Cl cycle ［J］. International Journal of Hydrogen Energy，2010，35 （20）：10905-10926.

［27］ 张文强，于波，陈靖，等. 高温固体氧化物电解水制氢技术 ［J］. 化学进展，2008 （5）：778-787.

［28］ Dalgaard S E，Højgaard S J，Anne H，et al. High temperature electrolysis in alkaline cells，solid proton conducting cells, and solid oxide cells [J]. Chemical reviews, 2014, 114 (21): 10697-10734.

[29] Verfondern K. Nuclear energy for hydrogen production [M]. Forschungszentrum Jülich GmbH, 2007.

[30] Yan L X, Hino R. Nuclear hydrogen production handbook [M]. Taylor and Francis: CRC Press, 2011.

[31] Ohashi H, Inaba Y, Nishihara T, et al. Performance test results of mock-up test facility of HTTR hydrogen production system [J]. Journal of Nuclear Science and Technology, 2004, 41 (3): 385-392.

[32] Varrin R D, Reifsneider K, Scott D S, et al. NGNP hydrogen technology down selection [R]. Idaho National Laboratory, 2011.

[33] Sakaba N, Kasahara S, Onuki K, et al. Conceptual design of hydrogen production system with thermochemical water-splitting iodine-sulphur process utilizing heat from the high-temperature gas-cooled reactor HTTR [J]. International Journal of Hydrogen Energy, 2007, 32 (17): 4160-4169.

[34] Elder R, Allen R. Nuclear heat for hydrogen production: Coupling a very high/high temperature reactor to a hydrogen production plant [J]. Progress in Nuclear Energy, 2008, 51 (3): 500-525.

[35] Wang Z, Naterer G F, Gabriel K S. Thermal integration of SCWR nuclear and thermochemical hydrogen plants [C]//2. Canada-China joint workshop on supercritical-water-cooled reactors (CCSC-2010). Toronto, Ontario, Canada: Canadian Nuclear Society, 2010.

高温气冷堆是以氦气作为冷却剂、石墨作为慢化剂，采用包覆燃料颗粒和全陶瓷堆芯结构材料的一种先进反应堆。高温气冷堆不仅具有良好的固有安全性，而且堆芯出口温度可达 700～950℃，在高效发电、热电联产、核能制氢等诸多方面都有广泛的应用前景[1]。本章首先回顾高温气冷堆技术的发展历程，然后介绍高温气冷堆的主要系统和技术特点，最后总结高温气冷堆制氢的优势。

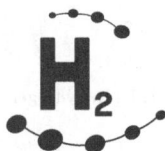

3.1 高温气冷堆技术的发展历程

高温气冷堆技术是从早期的气冷堆发展而来的，先后经历了改进型气冷堆、高温气冷堆等阶段，最后发展为今天具有固有安全性的模块式高温气冷堆。

3.1.1 早期及改进型气冷堆

跟水冷堆和液态金属冷却堆相比，气冷堆具有以下特点：首先，气体冷却剂在整个一回路系统内不会发生相变，因而使得堆芯和结构的设计更为灵活；其次，使用气体冷却剂的反应堆，除了连接蒸汽发生器采用朗肯循环外，也可以采用气体直接循环的方式，这样不需要二回路，简化了系统布置。此外，气体冷却剂对中子几乎是透明的，它不吸收中子，从而提高了中子的经济性。因此，气冷堆也是核能发展过程中人类最早研发的几种堆型之一。

早期气冷堆被称为镁诺克斯（Magnox）型气冷堆，其特点是采用石墨慢化、二氧化碳冷却、天然金属铀作燃料，并以镁合金作为燃料包壳[2]。由于石墨材料的热中子吸收截面非常小，因而可以直接采用天然铀作为燃料，无需复杂的铀浓缩技术。但是石墨的慢化能力较弱，因此，镁诺克斯型反应堆的体积通常较大，功率密度较低。

从 1956 年英国建造的第一座镁诺克斯型气冷堆——50MW 电功率的卡特霍尔（Calder Hall）核电站起，到 20 世纪 70 年代，镁诺克斯型反应堆在欧洲得到了广泛的发展，英、法等国家相继建造了 30 余座这种类型的反应堆，总电功率约为 7500MW[3]。镁诺克斯型气冷堆总体运行情况良好，可利用率较高，对核能早期进入商用化市场起了很大作用。

在镁诺克斯型气冷堆发展的过程中，堆芯出口温度从 345℃ 提高到 400℃，热效率也从 19.1% 提高到 30%[2]。但是，由于镁诺克斯型反应堆采用的金属铀和镁合金包壳不能耐受更高的温度，因此限制了该类型反应堆热效率的进一步提高。

后来，英国科学家对镁诺克斯型反应堆进行了改进，发展出改进型气冷堆（AGR）。改进型气冷堆的慢化剂仍为石墨，冷却剂依然为二氧化碳，但是将燃料包壳的材料由镁合金替换为不锈钢。采用不锈钢包壳后可使反应堆的出口温度达到 670℃，电站的热效率提高到 40%[2]。不过，由于不锈钢材料对中子的吸收截面较大，因而无法采用天然铀作为燃料，所以改进型气冷堆通常采用具有一定富集度的 UO_2 作为燃料。1963 年，英国在温茨凯尔建造了电功率为 34MW 的原型堆。之后，从 1976 年至 1988 年，运行的改进型气冷堆共有 14 座，总电功率约 9000MW[3]。

3.1.2 高温气冷堆简介

由于二氧化碳在温度超过 670℃后会与不锈钢发生化学反应，所以改进型气冷堆的堆芯出口温度受到了限制。为了进一步提高堆芯出口温度，从而提高反应堆的经济性，化学惰性更好的氦气被采用作为冷却剂。实际上，自 20 世纪 50 年代中期开始，各国研究者就已经开始考虑用氦气取代二氧化碳，并研制出全陶瓷型包覆燃料颗粒。由于氦气不易与结构材料发生化学反应，加之燃料元件的材料性能的提升，因此堆芯出口温度得以进一步提高，达到 700～950℃。这一阶段的气冷堆被称为高温气冷堆（HTR 或 HTGR）。关于 Magnox、AGR 和 HTR 的主要参数对比见表 3-1[3]。

表 3-1　Magnox、AGR 和 HTR 的主要参数对比[3]

项目	Magnox	AGR	HTR
冷却剂	CO_2	CO_2	He
结构材料	C	C	C
燃料	U	UO_2	UO_2
燃料形式	芯块	芯块	包覆颗粒
燃料元件的形式	燃料棒	燃料棒	燃料球、燃料柱
燃料包壳的材料	镁合金	不锈钢	C、SiC、C
堆芯出口温度	<500℃	<650℃	700～950℃
效率	34%	40%	40%～45%
燃耗	<5000MW·d/t	<20000MW·d/t	100000MW·d/t

1960 年，由英国牵头、多个欧洲国家共同参与的高温气冷实验堆"龙堆（Dragon）"项目开始建造。该实验堆热功率为 20MW，堆芯出口温度为 740℃，不用于发电。龙堆于 1964 年首次临界，1966 年达到满功率运行，到 1975 年退役。在龙堆的建造阶段，包覆燃料颗粒的概念逐渐成形，因此龙堆采用装有包覆燃料颗粒的管状陶瓷燃料元件，对包覆燃料颗粒的性能进行了大量的实验研究[4]。龙堆的实验研究表明反应堆具有较强的负反应性温度系数，验证了包覆燃料颗粒在实现高燃耗以及包容裂变产物方面的优异性能，初步展示了高温气冷堆的安全性。龙堆的运行经验也证明了氦气冷却和石墨陶瓷堆芯设计的高温气冷堆原理是可行的。

几乎同一时期，美国和德国也分别建造了各自的高温气冷实验堆，并且后来还在实验堆的基础上建造了原型堆。虽然这些反应堆都采用了包覆燃料颗粒，但是美国和德国设计了不同的堆芯结构和燃料元件形式，从而演化出了棱柱式高温气冷堆和球床式高温气冷堆这两条不同的技术路线。

美国于 1962 年开始建造"桃花谷（Peach Bottom）"实验堆，1966 年反应堆首次临界，

1967 年实现满功率运行，1974 年完成实验任务退役。桃花谷反应堆采用棱柱形燃料元件，石墨作为堆芯结构材料，堆芯出口温度为 770℃，热功率 115MW，发电功率 40MW。凭借两重各向同性（BISO）包覆燃料颗粒对裂变产物良好的包容能力，桃花谷反应堆一回路氦气冷却剂的放射性很低。桃花谷反应堆的成功运行为美国高温气冷堆技术的发展奠定了良好的基础。

在桃花谷实验堆成功运行的基础上，1968 年美国开始建造圣·弗伦堡（Fort St. Vrain）原型堆电站。该堆于 1974 年临界，但是由于部分设备的故障，一直到 1976 年才首次发电。圣·弗伦堡核电站依然采用了棱柱形燃料组件，但是燃料颗粒采用了更为先进的三重各向同性（TRISO）包覆颗粒。反应堆的热功率为 842MW，电功率为 330MW，堆芯出口温度为 770℃。由于反应堆主氦风机采用水力轴承，密封较差，出现了泄漏等事故，因此圣·弗伦堡核电站于 1989 年关闭。

德国于 1959 年开始建造热功率 46MW 的球床式高温气冷实验堆 AVR，如图 3-1 所示。

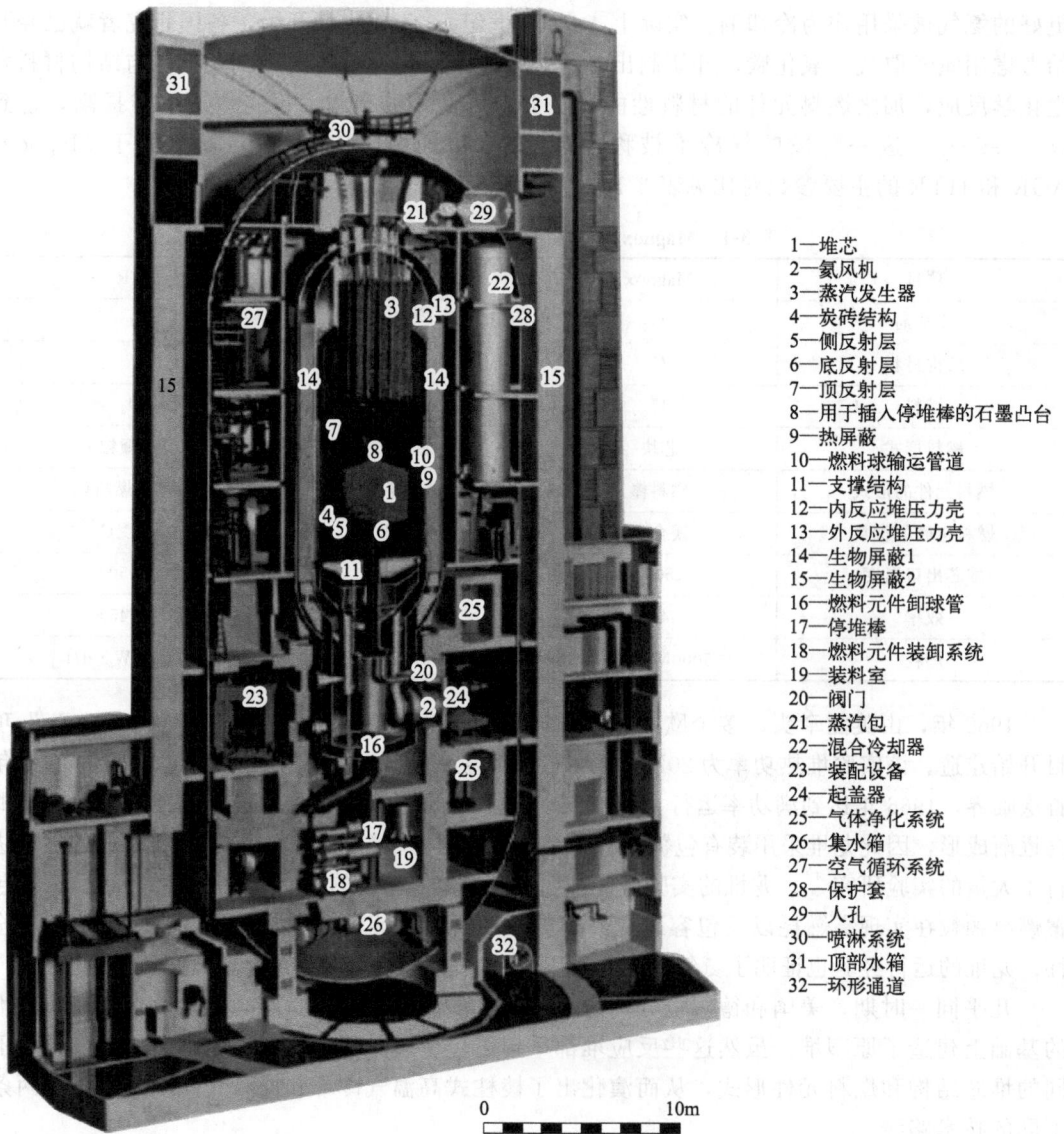

1—堆芯
2—氦风机
3—蒸汽发生器
4—炭砖结构
5—侧反射层
6—底反射层
7—顶反射层
8—用于插入停堆棒的石墨凸台
9—热屏蔽
10—燃料球输运管道
11—支撑结构
12—内反应堆压力壳
13—外反应堆压力壳
14—生物屏蔽1
15—生物屏蔽2
16—燃料元件卸球管
17—停堆棒
18—燃料元件装卸系统
19—装料室
20—阀门
21—蒸汽包
22—混合冷却器
23—装配设备
24—起盖器
25—气体净化系统
26—集水箱
27—空气循环系统
28—保护套
29—人孔
30—喷淋系统
31—顶部水箱
32—环形通道

图 3-1　AVR 反应堆系统结构图

该实验堆于 1966 年临界，1967 年首次并网发电，1968 年达到设计功率。1974 年以前，AVR 反应堆的堆芯出口温度为 850℃，1974 年以后提升至 950℃。由于采用球形燃料元件，AVR 可以不停堆连续换料。在整个 21 年的运行期间，AVR 反应堆针对多种包覆燃料颗粒进行了试验研究，积累了大量有关燃料和材料的运行经验[1]，验证了 TRISO 包覆燃料颗粒比 BISO 包覆燃料颗粒具有更好的放射性物质包容能力。TRISO 包覆燃料颗粒和 BISO 包覆燃料颗粒的典型结构对比如图 3-2 所示。AVR 实验堆充分证明了氦气冷却、石墨慢化的球床式高温气冷堆技术的可行性。

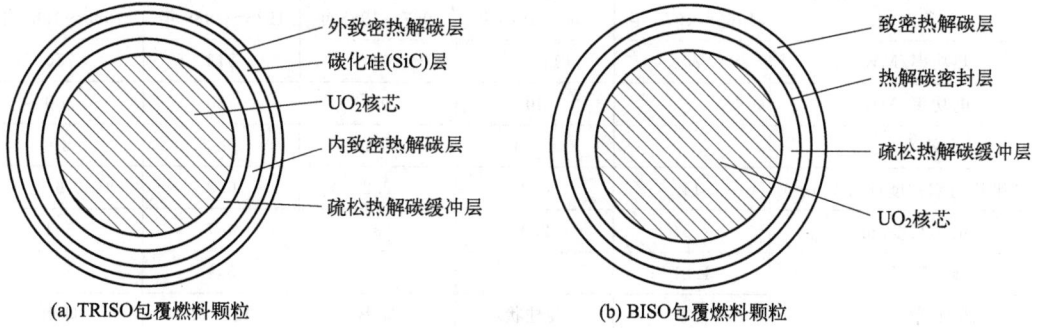

(a) TRISO包覆燃料颗粒   (b) BISO包覆燃料颗粒

外致密热解碳层 / 碳化硅(SiC)层 / UO₂核芯 / 内致密热解碳层 / 疏松热解碳缓冲层

致密热解碳层 / 热解碳密封层 / 疏松热解碳缓冲层 / UO₂核芯

图 3-2　TRISO 包覆燃料颗粒和 BISO 包覆燃料颗粒的典型结构

基于 AVR 实验堆的成功设计和运行经验，德国于 1972 年开始建造钍增殖高温气冷原型堆（THTR），热功率为 750MW，电功率为 300MW，其系统结构如图 3-3 所示。THTR 采用 TRISO 包覆颗粒的球形燃料元件，其核燃料是 ThO₂ 和 UO₂ 的混合物。因为许可证要求变化导致施工延后，THTR 直到 1984 年才建成，1985 年至 1989 年正常运行了 3 年多时间。受到 1979 年美国三哩岛核事故和 1986 年苏联切尔诺贝利核事故后核能政策调整的影响，外加经费短缺等因素[3]，THTR 于 1989 年被迫关停。THTR 的运行时间虽然较短，但是积累了很多对未来高温气冷堆设计有用的经验，也获得了一些宝贵的教训，如控制棒尽

1—反应堆堆芯
2—石墨反射层
3—热屏蔽
4—预应力混凝土堆芯壳
5—预应力线缆
6—蒸汽发生器
7—氦风机
8—堆内控制棒
9—反射层控制棒
10—启堆设备
11—热气温度测量设备
12—中子通量测量设备
13—燃料元件卸料管
14—燃料元件装载设备
15—燃耗测量装置
16—燃料元件装载管道
17—新料储存罐
18—燃料元件装载装置
19—燃料元件卸料设备
20—乏燃料储存罐
21—反应堆厂房吊车
22—控制棒拆卸箱
23—吊车
24—空气压缩装置
25—高压蒸汽管道
26—通风装置
27—氦气压力控制罐
28—氦气净化系统
29—氦气储存罐
30—车间
31—高压安全阀
32—出入口和安保大楼
33—主控制室
34—涡轮机组
35—辅助给水箱
36—汽轮机厂房吊车
37—汽轮机
38—发电机
39—主冷却水泵
40—旋转变压器

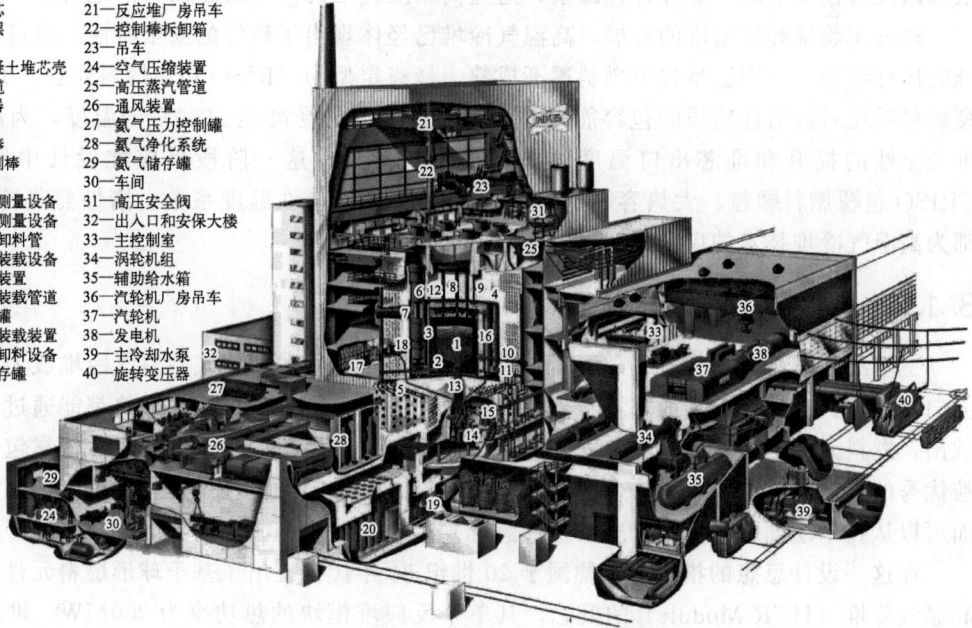

图 3-3　THTR 反应堆系统结构示意图

量不直接插入球床堆芯等。

龙堆、桃花谷、AVR、圣·弗伦堡、THTR 等高温气冷堆的主要参数对比如表 3-2 所示[3]。

表 3-2　龙堆、桃花谷、AVR、圣·弗伦堡、THTR 等高温气冷堆主要参数对比[3]

项目	龙堆	桃花谷	AVR	圣·弗伦堡	THTR
国家	英国	美国	德国	美国	德国
目的	实验堆	实验堆	实验堆	原型堆	原型堆
运行时间	1966~1975 年	1967~1974 年	1967~1988 年	1976~1989 年	1985~1988 年
热功率/MW	20	115.5	46	842	750
电功率/MW	—	40	15	330	300
净效率/%	—	约 34	约 33	39.2	40
堆芯平均功率密度/(MW/m³)	14	8.3	2.2	6.3	6
堆芯高度/m	2.54	2.3	3	4.7	5.1
堆芯直径/m	1.07	2.8	3	5.9	5.6
燃料元件形式	管状	棱柱状	球形	棱柱状	球形
冷却剂压力/MPa	2.0	2.4	1.1	4.92	4.0
堆芯入口温度/℃	350	344	270	400	250
堆芯出口温度/℃	约 740	770	850/950	770	750

在 20 世纪 70 年代前后，各国研究人员还提出了一些商用高温气冷堆的概念，如德国提出的基于球床式高温气冷堆 PR500、HHT、HTR-500、PNP 等[3]。这一时期高温气冷堆的设计已经考虑到未来广阔的应用前景，包括蒸汽循环和气体循环发电、热电联产、使用中间换热器和蒸汽发生器为化工过程提供能量和蒸汽等。不过很可惜的是，由于当时市场条件的限制以及对核安全的考虑等种种因素，这些商用反应堆的概念最终没有落地[3]。

经过实验堆和原型堆的发展，高温气冷堆已经体现出了较好的安全特性。通过实际反应堆的运行考验，全陶瓷型包覆燃料逐渐成熟，最终定型为 TRISO 包覆燃料颗粒。TRISO 包覆燃料颗粒对放射性物质的包容能力非常优秀，可以耐受高达 1600℃ 的温度，为高温气冷堆安全性的提升和堆芯出口温度的提高奠定了基础。这一阶段反应堆设计中所采用的 TRISO 包覆燃料颗粒、大热容石墨堆芯、全范围负反应性温度系数、惰性氦气冷却剂等，都为高温气冷堆技术的后续发展提供了宝贵经验。

3.1.3　模块式高温气冷堆

三哩岛和切尔诺贝利核事故之后，具有固有安全特征的模块式高温气冷堆成为主要发展方向。模块式高温气冷堆的基本特点是：在任何事故条件下，堆芯的余热都能通过自然机制载出，燃料元件的温度不会超过安全限值，避免了堆芯熔化的可能。同时，依靠包覆燃料颗粒优秀的放射性物质包容能力，发生事故时核电站厂外的放射性剂量仍在限值范围之内，因而可以从技术层面上极大地简化厂外应急计划。

在这一设计思想的指导下，德国于 20 世纪 80 年代初提出了基于球形燃料元件的模块式高温气冷堆（HTR-Module）的概念，其单个反应堆模块的热功率为 200MW，堆芯出口温度为 700℃[5-7]。当 HTR-Module 用于产生蒸汽和发电时，它的一回路系统结构如图 3-4[7]

所示，反应堆和蒸汽发生器采用肩并肩的排列方式。HTR-Module 堆芯的等效高度和直径分别为 9.43m 和 3m，高径比约为 3.1，使得事故工况下余热从堆芯载出的路径较短。此外，它的堆芯功率密度很低，仅为 $3MW/m^3$，相当于目前压水堆功率密度的 1/30。HTR-Module 将多种先进设计理念结合在一起，使其事故工况下即便只依靠导热和辐射等自然传热机制，也可以将热量从堆芯传递至压力容器表面，从而避免燃料温度超过限值。除了用于发电以外，HTR-Module 的堆芯也可以直接连接中间换热器（IHX），如图 3-5[3] 所示，从而为工业过程提供高品质的工艺热。

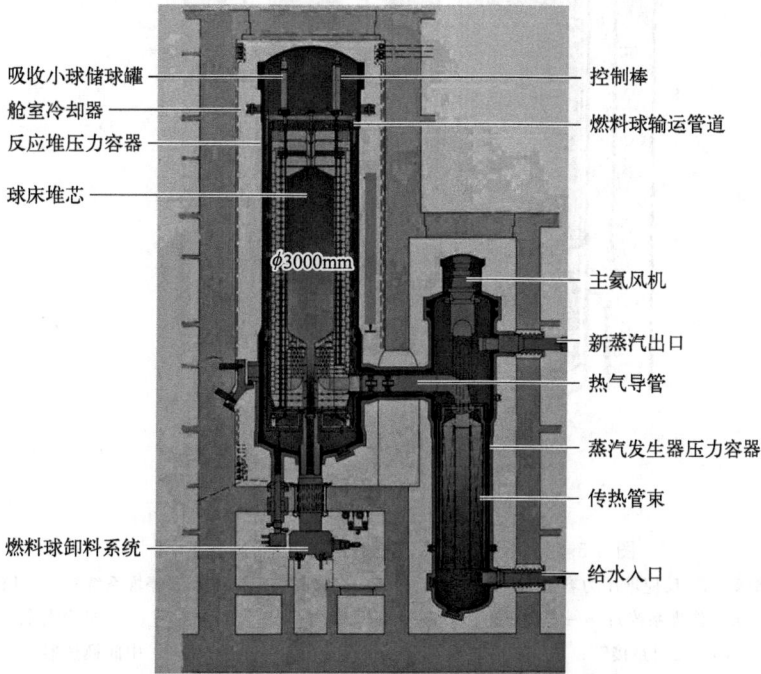

图 3-4　HTR-Module 一回路系统的结构示意图[7]

与此同时，美国提出了基于棱柱堆芯的模块式高温气冷堆（MHTGR）的概念，反应堆热功率 350MW，功率密度 $5.9MW/m^3$，堆芯出口温度 687℃[8,9]。MHTGR 的堆芯采用环形堆芯的布置方式，燃料元件采用六棱柱形燃料组件，如图 3-6 所示。MHTGR 在设计时也考虑了在任何情况下堆芯余热都能够自然载出，并且具有负反应性温度系数、较大的热惯性等模块式高温气冷堆所共有的特点。MHTGR 的反应堆连接蒸汽发生器，采用蒸汽朗肯循环进行发电。

基于模块式高温气冷堆的概念，并结合高温气冷堆前期的发展经验，日本和中国分别建造了棱柱型高温工程实验堆（HTTR）和球床式 10MW 高温气冷实验堆（HTR-10）。

日本建造 HTTR 的主要目的是研究高温工艺热应用。HTTR 从 1991 年开始建造，1998 年首次临界，1999 年开始提升功率，2001 年达到满功率运行。HTTR 的一回路没有连接蒸汽发生器，而是连接了中间换热器（如图 3-7 所示），以便为高温工艺热应用积累经验。HTTR 采用棱柱形燃料组件，其堆芯出口温度为 850℃，并在 2004 年首次提升至 950℃[10]。HTTR 曾在 950℃ 的堆芯出口温度下连续运行 50 天，证明了高温气冷堆向制氢厂稳定地提供热能的潜力。HTTR 的运行经验也再次证明了模块式高温气冷堆的固有安全性。未来日本计划将制氢设备加入 HTTR 回路中，从而对高温气冷堆制氢的关键设备进行测试[3]。

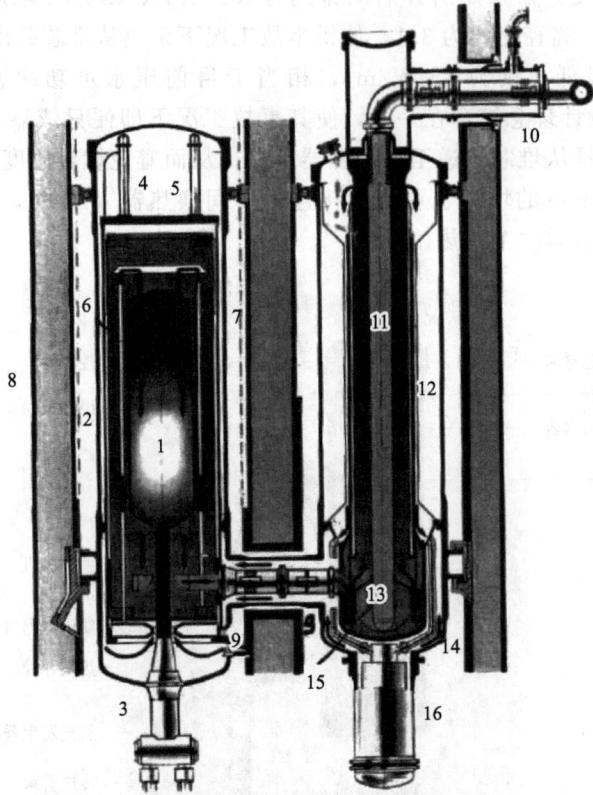

图 3-5　HTR-Module 连接中间换热器的示意图[3]

1—球床；2—反应堆压力容器；3—卸料装置；4—含硼吸收小球（第二停堆系统）；5—控制棒
（第一停堆系统）；6—石墨反射层；7—堆舱冷却器；8—混凝土舱室；9—热气导管；
10—二回路接管；11—中心二次热气返回管（热气采样器）；12—中间换热器；
13—二回路热气导管；14—二回路冷氦气接管；15—流量分配器；16—主氦风机

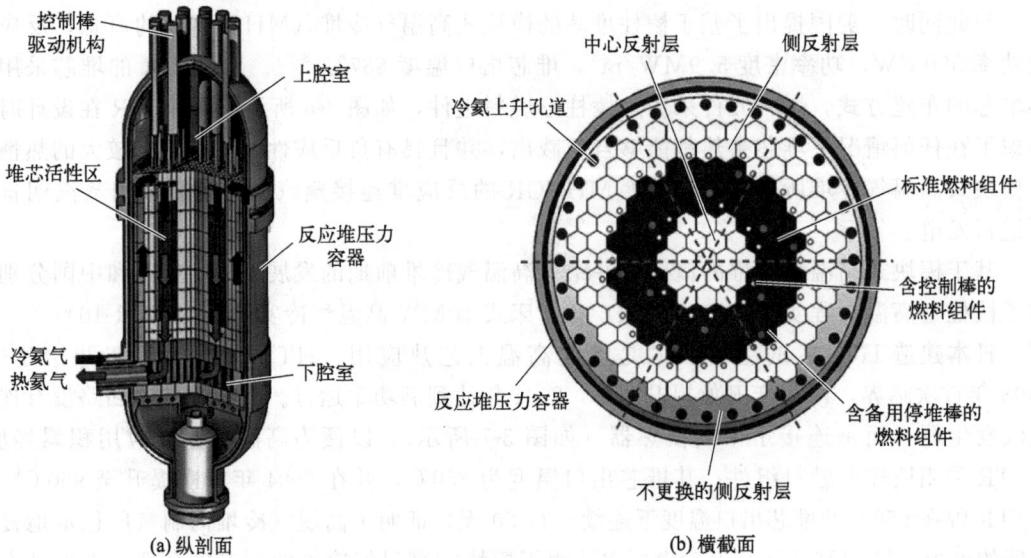

图 3-6　MHTGR 堆芯结构示意图

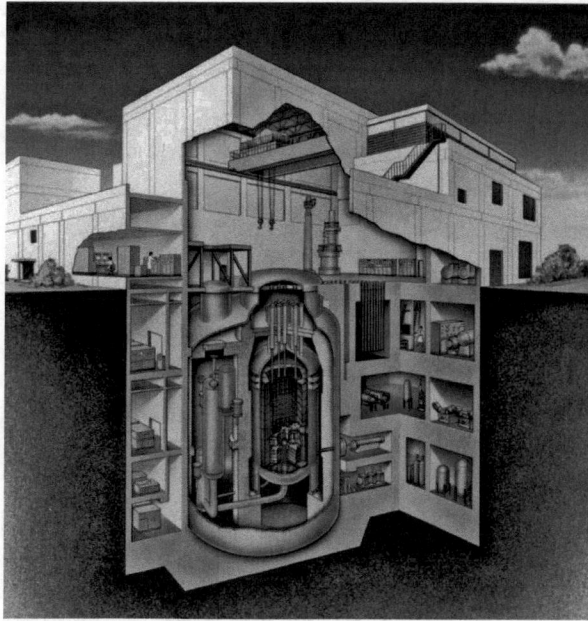

图 3-7　HTTR 的反应堆厂房布置示意图

中国 HTR-10 于 1995 年开工建设，2000 年实现临界，2002 年达到满功率运行。HTR-10 采用球形燃料元件，堆芯出口温度为 700℃，热功率为 10MW。HTR-10 建造的目的是发展中国的高温气冷堆技术，开展燃料和材料的辐照测试，并且验证模块式高温气冷堆的固有安全性。HTR-10 在建造时充分借鉴了德国 HTR-Module 等高温气冷堆的设计理念，包括反应堆和蒸汽发生器采用肩并肩的布置方式（如图 3-8[11] 所示），设置控制棒和吸收小球两套不同原理的停堆系统等。更重要的是，在 HTR-10 反应堆上的安全实验验证了模块式高温气冷堆在事故工况下可以实现余热的自然载出。为了开展核能制氢的研究，后续 HTR-10 将会进一步提高反应堆出口温度至 850℃以上[12]，并进行高温气冷堆核级设备堆上验证、新型燃料元件辐照等实验研究。

高温气冷堆除了采用蒸汽朗肯循环外，还可以采用气体直接循环的方式。由于高温气冷堆的堆芯出口温度高，气体直接循环可获得较高的发电效率，因此各国相继提出了氦气透平直接循环的商用高温气冷模块堆的概念。

在球床式高温气冷堆的研究方面，南非设计了采用氦气直接布雷顿循环的 PBMR 反应堆，其单堆热功率为 400MW，堆芯入口温度为 470℃，出口温度约为 900℃，发电效率可达 41%。PBMR 系统结构如图 3-9 所示，经过堆芯加热的氦气直接进入氦气透平做功，做功后的氦气经过回热器、预冷器、压缩机等部件后回到堆芯[3]。但是由于南非经济发展遇到困难，核能工业基础薄弱，加上人才队伍缺乏，PBMR 项目后来下马，仅停留在概念设计阶段。

在棱柱式高温气冷堆的研究方面，美国和俄罗斯合作设计了采用氦气直接布雷顿循环的 GT-MHR 反应堆（如图 3-10 所示），其目的是处理掉武器级的钚。GT-MHR 的热功率约 600MW，堆芯出口温度约 850℃，发电效率可达 47.2%[13]。不过，GT-MHR 也只是概念设计，没有开展实际的工程设计和建造工作。

进入 21 世纪后，美国在高温气冷堆领域的发展和研究集中体现在下一代核电站计划

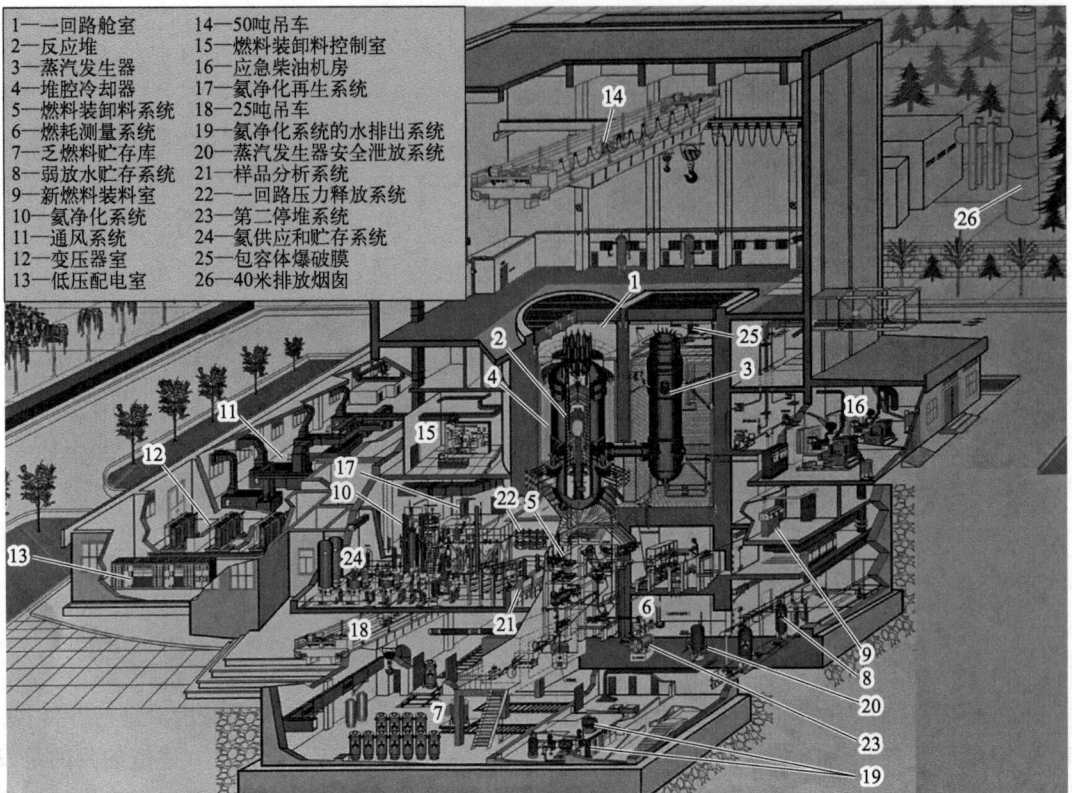

1—一回路舱室	14—50吨吊车
2—反应堆	15—燃料装卸料控制室
3—蒸汽发生器	16—应急柴油机房
4—堆腔冷却器	17—氦净化再生系统
5—燃料装卸料系统	18—25吨吊车
6—燃耗测量系统	19—氦净化系统的水排出系统
7—乏燃料贮存库	20—蒸汽发生器安全泄放系统
8—弱放水贮存系统	21—样品分析系统
9—新燃料装料室	22—一回路压力释放系统
10—氦净化系统	23—第二停堆系统
11—通风系统	24—氦供应和贮存系统
12—变压器室	25—包容体爆破膜
13—低压配电室	26—40米排放烟囱

图 3-8　HTR-10 反应堆厂房布置示意图[11]

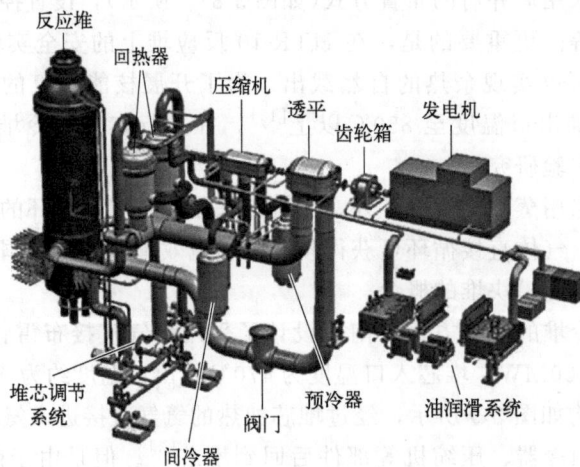

图 3-9　南非 PBMR 反应堆系统图

（NGNP）和 X-Energy 公司对相关技术的研究方面。美国能源部于 2006 年启动了 NGNP 项目，其主要目的在于促进高温气冷堆技术在发电、制氢和工艺热应用等方面的商业化。NGNP 项目曾经设定目标在 2021 年建成首个经济可靠的模块化高温堆示范工程，但是在 2010 年左右由于政府与企业成本分担问题，示范工程的推进工作停滞。目前 NGNP 基本上主要是科研性质的工作，开展了大量的全陶瓷型 TRISO 颗粒燃料、石墨以及 Inconel 617 耐高温材料的研究。

　　X-Energy 公司成立于 2009 年，与美国传统的棱柱式高温气冷堆不同，该公司致力于研究球床式高温气冷堆。X-Energy 的研发获得了国家的大力支持，2020 年美国能源部为其投资 8000 万美元，希望能在七年内建造示范电站，并且美国能源部在七年内预计共将投资 12.3 亿美元。X-Energy 致力研发的 Xe-100 反应堆是球床模块式高温气冷堆，其单个反应堆模块的结构示意图如图 3-11 所示。Xe-100 计划采用四个反应堆模块，每个反应堆模块的热功率和电功率分布为 200MW 和 82.5MW，堆芯氦气进出口温度分别为 260℃和 750℃。目前该公司已经完成了 Xe-100 的初步设计，已提交美国核管理委员会申请许可。此外，X-Energy 公司还完成了 TRISO-X 燃料制造厂的初步设计，以便为 Xe-100 提供燃料元件的商业化制造和供应能力。

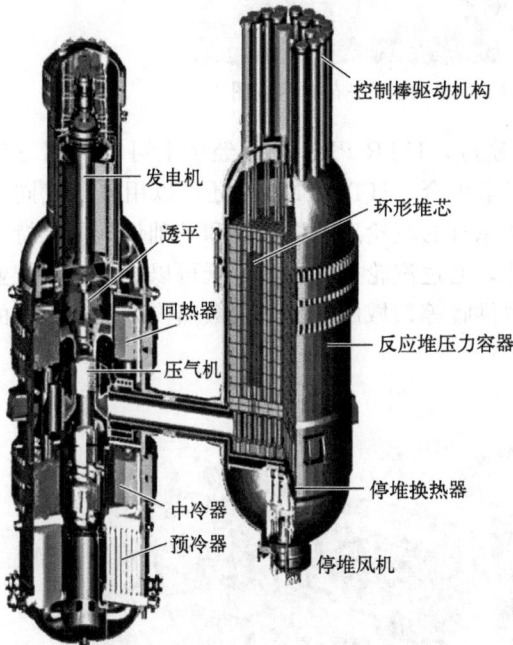

图 3-10　美俄 GT-MHR 反应堆系统图　　　　图 3-11　Xe-100 单个反应堆模块的结构示意图

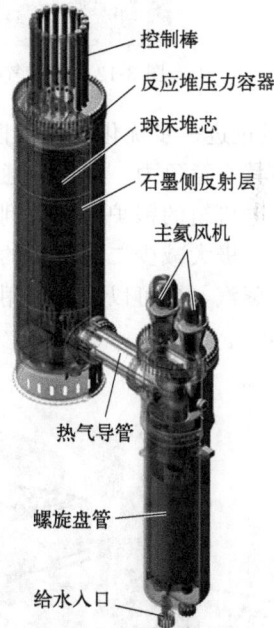

　　在 HTR-10 实验堆成功运行的基础上，中国自主设计建造了球床模块式高温气冷堆核电站示范工程（HTR-PM）。2006 年，在《国家中长期科学和技术发展规划纲要（2006—2020 年)》中，高温气冷堆核电站被确定为国家科技重大专项，目标是通过攻克高温气冷堆工业放大与工程实验验证技术、高性能燃料元件批量制备技术，建成具有自主知识产权的 200MW 级模块式高温气冷堆商业化示范电站，并开展氦气透平直接循环发电及高温堆制氢等技术研究，为发展第四代核电技术奠定基础[14]。示范工程于 2012 年开始建造，2021 年反应堆首次临界，2022 年达到双堆初始满功率。HTR-PM 包含两个反应堆模块，共同带一台 200MW 的汽轮发电机，堆芯出口温度为 750℃，单个反应堆模块的热功率为 250MW。HTR-PM 核电站的厂房布置如图 3-12 所示[15]。

　　2016 年，中国发布了 600MW 高温气冷堆热电联产机组 HTR-PM600，采用 HTR-PM 上已经验证成熟的技术，将 6 个反应堆模块组合在一起，带一台 600MW 汽轮发电机，如图 3-13 所示[16]。单个反应堆模块的热功率依然为 250MW，6 个模块总的发电功率可达

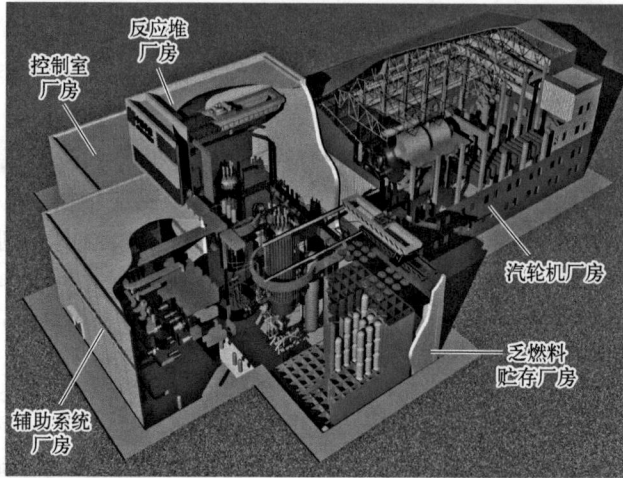

图 3-12 高温气冷堆核电站 HTR-PM 的厂房布置示意图[15]

600MW。经过进一步优化设计和模块化批量建造，HTR-PM600 在经济上可与商用三代压水堆核电站具有竞争力。同时，通过模块化灵活组合，HTR-PM600 还可以用来替代同等功率的燃煤发电机组的锅炉，充分利用燃煤电站原有的汽轮发电机设备和基础设施，保持高效发电的同时，极大减少二氧化碳的排放。此外，通过汽轮机的抽汽，既可以提供石化产业所需的高参数蒸汽，也可以提供民用大规模集中供暖等领域所需的低参数蒸汽，实现很高的能源利用效率[1]。

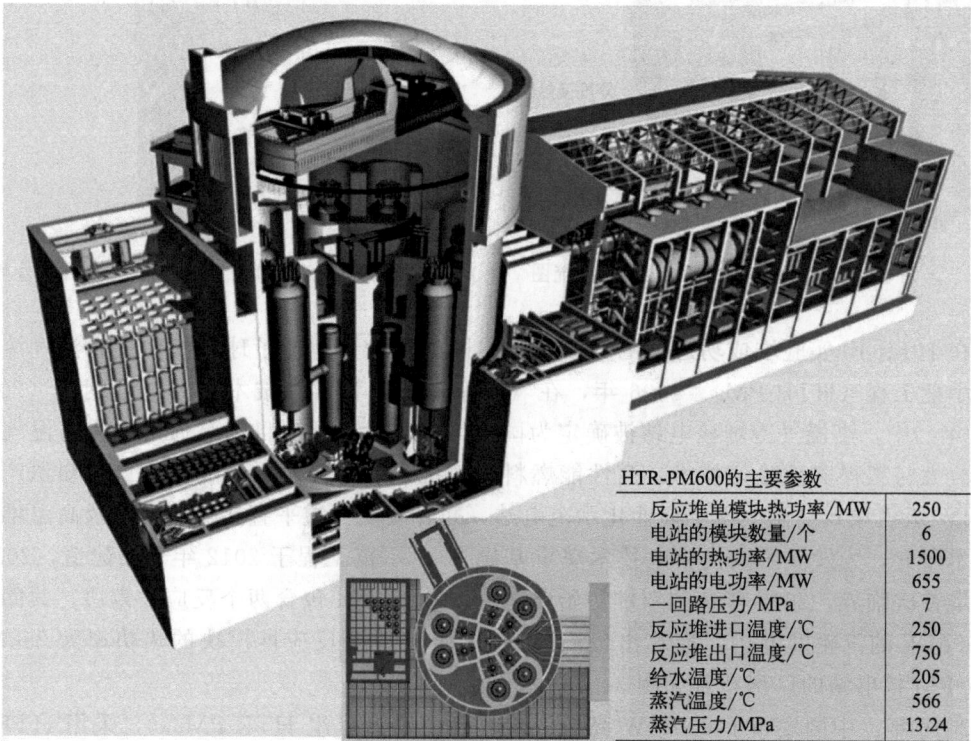

HTR-PM600的主要参数	
反应堆单模块热功率/MW	250
电站的模块数量/个	6
电站的热功率/MW	1500
电站的电功率/MW	655
一回路压力/MPa	7
反应堆进口温度/℃	250
反应堆出口温度/℃	750
给水温度/℃	205
蒸汽温度/℃	566
蒸汽压力/MPa	13.24

图 3-13 HTR-PM600 厂房布置示意图[16]

表 3-3 给出了目前国际上研发的模块式高温气冷堆主要设计参数的对比[3,13,17]。

表 3-3　世界上主要的模块式高温气冷堆的部分参数对比[3,13,17]

项目	HTR-Module	MHTGR	HTR-10	HTTR	PBMR	GT-MHR	HTR-PM
国家	德国	美国	中国	日本	南非	美国/俄罗斯	中国
性质	概念	概念	实验堆	实验堆	商用概念堆	商用概念堆	示范电站
首次临界时间	—	—	2000 年	1998 年	—	—	2021 年
热功率/MW	200	4×350	10	30	400	600	2×250
电功率/MW	80	538	2.5	—	165	约 288	200
净效率/%	40	38.4	25		41.2	约 47.2	40
循环方式	朗肯循环	朗肯循环	朗肯循环	—	布雷顿循环	布雷顿循环	朗肯循环
堆芯平均功率密度/(MW/m³)	3.0	5.9	2.0	2.5	3.5	6.6	3.2
堆芯高度/m	9.43	7.9	2.0	2.9	约 11	8.0	11
堆芯直径/m	3	内径 1.6; 外径 3.5	1.8	2.3	内径 2.0; 外径 3.7	内径 2.96; 外径 4.84	3.0
燃料元件形式	球形	棱柱	球形	棱柱	球形	棱柱	球形
冷却剂压力/MPa	6.0	7.0	3.0	4.0	9.0	约 7.0	7.0
堆芯入口温度/℃	250	259	250	395	500	490	250
堆芯出口温度/℃	700	687	700	850/950	900	850	750

需要说明的是，人们也习惯将目前的模块式高温气冷堆简称为高温气冷堆。本书主要介绍具有固有安全性的先进模块式高温气冷堆，因此，在不引起歧义的情况下，为简化起见，后续章节将模块式高温气冷堆统一表述为高温气冷堆。

3.1.4　超高温气冷堆

2001 年，国际上成立了第四代核能系统国际论坛（GIF），是为下一代核能系统的研究和发展而建立的国际合作机制。2002 年，GIF 发布的技术路线图中提出了第四代核能系统的技术目标和六种候选堆型，其中超高温气冷堆（VHTR）成为六种候选堆型之一。GIF 的四个技术目标包括具有良好的可持续性、经济性、安全性与可靠性、防止核扩散与物理防护。由于高温气冷堆已经展现出了良好的固有安全性，并且堆芯出口温度较高，适用于热电联产、制氢等多场景，因此基于高温气冷堆，将其堆芯出口温度提升至 1000℃，便形成了最初的超高温气冷堆的概念。

超高温气冷堆的结构设计和系统布置与高温气冷堆基本相同，两者最主要的区别在于堆芯出口温度。1000℃的堆芯出口温度非常适合于大规模高效制氢，这也是提出超高温气冷堆概念的初衷。由于超高温气冷堆能够提供大量高品质的热量，因此超高温气冷堆也可以实现能量的多级综合利用。图 3-14 展示了一个四模块超高温气冷堆同时为制氢厂、化工厂、电网提供能量的场景构想图[18]。

2014 年，GIF 根据四代堆的发展现状，提出了下一个十年里各类型四代堆的发展目标。对于超高温气冷堆，2014 年的技术路线更新了对出口温度的表述，即近期超高温气冷堆重点关注堆芯出口温度 700～950℃的工作，远期则关注 1000℃的堆芯出口温度和更深的燃耗。因此，根据这一表述，超高温气冷堆的含义已经涵盖了现阶段的高温气冷堆，中国的 HTR-

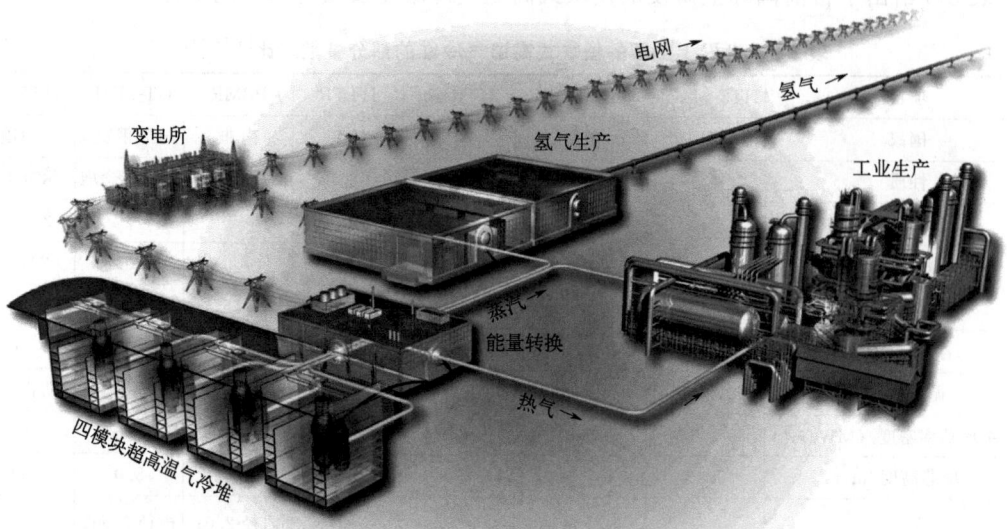

图 3-14　四模块超高温气冷堆多级联产电站构想图[18]

PM 已经成为第一个处于商业示范阶段的第四代反应堆。

在超高温气冷堆的研究中，国际合作发挥了重要的作用。目前已有包括我国在内的 13 个成员国以及代表欧盟 28 个国家的欧洲原子能共同体签署了 GIF 的章程。GIF 针对不同的堆型形成了专门的系统安排，其中 VHTR 的系统安排于 2006 年签署，目前已有包括我国在内的 10 个成员国。VHTR 的研究将围绕先进燃料和燃料循环、先进材料、核能制氢、计算方法的改进与验证等方面展开[18]。这些合作研究不仅对各国基础科研的推进提供了重要支持，推动了高温气冷堆技术的成熟，同时也备受其他第四代核能系统研发的关注。

3.2　高温气冷堆系统和设备

按照燃料元件的类型，高温气冷堆可以分为球床式高温气冷堆和棱柱式高温气冷堆。本节首先介绍这两种堆型的堆芯结构和燃料元件的特点，然后主要以我国研发的球床堆为例来介绍高温气冷堆的主要系统和设备。

3.2.1　堆芯结构和燃料

3.2.1.1　球床式高温气冷堆

球床式高温气冷堆的反应堆主要由球床堆芯、石墨和碳结构件、金属结构件、控制棒和吸收球停堆系统、中子源、测量系统、燃料装卸系统、反应堆压力容器等组成。HTR-PM 反应堆的结构如图 3-15 所示。

HTR-PM 的球床堆芯由约 42 万个燃料球随机堆积而成，堆内的石墨反射层和含硼碳砖均为陶瓷材料，它们能够耐受很高的温度。石墨反射层用于将泄漏出堆芯的中子反射回去，提高中子的利用率。HTR-PM 在侧反射层中圆周方向上开有 30 个冷氦孔道、24 个控制棒孔道和 6 个吸收小球孔道。在底反射层中设置有热氦联箱，使得堆芯出来的热氦气充分混合，降低温度不均匀性。含硼碳砖位于石墨反射层外围，其热导率比石墨低，具有隔热的作用。同时，碳砖里的硼可吸收堆芯泄漏出来的中子，起到对中子的生物屏蔽作用。

HTR-PM设置了控制棒和吸收球两套停堆系统，其中控制棒为第一停堆系统，吸收球为第二停堆系统。为保证高温气冷堆的安全性，HTR-PM在物理设计上保证反应堆能够仅依靠自身的温度负反馈实现停堆。不过，为了避免反应堆重返临界以及实现长时间的冷停堆，依然需要设置独立的停堆系统。由于HTR-PM的"瘦长型"球床堆芯，因此中子的径向泄漏较大，将控制棒布置于侧反射层即可很好地控制反应性，避免像THTR那样将控制棒直接插入球床堆芯对燃料球造成损伤。

HTR-PM堆内的金属构件位于石墨和碳陶瓷构件外围，包括堆芯壳和底部支撑材料等。金属构件主要用于为陶瓷构件和球床堆芯提供支撑，并且限制陶瓷构件的位置和形状。由于金属无法承受较高的温度，所以陶瓷构件承担了热屏蔽的功能，同时在设计氦气流动路径时只允许250℃的冷氦气流过金属构件。金属构件外围是反应堆压力容器，用于容纳所有的堆内构件并且承受堆内外约7MPa的压差。

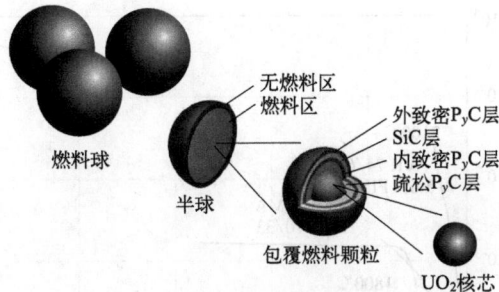

图 3-15　HTR-PM 反应堆的结构示意图

控制棒驱动机构
球床堆芯
反应堆
热气导管
主氦风机腔室
蒸汽出口
蒸汽发生器
燃料卸料管
给水入口

HTR-PM采用直径为6cm的球形燃料元件，每个燃料球都由直径约5cm的燃料区和约0.5cm厚的非燃料区组成，其结构如图3-16所示。燃料区内有大约12000个包覆燃料颗粒（TRISO颗粒）弥散在石墨基体中；非燃料区则为纯石墨材料。HTR-PM球形燃料元件的主要设计参数见表3-4[19,20]。

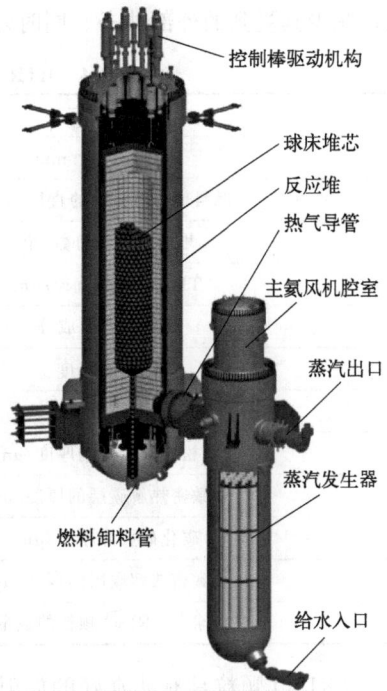

无燃料区
燃料区
外致密P_yC层
SiC层
内致密P_yC层
疏松P_yC层
燃料球
半球
包覆燃料颗粒
UO_2核芯

图 3-16　HTR-PM 球形燃料元件结构示意图

TRISO颗粒由UO_2核芯和外围四层包覆层组成，从内向外依次是疏松热解碳层、内致密热解碳层、碳化硅层、外致密热解碳层。UO_2核芯是发生裂变反应的场所，同时也可以容纳裂变产物。疏松热解碳的孔隙可以容纳气态放射性物质，并且可以补偿燃料核芯的体积变化。由于反应堆运行过程中燃料核芯始终处于较高的温度，且不断有气态放射性产物释放，所以燃料内的压力会有所升高。内致密热解碳可以承受内层压力，从而减少其外的碳化硅层的应力，同时内致密热解碳还可以阻挡一些金属放射性物质的扩散。碳化硅层是TRISO颗粒中最重要的包容放射性物质的屏障，它既可以阻挡金属裂变产物的扩散，也是重要的承受内部压力的容器。外致密热解碳则为碳化硅层提供了外层保护，可以在燃料加工过程中保护碳化硅层，减少其受到的外部冲击。同时外致密热解碳也可以阻挡一些金属裂变产物。

表 3-4　HTR-PM 球形燃料元件的主要设计参数[19,20]

参数	数值
燃料球直径/mm	60
燃料球内燃料区的直径/mm	50
堆芯燃料球总数/个	420000
TRISO 颗粒直径/μm	920
燃料核芯的成分	UO_2
^{235}U 富集度	8.5%
核芯直径/μm	500
疏松热解碳层的厚度/μm	95
内致密热解碳层的厚度/μm	40
碳化硅层的厚度/μm	35
外致密热解碳层的厚度/μm	40
燃料球内 TRISO 颗粒的数量/个	12000

TRISO 颗粒具有非常好的放射性物质包容能力，是高温气冷堆固有安全性的基础，也经过了很多实验的验证。德国曾在 AVR 试验堆及其他材料测试堆上对 HTR-Module 的燃料元件进行了辐照考验和辐照后检验。对燃料的辐照考验是在 800～1250℃ 的温度、8%～14%FIMA 的燃耗以及 $8 \times 10^{25} m^{-2}$ 的中子注量的条件下开展的。对辐照燃料释放的裂变气体进行实时检测，其结果表明没有燃料颗粒破损[21]。在燃料的辐照后检验中，德国建立了高温退火炉来模拟燃料在事故状态下的行为。辐照后的燃料分别在不同温度下加热 25～1000h，其中放射性核素 Kr-85 的释放随时间的变化如图 3-17 所示。从图中可以看出，在

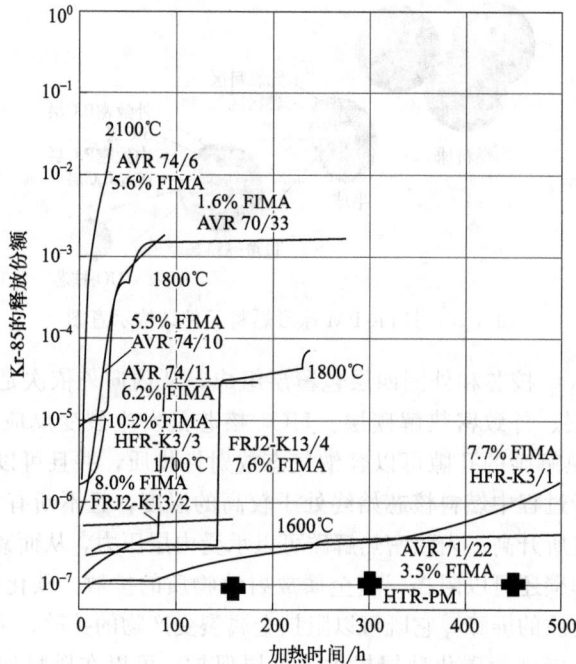

图 3-17　HTR-PM 辐照后燃料球加热试验[21]

1600℃的实验中，即使退火时间达到了 500h 也没有出现 Kr-85 释放份额的明显升高，说明此时燃料颗粒仍有较好的完整性[21]。而在 1700℃、1800℃和 2100℃的实验中，燃料颗粒都出现了不同程度的破损，从而导致 Kr-85 的释放量升高。

中国为了验证 HTR-PM 燃料球的安全性，从批量生产的燃料球中随机抽取 5 个，送往荷兰的高通量实验堆中进行辐照考验。辐照考验自 2012 年开始，2014 年结束，其间持续监测惰性气体氪的释放，其实验结果表明 5 个球中约 6 万个 TRISO 颗粒均没有发生破损[20]。经历了辐照考验的 HTR-PM 燃料球，于 2016 年被送到德国进行模拟事故极限温度的考验。三个辐照后的燃料球在 1620℃下进行了长达 150h 的事故模拟加热试验。在此基础上，进一步对 1 号球进行了 1620℃加长时间（总共 450h）的加热试验，对 4 号球进行了 1650℃（150h）和 1700℃（150h）的加热试验，对 2 号球进行了 1700℃（150h）的加热试验和 1800℃（150h）的加热试验。上述事故模拟加热试验没有发生包覆燃料颗粒破损[14]。作为对比，HTR-PM 燃料球加热试验的结果也示于图 3-17 中。该试验结果表明我国研发的包覆颗粒燃料元件处于世界领先水平。

3.2.1.2 棱柱式高温气冷堆

棱柱式高温气冷堆的堆芯由六棱柱形燃料组件规则排列而成。在高温气冷堆技术发展的过程中，不同棱柱堆的燃料组件设计有所不同，典型代表有美、俄的 GT-MHR 反应堆和日本的 HTTR 反应堆两种不同的设计方案。

GT-MHR 反应堆主要包括燃料组件、石墨反射层、控制和停堆系统、反应堆支撑构件、反应堆压力容器等部件，如图 3-18 所示[22]。GT-MHR 反应堆的中心是由六棱柱石墨块组成的内反射层。内反射层径向向外为环形堆芯，环形堆芯径向上有 3 圈（102 列），轴向上有 10 层，共由 1020 个六棱柱形燃料组件构成。内反射层石墨块和燃料组件是可以更换的。堆芯外侧为外反射层，部分外反射层可以更换。环形堆芯与内、外反射层的交界处布置了 36 根运行控制棒、12 根启动控制棒和 18 个备用停堆孔道。环形堆芯的顶部和底部分别

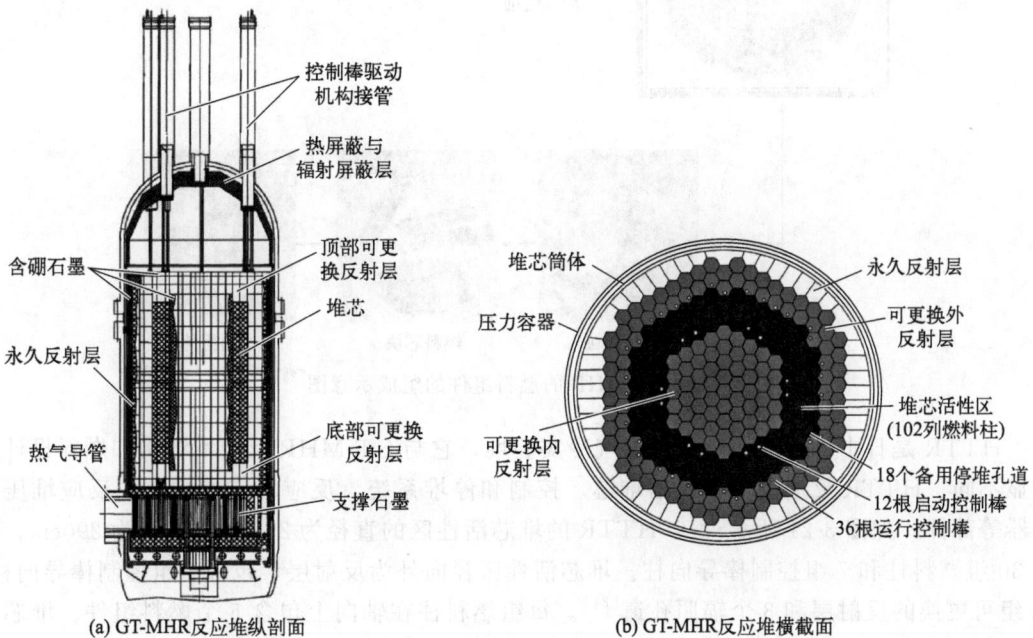

(a) GT-MHR反应堆纵剖面 （b) GT-MHR反应堆横截面

图 3-18　GT-MHR 反应堆结构示意图[22]

设置了顶反射层和底反射层。

历史上 GT-MHR 的堆芯设计方案有多次变动，其中一个设计方案的燃料组件采用了对边距 36cm、高度 79.4cm 的正六棱柱形结构，其横截面如图 3-19 所示。在该设计方案中，燃料组件的基体材料为石墨，一个燃料组件包含 210 个直径 12.7mm 的燃料孔道、102 个直径 15.88mm 的大冷却剂孔道、6 个直径 12.7mm 的小冷却剂孔道、6 个直径 12.7mm 的可燃毒物孔道[23]（位于六边形的六个顶角处）。每个燃料孔道放置 14~15 个圆柱形燃料芯块。圆柱形燃料芯块的组成与球床堆的燃料球非常类似，都是由大量 TRISO 颗粒弥散在石墨基体中组成，如图 3-20 所示。

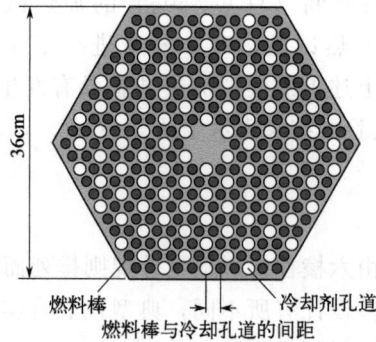

图 3-19　GT-MHR 的燃料组件（正六棱柱形）横截面示意图

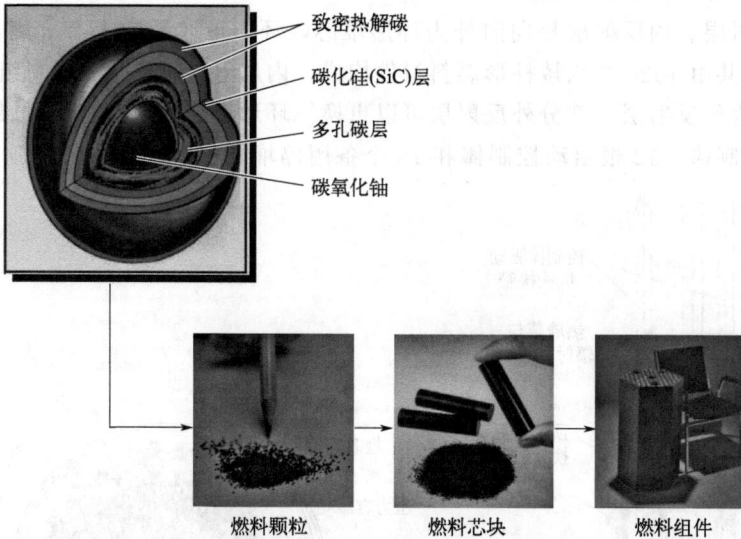

图 3-20　GT-MHR 的燃料组件的组成示意图[23]

HTTR 是日本设计的棱柱式高温气冷实验堆，它与 GT-MHR 反应堆结构和燃料设计有明显不同。HTTR 反应堆主要包括堆芯、控制和停堆系统、反应堆支撑构件、反应堆压力容器等部件，如图 3-21 所示[12]。HTTR 的堆芯活性区的直径为 230cm、高度为 290cm，包含 30 组燃料柱和 7 组控制棒导向柱。堆芯活性区径向外为反射层，包含 9 组控制棒导向柱、12 组可更换的反射层和 3 个辐照孔道[24]。每组燃料柱在轴向上包含 5 个燃料组件。堆芯的上部和下部还分别设置了顶部石墨反射层和底部石墨反射层。

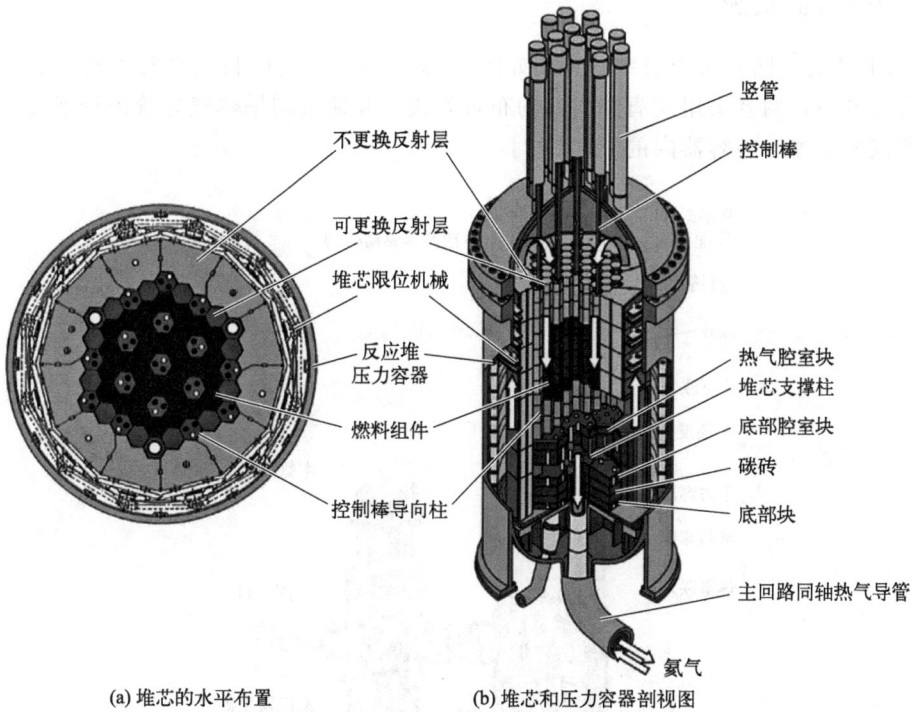

图 3-21   HTTR 反应堆结构示意图[12]

(a) 堆芯的水平布置   (b) 堆芯和压力容器剖视图

HTTR 的燃料组件也是六棱柱形，如图 3-22 所示[12]，但是其设计和 GT-MHR 有所不同。在 HTTR 的设计中，首先将 TRISO 颗粒弥散在石墨基体中，形成空心圆柱形的燃料密实体。之后将燃料密实体堆叠在石墨管套中，并且两端封闭，形成燃料棒。最后将燃料棒放置在六棱柱形石墨块的燃料孔道中形成燃料组件。HTTR 的燃料组件没有冷却剂孔道，冷却剂在燃料棒和燃料孔道的间隙流动[12]。

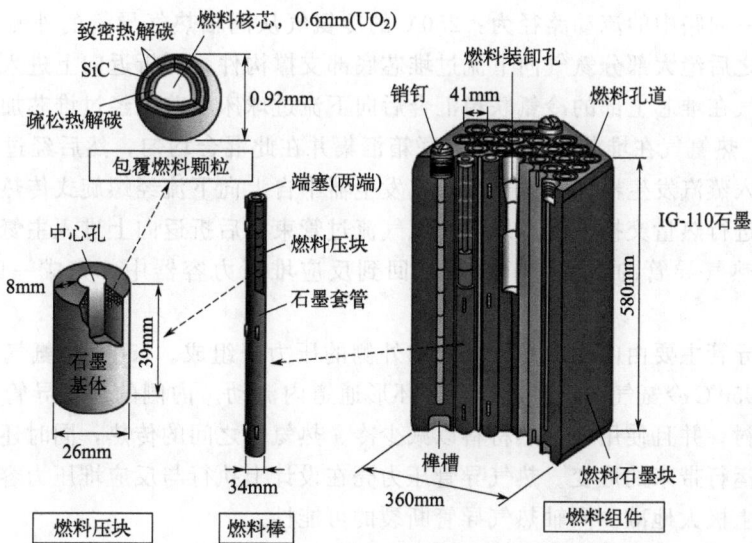

图 3-22   HTTR 燃料组件的结构示意图[12]

3.2.2 一回路系统

HTR-PM 的一回路系统三维示意图如图 3-23 所示。反应堆和蒸汽发生器分别放置在各自的压力容器中，两者采用"肩并肩"的布置方式，并通过同轴热气导管进行连接。主氦风机位于蒸汽发生器压力容器内的上部。

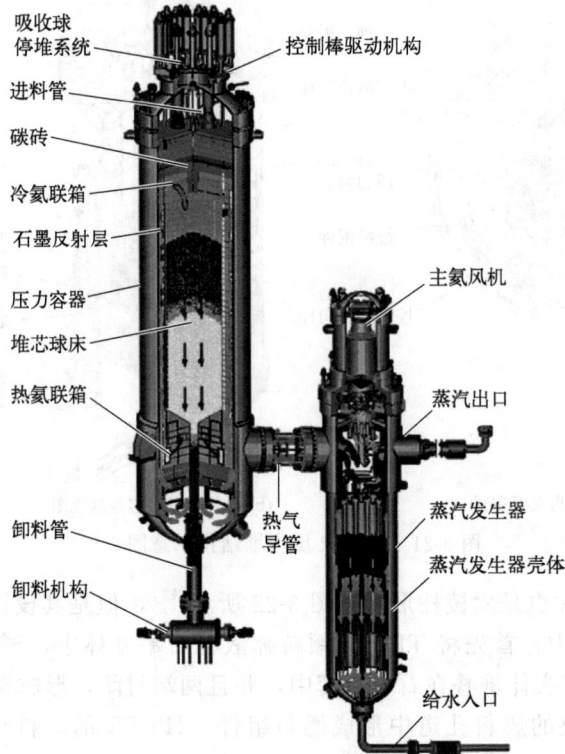

图 3-23　HTR-PM 一回路系统三维示意图

冷却剂在一回路中的流动路径为：250℃的冷氦气从同轴热气导管的外侧环管进入反应堆压力容器，之后绝大部分氦气向下流过堆芯底部支撑构件，再折返向上进入反射层内的冷氦孔道。冷氦气在堆芯上部的冷氦联箱汇合后向下流过球床堆芯。经过堆芯加热的氦气平均温度约 750℃，热氦气在堆芯下部的热氦联箱汇集并在此混合均匀，然后经过同轴热气导管的内侧管道进入蒸汽发生器。热氦气在蒸汽发生器中自上向下流经螺旋式传热管束外侧，与管束内侧的水进行热量交换。降温后的冷氦气流过管束区后折返向上进入主氦风机增压，之后被送入同轴热气导管的外侧环管，最终回到反应堆压力容器中，完成一回路的冷却剂循环。

同轴热气导管主要由内侧的热气导管和外侧的压力壳组成。750℃热氦气在内侧的热气导管内流动，250℃冷氦气在热气导管外侧环形通道内流动。内侧的热气导管采用了能耐受高温的金属内衬，并且使用了绝热材料以减少冷、热氦气之间的传热，同时还设置了补偿器用以补偿高温运行带来的形变。热气导管压力壳在设计上执行与反应堆压力容器相同的安全准则，从技术上极大地减少同轴热气导管断裂的可能性。

高温气冷堆的蒸汽发生器通常设计为立式直流螺旋管型蒸汽发生器。采用直流方式是为了获得更好的蒸汽品质，而采用螺旋管型传热管则是考虑到氦气相比水的传热性能较差，需要更大的换热面积。HTR-PM 的蒸汽发生器结构如图 3-24 所示，蒸汽发生器与热气导管相连，其压力容器内的顶部安装了主氦风机。蒸汽发生器的传热管束包含 19 个换热组件，每个组件包含内外 5 层共 35 根传热管[25]。

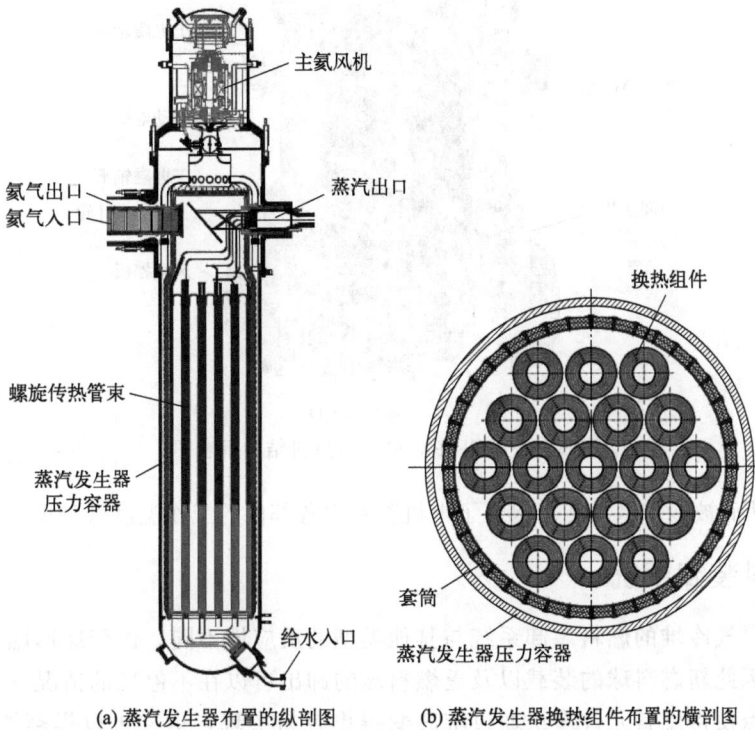

(a) 蒸汽发生器布置的纵剖图　　(b) 蒸汽发生器换热组件布置的横剖图

图 3-24　HTR-PM 的蒸汽发生器结构示意图

　　蒸汽发生器的给水管线布置在其压力容器的底部，二回路给水经流量分配后进入每根传热管内，被一回路氦气加热至 567℃ 的过热蒸汽，所有传热管内的过热蒸汽在管束出口汇合后被送入主蒸汽管道，最终进入汽轮机发电。HTR-PM 设计的蒸汽压力约为 13.25MPa，而一回路氦气压力约为 7MPa[15]，因此如果蒸汽发生器传热管发生破裂，二回路水将进入一回路，从而引入正反应性使得反应堆功率升高，并且水与高温石墨发生化学反应，造成堆内结构腐蚀等问题。为了减少进水事故造成的影响，在布置上蒸汽发生器的位置比反应堆堆芯低，同时高温气冷堆还设计了一回路泄压系统、二回路隔离系统以及蒸汽发生器应急排水系统等。当传热管破裂时，一回路压力升高将导致泄压阀开启，避免一回路压力过高。同时，给水管和主蒸汽管道的二回路隔离阀关闭，蒸汽发生器下部的排水系统开启，以避免大量的水进入反应堆一回路。

　　主氦风机用于补偿氦气在一回路流动时的压降，通常是立式结构，位于蒸汽发生器压力容器内的顶部，如图 3-25 所示。氦气从吸入口进入主氦风机，经过叶轮和扩压器增压后从出口流出。氦气吸入口和出口均设置了挡板（球阀），当事故工况触发主氦风机停机时，挡板关闭，隔断一回路的氦气流动，防止自然循环发生，避免一回路部件和风机内部部件过热。中间法兰将整个主氦风机内部空间分为叶轮腔室和电机腔室两部分，中间法兰的轴穿孔处设计为密封结构，阻止叶轮腔室的氦气进入电机腔室[26]。HTR-PM 主氦风机轴承采用了先进的电磁轴承技术[15]，具有无润滑、转速高、磨损小、寿命长等[27]突出优点。主氦风机的电机腔室内封存有一定的氦气，由转子上的辅助叶轮驱动，流过轴承和电机后，沿电机机壳外侧

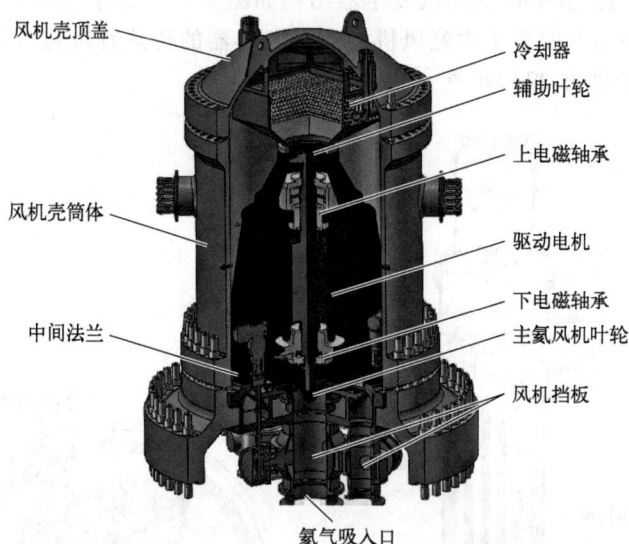

图 3-25　HTR-PM 的主氦风机结构示意图

风机壳顶盖
风机壳筒体
中间法兰
氦气吸入口
冷却器
辅助叶轮
上电磁轴承
驱动电机
下电磁轴承
主氦风机叶轮
风机挡板

流入冷却器，从而被冷却水冷却，保证了电机腔室内各部件的工作温度低于设计限值[26]。

3.2.3　燃料装卸系统

　　球床式高温气冷堆的燃料装卸系统与其他类型的反应堆不同，由于球形燃料元件在堆内具有流动性，因此新燃料球的装载以及乏燃料球的卸出可以在不停堆的情况下连续进行。不停堆换料的特点使得燃料元件多次通过堆芯变得更容易实现，这样可以提高燃料球的燃耗，展平堆芯的中子通量分布，减少过剩反应性的需求，从而改善堆芯的物理和热工性能[2]，提高反应堆的安全性。

　　燃料球多次通过堆芯指的是，当燃料球卸出堆芯后，经过测量如果没有达到设计的燃耗，则将它重新送入堆芯的循环方式。采用多次循环的燃料装卸系统的工作原理如图 3-26所示。燃料球在堆芯发生裂变反应后经过卸料管卸出堆芯，进入单一器和碎球分选器。单一器的作用是保证卸出的燃料球逐个通过后面的装置和系统。碎球分选器的作用是甄别燃料球是否有破损，如果破损则将碎球放入碎球存储容器，如果燃料球完好则准备进入燃耗测量装置。如果燃料球尚未达到设计燃耗，则进入气动提升装置中将其重新送入堆芯。如果燃料球达到了设计的燃耗深度，则将其送入相应的容器中储存[3]。新燃料球的添加也通过该套系统完成。

　　除了多次通过堆芯外，还有一次通过的运行方式。一次通过是指减慢燃料球的循环速度，使其在一个运行周期内就能达到一定的燃耗。由于新燃料球一般集中在堆芯上部，因此堆芯上部的功率密度较高，而堆芯上部又是氦气入口，温度较低，所以堆芯上部的燃料元件中心温度不会很高。此外，堆芯下部的燃料球已经经历了一定的燃耗，因此功率密度较低，所以采用"一次通过"的运行方式时，可以在不超过燃料元件温度限值的前提下，提高氦气的出口温度。采用一次通过的燃料装卸系统的原理与前面介绍的多次通过类似，但是更为简单，因为可以省去燃耗测量等装置。

　　棱柱式高温气冷堆的堆芯结构与球床堆有很大的不同，它的燃料装卸系统设计也与球床堆有明显区别。一般来讲，与压水堆类似，棱柱堆需要在停堆时进行换料操作。换料时反应

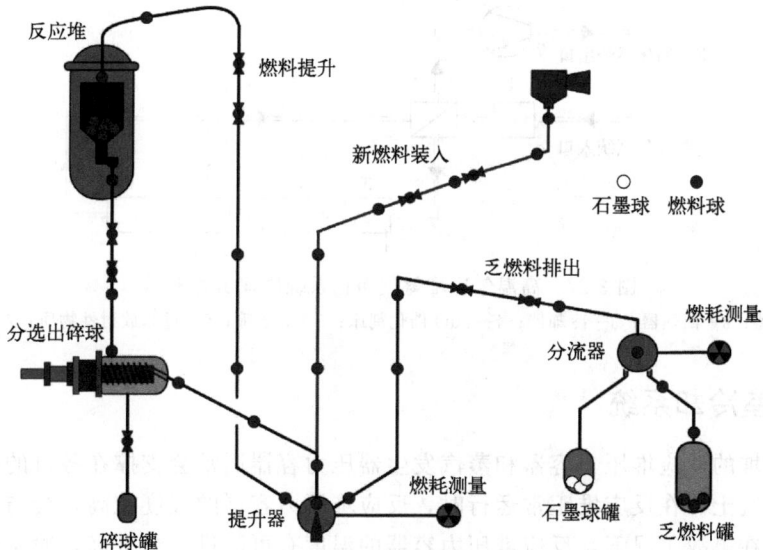

图 3-26　HTR-PM 燃料装卸系统的工作原理示意图

堆应减压和降温，之后先将堆芯上部的控制棒驱动机构卸出，再利用燃料装卸机和辅助移送机构等，将燃料从堆顶卸出并移送至乏燃料存储设备中[10]。

从堆芯卸出的乏燃料，在送去后处理或最终处置前，一般会先在核电厂存放较长时间，以使短半衰期核素完成衰变。这个过程也称为乏燃料的中间存储。乏燃料卸出后一般存放在反应堆厂房旁边的乏燃料厂房（见图 3-12）。在压水堆的设计中，乏燃料通常会放入水池中，用水来冷却乏燃料的衰变热。但是对于高温气冷堆来说，由于其燃料的功率密度很低，剩余发热相比压水堆较小，因此无需采用水冷的方式进行冷却。卸出来的燃料球存放在乏燃料罐内，燃料球的剩余发热通过导热、辐射和对流的方式传递到乏燃料罐表面，之后被乏燃料厂房内的气体通过对流的方式带走，从而保证乏燃料的温度和储存罐的温度不超过安全限值。

3.2.4　氦气净化系统

在反应堆运行的过程中，一回路氦气会含有极其微量的杂质气体，例如 H_2、H_2O、CO、CO_2、O_2、CH_4、N_2 等，此外还有石墨粉尘等微小颗粒。虽然氦气本身是惰性气体，但是这些杂质气体会和堆内结构材料发生反应从而改变材料性能。此外，石墨粉尘在一些流动滞止区的堆积也可能造成氦气流动路径受阻等问题[3]。因此，有必要对一回路的氦气进行净化，从而限制一回路冷却剂的杂质含量。

氦气净化系统的基本原理如图 3-27 所示。在反应堆运行时，部分一回路冷却剂会流入氦气净化系统，经过冷却后与催化剂床中的 CuO 发生反应，反应方程式主要为[28]：

$$CuO + H_2 \longrightarrow Cu + H_2O$$
$$CuO + CO \longrightarrow Cu + CO_2$$

在 CuO 催化剂床中生成的 H_2O 和 CO_2 等物质将会在分子筛中被过滤掉。此外，氦气净化装置还可以将氦气冷却至极低温度，从而将 CH_4 和 N_2 等除去。部分裂变气体例如氩、氪、氙等，将在放射性物质过滤装置中除掉。最后，被净化的氦气经过压缩机增压后返回一回路系统。

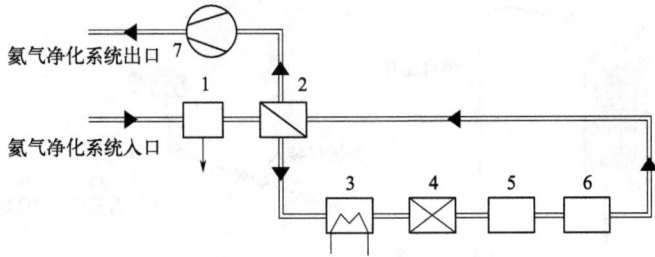

图 3-27　高温气冷堆氦气净化系统原理示意图[28]

1—除尘器；2—回热器；3—冷却器；4—CuO 催化剂床；5—分子筛；6—过滤放射性物质；7—压缩机

3.2.5　舱室冷却系统

　　高温气冷堆的反应堆压力容器和蒸汽发生器压力容器通常会支撑在各自的舱室中，舱室墙壁材料为混凝土。在反应堆正常运行时，反应堆压力容器的温度较高，会与反应堆舱室发生辐射传热。在事故工况下，反应堆压力容器的温度有可能进一步升高，舱室的壁面温度也会随之升高。为了确保反应堆压力容器所在混凝土舱室的表面温度低于安全限值，HTR-PM 设置了舱室冷却系统（RCCS）以便载出堆芯向外传递的热量。

　　HTR-PM 的舱室冷却系统是一个非能动的安全设施，它仅依靠重力和自然循环的方式，就可以有效地载出从反应堆压力容器传递出来的热量，从而保护反应堆压力容器以及混凝土舱室的温度不超过设计限值，提高反应堆的安全性。

　　HTR-PM 的每个反应堆模块都有三列舱室冷却系统。单列舱室冷却系统的示意图如图 3-28 所示[29]。每列 RCCS 都由水冷壁、热水连接管、冷水连接管、空冷器和空冷塔组成。水冷壁是由三组水冷管组成的，三组水冷管分别属于三列 RCCS，每组水冷管有 100 根。每组水冷管通过冷、热水连接管和空冷器相连。空冷器位于空冷塔中，空冷塔设置了空气的进、出口，空冷管内的热水与空冷塔内的空气进行热量交换。

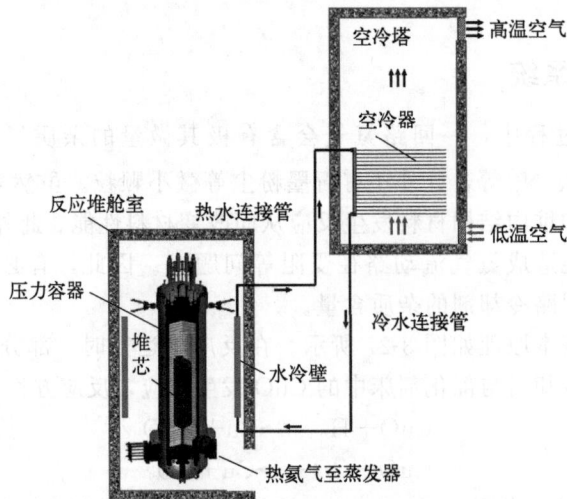

图 3-28　HTR-PM 的单列舱室冷却系统示意图[29]

　　在正常运行和事故工况下，反应堆压力容器和 RCCS 之间的传热以辐射传热为主，同时舱室内空气的自然循环也起到一定的冷却作用。水冷管内的冷却水受热膨胀，密度减小，与冷水连接管里的冷水形成密度差，产生驱动压头。整个冷却水回路在驱动压头和重力的作用下形成自然循环。在空冷塔内，空冷器内的热水加热空冷塔内的空气，使其密度降低并从空冷塔顶部流出。密度较低的冷空气从空冷塔下部流入，并与空冷塔内的高温空气形成密度差，从而建立空冷塔内空气的自然循环。高温气冷堆舱室冷却系统利用这两重自然循环，实现了将堆芯热量载出到最终热阱的功能[29]。

3.2.6　反应堆安全壳

一般来讲，反应堆的安全壳的主要功能包括：a.在正常运行和事故状态下包容放射性物质；b.保护核岛设备免受外部事件影响，包括飞机撞击等；c.屏蔽来自堆芯的辐射；d.支撑反应堆压力容器等各种设备；e.为余热载出和事故缓解提供支持；f.为运行和维修提供适当的环境[30]。

压水堆的安全壳设计考虑了压水堆事故的四个主要特点：a.燃料包壳和一回路压力边界在事故状态下有可能失效使得安全壳内的压力迅速升高；b.冷却剂自身含有较高的放射性物质；c.压水堆的堆芯有可能会熔化；d.需要维持足够的冷却剂以便载出余热并缓解堆芯熔化的后果[30]。因此，作为压水堆包容放射性物质的最后一道屏障，安全壳应时刻保证完整性，并尽量保证冷却剂不泄漏至环境。所以，压水堆安全壳设置了喷淋、消氢等降压防爆手段，安全壳内的压力威胁到安全壳的完整性时才开启过滤排放装置。

但是，高温气冷堆在事故中具有与压水堆显著不同的特点。首先，高温气冷堆具有固有安全性，在任何情况下燃料温度都不会超过设计限值，因而不会发生堆芯熔化的严重事故。此外，TRISO包覆燃料颗粒因良好的性能，能够阻挡和容纳绝大多数的放射性物质，因此一回路氦气中含有的放射性物质非常少。在余热载出方面，高温气冷堆在事故状态下仅依靠导热和辐射等传热机理即可将堆芯余热载出，并不需要过分依赖冷却剂的对流换热。因此，高温气冷堆的安全壳并不需要将一回路冷却剂完全容纳在安全壳内。并且，由于高温气冷堆的冷却剂是氦气，不能像水蒸气那样通过喷淋降压，如果将全部的冷却剂都容纳在安全壳内将会使安全壳的体积巨大。

高温气冷堆的安全壳，更确切地讲应该为"负压通风型安全壳"，它是反应堆厂房、一回路舱室、负压通风设备以及过滤排放设备等的统称，如图3-29所示[3]。

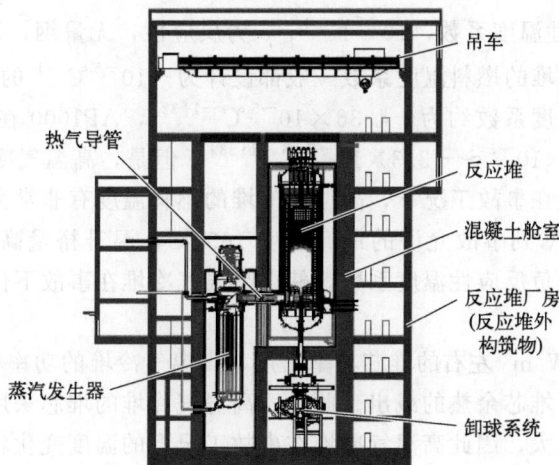

图 3-29　HTR-PM 负压通风型安全壳示意图[3]

高温气冷堆的安全壳通常执行以下功能：a. 在反应堆正常运行时，负压通风系统控制堆舱的压力和气体流动，提供合适的运行环境；b. 当一回路发生小破口事故时，泄漏至堆舱的氦气可以被过滤排放至大气；c. 当一回路发生大破口事故时，在事故早期将一回路泄漏出的氦气直接无过滤排放至大气，避免堆舱和反应堆厂房的压力过高。在事故早期可以无过滤直接排放的原因，是正常运行时一回路氦气含有的放射性物质很少。而随着事故进程的发展，燃料温度逐渐升高，极少部分放射性物质会扩散出 TRISO 颗粒和燃料元件，导致氦气中的放射性物质略有升高。因此，在事故发生一段时间后，可以打开过滤排放系统，减少排放至环境的放射性物质。当堆舱和反应堆厂房的压力回到正常水平后，负压通风系统可以继续建立起负压环境。

3.3 高温气冷堆的技术特性

3.3.1 固有安全性

固有安全性的概念是指，反应堆在任何事故工况下，不需要依靠任何能动系统或外部控制，都能确保不发生不可接受的放射性释放[31]。固有安全性是高温气冷堆的一个非常重要的特性，这与其设计理念是密不可分的。TRISO 包覆燃料颗粒拥有极好的容纳裂变产物的能力，只要高温气冷堆燃料元件的最高温度不超过 1600℃，TRISO 包覆燃料颗粒就不会破损和失效，因而不会造成大量放射性物质释放。高温气冷堆采用了多种设计理念和措施保证事故工况下的燃料最高温度不会超过安全限值。

高温气冷堆设计具有负反应性温度系数和很大的温升裕度。反应性随温度的变化率称为反应性温度系数，见式(3-1)。反应性温度系数包括燃料温度系数、慢化剂温度系数和反射层温度系数等。总的反应性温度系数一般都设计为负的，否则反应堆不易稳定运行。对于负的温度系数，当有一个正的反应性扰动时，功率将会上升，燃料温度会随之升高，负的温度系数则会引入负反应性从而补偿正反应性扰动，使得反应堆可以自稳自调。

$$\alpha_T = \frac{\partial \rho}{\partial T} \tag{3-1}$$

式中，α_T 为反应性温度系数，$10^{-5} K^{-1}$；ρ 为反应性，无量纲；T 为温度，K。

高温气冷堆和压水堆的燃料温度系数一般都设计为 $-10^{-5}℃^{-1}$ 的量级，例如 HTR-PM 平衡堆条件下的燃料温度系数约为 $-4.36 \times 10^{-5}℃^{-1}$[32]，AP1000 在首个燃料循环时的燃料温度系数约为 $-3.8 \times 10^{-5} \sim -2.3 \times 10^{-5}℃^{-1}$[33]。但是，高温气冷堆的安全性却比压水堆更好，其原因主要是在事故工况下，高温气冷堆的燃料温度有非常大的温升裕量，从正常运行的平均温度约 500℃ 到事故允许的最高温度 1600℃，温升裕量高达 1000℃。这么大的温升裕量再加上较大的负反应性温度系数，使得高温气冷堆在事故下仅依靠温度反馈就能实现停堆。

相比压水堆 100MW/m³ 左右的堆芯功率密度，高温气冷堆的功率密度只有约 3MW/m³，较低的功率密度有利于堆芯余热的载出。此外，高温气冷堆的堆芯采用了大量的石墨结构材料，由于石墨的热容较大，因此高温气冷堆在事故工况下的温度变化较为缓慢，从而使反应堆容易控制。

高温气冷堆的堆芯一般设计成"瘦长"的形状，例如 HTR-PM 的堆芯直径为 3m，高度为 11m。这种巧妙的几何设计加上低功率密度和大量石墨的应用，使得高温气冷堆即便在冷却剂全部丧失的情况下，也能保证堆芯余热仅通过导热和辐射的方式有效地载出堆芯，从而避免燃料最高温度超过安全限值。高温气冷堆在事故工况下的余热载出路径和方式如图 3-30 所示。由于导热和辐射传热都是自然的传热机理，无需任何能动部件，因而高温气冷堆的安全性是其固有属性。

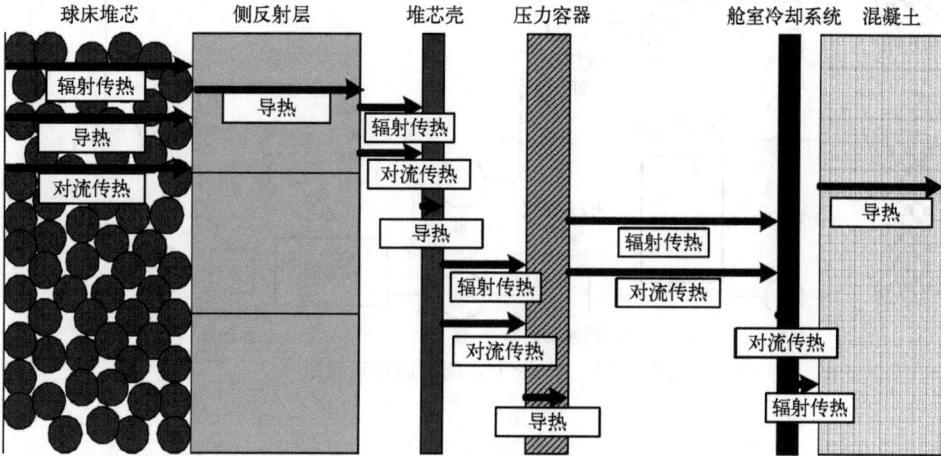

图 3-30　高温气冷堆在事故工况下的余热载出路径和方式示意图

由于高温气冷堆具有固有安全性，因此可以在技术上极大简化场外应急，使得高温气冷堆可以靠近城市以及其他工业园区热用户。高温气冷堆的固有安全性为其广泛应用提供了安全保障。

3.3.2　多用途

由于堆芯出口温度高，高温气冷堆在高效发电、火电替代、热电联产、海水淡化、石油化工、核能制氢等方面都有良好的广泛应用前景。

高温气冷堆相比压水堆有更高的发电效率。HTR-PM 采用蒸汽朗肯循环，两个反应堆模块驱动一个汽轮发电机组，如图 3-31 所示。HTR-PM 的堆芯出口温度约为 750℃，蒸汽发生器产生约 566℃、13.25MPa 的过热蒸汽，发电效率可达 40%[3] 以上。而目前的压水堆核电站，发电效率只有约 33%[33]。

如果高温气冷堆采用氦气闭式布雷顿直接循环，即氦气在堆内加热后直接送入氦气轮机进行做功发电，则循环效率可进一步提升。PBMR、GT-MHR 等反应堆的概念设计都采用了氦气透平直接循环的方案，PBMR 设计的发电效率为 41.2%[3]，GT-MHR 设计的发电效率为 47.2%[13]。高温气冷堆采用氦气透平直接布雷顿循环的系统流程如图 3-32[34] 所示。

从反应堆流出的高温高压氦气进入氦气透平做功发电，之后氦气进入回热器的高温侧加热低温侧的氦气，并在预冷器中进一步降低温度，从而减少压气机的压缩功耗。经过冷却后的低温低压氦气首先经低压压气机压缩，之后经中间冷却器冷却后再进入高压压气机压缩。从高压压气机流出的高压氦气温度较低，先经过回热器加热后流入反应堆，在堆芯被进一步加热，从而完成整个闭式布雷顿循环。氦气透平直接循环还可以与蒸汽朗肯循环结合，形成联合循环，如图 3-33 所示[35]，从而进一步提高循环效率。不过，目前氦气透平直接布雷顿循环技术还处于研究状态。

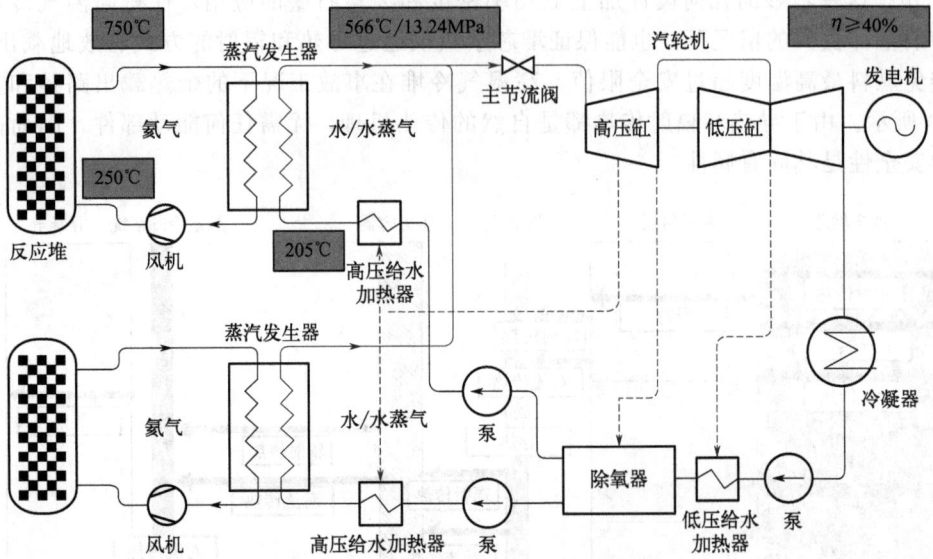

图 3-31   HTR-PM 朗肯循环示意图

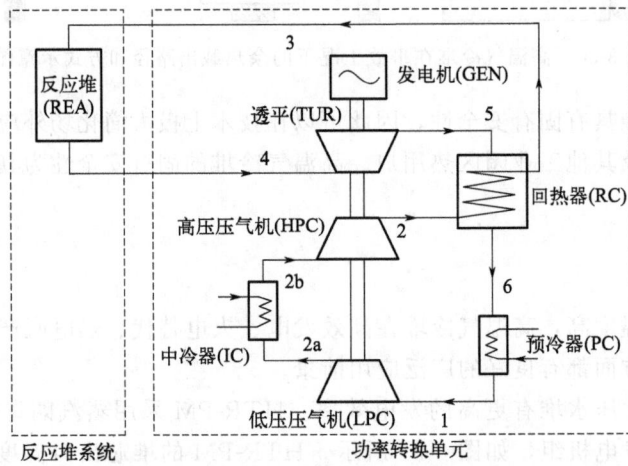

图 3-32   高温气冷堆采用氦气透平直接布雷顿循环方案示意图[34]

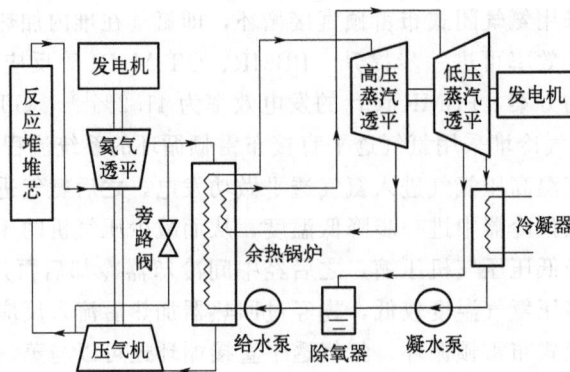

图 3-33   高温气冷堆联合循环示意图[35]

由于高温气冷堆的蒸汽出口参数与燃煤电厂非常接近,因此高温气冷堆也是替代中小型火电的一个理想的选择。在节能减排和"双碳"目标的大背景下,我国环境污染的治理力度不断加大。我国能源局于2022年印发的《"十四五"现代能源体系规划》指出,要大力推动煤电节能降碳改造、灵活性改造、供热改造,新增煤电机组全部按照超低排放标准建设,煤耗标准达到国际先进水平。同时还指出,要有序淘汰煤电落后产能,"十四五"期间淘汰3000万kW。在老旧煤电关停的条件下,一些煤电厂址处于空闲状态。因此,利用高温气冷堆取代燃煤电厂的锅炉,保留原有汽轮机发电系统,可以利用火电成熟的技术从而提高现有火电厂的资源利用率。

高温气冷堆较高的堆芯出口温度不仅可以提高发电效率,而且也能为多种工业过程提供高品质热。一些常见的工艺过程所需的温度如图3-34所示,根据所需温度大致可以分为三类:a.低温工艺过程,主要包括区域供热、海水淡化等温度在200℃以下的过程;b.中等温度工艺过程,主要包括为炼油厂提供蒸汽、油砂和油页岩的蒸馏等温度在600℃以下的过程;c.高温工艺过程,主要包括甲烷蒸汽重整制氢、煤的气化等温度在700℃以上的过程[28]。

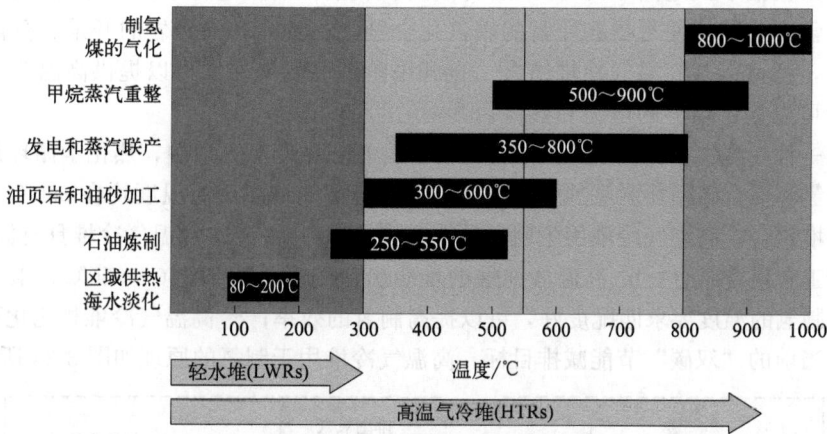

图 3-34 不同的工艺过程所需的温度区间

高温气冷堆在工艺热应用方面的优势非常明显。压水堆的典型堆芯出口温度约为325℃,更高的堆芯出口温度意味着需要更高的一回路压力,由此将带来更复杂的一回路压力边界设计和更高的成本。沸水堆的典型堆芯出口温度约为285℃,最高温度主要受到燃料棒表面温度的限制。快堆的堆芯出口温度可达550℃,但是为了避免液态金属冷却剂与蒸汽循环回路发生剧烈的化学反应,快堆通常需要设置中间回路。中间回路的设置会使可利用的温度有所降低。此外,液态金属冷却剂在高温下也容易和燃料组件发生反应。在第四代核能系统的候选堆型中,熔盐堆的预期堆芯出口温度可达700℃。不过目前熔盐堆只能实现450℃以内的堆芯出口温度,实现更高的堆芯出口温度的技术还不太成熟。目前的高温气冷堆已经可以实现750℃的堆芯出口温度,日本HTTR试验堆更是在950℃的堆芯出口温度下进行了长达一年的运行。因此,(超)高温气冷堆也被认为是第四代核能系统中最有可能实现大规模工艺热应用的堆型[28]。

高温气冷堆的蒸汽参数高,除了用于发电外,还可用于热电联产。蒸汽发生器产生的蒸汽首先用来发电,从汽轮机抽出的蒸汽可以提供高达500℃的工业蒸汽,用于满足石化行业等对高温蒸汽的需求,如表3-5所示。

表 3-5　我国典型石油炼化项目的蒸汽需求

项目	分类	压力/MPa	温度/℃
新近设计、建设的大型炼化企业蒸汽管网参数等级	超高压蒸汽管网	12.0	490
	高压蒸汽管网	4.0	420
	中压蒸汽管网	1.0～1.2	260～290
	低压蒸汽管网	0.35～0.4	190
典型高温气冷堆主蒸汽参数		13.24	566

此外，高温气冷堆还可以向居民供热和进行海水淡化。区域供热和海水淡化所需的温度约为 100～200℃。由于高温气冷堆具有良好的固有安全性，可以建在城市或化工厂附近，而且采用热电联产的运行方式可以实现能量的多级利用，显著提高了高温气冷堆的能量转换效率。

在交通运输等行业，石油及其替代品的供应一直是能源经济的重要问题。油页岩是含有大量有机物的沉积石，如果将油页岩加热到 250～500℃，可以释放出石油和天然气。油砂是一种富含天然沥青的沉积砂，如果将高温蒸汽注入井下，使油砂吸收蒸汽热量后具有流动性，从而可以被抽取到地面[36]。开采后的油页岩和油砂需要进行干馏等分离操作[37,38]，经过提炼和加氢裂化后，便可得到所需的碳氢化合物。在油砂和油页岩的开采、分离和加工的大部分环节，都可以与高温气冷堆结合。在开采阶段高温气冷堆可以提供高温蒸汽，在干馏和提炼阶段可以提供足够的电力和热能。

氢能是一种来源丰富、能量巨大的清洁能源。在各种制氢方法中，热化学循环制氢、高温蒸汽电解制氢和混合硫循环制氢的效率较高，它们所需的最高反应温度均在 850℃左右，有望与高温气冷堆耦合。高温气冷堆用于制氢具有明显的优势[39]：a. 高温气冷堆具有固有安全性，可以与常规工业设备结合；b. 高温气冷堆的堆芯出口温度可达到 750～950℃，未来还将达到 1000℃，与制氢的温度要求匹配度好，可以提高制氢的效率；c. 高温气冷堆相比化石燃料更加环保，符合当前的"双碳"节能减排目标。高温气冷堆用于制氢的原理如图 3-35 所示。

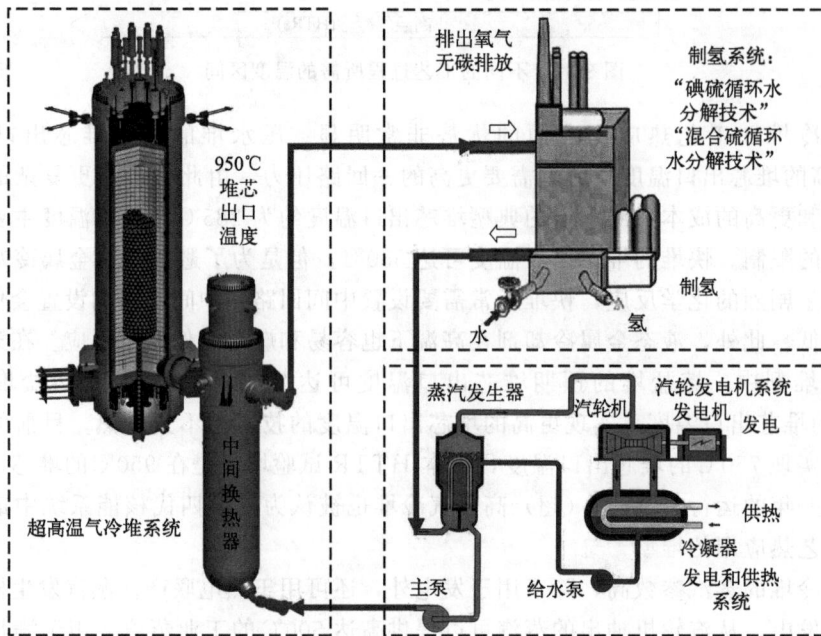

图 3-35　高温气冷堆用于制氢的原理图

3.3.3　灵活性

高温气冷堆采用模块化设计，在应用场景、设备生产和安装等方面都具有较高的灵活性，可以通过模块组装的方式满足不同用户的功率需求。例如，HTR-PM 采用了两个 250MW 的反应堆模块，总电功率达到 200MW；而 HTR-PM600 的设计则采用了六个 250MW 的反应堆模块，总电功率达到 600MW。由于每个反应堆模块的设计都保持不变，保证了单个模块的固有安全性，因此多个模块组合在一起的安全性也有充分的保障，并且可以大大简化多模块高温气冷堆核电厂的安全分析。

除了满足大功率用户的需求外，高温气冷堆也是一种重要的小型堆类型。IAEA 对小型模块化反应堆（SMR）的定义为[17]：电功率通常不超过 300MW 的一种新型反应堆，且该反应堆的系统和部件通常采用模块化设计。小型堆相比于大型核电站有更加灵活的应用场景。虽然大型电站由于规模效应而更具有经济上的优势，但是对于很多发展中国家以及偏远和孤岛地区来说，电力需求通常并不大，如果一味建设大规模电站反而是一种浪费。因此，小型模块化反应堆就很适合为这些地区提供电能。由于高温气冷堆具有固有安全性，而且对冷却水源的依赖性不高，所以它的选址可以更加灵活，因此也更适用于为偏远和孤岛地区提供电能。

与其他小型模块化反应堆一样，高温气冷堆的零部件也多采用标准化、模块化的方式进行生产和加工。这样不仅可以提高生产效率、降低成本，而且便于设备的运输和组装，尤其便于运输至建设现场进行组装，这样对道路运输条件的要求也大为降低。

3.4　高温气冷堆用于核能制氢

3.4.1　核能制氢技术评价

核能制氢的技术路线如图 3-36[40]所示。利用核能发电再进行电解水制氢是已经成熟的技术，但是从一次能源转化为氢能的效率较低，例如碱性电解水制氢的电解效率约为 56%，总制氢效率仅约 25%[41]。通常在一些发电能力过剩等特殊场景中，可以利用电解水制氢实现储能或供给需要氢气的用户。对于烃类蒸汽重整技术，如果利用核能提供热量，可以减少化石燃料的使用，从而减少部分二氧化碳的排放。如采用高温气冷堆提供热量辅助天然气重整制氢，可以节省约 30% 用作热源的天然气，降低 30% 的二氧化碳排放[40]。不过烃类蒸汽重整技术不可避免地会生成一定的二氧化碳，因此在"双碳"目标下，该技术可作为核能制氢的一种过渡技术，用于反应堆与制氢厂耦合以及安全性、经济性分析等方面的探索。

从制氢效率以及控制碳排放等方面来看，高温热化学循环分解、高温蒸汽电解以及混合硫循环是备受关注的适合与高温气冷堆结合的制氢技术。热化学循环分解技术，以碘硫循环为例，硫酸分解反应需要 850℃ 左右的高温，与（超）高温气冷堆的堆芯出口温度匹配较好，并且其制氢效率预期可以达到 50% 以上。此外，碘硫循环的整个过程只需要加入水，除了氢气和氧气外没有其他流出物，当与高温气冷堆结合后可以极大减少温室气体排放[40]。高温蒸汽电解技术相比电解水技术具有较高的制氢效率，例如采用固体氧化物电解池实现高温蒸汽电解时，它的电解效率可达 90% 以上，总制氢效率高达 55%，约为碱性电解水制氢总效率的 2 倍多[41]。高温蒸汽电解技术和电解水技术都需要消耗电能，但是随着温度的升

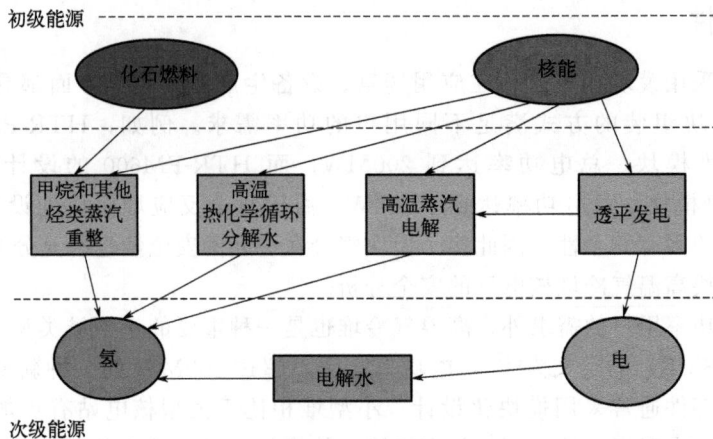

初级能源

次级能源

图 3-36　核能制氢的主要技术路线[40]

高，电能的消耗会明显下降[42]。高温气冷堆既可以提供高温蒸汽，也可以提供电解所需的电能，因此大大增加了高温蒸汽电解技术的吸引力。

利用核能制氢的经济性是一个受到广泛关注的问题。国际原子能机构曾对核能制氢的成本进行评估，不同场景下的氢气成本约为 $2.45 \sim 4.34$ 美元/kg。一些学者对核能制氢的经济性分析结果表明，高温气冷堆结合热化学循环制氢方案与压水堆结合电解水制氢方案相比，具有明显的成本优势[43]。高温气冷堆核电厂与制氢厂耦合采用热电联供的运行方式，相比只供热而由外部电网供电的方式，具有更好的经济性[44]。此外，当征收一定的二氧化碳税时，高温气冷堆结合碘硫循环方案相比甲烷蒸汽重整制氢具有更低的平准化成本[44]。

由于高温气冷堆够同时提供大量热能和电能，所以在制氢方面具有天然的优势。如果高温气冷堆与制氢厂结合，便可实现氢气、电能和热能的综合供应，因而在一些同时需要氢气、电能和热能的场合具有非常好的应用前景。例如可以将高温气冷堆制氢与炼钢厂进行耦合，高温气冷堆制氢和发电后可以提供氢气和电力给炼钢厂进行氧化还原炼铁，从而实现能源的综合利用。

3.4.2　核能制氢系统和设备

核能系统与制氢系统耦合时需要考虑安全性的问题。制氢厂发生事故时可能造成化学品释放，核氢耦合时需要考虑化学释放对核设施和运行人员的伤害，包括爆炸形成的冲击波、火灾、化学腐蚀等。另外，核能系统正常运行以及发生事故时可能会造成放射性物质的释放，核氢耦合时需要考虑放射性物质进入制氢厂的途径，甚至进入产品氢。因此在核氢厂的设计中，反应堆和制氢厂通常需要采取充分的隔离措施，从而避免两者事故的互相影响，并使制氢厂按非核系统设计和运行[42]。

为了保证高温气冷堆制氢的安全性，高温气冷堆的一回路氦气通常不会直接进入制氢工艺设备中，而是在一回路系统和制氢设备之间使用中间换热器（IHX）。中间换热器通常是氦-氦换热器，即一回路的氦气在中间换热器中将热量传递给制氢回路的氦气，制氢回路的氦气被加热后进入制氢设备为制氢工艺提供热量。高温气冷堆通过中间换热器与碘硫循环制氢厂耦合的系统布置如图 3-37 所示[45]。在碘硫循环中，硫酸分解反应需要 850℃的高温，而氢碘酸分解反应需要 400℃的高温。制氢回路的氦气在中间换热器被加热后首先进入硫酸分解器为硫酸分解反应提供热量，之后进入氢碘酸分解器为氢碘酸分解反应提供热量，从而实现能量的梯级利用。在制氢回路中，除了硫酸分解和氢碘酸分解需要高温热源以外，硫酸和氢碘酸的纯化和浓缩等过程也需要热源，因此可以将制氢回路的氦气引入蒸汽发生器产生蒸汽，从而对纯化浓缩等过程进行加热。

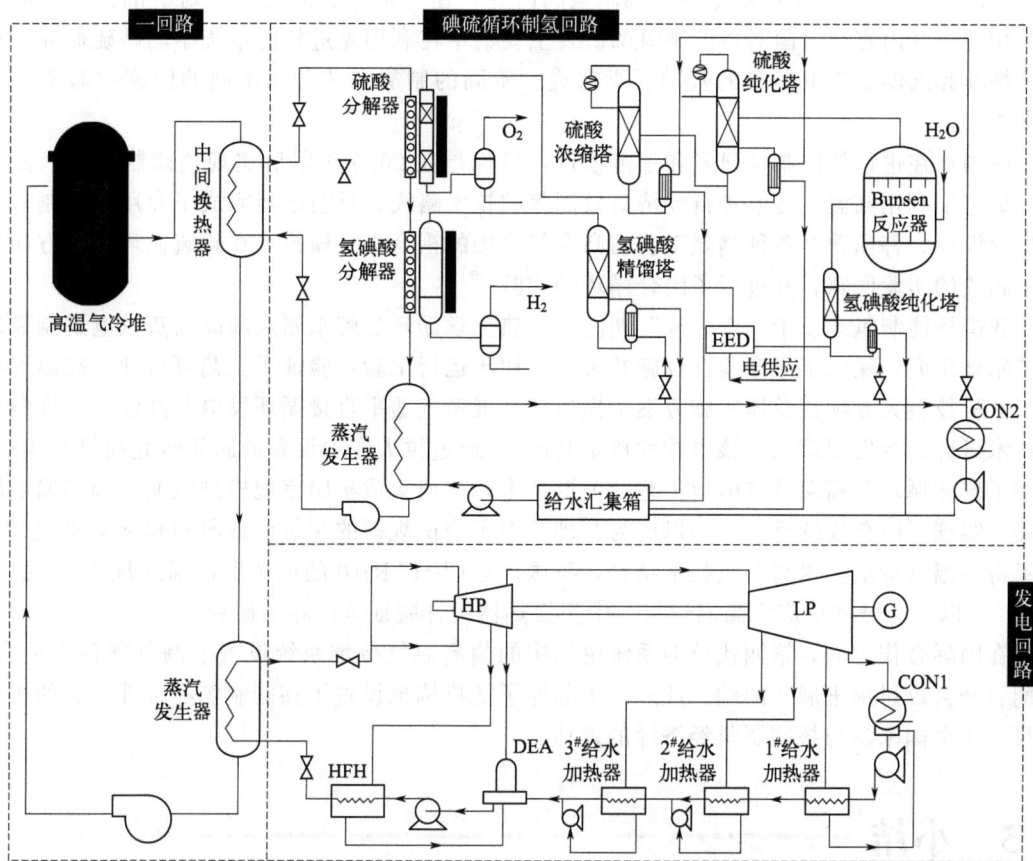

图 3-37　高温气冷堆与碘硫循环制氢厂耦合的系统布置示意图[45]

由于氢碘酸分解的反应温度约为 400℃，因此流过中间换热器的一回路氦气依然具有400℃以上的温度。为了提高能量的利用率，可以将流过中间换热器的一回路氦气引入蒸汽发生器，如图 3-37 所示，此时蒸汽发生器产生的蒸汽与压水堆核电厂的蒸汽参数大致在一个量级，其发电效率也大致与压水堆核电站保持在同一水平。如果希望进一步提高能量利用率，还可以在发电回路的汽轮机中抽取一部分蒸汽供给其他热用户，这样就可以实现制氢-发电-供热的三级能量利用[46]。

使用中间换热器后，高温气冷堆与制氢厂耦合的安全性分析中，也应该考虑中间换热器失效所导致的事故特点，包括放射性物质可能通过中间换热器进入制氢设备、制氢回路的流体可能进入堆芯等。当高温气冷堆用于制氢时，中间换热器的一回路氦气的典型温度约为900℃，制氢回路的氦气温度约为 850℃，因此极高温度的运行条件对中间换热器的材料和结构设计提出了更高的要求。

3.4.3　目前各国研究现状

日本一直开展高温气冷堆和碘硫循环制氢的研究。针对碘硫循环，日本搭建了原理验证实验台架、工程材料台架等，对碘硫循环的原理、材料考验和部件完整性等方面都进行了研究。日本计划后续利用 HTTR 反应堆对核能制氢技术进行示范，同时日本原子能机构还在进行多功能商用高温气冷堆示范电站设计，用于制氢、发电和海水淡化。此外，日本还对核能制氢用于炼钢的可行性进行了研究[40]。

美国自21世纪以来逐渐重视核能制氢的研究，在一系列氢能发展计划中都包含核能制氢的相关研究内容。美国对核能制氢的研发主要集中在利用先进核能系统驱动碘硫循环、混合硫循环和高温蒸汽电解等的基础科学研究。不同的制氢工艺分属不同的国家实验室进行研发[40]。

韩国正在进行核能制氢研发和示范项目，目标是在2030年以后实现核能制氢技术商业化，确定了利用高温气冷堆进行经济高效制氢的技术路线，目前已经完成了商用核能制氢厂的概念设计。韩国曾对各种制氢工艺与高温气冷堆的耦合进行模拟，在碘硫循环工艺方面搭建了相关的实验回路，并进行了闭合循环的实验[40]。

我国核能制氢起步于"十一五"期间，对热化学循环分解水制氢和高温蒸汽电解制氢进行了基础研究，建成了原理验证设施并进行了初步运行试验，验证了工艺可行性。高温气冷堆国家科技重大专项在总体实施方案中提出"开展氦气透平直接循环发电及高温气冷堆制氢等技术研究，为发展第四代核电技术奠定基础"。通过重大专项设置的制氢研究项目的实施，掌握了碘硫循环和高温蒸汽电解工艺的关键技术，建成集成实验室规模碘硫循环和高温电解台架，实现了闭合连续运行，并以此为基础开展了中试规模的制氢设备研制和试验研究[40]。为了将高温气冷堆技术与制氢技术结合，我国计划把HTR-10的堆芯出口温度从700℃提高到850℃以上，开展反应堆高温运行、中间换热器设计验证等的相关研究[12]。

在国际合作方面，第四代核能系统论坛中的超高温气冷堆系统设置了制氢项目委员会，定期召开会议讨论进展和问题。此外，国际原子能机构也设置了核能制氢经济性相关的协调项目，多个国家参与核能制氢经济性的评估。

3.5 小结

到目前为止，气冷堆技术经历了镁诺克斯型气冷堆、改进型气冷堆、早期高温气冷堆、模块式高温气冷堆等阶段。在高温气冷堆的发展过程中，不仅堆芯出口温度不断提高，其安全性也得到了长足的发展，逐渐演化出了固有安全性的概念，并成为后续高温气冷堆技术发展的最重要的理念。

高温气冷堆根据燃料元件的类型可分为球床式和棱柱式高温气冷堆，两者虽然堆芯结构大相径庭，但是它们都采用了TRISO包覆燃料颗粒、较低的堆芯功率密度、大量石墨结构材料，并具有负反应性温度系数和很大的温升裕度，以保证高温气冷堆的固有安全性。

鉴于高温气冷堆具有安全性好、出口温度高、便于模块化设计和建造等特点，在低碳经济社会和能源领域有着广泛的应用前景，包括采用多种循环方式的高效发电、中小型火电替代、海水淡化与区域供热、油页岩的开采和加工、为偏远地区提供能源等。特别是当堆芯出口温度达到850~1000℃时，高温气冷堆非常适合与制氢厂结合，提供热量和电能用于热化学循环制氢。因此，高温气冷堆可以将发电、抽汽、制氢、供热等结合起来，实现能量的多级利用，极大地提高能量的利用率。

参 考 文 献

[1] 张作义，原鲲. 我国高温气冷堆技术及产业化发展 [Z]//现代物理知识，2018，30：4-10.

[2] 高文. 高温气冷堆 [M]. 北京：原子能出版社，1982.

[3] Kugeler K, Zhang Z. Modular high-temperature gas-cooled reactor power plant [M]. Heidelberg：Springer Berlin，2018.

[4] Price M S T. The Dragon Project origins，achievements and legacies [J]. Nuclear Engineering and Design，2012，251：60-68.

[5] Reutler H, Lohnert G H. The modular high-temperature reactor [J]. Nuclear Technology，1983，62 (1)：22-30.

[6] Reutler H, Lohnert G H. Advantages of going modular in HTRs [J]. Nuclear Engineering and Design，1984，78 (2)：129-136.

[7] Reutler H. Plant design and safety concept of the HTR-module [J]. Nuclear Engineering and Design，1988，109 (1)：335-340.

[8] Neylan A J, Graf D V, Millunzi A C. The modular high temperature gas-cooled reactor (MHTGR) in the U. S. [J]. Nuclear Engineering and Design，1988，109 (1)：99-105.

[9] Silady F A, Millunzi A C, Kelley A P, et al. Safety and licensing of MHTGR [J]. Nuclear Engineering and Design，1988，109 (1)：273-279.

[10] Fujiwara Y, Goto M, Iigaki K, et al. 2-Design of high temperature engineering test reactor (HTTR) [M]// Takeda T, Inagaki Y. High Temperature Gas-Cooled Reactors：Vol. 5. Academic Press，2021：17-177.

[11] 陈福冰. 利用 HTR-10 试验数据对安全分析程序 THERMIX 的验证 [D]. 北京：清华大学，2009.

[12] Yanhua Z, Zhipeng C, Han Z. Preliminary study on HTR-10 operating at higher outlet temperature [J]. Nuclear Engineering and Design，2022，397：111958.

[13] Kiryushin A I, Kodochigov N G, Kouzavkov N G, et al. Project of the GT-MHR high-temperature helium reactor with gas turbine [J]. Nuclear Engineering and Design，1997，173 (1-3)：119-129.

[14] 张作义，吴宗鑫，王大中，等. 我国高温气冷堆发展战略研究 [J]. 中国工程科学，2019，21 (1)：12-19.

[15] Zhang Z, Dong Y, Li F, et al. The Shandong Shidao Bay 200 MWe high-temperature gas-cooled reactor pebble-bed module (HTR-PM) demonstration power plant：An engineering and technological innovation [J]. Engineering，2016，2 (1)：112-118.

[16] Zhang Z Y, Dong Y J, Shi Q, et al. 600MWe high-temperature gas-cooled reactor nuclear power plant HTR-PM600 [J]. Nuclear Science and Techniques，2022，33 (8)：101.

[17] IAEA. Advances in small modular reactor technology developments-supplement to IAEA advanced reactors information system (ARIS) [R]. Vienna：International Atomic Energy Agency，2022.

[18] GIF. GIF 2021 annual report [R]. Generation IV International Forum (GIF)，2021.

[19] 李健. 高温气冷堆源项分析方法研究与自主程序研发 [D]. 北京：清华大学，2019.

[20] Knol S, de Groot S, Salama R V, et al. HTR-PM fuel pebble irradiation qualification in the high flux reactor in Petten [J]. Nuclear Engineering and Design，2018，329：82-88.

[21] Lohnert G H, Nabielek H, Schenk W. The fuel element of the HTR-module, a prerequisite of an inherently safe reactor [J]. Nuclear Engineering and Design，1988，109 (1)：257-263.

[22] 韩梓豪. 基于 ATHENA 程序的棱柱型高温气冷堆热工分析 [D]. 北京：清华大学，2022.

[23] Richards M. Assessment of GT-MHR spent fuel characteristics and repository performance [R]. San Diego：General Atomics，2002.

[24] Nishihara T, Yan X, Tachibana Y, et al. Excellent features of Japanese HTGR technologies：JAEA-Technology 2018-004 [R]. Japan Atomic Energy Agency，2018.

[25] Zhang Z, Wu Z, Wang D, et al. Current status and technical description of Chinese 2×250MWth HTR-PM demonstration plant [J]. Nuclear Engineering and Design，2009，239 (7)：1212-1219.

[26] 张浩，张新磊. HTR-PM 主氦风机的设计分析及验证 [C]//中国核科学技术进展报告 (第四卷) ——中国核学会 2015 年学术年会论文集第 2 册 [核能动力分卷 (上)]. 中国核学会，2015：272-278.

[27] 马涛，胡守印，周惠忠，等. HTR-10 备用主氦风机更换方案设计 [J]. 核动力工程，2008 (2)：70-73.

[28] [德] 库尔特·库格勒，张作义. 高温气冷堆工艺热应用 (英文版) [M]. 北京：清华大学出版社，2023.

[29] 秦亥琦，李晓伟，柳雄斌，等. 高温气冷堆非能动舱室冷却系统排热功率计算分析 [J]. 原子能科学技术，2023，57 (2)：225-233.

[30] Li F, Chen F, Wang H, et al. One implementation of vented low pressure containment for HTR [J]. Nuclear

Engineering and Design, 2020, 356: 110412.

[31] Lohnert G H. Technical design features and essential safety-related properties of the HTR-module [J]. Nuclear Engineering and Design, 1990, 121 (2): 259-275.

[32] Zhang J, Guo J, Li F, et al. Research on the fuel loading patterns of the initial core in Chinese pebble-bed reactor HTR-PM [J]. Annals of Nuclear Energy, 2018, 118: 235-240.

[33] 林诚格. 非能动安全先进核电厂 AP1000 [M]. 北京：原子能出版社，2008.

[34] 丁铭. 高温气冷堆闭式布雷登循环动态特性和控制方法研究 [D]. 北京：清华大学，2009.

[35] 曲新鹤，杨小勇，王捷. 商用高温气冷堆联合循环方案研究 [J]. 原子能科学技术，2017，51 (9): 1578-1584.

[36] 徐轶. 油砂沥青的开采和分离技术现状 [J]. 辽宁化工，2015，44 (2): 175-179.

[37] 郝俊辉，田原宇，张金弘，等. 油砂沥青分离技术研究进展 [J]. 化工进展，2018，37 (9): 3337-3345.

[38] 韩晓辉，卢桂萍，孙朝辉，等. 国外油页岩干馏工艺研究开发进展 [J]. 中外能源，2011，16 (4): 69-74.

[39] 张平，于波，陈靖，等. 核能制氢与高温气冷堆 [J]. 化工学报，2004 (S1): 1-6.

[40] 张平，徐景明，石磊，等. 中国高温气冷堆制氢发展战略研究 [J]. 中国工程科学，2019，21 (1): 20-28.

[41] 刘明义，于波，徐景明. 固体氧化物电解水制氢系统效率 [J]. 清华大学学报（自然科学版），2009，49 (6): 868-871.

[42] 张平，于波，徐景明. 核能制氢技术的发展 [J]. 核化学与放射化学，2011，33 (4): 193-203.

[43] 李智勇，张一凡，李文安，等. 核能制氢不同工艺与速率的经济性研究 [J]. 现代化工，2021，41 (7): 29-34.

[44] 倪航，曲新鹤，彭威，等. 高温气冷堆耦合碘硫循环制氢的经济性研究 [J]. 原子能科学技术，2022，56 (12): 2554-2563.

[45] 曲新鹤，赵钢，王捷，等. 基于核能制氢的氢电联产系统能量梯级利用研究 [J]. 原子能科学技术，2021，55 (S1): 37-44.

[46] Ni H, Peng W, Qu X, et al. Thermodynamic analysis of a novel hydrogen-electricity-heat polygeneration system based on a very high-temperature gas-cooled reactor [J]. Energy, 2022, 249: 123695.

第4章
热化学碘硫循环分解
水制氢技术

4.1　碘硫循环分解水制氢原理

　　水的直接分解需要超过 2000K 的高温，在工程上基本不具有可行性，热化学循环可以通过将高温吸热和低温放热反应联合起来，在相对较低的温度下实现水分解，为高效经济的大规模热分解水制氢提供了一种可行选择。

　　热化学循环最早由 Funk 和 Reinstrom 于 20 世纪 60 年代提出，之后在多个国家都进行了大量研究，提出了很多种热化学循环。如第 2 章所述，在诸多热化学循环中，由 GA 公司提出的碘硫循环因其制氢效率高、所需热量及其温度与高温热源匹配良好、易于放大等优点，被认为是最有工业应用前景的利用高温气冷堆（HTGR）或高温太阳能制氢的热化学流程，也是研究最广的流程。

　　碘硫循环由如下三个化学反应组成：

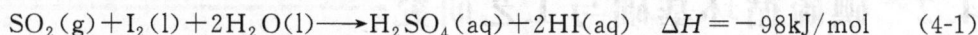

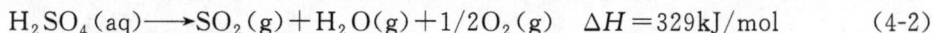

$$SO_2(g)+I_2(l)+2H_2O(l)\longrightarrow H_2SO_4(aq)+2HI(aq) \quad \Delta H=-98kJ/mol \tag{4-1}$$

$$H_2SO_4(aq)\longrightarrow SO_2(g)+H_2O(g)+1/2O_2(g) \quad \Delta H=329kJ/mol \tag{4-2}$$

$$2HI(aq)\longrightarrow I_2(l)+H_2(g) \quad \Delta H=119kJ/mol \tag{4-3}$$

　　上述三个反应的净反应为水分解：

$$H_2O(l)\longrightarrow H_2(g)+1/2O_2(g) \quad \Delta H=286kJ/mol \tag{4-4}$$

　　在反应焓变 ΔH 的计算中，H_2SO_4（aq）指硫酸水溶液，H_2SO_4/H_2O（摩尔比）为 1∶4；HI（aq）是 HI 酸水溶液，$HI/I_2/H_2O$（摩尔比）为 1∶4∶5，温度为 298.15K。

　　以高温气冷堆为热源的碘硫循环分解水的过程原理如图 4-1 所示。

　　碘硫循环中生成硫酸和氢碘酸的反应被称为 Bunsen 反应，反应物碘、水和 SO_2 在 373K、过量水和碘存在条件下自发反应生成硫酸和氢碘酸。在过量碘存在下产生的溶液可以自发分离成两个液相，上层轻相（硫酸相）主要含有硫酸和水，下层重相（HI_x 相）主要含有 HI、碘和水，由此可以容易地实现硫酸和氢碘酸分离。

　　硫酸分解过程经下列两个步骤完成：

第 4 章　热化学碘硫循环分解水制氢技术　　087

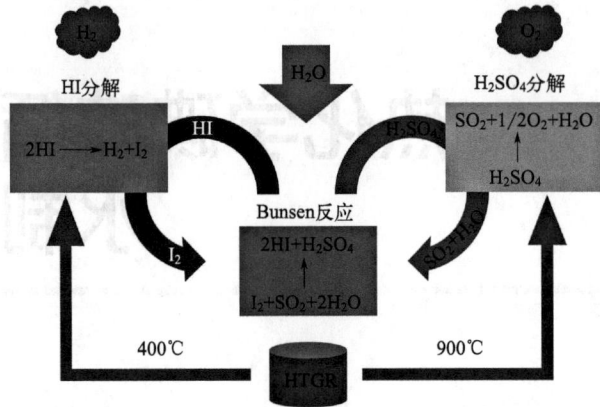

图 4-1 以高温气冷堆为热源的碘硫循环分解水制氢原理示意图

$$H_2SO_4(aq) \longrightarrow SO_3(g) + H_2O(g) \quad \Delta H = 363kJ(673.15K) \qquad (4-5)$$

$$SO_3(g) \longrightarrow SO_2(g) + 1/2O_2(g) \qquad \Delta H = 97kJ(1123.15K) \qquad (4-6)$$

两个步骤都是强吸热过程，平衡转化率较高。其中硫酸分解在 450～500℃下进行，SO_3 分解一般在 800℃以上、催化剂存在下进行；反应温度可以与高温气冷堆提供的高温工艺热温度很好地匹配。高温气冷堆的热以氦气显热形式供给，温度范围 1023～1223K。由于这些特征，硫酸分解反应在多个硫族热化学循环中都被用作吸收高温热的反应。

HI 热分解可在气相或液相中有催化剂条件下进行；反应为轻微吸热反应，转化率较低，在温度 673～1273K 范围内气相平衡转化率只有 20%～30%。在分解之前，HI 需要先从 Bunsen 反应得到的 HI_x 相中分离出来，因为碘是分解反应的产物之一，反应物中碘的存在会抑制分解反应进行，降低平衡转化率。

硫酸分解产生的 SO_2 和碘化氢分解产生的 I_2 返回到 Bunsen 反应中再次使用，因此三个反应组成的循环净结果是水分解为氢气和氧气。但水分解反应的焓并不等于三个反应焓的加和，因为在这三个反应中没有考虑水和碘的相变化。循环操作产生自由能的变化可以使水分解在低于 1273K 的温度下进行。

4.2　碘硫循环基础与工艺研究

尽管碘硫循环原理简单，但是要实现循环过程的闭合及连续运行，需要在反应热力学、动力学、产物分离与纯化、三步反应及相关分离过程耦合、过程控制、催化剂、耐腐蚀材料等方面开展大量研究。Bunsen 反应连接两个分解反应，其实现方式、操作条件、进行程度等对整个循环的闭合及稳定运行起到举足轻重的作用；HI 酸体系的物料主要含有氢碘酸、碘和水三种物质，这三种物质的混合物表现出复杂的物理化学性质；硫酸分解在高温下进行，其强腐蚀性导致材料选择和催化剂稳定性保持困难。国内外对这些问题都开展了大量研究，取得了丰富的成果。

4.2.1　Bunsen 单元

对 Bunsen 反应单元的研究包括反应热力学、动力学、最佳操作条件、相平衡与相分离等。

4.2.1.1 Bunsen 反应热力学

Bunsen 反应如下所示：

$$SO_2 + I_2 + 2H_2O \longrightarrow H_2SO_4 + 2HI(aq) \qquad \Delta_r G^{\ominus}(400K) = +82kJ/mol \qquad (4-7)$$

在化学计量条件下反应自由能变为正，反应可在 293～393K 范围进行，但反应平衡常数 $K(400K) = 1.96 \times 10^{-11}$，表明正向进行的趋势非常小。为使反应正向进行，可使水和碘过量。过量水可以稀释两种酸产物，利用两种酸的负水合能可使该反应 $\Delta G < 0$，从而能够自发进行。

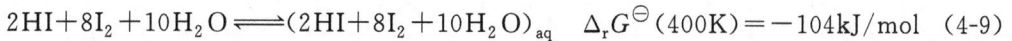

$$H_2SO_4 + 4H_2O \Longleftrightarrow (H_2SO_4 + 4H_2O)_{aq} \qquad \Delta_r G^{\ominus}(400K) = -66kJ/mol \qquad (4-8)$$

$$2HI + 8I_2 + 10H_2O \Longleftrightarrow (2HI + 8I_2 + 10H_2O)_{aq} \qquad \Delta_r G^{\ominus}(400K) = -104kJ/mol \qquad (4-9)$$

过量的碘在生成的硫酸和 HI 酸中的络合、分配和溶剂化作用可导致两种酸自发分离成两种互不相溶的水相。因此在实际条件下进行 Bunsen 反应时，碘和水都要过量，反应可表示为：

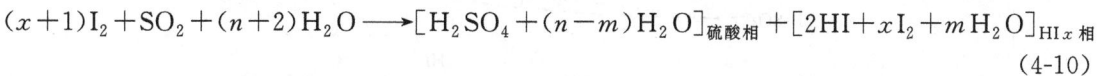

$$(x+1)I_2 + SO_2 + (n+2)H_2O \longrightarrow [H_2SO_4 + (n-m)H_2O]_{硫酸相} + [2HI + xI_2 + mH_2O]_{HI_x 相}$$
$$(4-10)$$

式中，x 和 n 表示反应中过量碘和水的摩尔数；m 是 HI_x 相中结合过量水的摩尔数。

GA 公司最初的研究发现在过量碘的存在下两相自发分离的现象[1]，可以实现硫酸和氢碘酸相的自发分离，这成为碘硫循环后来得以广泛研究的重要基础和原因，流程中所用的 Bunsen 反应原料及产物计量如下式所示。

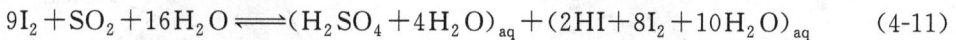

$$9I_2 + SO_2 + 16H_2O \Longleftrightarrow (H_2SO_4 + 4H_2O)_{aq} + (2HI + 8I_2 + 10H_2O)_{aq} \qquad (4-11)$$

在此条件下反应 $\Delta_r G^{\ominus}(400K) = -88kJ/mol$，平衡常数为 $K(400K) = 3.1 \times 10^{11}$。加入大量水使反应变为放热反应，其焓变 $\Delta H_{400K} = -90kJ/mol$。

由于碘和水的量影响到反应热力学、分相状态以及两相组成，因此对 Bunsen 反应初始状态的反应工艺及两相分离条件进行了大量研究和优化；目标包括使反应自发进行、两相自发分离、分离后两相交叉污染尽可能低等。在满足这些目标的条件下使碘和水过量尽可能少，因为过量水和碘在过程中循环会增加后续环节中浓缩、分解等过程能耗。虽然已有很多研究结果发表，但由于对非计量比条件下的反应热、水合热等基础数据测定困难，而且难以与反应条件关联，因此 Bunsen 反应操作的优化条件大都根据实验结果总结得到。

4.2.1.2 Bunsen 反应体系的相平衡研究[2]

Bunsen 反应产物为硫酸相和 HI_x 相，是 $H_2SO_4/HI/I_2/H_2O$ 四组分体系。为明确表示该四组分溶液的分相特性，可用如图 4-2 所示的正四面体相图表达四组分体系组成。图中正四面体的四个顶点分别表示纯氢碘酸、碘、硫酸和水，内部的点表示 $HI-I_2-H_2SO_4-H_2O$ 四组分溶液的组成，该点到四面体的一个表面的距离代表该表面所对的顶点表示的组分摩尔分数。从四面体内一点到四个面的距离之和等于四面体的高，设定正四面体的高为 1。利用分相临界曲线、碘饱和曲线、两相互溶曲线将正四面体相图划分为代表不同相态的区域，用四面体坐标来表示其相态。将实验确定的分相浓度范围与三条特征曲线绘制在相图中，建立相态判断判据，并建立两相分离条件下的组成预测模型。

分相临界线由代表四组分由单液相转变为两液相的溶液总组成的点连接而成，该线表示溶液由均相变为两液相时的临界组成，也代表了分相后两液相组成的平衡关系，即分别代表轻相和重相组成的两点都应落在这条线上。碘饱和线代表碘溶解达到饱和时溶液的总组成，互溶线表示当两液相刚刚变为互溶时的溶液组成。将三条特征曲线用平滑曲面连接起来构成一个闭合空间区域，内部的点代表 Bunsen 反应产物中为两个互不相溶的液相且没有固体碘析出时的组成，这样的分相状态正是碘硫循环连续稳定运行所需要的。

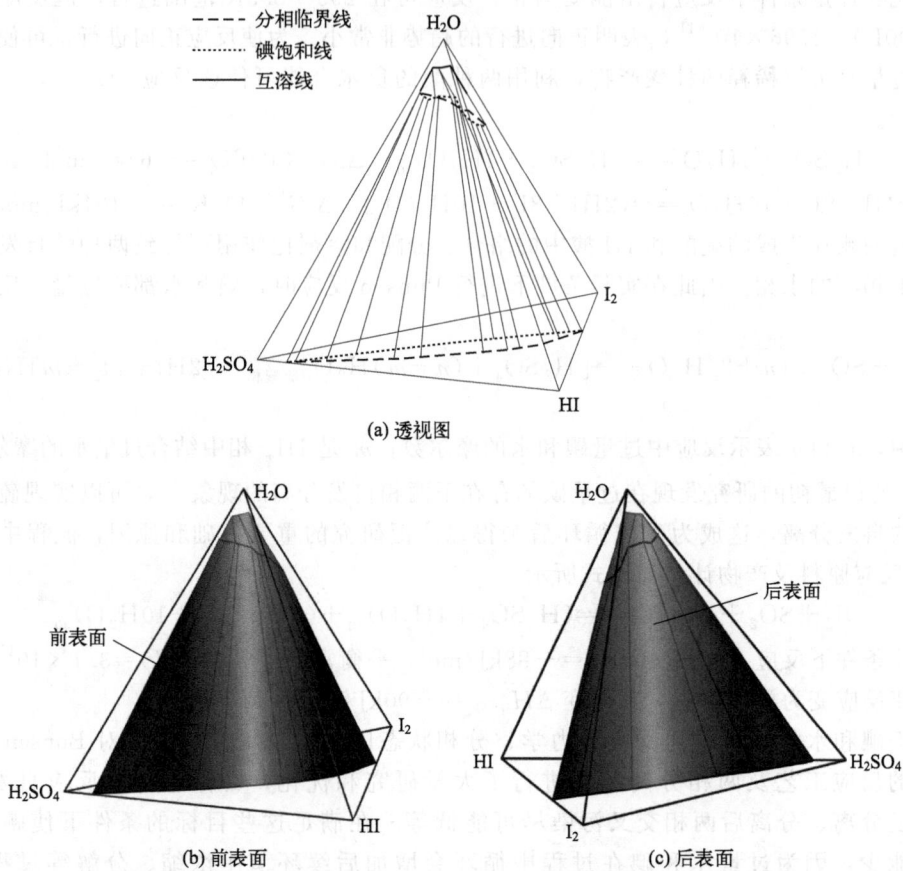

(a) 透视图

(b) 前表面

(c) 后表面

图 4-2   HI-I_2-H_2SO_4-H_2O 溶液分相的浓度范围（正四面体坐标）

当总组成点位于上述闭合空间区域之外时，溶液的相态将出现三种可能性。当位于闭合空间前表面 [图 4-2(b)] 和四面体顶点 HI 之间时，溶液将保持均相。当位于闭合空间的后表面 [图 4-2(c)] 和四面体顶点 I_2 之间时，溶液为双液相，但会有固体碘析出。当总组成点位于互溶线之上的区域时，溶液将只有单一液相，也会有固体碘析出。

从分相临界线和碘饱和线在 HI-I_2-H_2SO_4 平面上的投影（图 4-3）可更清晰直观地看出分相浓度范围。在双液相区域内，当系统总组成点向右上方移动时氢碘酸相与硫酸相的摩尔比将增大，向左下方移动时氢碘酸相与硫酸相的摩尔比将减小。在碘硫循环实际操作中，可根据氢碘酸分解和硫酸分解对进料流量的需求调控 Bunsen 反应过程，使得产物分成的两个液相的摩尔比符合后续操作过程的需求。

图 4-3 中的分相临界线都是刚由均相变为两相的溶液的总组成点构成，由于分相临界线同时又代表了平衡两相的组成，所以平衡两液相组成点也应该位于该曲线上。图 4-4 给出了实测的液液相平衡数据，两相组成点都落在了分相临界线上，证明了分相临界线的准确性。

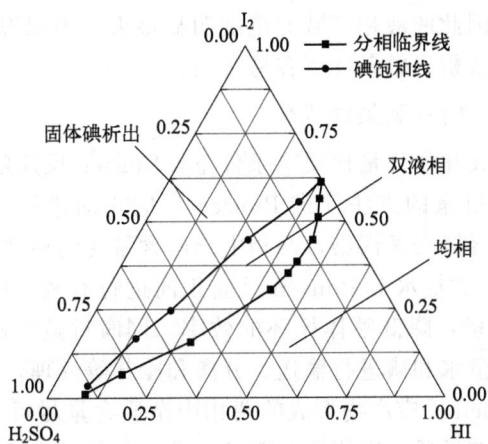

图 4-3　分相临界线和碘饱和线在 HI-I_2-H_2SO_4 平面上的投影

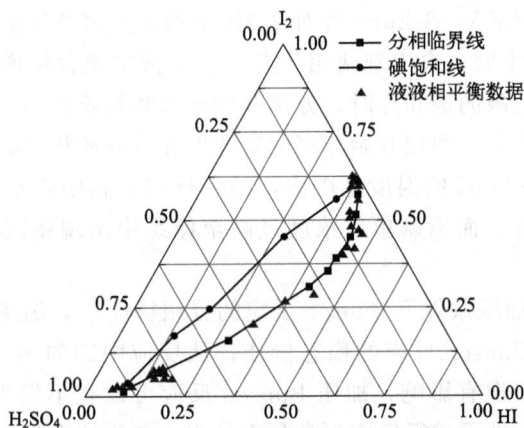

图 4-4　使用两相平衡组成数据验证分相临界线

在碘硫循环实际运行中，从反应速率及碘溶解度的角度考虑，Bunsen 反应温度可控制在 80℃左右，图 4-5 示意了该温度下四组分体系相图 (a)，并给出了分相临界线和碘饱和线在 HI-I_2-H_2SO_4 平面上的投影 (b)。与 20℃下的结果相比，80℃下分相临界线略微下移，

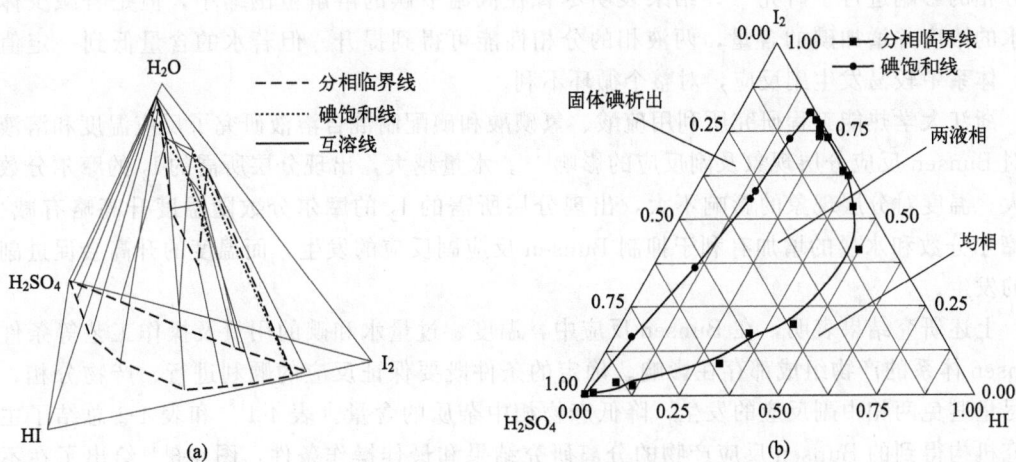

图 4-5　80℃时 HI-I_2-H_2SO_4-H_2O 溶液分相浓度范围及投影

同时碘饱和线明显上移,因此两液相区域的范围明显增大,表明温度升高时 Bunsen 反应产物形成两液相而且无固体碘析出的条件更容易实现。

4.2.1.3 Bunsen 反应产物分离条件优化

由热力学分析可知,在化学计量比反应条件下,Bunsen 反应的 $\Delta G > 0$,不能使反应自发正向进行。通过反应物过量的方法促进 Bunsen 反应正向进行,并由碘过量造成两相分离,但是分离的两相存在轻微交叉污染,两相中杂质含量受到温度、碘、水的加入量等因素影响。尽管 Bunsen 反应中过量水对 Bunsen 反应正向进行有利,但低温下发生的高度不可逆放热反应会损失很多能量,降低整体循环的效率。同时过量的碘也会降低循环效率。另外,后续工艺中需要对大量水和碘进行输送、分离和冷却等处理,都会增加系统能耗并增大操作难度,因此希望 Bunsen 反应产物形成的两相中杂质含量尽可能少。同时,满足这些要求的条件难以得到甚至可能矛盾。围绕这些要求,日本、韩国、意大利、法国及我国的研究机构对 Bunsen 反应进行了大量研究。

日本原子能机构(JAEA)Sakurai 等对 273K 下两相分离特性进行了研究,表明原料中碘摩尔分数达到 0.32 以上时,会出现两相分离[3]。溶液中碘含量增加可改善分离性能。但在原料溶液中碘浓度超过碘的饱和点时,分离开的硫酸和氢碘酸相的组成不再变化,无法溶解的碘以固态存于溶液中。两相开始分离的碘浓度和碘开始析出时的碘浓度都随着温度的升高而增大。即在 273~368K 的温度范围内,随着反应原料中碘单质浓度的升高,Bunsen反应产物的分相特性变好。而当碘单质浓度过高至体系中出现碘沉淀时,两相的交叉污染较小。

韩国 Kim 等研究了加压条件下 Bunsen 反应的分相特性[4],结果表明通过保持产物的恒定组成,可以实现加压 Bunsen 反应的稳态操作;从反应中碘的用量可以看出,碘/水的摩尔比对硫酸相的组成几乎没有影响,加压 Bunsen 反应可以在不发生副反应的情况下进行。与常压条件相比,加压条件下进行反应更有利于各相中杂质的去除。

意大利新技术环境委员会(ENEA)Giaconia 等[5] 的研究结果则表明,Bunsen 反应中温度和碘含量对生成的硫酸和 HI 酸浓度的影响非常小。除非在 120℃ 下加入大量的碘,两相中杂质含量几乎是恒定的,不受温度和碘浓度的影响。

法国原子能委员会(CEA)Colette 等对 $H_2SO_4/HI/I_2/H_2O$ 四组分对 Bunsen 反应产物分相的影响进行了研究[6],结果表明尽管在低温下碘的溶解范围缩小,但是若减少体系中水的浓度并增加碘的含量,两液相的分相性能可得到提升。但若水的含量低到一定值以下,体系中较易发生副反应,对整个循环不利。

浙江大学热能工程研究所利用硫酸、氢碘酸和碘配制混合溶液研究了反应温度和溶液配比对 Bunsen 反应分层现象及副反应的影响[7]。水量越大,出现分层所需的 I_2 的摩尔分数就越大;温度对分层现象的影响不大,出现分层所需的 I_2 的摩尔分数随温度升高略有减少。I_2 摩尔分数和水量的增加有利于抑制 Bunsen 反应副反应的发生,而温度的升高会促进副反应的发生。

上述研究结果表明,在 Bunsen 反应中,温度、过量水和碘的用量及操作工艺等条件对 Bunsen 体系的产物组成都存在影响。确定的条件既要保证反应的顺利进行、产物分相,又要尽量避免两相中副反应的发生,降低产物相中杂质的含量。表 4-1[8] 和表 4-2 总结了主要研究机构得到的 Bunsen 反应产物的分离研究结果和最佳操作条件,图 4-6[9] 给出了在不同研究者的实验结果基础上得到的 Bunsen 反应最佳操作窗口。

表 4-1　各机构对 Bunsen 反应产物分离条件的研究结果[8]

研究机构	操作条件		结果	
	温度/K	$H_2SO_4/HI/I_2/H_2O$ 摩尔比	分离	杂质
JAEA	273~313,333~368	0.048/0.070/0/0.882	高温、高碘有利于分相	—
	313	0.058/0.085/0/0.857		
KAIST	298~392	1/0/(3~15)/0	高温、高碘有利于分相	—
	313~343	1/2/4/11	高温有利于分相	低温、高碘利于纯化
ENEA	353,368,393	1/1.06/(1.42~14.94)/13.2	—	温度和碘量对纯化影响很小
CEA	293,308	1/2/3/(13~32),1/2/(1~4.2)/14	低温、低碘、高水量有利于分相	水量低于某值时,杂质增多
INET	273~363	1/2/(0.8~5.6)/17	333K下分相需高碘量	低温利于纯化
CEU	293~343	1/2/(0.18~0.5)/14	低水、高碘有利于分相;温度对分相影响不大	低温、高碘、高水利于纯化

表 4-2　各机构对 Bunsen 反应最佳操作条件的研究结果

研究机构	温度/K	碘含量(HI_x 中的 x)	水含量$(m+n)$/mol
KAIST	330~350	4~6	11~13
ENEA	353	3.67	11
GA	293~373	7.6	14.7
	393	8	14
JAEA	295~368	4.41~11.99	—
	343	4.4	24.6
INET	333~363	1	4~5

从以上结果来看,在不同的反应体系和评价标准下,会存在不同的 Bunsen 反应最佳操作条件。大量实验结果为闭合循环中 Bunsen 反应的条件选择提供了重要依据,但由于研究的条件差异较大,结果也不一致;加之需要考虑的因素非常多,难以给出准确的结论。但大致的结论是适度提高反应温度、减少水的含量并增大碘的用量,有益于 Bunsen 反应产物的分相,并减少两相中的杂质含量。

4.2.1.4　Bunsen 反应逆反应、副反应及产物纯化

Bunsen 反应产物分相后会存在轻微交叉污染,即在轻相和重相中硫酸和氢碘酸都不能达到完全分离。氢碘酸和硫酸在不同条件下会发生多种反应,包括如下式所示的 Bunsen 反应的逆反应和其他副反应。

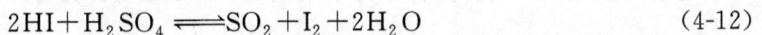

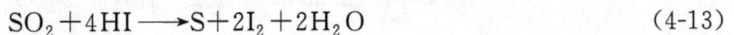

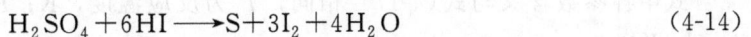

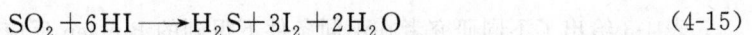

$$2HI+H_2SO_4 \rightleftharpoons SO_2+I_2+2H_2O \tag{4-12}$$

$$SO_2+4HI \longrightarrow S+2I_2+2H_2O \tag{4-13}$$

$$H_2SO_4+6HI \longrightarrow S+3I_2+4H_2O \tag{4-14}$$

$$SO_2+6HI \longrightarrow H_2S+3I_2+2H_2O \tag{4-15}$$

操作参数	本文研究		Norman & Besenbruch	Norman	Giaconia	Kubo
	最优	范围				
T/K	330	330~350	393	293~373	353	343
x	4	4~6	8	7.6	3.67	4.4
$m+n$	11	11~13	14	14.7	11	24.6
m	5	5	4	4.1	11	8.9
n	6	6~8	10	10.6	—	15.7

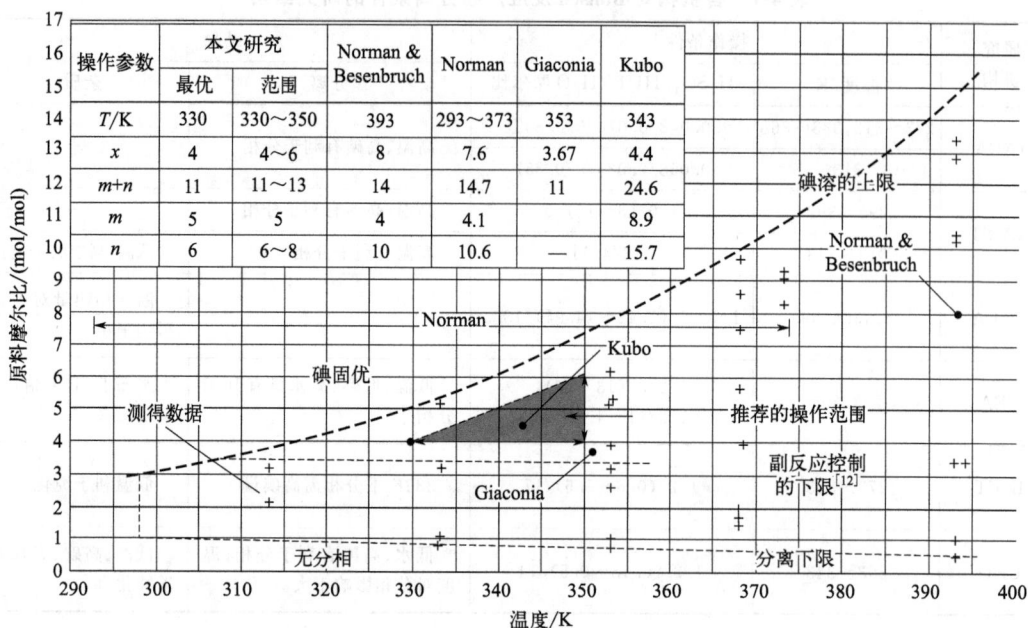

图 4-6 Bunsen 反应的最佳操作窗口[9]

$$H_2SO_4 + 8HI \longrightarrow H_2S + 4I_2 + 4H_2O \tag{4-16}$$

这些反应会破坏碘硫循环连续操作所需的物料平衡，导致效率下降；生成的副产物硫长时间累积还可能造成管道堵塞或流体流动困难。副反应的发生及影响与 Bunsen 反应产物两相交叉污染的程度有关，为了避免副反应的出现，应尽可能降低两相中的杂质含量。

影响副反应发生的条件包括体系温度、碘含量、水含量等。大量实验研究表明[10-12]，高温、高酸浓度和低碘浓度的情况下都容易发生副反应，而增加体系中碘含量可使两相中杂质含量降低，并提高两相纯度。在优化的条件窗口内，甚至可能避免硫副反应的发生。

4.2.1.5 Bunsen 反应动力学研究

周成林等对 Bunsen 反应表观动力学进行了研究[13]，得到了 SO_2 压力、I_2 浓度的级数、表观活化能等动力学参数，给出了指数形式的 Bunsen 反应速率表达式：

$$r = k\,[I_2]^{n_1}(P_{SO_2})^{n_2} = A\exp\left(-\frac{E_a}{RT}\right)[I_2]^{n_1}(P_{SO_2})^{n_2} \tag{4-17}$$

式中，r 为反应速率，mol/(L·s)；k 为反应速率常数；P_{SO_2} 为 SO_2 压力，kPa；$[I_2]$ 为碘在 HI 酸溶液中的物质的量浓度，mol/L；n_1 和 n_2 分别为 I_2 浓度和 P_{SO_2} 的级数，实验测定的值分别为 $n_1 = 0.77 \pm 0.01$，$n_2 = 0.23 \pm 0.01$；E_a 为反应表观活化能，为 $(5.86 \pm 021)kJ/mol$；A 为指前因子。

建立的碘硫循环闭合操作条件下气液 Bunsen 反应表观动力学方程如下：

$$r = \exp\left(-2.3548 - \frac{5861.8}{RT}\right)[I_2]^{0.7651}(P_{SO_2})^{0.2340} \tag{4-18}$$

式中各参数含义与式(4-17)相同，T 为反应温度，K；R 为理想气体常数，8.314J/(mol·K)。

表 4-3 给出了不同研究者在不同条件下得到的 Bunsen 反应动力学的结果。

表 4-3 　不同研究者得到的 Bunsen 反应动力学结果

项目	Verhoef	Wang	Zhang	Zhou
I_2 级数	1	1	—	0.77
SO_2 级数	1	1	—	0.23
表观活化能 $E_a/(kJ/mol)$	—	6.02	9.21	5.86
速率表达式	—	有	有	有
物理吸收	—	—	—	考虑
特征	在甲醇溶剂中进行	在 I_2/甲苯溶液中进行的均相反应	SO_2+固体 I_2+H_2O，非均相有相分离	I_2 溶于 HI 酸溶液中的均相体系

研究建立了针对整个 Bunsen 反应过程的传质-反应混合动力学模型。当 I_2 溶于 HI 酸中并且进料气体为纯 SO_2 的情况下，该模型主要由如下方程构成：

$$N_{SO_2} = k_g A(p_{SO_2} - p^i_{SO_2}) = -\frac{dn_{SO_2}}{dt} = -\frac{V}{z^2 RT}\frac{dp_{SO_2}}{dt} \tag{4-19}$$

$$c^i_{SO_2} = H_{SO_2} p^i_{SO_2} \tag{4-20}$$

$$N_{SO_2} = k_L S(c^i_{SO_2} - c_{SO_2}) \tag{4-21}$$

$$\frac{d[SO_2]}{dt} = \frac{N_{SO_2}}{V_L} - r \tag{4-22}$$

$$\frac{d[I_2]}{dt} = -r \tag{4-23}$$

$$r = k\frac{[I_2]_t[SO_2]}{([I^-]_t - [I_2]_t)^2[H^+]^2} \tag{4-24}$$

$$k_L H = 0.0005 + 0.0002([I_2] - 0.6521) - 8\times10^{(-7)}(p_{SO_2} - 161.4) \tag{4-25}$$

$$k = A\exp\left(-\frac{E_a}{RT}\right) = 0.8899\exp\left(\frac{-11109.95}{RT}\right) \tag{4-26}$$

上述方程式中 N_{SO_2} 为传质通量；A 为气液接触面积；k_g 为 SO_2 气相传质系数；p_{SO_2} 为 SO_2 气相主体压力；$p^i_{SO_2}$ 为气液界面处 SO_2 气体压力；$c^i_{SO_2}$ 为气液界面处液膜侧 SO_2 分子浓度；H_{SO_2} 为 SO_2 气体的亨利常数；k_L 为 SO_2 液相传质系数；c_{SO_2} 为液相主体 SO_2 分子浓度；$[I_2]$、$[I_2]_t$ 分别为液相主体中的碘浓度和总的碘浓度。

Bunsen 反应动力学模型由两部分组成，分别是基于双膜理论的传质模型和在反应机理基础上推导的本征反应速率方程。在给定初始条件情况下建立的传质-反应模型可以计算 SO_2 气体压力随时间的变化，还可以计算得到溶液中 SO_2、I_2、SO_4^{2-} 和 I^- 等组分浓度随时间的变化。图 4-7 给出了一个典型的实验条件下用建立的模型计算得到的各组分浓度随时间变化的结果。

4.2.1.6　新型 Bunsen 反应方法研究

虽然大量研究阐明了各因素对 Bunsen 反应热力学、产物相态及杂质含量的影响，并基本确定了最佳操作条件，但在实际循环连续运行过程中，由于体系中包含的单元操作多，返回 Bunsen 部分的物流组成、温度等条件会逐渐变化，难以精确控制，因而难以达到最佳结果。除了传统的两液相分离外，研究了一些进行 Bunsen 反应及产物分离的新方法。Immanuel 等[14]研究了用膜电解进行 Bunsen 反应的方法，HI 酸在阴极生成，而硫酸在阳

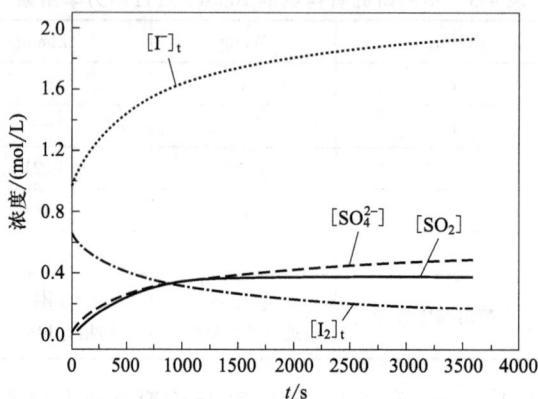

图 4-7 模型计算得到的各组分浓度随时间的变化

极生成，可以很容易地分离开两种酸，且不需加入过量的碘；在电能帮助下可以得到高于共沸组成的 HI 酸。Nomura 等[15]用这种方法使用 Nafion 膜得到了浓酸溶液，但是 SO_2 可能透过膜并在阴极生成 S。研究了引入 Ni、Mg 等形成相应的盐，利用其溶解度差异实现分离，效果较好，但是固体盐的处理增加了过程的复杂性。此外，还探索了用有机溶剂和离子液体萃取法分离 Bunsen 反应产物的方法[16]，这些方法都各有其优缺点，但目前尚未表现出可取代传统方法的潜力。

4.2.2 氢碘酸单元

如前所述，过量 I_2 存在时 Bunsen 反应产物会产生分相现象，上层轻相为硫酸相，主要为硫酸，含有少量碘和氢碘酸杂质；下层重相为氢碘酸相，主要为溶解了大量碘的氢碘酸（HI_x），并含少量硫酸杂质。分离后的两相分别进入硫酸单元和氢碘酸单元。氢碘酸单元包含氢碘酸相纯化、HI_x 浓缩和 HI 催化分解等环节。

4.2.2.1 氢碘酸相纯化

氢碘酸相纯化的目的是去除分相后夹带的硫酸杂质。研究表明，HI 与 H_2SO_4 除了发生 Bunsen 反应逆反应外，还会发生两种副反应[17]。

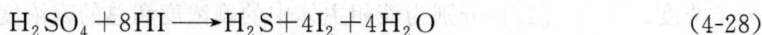

$$H_2SO_4 + 6HI \longrightarrow S + 3I_2 + 4H_2O \tag{4-27}$$

$$H_2SO_4 + 8HI \longrightarrow H_2S + 4I_2 + 4H_2O \tag{4-28}$$

为避免副反应的发生及对后续过程的影响，必须对氢碘酸相预先进行纯化。纯化的原则是既要有效除去氢碘酸相中的杂质硫酸，又要避免物料损失。纯化利用 Bunsen 反应的逆反应实现，如下所示：

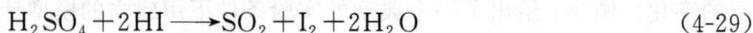

$$H_2SO_4 + 2HI \longrightarrow SO_2 + I_2 + 2H_2O \tag{4-29}$$

若硫酸与氢碘酸发生 Bunsen 逆反应，则生成的二氧化硫和碘单质可以返回继续作为 Bunsen 反应的原料，因此 Bunsen 逆反应原则上可以在不引入其他杂质的条件下用来实现两相纯化。

国内外对氢碘酸相纯化工艺进行了大量研究。清华大学王来军等[18]对 Bunsen 逆反应纯化产物相进行了系统研究，在适宜的氮气吹扫条件下，温度升至 403K 以上，硫酸相中的 HI 酸可以被完全除去；升高温度对去除 HI_x 相中的 SO_4^{2-} 也有促进作用。研究了连续操作条件下的纯化过程，表明较高的温度、吹扫气流速和低的原料流速对提高两相纯化效果更为有利。纯化硫酸相时，温度达到 413K 以上时，几乎所有的 I^- 可被除去，对 HI_x 相的纯化也有很好的效果。进一步提出了以含氧混合气体为吹扫气体的纯化工艺，使纯化过程中生成少量 H_2S 气体和单质硫，与氧气发生反应（$2H_2S+3O_2 \longrightarrow 2H_2O+2SO_2$，$S+O_2 \longrightarrow SO_2$），氧气作为吹扫气体可以促使硫酸转化为 SO_2 的选择性增加。在间歇反应模式时，当反应中引入吹扫氮气时，纯化效果会有明显的提高，而当氮气流速逐渐提高或反应达到平衡时，流速对纯化效果的影响不再明显。当原料液中硫酸杂质含量提高时，纯化效果变差。在连续纯化模式时，SO_4^{2-} 的去除率随反应温度升高、吹扫氮气流速增大以及进料流速降低而增大，但过高的进料流速和过快的氮气流速会导致液泛现象，大大影响纯化效果。

日本原子能研究所研究发现[19,20]，杂质酸的含量受温度的影响很大，随温度升高，杂质酸含量会逐渐降低；当温度为 368K 时，硫酸在氢碘酸中的含量会降至 0.5% 左右。在 1998 年完成的产氢量为 1L(标)/h 的实验室规模的闭合循环的纯化实验表明，充分地搅拌、合适的操作温度（>100℃）以及较大的氮气流速可以减少操作时间并避免生成硫的副反应发生。2004 年开展的产氢量 30L/h 的台架规模的实验装置运行中采取了类似的氢碘酸相纯化工艺，进一步验证了其有效性。

美国 GA 公司利用真空抽提法纯化氢碘酸相，研究表明，氢碘酸相中硫酸含量可控制于 0.01% 内，而微量硫酸存在可消耗 10 倍于自身的氢碘酸，并且反应物中 SO_2 可以使被消耗的 40%HI 转化为 H_2S。因此，在纯化过程中，需快速除去生成的 SO_2。利用抽提方法可去除约 94%SO_2、1.2%H_2O 和微量氢碘酸的混合物，且传质过程在 10min 内完成。这些数据说明氢碘酸相中 SO_2 易于除去，可以有效避免 SO_2 与 HI 再次发生氧化反应。

韩国能源研究所 Bae 等[21]研究表明利用氮气作为吹扫气体，在加热条件下，将氢碘酸相通过石英柱纯化反应器，可以去除氢碘酸相中的少量硫酸杂质，并可使硫酸相初步浓缩。考察了 N_2 吹扫速率对纯化效果的影响。实验采用 $H_2SO_4/HI/I_2/H_2O$（摩尔比）为 0.0049/0.0976/0.1711/0.7805 的混合溶液，操作温度 120℃、进料流速 3.6g/min、吹扫 N_2 速率高于 150mL/min 时，可完全除去氢碘酸相中的少量硫酸。

Parisi 等[22]考察了 Bunsen 反应和氢碘酸相的纯化条件，实验中采用的吹扫气体为 N_2，吹扫速率为 40mL/min，恒温反应 30min。纯化结果表明，只有在足够高温、高碘含量的条件下，才能有效去除氢碘酸相中硫酸而不发生副反应。

4.2.2.2 从 HI_x 中分离 HI 及氢碘酸浓缩

在 HI 分解之前需要将其从 HI_x 溶液中分离出来，否则碘的存在会降低分解反应转化率。分离可以通过精馏实现，但过程优化及设计所需的 HI 酸和 HI_x 的汽液平衡热力学数据与焓数据明显不足，特别是 $HI+H_2O$ 二元体系和 $HI+I_2+H_2O$ 三元体系，由于存在共沸和伪共沸，在平衡气相中 HI 和 H_2O 的摩尔比与液相相同。这些现象影响到热耗及制氢效率。当浓度低于恒沸组成的 HI_x 溶液进入精馏柱后，精馏得到恒沸组成的 $HI+H_2O$。形成共沸体系时 HI 与水的摩尔比（HI：H_2O）约为 1：5.2，即 HI 的质量摩尔浓度大约为 10.7mol/kg H_2O。由于大量的水需要汽化，精馏过程能耗很大，造成制氢热效率降低。HI_x 体系的精确实验数据，特别是在本过程适用的较高温度与压力范围内的数据非常缺乏，为此国内外开展了许多研究。

Engles 等[23]测量了 $HI+I_2+H_2O$ 三元体系的蒸气压，HI 摩尔分数范围达 0.193，温度达 553K；Doizi 建立了测量装置，报道了高温和压力条件下的蒸汽组成[24]；Hodotsuka 等报道了提高压力下的等压 VLE 数据[25]。图 4-8 为当压力为 0.1MPa、碘的摩尔分数为

0.1 时 HI-I_2-H_2O 三组分混合物的气液平衡关系示意图，图中曲线为使用 OLI 数据库的混合电解质模型得到的计算结果，而数据点为文献报道的实验值。

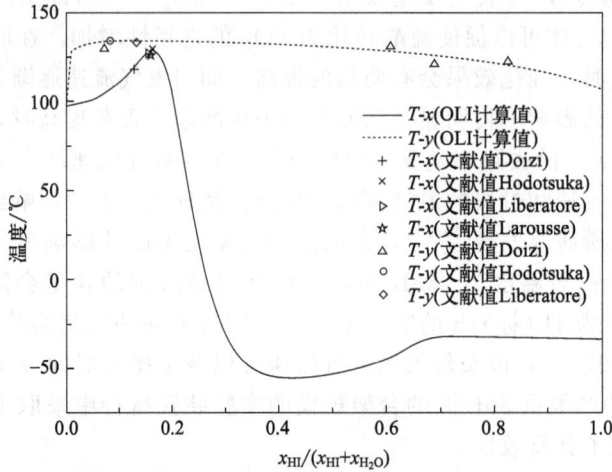

图 4-8　HI-I_2-H_2O 三组分混合物的气液平衡关系

　　到目前为止的研究表明，Bunsen 产生的 HI_x 溶液中 HI 浓度很难超过类共沸组成，如美国 GA 公司报道 Bunsen 反应所制备出的 HI_x 相配比为 HI：H_2O：$I_2=8.1：43：48.9$（即 $1：5.3：6.0$）。对于未达到恒沸组成浓度的氢碘酸，无法直接通过精馏得到 HI 气体或高浓度的氢碘酸。常规方法浓缩溶液能耗很大，导致制氢效率降低，因此 HI 浓缩分离成了制约碘硫循环高效运行的瓶颈步骤，必须对 HI_x 相中的 HI 进行浓缩，使其超越共沸浓度，才可获得高浓度氢碘酸或纯的 HI 气体。为解决这个问题，研究者们相继开发出了磷酸萃取精馏、反应精馏以及电解电渗析预浓缩-精馏等工艺。

（1）HI_x 料液磷酸萃取精馏

　　美国 GA 公司提出使用磷酸破坏 HI 与 H_2O 共沸的技术路线[1]。如图 4-9 所示的流程中，HI-H_2O-I_2 与磷酸混合后，I_2 会从料液中沉淀出来，而剩余的 H_3PO_4-HI-H_2O 体系中由于磷酸与水有更强的结合力，水不再与 HI 发生共沸，对该体系进行精馏即可在塔顶得到高浓度的 HI，而精馏塔釜底的稀磷酸经浓缩除水后可循环利用。

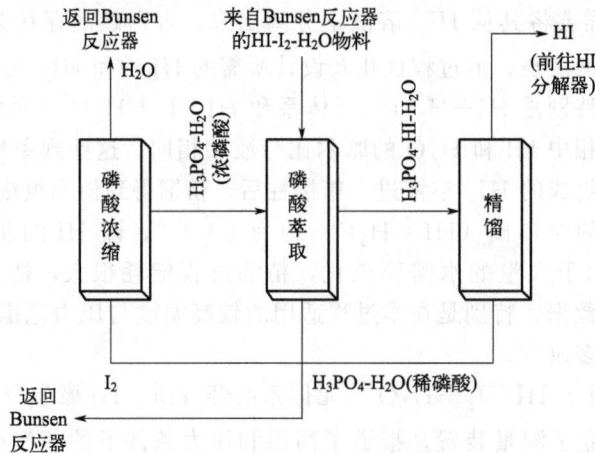

图 4-9　HI_x 的磷酸萃取精馏工艺

GA 的研究在 0.3MPa 和 393K 条件下让待萃取的 HI_x 料液与质量分数为 96％的磷酸逆流接触，分离出 I_2，而 HI 和水则被萃入磷酸中进入后续精馏步骤，该步骤在 0.9MPa 压力下进行，在塔顶得到纯 HI。经过计算，在 523K 温度下进行该精馏操作，产出 1mol H_2 所需能量为 72.4kJ。在法国原子能委员会（CEA）和美国能源部（DOE）资助的联合核能制氢项目中，GA 公司在产氢量 100～200L(标)/h 的碘硫循环实验台架上使用了上述磷酸萃取精馏技术[26]，萃取设备使用了钽钨合金（Ta-10％W）。

意大利研究人员对 HI_x 的酸萃取精馏法进行了优化[27]。通过使用不同质量分数的磷酸对固定组成的 HI_x 料液进行处理，发现在 120℃条件下，在进料中使用 29％的磷酸可以最大限度地脱除碘，同时也可以将能耗降至最低。

磷酸萃取精馏解决了 HI 同 H_2O 形成共沸而不易分离的问题，萃取和精馏等分离操作成熟，易于放大与应用，是目前最为成熟的 HI 分离工艺，且已经进行了验证。但由于引入了新的物种磷酸以及磷酸浓缩回用等单元操作，导致制氢工艺流程进一步复杂化，且不利于能量利用效率的提高。

（2） HI_x 料液的高压反应精馏

德国亚琛工业大学（RWTH）于 1987 年提出了反应精馏方法[28]。在如图 4-10 所示的流程和设备中，HI_x 料液在反应精馏设备中首先进行精馏浓缩，蒸腾起来的含 H_2O 的 HI 气体在反应器顶部发生分解反应，产物 H_2 经冷却、气液分离后由设备顶部采出。精馏柱侧线采出水，同时夹带了少量的 I_2 和 HI，在精馏柱底部采出碘，这些采出物料将返回 Bunsen 反应中。反应精馏工艺的优势在于将 HI 分离和分解集中在同一设备中进行，与磷酸萃取精馏相比大大降低了过程的复杂性。同时，由于持续地从产物混合物中移去产物 H_2，使得化学平衡向着有利于 HI 分解反应进行的方向移动，提高了 HI 的转化效率。按照 RWTH 提出的初步流程，在 2MPa 压力下将 250℃的料液注入反应精馏器中进行精馏和 HI 分解的耦合操作，计算的碘硫循环整体制氢效率接近 50％。

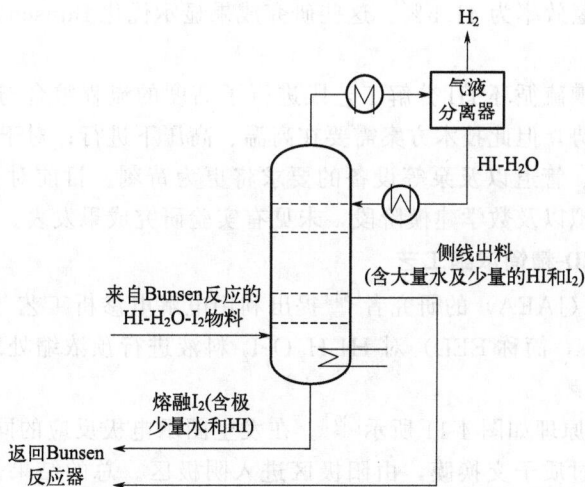

图 4-10　HI_x 的反应精馏示意图

1989 年，RWTH 对反应精馏操作进行了优化[29]。研究者通过热力学数据计算发现，在 262℃下进行 HI_x 反应精馏所需的最小压力为 2.2MPa；对该压力下 HI_x（HI：I_2：H_2O=1：3.9：5.1）的反应精馏进行模拟计算，得出塔顶气相产物组成为 HI：H_2O：H_2=

1:3.4:1.9，经冷却分离可得到纯度为 99.7% 的氢气，并估算出该过程产氢能耗为 240kJ/mol。

2005 年，法国 CEA 的研究人员[30]针对反应精馏过程进行了计算，鉴于汽化侧线出料能耗高，采用热泵将冷凝放出的热量输送回塔底再沸器，并设定操作压力为 5MPa 以利于 HI 分解。由于料液中的 HI 与 H_2O 并未达到超恒沸状态，模拟计算出的碘硫循环整体制氢效率仅为 37%。CEA 进一步对反应精馏过程进行了详细设计和计算[31]，计算过程中采用了边界值设计法（boundary value design method，BVD），最终的优化结果为：精馏塔包含 11 个理论板（包括再沸器和分凝器），在 2.2MPa 下操作，摩尔组成为 $x_{HI}=0.10$、$x_{I2}=0.39$、$x_{H_2O}=0.51$ 的 HI_x 物料在沸点下进入第 10 个理论板，回流比为 5，塔底出料为水和碘，几乎不含有 HI，而塔顶产物为 H_2，计算结果显示 HI 的分解率可以达到 99.6%。

2009 年，CEA 在进行碘硫循环流程设计和模拟计算时，再次优化了反应精馏工艺[32]，采用了侧线出料方案，所建立的反应精馏模型包含 25 个理论塔板（含冷凝器和再沸器），HI_x 的进料位置在第 22 个塔板处，侧线出料位置在第 15 个塔板处，液相出料与来自 Bunsen 反应的 HI_x 物料相混合，共同组成反应精馏塔的进料，从而降低了进塔物料的泡点温度，减少了能量消耗。研究者利用 Prosim Plus 软件对流程进行了模拟，计算出了具体的精馏塔操作参数，设备需要在 5.0MPa 压力下操作，此时塔内的温度将在 560K（冷凝器）至 740K（再沸器）范围内变化，同时计算得出该设备的产氢能耗为 359kJ/mol，而相应的碘硫循环整体制氢效率为 45%。

2012 年，Murphy 等[33]基于新建立的 $HI-I_2-H_2O-H_2$ 热力学模型，对反应精馏过程进行了模拟研究。优化了回流比、精馏段与提馏段塔板数以及反应精馏操作压力等工艺参数。所设计的反应精馏塔提馏段有 10 个理论板，操作压力为 1.2MPa，回流比为 0.75。研究还指出，由于增加了进料料液中 H_2O 同 I_2 的比例，降低了操作温度，从而降低了泵工作的温度差，使相应的能量需求有所降低。计算的反应精馏设备产氢所需能耗为 367kJ/mol，此情况下碘硫循环的总制氢效率为 41.5%。这些研究成果显示优化 Bunsen 反应对制氢效率的提高至关重要。

反应精馏路线对碘硫循环 HI 分解工艺段进行了高度的流程整合与简化，在提高 HI 分解效率方面有明显优势，但此技术方案需要在高温、高压下进行；对于强腐蚀、强挥发性的 HI_x 来说，对反应器、管道以及泵等设备的要求将更为苛刻。目前对于反应精馏工艺的研究还多停留于过程模拟以及数学建模阶段，未见有实验研究成果发表。

(3) HI_x 料液 EED-精馏浓缩工艺

日本原子力机构（JAEA）的研究者[34]提出利用电解电渗析工艺（也称为膜电解工艺，Electro-Electrodialysis，简称 EED）对 $HI-H_2O-I_2$ 料液进行预浓缩处理，而后再进行精馏的新方案。

EED 浓缩工艺的原理如图 4-11 所示[20]。在发生图示电极反应的同时，H^+（携带少量水）在电场作用下穿过质子交换膜，由阳极区进入阴极区。总的结果是阳极区电解液中 I_2 逐渐积累，H^+ 和 I^- 均减少，即 HI 浓度降低，而阴极区则相反，HI 得到了浓缩，同时后续 HI_x 精馏工艺中所不需要的 I_2 减少。因此，EED 能够有效提高 HI_x 料液的 HI 浓度，使其超越恒沸浓度，再进行精馏操作即可获得 HI 气体或高浓度的氢碘酸用于分解制氢。与磷酸萃取精馏和反应精馏相比，EED-精馏具有操作简单、条件温和、浓缩效率高等优点，因此近年来受到了很大的关注。

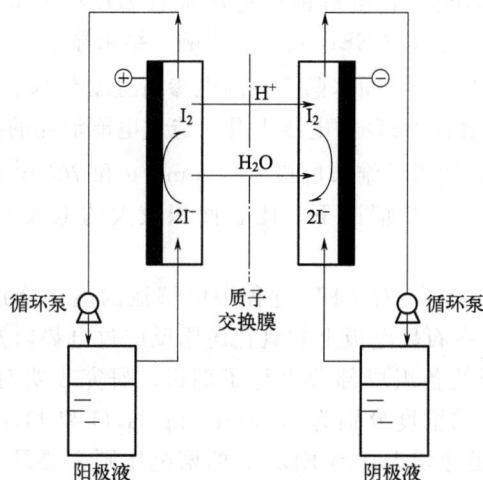

图 4-11 电解电渗析浓缩 HI_x 溶液原理示意图[20]

Onuki 等[35]进行 HI_x 的 EED 浓缩研究时,最初使用的是两膜三室结构的 EED 池,离子交换膜为市售的阳离子交换膜 CMH 和阴离子交换膜 APS,有效交换面积 $3.46cm^2$,研究中对浓度为 $8\sim12mol/kg\ H_2O$ 的 HI_x 溶液进行了浓缩处理。随后的工作[23]中他们单独采用 CMH 作为质子交换膜,设计了单膜两室结构的 EED 池(有效交换面积 $9.6cm^2$),并在池内使用炭布作为电极,测定了温度(15~80℃)以及 HI 浓度($4\sim15mol/kg\ H_2O$)对膜性能的影响。上述工作为 HI_x 的 EED 浓缩方法奠定了基础,证明了 EED 方法的可行性,并得出一些重要结论:①膜的电阻大小是制约 EED 电能利用效率的重要因素;②提高操作温度,EED 的操作电压明显下降,但 HI 的浓缩效果也随之降低。Onuki 等采用表观质子传输数 t_+ 和表观水渗析系数 β 来衡量膜的性质,其中 t_+ 意义为 1mol 电子流过 EED 池时,由阳极液传输至阴极液的 H^+ 摩尔数,而后者反映的是水的迁移情况,与 t_+ 计算方法类似(即 1mol 电子流过 EED 池时,由阳极液迁移至阴极液的水中的摩尔数),或者采用迁移至阴极液的 H_2O 分子数与 H^+ 数的比值。

基于对膜性能的重视,日本研究者在 2002 年采用加速电子对 CMB 膜进行了辐照交联改性[36],并对比测试了膜改性前后的面积电阻、离子交换容量(IEC)、水含量等参数。在 $2mol/L$ 的 KCl 溶液中测得交联膜的阻抗低于原始 CMB 膜,而 IEC 和水含量几乎与原始膜相同。凭借高分子体系中的交联结构,交联膜具备了高于原始膜的质子选择透过性,因此在 EED 实验中体现出了更好的 HI 浓缩效果。

2003 年韩国的 Hwang 等[37]首次采用杜邦公司的 Nafion 117 质子交换膜进行了 EED 研究,池体有效交换面积为 $5.06cm^2$。在 110℃、电流密度 $0.099A/cm^2$、初始料液组成为 $HI:H_2O:I_2=1:5:4$ 的条件下,将阴极液 HI 浓度从 $10.6mol/kg\ H_2O$ 提高到 $15mol/kg\ H_2O$,而阳极液 HI 浓度则从 $10.2mol/kg$ 下降到 $5.2mol/kg$,表观质子传输数和水电渗析系数分别为 0.77 和 $1.1mol/Faraday$。研究者还对 Nafion117 膜的耐久性进行了测试,在 120℃的 HI_x($HI:H_2O:I_2=1:5:0.5$)溶液中浸泡 3 个月后,膜的电阻及静态质子传递数并没有发生显著变化,证实了 Nafion 膜在 EED 中的适用性。

韩国 Hong 等[38]考察了操作温度对 EED 的影响,实验仍采用 Nafion 117 膜,有效交换面积 $25cm^2$,初始 HI_x 料液组成为 $HI:H_2O:I_2=1:5:0.5$,实验结果显示当温度由 30℃升到 120℃时,表观质子传输数和水电渗析系数分别由 0.875 和 $1.069mol/Faraday$ 变为 0.739 和 1.385mol/Faraday，且电解池的电压随着温度的升高而下降。2007 年，Hong 等[39]报道了 HI$_x$ 料液中 I$_2$ 含量对 EED 效果的影响，结果显示随着起始料液中 I$_2$ 含量的提升，表观质子传递数会逐渐上升，而水随 H$^+$ 的电渗析会受到抑制，因此有利于 HI 和水的分离，但 I$_2$ 含量的提高也会使 EED 槽电压上升，造成电能消耗的提高。同年，Hong 等[40]还报道了不同比表面积的活性炭纤维布电极（1400m^2/g 和 700m^2/g）对 EED 工艺的影响，实验结果表明，其他条件一致的情况下，比表面积较大的电极发生电极反应所需的电能更小。

日本 JAEA 的 Tanaka 等[41]对 EED 过程中电解池的电压降进行了细致分析。通过对 HI$_x$ 电解液的电阻、I$_2$/I$^-$ 在石墨电极上的氧化还原反应过电势以及 Nafion 117 膜的电压降进行测定，对 EED 槽电压的各组成部分进行了剖析。研究表明对于确定组成的 HI$_x$ 溶液（实验所用溶液中 HI 和 I$_2$ 的浓度分别为 10.8mol/kg H$_2$O 和 11.0mol/kg H$_2$O）来说，其导电性随着温度的升高而迅速增大，但 EED 总的槽电压则主要是由膜的电阻和选择透过性决定的。JAEA 的 Yoshida 等[42]在 2008 年报道的实验研究结果表明，提高料液中 I$_2$ 的浓度，或者增大阳极液对阴极液的质量比，都能够提高 EED 的浓缩效率，其中 I$_2$/HI 的值对 t_+ 的影响较小；而对 β 值，即水伴随 H$^+$ 发生的迁移影响较大，当 I$_2$/HI 的值增大时，β 值将明显减小，说明碘的存在将抑制水的渗透。研究者再次指出各因素中最影响 EED 效果的是膜性能，尤其是膜的电阻。以上结果表明日本研究者的结论与韩国研究者的结论在很多方面是相符合的，而 JAEA 在研究中更注重质子交换膜的研发。

2010 年，Tanaka 等[43]以 50μm 厚的 ETFE（乙烯-四氟乙烯共聚物）膜为基底，采用 γ 射线辐射接枝法进行改性，改性膜的离子交换容量可达 1.1～1.6mmol/g，膜电阻小于 Nafion 117，可提高 EED 的浓缩效率。经计算，采用该改性膜最多可比采用 Nafion 117 减少浓缩过程中 32% 的能量消耗。Tanaka 等[44]还对 EED 工艺中的电解池平衡电压数据进行了实验分析，应用 Nafion 117 膜和炭电极，在 343～373K 的温度范围内在电解液接近恒沸组成的条件下进行 EED 浓缩实验，并通过拟合得到了平衡电势与 HI$_x$ 料液温度、化学组成之间的数学关系式，和实验值相比，其误差可控制在 ±0.03V 之内。Tanaka 等[45]研究了温度对 EED 浓缩工艺的影响，从理论计算及实验结果两方面讨论了温度对表观质子传输数、电渗析系数、槽电压的影响，并基于 Nernst-Planck 方程及电泳理论建立了 EED 过程的数学模型。

国内清华大学核研院（INET）自 2005 年开展碘硫循环制氢研究以来，一直在进行 EED 方面的研究[46]。陈崧哲等[47]以石墨、活性炭纤维布为电极，以 Nafion 117 为质子交换膜构成了 36cm^2 交换面积的 EED 池，通过 EED 浓缩获得了超恒沸浓度的 HI$_x$ 料液。在 2009 年 INET 的 10L(标)/h 碘硫循环台架实现闭合运行的过程中，应用了 400cm^2 交换面积的 EED 池[48]。

在 1 单元 EED 池体的研究基础上，INET 对多单元的 EED 堆进行研发，采用自行设计的 1 单元 EED 池、2 单元和 4 单元 EED 堆（每个单元的有效交换面积为 25cm^2），对 HI$_x$ 料液进行了浓缩实验[49]。通过监测槽电压以及物料组成的变化，对浓缩效果进行了评价，研究了温度、电流密度、物料浓度等对电解池堆效率的影响规律。实验结果表明，EED 堆能够有效拓展 EED 的处理能力，在研究涉及的范围内，EED 过程的 t_+ 取值范围在 0.95～0.98，而 β 值（迁移至阴极液的 H$_2$O 分子数与 H$^+$ 数的比值）波动范围较大，在 1.6～2.9。EED 电压受到温度、料液浓度、两极浓度差等因素的影响，其中温度的影响最为显著，提高操作温度可大幅度降低槽电压。随着 EED 堆中单元数的增加，一方面 HI 浓缩速度不断提升，但另一方面就水的渗析而言，随 H^+ 迁移的水量也会增多，即 β 值有所升高，这会造成 EED 的电能利用效率有所损失[50]。

这些研究推进了碘硫循环的实际应用，相关的设备开发、理论计算和实验数据对非理想物系的分离以及化工过程的耦合与强化等也都具有借鉴意义。

（4）预浓缩后 HI_x 料液精馏

HI_x 物料经过 EED 浓缩后浓度超过恒沸组成，进入精馏装置即可在塔顶获得碘化氢气体或高浓度氢碘酸。精馏过程相对简单，研究的重点主要在过程模拟及能耗计算方面。

Kasahara 等于 2003 年对采用 EED-精馏工艺的碘硫循环制氢流程进行了设计，并研究了操作条件对流程制氢效率的影响[51]。选取了 HI 分解率、精馏回流比、精馏柱压力以及经 EED 预处理后料液中的 HI 浓度四个操作条件对制氢效率进行了敏感性分析。结果显示，EED 处理后阴极 HI_x 料液，也即精馏柱进料的 HI 浓度对热效率的影响较大，其他操作条件的影响则很小。在所考察的料液组成范围内，当 HI 的浓度为 $13.5 mol/kg\ H_2O$ 时，热效率最高，并指出整个碘硫循环流程的热效率上限为 56.8%。

清华核研院的 Guo 与 JAEA 的 Kasahara 等[52]于 2011 年利用 ESP 软件对超恒沸组成的 HI_x 的精馏进行了模拟研究。设定输入料液摩尔组成为 $HI：I_2：H_2O=0.129：0.342：0.529$，塔顶 HI 摩尔分数为 0.98，模拟结果显示精馏塔需要 12 个理论板，进料高度在精馏塔 $2n/3$ 处时（n 为理论板数）再沸器的热负荷最小。同时还发现，在不考虑进料料液浓度的情况下，对于恒定的热负荷，增大压力能够提高精馏效率。然而，同低浓度（13.5mol/kg）的进料料液相比，操作压力对高 HI 浓度（$15.0 mol/kg\ H_2O$）的 HI_x 料液的产氢热负荷影响较小。此外，基于 EED 实验研究基础，Guo 建立了理想状态下的 EED 模型，并通过选取碘化氢分解工段的柱压，进料浓度等操作参数，模拟研究了其对整体制氢热效率的影响[53]。研究结果表明，采用 1.0MPa 的压力及较高的 HI 浓度对浓缩分离过程较为有利。

2012 年，Shin 等[54]设计了采用 EED 浓缩设备及氢碘酸膜反应装置、产率为 300mol/s 的碘硫循环整体制氢流程，并利用 Aspen Plus 对该流程的能耗及效率进行了模拟研究。在碘化氢分解工段，设定精馏塔釜底进料料液组成为 $HI：H_2O：I_2=0.14：0.63：0.2$，研究了操作压力对能耗的影响。综合考虑压力对精馏塔再沸器及泵能耗的影响，采用 4MPa 压力时能量需求最低。在此条件下，所模拟计算出的精馏塔有 7 个理论板，总的制氢效率可达到 39.4%。

Kang 等[55]针对碘化氢分解部分进行了联动实验研究，以验证在高于大气压下采用 EED 堆及氢碘酸膜反应器等工艺连续产氢的可行性及持续性。实验中初始料液组成为 $HI：I_2：H_2O=1：0.5：5.4$，EED 堆由采用 Nafion 117 的 10 个单元组成，单片膜面积为 $830 cm^2$。经过 EED 浓缩后，超过恒沸组成的阴极料液（$H_2O：HI=4.2$）在 0.4MPa 压力下输送至精馏工段，精馏设备由钽钨合金制成。最终，经过 11h 的调试后各工段进入稳定状态，并获得了在 0.4MPa 压力下 10L/h 的产氢速率。

上述三种技术各有优缺点，仍在进行改进和优化工作，其特点比较如下。

a. 磷酸萃取精馏作为最早提出的 HI 分离方法，技术路线中设计的单元操作相对简单，整体来说是目前最为成熟的 HI 分离方法，已经在 GA 公司等的示范台架上成功运行，但磷酸的引入使工艺流程更加复杂，效率也有所降低。其后续研究主要是对流程进一步优化，尽量减少引入磷酸给系统所带来的效率损失。

b. 反应精馏是 3 种工艺中集成度最高且条件最为苛刻的路线，其流程设计、模拟计算工作已经取得很大的进展，但目前来说还处于"图纸"阶段；后续设备研发、工艺实验与放大以及在碘硫循环中的实际应用等，将是研发的重点工作，同时也是巨大挑战。

c. EED-精馏方法因操作简单、条件温和、HI 浓缩效率高等优势而具有很好的应用前景，并且在碘硫循环示范台架上已经有所使用。作为一种较新颖的工艺，其进一步工艺放大、模块化、EED 与精馏的高效协同等需要进一步研究。

4.2.2.3 氢碘酸分解

在氢碘酸分解步骤，HI 气体或高浓度氢碘酸分解为 H_2 和 I_2。HI 分解过程的稳定高效运行关系到整体制氢效率，该反应存在如下特点：

a. 平衡转化率低：HI 分解深受热力学平衡的限制，在分解温度为 500℃时，HI 分解的热力学平衡转化率只有 23%；低转化率导致大量 HI 及碘等在体系内部循环，影响总体效率。

b. 分解反应速率低，没有催化剂存在的条件下，即使反应温度达到 500℃，HI 几乎不发生分解。

c. 碘化氢分解过程的腐蚀性极强，对催化剂的稳定性提出了很高的要求。

为提高单程转化率、降低过量物质循环，研究了三种方法。第一种是在进行气相 HI 分解时，用固体吸附剂从反应体系中除去产物碘。此法在 450K 下用 Pt/C 催化剂时间歇反应的单程转化率可高达 70%，以活性炭载体作为碘吸收剂，但反应速率较低，并缺乏回收吸附碘的低能耗方法。第二种是由 GA 提出的在液体状态下进行分解反应的方法。当 $HI/H_2/I_2$ 系统中蒸汽和液体共存时，I_2 的平衡蒸气压远低于 HI 和 H_2，此条件下 HI 的分解转化率应高于均相气相的反应体系。用贵金属催化剂如 Pt/TiO_2、Ru/TiO_2 时，303K 下 HI 转化率达到约 50%；外推的实验数据意味着在 HI 的临界温度（423K）下可达到技术上可行的反应速率。后续开发了以碘化钯为主的液相均质催化剂，此方法需要在实际操作条件下进行验证。第三种方法是应用陶瓷膜分离出氢气，通过从反应体系中分离出产物氢气以提高反应转化率。近年来主要研究了无定形硅膜的应用，在实验室验证了 723K 下单程转化率达到 61%。尚需对膜制备技术进行进一步研发，以在苛刻的环境中达到高渗透率、高选择性和良好的稳定性。

碘化氢分解过程研究的另一个关键问题是催化剂。国内外对 HI 催化分解催化剂开展了广泛研究[56-76]，目前催化剂主要包括如下四类。

(1) 活性炭

活性炭具有比表面积高、稳定性好、成本低的优点，且在碘化氢分解反应中表现出了一定活性，受到了一些关注。国际上一些碘硫制氢组将活性炭作为碘硫循环台架实验中碘化氢分解的催化剂。但与负载型金属催化剂相比，活性炭只在低空速条件下呈现出较高活性。要达到与负载铂催化剂相似的转化率或产氢率，势必加大活性炭的用量，进而需要更大的分解反应器。因此，从总体反应效率和综合成本角度考虑，单纯的活性炭并不适合作为碘化氢分解的催化剂。

(2) 负载铂催化剂

美国和日本学者研究了不同载体［如 AC（活性炭）、$\gamma\text{-}Al_2O_3$ 和 SiO_2 等］负载的单金属（如铂、钯、镍和钌等）催化剂在碘化氢分解中的活性，结果表明相同载体负载的不同金属活性组分催化剂中，以 Pt 为活性组分的催化剂活性最好；在相同活性金属组分负载在不同载体上形成的催化剂中，以活性炭为载体的催化剂活性最好；综合比较结果得出活性炭负载 Pt 催化剂的活性最高。韩国和清华大学的研究结果也证实了这一点。研究了不同碳载体负载 Pt 催化剂的 HI 分解活性，实验结果表明不同载体负载的 Pt 催化剂活性顺序与温度密切相关，400℃下活性顺序为 Pt/CMS（碳分子筛）＞Pt/AC＞Pt/CNT（碳纳米管）＞Pt/GR（石墨）；450℃时，活性顺序为 Pt/AC＞Pt/CNT＞Pt/CMS＞Pt/GR；而在 500℃ 和 550℃ 时，Pt/CNT 表现出了更好的活性和稳定性，这可能与 Pt 在不同载体上形成颗粒的粒径大小差异有关。虽然进行了广泛研究，但负载型 Pt 催化剂的活性与稳定性并不理想，韩国研究结果表明，450℃下 HI 气体通过 1g Pt/AC 的单程转化率为 17%，远低于该条件下的热力学平衡转化率（约 22%）；随着使用时间的延长，负载的金属 Pt 粒子容易出现团聚，粒径明显增大，催化活性降低。此外，贵金属 Pt 负载量高，经济性差。

（3）负载镍催化剂

从降低催化剂成本角度考虑，负载单金属镍的催化剂（如 $Ni/\gamma\text{-}Al_2O_3$ 和 Ni/CeO_2）受到关注，但镍催化剂可能与 HI 反应生成碘化物导致催化活性降低，因此稳定性不理想。O'keefe 等[56]曾报道了活性炭和 Al_2O_3 负载的 Ni 催化剂用于碘化氢催化分解的研究结果，与负载型 Pt 催化剂相比，Ni 催化剂活性较低，并且反应后比表面积大大降低，催化反应床层底部有黑色固体沉淀物生成。Zhang 等[62]考察了 Ni 在 CeO_2 上的负载量对催化活性的影响，发现当负载量小于 3% 时，HI 的转化率随负载量的增加而增大，当超过 3% 时，增加趋势明显减缓，趋于稳定。Favuzza 等[63]用不同镍前驱体分别以浸渍-焙烧法和共沉淀法制备了一系列氧化铝负载的镍催化剂，研究了在 HI 催化分解反应中的活性，发现真正起催化作用的可能是 $NiAl_2O_4$。在温度低于 650℃ 时，镍催化剂由于生成碘化物而出现活性衰减现象，但当温度高于 650℃ 时，活性又可以恢复。负载型 Ni 催化剂有一定的催化活性，也有较好的经济性，但活性和稳定性都不够理想。

（4）负载型双金属催化剂

两种金属的协同效应及合金效应等可以使得双金属催化剂呈现出单金属催化剂所没有的高活性和高稳定性。与 Pt 催化剂相比，Pt 基双金属催化剂具有优越的电子和化学性质，而且成本相对较低，催化性能好，稳定性高。因此，Pt 基双金属催化剂有望替代单 Pt 催化剂应用在不同的催化和电催化反应中。清华大学较早开展了双金属催化剂应用于氢碘酸分解的研究，研究了 Pd-Pt/C、Pd-Ir/C、Pt-Ni/C、Pt-Rh/C、Pt-Ir/C 等系列双金属催化剂并用于氢碘酸催化分解[64-70]，结果表明双金属催化剂的活性比原有单金属催化剂明显提升。在抗烧结稳定性方面，Ir 加入得到的 Pt-Ir、Pd-Ir 催化剂性能明显提升，高活性 Pt 和高稳定性 Ir 组合制备的催化剂活性和稳定性最优[66,67]。Singhania 用浸渍还原法制备了不同载体负载的 Ni-Pt 双金属催化剂[71]，评价结果显示活性炭负载的催化剂活性明显高于 ZrO_2、Al_2O_3 和 CeO_2 载体负载的催化剂。

另外，为了突破热力学平衡限制，提高碘化氢分解单程转化率，研究了将膜分离与膜反应器应用于碘化氢分解。意大利 ENEA 对铌和钽金属膜在碘化氢分解中的应用进行了计算模拟[72]，结果表明该金属膜具有较好的氢分离性能，但金属膜在实际氢碘酸分解环境下的稳定性（耐热、耐蚀和氢脆）需要进一步改善。韩国和日本学者开发了化学气相沉积法，以多孔氧化铝管为基体制备了氧化硅膜反应器，研究了该膜在 $H_2\text{-}H_2O\text{-}HI$ 氛围中的稳定性及氢分离性能[73,74]。计算表明，将该膜反应器和活性炭催化剂结合可以使碘化氢分解转化率达到 90% 以上。日本学者采用 $\gamma\text{-}Al_2O_3$ 管支撑的氧化硅膜［透氢率 $4.0\times10^{-7}\,mol/(s\cdot m^2\cdot Pa)$］和活性炭来催化碘化氢分解，在 500℃ 下产物中 85.3% 的氢可被选择性透过分离，HI 的转化率达 46.7%[75]。

近年来，清华大学开展了从 HI 分解体系中选择性分离氢气的 SiO_2 基膜的制备及应用研究[76]。采用溶胶凝胶-浸渍提拉法制备了具有 H_2 分离性能的 SiO_2 膜、$SiTi_xO_n$ 和 $SiZr_xO_n$ 复合氧化物膜；以哈氏合金 C276 为反应器管体材质，以陶瓷盲管为覆膜基底，研制了 HI 膜催化分解反应器并搭建了配套反应系统；采用活性炭催化剂和 $SiTi_xO_n$ 膜催化 HI 在 400℃分解，HI 转化率达到 85%，显著高于该温度下 HI 分解的热力学平衡转化率。

综合上述分析，研究开发高活性、高稳定性的氢碘酸分解用催化剂、膜催化分解工艺、膜反应器是氢碘酸分解研究的主要方向。

4.2.3　硫酸单元

在硫酸单元，来自 Bunsen 部分的硫酸首先从 50%~57%（质量分数，下同）浓缩到约 90%，浓硫酸蒸发分解为水、SO_2 和 O_2。产生的气态产物送回 Bunsen 部分，经 Bunsen 反应溶液选择性吸收 SO_2 后分离得到氧气。

硫酸分解反应产生氧气，是含硫热化学循环（如碘硫循环和混合硫循环）的共同步骤。该反应在高温下进行，大量吸热。硫酸分解为 SO_2、O_2 和水的过程实际上分为两个步骤：

$$H_2SO_4(g) \longrightarrow H_2O(g) + SO_3(g) \qquad +92kJ \tag{4-30}$$

$$SO_3(g) \longrightarrow SO_2(g) + 0.5O_2(g) \qquad +98kJ \tag{4-31}$$

前一个反应为热分解过程，在 673~773K 下不需要催化剂即可进行；后一个反应在 1020~1170K 下进行，需要有催化剂提高反应速率。对硫酸分解反应催化剂进行了大量研发工作，主要研究的催化剂列于表 4-4[77-81]。

表 4-4　硫酸分解过程催化剂

Pt				Pd-Ag	Al_2O_3	Fe_2O_3		$Fe_{2(1-x)}Cr_2O_3$	Cr_2O_3		CuO		$NiFe_2O_4$	$ZnFe_2O_4$
Al_2O_3	TiO_2	ZrO_2	SiO_2	—	—	Al_2O_3	—	—	Al_2O_3	—	Al_2O_3	—	Al_2O_3	Al_2O_3
+					+	+					+			
+	+	+				+			+					
							+						+	+
						+				+	+			
								+		+				
+	+	+												
								+	+		+			

注："＋"表示参考文献中描述的催化剂。表头中上栏表示催化剂组分，下栏表示载体。

贵金属及金属氧化物可以催化 SO_3 分解反应。图 4-12 给出不同温度下金属氧化物和 Pt 催化剂作用下硫酸分解反应的转化率。

贵金属和过渡金属氧化物的催化活性的顺序如下：

$$Pt \approx Cr_2O_3 > Fe_2O_3 > CuO > CeO_2 > NiO > Al_2O_3$$

Pt 是被广泛研究的 SO_3 分解反应的催化剂，具有高活性。Pt 负载在 Al_2O_3 上作为催化剂在 1153K、空速 $20000h^{-1}$ 条件下达到化学平衡转化率。金属氧化物的催化活性与其热力学性质密切相关[30]，性能随其硫酸盐热力学稳定性的降低而增加。

因为硫酸分解反应在高温、强腐蚀性环境中进行，催化剂的耐久性非常重要，Pt/

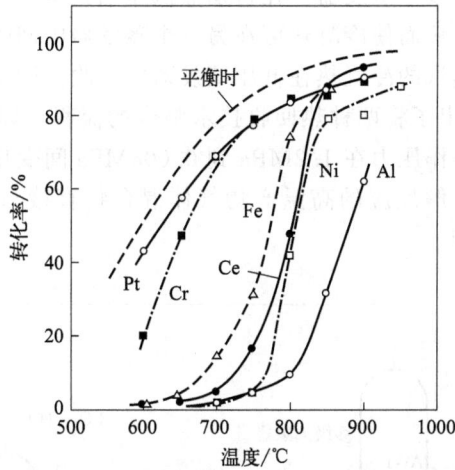

图 4-12　金属氧化物和 Pt 催化剂的转化率与温度之间的关系

［空速 430h^{-1}，4%（摩尔分数）SO$_3$ 的 N$_2$］

Al$_2$O$_3$、Pt/ZrO$_2$ 等催化剂虽然有较高的活性，但实验表明维持活性的时间范围只有数小时，很可能是载体（如 γ-Al$_2$O$_3$）在高温硫酸作用下发生形态转化所致。Pt/TiO$_2$ 催化剂表面积较小，虽然初始活性较低，但稳定性较好，图 4-13 给出了它在 850℃下 200h 的稳定性测试结果，条件为液体硫酸［96%（质量分数）］进料，质量空速为 52h^{-1}。在 200h 操作中催化剂呈现出良好的活性，但仍在连续降低，与初始活性相比，每天降低约 2.6%。

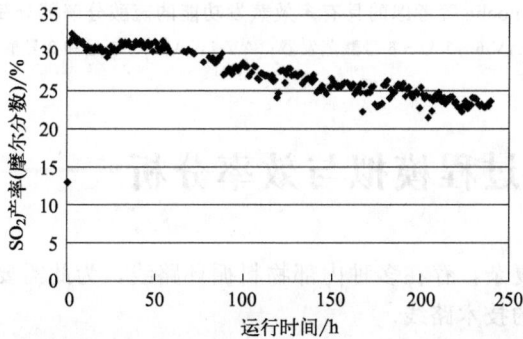

图 4-13　0.1%（质量分数）Pt/TiO$_2$ 催化剂在 850℃下运行超过 200h 的瞬时活性

金属氧化物作为 SO$_3$ 分解催化剂最大的优势在于其成本较低，曾考察过 Ce(Ⅳ)、Cr(Ⅲ)、Fe(Ⅲ)、Al、Ni、Cu 等金属氧化物对硫酸分解的催化活性。对金属 Pt 催化剂，主要研究了不同载体的影响。Norman 等研究发现在 TiO$_2$、ZrO$_2$ 和 SiO$_2$ 上负载的 Pt 催化剂在较宽温度范围内都表现出良好的催化性能；Fe$_2$O$_3$ 和 CuO 在相应的硫酸盐不稳定条件下，即高温、低压时也表现出较好的催化活性。Pierre 等研究表明赤铁矿是一种可在高温下有效使用、化学上稳定、经济上可接受的催化剂。也研究过二元金属复合氧化物的活性，如铁酸铜催化剂具有高活性，没有浸出问题，但大部分二元金属氧化物作为催化剂在硫酸分解体系中测试时表现出材料烧结、相变、中等温度区间形成硫酸盐导致的活性降低等缺点。另外，催化剂的耐久性对于经济性来说是一个重要因素，但有关报道很少，需要深入研究。

硫酸单元研究的另一个目标是开发耗能较低的浓缩方案，为此对热/质平衡优化进行了大量研究。为减少浓缩操作的热负荷，研究了传统节能方法如自动蒸汽压缩和多效蒸发的应用，两种技术都用到两个或多个蒸发器。在自动蒸汽压缩技术中，一个蒸发器中产生的蒸汽被压缩使其冷凝温度变高，从而使冷凝热可在另一个蒸发器中回收。在多效蒸发中，蒸发器在不同压力下操作使高压蒸汽的冷凝热在低压蒸发器中回收。图 4-14 示意了 Knoche 提出的流程图，后来 Ozturk 等提出了将两种热回收技术整合的流程，即三级蒸发和直接接触热交换。在三级蒸发操作中，操作压力在 1.2MPa 到 0.008MPa 间变化，以回收水的蒸发热。在直接接触热交换中，SO_3 分解反应的高温产物气体混合物直接与硫酸接触以回收未分解的 SO_3 并预热需要蒸发的溶液。

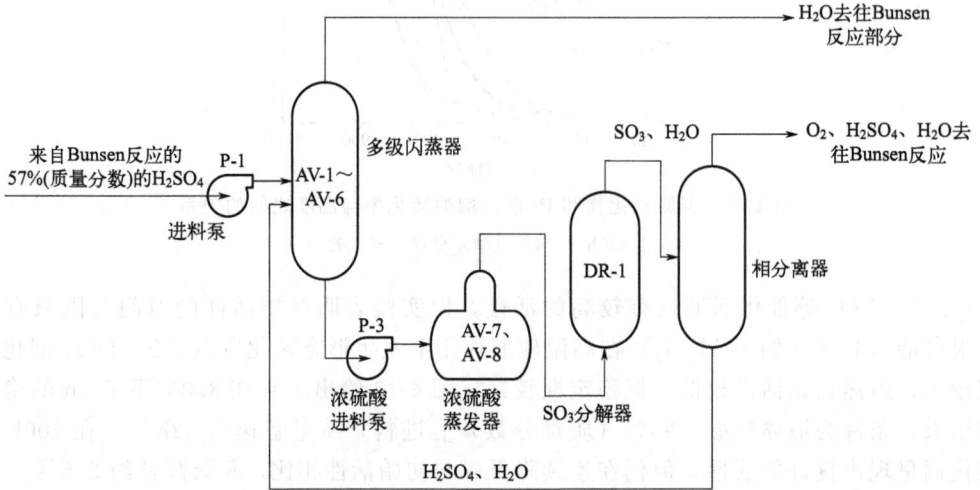

图 4-14　Knoche 等考虑的具有多效蒸发功能的硫酸分解部分简化流程图
AV-1～AV-6—1 号～6 号酸蒸发器；AV-7、AV-8—7 号和 8 号酸蒸发器

4.3　碘硫循环过程模拟与效率分析

碘硫循环过程流程复杂，存在多种内部物料循环路线，为此需要对流程进行模拟、优化与效率分析，确定优化的技术路线。

4.3.1　单元模型建立与模拟

4.3.1.1　Bunsen 单元模型建立与模拟

Bunsen 反应单元模拟的关键问题在于判断反应产物（其组成包括 HI、H_2SO_4、I_2 和 H_2O）相态，并在实际操作中通过控制反应物流组成和温度等条件，使产物能够分成两个交叉污染尽可能少的液相，并对分相后组成进行计算，确定进入硫酸单元和 HI 酸单元的物流组成。

（1）Bunsen 反应产物分相判断方法

在 4.2.1 节中给出了用正四面体相图表示四组分体系相态的方法，但由于代表不同相态的区域之间界面不规则，通过观察总组成点在分相区域图中的位置来判断溶液的相态仍然比较困难。为此清华大学核研院开发了判断 HI-I_2-H_2SO_4-H_2O 溶液分相状态的算法并开发了程序[2]。

程序的算法原理是：首先，将正四面体分相区域图中包围两液相区域的表面划分为若干个小三角形网格，设小三角形的总数为 k，每三个相邻的数据点构成一个小三角形。三角形的总数 k 由实验数据点的数量决定，实验数据越多，k 值越大，分相区域表面的三角形网格也就越稠密，模型对分相条件的描述越精确。

其次，计算每个小三角形的外法向量。对于任意小三角形 $X_iY_iZ_i$，其外法向量 nor_i 算法如方程（4-32）所示：

$$nor_i = Z_iX_i \times X_iY_i \tag{4-32}$$

对于一个给定的总组成点 P，计算小三角形 $X_iY_iZ_i$ 的外法向量 nor_i 与三角形的一个顶点指向点 P 的向量 X_iP 的内积：

$$J(i) = nor_i \cdot X_iP \tag{4-33}$$

在方程（4-33）中，J 是一个 k 维数组，它记录了当 i 从 1 变化到 k 时所有的内积运算的结果。根据 J 中内积值的情况可对溶液相态进行如下判断：

a. 当数组 J 中所有的内积结果都是负值时，总组成点位于正四面体图的两液相区域内部，即溶液可以自发地分成两个液相而且没有固体碘析出。

b. 如果对于位于两液相区域的前表面上的小三角形，数组 J 中的内积为正，而对于位于两液相区域的后表面上的小三角形，数组 J 中的内积为负，那么总组成点位于两液相区域的前表面与正四面体顶点 HI 之间的区域，溶液将保持均相。

c. 如果对于位于两液相区域的前表面上的小三角形，数组 J 中的内积为负，而对于位于两液相区域后表面上的小三角形，数组 J 中的内积为正，则总组成点位于两液相区域的后表面与正四面体顶点 I_2 之间的区域，溶液可以分成两个液相但有固体碘析出。

d. 如果数组 J 中的内积值出现 0 值，那么表明总组成点位于两液相区域的表面之上，可认为这种情况下溶液的相态与第一种情况相同，即溶液可以分成两个液相而没有固体碘析出。

据此编制了分相判断程序，其用户界面如图 4-15 所示。在输入 Bunsen 反应产物总组成（即 HI、I_2、H_2SO_4 和 H_2O 四个组分的摩尔分数）后，程序可以判断出溶液相态并在用户界面上显示结论。同时，程序会在用户界面中给出总组成点在 HI-I_2-H_2SO_4 三角坐标中的位置。

使用该程序可以方便、快捷地判断 $20 \sim 80$℃ 下 Bunsen 反应产物的分相状态，为

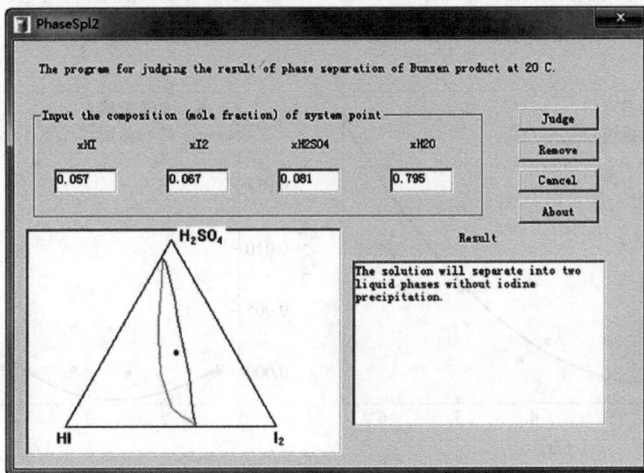

图 4-15　分相判断程序的界面

Bunsen 反应及两相分离部分的模拟奠定了基础。

(2) Bunsen 反应产物两相中各组分浓度的计算

在模拟计算过程中，对于物料衡算得到的 Bunsen 反应部分两相分离器入口物流，首先利用上述程序进行相态判断，如果确定能够分相且没有固体碘析出，则进一步计算两相组成及流量，从而得到 Bunsen 部分输送到硫酸和氢碘酸部分的物流参数，完成对 Bunsen 单元的模拟。

对 Bunsen 反应产物两相组成的确定是过程模拟的难点，目前商业模拟软件和数据库都不能给出对 Bunsen 反应产物两相组成的准确预测。清华大学核研院对 Bunsen 反应产物分相时两相的相平衡关系进行了系统研究，并建立了相平衡关系和质量平衡方程，得到两相组成计算模型。模型建立过程如下。

当 Bunsen 反应产物分成的氢碘酸相（hi）和硫酸相（sa）达到相平衡时，两相中都存在 HI、I_2、H_2SO_4 和 H_2O 四种物质，而且四种物质在两相中的化学势应分别对应相等。

$$\mu_{HI}^{hi}=\mu_{HI}^{sa} ; \mu_{I_2}^{hi}=\mu_{I_2}^{sa} ; \mu_{H_2SO_4}^{hi}=\mu_{H_2SO_4}^{sa} ; \mu_{H_2O}^{hi}=\mu_{H_2O}^{sa} \tag{4-34}$$

计算化学势需要各个物质的活度系数，虽然文献报道的 Pitzer 方程和 ELECNRTL 方程等活度系数方程可用于计算高浓度的电解质溶液的活度系数，但方程形式非常复杂，求解困难。另外，Bunsen 反应产物中组分之间存在络合和水合等现象，使活度系数方程的计算准确性受到很大的影响。利用实验得到的两相平衡组成数据，经过回归得到形式如下的两相组成关联关系方程。

$$\frac{x_{HI}^{sa}}{x_{H_2O}^{sa}}=a_1 \cdot \left(\frac{1}{x_{I_2}^{hi}}\right)^2+b_1 \cdot \left(\frac{1}{x_{I_2}^{hi}}\right)+c_1 \tag{4-35}$$

$$\frac{x_{I_2}^{sa}}{x_{H_2O}^{sa}}=a_2 \cdot \left(\frac{1}{x_{I_2}^{hi}}\right)^2+b_2 \cdot \left(\frac{1}{x_{I_2}^{hi}}\right)+c_2 \tag{4-36}$$

$$\frac{x_{H_2SO_4}^{hi}}{x_{I_2}^{hi}}=a_3 \cdot \left(\frac{1}{x_{I_2}^{hi}}\right)^2+b_3 \cdot \left(\frac{1}{x_{I_2}^{hi}}\right)+c_3 \tag{4-37}$$

$$x_{HI}^{hi}+x_{H_2SO_4}^{hi}=a_4 \cdot (x_{HI}^{sa}+x_{H_2SO_4}^{sa})^2+b_4 \cdot (x_{HI}^{sa}+x_{H_2SO_4}^{sa})+c_4 \tag{4-38}$$

式(4-35)~式(4-38) 中的参数 a_i、b_i、c_i（$i=1\sim4$）为回归系数。式(4-35)~式(4-38) 对 80℃下实验数据的回归结果如图 4-16 所示。回归值相对于实验值的平均相对误差为 7.6%。

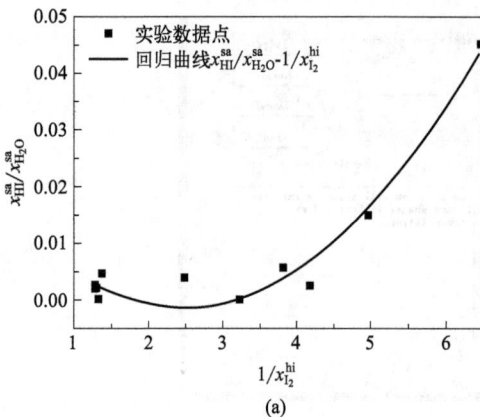

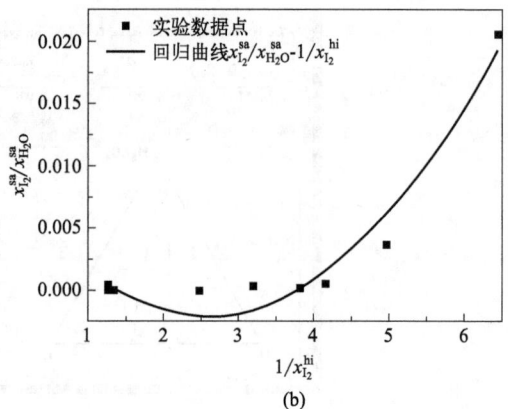

(a)　　　　　　　　　　　(b)

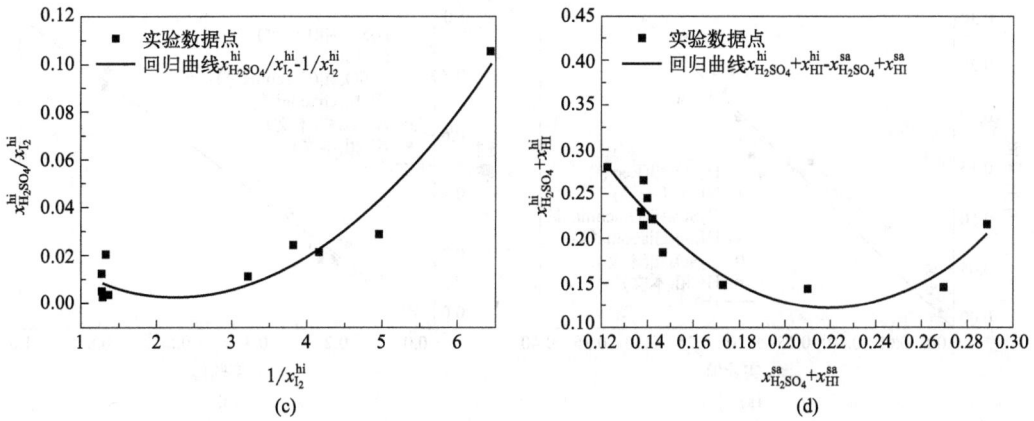

图 4-16　Bunsen 反应产物两液相平衡关系回归结果

接着由 Bunsen 反应产物总组成计算两相组成。令 X_{HI}、X_{I_2}、$X_{H_2SO_4}$、X_{H_2O} 分别表示 Bunsen 反应产物总组成中氢碘酸、碘、硫酸和水的摩尔分数，R^{sa} 和 R^{hi} 分别代表硫酸相和氢碘酸相占 Bunsen 反应产物总量的摩尔分数。则在分相后的 Bunsen 反应产物中有如下质量平衡关系式：

$$X_{HI} = R^{hi} \cdot x_{HI}^{hi} + R^{sa} \cdot x_{HI}^{sa} \tag{4-39}$$

$$X_{I_2} = R^{hi} \cdot x_{I_2}^{hi} + R^{sa} \cdot x_{I_2}^{sa} \tag{4-40}$$

$$X_{H_2SO_4} = R^{hi} \cdot x_{H_2SO_4}^{hi} + R^{sa} \cdot x_{H_2SO_4}^{sa} \tag{4-41}$$

$$X_{H_2O} = R^{hi} \cdot x_{H_2O}^{hi} + R^{sa} \cdot x_{H_2O}^{sa} \tag{4-42}$$

以及归一化关系式：

$$x_{HI}^{hi} + x_{I_2}^{hi} + x_{H_2SO_4}^{hi} + x_{H_2O}^{hi} = 1 \tag{4-43}$$

$$x_{HI}^{sa} + x_{I_2}^{sa} + x_{H_2SO_4}^{sa} + x_{H_2O}^{sa} = 1 \tag{4-44}$$

以上方程结合相平衡关系式共 10 个方程，内含 14 个变量。当氢碘酸、碘、硫酸和水四种物质总组成已知时，未知变量数为 10 个，可以利用这 10 个方程进行两相组成计算。使用 Matlab 7.1 编写计算程序，使用牛顿迭代法求解由上述 10 个非线性方程构成的方程组，即可得到 Bunsen 产物分相后的两相组成。

为检验方程对于 Bunsen 反应产物两相组成和两相占混合物总量摩尔分数的计算值的准确性，将 Lee[82]、Giaconia 等[83]发表的 80℃下 Bunsen 反应产物组成数据和本研究的实验数据与方程的计算值进行比较。通过将文献数据和实验数据的总组成输入计算程序中，再将计算得到的两相组成与文献数据和实验数据做对比，结果如图 4-17 和图 4-18 所示。

图 4-17 中程序计算的各组分摩尔分数与实验值的平均相对误差为 11.0%，图 4-18 中程序计算的氢碘酸相占混合物总量的摩尔分数与实验值的平均相对误差为 11.7%。程序的计算结果与绝大多数实验数据符合得比较好，对于少数数据点，计算值与实验值有一定偏离。

通过以上过程，可以实现 Bunsen 单元根据反应物组成判断相态，进而计算分相产物组成的全过程模拟。

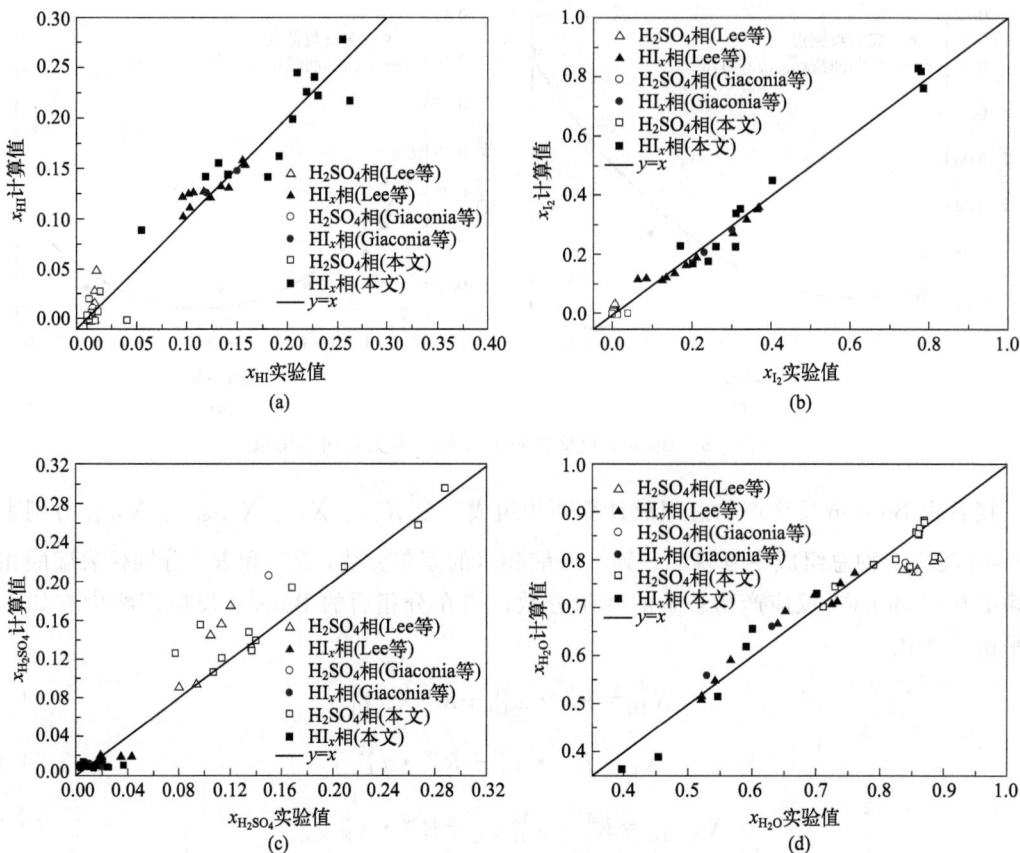

图 4-17 Bunsen 反应产物两相组成的程序计算值与实验值的比较

(a) HI 的摩尔分数；(b) I_2 的摩尔分数；(c) H_2SO_4 的摩尔分数；(d) H_2O 的摩尔分数

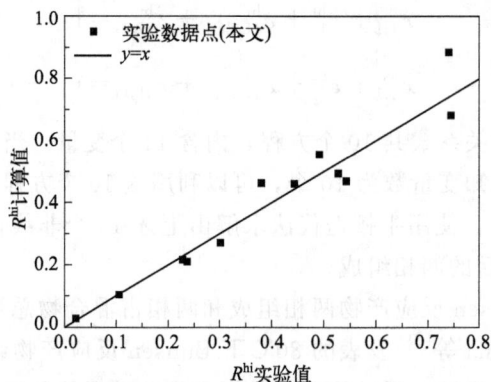

图 4-18 程序计算得到的氢碘酸相的摩尔分率 R^{hi} 与实验值的比较

4.3.1.2 氢碘酸单元模型建立与模拟

氢碘酸单元模拟的目的是计算不同条件下各物流流量、组成和单元能耗，尤其是在氢碘酸浓缩部分。由于 HI_x 体系的复杂特性、HI 与水伪共沸体系的存在等原因，难以用传统的精馏模型进行模拟，此外电渗析过程为新工艺，也缺乏相应的模型。清华大学核研院采用实验回归方法对部分参数进行修正，发展了氢碘酸精馏塔的严格精馏模型，利用实验数据回归了 EED 操作方程，建立了 EED 的模拟模型，实现了氢碘酸单元浓缩过程模拟。将此过程嵌入商用软件，可实现 HI 酸单元的整体模拟。

(1) 热力学数据库对气液平衡关系预测准确性的验证

使用化工过程模拟软件 Aspen Plus 结合 OLI 热力学数据库对氢碘酸分解部分进行模拟计算。OLI 数据库使用混合电解质模型，可以准确地预测电解质水溶液和蒸气的热力学性质。模拟中以 Aspen Plus 软件中自带的 RK-ELECNRTL 活度系数模型为基础，修正了精馏塔过程模型中的方程参数。其中，扩展 Antoine 方程的系数、介电常数和 I_3^- 热容参数的修正使用 Murphy 报道的数据[84]，I_3^- 的络合反应平衡常数使用 Palmer 报道的数据[85]，HI 的水合反应平衡常数使用 OLI 数据库中的数据，各组分的临界性质、摩尔体积、NRTL 方程的二元交互作用参数以及分子间、离子间、分子与离子间的相互作用参数使用了 Brown 等发表的数据[86]。OLI 数据库中列出的 HI 的水合反应如下所示，反应平衡常数与温度的关联式见式(4-46)，温度 T 的单位为 K。数据库给出的式(4-46)中的参数值如表 4-5 所示。

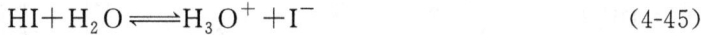

$$HI + H_2O \rightleftharpoons H_3O^+ + I^- \tag{4-45}$$

$$\ln(K_{eq}) = A + B/T + C\ln(T) + DT \tag{4-46}$$

表 4-5　HI 水合反应平衡常数与温度关联式中的参数值

参数	A	B/K	C	D/K^{-1}
修正值	146.9051	1012.783	-22.94389	-2.919×10^{-11}

经过一系列参数修正之后，对 HI-H$_2$O 和 HI-I$_2$-H$_2$O 的气液平衡关系进行计算，并与实验值进行了比较。所使用的文献报道的气液平衡数据如表 4-6 所示。

表 4-6　HI-I$_2$-H$_2$O 混合物的气液平衡数据的实验值

文献	压力 /MPa	液相组成		数据 类型	实验误差	
		$x_{HI}/(x_{HI}+x_{H_2O})$	I_2 (摩尔分数) /%		性质	误差范围
Lutugina 等[87]	0.1	0.01~0.155	0.0	T-x-y	气液相组成	<2.0%
Doizi 等[88]	0.0275~0.1884	0.105~0.23	3.98~85.37	T-x-y	气液相组成	<15%
Hodotsuka 等[89]	0.1	0.144~0.213	0.0~42.3	T-x-y	气液相中 HI 摩尔分数	<0.6%
Liberatore 等[90]	0.1	0.0432~0.161	0.04~55.42	T-x-y	气液相中 HI 摩尔分数	<2.0%
Larousse 等[91]	0.104~2.917	0.1568~0.2226	12.0~39.3	T-x-y	气液相组成	<15%

将模拟计算得到的 HI-H$_2$O 二元混合物及 HI-I$_2$-H$_2$O 三元混合物的气液平衡关系与发表的实验数据进行比较，如图 4-19 所示。

比较可见，建立的模型能够准确预测共沸组成。对于 HI-H$_2$O 二元混合物，气液平衡计算结果也与实验值很好地符合。对于 HI-I$_2$-H$_2$O 三组分体系，当碘含量较低时，模型计算结果仍然能较准确地符合实验值；但当碘含量较高时，模型对气相组成的预测准确性有所下降。图 4-20 显示了文献报道的 HI-I$_2$-H$_2$O 三组分混合物的气液平衡数据[75-78]的组成分布范围以及 HI 精馏计算中所涉及的气液平衡计算值的组成分布。实验数据的组成分布范围完全覆盖了计算值的范围。

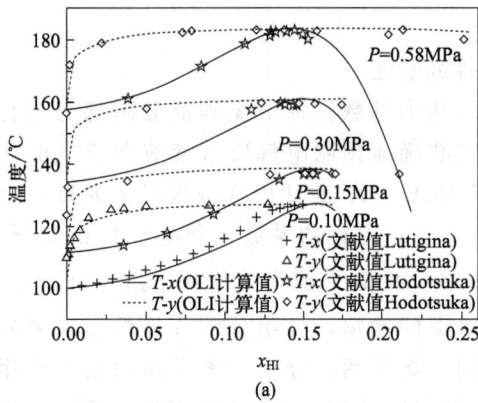

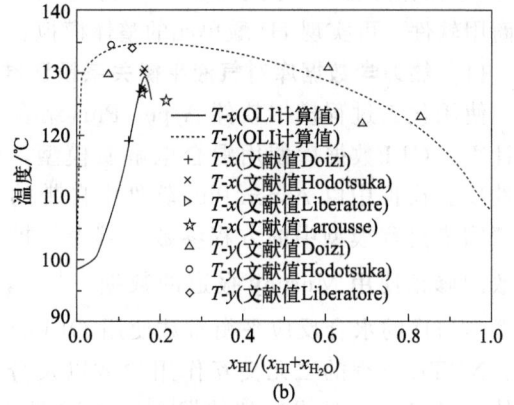

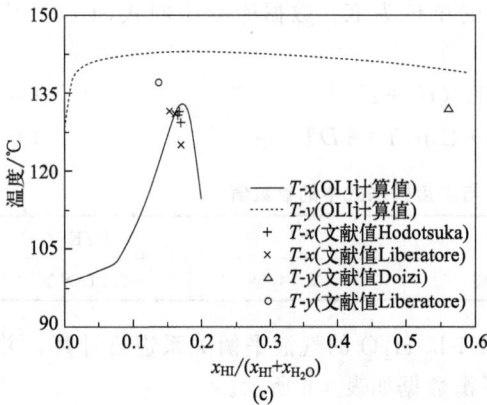

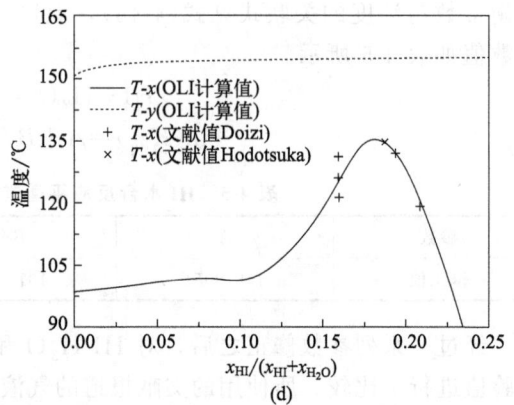

图 4-19　气液平衡关系的模型计算值与实验值的比较

（a）HI-H_2O 混合物；（b）HI-I_2-H_2O 混合物，碘摩尔分数 0.1，压力 0.1MPa；（c）HI-I_2-H_2O 混合物，
碘摩尔分数 0.2，压力 0.1MPa；（d）HI-I_2-H_2O 混合物，碘摩尔分数 0.4，压力 0.1MPa

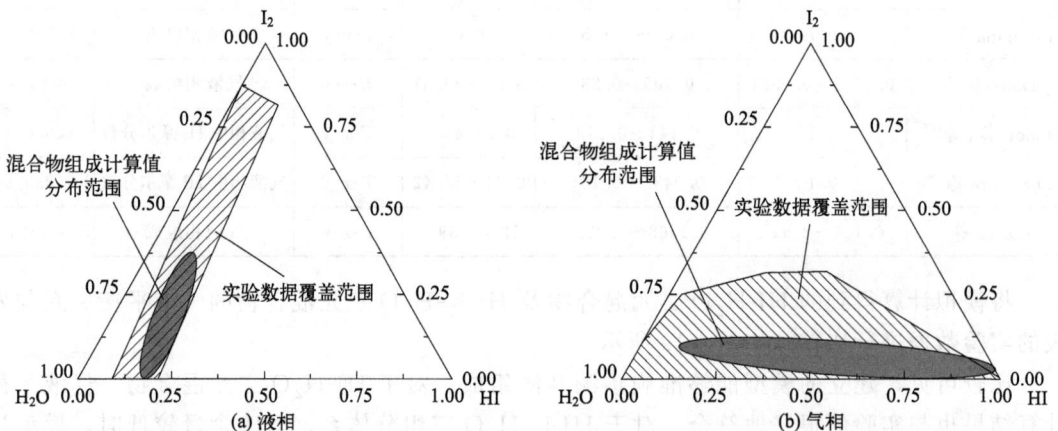

图 4-20　HI-I_2-H_2O 混合物组成（摩尔分数）计算值与文献报道的实验值分布

　　图 4-21 是模型计算的 HI 的 K-value（气液相平衡时气相与液相的 HI 的摩尔分数的比值）与实验值的误差随压力变化的关系。其中两虚线之间的点代表本研究所涉及的浓度范围

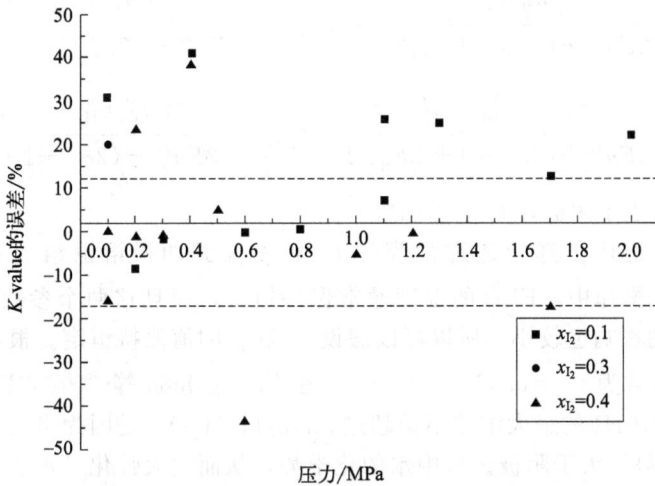

图 4-21 HI 的 K-value 的计算值与实验值的误差

内 K-value 的误差值，绝大多数的数据点误差在 $\pm 5\%$ 之内。

经过参数修正，开发的模型可以准确计算 HI-I_2-H_2O 混合物在低于 2.0MPa 压力下和不同浓度范围内的气液平衡关系等热力学性质。

（2）EED 过程模型建立

图 4-22 为电渗析装置（EED）的示意图。HI 浓度略低于共沸组成的 HI-I_2-H_2O 混合物进入 EED 之后，在电场作用下进一步浓缩，使 HI 浓度超过共沸组成，其过程如前文所述。氢离子迁移一般以水合质子的方式进行，一定量的水分子伴随氢离子从阳极区域向阴极区域迁移。另外，碘离子也会从阴极区域向阳极区域迁移，故一般使用表观质子传递数 t_+ 和水的表观渗析系数 β 来描述膜对氢离子的选择透过性和溶剂水的透过性。根据 Onuki 等归纳的 EED 中的质量平衡关系[92]，推导出 EED 的阴极和阳极出口流量及组成与进口流量及组成，以及通过 EED 的电流关系，如式（4-47）～式（4-50）所示。

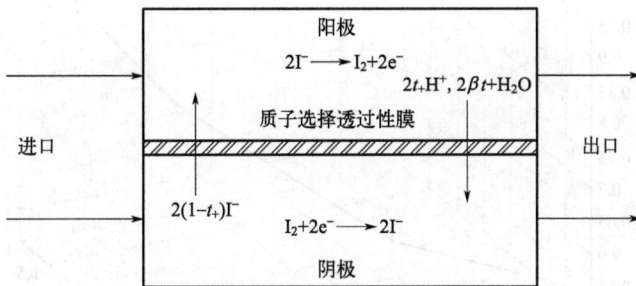

图 4-22 EED 的示意图

$$n_1^{ca} = n_0^{ca} + \frac{(2t_+ - 1 + 2\beta t_+)I}{2F}, n_1^{an} = n_0^{an} - \frac{(2t_+ - 1 + 2\beta t_+)I}{2F} \tag{4-47}$$

$$x_{HI,1}^{ca} = \frac{2Fn_0^{ca}x_{HI,0}^{ca} + 2It_+}{2Fn_0^{ca} + (2t_+ - 1 + 2\beta t_+)I}, x_{HI,1}^{an} = \frac{2Fn_0^{an}x_{HI,0}^{an} - 2It_+}{2Fn_0^{an} - (2t_+ - 1 + 2\beta t_+)I} \tag{4-48}$$

$$x_{I_2,1}^{ca} = \frac{2Fn_0^{ca}x_{I_2,0}^{ca} - I}{2Fn_0^{ca} + (2t_+ - 1 + 2\beta t_+)I}, x_{I_2,1}^{an} = \frac{2Fn_0^{an}x_{I_2,0}^{an} + I}{2Fn_0^{an} - (2t_+ - 1 + 2\beta t_+)I} \tag{4-49}$$

$$x_{H_2O,1}^{ca} = \frac{2Fn_0^{ca}x_{H_2O,0}^{ca} + 2It_+\beta}{2Fn_0^{ca} + (2t_+ - 1 + 2\beta t_+)I}, x_{H_2O,1}^{an} = \frac{2Fn_0^{an}x_{H_2O,0}^{an} - 2It_+\beta}{2Fn_0^{an} - (2t_+ - 1 + 2\beta t_+)I} \tag{4-50}$$

式中，上角 ca 表示阴极，an 表示阳极。

虽然有文献报道质子选择透过性膜的 t_+ 和 β 受到两极溶液组成和 EED 温度的影响[93,94]，但在实际操作中，EED 的温度通常保持恒定，而且这两个参数的变化范围不大，对 EED 出口组成的影响也较小，所以可以假设 t_+ 和 β 的值保持恒定。根据实验数据设定计算中 Nafion 膜的参数为 $t_+ = 0.96$，$\beta = 1.65$。另外，Yoshida 等[95]在实验中发现，EED 的阴极和阳极出口液中 HI 的最大浓差不会超过 5mol/kg H_2O，是因为当两极浓差过大时，阳极区域中水的化学势远大于阴极区域中水的化学势，从而大大强化了水从阳极区域向阴极区域的迁移，阴极区域中 HI 浓度难以得到进一步提升。所以在模拟计算中设定了 EED 在操作中阴极与阳极出口液中 HI 的最大浓度差不超过 5mol/kg H_2O。

EED 的电压与操作温度、阴极液和阳极液中碘和 HI 的平均浓度有关。根据实验测得的 EED 数据回归了 EED 的电压计算式：

$$E = 0.5204 - 0.2661 ln\left(\frac{x_{I_2,mn}^{ca}}{x_{I_2,mn}^{an}}\right) + 0.3567 ln\left(\frac{x_{HI,mn}^{ca}}{x_{HI,mn}^{an}}\right) \tag{4-51}$$

式中，下标 "mn" 表示该组分在 EED 的进口处和出口处摩尔分数的平均值。图 4-23 在三维直角坐标中绘制了由式(4-51)计算得到的电压回归曲线，并将电压的回归值与实验值进行比较。电压计算值与实验值的平均相对误差为 1.0%。

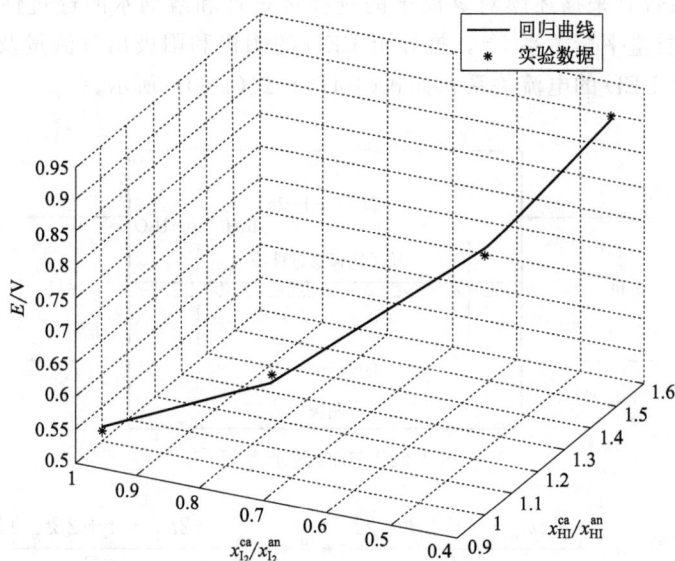

图 4-23 EED 电压的回归曲线与实验值的比较

EED 的功率计算式如式(4-52)所示。

$$P_{ow} = EI \tag{4-52}$$

式中，P_{ow} 为电渗析器的电耗功率；E 为电渗析器的槽电压；I 为电渗析器的电流强度。

在模拟计算中，使用 Microsoft Excel 对 EED 建模，将得到的 EED 物料平衡数据和电压、功率计算方程输入 Excel 计算表格中，然后在 Aspen Plus 软件中使用用户自定义功能，建立与含有 EED 计算模型的 Excel 文件的接口。在使用 Aspen Plus 做流程模拟计算的过程中，当 EED 输入物流和温度、压力信息确定时，程序调用 Excel 文件完成对物料平衡和能量关系的计算，然后将出口物流的流量、组成和 EED 能耗信息返回到 Aspen Plus 模拟程序中输出给用户。

通过以上过程，可实现氢碘酸单元中关键的 HI_x 精馏与 EED 结合浓缩单元的模拟。

4.3.1.3　硫酸单元模拟

硫酸单元包含了硫酸精馏浓缩和硫酸分解，过程相对成熟，可以采用商用软件直接进行模拟，不再赘述。

4.3.2　全流程模拟

4.3.2.1　碘硫循环全过程模拟的算法

碘硫循环全过程模拟的算法思路是：以商用软件 Aspen Plus 为模拟平台，以 Bunsen 部分输送到硫酸单元和氢碘酸单元的两股物流作为切入点和计算出发点，使用碘硫循环闭合连续实验得到的数据作为该两股物流组成的初始值，对硫酸分解部分和氢碘酸分解部分进行衡算。硫酸单元的浓缩和分解可以使用 Aspen Plus 软件自带模型并利用 OLI 物性数据库完成衡算，氢碘酸单元采用上节所述的两个自定义模型进行计算；EED 模型调用自编 EED 程序进行计算，精馏塔的自定义模型调用编制的精馏塔程序进行。

在完成上述两部分计算之后，将产物信息返回到 Bunsen 部分物流输入部分的模拟流程中，计算 Bunsen 反应产物的总组成；然后利用 Bunsen 反应产物分相判断程序判断产物相态；在产物分为两个液相的情况下，使用两相组成计算模型得到的两相组成和流量。将计算得到的两相组成与模拟采用的两相组成初值进行比较，如果相差较大则继续进行迭代，将计算得到的新的两相组成数据再次代入硫酸分解部分和氢碘酸分解部分的进料物流中重新计算，直到收敛，即新一轮迭代计算中由 Bunsen 产物总组成估算得到的两相组成和流量与前一轮计算中使用的氢碘酸分解部分和硫酸分解部分的进料组成和流量相一致为止。关于精度要求，设定相邻两次迭代得到的两相各组分组成和流量差别最大值小于 5% 时，计算达到收敛。算法思路如图 4-24 所示。

4.3.2.2　经验参数设定和依据

氢碘酸单元和硫酸单元来料组成初值参考清华大学核研院碘硫循环闭合连续运行实验数据[48]。当系统运行经历三次循环后，氢碘酸单元的进料组成为：$HI/I_2/H_2SO_4/H_2O = 0.099/0.161/0.007/0.733$（摩尔比）；硫酸单元进料组成为：$HI/I_2/H_2SO_4/H_2O = 0.006/0.003/0.150/0.841$（摩尔比）。两股进料的温度都设定为 80℃，与 Bunsen 反应的温度保持一致。

反应温度和去除率等参数的设定以纯化研究实验和制氢联动实验结果为依据。氢碘酸和硫酸纯化器的反应温度设定为 130℃，硫酸相纯化中 HI 的去除率为 100%，氢碘酸相纯化中硫酸的去除率设定为 95%。

HI 分解反应温度设定为 450℃，转化率设定为 21%。该转化率是在不将反应产物连续

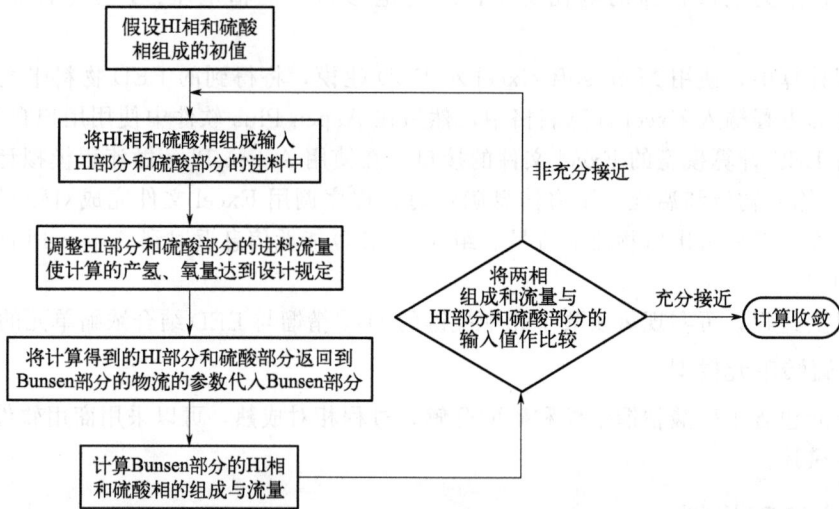

图 4-24　碘硫循环全过程模拟算法图示

移除条件下 HI 分解的平衡转化率,已得到实验验证。硫酸分解反应温度设定为 850℃,转化率设定为 75%。虽然在 850℃下硫酸分解的平衡转化率可达到 90% 左右,但由于停留时间制约,实际转化率可保证 75%。Bunsen 反应器中设定 SO_2 转化率为 100%,是因为实际操作中碘和水的投入量相对 SO_2 都显著过量。

4.3.2.3　计算收敛方法及收敛判定条件

在碘硫循环流程中,硫酸单元、氢碘酸单元和 Bunsen 单元都有多个回路,使模拟计算的求解过程变得复杂且难以收敛,为此采用断裂回路物流法。如图 4-25 所示,将由过程单元 B2 返回到 B1 的回路断裂为两个物流 L_{B2} 和 L_{B1},这两个物流中各组分的流量向量分别为 $\boldsymbol{F}_{B2}$ 和 $\boldsymbol{F}_{B1}$。先假设 L_{B1} 的流量为 0,计算得到 L_{B2} 中的各组分流量,然后将其值赋给 L_{B1},重新计算。经过多次迭代之后,当 $\boldsymbol{F}_{B1}$ 与新一轮迭代得到的 $\boldsymbol{F}_{B2}$ 充分接近时(本处定义为 $\|\boldsymbol{F}_{B2}-\boldsymbol{F}_{B1}\|_\infty / \|\boldsymbol{F}_{B1}\|_\infty < 0.05$),将两个断裂的物流合一,再令模拟软件重算一次,回路即可收敛。

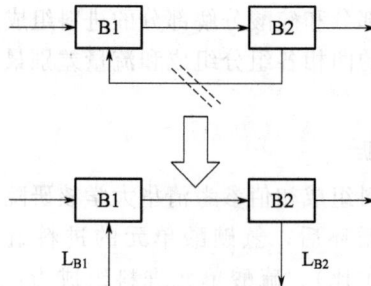

图 4-25　断裂回路物流法

上述收敛方案可以有效地解决硫酸单元和 Bunsen 单元计算收敛问题。对于氢碘酸单元由于流程中使用了 UDF,EED 和精馏塔的计算要在模拟软件的外部环境中进行,当 $\|\boldsymbol{F}_{B2}-\boldsymbol{F}_{B1}\|_\infty / \|\boldsymbol{F}_{B1}\|_\infty < 0.0005$ 时认为计算达到收敛,而不再将两个断裂物流合并。

4.3.3 碘硫循环制氢效率分析

制氢效率是评估制氢技术前景的最重要因素之一，可用式(4-53)计算：

$$\eta_t = \frac{\Delta_c H^{\ominus}(H_2)}{Q_{net} + W/\eta_e} \tag{4-53}$$

式中，$\Delta_c H^{\ominus}(H_2)$ 为氢气的燃烧焓（即氢气与氧气燃烧生成液态水的焓变，数值为286kJ/mol H_2）；Q_{net} 为过程中净输入热量；W 为外界对制氢系统做的功，包括机械功和电功；η_e 为发电效率，在高温堆发电条件下设定为40%。一般在制氢过程常压运行条件下，泵输送流体所做的机械功远小于 EED 的电功及各个单元的过程热负荷，在制氢效率计算中可以忽略。

研究者们对碘硫循环制氢效率进行了多种条件下的评估与分析。Norman 等研究了与 HTGR 结合的制氢流程的热/质平衡问题，在 Bunsen 部分采取液液分离，HI 部分采取萃取精馏和液相 HI 分解，并采取热交换网络回收部分热量，计算的制氢效率为47%。Goldstein 等报道的效率上限为51%，在氢碘酸浓缩和分解部分采用反应精馏工艺时计算效率为33%~36%。Kasahara 等报道的采用 EED 工艺、在没有计算过电势的情况下效率为57%；在已有实验参数基础上的效率为34%；预期在改进 EED 电势后效率有望提高到40%以上。概括来看，到目前为止基于现有实验数据、采用液液分离的碘硫过程制氢热效率约在35%，通过改善关键单元操作如膜过程有望提高到42%以上。通过 Bunsen 反应、HI_x 精馏等环节的改进，制氢效率有望进一步提升，如 Lee 等[9]报道的对 Bunsen 反应条件优化，并对关键反应和分离条件优化，有望将效率提高到47%以上。表 4-7 概括了文献中报道的碘硫工艺热效率评估结果。

表 4-7 文献中报道的碘硫工艺热效率评估结果

能量需求 /(kJ/mol)		Norman 等	Roth 和 Knoche 等	Öztürk 等	Buckingham 等	Goldstein 等		Kasahara 等		Sakaba 等	Lee 等
		最佳效率	最佳效率	最佳效率	最佳效率	最大效率	最佳效率	最大效率	最佳效率	最佳效率	最佳效率
效率	%HHV①	47		56	39	51	33~36	57	34	44	47~48
硫酸部分	热	460	411.4	366.7		352	420	411.4	411.4	514	411~420
氢碘酸部分	热	148	237			187	375~454	119.5	166.7		167
电能	所需热能							−27.4	255.6	142	
泵						6+11	6+11				17

① 指基于氢气高热值计算的效率。

4.3.4 碘硫循环过程工程材料

从 Bunsen 反应单元产生的氢碘酸相含有大量 HI、H_2O、I_2 以及少量 H_2SO_4，在氢碘酸分解单元，要依次进行纯化（约120℃条件下去除硫酸）、EED 浓缩（约100℃条件下使 HI 浓度突破恒沸点）和精馏浓缩（约200℃条件下得到几乎不含碘的高浓度氢碘酸），最后氢碘酸在约500℃条件下发生分解反应。由于受热力学平衡限制，HI 发生催化分解，因此氢碘酸分解产物为 HI、H_2O、I_2 和 H_2 的混合组分。碘和氢碘酸具有极强的腐蚀性，在高温条件下能强烈破坏常规不锈钢的钝化膜，造成严重腐蚀，还会导致氢脆现象发生。由于体系强烈的腐蚀性，相关耐蚀材料尤其是适应氢碘酸分解单元的材料研发成为碘硫循环制氢技术走向工程应用的重要挑战之一。

GA 公司 Trester 和 Staley 等[96]研究了包括金属、合金、陶瓷、塑料和橡胶在内的多种材料在碘硫循环环境下的耐蚀性，结果表明 HI-H_2O-I_2 的混合物对常用的大多数金属和合金具有很强的腐蚀性，温度升高会加速腐蚀；难熔金属如 Ta 和 Nb，陶瓷材料如 SiC 和硼硅玻璃等在 200℃以下的氢碘酸环境中耐蚀性良好。

日本学者 Imai 等开展了多种材料在 HI/I_2/H_2O 及 HI/I_2/H_2O/H_2 气氛下的耐腐蚀性研究[97]，在 250～700℃、200h 下的腐蚀实验结果表明，由于不能耐受高腐蚀性的气氛，一般工程材料如奥氏体和铁素体不锈钢、镍基合金和钴基合金都不合适；铌、锆和钽在 200℃含氢氛围中的腐蚀速率非常低，但它们在一定程度上吸氢而可能产生氢脆；钛及其合金在 350℃时的腐蚀速率很低，钼是 450℃以下的最佳选择，因为它耐腐蚀且不吸收氢气。铬、钨、铝、金和铂也可以在更高的温度下承受腐蚀性环境，但材料的高成本（Au、Pt）、低抗拉强度（Al）及脆性（Cr、W）限制了这些材料的使用。表面处理如氧化物等离子喷涂、铬的电镀、铝、铬的扩散涂层性能尚不可靠。

Onuki 等[98]研究了 200～400℃、HI：H_2：H_2O（摩尔比）为 1：1：6 时，金属 Ta、Zr、Ti、Hastelloy 合金、Inconel 合金、不锈钢、碳钢、镍镉合金以及陶瓷材料（Si_3N_4、SiC）等的腐蚀速率。结果表明，金属 Ti 和 Hastelloy C-276 合金表现出优异的耐蚀性；铬镍铁合金 600 和 1Cr-1/2Mo 也显示出较小的腐蚀速率，然而铬镍铁合金 600 表面出现晶界腐蚀。

Futakawa 等[99]对金属材料包括 316SS（12Ni-17Cr）、Ni 基合金（19Cr-19Mo-1.8Ta）、Ti 及 Ta 在模拟 450℃碘化氢分解条件下进行了 100h 的腐蚀试验，结果显示镍基合金表现出良好的耐腐蚀性，且没有发生氢脆现象，Ta 的氢脆现象显著，Ti 表面也有氢化物生成。

Kubo 等[100]选取 10 种材料，包括 5 种金属材料（钼、钛、铌、钽、锆）、3 种镍基合金（Hastelly C-276、MAT21、Inconel 625）以及两种不锈钢材料（JIS-SUS316、JIS-SUS329J4L），在常压、450℃下 HI、I_2、H_2O 和 H_2（摩尔分数为 1：1：6：0.16）组成的混合气体中进行了 1000h 腐蚀实验。研究结果证实，钽和钛的试样出现氢脆；锆和铌表现出较差的耐腐蚀性；钼表现出良好的耐腐蚀性，但钼的强度退化令人担忧。镍基合金（Hastelly C-276、MAT21、Inconel 625）显示出优异的耐腐蚀性［腐蚀速率＜0.03g/（m^2·h）］，并且腐蚀后镍基合金 MAT21 和 Inconel625 的机械性能没有显著降低，因此镍基合金是合适的氢碘酸分解器制造材料，特别是 MAT 21 在耐腐蚀性和机械性能方面展现出很好的应用前景。

Wong 等选取四类耐蚀材料[101]包括难熔金属（Ta、Ta-40Nb 合金、Nb-7.5Ta 合金）、活性金属（Zr702、Zr705）、超合金（Hastelloy C276 合金）以及陶瓷材料（铝硅陶瓷），在高温含碘氢碘酸（HI_x）中进行了浸入式试样腐蚀筛选试验，测试条件为 2.2MPa、262℃、HI：H_2O：I_2（摩尔比）为 1：5.2：3.8，以及 2.2MPa、310℃、HI：I_2：H_2O（摩尔比）为 0.2：8.9：0.9。实验结果表明，只有 Ta 和 Nb 基的难熔金属和陶瓷莫来石能够耐受 HI_x 的极端环境。在两种不同的金属锆合金中观察到严重的点蚀和溶解。镍基超级合金 C-276 在 HI_x 溶液中显示出严重的溶解。

韩国学者也开展了耐氢碘酸和硫酸腐蚀材料的研究。Kim 等研究了几种表面处理过的

Alloy 617 合金材料[102]在 850℃模拟 SO_3 和 HI 分解器条件下暴露 100h 的腐蚀行为,结果表明表面处理的 Alloy 617 在两种环境中都显示出明显的重量变化;Ni_3Al 涂层的 617 合金在 SO_3 分解器条件下表现出更好的耐腐蚀性,形成外部富铝氧化物层。在 HI 分解条件下,Ni_3Al 涂层合金 617 上的损伤显著降低,可能是由于表面上非常薄的富铝氧化物层保护所致。Choi 等[103]选取 9 种不同镍铁组成的合金,包括 stainless steel 446、Incoloy 800HT、Haynes 214、Hastelloy C-22、Alloy 690 以及经过不同表面处理的四种 Alloy 617,腐蚀性测试在 850℃、流动气相 HI 体系中进行 100h,对腐蚀实验前后的样品进行称重、SEM(扫描电子显微镜)和 EDS(微束分析与能谱仪)分析。结果表明 Haynes214 和两种互扩散热处理(IDHT)的合金(NiAl 和 Ni_3Al)耐腐蚀性相对较好。IDHT 的 Ni_3Al 合金具有最稳定的表面,因为表面形成了保护性的富 Al 层。因此,推荐 IDHT Alloy 617 作为制造 HI 分解器的合适结构材料,并建议对高温 HI 分解器进行互扩散热处理,以实现快速氧化层和富 Al 保护层的形成。但对铝互扩散热处理合金的长期稳定性和表面完整性需要进一步研究,并确定实际工业应用的经济性和安全性。

清华大学核研院主要对 Hastelloy C276 合金在 HI 酸体系中的耐腐蚀性能进行了研究和验证[104],测定了在 HI 溶液回流状态和 500℃ HI 分解条件下的耐腐蚀性[49]。根据通用的腐蚀速率评价标准,Hastelloy C276 合金在 HI 液相回流状态的腐蚀速率属于良级(0.05~0.5mm/a),在 HI 分解条件下腐蚀速率为 0.02mm/a,达到优级标准(<0.05mm/a)。

综合国内外对碘硫循环材料研发的情况,可以筛选出碘硫循环三个单元的工程候选材料如下:在 Bunsen 单元,设备、管道等可采用搪玻璃衬里碳钢或不锈钢、聚四氟喷涂、衬里的碳钢或不锈钢,部分液体接管采用钽金属管。氢碘酸单元在高温条件下使用的设备可用 Hasterlloy 合金,低温条件下的设备与 Bunsen 段基本相同,电解渗析设备可采用石墨,辅助材料为氟橡胶。硫酸单元耐高温、高压环节主要用碳化硅材料,低温硫酸单元使用 Alloy33 合金。反应器外壁视隔热保温的情况可采用不锈钢或高温合金。调研表明,碘硫循环技术所需的材料国内基本都已有成熟商品供应,因此该技术的工程研发基本不需要开展新材料研发,需要在部分特殊使用条件下对材料性能进行进一步验证。

4.4 碘硫循环台架构建、闭合及连续运行

4.4.1 日本

日本对高温气冷堆和核能制氢的研究非常活跃,20 世纪 80 年代至今日本原子力机构(JAEA)一直在进行高温气冷堆和碘硫循环制氢的研究。开发的 30MW 高温工程试验堆(HTTR)出口温度在 2004 年提高到 950℃,重点应用领域为核能制氢和氦气透平。JAEA 先后建成了如图 4-26 所示的碘硫循环原理验证台架和实验室规模台架[105],实现了过程连续运行。目前正在进行碘硫循环的过程工程研究,主要进行材料和组件开发,建立用工程材料制造的组件和单元回路,考察设备的可制造性和在苛刻环境中使用的性能,并研究提高过程效率的强化技术,同时进行过程动态模拟、核氢安全等多方面研究。后续计划利用 HTTR 对核能制氢技术进行示范。此外,JAEA 还在进行多功能商用高温堆示范设计,用于制氢、发电和海水淡化,并进行了核氢炼钢应用的可行性研究。

(a) 实验室规模台架　　　　　　　(b) 工程材料制作的集成台架

图 4-26　日本建成的碘硫循环台架

4.4.2 美国

美国从 20 世纪 80 年代开始核能制氢的研究，进入 21 世纪后美国重新重视这一领域，在出台的一系列氢能发展计划，如国家氢能技术路线图、氢燃料计划、核氢启动计划以及下一代核电站计划（NGNP）中都包含核能制氢相关内容。研发集中在由先进核系统驱动的高温水分解技术及相关基础科学研究，包括碘硫循环、混合硫循环和高温电解。

1979 年通用原子能公司建成了碘硫循环原理验证台架，并开展了闭合循环运行的研究示范。设计并用玻璃和石英材料构建了闭合回路循环示范装置（CLCD），开展 I-S 循环试运行。Bunsen 反应器在 45℃ 下运行产生两种酸，间歇地送入相分离器。轻相纯化后从 30%（质量分数，下同）浓缩到 95%，然后在反应器中蒸发并在 850℃、Fe_2O_3 小球催化下分解成 SO_2、水和 O_2。未分解的硫酸返回到浓缩器中，产生的 SO_2 和 O_2 送入 Bunsen 反应器。重相在真空条件下脱气（去除 SO_2），HI_x 直接进入分解器，在 900℃、没有催化剂条件下直接分解生成 H_2。产生的 H_2O、I_2 和未分解的 HI 冷凝并返回 Bunsen 反应器，产氢速率约为 1.2L/h。CLCD 的操作以完全再循环的模式连续完成：再循环的水、碘和 SO_2 发生 Bunsen 反应得到产物，没有操作问题发生；所用到的阀、接头、泵以及温度和流量控制都按设计运行。运行中也发现了一些问题：在循环的液体中在置于 HI 分解反应器后面的冷凝器中观察到少量硫，在冷凝器后面的氢气纯化阱中收集到少量 H_2S 等。这些问题是由于省略了从重相中去除含硫物种的纯化步骤而引起的。

21 世纪初，DOE 设立了核能制氢先导项目，其中碘硫循环研究由 GA、桑迪亚国家实验室和法国原子能委员会合作进行，在 2009 年建成了如图 4-27 所示的工程材料制造的小型台架并进行了实验[106]。混合硫循环由萨凡纳河国家实验室和一些大学联合开发，研发成功了二氧化硫去极化电解装置，并开展与核能、太阳能耦合的设计、优化、经济性评价相关的研究。

4.4.3 韩国

韩国开展了核氢研发和示范项目，最终目标是在 2030 年以后实现核氢技术的商业示范。从 2004 年起韩国开始执行核氢开发与示范（NHDD）计划，确定了利用高温气冷堆进行经济、高效制氢的技术路线，完成了商用核能制氢厂的前期概念设计，制氢工艺主要选择碘硫

图 4-27 美国和法国合作建立的碘硫循环台架

循环。相关研究由韩国原子能研究院负责，多家研究机构参与。目前在研发采用工程材料的反应器，建立了产氢率 50L(标)/h 的回路，如图 4-28 所示，开展了单元运行试验和闭合循环实验研究[107]。

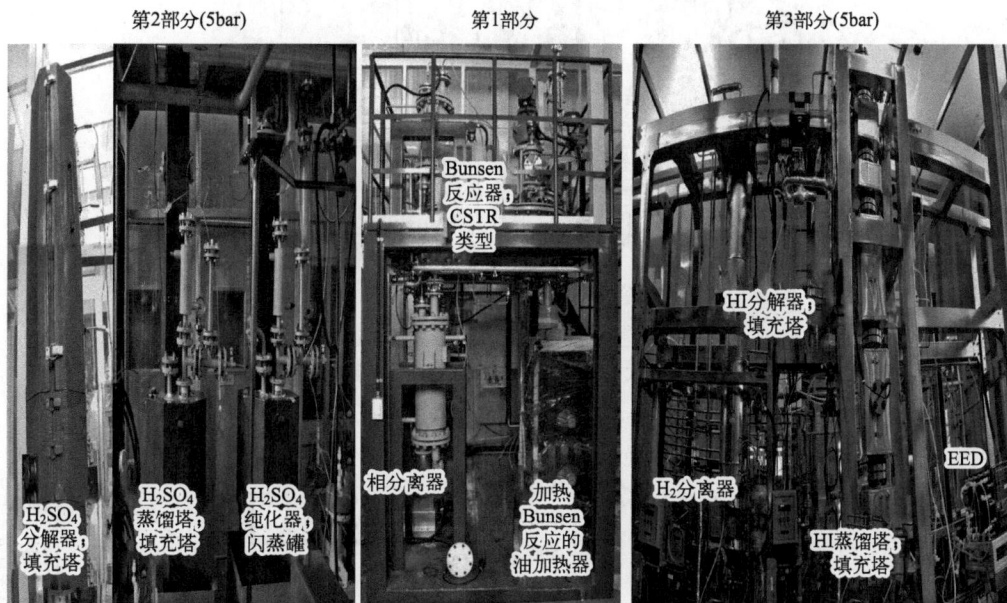

图 4-28 韩国碘硫循环台架

4.4.4 中国

我国核能制氢研发工作起步于"十一五"初期，对核能制氢的两种主要工艺——热化学碘硫/混合硫循环分解水制氢和高温蒸汽电解制氢进行了基础研究，建成了两种工艺的原理验证设施并进行了初步运行试验，验证了工艺可行性。

"十二五"期间，国家科技重大专项"先进压水堆与高温气冷堆核电站"总体实施方案中提出"开展氦气透平直接循环发电及高温堆制氢等技术研究，为发展第四代核电技术奠定基础"。专项设置了前瞻性研究课题——高温堆制氢工艺关键技术研究，主要目标是掌握碘硫循环和高温蒸汽电解的工艺关键技术，建成集成实验室规模碘硫循环台架，实现闭合连续运行，同时建成高温电解设施并进行电解实验。

　　清华大学核研院对碘硫循环的化学反应和分离过程进行了系统研究，包括多相反应动力学、相平衡、催化剂、电解渗析、反应精馏等多领域，解决了循环闭合运行涉及过程模拟与优化、强腐蚀性条件下高密度浆料输送、在线测量与控制等多方面的工程难题。在工艺关键技术方面取得了多项成果，包括：a. 建立了碘硫循环涉及的主要物种的四元体系的四面体相图，提出相态判据，建立了组成预测模型，并开发为相态判断的软件，可为循环闭合操作时的相态及组成预测提供指导。b. 开发了可在高温、强腐蚀环境下使用的高性能硫酸和氢碘酸分解催化剂，可实现两种酸的高效分解，且催化剂在100h寿命试验中性能无明显衰减。c. 开发了用于氢碘酸浓缩的电解渗析堆及物性预测、传质、操作电压计算的模型与软件，成功用于解决氢碘酸浓缩的难题。d. 建立了碘硫循环全流程模拟模型，开发了过程稳态模拟软件，并经过实验验证了可靠性，该软件可用于进行碘硫循环流程设计优化与效率评估。e. 建成了如产氢能力100L(标)/h的集成实验室规模台架（如图4-29所示），提出了关于系统开停车、稳态运行、典型故障排除等多方面的运行策略，并成功实现了计划的产氢率60L(标)/h、60h连续稳定运行，如图4-30所示，证实了碘硫循环制氢技术的工艺可靠性[108]。

图 4-29　清华大学建成的集成实验室规模碘硫循环台架

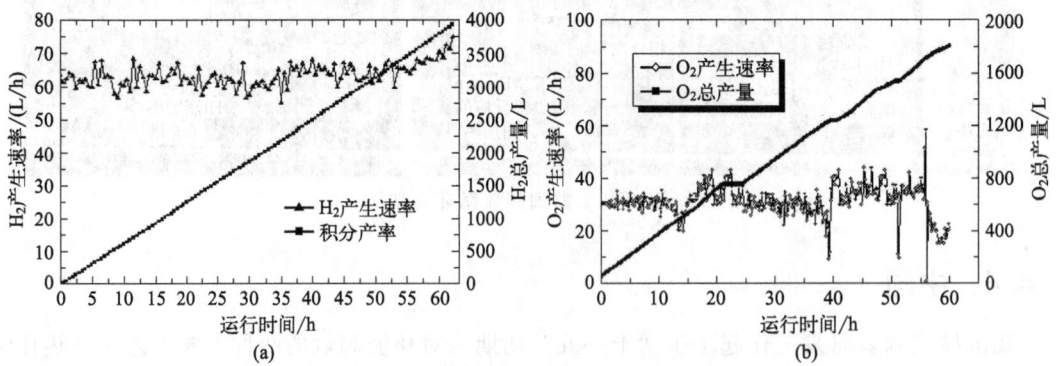

图 4-30　碘硫循环连续运行实验结果

　　"十三五"期间国家科技重大专项设置了高温堆制氢关键设备研究课题，成功研制了用氦气加热的碘硫循环关键设备硫酸分解器和氢碘酸分解器的样机，并建立高温氦气回路模拟高温气冷堆供热，进行了设备样机的性能研究与验证。同时开展了热化学循环制氢中试关键设备制造与放大、制氢厂设计、安全分析、与反应堆耦合等方面的预研，预计 2030 年前实现高温堆热化学循环分解水制氢中试示范，并确定商业规模示范与应用的方案和路线图。

此外，意大利 ENEA[109]、浙江大学[110]等也开展了碘硫循环台架研发工作。表 4-8 概括了已报道的台架的基本情况。

表 4-8   国际上开展碘硫循环制氢台架的概况

国家 （研究机构）	设计产氢能力 /[L(标)/h]	建成 时间	台架 材料	HI 酸部 分工艺	实际产 氢速率 /[L(标)/h]	运行时间 /h
日本（JAEA）	50	2004	石英、玻璃、Teflon	EED	30	157
	100	2019	工程材料		30	150
韩国（KIER）	20	2008	石英、玻璃、Teflon	EED	3	未报道
美国（GA）	100	2009	工程材料	磷酸萃取	未报道	未闭合
意大利（ENEA）	10	2010	石英、玻璃、Teflon	不详	未报道	未闭合
中国 （INET）	10	2009	石英、玻璃、Teflon	EED	10	6
	100	2014	石英、玻璃、Teflon、 部分工程材料	EED	60	60
中国（CEU）	5(m^3/h)	2021	工程材料		80	4

4.5   碘硫循环制氢设备研发

除了化学化工基础、工艺、过程模拟与优化、流程设计、工程材料、闭合运行等方面的研究外，国内外对关键设备也开展了研究，包括 Bunsen 反应-分离设备、硫酸分解器、氢碘酸分解器等。由于硫酸分解器是利用氦气最高温部分的关键设备，对其研究较为深入。

JAEA 曾设计了产氢率为 $30m^3$（标）/h 的中试规模碘硫循环制氢厂，所用工程材料包括玻璃喷涂钢、用于硫酸分解设备的 SiC 陶瓷等。图 4-31 是用氦气加热的碘硫过程制氢回路实验设施和氦气回路的示意图[111]。

下面对三个单元的设备及所用材料进行简要介绍。

4.5.1   Bunsen 反应器

Bunsen 单元的功能是利用氢碘酸和硫酸分解产生的碘和 SO_2 与水反应再产生硫酸和氢碘酸，耐腐蚀性候选材料包括搪瓷、聚四氟喷涂不锈钢、玻璃（石英）、钽等。主要设备包括 Bunsen 反应器、H_2SO_4/HI_x 分离器、HI_x 纯化器和硫酸相纯化器，其中核心设备为 Bunsen 反应器。

在 Bunsen 反应器中，HI、I_2、H_2SO_4 的混合溶液吸收 SO_2 气体后产生 HI 酸和 H_2SO_4。混合酸基于 H_2SO_4 和 HI 酸对碘溶解的差异引起的密度差以及溶剂化效应得以分离。分离开的 HI 酸溶解了大量的碘，称为 HI_x 相，纯化后进入 HI 分解部分；硫酸相在纯化后进入硫酸分解部分。Bunsen 反应器是碘硫循环的关键设备之一，对于实现高效 Bunsen

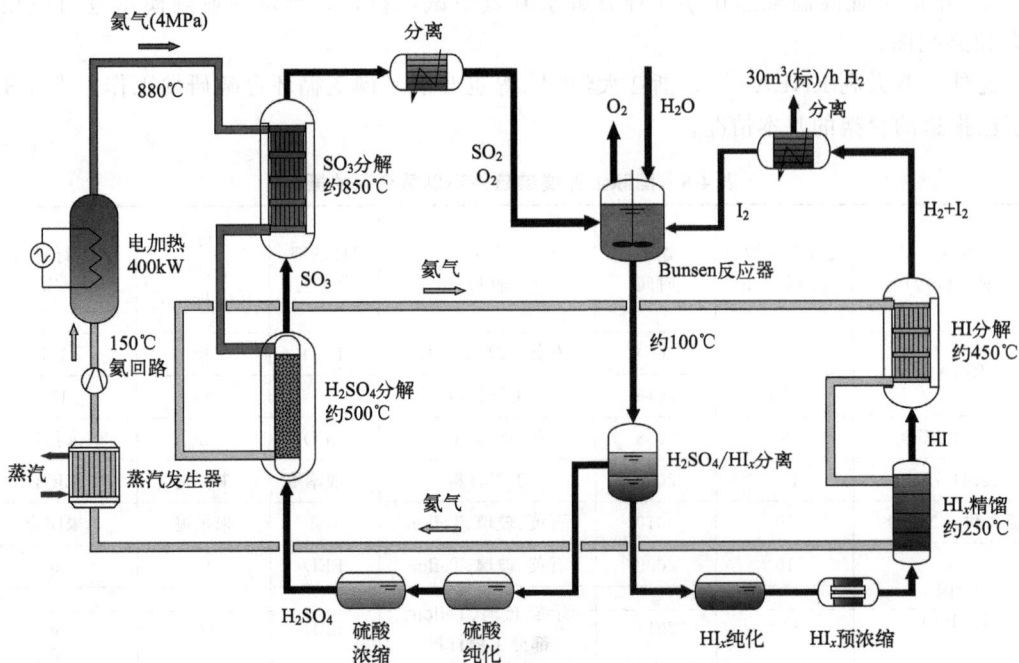

图 4-31 JAEA 设计的产氢 30m³(标)/h 的中试规模的碘硫循环制氢厂

反应和两相分离非常重要，国际上提出了概念设计。JAEA 提出的用于 30m³(标)/h 中试厂的 Bunsen 反应器是名为静态混合器的紊流气液搅拌体系，由玻璃衬里管、容器、搅拌器和温度控制系统组成，采用电动搅拌器和机械搅拌桨使温度和溶液浓度均匀。Sakaba 等提出了一种将 Bunsen 反应与液液分离过程联合的混合澄清槽型反应器[112]，如图 4-32 所示，将基于机械搅拌的反应容器部分和长的澄清容器部分结合起来，在一个设备中实现反应和分离功能。SO_2、I_2 和水在混合室内用安装在同一个轴上的多个搅拌桨混合并反应形成酸，然后进入澄清室静置分离。在方便酸物流进入澄清室和后续酸分离部分的同时，设计了小室和缓冲部分以保留未反应的溶液。

法国 CEA 设计了一种逆流反应器，作为与美国合作的碘硫循环制氢台架示范设施的一

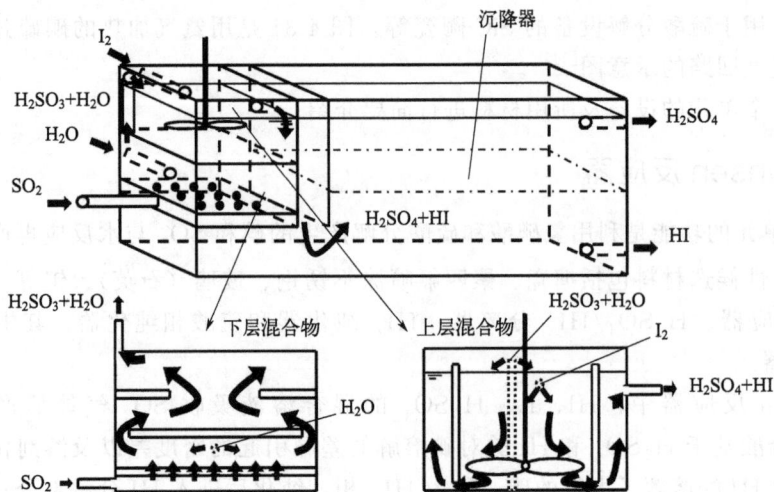

图 4-32　混合澄清槽型 Bunsen 反应器

部分，其概念和照片如图 4-33 所示[113]。

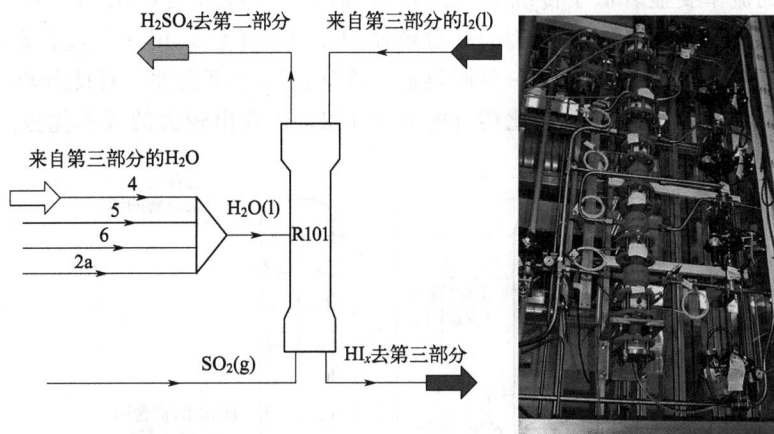

图 4-33　CEA 研发的逆流连续 Bunsen 反应器

4.5.2　氢碘酸分解器

氢碘酸单元主要设备包括 HI 精馏柱、HI_x 浓缩器、HI 分解器及 EED。其中 HI 分解器因其利用高温氦气加热，同时具有反应器和工艺热交换器功能，受到特别重视。由于 HI 的气相热分解是轻微吸热的反应，从分解速率的角度看所需温度高于 400℃，HI 分解器用氦气直接加热，一般设计为热交换器型反应器。

JAEA 的 Ohashi 等提出了多级 HI 分解器的设计[114]，如图 4-34 所示。利用该类型反应器，可以使 HI 分解反应在内部分多级进行，并从 HI_x 中去除 I_2。设计目标在于通过降低热交换器的总换热面积并减少返回的未分解 HI_x，消除分离组件，改善设备性能并降低成本。对新设计进行过模拟评价，特别是针对反应器外部未分解 HI_x 和产物 I_2 的流率进行。HI 处理部分热交换器的传热面积可以减少到传统方法的 1/2。在这种换热式多级 HI 分解器中，要分解的 HI 物料和加热用氦气以顺流而非逆流方式通过反应器，来自 EED 的低温 HI_x 溶液可以直接作为多级 HI 分解器的进料。图 4-34 给出了 JAEA 提出的碘硫循环制氢

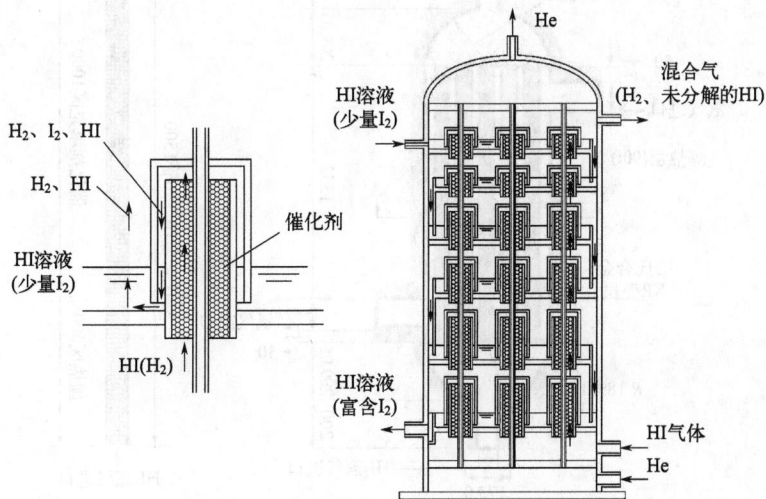

图 4-34　多级 HI 分解器的概念设计

厂多级逆流型 HI 分解器的概念设计和系统图。因为分解转化率提高，反应器外部未分解的 HI 和产物 I_2 的流率要显著低于传统 HI 分解器，而且 HI 和 I_2 可以从 HI_x 溶液中去除。在此基础上提出了如图 4-35 所示的多级 HI 分解器的新概念系统，用一种包含多级 HI 分解器的单元代替原来的设计，可以取消一些回热器、冷却器和分离组件。对此分离系统进行了评价，表明热交换器的传热面积可以比传统的减少 1/2，体现出较大的成本优势。

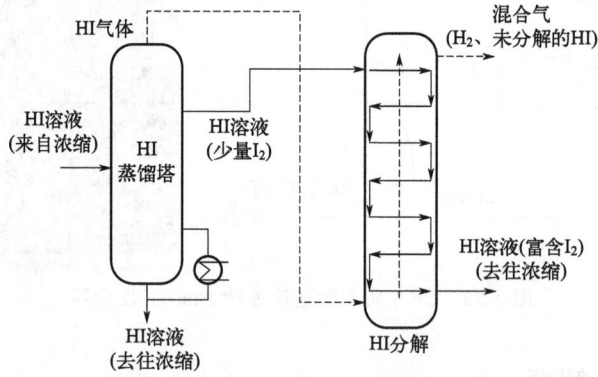

图 4-35　多级 HI 分解器的新概念系统

韩国 KAERI 设计了产氢规模为 $1m^3/h$ 的氢碘酸分解器，为普通型管壳式换热器[115]，如图 4-36 所示。

由材质为 Hastelloy C-276 合金管（内径 52.7mm，外径 60.5mm）制造的单管分解器，

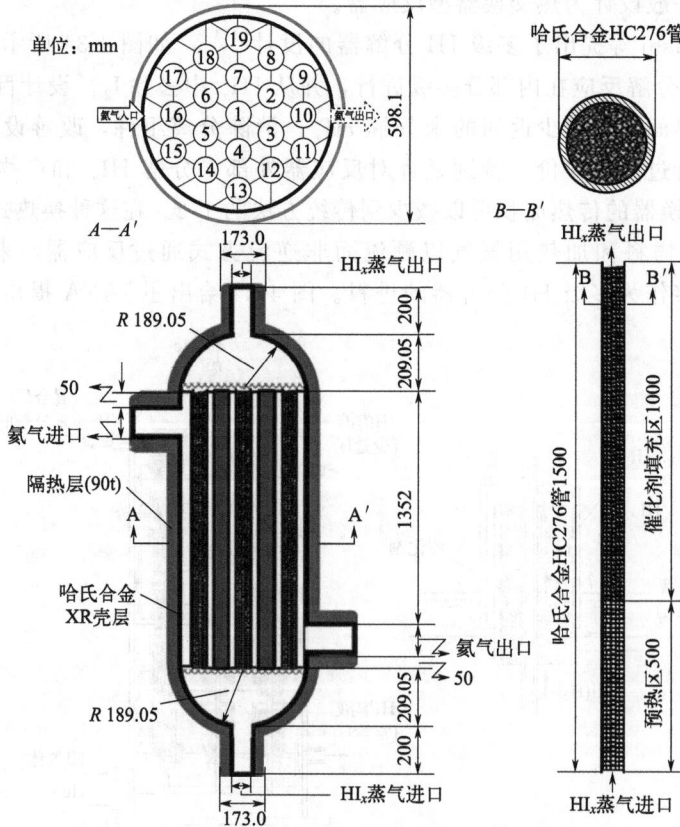

图 4-36　韩国原子能研究院设计的 HI 分解器示意图

分为预热区和分解区；六边形管束由 19 根这样的 Hastelloy C-276 合金管组成，三角形节距为 75.6mm；管加热区的高度约为 1500mm，下部 500mm 为预热区，预热区内装有 Al_2O_3 Raschig 环（内径 2.2mm，外径 6.4mm，长 6.4mm），上部 1000mm 为 HI 催化热分解区，填充有 Pt/Al_2O_3 拉西环催化剂。六边形管束包含在 Hastelloy XR 外壳（内径 378.1mm，外径 418.1mm，高 1500mm，不包括半球部分）中，带有隔热层，以减少氦气向外部空气环境的热损失。高温氦气从反应器左上角入口进入壳体为六边形管束提供热能，然后在壳体内部向下流动到壳体右下角的出口喷嘴。管壳式换热反应器属于固定管板式换热器，在操作状态下由于管子与壳体的壁温不同，二者的热变形量也不同，从而在管子、壳体和管板中产生温差应力，另外反应器有两个管板对密封要求极高。

清华大学研发成功了氦气加热的产氢率 $1m^3$（标）/h 的氢碘酸分解反应系统[116]，关键设备包括氢碘酸预热器和绝热分解器，如图 4-37 所示；并且完成了氦气加热条件下的氢碘酸分解实验，实验中实际产氢率达到 840L(标)/h，结果见图 4-38。

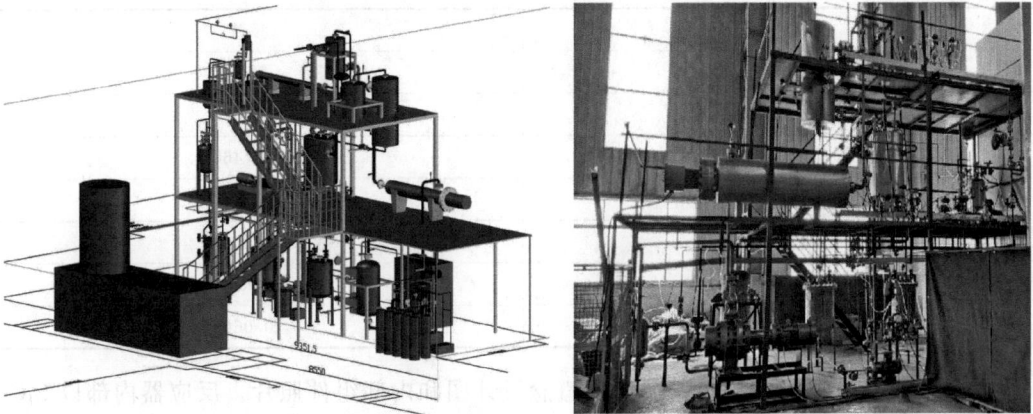

图 4-37　清华大学氦气加热的氢碘酸分解系统

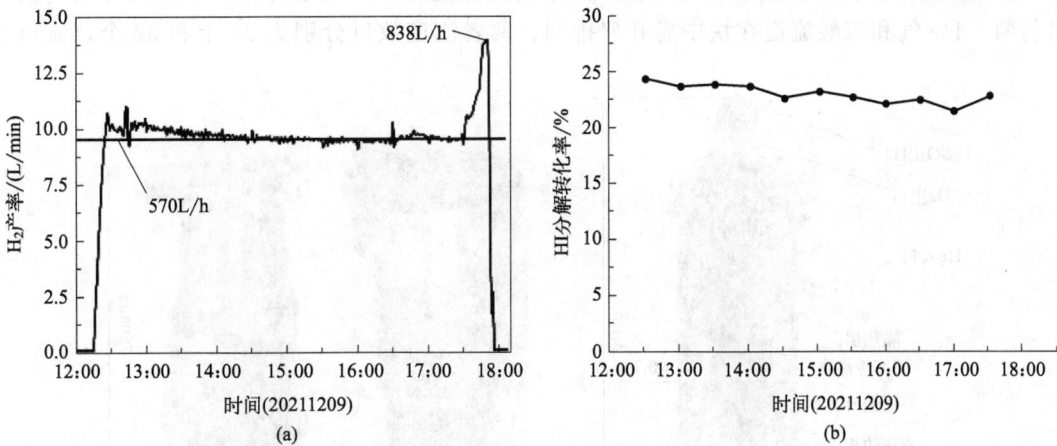

图 4-38　清华大学氦气加热的氢碘酸分解系统实验结果（氢气产率与 HI 分解转化率）

4.5.3　硫酸分解器

硫酸单元的主要设备包括硫酸分解器和 SO_3 分解器，直接由约 880℃、4MPa 的氦气加热。因其使用温度最高，流体腐蚀性强，反应器必须设计成热交换器型并用具有良好耐腐蚀性、耐高温材料制备，研发难度大，需要解决高效传热、气体合理分配、不同材料在高温下的连接、密封等问题。

开展硫酸分解器研发工作的主要机构包括 JAEA、美国 SNL、韩国原子能研究院、国内清华大学核研院等。

4.5.3.1　日本

JAEA 为碘硫循环中试开发了分体式硫酸分解器[117]，即将硫酸分解和 SO_3 分解两个步骤在两个设备中进行。

中试装置中硫酸分解器的设计条件见表 4-9，硫酸蒸发温度设定为 455℃，中试厂所用热交换器型反应器由无压烧结的 SiC 制作。SiC 可以耐受硫酸分解过程中的液态和气态物料的强腐蚀性；具有高机械强度，可以承受高压氦气和过程物料间的静态压差；在高温下导热性能良好，因此成为制作硫酸分解设备的适宜材料。

表 4-9　I-S 工艺试验装置硫酸分解器设计条件

项目	参数
热量需求/kW	82.7
氦气入口/出口温度/℃	710/535
反应流体入口/出口温度/℃	435/460
氦气压力/MPa	4
工艺压力/MPa	2
氦气流速/(kg/s)	0.0091
反应气体流速/(kg/s)	0.066

图 4-39 是 JAEA 研发的硫酸分解器概念设计图和内部组件照片。反应器内部以 SiC 陶瓷块作为热交换器，高温氦气从 SiC 陶瓷块的内部流道流过，将热量传给逆向流过的硫酸物流。SiC 制作的多孔热交换器垂直堆积，用耐高温硫酸腐蚀的纯金片作为 SiC 陶瓷块间的密封材料。He 气和硫酸流道在块中肩并肩排列，两者流道数目分别为 38 个和 32 个，流道直

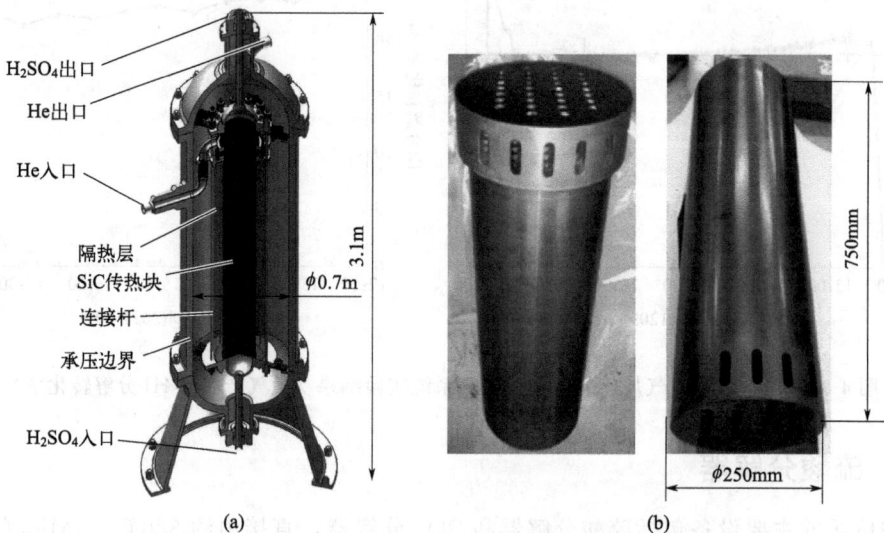

图 4-39　硫酸分解器的概念设计图（a）和内部组件照片（b）

径为14.8mm。

硫酸分解器的模块模型经过制造检验验证了可制作性和结构完整性。JAEA开展了SiC陶瓷块的温度和压力分布研究,图4-40给出了在正常操作条件下流体的轴向温度分布,He气和硫酸流道的温差最大约为250℃。应力分布模拟结果表明,反应器模块内最大应力约为124MPa,远低于高强度无压烧结SiC的平均弯曲应力450MPa。

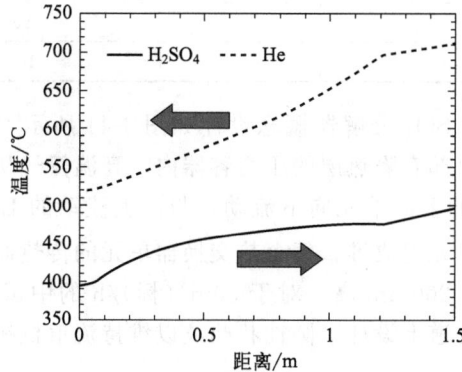

图4-40　流体在SiC块上的轴向温度分布
(图中箭头表示两种流体逆向流动)

密封是硫酸分解反应器研发中的一个难题。SiC块之间采用了一种特殊的密封连接,对降低大型陶瓷结构件的制作成本非常有用。但在高温条件下由于SiC和金属的热膨胀系数差异,密封性能可能恶化。研究了在金属/金属、金属/SiC、SiC/SiC界面处即He-He和He-硫酸边界的密封性能,在负载压力达4MPa、表面温度达500℃条件下检测了He泄漏。SiC砖块用真空电炉加热,用氦气泄漏检测器测量了渗漏速率,表4-10给出了在3次温度加热到500℃的热循环过程中的泄漏率及线负载和座应力(张力)。尽管在500℃时的张力降低到20℃下的1/2,但500℃下的渗透率在金属/SiC和SiC/SiC连接处也降低。这可能是由金的软化和黏附效应所致。

表4-10　硫酸分解器密封性能试验中500℃下的氦气泄漏率

连接方式	3次热循环之后的泄漏率	最大压力	线负载和张力
金属/金属	$3.6 \times 10^{-6} Pa \cdot m^3/s$	3.6MPa	$1 \times 10^5 N/m$ $(3.2 \times 10^4 N)$
金属/SiC	$2.2 \times 10^{-6} Pa \cdot m^3/s$	2.6MPa	$1.2 \times 10^5 N/m$ $(4 \times 10^4 N)$
SiC/SiC	$7.5 \times 10^{-8} Pa \cdot m^3/s$	4.0MPa	24MPa $(5.9 \times 10^3 N)$

此外,为证实地震条件下的密封性能,进行了两套水平承载测试,结果表明SiC陶瓷块和连接棒的张力在3×10^{-5}%以内,SiC块的水平位移在30μm之内,上下SiC陶瓷块之间的缝隙变化没有检测到,这些数值对分解器强度和功能的影响可以忽略。

关于SO_3分解器,JAEA提出了SiC板式分解器的设计。因为可以实现较大的传热表面积,分解器可以做得更紧凑,还可以作为膜反应器增加气体分离功能,提高在高压下SO_3分解的转化率。SO_3分解器的设计条件如表4-11所示。

表 4-11　I-S 工艺试验装置 SO₃ 分解器的设计条件

项目	对应产氢 30m³(标)/h 的条件
反应流体压力	2MPa
反应流体温度(入口/出口)	527℃/850℃
氦气入口压力	4MPa
氦气流速	100g/s
氦气入口温度	880℃
换热量	100kW

JAEA 提出的 SiC 板式 SO₃ 分解器概念设计如图 4-41 所示[118]，其功能与逆流型热交换器类似。分解器安装在内部有隔热层的压力容器内。高温氦气从压力容器顶部进入，经气体分布器引入 SO₃ 分解器的上部单元向下流动，与向上流动的工艺物料逆流换热。SO₃ 分解器单元由四段热交换器单元组成堆，每个热交换器单元的传热面积约 1.2m²。堆中每一段约 250mm 宽，300mm 长，200mm 高。对于 30m³(标)/h 的中试厂组件，需要将三个分解器单元集成起来。在氦气流道上设计了圆柱状凸纹以维持流道机械强度，并促进热交换。

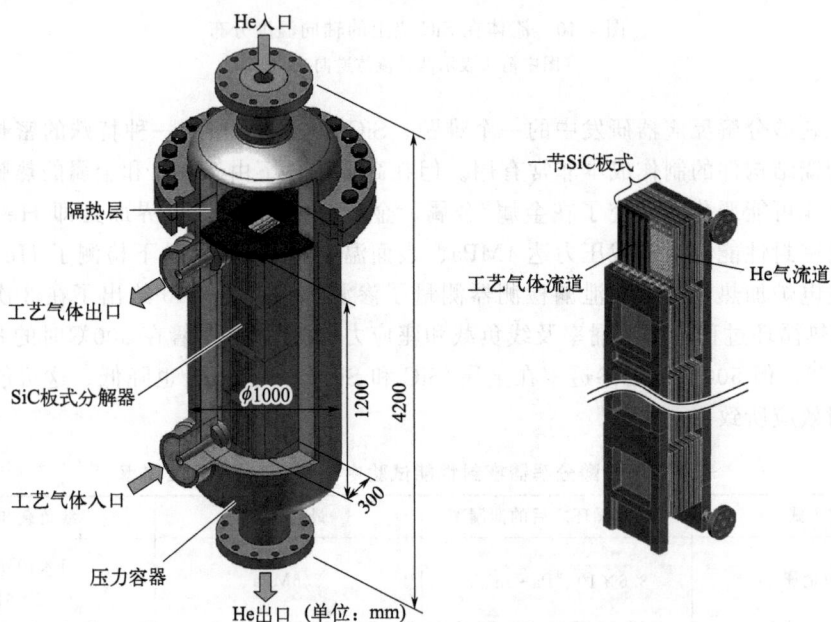

图 4-41　SiC 板式 SO₃ 分解器概念设计

JAEA 制作了一个板式 SO₃ 分解器模块（图 4-42），以证实制造的可行性和热交换器样机的完整性。在 SO₃ 分解器样机上进行了初步应力分析，证明了板式换热器的结构合理性。

图 4-42　SO₃ 分解器模块

分体式硫酸分解器和 SO_3 分解器可以实现不同品位热量更合理的利用，也可以根据不同的腐蚀环境优化材料选择，但对高温强腐蚀性流体的输送和密封提出了更高的要求。

除分体式分解器外，Sakaba 等提出了如图 4-43 所示的联合式硫酸分解器的概念设计[112]，整合了 SO_3 分解器、硫酸蒸发器和工艺热交换器，该设备含有两个热交换部分，He 气流过内管，SO_3 流过外管；通过高温产物 SO_2 的热实现硫酸蒸发，高温氦气的热实现 SO_3 分解。热交换部分用双管连接，使用 SiC 喷涂材料以承受腐蚀环境。通过高度集成减少反应器、连接管、传热管等设备的数量，同时减少连接件的数量，使过程流体泄漏的风险减少。因为没有进入制造环节，该设计的可行性和有效性尚未得到验证。

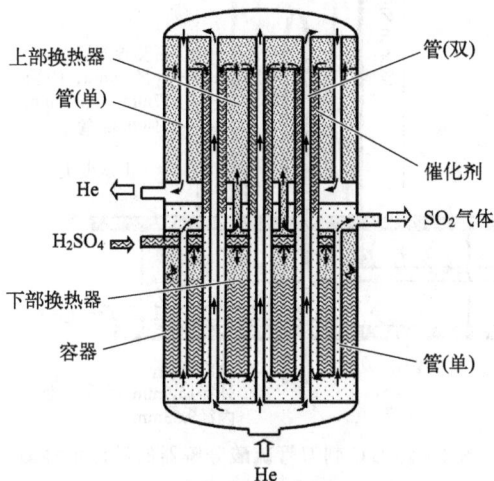

图 4-43　联合式硫酸分解器概念设计

4.5.3.2　美国

美国 DOE 支持的核能制氢启动项目中，硫酸分解单元由桑迪亚国家实验室负责[119]，开发了一种集成的分解器单元组件，以 SiC 为基础的刺刀型热交换器管用于实现硫酸分解和热量回收，图 4-44 给出了 SiC 刺刀管硫酸分解器的设计示意图。分解器单元的上部 1/3 区为催化剂区，采用电加热。用实验证实了刺刀管反应器用于硫酸分解的性能，设计的全尺寸（1372mm）单元可以实现 250L/h SO_2 的处理量。

美国西屋公司提出了基于刺刀管反应器的硫酸分解器整机设计，如图 4-45 所示。分解器采用刺刀型管，内管中物流为来自上部的热 $H_2SO_4/H_2O/SO_3$，温度在 300℃ 以上所有与硫酸或分解产物接触的表面均采用 SiC，低于 300℃ 的部分采用适当涂层的碳钢。

此外，法国 CEA 提出了印刷电路热交换器（PCHE）和散热片式热交换器的设计，材料为铝土喷涂的 Incoloy800 和 SiC[120]。KAERI 的 Kim 等开发了混合型热交换器作为 SO_3 分解器[121]。它带有热气体管和 SO_3 混合物管，其中热气体管是像 PCHE 的半圆形，可以允许热气体和 SO_3 混合物间较大的压差，SO_3 混合物管道表面用离子束技术喷涂 SiC 以改善耐腐蚀性能。

4.5.3.3　中国

清华大学核研院在国家科技重大专项的支持下，对以高温气冷堆氦气为热源的硫酸分解器进行了系统研究，建立了硫酸分解过程和设备模拟方法，开发了碳化硅制作的单元组件，完成了组件 100h 以上的连续测试，并成功研制了气体加热的一体化换热式硫酸分解器样机。

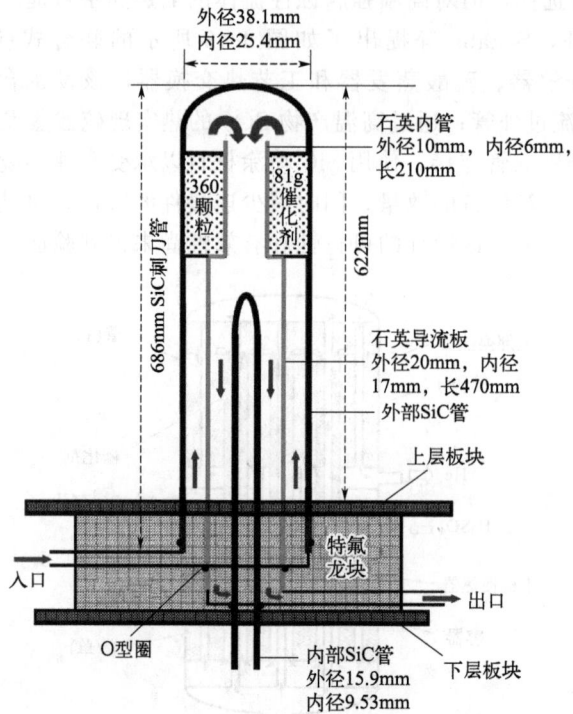

图 4-44 SiC 刺刀管硫酸分解器的设计示意图

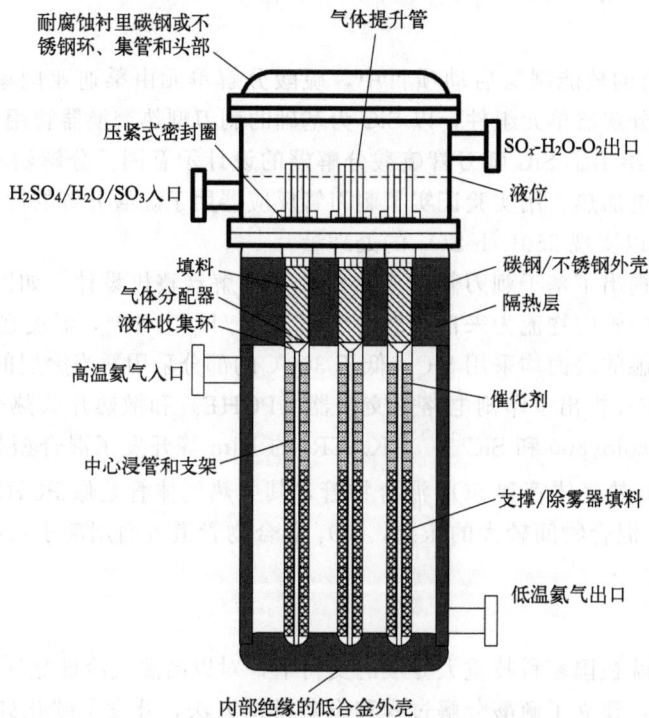

图 4-45 基于刺刀管反应器的硫酸分解器整机设计

一体化硫酸分解器主要参数见表 4-12。

表 4-12　一体化硫酸分解器主要参数

参数	数值
壳程流体	He
壳程压力	4MPa
壳程温度	900℃
壳程流体流量	50kg/h
管程流体	入口浓硫酸,出口 SO_3、SO_2、O_2、H_2O
管程流体流量	9kg/h
管程温度	450~850℃
管程压力	1~4atm

　　硫酸分解器整机及内部组件的结构示意如图 4-46 所示。硫酸分解器反应壳顶端设置高温氦气入口,高温氦气从反应壳顶端进入反应壳内部,沿着设计的路径和流速在反应壳内流动,实现合理的温度分布;高温氦气与刺刀管换热之后从反应壳内筒底部的孔洞中流向内筒和绝热层之间的环隙空间,进一步利用高温氦气的热量来给内筒加热,减少氦气热量损耗,最终氦气从反应壳上部侧向出口流出反应器。

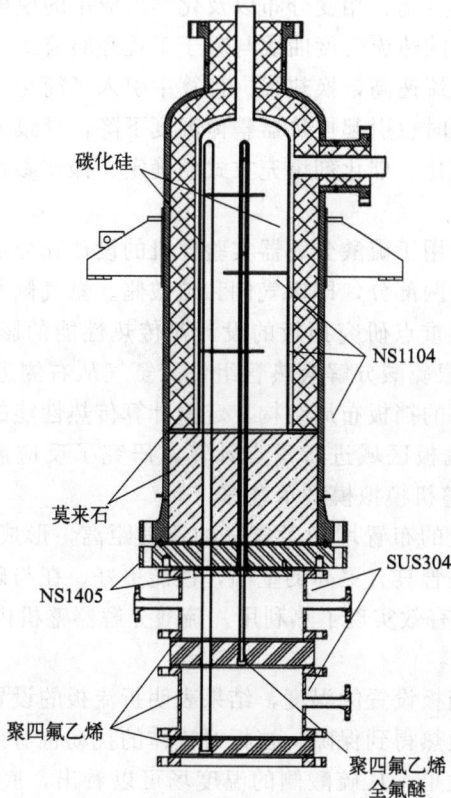

图 4-46　硫酸分解器整机及内部组件的结构示意图

进料浓硫酸通过入口法兰进入进料管箱，然后沿着刺刀管内部换热式硫酸分解组件外管与内管之间的环隙进入，在中间部分温度达到 $400\sim500{}^\circ\!C$ 时蒸发分解为 SO_3 和水蒸气，继续穿过装有催化剂的床层，SO_3 分解为 SO_2 和 O_2，分解产物从内管顶端的小孔进入内管，沿着内管向下流动，到低温段部位和液体浓硫酸进行热交换，温度降低到 $200{}^\circ\!C$ 以下从产物出口流出反应器[122]。

（1）硫酸分解过程及硫酸分解器模拟[123-126]

建立了硫酸分解的全过程模拟方法，对刺刀管换热反应器组件中硫酸分解过程模型进行了研究，并对氦气加热的换热式硫酸分解反应器整机进行了模拟。

通过建立相变与化学反应的耦合模型，实现了硫酸分解的全过程模拟，并对内部的热工和反应动力学参数进行分析。结果表明，刺刀管换热器内部温度场分布合理，化学反应核心区温度可以满足三氧化硫分解需求；硫酸相变两相段的存在可以有效强化局部换热。硫酸的两步分解反应率均呈现先快后慢的趋势，在硫酸加热区域，相变和硫酸分解反应同时进行；在催化反应区域，三氧化硫接触催化剂表面迅速反应。在硫酸加热和反应区域的相变和两步分解反应都吸收大量热，尤其在反应核心区的各位置都存在不同数量的反应热，说明二氧化硫在该区域不同位置稳定生成。同时，利用物种传递模型建立了耦合 H_2SO_4 相变与分解的沸腾模型，用于预测在刺刀管热交换式反应器中硫酸在沸腾与催化分解过程中的温度和物种分布。结果表明，沸腾模型预测并通过与标准经验公式进行比较验证，表明在沸腾过程中传热系数增加。该模型可用于对沸腾与化学反应耦合的过程进行模拟。利用提出的方法预测不同物种的摩尔分数随时间和空间的分布。H_2SO_4 分解分数取决于温度和进入催化区的速度。完成了对硫酸分解器整机温度场、相变分布以及化学反应率的模拟计算，结果表明硫酸分解器的耦合换热计算结果获得的热流密度曲线与基于工程经验公式计算的结果吻合较好。氦气腔室中间区域流体占比大，流速高，换热强。计算中引入了简化相变模型，发现相变导致的硫酸物性变化十分明显，同时也引起换热器整体温度下降，导致分解转化率下降。模拟方法和结果为反应器几何结构优化、催化剂填充方式的确定、操作参数的确定提供了有效参考和可靠依据。

将建立的全过程模型应用于硫酸分解器实验样机的设计和分析，对硫酸分解器的全局结构进行建模，主要可以分为两部分，即氦气侧和硫酸侧。氦气侧布置一个整流板和两个折流板，增加沿程，强化换热，重点研究挡板的设计对传热性能的影响。硫酸侧有 19 个单元，分别是 3 根测温管束和 16 根硫酸分解换热管组件。氦气从右侧进入，硫酸从左侧进入，形成逆流换热。模拟三种不同的挡板布局结构，定量计算传热性能的提升程度。针对硫酸侧的催化核心区和氦气侧的折流板区域进行重点计算，研究了反应温度需求和设计的合理性。图 4-47 给出了硫酸分解器整机模拟模型示意图。

模拟结果表明，折流板的布置增加了氦气的流动距离，形成了回流区，强化了传热性能。靠近氦气出口侧的换热管具有更高的壁温，性能更好，在与硫酸分解组件换热后，氦气温度可以降低 200K 左右，有效实现了热利用。硫酸分解器整机内部气体流动与温度分布模拟结果如图 4-48 所示。

比较了三种不同结构挡板设置的涡度，结果表明折流板的设置可以更好地均匀全局的流场，并使得催化核心区的换热得到保障。挡板对流体的扰动也有效破坏了边界层，从而增强了硫酸与氦气之间的传热效果。从硫酸侧的温度场可以看出，底部温度都达到了 1040K 甚至更高的温度，可以满足分解所需温度条件。

通过对硫酸分解器内的流动、传热、相变和化学反应等多过程进行数值模拟，测量反应

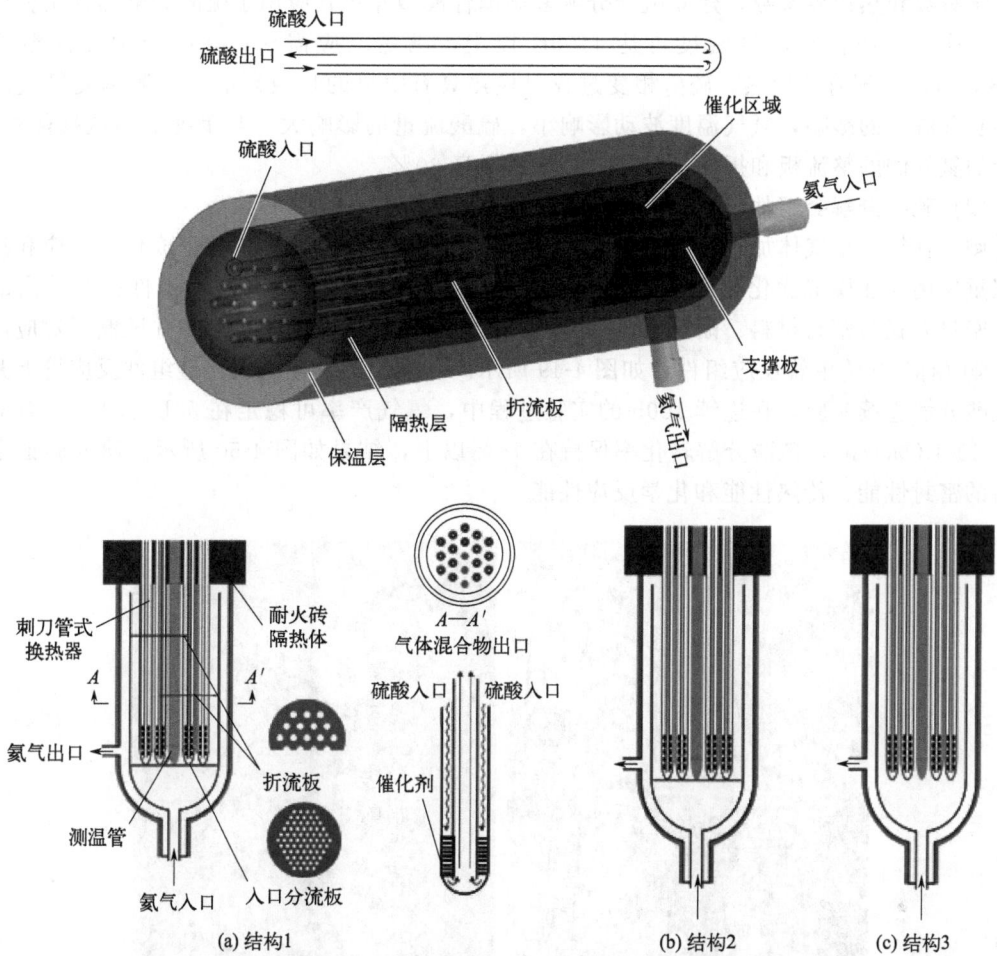

硫酸入口
硫酸出口

催化区域

硫酸入口

氢气入口

隔热层
保温层
折流板
支撑板
氢气出口

刺刀管式
换热器
耐火砖
隔热体

气体混合物出口
$A—A'$

硫酸入口   硫酸入口

催化剂

氢气出口

测温管
折流板

氢气入口   入口分流板

(a) 结构1

(b) 结构2

(c) 结构3

图 4-47   硫酸分解器整机模拟模型示意图

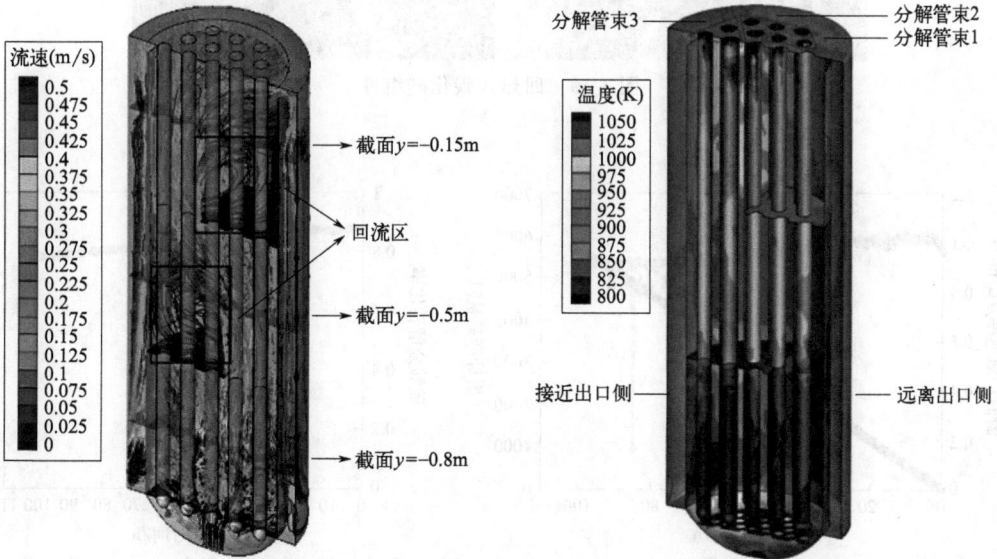

流速(m/s)
0.5
0.475
0.45
0.425
0.4
0.375
0.35
0.325
0.3
0.275
0.25
0.225
0.2
0.175
0.15
0.125
0.1
0.075
0.05
0.025
0

截面$y=-0.15m$

回流区

截面$y=-0.5m$

截面$y=-0.8m$

分解管束3
分解管束2
分解管束1

温度(K)
1050
1025
1000
975
950
925
900
875
850
825
800

接近出口侧

远离出口侧

图 4-48   硫酸分解器整机内部气体流动与温度分布模拟结果

动力学参数和热边界参数，建立硫酸分解多场耦合模型并将其应用于硫酸分解器样机整机的模拟。换热器组件核心区温度可达 1100K 以上，满足反应需求；环隙与中心区温差约 100K，可以实现有效换热。硫酸相变过程对换热具有明显的积极影响，分解率受氦气侧温度和硫酸流量的影响，氦气温度波动影响小，硫酸流量的影响大。与单纯的逆流换热相比，设计的氦气侧的整流板和折流板可使传热效率提高 30％。

（2）硫酸分解器组件研制及其性能测试

刺刀管组件是气体加热的硫酸分解反应器的重要组成部分，承担着完成化学反应和换热的双重作用。在模拟优化的基础上，设计了双套管回热式刺刀管反应器组件；对其内部结构、密封方式与密封材料、耐温耐压性能等进行了研究，确定了基本结构并试制了对应产氢率 100L(标)/h 的单管反应组件，如图 4-49 所示。在试制的回热式碳化硅组件反应管上开展了硫酸分解连续实验，在连续 100h 的实验过程中，氧气产率可稳定在 50L(标)/h[对应产氢率 100L(标)/h]，硫酸分解转化率保持在 75％以上，结果如图 4-50 所示。研究验证了反应器的密封性能、传热性能和化学反应性能。

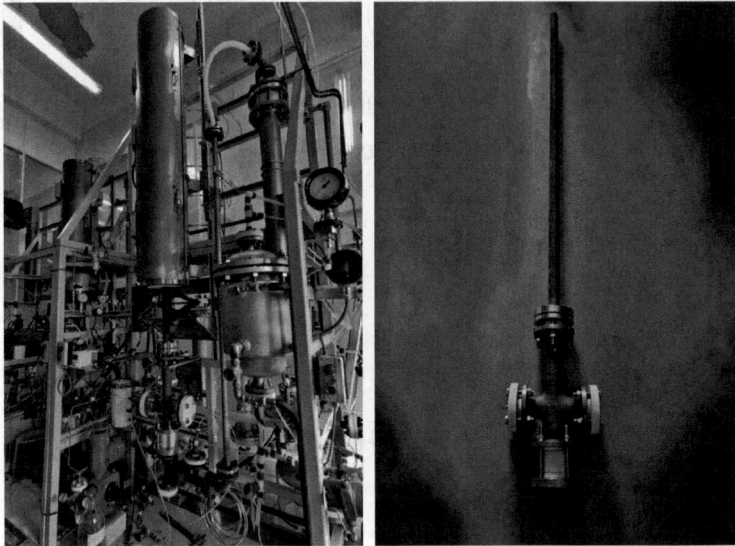

图 4-49　回热式碳化硅组件

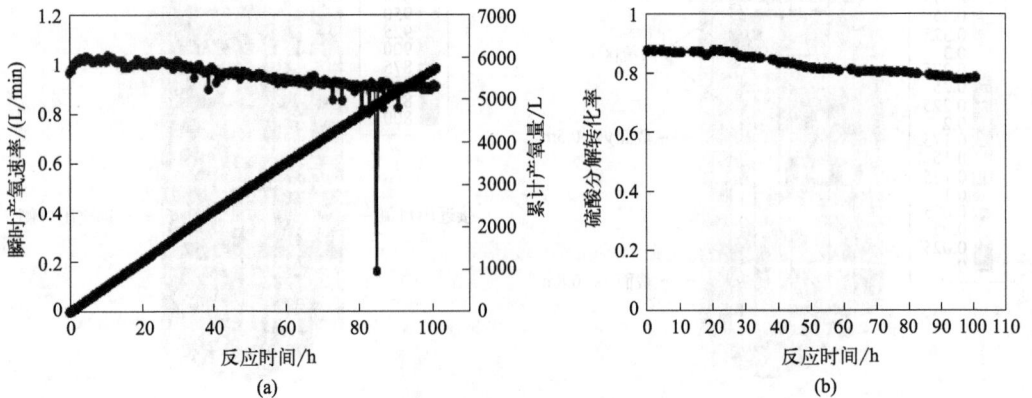

(a)

(b)

图 4-50　碳化硅组件连续 100h 硫酸分解实验

（3）硫酸分解器整机研制及其性能测试

研制了一种如图 4-51 所示的气体加热式的硫酸分解器样机，包括反应壳、气体导流板、绝热层、刺刀管内部换热式硫酸分解组件、测温组件、进出料部件。所设计的结构可实现高效换热和热利用，并解决了高温条件下的密封问题。金属材料可满足高温高压气体使用环境；碳化硅等材料可满足耐硫酸腐蚀、承受高温高压气体的条件；采用的气体导流板、内筒可实现气体的有效分配；刺刀管内部换热式硫酸分解组件的结构可降低出口物料温度，为密封材料的选择提供条件。设置的测温组件可实现整体反应器内部温度分布的测定。未来通过增加硫酸分解管组件的数量、直径、长度等可有效增大设备通量，适合于设备放大及未来的工业应用。根据安全分析的结果，设计加工了事故状态下物料承接的缓冲设施。设备设计、制造及检测按照相关工业标准进行，完成后用氦气气压实验对整机密封性能进行了 48h 测试，反应器的泄漏率可以满足工业应用的需要。

建立了高温氦气加热的硫酸分解器测试回路，包括高温氦气供热回路、硫酸供料/反应/产物处理回路、冷却回路三个部分，以及相应的测控单元，如图 4-52 所示。

图 4-51　气体加热式的硫酸分解器样机

图 4-52　高温氦气加热的硫酸分解器测试回路

包括分解器在内的氦气回路在高温、高压条件下具有良好的气密性和稳定性。开展了热工水力学研究，重点考察了反应器内部、外壁、电加热器外壁、高温管道外壁等关键点位的温度分布与氦气温度之间的关系，并测量了不同条件下的压降等参数，计算了在升温过程中的换热功率、各环节的换热量等，得到了在不同工况下硫酸分解反应器的换热功率、换热效率等关键参数，并进一步验证了设备和系统的性能。在确定热工水力学性能的基础上，开展了用真实硫酸物料进行的硫酸分解实验，对反应器的化学反应性能进行了验证。

上述研究证实了研发的硫酸分解反应器结构合理，热利用和换热效果较好，内部温度分布合理，隔热与保温性能良好，可以满足硫酸分解实验研究的需要。在此基础上，对反应器的材料选择、内部组件结构、操作与测控方式等进行了进一步优化，完成了中试用硫酸分解器的工程设计。

参 考 文 献

[1] Brown L C, Besenbruch G E, Lentsch R D, et al. High efficiency generation of hydrogen fuels using nuclear power annual report August, 2000-July 2001 [R]. General Atomics, San Diego, CA（United States），2003.

[2] 郭翰飞. 碘硫循环制氢过程模拟研究 [D]. 北京：清华大学，2012.

［3］ Sakurai M，Nakajima H，Onuki K，et al. Investigation of 2 liquid phase separation characteristics on the iodine-sulfur thermochemical hydrogen production process［J］. International Journal of Hydrogen Energy，2000，25（7）：605-611.

［4］ Kim Y H，Kim H S，Han S J，et al. Phase separation characteristics of pressurized Bunsen reaction for sulfur-iodine thermochemical hydrogen production process［J］. Advanced Materials Research，2012，550-553：554-557.

［5］ Giaconia A，Caputo G，Ceroli A，et al. Experimental study of two phase separation in the Bunsen section of the sulfur-iodine thermochemical cycle［J］. International Journal of Hydrogen Energy，2006，32（5）：531-536.

［6］ Colette S，Brijou-Mokrani N，Carles P，et al. Experimental study of Bunsen reaction in the framework of massive hydrogen production by the sulfur-iodine thermochemical cycle［J］. WHEC 16，Lyon France，2006.

［7］ 张彦威，周俊虎，陈云，等. 热化学硫碘制氢中 Bunsen 反应分层现象及副反应的实验研究［J］. 太阳能学报，2009，30（7）：996-999.

［8］ 薛璐璐，张平，陈崧哲，等. 热化学碘硫循环中的 Bunsen 反应研究进展［J］. 化工进展，2011，30（5）：983-990. DOI：10.16085/j. issn. 1000-6613. 2011. 05. 012.

［9］ Lee J B，No C H，Yoon J H，et al. An optimal operating window for the Bunsen process in the I-S thermochemical cycle［J］. International Journal of Hydrogen Energy，2008，33（9）：2200-2210.

［10］ Leybros J，Carles P，Borgard J. Countercurrent reactor design and flowsheet for iodine-sulfur thermochemical water splitting process［J］. International Journal of Hydrogen Energy，2009，34（22）：9060-9075.

［11］ Bai Y，Zhang P，Guo H F，et al. Purification of sulfuric and hydriodic acids phases in the iodine-sulfur process［J］. Chinese Journal of Chemical Engineering，2009，17（1）：160-166.

［12］ Guo H F，Zhang P，Bai Y，et al. Continuous purification of H_2SO_4 and HI phases by packed column in IS process［J］. International Journal of Hydrogen Energy，2009，35（7）：2836-2839.

［13］ 周成林. 核能经碘硫循环制氢过程中 Bunsen 反应动力学研究［D］. 北京：清华大学，2012.

［14］ Immanuel V，Gokul K，Shukla A. Membrane electrolysis of Bunsen reaction in the iodine-sulphur process for hydrogen production［J］. International Journal of Hydrogen Energy，2012，37（4）：3595-3601.

［15］ Nomura M，Fujiwara S，Ikenoya K，et al. Application of an electrochemical membrane reactor to the thermochemical water splitting IS process for hydrogen production［J］. Journal of Membrane Science，2004，240（1）：221-226.

［16］ Beni G D，Pierini G，Spelta B. The reaction of sulphur dioxide with water and a halogen. The case of iodine：Reaction in presence of organic solvents［J］. International Journal of Hydrogen Energy，1980，5（2）：141-149.

［17］ O'keefe D，Allen C，Besenbruch G，et al. Preliminary results from bench-scale testing of a sulfur-iodine thermochemical water-splitting cycle［J］. International Journal of Hydrogen Energy，1982，7（5）：381-392.

［18］ Bai S K，Wang L J，Qi H，et al. Experimental study on the purification of HI_x phase in the iodine-sulfur thermochemical hydrogen production process［J］. International Journal of Hydrogen Energy，2013，38（1）：29-35.

［19］ Kubo S，Kasahara S，Okuda H，et al. A pilot test plan of the thermochemical water-splitting iodine-sulfur process［J］. Nuclear Engineering and Design，2004，233（1）：355-362.

［20］ Kubo S，Nakajima H，Kasahara S，et al. A demonstration study on a closed-cycle hydrogen production by the thermochemical water-splitting iodine-sulfur process［J］. Nuclear Engineering and Design，2004，233（1）：347-354.

［21］ Bae K K，Park C S，Kim C H，et al. Hydrogen production by thermochemical water-splitting I-S process［C］. Proceedings of the 16th World Hydrogen Energy Conference 2006，June 13-16，2006.

［22］ Parisi M，Giaconia A，Sau S，et al. Bunsen reaction and hydriodic phase purification in the sulfur-iodine process：An experimental investigation［J］. International Journal of Hydrogen Energy，2011，36（3）：2007-2013.

［23］ Engles H，Knoche K F. Vapor pressures of the system $HI/H_2O/I_2$ and H_2［J］. International Journal of Hydrogen Energy，1986，11（11）：703-707.

［24］ Doizi D，Dauvois V，Roujou J L，et al. Experimental study of the vapour-liquid equilibria of $HI-I_2-H_2O$ ternary mixtures，Part 1：Experimental results around the atmospheric pressure［J］. International Journal of Hydrogen Energy，2009，34（10）：4275-4282.

［25］ Hodotsuka M，Yang X，Okuda H. Vapor-liquid equilibria for the $HI+H_2O$ system and the $HI+H_2O+I_2$ system

[J]. Journal of Chemical and Engineering Data: the ACS Journal for Data, 2008, 53 (8): 1683-1687.

[26] Moore R, Parma E, Russ B, et al. An integrated laboratory-scale experiment on the sulfur-iodine thermochemical cycle for hydrogen production [C]. Proceedings of the Fourth International Topical Meeting on High Temperature Reactor Technology, F, 2008.

[27] Lanchi M, Laria F, Liberatore R, et al. HI extraction by H_3PO_4 in the Sulfur-Iodine thermochemical water splitting cycle: Composition optimization of the $HI/H_2O/H_3PO_4/I_2$ biphasic quaternary system [J]. International Journal of Hydrogen Energy, 2009, 34 (15): 6120-6128.

[28] Engels H, Knoche K F, Roth M. Direct dissociation of hydrogen iodide——An alternative to the General Atomic proposal [J]. International Journal of Hydrogen Energy, 1987, 12 (10): 675-678.

[29] Roth M, Knoche K F. Thermochemical water splitting through direct Hi-decomposition from $H_2O/HI/I_2$ solutions [J]. International Journal of Hydrogen Energy, 1989, 14 (8): 545-549.

[30] Goldstein S, Borgard J, Vitart X. Upper bound and best estimate of the efficiency of the iodine sulphur cycle [J]. International Journal of Hydrogen Energy, 2004, 30 (6): 619-626.

[31] Belaissaoui B, Thery R, Meyer X M. Vapour reactive distillation process for hydrogen production by HI decomposition from $HI-I_2-H_2O$ solutions [J]. Chemical Engineering and Processing, 2008, 47 (3): 396-407.

[32] Leybros J, Gilardi T, Saturnin A, et al. Plant sizing and evaluation of hydrogen production costs from advanced processes coupled to a nuclear heat source. Part I: Sulphur-iodine cycle [J]. International Journal of Hydrogen Energy, 2009, 35 (3): 1008-1018.

[33] Murphy E J, O' connell P J. Process simulations of HI decomposition via reactive distillation in the sulfur-iodine cycle for hydrogen manufacture [J]. International Journal of Hydrogen Energy, 2012, 37 (5): 4002-4011.

[34] Onuki K, Hwang G, Shimizu S. Electrodialysis of hydriodic acid in the presence of iodine [J]. Journal of Membrane Science, 2000, 175 (2): 171-179.

[35] Onuki K, Hwang G, Arifal, et al. Electro-electrodialysis of hydriodic acid in the presence of iodine at elevated temperature [J]. Journal of Membrane Science, 2001, 192 (1-2): 193-199.

[36] Arifal, Hwang G, Onuki K. Electro-electrodialysis of hydriodic acid using the cation exchange membrane cross-linked by accelerated electron radiation [J]. Journal of Membrane Science, 2002, 210 (1): 39-44.

[37] Hwang G-J, Onuki K, Nomura M, et al. Improvement of the thermochemical water-splitting IS (iodine-sulfur) process by electro-electrodialysis [J]. Journal of Membrane Science, 2003, 220 (1): 129-136.

[38] Hong S-D, Kim C H, Kim J-G, et al. HI concentration from HI_x ($HI-H_2O-I_2$) solution for the thermochemical water-splitting I-S process by electro-electrodialysis [J]. Journal of Industrial and Engineering Chemistry, 2006, 12: 566-570.

[39] Hong S, Kim J, Bae K, et al. Evaluation of the membrane properties with changing iodine molar ratio in HI_x ($HI-I_2-H_2O$ mixture) solution to concentrate HI by electro-electrodialysis [J]. Journal of Membrane Science, 2006, 291 (1): 106-110.

[40] Hong S, Kim J, Kim B, et al. Evaluation on the electro-electrodialysis to concentrate HI from HI_x solution by using two types of the electrode [J]. International Journal of Hydrogen Energy, 2006, 32 (12): 2005-2009.

[41] Tanaka N, Yoshida M, Okuda H, et al. Evaluation of the cell voltage of electrolytic HI concentration for thermochemical water-splitting iodine-sulfur process [J]. United States: American Nuclear Society, La Grange Park (United States), 2007.

[42] Yoshida M, Tanaka N, Okuda H, et al. Concentration of HI_x solution by electro-electrodialysis using Nafion 117 for thermochemical water-splitting I-S process [J]. International Journal of Hydrogen Energy, 2008, 33 (23): 6913-6920.

[43] Tanaka N, Yamaki T, Asano M, et al. Electro-electrodialysis of $HI-I_2-H_2O$ mixture using radiation-grafted polymer electrolyte membranes [J]. Journal of Membrane Science, 2009, 346 (1): 136-142.

[44] Tanaka N, Onuki K. Equilibrium potential across cation exchange membrane in $HI-I_2-H_2O$ solution [J]. Journal of Membrane Science, 2010, 357 (1): 73-79.

[45] Tanaka N, Yamaki T, Asano M, et al. Effect of temperature on electro-electrodialysis of $HI-I_2-H_2O$ mixture using ion exchange membranes [J]. Journal of Membrane Science, 2012, 411-412: 99-108.

[46] 陈崧哲, 张平, 姚桃英, 等. 碘硫循环制氢中 HI 的电解渗析浓缩工艺研究 [J]. 西安交通大学学报, 2008 (2):

252-255.

[47] Chen S Z, Wang R L, Zhang P, et al. HI$_x$ concentration by electro-electrodialysis using stacked cells for thermochemical water-splitting I-S process [J]. International Journal of Hydrogen Energy, 2013, 38 (8): 3146-3153.

[48] Zhang P, Chen S Z, Wang L J, et al. Study on a lab-scale hydrogen production by closed cycle thermo-chemical iodine-sulfur process [J]. International Journal of Hydrogen Energy, 2010, 35 (19): 10166-10172.

[49] Chen S Z, Wang R L, Zhang P, et al. Concentration of HI in Iodine-Sulfur cycle using EED stack [J]. Nuclear Engineering and Design, 2014, 271: 36-40.

[50] Wang Z L, Chen S Z Zhang P, et al. Evaluation on the electro-electrodialysis stacks for hydrogen iodide concentrating in iodine-sulphur cycle [J]. Int J Hydrogen Energy, 2014, 39 (25): 13505-13511.

[51] Kasahara S, Hwang G, Nakajima H, et al. Effects of process parameters of the I-S process on total thermal efficiency to produce hydrogen from water [J]. Journal of Chemical Engineering of Japan, 2003, 36 (7): 887-899.

[52] Guo H F, Seiji K, Kaoru O, et al. Simulation study on the distillation of hyper-pseudoazeotropic HI-I$_2$-H$_2$O mixture [J]. Ind Eng Chem Res, 2011, 50 (20): 11644-11656.

[53] Guo H F, Kasahara S, Tanaka N, et al. Energy requirement of HI separation from HI-I$_2$-H$_2$O mixture using electro-electrodialysis and distillation [J]. International Journal of Hydrogen Energy, 2012, 37 (19): 13971-13982.

[54] Shin Y, Lee K, Kim Y, et al. A sulfur-iodine flowsheet using precipitation, electrodialysis, and membrane separation to produce hydrogen [J]. International Journal of Hydrogen Energy, 2012, 37 (21): 16604-16614.

[55] Kang K, Kim C, Cho W, et al. Demonstration of the HI decomposition section embedded with electrodialysis stack in the sulfur-iodine thermochemical cycle for hydrogen production [J]. Nuclear Engineering and Design, 2013, 256: 67-74.

[56] O'keefe R D, Norman H J, Williamson G D. Catalysis research in thermochemical water-splitting processes [J]. Catalysis Reviews Science and Engineering, 2006, 22 (3): 325-369.

[57] Wang L J, Li D C, Zhang P, et al. The HI catalytic decomposition for the lab-scale H$_2$ producing apparatus of the iodine-sulfur thermochemical cycle [J]. International Journal of Hydrogen Energy, 2012, 37 (8): 6415-6421.

[58] Park C S, Kim J M, Kang K S, et al. The catalytic decomposition of hydrogen iodide in the I-S thermochemical cycle [M]. France: Association Francaise de l'Hydrogene; International Association for Hydrogen Energy; European Hydrogen Association, 2006.

[59] Kim J, Park J, Kim Y, et al. Decomposition of hydrogen iodide on Pt/C-based catalysts for hydrogen production [J]. International Journal of Hydrogen Energy, 2008, 33 (19): 4974-4980.

[60] Wang L J, Qi H, Li D C, et al. Comparisons of Pt catalysts supported on active carbon, carbon molecular sieve, carbon nanotubes and graphite for HI decomposition at different temperature [J]. International Journal of Hydrogen Energy, 2013, 38 (1): 109-116.

[61] Choi Y J, No C H, Kim S Y. Stability of nickel catalyst supported by mesoporous alumina for hydrogen iodide decomposition and hybrid decomposer development in sulfur-iodine hydrogen production cycle [J]. International Journal of Hydrogen Energy, 2014, 39 (8): 3606-3616.

[62] Zhang Y W, Wang Z H, Zhou J H, et al. Catalytic decomposition of hydrogen iodide over pre-treated Ni/CeO$_2$ catalysts for hydrogen production in the sulfur-iodine cycle [J]. International Journal of Hydrogen Energy, 2009, 34 (21): 8792-8798.

[63] Favuzza P, Felici C, Mazzocchia C, et al. Ni catalysts deactivation in the reaction of hydrogen iodide [J]. Chemical Engineering Transactions, 2009, 17: 73-80.

[64] Li D C, Wang L J, Zhang P, et al. Effects of the composition on the active carbon supported Pd-Pt bimetallic catalysts for HI decomposition in the iodine-sulfur cycle [J]. International Journal of Hydrogen Energy, 2013, 38 (16): 6586-6592.

[65] Qi H, Li D C, Wang L J, et al. Influence of iridium content on the performance and stability of Pd-Ir/C catalysts for the decomposition of hydrogen iodide in the iodine-sulfur cycle [J]. International Journal of Hydrogen Energy, 2014, 39 (25): 13443-13447.

[66] Wang L J, Hu S Z, Li D C, et al. Effects of the second metals on the active carbon supported Pt catalysts for HI

decomposition in the iodine-sulfur cycle [J]. International Journal of Hydrogen Energy, 2014, 39 (26): 14161-14165.

[67] Wang L J, Qi H, Hu S Z, et al. Influence of Ir content on the activity of Pt-Ir/C catalysts for hydrogen iodide decomposition in iodine-sulfur cycle [J]. Applied Catalysis B: Environmental, 2015: 164128-164134.

[68] Hu S Z, Xu L F, Wang L J, et al. Activity and stability of monometallic and bimetallic catalysts for high-temperature catalytic HI decomposition in the iodine-sulfur hydrogen production cycle [J]. International Journal of Hydrogen Energy, 2016, 41 (2): 773-783.

[69] Li D C, Wang L J, Zhang P, et al. HI decomposition over active carbon supported binary Ni-Pd catalysts prepared by electroless plating [J]. Catalysis Communications, 2013, 37: 32-35.

[70] Li D C, Wang L J, Zhang P, et al. HI decomposition over PtNi/C bimetallic catalysts prepared by electroless plating [J]. International Journal of Hydrogen Energy, 2013, 38 (25): 10839-10844.

[71] Singhania A, Krishnan V V, Bhaskarwar N A, et al. Catalytic performance of bimetallic Ni-Pt nanoparticles supported on activated carbon, gamma-alumina, zirconia, and ceria for hydrogen production in sulfur-iodine thermochemical cycle [J]. International Journal of Hydrogen Energy, 2016, 41 (25): 10538-10546.

[72] Tosti S, Borelli R, Borgognoni F, et al. Study of a dense metal membrane reactor for hydrogen separation from hydroiodic acid decomposition [J]. International Journal of Hydrogen Energy, 2008, 33 (19): 5106-5114.

[73] Hwang G, Onuki K. Simulation study on the catalytic decomposition of hydrogen iodide in a membrane reactor with a silica membrane for the thermochemical water-splitting IS process [J]. Journal of Membrane Science, 2001, 194 (2): 207-215.

[74] Hwang G, Kim J, Choi H, et al. Stability of a silica membrane prepared by CVD using γ-and α-alumina tube as the support tube in the HI-H_2O gaseous mixture [J]. Journal of Membrane Science, 2003, 215 (1): 293-302.

[75] Mikihiro N, Seiji K, Ichi S N. Silica membrane reactor for the thermochemical iodine-sulfur process to produce hydrogen [J]. Industrial & Engineering Chemistry Research, 2004, 43 (18): 5874-5879.

[76] 徐庐飞. 碘化氢分解用镍基催化剂和二氧化硅基透氢膜制备与表征 [D]. 北京: 清华大学, 2020.

[77] Yannopoulos L N, Pierre J F. Hydrogen production process: High temperature-stable catalysts for the conversion of SO_3 to SO_2 [J]. International Journal of Hydrogen Energy, 1984, 9 (5): 383-390.

[78] Tagawa H, Endo T. Catalytic decomposition of sulfuric acid using metal oxides as the oxygen generating reaction in thermochemical water splitting process [J]. International Journal of Hydrogen Energy, 1989, 14 (1): 11-17.

[79] Barbarossa V, Brutti S, Diamanti M, et al. Catalytic thermal decomposition of sulphuric acid in sulphur-iodine cycle for hydrogen production [J]. International Journal of Hydrogen Energy, 2005, 31 (7): 883-890.

[80] Ginosar M D, Petkovic M L, Glenn W A, et al. Stability of supported platinum sulfuric acid decomposition catalysts for use in thermochemical water splitting cycles [J]. International journal of hydrogen energy, 2007, 32 (4): 482-488.

[81] Banerjee A, Pai M, Bhattacharya K, et al. Catalytic decomposition of sulfuric acid on mixed Cr/Fe oxide samples and its application in sulfur-iodine cycle for hydrogen production [J]. International Journal of Hydrogen Energy, 2007, 33 (1): 319-326.

[82] Lee T C. The study on the separation characteristics of Bunsen reaction for thermochemical hydrogen production [J]. University of Science and Technology, Korea, Master's Thesis, 2006.

[83] Giaconia A, Caputo G, Sau S, et al. Survey of Bunsen reaction routes to improve the sulfur-iodine thermochemical water-splitting cycle [J]. International Journal of Hydrogen Energy, 2008, 34 (9): 4041-4048.

[84] Murphy E J, O'connell P J. A properties model of the HI-I_2-H_2O-H_2 system in the sulfur-iodine cycle for hydrogen manufacture [J]. Fluid Phase Equilibria, 2009, 288 (1): 99-110.

[85] Palmer D A, Ramette R W, Mesmer R E. Triiodide ion formation equilibrium and activity coefficients in aqueous solution [J]. Journal of Solution Chemistry, 1984, 13 (9): 673-683.

[86] Mathias P M, Brown L C. Thermodynamics of the sulfur-iodine cycle for thermochemical hydrogen production [R]. The 68th Annual Meeting of the Society of Chemical Engineers, Japan, 2003.

[87] Lutugina N V, Kokovkina L I. Liquid-vapor equilibrium in water-hydrogen chloride, water-hydrogen iodide, and water-hydrogen iodide-hydrogen chloride systems [J]. J Appl Chem, USSR (Zh. Prikl. Khim.), 1965, 38: 1487-1494.

[88] Doizi D, Dauvois V, Roujou J, et al. Experimental study of the vapour-liquid equilibria of HI-I$_2$-H$_2$O ternary mixtures, Part 1: Experimental results around the atmospheric pressure [J]. International Journal of Hydrogen Energy, 2009, 34 (10): 4275-4282.

[89] Hodotsuka M, Yang X, Okuda H. Vapor-liquid equilibria for the HI+H$_2$O system and the HI+H$_2$O+I$_2$ system [J]. Journal of Chemical and Engineering Data: the ACS Journal for Data, 2008, 53 (8): 1683-1687.

[90] Liberatore R, Ceroli A, Lanchi M, et al. Experimental vapour-liquid equilibrium data of HI-H$_2$O-I$_2$ mixtures for hydrogen production by sulphur-iodine thermochemical cycle [J]. International Journal of Hydrogen Energy, 2008, 33 (16): 4283-4290.

[91] Larousse B, Lovera P, Borgard J, et al. Experimental study of the vapour-liquid equilibria of HI-I$_2$-H$_2$O ternary mixtures, Part 2: Experimental results at high temperature and pressure [J]. International Journal of Hydrogen Energy, 2009, 34 (8): 3258-3266.

[92] Onuki K, Hwang G, Arifal, et al. Electro-electrodialysis of hydriodic acid in the presence of iodine at elevated temperature [J]. Journal of Membrane Science, 2001, 192 (1-2): 193-199.

[93] Arifal, Hwang G, Onuki K. Electro-electrodialysis of hydriodic acid using the cation exchange membrane cross-linked by accelerated electron radiation [J]. Journal of Membrane Science, 2002, 210 (1): 39-44.

[94] Hong S, Kim J, Bae K, et al. Evaluation of the membrane properties with changing iodine molar ratio in HI$_x$ (HI-I$_2$-H$_2$O mixture) solution to concentrate HI by electro-electrodialysis [J]. Journal of Membrane Science, 2006, 291 (1): 106-110.

[95] Yoshida M, Tanaka N, Okuda H, et al. Concentration of HI$_x$ solution by electro-electrodialysis using Nafion 117 for thermochemical water-splitting I-S process [J]. International Journal of Hydrogen Energy, 2008, 33 (23): 6913-6920.

[96] Trester P W, Staley H G. Assessment and investigation of containment materials for the sulfur-iodine thermochemical water-splitting process for hydrogen production [C]. Final report Jul 79-Dec 80, 1981.

[97] Imai Y, Kanda Y, Sasaki H, et al. Corrosion resistance of metallic materials in high temperature gases composed of iodine, hydrogen iodide and water (Environment of the 3rd and 4th Stage Reactions) study on construction materials for the magnesium-iodine cycle of thermochemical hydrogen production process (Part 4) [J]. Corrosion Engineering, 1982, 31 (11): 714-721.

[98] Onuki K, Ioka I, Futakawa M, et al. Screening tests on materials of construction for the thermochemical I-S process [J]. Zairyo-to-Kankyo, 1997, 46 (2): 113-117.

[99] Futakawa M, Kubo S, Wakui T, et al. Mechanical property evaluation of surface layer corroded in thermochemical-hydrogen-production process condition [J]. Journal of the Japanese Society for Experimental Mechanics, 2003, 3 (2): 109-114.

[100] Kubo S, Futakawa M, Onuki K, et al. Adaptability of metallic structural materials to gaseous HI decomposition environment in thermochemical water-splitting iodine-sulfur process [J]. Zairyo-to-Kankyo, 2013, 62 (3): 122-128.

[101] Wong B, Buckingham R, Brown L, et al. Construction materials development in sulfur-iodine thermochemical water-splitting process for hydrogen production [J]. International Journal of Hydrogen Energy, 2006, 32 (4): 497-504.

[102] Kim D, Sah I, Choi Y J, et al. Corrosion resistance of surface treated Alloy 617 in high temperature HI and H$_2$SO$_4$ environments [J]. MRS Proceedings, 2013, 1519 (1): mrsf12-1519-mm10-07-mrsf12-1519-mm10-07.

[103] Choi Y J, Kim S Y, Sah I, et al. Corrosion resistances of alloys in high temperature hydrogen iodide gas environment for sulfur-iodine thermochemical cycle [J]. International Journal of Hydrogen Energy, 2014, 39 (27): 14557-14564.

[104] 胡嵩智. 碘硫循环 HI 分解部分催化剂、温度优化及耐腐蚀材料研究 [D]. 北京: 清华大学, 2016.

[105] Kasahara S, Iwatsuki J, Takegami H, et al. Current R&D status of thermochemical water splitting iodine-sulfur process in Japan Atomic Energy Agency [J]. International Journal of Hydrogen Energy, 2017, 42 (19): 13477-13485.

[106] Moore R, Parma E, Russ B. An integrated laboratory-scale experiment on the sulfur-Iodine thermochemical cycle for hydrogen production [R]. Washington, DC: Proceedings of HTR2008, 2008.

[107] Lee J B，No C H，Yoon J H，et al. Development of a flowsheet for iodine-sulfur thermo-chemical cycle based on optimized Bunsen reaction [J]. International Journal of Hydrogen Energy，2009，34（5）：2133-2143.

[108] Zhang P，Wang L J，Chen S Z，et al. Progress of nuclear hydrogen production through the iodine-sulfur process in China [J]. Renewable and Sustainable Energy Reviews，2018，81：1802-1812.

[109] Liberatore R，Spadona A，Grube T，et al. Demonstration of hydrogen production by the sulphur-iodine cycle [C]. Realization of a 10 NL/h Plant，2010.

[110] Ling B，He Y，Wang L J，et al. Introduction and preliminary testing of a 5 m^3/h hydrogen production facility by iodine-sulfur thermochemical process [J]. International Journal of Hydrogen Energy，2022，47（60）：25117-25129.

[111] Noguchi H，Takegami H，Kamiji Y，et al. R&D status of hydrogen production test using I-S process test facility made of industrial structural material in JAEA [J]. International Journal of Hydrogen Energy，2019，44（25）：12583-12592.

[112] Sakaba N，Ohashi H，Sato H，et al. Hydrogen production by high-temperature gas-cooled reactor：conceptual design of advanced process heat exchangers of the HTTR-IS hydrogen production system [J]. Transactions of the Atomic Energy Society of Japan，2008，7（3）：242-256.

[113] Leybros J，Carles P，Borgard J. Countercurrent reactor design and flowsheet for iodine-sulfur thermochemical water splitting process [J]. International Journal of Hydrogen Energy，2009，34（22）：9060-9075.

[114] Ohashi H，Sakaba N，Imai Y，et al. Hydrogen iodide processing section in a thermochemical water-splitting iodine-sulfur process using a multistage hydrogen iodide decomposer [J]. Atomic Energy Society of Japan，2009，8：68-82.

[115] Shin Y，Lim J，Lee T，et al. Designs and CFD analyses of H_2SO_4 and HI thermal decomposers for a semi-pilot scale SI hydrogen production test facility [J]. Applied Energy，2017，204：390-402.

[116] 王来军，陈崧哲，张平. 一种氢碘酸分解制氢系统、方法及应用 [P]. 北京：CN202310084816.6，2023-04-11.

[117] Terada A，Ota H，Noguchi H，et al. Development of sulfuric acid decomposer for thermochemical hydrogen production I-S process [J]. Atomic Energy Society of Japan，2006，5：68-75.

[118] Kanagawa. Conceptual design of SO_3 decomposer for the thermo-chemical iodine-sulfur process pilot plant [C]. Proc. 13th Int Conf Nucl Eng，ICONE13-50451，Beijjing，China，May 16-20，2005.

[119] Connolly M S，Zabolotny E，Mclaughlin F D，et al. Design of a composite sulfuric acid decomposition reactor，concentrator，and preheater for hydrogen generation processes [J]. International Journal of Hydrogen Energy，2008，34（9）：4074-4087.

[120] Rodriguez G，Robin J，Billot P，et al. Development program of a key component of the iodine sulfur thermochemical cycle：the SO_3 decomposer [C]//16th World Hydrogen Energy Conference，June 13-16，2006. Lyon，France：Curran Associates Inc，2013：1381-1389.

[121] Kim C，et al. Thermal sizing of a lab-scale SO_3 decomposer for nuclear hydrogen production，ANS Embedded Topical Meeting on the Safety and Technology of Nuclear Hydrogen Production，Control and Management（ST-NH2）[R]. Boston，MA，June 24-28，2007.

[122] 陈崧哲，张平，王来军. 一种气体换热式反应器及硫酸催化分解方法 [P]. 北京：CN202010031628.3，2021-03-30.

[123] 高群翔，孙琦，彭威，等. 碘硫循环制氢中硫酸分解的全过程模拟方法 [J]. 清华大学学报（自然科学版），2023，63（1）：24-32. DOI：10.16511/j.cnki.qhdxxb.2022.21.037.

[124] Sun Q，Gao Q X，Zhang P，et al. Modeling sulfuric acid decomposition in a bayonet heat exchanger in the iodine-sulfur cycle for hydrogen production [J]. Applied Energy，2020，277

[125] Gao Q X，Sun Q，Zhang P，et al. Sulfuric acid decomposition in the iodine-Sulfur cycle using heat from a very high temperature gas-cooled reactor [J]. International Journal of Hydrogen Energy，2021，46（57）：28969-28979.

[126] Gao Q X，Zhang P，Sun Q，et al. Experimental and numerical investigation of sulfuric acid decomposition for hydrogen production via iodine-sulfur cycle [J]. Energy Conversion and Management，2023：289.

第5章
混合硫循环制氢技术

5.1 混合硫循环概述

自 20 世纪 60 年代人们开始对热化学循环制氢进行探索之后，有众多的循环方案被提出，其中一些循环的理论制氢效率可达 50% 以上，引起了人们的浓厚兴趣。混合硫循环（HyS-Cycle），与前章讨论的碘硫循环一样，也是优选出的循环之一。混合硫循环是由西屋公司（Westinghouse Electric Co）在 20 世纪 70 年代[1] 提出和发展的，因此又被称为西屋循环。混合硫循环制氢工艺的原理如图 5-1 所示，是众多热化学循环分解水工艺中最简单的一个，仅包含两个反应。其中一个为热化学反应——硫酸分解 [式(5-1)]，即硫酸发生分解产生 SO_2、水和氧气；另一个为电化学反应——SO_2 去极化电解 [简称 SDE，式(5-2)]，这个反应把硫酸分解所产生的 SO_2 重新氧化为硫酸，并产生氢气。

硫酸高温分解反应：

$$H_2SO_4 \longrightarrow SO_2 + H_2O + 1/2O_2 \qquad 800\sim900℃ \tag{5-1}$$

SO_2 去极化电解反应：

$$2H_2O + SO_2 \longrightarrow H_2SO_4 + H_2 \qquad 60\sim140℃ \tag{5-2}$$

上述两个反应组合起来，净反应为水分解生成氢气和氧气。

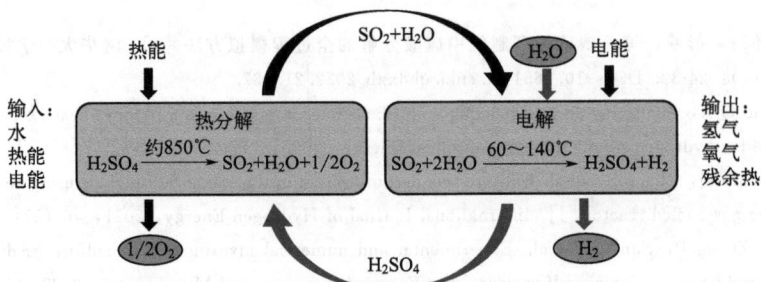

$$H_2O \longrightarrow H_2 + 1/2O_2 \tag{5-3}$$

图 5-1　混合硫循环制氢工艺的原理示意图

混合硫循环的产氧步骤与碘硫循环是相同的，其基本反应条件、对物料的要求甚至反应器也与碘硫循环中的硫酸分解反应相一致。硫酸分解反应所需要的 $800\sim900\,^\circ\!\mathrm{C}$ 高温，可与高温气冷堆等堆型所能提供的高温工艺热有效匹配，实现能量的有效利用。

SDE 则是混合硫循环的产氢步骤，该电化学反应所对应的半电池反应为：

阳极： $\qquad 2H_2O+SO_2 \longrightarrow H_2SO_4+2H^++2e^-$ (5-4)

阴极： $\qquad 2H^++2e^- \longrightarrow H_2(g)$ (5-5)

与传统电解水（$\Phi^\ominus\ O_2/H_2O=1.229V$）相比，SDE（$\Phi^\ominus\ H_2SO_4/SO_2=0.158V$）需要的电压明显较低。在混合硫循环工艺中，硫酸分解器出口物料的硫酸浓度约为 50%（质量分数），当 SDE 阳极液采用饱和了 SO_2 的 50%（质量分数）硫酸时（1atm 下），可逆电势也仅有 0.243V。上述热力学优势使得 SDE 所需能耗很低，因此混合硫循环工艺引入 SDE 电解作为产氢步骤，并实现 SO_2 向 H_2SO_4 的转化，是提高整体制氢效率的有力保障[2,3]。

混合硫循环有着很高的预期效率，以热-电联产的高温气冷反应堆供能为例，混合硫循环将核反应堆提供的热和电转换为氢能，预期制氢效率（整体能量转化效率）可达到 45%以上，明显高于常规制氢方法（如甲烷重整、常规水电解等），同时在制氢过程中可减少甚至避免温室气体排放。由于以上原因，混合硫循环受到了美、日、韩、法和我国众多研究机构的重视。

5.2 二氧化硫去极化电解工艺概述

5.2.1 二氧化硫去极化电解发展概况

常规的电解水理论上至少要 1.23V 的槽电压（25℃）才能获得氢气产出，但由于各种极化电势的存在，实际运行中的商业电解器往往工作在 1.6～2.6V 的槽电压之下。向电解器的阳极引入 SO_2，将阳极反应由水的氧化反应（生成氧气和质子）转换为 SO_2 的氧化反应（生成硫酸和质子），这样会大幅度降低阳极电势，而阴极反应不变，仍为质子被还原为氢气。由于电解槽的能耗等于施加于其上的电压和电流强度的乘积，所以槽电压的大幅降低，对于产氢来说能够有效节省电能。引入阳极区的 SO_2 可被称为去极化剂，而整个电化学过程则被称为 SO_2 去极化电解（SDE）。

20 世纪 70 年代至 80 年代（主要集中于 1975 至 1983 年）是 SDE 研发的初期阶段，西屋公司对 SDE 制氢进行了持续研究[3]。其进行的实验室规模的测试中，使用不同种类的电极材料、阴阳极隔离材料，在 0.4～1.4V 范围内进行了不同电流密度的电解实验。在此阶段，由于受到整体技术水平，特别是材料科学发展水平等的限制，电解池尚无法达到较高性能。而研究者发现，SDE 电解器的性能对混合硫循环的制氢效率起着举足轻重的作用，电解器槽电压下降 3%将会为混合硫循环的整体制氢效率带来 1%的提高[4]。从成本角度来说，低性能电解器由于电流密度较低，在同等制氢规模下需要建造更多、更大的电解单元，其制造成本显然会拖累混合硫循环整体建造，致使其成本攀升[5]。

质子选择性交换膜（proton exchange membranes，PEM）技术的迅速发展和成熟，为 SDE 的发展带来了机遇，使其进入了崭新的研发阶段。燃料电池中膜电极组件（membrane electrode assembly，MEA）的概念被引入了 SDE 电解池中。SDE 电解池由最初的平行板结构电解池迭代至了 PEM 型电解池，性能也大幅度提升。在此过程中，美国塞文纳河国家实验室（Savannah River National Laboratory，SRNL）以 PEM 型电解池为研发路线，在美国能源部的支持下，接续了西屋公司包括 SDE 在内的混合硫循环制氢研发工作。

在电解池构造发生变革的同时，此领域内的科研工作者在反应机理、催化剂、运行参数、系统整合、经济性分析等方面都开展了工作，共同推进了 SDE 的发展。

5.2.2　二氧化硫去极化电解与其他电解制氢工艺对比

电解水制氢已经发展出了多个路线，包括成熟度很高的碱性水电解、新兴的固体聚合物水电解（SPE），以及尚在实验室阶段的高温固体氧化物水电解（SOE）等。SDE 仅能称作电解制氢工艺，并不是严格意义上的水电解制氢过程，它需要与配套的硫酸分解（产氧）工段结合起来，构成混合硫循环，才是完整的分解水工艺。但是，SDE 与众多电解水工艺有着很多相似之处，且以氢气为主产品，特别是自 2005 年 SDE 开始采用 PEM 作阴、阳极隔膜并以 MEA 作为结构核心之后，SDE 与固体聚合物水电解（也称为 PEM 水电解）的相似性就更加突出了。以下是各电解工艺的电极反应，表 5-1 则对上述各个电解制氢路线进行了简要的对比。

① 碱性水电解：

$$4H_2O(l) + 4e^- \longrightarrow 2H_2(g) + 4OH^-(aq) \tag{5-6}$$

$$4OH^-(aq) \longrightarrow O_2(g) + 2H_2O(l) + 4e^- \tag{5-7}$$

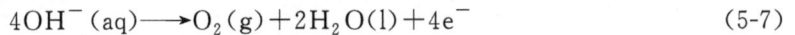

② 固体聚合物水电解：

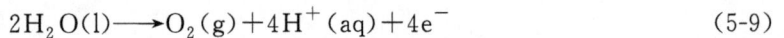

$$4H^+(aq) + 4e^- \longrightarrow 2H_2(g) \tag{5-8}$$

$$2H_2O(l) \longrightarrow O_2(g) + 4H^+(aq) + 4e^- \tag{5-9}$$

③ SO_2 去极化电解：

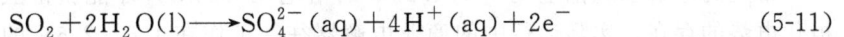

$$2H^+(aq) + 2e^- \longrightarrow H_2(g) \tag{5-10}$$

$$SO_2 + 2H_2O(l) \longrightarrow SO_4^{2-}(aq) + 4H^+(aq) + 2e^- \tag{5-11}$$

④ 高温固体氧化物水电解：

$$2H_2O(g) + 4e^- \longrightarrow 2H_2(g) + 2O^{2-} \tag{5-12}$$

$$2O^{2-} \longrightarrow O_2(g) + 4e^- \tag{5-13}$$

表 5-1　二氧化硫去极化电解与其他电解制氢工艺对比

技术路线 对比项	碱性水电解	固体聚合物水电解	SO_2 去极化电解	高温固体 氧化物水电解
单槽电压	约 2.2V	1.6～2.2V	0.6～1.2V	1.0～1.5V
电流密度	0.2～0.4A/cm²	1.0～2.0A/cm²	0.5～1.5A/cm²	1.0～3.0A/cm²
单槽规模	0.5～1000m³(标)H_2/h	0.01～500m³(标)H_2/h	实验室研究	实验室研究
电解效率	60%～75%	75%～90%	85%～90%	85%～100%
操作温度	60～80℃	50～80℃	50～140℃	600～900℃
操作压力	0.1～4MPa	0.1～7MPa	0.1～1MPa	0.1～3MPa
能耗	4.5～5.5kW·h/m³(标)	3.7～4.6kW·h/m³(标)	约 2.4kW·h/m³(标)[①]	约 3.6kW·h/m³(标)
堆寿命	约 90000h	约 50000h		
氢气纯度	99.90%	>99.99%	>99.0%	>99.99%

对比项 ＼ 技术路线	碱性水电解	固体聚合物水电解	SO₂ 去极化电解	高温固体氧化物水电解
隔离膜/阴阳极区隔离层	早期为石棉,目前多为以聚苯硫醚(PPS)织物为基础的复合隔膜	PEM,多为全氟磺酸质子膜(PFSA),如杜邦的 Nafion® 系列产品	PEM,多为全氟磺酸质子膜(PFSA),如杜邦的 Nafion® 系列产品	传递氧离子的陶瓷电解质,如致密的钙钛矿类陶瓷
电极材料、催化剂	以镍基催化剂为主	钛毡等钛基多孔材料作为阳极扩散层,阴极采用烧结金属板等材料。阴极催化剂多为铂基催化剂;阳极催化剂多为铱、钌基,如铱黑或 IrO₂	阳极和阴极均可采用多孔炭材料作为扩散层;阴阳极催化剂均以 Pt 基为主	阴极材料主要为金属、金属陶瓷、混合氧化物;阳极材料为含有稀土元素的钙钛矿(ABO₃)氧化物材料
极板/双极板	镀镍碳钢板	钛基流场板,双极表面需涂覆 Pt 或 Au 涂层以防止氧化	石墨基板材,如柔性石墨板	不锈钢板,需喷涂陶瓷等以增加耐久性
备注/优缺点评价	①技术成熟度高,工艺简单,成本低。②电流密度较低,设备本体积大,不易于与风能、太阳能等可再生能源耦合。	①产品纯度高,可在高电流密度下工作,启动迅速、响应时间短,有利于与风能、太阳能等可再生能源耦合。②电堆造价较高。	槽电压低,制氢能耗低。低操作电压特性使其可采用普通石墨部件,降低成本。MEA 与 PEM 水电解类似,造价较高	①制氢效率高。②电解池造价高,操作温度高,运行条件较为苛刻,不易实现规模放大。

① 仅考虑 SDE 能耗,未考虑配套的硫酸分解(产氧)工段能耗。

可以看出,各种电解制氢工艺都是利用其核心装置——电堆来将电能转换为化学能,以电极反应的形式制取氢气,但各自在反应原理、反应物料、电解池/电堆材料与结构、操作条件等方面又有着显著的不同。如前所述,SDE 与 PEM 水电解有着更多的相似性,都采用了类似 PEM 燃料电池的电堆结构。SDE 的突出特点是操作电压明显较低,阳极物料含有 SO₂,且其阳极产物为硫酸,而不是氧气。

5.3 二氧化硫去极化电解池结构

5.3.1 早期平行板结构 SDE 电解池

SDE 的阴、阳极反应需要在隔离的腔室中各自进行,同时又要求阳极腔室的质子能够顺畅地进入阴极腔室,因为质子是阴极反应的反应物。混合硫循环发展早期,西屋公司使用了平行板结构的 SDE 电解池,其基本结构、物料配置如图 5-2 所示[6]。该平行板结构电解池由外壳、集流板、板状电极、隔膜等部件组成。其中所用的典型极板为多孔炭板,其上负载 Pt 等作为催化剂,也有研究者将 Pt 负载在炭布上作为阳极进行测试[7]。隔膜将电解池分隔成阴极室和阳极室两部分,当时所采用的隔膜为微孔橡胶膜片等材料。图 5-3 为西屋公司 SDE 测试所用的有机玻璃外壳电解器(有效电极面积约 $20cm^2$,Pt 负载量 $5\sim20mg/cm^2$)。执行电解操作时,阴阳两极均通入硫酸溶液,阳极侧的硫酸中溶有 SO₂,在施加直流电的条件下发生电解反应。在电场作用下，隔膜保证硫酸根或亚硫酸根离子无法由阳极室向阴极室扩散，而质子（水合氢离子）则可不断由阳极室向阴极室传递，从而确保 SDE 电解的顺利进行，即阳极中 SO_2 被氧化为硫酸，而阴极产生氢气。

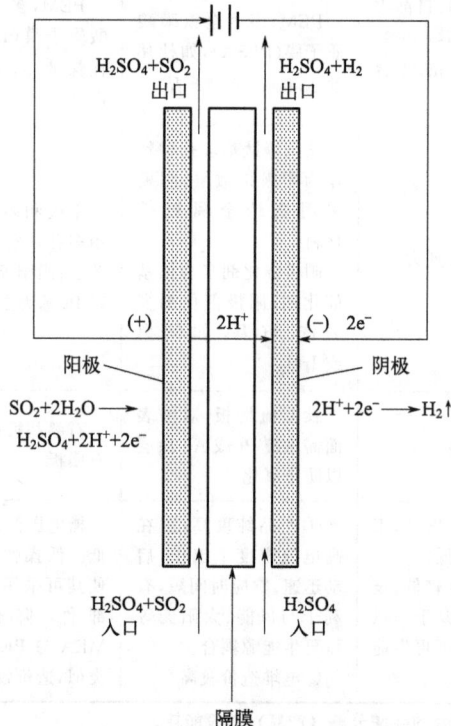

图 5-2　平行板 SDE 电解池示意图[6]

图 5-3　西屋公司的有机玻璃外壳 SDE 电解器
1—多孔橡胶隔膜；2—间隔片；3—阳极（载 Pt 炭板）；4—阴极（载 Pt 炭板）；
5—集流板；6—压板；7—O 型垫圈；8—有机玻璃外壳

　　通过对电极结构、电池构造等进行技术改进和优化，西屋公司在 SDE 技术领域取得了一系列进展[8]。在铂碳催化剂负载量为 $1mg/cm^2$，以 50％（质量分数）硫酸作为电解质，75℃和常压操作条件下，分别在 680mV 和 910mV 的槽电压下达到了 $200mA/cm^2$ 和 $400mA/cm^2$ 的电流密度。提高电解温度是进一步减少电能消耗的可行路径之一，但高温下 SO_2 在阳极液中的溶解度会显著降低，反而会抑制阳极反应，因此 Lu 等提出在加压条件下进行较高温度下的 SDE 操作。总体来说，此研究阶段 SDE 电解池的性能还是较低的，电流密度尚需大幅度提升。另外，电极中贵金属铂的负载量偏高，电解池结构不够紧凑，操作也较为复杂，因此难以实现规模放大。

在 SDE 研究的初期，人们就观察到了 SO_2 的跨膜扩散行为。阳极区的 SO_2 在浓差驱动下，会穿过隔膜进入阴极区，其中的一部分在阴极区发生还原反应生成单质硫或者硫化氢气体，这是 SDE 体系的主要副反应。SO_2 跨膜扩散和副反应的发生，给 SDE 阴极的氢产品带来了污染，同时副反应偏离了混合硫循环的工艺路线，所生成的单质硫和硫化氢难以回到循环之中，造成了循环中硫元素的流失。此外，固体硫的沉积也会造成阴极催化剂的失活。在实际运行中，研究者使电解池阴、阳极两侧保持一定的压力差，迫使少量硫酸溶液可由阴极侧通过隔膜微孔进入阳极侧，用于抑制 SO_2 的跨膜扩散。一些研究者对原本"双室夹一膜"（即阴极室、阳极室，以及二者中间夹着的隔膜）的电解池进行改造，在阴、阳极之间插入一个腔室，构成"三室夹两膜"的电解池。这个多出来的中间腔室，是由两片隔膜隔离出来的，并由新鲜的电解质溶液持续冲刷，从而把阳极室渗透过来的 SO_2 不断移除，避免其进入阴极室[9]。上述手段能够在一定程度上抑制 SO_2 的跨膜扩散，但同时也带来了电解池结构和电解操作的复杂性。可以说，SO_2 的跨膜扩散及其副反应至今仍是困扰 SDE 研究者的问题之一。

5.3.2　PEM 型 SDE 电解池

以全氟磺酸膜为代表的质子选择性透过膜（PEM）为 SDE 电解池带来了变革，PEM 不仅替代了早期 SDE 电解池中的隔膜，采用 PEM 制备出的膜电极组件（MEA）更是成了 SDE 电解池的关键部件。MEA 原本是质子交换膜燃料电池（PEMFC）、PEM 水电解池的核心部件，通常为气体扩散层、催化层和质子交换膜等多层材料紧密结合而成的"三明治"结构。SDE 领域的研究者发现了 MEA 在其所用电解池中的适用性。MEA 结构紧凑，催化剂层与电化学反应物料接触良好，不仅大幅度减小了 SDE 电解池的体积，而且还降低了电解池阻抗，使其整体性能获得了很大的提升。另外，SDE 所用的 MEA 与 PEM 燃料电池的 MEA 非常接近，在膜、催化剂、结构、制程等方面都可以借鉴 PEMFC、PEM 水电解池的相关研究成果。因此，当前几乎所有的 SDE 相关研究都是基于 PEM 型电解池展开的。

首先将 PEM 应用于 SDE 电解池的是美国南卡罗纳大学（University of South Carolina，USC）的 Weidner 等研究者[10]，他们在 2005 年报道了以杜邦公司全氟磺酸膜产品（Nafion®）作为 PEM 制作出的 SDE 电解池。需要注意的是，Weidner 等所提出的进料方式也不同于先前的电解池，其阳极物料是 SO_2 气体，而不是溶有 SO_2 的溶液。阴极区的输入物料为水，水会保持 PEM 的湿润，并少量渗透至阳极从而成为阳极反应的原料，与 SO_2 反应生成硫酸，并以硫酸溶液液滴的形式流出阳极区。质子（即 H^+）则在电场作用下穿过 PEM 进入阴极区并发生还原反应，生成氢气产物。如以达到特定电流密度所需的槽电压为指标，Weidner 等所制电解池的性能与前述西屋公司 Lu 等的结果是相近的。研究者在实验一周后拆卸了电解池，发现阴极流道中充满了单质硫，说明相当多的 SO_2 发生跨膜，进入阴极区并发生了还原反应，这显然对 SDE 及其在混合硫循环中的应用非常不利。

同在 2005 年，美国塞文纳河国家实验室（Savannah River National Laboratory，SRNL）也开始了 PEM 型 SDE 电解池的研究[11]，但其延续了西屋公司先前的液相进料体系，也就是说，阳极物料为溶有 SO_2 的硫酸溶液。在实验过程中，SRNL 对两个电解槽进行了测试（图 5-4）。其中一个是为 PEM 电解水而设计的商业电解池（来自 Proton Energy Systems，Inc，即 PES），此电解池采用哈氏合金（Hastelloy B）与聚四氟制作过流部件，电极为多孔钛。另一个电解池是 USC 为 SRNL 定制的，采用了负载 Pt 的炭布作电极，并采用炭纸流场（扩散层），以 Nafion® 115 作为 PEM。SRNL 采用上述两个电解池验证了 PEM 型 SDE 池的可行性，在低电流密度下电解池的性能与西屋公司的水平相当甚至有所胜出，但在高电流密度下则不及西屋公司，研究者认为这主要是由于上述电解池不是专为液相进料而设计的。第一个电解池（PES 公司制作）在运行数天后因内部腐蚀而失效，其所用的多孔钛电极无法承受硫酸的侵蚀。USC 制作的电解池由于采用了碳材料而具备良好的抗腐蚀性能，但由于其是为气相进料而设计的，在液相进料条件下传质特性较差，出现了前述的高电流密度下性能不佳的问题。

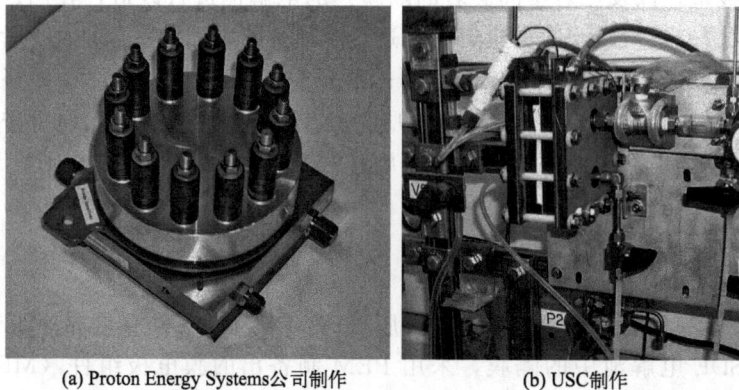

(a) Proton Energy Systems公司制作　　(b) USC制作

图 5-4　SRNL 在 2005 年测试的 PEM 型 SDE 电解池[11]

自 2005 年以后的相当长的一段时间内，SRNL 和 USC 研究工作者引领了 SDE 研究。这两个机构在美国能源部的核能办公室［United States（US）Department of Energy，Office of Nuclear Energy，即 DOE-NE］的支持下对 SDE 展开了探索。具体而言，SRNL 的研究人员依托 DOE-NE 的核氢计划（NHI）开展液相进料 SDE 体系，如前所述，SO_2 是溶解在硫酸溶液中输送经阳极区的，并与溶剂（水）发生阳极反应生成 H_2SO_4 产物。其阴极区也有水的输入，以确保 PEM 被充分润湿。USC 则是在 DOE-NE 的核能研究计划（NERI）下开展气相进料 SDE 体系的研究，阳极侧 SO_2 以气体形式输入，但其阴极侧仍是以液态的形式输入水。在此条件下，水在活度差异的驱动下穿过 PEM 扩散到阳极，与 SO_2 发生阳极反应生成 H_2SO_4，随着多孔阳极的空隙被 H_2SO_4 和 SO_2 的水溶液所充满，产物会不断流出阳极区[12]。

研究者普遍认为两种进料体系的 SDE 各有优缺点。采用气进式电解槽设计，通过向阳极侧输送无水 SO_2 气体，可以在很大程度上避免材料腐蚀和 SO_2 跨膜扩散问题。但同时，随着硫酸产物在阳极区的积累，如果凝结为液态产物，会面临以下问题：a. 液态产物会对阳极材料（扩散层、催化剂层等）发生浸润，以气态形式进料的 SO_2 在硫酸溶液中会发生部分溶解，这些都有违气相 SO_2 进料的设计初衷，与液相进料之间的差别模糊化，相关的腐蚀、SO_2 跨膜扩散等问题并没有有效避免；b. 所形成的气-液两相体系使得传质复杂化，考虑催化剂层，阳极区实际发生的是气-液-固三相体系的传质；c. 液态产物的及时排出也是必须考虑的问题。如果保持阳极区内物料为气态，电解池必须在较高的温度下运行，PEM 的含水量会大大降低，会导致电解池电阻的增加。高浓度硫酸的局部冷凝也会带来很大的腐蚀风险。在液相进料式电解槽中，料液腐蚀和 SO_2 跨膜扩散是最大的挑战，同时硫酸的存在也会在一定程度上抑制 SO_2 的转化率。但同时，硫酸作为强电解质，其溶液可以显著降低阳极侧的电阻，液态阳极液也可以及时带走电解过程中产生的热量，因此热管理相对容易。尽管气相进料式 SDE 可以参考 PEM 燃料电池的热管理，但由于涉及电池结构和操作模式的改变，必然会带来额外的成本。此外，液相进料 SDE 的阳极液在混合硫循环工艺中相对容易获得，由于 SO_2 和 O_2 的溶解度差异很大，硫酸分解工艺段产生的 O_2 很容易从装置的输出物 H_2O-H_2SO_4-SO_2-O_2 中分离出来，余下的物料即可构成 SDE 的阳极输入物流。时至今日，液相进料和气相进料两个体系的 SDE 都得到了发展。从研究机构的角度来看，美国 SRNL 也并非只研发液相进料 SDE 体系，其在近些年与 USC 共同报道了优化后的气相进料 SDE 电解池[13,14]。

5.3.2.1　液相进料 PEM 型 SDE 电解池

在 2005 年至 2010 年期间，美国 SRNL 利用小型 SDE 电解池开展了大量的液相进料 PEM 型 SDE 研究，测试了多种 MEA 构造，并探索了 SDE 操作参数，所测试的 SDE 电解池大多数采取阴、阳极对称结构，所用的电解池外形和流场如图 5-5 和图 5-6 所示[15]，而前文中图 5-4(b) 中所示应为其装配的众多电解池之一。除了紧固装置（金属夹板、螺杆等）之外，其基本部件（从阳极至阴极排列）为阳极侧集流板、阳极侧石墨板、MEA、阴极侧石墨板、阴极侧集流板。MEA 为"三明治"结构，有效交换面积约为 $50cm^2$，由一层多孔炭材料（扩散层）、一层催化剂薄膜、PEM 膜、另一层催化剂膜和另一层多孔炭材料（扩散层）组成。上述多孔炭材料是炭布或炭纸构成的扩散层，扩散层外层为具备流道的石墨板。石墨板可将扩散层紧紧地压在 MEA 两侧，强制液体从流道和扩散层中流过。上述对称结构中，阴、阳极侧最大的不同是其所用的催化剂有差别，比如采用不同的 Pt 负载量，其次是 MEA 的阴阳极两侧可能会使用不同种类的碳材料作为扩散层。

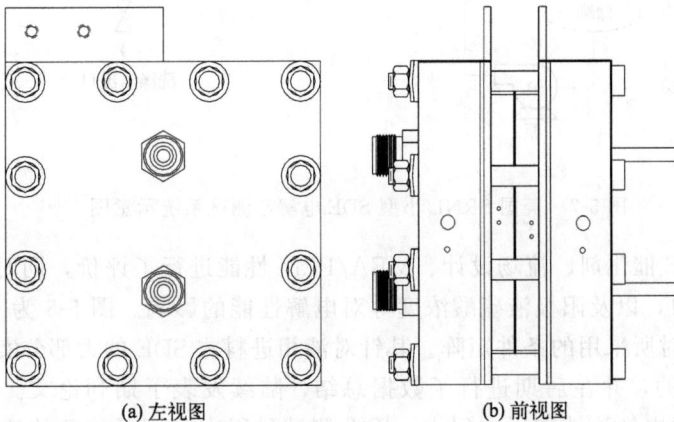

(a) 左视图　　　　　　　　　　(b) 前视图

图 5-5　美国 SRNL 测试的小型液相进料 SDE 电解池外形图[15]

图 5-7 为 SRNL 针对小型电解池所搭建的测试系统示意图[16]。所用阳极液是饱和了 SO_2 的硫酸溶液，测试过程中采用的流速范围较宽，在 2006 年的实验中，典型值为 0.6L/min，阴极侧物料则是流速很低的去离子水，其典型流量是 10mL/min。阴极水可以保持 PEM 的充分湿润。另外，阴极侧水的活度高于阳极侧，而 SRNL 在进行实验时，还会控制阴极侧的压力比阳极侧高 33kPa，这样会维持一个由阴极向阳极方向的小的水通量，可以抵消 SO_2 向阴极区的扩散[17]。

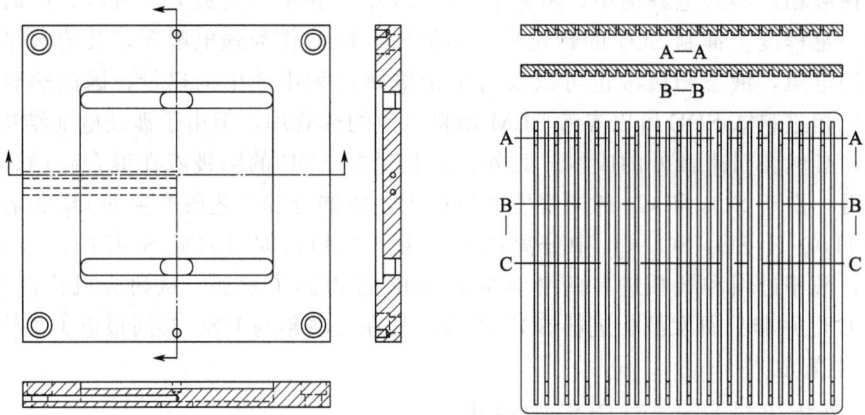

图 5-6　美国 SRNL 小型液相进料 SDE 电解池流场剖面图[15]

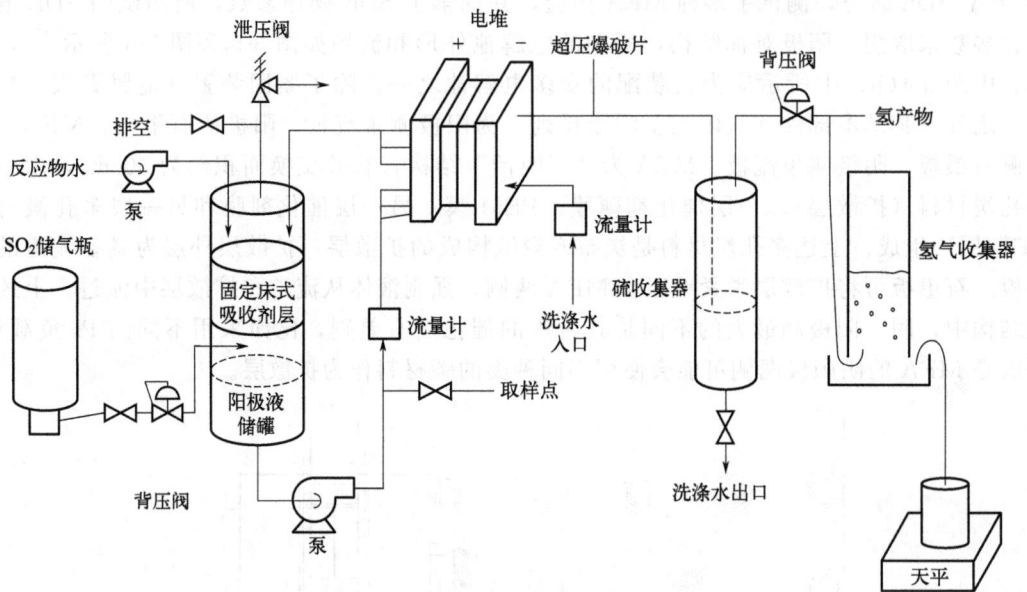

图 5-7　美国 SRNL 小型 SDE 电解池测试系统示意图[16]

　　SRNL 对 SDE 催化剂、流场设计、MEA/PEM 性能进行了评价，同时较为详细地考察了操作温度、压力，以及阳极液硫酸浓度等对电解性能的影响。图 5-8 为 SRNL 在 2006 年度进行 SDE 研究时所采用的条件矩阵。其针对液相进料式 SDE 的大部分实验研究是在 2005 年至 2009 年展开的，并在后期进行了数据总结，陆续发表了期刊论文。依据 SRNL 的研究，阳极液流速对电解池性能影响很大，因此测试过程中采用了较宽的流速范围，在 2006 年的实验中，典型值为 0.6L/min，实验结果表明，当阳极液流速低于 0.2L/min 时，槽电压有明显升高，而流速增加至 0.4L/min 以上时，继续升高流速对槽电压没有显著的降低作用。对于液相进料的 SDE 来讲，SO_2 的供应量与其在阳极液中的溶解度密切相关。提高阳极液中硫酸的浓度及操作温度，会导致 SO_2 溶解度降低，不利于阳极反应的发生，但温度是一个比较复杂的影响因素，因为在一定范围内提高温度会带来反应速率的明显提高以及 PEM 质子传导性能的提升。要在较高温度下进行 SDE 操作，同时又要保持阳极液中具有足够浓度的 SO_2，提高操作压力是非常有效的手段。截止到目前，SRNL 针对液相进料式

SDE 报道的最优结果是使用约 30%（质量分数）的 H_2SO_4 阳极液，在 80℃ 和 165.48kPa（表压）压力下，能够在 0.73V 的槽电压下获得 $500mA/cm^2$ 的电流密度[17]。

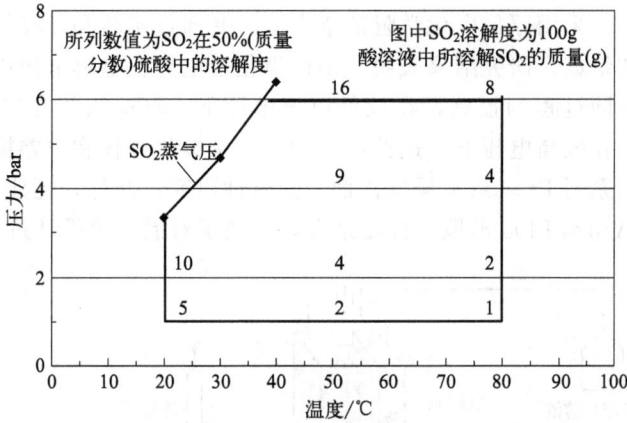

图 5-8　SRNL 在 2006 年度 SDE 研究中所采用的条件矩阵[15]

　　在电解池测试过程中，SRNL 将相当大的注意力放在了 MEA 性能的提升及保持上。针对 SO_2 跨膜扩散对 MEA 的影响，其在 2009 年的实验报告中详细总结了抑制 SO_2 跨膜扩散的对策，并于 2015 年将相关内容发表在了国际氢能杂志[17]上。除了实验研究外，SRNL 还结合 SDE 电解池的开发情况进行了混合硫循环的整体设计和成本分析。SRNL 的技术经济研究结果表明，SDE 需要在 ≤0.6V 的槽电压（cell voltage）下达到 ≥0.5A/cm² 的电流密度，并产出浓度 ≥65%（质量分数）的硫酸，方可使混合硫循环制氢具备竞争性[18]，在 SDE 领域相当多的报道中，研究者都以此为目标对 SDE 进行着基础和工程化探索。

　　在国内，清华大学核能与新能源技术研究院（INET）自 2008 年[19] 开始对液相进料 SDE 系统进行研究。起初的电解池是参考 PEM 燃料电池进行设计加工而成，如图 5-9 所示，电解池为对称性结构，电解池最外层为不锈钢背板，通过螺杆拉紧，将电解池的各部件紧固在一起[20]。电解池背板内侧依次为集流板、石墨流场板、垫片、碳纸和 MEA。通过导线连接集流板和电化学工作站（或直流电源），实现对电解池的供电和测试。电解池的石墨板具有优异的导电性，在两极的石墨板内侧均刻有蛇形流道或者并列沟槽形流道。石墨板内

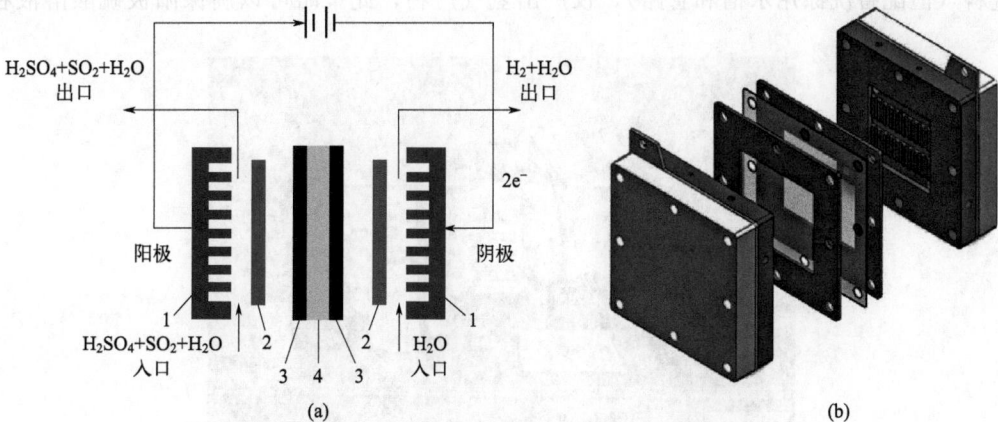

图 5-9　INET 初期研究中 SDE 电解池示意图（a）和结构图（b）[20]
1—石墨流道板；2—碳纸；3—催化剂层；4—质子交换膜

侧与流道压在一起的是作为扩散层的碳纸，起到了收集电流、支撑 MEA 催化剂层和传导气液物料等作用，可实现气体和液体在流场和催化剂层之间的再分配。图 5-10 为电解池测试系统的示意图。利用上述电解池和测试系统，研究了膜电极组件制备条件和电解过程工艺参数对电解性能的影响。采用原位电化学阻抗谱方法，并通过实验和计算相结合，解析出了电解过程各极化阻抗的组成。研究结果表明，阳极极化过电势在电解电压中所占比例最高。电解反应动力学受到不同过程的控制，在较低电解电压下，SO_2 去极化电解反应的速控步骤为电化学极化过程；在较高电压下，速控步骤为电化学极化过程和浓差极化过程。研究者还进行了活性炭负载的系列 Pt 基双金属催化剂的探索性研究。此外，还建立了 SDE 电解过程模型，将该模型与 Aspen Plus 模拟平台相结合，实现了对混合硫循环过程的整体模拟。

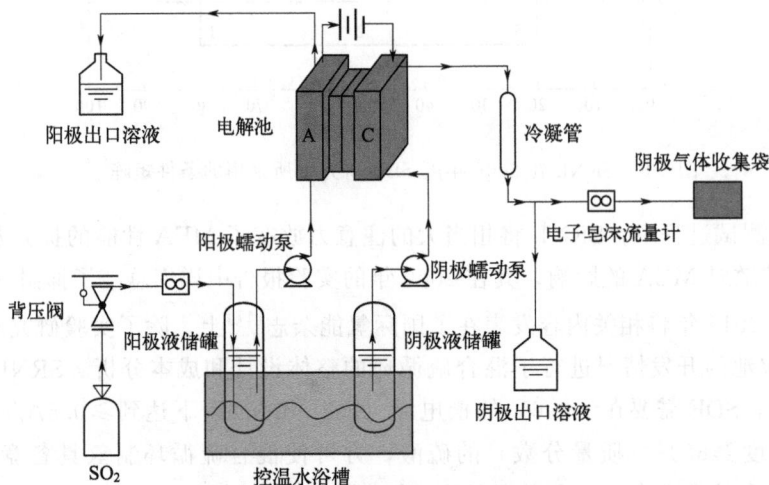

图 5-10　INET 初期研究中液相进料 SDE 体系测试装置示意图[20]

在后续研究中，INET 对电解池结构、电极材料进行了优化。在 2019～2023 年间，INET 针对不同流场配置的 SDE 电解池进行了对比研究。研究者采用蛇形流场板、方槽形流场板，与包括高空隙率石墨毡、亲水性或疏水性碳纸在内的扩散层相组合，装配出了 20 余种不同结构的 SDE 电解池，进行了性能测试[21]。图 5-11 和图 5-12 分别为 INET 改进后的测试平台照片和流程图。在测试过程中，阳极溶液采用饱和了 SO_2 的硫酸溶液，阴极侧不进料（但配备洗涤用水槽和管路），仅产出氢气产物，此策略可以确保阳极硫酸溶液在电

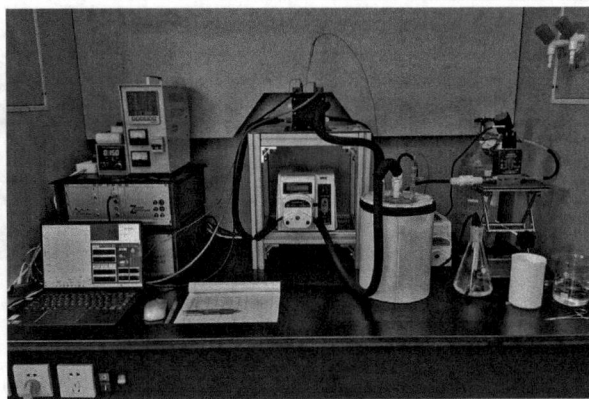

图 5-11　INET 的 SDE 测试装置照片

解过程中不被阴极水所稀释，有利于获得硫酸浓度较高的阳极输出液。在电解过程中从阳极跨膜渗透至阴极区的水会保持 PEM 和阴极区的湿润，凝结的水会随着氢气一同被排出阴极区。

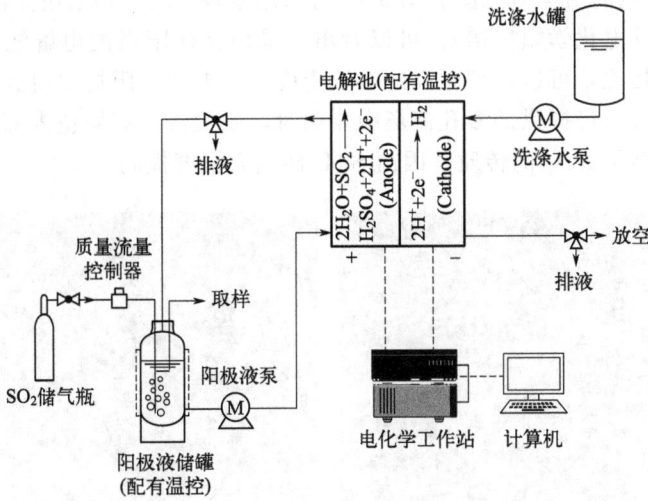

图 5-12　INET 的 SDE 测试装置流程图[21]

　　INET 测试了不同结构 SDE 池的阳极流体阻力（压降），并通过极化曲线评价了 SDE 性能，综合考察了石墨毡压缩比、碳纸亲水性、阳极流体流速和操作温度等对 SDE 性能的影响。INET 的研究者认为，提高液相进料式 SDE 电解池效能的关键，在于促使阳极液中的 SO_2 与催化剂之间发生充分接触。传统 MEA 中，Pt/C 等催化剂是以薄层形式喷涂在 PEM 上的，进入阳极区的一部分电解液如果无法"冲刷"到阳极催化剂层，那么其中的 SO_2 自然也就无法发生氧化反应生成硫酸产物。另外，通常的 SDE 电解池采用蛇形流场板，并在其与 MEA 之间加入碳纸作为扩散层，碳纸对电解液中 SO_2 向 MEA 的传质也有一定的阻碍作用。INET 的研究者提出以高空隙率石墨毡（空隙率＞92％）代替碳纸作为扩散层，制作出了新型 SDE 电解池，其结构和照片如图 5-13 所示。实验结果表明，石墨毡能够提供优良的多孔流场，阳极液在其中流动时，能够与 MEA 上的阳极催化剂薄层充分接触，因而提高电解性能[22]。通过对不同流场中阳极液的流动状态进行计算流体力学（CFD）模拟，也验证了石墨毡多孔流场应用于 SDE 阳极侧的优异性。

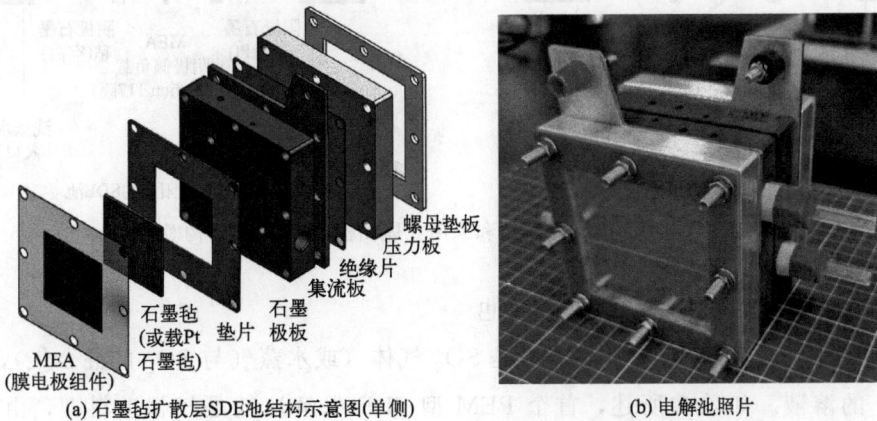

(a) 石墨毡扩散层SDE池结构示意图(单侧)　　　(b) 电解池照片

图 5-13　INET 提出的石墨毡扩散层 SDE 电解池

进一步地，INET 的研究者将催化剂的负载方式进行了改变，采取喷涂-抽吸方法，将 Pt/C 催化剂立体负载在了石墨毡的内部，制备出了三维阳极（立体阳极），图 5-14 为空白石墨毡和负载 Pt/C 后的三维 SDE 阳极的剖面 SEM 图像[23]。图 5-15 为采用常规 MEA 和采用立体阳极 SDE 池的结构对比图。图 5-16 为采用常规 MEA 和采用立体阳极 SDE 池的性能对比与阻抗对比（电化学阻抗谱）。可以看出，采用立体阳极的电解池 D1～D3 与采用传统 MEA 的 Cell-C 相比，可以达到更高的电流密度，而电化学阻抗也得到显著的降低。以上是由于阳极液在三维阳极提供的多孔流场中流动时，阳极液与石墨毡内部负载的催化剂颗粒充分接触，显著提高了 SO_2 的传质，因而 SDE 性能大幅度提高。

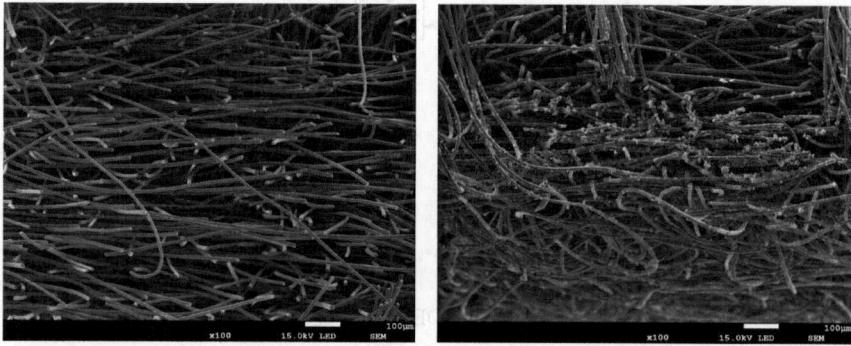

(a) 未负载催化剂的空白石墨毡　　　　　　(b) 负载催化剂后的石墨毡

图 5-14　INET 制备的三维 SDE 阳极的 SEM 图像（石墨毡剖面）

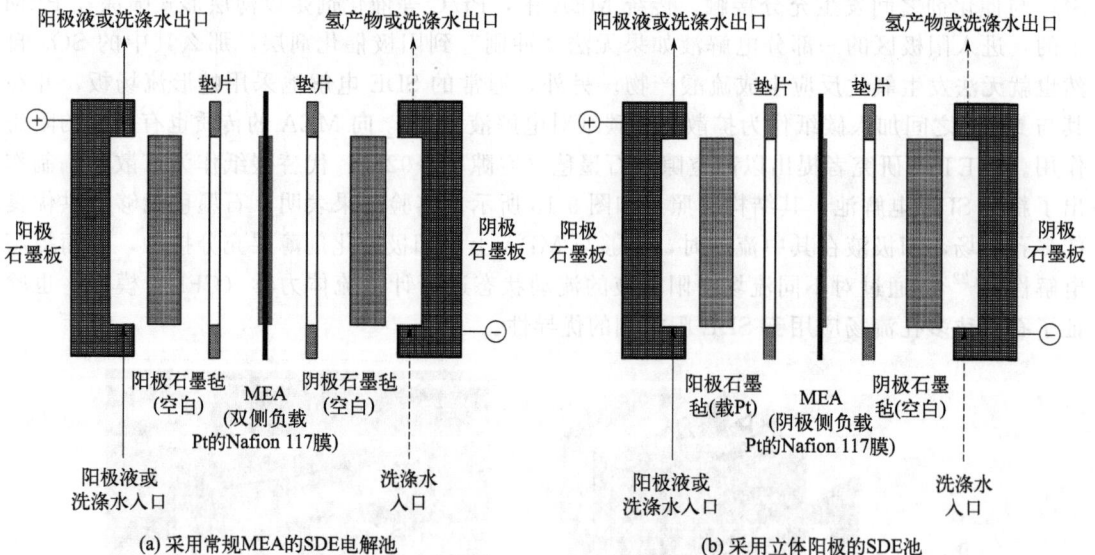

(a) 采用常规MEA的SDE电解池　　　　　　(b) 采用立体阳极的SDE池

图 5-15　采用常规 MEA 和采用立体阳极 SDE 池的结构对比

5.3.2.2　气相进料 PEM 型 SDE 电解池

气相进料型 SDE 电解池的阳极物料是 SO_2 气体（或水蒸气与 SO_2 的混合气），而不是溶有 SO_2 的溶液。如前文所述，首个 PEM 型 SDE 电解池就是气相进料型，由 USC 的 Weidner 等研究者在 2005 年所报道[24]。在 2007 年刊出的文章[25]中，Weidner 给出了更为

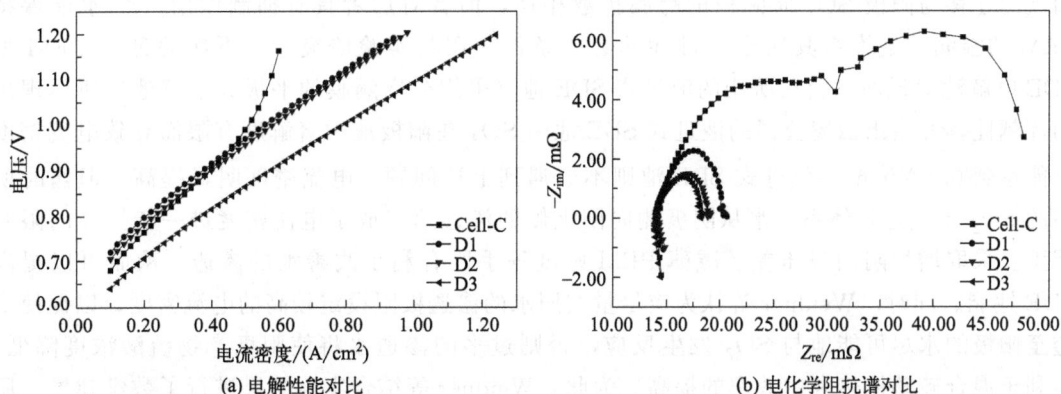

(a) 电解性能对比   (b) 电化学阻抗谱对比

图 5-16　采用常规 MEA 的 SDE 电解池（Cell-C）和采用立体阳极的 SDE 池（D1～D3）性能和阻抗对比

详细的报道。该文章同时描述了用于 SO_2 和 HBr 两种气体的 PEM 型电解池（分别用于混合硫循环和钙溴循环），其阳极都是干气体进料，阳极反应所需的水是由阴极渗透而来。其所使用的用于 SO_2 的电解池如图 5-17 所示。其 MEA 是由负载了 Pt/C 的碳布（以碳布为气体扩散层，即 GDL）与 Nafion® 115 型 PEM 热压而得。MEA 的有效面积为 $40cm^2$，阳极侧和阴极侧 Pt 的使用量分别为 $0.66mg/cm^2$ 和 $0.70mg/cm^2$。阳极侧和阴极侧均以 3.385mm 厚的碳纸来提供流场，分别被刻有凹槽的石墨背板压紧在 MEA 的两侧。SDE 电解实验是在常压 80℃下进行的，作者认为与同期的液相进料 SDE 电解池相比，性能有了显著的提升。

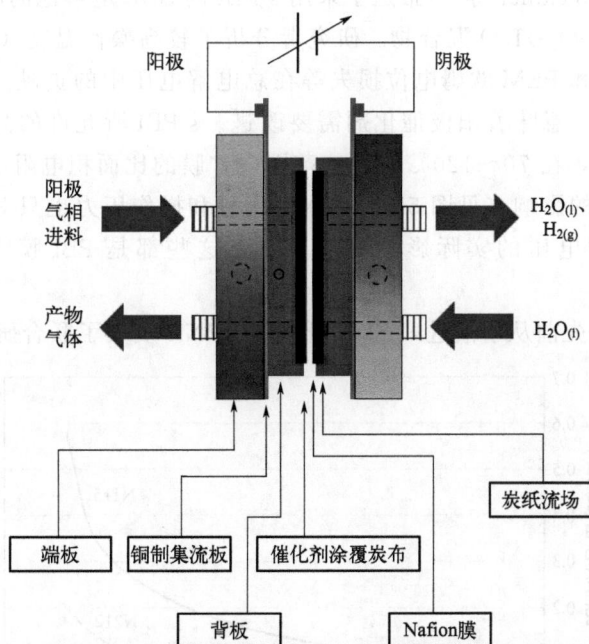

图 5-17　Weidner 等研究者在 2007 年所用气相进料式 SDE 电解池结构示意图

在同年以及 2009 年发表的研究论文[26]中，Weidner 等讨论了水的迁移对气相 SDE 体系的影响、水管理的重要性，并进行了相关数学建模。他们认为水的作用体现在：a. 水是阳极反应的反应物；b. 阴极水向阳极的渗透量决定了阳极产物硫酸的浓度；c. 水由阴极向

阳极的迁移与阳极 SO_2 向阴极的跨膜扩散相逆，前者对后者具有抑制作用；d. 水能保持 PEM 的湿润，是维系其质子透过性的必要条件。在其实验研究中，再次验证了 PEM 型 SDE 电解池对比西屋公司所用的液进式 SDE 池（采用分离隔膜的平板式电解池）所体现出的优越性，并指出西屋公司的液进式 SDE 池因 SO_2 在阳极液中溶解度有限而导致电流密度仅能达到 $0.4A/cm^2$。气进式 SDE 池则不会遇到上述问题，电流密度明显提高，但当时所用的 SO_2 干气进料体系，水从阴极侧向阳极侧的渗透速率成了电流密度进一步提高的限制因素。采取增加阴阳极压差、减薄 PEM 厚度等手段有利于改善水的渗透，从而可以提高 SDE 性能。同时，Weidner 等认为应尽量按照水的渗透极限设定较高的电流密度，以促使渗透至阳极的水尽可能地与 SO_2 发生反应，否则过多的渗透水将使阳极产物硫酸浓度降低，不利于混合硫整体热利用效率的提高。为此，Weidner 等结合实验结果进行了数学建模，所得模型能够很好地预测温度、电流密度、膜两侧压差和膜厚度对阳极产物硫酸浓度的影响，为气进式 SDE 的实际操作提供指导。

Weidner 等将膜材料视为气进式 SDE 取得性能突破的重点方向。2009 年他们尝试使用磺化 Diels-Alder 聚苯乙烯（SDAPP）膜代替 Nafion® 膜组装了气进式 SDE 电解池[27]，在 0.8V 下获得了 $0.5A/cm^2$ 的电流密度，且阳极液硫酸浓度可以达到 45%（质量分数）。2012 年，USC 与韩国能源研究院（Korea Institute of Energy Research，KIER）合作报道（Weidner 为通讯作者）了在 SDE 电解池中采用磺化聚苯并咪唑（s-PBI）膜代替常用的 Nafion® 等聚全氟磺酸膜（PFSA）的实验研究[28]。s-PBI 膜作为 PEM 使用时，不会因为含水量的减少而使导电性大幅降低，因而能在较高温度下工作，并在 SDE 的阳极产生较浓的硫酸产品。2017 年，Weidner 等[29]报道了采用 s-PBI 的 SDE 电解池的电压损失研究，其中的阳极物料是气态的 SO_2-H_2O 混合物。研究者分析了较高操作温度（$\geqslant 100℃$）条件下平衡电位、阳极过电位和 PEM 欧姆电位损失等在总电解电压中的贡献。研究表明，SDE 体系中阳极过电位较大，意味着阳极催化剂需要改进。s-PBI 所允许的高温操作则能够引起 SDE 动力学上的提升，在 70～120℃ 的温度范围内，膜的比面积电阻没有随温度而发生变化，也不受硫酸浓度的影响（见图 5-18），水的用量和操作压力也只对平衡电位产生了较小幅度的影响，对槽电压的实际影响很小，以上这些都是 PBI 膜明显优于 Nafion® 等 PFSA 膜之处。

2020 年，USC 与先前从事液进式 SDE 研究的 SRNL 发表了联合研究结果[30]，研究者

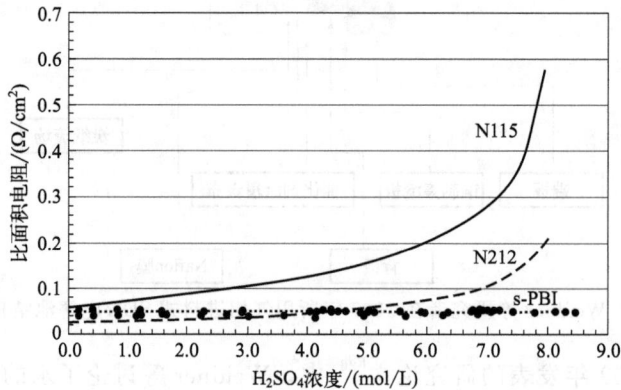

图 5-18　s-PBI 与全氟磺酸膜（Nafion® 212 和 Nafion® 115）
的比面积电阻随硫酸浓度的变化[29]

利用先前的实验数据开展了模拟计算工作，对气进式 SDE 的操作参数进行了系统研究，讨论了进料速率、电流密度、电解池温度与压力等的相互作用，以及对槽电压、阳极硫酸产物浓度的影响，特别强调了利用 s-PBI 的特性，进行较高温度和压力下的 SDE 操作，并结合 H_2O/SO_2 配比的设定，SDE 有望在 0.6V 槽电压下以较高电流密度（$0.5A/cm^2$ 乃至更高）运行，并产出浓度≥65%（质量分数）的硫酸。

总体来看，自 2005 年 USC 首次报道 PEM 型气进式 SDE 实验之后，相关的研究进展并不是很快。一些气进式 SDE 实验数据展现出了优于液进式 SDE 的性能，而且通过模拟计算等手段也预测出气进式 SDE 具备很好的前景，但在实际的电解池装配、操作层面，相关的成果是比较少的。这一方面是因为气进式 SDE 的操作较为复杂，另一方面是因为受 PEM 等关键材料性能的限制。此外，可以发现，从事液进式 SDE 研究的 SRNL 在 2015 年后发表的实验研究成果也较少。上述情况在 2022 年有了一定程度的改变，USC 与 SRNL 联合报道了高性能的气进式 SDE 电解池及其操作参数[13]。其 MEA 是将 Pt/C 催化剂喷涂在炭布上，而后热压在 PEM 两侧后制得。阴极侧和阳极侧的 Pt 负载量均为 $0.5mg\ Pt/cm^2$。所使用的 PEM 包括 Nafion® 212、Nafion® 115 和自制的 SDAPP 膜。应用这三种 PEM 所组装的电解池，USC 与 SRNL 的科研人员深入探索了其操作模式与参数对 SDE 性能的影响，特别是阳极侧干/湿进料、阴极侧干/湿进料模式下水的跨膜扩散情况，以及电解池阻抗变化。实验结果表明，就 SO_2 的跨膜扩散量来说，Nafion® 115＜SDAPP＜Nafion® 212，当提升操作温度时，SO_2 的跨膜扩散都会受到抑制。采用较薄的 PEM（SDAPP 和 Nafion® 212）时，欧姆阻抗会得到削减，但由于水向阳极区渗入较多，会使得阳极硫酸浓度相应降低。当使用具备良好水传输性能的 SDAPP 作为 PEM 时，可以通过提高操作温度，调节水的引入量和输入位置（阴极或阳极），在获得较低的欧姆阻抗和动力学阻抗的同时又保持阳极硫酸产物的高浓度，因而体现出了很高的性能，所得结果已经与高效混合硫循环制氢对 SDE 的要求相接近，即在低于 0.6V 的槽电压下实现高于 $0.5A/cm^2$ 的电流密度，并产出高于 65%（质量分数）的硫酸。

在随后的工作中[14]，USC 与 SRNL 对电极进行了优化。研究者发现气进式 SDE 电解池中多孔传输层（PTM）的孔道结构对电极性能有很大影响。PTM 中的开放孔能够将阳极侧生成的硫酸及时输运走，脱离催化剂层，从而促进阳极反应的进行。利用这一特性，研究者在特定炭纸 PTM 上负载催化剂层，同样用 Nafion® 212、Nafion® 115 和自制的 SDAPP 膜为 PEM 制作了 MEA。所装配出的 SDE 电解池具备很高的性能。实验结果表明，当采用 SDAPP 时，在优化后的操作条件下，即压力为 103.4kPa(表压)、温度为 125℃时，能够在槽电压低于 700mV 的情况下达到 $500mA/cm^2$ 的电流密度，且阳极侧可产生高浓度的硫酸[＞60%（质量分数）]。

以上数据是目前报道的气进式 SDE 的最高性能，明显超过了液进式 SDE 所取得的性能。这体现出了气进式 SDE 的优越性，但同时也需要注意到，目前所报道的气进式 SDE 体系，针对前文 5.3.2 中所指出的热管理、液体产物排出、气液固三相传质等问题，并没有给出明确的解决方案。文献 [13] 和 [14] 所组装出的电解池尽管取得了优异的性能，其有效 MEA 面积仅有 1cm×5cm，相当多的技术问题还会在放大过程中涌现，所以无论是气进式还是液进式 SDE 体系，均还需要非常深入细致的基础研究和应用研究工作，才能实现大规模的应用。

5.4 二氧化硫去极化电解催化剂

5.4.1 SDE 催化剂与 PEM 水电解催化剂的差异

以碱性水电解、PEM 水电解为代表的电解水制氢过程，包括阴极析氢反应（hydrogen evolution reaction，HER）以及与之耦合的阳极析氧反应（oxygen evolution reaction，OER），它们都需要在催化剂的参与下才能快速、高效地进行。

SDE 的阴极反应，与常规水电解是非常相似的，由于与 PEM 水电解 HER 同属于酸性环境，因此可以说 SDE 阴极主反应 $2H^+ + 2e^- \longrightarrow H_2$ 与 PEM 水电解的阴极反应是相同的。HER 在酸性介质中通常涉及三个可能的反应步骤，第一个是 Volmer 步骤，即一个电子与一个质子在电极表面反应产生一个吸附氢原子（H_{ads}）。

Volmer 步骤：
$$H^+ + e^- \longrightarrow H_{ads} \tag{5-14}$$

此后，析氢反应可以通过 Tafel 步骤、Heyrovsky 步骤之一或两者共同进行。

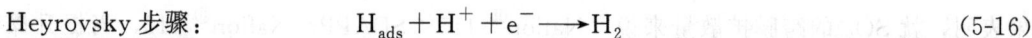

Tafel 步骤：
$$2H_{ads} \longrightarrow H_2 \tag{5-15}$$

Heyrovsky 步骤：
$$H_{ads} + H^+ + e^- \longrightarrow H_2 \tag{5-16}$$

可以看出，无论 HER 依照上述 Tafel 或 Heyrovsky 哪一个步骤发生，H_{ads} 总是参与其中。因此，氢吸附自由能（ΔG_H）被广泛接受作为析氢反应材料的评价参数。如果 ΔG_H 为正且较大，则 H_{ads} 将被电极表面强烈吸附在其上，使初始的 Volmer 步骤变得容易，但随后的 Tafel 或 Heyrovsky 步骤会变得很困难。相反，如果 ΔG_H 为负且绝对值较大，H_{ads} 与电极表面的相互作用变弱，导致 Volmer 步骤非常缓慢，从而会限制整个反应发生的速率。因此，优异的催化剂应当具备良好的表面性质和几乎为零的 ΔG_H，这一原则可指导 HER 催化剂的设计和制备。

图 5-19 中显示的是各种金属的析氢反应火山图，它展示了实验和理论计算给出的 HER 交换电流与各种金属的金属-氢键强度之间的关系[31,32]。图中信息表明，Pt 族金属（Pt、Ru、Pd 和 Ir）的表面特性与上述要求匹配得很好，有望成为高效 HER 催化剂，而其中 Pt 的 ΔG_H 非常接近零，所以在单金属 HER 催化剂中，Pt 是最好的固态析氢反应催化剂。在当前的 SDE 研究中，大多数研究者仍首选 Pt 为阴极催化剂。

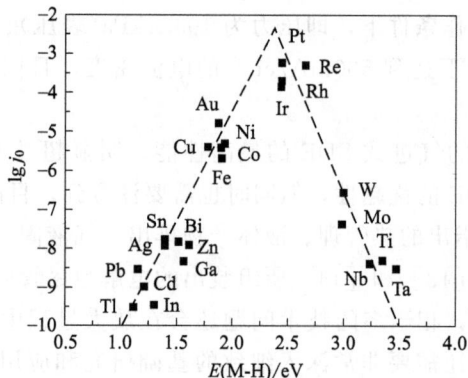

图 5-19 HER 交换电流密度与氢吸附自由能的火山型关系图[32]

由于 SDE 不是真正的水电解过程,而是对阳极进行了"去极化",以 SO_2 氧化为硫酸的反应代替了 OER,所以在阳极侧,SDE 与常规水电解是截然不同的。具体来讲,常规水电解中,阳极 OER 过程涉及四电子转移,从而表现出比阴极 HER 更为迟滞的动力学过程,因此设计高效的阳极催化剂以加快 OER 动力学速度有助于提高整体电解水的效率。PEM 电解池中膜电极阳极侧的析氧催化层处于局部酸性环境,在阳极高电位的作用下,析氧催化剂活性位点易浸润失效,而多数过渡金属催化剂在酸性介质中均面临高阳极电位下的快速腐蚀以致失活,适用于酸性环境下的析氧催化剂则主要集中于 Ru、Ir 等贵金属基氧化物。SDE 的阳极同样工作在酸性条件之下,其产物为 60%(质量分数)甚至更高浓度的硫酸,但其电化学反应并非 OER,催化剂材料在相对较低的阳极电位(1.2V 以下)下工作,因此 SDE 阳极催化剂的选择方针与 PEM 水电解阳极催化剂是不尽相同的。目前来说,SDE 阳极侧仍以 Pt 基催化剂为主。

5.4.2 SDE 催化剂研究进展

在 SDE 体系中,阳极过电位仍然是电解槽电位(槽电压)的主要贡献者。由于阴极催化剂的研发可参考 PEM 电解水等领域的阴极催化剂研究成果,所以 SDE 催化剂的研究主要集中在阳极催化剂方面。需要说明的是,对 SO_2 电催化氧化为硫酸的研究并非起源于混合硫循环,上述反应在含硫废气处理等方面是有应用潜力的,所以很早就受到了人们的重视[33]。自 20 世纪 50 年代甚至更早,就有研究者探索了 Pt、Au[34]、石墨[35]以及 Pt-Au 合金上的 SO_2 电催化氧化。不过,上述探索中 SO_2 往往是溶于非常稀的硫酸溶液中,这与混合硫循环的要求是相悖的。针对混合硫循环的应用场景,人们开始探索较浓硫酸[目标浓度 60%(质量分数),并溶有 SO_2]作为阳极液时各种材料的催化性能。由于 Pt、Pd、Rh、Au、Ru、Re 和 Ir 等贵金属具备抗腐蚀性能,它们最先被纳入了研究范围。截至目前,最为广泛和深入的研究仍归属于 Pt 基催化剂,这与 PEMFC、PEM 电解水的迅速发展密切相关,SDE 研究者可以方便地、大量地借鉴它们在 Pt 催化剂方面的研究成果。除 Pt 基催化剂以外人们对 Au、Pd 催化剂也有一定的研究,而出于研发廉价催化材料的目的,少数研究者对一些非贵金属催化剂在 SDE 阳极的应用进行了探索。

5.4.2.1 Pt 基催化剂

SO_2 在 Pt 上的电催化氧化机理是 SDE 研究的重点之一。在早期研究阶段,Seo 和 Sawyer 等就发现 Pt 需要进行活化操作方能更好地发挥作用。他们在预处理中使 Pt 电极在高电位下生成表面氧化物层,而后又在负电位下对氧化物进行剥离,这样处理后 Pt 的 SDE 催化活性会显著提高[36]。在稍后的研究中,上述学者进一步探讨了 Pt 电极表面 SO_2 的氧化机理,指出其为传质控制过程。在低于 Pt 表面氧化物生成电位[$<0.42V$ vs 饱和甘汞电极(SCE)]下,它是一个电化学-电子传导过程,SO_2 被直接氧化;在更高的电位下,阳极表面形成氧化物,并与亚硫酸根离子发生反应,从而完成对 SO_2 的氧化生成硫酸。Wiesener[37]在研究载 Pt 多孔炭电极时,也得到了类似的结论。Appleby 和 Pinchon[38]对比了铂黑与负载在碳材料上的贵金属催化剂的活性。铂黑的活性很高,能够在 0.7V(vs SHE)下获得 $0.5A/cm^2$ 的电流密度,Norit BRX 载体上负载 10% Pt 所得电流密度为 $0.3A/cm^2$,而在 $2\mu m$ 石墨球上负载 Pt 后得到的电流密度非常低,很可能是其比表面较低所致。Lu 和 Ammon[33]在 25℃、常压下以 50%(质量分数)的硫酸浓度进行了 SO_2 电化学氧化,在 Pt 电极上施加 0.8V 电压(vs SHE)时仅获得了 $1.2mA/cm^2$ 的电流密度。但随后 Lu 和

Ammon[39]比较了负载 Pt 的炭片和炭布作为电极时的性能。其所装配的电解池在阳极侧 Pt 的负载量为 7mg/cm²，在 0.77V（vs SHE）下能够获得 0.2A/cm² 的电流密度［50%（质量分数）H₂SO₄，50℃，常压］，并在 0.1A/cm² 的电流密度下进行了 80h 的持续实验，槽电压稳定在约 675mV，所得氢气纯度为 98.7%。Scott 和 Taama 采用 Pt/Ti 电极进行了 SO₂ 电解[40]。20℃下设定电流密度为 10mA/cm² 进行实验时，电流效率在最初的 30min 内大于 96%，但此后随着亚硫酸浓度的减小而逐渐降低，表明 SO₂ 的氧化几乎完全由传质控制。

随着 PEM 型 SDE 电解池的应用，人们在 SDE 催化剂方面也开始沿用 PEMFC 和 PEM 水电解中催化剂的理念、制备方法和使用方法，即将催化活性物质负载在超细的导电炭颗粒上，而后制备出高活性表面积的电极组件装配在电解池中。前文提到的 2005 年 USC 的 Weidner 等[10]和 SRNL 的 Steimke 和 Steeper[11]在首次将 PEM 型电解池引入 SDE 体系（分别为气进式和液进式）时，都是以 Pt/C 颗粒、Nafion®、水、醇类物质等配制成浆料，喷涂至气体扩散层上或者 Nafion® 膜上，制备出 MEA。SRNL 的研究者在后期调整 Pt 负载量等参数，评价了不同配置 MEA 的性能[15]，在制备 MEA 时，他们将 Pt/C 浆料喷涂在了气体扩散层上具备特氟隆涂层的一侧。当阳极侧 Pt 负载为 0.88mg Pt/cm²、压力为 4bar、温度为 70℃时，获得了最佳的实验结果，当电流密度为 0.3A/cm² 时，电压只有 0.75V。Colón-Mercado 和 Hobbs[41]分别以 Pt/C 和纯铂黑制备了电极并进行性能对比。在 3.5～10.4mol/L 的硫酸溶液中，在 30～70℃温度范围内，Pt/C 表现出很好的稳定性和活性。然而在 50℃及以上的温度下和较高的 H₂SO₄ 浓度（10.4mol/L）中，Pt/C 表现出不稳定性。研究者还发现，在 30℃下，3.5mol/L 硫酸中，Pt 的催化性能较高，Pt/C 的电势（0.51V vs SHE）远低于没有金属催化剂的炭黑的电势（0.85V vs SHE）。

Pt 使用量是人们非常关心的问题。Lee 等[42]探究了 Pt/C 在 MEA 上的负载量对 SDE 性能的影响。在实验涉及的 0.40～4.02mg Pt/cm² 范围内，催化层的电化学活性比表面积（ESA）和催化剂利用率都受到负载量的影响。在一定范围内，ESA 随催化剂负载量增加而升高。但一旦超出这个范围，高负载量则会使催化层的 ESA 减少，导致催化剂利用率降低。Fouzai 等[43]对电喷雾法喷涂和压缩空气喷枪法喷涂制备出的电极进行了性能对比，并研究了低铂负载量（<0.3mg Pt/cm²）时催化剂的活性和稳定性。相比于压缩空气喷枪法，电喷雾法能减少 Pt/C 催化剂颗粒的团聚，从而提高 Pt 的利用率。当催化剂层叠加时，通过 SEM 图像可以观察到电喷雾方法喷涂的 Pt/C 颗粒均匀地分布在气体扩散层上。此外，两种方法制备的电极均在 Pt 负载量为 0.05mg Pt/cm² 时达到较高的 SO₂ 催化氧化活性，并在硫酸电解质中具有很高的稳定性。

为有效减少 Pt 的用量，研究者们引入其他金属与 Pt 相配合，进行了双金属催化剂的研究。Falch 等[44]使用等离子溅射两种金属以获得双金属材料，制备了具有不同摩尔比的 Pt 和 Pd 的催化剂，其中 Pt₃Pd₂、Pt₂Pd₃ 和 PtPd₄ 的起始电位略低于纯 Pt。Xu 等[45]合成 Pt/CeO₂/C 催化剂以增强 SO₂ 电氧化。ESA 测量表明，添加 CeO₂ 可增加催化剂的活性面积。薛璐璐[19]采用浸渍还原法制备了金属负载量为 60%（质量分数）的 Pt 基双金属催化剂，第二金属分别为 Pd、Rh、Ru、Ir、Cr。实验结果表明，Pt-Cr/C 和 Pt-Ir/C 催化剂在 SDE 体系中均表现良好，具备较高的催化活性和稳定性，但 Cr 的价格相对较低，故对 Pt-Cr/C 催化剂中 Pt 和 Cr 的金属摩尔比进一步探究，确定 Pt-Cr 的最佳摩尔比为 1:2。

5.4.2.2　Au 和 Pd 基催化剂

在 SO₂ 电化学氧化的早期研究阶段，Au 被选作催化剂进行了研究，而且多为与 Pt 的对比研究。在 20 世纪 60 年代，Seo 等[34]研究了 SO_2 在 Pt 和 Au 电极上的电化学氧化。与 Pt 电极相比，由于 Au 表面氧化物薄膜易溶解在酸性溶液中，因此 Au 更易于活化。Appleby 等[38]则认为 Au 作为 SDE 催化剂显然不如 Pt，这是因为 SO_2 氧化过程中需要化学吸附的 H、OH 和 O 物种的参与，这些物种的化学吸附与基底表面特性密切相关，而它们在 Pt 上的化学吸附速率要高出在 Au 上速率若干个数量级，因此 Pt 更适合用作催化剂。

Quijada 等研究了多晶 Au 电极上的 SO_2 的还原[46]与氧化[47]。在 SO_2 氧化方面，起始电位为 0.6V，而峰值位于 0.75～0.85V 之间。当 SO_2 在硫酸中的浓度增高时，氧化峰也会增高，这表明在 Au 电极上 SO_2 的氧化与在 Pt 电极上类似，也是传质控制。

O'brien 等[48]研究了 Pt 和 Au 电极上 SO_2 电化学氧化的反应途径。SO_2 在 Pt 和 Au 电极上的氧化分别受动力学限制和扩散限制，即前者的限速步骤是反应物吸附在电极表面后的氧化反应以及产物的解析，后者是反应物向电极表面的扩散。尽管两者的限制因素不同，但在活化电极上基本遵循相似的氧化机制。O'Brien 等得出了与 Seo 等相同的结论，即 Au 比 Pt 活性更高。Santasalo-Aarnio 等[49]使用镀金 904L 不锈钢双极板在 SDE 体系中进行实验，实验中 Au 对 SO_2 氧化和 H_2 析出反应具有良好的催化活性，且在操作条件下具有良好的耐腐蚀性。实验结果表明 Au 可以用作 SDE 的经济型催化剂，但所获得的电流密度并不高。

Pd 作为一种贵金属，很早就被人们以纯金属或负载状态用于 SO_2 的电催化氧化研究。此方面的工作最早是由 Lu 和 Ammon[33]开展的，其实验结果表明在 Pd 上可以实现比 Pt 更高的极限电流密度。上述研究者制备了碳材料负载钯氧化物电极，其性能优于负载于碳上的铂黑电极，另外制备了 Ti 负载的 Pd 氧化物-Ti 氧化物催化剂，其性能与 Ti 负载的铂黑催化剂相当。

Scott 和 Taama[40]研究了 Pd 电极、覆 Pd 石墨电极和覆 Pd 的 Ebonex（主成分是 Ti_4O_7）电极对 SO_2 的电催化氧化活性。其实验结果同样表明 Pd 电极优于 Pt 电极。负载型的 Pd 由于具备较大的表面积，其初始活性优于非负载的 Pd 电极，但其稳定性较差。与以上 Pd、Pt 活性对比结果不同的是，Colón-Mercado 和 Hobbs[41]比较了 Pt 和 Pd 在 SDE 体系中的催化活性和稳定性，发现 Pt 催化剂比 Pd 更稳定，催化活性更高。并且，电解反应的 Tafel 曲线显示，使用 Pt/C 催化剂的 SDE 池的电解电压更低，交换电流密度更高。

5.4.2.3　其他催化剂

除 Pt、Au 和 Pd 之外的 SO_2 电催化氧化催化剂研究是比较少的，主要是因为其他活性物质在硫酸中的稳定性较差。Wiesener[37]研究了不同比例的 V_2O_5-Al_2O_3 混合物的催化活性，所得出的最佳 V/Al 摩尔比为 1∶3 和 1∶6，总体上所制样品的活性低于 Pt，但其遇到的主要问题仍是样品在酸性溶液中的稳定性。Appleby 和 Pinchon[38]测试了活性炭、石墨、炭黑、过渡金属碳化物以及碳负载贵金属的 SO_2 电催化活性。结果显示石墨和碳化物没有催化活性，活性炭仅有较弱活性，无法在实际中应用。Lu 和 Ammon[33]研究了负载于 Ti 上的 RuO_x-TiO_2、IrO_x-TiO_2，以及 Ru、Re、Ir 和 Rh 的活性。Ru 体现出了与 Pt 类似的活性，但 Ir、Re 和 Rh 对 SO_2 氧化的催化活性较弱，而 RuO_x-TiO_2/Ti 和 IrO_x-TiO_x/Ti 同样呈现弱活性。

Scott 和 Taama[40]在进行 Pt、Pd 催化活性研究时，对玻璃碳、石墨电极和氧化铅电极的催化剂活性进行了研究，但发现其在高电势下不稳定。Mu 等[50]制备了氮掺杂石墨，并与商业 50%Pt/C 和 XC-72 型导电炭黑进行了活性对比。实验结果表明 900℃下处理的氮掺杂石墨的活性优于 XC-72，但弱于 Pt/C。Potgieter 等[51]对 Rh 的研究表明，其 SO_2 电催化氧化的活性低于 Pt，且较容易被含硫吸附物所毒化。Tulskiy 等[52]研究了负载 Pt、MoO_3、RuO_2 和 WO_3 的石墨阳极的活性，通过极化曲线得出活性次序为：$Pt > RuO_2 > MoO_3 > WO_3$。Zhao 等[53]通过前驱体热解法制备了 Fe-N 掺杂的碳包覆催化剂。采用该催化剂时 SO_2 起始氧化电位为 0.516V，半波氧化电位为 0.629V，与商业 Pt/C 催化剂（JM，20% Pt/C）的 SO_2 起始氧化电位特别接近。当氧化电位大于 1.194V 时，上述碳包覆催化剂对 SO_2 的催化活性高于 Pt/C。此外，在硫酸中进行加速耐久性试验的结果表明，该催化剂的稳定性也优于 Pt/C。研究者认为催化剂中有效掺杂的 Fe-N、嵌入良好的 Fe_3C 以及高比表面积、大孔容和介孔结构能够协同作用，使材料具备了优异的催化性能和较好的稳定性。

整体来看，广大科研工作者已经探索了相当多金属的 SDE 催化活性，但现阶段此方面的研究并不活跃。从活性、耐久性等方面综合考虑，Pt 基催化剂仍被认为是最优的 SDE 催化剂，且无论是阴极还是阳极，人们都首选经过 PEMFC、PEM 水电解领域所筛选出来的 Pt 基催化剂产品。

5.5　二氧化硫去极化电解过程机理研究

5.5.1　SDE 阳极体系中 S(Ⅳ)向 S(Ⅵ)物质的转化

O'brien 等[5]针对溶有 SO_2 和硫酸体系的电化学，进行了较为深入的分析讨论。其中，SO_2 溶解后形成了如下的 4 价硫物质［即 S(Ⅳ)］的解离平衡[54]：

$$SO_2(aq) + H_2O \Longleftrightarrow HSO_3^- + H^+ \tag{5-17}$$

$$K_{\mathrm{I}} = \frac{[H^+][HSO_3^-]}{[SO_{2(aq)}][H_2O]} = 1.4125 \times 10^{-2} \tag{5-18}$$

$$HSO_3^- \Longleftrightarrow SO_3^{2-} + H^+ \tag{5-19}$$

$$K_{\mathrm{II}} = \frac{[H^+][SO_3^{2-}]}{[HSO_3^-]} = 6.300 \times 10^{-8} \tag{5-20}$$

S(Ⅳ) 的浓度 $c_{S(Ⅳ)}$ 可表述为：

$$c_{S(Ⅳ)} = [SO_2(aq)] + [HSO_3^-] + [SO_3^{2-}] \tag{5-21}$$

在电化学氧化条件下，S(Ⅳ) 发生向 6 价硫物质即 S(Ⅵ) 的转化，主要涉及下列反应，同时根据 Bard 等[55]文献中的吉布斯自由能给出了在 298.15K 下的可逆电势。

$$SO_2(aq) + 2H_2O \Longleftrightarrow SO_4^{2-} + 4H^+ + 2e^- \quad (E = 0.158V\ vs\ SHE) \tag{5-22}$$

$$SO_2(aq) + 2H_2O \Longleftrightarrow HSO_4^- + 3H^+ + 2e^- \quad (E = 0.099V\ vs\ SHE) \tag{5-23}$$

$$HSO_3^- + H_2O \Longleftrightarrow SO_4^{2-} + 3H^+ + 2e^- \quad (E = 0.105V\ vs\ SHE) \tag{5-24}$$

$$SO_3^{2-} + H_2O \Longleftrightarrow SO_4^{2-} + 2H^+ + 2e^- \quad (E = -0.108V\ vs\ SHE) \tag{5-25}$$

而各 S(Ⅵ) 物种之间存在如下解离平衡：

$$HSO_4^- \rightleftharpoons SO_4^{2-} + H^+ \tag{5-26}$$

$$K_{\text{II}} = \frac{[H^+][SO_4^{2-}]}{[HSO_4^-]} = 1.0233 \times 10^{-2} \tag{5-27}$$

S(Ⅵ) 的浓度 $C_{S(Ⅵ)}$ 可表述为：

$$C_{S(Ⅵ)} = [HSO_4^-] + [SO_4^{2-}] \tag{5-28}$$

O'brien 等给出了在 298.15K、1atm 条件下，体系中 S(Ⅳ) 和 S(Ⅵ) 的浓度随 pH 值的变化情况，如图 5-20 所示[56]。

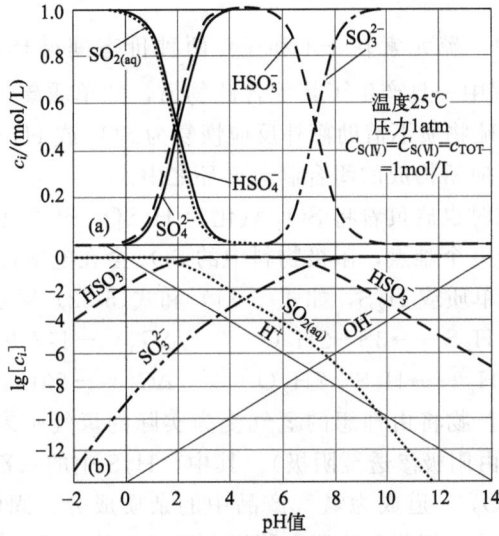

图 5-20　S(Ⅳ) 和 S(Ⅵ) 的浓度随 pH 值的变化情况（298.15K，1atm）[56]

阳极物料体系中 S(Ⅳ) 和 S(Ⅵ) 的电化学转换可简化为式(5-29)：

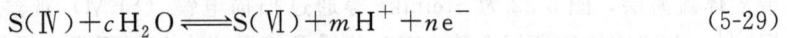

$$S(Ⅳ) + cH_2O \rightleftharpoons S(Ⅵ) + mH^+ + ne^- \tag{5-29}$$

根据此式列出能斯特方程，可得式(5-30)：

$$E = E^0 + \frac{RT}{nF} \ln \left[\frac{\alpha_{S(Ⅵ)} \times (\alpha_{H^+})^m}{\alpha_{S(Ⅳ)} \times (\alpha_{H_2O})^c} \right] \tag{5-30}$$

式中，E 为应用条件下的可逆电势；E^0 为标准条件下的可逆电势；α_i 为体系中 i 物种的活度。

O'brien 等采用 Hunger 等[57]的方法进行活度系数的计算，并根据式(5-30)，给出了 $C_{H_2SO_4} = C_{SO_2} = 1mol/L$ 条件下 E 随 pH 值的变化曲线，如图 5-21 所示。

在实际应用条件下，SDE 发生在高浓度硫酸和较高温度（>333.15K）条件之下，按照 O'brien 等采取的计算体系，很难得出相应的 E 值，Gorensek 等[12]构建了热力学模型，计算出在 353.15K 和 1atm 下，可逆电势由 10%（质量分数）硫酸浓度下的 0.17V 上升到了 70%（质量分数）硫酸浓度下的 0.45V。

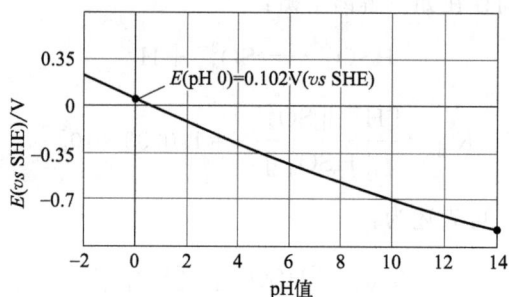

图 5-21 $C_{H_2SO_4} = C_{SO_2} = 1mol/L$ 条件下可逆电势 E 随 pH 值的变化曲线

5.5.2 SDE 副反应及其应对策略

理想的混合硫循环中，硫元素在+4 和+6 两种价态间循环变化，分别对应 SO_2 和 H_2SO_4 这两种物质，过程中一旦产生了其他含硫物质，如单质硫、H_2S 等，则意味着循环中的硫损失，因为这些含硫物质不借助额外反应恢复为 SO_2 或 H_2SO_4 的话，将无法再回到 SDE 和硫酸分解这两个反应所构成的闭合制氢循环之中。

SDE 是产氢步骤，同时也肩负着将 SO_2 氧化为 H_2SO_4 的"使命"。然而，自人们开始 SDE 研究之初，就面临着一个难点，阳极物料中的 SO_2 会在电解过程中不断迁移至阴极区，并发生还原反应，生成硫单质或 H_2S，如式（5-31）和式（5-32）所示。

$$SO_2 + 2H_2S \longrightarrow 3S + 2H_2O \qquad \Delta G_0 = -117.9kJ/mol \qquad (5-31)$$

$$SO_2 + 3H_2 \longrightarrow H_2S + 2H_2O \qquad \Delta G_0 = -201.4kJ/mol \qquad (5-32)$$

在以上情况下，阴极产物将由理想的氢气变为实际的氢气＋未反应的跨区 SO_2＋固体硫单质＋H_2S＋跨区水（由阳极渗透至阴极）。其中，H_2S 中的一部分溶于跨区水中而被排出，另一部分则与跨区 SO_2 一道成为氢气产品中的杂质成分。固体硫的情况则较为复杂，一部分会随着跨区水排出，一部分会残留在阴极电极材料的缝隙中，此外还有相当一部分单质硫是在 MEA 结构中 PEM 与阴极催化剂层的界面上形成的，这一部分硫单质对 SDE 电解池/电堆危害较大，随着单质硫的不断积累并连接成片，将在 PEM 与阴极催化剂层之间形成固体硫薄层，图 5-22 为 Steimke 等通过扫描电镜（SEM）观察到的 MEA 内部硫沉积情况[17]。上述固体硫薄层会使 MEA 的质子传导能力急剧下降，最终致使这一 SDE 电堆中的高价值部件报废。

SO_2 的跨区迁移、SDE 副反应的发生消耗了原本用于产氢的电能，增加了产品杂质，造成制氢循环的硫元素损失，更会破坏 MEA 结构，这些问题促使人们积极采取应对措施，以图抑制或阻止 SO_2 的跨区迁移和副反应的发生。目前大家主要采取的手段是：a. 优化 MEA 结构与材料，选取 SO_2 不易穿透的 PEM，抑制其跨区迁移；b. 采取特定的 SDE 操作策略，使得阳极区 SO_2 发生较大的消耗，特别是在 SDE 电解池/堆开机与停机时控制电解电压的施加时机，配合一定的进料和洗涤操作，减少 MEA 阳极侧表面的 SO_2，从而减少其向阴极侧的迁移量。

Kim 等[58]对比测试了 Nafion® 膜和 sPEEK（磺酸化聚醚醚酮）膜的 SO_2 输运特性。SO_2 在两类型膜中的扩散系数均随温度的升高而增大。对于 sPEEK 膜来说，更高的磺化度能使其输送更多的 SO_2，因为高的磺化度会使膜含有更多的水，从而能将更多的 SO_2 溶解到膜中。sPEEK 膜即使在 70% 的磺化度下，在 60℃ 以下也表现出类似于 Nafion® 膜的 SO_2

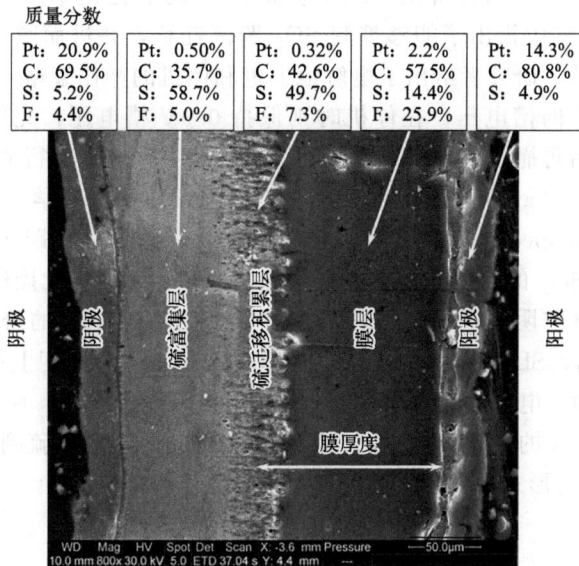

图 5-22　跨膜 SO_2 在 MEA 内部（PEM 与阴极催化剂层之间）沉积成膜的情况[17]

渗透性。

　　Mark 等[59]也对不同 PEM 进行了评估，样品包括杜邦公司的全氟磺酸（PFSA）膜（Nafion®系列）和巴斯夫公司的聚苯并咪唑（PBI）膜两种商业膜，以及若干公司或实验室制备的膜样品。研究者测定了不同膜的 SO_2 通量和 SO_2 传输速率，并以杜邦公司的 Nafion® 115 和 211 作为参照，进行各样品的对比。杜邦的两个 PFSA 膜样品，即 1500EW 型膜和双层膜（全氟羧基/磺酸膜）在所测试的各样品中具有最低的 SO_2 通量和 SO_2 运输速率。总体来讲，具有较高电导率和电解性能的 PFSA 型膜同时也具备较高的 SO_2 传输量。而大多数 SO_2 输运量较低的膜样品，其电导率也较低，所组装的电解池性能相对较差。与 PFSA、SDAPP（sulfonated Diels-Alder polyphenylenes，磺化 Diels-Alder 聚苯）、BPVE（perflfluorocyclobutanebiphenyl vinyl ether，全氟环丁烷和联苯乙烯醚）等使用磺酸基来运输水合质子不同，PBI 膜中固定的阴离子，如磷酸根，可以使质子在不需要水的情况下进行迁移，能够显著抑制 SO_2 这种中性小分子的运输，因此 SO_2 通量和 SO_2 运输量都明显低于参照膜 Nafion® 115。而采用 PBI 膜时得到的 SDE 性能（344mA/cm²）相对于采用参照膜的电解池（270mA/cm²）也有所提高。

　　Hugo 等[60]研究了 Nafion® 112、Nafion® 117、Nafion® 212 和 sFS-PBI 四种膜的 SO_2 通量和渗透特性。操作压力保持不变的情况下，所有膜的 SO_2 通量均随温度的升高呈线性下降，sFS-PBI 膜的 SO_2 通量低于 Nafion® 膜，研究者推断，较厚的以及具有更刚性的骨架结构的 PEM 更适合抑制 SO_2 跨膜扩散，并发现 SO_2 在膜上的通量受 SO_2 在溶液中溶解度的强烈影响，通量很可能是一个纯浓度梯度驱动的过程。在操作条件方面，高操作温度、低跨膜分压和高 H_2SO_4 浓度有利于抑制 SO_2 的跨区迁移。

　　Steimke 等[17]对液相进料 SDE 进行了连续运行实验，系统考察了操作条件与固体硫沉积的关系，提出了防止阴极硫生成的操作策略。研究者认为，如果 MEA 阳极催化剂层区域有较多 SO_2 存在，则其穿过 PEM 层发生跨区迁移的量必然较大，因此必须进行控制。上述 SO_2 的量不仅与阳极输入料液中原有的 SO_2 含量相关，还与施加在电解池上的电压及所达到的电流密度相关，因为后者意味着 MEA 表面 SO_2 的消耗速率。研究者根据实验结果，在 SO_2 浓度-电流密度图中指出了能够抑制 SO_2 跨区迁移，并进而减少副反应的 SDE 的操作参数设置范围。此外，研究者给出了电解池上电和停机的操作策略，简言之，在电解池进物料前首先施加 $0.9V$ 的槽电压，在停机时则保持 $0.9V$ 槽电压，先停止含 SO_2 物料的输入，然后用纯水洗涤后再撤去上述电压。上述操作策略在研究者进行的连续实验中体现出了较好的效果。Santasalo-Aarnio 等[49]在 SDE 实验过程中使用电化学、滴定以及光子相关光谱（photon correlation spectroscopy）手段监测或者表征了 SO_2 的跨区迁移和阴极侧单质硫的形成。研究者认为 SO_2 的跨膜扩散是一个快速的过程，仅靠优化操作参数是难以避免的。

总体来讲，阳极区与阴极区 SO_2 浓度差的存在，驱动了 SO_2 的跨区迁移。目前的技术手段，如 PEM 的优选、SDE 操作策略的优化等，能够在一定程度上抑制 SO_2 的迁移，后续还可依靠 MEA 结构、电解池整体结构的优化，进一步减少 SO_2 跨区迁移，特别是尽可能地避免固体硫对 MEA 的深度破坏。同时需要考虑的是将阴极含硫副产物及时移出，并及时以 SO_2 或者 H_2SO 的形式向制氢循环中补充硫元素。

5.6　混合硫循环工艺路线与主要设备

从反应原理的角度来看，混合硫循环制氢是很简捷的，但其工艺路线并不简单，实现其闭合运行也并不容易。为使制氢工艺高效运行，并满足两个反应步骤各自的物料需求，在实际闭合工艺流程中，还包含着 SDE 电解阴、阳极物料的次级循环，以及硫酸分解反应料液的次级循环。在设备方面，除 SDE 电解器、硫酸分解反应器这两个关键电化学/热化学反应器之外，还包含多个浓缩、分离、能量回收等操作单元。因此，混合硫循环制氢工艺是一个复杂体系，要实现稳定、高效的闭合制氢循环，必须综合考虑工艺路线、关键设备、自动控制、流程安全，以及环境友好等多个方面。

多个研究机构依据各自的研究结果与结论提出了混合硫循环的工艺路线。在此，以清华大学核研院针对中试规模 [1000m³（标）/h H_2] 混合硫循环制氢厂所完成的概念设计/初步设计为依托，对混合硫循环制氢的工艺路线、关键设备和运行策略进行简单介绍。需要说明的是，该设计中采用了液相进料的 SDE 系统，进入 SDE 的阳极物料为含有 SO_2 的硫酸溶液，而不是气相进料 SDE 系统所对应的气态 SO_2 和水蒸气。在该设计中，清华大学核研院依据混合硫循环不同环节的运行目标、工艺特征，同时考虑各环节的相对独立性/完整性，将混合硫循环制氢工艺分为三个工段，分别是：a. SDE 电解工段；b. 硫酸浓缩工段；c. 硫酸分解工段。下面结合工艺流程图（PFD）对各工段进行介绍。

5.6.1　SDE 电解工段

SDE 电解工段是混合硫循环过程中的产氢工段，其核心设备是 SDE 电解器，或称为 SDE 电解槽。目前还没有商业化的产品问世，面向实际应用的 SDE 电解器应与 PEM 水电解器、碱性水电解器等典型产品相类似，采用多个单体电解池以串联方式层叠组合构成电解池堆，简称为电堆。SDE 电堆中的各个电解单元被质子选择性膜（PEM）分隔为阴极室和阳极室，通过堆内的拓扑结构，所有单元的阴极室被连通在了一起，形成并联结构，而所有单元的阳极室也是如此，形成了阳极室并联结构。阳极物料液是溶解了接近饱和量 SO_2 的硫酸水溶液（硫酸的质量浓度为 $45\%\sim60\%$）。阴极区通常仅接通开车用水或日常冲洗用水，在运行时阳极物料中的水会渗透至阴极区，保持 PEM 和阴极区的湿润，因此阴极区往往不需要通入物料，仅排出产物氢气以及阳极区渗透过来的水。SDE 电堆在直流电的驱动下工作，其阳极区和阴极区内发生式(5-4) 和式(5-5) 所示的电极反应。

具体工艺如图 5-23 所示。SDE 电解工段的主要设备为上述 SDE 电解器 R101，以及阴极液罐 V101、阳极液罐 V102、阴极液收集罐 V104、阳极液收集罐 V103，另有附属的泵、换热器等。SDE 电解器 R101 在加压条件下工作，操作温度在 $70\sim85℃$ 范围内。其阳极侧（AN）接收来自 V102 的阳极物料（溶有 SO_2 的硫酸溶液），阴极侧（CA）则接收来自 V101 的阴极用水，在直流电源供电下发生电化学反应。流程中阳极物料来自硫酸分解工段的 SO_2 吸收塔 C301，由于电解器内浓度差推动，阳极侧会有一定量的水分透过催化膜进入阴极侧，因此从整个物料平衡角度看，SDE 阴极不但会有氢气产生，还会有水分积累，这些水在排出过程中可冲刷阴极区积累的杂质。在实际操作中，阴极排出的水经过除杂净化后，一部分作为 SDE 冲洗用水，其余水可考虑作为阳极水。在此流程图中，整个系统需要的水在阳极循环回路上硫酸分解反应器 R301 后的 SO_2 吸收塔 C301 处进行补充。

经 SDE 电解器，阳极物料因 SO_2 被氧化而发生硫酸的增浓，根据工艺优化设计，R101 阳极区出料流向分为 3 股，其中 2 股输送至硫酸分解工段的 SO_2 吸收塔 C301 进行分步喷淋洗涤，余下的一股输送至硫酸浓缩工段进行精馏浓缩，浓缩后硫酸进入 R301 进行分解。R101 阴极区内 H^+ 被还原产生氢气，与水一同排出，其中氢气为产品，水则循环使用。

5.6.2 硫酸浓缩工段

硫酸浓缩工段的主要功能是将来自 SDE 电解工段及硫酸分解工段的稀硫酸溶液浓缩至 90% 左右，从而供应硫酸分解器进行分解制氧。该工段主要由硫酸浓缩塔 C201 及附属设备组成（如图 5-24 所示），浓缩塔 C201 在减压条件下操作，从而降低塔釜温度，有利于热利用，同时可大幅度减弱塔内硫酸物料的腐蚀性，也便于工程材料的选择。塔顶出的混有少量 SO_2 的水通过冷凝后，返回硫酸分解工段的 SO_2 吸收塔 C301，进行分步喷淋洗涤（PL-1202），塔釜出料输送至浓酸罐 V202 缓存以作为硫酸分解工段的原料。

5.6.3 硫酸分解工段

硫酸分解工段主设备是硫酸分解反应器 R301 和 SO_2 吸收塔 C301，流程如图 5-25 所示。硫酸浓缩塔 C201 塔釜出料进入硫酸分解工段，经硫酸分解预热器 E301 预热至 320℃ 左右，进入硫酸分解反应器在 850℃ 及催化剂作用下发生硫酸分解，反应器加热介质为来自反应堆的高温氦气。反应器 R301 出口气相通过预热器 E301 降温后，进入气液分离罐 V301 实现残余硫酸与气相的分离，液相返回到 C201 塔进料，气相进入 SO_2 吸收塔 C301，经过多级吸收、洗涤后，氧气作为不凝气排出系统，C301 塔釜液体作为阳极液原料返回到 V101 中。

除了硫酸分解外，此工段的另外一个重要任务是完成分解反应产物的分离，其中，SO_2 的回收率是整个循环系统的重要指标，也是氧气产物净化的关键参数之一。此流程对 SO_2 采用了三段式冷却吸收：在 C301 塔釜，来自 V301 的高温气相通过文丘里射流及喷淋方式，与塔釜低温循环液相进行紧密接触和快速降温，完成大部分 SO_2 的分离，塔釜段接收的物流是阳极液和硫酸浓缩塔顶水相；未进入液相的 SO_2 随着氧气继续上升到 C301 中段填料，在填料表面与低温阳极液逆流接触，继续降温的同时进行吸收；在 C301 塔顶引入纯水，确保在 C301 填料层的上段，O_2 中的残余微量 SO_2 得到深度去除。

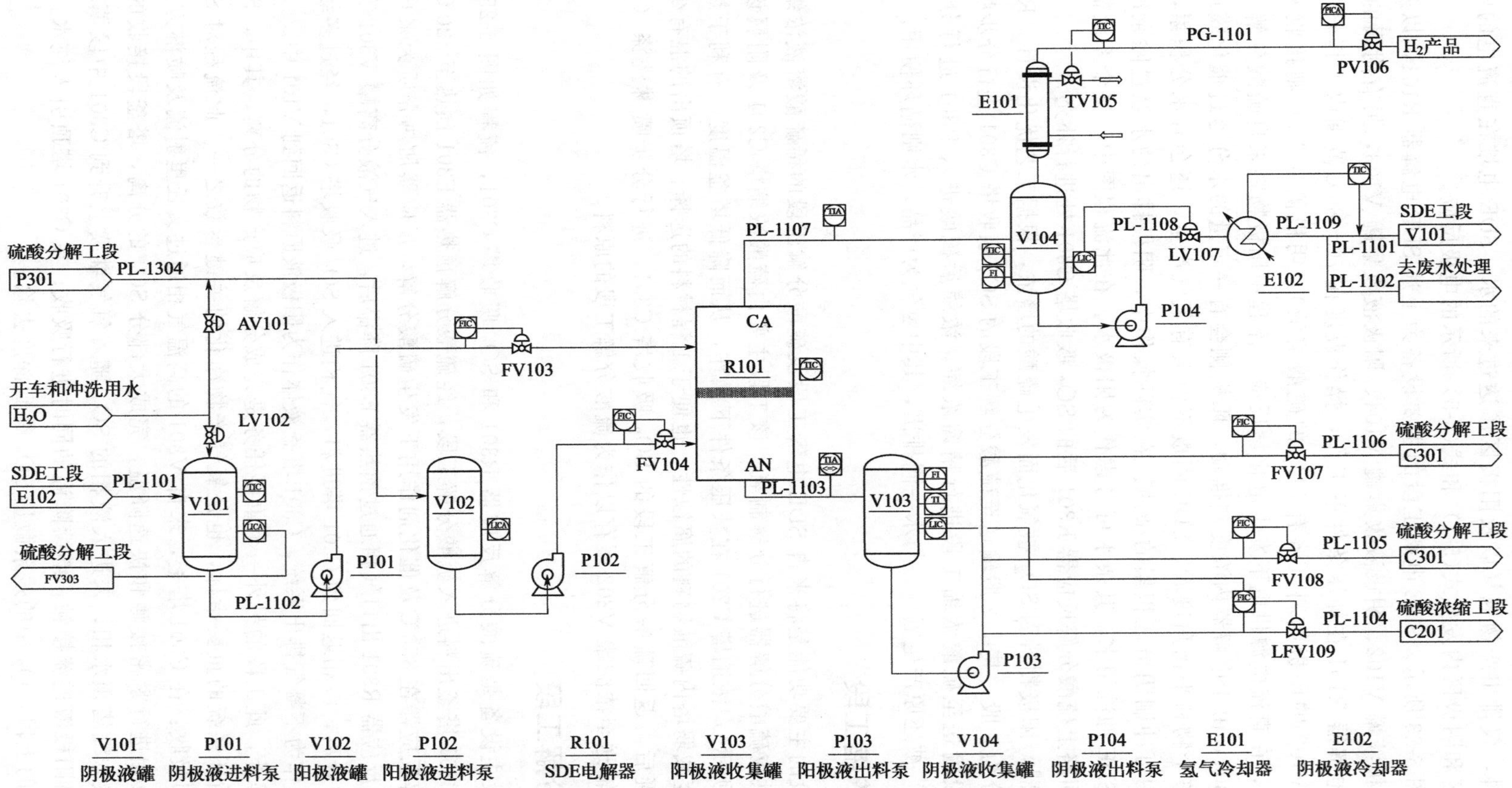
硫酸分解工段
P301
PL-1304
AV101
开车和冲洗用水
H₂O
LV102
SDE工段
E102
PL-1101
V101
硫酸分解工段
FV303
PL-1102
P101
V102
FV103
P102
FV104
CA
R101
AN
PL-1107
PL-1103
V103
P103
V104
E101
TV105
PG-1101
PV106
H₂产品
PL-1108
LV107
P104
E102
PL-1109
SDE工段
V101
PL-1101
去废水处理
PL-1102
PL-1106
FV107
硫酸分解工段
C301
PL-1105
FV108
硫酸分解工段
C301
PL-1104
LFV109
硫酸浓缩工段
C201
V101 阴极液罐
P101 阴极液进料泵
V102 阳极液罐
P102 阳极液进料泵
R101 SDE电解器
V103 阳极液收集罐
P103 阳极液出料泵
V104 阴极液收集罐
P104 阴极液出料泵
E101 氢气冷却器
E102 阴极液冷却器

图 5-23 SDE 电解工段流程图

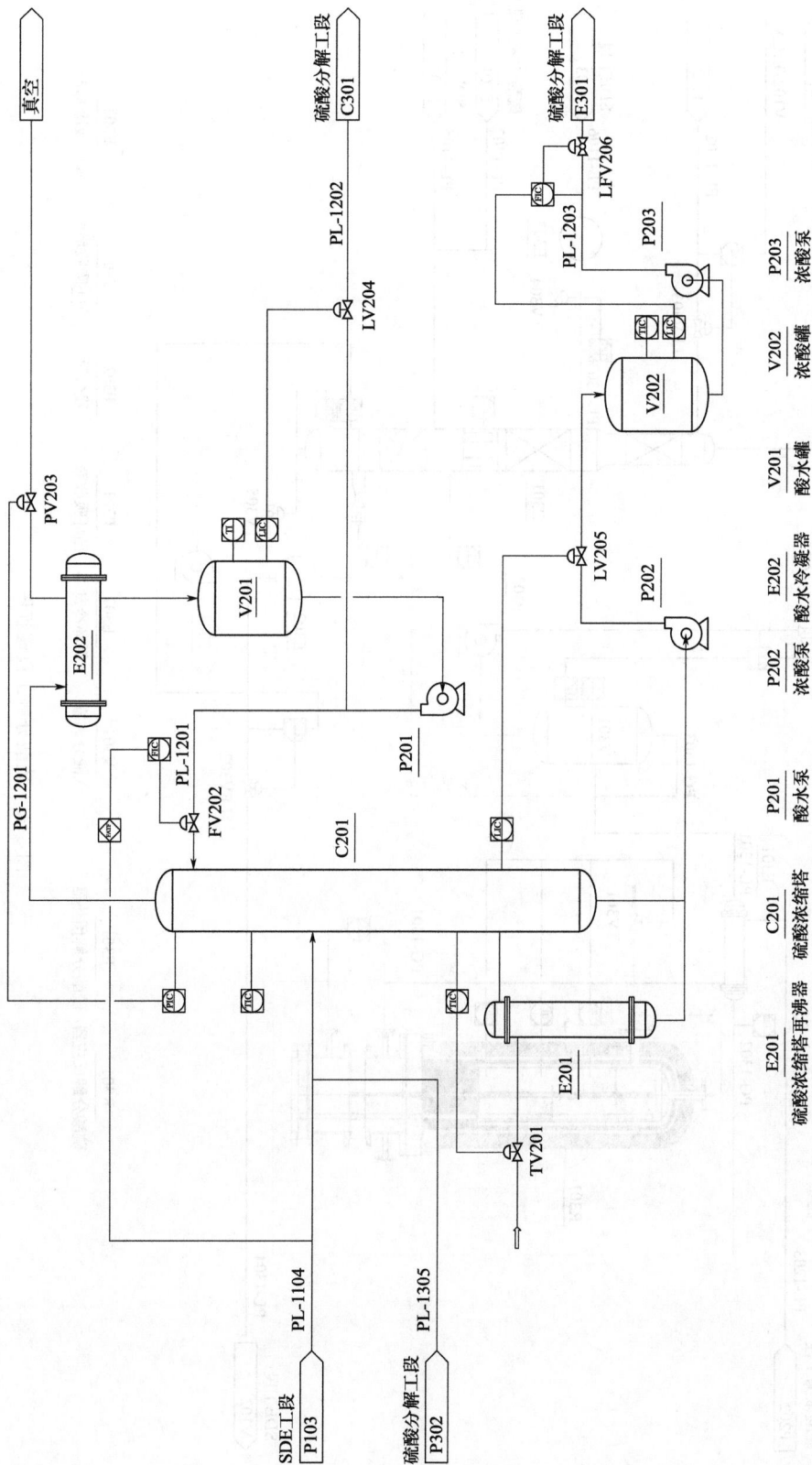

图 5-24 硫酸浓缩工段流程图

E201	P201	P202	E202	V201	V202	P203	C301	E301
硫酸浓缩塔再沸器	酸水泵	浓酸泵	酸水冷凝器	酸水罐	浓酸罐	浓酸泵		

C201
硫酸浓缩塔

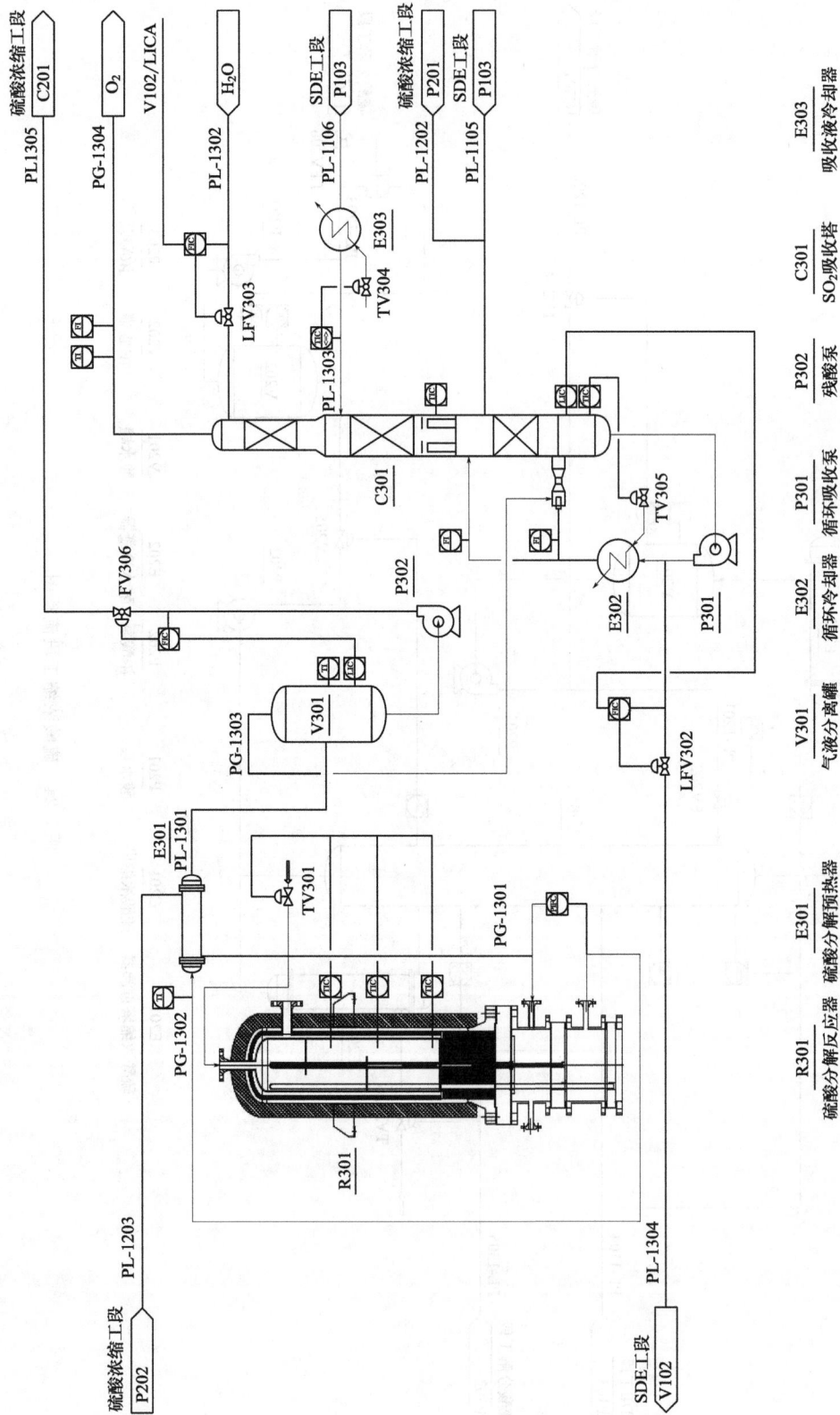

图 5-25 硫酸分解工段流程图

标识	名称
R301	硫酸分解反应器
E301	硫酸分解预热器
V301	气液分离罐
E302	循环冷却器
P301	循环吸收泵
C301	SO₂吸收塔
P302	残酸泵
E303	吸收液冷却器

5.7 混合硫循环过程模拟与优化

自混合硫循环制氢工艺被提出以来，很多研究机构对其工艺流程进行了设计和优化。作为创始机构，西屋公司在1976年提出了最早的混合硫循环制氢工艺流程方案[61]。该流程采用高温气冷堆作为能源，为整个工艺同时提供电能和热能。Knoche 和 Funk 对该工艺流程进行了一系列改进[62]，一些关键的设定包括：a. 高温气冷堆作为热源，其操作温度为1010℃；b. 使用微孔隔离膜的 SDE 电解槽，设定其在90℃和26bar的条件下生成75%（质量分数）的硫酸，电解池的电解电压为450mV；c. 硫酸分解反应器的反应条件为871℃、3.8bar。该混合硫循环流程的产氢效率为45%（高位热值，HHV）。从现在的视角来看，混合硫循环早期工作中的一些基本假设不太合理，而当时的 SDE 电解槽与硫酸反应器也很难达到相应的操作性能。

随着技术的进步，特别是材料科学的发展，一些新的工艺和技术方案能够得以实现。2009年，美国 SRNL 根据 PEM 型 SDE 电解池和刺刀管式硫酸分解器提出了一个新的混合硫循环流程，如图5-26所示[18]。根据该工艺设想，研究人员利用 Aspen Plus 软件建立了混合硫循环的流程模型，并假设产氢速率为1kmol/s[12]。该模型中，反应堆的出口温度（ROT）为945℃（1218K），电解方面采用的是液相进料式 SDE 体系，将电解池阳极电解液设定为溶解有 SO_2 的硫酸溶液，其中 SO_2 和硫酸的浓度分别为15.5%（质量分数）和43.5%（质量分数）。电解池阴阳两极的压力均为21bar，目标硫酸产物浓度为50%（质量分数）。

上述 Aspen Plus 模型中，尚未建立详细的 SDE 反应模型，SRNL 只是将模型中的 SDE 部分设为"黑盒子"，具体参数设定如下：

① 由于 PEM 膜两侧水的活度不同，存在固定流速（1kmol H_2O/kmol SO_2）的水从阴极扩散至阳极；

② SDE 阳极半电池反应的 SO_2 转化率为40%；

③ 阴极所有的氢气产物均随出口液排出；

④ 电解电压为0.6V（对应电流密度0.5A/cm²）。

根据此模型的计算结果，每摩尔 H_2 产物消耗340.3kJ 高温热量、75.5kJ 低温热量、1.31kJ 低压蒸汽和120.9kJ 电能，如果将反应堆的热电转换效率设定为45%，则整体制氢流程的低位热值（LHV）效率为35.3%，对应高位热值（HHV）效率为41.7%，明显高于碱性水电解与 HTGR 耦合的制氢效率（36%，HHV）。

2011年，SRNL 对上述流程模型进行了一些优化[63]，同时在前期反应堆出口温度（ROT）945℃（1218K）基础上，针对750℃的 ROT 进行了模拟验证。通过假设使用更耐酸的 PEM，比如以酸掺杂聚 [2,2'-（间苯）-5,5'-双苯并咪唑]（即 PBI）取代原先的 Nafion® 型 PEM（即全氟磺酸型 PEM），可以提高阳极电解液中的硫酸浓度，从而能够与硫酸分解器的物料需求更好地契合。此外，为适应降低后的 ROT(750℃)，在刺刀管式硫酸分解器上游增设了一个直接接触式交换/淬火塔，并降低了硫酸分解器的操作压力。Aspen Plus 计算结果表明，改进后工艺流程在950℃的 ROT 条件下净热效率为44.0%~47.6%（HHV），而在750℃的 ROT 条件下净热效率则会降至39.9%（HHV）。

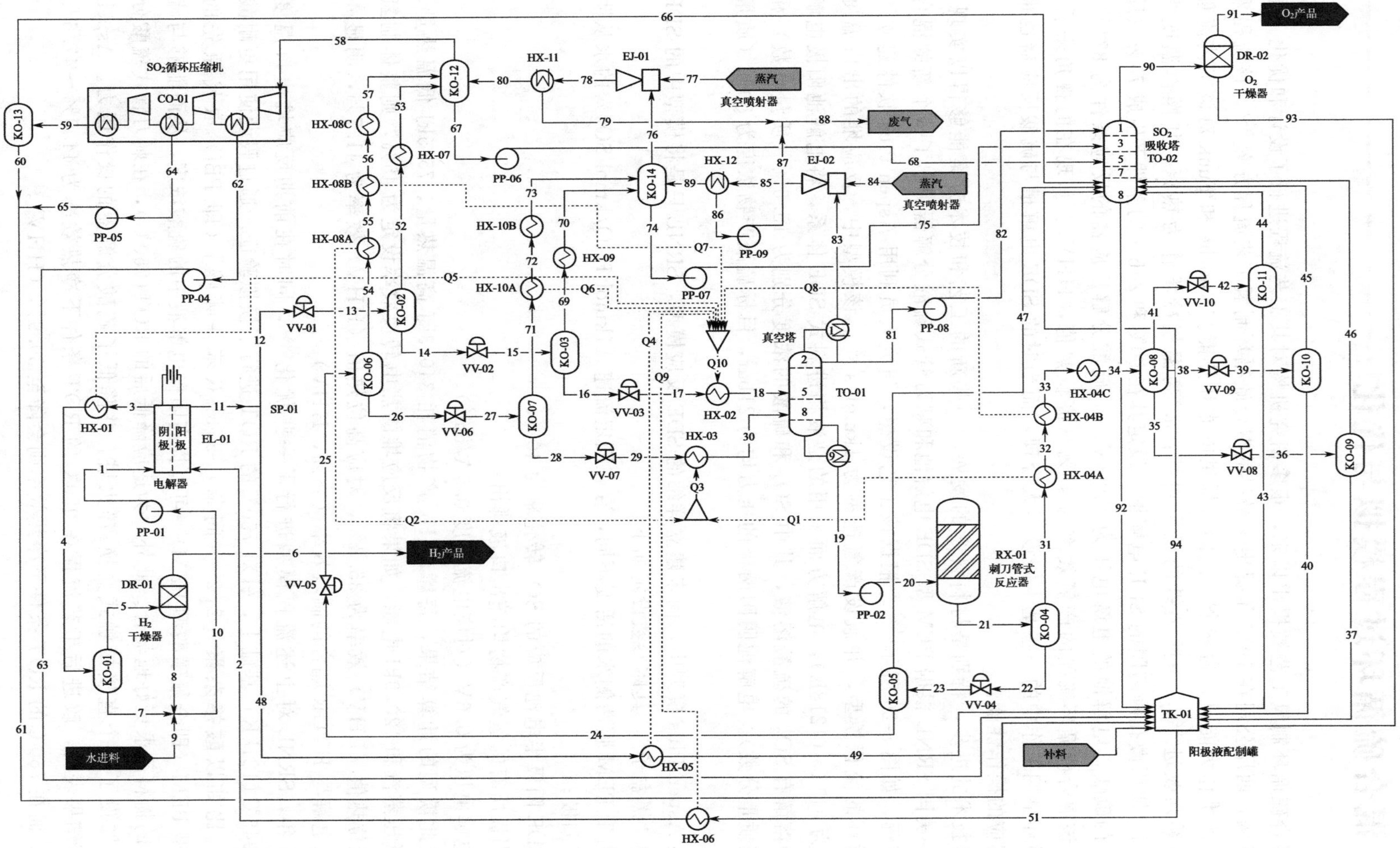

图 5-26 美国 SRNL 提出的混合硫循环全流程图[18]

CO—压缩机；HX—换热器；SP—分流器；VV—阀门；EL—电解器；KO—分离器；EJ—喷射器；PP—泵；RX—反应器；TO—塔；DR—干燥器

2010 年，法国原子能委员会（CEA）利用 Prosim Plus 软件构建了混合硫循环全流程模型[64]，如图 5-27 所示。依照模拟计算结果，混合硫循环生产氢气的成本约为 6.6 欧元/kg。该模型采用的 SDE 电解池也是液相进料型。电解池入口阳极液组成为 2%（质量分数）SO_2、49%（质量分数）H_2SO_4 和 49%（质量分数）H_2O，电解温度 80℃，电解池压力 10bar。与 SRNL 的模型相似的是，该模型中的电解池也被设定为"黑盒子"，设定条件如下：

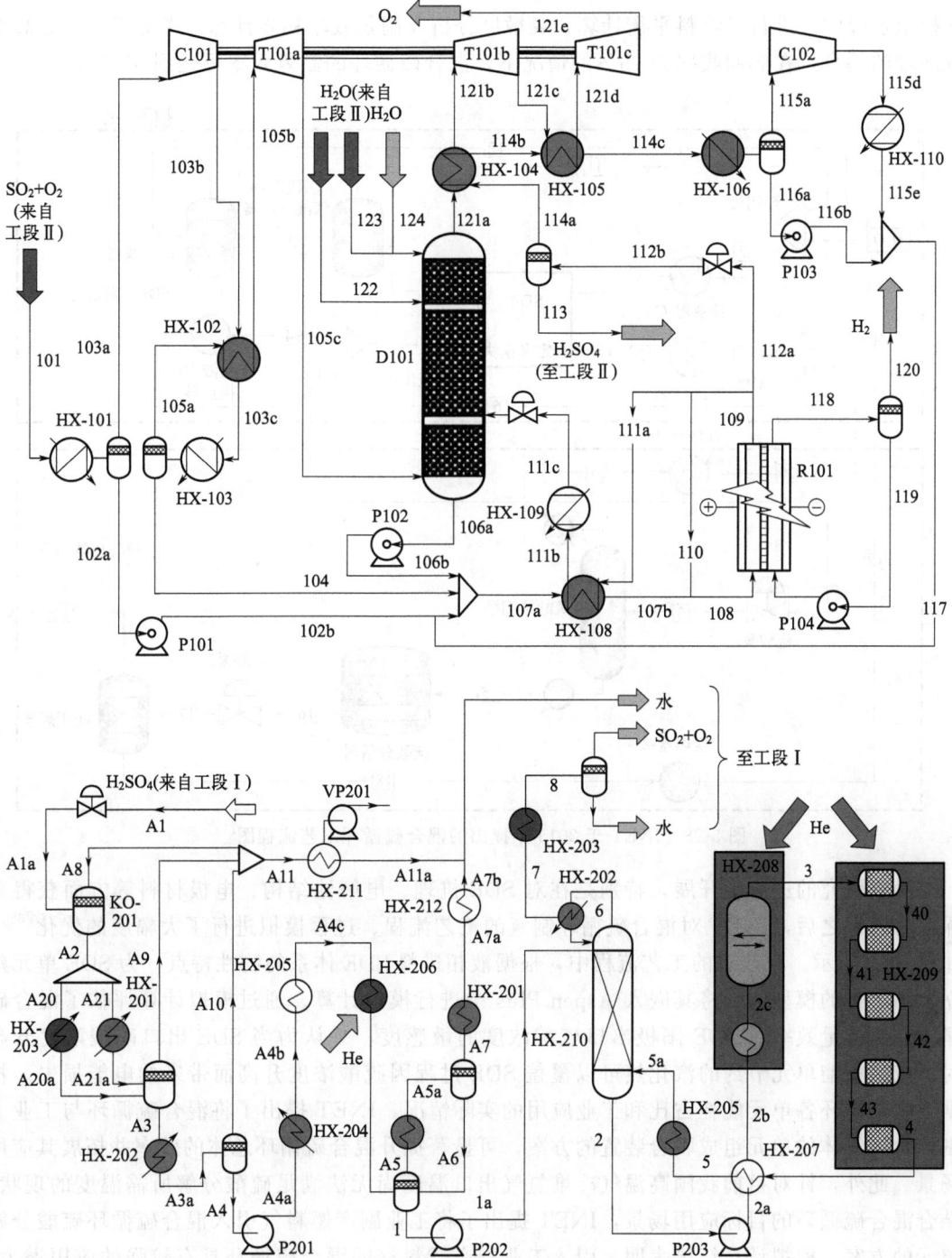

图 5-27　CEA 提出的混合硫循环工艺流程[64]

① SDE 阳极半电池反应中 SO_2 转化率为 62%；

② SDE 电解池电压为 0.6V；

③ 电解过程中 SO_2 不发生跨膜扩散现象。

INET 在开展混合硫循环的初期（2008～2015 年），以实验数据为基础，将 SDE 反应过程进行编程建模，建立了电解过程的自定义模块，并将该模块与 Aspen Plus 结合，建立了混合硫循环的简易流程模型，实现了对循环过程的整体模拟，工艺流程如图 5-28 所示[19]。在模拟过程中，进行了物料平衡计算、灵敏度分析及制氢效率初步计算。考虑系统与超高温气冷堆的耦合，在热回收率为 75% 的情况下，混合硫循环的制氢效率可达到 51.5%。

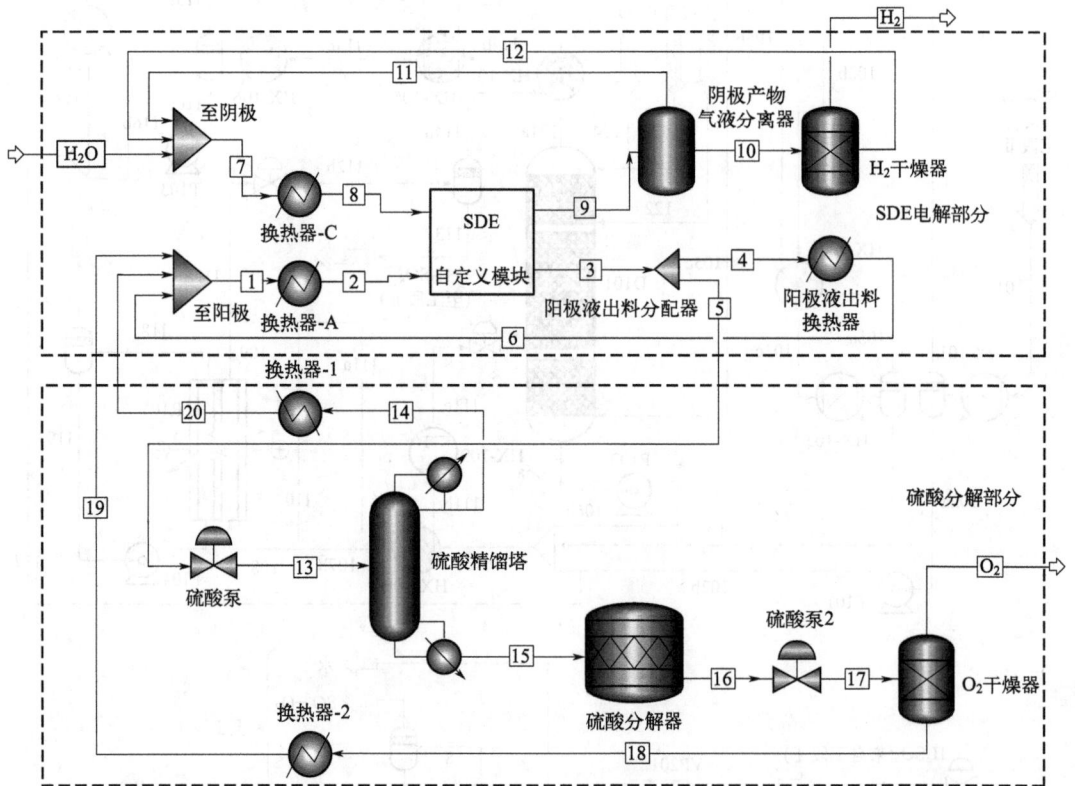

图 5-28　INET 于 2015 年提出的混合硫循环工艺流程图[19]

随着研究的进一步开展，特别是在对 SDE 机理、电解池结构、电极材料等方面获得更深入的认识之后，INET 对混合硫循环制氢的工艺流程、过程模拟进行了大幅度的优化[65]，如图 5-29 所示。在改进的工艺流程中，根据液相进料 SDE 体系的物性特点，为 SDE 单元建立了离子化的模型，并将其嵌入 Aspen Plus 中进行模拟计算。通过模拟计算评估了混合硫循环总体能量效率对 SDE 阳极出口硫酸浓度的敏感度，并认为当 SDE 出口硫酸浓度升高时，硫酸精馏单元节约的汽化热可以覆盖 SDE 过程因硫酸浓度升高而带来的电能损失。根据混合硫循环各单元能耗占比和工业应用的实际情况，INET 提出了将混合硫循环与工业上副产含硫气体的单元组成联合装置的方案，可显著提升混合硫循环总体的效率并拓展其应用场景。此外，针对目前我国高温气冷堆氦气出口温度尚无法满足硫酸分解所需温度的现状，结合混合硫循环的目标应用场景，INET 提出了将工业副产燃料气引入混合硫循环硫酸分解单元的方案。模拟计算结果表明，引入工业副产燃料气的混合硫循环具有较强的应用潜力，这为现阶段混合硫循环的工业化应用提供了重要的可行性建议。

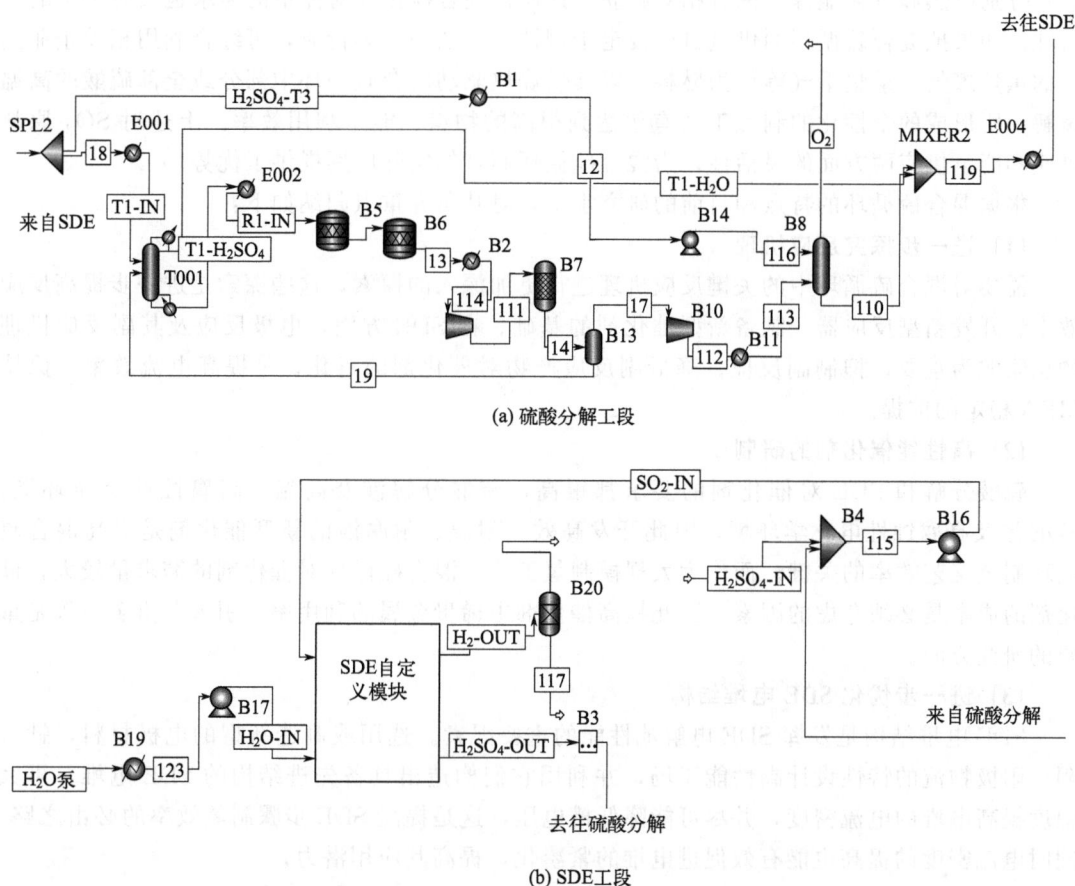

(a) 硫酸分解工段

(b) SDE工段

图 5-29　INET 提出的优化后的混合硫循环工艺流程[67]

5.8　混合硫循环应用前景与重点研究方向

混合硫循环制氢作为最简捷的热化学分解水工艺之一，如能与高温气冷堆等先进反应堆结合，将实现高效、大规模的清洁制氢。与甲烷重整、轻油裂解等所采取的由石化原料分解制氢，以及热到电，再由电到氢的常规水电解制氢路线相比，混合硫循环制氢具有更高的制氢效率，且可以大幅减少甚至完全消除温室气体的排放，因而具有广阔的应用前景，有望成为未来可持续能源体系的重要组成部分。

混合硫循环中包含的 SDE 过程，以 SO_2 为基本原料，其来源具有多样性。SDE 可与工业上副产较多含硫气体的单元组成联合装置，从而大幅度拓展产氢量。具体来讲，钢铁、石化等工业装置的脱硫或硫回收单元能够提供一定 SO_2 气源，为 SDE 单元引入不同来源的 SO_2 提供了可能。当 SDE 单元引入一定比例的外来 SO_2 气源时，其阳极所产的相应部分硫酸可不返回至硫酸分解单元，而直接作为一种副产品。在此情况下，SDE 对来自硫酸分解单元的 SO_2 的需求将会降低，使得硫酸分解单元需要分解的硫酸量相应减少，降低其热负荷，从而有利于提升整个混合硫循环的制氢效率。

从能量的供应角度来看，混合硫循环中的硫酸分解（产氧反应）和 SDE 电解（产氢反应）分别以热和电为能源，两者相对独立，这使得混合硫循环对能量的需求也具有一定的灵活性。如果把混合硫循环的供氢目标设定于钢铁、石油加工等行业，可综合利用相关企业副产的焦炉煤气、重整干气等作为燃料，以其燃烧热驱动混合硫循环中部分或全部硫酸的高温裂解，所形成的个性化的制氢工艺有望达到很高的物料、能量利用效率。上述对 SO_2 原料供应和能量供应两方面的灵活性，为混合硫循环制氢的实际应用提供了优势。

根据混合硫循环的特点和目前的研究水平，对其研究重点归纳如下：

(1) 进一步探究反应机理

需要对混合硫循环中的关键反应机理进行更加深入的探索，这些探索是进一步提高反应效率、开发新型反应器、制备新型催化剂的基础。在 SDE 方面，电极反应及其副反应机理的探索尤为重要，抑制副反应、降低副反应产物对催化剂的毒化，是提高电流效率，保持 MEA 稳定的前提。

(2) 高性能催化剂的研制

硫酸分解和 SDE 对催化剂的要求都很高，硫酸分解涉及高温、高腐蚀性反应环境，SDE 涉及高腐蚀性电化学环境，因此开发高效、耐温、耐腐蚀的新型催化剂是提高混合硫循环制氢工艺效率的关键。而作为大规模制氢工艺，混合硫循环对催化剂的需求量较大，催化剂的成本是必须考虑的因素，因此提高催化剂中稀贵金属的利用率、引入非贵金属等是重要的研究方向。

(3) 进一步优化 SDE 电堆结构

SDE 电堆结构是发挥 SDE 电解池性能的重要因素。选用或制造新型的电极材料，针对阴、阳极物流的特性设计高性能流场，并利用它们构造出具备先进结构的 SDE 电堆，可大幅度提高电堆的电流密度，并尽可能降低槽电压，这是提高 SDE 步骤制氢效率的必由之路，同时电流密度的提高也能有效促进电堆的紧凑化，提高其应用潜力。

(4) 工艺参数及整体工艺流程的优化

硫酸分解、SDE，以及循环流程中的硫酸浓缩、SO_2 吸收等单元操作，其工艺参数需要进一步优化，以实现混合硫循环制氢工艺的高效、低成本和稳定性。考虑到混合硫循环制氢所包含的两个主反应差异巨大，硫酸分解和 SDE 分别消耗热和电，而其反应温度分别约为 850℃和 100℃，在此情况下，工艺流程的合理设计也至关重要。在物料衡算、物流规划方面，SO_2 的分布与去向较为重要，对 SDE 阳极输出液中残余 SO_2 的再次利用，以及对硫酸分解器出料中气态 SO_2 的吸收，都应给予充分考虑。在能量利用方面，硫酸分解反应器利用后的热气（如与高温堆耦合时所采用的热氦气）仍具备高品位，但其深度利用必须与反应堆、中间换热器等的需求相匹配。

参 考 文 献

[1] Brecher L E, Wu C K. Electrolytic decomposition of water: US3888750 [P]. Westinghouse Electric Corp, 1975.

[2] Bilgen E. Solar hydrogen production by hybrid thermochemical processes [J]. Solar Energy, 1988, 41: 199-206.

[3] Yan X L, Hino R. Nuclear hydrogen production handbook [J]. London: CRC Press, 2011.

[4] Jeong Y H, Kazimi M S. Optimization of the hybrid sulfur cycle for nuclear hydrogen generation [J]. Nuclear Technology, 2007, 159 (2): 147-157.

[5] O'brien J A, Hinkley J T, Donne S W, et al. The electrochemical oxidation of aqueous sulfur dioxide: A critical review of work with respect to the hybrid sulfur cycle [J]. Electrochimica Acta, 2010, 55 (3): 573-591.

[6] Lu P W T, Garcia E R, Ammon R L. Recent developments in the technology of sulfur-dioxide depolarized electrolysis

［J］. Journal of Applied Electrochemistry, 1981, 11 (3): 347-355.

［7］ Westinghouse Advanced Energy Systems Division, "A Study on the Electrolysis of Sulphur Dioxide and Water for the Sulphur Cycle Hydrogen Production Process", Final Report, JPL Contract No. 955380, Pittsburgh, Pennsylvania (1980).

［8］ Lu P W T. Technology aspects of sulfur-dioxide depolarized electrolysis for hydrogen-production ［J］. International Journal of Hydrogen Energy, 1983, 8 (10): 773-781.

［9］ Struck B D. Electrolysis cell with intermediate chamber for electrolyte flow: US4443316 ［P］. 1984-04-17.

［10］ Weidner J W. Electrochemical generation of hydrogen via thermochemical cycles ［J］. AIChE Spring National Meeting, Atlanta, 2005.

［11］ Steimke J L, Steeper T J. Characterization testing of H_2O-SO_2 electrolyzer at ambient pressure ［J］. Technical Report, U. S. Department of Energy: Washington, DC, USA, 2005.

［12］ Gorensek M B, Staser J A, Stanford T G, et al. A thermodynamic analysis of the SO_2/H_2SO_4 system in SO_2-depolarized electrolysis ［J］. International Journal of Hydrogen Energy, 2009, 34 (15): 6089-6095.

［13］ Colón-Mercado H R, Gorensek M B, Fujimoto C H, et al. High-performance SO_2-depolarized electrolysis cell using advanced polymer electrolyte membranes ［J］. International Journal of Hydrogen Energy, 2022, 47 (1): 57-68.

［14］ Colón-Mercado H R, Mauger S A, Gorensek M B, et al. Electrode optimization for efficient hydrogen production using an SO_2-depolarized electrolysis cell ［J］. International Journal of Hydrogen Energy, 2022, 47 (31): 14180-14185.

［15］ Steimke J, Steeper T. Characterization testing and analysis of single cell SO_2 depolarized electrolyzer ［J］. Savannah River National Laboratory: September 15, 2006. WSRC-STI-2006-00120.

［16］ Steimke J, Steeper T. Phase I single cell electrolyzer test results ［J］. Savannah River National Laboratory: August 5, 2008. WSRC-STI-2008-00231.

［17］ Steimke J L, Steeper T J, Colón-Mercado H R, et al. Development and testing of a PEM SO_2-depolarized electrolyzer and an operating method that prevents sulfur accumulation ［J］. International Journal of Hydrogen Energy, 2015, 40 (39): 13281-13294.

［18］ Gorensek M B, Summers W A. Hybrid sulfur flowsheets using PEM electrolysis and a bayonet decomposition reactor ［J］. International Journal of Hydrogen Energy, 2009, 34 (9): 4097-4114.

［19］ 薛璐璐. 核能经混合硫循环制氢技术中 SO_2 去极化电解研究 ［D］. 北京: 清华大学, 2015.

［20］ Xue L, Zhang P, Chen S, et al. Sensitivity study of process parameters in membrane electrode assembly preparation and SO_2 depolarized electrolysis ［J］. International Journal of Hydrogen Energy, 2013, 38 (25): 11017-11022.

［21］ Ma X, Ding X, Xiao P, et al. Comparison of various structure designs of SO_2-depolarized electrolysis cell ［J］. International Journal of Hydrogen Energy, 2023, 48 (14): 5428-5437.

［22］ Ding X, Chen S, Xiao P, et al. SO_2-depolarized electrolysis using porous graphite felt as diffusion layer in proton exchange membrane electrolyzer ［J］. International Journal of Hydrogen Energy, 2022, 47 (4): 2200-2207.

［23］ Ma X, Ding X, Sun X, et al. Application of Pt loaded graphite felt in SO_2-depolarized electrolyzer ［J］. International Journal of Hydrogen Energy, 2022, 47: 31575-31586.

［24］ Weidner J W. Electrochemical generation of hydrogen via thermochemical cycles ［J］. AIChE Spring National Meeting, Atlanta, 2005.

［25］ Sivasubramanian P K, Ramasamy R P, Freire F J, et al. Electrochemical hydrogen production from thermochemical cycles using a proton exchange membrane electrolyzer ［J］. International Journal of Hydrogen Energy, 2007, 32 (4): 463-468.

［26］ Staser J A, Weidner J W. Effect of water transport on the production of hydrogen and sulfuric acid in a PEM electrolyzer ［J］. Journal of The Electrochemical Society, 2009, 156 (1): B16-B21.

［27］ Staser J A, Norman K, Fujimoto C H, et al. Transport properties and performance of polymer electrolyte membranes for the hybrid sulfur electrolyzer ［J］. Journal of the Electrochemical Society, 2009, 156 (7): B842-B847.

［28］ Jayakumar J V, Gulledge A, Staser J A, et al. Polybenzimidazole membranes for hydrogen and sulfuric acid production in the hybrid sulfur electrolyzer ［J］. ECS Electrochemistry Letters, 2012, 1 (6): F44-F48.

［29］ Garrick T R, Wilkins C H, Pingitore A T, et al. Characterizing voltage losses in an SO_2 depolarized electrolyzer using sulfonated polybenzimidazole membranes ［J］. Journal of the Electrochemical Society, 2017, 164 (14):

F1591-F1595.

[30] Gorensek M B, Meekins B, Colón-Mercado H R, et al. Parametric study of operating conditions of an SO_2-depolarized electrolyzer [J]. International Journal of Hydrogen Energy, 2020, 45 (43): 22408-22418.

[31] Trasatti S, Electroana J. Work function, electronegativity, and electrochemical behaviour of metals: Ⅲ Electrolytic hydrogen evolution in acid solutions [J]. Chem Interfacial Electrochem. 1972, 39: 163-184.

[32] Zeradjanin, Aleksandar R, Grote, et al. A critical review on hydrogen evolution electrocatalysis: Re-exploring the volcano-relationship [J]. Electroanalysis, 2016, 28 (10): 2256-2269.

[33] Lu P W T, Ammon R L. An Investigation of electrode materials for the anodic oxidation of sulfur dioxide in concentrated sulfuric acid [J]. Journal of the Electrochemical Society, 1980, 127 (12): 2610-2616.

[34] Seo E T, Sawyer D T. Electrochemical oxidation of dissolved sulphur dioxide at platinum and gold electrodes [J]. Electrochim Acta, 1965, 10 (3): 239-252.

[35] Voroshilov I P, Nechiporenko N N, Voroshilova E P. Electrooxidation of sulfur dioxide on a porous graphite anode [J]. Elektrokhimiya, 1974, 10: 1378.

[36] Seo E T. Determination of sulfur dioxide in solution by voltammetry [J]. Journal of Electroanalytical Chemistry, 1964, 7 (3): 184-189.

[37] Wiesener K. The electrochemical oxidation of sulphur dioxide at porous catalysed carbon electrodes in sulphuric acid [J]. Electrochimica Acta, 1973, 18 (2): 185-189.

[38] Appleby A J, Pinchon B. Electrochemical aspects of the H_2SO_4-SO_2 thermoelectrochemical cycle for hydrogen production [J]. International Journal of Hydrogen Energy, 1980, 5 (3): 253-267.

[39] Lu P W T, Ammon R L. Sulfur dioxide depolarized electrolysis for hydrogen production: Development status [J]. International Journal of Hydrogen Energy, 1982, 7 (7): 563-575.

[40] Scott K, Taama W M. Investigation of anode materials in the anodic oxidation of sulfur dioxide in sulphuric acid solutions [J]. Electrochimica Acta, 1999, 44 (19): 3421-3427.

[41] Colón-Mercado H R, Hobbs D T. Catalyst evaluation for a sulfur dioxide-depolarized electrolyzer [J]. Electrochemistry Communications, 2007, 9 (11): 2649-2653.

[42] Lee S K, Kim C H, Cho W C, et al. The effect of Pt loading amount on SO_2 oxidation reaction in an SO_2-depolarized electrolyzer used in the hybrid sulfur (HyS) process [J]. International Journal of Hydrogen Energy, 2009, 34 (11): 4701-4707.

[43] Fouzai I, Radaoui M, Díaz-Abad S, et al. Electrospray deposition of catalyst layers with ultralow Pt loading for cost-effective H_2 production by SO_2 electrolysis [J]. ACS Applied Energy Matetials, 2022, 5 (2): 2138-2419.

[44] Falch A, Lates V A, Kriek R J. Combinatorial plasma sputtering of Pt_xPd_y thin film electrocatalysts for aqueous SO_2 electro-oxidation [J]. Electrocatalysis, 2015, 6 (3): 322-330.

[45] Xu F, Cheng K, Yu Y, et al. One-pot synthesis of $Pt/CeO_2/C$ catalyst for enhancing the SO_2 electrooxidation [J]. Electrochimica Acta, 2017, 229: 253-260.

[46] Quijada C, Huerta F J, Morallón E, et al. Electrochemical behaviour of aqueous SO_2 at polycrystalline gold electrodes in acidic media: A voltammetric and in situ vibrational study. Part 1. Reduction of SO_2: Deposition of monomeric and polymeric sulphur [J]. Electrochimica Acta, 2000, 45 (11): 1847-1862.

[47] Quijada C, Morallón E, Vázquez J L, et al. Electrochemical behaviour of aqueous SO_2 at polycrystalline gold electrodes in acidic media. A voltammetric and in-situ vibrational study. Part Ⅱ. Oxidation of SO_2 on bare and sulphur-modified electrodes [J]. Electrochimica Acta, 2001, 46 (5): 651-659.

[48] O'brien J A, Hinkley J T, Donne S W. Electrochemical oxidation of aqueous sulfur dioxide Ⅱ comparative studies on platinum and gold electrodes [J]. Electrochimica Acta, 2012, 159: 585-593.

[49] Santasalo-Aarnio A, Lokkiluoto A, Virtanen J, et al. Performance of electrocatalytic gold coating on bipolar plates for SO_2 depolarized electrolyser [J]. Journal of Power Sources, 2016, 306 (29): 1-7.

[50] Mu C, Hou M, Xiao Y, et al. Electrochemical oxidation of sulfur dioxide on nitrogen-doped graphite in acidic media [J]. Electrochimica Acta, 2015, 171: 29-34.

[51] Potgieter M, Parrondo J, Ramani V K, et al. Evaluation of polycrystalline platinum and rhodium surfaces for the electro-oxidation of aqueous sulfur dioxide [J]. Electrocatalysis, 2016, 7 (1): 50-59.

[52] Tulskiy G, Tulskaya A, Skatkov L, et al. Electrochemical synthesis of hydrogen with depolarization of the anodic

process [J]. Electrochemical Energy Technology, 2016, 2 (1): 13-16.

[53] Zhao Q, Hou M, Jiang S, et al. Excellent sulfur dioxide electrooxidation performance and good stability on a Fe-N-Doped carbon-cladding catalyst in H_2SO_4 [J]. Journal of Electrochemical Society, 2017, 164 (7): H456-H462.

[54] Lide D R. CRC handbook of chemistry and physics [J]. CRC Press/Taylor and Francis, Boca Raton, FL, 2008.

[55] Bard A J, Parsons R, Jordan J. Standard potentials in aqueous solutions [M]. International Union of Pure and Applied Chemistry, New York, 1985.

[56] Atkins P, Paula J de. Atkins physical chemistry [M]. Oxford University Press, New York, 2002.

[57] Hunger T, Lapique F, Storck A. Thermodynamic equilibrium of diluted sulfur dioxide absorption into disodium sulfate or sulfuric acid electrolyte solutions [J]. Journal of Chemical & Engineering Data, 1990, 35 (4): 453-463.

[58] Kim N, Kim D. Membrane separation processes for the benefit of the sulfur-iodine and hybrid sulfur thermochemical cycles [J]. International Journal of Hydrogen Energy, 2009, 34: 4088-4096.

[59] Mark C E, Colón-Mercado H R, Mccatty S, et al. Evaluation of proton-conducting membranes for use in a sulfur dioxide depolarized electrolyzer [J]. Journal of Power Sources, 2010, 195: 2823-2829.

[60] Hugo O, Jochen K, Henning K. SO_2 crossover flux of Nafions and sFS-PBI membranes using a chronocoulometric (CC) monitoring technique [J]. Journal of Membrane Science, 2012, 415-416: 842-849.

[61] Farbman G H. Coneptual design of an integrated nuclear hydrogen production plant using the sulfur cycle water decomposition system, N-76-23689, NASA-CR-134976. April 1 1976.

[62] Knoche K F. Entropy production, efficiency, and economics in the thermochemical generation of synthetic fuels: Ⅰ. The hybrid sulfuric acid process [J]. International Journal of Hydrogen Energy, 1977, 2: 377-385.

[63] Gorensek M B. Hybrid sulfur cycle flowsheets for hydrogen production using high-temperature gas-cooled reactors [J]. International Journal of Hydrogen Energy, 2011, 36 (20): 12725-12741.

[64] Leybros J, Saturnin A, Mansilla C, et al. Plant sizing and evaluation of hydrogen production costs from advanced processes coupled to a nuclear heat source: Part Ⅱ. Hybrid-sulphur cycle [J]. International Journal of Hydrogen Energy, 2010, 35: 1019-1028.

[65] 丁溪锋. SO_2 去极化电解基础研究及其在高温堆制氢中的应用分析 [D]. 北京: 清华大学, 2023.

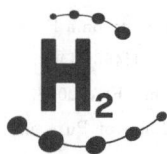

第6章
核能高温电解制氢

2020 年 9 月，我国提出"碳达峰"和"碳中和"目标[1]。能源是人类赖以生存和发展的基础，也是当下以化石能源为主的世界能源体系下最大的碳排放来源。据统计，2019 年全球 CO_2 排放量高达 401 亿吨，其中 86% 来自化石能源[2]。

在"双碳"目标背景下，能源系统的清洁化、低碳化变革已经成为未来发展的重要趋势。此外，我国油气资源短缺，严重依赖进口，国家能源安全受到严重威胁。开发新型能源体系替代化石能源对保障我国能源安全具有重大战略意义[3-6]。氢能作为零碳排、能量密度高、应用形式多样的重要能源载体，成为未来能源行业低碳化变革的重要组成部分，日益受到关注[7,8]。研究表明，2050 年全球的氢能在能源结构中的占比将达到 5%，氢气作为能源载体的需求量将超过 2 亿吨[9]。同时，氢气制备技术将以绿色化、低碳化制氢技术为主。

核能制氢是一种有潜力的零碳排大规模绿氢制备技术[10,11]。核能是世界上第二大低碳能源，在世界能源体系中占据重要地位[12]。高温气冷反应堆（high temperature gas-cooled reactor，HTGR）被广泛认为是具有第四代特征的先进堆型和最有希望用于制氢的核能系统，出口温度可高达 1000℃，除发电外，可作为制氢的优质热源，从而有效拓展核能在非发电领域的应用[13-15]。由清华大学核研院主导研发的 HTGR 技术目前已达到世界领先水平，单堆热功率为 250MW、总发电功率为 200MW 的示范工程已实现满功率运行[16-18]。该技术的创新与突破为核能制氢技术的探索奠定了坚实基础。

高温电解制氢是一种零碳排、低能耗、高效率的绿氢制备技术，其工作温度与 HTGR 出口温度高度匹配（600～1000℃）[19-21]。图 6-1 所示为以 HTGR 为功能系统的高温电解制氢系统示意图。在该系统中，制氢厂除利用核电之外，同时可高效利用 HTGR 的部分高温热为电解制氢直接供能，可有效提高制氢系统的能量利用效率。此外，高温电解技术还可电解 CO_2 等含碳物质制备含碳化学品和燃油，参与化工、交通、建筑等领域的深度脱碳过程，为实现"双碳"目标和推进核能多样化应用提供新思路。

6.1 核能高温电解制氢系统耦合原理

如图 6-1 所示的制氢系统中，HTGR 是核能高温电解制氢系统的主要供能单元，固体氧化物电解池（solid oxide electrolysis cell，SOEC）是制氢厂的主要电解制氢装置[22,23]。

图 6-1 核能耦合高温电解制氢及多样化应用路线

HTGR 通过堆芯反应产生高温 He 蒸气,部分高温 He 蒸气进入发电厂,推动涡轮产生电能,为 SOEC 电解提供电能,而剩余部分高温 He 蒸气直接进入制氢厂,为 SOEC 电解提供热能。由于高温电解过程中能直接消耗部分热能,降低了电能在制氢总能耗中的占比,使高温电解的能量转化效率显著提高。

在该制氢系统中,为使制氢模块与兆瓦级核反应堆相匹配,SOEC 单元采用如图 6-2 所示的模块化逐级放大策略:30 片有效面积为 $100cm^2$ 的 SOEC 单片组成千瓦级 SOEC 电堆;4 个单堆组成 10kW 级 SOEC 单模块;SOEC 单模块与辅助设备(balance of plant,BOP)组合,构成兆瓦级集装箱式制氢系统;集装箱式制氢系统可进一步组合成与核电站匹配的百兆瓦级制氢厂。该策略中,SOEC 单模块中仅包含 120 片电池片,制氢系统内部气体传输阻力大幅降低,工程难度显著降低;模块化组合放大策略可以快速实现制氢产能的灵活调节及与不同功率反应堆的灵活匹配,提高了 SOEC 的应用普适性。

SOEC单电池　　SOEC电堆　　　SOEC单模块　　集装箱式SOEC系统　　百兆瓦级SOEC制氢厂

图 6-2 SOEC 的逐级放大方案

6.1.1 SOEC 基本原理

SOEC 是一种起始于 20 世纪 70 年代的高温电解技术[24]。根据电解质传输载流子类型的不同,可将目前主流的 SOEC 分为氧离子传导型 SOEC 和质子传导型 SOEC,其中质子传导型 SOEC 也可称为质子传导电解池(proton-conducting ceramic electrolysis cell,PCEC)[25,26]。氧离子传导型 SOEC 电解制氢的基本原理如图 6-3[27](a)所示,在 800～1000℃下,水蒸气从阴极进入,在阴极电解,生成 H_2 和 O^{2-},O^{2-} 通过电解质层到达阳极,在阳极失电子生成 O_2。电极反应如下[24]。

阴极:
$$H_2O + 2e^- \longrightarrow O^{2-} + H_2 \qquad (6-1)$$

阳极：

$$O^{2-}-2e^-\longrightarrow 0.5O_2 \tag{6-2}$$

总反应：

$$H_2O\longrightarrow H_2+0.5O_2 \tag{6-3}$$

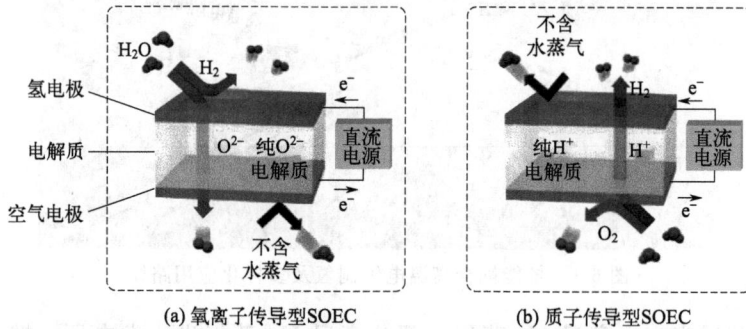

(a) 氧离子传导型SOEC　　　　(b) 质子传导型SOEC

图 6-3　固体氧化物电解池基本原理图[27]

质子传导型 SOEC 的基本工作原理如图 6-3(b) 所示，它可将工作温度降低至 500℃ 左右，在工作温度下，水蒸气进入阳极，在阳极分解生成 O_2 并释放 H^+，H^+ 经电解质传导至阴极，在阴极结合生成氢气，电极反应如下[25,26,28]：

阴极：

$$2H^++2e^-\longrightarrow H_2 \tag{6-4}$$

阳极：

$$H_2O-2e^-\longrightarrow 0.5O_2+2H^+ \tag{6-5}$$

总反应：

$$H_2O\longrightarrow H_2+0.5O_2 \tag{6-6}$$

此外，近年来也有研究报道了将氧离子和质子共传导的材料作为电解质的 SOEC，即混合电导 SOEC(hybrid-solid oxide electrolysis cell)[27]。目前，研究较多和发展更成熟的为氧离子传导型 SOEC。

6.1.2　SOEC 热力学与动力学分析

从热力学角度分析，SOEC 电解过程中，水分解能耗由热能和电能两部分组成，反应的总能耗 ΔH_f 可由如下关系式表示[29,30]：

$$\Delta H_f=\Delta G_f+T\Delta S_f \tag{6-7}$$

$$E_{rev}=-\frac{1}{2F}\Delta G_f \tag{6-8}$$

$$\Delta H_f=\Delta H_{298K}+\int_{298K}^{T}C_p dT \tag{6-9}$$

$$\Delta S_f=\Delta S_{298K}+\int_{298K}^{T}\frac{C_p}{T}dT \tag{6-10}$$

其中，ΔG_f 为反应的吉布斯自由能，即反应消耗的电能；$T\Delta S_f$ 为反应吸收的热能；C_p 为不同气体的总等压摩尔热容；E_{rev} 为可逆电解电压；F 为法拉第常数。根据式(6-7) ～ 式(6-10)，可计算得到不同温度下各部分的能量大小。如图 6-4[31] 所示，电解所需的总能量随温度升高变化不大，电能 ΔG_f 随着温度的升高而降低，而热能在总能量中的占比随温度的升高而增大。在100℃时，电能在电解总能量中的比重约为93%；当温度升高到1000℃时，电能占比降低至约73%[32,33]。从热力学的角度分析，高温可提高制氢效率并降低能量损失。此外，SOEC的电解质材料为离子导体，离子电导率随温度的升高而增大，温度的升高可进一步降低电解的欧姆损失。

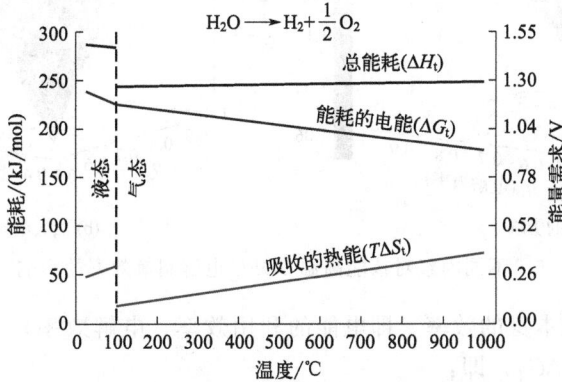

图 6-4　高温固体氧化物电解水蒸气制氢能量需求图[31]

从动力学角度看，操作温度升高可以提升电极反应速率，降低电极反应过电位，从而可实现低电压下的大电流密度制氢，提升制氢产量。

6.1.3　SOEC 的制氢效率

制氢效率是评价制氢技术能量损耗的重要参数。SOEC 高温电解制氢的本质是将一次能源产生的热能和电能转化为化学能，对于核能电解制氢而言，电能也来自由核能产生的热能，在评价制氢总效率时应考虑制氢全过程消耗的所有能量。在 SOEC 电解水蒸气制氢过程中的总热量可以用如下公式表示：

$$Q_{overall} = Q_h + Q_e \tag{6-11}$$

式中，$Q_{overall}$ 为 SOEC 制氢所消耗的总热量，包括直接用于 SOEC 的热能 Q_h 和用于发电的热能 Q_e 两部分。制氢的理论总效率可定义为制备的氢的总能量与制氢所消耗的总热量之比：

$$\eta_{overall} = \frac{\Delta H}{Q_h + Q_e} \tag{6-12}$$

由于电能也是来自一次能源的转化，假设发电效率为 η_e，则上式变为：

$$\eta_{overall} = \frac{\Delta H}{Q_h + \dfrac{\Delta H}{\eta_e}} \tag{6-13}$$

上述公式只适用于理想状态下制氢效率的简单计算，实际效率计算需结合实际情况考虑各种因素。清华大学核研院对不同运行条件下，与 HTGR 耦合的高温 SOEC 电解制氢系统的效率进行了系统分析，构建了制氢效率的一维和二维模型，并对影响制氢效率的不同因素进行了敏感性分析，如图 6-5 所示[29,30,34]。研究结果表明，随着工作温度、发电效率、电解效率及热效率的提高，与 HTGR 耦合的高温电解制氢系统的制氢效率由 500℃的 34% 提高至 1000℃的 59%。由于实际高温电解制氢系统的运行温度一般为 700~900℃，则 HTGR 耦合的高温电解制氢系统的制氢效率为 45%~55%，远高于常规碱性电解的制氢效率（约27%）[25]。HTGR 耦合高温电解制氢系统是目前已知制氢效率最高的制氢系统之一。

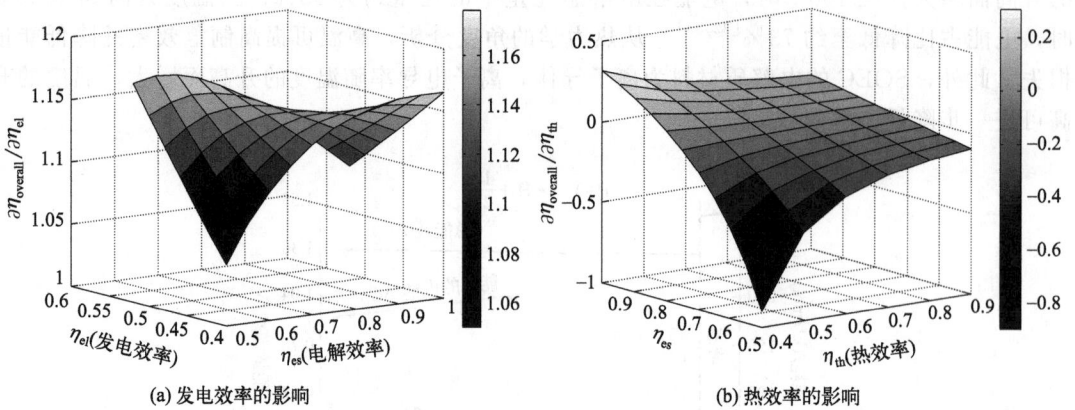

(a) 发电效率的影响　　　　　　　　(b) 热效率的影响

图 6-5　不同因素对核能高温 SOEC 电解制氢效率的影响[29]

如果只考虑电解池本身的效率，即电能的利用效率（电解效率），电解过程需要的最小电功 W_{min} 等于反应的 ΔG_f，即：

$$W_{min} = -\Delta G_f \tag{6-14}$$

$$E_{rev} = -\frac{\Delta G_f}{2F} = E_0 - \frac{RT}{2F} \ln \frac{P_{H_2} P_{O_2}^{0.5}}{P_{H_2O}} \tag{6-15}$$

式中，E_0 为 SOEC 在标准状态下的可逆电解电压。由于材料阻抗、部件接触、物质分布等原因，实际的电解过程中不可避免地存在能量损失，即极化损失。实际电解电压 E 是偏离平衡状态的，用偏离量 $\eta = |E - E_{rev}|$ 表示电解过程的极化损失，则实际最小电解电压可表示为：

$$E = E_0 - \frac{RT}{2F} \ln \frac{P_{H_2} P_{O_2}^{0.5}}{P_{H_2O}} + \eta \tag{6-16}$$

则电解制氢的电解效率 η_v 用下式表示：

$$\eta_v = \left| \frac{E_{rev}}{E} \right| \tag{6-17}$$

6.1.4　高温电解制氢技术的优势

电解水制氢的核心装置是电解池。除以 SOEC 为代表的高温电解技术外，较为典型的低温电解技术包括碱性电解池（AEC）和质子交换膜电解池（PEMEC）。AEC 是目前技术最成熟的低温电解技术，已实现工业化，国内单个装置最大产能可达到 $1000m^3$（标）H_2/h[12]。然而，AEC 也是能耗最高的电解装置，制氢能耗约为 $5kW \cdot h/m^3$（标）H_2。PEMEC 是一种先进的低温电解技术，波动响应性快，制氢能耗约为 $4.5kW \cdot h/m^3$（标）H_2，低于普通 AEC，目前处于商业化早期阶段[12]。目前，低温电解技术的普遍问题是能耗较高，制氢成本难以降低，限制了绿色氢气的大规模工业化应用。

为了满足大规模工业化生产的需求，通常希望电解装置能够同时具有较高的电解效率和较大的制氢产量，而制氢产量又直接取决于电解时的电流密度，因此电解的效率和电解电流密度是评判不同电解技术优势的重要参数[35]。

6.1.4.1　电解效率对比

前文已经提到，水电解反应所需的总能量 ΔH_f 随温度的升高基本保持恒定，所需的

Gibbs 自由能 ΔG_f 则随温度的升高而逐渐下降，而对于 HTGR 而言，温度越高，发电效率 η_e 越高，由式（6-10）可知，温度越高，制氢的总效率越高。同时，温度升高，SOEC 极化损失 η 会显著降低，电解效率 η_v 也会提升，即提高电解池的工作温度，可以使制氢的能量利用效率和电解效率同时得到提升。AEC 与 PEMEC 的电解效率一般为 65%～80%；而 SOEC 由于运行温度最高（如 800～1000℃），因此具有最高的电解效率，通常可大于 90%[3,31]。

6.1.4.2 电流密度对比

除电解效率外，评价制氢电解池性能的另一个重要参数就是它在运行过程中的电流密度。电流密度越大，则电解池的制氢产量越高。值得注意的是，电流密度不仅取决于电解池的本征特性，而且也受操作条件（如电解电压 E）的影响。一般来说，增大电解电压 E，可以使电解时的电流密度上升，制氢产量增大；然而，增大电解电压 U 的同时也会导致电解效率 η_v 降低。在实际操作过程中，一般采用略高于理论分解电压 E_{rev} 的电压进行电解，以达到电解效率与制氢产量之间的平衡。

图 6-6 给出了 AEC、PEMEC 和 SOEC 三种电解池/堆在实际运行中常用的电流密度范围和与之对应的电解电压。由该图可见，AEC 的运行电流密度一般比较低（<0.5A/cm²）；并且，在较低的电流密度下，AEC 的电解电压就已高达 1.6V 以上，因此它的电解效率和制氢产量都比较低。相比之下，PEMEC 的电解电流密度可达 2A/cm² 以上，因此制氢产量显著高于 AEC，但 PEMEC 的阻抗也比较高，当运行电流密度达到 1A/cm² 时，对应的电解电压就已超过了 1.5V，电能利用效率还有待提高[36-38]。相较而言，在高温下运行的 SOEC 由于欧姆阻抗明显低于 AEC 与 PEMEC，因此更容易在较低的电解电压下达到较高的电流密度。例如，丹麦 Risø 国家实验室报道称其研发的 SOEC 在 950℃和 1.48V 电压下运行时，电流密度可达到 3.61A/cm² 以上[36,37]；近日，日本产业技术综合研究所（AIST）开发出了一种纳米复合电极 SOEC，在 800℃和 1.3V 电解电压下，电流密度就可达到 4.08A/cm²，对应的制氢产量高达 1.71L/(h·cm²)[39]。由此可见，SOEC 无论是在电解效率上，还是在制氢产量上，都有明显的优势。

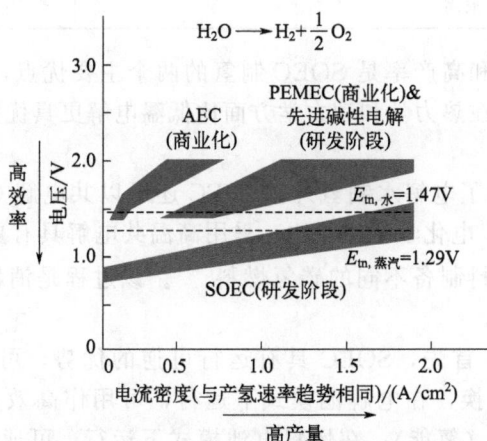

图 6-6 几种典型的水电解技术的电解电压和电流密度对比[3]

表 6-1 对文中介绍的三种电解池的主要参数进行了汇总[3,40-42]。总体来看，AEC 由于技术成熟、寿命稳定、成本较低，目前在电解水制氢领域仍然占据着主体地位，然而它存在

着电解效率低、电流密度小等缺点。PEMEC 制氢的电流密度相对较高，技术发展也较为成熟，目前已经实现了小规模工业化。然而，PEMEC 仍面临着电解池阻抗较大、电能利用效率较低等问题，并且它的电极还需用到 Pt 等贵金属材料，高昂的成本阻碍了它的市场推广进程。相比之下，SOEC 无需用到贵金属材料，电池部件的成本较低，目前具有较大的降本空间。并且，在这三类电解池中，SOEC 由于整体阻抗最小，电解电压最低，因而具有最高的电解效率（＞90％），可在低电解电位下实现大电流密度电解制氢[43,44]。

表 6-1　AEC、PEMEC、SOEC 的主要参数对比[3,40-42]

项目	AEC	PEMEC	SOEC
单位制氢电耗 /[kW·h/m³(标)]	4.5～6	约 4.5	3.2～3.5
工作效率/%	60～65	75～85	95～100
电流密度/(A/cm²)	0.2～0.5	0.5～2.5	1～6
电解电位/V	1.8～2.4	1.6～2.2	1.3～1.5
工作温度/℃	约 25	约 80	600～900
负载灵活性/%	25～100	1～100	−100～100
使用寿命/h	60000～90000	20000～60000	6000～16000
技术成熟度	成熟	市场化早期	6 级
主要优势	技术成熟	(1)技术相对成熟；(2)环境污染小；(3)启停速度快	(1)效率高；(2)无需贵金属催化剂；(3)原料适应性广（除电解水制 H_2 外，还可高效电解 CO_2、CH_4 等碳基原料制备高附加值化工原料，以及电解氮基原料制备合成氨等）
主要缺点	(1)腐蚀性强，环境污染严重；(2)电耗大，效率低，仅能电解水（纯度要求高）	(1)贵金属催化剂，成本高，易中毒；(2)原料适应性差	技术成熟度尚低于 AEC 和 PEMEC

　　从原理来看，高效率和高产率是 SOEC 制氢的两个主要优点，其内在原因是高温下的电化学过程使得电解反应在热力学和动力学方面比低温电解更具优势。除此之外，SOEC 还具有其他优点：

　　① 原料适应性广。除了电解水制氢外，SOEC 还可以共电解 CO_2 和 H_2O 制备合成气（CO 和 H_2），与低温 CO_2 电化学还原相比，采用高温共电解具有更高的电流密度和法拉第效率，合成气还可作为原料制备不同的碳氢燃料[43]。该过程是消耗 CO_2 的"碳负"过程，具备"碳中和"特性。

　　② 运行模式多样化。首先，SOEC 具有运行可逆的优势，可以在电解池和燃料电池（SOFC）模式之间灵活切换，在电解池模式下运行，可用作高效产氢或电化学储能装置，将电能高效转化为化学能（氢能）；在燃料电池模式下运行，可通过电化学反应生产电能。其次，SOEC 制氢可以根据不同的应用场景调整电压窗口，可以在吸热、放热和热中性条件下运行，可调控的灵活性使得 SOEC 容易与具有不同热源的可再生能源耦合，具有更好的灵活性和更大的应用空间[45,46]。

　　③ 全固态和模块化组装。SOEC 的核心部件为固体氧化物陶瓷材料和不锈钢材料，具

有较强的机械稳定性和环境适应性，且不使用贵金属催化剂，材料成本低廉。模块化的组装方式使得它可以根据需要灵活调整产氢规模用于多种场合，从移动式、固定式制氢装置到制氢厂，具有广阔的发展前景[43,47,48]。

随着 SOEC 在装堆、密封和测试运行等方面的不断进步，以及模块化组装技术的不断突破，SOEC 技术在未来有望成为大规模电化学制氢的新选择。

6.2 SOEC 的基本组成与分类

如图 6-7 所示，SOEC 的核心部件包括阴极、阳极和电解质，此外还包括连接体、密封胶等关键部件[49-52]，连接体是构建 SOEC 电堆的骨架，维持相邻 SOEC 单片之间的电导连通，为防止相邻电解池之间的气体泄漏，需采用密封胶对其进行密封。SOEC 在高氧化、高还原、高湿度等极端环境下工作，这对其材料选择提出了苛刻要求。由于在高温下工作，SOEC 的组成部件都需要具备良好的热稳定性与机械性能[53-57]。此外，根据不同部件的不同需求，需对材料进行特定筛选与研究。

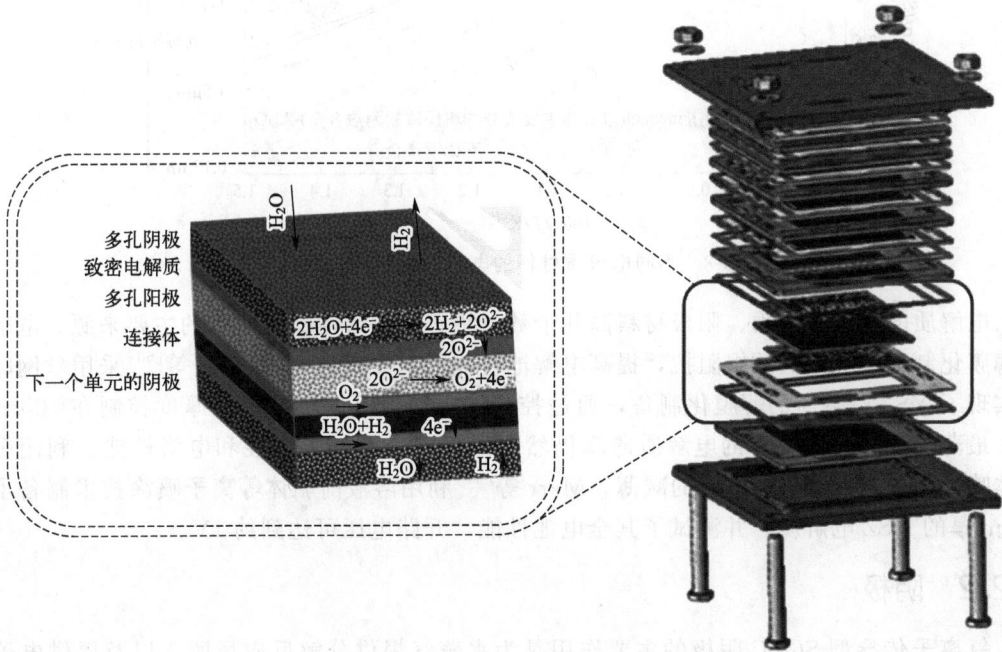

图 6-7　SOEC 的基本组成[43]

6.2.1 电解质

电解质是 SOEC 的重要组成部分，其性质不但直接影响电解池的性能，而且决定与之相匹配的电极材料和制备技术的选择。电解质层是位于阳极与阴极之间的致密层，主要作用是隔开氧气和氢气，并传导氧离子和质子，因此一般要求电解质具备致密结构且具有较高的离子电导率和极低的电子传导率[58-60]。此外，SOEC 电解质材料还需要在室温、工作温度、制作温度等不同范围内具有良好的机械性能，以及与阴、阳极材料之间具有良好的兼容性。

目前，SOEC 常用的电解质材料多为萤石结构的简单二元氧化物，根据元素种类的不同，可分为锆基氧化物和铈基氧化物等。除此之外，人们还发现特定的钙钛矿型复合氧化物，如 $La_{0.8}Sr_{0.2}Ga_{0.8}Mg_{0.2}O_{3-\delta}$（LSGM）和 $BaZr_{0.1}Ce_{0.7}Y_{0.2-x}Yb_xO_{3-\delta}$（BZCYYb）等，也可作为 SOEC 的电解质材料使用[28,61-63]。不同电解质材料的电导率与温度的关系如图 6-8 所示。Bi_2O_3 是目前开发的氧离子电导率最高的固体电解质材料，825℃时电导率达 1S/cm，但它在低温时会发生相转变，容易导致材料断裂和性能恶化，且低氧分压下易被还原为金属 Bi，危害 SOEC 的运行稳定性，限制了其应用。ZrO_2 是固体氧化物电解池中研究最多的电解质材料。Y_2O_3 稳定的 ZrO_2（YSZ）体系中，Y_2O_3 掺杂量（摩尔分数）为 8%（8YSZ）时，YSZ 表现出最大的离子电导率，且化学性能稳定，是目前广泛应用的电解质材料[59]。

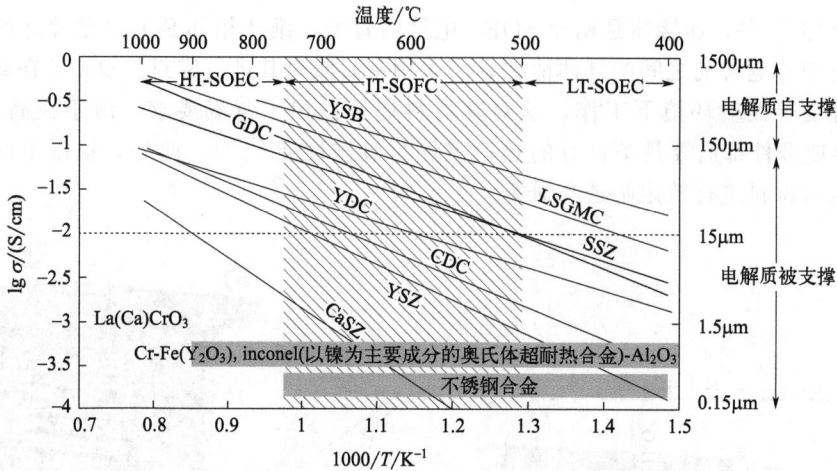

图 6-8　不同电解质材料的电导率与温度的关系[58]

　　电解质的电阻率比阴、阳极材料高几个数量级，是电解池欧姆阻抗的主要来源。电解质的薄膜化制备是降低其欧姆阻抗，提高电解池性能的重要研究方向。Yu 等[60]采用丝网印刷法实现了 YSZ 电解质的薄膜化制备，通过控制印刷次数可以将电解质厚度控制在 $10\mu m$ 以下，最薄可至 $4\mu m$，此时的电解质薄膜仍然可以保持良好的致密性和电解性能。利用等离子体喷涂工艺也可实现电解质的减薄。Marr 等[64]利用溶液前驱体等离子喷涂技术制备了约 $35\mu m$ 厚的 YSZ 电解质，并测试了其全电池性能，开路电压可达到约 1V。

6.2.2　阴极

　　氧离子传导型 SOEC 阴极的主要作用是为水蒸气提供分解反应场所，以及提供电子传导和氢气扩散通道，需具备良好的电子电导和电催化活性，此外，为保证水蒸气和氢气顺利进出电极，要求电极结构为有较大孔隙率的多孔结构[64]。Ni、Pt、Ir 等均为性能优异的水分解催化剂，其中 Ni 的价格低廉，是目前最常用的阴极活性材料[41]。将 Ni 弥散在 YSZ 中制备而成的多孔金属陶瓷基电极 Ni-YSZ 是 SOEC 最常用的氢电极材料[4,65]。SOEC 模式下阴极的水蒸气含量高，且水蒸气的迁移能力比氢弱，这对电极的孔道结构和稳定性提出了更高的要求。丹麦 Riso 实验室研究发现，SOEC 在最初运行的几百个小时内会出现短期"钝化现象"[33]。深入研究表明，电池性能的钝化主要来源于阴极，电解池材料中的 S、C、Si 等微量杂质可以在 Ni 颗粒表面、Ni/YSZ 界面和电池/电解质三相界面（TPB）处生成钝化层，使电极活性区域减小，性能下降[46]。此外，长期运行过程中的 Ni 颗粒团聚也是造成 SOEC 性能衰减的重要原因。通过提高阴极原料纯度可有效抑制由微量杂质元素引起的钝化现象。此外,采用浸渗、脱溶等手段可以实现 Ni 活性组分的纳米化,增大氢电极反应活性面积,减缓 Ni 颗粒团聚,提高氢电极活性和稳定性[66,67]。Neagu 等[68]在 930℃的 5% H_2/95%Ar 还原性气氛下,还原制备了具有原位溶出的 Ni 纳米颗粒的 $La_{0.52}Sr_{0.28}Ni_{0.06}Ti_{0.94}O_3$ 阴极材料,并将其在 800℃的 20%CH_4/80% H_2 中高温处理 4h,检测结果表明,在粒径为 25~60nm 的 Ni 颗粒上几乎没有积炭,表现出良好的耐焦化性能。除此之外,近些年人们还开发了诸如 $La_{0.2}Sr_{0.8}Ti_{1-x}Ni_xO_{3-\delta}$(LSTN)、$BaZr_{0.4}Ce_{0.4}Y_{0.2}O_3$(BZCY)、$Pr_{2-x}Ba_xMn_2O_{5+\delta}$(PBMO)等钙钛矿基阴极材料[69-71]。这类材料的导电性和催化活性一般都稍弱于金属单质,但它们在含 H_2S、CO 的复杂气氛下工作时,比 Ni-YSZ 氢电极的性能更稳定,因此可将它们应用于 H_2O/CO_2 高温共电解池中。

6.2.3 阳极

阳极的主要作用是提供 O_2 生成场所和扩散通道,因此要求阳极具备较高的电子电导和氧离子电导,且在高温下对氧析出反应有较高的催化活性。阳极结构为多孔结构。阳极电化学反应为四电子过程,电极反应活性不足是限制 SOEC 电化学性能提升的重要因素。为提升 SOEC 电性能,大量研究者在阳极性材料开发方面进行了大量研究。LSM($La_{1-x}Sr_xMnO_{3-\delta}$)是早期广泛应用的良好的氧电极材料,但其是纯电子导体,较低的离子电导率使其应用受到限制。混合离子电子导体(MIEC)是当今应用最广泛、研究最深入的氧电极材料,根据晶体结构可分为三类(图 6-9):钙钛矿型氧化物($ABO_{3\pm\delta}$ 型,如 $La_{0.8}Sr_{0.2}CoO_3$)、RP 型氧化物($A_2BO_{4+\delta}$ 型,如 $La_2NiO_{4+\delta}$、$Pr_2NiO_{4+\delta}$ 等)和双钙钛矿结构($LnBaCo_2O_{5+\delta}$ 型,如 $PrBaCo_2O_{5+\delta}$、$GdBaCo_2O_{5+\delta}$ 等)。

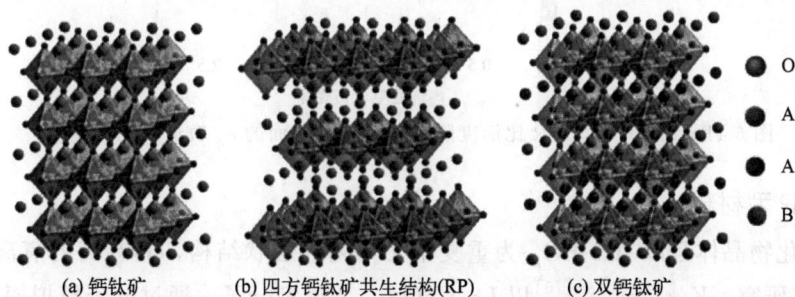

			● O
			● A
			● A'
			● B

(a) 钙钛矿　　(b) 四方钙钛矿共生结构(RP)　　(c) 双钙钛矿

图 6-9　SOEC 的钙钛矿型氧电极材料晶体结构

6.2.3.1 钙钛矿型材料

钙钛矿材料为如图 6-10(a)所示的八面体结构,A 位一般是稀土元素,如 La^{3+}、Gd^{3+}、Pr^{3+} 等。为改善材料的电子电导或离子电导,A 位为稀有金属元素,通常可用碱土金属元素取代,如 Ca^{2+}、Sr^{2+}、Ba^{2+} 等[72];B 位一般为过渡金属元素,如 Fe^{3+}、Co^{3+}、Ni^{3+} 等[73,74],其电子结构最外层通常具有不饱和 d 轨道,可接受外界孤对电子配位,是主要的电催化活性位点。明确电极材料中的氧迁移机理是提高电极材料活性的重要基础。Chroneos 等[75]通过研究揭示了氧离子在钙钛矿材料中的迁移路径,提出了氧离子传导的氧空位机理,如图 6-10(b)所示,当 A 位元素被二价元素取代之后,由于电荷补偿效应,在 B 位离子周围的配位八面体上产生相应氧空位,当氧空位数量足够多时,氧离子可以通过氧空位在材料中传导,从而形成了氧离子传导路径。晶格中的氧空位浓度和氧迁移能垒显著影响氧迁移动力学。

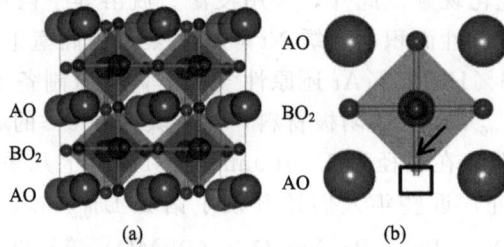

图 6-10 钙钛矿氧化物的晶体结构（a）和氧迁移路径（b）[75]

Suntivich 等用分子轨道理论研究了钙钛矿氧电极的析氧反应（OER）的催化活性规律，结果表明，钙钛矿的 OER 比活度随 B 位阴离子表面的 e_g 轨道填充的变化呈火山型分布（图 6-11），其中 $Ba_{0.5}Sr_{0.5}Co_{0.8}Fe_{0.2}O_{3-\delta}$（BSCF）的 e_g 为 1.3，表现出了极高的催化活性，比贵金属氧化物 IrO_2 高出一个数量级。

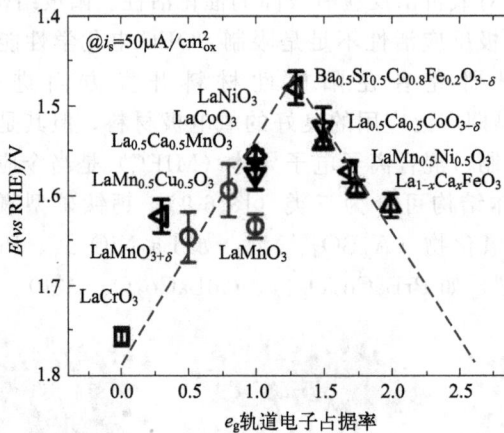

图 6-11 钙钛矿的 OER 比活度随 B 位阴离子表面的 e_g 轨道填充的变化

6.2.3.2 RP 型材料

RP 型氧化物晶体是以 $AO-BO_2$-为重复单元排列的层状结构，具有高的氧离子传导性，受到了关注和研究。Kushima 等[76]以 $La_2CoO_{4+\delta}$ 为模型分子，通过分子模拟探究并解释了 RP 型氧化物的氧传输机理，分子结构和分子模拟示意图如图 6-12(a) 和 (b) 所示。研究中提出了如图 6-12(c) 所示的氧离子的空隙迁移（路径Ⅰ）和间隙迁移（路径Ⅱ）两种体相迁移路径。在路径Ⅰ中，间隙氧原子 A 可以直接迁移到氧离子空隙 A′ 位置。在路径Ⅱ中，氧离子 B 位于 LaO 层中，间隙氧离子 A 和空隙 C 位于 LaO 外侧，与 A 位氧离子相邻的 B 位阳离子先迁移至 A′ 位，然后 A 位氧离子再迁移至 B 位。同时，对两条路径的迁移能垒 E_B^I 和 E_B^{II} 进行了比较，结果表明路径Ⅰ的能垒显著高于路径Ⅱ，表明在 RP 型材料内部，氧离子更倾向于通过间隙机理进行迁移。

6.2.3.3 双钙钛矿型材料

双钙钛矿也是近些年研究较多的氧电极材料，其结构为以-$AO-BO_2$-A′$O-BO_2$-为重复单元排列的层状结构。Streule 等[77]通过中子衍射实验发现在双钙钛矿 $PrBaCo_2O_{5.5}$ 的 AO 层中存在氧空位，表明该材料中氧空位的迁移规律与钙钛矿材料中类似。David 等[78]通过

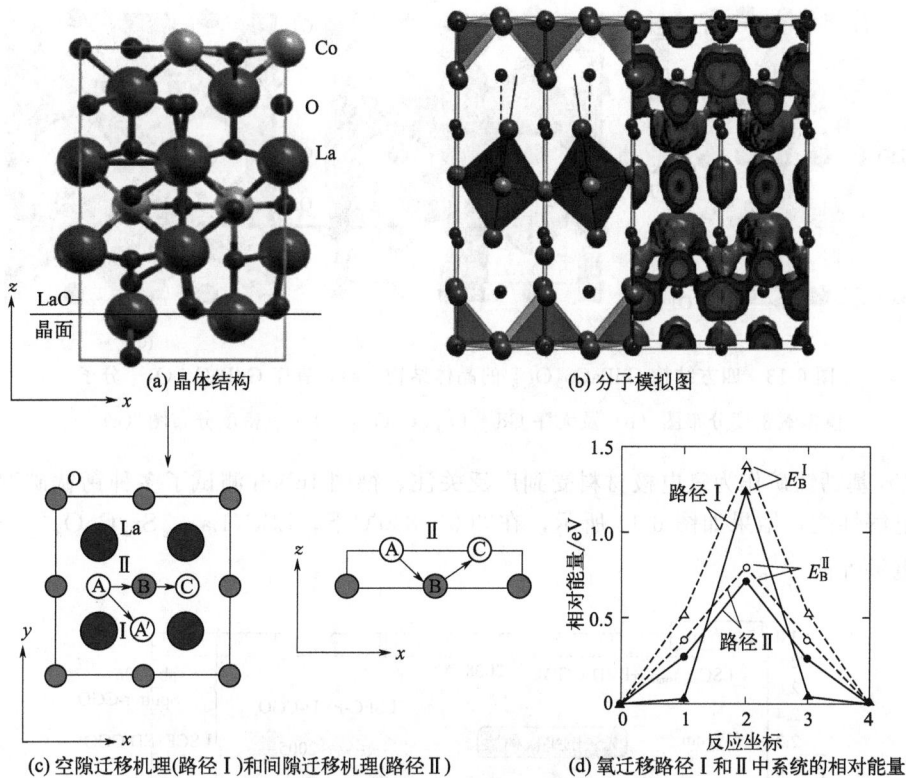

(a) 晶体结构   (b) 分子模拟图

(c) 空隙迁移机理(路径Ⅰ)和间隙迁移机理(路径Ⅱ)   (d) 氧迁移路径Ⅰ和Ⅱ中系统的相对能量

图 6-12 $A_2BO_{4+\delta}$ 型氧化物 $La_2CoO_{4+\delta}$ 中的氧离子迁移机理[76]

分子模拟探究并比较了双钙钛矿结构 $GdBaCo_2O_{5.5}$ 和无序化合物 $Gd_{0.5}Ba_{0.5}CoO_{2.75}$ 的氧迁移机理，分子模拟氧密度分布如图 6-13 所示，O1、O2 和 O3 分别表示 BaO 平面内位于八面体顶点的氧、GdO 平面内位于八面体顶点的氧和八面体赤道面内的氧。对于 $GdBaCo_2O_{5.5}$，氧离子主要通过 O2 和 O3 进行迁移，O1 基本不参与氧离子迁移，是一种高度有序的氧迁移过程。Zhu 等[79] 以 $PrBa_{0.5}Sr_{0.5}Co_{1.5}Fe_{0.5}O_{5+\delta}$（PBSCF）为模型材料，通过 Ar 和 H_2 等离子体处理，在材料中产生不同浓度的氧空位。电化学试验表明，随着氧空位的增加，PBSCF 的 OER 活性显著提高，在 $35mA/cm^2$ 的电流密度下，产生氧空位的 PBSCF 粉末的过电位比商业化 IrO_2 催化剂低 90mV，表明其具有大电流密度下的高 OER 反应活性。

6.2.3.4 阳极性能提升方法

阳极活性和稳定性在极大程度上决定了 SOEC 电解过程的活性和长期运行耐久性。电极活性和稳定性的同步提升对 SOEC 性能提升和产业化进程意义重大[80-84]。电极的电化学活性由电极材料本征电催化活性和电极结构（决定电化学反应活性位点数量）共同决定，为提高电极活性，需从电极本征电性能提升和电极结构优化两方面同步解决。

(1) 电极本征电性能提升

元素掺杂是调控电极本征活性的重要手段。通过 A 位元素调节可以调控材料氧空位，改善电极氧离子传导性；B 位一般为过渡金属元素，其电子结构最外层通常具有不饱和 d 轨道，可接受外界孤对电子配位，是主要的电催化活性位点。B 位元素与钙钛矿类材料的催化性能、氧离子和电子的迁移性能密切相关，Co 元素表现出最佳的电催化活性[74,85]。因此，

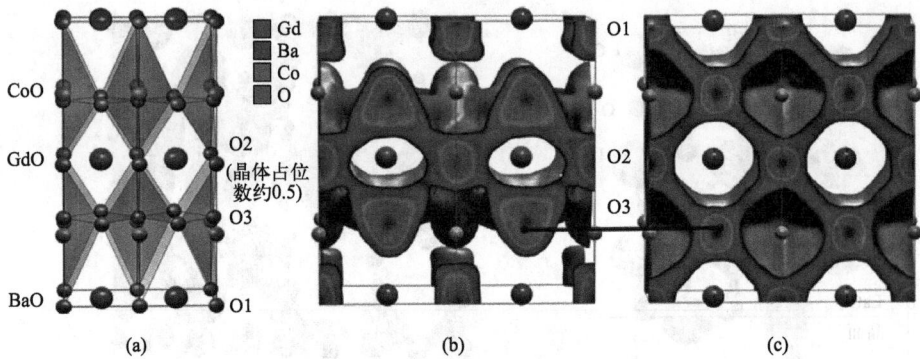

图 6-13　四方结构 $GdBaCo_2O_{5.5}$ 的晶体结构（a），有序 $GdBaCo_2O_{5.5}$ 分子
模拟氧密度分布图（b）及无序 $Gd_{0.5}Ba_{0.5}CoO_{2.75}$ 分子氧密度分布图（c）[78]

掺杂型 Co 基钙钛矿作为氧电极材料受到广泛关注。德国 Jülich 测试了多种钙钛矿型氧电极材料的电解性能，结果如图 6-14 所示，在 600～800℃ 下，LSC（$La_{1-x}Sr_xCoO_{3-\delta}$）表现出最佳的电解性能[86]。

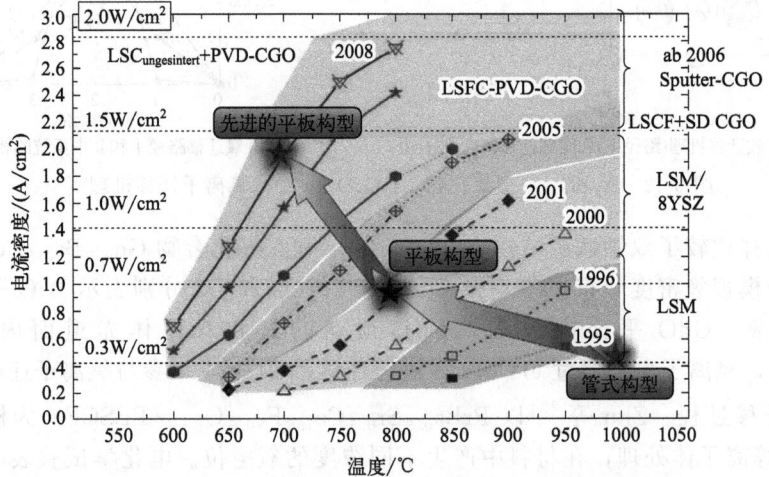

图 6-14　几种典型的钙钛矿基氧电极材料的高温电解性能[86]

除了对单一的钙钛矿类材料进行活性优化外，研究人员发现通过两种不同的电极材料复合，制备成的异质结构电极可有效地促进氧的表面交换动力学和体相迁移动力学，对氧电极的电化学性能有明显的促进作用。钙钛矿/RP 型（ABO_3/A_2BO_4）异质结构电极是多种异质结构电极中性能突出、被广泛研究的一类。Sase 等[87,88]将脉冲激光沉积（PLD）法制备的（$La_{0.6}Sr_{0.4}$）CoO_3/(La,Sr)$_2CoO_4$（LSC113/LSC214）异质结构薄膜在 773K 下进行 $^{18}O/^{16}O$ 同位素交换后，使用 SIMS（二次离子质谱）观察，发现在异质界面区域的 ^{18}O 明显富集，经计算，界面处的氧交换系数可达 8×10^{-6} cm/s，是单体 LSC 113 薄膜的 103 倍。Lee 等[89]使用电化学阻抗谱法对异质结构薄膜进行活性测试，在 1atm O_2 和 550℃ 条件下，LSC 113/LSC 214 和 LSCF 113/LSC 214 异质结构薄膜的氧交换系数分别为 2×10^{-7} cm/s 和 7×10^{-8} cm/s，相较于单体薄膜材料 LSCF 113（3×10^{-8} cm/s）和 LSC 113（约 5×10^{-9} cm/s）均有明显提升。Zheng 等[90-92]合成了一系列如图 6-15 所示的 $Nd_{0.8}Sr_{1.2}CoO_{4\pm\delta}$/

$Nd_{0.5}Sr_{0.5}CoO_{3-\delta}$（NSC 214/113）多层薄膜结构，电化学测试结果显示，双层异质结构薄膜 NSC 214/113（约 $5.5\times10^{-8}cm/s$）的氧交换系数是 NSC 113 单层薄膜（约 $1.3\times10^{-9}cm/s$）的 41 倍，而相同厚度下减薄每层厚度提升异质界面数量会明显提升其电化学性能，18 层异质结构薄膜 NSC 214/113（约 $2.9\times10^{-7}cm/s$）相比于 NSC 113 单层薄膜，性能提升了 165 倍。Ma 等[93]报道了一种特殊的垂直对齐纳米异质结构（VAN）LSC 113/LSC 214，高分辨率的 STEM-EDX 结果验证了 LSC 113 和 LSC 214 纳米柱在近垂直方向上的分离，平均柱径为 300nm，其比面积电阻 ASR（$2\times10^{4}\Omega\cdot cm^{2}$）仅为 LSC 113（约 $1.6\times10^{5}\Omega\cdot cm^{2}$）和 LSC 214（约 $3.5\times10^{5}\Omega\cdot cm^{2}$）薄膜氧电极的 10%。

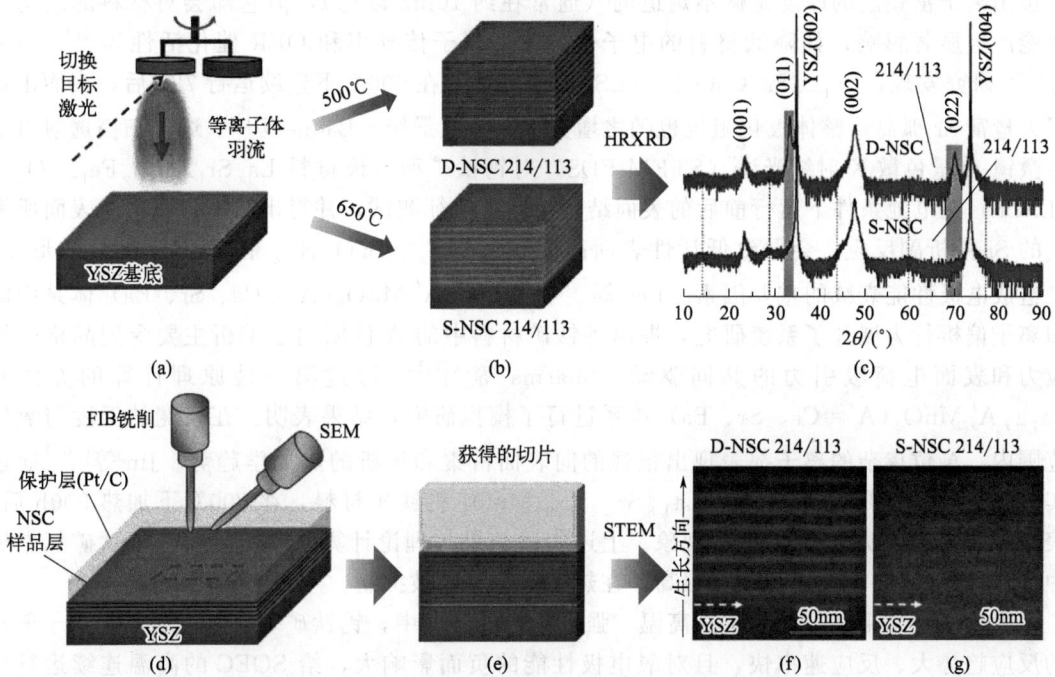

图 6-15　多层异质薄膜的制备与结构（NSC 214/113）[91]

（a）利用 PLD 制备薄膜的原理图；（b）650℃下制备的单晶取向多层异质结构（S-NSC 214/113）和 500℃下制备的双晶取向多层异质结构（D-NSC 214/113）；（c）S-NSC 214/113 和 D-NSC 214/113 的 HRXRD 图谱，两者图谱的差异用灰色矩形表示；（d）薄膜的 FIB-SEM 示意图；（e）得到的切片；（f）D-NSC 214/113 横截面的 HAADF-STEM 显微照片；（g）S-NSC 214/113 横截面的 HAADF-STEM 显微照片

（2）电极结构优化

电极结构与电化学反应活性面积和气体扩散强度密切相关。阳极材料的纳米化或纳米复合电极制备是拓宽阳极电化学反应活性面积、提高 SOEC 电化学性能的重要方法。日本国家先进工业科学技术研究院报道了利用喷雾热解法制造了新型纳米薄膜复合氧电极，其制备的 SOEC 电流密度在 750℃下达到 $3.13A/cm^{2}$，在 800℃时达到 $4.08A/cm^{2}$，对应的氢气产率分别为 $1.31L/(h\cdot cm^{2})$ 和 $1.71L/(h\cdot cm^{2})$，表现出良好的大电流运行活性[39]。Chen 等首先在 LSCF（$La_{0.6}Sr_{0.4}Co_{0.2}Fe_{0.8}O_{3-\delta}$）表面负载了一层 $PrNi_{0.5}Mn_{0.5}O_{3}$（PNM）薄膜，然后采用原位脱溶技术制备出 PrO_{x} 纳米颗粒，氧电极极化阻抗低至约 $0.022\Omega\cdot cm^{2}$，仅为纯 LSCF 电极的 1/6[94]。

6.2.3.5 电极稳定性提升方法

除活性外，SOEC 长期运行的稳定性和耐久性是衡量该技术产业化前景的重要参数。阳极长期运行稳定性和耐久性由材料稳定性和电极结构稳定性双重决定[74,85,95-98]。在材料稳定性方面，在高温条件下，许多钙钛矿基氧化物电极材料的表面化学状态都是不稳定的，容易发生各种副反应，其中一类最为典型且重要的副反应就是阳离子偏析反应。所谓阳离子偏析，是指在固体材料表面，某一种阳离子自发出现局部富集，并以表面第二相的形式在材料表面析出的现象[99,100]。对于在强氧化性气氛下工作的钙钛矿基氧电极，一般发生 A 位阳离子偏析，并可能进一步诱发表面相分离反应，形成 AO 第二相[74]。尽管钙钛矿材料表面 A 位阳离子富集层的厚度是微不足道的（通常在约 10nm 以内），但它却会对材料的结构和性能产生显著影响，如降低材料的电子传导率、离子传导率和 OER 催化活性等[101]。Cai 等[102] 研究发现，$La_{1-x}Sr_xCoO_{3-\delta}$（LSC）电极材料在 600℃下连续运行 72h 后，表面出现了大量富 Sr 孤岛，整体极化阻抗也随之增大了一个数量级。Baqué 等[103] 通过扫描透射电子显微镜-能量色散 X 射线光谱（STEM-EDS）对钙钛矿型电极材料 $La_xSr_{1-x}Co_yFe_{1-y}O_{3-\delta}$（LSCF）在电池条件下运行前后的表面结构进行了表征测试，并得出结论：在材料表面所发生的 Sr 偏析副反应，会导致低活性表面高阻相 $[SrO_x$、$Sr(OH)_2$ 和 $SrCO_3$ 等] 的形成，是造成电极性能衰减的重要因素。Lee 等[89] 对 $La_{1-x}A'_xMnO_3(A'=Ca、Sr、Ba)$ 体系中的阳离子偏析行为展开了系统研究，提出钙钛矿材料中的 A 位阳离子偏析主要受到晶格弹性应力和表面电荷吸引力的共同驱动。Sharma 等[104,105] 通过第一性原理计算的方法对 $La_{1-x}A'_xMnO_3(A'=Ca、Sr、Ba)$ 体系进行了模拟研究，结果表明：在较宽的温度与氧压范围内，A 位掺杂的离子都表现出很强的向表面富集和偏析的热力学趋势。Jin 等[106] 通过实验发现，即使是 A 缺位的 $(La_{0.8}Sr_{0.2})_{0.95}MnO_3$ 钙钛矿材料，在 800℃下加热 500h 后，表面依然会出现明显的 Sr 偏析现象。上述实验结果与理论计算结果均表明，钙钛矿氧电极中 Sr 偏析反应的自发进行趋势很高，在热力学上难以被抑制。

大量研究结果共同证明了在高温、强氧化性的环境中，钙钛矿基氧电极表面阳离子偏析的反应趋势大、反应速率快，且对氧电极性能的负面影响大，给 SOEC 的高温连续运行带来了极大的挑战。为此，许多研究者试图通过表面修饰的方式来增强钙钛矿电极材料表面稳定性，抑制有害的偏析反应[107-109]。Tsvetkov 等[96] 使用多种金属盐酸盐溶液对 $La_{0.8}Sr_{0.2}CoO_{3-\delta}$ 薄膜电极进行表面浸渗修饰，发现某些还原性较弱的金属离子（如 Hf^{4+}、Al^{3+} 等）可以降低表面 Sr 偏析副反应的趋势，并使电极活性提升一个数量级。Rupp 等[110] 通过脉冲激光沉积技术在 LSC 薄膜电极表面沉积了一层 Co_3O_4，发现这样可以使已经偏析钝化的薄膜再度活化。Gong 等[111] 通过原子层沉积法在 LSC 薄膜表面修饰了一层 ZrO_2，发现它亦可以阻止表面 Sr 偏析和相分离反应，在 700℃下，电极性能衰减速率降低至原来的 1/20。Li 等[44,112] 通过脉冲激光沉积法制备了取向单一、晶格规整的 LSC 单晶薄膜电极，并分别用不同浓度的 $Sr(NO_3)_2$ 和 $Fe(NO_3)_3$ 溶液对 LSC 薄膜氧电极进行了表面修饰，发现少量 Sr^{2+} 的加入可以抑制材料体相内部的 Sr 偏析并提高电极活性，但继续提升电极表面 Sr 元素的比例则会降低电极活性。Sr 修饰 LSC 的形貌如图 6-16[113] 所示。Sr 修饰 LSC 有表面孤岛生成，代表有偏析现象发生，表面孤岛成分分析结果为活性相 $La_{1-x}Sr_xCoO_{3-\delta}$，而非常见的惰性氧化物。机理分析结果表明，外加的 Sr^{2+} 修饰可以抑制 LSC 晶格内部的 Sr^{2+} 向表面迁移偏析的趋势，从而提升 LSC 电极薄膜的电化学活性与表面稳定性，同时少量的 Sr^{2+} 修饰还会诱导 LSC 表面自发形成高活性的表面孤岛，把表面偏析产生惰性相的不利过程变成了表面自组装生成高活性相的有利过程。Fe 元素修饰结果表明，Fe 元素在薄膜电极中的浸渗深度约为 20nm，并可导致薄膜在近表面区形成（La、Sr）(Co、Fe)$O_{3-\delta}$ 过渡相。电化学阻抗谱测试结果表明，在 600℃下，Fe 元素修饰可以使 LSC 薄膜电极的极化阻抗由原来的 27.2kΩ 降低至 6.6kΩ，使其电化学活性提升 4 倍以上。机理研究表明，Fe 元素的修饰使 LSC-Fe15 晶格中的 Co 元素平均价态降低，同时使其近表面能带结构发生改变，使更多的晶格氧脱离了表面晶格的束缚而变为自由氧，晶格中氧空位数量增加，氧离子传导性能增强。

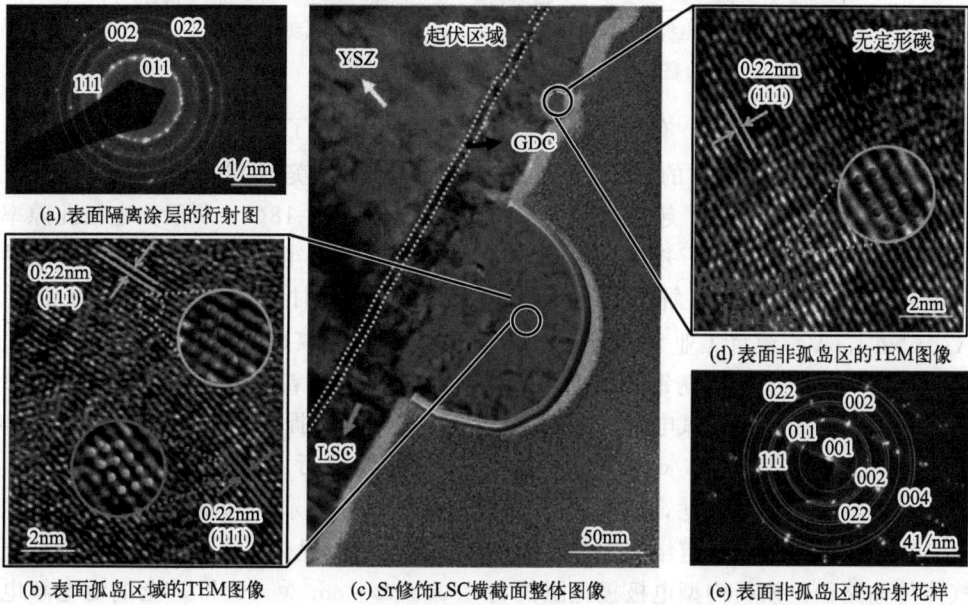

(a) 表面隔离涂层的衍射图
(b) 表面孤岛区域的TEM图像
(c) Sr修饰LSC横截面整体图像
(d) 表面非孤岛区的TEM图像
(e) 表面非孤岛区的衍射花样

图 6-16　Sr 修饰 LSC 薄膜截面的 TEM 图像和电子束衍射结果[113]

在结构稳定性方面，普通 SOEC 阳极是采用丝网印刷、滴涂、等离子喷涂等方法在电解质表面堆积而成的"海绵状"多孔结构 [图 6-17(a)]。结构缺陷明显：一方面，氧电极/电解质界面有效接触面积小，界面结合强度低；另一方面，氧电极体相孔隙率低，孔道曲折因子大，闭孔多。在大电流密度条件下，氧电极/电解质界面 O^{2-} 传输数量和氧电极内表面产氧量激增，由此产生的电极内部局部高氧压、高应力和局部过热效应破坏氧电极/电解质界面结构，造成界面破碎和脱层现象，引起 SOEC 性能衰减[114-116]。美国 MIT 和 Argonne 国家实验室构建了含 25 块电解池片，单片电解池尺寸为 80mm×80mm 的 SOEC 电堆，并对在 830℃下进行了 1000h 电解测试后的电解池进行了表面电阻扫描测试，结果表明氧电极阻抗显著大于其他区域；SEM 测试发现了氧电极/电解质界面脱层现象，如图 6-17(b) 所示[117]。由此说明，氧电极/电解质界面脱层可能是引起氧电极阻抗增大，电解池性能衰减的主要原因。Utah 大学的 Anil 通过计算说明了"海绵状"氧电极内部近界面区域氧分压过高是引起氧电极/电解质界面脱层的重要原因，并说明当局部压力超过 8.63atm 时，就可能引发界面脱层[114]。Mogensen 等通过实验验证了在 2A/cm² 的大电流电解时的界面结构破碎现象，并通过计算说明，当电解电流密度为 2A/cm² 时，氧电极内部局部氧分压可高达 100atm[115]。

为改善氧电极的结构缺陷问题，许多学者对氧电极结构进行了设计和优化。美国南卡罗来纳大学 Chen 等[118]采用流延-冷冻干燥法制备了多层级直孔网络结构 $Sm_{0.5}Sr_{0.5}CoO_3$-

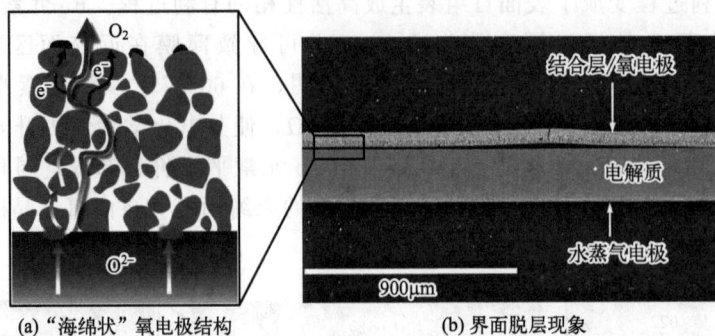

(a)"海绵状"氧电极结构　　(b)界面脱层现象

图 6-17　氧电极/电解质界面结构[117]

$Gd_{0.1}Ce_{0.9}O_{2-\delta}$ 复合氧电极,有效提高了电极孔隙率,降低了孔道曲折因子,加快了气体排出速率,该电极在 500℃ 时的极化阻抗仅为 $0.15\Omega \cdot cm^2$。美国 Idaho 国家实验室[38]采用自组装法在电解质表面制备了超多孔纤维结构氧电极,如图 6-18(a) 所示,电极孔隙率高达57.7%,拓宽氧气排出路径,并在氧电极/电解质界面处形成牢固的桥接结构,增强界面强度,二者共同作用提升了电解池的大电流耐受性,600℃ 时的 H_2O 电解电流密度达到$2.06A/cm^2@1.6V$。南京工业大学邵宗平课题组[20]设计了氧电极(阳极)支撑型 SOEC,如图 6-18(b) 所示,采用不锈钢网辅助相反转法制备了直孔氧电极结构,电极孔隙率达到38%,并采用滴涂法制备了氧电极/电解质高强度结合界面,提高了界面结合强度,800℃ 下CO_2 电解电流密度达到 $2.5A/cm^2@1.65V$,并可以稳定运行 120h。清华大学 Yu 等[20]采用冷冻干燥法结合溶液浸渗法,制备出了如图 6-19[119,120]所示的具备高强度、高取向、高孔隙率、高比表面积的微通道结构阳极,为阳极电化学反应提供了充足的反应活性位点和高通量气体传输路径。该新构型电极极化阻抗为 $0.0094\Omega \cdot cm^2@ 800℃$,全电池电解电流密度最高达到 $5.96A/cm^2 @ 1.3V$。在电解质/氧电极界面处增加接触层是另一种解决脱层问题的重要手段。Kim 等[121]在阳极和电解质之间增加了一层 $Ce_{0.43}Zr_{0.43}Gd_{0.1}Y_{0.04}O_{2-\delta}$ 作为接触层,SOEC 在 800℃ 下运行 100h 后欧姆阻抗仅增加了约 $0.02\Omega \cdot cm^2$,相比于无接触层的 SOEC,其性能衰减速率明显降低。

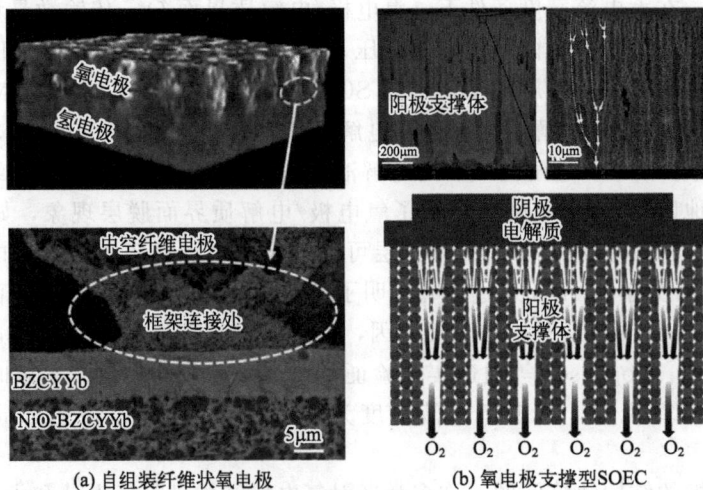

(a)自组装纤维状氧电极　　(b)氧电极支撑型SOEC

图 6-18　新型氧电极结构

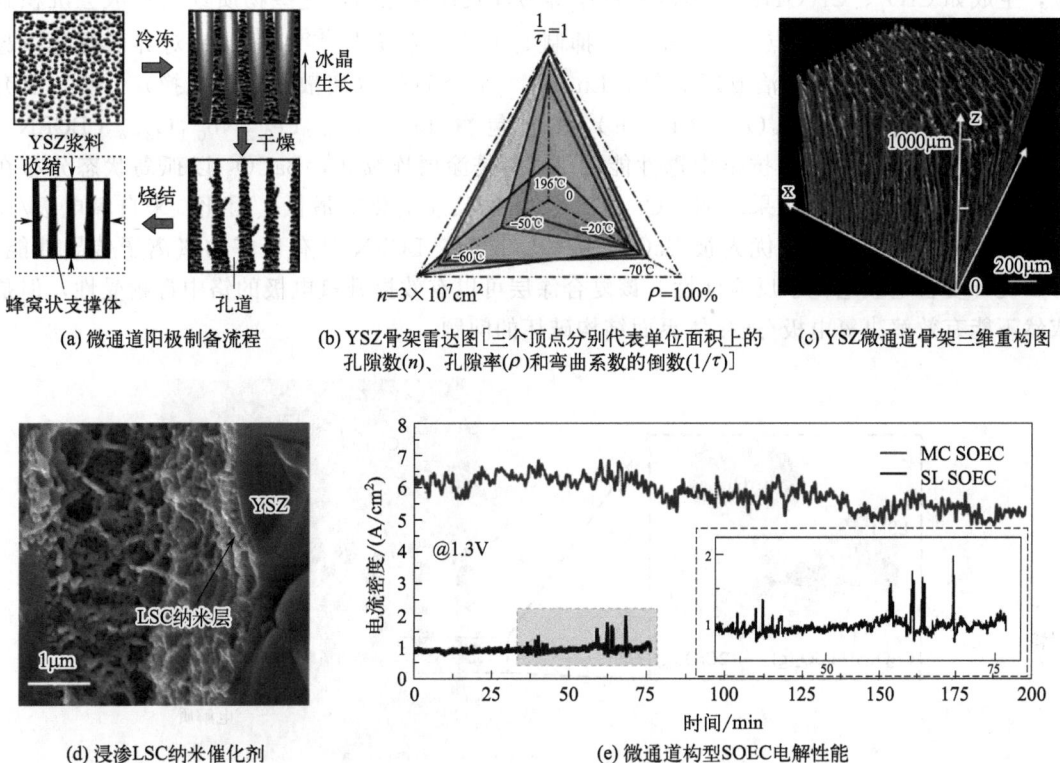

(a) 微通道阳极制备流程

(b) YSZ骨架雷达图［三个顶点分别代表单位面积上的孔隙数(n)、孔隙率(ρ)和弯曲系数的倒数(1/τ)］

(c) YSZ微通道骨架三维重构图

(d) 浸渗LSC纳米催化剂

(e) 微通道构型SOEC电解性能

图 6-19　微通道构型 SOEC 结构及性能[119,120]

6.2.4　SOEC 的连接体材料与密封材料

SOEC 的连接体是构建 SOEC 电堆的骨架，处于两个相邻电解池的氧电极与氢电极之间（图 6-20），它的主要作用是实现电解池单元之间的电流传导和热量传递[43]。目前比较常用的 SOEC 的连接体材料主要包括钙钛矿基 $LaCrO_3$ 氧化物的衍生物和高温金属合金两大类[53-57]。$LaCrO_3$ 氧化物的衍生物与 SOEC 中其他电池组件之间的相容性较好，在高温运行过程中稳定性较高，但它的主要问题在于导热性相对较差，材料加工相对困难，价格较为昂贵，在温度低于 1000℃时电导率较差[49-52,122]。

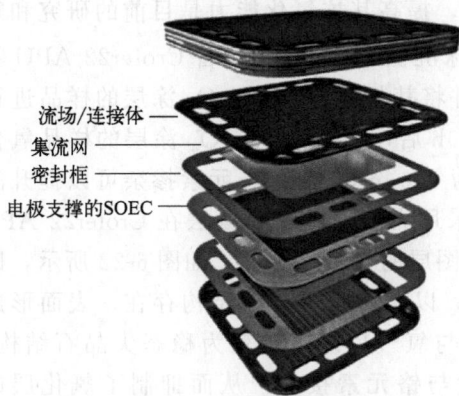

图 6-20　高温电解池堆中的连接体材料[43]

金属合金材料的主要优点在于电导率高、导热性好、加工成型较为方便等，但它往往在强氧化/还原气氛下的长期稳定性不足。目前发展成熟的金属材料是 Fe-Cr 合金，在高温、高氧环境下，Fe-Cr 合金容易被氧化，破坏界面结构，引起 SOEC 电堆性能的衰减[123-125]。如图 6-21 所示，在高温环境下，连接体中的 Cr 元素有向界面偏析的趋势，并在与氧电极相邻的一侧与 O 元素反应，生成 Cr_2O_3 氧化层。一方面，氧化层是电子传导高阻相，同时氧化层的生成还会造成界面破碎和分层现象，阻碍电子跨界面传输；另一方面，Cr_2O_3 还会和 $O_2(H_2O)$ 继续发生化学反应，生成如 CrO_i、$Cr(OH)_i$、$CrO(OH)_i$ 等易挥发性铬化物，这些物质经过扩散会沉积到氧电极 OER 反应活性位点，造成中毒，抑制电化学反应发生[49-52,122]。针对界面氧化引起的氧电极铬中毒问题，佐治亚理工大学 Liu 等[63] 结合 DFT（离散傅里叶变换）计算，研究了在 $La_{0.6}Sr_{0.4}Co_{0.2}Fe_{0.8}O_{3-\delta}$（LSCF）表面包覆 $Ba_{1-x}Co_{0.7}Fe_{0.2}Nb_{0.1}O_{3-\delta}$（BCFN）-$BaCO_3$ 纳米尺度涂层后的抗铬中毒性能，BCFN 是涂层连续相，$BaCO_3$ 以孤岛状态分布在 BCFN 表面，DFT 计算结果表明，Cr 与 $BaCO_3$ 的反应活化能最低。因此，来自氧电极/连接体界面的挥发性铬化物优先被 $BaCO_3$ 吸收。同时，BCFN 具有良好的氧离子传导性能，可以提升复合电极电化学反应活性。该复合涂层可以有效提升氧电极的铬中毒耐受性，但是依然不能有效解决氧电极/连接体界面结构破坏的问题。

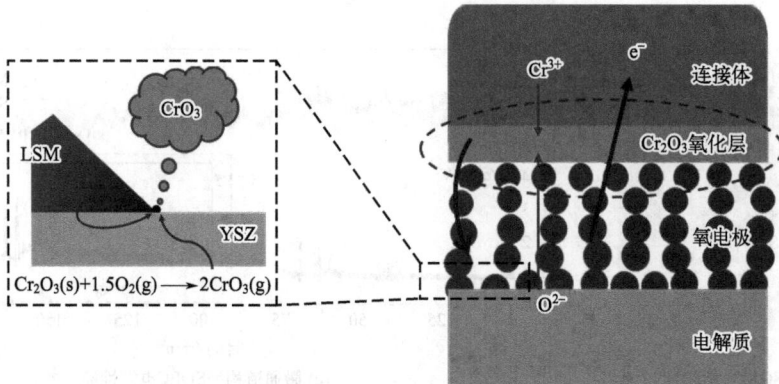

图 6-21　连接体界面氧化层生成及氧电极铬中毒过程

在连接体表面构筑涂层是一种有效改善界面结构的方式。涂层起到抑制氧化层增长和吸收易挥发性铬化物，阻隔其扩散至氧电极内部，同时保障电子顺利跨界面传输的作用。因此，涂层构筑材料需要具备良好的电子电导性（表面比电阻 ASR 低，一般要求 ASR 为 $0.1\sim0.2\Omega/cm^2$）、极低的氧离子传导性和与连接体相匹配的热膨胀系数，涂层结构必需致密[49-52,122]。常见涂层材料有含铝类化合物、金属氧化物、钙钛矿和尖晶石材料。含铝类化合物电子传导性较差，金属氧化物涂层结构致密度较差，因此，目前钙钛矿类和尖晶石类材料最受关注。钙钛矿材料以纯电子导体 LSM 为主，其电子电导率较高，与常见的氧电极材料的热膨胀系数接近，但是缺点是涂层结构致密度较低。尖晶石类材料以 $MnCo_2O_4$ 为主，其电子电导率略低于 LSM，但是基本满足应用要求，且涂层致密度高，是目前研究较多的新型连接体涂层材料。对 $MnCo_2O_4$ 进行元素掺杂，提高其抗氧化能力是目前的研究和重点[125]。丹麦科技大学 Zanchi 等[126] 探究了采用电泳沉积法（EPD）制备 Crofer22 APU 不锈钢连接体表面涂层 Fe 掺杂 $MnCo_2O_4$ 的研究，并将其与施加 $MnCo_2O_4$ 涂层的样品进行了氧化测试比较。结果表明，在 750℃下氧化 2000h 后，施加 $MnCo_2O_4$ 涂层的样品氧化层厚度为 $0.9\mu m$，而施加涂层的样品氧化层厚度为 $0.6\mu m$，表明 Fe 元素掺杂可以提升涂层的抗氧化能力。德国 Jülich 的 Grünwald 等[127] 采用大气等离子喷涂法在 Crofer22 APU 表面制备了 $Mn_{1.0}Co_{1.9}Fe_{0.1}O_4$ 涂层，并解释了该图层的抗氧化机理，如图 6-22 所示，即 $Mn_{1.0}Co_{1.9}Fe_{0.1}O_4$ 涂层在热喷涂制备过程中淬火，以亚稳态的岩盐结构存在，表面形成许多微裂纹，在空气中退火时，亚稳态岩盐结构与氧气反应，转变为稳态尖晶石结构，并弥合微裂纹，形成外层致密结构，阻隔氧元素与铬元素接触，从而抑制了氧化层的生成。

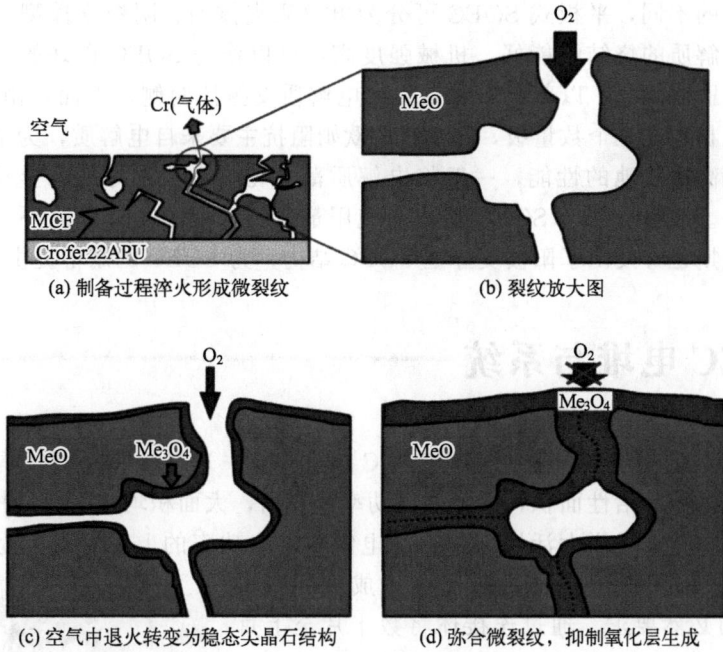

(a) 制备过程淬火形成微裂纹   (b) 裂纹放大图

(c) 空气中退火转变为稳态尖晶石结构   (d) 弥合微裂纹，抑制氧化层生成

图 6-22 $Mn_{1.0}Co_{1.9}Fe_{0.1}O_4$ 抑制氧化层生成机理[127]

SOEC 密封材料的主要作用在于防止高温电解过程中产生的 H_2 和 O_2 等小分子向电堆外发生泄漏。为适应电解池的高温操作条件，电堆密封材料一般采用能耐受高温的硼酸盐或硅酸盐等复合陶瓷材料。尽管密封材料对电解池的运行性能没有直接的影响，不过在高温、高湿度条件下，密封材料中的 B、Si 元素也有可能以 $B(OH)_3$、$Si(OH)_4$ 等形式挥发，并与电极材料发生副反应形成高阻相，导致电解池在长期运行过程中出现性能衰减[52,53,128]。

6.2.5   SOEC 的分类

根据几何构型的不同，单片 SOEC 可以分为管式结构、平板式结构和扁管式结构，它们的基本结构如图 6-23 所示[43]。早期的 SOEC 电解池堆多采用管式构造，它的主要优点是电堆密封和电堆集成较为简单，但其缺点在于体积庞大、能量密度较低、生产制造成本较高。与之相对，平板式 SOEC 一般集流路径较短、能量密度较高，但它的主要难点在于高温下的电解池密封和电堆集成相对复杂。近年来，随着电解池连接体新材料的开发以及高温密封技术的突破，平板式 SOEC 技术也已经取得了长足的发展。平板式 SOEC 因集流路径短和体积能量密度高而被广泛研究和采用。

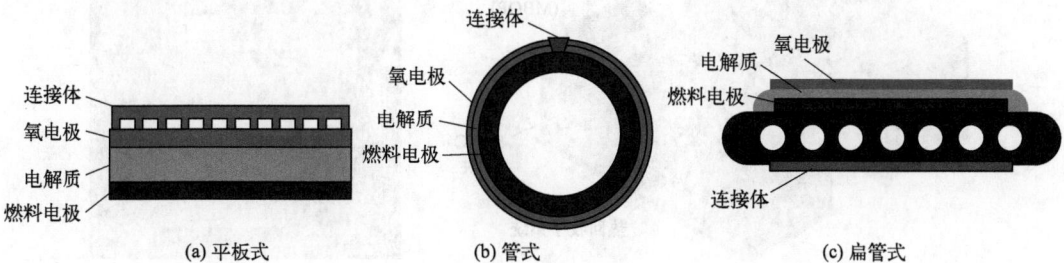

(a) 平板式   (b) 管式   (c) 扁管式

图 6-23   平板式 SOEC、管式 SOEC 和扁管式 SOEC 结构示意图[20]

根据支撑体的不同，平板式 SOEC 可分为电解质支撑型、阴极支撑型、金属支撑型和阳极支撑型。电解质的烧结性能好，机械强度高，可以作为 SOEC 良好的支撑体，阴极和阳极通过丝网印刷等方式，以薄膜形式黏附在电解质支撑体两侧。然而，由于 YSZ 电解质的电导率比电极材料低三个数量级，SOEC 的欧姆阻抗主要来自电解质，为了降低电解质层的欧姆损失，提高电解池的性能，一般将电解质薄膜化，电极支撑型和金属支撑型 SOEC 得到关注和发展。阴极支撑型 SOEC 是目前使用最多的电解池类型。此外，南京工业大学邵宗平课题组近期也开发出了阳极支撑型 SOEC 结构，为 SOEC 的制备提供了新路径[20]。

6.3　SOEC 电堆与系统

为提高 SOEC 的实用性，需要提高 SOEC 输出功率。通过采用平板式构型 SOEC 可以提高单片电解池的有效活性面积，增大输出功率。然而，大面积均匀陶瓷结构制备工艺难度大，成本高，且单纯通过增大活性面积提高电解池输出功率的上限有限。为满足 SOEC 的实用化和工程化使用要求，SOEC 电堆化集成成为高温电解技术发展的必然要求。通过连接体将数十片至上百片 SOEC 单体串接起来，构建成 SOEC 电堆，连接体在电堆中起刚性支撑作用，同时维持相邻电解池之间的电路导通。电堆的密封和蒸汽量控制是构建电堆的重点和难点。电解制氢产物为高纯氢气和氧气，为防止气体因泄漏或接触而发生危险，必须用密封胶对各相邻单片SOEC 进行有效密封。电解池阴极材料一般为 Ni-YSZ，为防止活性组分 Ni 氧化，通常阴极进气中包含少量 H_2。为保证电解的稳定进行，阴极必须同时保证稳定且足够

图 6-24　清华大学开发的 SOEC 电堆

高含量的水蒸气。图 6-24 为清华大学核研院自主研制开发的 SOEC 电堆模块，该模块由四个包含 30 片电解池单片的电堆组成。

SOEC 电堆与其他辅助设备配合，搭建出 SOEC 制氢系统才能用于实际电解制氢。图 6-25(a)[129] 为 250kW SOEC 制氢系统，系统中包括 SOEC 电堆、电力辅助设备、机械

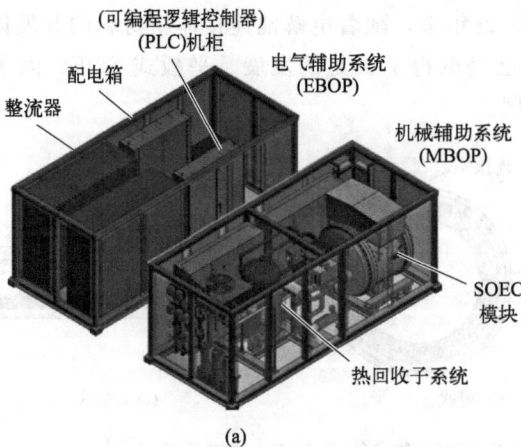

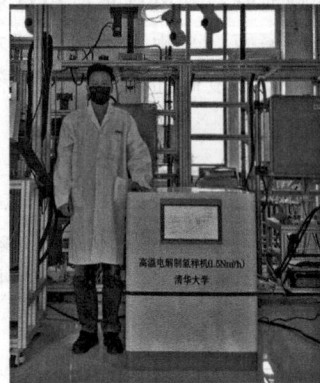

图 6-25　250kW SOEC 制氢系统[129]（a）及 1.5m³（标）/h SOEC 制氢样机（b）

辅助设备、整流器和热回收系统。清华大学核研院通过对制氢系统的各组件的集成和优化，实现了制氢系统的小型化和模块化，开发出了如图 6-25(b) 所示的 $1.5m^3$（标）/h 制氢样机。

6.4 SOEC 发展历程与现状

1899 年，Nernst 发现 Y_2O_3 掺杂的 ZrO_2（YSZ）具有较高的氧离子迁移率和较低的激活能，此后该类材料被广泛应用于高温固态电化学领域[130]。1968 年，美国 GE 公司的 Spacil 等首次报道以 ZrO_2 基材料为电解质的 SOEC 高温水蒸气电解制氢实验研究，该电解池采用管式构型[131,132]。德国 Doenitz 等在 20 世纪 80 年代初开展了管式 SOEC 电堆高温蒸汽电解制氢实验，电解池组成为 Ni-YSZ/YSZ/LSM，该团队制备了含 1000 个电解池单体的管式 SOEC 电堆，电解制氢实验的最大产氢速率可以达到 $0.6m^3$（标）/h[133]。

尽管 SOEC 研究开始较早，然而由于 20 世纪 60 年代以来石油价格偏低，SOEC 制氢技术的发展长期陷入停滞状态。近年来，随着全球气候变化和能源危机问题日益凸显，SOEC 制氢技术重新迎来发展机遇。美国 Idaho 国家实验室、Bloom Energy 公司，丹麦托普索燃料电池公司，德国 Julich 研究所，日本原子能研究所、三菱重工、东芝、京瓷，韩国能源研究所等单位在 SOEC 领域有诸多深入研究。2003 年，美国爱达荷国家实验室（INL）和 Ceramatec 公司重新启动了高温 SOEC 蒸汽电解制氢研究，将该技术作为美国下一代核电站计划（NGNP）的重要组成部分，并通过模拟第四代反应堆耦合高温电解制氢技术流程，表明了核能高温电解制氢的效率约为 $45\%\sim52\%$[14]。2004 年首次报道了单电池制氢结果，2006 年制备出了产氢速率 $>90L/h$ 的电堆[134,135]。2012 年，INL 建成了 15kW 的高温蒸汽电解制氢一体化试验台架，并通过实验验证了该台架的蒸汽电解峰值产氢速率为 $2.0m^3$（标）/h[136]。2018 年底，美国 INL 已初步完成了 25kW SOEC 高温蒸汽电解制氢台架的搭建，并计划开展电功率为 250kW 的高温蒸汽电解制氢系统的设计工作[137]。2019 年美国能源部的报告中，将基于 SOEC 的高温电解技术与先进核能（高温堆）和太阳能耦合制氢技术列为未来大规模制氢的发展方向之一[14]。在 DOE 主导下，Fuel Cell 公司开发了可在 $>3A/cm^2$ 的超高电流密度下运行的高温电解制氢系统，该系统最大电流密度可以达到 $6A/cm^2$ @1.67V，在 $3A/cm^2$ 下运行的衰减速率为 $1.8\%/1000h$[138]。Idaho 国家实验室和 Argonne 国家实验室等单位合作对压水堆耦合高温电解制氢工艺进行了经济性分析，制氢成本为 1.86 美元/kg H_2，低于 DOE 制定的 2025 年制氢成本 <2 美元/kg H_2 的目标[138,139]。2021 年 2 月，美国 NASA 将 SOEC 系统搭载于火星探测器上用于火星探测，利用 SOEC 电解火星大气中的 CO_2 生产氧气和燃料气，为未来深空探测提供资源保障[4]。2022 年，美国 Bloom Energy 计划将 SOEC 装置生产能力提升至 2GW，同时将与 Idaho 国家实验室和 Xcel Energy 合作开展核能制氢技术，计划通过该技术的实施实现工业和农业等领域的脱碳[140]。目前，DOE 已经开始推进核能制氢的实际应用，计划在 2024 年前为 4 台核电站配备制氢设施[141,142]。

在欧洲，2004 年底，欧盟第六框架协议计划项目 Hi2H2（Highly Efficient, High Temperature, Hydrogen Production by Water Electrolysis）正式启动，欧洲能源研究所（EifER）、丹麦的 Risø 国家实验室、瑞士联邦材料测试研究实验室（EMPA）和德国太空中心（DLR）等为该项目的主要参加单位[143]；项目认为高温电解是有潜力的大规模季节性调峰和储能技术。2008年，欧盟启动第七框架协议计划项目 RELHY(Innovative Solid Oxide Electrolyser Stacks for Efficient and Reliable Hydrogen Production)；欧洲燃料电池和氢能联合组织（Fuel Cells and Hydrogen Joint Undertaking，FCH-JU）成立，并且资助了多个 SOEC 相关项目，包括高温 SOEC 制氢和高温共电解，开展了多个 SOEC 的示范工程项目[144]。2017年，德国 Julich 基于 $La_{0.6}Sr_{0.4}CoO_{3-\delta}$（LSC）和 $La_{0.6}Sr_{0.4}Co_{0.2}Fe_{0.8}O_{3-\delta}$（LSCF）两种氧电极构建了两个含四个单电池的电堆，并在 800℃、$-0.5A/cm^2$ 的电解条件下进行了 1000h 的电解测试，并对电堆的电化学性能和长期运行性能衰减原因进行了系统分析[145]。2020年，丹麦奥胡斯大学报道了一种基于 SOEC 的 CO_2 甲烷化反应器，该反应器可以在 $10m^3$（标）/h 装置中将生物沼气升级为管道质量甲烷，已稳定运行超过 2000h，意味着基于 SOEC 的 CO_2 处理技术从实验室走向中试和应用规模[146]。

在国内，中科院上海硅酸盐研究所[147]、中国科技大学[148]、中国矿业大学[149]、南京工业大学[150]、华南理工大学[151-153]、清华大学[42]等单位在 SOEC 的研究方面取得诸多进展。清华大学在 2022年7月完成了首台千瓦级 SOEC 制氢样机运行测试，为 SOEC 规模化提供了技术储备和支撑。此外，清华大学核能与新能源技术研究院对核能耦合高温电解制氢技术进行了长期研究。清华大学核研院自主研发的第四代核反应堆——高温气冷堆已达到世界先进水平，目前已实现 200MW 示范项目满功率运行。为拓展核能除发电之外的多样化、高效化应用，核研院同步开展了核能耦合电解制氢技术的研发，在高性能 SOEC 新材料、新结构、新装置开发方面进行了近 20年的深厚积累，完成了从关键材料制备、核心组件开发到电堆、系统研制及示范的贯穿式研究[43,113,119,120,154]。2004年，清华大学核研院在国内率先启动了高温电解水蒸气制氢技术及核心装置 SOEC 的研发，以拓展高温气冷堆除发电之外的高品位核热前沿利用。"十一五"期间，在科工局、国家自然科学基金及清华大学985重点等项目的支持下，开展了高温电解制氢测试平台建设、SOEC 关键材料开发、核心组件研制、小功率电堆组装，并在 2007年完成了高温电解制氢原理性验证。"十二五"期间，完成了国家科技重大专项的前瞻性课题"高温电解制氢关键技术研究"。2014年9月，完成了 $10×10cm^2$ 大功率电堆连续运行，100h 无衰减的实验室规模制氢实验验证，制氢产能为 100L/h。同时清华核研院作为国际低碳联盟种子基金项目负责单位，与 MIT 核工程系和剑桥大学材料系紧密合作，在国际上首次实现了高温共电解实现 CO_2 和 H_2O 高效转化制备液态燃料的原理性实验验证。以上工作积累标志着我国在基于高温气冷堆的高温电解技术研究方面迈出了坚实的一步，为后续开展与高温气冷堆的耦合乃至最终实现核能制氢（气态燃料）或者核能制油（航煤、柴油等液态燃料）奠定了坚实基础[34,155-158]。"十三五"期间，在国家重点专项、国家自然科学基金重大研究计划及清华大学重点专项等支持下，主要开展了千瓦级电堆、6~8kW 电堆模块、1.5~2m^3（标）/h 制氢样机装备、实验室规模高温共电解制油系统开发、轻质化电堆开发，以及适用于极恶劣环境下的高性能电堆开发等工作，正在进一步提升 SOEC 单堆功率密度，优化系统能量配置，推进兆瓦级集装箱 [7000~10000m^3（标）/h] 高温电解制氢模块的开发工作，推动该技术向工程化应用迅速迈进。

从技术层面来看，经过数十年的发展，SOEC 制氢技术已有实现工业化的潜力。从电解池单体层面来看，电解水的初始性能在过去 15年内提升了约 2.5倍，比面积电阻（ASR）从 $0.71\Omega/cm^2$ 降低至 $0.27\Omega/cm^2$，电流密度可提升至 $3A/cm^2$ 以上；耐久性也得到了极大提升，衰减率从 40%/1000h 降至 0.4%/1000h。从电解池堆层面来看，SOEC 的长周期测试不断增多，衰减率已降低至 1%/1000h 以下；苛刻环境下的运行稳定性也得到了突破和验证，陶瓷基支撑的 SOEC 可经受 150 次冷/热循环，金属基 SOEC 冷/热循环测试可超过 2500 次[3,159]。

6.5 SOEC 多样化应用场景

6.5.1 SOEC 制油及化学品

相比于低温电解，高温 SOEC 电解的另一重要优势是可以电解含碳物质[160-166]。通过在 SOEC 阴极通入 CO_2（或 CO_2 与 H_2O 的混合气）进行电解（或共电解）制备 CO（或合成气），并结合后端费托合成制备乙烯、甲醇等高附加值化学品是一种有前景的"碳负"化工合成路线[167-170]。在含碳气氛下，常规 Ni 电极容易出现积炭现象。研究表明，CO 歧化反应是造成 Ni 基催化剂表面积炭的主要原因[171-173]。催化剂表面大量积炭会造成催化剂颗粒团聚和相化，同时覆盖催化剂活性中心，减小阴极活性面积，抑制 CO_2 气体在催化剂表面的催化反应过程。此外，沉积于 Ni 基催化剂表面的石墨碳会进一步溶解到催化剂晶格中，严重破坏催化剂结构完整性，加速金属催化剂腐蚀[174-176]。研究表明，对 CO_2/CO 气氛施加 0.2V 的过电位进行电解，在 750℃ 高温下持续电解 2h 后，由于 Boudounard 反应在 Ni 催化剂表面生成的积炭含量增加了 180%[177]。同时，Tao 等[178] 学者借助原位表征手段观察到积炭对 Ni 基催化剂微观结构的破坏现象，在 875℃ 高温下，施加 $-2.0A/cm^2$ 超大电流密度对 CO_2/H_2O 混合气体进行 678h 共电解后，金属镍颗粒出现团聚，并且在 Ni 和 YSZ 三相界面处出现 100nm 的裂缝。当电解池结构遭到破坏后，SOEC 的电解性能会迅速衰减。为提高 SOEC 在含碳气体环境下的使用寿命，通常会对在含碳气体中运行一定时间的 SOEC 通入 CO、H_2 等还原性气体，去除催化剂表面积炭。然而，经过多次循环处理后，SOEC 阴极结构也会被破坏，同时多次气体循环处理在一定程度上增加了 SOEC 运营成本。

在含有 CO_2 气氛的电解工艺中，提高阴极抗积炭能力是提高 SOEC 运行耐久性的重要路径。钙钛矿类氧化物阴极表现出良好的抗积炭能力[179]。例如，在 800℃ 下，在以 $Sr_2Fe_{1.5}Mo_{0.5}O_{6-\sigma}F_{0.1}$（F-SFM）钙钛矿为阴极材料的 SOEC 中通入纯 CO_2 气体进行电解，其稳定运行时间高达 120h 以上，体现出了优异的抗积炭能力[180]。在保证阴极抗积炭能力的同时提升阴极催化活性是钙钛矿阴极材料发展的重要方向。金属纳米颗粒溶出是提高阴极抗积炭能力、增强阴极催化活性的有效手段。Liu 等[181] 以（$Pr_{0.4}Sr_{0.6}$）$_3$（$Fe_{0.85}Mo_{0.15}$）$_2O_7$（PSFM）层状钙钛矿为基体材料，在还原氛围下脱溶出 Co/Fe 纳米合金颗粒，该材料作为阴极的 CO_2 电催化性能提升了近 20%。ABO_3 型 $La_{0.6}Sr_{0.4}Co_{0.7}Mn_{0.3}O_3$ 钙钛矿可在还原氛围下溶出大量 Co 纳米颗粒，在 850℃ 下，对以该材料为阴极的 SOEC 施加 1.3V 的电解电压。进行 CO_2 电解，单电池的电解电流密度可达到 $630mA/cm^2$[182]。Zhu 等[183] 以（Pr、Ba）$_2Mn_{2-y}Fe_yO_{5+\delta}$ 为基体材料，原位溶出了 Fe 纳米颗粒，将纯 CO_2 的电解电流密度提升至 $638mA/cm^2$，同时，通过理论计算表明，原位溶出的纳米颗粒可以有效提高 CO_2 吸附能力和电子转移能力，从而提高电极材料的催化性能。包信和等[67] 通过 H_2 还原在阴极材料 $Sr_2Fe_{1.4}Ru_{0.1}Mo_{0.5}O_{6-\delta}$ 表面溶出了 RuFe 纳米颗粒，该材料在 800℃ 下的 CO_2 电解时的电流密度相比于溶出前的材料提高了 74.6%，且实现了 1000h 的稳定运行。除此之外，Skafte 等[184] 在研究中发现，掺杂了氧化铈的阴极与镍电极相比更不容易积炭，因为完全氧化的铈很难使炭在其表面稳定生成。相关实验也证明在一氧化碳组分压强达到95%时，二氧化铈依然不会积炭，而镍基催化剂在一氧化碳占比为74%时就会开始积炭。

常规电解水制氢的阳极产物为纯氧，氧气经济效益低，且氧气生成过电位高，提高阳极产物经济效益是降低电解成本的有效方式。在阳极侧通入还原性烷烃，利用阳极电解生成氧气前的中间活性氧实现烷烃的选择性氧化制备烯烃，是降低阳极过电位，同时提高阳极产物经济效应的有效手段[185-188]。同时，该工艺可以通过阳极过电位调控或催化剂调控有效调控活性氧的氧化性，实现烷烃的选择性氧化，为高选择性制烯烃提供了一种新路径[189,190]。Xie等[191,192]采用多孔单晶CeO_2作为阳极材料，进行了CO_2电解耦合CH_4选择性电化学氧化工艺探究。该研究发现电解电位可以有效调控中等活性氧物种的生成数量，从而促进CH_4高选择性转化为C_2（C_2H_6、C_2H_4）产物，而避免其过度氧化生成积炭或CO等，结果表明在2V的电解电位下，CH_4转化率为7%时，C_2的选择性超过99.5%。包信和等[193]则采用催化剂修饰的方式调控阳极活性氧的活性，避免烷烃过度氧化。该团队以表面负载γ-Al_2O_3的$La_{0.6}Sr_{0.4}Co_{0.2}Fe_{0.8}O_{3-\delta}$-$Sm_{0.2}Ce_{0.8}O_{2-\delta}$为阳极材料，进行乙烷选择性氧化探究，结果表明，借助γ-Al_2O_3的钝化作用可以有效减弱阳极活性氧的活性和流动性，从而避免乙烷的过度氧化，600℃时，乙烷的最大转化率可达到29.1%，乙烯的最高选择性可达到92.5%。

含碳化学品或燃料的高温电化学合成方法为未来能源、化工原料的合成提供了一条新路径。这一新工艺是碳负过程，气体CO_2被回收，经反应合成高附加值产品的同时，实现固碳。同时，该工艺使得重要化工品（低碳烷烃、烯烃）的制备原料变为CO_2和H_2，而不是石油等传统化石燃料，从而可以实现重要化工品与传统化石燃料的完全解耦，避免重要能源和化工原料的"卡脖子"问题。高温电化学合成含碳产物新工艺对实现"双碳"目标和保障我国能源安全具有重要意义。

6.5.2 基于SOEC的氮循环工艺

氮循环一般指自然界中氮单质和含氮化合物之间的相互转换过程。通过SOEC技术的合理开发和利用，可进行氮单质和氮化物的电解，从而模拟自然界实现氮循环过程。氮氧化物（NO_x）是一种主要的空气污染物，会带来光化学烟雾、酸雨、臭氧损耗等一系列环境问题。此外，NO_x对人体健康的危害也很大，会严重破坏呼吸系统。因此，如何解决NO_x污染已经成为社会普遍关注的问题[194-196]。利用SOEC电化学还原NO_x成为一种有前景的污染物处理手段，电化学反应如下：

阴极：

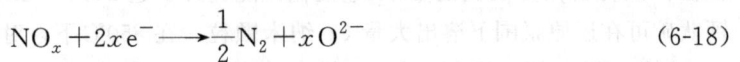

$$NO_x + 2xe^- \longrightarrow \frac{1}{2}N_2 + xO^{2-} \tag{6-18}$$

阳极：

$$xO^{2-} - 2xe^- \longrightarrow \frac{x}{2}O_2 \tag{6-19}$$

$La_{0.6}Sr_{0.4}Fe_{1-x}Mn_xO_{3-\delta}$、$La_{0.85}Sr_{0.15}FeO_3$、$(La_{0.8}5Sr_{0.15})_{0.99}MnO_3$、$La_{1-x}Sr_xCo_{1-y}Fe_yO_{3-\delta}$等材料均作为SOEC阴极材料进行了$NO_x$的高温电解研究。Li等[197]以$La_{0.75}Sr_{0.25}Cr_{0.5}Mn_{0.5}O_{3-\delta}$(LSCM)-SDC（氧化钐掺杂的氧化铈）为电极材料，制备对称电池进行了NO电解研究，结果表明电极中SDC的引入可扩展电极反应的三相界面，提高

SOEC 电化学性能，当 SDC 含量为 30% 时，NO 转化率可高达 69.2%。

作为全世界最重要的化工原料之一，氨的生产一直是最受关注的项目之一。氨在化工产业中有着不可替代的重要作用，广泛用于化肥、炸药、塑料、合成纤维的制造。目前制氨的主要方式是哈伯法，这一工艺的能耗极高，需要在高温（500℃）高压（20～40MPa）下进行，且原料转化率只有约 15%。因此，开发一种反应条件温和、能耗低、转化率高的合成氨新工艺势在必行。电化学合成氨工艺受到关注和研究，许多学者已经开展了大量高温电解制合成氨的相关研究，如根据电解质传导氧离子和氢离子可将相关研究分为氧离子传导型 SOEC 电解制氨和质子传导型 SOEC 电解制氨。氧离子传导型 SOEC 制氨的电极反应如下：

阴极：

$$N_2 + 3H_2O + 6e^- \longrightarrow 2NH_3 + 3O^{2-} \tag{6-20}$$

阳极：

$$3O^{2-} - 6e^- \longrightarrow \frac{3}{2}O_2 \tag{6-21}$$

Tao 等[196]以 $La_{0.6}Sr_{0.4}Co_{0.2}Fe_{0.8}O_{3-\delta} - Ce_{0.8}Gd_{0.18}Ca_{0.02}O_{2-\delta}$ 复合材料为氧离子传导型 SOEC 的阴极材料，进行了制氨研究，结果表明，在 400℃、1.4V 的电解电位下，电解产氨速率为 $1.5 \times 10^{-10} mol/(s \cdot cm^2)$。

质子传导型 SOEC 电解制氨的电极反应如下：

阴极：

$$N_2 + 6H^+ + 6e^- \longrightarrow 2NH_3 \tag{6-22}$$

阳极：

$$H_2 \longrightarrow 2H^+ + 2e^- \tag{6-23}$$

Shao 等[194]采用质子传导型 SOEC 进行了合成氨探究，并通过调控电极氧空位探究了电极材料改性对制氨性能的影响规律。该团队通过 Sr 含量调节制备了氧含量不同的 $Sr_xTi_{0.6}Fe_{0.4}O_{3-\delta}$（$S_xTF$，$x=0.9$，1）催化剂，并以其为阴极进行了制氨测试，结果表明，在 650℃、0.6V 电解电压下，STF 和 $S_{0.9}TF$ 的制氨速率分别为 $4.09 \times 10^{-9} mol/(cm^2 \cdot s)$ 和 $6.84 \times 10^{-9}/mol/(cm^2 \cdot s)$，氧空位浓度的提升有助于 N_2 在电极表面的吸附，从而提高产氨速率。

除了作为重要的化工原料之外，氨被认为是未来重要的能载体。相比于氢气，氨有更高的体积能量密度（13.6MJ/L），一升液氨所蕴含的能量相当于高压（35MPa）下 4.9L 氢气。同时，氨的运输与储存成本也远低于氢气，氨气在 1.0MPa 下就可以常温液化，一辆液氨卡车能运载 30t 液氨（相当于 5.29t 氢气的能量），相比之下，氢气长管拖车只能运输不到 400kg 氢气。此外，氨储能具有比其他液体储能技术（液氢、液化天然气、甲醇等）更高的能量效率和更低的平准化成本，而且氨的爆炸极限（16%～25%）比氢（4%～76%）更小，安全性更高[195]。氨储能产业化目前面临的主要困难是规模化绿氨制备技术有待进一步发展。国外已经开始积极探索高温电解制氨技术的产业化，2022 年 9 月，Topsoe 和 First Ammonia 达成了 5GW 电解槽项目启动协议，是首个工业规模 SOEC 绿氨生产项目，该项目计划每年生产 500 万吨绿氨，相当于每年减少 1300 万吨 CO_2 排放[198]。随着 SOEC 电解制氨技术的进一步成熟和推广，SOEC 制氨技术有望成为未来新能源产业的重要环节，为国家新能源战略作出贡献。

6.5.3 可再生能源储能

可再生能源发电是未来世界能源体系的主要供能形式。然而，可再生能源发电具有间歇性、波动性等缺点，并网过程中的不确定性严重威胁电力系统的安全稳定运行。大规模、长周期的调峰储能技术开发成为未来能源系统不可或缺的重要部分。电解水制氢可以有效地消纳风电、光电、水电等可再生能源电力，可满足未来含高比例可再生能源电力系统的大规模储能需求。可再生能源电力电解水制氢储能具有储存容量大、功率密度高和储能周期长等优点，是一种前景广阔的储能技术[3,4]。

欧洲提出了基于高温 SOEC 技术的大规模可再生能源电力存储的技术路线，分为 Power to gas（PtG）和 Power to liquid（PtL）两种模式[199,200]，两种路线统一可称为 Power to X（PtX）[201]。该技术的基本思路如图 6-26 所示[202]。在电力过剩期，通过 SOEC 电解技术将可再生能源的电力高效转化为 H_2（或合成气）进行存储，制备的 H_2 一方面可以进入燃气网络，另一方面在电力供应不足时可以通过 SOFC 模式再进行发电，同时，SOEC、SOFC 不同模式下还可以与水网和热网互通，实现整个能源网络的高效优化配置。

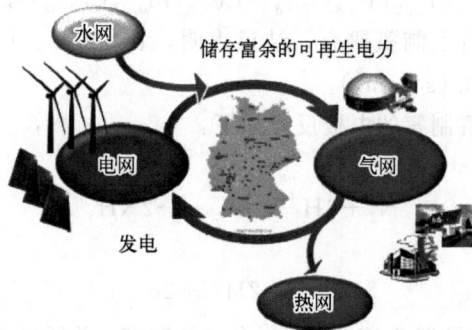

图 6-26　德国的 Power to gas（PtG）技术路线[202]

6.5.4 基于 SOEC 的新型混合能源系统

SOEC 的供能形式灵活多样，可再生能源、核能和其他各种高温热源均可为 SOEC 供能。化石能源在未来几十年内将仍然是世界能源体系的主体，除了发展与先进核能和可再生能源耦合的 SOEC 技术之外，也可将 SOEC 与目前发展的化石能源、传统化工过程相结合，实现高碳排能源或工业过程的清洁化，降低碳排放。例如，美国提出了如图 6-27 所示的基于 SOEC 的混合能源系统的概念，充分发挥了 SOEC 技术应用场景灵活化、多样化的特点[203]。该系统以 SOEC 作为媒介，将核能和化石能源有机地结合，既可实现核能的高效利用，同时也可实现化石能源清洁化利用，具有良好的经济价值和环境效益。

除此之外，德国 Sunfire 公司提出了如图 6-28 所示的基于 SOC 技术的多部门协同的混合供能系统概念[204]。在该设想中，电力部门、化工部门和供暖部门可以将热、电、冷等多种能源形式直接灵活转换，这种灵活的转化通过可逆固体氧化物电池（SOC）实现：在电解槽模式下，可制备 H_2、CO 等基本化工原料和燃料；在燃料电池模式下，可再生燃料可以转化为电和热等能源形式。这种灵活性允许经济运行与可再生电力来源脱钩。此外，该公司和德国萨尔茨吉特钢铁公司还提出利用可逆 SOC 技术制备氢气用于炼钢，同时钢厂的废气也可用于燃料电池发电，将可逆 SOC（reversible solid oxide cell，RSOC）技术作为媒介，

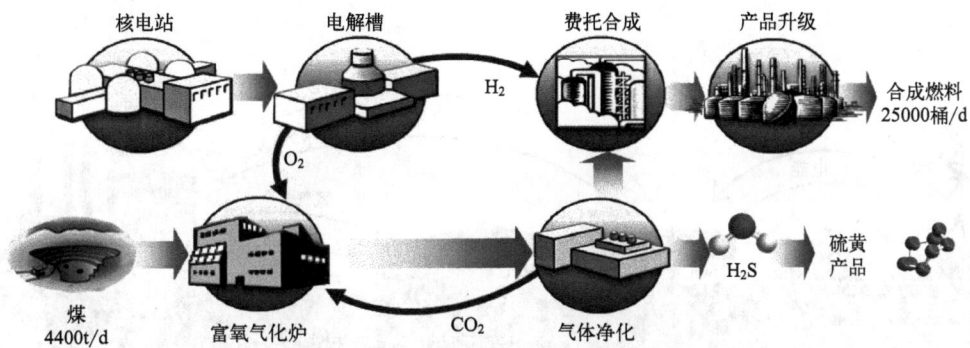

图 6-27 美国基于 SOEC 技术的煤和核能的混合能源系统[203]

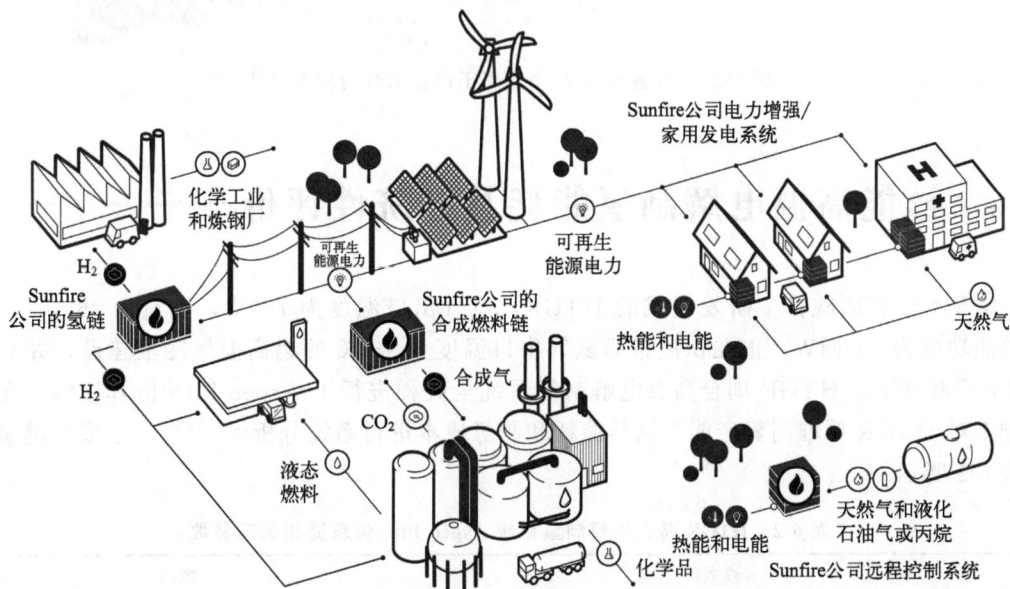

图 6-28 德国 Sunfire 公司基于 SOC 技术的多部门协同混合供能系统概念图[204]

可实现资源和能源的高效清洁利用（如图 6-29 所示）[205]，该系统可在电解模式和燃料电池模式之间切换，用于负载管理和电网平衡。当其在电解模式下运行时，120℃和 1bar(g) 的蒸汽足以满足 RSOC 系统的要求，RSOC 系统可以 125% 的额定功率运行，达到 200kW（交流电，AC）的峰值功耗。燃料电池模式时可使用氢气或天然气作燃料，如果使用氢气作燃料，输出功率为 30kW（AC），使用天然气时，最大输出功率为 25kW（AC）。该系统包括两个单元，即一个 RSOC 单元和一个氢气处理单元（hydrogen processing unit，HPU），HPU 单元用于气体的压缩和干燥处理。钢铁厂可提供所有必要的气体及蒸汽，安装的氢气管道可与下游的各种化工工艺衔接。该系统在电解模式下最高效率可达 84%（LHV），使用天然气的燃料电池模式效率可达到 50%（LHV），该系统进行了 5000h 的运行，衰减速率＜1%/1000h，证明了其长期运行的稳定性。该项目验证了将 RSOC 系统作为灵活的电解或发电装置在工业环境中应用的技术可行性。

综上所述，SOEC 技术具有高效性和转化形式多样性，借助该技术可以实现电网、热网、气网等多种能源形式的互通互联和相互转换，实现电、热、气等能源交叉互补，形成多能源共生的新型能源体系。SOEC 技术作为一种储能和能源转化新技术，有望成为我国终端能源体系的重要组成部分。

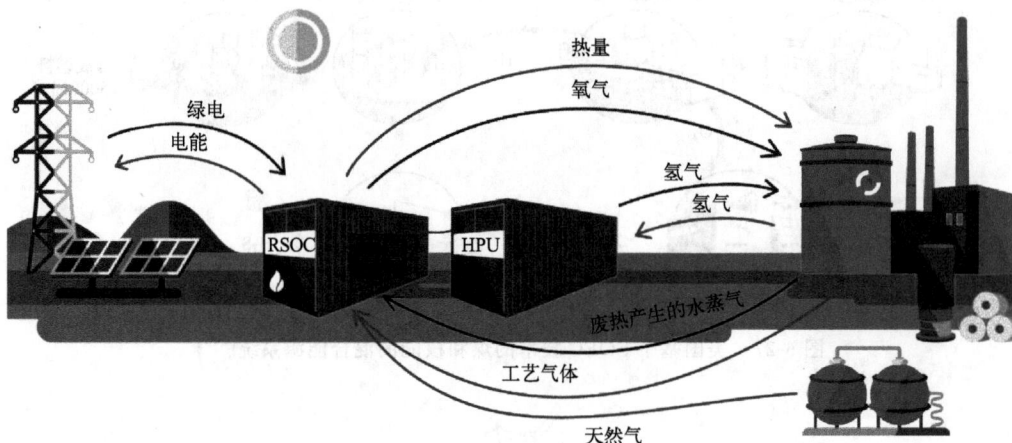

图 6-29 可逆 SOC 技术应用于钢铁冶炼与发电[204]

6.6 核能高温电解制氢能耗及经济性评价

清华大学核研院自主研发建成的 HTGR，氦气出口温度为 750℃，流量为 96kg/s，单堆总热功率为 250MW，正在积极布局氦气出口温度为 950℃ 的超高温气冷堆建设，并分别对 750℃ 和 950℃ HTGR 耦合高温电解制氢系统全流程进行了 Aspen Plus 仿真建模，在此基础上对 HTGR 单堆制氢产能、制氢能耗和制氢成本进行系统分析[16,18,22]。建模关键参数如表 6-2 所示。

表 6-2 HTGR 高温电解制氢系统 Aspen Plus 仿真流程关键参数

参数	数值	
HTGR 热功率/MW	250	
HTGR 氦气出口温度/℃	750	950
氦气流量/(kg/s)	96	69
HTGR 发电效率/%	40	50
SOEC 操作温度/℃	800	
SOEC 电解电压/V	1.3	
SOEC 电流密度/(A/cm^2)	1	
SOEC 单模块产氢速率/[m^3(标)/h]	5.01	
氢气密度/[kg/m^3(标)]	0.0899	

研究结果表明，HTGR 制氢系统的氢产能与制氢系统的热电比呈火山型曲线关系，750℃ 和 950℃ HTGR 制氢系统的最大氢产能分别为 28108m^3（标）H$_2$/h 和 35160m^3（标）H$_2$/h，此时，制氢系统末端的氦气温度分别降低至 273℃ 和 270℃，表明该系统可实现 HTGR 热能的充分利用。高温电解制氢系统的能耗包括电耗和热耗两部分，750℃ HTGR 制氢系统在最大氢产能下的电耗和热耗分别为 3.73kW·h/m^3（标）H$_2$ 和 0.49kW·h/m^3（标）H$_2$，总能量转化效率为 40.1%；950℃ HTGR 制氢系统在最大氢产能下的电耗和热耗

分别为 3.11kW · h/m³（标）H₂ 和 0.56kW · h/m³（标）H₂，总能量转化效率为 50.2%。该能耗均低于低温电解制氢系统的能耗。

《氢能发展中长期规划（2021—2035）》提出有序推进氢能在交通领域的示范应用，拓展氢能在储能、分布式发电、工业等领域的应用。研究表明，制氢成本低于 20 元/kg H₂ 时，氢能在交通领域才能具备竞争潜力[12]。美国能源部（DOE）核算了制氢产能为 5000kg/d 的 SOEC 制氢厂的制氢成本，结果表明，当 SOEC 电流密度为 1A/cm² 时，能耗成本占比为 58%，投资成本占比为 42%[139]。根据 DOE 测算给出的 SOEC 系统成本分配比例对两种制氢系统的制氢成本进行了初步核算。电耗成本和固定投资成本是制氢系统的主要成本来源。按核电上网价为 0.4 元/(kW · h)、HTGR 供热价格为 0.2 元/(kW · h) 计算，结合上述制氢能耗分析结果对制氢能耗成本进行评估可知，750℃ 和 950℃ 制氢厂的制氢能耗成本分别为 1.59 元/m³（标）H₂ 和 1.36 元/m³（标）H₂，据此估算 750℃ 和 950℃ HTGR 制氢系统的制氢总成本分别为 30.5 元/kg H₂ 和 26.1 元/kg H₂。低价电力有助于能耗成本的进一步降低。

提高 SOEC 电流密度可以大幅降低制氢系统的投资成本，有效降低制氢成本。对于 950℃ HTGR 制氢系统，当电流密度由 1A/cm² 提升至 5A/cm² 时，SOEC 电堆功率密度提升 5 倍，SOEC 模块数量降低为原来的 1/5，电堆投资成本降低。随着电堆集成技术不断迭代和突破，SOEC 单堆单电池数量由 30 片增加至 150 片，SOEC 模块数将会呈数量级式减少，与之匹配的 BOP、维修成本等成比例降低。计算结果表明，电流密度由 1A/cm² 提升至 1.5A/cm² 时，制氢成本由 26.1 元/kg H₂ 降低至 19.4 元/kg H₂，满足交通领域的氢能应用需求。

此外，阳极耦合制高附加值化工品是一种提高阳极产物经济价值，分摊制氢成本的新途径。以阳极耦合乙烷制乙烯为实例进行了制氢成本核算，当乙烷转化率高于 20% 时，两种制氢系统的制氢成本即可显著降低。对于 950℃ 制氢系统，当乙烷转化率高于 20% 时，制氢成本低于 20 元/kg H₂；当乙烷转化率高于 60% 时，制氢成本低于 10 元/kg H₂；当乙烷转化率接近 100% 时，制氢成本低至 0.1 元/kg H₂。

参 考 文 献

[1] 习近平. 在第七十五届联合国大会一般性辩论上的讲话 [J]. 中华人民共和国国务院公报, 2020 (28)：5-7.

[2] 丁仲礼, 张涛, 高鸿均. 中国碳中和框架路线图研究 [R]. (2021.5.30). [2022.06.08]. https：//baijiahao. baidu. com/s? id=1701227062486747570&wfr=spider&for=pc.

[3] Hauch A, Kungas R, Blennow P, et al. Recent advances in solid oxide cell technology for electrolysis [J]. Science, 2020, 370 (6513)：186.

[4] Zheng Y, Chen Z W, Zhang J J. Solid oxide electrolysis of H₂O and CO₂ to produce hydrogen and low-carbon fuels [J]. Electrochemical Energy Reviews, 2021, 4 (3)：508-517.

[5] Hu A H, Guo J J, Pan H, et al. Selective functionalization of methane, ethane, and higher alkanes by cerium photocatalysis [J]. Science, 2018, 361 (6403)：668-672.

[6] Zheng R Y, Liu Z C, Wang Y D, et al. The future of green energy and chemicals：Rational design of catalysis routes [J]. Joule, 2022, 6 (6)：1148-1159.

[7] 中国氢能联盟. 中国氢能源及燃料电池产业白皮书 [R]. (2019.06.29). [2020.11.27]. http：//www.h2cn.org/ Uploads/File/2019/07/25/u5d396adeac15e.pdf.

[8] Ma T, Lutkenhaus J L. Hydrogen power gets a boost [J]. Science, 2022, 378 (6616)：138-139.

[9] Jørg A, Christos C, Jason G. Hydrogen forecast to 2050 [R]. Beijing：Det Norske Veritas, 2022.

[10] Stoots C M, O'Brien J E, Condie K G, et al. High-temperature electrolysis for large-scale hydrogen production from

nuclear energy——Experimental investigations [J]. International Journal of Hydrogen Energy, 2010, 35 (10): 4861-4870.

[11] Kasai S, Fujiwara S, Yamada K, et al. Nuclear hydrogen production by high-temperature electrolysis [J]. Transactions of the Atomic Energy Society of Japan, 2009, 8 (2): 122-141.

[12] 曹军文, 张文强, 李一枫, 等. 中国制氢技术的发展现状 [J]. 化学进展, 2021, 33 (12): 2215-2244.

[13] 张平, 于波, 徐景明. 核能制氢技术的发展 [J]. 核化学与放射化学, 2011, 33 (4): 193-203.

[14] 张文强, 于波. 高温固体氧化物电解制氢技术发展现状与展望 [J]. 电化学, 2020, 26 (2): 212-229.

[15] 陈璞, 童节娟, 刘涛, 等. 高温气冷堆主氦风机预防性维修策略研究 [J]. 清华大学学报 (自然科学版), 2023: 1-7. DOI: 10.16511/j. cnki. qhdxxb. 2022. 25. 017.

[16] 曲新鹤, 胡庆祥, 倪航, 等. 基于高温气冷堆的制氢耦合炼钢系统初步设计和能量分析 [J]. 清华大学学报 (自然科学版), 2022: 1-10.

[17] 张平, 徐景明, 石磊, 等. 中国高温气冷堆制氢发展战略研究 [J]. 中国工程科学, 2019, 21 (1): 20-28.

[18] 张作义, 原鲲. 我国高温气冷堆技术及产业化发展 [J]. 现代物理知识, 2018, 30 (4): 4-10.

[19] Huan Y, Chen S X, Zeng R, et al. Intrinsic effects of ruddlesden-popper-based bifunctional catalysts for high-temperature oxygen reduction and evolution [J]. Advanced Energy Materials, 2019, 9 (29): 1901573.

[20] Li T P, Wang T P, Wei T, et al. Robust anode-supported cells with fast oxygen release channels for efficient and stable CO_2 electrolysis at ultrahigh current densities [J]. Small, 2021, 17 (6): 2007211.

[21] Lewis J A, Cortes F J Q, Liu Y, et al. Linking void and interphase evolution to electrochemistry in solid-state batteries using operando X-ray tomography [J]. Nature Materials, 2021, 20 (4): 503-510.

[22] Anghilante R, Colomar D, Brisse A, et al. Bottom-up cost evaluation of SOEC systems in the range of 10~100MW [J]. International Journal of Hydrogen Energy, 2018, 43 (45): 20309-20322.

[23] AlZahrani A A, Dincer I. Modeling and performance optimization of a solid oxide electrolysis system for hydrogen production [J]. Applied Energy, 2018, 225: 471-485.

[24] Ursua A, Gandia L M, Sanchis P. Hydrogen production from water electrolysis: Current status and future trends [J]. Proceedings of the IEEE, 2012, 100 (2): 410-426.

[25] Lei L B, Zhang J H, Yuan Z H, et al. Progress report on proton conducting solid oxide electrolysis cells [J]. Adv Funct Mater, 2019, 29 (37): 1903805.

[26] Bi L, Boulfrad S, Traversa E. Steam electrolysis by solid oxide electrolysis cells (SOECs) with proton-conducting oxides [J]. Chem Soc Rev, 2014, 40 (1): 15-18.

[27] Kim J, Jun A, Gwon O, et al. Hybrid-solid oxide electrolysis cell: A new strategy for efficient hydrogen production [J]. Nano Energy, 2018, 44: 121-126.

[28] Bian W J, Wu W, Wang B M, et al. Revitalizing interface in protonic ceramic cells by acid etch [J]. Nature, 2022, 604 (7906): 479-485.

[29] Liu M Y, Yu B, Xu J M, et al. Two-dimensional simulation and critical efficiency analysis of high-temperature steam electrolysis system for hydrogen production [J]. Journal of Power Sources, 2008, 183 (2): 708-712.

[30] Liu M Y, Yu B, Xu J M, et al. Thermodynamic analysis of the efficiency of high-temperature steam electrolysis system for hydrogen production [J]. Journal of Power Sources, 2008, 177 (2): 493-499.

[31] Sune-Dalgaard Ebbesen, Jensen Søren-Højgaard, Hauch Anne, et al. High temperature electrolysis in alkaline cells, solid proton conducting cells, and solid oxide cells [J]. Chemical Reviews, 2014, 114 (21): 10697-10734.

[32] 刘明义, 于波, 徐景明. 固体氧化物电解水制氢系统效率 [J]. 清华大学学报 (自然科学版), 2009, 49 (6): 868-871.

[33] 张文强, 于波, 陈靖, 等. 高温固体氧化物电解水制氢技术 [J]. 化学进展, 2008, (5): 778-787.

[34] Zhang W Q, Yu B, Xu J M. Efficiency evaluation of high-temperature steam electrolytic systems coupled with different nuclear reactors [J]. International Journal of Hydrogen Energy, 2012, 37 (17): 12060-12068.

[35] 曹军文, 郑云, 张文强, 等. 能源互联网推动下的氢能发展 [J]. 清华大学学报 (自然科学版), 2021, 61 (4): 302-311.

[36] Dotan H, Landman A, Sheehan S W, et al. Decoupled hydrogen and oxygen evolution by a two-step electrochemical-chemical cycle for efficient overall water splitting [J]. Nature Energy, 2019, 4 (9): 786-795.

[37] Khatib F-N, Wilberforce T, Ijaodola O, et al. Material degradation of components in polymer electrolyte membrane

(PEM) electrolytic cell and mitigation mechanisms: A review [J]. Renewable and Sustainable Energy Reviews, 2019, 111: 1-14.

[38] Wu W, Ding H P, Zhang Y Y, et al. 3D self-architectured steam electrode enabled efficient and durable hydrogen production in a proton-conducting solid oxide electrolysis cell at temperatures lower than 600℃ [J]. Advanced Science, 2018, 5 (11): 1800360.

[39] Shimada H, Yamaguchi T, Kishimoto H, et al. Nanocomposite electrodes for high current density over 3 A · cm^{-2} in solid oxide electrolysis cells [J]. Nature Communications, 2019, 10 (1): 5432.

[40] Felgenhauer M, Hamacher T. State-of-the-art of commercial electrolyzers and on-site hydrogen generation for logistic vehicles in South Carolina [J]. International Journal of Hydrogen Energy, 2015, 40 (5): 2084-2090.

[41] Chatenet M, Pollet B G, Dekel D R, et al. Water electrolysis: from textbook knowledge to the latest scientific strategies and industrial developments [J]. Chemical Society Reviews, 2022, 51 (11): 4583-4762.

[42] Zhao C H, Li Y F, Zhang W Q, et al. Heterointerface engineering for enhancing the electrochemical performance of solid oxide cells [J]. Energy & Environmental Science, 2020, 13.

[43] Zheng Y, Wang J C, Yu B, et al. A review of high temperature co-electrolysis of H_2O and CO_2 to produce sustainable fuels using solid oxide electrolysis cells (SOECs): Advanced materials and technology [J]. Chemical Society Reviews, 2017, 46: 1427-1463.

[44] Li Y F, Zhang W W, Zheng Y, et al. Controlling cation segregation in perovskite-based electrodes for high electrocatalytic activity and durability [J]. Chemical Society Reviews, 2017, 46 (20): 6345-6378.

[45] 赵晨欢, 李一枫, 张文强, 等. 基于固体氧化物电解池的风电综合储能系统 [J]. 电力电子技术, 2020, 54 (12): 32-36.

[46] 赵晨欢, 张文强, 于波, 等. 固体氧化物电解池 [J]. 化学进展, 2016, 28 (8): 1265-1288.

[47] Wei B, Feng J B, Zhu L, et al. Anodic polarization induced performance loss in $GdBaCo_2O_5$ +delta oxygen electrode under solid oxide electrolysis cell conditions [J]. Journal Of The European Ceramic Society, 2018, 38 (5): 2396-2403.

[48] Zhou Y J, Zhou Z W, Song Y F, et al. Enhancing CO_2 electrolysis performance with vanadium-doped perovskite cathode in solid oxide electrolysis cell [J]. Nano Energy, 2018, 50: 43-51.

[49] Yang Z B, Guo M Y, Wang N, et al. A short review of cathode poisoning and corrosion in solid oxide fuel cell [J]. International Journal of Hydrogen Energy, 2017, 42 (39): 24948-24959.

[50] Molenda J, Kupecki J, Baron R, et al. Status report on high temperature fuel cells in Poland-Recent advances and achievements [J]. International Journal of Hydrogen Energy, 2017, 42 (7): 4366-4403.

[51] Zhu J H, Ghezel-Ayagh H. Cathode-side electrical contact and contact materials for solid oxide fuel cell stacking: A review [J]. International Journal of Hydrogen Energy, 2017, 42 (38): 24278-24300.

[52] Shaigan N, Qu W, Ivey D G, et al. A review of recent progress in coatings, surface modifications and alloy developments for solid oxide fuel cell ferritic stainless steel interconnects [J]. Journal of Power Sources, 2010, 195 (6SI): 1529-1542.

[53] Hassan M A, Mamat O B, Mehdi M. Review: Influence of alloy addition and spinel coatings on Cr-based metallic interconnects of solid oxide fuel cells [J]. International Journal of Hydrogen Energy, 2020, 45 (46): 25191-25209.

[54] Sreedhar I, Agarwal B, Goyal P, et al. An overview of degradation in solid oxide fuel cells-potential clean power sources [J]. Journal of Solid State Electrochemistry, 2020, 24 (6): 1239-1270.

[55] Sreedhar I, Agarwal B, Goyal P, et al. Recent advances in material and performance aspects of solid oxide fuel cells [J]. Journal of Electroanalytical Chemistry, 2019, 848: 113315.

[56] Aznam I, Mah J C W, Muchtar A, et al. A review of key parameters for effective electrophoretic deposition in the fabrication of solid oxide fuel cells [J]. Journal of Zhejiang University-Science A, 2018, 19 (11): 811-823.

[57] Reisert M, Aphale A, Singh P. Solid oxide electrochemical systems: Material degradation processes and novel mitigation approaches [J]. Materials, 2018, 11: 216911.

[58] Brett D J L, Atkinson A, Brandon N P, et al. Intermediate temperature solid oxide fuel cells [J]. Chemical Society Reviews, 2008, 37 (8): 1568.

[59] 梁明德. 固体氧化物高温电解池材料制备研究 [D]. 沈阳: 东北大学, 2009.

[60] Yu B, Zhang W Q, Xu J M, et al. Preparation and electrochemical behavior of dense YSZ film for SOEC [J]. International Journal of Hydrogen Energy, 2012, 37 (17): 12074-12080.

[61] Yang L, Wang S Z, Blinn K, et al. Enhanced sulfur and coking tolerance of a mixed ion conductor [J]. Science, 2009, 326: 126-129.

[62] Hyegsoon An, Hae-Weon Lee, et al. A $5 \times 5cm^2$ protonic ceramic fuel cell with a power density of 1.3 W $\cdot$ cm^{-2} at 600 ℃ [J]. Nature Energy, 2018, 3 (10): 870-875.

[63] Niu Y H, Zhou Y C, Lv W Q, et al. Enhancing oxygen reduction activity and Cr tolerance of solid oxide fuel cell cathodes by a multiphase catalyst coating [J]. Advanced Functional Materials, 2021, 31 (19): 2100034.

[64] Marr M, Kuhn J, Metcalfe C, et al. Electrochemical performance of solid oxide fuel cells having electrolytes made by suspension and solution precursor plasma spraying [J]. Journal of Power Sources, 2014, 245: 398-405.

[65] Liang M D, Yu B, Wen M F, et al. Preparation of NiO-YSZ composite powder by a combustion method and its application for cathode of SOEC [J]. International Journal of Hydrogen Energy, 2010, 35 (7): 2852-2857.

[66] Tan T, Wang Z M, Qin M X, et al. In situ exsolution of core-shell structured NiFe/FeO$_x$ nanoparticles on Pr$_{0.4}$Sr$_{1.6}$ (NiFe)$_{1.5}$O$_{6-\delta}$ for CO$_2$ Electrolysis [J]. Advanced Functional Materials, 2022, 32 (34): 2202878.

[67] Lv H F, Lin L, Zhang X M, et al. Promoting exsolution of RuFe alloy nanoparticles on Sr$_2$Fe$_{1.4}$Ru$_{0.1}$Mo$_{0.5}$O$_{6-\delta}$ via repeated redox manipulations for CO$_2$ electrolysis [J]. Nature Communications, 2021, 12 (1): 5665.

[68] Neagu D, Oh T S, Miller D N, et al. Nano-socketed nickel particles with enhanced coking resistance grown in situ by redox exsolution [J]. Nature Communications, 2015, 6: 8120.

[69] Sun Y F, Zhang Y Q, Chen J, et al. New opportunity for in situ exsolution of metallic nanoparticles on perovskite parent [J]. Nano Letters, 2016, 16 (8): 5303-5309.

[70] Wang W, Su C, Ran R, et al. Nickel based anode with water storage capability to mitigate carbon deposition for direct [J]. Chemistry Sustalnability Energy Materials, 2014: 71719-71728.

[71] Park B H, Choi G M. Ex-solution of Ni nanoparticles in a La$_{0.2}$Sr$_{0.8}$Ti$_{1-x}$Ni$_x$O$_{3-\delta}$ alternative anode for solid oxide fuel cell [J]. Solid State Ionics, 2014, 262: 345-348.

[72] Zhang Y, Chen B, Guan D Q, et al. Thermal-expansion offset for high-performance fuel cell cathodes [J]. Nature, 2021, 591 (7849): 246-251.

[73] Yu B, Zhang W Q, Xu J M, et al. Microstructural characterization and electrochemical properties of Ba$_{0.5}$Sr$_{0.5}$Co$_{0.8}$Fe$_{0.2}$O$_3$ and its application for anode of SOEC [J]. International Journal of Hydrogen Energy, 2008, 33 (23): 6873-6877.

[74] Irvine J T S, Neagu D, Verbraeken M C, et al. Evolution of the electrochemical interface in high-temperature fuel cells and electrolysers [J]. Nature Energy, 2016, 1 (1): 15014.

[75] Chroneos A, Yildiz B, Tarancon A, et al. Oxygen diffusion in solid oxide fuel cell cathode and electrolyte materials: Mechanistic insights from atomistic simulations [J]. Energy & Environmental Science, 2011, 4 (8): 2774-2789.

[76] Kushima A, Parfitt D, Chroneos A, et al. Interstitialcy diffusion of oxygen in tetragonal La$_2$CoO$_{4+delta}$ [J]. Phys Chem Chem Phys, 2011, 13: 2242-2249.

[77] Streule S, Podlesnyak A, Sheptyakov D, et al. High-temperature order-disorder transition and polaronic conductivity in PrBaCo$_2$O$_{5.48}$ [J]. Physical Review B, 2006, 73 (9): 094203.

[78] Parfitt D, Chroneos A, Tarancón A, et al. Oxygen ion diffusion in cation ordered/disordered GdBaCo$_2$O$_{5+\delta}$ [J]. Journal of Materials Chemistry, 2011, 21 (7): 2183-2186.

[79] Zhu Y M, Zhong X, Jin S G, et al. Oxygen defect engineering in double perovskite oxides for effective water oxidation [J]. Journal of Materials Chemistry A, 2020, 8 (21): 10957-10965.

[80] Hauch A, Ebbesen, S D, Jensen S H, et al. Highly efficient high temperature electrolysis [J]. Journal of Materials Chemistry, 2008, 18 (20): 2331-2340.

[81] Riva M, Kubicek M, Hao X F, et al. Influence of surface atomic structure demonstrated on oxygen incorporation mechanism at a model perovskite oxide [J]. Nature Communications, 2018, 9: 3710.

[82] Zhang S L, Wang H, Lu M Y, et al. Cobalt-substituted SrTi$_{0.3}$Fe$_{0.7}$O$_{3-\delta}$: A stable high-performance oxygen electrode material for intermediate-temperature solid oxide electrochemical cells [J]. Energy & Environmental Science, 2018, 11 (7): 1870-1879.

[83] Grimaud A, Diaz-Morales O, Han B H, et al. Addendum: Activating lattice oxygen redox reactions in metal oxides

to catalyse oxygen evolution [J]. Nature Chemistry, 2017, 9 (8): 828.

[84] Xu X M, Chen Y, Zhou W, et al. A perovskite electrocatalyst for efficient hydrogen evolution reaction [J]. Advanced Materials, 2016, 28 (30): 6442-6448.

[85] Grimaud A, Hong W T, Shao-Horn Y, et al. Anionic redox processes for electrochemical devices [J]. Nature materials, 2016, 15 (2): 121-126.

[86] 李一枫. 固体氧化物电解池新型氧电极结构设计及表界面活化研究 [D]. 北京: 清华大学, 2020.

[87] Sase M, Hermes F, Yashiro K, et al. Enhancement of oxygen surface exchange at the hetero-interface of (La,Sr) $CoO_3/(La,Sr)_2CoO_4$ with PLD-layered films [J]. Journal of The Electrochemical Society, 2008, 155: B793-B797.

[88] Sase M. Enhancement of oxygen exchange at the hetero interface of (La, Sr) $CoO_3/(La,Sr)_2CoO_4$ in composite ceramics [J]. Solid State Ionics, 2008, 178 (35-36): 1843-1852.

[89] Lee D, Lee Y L, Hong W T, et al. Oxygen surface exchange kinetics and stability of (La, Sr)$_2CoO_{4\pm\delta}/La_{1-x}Sr_x$ $Mo_{3-\delta}$ (M=Co and Fe) hetero-interfaces at intermediate temperatures [J]. Journal of Materials Chemistry A, 2015, 3 (5): 2144-2157.

[90] Zheng Y, Zhao C H, Li Y F, et al. Directly visualizing and exploring local heterointerface with high electro-catalytic activity [J]. Nano Energy, 2020, 78: 105236.

[91] Zheng Y, Li Y F, Wu T, et al. Controlling crystal orientation in multilayered heterostructures toward high electro-catalytic activity for oxygen reduction reaction [J]. Nano Energy, 2019, 62: 521-529.

[92] Zheng Y, Li Y F, Wu T, et al. Oxygen reduction kinetic enhancements of intermediate-temperature SOFC cathodes with novel $Nd_{0.5}Sr_{0.5}CoO_{3-\delta}/Nd_{0.8}Sr_{1.2}CoO_{4\pm\delta}$ heterointerfaces [J]. Nano Energy, 2018, 51: 711-720.

[93] Ma W, Kim J J, Tsvetkov N, et al. Vertically aligned nanocomposite $La_{0.8}Sr_{0.2}CoO_3/(La_{0.5}Sr_{0.5})_2CoO_4$ cathodes-electronic structure, surface chemistry and oxygen reduction kinetics [J]. Journal of Materials Chemistry A, 2015, 3 (1): 207-219.

[94] Chen Y, Chen Y, Ding D, et al. A robust and active hybrid catalyst for facile oxygen reduction in solid oxide fuel cells [J]. Energy & Environmental Science, 2017, 10 (4): 964-971.

[95] Liu C, Colon B C, Ziesack M, et al. Water splitting-biosynthesis system with CO_2 reduction efficiencies exceeding photosynthesis [J]. Science, 2016, 352 (6290): 1210-1213.

[96] Nikolai T, Lu Q Y, Sun L X, et al. Improved chemical and electrochemical stability of perovskite oxides with less reducible cations at the surface [J]. Nature Materials, 2016, 15 (9): 1010-1016.

[97] Graves C, Ebbesen S D, Jensen S H, et al. Eliminating degradation in solid oxide electrochemical cells by reversible operation [J]. Nature Materials, 2015, 14 (2): 239-244.

[98] Chen L, Chen F L, Xia C R. Direct synthesis of methane from CO_2-H_2O coelectrolysis in tubular solid oxide electrolysis cells [J]. Energy Environ Sci, 2014, 7 (12): 4018-4022.

[99] Feng Z X, Hong W T, Fong D D, et al. Catalytic activity and stability of oxides: The role of near-surface atomic structures and compositions [J]. Accounts of Chemical Research, 2016, 49 (5): 966-973.

[100] Lee W, Han J W, Chen Y, et al. Cation size mismatch and charge interactions drive dopant segregation at the surfaces of manganite perovskites [J]. Journal of the American Chemical Society, 2013, 135 (21): 7909-7925.

[101] Druce J, Tellez H, Burriel M, et al. Surface termination and subsurface restructuring of perovskite-based solid oxide electrode materials [J]. Energy & Environmental Science, 2014, 7 (11): 3593-3599.

[102] Cai Z H, Kubicek M, Fleig J, et al. Chemical heterogeneities on $La_{0.6}Sr_{0.4}CoO_{3-\delta}$ thin films-correlations to cathode surface activity and stability [J]. Chemistry of Materials, 2012, 24 (6): 1116-1127.

[103] Baqué L C, Soldati A L, Teixeira-Neto E, et al. Degradation of oxygen reduction reaction kinetics in porous $La_{0.6}Sr_{0.4}Co_{0.2}Fe_{0.8}O_{3-\delta}$ cathodes due to aging-induced changes in surface chemistry [J]. Journal of Power Sources, 2017, 337: 166-172.

[104] Sharma V, Mahapatra M K, Singh P, et al. Cationic surface segregation in doped $LaMnO_3$ [J]. Journal of Materials Science, 2015, 50 (8): 3051-3056.

[105] Sharma V, Mahapatra M K, Krishnan S, et al. Effects of moisture on (La, A) MnO_3 (A=Ca, Sr, and Ba) solid oxide fuel cell cathodes: A first-principles and experimental study [J]. Journal of Materials Chemistry A, 2016, 4 (15): 5605-5615.

[106] Jin T A, Lu K. Surface and interface behaviors of $(La_{0.8}Sr_{0.2})_xMnO_3$ air electrode for solid oxide cells [J]. Journal

of Power Sources, 2011, 196 (20): 8331-8339.

[107] Kubicek M, Rupp G M, Huber S, et al. Cation diffusion in $La_{0.6}Sr_{0.4}CoO_{3-\delta}$ below 800℃ and its relevance for Sr segregation [J]. Phys. Chem Chem Phys, 2014, 16: 2715-2726.

[108] Téllez H, Druce J, Kilner J A, et al. Relating surface chemistry and oxygen surface exchange in $LnBaCo_2O_{5+delta}$ air electrodes [J]. Faraday Discuss, 2015, 182: 145-157.

[109] Téllez H, Druce J, Ju Y W, et al. Surface chemistry evolution in $LnBaCo_2O_{5+\delta}$ double perovskites for oxygen electrodes [J]. International Journal of Hydrogen Energy, 2014, 39 (35): 20856-20863.

[110] Rupp G M, Opitz A K, Nenning A, et al. Real-time impedance monitoring of oxygen reduction during surface modification of thin film cathodes [J]. Nature Materials, 2017, 16 (6): 640-645.

[111] Gong Y H, Palacio D, Song X Y, et al. Stabilizing nanostructured solid oxide fuel cellcathode with atomic layer deposition [J]. Nano Letters, 2013, 13 (9): 4340-4345.

[112] Li Y F, Zhang W Q, Yu B. Extrinsic Fe^{3+} stabilized $La_{1-x}Sr_xCoO_{3-\delta}$ thin film cathode for enhanced electrochemical performance [J]. ECS Transactions, 2019, 91 (1): 1551.

[113] Li Y F, Zhang W Q, Wu T, et al. Segregation induced self-assembly of highly active perovskite for rapid oxygen reduction reaction [J]. Advanced Energy Materials, 2018, 8 (29): 1801893.

[114] Virkar A V. Mechanism of oxygen electrode delamination in solid oxide electrolyzer cells [J]. International Journal of Hydrogen Energy, 2010, 35 (18): 9527-9543.

[115] Knibbe R, Traulsen M L, Hauch A, et al. Solid oxide electrolysis cells: Degradation at high current densities [J]. Journal of The Electrochemical Society, 2010, 157 (8): B1209-B1217.

[116] Stoots C, O'Brien J, Hartvigsen J. Results of recent high temperature coelectrolysis studies at the Idaho National Laboratory [J]. International Journal of Hydrogen Energy, 2009, 34 (9): 4208-4215.

[117] Mawdsley J R, Carter J D, Kropf A J, et al. Post-test evaluation of oxygen electrodes from solid oxide electrolysis stacks [J]. International Journal of Hydrogen Energy, 2009, 34 (9): 4198-4207.

[118] Chen Y, de Glee B, Tang Y, et al. A robust fuel cell operated on nearly dry methane at 500℃ enabled by synergistic thermal catalysis and electrocatalysis [J]. Nature Energy, 2018, 3 (12): 1042-1050.

[119] Cao J W, Li Y F, Zheng Y, et al. A novel solid oxide electrolysis cell with micro-/nano channel anode for electrolysis at ultra-high current density over 5 A • cm^{-2} [J]. Advanced Energy Materials, 2022, 12 (28): 2200899.

[120] Wu T, Zhang W Q, Li Y F, et al. Micro-/nanohoneycomb solid oxide electrolysis cell anodes with ultralarge current tolerance [J]. Advanced Energy Materials, 2018, 8 (33): 1802203.

[121] Kim S J, Kim K J, Choi G M. Effect of $Ce_{0.43}Zr_{0.43}Gd_{0.1}Y_{0.04}O_{2-\delta}$ contact layer on stability of interface between GDC interlayer and YSZ electrolyte in solid oxide electrolysis cell [J]. Journal of Power Sources, 2015, 284: 617-622.

[122] Moçoteguy P, Brisse A. A review and comprehensive analysis of degradation mechanisms of solid oxide electrolysis cells [J]. International Journal of Hydrogen Energy, 2013, 38 (36): 15887-15902.

[123] Lingfeng Zhou, Mason Jerry-H, Li Wenyuan, et al. Comprehensive review of chromium deposition and poisoning of solid oxide fuel cells (SOFCs) cathode materials [J]. Renewable & Sustainable Energy Reviews, 2020, 134 (110320).

[124] Harrison C-M, Slater P-R, Steinberger-Wilckens R. A review of solid oxide fuel cellcathode materials with respect to their resistance to the effects of chromium poisoning [J]. Solid State Ionics, 2020, 354 (115410) .

[125] Muhammad-Aqib Hassan, Mamat Othman-Bin, Mehdi Muhammad. Review: Influence of alloy addition and spinel coatings on Cr-based metallic interconnects of solid oxide fuel cells [J]. International Journal of Hydrogen Energy, 2020, 45 (46): 25191-25209.

[126] Zanchi E, Talic B, Sabato A-G, et al. Electrophoretic co-deposition of Fe_2O_3 and $Mn_{1.5}Co_{1.5}O_4$: Processing and oxidation performance of Fe-doped Mn-Co coatings for solid oxide cell interconnects [J]. Journal of the European Ceramic Society, 2019, 39 (13): 3768-3777.

[127] Nikolas Grünwald, Sebold Doris, Sohn Yoo-Jung, et al. Self-healing atmospheric plasma sprayed $Mn_{1.0}Co_{1.9}Fe_{0.1}O_4$ protective interconnector coatings for solid oxide fuel cells [J]. Journal of Power Sources, 2017, 363: 185-192.

[128] Wang Y, Li, W Y. et al. Degradation of solid oxide electrolysis cells: Phenomena, mechanisms, and emerging mitigation strategies——A review [J]. Journal of Materials Science & Technology, 2020, 55: 35-55.

［129］ Ghezel-Ayagh，Hossein. Solid oxide electrolysis system demonstration ［C］. 2022 Annual Merit Review and Peer Evaluation Meeting，8 June 2022.

［130］ Heraeus W-C. Über die elektrolytische Leitung fester Körper bei sehr hohen Temperature ［J］. Zeitschrift für Elektrotechnik und Elektrochemie，1899，6（2）：41-43.

［131］ Spacil H-S，Jr C-S-Tedmon. Electrochemical dissociation of water vapor in solid oxide electrolyte cells：Ⅰ. Thermodynamics and cell characteristics ［J］. Journal of The Electrochemical Society，1969，116（12）：1618-1626.

［132］ Spacil H-S，Tedmon C-S. Electrochemical dissociation of water vapor in solid oxide electrolyte cells：Ⅱ. Materials，fabrication，and properties ［J］. Journal of The Electrochemical Society，1969，116（12）：1627.

［133］ Wolfgang Dönitz，Erdle Eric. High-temperature electrolysis of water vapor-status of development and perspectives for application ［J］. International Journal of Hydrogen Energy，1985，10（5）：291-295.

［134］ Hauch A，Ebbesen S-D，Jensen S-H，et al. Solid oxide electrolysis cells：Microstructure and degradation of the Ni/Yttria-stabilized zirconia electrode ［J］. Journal of The Electrochemical Society，2008，155（11）：B1184.

［135］ Brien J-E O，Stoots C-M，Herring J-S，et al. Hydrogen production performance of a 10-cell planar solid-oxide electrolysis stack ［J］. Journal of Fuel Cell Science and Technology，2005，3（2）：213-219.

［136］ Zhang Xiaoyu，O'Brien James-E，Tao Greg，et al. Experimental design，operation，and results of a 4 kW high temperature steam electrolysis experiment ［J］. Journal of Power Sources，2015，297：90-97.

［137］ James-O Brien. High temperature electrolysis test stand ［R］. FY 2019 Annual Progress Report，DOE Hydrogen and Fuel Cells Program，2018.

［138］ Eric Tang，Wood Tony，Brown Casey，et al. Solid oxide based electrolysis and stack technology with ultra-high electrolysis current density（＞3A/cm²）and efficiency ［R］. 2017 DOE Hydrogen and Fuel Cell Program Review，2018.

［139］ James Brian David，DeSantis Daniel Allan，Saur Genevieve. Final Report：Hydrogen production pathways cost analysis（2013—2016）［R］. 30 September 2016，Strategic Analysis Inc，Arlington，VA（United States）.

［140］ 要点氢能. Bloom 在美启动批量 SOEC 电解槽生产线. 要点氢能公众号，2022，https：//mp. weixin. qq. com/s/qgtdnOWoT5jMm21wkRT_qQ.

［141］ Department of Energy. INFOGRAPHIC：Clean Hydrogen Powered by Nuclear Energy. 2022，https：//www. energy. gov/ne/articles/infographic-clean-hydrogen-powered-nuclear-energy.

［142］ Department of Energy. 4 Nuclear Power Plants Gearing Up for Clean Hydrogen Production. 2022，https：//www. energy. gov/ne/articles/3-nuclear-power-plants-gearing-clean-hydrogen-production.

［143］ A. Brisse，A. Hauch，G. Schiller，U. Vogt & M. Zahid，Highly efficient，High temperature，Hydrogen production by Water Electrolysis. 17th World Hydrogen Energy Conference，Brisbane，Australia，15-19 June 2008.

［144］ Nikolaos Lymperopoulos，Tsimis Dionisis，Aguilo-Rullan Antonio，et al. The status of SOFC and SOEC R & D in the European Fuel Cell and Hydrogen Joint Undertaking Programme ［J］. ECS Transactions，2019，91（1）：9.

［145］ Yan Yulin，Fang Q，Blum L，et al. Performance and degradation of an SOEC stack with different cell components ［J］. Electrochimica acta，2017，258：1254-1261.

［146］ Christian Dannesboe，Hansen John-Bøgild，Johannsen Ib. Catalytic methanation of CO_2 in biogas：Experimental results from a reactor at full scale ［J］. Reaction Chemistry & Engineering，2020，5（1）：183-189.

［147］ Jie Lin，Miao Guoshuan，Xia Changrong，et al. Optimization of anode structure for intermediate temperature solid oxide fuel cell via phase-inversion cotape casting ［J］. Journal of the American Ceramic Society，2017，100（8）：3794-3800.

［148］ Wan Yanhong，Xing Yulin，Xu Zheqiang，et al. A-site bismuth doping，a new strategy to improve the electrocatalytic performances of lanthanum chromate anodes for solid oxide fuel cells ［J］. Applied Catalysis B：Environmental，2020，269118809.

［149］ Han Min fang，Yin Hui yan，Miao Wen ting，et al. Fabrication and properties of anode-supported solid oxide fuel cell ［J］. Solid State Ionics，2008，179（27-32）：1545-1548.

［150］ Zhang Zhenbao，Zhu Yinlong，Zhong Yijun，et al. Anion doping：A new strategy for developing high-performance perovskite-type cathode materials of solid oxide fuel cells ［J］. Advanced Energy Materials，2017，7（17）：1700242.

［151］ Zhu Yunmin，Zhang Lei，Zhao Bote，et al. Improving the activity for oxygen evolution reaction by tailoring oxygen defects in double perovskite oxides [J]. Adv Funct Materials, 2019, 291901783.

[152] Sun Xiang, Chen Huijun, Yin Yimei, et al. Progress of exsolved metal nanoparticles on oxides as high performance electro catalysts for the conversion of small molecules [J]. Small, 2021, 172005383.

[153] Zhu Yunmin, He Zuyun, Choi YongMan, et al. Tuning proton-coupled electron transfer by crystal orientation for efficient water oxidization on double perovskite oxides [J]. Nature Communications, 2020, 11 (1).

[154] Zheng Yun, Zhao Chenhuan, Wu Tong, et al. Enhanced oxygen reduction kinetics by a porous heterostructured cathode for intermediate temperature solid oxide fuel cells [J]. Energy and AI, 2020, 2100027.

[155] Liu Shaoming, Zhang Wenqiang, Li Yifeng, et al. REBaCo$_2$O$_{5+d}$ (RE¼Pr, Nd, and Gd) as promising oxygen electrodes for intermediate-temperature solid oxide electrolysis cells [J]. RSC Advances, 2017, 716332.

[156] Liu Shaoming, Yu Bo, Zhang Wenqiang, et al. Electrochemical performance of Co-containing mixed oxides as oxygen electrode materials for intermediate-temperature solid oxide electrolysis cells [J]. International Journal of Hydrogen Energy, 2016, 41 (36): 15952-15959.

[157] Zhang Wenqiang, Yu Bo, Xu Jingming. Investigation of single SOEC with BSCF anode and SDC barrier layer [J]. International Journal of Hydrogen Energy, 2012, 37 (1): 837-842.

[158] Wang Xue, Yu Bo, Zhang Wenqiang, et al. Microstructural modification of the anode/electrolyte interface of SOEC for hydrogen production [J]. International Journal of Hydrogen Energy, 2012, 37 (17): 12833-12838.

[159] Mogensen M-B, Chen M, Frandsen H-L, et al. Reversible solid-oxide cells for clean and sustainable energy [J]. Clean Energy, 2019, 3 (3): 175-201.

[160] Wakerley David, Lamaison Sarah, Wicks Joshua, et al. Gas diffusion electrodes, reactor designs and key metrics of low-temperature CO$_2$ electrolysers [J]. Nature Energy, 2022, 7 (2): 130-143.

[161] Wei Pengfei, Li Hefei, Lin Long, et al. CO$_2$ electrolysis at industrial current densities using anion exchange membrane based electrolyzers [J]. Science China Chemistry, 2020, 63 (12): 1711-1715.

[162] Ross Michael-B, De Luna Phil, Li Yifan, et al. Designing materials for electrochemical carbon dioxide recycling [J]. Nature Catalysis, 2019, 2 (8): 648-658.

[163] Yin Z, Peng H, Wei X, et al. An alkaline polymer electrolyte CO$_2$ electrolyzer operated with pure water [J]. Energy & Environmental Science, 2019, 12 (8): 2455-2462.

[164] Shi Nai, Xie Yun, Huan Daoming, et al. Controllable CO$_2$ conversion in high performance proton conducting solid oxide electrolysis cells and the possible mechanisms [J]. Journal of Materials Chemistry A, 2019, 7 (9): 4855-4864.

[165] Kyriakou V, Neagu D, Papaioannou E I, et al. Co-electrolysis of H$_2$O and CO$_2$ on exsolved Ni nanoparticles for efficient syngas generation at controllable H$_2$/CO ratios [J]. Applied Catalysis B: Environmental, 2019, 258117950.

[166] Wang Wenyuan, Gan Lizhen, Lemmon John-P, et al. Enhanced carbon dioxide electrolysis at redox manipulated interfaces [J]. Nature Communications, 2019, 10 (1).

[167] Nami H, Rizvandi O B, Chatzichristodoulou C, et al. Techno-economic analysis of current and emerging electrolysis technologies for green hydrogen production [J]. Energy Conversion and Management, 2022, 269: 116162.

[168] Song Yuefeng, Zhang Xiaomin, Xie Kui, et al. High-temperature CO$_2$ electrolysis in solid oxide electrolysis cells: Developments, challenges, and prospects [J]. Advanced Materials, 2019, 31 (50): 1902033.

[169] Li Yihang, Li Yong, Wan Yanhong, et al. Perovskite oxyfluoride electrode enabling direct electrolyzing carbon dioxide with excellent electrochemical performances [J]. Advanced Energy Materials, 2019, 9 (3): 1803156.

[170] Li Yihang, Hu Bobing, Xia Changrong, et al. A novel fuel electrode enabling direct CO$_2$ electrolysis with excellent and stable cell performance [J]. J Mater Chem A, 2017, 5 (39): 20833-20842.

[171] Argyle Morris-D, Bartholomew Calvin-H. Heterogeneous catalyst deactivation and regeneration: A review [J]. Catalysts, 2015, 5 (1): 145-269.

[172] Luo Yu, Li Wenying, Shi Yixiang, et al. Mechanism for reversible CO/CO$_2$ electrochemical conversion on a patterned nickel electrode [J]. Journal of Power Sources, 2017, 366: 93-104.

[173] Steven McIntosh, Gorte Raymond-J. Direct hydrocarbon solid oxide fuel cells [J]. Chemical reviews, 2004, 104 (10): 4845-4866.

[174] Chen Daifen, Xu Yu, Tade Moses-O, et al. General regulation of air flow distribution characteristics within planar solid oxide fuel cell stacks [J]. ACS Energy Letters, 2017, 2 (2): 319-326.

[175] Lin Yuanbo, Zhan Zhongliang, Liu Jiang, et al. Direct operation of solid oxide fuel cells with methane fuel [J]. Solid State Ionics, 2005, 176 (23-24): 1827-1835.

[176] Chun C-M, Mumford J-D, Ramanarayanan T-A. Carbon-Induced corrosion of nickel anode [J]. Journal of the Electrochemical Society, 2000, 147 (10): 3680.

[177] Li Wenying, Shi Yixiang, Luo Yu, et al. Carbon deposition on patterned nickel/yttriastabilized zirconia electrodes for solid oxide fuel cell/solid oxide electrolysis cell modes [J]. Journal of Power Sources, 2015, 276: 26-31.

[178] Tao Youkun, Ebbesen Sune-Dalgaard, Mogensen Mogens-Bjerg. Degradation of solid oxide cells during co-electrolysis of steam and carbon dioxide at high current densities [J]. Journal of Power Sources, 2016, 328: 452-462.

[179] Hua Bin, Li Meng, Sun Yi fei, et al. Grafting doped manganite into nickel anode enables efficient and durable energy conversions in biogas solid oxide fuel cells [J]. Applied Catalysis B: Environmental, 2017, 2001: 74-181.

[180] Zhou Yingjie, Zhou Zhiwen, Song Yuefeng, et al. Enhancing CO_2 electrolysis performance with vanadium-doped perovskite cathode in solid oxide electrolysis cell [J]. Nano Energy, 2018, 50: 43-51.

[181] Liu Subiao, Liu Qingxia, Luo Jing li. CO_2-to-CO conversion on layered perovskite with in situ exsolved Co-Fe alloy nanoparticles: an active and stable cathode for solid oxide electrolysis cells [J]. Journal of Materials Chemistry A, 2016, 4 (44): 17521-17528.

[182] Park Seongmin, Kim Yoongon, Han Hyunsu, et al. In situ exsolved Co nanoparticles on Ruddlesden-Popper material as highly active catalyst for CO_2 electrolysis to CO [J]. Applied Catalysis B: Environmental, 2019, 248: 147-156.

[183] Zhu Jianxin, Zhang Wenqiang, Li Yifeng, et al. Enhancing CO_2 catalytic activation and direct electroreduction on in-situ exsolved Fe/MnO_x nanoparticles from $(Pr, Ba) 2Mn_{2-y}Fe_yO_{5+\delta}$ layered perovskites for SOEC cathodes [J]. Applied Catalysis B: Environmental, 2020, 268118389.

[184] Skafte Theis-L, Guan Zixuan, Machala Michael-L, et al. Selective high-temperature CO_2 electrolysis enabled by oxidized carbon intermediates [J]. Nature Energy, 2019, 4 (10): 846-855.

[185] Zhu Changli, Hou Shisheng, Hu Xiuli, et al. Electrochemical conversion of methane to ethylene in a solid oxide electrolyzer [J]. Nature Communications, 2019, 10 (1).

[186] Song Yuefeng, Zhou Si, Dong Qiao, et al. Oxygen evolution reaction over the Au/YSZ interface at high temperature [J]. Angewandte Chemie International Edition, 2019, 58 (14): 4617-4621.

[187] Liu Qiang, Dong Xihui, Xiao Guoliang, et al. A novel electrode material for symmetrical SOFCs [J]. Advanced Materials, 2010, 22 (48): 5478-5482.

[188] Dai H-X, Ng C-F, Au C-T. $SrCl_2$-promoted REO_x (RE = Ce, Pr, Tb) catalysts for the selective oxidation of ethane: A study on performance and defect structures for ethene formation [J]. Journal of Catalysis, 2001, 199 (2): 177-192.

[189] Wang Zheng, Wang Yuhao, Wang Jian, et al. Rational design of perovskite ferrites as high-performance proton-conducting fuel cell cathodes [J]. Nature Catalysis, 2022.

[190] Zhai Shuo, Xie Heping, Cui Peng, et al. A combined ionic Lewis acid descriptor and machine-learning approach to prediction of efficient oxygen reduction electrodes for ceramic fuel cells [J]. Nature Energy, 2022.

[191] Ye Lingting, Shang Zhibo, Xie Kui. Selective oxidative coupling of methane to ethylene in a solid oxide electrolyser based on porous single-crystalline CeO_2 monoliths [J]. Angewandte Chemie International Edition, 2022.

[192] Ye Lingting, Duan Xiuyun, Xie Kui. Electrochemical oxidative dehydrogenation of ethane to ethylene in a solid oxide electrolyzer [J]. Angewandte Chemie International Edition, 2021, 60 (40): 21746-21750.

[193] Song Yuefeng, Lin Le, Feng Weicheng, et al. Interfacial enhancement by γ-Al_2O_3 of electrochemical oxidative dehydrogenation of ethane to ethylene in solid oxide electrolysis cells [J]. Angewandte Chemie International Edition, 2019, 58 (45): 16043-16046.

[194] Wang Kaihui, Chen Huili, Li Si dian, et al. $Sr_xTi_{0.6}Fe_{0.4}O_{3-d}$ (x=1.0, 0.9) catalysts for ammonia synthesis via proton-conducting solid oxide electrolysis cells (PCECs [J]. Journal of Materials Chemistry A, 2022, 10: 24813-24823.

[195] Jiang Lilong, Fu Xianzhi. An ammonia-hydrogen energy roadmap for carbon neutrality: Opportunity and challenges in China [J]. Engineering, 2021, 7 (12): 1688-1691.

[196] Amar Ibrahim-A, Lan Rong, Humphreys John, et al. Electrochemical synthesis of ammonia from wet nitrogen via

a dual-chamber reactor using $La_{0.6}Sr_{0.4}Co_{0.2}Fe_{0.8}O_{3-\delta}$-$Ce_{0.8}Gd_{0.18}Ca_{0.02}O_{2-\delta}$ composite cathode [J]. Catalysis Today, 2017, 286: 51-56.

[197] Li Wenjie, Liu Xiaozhen, Yu Han, et al. $La_{0.75}Sr_{0.25}Cr_{0.5}Mn_{0.5}O_{3-\delta}$-$Ce_{0.8}Sm_{0.2}O_{1.9}$ as composite electrodes in symmetric solid electrolyte cells for electrochemical removal of nitric oxide [J]. Applied Catalysis B: Environmental, 2020, 264118533.

[198] 氢能源网. 绿氨制备:世界最大容量电解槽预定. 2022.

[199] Alexander Buttler, Spliethoff Hartmut. Current status of water electrolysis for energy storage, grid balancing and sector coupling via power-to-gas and power-to-liquids: A review [J]. Renewable and Sustainable Energy Reviews, 2018, 82: 2440-2454.

[200] Manuel Götz, Lefebvre Jonathan, Mörs Friedemann, et al. Renewable power-to-gas: A technological and economic review [J]. Renewable energy, 2016, 85: 1371-1390.

[201] Rémi Costa, Dueñas Diana-María-Amaya, Futter Georg, et al. Solid oxide cells for power-to-X: Application & challenges [J]. ECS Transactions, 2019, 91 (1): 2527.

[202] Quirin Schiermeier. Germany's energy gamble: an ambitious plan to slash greenhouse gas emissions must clear some high technical and economic hurdles [J]. Nature, 2013, 496 (7444): 156-159.

[203] Hagen Anke, Frandsen Henrik-Lund. Solid oxide development status at DTU energy [J]. ECS Transactions, 2019, 91 (1): 235.

[204] Posdziech Oliver, Geißler T, Schwarze Konstantin, et al. System development and demonstration of large-scale high-temperature electrolysis [J]. ECS transactions, 2019, 91 (1): 2537.

[205] Schwarze K, Posdziech O, Mermelstein J, et al. Operational results of an 150/30 kW RSOC system in an industrial environment [J]. Fuel Cells, 2019, 19 (4): 374-380.

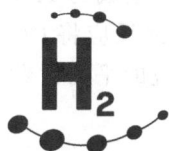

第7章

核热辅助的碳基燃料制氢技术

传统的化石燃料制氢过程中，煤和天然气等化石燃料既作为制氢原料，也通过燃烧为制氢过程提供所需的热和电，会导致大量温室气体排放。高温气冷堆可以以蒸汽或高温氦气的形式产生电力和/或热量，以不产生温室气体排放的方式为煤和天然气制氢过程提供所需能源。

高温气冷堆氦气出口温度可达 950℃，除了与热化学循环和高温蒸汽电解技术耦合实现分解水制氢外，还可以与天然气重整、煤气化、生物质热解等过程联合，为这些过程提供高温热源，减少作为燃料的化石能源和生物质的使用，从而减少 CO_2 排放。本章主要对核热辅助的天然气重整、煤气化及生物质转化制氢等技术进行介绍。

7.1 核热辅助的天然气重整制氢

7.1.1 天然气重整技术概述

天然气的主要成分为甲烷，甲烷制氢方法包括甲烷蒸汽重整（SMR）、甲烷干重整（DRM）、甲烷部分氧化重整（POM）、甲烷自热重整（MATR）及甲烷催化裂化（MCD）等[1]。

① 甲烷蒸汽重整是最主要的甲烷制氢方法，已有近百年的工业应用历史。过程包括重整和变换两步反应：

重整反应：

$$CH_4 + H_2O \longrightarrow CO + 3H_2 \qquad (\Delta H = +206.29kJ/mol) \qquad (7\text{-}1)$$

变换反应：

$$CO + H_2O \longrightarrow CO_2 + H_2 \qquad (\Delta H = -41.19kJ/mol) \qquad (7\text{-}2)$$

总反应：

$$CH_4 + 2H_2O \longrightarrow CO_2 + 4H_2 \qquad (\Delta H = +164.9kJ/mol) \qquad (7\text{-}3)$$

上述反应在高温（750~920℃）、高压（2~3MPa）及催化剂存在条件下进行，工业上

一般采用 Ni/Al_2O_3 作催化剂，过程中的水蒸气和甲烷的摩尔比一般为 $3\sim5$，生成的 H_2/CO 约为 3，甲烷蒸汽转化制得的合成气进入水气变换反应器，经过高低温变换反应将 CO 转化为 CO_2 和额外的氢气，以提高氢气产率。不同温度下重整反应和变换反应的平衡常数如图 7-1 所示[2]。

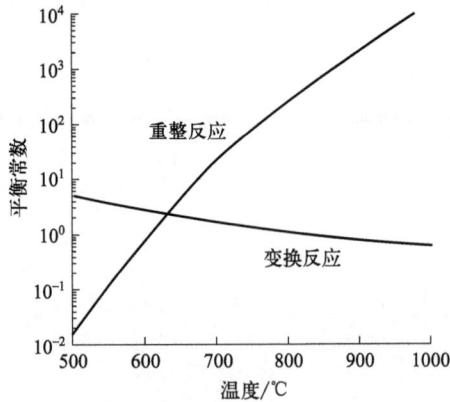

图 7-1 反应平衡常数

② 甲烷干重整制氢即甲烷与二氧化碳发生重整反应，反应式如下：

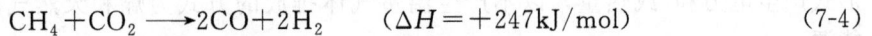

$$CH_4 + CO_2 \longrightarrow 2CO + 2H_2 \qquad (\Delta H = +247 kJ/mol) \qquad (7\text{-}4)$$

③ 甲烷部分氧化重整反应机理较为复杂，目前有两种机理被广泛接受，一种是间接制合成气：

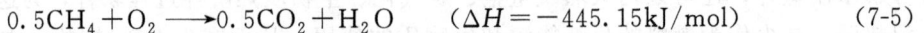

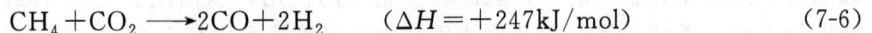

$$0.5CH_4 + O_2 \longrightarrow 0.5CO_2 + H_2O \qquad (\Delta H = -445.15 kJ/mol) \qquad (7\text{-}5)$$

$$CH_4 + CO_2 \longrightarrow 2CO + 2H_2 \qquad (\Delta H = +247 kJ/mol) \qquad (7\text{-}6)$$

另一种是直接制合成气：

$$CH_4 + 0.5O_2 \longrightarrow CO + 2H_2 \qquad (\Delta H = -36 kJ/mol) \qquad (7\text{-}7)$$

④ 甲烷自热重整制氢的原理是将放热的 POM 反应和吸热的 SMR 反应耦合，使反应体系本身实现自供热。

SMR、POM、MATR 等在产生 H_2 的同时，都会产生大量的 CO。但从 H_2 中分离 CO 工艺较为复杂，且会增加制氢成本。因此，无 CO 生成的 MCD 不失为一种新的选择。

⑤ 甲烷催化裂化制氢的反应方程式：

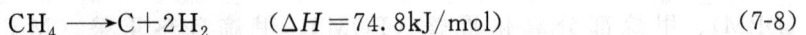

$$CH_4 \longrightarrow C + 2H_2 \qquad (\Delta H = 74.8 kJ/mol) \qquad (7\text{-}8)$$

MCD 是温和的吸热反应，反应产物仅为 C 和 H_2。

表 7-1 对比了不同甲烷重整制氢技术的特点。

表 7-1 不同甲烷重整制氢技术的比较

制氢方法	催化剂	原料比	温度/℃	CH_4 转化率/%	制氢性能
SMR	NiO/CeO_2	$H_2O : CH_4 = 3 : 1$	550	95.0	H_2 选择性 75%
	Ni-Y/SBA-160C	$H_2O : CH_4 = 2 : 1$	650	99.8	H_2 产率 85.3%
	$Ni\text{-}CaO/Ca_{12}Al_{14}O_{33}$	$H_2O : CH_4 = 3 : 1$	650	98.0	H_2 浓度 96.1%
DRM	$Pd\text{-}CeO_2$	$CH_4 : CO_2 : He = 1 : 1 : 12$	800	93.0	$H_2/CO \approx 0.8$
	$Ru/SrTiO_3\text{-}MW\text{-}Ih$	$CH_4 : CO_2 = 45 : 55$	675	99.5	$H_2/CO \approx 0.89$

制氢方法	催化剂	原料比	温度/℃	CH_4 转化率/%	制氢性能
POM	La-Ca-Co-(Al)-O	CH_4 : O_2 : Ar = 6 : 3 : 51	850	99.8	H_2 选择性 > 99%
	$Ni/MgAl_2O_4$	CH_4 : O_2 : N_2 = 1.9 : 1.0 : 4.0	800	94.3	H_2 选择性 96%
MATR	Rh-Pt/钙钛矿	H_2O : CH_4 = 1.2, O_2 : C = 0.79	650	99.9	H_2 产率 73%
	Ni/Al_2O_3 + MR	CH_4 : 空气 : H_2O = 1 : 1 : 2	650	99.0	H_2/CO = 8.69
MCD	K_2CO_3/碳杂化物		850	90.0	H_2 体积分数 87%

传统甲烷蒸汽重整制氢反应器结构形式包括顶烧式和侧烧式重整器[3]，两者一般都包括内管和外管。顶烧式结构原理如图 7-2 所示。原料气甲烷和水蒸气通过填满催化剂内管，发生甲烷蒸汽重整反应和水煤气变换反应，生成 H_2、CO 和 CO_2，连同水蒸气以及少量未反应的甲烷一起进入产物后处理单元；甲烷在外管（燃烧管）燃烧，为内管重整反应提供热量。在外管内 CH_4 燃烧生成 CO_2 和水蒸气。传统的甲烷蒸汽重整制氢模型主要集中于工业化顶烧式甲烷蒸汽重整制氢，分析了水碳比、温度和入口流速对甲烷转换率的影响，研究了重整器内轴向温度和浓度的分布，提出了多端口进料催化重整反应器的结构等。

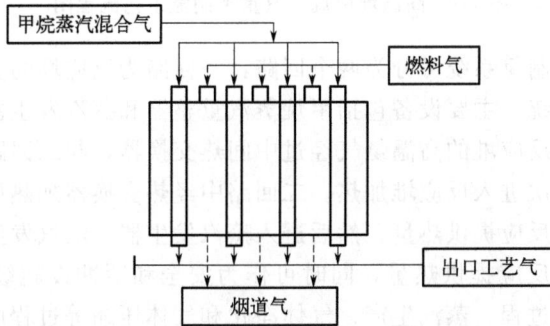

图 7-2　传统顶烧式甲烷蒸汽重整器装置结构原理

甲烷重整的温度在 550～850℃，与高温气冷堆的氦气出口温度匹配良好，因此将高温堆与甲烷重整耦合制氢在技术上具有较高的可行性。

7.1.2　核热辅助的天然气重整技术

如前所述，如果用高温堆的核热作为甲烷重整的热源，可以显著减少作为燃料的天然气用量，也减少相应份额的 CO_2 排放。这是国际上开展核热辅助的蒸汽重整的重要原因。20 世纪 70～80 年代，德国于利希研究中心对高温堆用于甲烷蒸汽重整制氢进行了大量研究。20 世纪 90 年代到 21 世纪初，日本在其高温工程实验堆（HTTR）的制氢和热利用项目中对利用高温气冷堆工艺热辅助的甲烷蒸汽重整进行了研究，并建立了中试设施[4]。美国 INL 开展了高温堆辅助甲烷蒸汽重整的方案设计与分析，我国清华大学核研院也开展了利用核热的甲烷重整技术研究。

7.1.2.1　核热蒸汽重整的概念与可行性

核能辅助的甲烷蒸汽重整制氢，主要是利用高温气冷堆的工艺热提供重整反应所需的热量进行蒸汽重整制氢。高温气冷堆用氦气作为冷却气，氦气出口温度最高可达 950℃，经氦-氦热交换器进入核热辅助的甲烷蒸汽重整制氢系统，如图 7-3 所示。

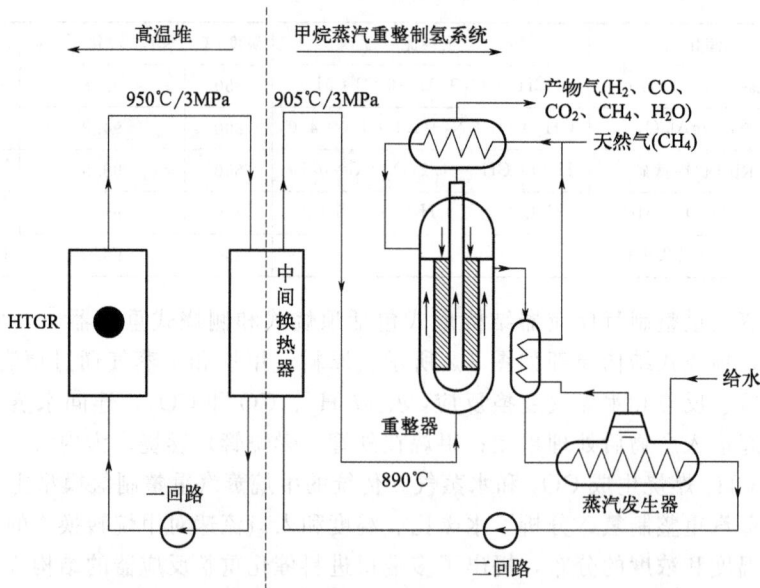

图 7-3   高温堆甲烷蒸汽重整制氢工艺流程图

核能甲烷蒸汽重整制氢系统可分为两个回路：一回路为反应堆的氦气循环系统；二回路为甲烷蒸汽重整制氢系统。主要设备包括甲烷蒸汽重整器和蒸汽发生器。两个回路之间由中间热交换器连接。来自反应堆的高温氦气经过中间热交换器，与二回路中的冷氦气进行热交换，冷却后经氦风机再次进入反应堆加热。二回路中经热交换器加热后的氦气首先进入甲烷蒸汽重整器中，为重整反应提供热量，然后进入蒸汽发生器。蒸汽发生器利用氦气余热将水加热成水蒸气，为重整反应提供热量，同时可作为安全和缓冲设施缓解制氢系统温度的波动。整个系统中的重整过程、蒸汽生产、气体净化和气体压缩等过程所需的所有热量都来自氦气加热回路。气体净化阶段包括变换转化、CO_2 洗涤、H_2 分离以及去除工艺气体中的痕量二氧化碳的甲烷化反应等。

核热辅助的甲烷蒸汽重整制氢系统的核心设备为甲烷蒸汽重整器，虽然核热辅助的甲烷蒸汽重整制氢与传统 SMR 的化学反应相同，但是由于加热方式不同，需要对所用的重整设备开展进一步研究。

与传统蒸汽重整器相比，核热蒸汽重整器的使用条件有所不同；因为核反应堆的运行条件不像化石燃料加热设备那样灵活，安全要求也比化石燃料系统严格得多。如果工艺原料气速率和转化率高，则可实现较大的 H_2 生产率。原料气速率取决于输入工艺气体的热量和工艺气体的温度，转化率取决于工艺气体的温度、压力以及催化剂性能。

典型的核热甲烷蒸汽重整器设计为三层套管结构，包括中心管、催化管和氦气管[5]，如图 7-4 所示。与常规蒸汽重整不同，管道利用管外的热氦气加热，底部的氦气入口温度是 950℃。工艺原料气（甲烷）从顶部流入管内，典型温度约 450℃。原料气通过催化剂床，加热到约 830℃，转化为工艺气体混合物。重整器内的原料气在催化管内发生重整反应生成产品气后，从催化管的底部折流进入中心管，然后在中心管的顶部流出。由于产物气体的温度高于催化管内的原料气，在自下而上流动时可传热给催化管，为其提供反应所需的热。高温氦气从重整器底端进入氦气管，自下至上流动，传热给催化管，为催化管内的重整反应提供反应热。

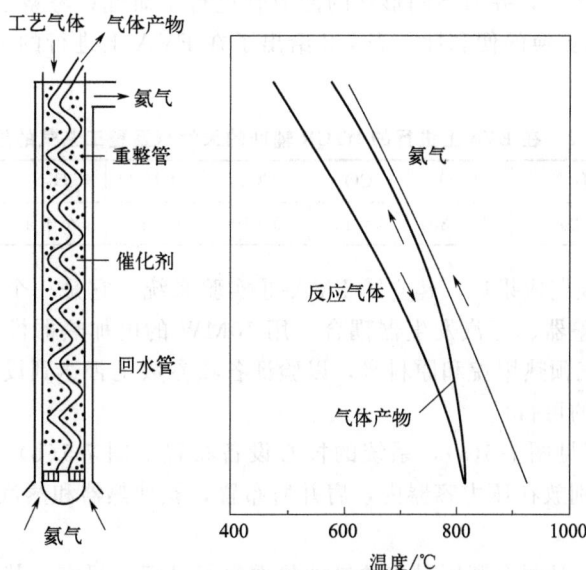

图 7-4　高温气冷堆耦合甲烷重整热量利用 T 型图

这种设计不仅可以使工艺气体逆流冷却，也可以逆流加热原料气。它还将分流管在受热影响最大的地方完全封闭，无需连接管道，确保在轴向的自由热膨胀移动。蒸汽重整器使用温度 700～950℃ 的氦气，而蒸汽发生器利用的热为 250～700℃。组成比为 $H_2O/CH_4＝3$ 的原料气被预热到大约 500℃，在温度最高 800℃ 的条件下进行重整，整体能量平衡如下：

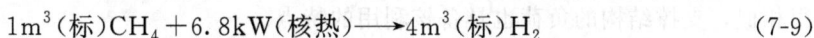

$$1m^3（标）CH_4＋6.8kW（核热）\longrightarrow 4m^3（标）H_2 \tag{7-9}$$

$$170MW＋2.5×10^4 m^3（标）CH_4/h \longrightarrow 1×10^5 m^3（标）H_2/h \tag{7-10}$$

甲烷作为原料完全转化为氢气，包括核热在内的总效率约为 65%。全生命周期分析表明，如果选择核能作为主要能源，在适当的操作条件下与传统蒸汽重整相比可以节省 40% 的天然气原料。

7.1.2.2　德国关于甲烷蒸汽重整的研发

德国于利希研究中心（Forschungszentrum Juelich GmbH，FZJ）对核能供热的甲烷蒸汽重整进行了深入研究，建立了两套高温堆甲烷蒸汽重整制氢实验系统，分别命名为 EVA-Ⅰ 和 EVA-Ⅱ[6-10]。

（1）管式核热蒸汽重整器

在德国关于核热应用的"远距离能量输送"项目和"原型堆核工艺热（PNP）"项目中对煤气化和天然气重整工艺进行了研究，建造了兆瓦级实验装置，实验目的是对在 HTGR 典型条件下氦加热系统的运行进行示范，对热化学管道系统的技术性能及效率开展研究。运行条件为：温度 400～900℃，压力 2～4MPa，H：C：O=(8：1：2)～(12：1：4)。

核心设备为氦气加热的核蒸汽重整器，当时的设计认为中间热交换器不是必需的，直接将重整器置于高温堆一回路之内，以简化工艺热利用方案。这种设计对部件可靠性的要求比采用 IHX 的间接循环严格得多。

EVA-Ⅰ 是第一个模拟核热辅助的天然气重整示范设施，于 1972 年运行。用 1MW 电加热器将氦气加热到 950℃，在 4MPa 的压力下引入加热管，使用不同几何形状（管径 80～160mm，长度 10～15m）和材料的加热管，管的热交换内表面为 3～8m²。证明了在重整器内采用内部回流管的优势，并对不同形状的回流管进行了研究；考察了不同形式的 Ni 拉丝环/盘催化剂的效果和更换的便利性。表 7-2 给出了在 EVA 上进行的 HTGR 辅助的天然气重整工艺气的组成。

表 7-2　在 EVA 上进行的 HTGR 辅助的天然气重整工艺气的组成

项目	H_2	H_2O	CO	CO_2	CH_4	H_2S	NH_3	N_2
体积分数/%	0~20	10~30	0~10	0~10	0~13	小于 1	小于 1	小于 1

在 EVA-Ⅰ取得预期成果后，建立了 EVA-Ⅱ实验系统，它是一个完整的氦回路，将热源、加热管、蒸汽重整器、蒸汽发生器耦合，用 10MW 的电加热器模拟核热，把氦气加热到 950℃，用热工艺气预热甲烷和原料水，以验证各项参数是否达到设计的要求，以及在核加热条件下工程应用的可行性。

EVA-Ⅱ系统流程见图 7-5(a)，系统的核心设备布置如图 7-5(b) 所示，加热器、重整器和蒸汽发生器都分别放在压力容器内，肩并肩布置，氦加热器和蒸汽重整器用 5m 长的同轴氦气导管相连。

在 EVA-Ⅱ设施中对两个利用对流的氦加热重整器进行了研究，其不同之处在于连接氦气的流动管道的方式不同。第一个是由 30 根管组成的功率为 6MW 的挡板设计管束，其特点在于在氦气侧挡板（折流板）采用了特殊结构；每根加热管道都在顶部用进料管和产品气管相连接，在加热管内，利用温度 650~950℃ 的热来运行蒸汽重整过程。第二个重整器是环形设计，功率为 5MW，由 18 根管组成，加热管置于导流管内，热氦气通过环形间隙向上流动，两种设计都把管悬挂在支撑板上，很容易更换。这两种设计的管道和催化剂系统都很相似，支撑结构的负荷也具备核利用的特点。

蒸汽发生器采用螺旋管，利用强力对流和直接超热方式，功率为 4MW。利用剩余的氦热，出口氦气温度降到 350℃。冷氦气经过氦风机送回电加热器。回路在较低的功率水平下按照核条件运行，但是蒸汽发生器满功率运行，工艺气体处理系统也与商业规模的核电厂相同。

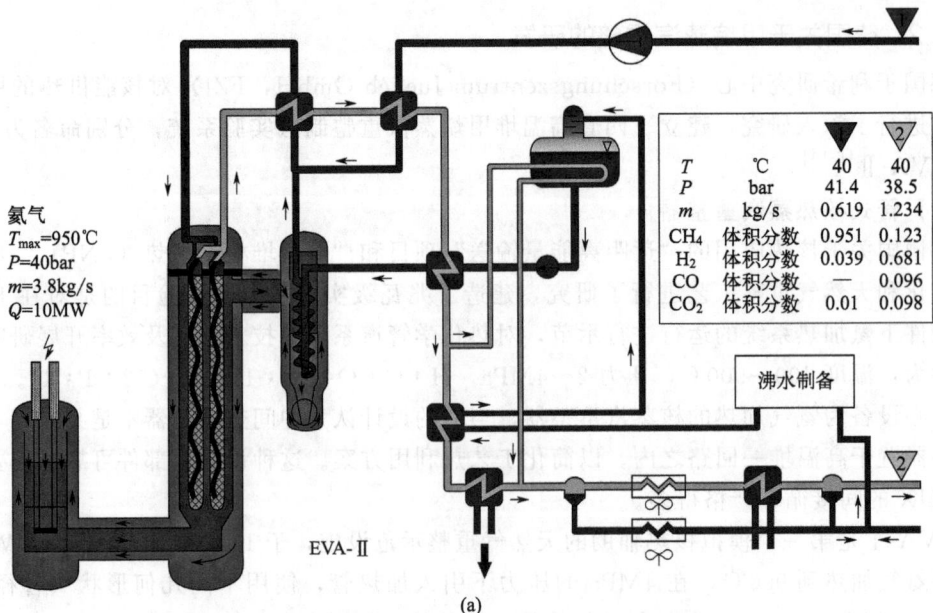

氦气
$T_{max}=950℃$
$P=40bar$
$m=3.8kg/s$
$Q=10MW$

		▼	▽2
T	℃	40	40
P	bar	41.4	38.5
m	kg/s	0.619	1.234
CH_4	体积分数	0.951	0.123
H_2	体积分数	0.039	0.681
CO	体积分数	—	0.096
CO_2	体积分数	0.01	0.098

沸水制备

EVA-Ⅱ

(a)

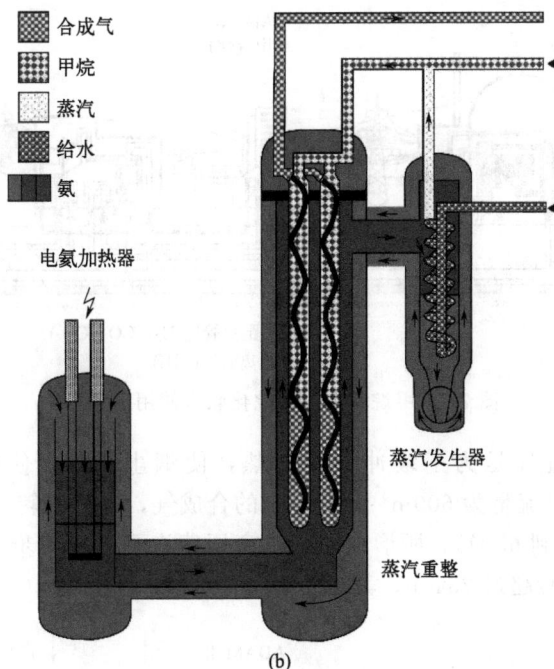

图 7-5 蒸汽重整实验设施 EVA-Ⅱ 的流程图

催化蒸汽重整反应空速为 $10m^3$（标）CH_4/m^3 催化剂，重整反应条件为 $800℃$、$4MPa$、$H_2O/CH_4 = 4$。在所选择的氦气侧与工艺气侧的温度分布下，重整器管道总热通量为 $60kW/m^2$，工艺气侧热交换系数大于 $1000W/(m^2 \cdot K)$，氦气侧热交换系数约为 $500W/(m^2 \cdot K)$。

EVA-Ⅱ 运行期间，重整器管（即导管）和内回热器（即回流管）都没有发现损伤，部件的热膨胀、管弯曲、摩擦、磨损及流致振动等方面都非常好，气体导流结构、隔热和支撑结构均正常运行，工艺参数易于测控。在氦气流量低的时候，出现了运行不稳定的情况，此时不均匀的温度分布使温差加大到 150K，反应器壁变形达到数厘米。采用挡板设计的重整器管束解决了温度分布不均匀的问题。

EVA-Ⅱ 一共运行了 $13000h$，大约 $7760h$ 运行温度为 $900℃$。两种蒸汽发生器每次运行超过 $6000h$，运行条件包括稳态、部分负荷和非稳态条件，进行了满负荷下堵管道等实验。

EVA-Ⅰ 和 EVA-Ⅱ 取得了很好的结果，对核热辅助的蒸汽重整过程成功进行了示范，其结果可以为氦加热的重整器与工业规模的 HTGR 相耦合提供依据。

（2）甲烷化与 EVA-ADAM 能量传输系统

在核热辅助的甲烷重整研发之外，德国还开展了蒸汽甲烷重整逆过程即甲烷化的研发，并建立了与 EVA 配套的设施，命名为 ADAM（Adiabatic Methanation，绝热的甲烷化）。在 ADAM 中可以得到重整工艺的原料——甲烷和水，二者分离后，将甲烷送回到 EVA，水蒸气可以在其他过程中利用。蒸汽重整反应与其逆反应甲烷化反应相结合，可以形成利用能量载体氢进行远距离能量输送系统的基础，这样的系统缩写成"EVA-ADAM"，如图 7-6 所示。利用吸热的化学反应以潜热的形式在气体中储存能量，然后把气体输送给消费者，再用放热的逆反应将储存的能量释放出来加以利用。

在绝热固定床反应器中的高温甲烷化过程包括三段，如图 7-7 所示。用已经再转换的气

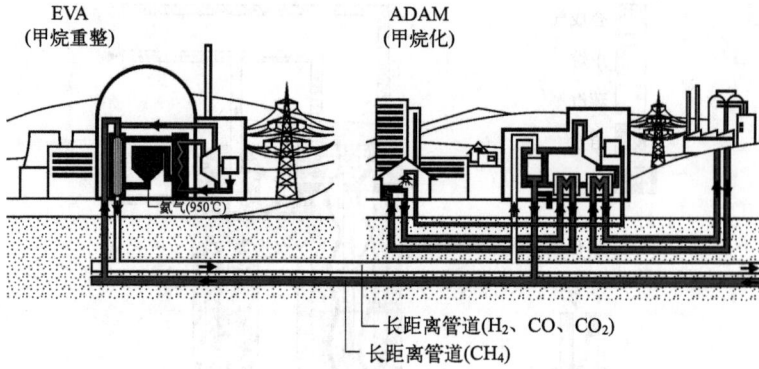

图 7-6　甲烷重整与甲烷化联合使用示意图

体稀释产品气的三段过程是为了缓冲大量放热，使烟尘最少，使甲烷的产出最高。在ADAM-Ⅰ中的原料气是流量为 $600m^3$ （标）/h 的合成气，甲烷的转化释放出大量热。甲烷化后气体混合物温度达到 $650℃$，所形成的超热高压蒸汽可以进一步利用。与 EVA-Ⅰ 耦合的 ADAM-Ⅰ 厂运行实验超过 2344h，其运行参数的范围很宽。

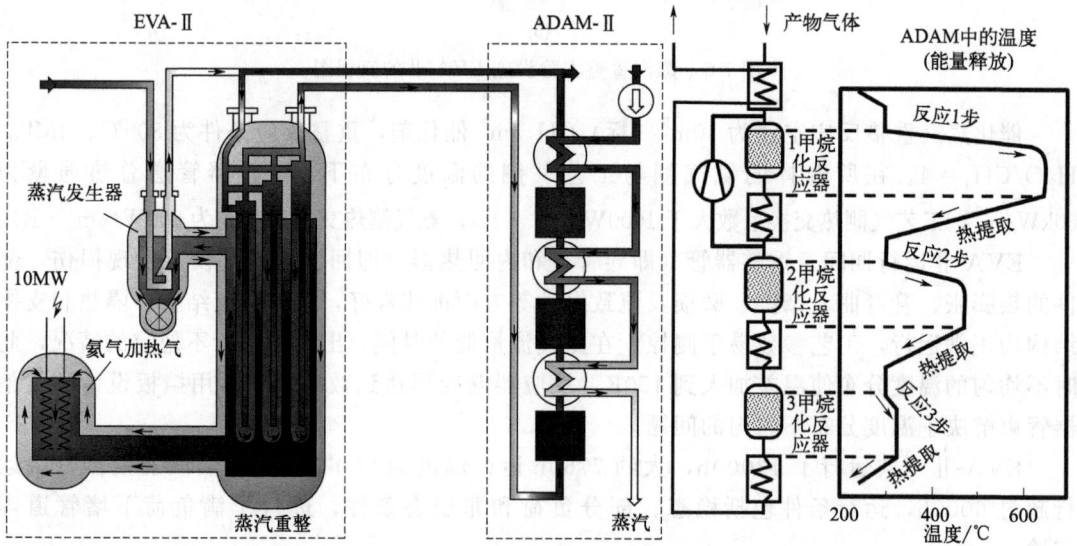

图 7-7　甲烷化系统 ADAM 中的温度分布

　　EVA-Ⅱ中的蒸汽重整器也和甲烷化厂 ADAM-Ⅱ实现了循环，原料为流量 $9600m^3$（标）/h 的合成气，甲烷转化率 65%，接近热力学平衡值，运行时间超过 6000h。

　　完整的 EVA/ADAM-Ⅱ系统在 FZJ 共运行了 10150h，在实际工业条件下对整个化学循环进行了示范，功率为 5.4MW（EVA-Ⅱ/ADAM-Ⅱ），证实了核热输送条件的可运行性和可靠性。

7.1.2.3　日本关于甲烷蒸汽重整的研发

　　20 世纪 60 年代，日本开始了对高温气冷堆工艺热应用的研究，并于 1987 年提出了建造用于核工艺热应用研究的高温工程试验堆（HTTR）。2003~2005 年，开发了 1:30 的堆外甲烷重整试验装置。在满足设备安全运行以及实现高效制氢的前提下，开展了模拟高温堆氦气加热的重整器的工程设计工作，期望按照蒸汽重整器的新概念进行的设计能够实现良好的制氢性能，并能与燃烧化石燃料的甲烷重整制氢厂在经济上相竞争。新概念包括采用自然对流型的蒸汽发生器，目的是在核反应堆与重整器之间存在很大热力学差别的情况下，保证系统有足够的可控制性，在正常运行及预料之内的运行条件下能够利用空气冷却的散热器作为热阱。实验研究为工业化应用奠定了基础，积累了大量工程经验[11-15]。

(1) 利用 HTTR 进行甲烷蒸汽重整的概念

与德国 FZJ 的总体方案不同，日本 JAEA 选择将 HTGR 通过中间换热器（IHX）与氦加热的甲烷蒸汽重整工艺耦合的方案，与已有的 HTTR 耦合的概念如图 7-8 所示。图中虚线内部为核系统，外部为蒸汽重整制氢系统。

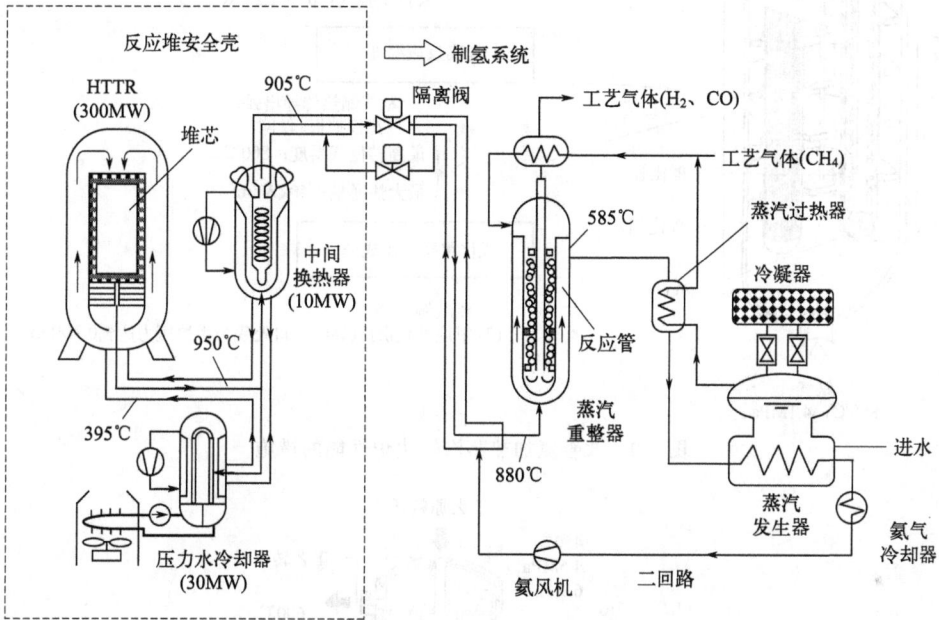

图 7-8　与 HTTR 耦合的蒸汽重整器部件

虽然利用 IHX 使得热利用的复杂性提高，并将重整过程可利用的氦气最高温度至少降低 50℃，但将核反应堆和制氢厂进行物理隔离可以避免对蒸汽重整器的核沾污，减轻两个系统在非稳态操作时的相互影响，并将氢和氚的相互渗透降低到可忽略的水平。因此，可以提高安全性，降低在各阶段申请许可证的难度。

由于 HTTR 的冷却剂出口温度已达到 950℃，因此 HTTR 可以在 IHX 的出口提供905℃的高温热。另外，在 IHX 和蒸汽重整器之间的热气导管中会有热损失，因此在蒸汽重整器的入口处的二次氦的温度预计可达 880℃。HTTR 蒸汽重整系统被设计成可以利用 Ni基催化剂生产 $4200m^3$（标）/h 氢并提供 10MW 热能；预期热利用率（定义为所生产的氢所含能量与总输入热能之比）为 73%，这个数值与常规系统的热利用率 80% 具有可比性。

(2) HTTR 蒸汽重整过程参数设计

氦气从蒸汽重整器底部流入，在催化剂管外向上流动，通过多孔折流板强化对流流动（与常规的热辐射不同）。催化剂管中装有 Ni/Al_2O_3 重整催化剂，工艺原料气（天然气/蒸汽）通过催化剂管。催化剂管壁厚 13mm，可以满足承压部件的设计要求。最后 585℃ 的氦气从重整器流出，进入过热器。图 7-9 和图 7-10 分别给出了改善氦加热蒸汽转化炉性能的措施和蒸汽转化炉剖视图。

重整气
450℃, 4.5MPa

提高制氢性能 ⇒ · 热量利用率达78%
· 紧凑型无缝催化
剂管

重整气
600℃

增加重整气体的
热量输入

氦气
600℃

(1) 热重整气卡口式催化剂管的有效利用
(2) 通过重整炉出口氦气温度为600℃，增加氦气温降

⇒ 来自氦气：2.3MW → 3.6MW
来自重整气：0 → 1.2MW } 共4.8MW

提高反应温度

氦气侧热传导增强
孔板挡板+丝网
⇒ 最高转化气温度：800℃
最大热通量：40kW/m²

催化管

催化剂

优化重整气体成分

800℃

(1) 蒸汽/碳=3.52
(2) 甲烷过量供应(导致出口处残余甲烷压力达到0.3MPa)

9m

氦气
880℃, 4.1MPa

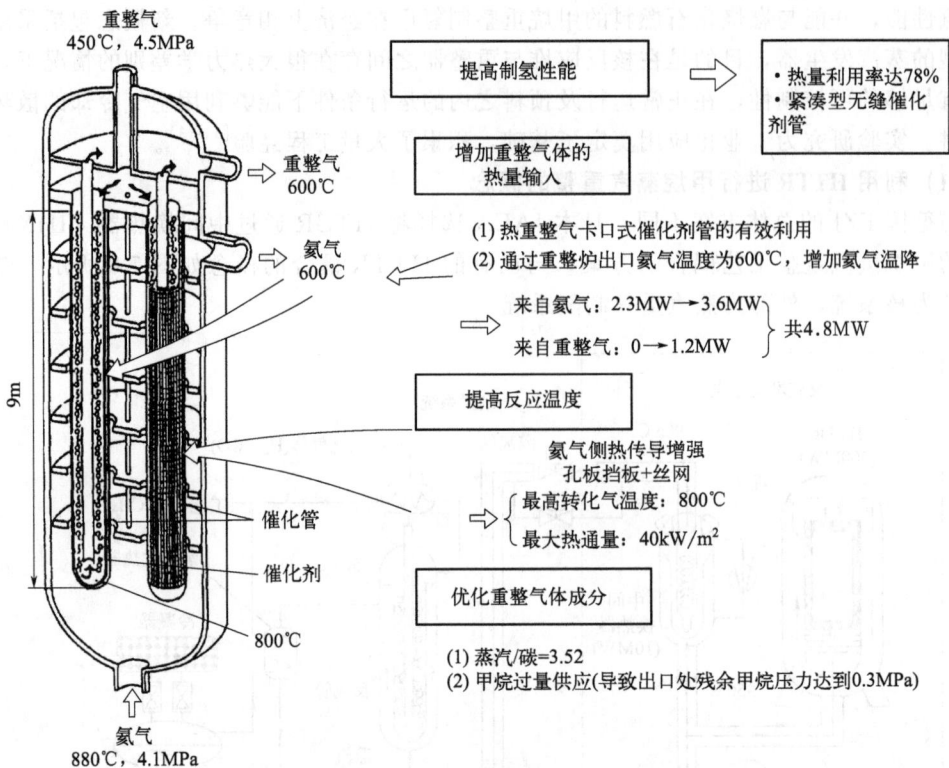

图 7-9　改善氦加热蒸汽转化炉性能的措施

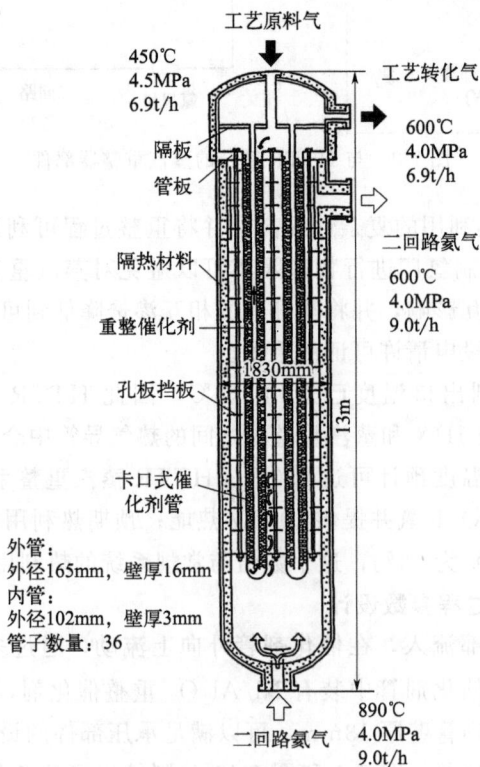

工艺原料气

450℃
4.5MPa
6.9t/h

工艺转化气

600℃
4.0MPa
6.9t/h

隔板

管板

二回路氦气

600℃
4.0MPa
9.0t/h

隔热材料

重整催化剂

1830mm

孔板挡板

13m

卡口式催
化剂管

外管：
外径165mm，壁厚16mm
内管：
外径102mm，壁厚3mm
管子数量：36

890℃
4.0MPa
9.0t/h

二回路氦气

图 7-10　蒸汽转化炉剖视图

由天然气和蒸汽组成的工艺原料混合气被预热到450℃，压力为4.5MPa，从重整器顶部进入，沿外管和内管之间的间隙向下流动通过催化剂床，甲烷和其他轻碳氢化合物经蒸汽重整，重整气可达到的最高温度是830℃。在重整的气体向上流动的同时，把热量传给内管中的原料气，最终离开蒸汽重整器（温度580℃，压力4.1MPa）。甲烷原料气以液态低温储存在400m³的LNG罐内。

在HTTR蒸汽重整系统中，选择蒸汽/甲烷比为3.5，需要的蒸汽量约为5160kg/h，对应热功率为3.1MW。在重整器出口产物的热功率是1.9MW，为补充足够的能量，需要在二回路中设置蒸汽发生器。在蒸汽重整器之后装有过热器和蒸汽发生器，为蒸汽重整器生产原料蒸汽。要求IHX的入口氦气温度为160℃，需要增加原料水预热器和氦冷却器。在未来的HTGR热利用系统中，蒸汽发生器出口的氦气将被直接送回到IHX。

在蒸汽重整器的入口处的天然气流量为1290kg/h，蒸汽流量为5160kg/h，产品气温度大约是600℃。产品气经冷却器冷却，并在分离器中分离成蒸汽和干燥气体，其组成包括氢、碳氧化物、二氧化碳和剩余的甲烷。工艺原料气压力和最高温度分别是4.5MPa和830℃，从甲烷到氢的转化率为68%。产品气中还保留有32%的甲烷，在HTTR/SMR概念设计中，将剩余的甲烷在火炬装置中与其他可燃气体一起烧掉。

重整过程需要的热输入为4.8MW，为了利用二回路氦气的热能生产原料蒸汽，要求的蒸汽重整器出口氦气温度约为600℃，因此，氦气只能提供3.6MW的热能，这种高压低温条件是蒸汽重整反应的缺点。

(3) 堆外组件实验

JAEA进行了模拟核条件的堆外实验，为此建造了一座1:30的缩减模型设施，试验流程示意图见图7-11。实验设施主要用于过程控制技术研发，包括通过正常的启动/停车实验来研究温度和压力的波动，以及测试在蒸汽/甲烷比例调整情况下的可控性，并根据氦气温度和压力优化原料甲烷和蒸汽流量。在系统可控性实验中，通过逐步改变甲烷和蒸汽流量来考察在压力边界可能存在的热力学扰动，以便优化压差控制系统。

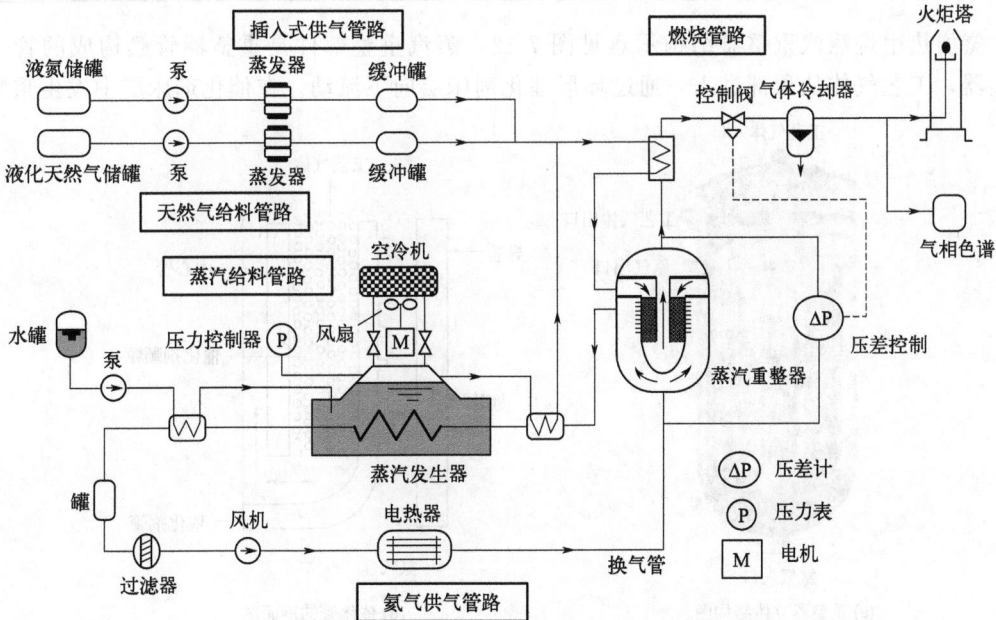

图7-11　JAEA的蒸汽重整系统的模型实验设施

在模型系统中稳态运行的甲烷、蒸汽和氦气的平均流量分别为 12.0g/s、46.6g/s 和 91.0g/s(Ohashi，2004)，氢气平均产率稳定在 120m³/h，工艺气体最高反应温度和压力分别是 756℃和 4.0MPa，甲烷转化率为 55%。

利用该装置还进行了与核能制氢安全性相关的实验。考察了包括临时停车在内的工艺气体多项功能和事故系列的影响，并集中考察了制氢系统热扰动对反应堆侧的影响，目标是在工艺系统先发生事故的情况下，HTTR 应该利用正常操作程序停堆而非紧急停堆。在这种情况下，可以利用蒸汽发生器来带走氦气热量，不会引起氦气温度显著波动。

温度波动实验表明蒸汽发生器能够有效缓解由化学反应器热扰动引起的氦气温度波动和工艺气体压力波动，设定的蒸汽发生器温度波动±10℃的目标可以实现。

7.1.2.4 中国开展的高温堆辅助甲烷蒸汽重整的研究 [16-19]

我国清华大学从 20 世纪 80 年代开始高温气冷堆研发，对高温堆发电和工艺热应用开展了大量研究工作。在建立了 10MW 高温气冷试验堆（HTR-10）后，设计了利用高温工艺热进行甲烷重整的概念方案，系统中的核反应堆系统采用的是 10MW 高温气冷试验堆（HTR-10）。目前氦气出口温度为 750℃，压力为 3MPa。未来可将氦气出口温度提高到 950℃，满足制氢需要。高温核热通过中间热交换器从一回路传递到二回路。二回路 IHX 出口氦气温度为 905℃。由于沿程管道散热损失，到达氦加热重整器入口的氦气温度预期降低为 890℃。工艺热利用系统参数列于表 7-3。

表 7-3　HTR-10 工艺热利用系统参数表

项目	值
中间换热器(IHX)功率/MW	5.0
IHX 二次氦出/入口温度/℃	905/300
二次氦气流量/(t/h)	5.727
重整器氦出/入口温度/℃	600/890
重整器氦加热功率/MW	2.5

氦加热甲烷蒸汽重整器结构示意见图 7-12。蒸汽重整部件是重整器管簇构成的管壳型重整器，工艺气体从顶部进入，通过环形催化剂床层向下流动。在催化剂床层中发生重整反

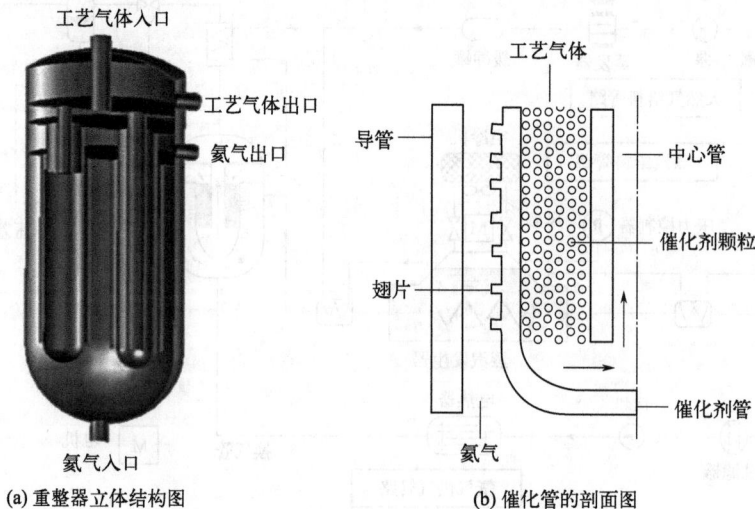

(a) 重整器立体结构图　　　　(b) 催化管的剖面图

图 7-12　氦加热甲烷蒸汽重整器结构示意图

应。在催化剂床底部工艺气体最高温度为840℃，气体向上流过中心管并从顶部流出。在重整器的氦气加热一侧，温度为890℃的高温氦气从底部进入，向上流过催化剂管和外部导管形成的环形空间，同时将热量传递给反应工艺气体。催化剂管外部安装了翅片以增强传热效果。

氦气加热的甲烷蒸汽重整器工艺参数、结构参数和壳体参数见表7-4。

表7-4　氦气加热的甲烷蒸汽重整器工艺参数、结构参数和壳体参数

项目		HTR-10重整器系统数值
工艺参数	重整器氦加热功率/MW	2.5
	氦侧工作压力/MPa	3.0
	氦气入/出口温度/℃	600/890
	最终裂解温度/℃	840
	原料气成分摩尔比	$CH_4 : H_2O = 1 : 4$
	产品气成分摩尔比	$n_{CH_2} = 0.03111, n_{CO} = 0.06323, n_{CO_2} = 0.05741,$ $n_{H_2O} = 0.42894, n_{H_2} = 0.41932$
	甲烷转化率/%	75
	催化床工艺气出/入口温度/℃	840/500
	催化床工艺气出/入口压力/MPa	3.2/3.7
	工艺气流量/(t/h)	3.6812
结构参数	重整管根数/根	37
	管束直径/mm	1400
	催化管直径/mm	$\phi 116 \times 8$
	催化管活性区长度/mm	10140
	氦气套管直径/mm	$\phi 140 \times 4$
	中心导管直径/mm	$\phi 18 \times 1.5$
壳体参数	工作压力/MPa	4.4
	工作温度/℃	350
	外径/mm	2276
	高/mm	20010

耦合HTR-10的2.5MW氦加热重整器的结构见图7-13。为克服氦加热甲烷蒸汽重整器的弱点，设计中采取了一些措施。首先降低催化床的工作压力（Pp），使$Pp \approx P_{He}$，由于氦侧与工艺气侧采用逆流布置，而且工艺气在催化床内的流动阻力降远远大于氦侧阻力降，两侧压差最小的部分在管子底部，此处也是重整器内温度最高的部分。其次在保证不析碳情况下，适当降低原料中H_2O/CH_4比，从而降低能耗。再次充分利用产品气余热，提高转化率。产品气余热利用分两步，首先在催化床中间设置中心导气管，然后将重整后产品气折回到中心导气管后再流入回热器。产品气温度从840℃降至600℃；催化重整功率由氦气侧提供2.4MW，由产品气侧提供约0.7MW，实际重整功率达到3.1MW。产品气进入回热器之后预热原料气，使原料气温度由270℃上升至500℃进入催化床。提高了重整温度，即提高了转化率。最后在催化管外壁采用肋化结构，可以有效提高氦气侧放热系数。表7-5给出了常规重整器和氦加热重整器催化管的对比。

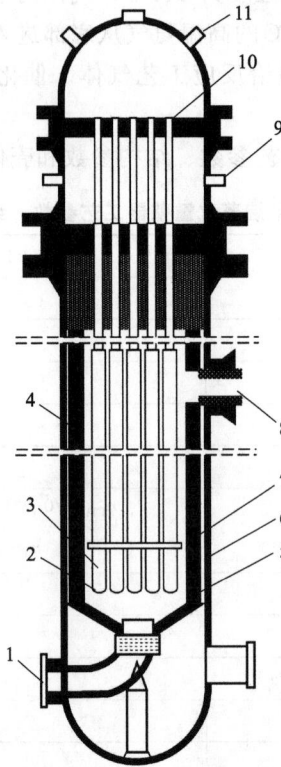

图 7-13　耦合 HTR-10 的 2.5MW 氦加热重整器的结构

1—氦气入口；2—催化管；3—同心套管；4—冷氦管；5—保温层；6—外套壳；

7—内套壳；8—氦气出口；9—工艺气入口；10—中心管；11—工艺气出口

表 7-5　常规重整器和氦加热重整器催化管的对比

项目名称	常规重整器	氦加热重整器
管长/m	8~12	6~10
内径/mm	70~130	100~130
管壁厚/mm	12~20	8~15
中心管/猪尾管	管外	管内
重整压力/MPa	2~3	3~4
最终裂解温度/℃	800~870	800~850
加热侧压力/MPa	0.1	3~4
最大加热温度/℃	1400~1500	950
最大壁温/℃	900~950	900
主要传热方式	辐射	对流
管壁最大压差/MPa	1.9~2.9	0~1
水碳比	3~5	3~5
平均热流密度/(kW/m²)	60	40~60
最大热流密度/最小热流密度	10/1(顶烧),5/1(侧烧)	1.5/1

与常规工业用重整器相比，设计的氦加热重整器的优点包括：结构紧凑，有助于提高系统安全性和经济性；管壁最大压差较小，热流密度比常规加热器均匀，有助于延长催化管寿命。但氦气加热条件也带来一些问题，如最高加热温度较低、压力较高引起转化率降低，对流传热的热流密度低于常规重整器辐射传热的热流密度等。

除了提出高温气冷堆与甲烷重整过程耦合工艺、设计氦气加热的重整器之外，清华大学对氦气加热的甲烷重整过程开展了基础研究，提出了不完全反应模型的总反应式，推导获得了标态时不完全反应模型计算热效率的解析式，并结合平衡反应模型，对系统性能进行了研究。给定重整温度、压力和水碳比，即可利用该解析式计算出系统平衡反应的热效率。分析表明，耦合高温堆的甲烷蒸汽重整制氢系统相对传统制氢系统应当选择比较高的水碳比，以获得较高的热效率。在压力大于 1MPa、水碳比大于 2 的研究范围内，热效率实际理论上限为 68.2%。高温堆甲烷蒸汽重整制氢系统中过剩水蒸气的潜热以及副产物 CO 需要进一步利用和转换，以提高热效率。基于一维拟均相模型和化学反应动力学，建立了系统稳态数学模型，对耦合 HTR-10 的氦加热重整器入口氦气参数和入口工艺气参数对系统性能的影响进行了分析与讨论。建立了氦加热重整器、蒸汽发生器和换热器的动态数学模型，并发展了系统回路的动态模型，还研究了 HTR-10 制氢系统原料气断流引起的安全事故。结果表明，在氦气加热重整器下游设置蒸汽发生器能够有效抑制热力扰动引起的温度波动，并提出将膜分离技术应用到高温堆甲烷蒸汽重整制氢系统中的设想。

7.1.2.5　美国关于高温堆甲烷蒸汽重整的研发[20]

美国"下一代核电站（NGNP）"项目对高温气冷堆与甲烷重整制氢耦合进行了分析与评估。NGNP 项目是在 DOE 指导下开展的，旨在满足 2005 年的《能源政策法案》中提出的国家战略需求，促进安全、可靠、清洁、经济的核能系统的发展，并发展无温室气体排放的制氢技术。NGNP 代表着 HTGR 与先进的氢、电、工艺热生产能力的结合，能满足 DOE 的战略任务需求，扩展核能在美国经济中的环境效益和社会效益，对轻水堆不能满足的市场需求进行补充。

对高温气冷堆与传统化工过程技术耦合的评价也是 NGNP 项目的一部分内容，尤其侧重于 HTGR 与甲烷蒸汽重整制氢技术的结合。HTGR 可以产生电或以蒸汽或高温氦气形式供应的高温热。在传统化工过程中，这些能源通过煤或天然气燃烧得到，造成大量温室气体排放。高温堆可为这些传统化工过程提供工艺热或电，而不产生碳排放。

NGNP 项目中高温堆可提供的产品包括蒸汽、高温氦气和电力，其参数如表 7-6 所示。

表 7-6　NGNP 的预计产出

HTGR 产物	产物描述
蒸汽	540℃,17MPa
高温氦气	700℃,9.1MPa
电力	朗肯循环发电,40%热效率

设定的 HTGR 出口温度为 750℃，经朗肯循环发电，效率为 40%。

为比较高温堆与不同工艺条件的甲烷重整工艺结合的效果，设计了四种组合方案并进行了对比，分别为不带碳捕集的 SMR 工艺（C1）、带有碳捕集的 SMR 工艺（C2）、不带碳捕集的高温堆辅助 SMR 工艺（C3）、带有碳捕集的高温堆辅助 SMR 工艺（C4），产氢能力都设置为 130MMSCFD [153378m^3（标）/h]。

设计的不带碳捕集的 SMR 工艺（C1）框图如图 7-14 所示，C2 工艺在变换反应和合成气整备环节回收 CO_2 作为副产物。

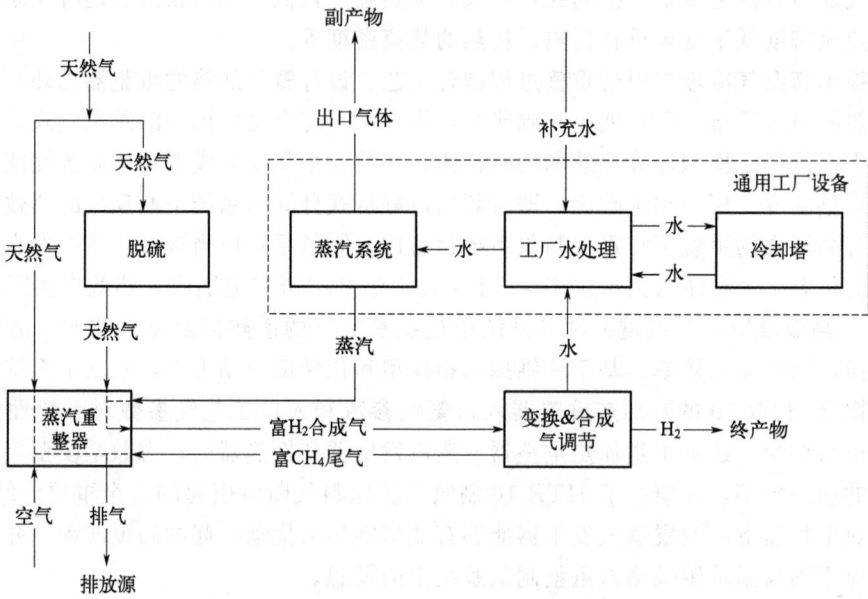

图 7-14　不带碳捕集的常规甲烷重整工艺的方框流程图

流程框图中包括了脱硫与蒸汽重整、变换反应与合成气调节、蒸汽系统、冷却塔及水处理等单元操作。对各单元条件及操作进行如下说明。

(1) 脱硫与蒸汽重整

重整器温度一般在 800～870℃ 范围，较低的温度可以降低对重整管的材料要求，但高温可以提高甲烷制氢反应的转化率。本工艺中重整器温度设定为 871℃，以在高转化率与合理的重整管寿命间取得平衡。蒸汽/碳比例为 3.0，避免重整催化剂积炭。入口天然气分为两部分，其中 15.1％燃烧为主重整器供热，其余 84.9％加压到 3.1MPa 并与少量氢气混合，使原料气中氢气含量达到 2％（摩尔分数），以将天然气中所有的硫都转化为可在脱硫床中去除的化学形式。然后将天然气预热到 221℃ 并用热水饱和。在加氢处理之前，气体进一步加热到 400℃，将硫化合物转化为 H_2S，再通过含 ZnO 的床层实现脱硫。脱硫天然气与蒸汽混合，调整水碳比为 3。将天然气/蒸汽混合物预热到 700℃ 后进入重整器，转化为 CO、H_2 和 CO_2，转化率约为 78.1％。作为燃料的天然气与其他燃料气体混合燃烧为重整反应供热，从重整器出来的热尾气与入口天然气、合成气、水和蒸汽换热，为这些物流加热。此外，热尾气还用来预热助燃空气并提供 4MPa 和 0.4MPa 的蒸汽。从重整器出来的合成气与锅炉用水换热实现冷却，并将蒸汽压力提高到 4MPa。得到的合成气中 H_2/CO 比为 5.2，剩余 34.2％（摩尔分数）H_2O、5.3％（摩尔分数）CO_2 和 3.5％（摩尔分数）CH_4。

(2) 变换反应与合成气调节

重整后气体产物进入一级变换反应器，温度 335℃，蒸汽与干气比为 0.52。由于变换反应放热，出变换反应器的气体温度上升到 409℃，CO 浓度降低到 3.2％（摩尔分数）。通过与蒸汽换热，合成气温度降低到 191℃，之后进入二级变换器，此处蒸汽与干气比为 0.38，高于维持催化剂良好活性及防止发生费托反应所需的 0.30 的最低限值。从二级变换器出来的气体温度升高到 214℃，CO 浓度降低到 0.35%（摩尔分数）。在余热和冷凝水回收后，利用变压吸附分离和纯化氢气产物。氢气回收率设定为 88%，纯度设定为 99.9%。PSA 分离还产生含有 56.5%（摩尔分数）CO_2 的低热值燃气。

带有碳捕集的工艺与上述大致相同，只在下述两个重要环节中有所差异。

① 脱硫与蒸汽重整：主要区别在于用到热值更高的燃料气，作为燃料的甲烷较少，约 9.0% 的天然气作为燃料。

② 变换反应与合成气整备：C2 工艺中增加了 CO_2 回收工艺。流程如图 7-15 所示。

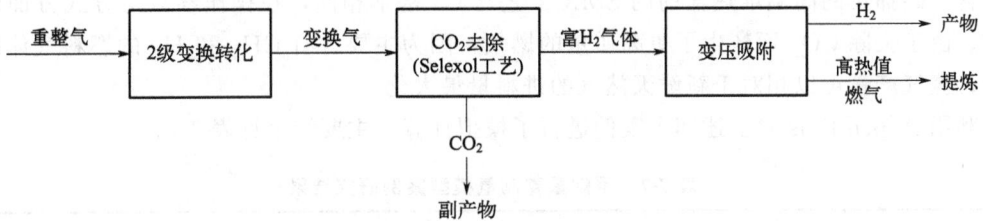

图 7-15　CO_2 回收工艺

在变换反应之后，通过 Selexol 工艺实现 CO_2 的去除。进口气体中含有 18.9% CO_2，捕集率设为 99%，CO_2 纯度设为 99.1%（摩尔分数）。回收的 CO_2 经过八级压缩器压缩到 20MPa。PSA 工艺 C1 完全相同，但由于进料气体组成差异，得到仅含有 1.3%（摩尔分数）CO_2 的高热值燃料气体。

高温堆热辅助的 SMR 工艺（C3）如图 7-16 所示，其中 SMR 工艺部分与 C1 完全相同，此配置中增加了高温堆系统。

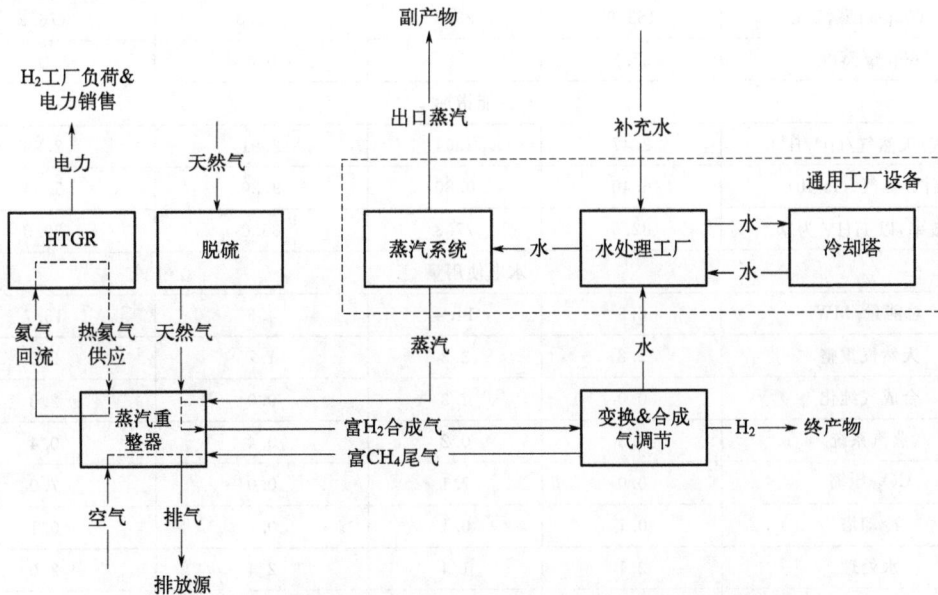

图 7-16　无碳捕集的高温气冷堆集成甲烷重整的方框流程图

HTGR 耦合 SMR 工艺与前述工艺的主要差别在脱硫与蒸汽重整部分。

典型 SMR 工艺优化温度在 760～880℃，目前的高温气冷堆可供热温度为 700℃，需要对工艺进行调整，提出将主重整器分为两区或两级。在第一级中，可用核热替代气体燃烧作为热源。传统 SMR 技术中蒸汽/碳入口摩尔比设置为 3.0，本级操作所用重整器出口温度为 675℃，甲烷转化率为 28.0%。核热还可以用于预热天然气、蒸汽和空气。排出的部分重整气体进入第二级重整，通过燃烧燃气提供额外的热量以完成重整过程，最终重整器温度为 871℃，这一阶段的甲烷转化率为 69.8%。

其他关键操作参数与传统 SMR 基本相同，尽管重整分为两个阶段，但总体甲烷转化率达到 78.2%，非常接近于传统方法。变换反应与合成气整备单元的操作和配置与 C1 的完全相同。

含有碳捕集的高温堆热辅助的 SMR 工艺与 C3 基本相同，在操作参数与方式方面略有差别。由于去除 CO_2 而产生了更高质量的燃气，因为主要含有 CH_4 和 H_2 的燃料气体略有过量，氢气产量可以相对于新鲜天然气的进料量最大化。

利用 Aspen Plus 对上述四个案例进行了模拟计算，主要结果见表 7-7。

表 7-7　甲烷重整制氢模型案例研究结果

项目	常规（不含碳捕集）	常规（包含碳捕集）	HTGR 集成（不含碳捕集）	HTGR 集成（包含碳捕集）
输入				
天然气流量/(m^3/d)[①]	1486634	1393189	1260100	1288417
600MWt HTGR 需求[②]	—	—	0.22	0.25
输出				
氢气（MMSCFD）[①]	130	130	130	130
蒸汽输出/(MMBtu/h)	189.2	23.6	273.2	176.2
600psig 蒸汽	153.9	23.6	272.8	176.2
60psig 蒸汽	35.3	0	0.4	0
性能指标				
氢气/天然气/(ft^3/ft^3)	2.47	2.64	2.91	2.99
蒸汽/氢气/(lb/lb)	6.40	0.80	9.20	5.94
过程热效率，以 HHV 为基[②]/%	82.5	77.8	85.0	80.3
水电使用量				
总能量/MW	6.3	14.4	4.6	13.7
天然气重整	3.8	3.3	1.7	2.0
合成气纯化	0.0	2.3	0.0	2.3
蒸汽系统	0.3	0.2	0.4	0.4
CO_2 压缩	0.0	7.1	0.0	7.0
冷却塔	0.1	0.1	0.1	0.1
水处理	2.1	1.4	2.4	2.0
总用水量[③]/(加仑/min)	943	650	1114	958
蒸发量/(加仑/min)	296	341	300	348
CO_2 排放量				
捕集量/$(t/d\ CO_2)$	0	2143	0	2123
排放量/$(t/d\ CO_2)$	3205	855	2713	525

项目	常规 （不含碳捕集）	常规 （包含碳捕集）	HTGR 集成 （不含碳捕集）	HTGR 集成 （包含碳捕集）
反应堆集成总和				
电力需求/MW	—	—	4.6	13.7
工艺热需求/MW	—	—	119	117
氢气流量/(t/h)	—	—	335	332
氢气供应温度/℃	—	—	700	700
氢气返回温度/℃	—	—	428	431

① 标准温度为 15.56℃。

② 假设化石燃料发电的效率为 33%，高温热电堆发电的效率为 40%。

③ 文件不包括核电厂的排热。

注：1psig＝6.89kPa，1ft＝0.3048m，1lb＝0.454kg。

对四种场景模拟的物流平衡和能量平衡如图 7-17 所示。

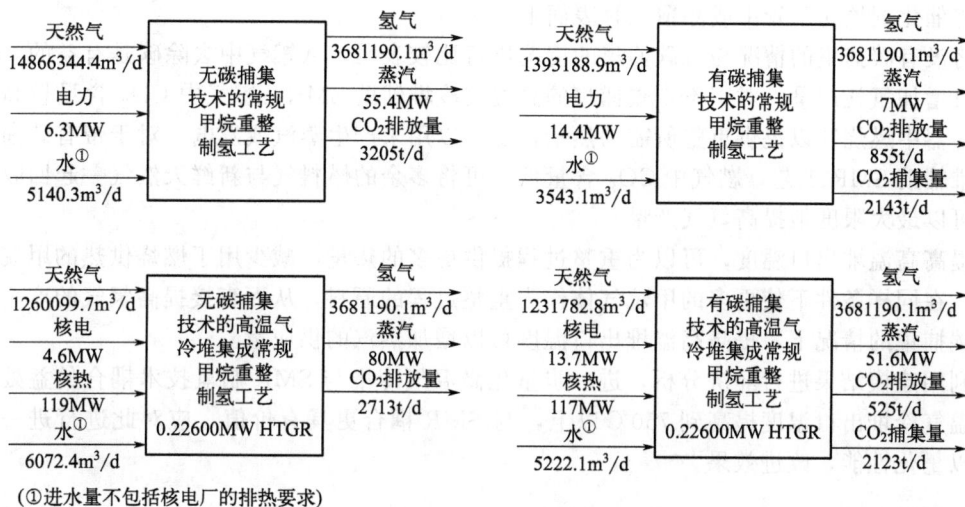

图 7-17　甲烷重整制氢模型案例物料平衡汇总

对上述四种工艺进行对比，得到如下结果：

① 与 C1 工艺相比，包括碳捕获的 C2 工艺流程效率降低了 4.7%，但这种损失表现为输出蒸汽能力减小，而氢气产量略有增加。在这种情况下，高温气冷堆主要用于提供工艺热量，少部分能量作为补充电力。对于产生定量氢气的需求，核热引入可以减少所需的天然气量。如果设计中不包含碳捕集，天然气消耗量可降低 15.3%；包含碳捕集的情况下减少 11.6%。结果反映在 H_2 产品产量中。

② 核热的引入减少了二氧化碳排放量。如果设计中不包含碳捕集，核热引入可减少 15.4% 的二氧化碳排放；对于整合了碳捕集的设计，CO_2 减排量可达 38.6%。不同场景下 CO_2 处置情况如图 7-18 所示。

将高温气冷堆技术与 SMR 集成用于制氢的热量要求并不高，一个 600MWth 的反应堆 1/4 的热量即可满足一个工业规模的单级制氢厂 [153378m^3（标）/h] 的热需求。对于更大规模的工业制氢，需要多个相似规模的制氢厂共同生产，可根据热需求建设一个或多个高温气冷堆。

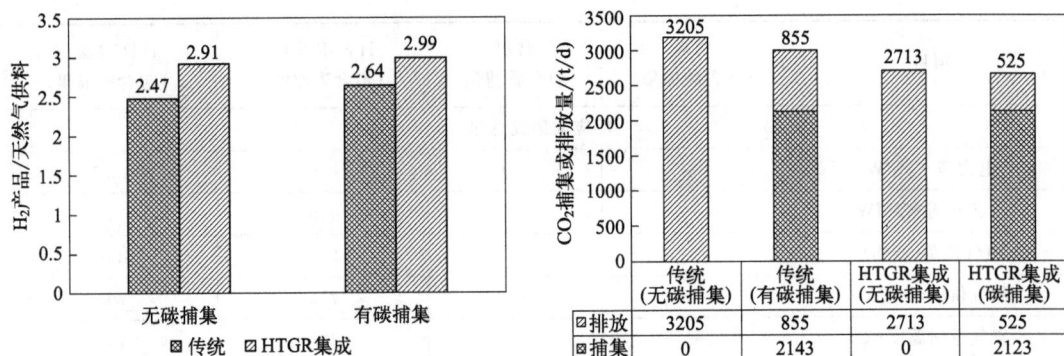

图 7-18　不同场景下 CO_2 处置情况

	传统 (无碳捕集)	传统 (有碳捕集)	HTGR集成 (无碳捕集)	HTGR集成 (碳捕集)
▨排放	3205	855	2713	525
▨捕集	0	2143	0	2123

传统重整器中的传热主要是通过天然气燃烧产生的高温辐射完成的。在利用高温气冷堆工艺热辅助的情况下，对于较低温度的热源，需要对重整器进行重新设计，以促进对流传热。可将重整器设计成管壳式换热器形式，管内填充催化剂；也可设计为紧凑型热交换器形式，将催化剂填充于管中或涂覆在管表面上。

将没有碳捕集的情况与有碳捕集的情况进行比较表明，从燃气中去除碳是有益的。碳的去除可增加氢气产量。对于不带碳捕集的高温气冷堆辅助 SMR，燃气中 CO_2 含量较高，可在重整器中燃烧它以提供重整所需的热量，也可以用来产生蒸汽或发电。对于带有碳捕集的高温堆辅助 SMR 工艺，燃气中 CO_2 含量低，可将多余的燃料气与新鲜天然气一起回收后重整，可以最大限度地提高氢气产量。

提高高温堆出口温度，可以为重整过程提供更多的热量，减少用于燃烧供热的甲烷气体消耗，在同样条件下使更多的甲烷气体作为重整过程的原料，从而直接提高氢气的产率。在没有碳捕集的情况下，提高高温堆出口温度可以增加蒸汽的供应量。

利用建模结果进行经济分析，进一步量化高温气冷堆与 SMR 制氢技术耦合的益处。若将高温气冷堆出口温度提高到 750℃ 以上，与 SMR 耦合更具有价值，应对此进行进一步研究，以量化性能，改进效果。

7.2　核热辅助的煤气化制氢

7.2.1　煤气化制氢

由于原料及成本方面的优势，煤制氢成为主要的工业制氢方式之一。尤其在我国"富煤少油贫气"的资源禀赋特性下，煤制氢仍然是较长时间内工业用氢的主要供应方式之一。按不同的统计口径，我国煤制氢产量占到总产量的 $43\%\sim66\%$。

煤制氢路线主要包括两种：煤的气化和煤热解（或焦化）。

煤气化制氢是以煤炭为原料，经过煤气化、一氧化碳变换、酸性气体脱除、氢气提纯等工序得到高纯度氢气产品。煤气化制氢技术是煤浆、煤粉或煤焦与气化剂（蒸汽、氧气）在一定的温度、压力等条件下进行如下式所示的气化反应。

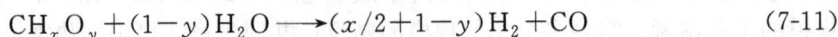

$$CH_xO_y + (1-y)H_2O \longrightarrow (x/2+1-y)H_2 + CO \tag{7-11}$$

$$CO + H_2O \longrightarrow CO_2 + H_2 \tag{7-12}$$

在高温气化炉中生成以 CO、H_2 为主的粗合成气，其中的 CO 经变换工艺转化为 H_2，变换气再经低温甲醇洗脱除 CO_2 和 H_2S 等酸性气体，最后通过变压吸附工艺得到高纯度的氢气产品。其典型工艺流程如图 7-19 所示。

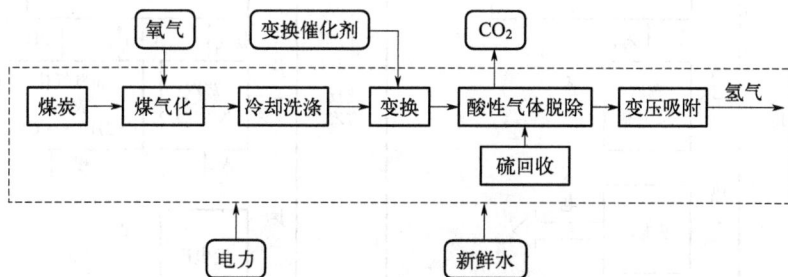

图 7-19　煤气化制氢典型工艺流程

在煤气化制氢过程中，气化单元是最关键的单元。煤气化技术按床型主要分为固定床、流化床、气流床等。气流床气化是现代煤化工使用最广泛的气化技术，我国气流床气化能力占比高达 95% 以上。该气化技术是制备煤基大容量、高效洁净燃气与合成气的首选技术，具有煤种适应性强、操作压力和温度高、碳转化率高、生产强度和规模大等特征。

煤热解是指将煤在隔绝空气的条件下加热，煤中的有机物质随着温度的升高发生一系列物理变化和化学反应，形成固态（半焦或焦炭）、液态（焦油）和气态（焦炉煤气）产物。析出的气体中含氢气 54%～59%、甲烷 23%～27%、一氧化碳 6%～8%，并含有少量其他气体；脱除气体中的萘、硫等杂质后，可以通过变压吸附技术制取高纯度氢气。

7.2.2　核热辅助的煤气化制氢技术

煤的气化需要在高于 1000K 的温度下进行。因为煤中碳/氢（摩尔比）大于石油和天然气，因此与其他化石燃料重整过程相比，排放更多二氧化碳。

利用核反应堆产生的高温热，供给煤气化炉，可以显著减少向环境中排放的 CO_2。与传统技术中利用煤或天然气燃烧提供热相比，在相同的 CO_2 排放量下，利用核热的系统可至少多生产 30% 的氢气。当高温热量由 VHTR 或 GFR 提供时，CO_2 排放量可以得到实质性的减少。

核热辅助的天然气重整和煤气化在 1970～1980 年主要在德国、法国和日本被研究，作为大规模制氢的方法，具有较强的竞争潜力。

Kirchhoff 等[21] 提出了利用核能实现煤气化制氢的概念设计。在核煤气化综合工厂中，核反应堆的热源用于三个过程：发电、蒸汽产生，以及提供蒸汽气化制氢所需的反应热。集成的核煤气化方法见图 7-20。

图 7-21 展示了一个集成系统的示意图，该系统将 VHTR 与蒸汽气化炉通过二级氦气回路和朗肯循环耦合起来。

尽管 GFR、VHTR 和 MSR 都可以被考虑作为甲烷蒸汽重整的热源，但最适合该技术应用的反应堆型是 VHTR。VHTR 可提供的热源温度更高，可以得到更高的转化率，并利用现有的热催化重整技术。如果考虑与 GFR 和 MSR 耦合，因为提供的热源温度较低，需要在新型催化剂开发、大规模的氢气膜分离等技术方面进行更多研发，才能增强竞争力。

在 VHTR 供热的核能煤气化制氢方案设计中，蒸汽可以直接加热到高温供给重整器，也可以利用氦气回路将热量传递给蒸汽发生器和甲烷重整反应器。提出的一种核能煤气化制氢系统中，不需要对反应堆和 IHX 进行任何修改，如图 7-22 所示。

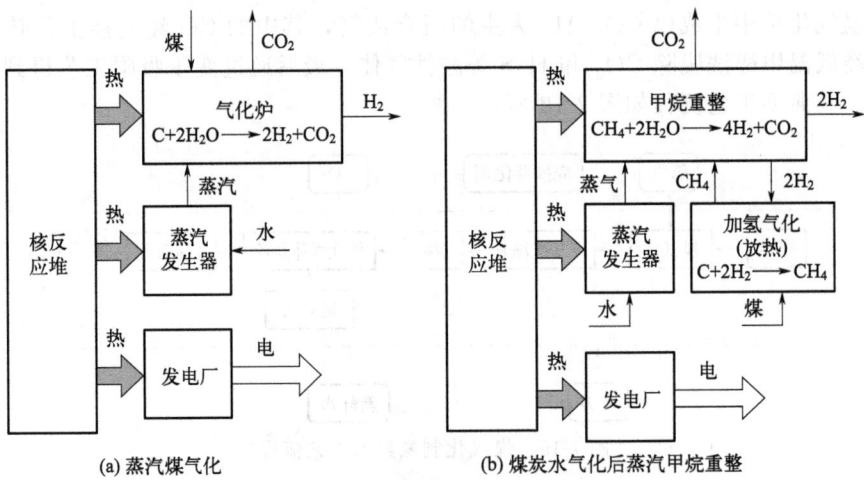

(a) 蒸汽煤气化

(b) 煤炭水气化后蒸汽甲烷重整

图 7-20　集成的核煤气化方法

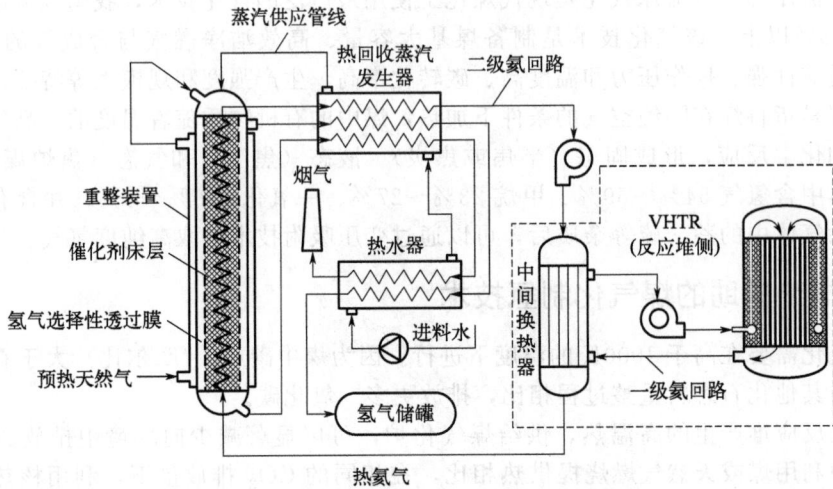

图 7-21　核热辅助的集成重整系统示意图

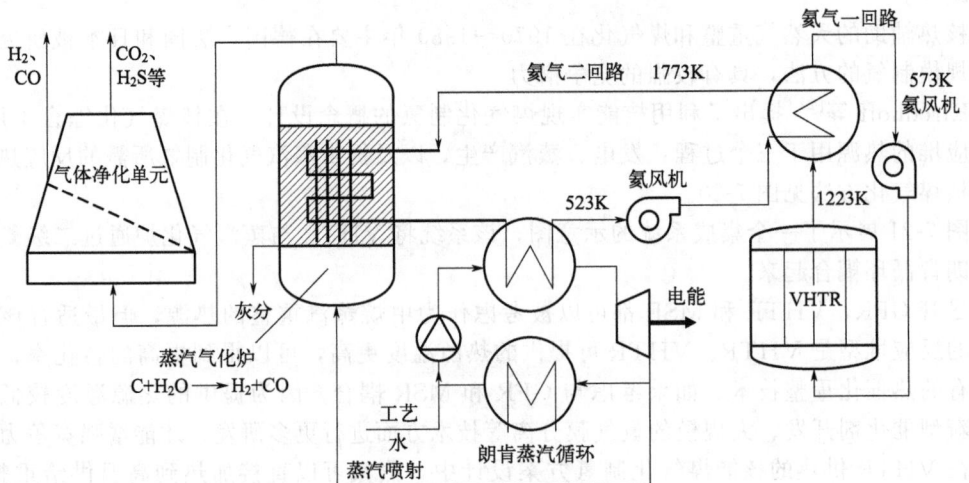

图 7-22　用于生产合成气和核能发电的综合蒸汽-煤气化厂

在德国发展的球床 HTGR 概念推动下，20 世纪 70 年代启动了核工艺热利用计划（Prototype Nuclear Process Heat，PNP）[22]。PNP 计划涵盖了基于德国煤炭与核电结合的能源系统的发展、设计和建设，包括输出温度 950℃的核热生产系统、中间回路、热提取、煤气化过程与核交通。与常规工艺相比，核热与蒸汽重整或煤气化系统耦合是实现化石燃料转化为精制产品的经济手段，可以节省约 35％的化石燃料原料，并可以在后续的过程中得到较高价值的产品，例如氢、SNG（合成天然气）、氨、甲醇和其他液态燃料。

对于核蒸汽煤气化过程，核热经过中间换热器（IHX）传递，以避免处理反应堆沾污物中的煤和煤灰。950℃的一回路氦气经 IHX 给二次氦回路换热，900℃的二次氦气进入蒸汽汽化器，其压力稍高于一回路侧，防止在发生泄漏时放射性进入二回路，产生的热蒸汽进入煤床进行气化，气化所需的氢由天然气蒸汽重整生产。项目包括一系列汽化器的建造和运行，在与核热源连接之前，要对两种气化工艺进行扩大试验。

PNP 计划对 500MW 的原型工厂（PR-500）热利用进行了设计，系统包含两个回路，每个 250MW，分别为硬煤蒸汽气化厂和褐煤的氢气化厂（图 7-23）。反应堆冷却剂出口温度设计为 950℃，900℃的二次氦气通过二回路热气导管流入反应堆之外的部件，即气体发生器、蒸汽过热器和蒸汽发生器；冷却后氦气经冷气导管回到位于反应堆厂房内的中间热交换器，再次被加热到 900℃，实现闭合循环。

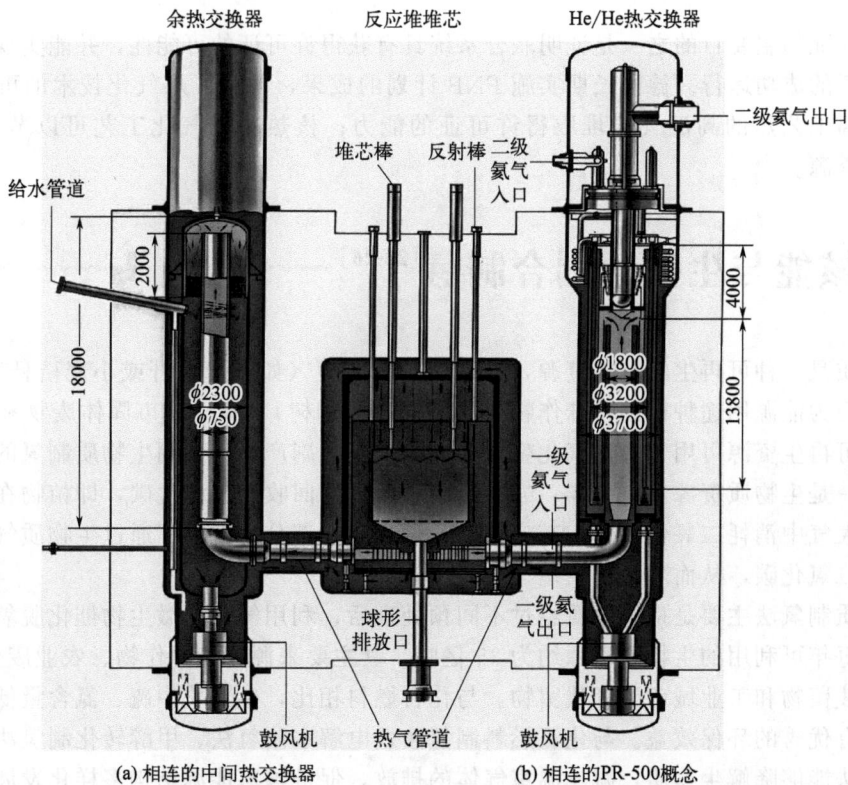

图 7-23　为验证两种不同的煤气化工艺而提出的蒸汽甲烷重整器

为保证系统安全，将产热和热交换设备分置，将核沾污封闭在一回路内。将核设备置于至少 6m 深的地下，以防止受外部事件的影响。图 7-24 为一种部分设施置入地下的核氢设施布置示意图。为了使反应堆设计与化学过程相匹配，将反应堆压力固定在 4MPa，低于发电厂的压力（约 7MPa）。压力的选择对在一回路或二回路发生减压事故时降低高温屏障的负荷很重要。对在不同运行负荷条件下的热交换器、热气在堆芯底部的混合、热气绝热的寿期等关键问题进行了试验研究。

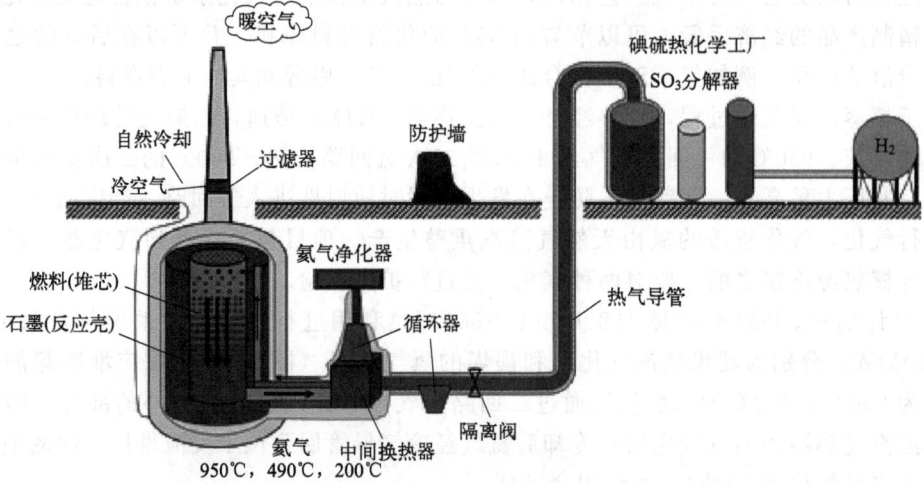

图 7-24　部分设施置入地下的核氢设施布置示意图

开展验证的主要目的之一是证明联合系统具有获得许可证的可能性，并能实现半工程性原型气化厂的成功运行。德国长期实施 PNP 计划的成果，验证了煤气化技术的可行性，以及利用高温工艺热的高温气冷堆取得许可证的能力；核热辅助气化工艺可以节省 35%～40% 的煤资源。

7.3　核能与生物质耦合制氢[23-26]

生物质是一种可再生的有机资源，包括农作物残茬（如玉米秸秆或小麦秸秆）、森林残余物、专门为能源用途种植的特殊作物（如柳枝稷或柳树）、有机城市固体废物和动物废物等。这种可再生资源可用于通过气化生产氢气以及其他副产品。利用生物质制氢的主要优势有两点：一是生物质资源丰富多样；二是生物质可以"回收"二氧化碳，即植物在制造生物质时，从大气中消耗二氧化碳作为其自然生长过程的一部分，抵消了通过生物质气化生产氢气释放的二氧化碳，从而降低了温室气体净排放量。

生物质制氢法主要是指生物质经过不同预处理后，利用气化或微生物催化脱氧的方法制氢。我国每年可利用的生物质资源约为 35 亿吨，其主要来源为能源作物、农业废弃残留物、林业废弃残留物和工业城市废弃残留物。与化石燃料相比，生物质中硫、氮含量低，生物质制氢法具有优秀的环保效益。与化石燃料制氢法、电解水制氢法、甲醇转化制氢法相比，生物质制氢法能够降解生物质，减少温室气体的排放，促进国家能源结构多样化发展。

图 7-25 给出了生物质制氢技术的分类。

生物质气化是一种成熟的技术，它使用涉及热、蒸汽和氧气的受控过程将生物质转化为氢气和其他产品，而无须燃烧。由于种植生物质可以从大气中去除二氧化碳，因此这种方法的净碳排放量可能很低，特别是如果与长期碳捕获、利用和储存相结合效果更明显。

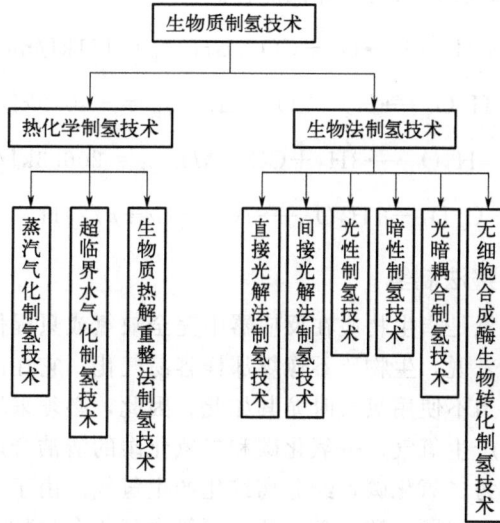

图 7-25　生物质制氢技术的分类

7.3.1　生物质热化学制氢

生物质热化学法制氢技术是指通过热化学处理，将生物质转化成富氢可燃气后通过分离得到纯氢的方法。该方法可由生物质原料直接制氢，也可由生物质解聚的中间产物（如甲醇、乙醇）制氢。根据具体制氢过程不同可将该方法进一步划分为蒸汽气化制氢技术、超临界水气化制氢技术和生物质热解重整法制氢技术。

7.3.1.1　蒸汽气化制氢

蒸汽气化制氢是在高温（＞700℃）下将生物质原料气化，最终转化为富氢燃料的过程，无须燃烧，在氧气和/或蒸汽的量受控的条件下即可转化为一氧化碳、氢气和二氧化碳。然后一氧化碳与水反应，通过水-气变换反应形成二氧化碳和更多的氢气。吸附器或特殊膜可以将氢气从该气流中分离出来提高反应转化率。

生物质气化过程发生的反应有两类，即气化反应和水气变换反应，表示如下（以葡萄糖作为纤维素的替代品）：

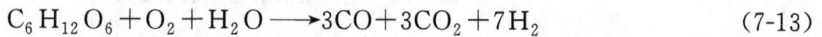

$$C_6H_{12}O_6 + O_2 + H_2O \longrightarrow 3CO + 3CO_2 + 7H_2 \tag{7-13}$$

$$CO + H_2O \longrightarrow CO_2 + H_2 \tag{7-14}$$

对生物质原料进行气化处理，去除水等不可燃成分以提高燃料热值，去除硫和氮可防止其产物进入大气，降低碳氢元素质量比。气化过程中生物质原料经过干燥、热解、还原和燃烧阶段，其中干燥产物和热解产物会在还原阶段释放水分并且去除CO、CO_2、轻质碳氢化合物和焦油，最终在燃烧阶段生物质中碳分解产生更多的气态产物。

7.3.1.2　超临界水气化制氢

生物质在超临界水中通过热解、水解、冷凝和脱氢分解产生 H_2、CO、CO_2、CH_4 和其他气体，反应温度700～1200℃，压力22～40MPa。超临界水优于常规溶剂，高于水的临界温度能够削弱分子间的氢键，有助于生成氢气。超临界水气化制氢的反应过程包括蒸汽重整反应、水气转化反应和甲烷化反应。由于在此过程中超临界水同时作为反应介质和反应物，因此无须干燥生物质原料，从而可降低能耗。

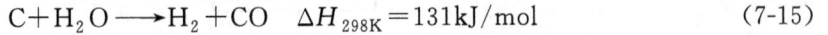

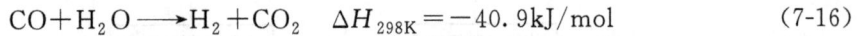

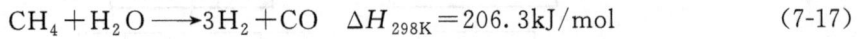

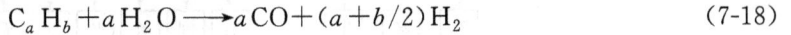

$$C + H_2O \longrightarrow H_2 + CO \quad \Delta H_{298K} = 131kJ/mol \quad (7\text{-}15)$$

$$CO + H_2O \longrightarrow H_2 + CO_2 \quad \Delta H_{298K} = -40.9kJ/mol \quad (7\text{-}16)$$

$$CH_4 + H_2O \longrightarrow 3H_2 + CO \quad \Delta H_{298K} = 206.3kJ/mol \quad (7\text{-}17)$$

$$C_aH_b + aH_2O \longrightarrow aCO + (a + b/2)H_2 \quad (7\text{-}18)$$

7.3.1.3 生物质热解重整法制氢

生物质热解重整法制氢是指生物质在反应器中完全缺氧或只提供有限氧的条件下，热分解制取氢气的技术。一般来说，生物质不像煤那样容易气化，它在离开气化炉的气体混合物中产生其他碳氢化合物，当不使用氧气时尤其如此。因此，必须采取额外的步骤，用催化剂重整这些碳氢化合物，以产生氢气、一氧化碳和二氧化碳的清洁合成气混合物，再经过变换反应步骤将一氧化碳转化为二氧化碳，经分离纯化产生氢气。由于生物质热解制氢的产物中含有焦油，设备易出现堵塞问题；酸、醇、酚、酮等含氧化合物的存在，会降低所得生物燃料的品质。为解决这一问题，需要将生物质衍生物转化为高附加价值产品，目前学者认为利用重整法进行生物质价值化处理是一种有效可行的方法。将生物质热解法与生物质衍生物重整法结合后的生物质热解重整法制氢原理如图 7-26 所示。

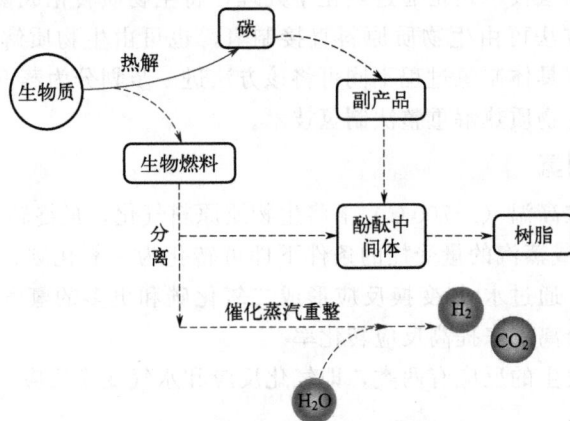

图 7-26　生物质热解重整法制氢原理

目前，生物质重整技术主要包括水蒸气重整技术（SR）、水相重整技术（APR）、自热重整技术（ATP）和光催化重整技术（PR）。

水蒸气重整技术是指将热解后的生物质在催化剂与水蒸气的协同作用下进行二次高温处理，质量较大的重烃裂解为 H_2、CO、CO_2 和 CH_4 等气体。二次裂解的气体催化后将 CO 和 CH_4 转化为 H_2，提取后可获得较高纯度的氢气。水蒸气重整技术具有原料来源丰富、易获得、产氢率高等优点，且该方法目前技术较为成熟，因此目前在工业上得到广泛应用，但是还存在经济效益低、产生焦油等残留物等问题。

水相重整技术通过催化剂将生物质在液相中转化为 H_2、CO、CO_2 和 CH_4 等气体。该技术过程中无气化步骤，因此能够降低能耗，同时反应温度和压力较低，对催化剂影响较小，但是该技术存在氢气产率低的问题。

自热重整技术指在水蒸气重整的反应过程中加入 O_2，从而对吸附在催化剂表面的半焦物进行氧化，避免积炭结焦的技术。该技术通过耦合吸/放热反应，提高了制氢过程中能源利用率；其缺点为反应过程及操作步骤烦琐。

光催化重整技术是指将热解后的生物质在光照条件下进行重整制氢。在无氧条件下进行光催化重整制氢，气体产物中仅混有少量惰性气体，无须进行气体分离，可直接作为气体燃料使用。利用光催化技术不仅克服了热催化过程中的临界条件问题，还充分利用太阳能。但是该方式同样存在制氢效率较低的问题。

生物质气化制氢的主要挑战包括降低与设备和生物质原料相关的成本。降低设备成本的研究包括用新的膜技术取代目前用于在气化炉中使用氧气时将氧气与空气分离的低温工艺；开发新的膜技术，以更好地从产生的气流中分离和净化氢气（类似于煤气化）；强化流程（将步骤合并为更少的操作）；降低生物质原料成本等。

7.3.2 核能与生物质能联合制备氢或液体燃料

核能与生物质耦合主要是希望减少交通领域所用液体燃料制备过程中的碳排放。

核能可以通过多种方式促进需求多样的运输部门的能源安全。在短期内，核能可用于制氢，以支持质量越来越差的石油资源如油砂和重质原油的精炼。从长远来看，基于煤或生物质的合成液体燃料生产将需要补充氢气。由生物质或煤生产液体燃料的传统工艺碳效率非常低，在燃料合成过程中，高比例的原料碳以二氧化碳的形式排放。使用补充的来自核能的氢气可以将碳利用率提高到95%以上，且不会产生额外碳排放。从长远来看，核氢也可以直接用作氢燃料电池汽车中的燃料。核能还可以通过为电池电动汽车（BEV）充电提供无碳电力，直接为运输部门做贡献。

使用生物质碳源将合成气转化为液态碳氢化合物燃料，可将核能和可再生能源的应用扩展到电网之外，包括运输燃料；它还有助于改善利用可再生能源发电的电网的稳定性。使用来自核能的补充氢可以使生物质碳含量的利用率超过95%，比传统纤维素乙醇生产相关的碳利用率高约2.5倍。如果制氢所需的能源来自核能或可再生能源，则该过程是碳中和的。图7-27给出了一个核能综合利用制备液体燃料的概念示意图，将生物质处理、发电、制氢及加氢等过程相耦合制备液体燃料。

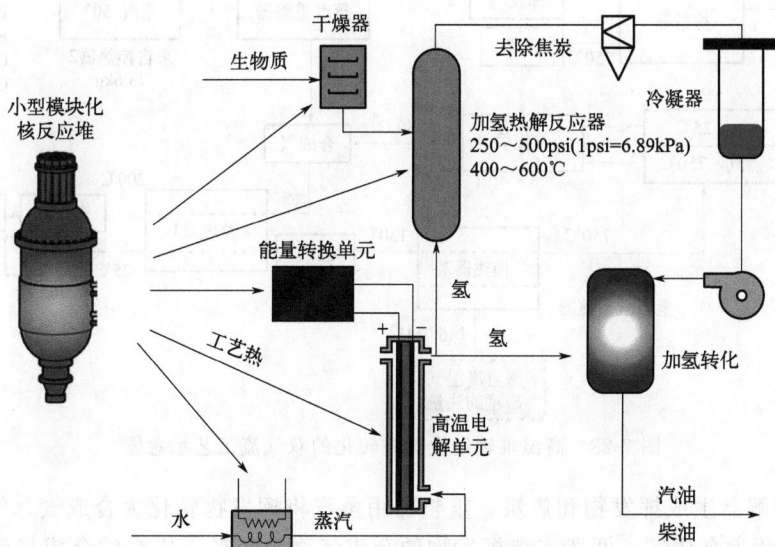

图 7-27 核能综合利用制备液体燃料概念示意图

7.3.2.1 利用碳质资源制氢

(1) 原理

与化石燃料类似，生物质可以通过蒸汽重整或转化为 H_2 和 CO，进而制备液体燃料，生物质可以起到碳源和能源的双重作用。以木本生物质为例，转化为 H_2 和 CO 的化学计量处于下面两个反应式之间：

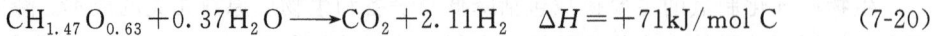

$$CH_{1.47}O_{0.63} + 0.37H_2O \longrightarrow CO + 1.11H_2 \quad \Delta H = +112kJ/mol\ C \tag{7-19}$$

$$CH_{1.47}O_{0.63} + 0.37H_2O \longrightarrow CO_2 + 2.11H_2 \quad \Delta H = +71kJ/mol\ C \tag{7-20}$$

得到产物的总化学能（低热值）为原始生物质的（低热值为 438kJ/mol C）116%～126%。因此，无论 H_2/CO 比率如何，生物质的蒸汽气化在很大程度上是吸热的，换句话说，气化过程将生物质的化学能和大量热量（热能）转化为 H_2 和/或 H_2/CO 的化学能。

假设生物质在 750℃ 下用蒸汽气化，使用能动率（ε）来评估能量质量，将其定义为原则上可转换为机械能或电能的能量比例。热能的能动率由下式给出：

$$\varepsilon = \frac{(H-H_0) - T_0(S-S_0)}{H - H_0} \tag{7-21}$$

式中，H 为焓；S 为熵；T 为温度；下标 0 表示标准状态（25℃，1atm）。

蒸汽在 750℃ 和大气压下的 $\varepsilon = 0.50$。燃料（化学能）的 ε 大致由燃烧的 $\Delta G^{\ominus}/\Delta H^{\ominus}$ 给出。同样地，如上所述的木质生物量和 H_2 的 ε 值分别 0.97 和 0.83。

(2) 核供热生物质蒸汽气化

国际上正在开发的几种先进核反应堆技术，尤其是高温气冷堆，可以提供生物质气化所需的温度，可利用核热进行生物质气化。

研究了利用高温堆供热进行生物质重整的双气流场景并进行了分析，流程如图 7-28 所示。

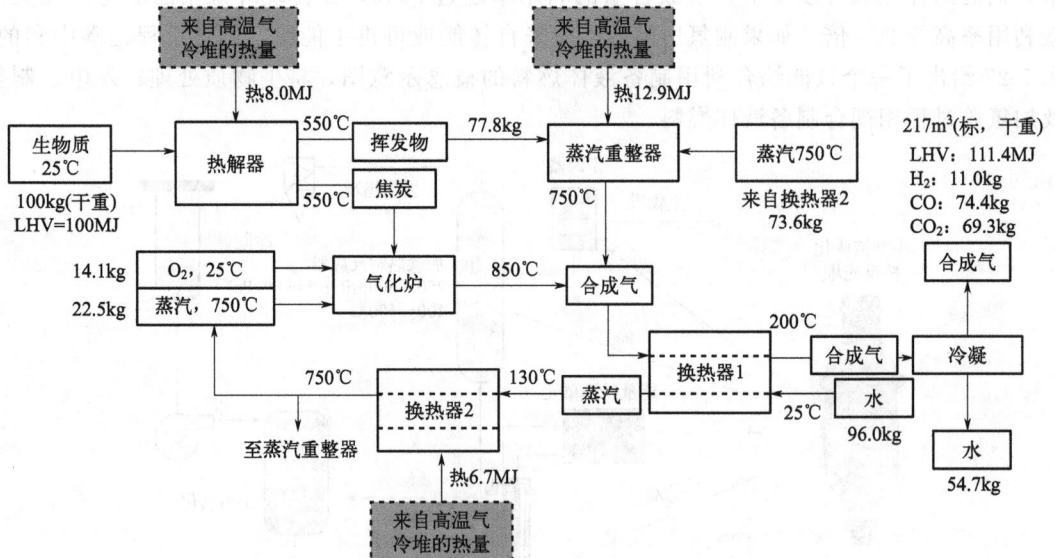

图 7-28　高温堆辅助生物质转化的双气流工艺示意图

生物质裂解器生成挥发物和焦炭，重整器用蒸汽将挥发物转化为合成气，气化炉用蒸汽和 O_2 将焦转化为合成气；两股来自挥发物的合成气物流和来自焦炭的合成气流共同经过换热器。该过程的特点是重整器温度通过外部加热保持,而挥发物与预热蒸汽一起进入重整器,但没有 O_2。挥发物是气态的,便于实现有效外部加热。

蒸汽重整采用由固定催化剂床或并联固定床组成的反应器。热解形成的焦炭从挥发物中分离出来,与 O_2 和热蒸汽一起送入气化炉。本工艺的热解为吸热过程,也应用了外部加热,因此它可以回收外部供应的热量,以产生挥发物和焦炭。裂解器的外部加热不像蒸汽重整那样重要,因为热解的反应热小于蒸汽重整和蒸汽气化的反应热。

挥发物的产率可以通过提高热解温度而增加,但焦油和轻烃气体的逸出不需要与蒸汽重整一样高的温度。对生物质热解的研究表明,在温度为 500℃ 时也可以获得最大的焦油和碳氢化合物气体产量。

用于热解的常规反应器是回转窑,也可以采用一体化的裂解器与气化器。在双流化床系统中,生物质在流化床反应器中热解,该流化床反应器将焦炭与流化介质(如硅砂)一起送入另一个流化床进行焦炭气化,硅砂在流化床之间快速循环,发挥热载体的作用。用这种热载体加热可有效提高生物质的加热速率,从而提高挥发性物质的产率。

图 7-28 还给出了优化后的组件入口/出口处的温度和质量流量,热解过程将 64% 的生物质(以碳为基础计算)转化为挥发物,36% 转化为焦炭;供给的热量占生物量 LHV 的 8%。重整器需要的热量(12.8%)比气化炉需要的(6.7%)要高。其净结果是将高温气冷堆的热量转化为合成气的化学能。

高温气冷堆可以产生 950℃ 的高温气体,但其热能率约为 0.55,仍远低于 H_2。将生物质气化过程与高温气冷堆集成是提高核热质量的潜在方法。热化学水分解的碘硫循环工艺与生物质蒸汽气化具有相同的意义,因为这两个过程都可以将热量转化为 H_2 的化学能。在等效热量输入情况下,蒸汽气化可以产生比碘硫循环过程更多的 H_2,但碘硫过程不需要水的碳质还原剂,并会产生 O_2。气冷快堆有类似于高温气冷堆作为热源的潜力,也可以与生物质气化过程相结合。钠冷快堆(SFR)因为出口温度较低,无法产生生物质气化所必需的 750℃ 以上的高温蒸汽,因此不能作为生物质气化过程的热源。

7.3.2.2 利用高温气冷堆对生物质裂解原油进行加氢精制

清华大学吴玉龙等提出了一种利用高温气冷堆对生物质热裂解产物生物原油的油水双相同时进行加氢精制的方法。该方法利用高温堆的热能,以及热能驱动的核能制氢系统制得的氢气,对生物原油进行汽化加氢精制,得到烃类液体燃料和少量气体燃料。整个过程包括三个相对独立的流程:

(1) 高温供热流程

200～300℃ 的氦气经氦风机加压后,流经高温堆堆芯加热到 800～950℃,向核能制氢工段供热后降温至 400～500℃,再流经汽化器与生物原油换热后,降温至 200～300℃,再被氦风机送入高温气冷堆堆芯。

(2) 核能制氢流程

从反应堆堆芯出来的 800～950℃ 的高温氦气,经过制氢反应器,驱动热化学循环反应,分解水得到氢气。

(3) 生物原油加氢精制流程

生物原油首先进入汽化器,与中温(400～500℃)氦气进行热交换,转化为 300～400℃ 的生物原油蒸气,再与核能制氢流程所得氢气混合后进入加氢固定床反应器。氢气气氛中,生物原油蒸气在加氢反应器中催化剂的作用下转化为以烃类组分为主的精制生物油蒸气。这些精制生物油蒸气经过冷凝和气液分离后得到液体燃油和可燃不凝气。

整体过程流程示意如图 7-29 所示。

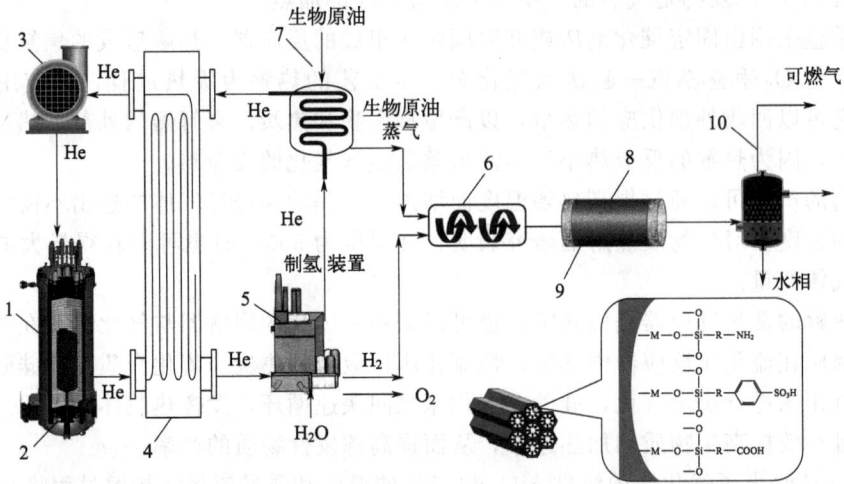

图 7-29　生物原油加氢精制流程示意图

1—高温气冷堆芯；2—热气混合室；3—氦风机；4—高温氦-氦换热器；5—I-S 循环制氢反应器；

6—气体混合器；7—热交换器；8—催化加氢反应器；9—催化剂床层；10—气液分离器

　　生物原油精制是一个消耗氢和热的过程，而高温气冷堆正好可以提供这两种能源。将高温堆用于生物原油加氢精制过程，可以很好地实现其制氢和工艺热利用的优点，这就形成了"核-氢-生物质"的概念。从能量转化形式的角度来看，核能以核氢与核热的方式注入液体燃料的生产过程中，以间接方式实现核能在交通运输领域中的利用。

　　生物质原料具有分散性，而核反应堆具有高度集中性，两者的地域分布高度不匹配，此外核反应堆产生的氢气也存在存储及运输的困难和不便。为了适应这种情况，生物质热化学转化方法可采用分散液化、集中精制的生产方式；根据生物质原料高度分散的特点，就近建立热化学转化点，而在高温堆边建立精炼厂，在分散的液化厂将就近的生物质原料转化为高密度的液态生物原油，再将这些生物原油运输到反应堆边集中的精制厂进行加氢精制。

　　与目前已有核反应堆相比，高温堆具有更好的固有安全性，为在其附近建立生物原油精制厂提供了可能。这样可以解决生物质原料高度分散和核反应堆能量高度集中的分布矛盾。除生物质热化学转化外，其他生物质利用方式难以解决这种地域分布的不匹配性，因此生物质热化学转化和高温气冷堆是"核-氢-生物质"概念的绝佳组合。

　　"核-氢-生物质过程"对核能和生物质能都有很大的促进作用：

　　a. 对核能的促进：氢、热、电联供，核反应堆总体利用效率增加，大大扩展了高温堆在非电领域的应用；使核能以核热和核氢的形式注入交通运输能源系统。

　　b. 对生物质能的促进：显著提高了生物质能转化效率，液体生物燃料的经济性和市场竞争力显著增强。

　　c. 利用高温气冷堆的核热及制得的核氢对生物原油进行气化加氢精制，在生物燃料经济成本显著降低的同时，还极大地降低了生物原油精制过程中的二氧化碳排放量。

参 考 文 献

[1] Hou K H, Hughes R. The kinetics of methane steam reforming over a Ni/α-Al$_2$O$_3$ catalyst [J]. Chemical Engineering Journal, 2001, 82 (1): 311-328.

［2］ 张勇乐. 核能甲烷蒸汽重整制氢热工水力模型及系统参数的优化 ［D］. 北京：北京化工大学，2022.

［3］ 赵钧天，张汇理，范景彦. 基于 Fluent 的微通道天然气废气重整的数值模拟 ［J］. 当代化工，2017，46（06）：1242-1245，1250.

［4］ Jaeri. High-temp engineering test reactor（HTTR）used for R&D on diversified application of nuclear energy ［R］. http：//www. jaeri. go. jp/english/ff/ff45/tech01. html

［5］ Singh J，Niessen H F，Harth R，et al. The nuclear heated steam reformer ——Design and semitechnical operating experiences ［J］. Nuclear Engineering and Design，1984，78（2）：179-194.

［6］ Harth R，Range J. Energietransport durch EVA und ADAM，KFA Jahresbericht 1984/85 ［J］. Research Center Jülich，1985：55-62.

［7］ Harth R，Jansing W，Teubner H. Experience gained from the eva II and KVK operation ［J］. Nuclear Engineering and Design，1990，121（2）：173-182.

［8］ Höhlein B，Niessen H，Range J，et al. Methane from synthesis gas and operation of high-temperature methanation ［J］. Nuclear Engineering and Design，1984，78（2）：241-250.

［9］ Niessen H F，Bhattacharyya A T，Busch M，et al. Erprobung und versuchsergebnisse des PNP-teströhrenspaltofens in der EVA-Ⅱ-anlage ［R］. Jülich：Kernforschungsanlage Jülich GmbH，Zentralbiliothek，Verlag，1988.

［10］ Harth R，Jansing W，Teubner H. Experience gained from the eva II and KVK operation ［J］. Nuclear Engineering and Design，1990，121（2）：173-182.

［11］ Miyamoto Y，Shiozawa S，Ogawa M，et al. Research and development program of hydrogen production system with high temperature gas-cooled reactor ［M］. Germany：Forum fuer Zukunftsenergien e V，Bonn（Germany），2000.

［12］ Ohashi H，Inaba Y，Nishihara T，et al. Performance test results of mock-up test facility of HTTR hydrogen production system ［J］. Journal of Nuclear Science and Technology，2004，41（3）：385-392.

［13］ Verfondern K，Nishihara T. Safety aspects of the combined HTTR/steam reforming complex for nuclear hydrogen production ［J］. Progress in Nuclear Energy，2005，47（1）：527-534.

［14］ Inaba Y，Ohashi H，Nishihara T，et al. Study on control characteristics for HTTR hydrogen production system with mock-up test facility ［J］. Nuclear Engineering and Design，2004，235（1）：111-121.

［15］ Taiju S，Tetsuo N，Shinji K，et al. Present status of JAEA's R&D toward HTGR deployment ［J］. Nuclear Engineering and Design，2022，398.

［16］ 银华强. 高温堆甲烷蒸汽重整制氢系统的研究 ［D］. 北京：清华大学，2006.

［17］ 居怀明，徐元辉，钟大辛. 高温气冷堆工艺热应用研究 ［J］. 高技术通讯，2000（7）：107-110.

［18］ 银华强，姜胜耀，张佑杰. 高温气冷堆甲烷蒸汽重整制氢系统重整器性能数值分析 ［J］. 原子能科学技术，2007（1）：69-73.

［19］ Yin H，Jiang S，Zhang Y，et al. Modeling of the helium-heated steam reformer for HTR-10 ［J］. Journal of Nuclear Science and Technology，2007，44（7）：977-984.

［20］ Wood R A. HTGR-integrated hydrogen production via steam methane reforming（SMR）process analysis，TEV-953 ［J］. Idaho National Laboratory. Idaho Falls，ID，USA，2010.

［21］ Kirchhoff R，Van Heek K H，Jüntgen H，et al. Operation of a semi-technical pilot plant for nuclear aided steam gasification of coal ［J］. Nuclear Engineering and Design，1984，78（2）：233-239.

［22］ Verfondern K. Nuclear energy for hydrogen production. ［J］. Writings of Research Center Jülich，Energy Technology，Volume 58，Research Center Jülich GmbH，2007.

［23］ 尹正宇，符传略，韩奎华，等. 生物质制氢技术研究综述 ［J］. 热力发电，2022，51（11）：37-48.

［24］ 张晖，刘昕昕，付时雨. 生物质制氢技术及其研究进展 ［J］. 中国造纸，2019，38（7）：68-74.

［25］ Hawkes G L，O'brien J E，Mckellar M G. Liquid bio-fuel production from non-food biomass via high temperature steam electrolysis ［C］. Proceedings of the ASME 2011 International Mechanical Engineering Congress and Exposition，F，2011.

［26］ 吴玉龙，王建龙，张作义，等. 一种利用高温气冷堆对生物原油进行加氢精制的方法：CN201510685589. 8 ［P］. 2017-05-10.

第8章
高温气冷堆与制氢技术的耦合

8.1 引言

    高温气冷堆（HTGR）作为具有固有安全性，并能提供高品位热源的核能系统，在核能制氢方面具有良好的应用前景，利用高温气冷堆制氢可以实现大规模工业化制氢，可以大量取代现有化石燃料制氢。高温气冷堆制氢还可以实现热、电、氢多联产，建立综合的能量转换系统，提高能源利用效率，实现完全且无碳排放的能源综合利用。工业化、规模化的核能制氢，可以应用在化工、冶金、交通等方面，形成较长的产业链，带动化工、冶金、交通行业的产业升级、技术更新，在经济发达、工业基础好，但缺少煤炭、石油、天然气等化石能源的地区，建设核能制氢、氢气工业应用的综合产业园区将为工业发展开辟出一条崭新的路径。

    采用高温气冷堆核能制氢可以实现热、电、氢一体化能源系统，可同时输出热能、电能和化工产品，其中热能与电能是能量载体，氢气是物质载体，前者关注能量效率，后者关注物质的转化效率。在已有研究中，核能制氢中的"核能"与"制氢"两个部分通常是独立进行研究和分析的，如何合理地选择评价指标来衡量整个系统流程方案的性能水平是亟待解决的重要问题。本章将针对"核能"系统与"制氢"系统之间的耦合方案和评估方法进行介绍，基于整个系统的能量转换和物质转换过程，分析不同评价指标对系统的综合性能评估的影响。本章重点针对高温气冷堆与碘硫循环制氢系统的耦合进行介绍，其次还会介绍高温气冷堆与混合硫循环制氢系统的耦合。

8.2 高温气冷堆与制氢系统耦合的整体介绍

    高温气冷堆热、电、氢一体化能源系统是一个复杂的系统，主要包括高温气冷堆——动力转换、核能制氢等单元，系统存在多个层次需要优化的方面，如图 8-1 所示。对于高温气冷堆部分，其动力转换单元的设计、氢与电的分配比和各关键部件的运行参数，都需要进行优化设计。对于碘硫循环制氢单元，它需要高温气冷堆提供的热能和电能，一些部件（如 HI_x 纯化塔和精馏塔）需要以蒸汽为介质供应，一些部件（如 HI_x 和 H_2SO_4 分解器）需要以氦气为介质供应，这些能量的具体供应形式需要进行优化设计。对于高温气冷堆与制氢单元的耦合，提供给碘硫循环制氢单元的蒸汽可以从汽轮机抽汽，也可以对高温氦气进行梯级利用，加热水产生蒸汽，这些方面也需要进行优化设计。因此，对高温气冷堆热、电、氢一体化能源系统开展能流分配和参数优化研

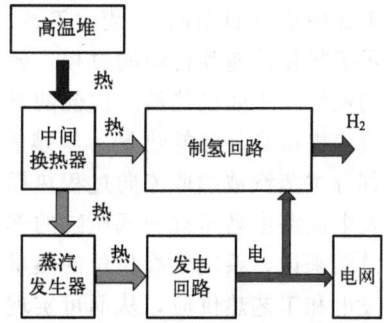

图 8-1　高温气冷堆氢、电联产系统设计理念

究，从而得到最优化的系统热、电、氢能量分配网络和系统运行参数，是高温气冷堆核能制氢系统方案设计的关键。

8.3　高温气冷堆与制氢系统耦合的能量梯级利用原理——

图 8-2 展示了研究提出的一种超高温气冷堆耦合碘硫循环的新型热、电、氢联产系统，该系统包括一回路、中间换热器二次侧回路、发电回路、碘硫循环制氢模块、过程热提取模块。本小节主要借助该图描述高温气冷堆与制氢系统耦合的能量梯级利用原理和系统的热力学分析模型，详细的系统流程设计、系统特征、热力学分析结果将在下一节中介绍。

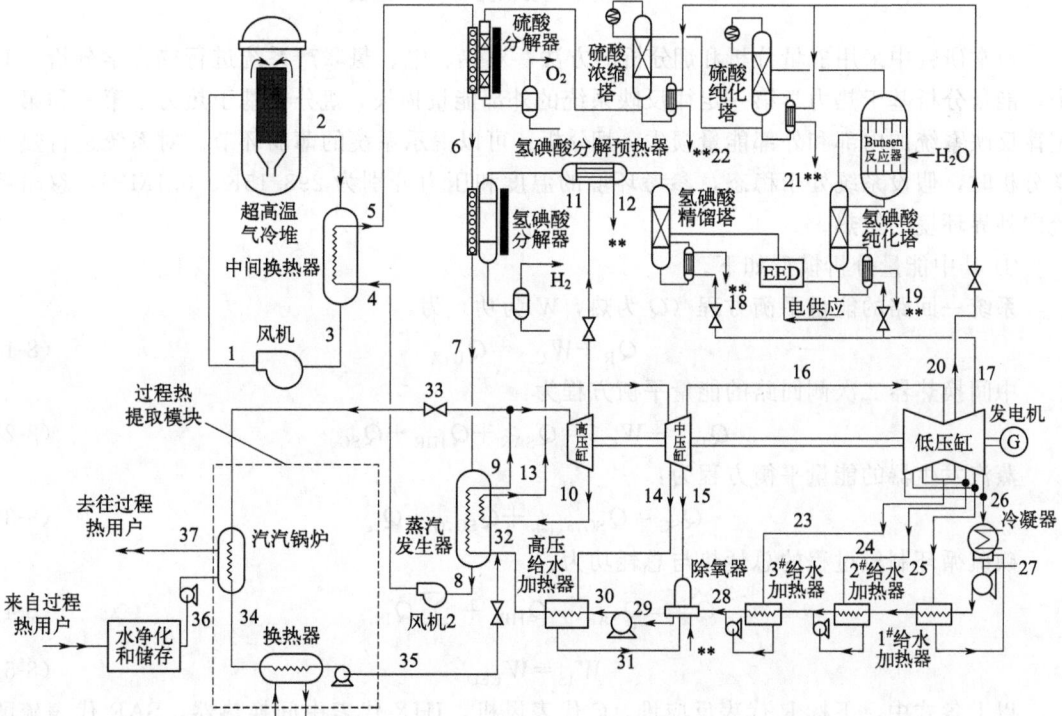

图 8-2　热、电、氢联产系统示意图

（图中"＊＊"表示低压缸抽汽加热硫酸浓缩塔、硫酸纯化塔、氢碘酸纯化塔、氢碘酸精馏塔后的冷凝水返回到除氧器中）

系统中重要回路的温-熵（T-S）图如图 8-3 所示。横坐标表示氦气或蒸汽的熵，T-S 图展示了热量传递和传输的过程。超高温气冷堆出口的高温氦气将热量传递给中间换热器二次侧的氦气，中间换热器二次侧的氦气先流经硫酸分解器和氢碘酸分解器，为硫酸与氢碘酸分解过程提供高品位的热量，氢碘酸分解器出口的氦气流经蒸汽发生器加热给水产生主蒸汽，部分主蒸汽被抽取流向过程热提取模块，其余主蒸汽用于发电回路，推动汽轮机做功发电。发电回路中高压缸和低压缸的部分排汽和抽汽被抽取为其他制氢部件提供较低品位的热量。总结来说，系统中高品位的热量用于制氢的高温过程，低品位的热量用于制氢的低温过程、发电和工艺热供应，从而可实现能量的梯级利用。

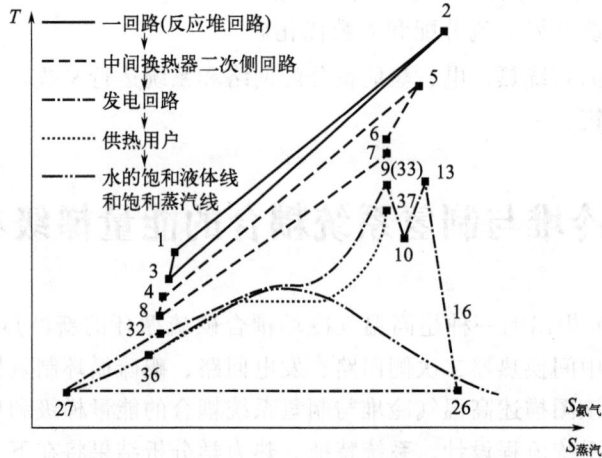

图 8-3　系统中重要回路 T-S 示意图

通常研究中采用能量分析和㶲分析的方法，对热、电、氢联产系统进行热力学分析。其中，能量分析基于热力学第一定律反映系统的外部能量损失，㶲分析基于热力学第一和第二定律反映系统的内部和外部能量损失，㶲分析还可以揭示系统的薄弱环节。对系统进行热力学分析时，假设系统处于稳态，参考环境的温度和压力分别为 298.15K、0.1MPa，忽略系统向外界环境的散热。

① 其中能量分析模型如下。

系统一回路的能量平衡方程（Q 为热，W 为功）为：

$$Q_R + W_{C,1} = Q_{IHX} \tag{8-1}$$

中间换热器二次侧回路的能量平衡方程为：

$$Q_{IHX} + W_{C,2} = Q_{SAR} + Q_{HIR} + Q_{SG} \tag{8-2}$$

蒸汽发生器的能量平衡方程为：

$$Q_{SG} = Q_{SG,\alpha_{STSR}} + Q_{SG,G} + Q_{re} \tag{8-3}$$

碘硫循环制氢过程的总耗热与总耗功为：

$$Q_{IS} = Q_{SAR} + Q_{HIR} + \sum_i Q_{IS,i} \tag{8-4}$$

$$W_{IS} = W_{EED} \tag{8-5}$$

以上各式中，下标 R 代表反应堆，C 代表风机，IHX 代表中间换热器，SAR 代表硫酸分解器，HIR 代表氢碘酸分解器，SG 代表蒸汽发生器，EED 代表电渗析部件；$Q_{SG,\alpha_{STSR}}$ 和 $Q_{SG,G}$ 分别代表流向工艺热模块和流向发电回路的主蒸汽在蒸汽发生器中吸收的热量，Q_{re}

代表再热蒸汽在蒸汽发生器中吸收的热量；$\sum_i Q_{IS,i}$ 代表发电回路中汽轮机抽汽向制氢部件提供的热量，抽汽供热的制氢部件包括氢碘酸分解预热器（PHIR）、硫酸纯化塔（SAP）、硫酸浓缩塔（SAC）、氢碘酸纯化塔（HIP）、氢碘酸浓缩塔（HID）。

系统发电效率（η_E）定义为：

$$\eta_E = \frac{W_G - W_P}{Q_{SG,G} + Q_{re}} \tag{8-6}$$

其中，W_G 表示发电回路产生的总功；W_P 表示发电回路消耗的泵功。

系统净输出功和工艺热供应模块的汽汽锅炉的热功率计算式为：

$$W_{NET} = W_G - W_P - W_{C,1} - W_{C,2} - W_{EED} \tag{8-7}$$

$$Q_{STSR} = M_s \alpha_{STSR}(h_{main} - h_{STSR}) \tag{8-8}$$

其中，M_s 和 α_{STSR} 分别表示主蒸汽质量流量和被抽取流向工艺热供应模块的主蒸汽份额；h_{main} 和 h_{STSR} 分别表示主蒸汽与汽汽锅炉出口乏汽的焓。

系统中发电与制氢的功率比 PR 表示发电回路除了向制氢部件抽汽供热以外实际利用的热量与碘硫循环过程的总耗热之比：

$$PR = \frac{Q_{SG,G} + Q_{re} - \sum_i Q_{IS,i}}{Q_{IS}} \tag{8-9}$$

系统的氢、电、热总能量利用效率表示产氢率（N_{H_2}，mol/s）乘以氢气的高位热值（ΔH_{HHV}，286kJ/mol H_2）与系统的净输出功、汽汽锅炉输出热功率之和与反应堆热功率之比：

$$\eta_{E-H_2-Q} = \frac{\Delta H_{HHV} N_{H_2} + W_{NET} + Q_{STSR}}{Q_R} \tag{8-10}$$

② 系统㶲分析模型如下。

物流的㶲可分为热量㶲、功量㶲和焓㶲，其中热量㶲表示传递的热量相对于环境温度可做的最大有用功，表达式如下：

$$Ex_Q = \int \left(1 - \frac{T_0}{T}\right) dQ = Q - T_0 \Delta S \tag{8-11}$$

功是可以完全利用和转换的能量，所以功量㶲等于功的数值：

$$Ex_w = W \tag{8-12}$$

焓㶲包括势能㶲、动能㶲、物理㶲和化学㶲，前两者通常因数值较小而可以忽略，因此焓㶲可用物理㶲和化学㶲之和计算：

$$Ex_m = Ex^{ph} + Ex^{ch} = \sum n_j(ex_j^{ph} + ex_j^{ch}) \tag{8-13}$$

物理㶲和化学㶲的概念图如图 8-4 所示。以物质甲烷（CH_4）为例，物理㶲是甲烷相对于约束性平衡状态所具有的㶲值，即相对于环境状态（T_0, p_0）的㶲值；化学㶲是约束性平衡状态下的甲烷相对于非约束性平衡状态所具有的㶲值，即环境状态下的甲烷相对于环境状态下的基准物质具有的㶲值。

物理㶲的计算式如下：

$$ex_j^{ph} = h_j - h_0 - T_0(s_j - s_0) \tag{8-14}$$

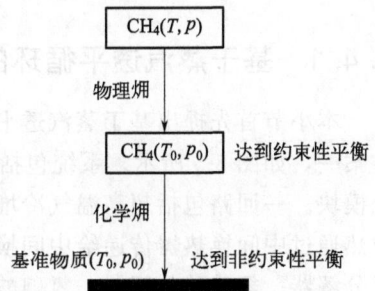

图 8-4 物理㶲和化学㶲概念图

式中，h_j、s_j 分别为物质 j 在（T、p）状态下的摩尔焓和摩尔熵；h_0、s_0 分别为物质 j 在（T_0、p_0）状态下的摩尔焓和摩尔熵。h_j、s_j、h_0、s_0 可用 Shomate 方程[1]计算。

化学㶲的计算式如下（物质 j 的标准化学㶲可用参考化学反应计算）：

$$\mathrm{ex}_j^{\mathrm{ch}} = \Delta_{\mathrm{f}} G_{j,298.15}^0 + \sum n_k \mathrm{ex}_k^{\mathrm{ch}} \tag{8-15}$$

式中，$\Delta_{\mathrm{f}} G_{j,298.15}^0$ 表示反应在参考温度下摩尔吉布斯自由能的变化；n_k 和 $\mathrm{ex}_k^{\mathrm{ch}}$ 表示其他产物和反应物的摩尔数和标准化学㶲。

碘硫循环过程中用到的物质的标准化学㶲如表 8-1 所示。

表 8-1　碘硫循环中物质的标准化学㶲

物质	$\mathrm{ex}^{\mathrm{ch}}/(\mathrm{kJ/mol})$	物质	$\mathrm{ex}^{\mathrm{ch}}/(\mathrm{kJ/mol})$
$H_2SO_4(l)$	160.53	$H_2SO_4(g)$	198.13
$H_2O(l)$	0.77	$H_2O(g)$	9.34
$HI(l)$	153.80	$HI(g)$	205.42
$O_2(g)$	3.97	$SO_2(g)$	310.99
$I_2(g)$	194.07	$H_2(g)$	236.10

对于系统中部件 i，它的㶲损失计算如下（下标 in 与 out 表示输入与输出）：

$$\mathrm{Ex}_{\mathrm{lost},i} = (\mathrm{Ex}_{Q,\mathrm{in},i} - \mathrm{Ex}_{Q,\mathrm{out},i}) + (\mathrm{Ex}_{W,\mathrm{in},i} - \mathrm{Ex}_{W,\mathrm{out},i}) + (\mathrm{Ex}_{\mathrm{m},\mathrm{in},i} - \mathrm{Ex}_{\mathrm{m},\mathrm{out},i}) \tag{8-16}$$

部件 i 的㶲效率和㶲损失系数分别计算如下（其中㶲损失系数定义为部件 i 的㶲损失与反应堆输出热量㶲之比）：

$$\eta_{\mathrm{ex},i} = \frac{\mathrm{Ex}_{\mathrm{out},i}}{\mathrm{Ex}_{\mathrm{in},i}} \tag{8-17}$$

$$\eta_{\mathrm{lost},i} = \frac{\mathrm{Ex}_{\mathrm{lost},i}}{\mathrm{Ex}_{Q,\mathrm{R}}} \tag{8-18}$$

系统的㶲效率定义如下：

$$\eta_{\mathrm{exergy}} = \frac{N_{\mathrm{H}_2} \mathrm{ex}_{\mathrm{H}_2}^{\mathrm{ch}} + W_{\mathrm{NET}} + \mathrm{Ex}_{Q,\mathrm{STSR}}}{\mathrm{Ex}_{Q,\mathrm{R}}} \tag{8-19}$$

其中，$\mathrm{ex}_{\mathrm{H}_2}^{\mathrm{ch}}$ 表示氢气的标准化学㶲，236.10kJ/mol H_2；$\mathrm{Ex}_{Q,\mathrm{R}}$ 表示反应堆的输出热量㶲；$\mathrm{Ex}_{Q,\mathrm{STSR}}$ 表示汽汽锅炉的输入热量㶲。

8.4　超高温气冷堆与碘硫循环制氢系统耦合方案研究——

8.4.1　基于蒸汽透平循环的氢、电联产系统

本小节首先提出基于蒸汽透平循环发电的超高温气冷堆耦合碘硫循环的氢、电联产系统方案一，如图 8-5 所示。系统包括一回路、中间换热器二次侧回路、发电回路和碘硫循环制氢模块。一回路包括超高温气冷堆、中间换热器、蒸汽发生器和风机。超高温气冷堆的高品位热通过中间换热器传递给中间换热器二次侧回路。中间换热器二次侧出口氦气依次流经硫酸分解器、氢碘酸分解器、氢碘酸分解预热器并提供相对高品位的热量，然后流经蒸汽发生器 2。蒸汽发生器 2 加热给水，产生蒸汽，为硫酸纯化塔、硫酸浓缩塔、氢碘酸纯化塔、氢

碘酸精馏塔这些制氢部件提供相对低品位的热量，疏水（排汽和抽汽加热这些部件后形成的冷凝水）在给水收集箱中收集后进入蒸汽发生器 2 循环利用。中间换热器一次侧出口氦气流经一回路的蒸汽发生器，蒸汽发生器加热给水，产生主蒸汽，主蒸汽在高压缸和低压缸两级汽轮机中膨胀，推动汽轮机做功而发电。发电回路设计有 1# 给水加热器、2# 给水加热器、3# 给水加热器、除氧器（DEA）、高压给水加热器（HFH）共五级热回收过程。发电回路产生的电能，一部分供给碘硫循环制氢模块的电渗析 EED 部件，其余的可输出到电网。

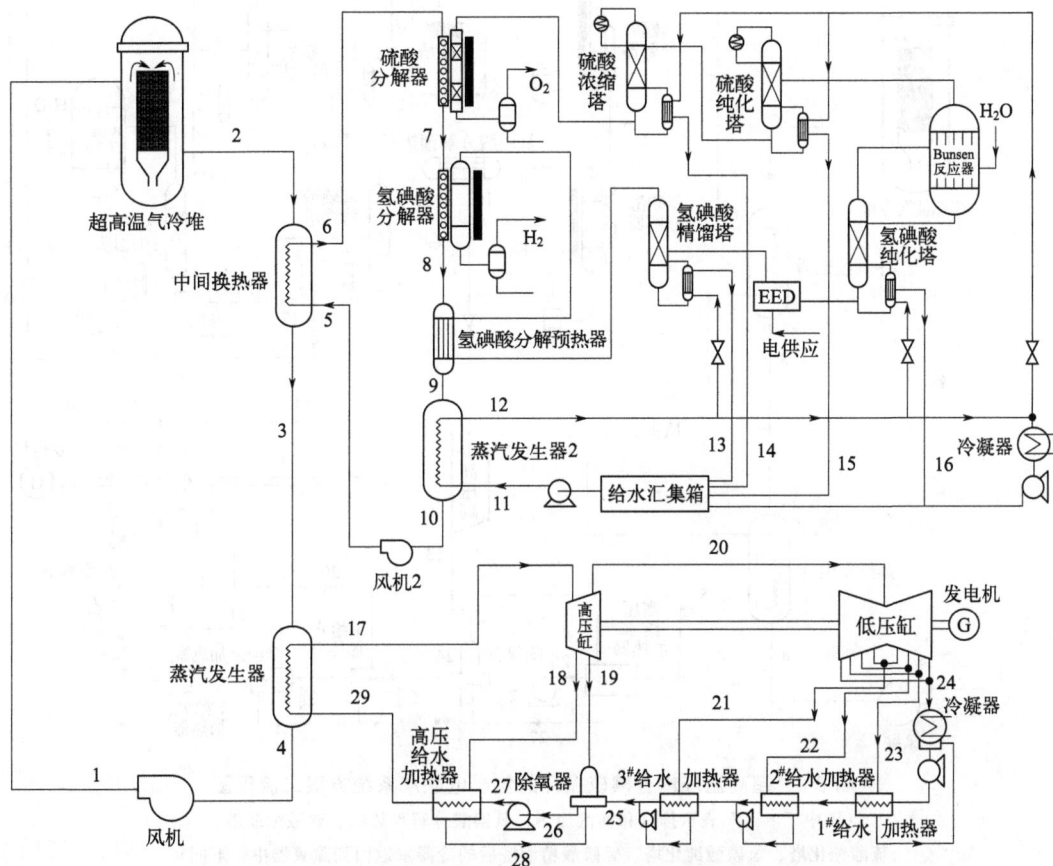

图 8-5　超高温堆耦合碘硫循环的氢、电联产系统方案一流程图
(图中编号为流程编号，无特殊意义)

在方案一中，蒸汽发生器和超高温气冷堆、中间换热器在一回路中相连，蒸汽发生器产生的主蒸汽压力不能太大，否则压力容器的结构强度不符合要求，因此发电回路采用亚临界参数发电。另外，碘硫循环制氢模块和发电回路相互独立，更易于控制。中间换热器二次侧回路的蒸汽发生器 2 可充当稳压器，降低碘硫循环制氢模块给一回路带来的热冲击。

在此基础上，进一步设计了基于蒸汽透平循环发电的超高温气冷堆耦合碘硫循环的氢、电联产系统方案二，如图 8-6 所示。方案二中，蒸汽发生器也和超高温气冷堆、中间换热器在一回路中相连，蒸汽发生器产生的主蒸汽也为亚临界参数。方案二与方案一的主要区别在于：方案一中碘硫循环制氢模块与发电回路相互独立，而方案二中碘硫循环制氢模块与发电回路相互耦合。方案二中碘硫循环制氢模块需要的相对较高品位的热量仍然由中间换热器二次侧回路的氦气提供，但是碘硫循环制氢模块需要的相对较低品位的热量由发电回路的汽轮机抽汽和排汽提供，而不需要额外的蒸汽发生器 2 产生蒸汽供热。具体来说，硫酸分解器和氢碘酸分解器需要的相对高品位的热量仍然由中间换热器二次侧回路的氦气提供，氢碘酸分解预热器需要的热量由发电回路的高压缸抽汽提供，硫酸纯化塔、硫酸浓缩塔需要的热量由高压缸排汽提供，氢碘酸纯化塔、氢碘酸精馏塔需要的热量由低压缸的抽汽提供，疏水都回到发电回路的除氧器中。

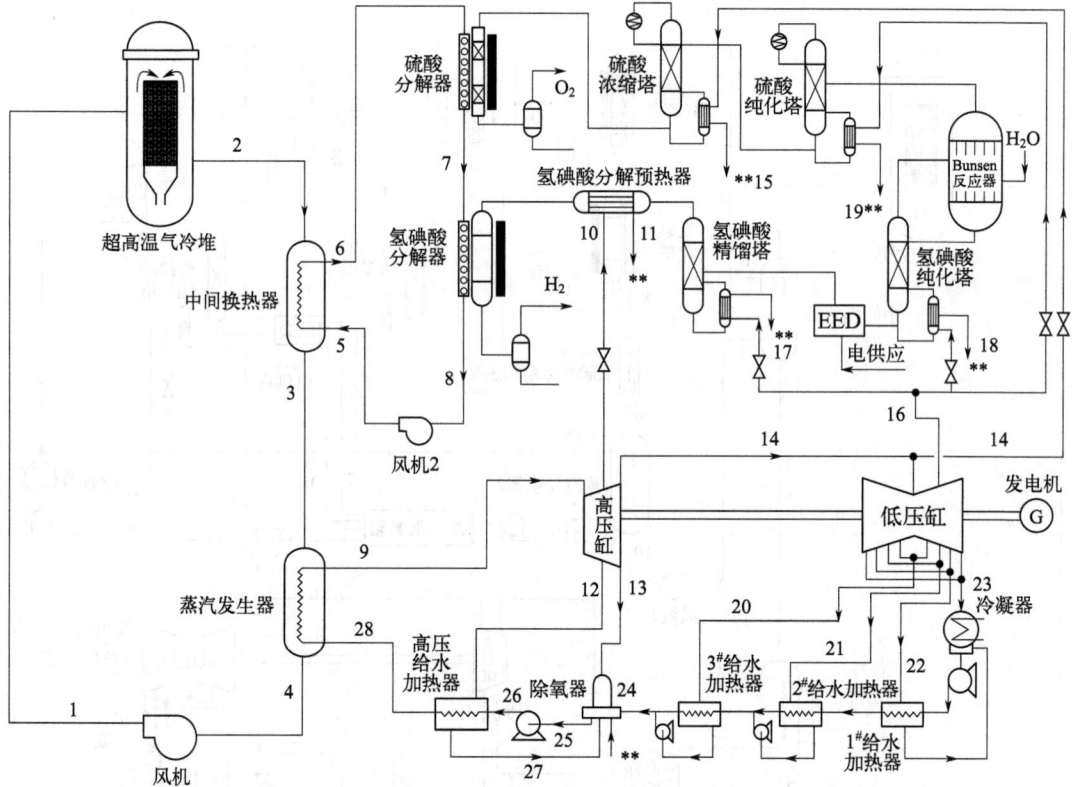

图 8-6 超高温堆耦合碘硫循环的氢、电联产系统方案二流程图
（图中"＊＊"表示排汽和抽汽加热，氢碘酸分解预热器、硫酸浓缩塔、硫酸纯化塔、氢碘酸纯化塔、氢碘酸精馏塔后的冷凝水返回到除氧器中，下同）

另外，还设计了基于蒸汽透平循环发电的超高温气冷堆耦合碘硫循环的氢、电联产系统方案三，如图 8-7 所示。系统一回路由超高温气冷堆、中间换热器和风机组成。在中间换热器的二次侧回路中，硫酸分解器、氢碘酸分解器、蒸汽发生器依次连接。中间换热器二次侧的氦气先流经硫酸分解器和氢碘酸分解器，为硫酸与氢碘酸分解过程提供高品位的热量，然后流经蒸汽发生器加热给水产生主蒸汽，推动汽轮机做功。碘硫循环制氢模块与发电回路相耦合，碘硫循环过程单元所需要的相对较低品位的热量由发电回路排汽和抽汽提供，具体为：氢碘酸分解预热器需要的热量由高压缸排汽提供，硫酸纯化塔、硫酸浓缩塔、氢碘酸纯化塔、氢碘酸精馏塔需要的热量由低压缸的抽汽提供。

该方案与上述两个方案的最大差别在于：蒸汽发生器位于中间换热器二次侧回路，不与超高温堆、中间换热器在一回路相连，可以安置在压力容器外，因此主蒸汽可采用超临界参数，发电回路设计为超临界再热循环以提升发电效率。Zhang 等[2]基于山东石岛湾的 HTR-PM 高温堆示范电站进行了超临界蒸汽发生器设计与热分析，证实了使用超临界蒸汽发生器替代亚临界蒸汽发生器与当前高温堆机组一起工作的可行性。

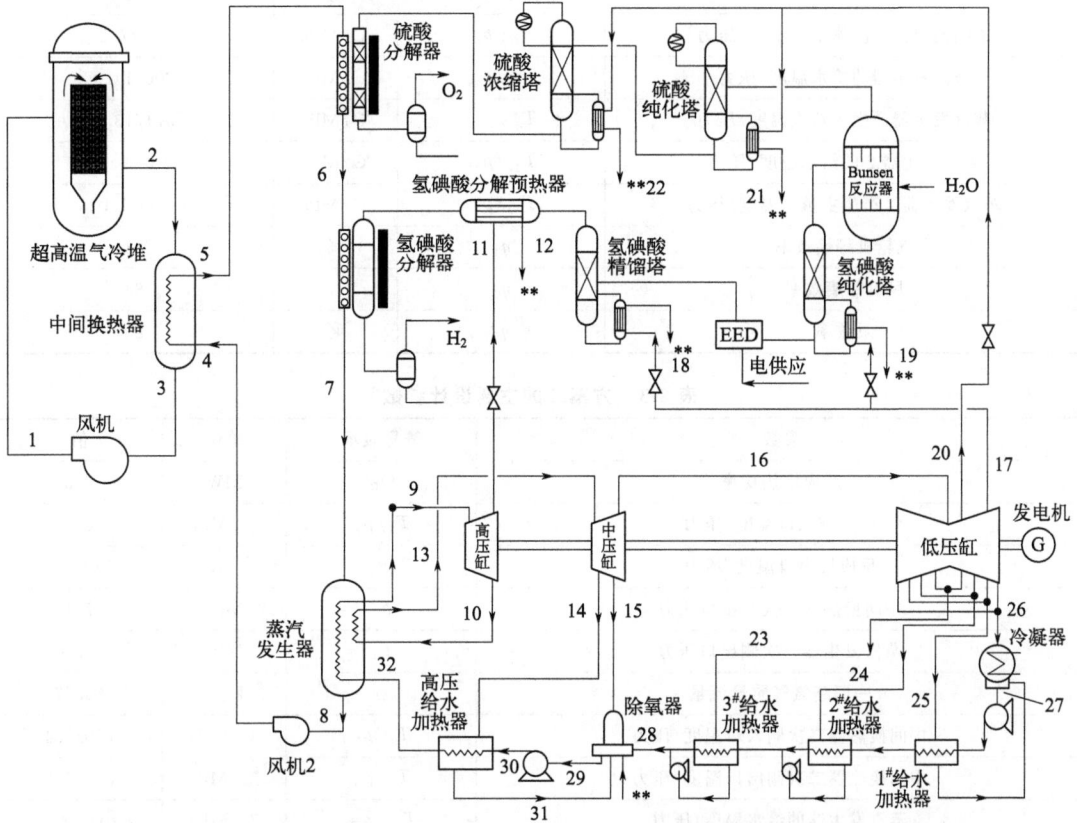

图 8-7　超高温堆耦合碘硫循环的氢、电联产系统方案三流程图

　　三种氢、电联产系统的主要设计参数如表 8-2～表 8-4 所示。超高温气冷堆的反应堆入口温度和热功率参照 HTR-PM 设计为 250℃和 250MW[3]，反应堆出口温度为 950℃。中间换热器二次侧氦气出口温度为 880℃[4,5]，发电回路蒸汽发生器的给水温度为 206℃[3]，方案一和方案二中蒸汽发生器产生的主蒸汽为亚临界参数（571℃/13.9MPa），方案三中蒸汽发生器产生的主蒸汽为超临界参数（571℃/24MPa），方案三中再热蒸汽的参数为 571℃/10MPa。碘硫循环制氢模块中各部件的能量消耗参照关于碘硫循环过程模拟和优化的研究，制氢热效率取 37.1%。

表 8-2　方案一的主要设计参数

参数	符号表示	单位	值
反应堆热功率	Q_R	MW	250
反应堆入口温度/压力	T_1/p_1	℃/MPa	250/7.3
反应堆出口温度/压力	T_2/p_2	℃/MPa	950/7.2
中间换热器一次侧出口压力	p_3	MPa	7.1
蒸汽发生器 2 一次侧出口压力	p_4	MPa	7.0
一回路氦气质量流量	m	kg/s	68.77
中间换热器二次侧入口温度/压力	T_5/p_5	℃/MPa	500/7.4

参数	符号表示	单位	值
中间换热器二次侧出口温度/压力	T_6/p_6	℃/MPa	880/7.3
蒸汽发生器的给水温度/压力	T_{29}/p_{29}	℃/MPa	206/14.9
蒸汽发生器产生主蒸汽温度/压力	T_{17}/p_{17}	℃/MPa	571/13.9
蒸汽发生器2的给水温度/压力	T_{11}/p_{11}	℃/MPa	182/1.1
蒸汽发生器2产生主蒸汽温度/压力	T_{12}/p_{12}	℃/MPa	250/1.0
汽轮机等熵效率	η_T	%	88
风机等熵效率	η_C	%	88
泵效率	η_P	%	85

表8-3　方案二的主要设计参数

参数	符号表示	单位	值
反应堆热功率	Q_R	MW	250
反应堆入口温度/压力	T_1/p_1	℃/MPa	250/7.3
反应堆出口温度/压力	T_2/p_2	℃/MPa	950/7.2
中间换热器一次侧出口压力	p_3	MPa	7.1
蒸汽发生器一次侧出口压力	p_4	MPa	7.0
一回路氦气质量流量	m	kg/s	68.77
中间换热器二次侧入口温度/压力	T_5/p_5	℃/MPa	770/7.4
中间换热器二次侧出口温度/压力	T_6/p_6	℃/MPa	880/7.3
蒸汽发生器的给水温度/压力	T_{28}/p_{28}	℃/MPa	206/14.9
蒸汽发生器产生主蒸汽温度/压力	T_9/p_9	℃/MPa	571/13.9
氢碘酸分解预热器的抽汽温度/压力	T_{10}/p_{10}	℃/MPa	481.3/8.0
硫酸纯化塔和硫酸浓缩塔的抽汽温度/压力	T_{14}/p_{14}	℃/MPa	224.7/1.0
氢碘酸纯化塔和氢碘酸精馏塔的抽汽温度/压力	T_{16}/p_{16}	℃/MPa	157.9/0.5
汽轮机等熵效率	η_T	%	88
风机等熵效率	η_C	%	88
泵效率	η_P	%	85

表8-4　方案三的主要设计参数

参数	符号表示	单位	值
反应堆热功率	Q_R	MW	250
反应堆入口温度/压力	T_1/p_1	℃/MPa	250/7.3
反应堆出口温度/压力	T_2/p_2	℃/MPa	950/7.2
中间换热器一次侧出口温度/压力	T_3/p_3	℃/MPa	243.4/7.1
一回路氦气质量流量	m	kg/s	68.77
中间换热器二次侧入口温度/压力	T_4/p_4	℃/MPa	228.4/7.4
中间换热器二次侧出口温度/压力	T_5/p_5	℃/MPa	880/7.3
中间换热器二次侧回路氦气质量流量	m'	kg/s	74.58
蒸汽发生器的给水温度/压力	T_{32}/p_{32}	℃/MPa	206/25

参数	符号表示	单位	值
蒸汽发生器产生主蒸汽温度/压力	T_9/p_9	℃/MPa	571/24
再热蒸汽温度/压力	T_{13}/p_{13}	℃/MPa	571/10
氢碘酸分解预热器的抽汽温度/压力	T_{11}/p_{11}	℃/MPa	435.4/10.5
低压缸进汽温度/压力	T_{16}/p_{16}	℃/MPa	261.8/1.0
硫酸纯化塔和硫酸浓缩塔的抽汽温度/压力	T_{20}/p_{20}	℃/MPa	230.7/0.75
氢碘酸纯化塔和氢碘酸精馏塔的抽汽温度/压力	T_{17}/p_{17}	℃/MPa	144.1/0.3
汽轮机等熵效率	η_T	%	88
风机等熵效率	η_C	%	88
泵效率	η_P	%	85

三种氢、电联产系统在不同产氢率下发电效率、氢电能量利用效率的比较分别如图 8-8 和图 8-9 所示。在方案一中，制氢回路和发电回路相互独立，当产氢率变化时，系统的发电效率保持不变。由于方案一的发电效率高于制氢效率，因此系统的氢电能量利用效率随产氢率的增大而下降。在方案二和方案三中，制氢回路和发电回路相互耦合，当产氢率增大时，发电回路会抽取更多的蒸汽为制氢部件供热，系统的发电效率下降，但是这些抽取的蒸汽已经在汽轮机中做过功，其品质已经降低，利用低品质的抽汽加热制氢部件产生高热值的氢气，系统氢电能量利用效率上升。方案三中蒸汽发生器产生的主蒸汽可采用超临界参数，因此方案三的发电效率和氢电能量利用效率均高于方案二。

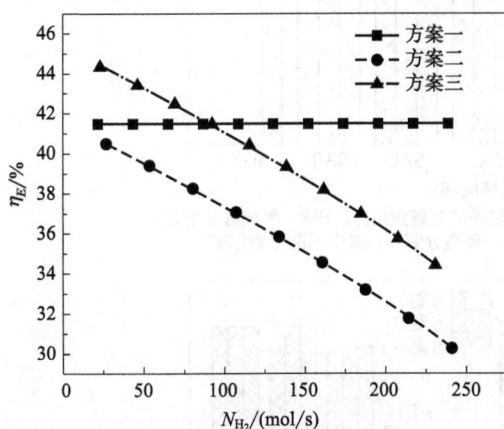

图 8-8　三种方案的发电效率比较

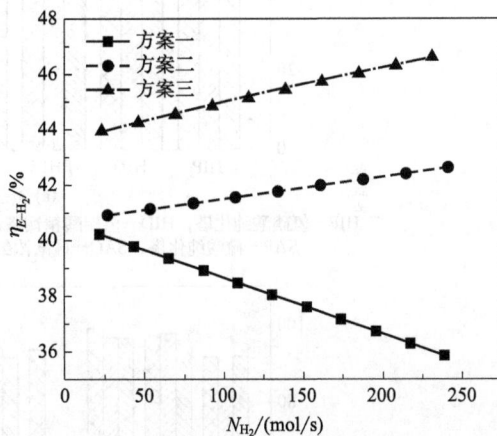

图 8-9　三种方案的氢电能量利用效率比较

三种氢、电联产系统在不同产氢率下㶲效率的比较如图 8-10 所示。三种方案的㶲效率都随产氢率的增大而减小，其中方案一㶲效率的下降更为迅速。相同产氢率下，方案三的㶲效率最高。图 8-11 和图 8-12 进一步展示了当发电与制氢的功率比 PR＝1 时，三种方案中各部件的㶲效率和㶲损失系数。三种方案中，1# 低压给水加热器都是㶲效率最低的部件，这主要是因为 1# 低压给水加热器的换热温度范围与其他换热器相比较低，其㶲损失在输入㶲中占了较大比例[6]，但是其输入㶲本身很小，因此三种方案的 1# 低压给水加热器的㶲损失系数并不大。方案一中蒸汽发生器 2 仅用于产生较低温度的蒸汽为制氢部件供给低品位热量，其㶲效率也很低。在碘硫循环制氢部件中，硫酸浓缩塔的㶲效率最低。

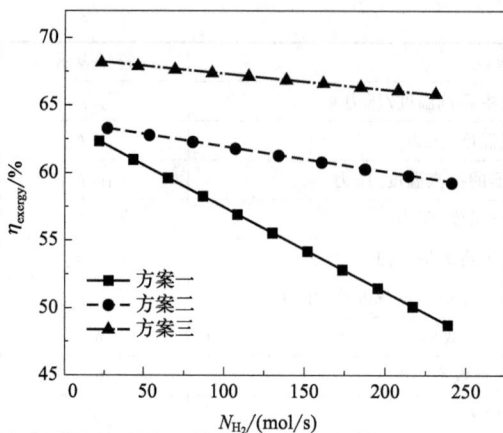

图 8-10　三种方案的㶲效率比较

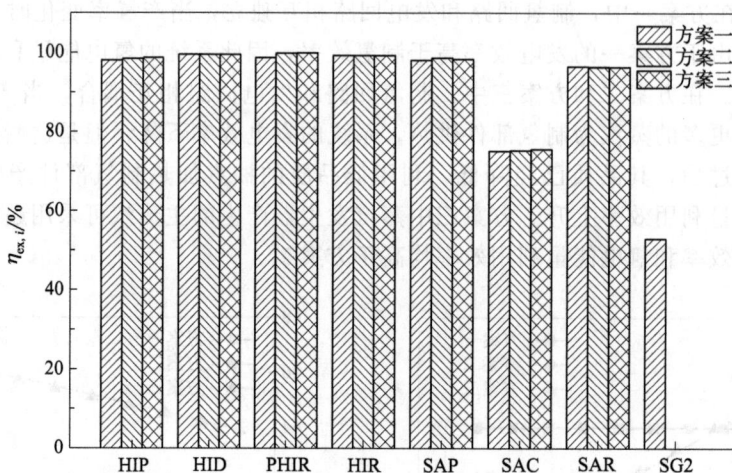

(a) 碘硫循环制氢模块部件

HIP—氢碘酸纯化塔；HID—氢碘酸精馏塔；PHIR—氢碘酸分解预热器；HIR—氢碘酸分解器；
SAP—硫酸纯化塔；SAC—硫酸浓缩塔；SAR—硫酸分解器；SG2—蒸汽发生器2

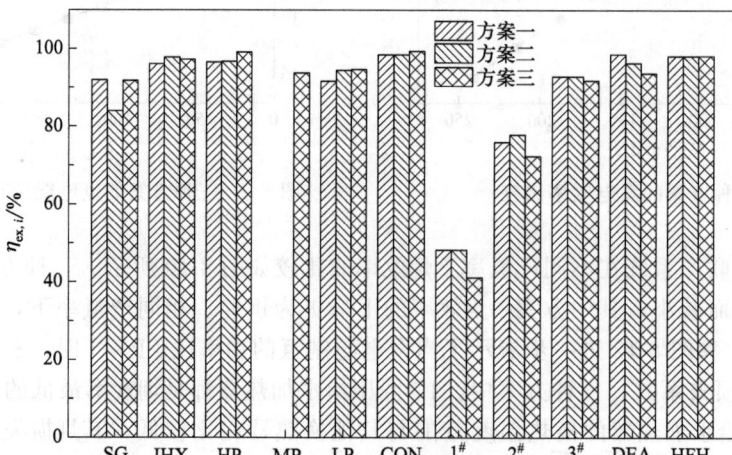

(b) 系统其他部件

SG—蒸汽发生器；IHX—中间换热器；HP—高压汽轮机；MP—中压汽轮机；LP—低压汽轮机；
CON—冷凝器；1#、2#、3#—给水加热器；DEA—除氧器；HFH—高压给水加热器

图 8-11　三种方案各部件的㶲效率

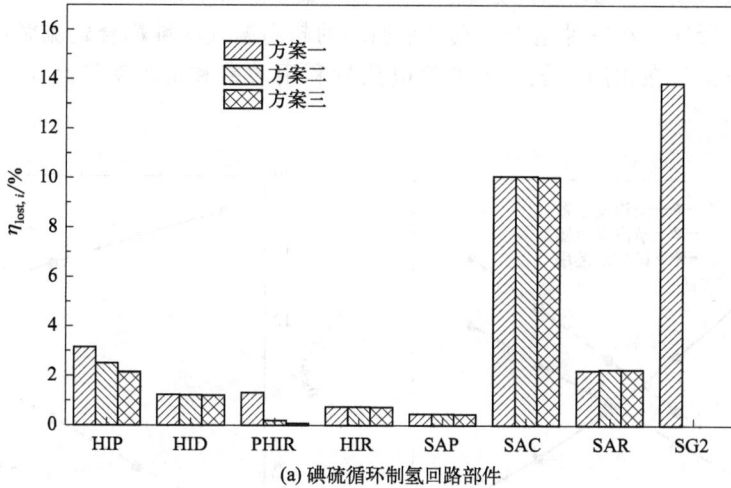

(a) 碘硫循环制氢回路部件

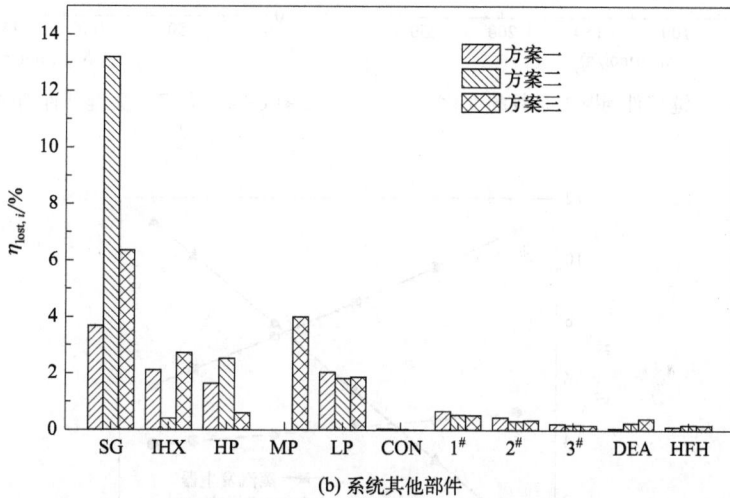

(b) 系统其他部件

图 8-12　三种方案各部件的㶲损失系数

当发电与制氢的功率比 PR＝1 时，方案一中㶲损失系数最大的部件是蒸汽发生器 2，方案二中㶲损失系数最大的部件是蒸汽发生器，方案三中㶲损失系数最大的部件是硫酸浓缩塔。三种方案中，硫酸浓缩塔都是制氢部件中㶲损失系数最大的部件，蒸汽发生器都是发电回路㶲损失系数最大的部件，方案三中发电回路的中压汽轮机的㶲损失系数也较高。三种氢、电联产系统方案中的这些关键部件的㶲损失系数随产氢率的变化分别如图 8-13～图 8-15所示。

对于方案一，当产氢率增大时，虽然发电回路的蒸汽发生器㶲损失系数减小，但是制氢回路的蒸汽发生器 2 和硫酸浓缩塔的㶲损失系数增加得更多，导致系统的㶲效率随产氢率的增大而迅速降低。类似地，对于方案二和方案三，当产氢率增大时，虽然发电回路的蒸汽发生器的㶲损失系数减小，但是制氢回路中硫酸浓缩塔的㶲损失系数增加的幅度更大，因此方案二和方案三的㶲效率也随产氢率的增大而减小。与方案二和方案三相比，方案一中还有蒸汽发生器 2，且蒸汽发生器 2 的㶲损失系数随产氢率的增大而迅速增大，因此产氢率增大时，方案一的㶲效率下降得最快。在方案三中，蒸汽发生器位于中间换热器二次侧回路，其热端温差与方案二相比更小，导致方案三的蒸汽发生器的㶲损失系数与方案二相比明显更低，且方案三中没有蒸汽发生器 2，因此方案三在三种方案中㶲效率最高。

因此，综上所述，在三种基于蒸汽透平循环的超高温气冷堆耦合碘硫循环的氢、电联产系统方案中，方案三在相同产氢率下的氢电能量利用效率和㶲效率最高，具有更优的系统性能。

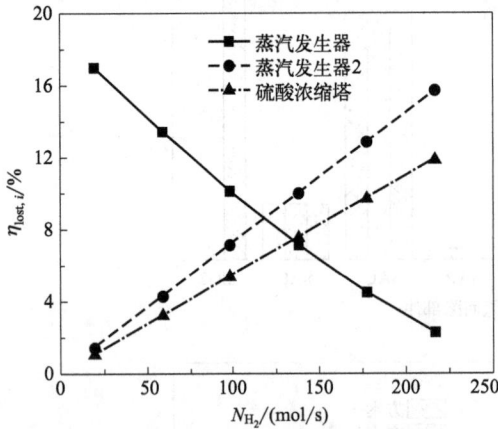

图 8-13 方案一关键部件㶲损失系数的变化

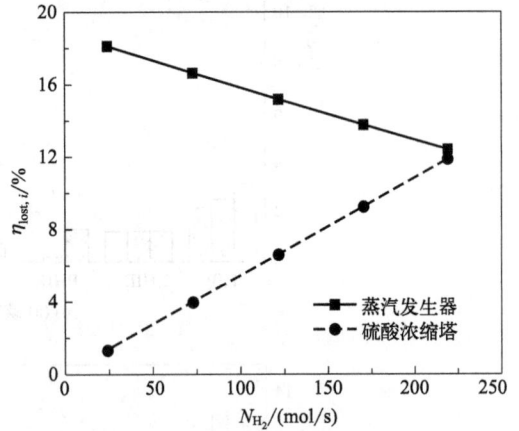

图 8-14 方案二关键部件㶲损失系数的变化

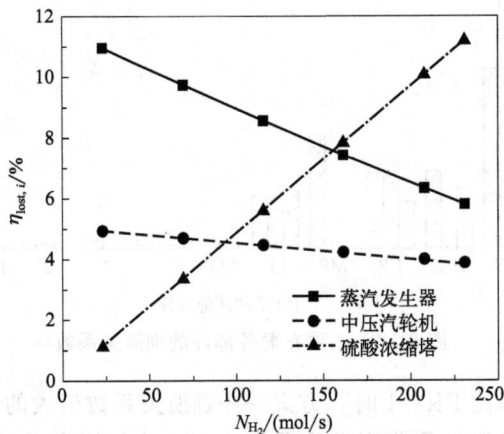

图 8-15 方案三关键部件㶲损失系数的变化

8.4.2 基于蒸汽透平循环的热、电、氢联产系统

上一节主要提出了高温气冷堆耦合制氢系统的氢、电联产方案，在实际工程应用中，由于高温气冷堆具有出口温度高的特点，而工业上对高温工艺热也有迫切的需求，因此开展高温气冷堆耦合制氢系统的热-电-氢多联产系统设计和研究具有重要的价值。本小节在上一节提出的超高温气冷堆耦合碘硫循环的氢、电联产系统方案三的基础上，在系统中增加过程热提取模块，设计了新型热、电、氢联产系统，如图 8-16 所示。过程热抽取模块会抽取部分蒸汽发生器产生的高温超临界主蒸汽，流经汽汽锅炉加热用户侧给水，产生用于供热的高温高品质蒸汽，汽汽锅炉的乏汽经过换热器换热和输送泵加压后重新成为给水进入蒸汽发生器循环。

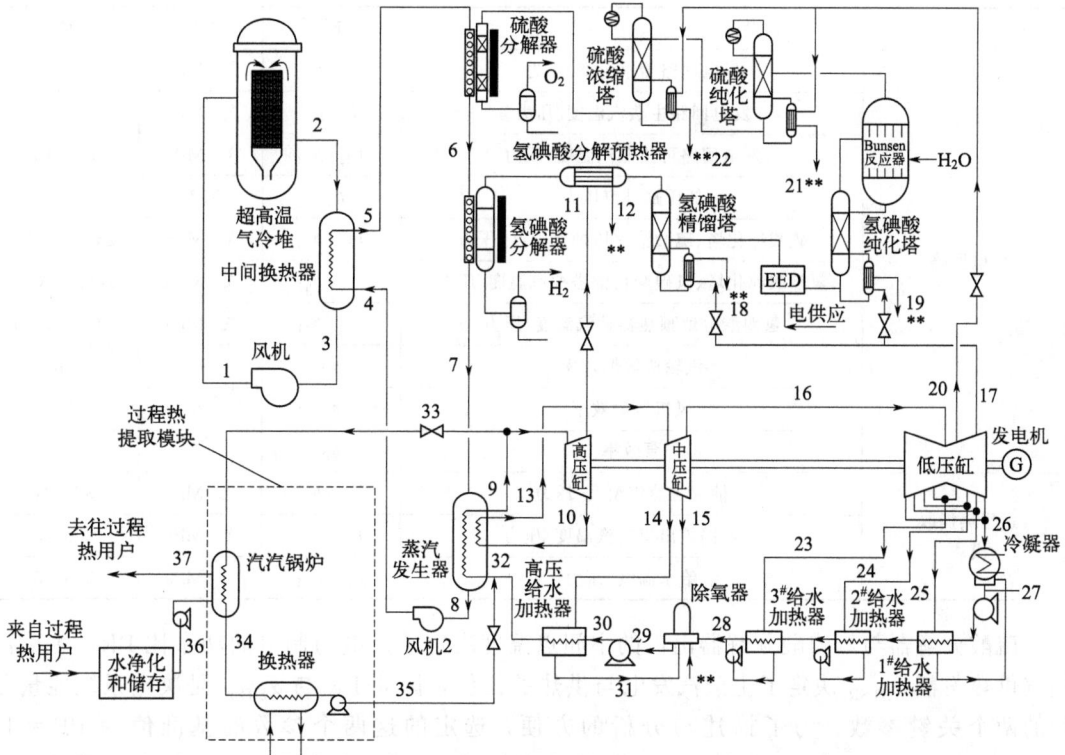

图 8-16　超高温堆耦合碘硫循环的新型热、电、氢联产系统流程图

该热、电、氢联产系统具有以下四个显著特征：一是高品位热量用于制氢的高温过程，低品位热量用于制氢的低温过程、发电与工艺热供应，可实现能量的梯级利用；二是发电回路采用超临界参数发电，提高发电效率；三是可为工业用户提供高温的高品质蒸汽，提升系统经济性；四是系统可同时输出氢气、电能与高温蒸汽，满足多样化的能源需求。

热、电、氢联产系统的主要设计参数如表 8-5 所示，一回路、中间换热器二次侧回路和发电回路的主要设计参数与表 8-4 所示的氢、电联产系统方案三相同。过程热提取模块抽取的主蒸汽为超临界参数（571℃、24MPa），汽汽锅炉出口的乏汽温度在实际中可根据工艺热用户的需求决定，在系统计算分析中取为 250℃。对于碘硫循环制氢模块，采用 37.1% 制氢效率下各部件的能耗进行系统计算分析。

表 8-5　热、电、氢联产系统主要设计参数

	参数	符号	单位	值
一回路 （反应堆回路）	反应堆热功率	Q_R	MW	250
	反应堆出口温度/压力	T_2/p_2	℃/MPa	950/7.2
	反应堆入口温度/压力	T_1/p_1	℃/MPa	250/7.3
	一回路氦气质量流量	M	kg/s	68.77
	中间换热器一次侧出口压力	p_3	MPa	7.1
中间换热器 二次侧回路	中间换热器二次侧入口温度/压力	T_4/p_4	℃/MPa	228.4/7.4
	中间换热器二次侧出口温度/压力	T_5/p_5	℃/MPa	880/7.3
	中间换热器二次侧回路氦气质量流量	M_2	kg/s	74.58

参数		符号	单位	值
发电回路	发电回路给水温度/压力	T_{32}/p_{32}	℃/MPa	206/25
	发电回路主蒸汽温度/压力	T_9/p_9	℃/MPa	571/24
	发电回路再热蒸汽温度/压力	T_{13}/p_{13}	℃/MPa	571/10
	低压缸进汽压力	p_{16}	MPa	1
	硫酸纯化塔、硫酸浓缩塔抽汽温度/压力	T_{20}/p_{20}	℃/MPa	230.7/0.75
	氢碘酸纯化塔、氢碘酸精馏塔抽汽温度/压力	T_{17}/p_{17}	℃/MPa	144.13/0.3
	氢碘酸分解预热器抽汽温度/压力	T_{11}/p_{11}	℃/MPa	435.4/10.5
	汽轮机等熵效率	η_T	%	88
	风机等熵效率	η_C	%	88
	泵效率	η_P	%	85
过程热提取模块	抽取主蒸汽温度/压力	T_{33}/p_{33}	℃/MPa	571/24
	汽汽锅炉出口乏汽温度/压力	T_{34}/p_{34}	℃/MPa	250/23
	给水温度/压力	T_{35}/p_{35}	℃/MPa	206/25

硫酸分解器与氢碘酸分解器出口的中间点温度决定了发电与制氢的功率比 PR，主蒸汽抽汽供热份额 α_{STSR} 决定了主蒸汽发电与供热的比例，因此 PR 与 α_{STSR} 是决定系统能量分配的两个关键参数。为了描述与分析的方便，选定的这两个参数的基准值为 PR＝1，α_{STSR}＝0.15，PR＝1 意味着发电与制氢的功率相等，α_{STSR} 在本研究中的研究范围设定为 0～0.3，α_{STSR}＝0.15 是中间值，需要说明的是基准值的选取不会影响热力学分析的结论。

当 α_{STSR}＝0.15 时，电氢功率比 PR 与产氢率的对应关系如图 8-17 所示，当电氢功率比减小时，产氢率增大。不同产氢率下系统的输出功率与发电效率、系统能量利用效率与㶲效率分别如图 8-18 和图 8-19 所示。当产氢率增大时，系统净输出功和汽汽锅炉热功率减小，发电回路会抽取更多蒸汽为制氢部件加热，系统发电效率下降，但是这些蒸汽已经在汽轮机中做过功，品质已经降低，利用低品质的抽汽加热制氢部件产生具有高热值的氢气，系统能量利用效率会上升。

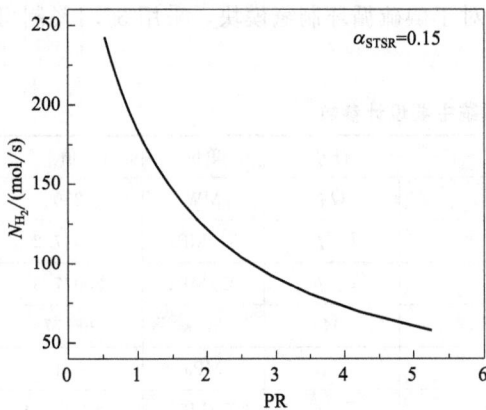

图 8-17　产氢率与电氢功率比的
对应关系

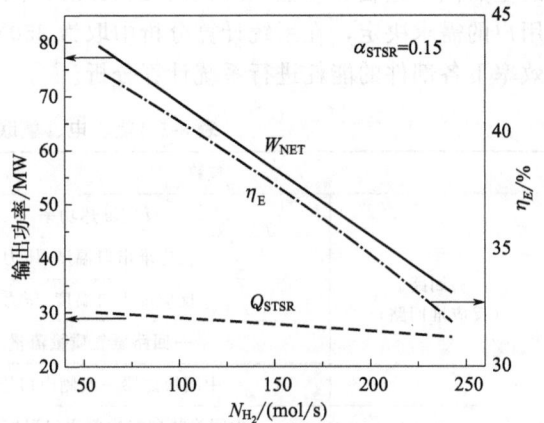

图 8-18　不同产氢率下的系统输出功率与
发电效率的对应关系

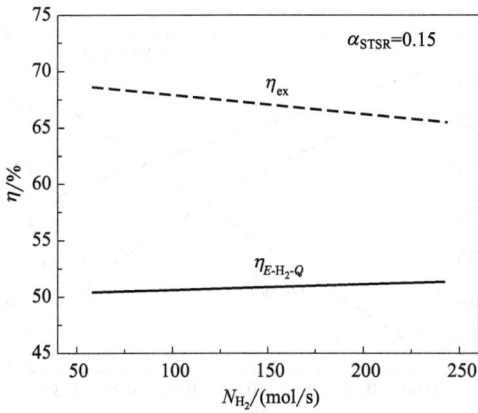

图 8-19 不同产氢率下系统能量
利用效率与㶲效率的对应关系

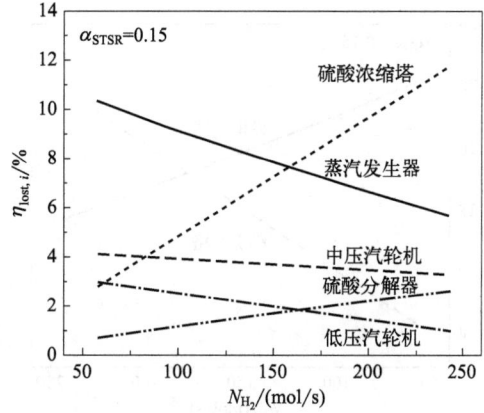

图 8-20 不同产氢率下关键部件
㶲损失系数的变化

当产氢率变化时，系统中关键部件㶲损失系数的变化如图 8-20 所示，变化幅度最大的是硫酸浓缩塔与蒸汽发生器。当产氢率增大时，如图 8-21 所示，蒸汽发生器一次侧氦气入口温度降低，热端温差减小，因此蒸汽发生器的㶲损失系数明显减小。对于硫酸浓缩塔，如图 8-22 所示，当产氢率增大时，硫酸浓缩塔进出口之间的化学㶲损失增大，导致硫酸浓缩塔的㶲损失系数显著增大。不同产氢率下，系统发电回路与制氢回路整体的㶲损失系数变化如图 8-23 所示，当产氢率增大时，虽然发电回路㶲损失系数减小，但是制氢回路㶲损失系数增大得更多，因此系统的㶲效率下降。

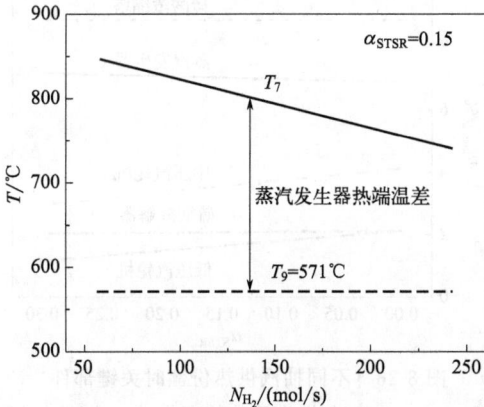

图 8-21 不同产氢率下蒸汽发生器的热端温差

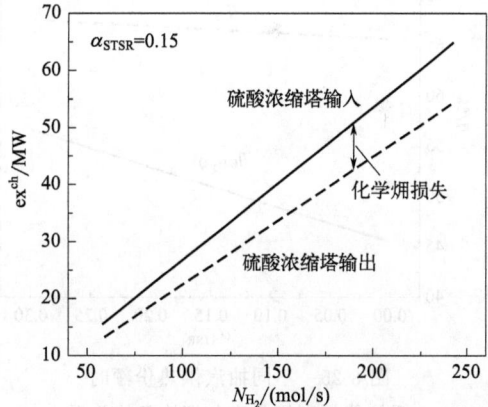

图 8-22 不同产氢率下硫酸浓缩塔的进出口化学㶲

当 PR＝1，α_{STSR}＝0.15 时系统产氢率为 183.57mol/s，接下来我们在相同产氢率下分析主蒸汽抽汽供热份额对系统热力学性能的影响。图 8-24 和图 8-25 分别展示了不同抽汽供热份额下的系统输出功率与发电效率、系统能量利用效率与㶲效率的关系。相同产氢量下，主蒸汽抽汽供热份额增大时，汽汽锅炉热功率迅速增加，系统净输出功减少。发电回路向制氢回路抽汽供热量不变，但是考虑到流向发电回路的蒸汽总量减少，因此流向制氢回路抽汽的比例上升，系统发电效率下降，但是利用更多低品质抽汽产生高热值的氢气，系统能量利用效率会上升。

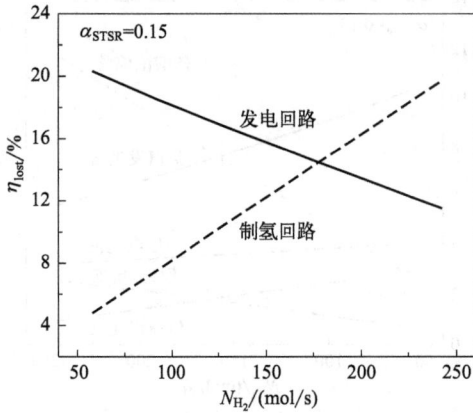

图 8-23 不同产氢率下发电回路与
制氢回路㶲损失系数的变化

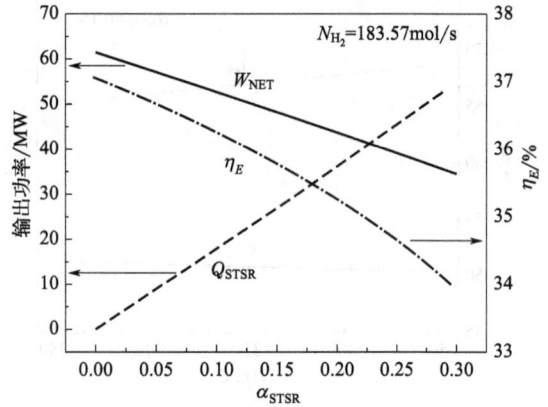

图 8-24 不同抽汽供热份额时系统输出
功率与发电效率的关系

图 8-26 和图 8-27 分别展示了相同产氢率下，不同主蒸汽抽汽供热份额时的关键部件㶲损失系数变化与发电回路㶲损失系数变化。相同产氢率下，制氢部件的㶲损失系数不变，当主蒸汽抽汽供热份额增大时，流向发电回路的蒸汽量减少，发电回路中以中压汽轮机（MP）和低压汽轮机（LP）为代表的部件㶲损失系数降低，发电回路整体㶲损失系数也降低，因此系统的㶲效率随抽汽供热份额的增大而稍有上升。

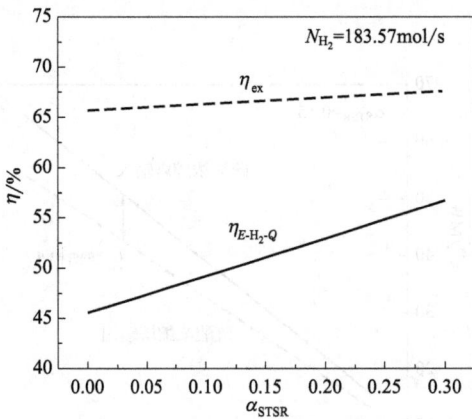

图 8-25 不同抽汽供热份额时
系统能量利用效率与㶲效率的关系

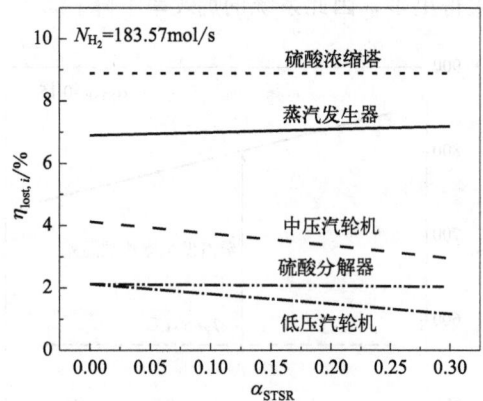

图 8-26 不同抽汽供热份额时关键部件
㶲损失系数的变化

当 $PR=1$，$\alpha_{STSR}=0.15$ 时系统在以 183.57mol/s 的速率产氢，系统的净输出功为 48.24MW，汽汽锅炉的热功率为 26.92MW，系统的能量利用效率与㶲效率分别为 51.05% 和 66.62%。系统中各个部件的㶲效率与㶲损失系数如图 8-28 和图 8-29 所示，其中 1# 给水加热器的㶲效率最低（41.16%），在制氢部件中㶲效率最低的是硫酸浓缩塔（75.51%）。在㶲损失系数方面，硫酸浓缩塔的㶲损失系数最大（8.89%），其次为蒸汽发生器（7.04%），它们是提升系统热力学性能的关键部件。

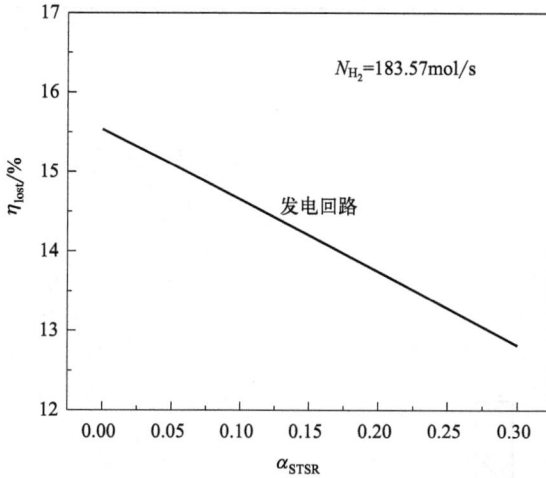

图 8-27 不同抽汽供热份额时发电回路㶲损失系数的变化

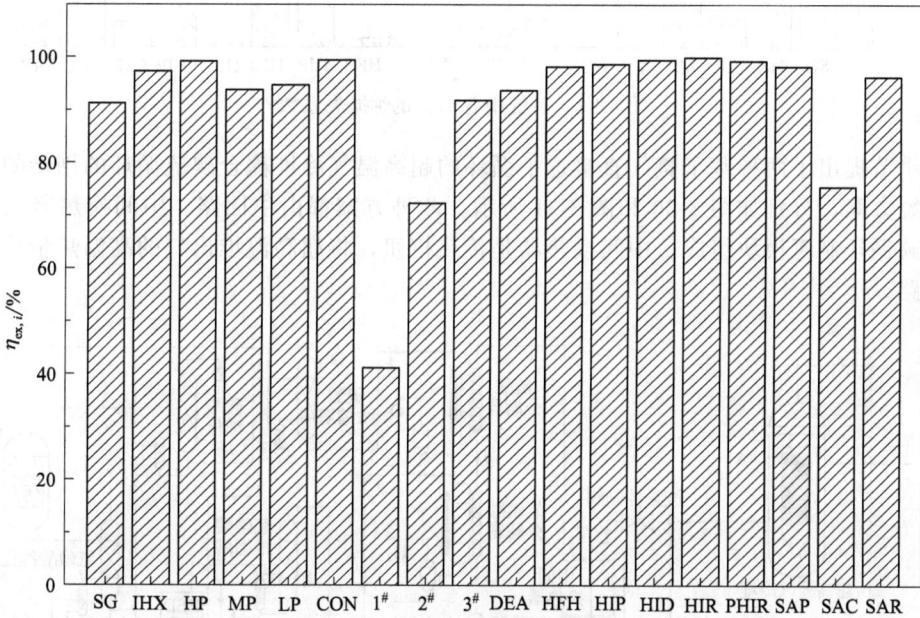

图 8-28 系统中各部件的㶲效率

8.4.3 基于氦气透平循环的氢、电联产系统

上两节中提出的超高温气冷堆耦合碘硫循环的氢、电联产和热、电、氢联产系统中都采用蒸汽透平循环发电，蒸汽透平循环由于受工质温度和压力的限制，不能充分发挥超高温气冷堆的高温优势，循环效率难以进一步提高。

氦气直接透平循环是利用超高温堆堆芯出口的高温高压氦气直接推动气体透平发电的一种循环方式，不仅结构更加紧凑简单，而且可以更加充分地利用超高温气冷堆的高温热量以更高的循环效率发电。因此，氦气直接透平循环可作为新型氢、电联产系统中发电回路的极有前景的选择。

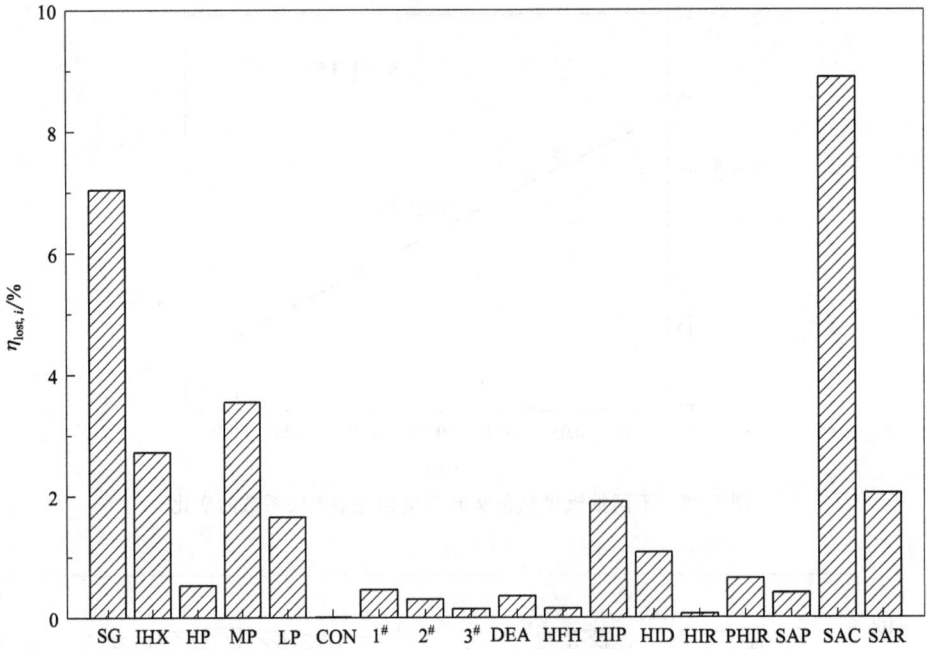

图 8-29 系统中各部件的㶲损失系数

本小节提出了两种基于氦气直接透平循环的超高温气冷堆耦合碘硫循环的创新的氢、电联产系统方案，分别如图 8-30 和图 8-31 所示。两种方案都由主回路、中间换热器二次侧回路和碘硫循环制氢模块组成。中间换热器是传热枢纽，将超高温堆出口的高温热量传递给二次侧回路。

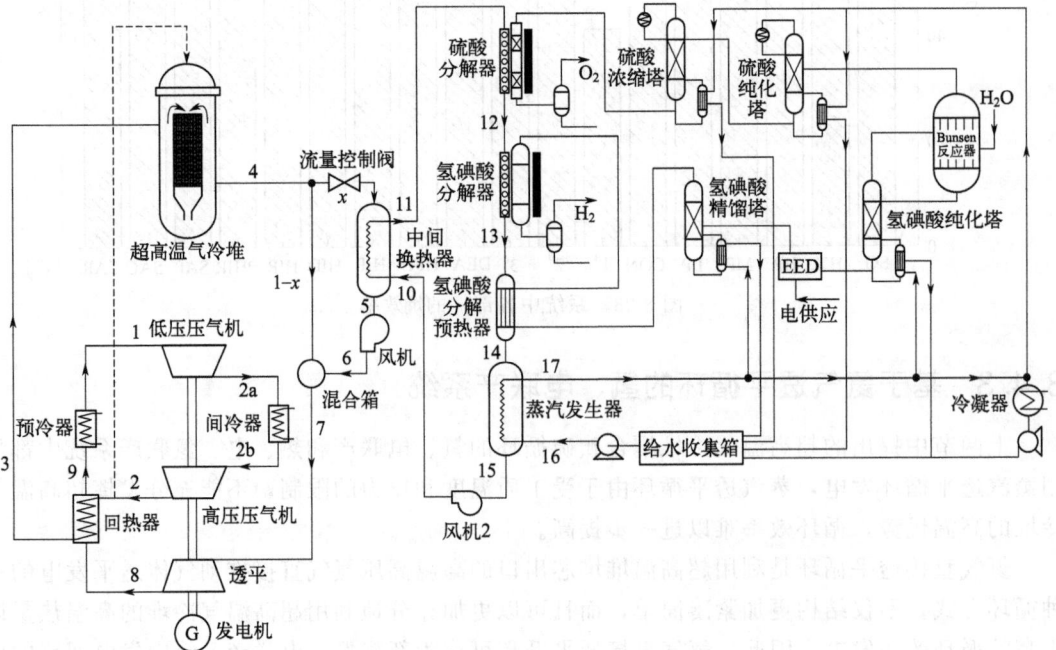

图 8-30 基于氦气直接透平循环的氢、电联产系统方案一示意图

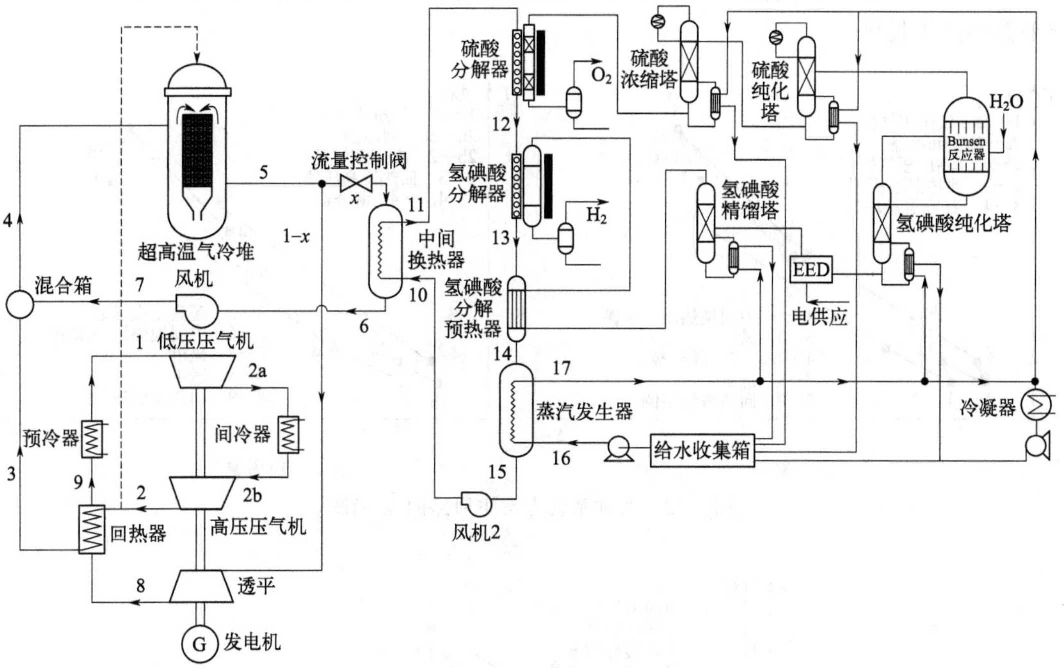

图 8-31　基于氦气直接透平循环的氢、电联产系统方案二示意图

在两种方案的主回路中，超高温堆出口的氦气都分为两股分支，一股氦气流向中间换热器，将热量传递给二次侧氦气，然后流经风机。通过控制质量流量比，可以控制流向中间换热器的氦气的质量流量，从而控制中间换热器的热功率和产氢率。另一股分支的氦气在两种方案中的流向不同：在方案一中，另一股氦气与流经中间换热器和风机的氦气在混合箱中混合，然后进入透平，经历氦气透平循环的系列子过程，最后返回到超高温堆入口处；在方案二中，另一股氦气直接流向透平经历氦气透平循环，回热器高压侧出口的氦气再与流经中间换热器和风机的氦气在混合箱中混合，最后混合后的氦气流向超高温堆入口处。

在这样的系统设计布置下，方案一中主回路所有的氦气都经历了氦气透平循环，但是透平入口温度会受分流的质量流量比的影响；方案二中主回路只有部分氦气经历氦气透平循环，但是透平入口温度不受质量流量比的影响，保持恒定。

两种方案主回路的温-熵（T-S）图如图 8-32 所示。对于氦气直接透平循环，氦气进入透平通过气体膨胀做功，透平在带动压气机组（低、高压压气机）压缩氦气循环的同时带动发电机发电。透平的尾气仍然具有较高温度，经过回热器低压侧，将热量传递给高压侧氦气，降至较低温度，然后经过预冷器降至更低温度，再流经带有中间冷却器（间冷器）的压气机组被压缩至高压状态。高压氦气经回热器高压侧后被加热至接近透平排气温度，然后进入超高温堆堆芯被加热，完成一个完整的循环。氦气透平循环虽然循环效率高，但是反应堆入口温度通常也较高，因此从高压压气机出口抽取小部分氦气分流去冷却反应堆压力壳。

两方案中间换热器二次侧回路的温-熵（T-S）图如图 8-33 所示。在中间换热器二次侧回路中，硫酸分解器、氢碘酸分解器、氢碘酸分解预热器、蒸汽发生器依次连接。中间换热器二次侧的氦气在中间换热器中吸热，然后流经硫酸分解器、氢碘酸分解器、氢碘酸分解预热器提供高品位的热量，然后流经蒸汽发生器加热给水产生蒸汽，蒸汽为其他制氢部件提供较低品位的热量。蒸汽发生器一次侧出口氦气流经风机 2，然后返回中间换热器，完成一个循环过程。碘硫循环制氢模块的电渗析（EED）部件需要消耗电能，这部分电能可由氦气透平循环产生提供。

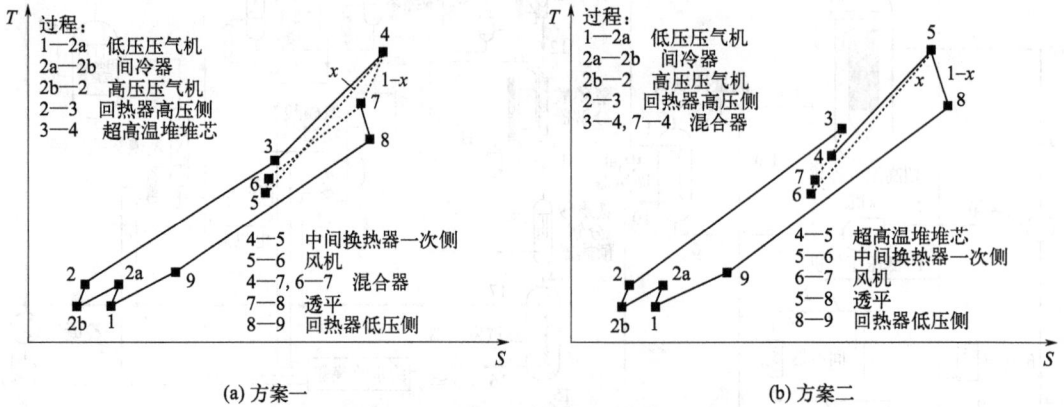

(a) 方案一   (b) 方案二

图 8-32　两种系统方案主回路的温-熵图

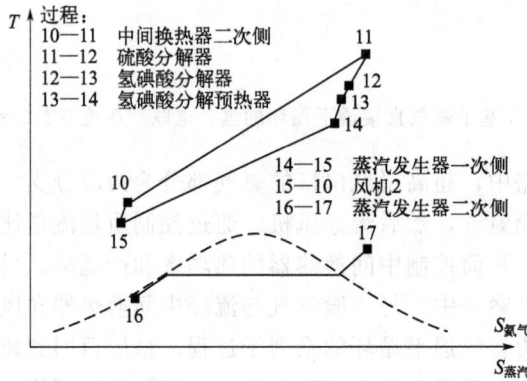

图 8-33　两种系统方案中间换热器二次侧回路的温-熵图

两种系统方案的主要设计参数如表 8-6 所示，超高温堆的热功率为 250MW[3]，反应堆出口温度为 950℃。主回路中高压压气机出口的氦气压力最大，最大压力设计为 7.15MPa[7]，低压和高压压气机入口温度为 26℃[7]，氦气透平循环的总压力损失系数为 5%[8]，从高压压气机出口分流去冷却反应堆压力壳的氦气的质量流量占主回路质量流量的 0.5%[7]。中间换热器二次侧氦气出口温度为 880℃，二次侧氦气入口温度为 350℃，一次侧氦气出口温度为 400℃[4]。

表 8-6　两种基于氦气透平循环的氢、电联产系统的主要设计参数

参数	符号	单位	值
反应堆热功率	Q_R	MW	250
反应堆入口压力	p_3/p_4[①]	MPa	7.1
反应堆出口温度	T_4/T_5[①]	℃	950
反应堆出口压力	p_4/p_5[①]	MPa	6.95
高压压气机出口压力	p_2	MPa	7.15
低压/高压压气机入口温度	T_1/T_{2b}	℃	26

参数	符号	单位	值
中间换热器一次侧氦气出口温度	T_5/T_6[①]	℃	400
中间换热器一次侧氦气出口压力	p_5/p_6[①]	MPa	6.85
氦气透平循环总压力损失系数	ξ	%	5
高压压气机出口分流冷却反应堆压力壳的质量流量率	β	%	0.5
中间换热器二次侧氦气入口温度	T_{10}	℃	350
中间换热器二次侧氦气入口压力	p_{10}	MPa	7.2
中间换热器二次侧氦气出口温度	T_{11}	℃	880
中间换热器二次侧氦气出口压力	p_{11}	MPa	7.1
蒸汽发生器给水温度	T_{16}	℃	210
蒸汽发生器给水压力	p_{16}	MPa	2.0
蒸汽发生器产生蒸汽温度	T_{17}	℃	300
蒸汽发生器产生蒸汽压力	p_{17}	MPa	1.9
透平等熵效率	η_T	%	89
压气机等熵效率	η_C	%	88
风机等熵效率	η_{Cir}	%	90

① 前者为方案一的符号，后者为方案二的符号。

除了表 8-6 所示的主要设计参数外，系统中有 4 个关键参数会对系统性能产生重要影响，分别是质量流量比、总压比、回热度、制氢效率，表 8-7 列出了这些关键参数的研究范围或研究值。

表 8-7 四个关键参数及其研究范围（值）

关键参数	符号	研究范围（值）
质量流量比	x	0～1
总压比	γ	1.8～3.0
回热度	α	0.86,0.89,0.92,0.95
制氢效率	η_{IS}	30.0%,33.1%,35.5%,37.1%

质量流量比表示主回路中分流流向中间换热器的氦气的质量流量与超高温堆出口处氦气的质量流量之比，见下式：

$$x=\frac{m_{IHX}}{m_{VHTR}} \tag{8-20}$$

总压比表示高压压气机出口压力与低压压气机入口压力之比。参考目前氦气透平的设计与制造经验，总压比一般限定在 3.0 以内[7]。计算公式如下：

$$\gamma=\frac{p_2}{p_1} \tag{8-21}$$

回热度表示回热器中实际回收利用的热量与理想的最大可回收热量之比。根据国内外经验，回热度最大研究值设计为 0.95[7]。计算公式如下：

$$\alpha=\frac{T_3-T_2}{T_8-T_2}=\begin{cases}\dfrac{T_8-T_9}{(T_8-T_2)(1-\beta)} & \text{方案一}\\[3mm]\dfrac{(T_8-T_9)(1-x)}{(T_8-T_2)(1-x-\beta)} & \text{方案二}\end{cases}\tag{8-22}$$

碘硫循环制氢效率的一般定义式为：

$$\eta_{\mathrm{IS}}=\frac{N_{\mathrm{H}_2}\Delta H_{\mathrm{HHV}}}{Q_{\mathrm{IS}}+\dfrac{W_{\mathrm{IS}}}{\eta_{\mathrm{E}}}}\tag{8-23}$$

式中，N_{H_2} 表示产氢率；ΔH_{HHV} 表示氢气的高位热值，286kJ/mol H_2；Q_{IS} 和 W_{IS} 分别代表碘硫循环制氢过程消耗的热量和功；η_{E} 表示发电效率。37.1%、35.5%、33.1%、30.0%分别对应设计有换热网络且夹点温差为5℃、10℃、15℃、20℃时的碘硫循环流程的制氢效率。

反应堆入口温度也是系统中需要关注的一个重要参数。为了反应堆运行安全，反应堆入口温度不宜超过550℃[7,8]，这作为后续参数优化的限制条件之一。

本小节采用能量分析和㶲分析的方法对两系统进行热力学分析，假设系统在稳态下运行，除了预冷器和间冷器外，忽略其他换热器向外界环境的散热。根据热力学第一定律得出的两系统方案主要部件的能量守恒方程分别如表8-8和表8-9所示，其中 m、m' 和 m'' 分别表示主回路氦气质量流量、中间换热器二次侧回路质量流量和蒸汽发生器给水的质量流量。氦气的绝热因子 $\varphi=0.4$，γ_{L} 和 γ_{H} 分别为低压和高压压气机的压比，π 为透平的膨胀比。

表 8-8　方案一主要部件的能量守恒方程

部件	能量守恒方程
超高温气冷堆	$Q_{\mathrm{R}}=(1-\beta m)(h_4-h_3)+\beta m(h_4-h_2)$
中间换热器	$Q_{\mathrm{IHX}}=xm(h_4-h_5)=m'(h_{11}-h_{10})$
风机	$W_{\mathrm{Cir}}=xm(h_6-h_5)=xm(h_{6,\mathrm{is}}-h_5)/\eta_{\mathrm{Cir}}$
混合箱	$(1-x)mh_4+xmh_6=mh_7$
透平	$W_{\mathrm{T}}=m(h_7-h_8)=mh_7(1-\pi^{-\varphi})\eta_{\mathrm{T}}$
回热器	$Q_{\mathrm{Rec}}=m(h_8-h_9)=m\alpha(1-\beta)(h_8-h_2)$
预冷器	$Q_{\mathrm{Pre}}=m(h_9-h_1)$
低压压气机	$W_{\mathrm{LC}}=m(h_{2a}-h_1)=mh_1(\gamma_{\mathrm{L}}^{\varphi}-1)/\eta_{\mathrm{C}}$
间冷器	$Q_{\mathrm{Inter}}=m(h_{2a}-h_{2b})$
高压压气机	$W_{\mathrm{HC}}=m(h_2-h_{2b})=mh_{2b}(\gamma_{\mathrm{H}}^{\varphi}-1)/\eta_{\mathrm{C}}$
硫酸分解器	$Q_{\mathrm{SAR}}=m'(h_{11}-h_{12})$
氢碘酸分解器	$Q_{\mathrm{HIR}}=m'(h_{12}-h_{13})$
氢碘酸分解预热器	$Q_{\mathrm{PHIR}}=m'(h_{13}-h_{14})$
蒸汽发生器	$Q_{\mathrm{SG}}=m'(h_{14}-h_{15})=m''(h_{17}-h_{16})$
风机2	$W_{\mathrm{Cir2}}=m'(h_{10}-h_{15})=m'(h_{10,\mathrm{is}}-h_{15})/\eta_{\mathrm{Cir}}$

表 8-9　方案二主要部件的能量守恒方程

部件	能量守恒方程
超高温气冷堆	$Q_{\mathrm{R}}=(1-\beta)m(h_5-h_4)+\beta m(h_5-h_2)$
中间换热器	$Q_{\mathrm{IHX}}=xm(h_5-h_6)=m'(h_{11}-h_{10})$
风机	$W_{\mathrm{Cir}}=xm(h_7-h_6)=xm(h_{7,\mathrm{is}}-h_6)/\eta_{\mathrm{Cir}}$
混合箱	$(1-x-\beta)mh_3+xmh_7=(1-\beta)mh_4$

部件	能量守恒方程
透平	$W_T = (1-x)m(h_5 - h_8) = (1-x)mh_5(1-\pi^{-\varphi})\eta_T$
回热器	$Q_{Rec} = (1-x)m(h_8 - h_9) = (1-x-\beta)m\alpha(h_8 - h_2)$
预冷器	$Q_{Pre} = (1-x)m(h_9 - h_1)$
低压压气机	$W_{LC} = (1-x)m(h_{2a} - h_1) = (1-x)mh_1(\gamma_L^{\varphi} - 1)/\eta_C$
间冷器	$Q_{Inter} = (1-x)m(h_{2a} - h_{2b})$
高压压气机	$W_{HC} = (1-x)m(h_2 - h_{2b}) = (1-x)mh_{2b}(\gamma_H^{\varphi} - 1)/\eta_C$
硫酸分解器	$Q_{SAR} = m'(h_{11} - h_{12})$
氢碘酸分解器	$Q_{HIR} = m'(h_{12} - h_{13})$
氢碘酸分解预热器	$Q_{PHIR} = m'(h_{13} - h_{14})$
蒸汽发生器	$Q_{SG} = m'(h_{14} - h_{15}) = m''(h_{17} - h_{16})$
风机 2	$W_{Cir2} = m'(h_{10} - h_{15}) = m'(h_{10,is} - h_{15})/\eta_{Cir}$

低压和高压压气机的压比 γ_L 和 γ_H 以及透平膨胀比 π 与总压比 γ 的关系可根据主回路的压力平衡推导如下,其中 ξ_{i-j} 表示状态点 i 到 j 的压力损失系数。

$$\gamma_L = \gamma_H = \frac{\xi_{2a-2b}}{2}\gamma + \sqrt{\gamma + \frac{\xi_{2a-2b}^2 \gamma^2}{4}} \tag{8-24}$$

$$\pi = \begin{cases} \dfrac{1-(\xi_{2-3} + \xi_{3-4})}{\dfrac{1}{\gamma} + (\xi_{8-9} + \xi_{9-1})} & \text{方案一} \\[4mm] \dfrac{1-(\xi_{2-3} + \xi_{4-5})}{\dfrac{1}{\gamma} + (\xi_{8-9} + \xi_{9-1})} & \text{方案二} \end{cases} \tag{8-25}$$

氦气透平循环的净输出功和输入热量分别为:

$$W_{net,Brayton} = W_T - W_{LC} - W_{HC} \tag{8-26}$$

$$Q_{input,Brayton} = \begin{cases} m(1-\beta)(h_7 - h_3) + m\beta(h_7 - h_2) & \text{方案一} \\ m(1-x-\beta)(h_5 - h_3) + m\beta(h_5 - h_2) & \text{方案二} \end{cases} \tag{8-27}$$

氦气透平循环的循环效率定义为净输出功与输入热量之比:

$$\eta_{cycle} = \frac{W_{net,Brayton}}{Q_{input,Brayton}} \tag{8-28}$$

系统净输出功计算如下。当系统净输出功小于 0 时,意味着系统需要外部电源供应。

$$W_{NET} = W_T - W_{LC} - W_{HC} - W_{Cir} - W_{Cir2} - W_{EED} \tag{8-29}$$

系统的氢电效率和㶲效率的计算公式如下。氢电效率表示产氢率乘以氢气的高位热值和系统净输出功之和与反应堆热功率之比;㶲效率表示产氢率乘以氢气标准化学㶲和系统净输出功之和与反应堆输出热量㶲之比。

$$\eta_{E-H_2} = \frac{N_{H_2} \Delta H_{HHV} + W_{NET}}{Q_R} \tag{8-30}$$

$$\eta_{exergy} = \frac{N_{H_2} ex_{H_2}^{ch} + W_{NET}}{Ex_{Q,R}} \tag{8-31}$$

考虑到希望系统同时输出氢气与电能，因此指定只有当系统净输出功非负时，由上式计算的系统氢电效率和㶲效率有效[4]。

基于上述系统设计、参数设置与建立的热力学模型对两系统进行热力学分析，首先分析四个关键参数对系统性能的影响，然后在一定约束条件下讨论这些关键参数的优化组合，最后比较两系统的热力学性能。

质量流量比对两系统性能的影响分别如图 8-34 和图 8-35 所示。对于方案一，当质量流量比增加时，反应堆出口更大比例的氦气流向中间换热器，透平入口温度降低，反应堆入口温度也随之降低。在恒定的反应堆热功率和反应堆出口温度下，反应堆进出口温差增大，主回路质量流量减小，但是流向中间换热器的氦气的质量流量因为质量流量比增大而增大，将热量传递给中间换热器二次侧回路和碘硫循环制氢模块，所以中间换热器的热功率与产氢率增大。当主回路质量流量减少且透平入口温度降低时，透平膨胀做功减少，而产氢量增大时电渗析部件耗功增加，因此系统的净输出功减少。另外，透平入口温度是影响循环效率的关键参数，透平入口温度降低会导致循环效率显著降低，系统氢电效率和㶲效率都随之降低。

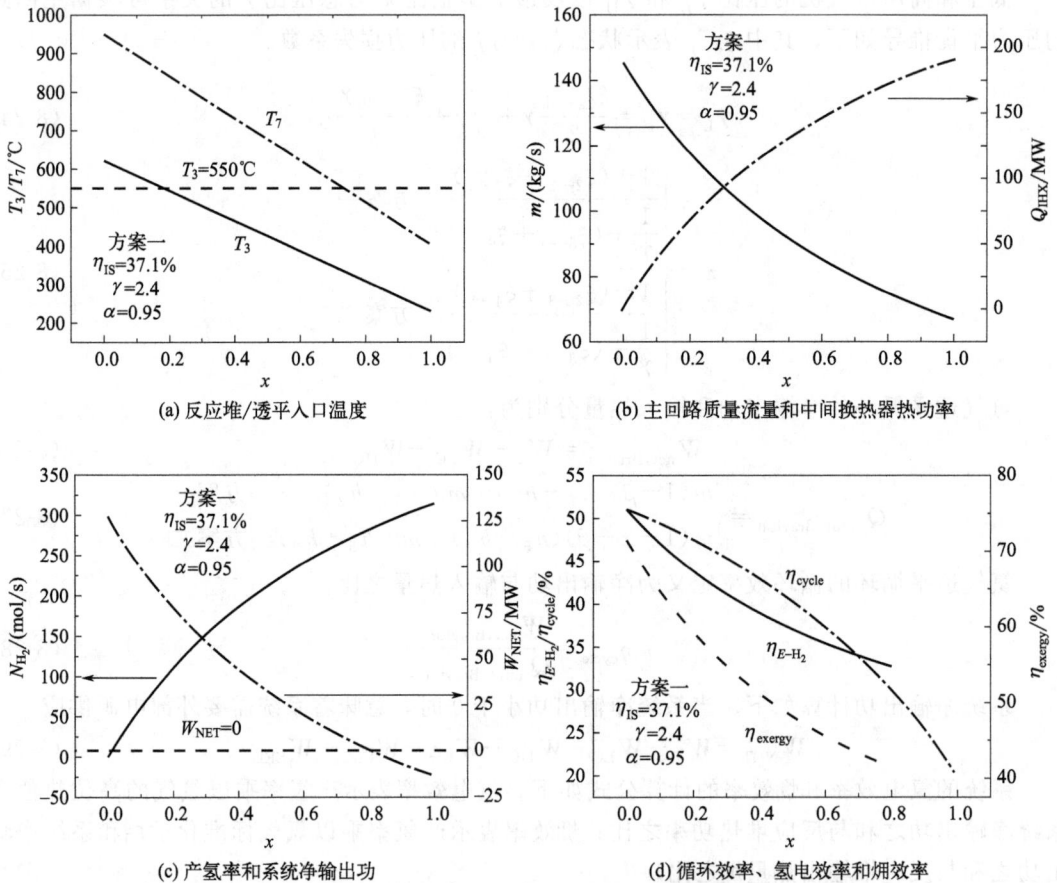

(a) 反应堆/透平入口温度

(b) 主回路质量流量和中间换热器热功率

(c) 产氢率和系统净输出功

(d) 循环效率、氢电效率和㶲效率

图 8-34　质量流量比对方案一系统性能的影响

对于方案二，透平入口温度始终等于反应堆出口温度 950℃。当质量流量比增加时，反应堆出口更大比例的氦气流向中间换热器，并与来自回热器高压侧出口的氦气在反应堆入口前的混合箱中混合，反应堆入口温度降低，主回路质量流量也因此减少。与方案

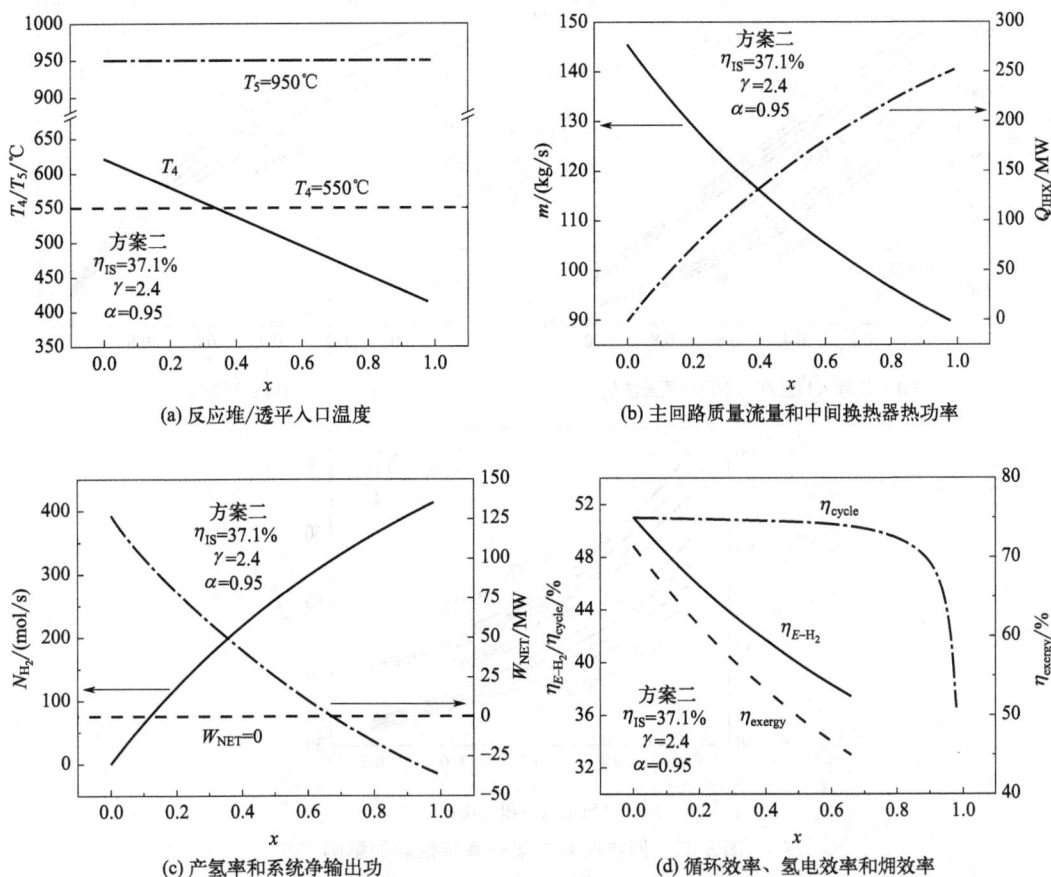

图 8-35 质量流量比对方案二系统性能的影响

一相同，当质量流量比增大时，中间换热器的热功率与产氢量增大，系统净输出功减少。当质量流量比增大时，流经氦气透平循环模块的氦气质量流量减少，而从高压压气机出口分流去冷却反应堆压力壳的氦气的质量流量保持为主回路质量流量的 0.5%，因此这部分分流氦气的质量流量在流经氦气透平循环的氦气质量流量中的占比缓慢增大，而这部分氦气没有被回热器加热，因此循环热效率随着质量流量比的增大而降低。当质量流量比较小时，循环效率缓慢下降；当质量流量比较大时，这股分流对循环效率的影响更加突出，循环效率迅速下降。当质量流量比小于 0.9 时，循环效率都超过 47.6%，这显著高于 37.1% 的碘硫循环制氢效率，因此当质量流量比增大时产氢率增大，系统的氢电效率和㶲效率都迅速下降。

不同质量流量比下回热度对两系统性能的影响分别如图 8-36 和图 8-37 所示。对于方案一和方案二，在某一质量流量比下，当回热度增大时，高压压气机出口氦气在回热器中吸收更多热量，反应堆入口温度升高，在恒定的反应堆热功率和反应堆出口温度下，主回路氦气的质量流量增加。在某一质量流量比下，随着主回路氦气质量流量的增加，产氢率和系统净输出功都会增加。另外，当回热度增大时，预冷器入口温度降低，通过预冷器向外界环境释放的热量减少。因此，回热度增大时，循环效率、氢电效率和㶲效率都会增大。当质量流量比增大时，流经氦气透平循环模块的氦气的质量流量显著减少，导致回热器对系统性能的影响会减弱。在较大的质量流量比下，不同回热度对应的系统性能十分接近。

(a) 反应堆入口温度和主回路质量流量

(b) 循环效率

(c) 氢电效率和㶲效率

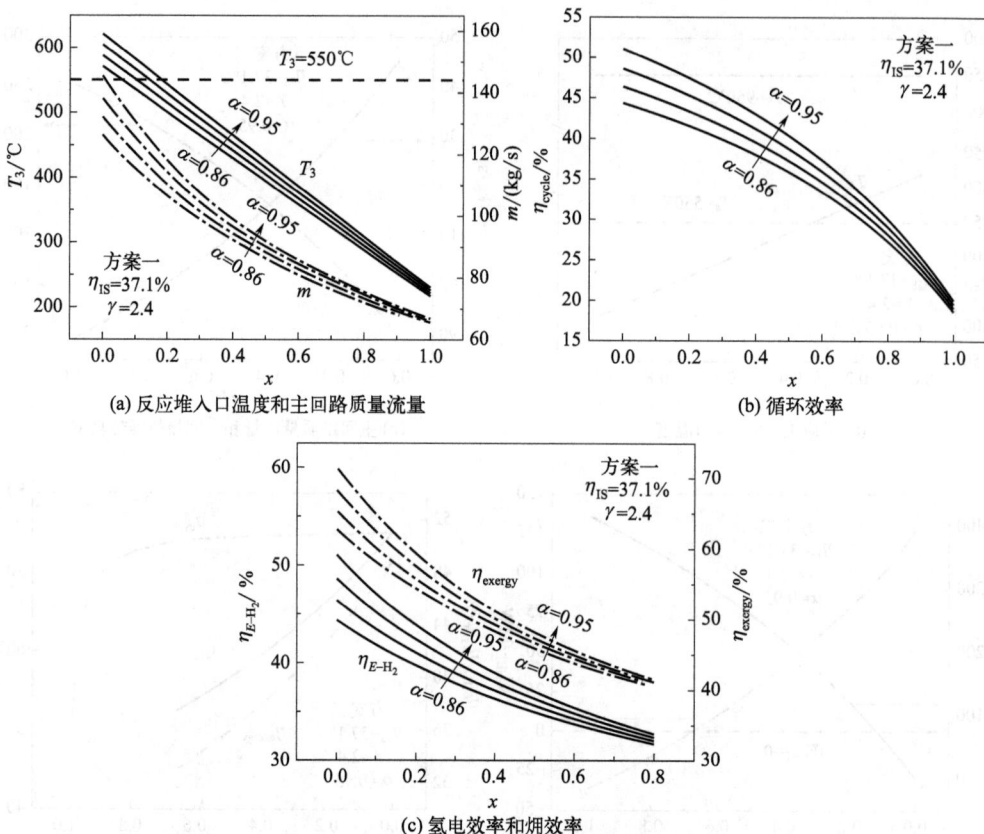

图 8-36　回热度对方案一系统性能的影响

　　不同质量流量比下制氢效率对两系统性能的影响分别如图 8-38 和图 8-39 所示。对于方案一和方案二，在某一质量流量比下，中间换热器传递给二次侧回路和碘硫循环制氢模块的热量是一定的。先前碘硫循环过程模拟和优化的研究表明：当制氢效率提高时，碘硫循环过程的耗热量显著下降，而耗电量由于废热回收的减少而稍有上升。因此，在相同的热量输入下，制氢效率增大时，产氢率显著上升，系统净输出功会稍有降低，系统氢电效率和㶲效率也会增大。当质量流量比增大时，反应堆出口更多氦气流向中间换热器，将更多热量传递给碘硫循环制氢模块，这时制氢效率对系统性能的影响增大。

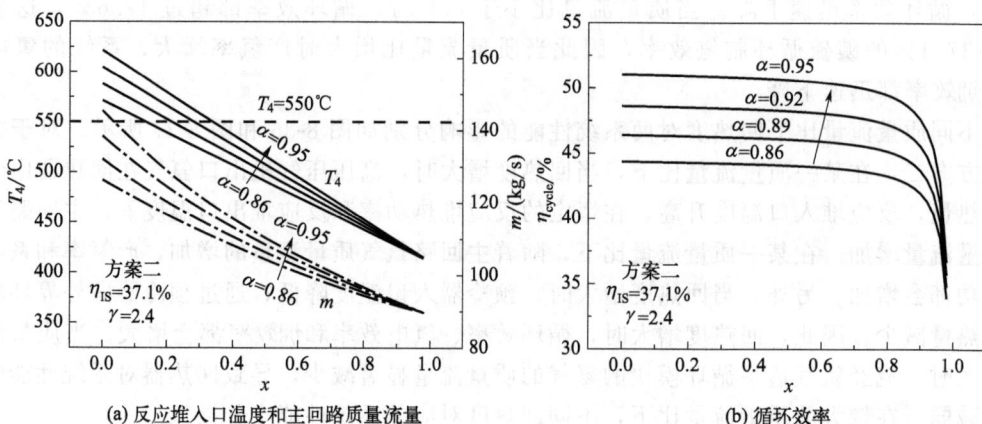

(a) 反应堆入口温度和主回路质量流量

(b) 循环效率

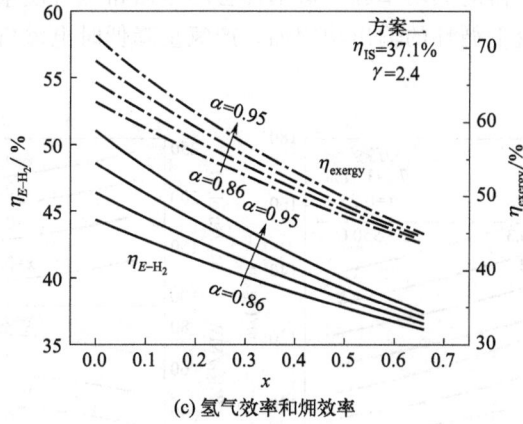

(c) 氢气效率和㶲效率

图 8-37　回热度对方案二系统性能的影响

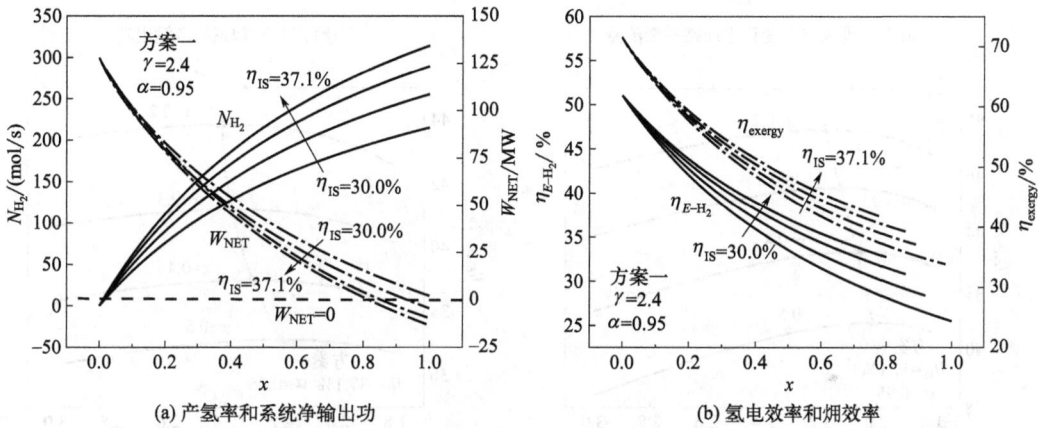

(a) 产氢率和系统净输出功

(b) 氢电效率和㶲效率

图 8-38　制氢效率对方案一系统性能的影响

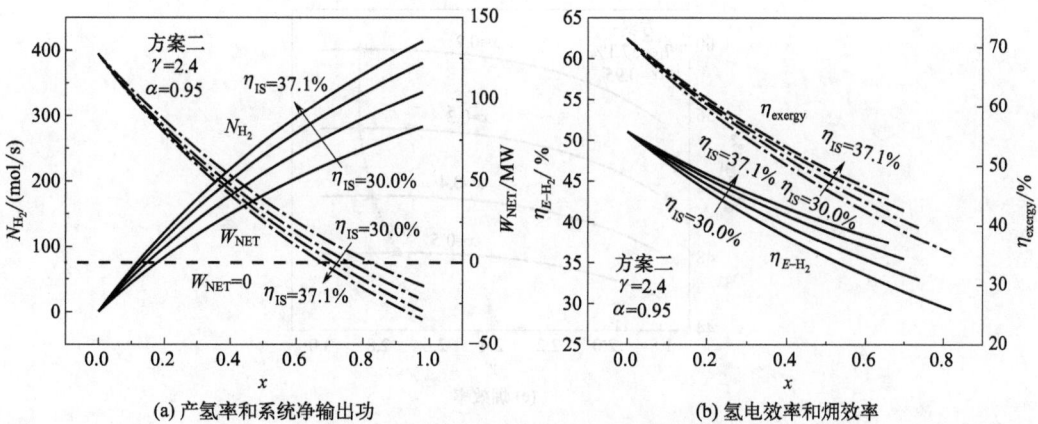

(a) 产氢率和系统净输出功

(b) 氢电效率和㶲效率

图 8-39　制氢效率对方案二系统性能的影响

　　几种质量流量比下总压比对两系统性能的影响分别如图 8-40 和图 8-41 所示。对于方案一和方案二，在某一质量流量比下，透平入口温度一定，氦气透平循环总压比增大时，膨胀比也会增大，透平的排气温度降低，导致反应堆入口温度和主回路氦气质量流量降低。相同质量流量比下，中间换热器的热功率和产氢率都会随主回路氦气质量流量的降低而降低。透平膨胀比增大时，氦气透平循环的输出功增加，产氢量降低时电渗析部件耗功减少，因此系统的净输出功增大。

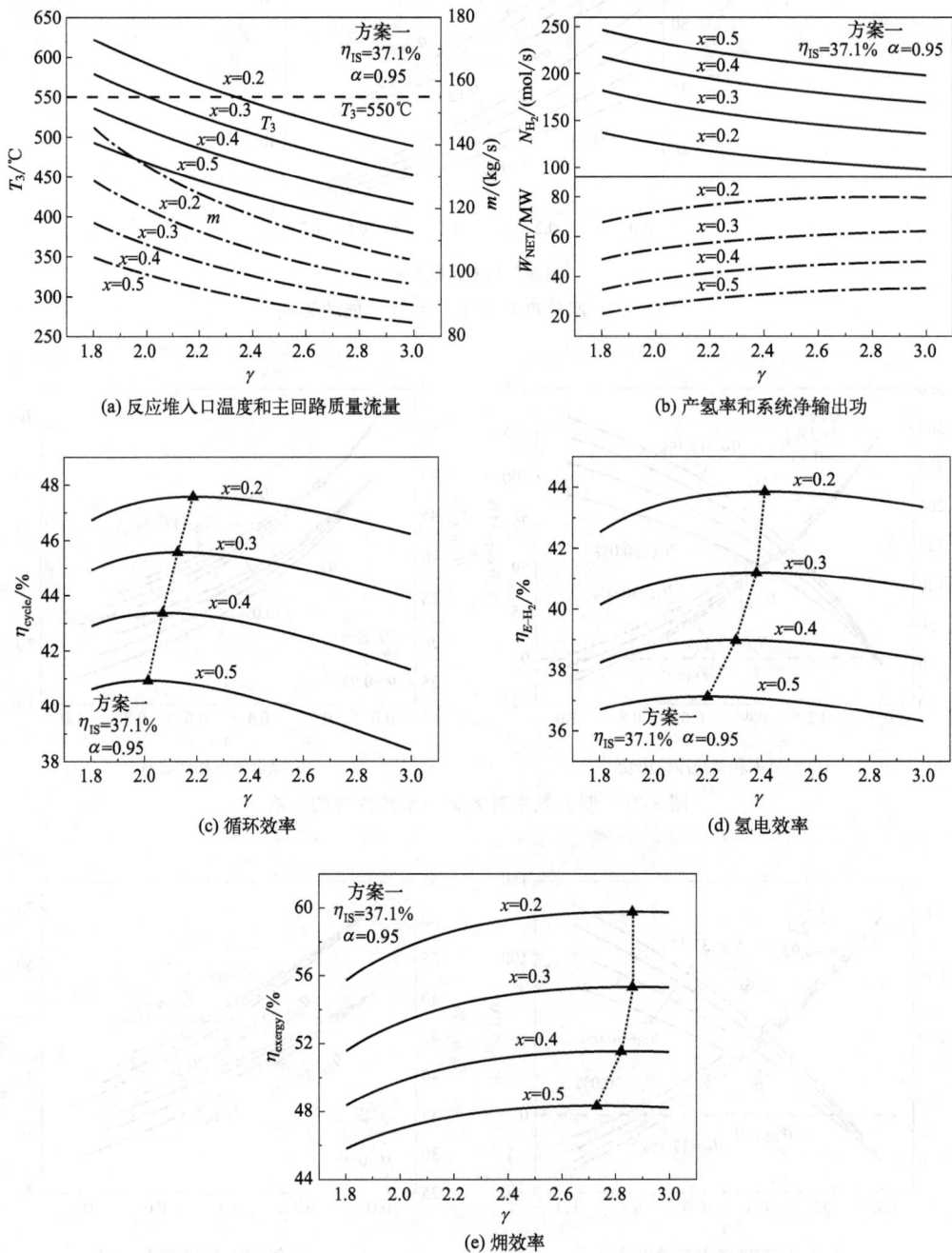

(a) 反应堆入口温度和主回路质量流量

(b) 产氢率和系统净输出功

(c) 循环效率

(d) 氢电效率

(e) 㶲效率

图 8-40　总压比对方案一系统性能的影响

当总压比增大时，一方面，氦气透平循环的净输出功增大，有利于提升循环效率。另一方面，低压和高压压气机的入口温度恒定，出口温度会随着压比的增大而增大，预冷器入口温度也会增加，通过预冷器和间冷器向外界环境释放的热量增大，不利于提升循环效率。在

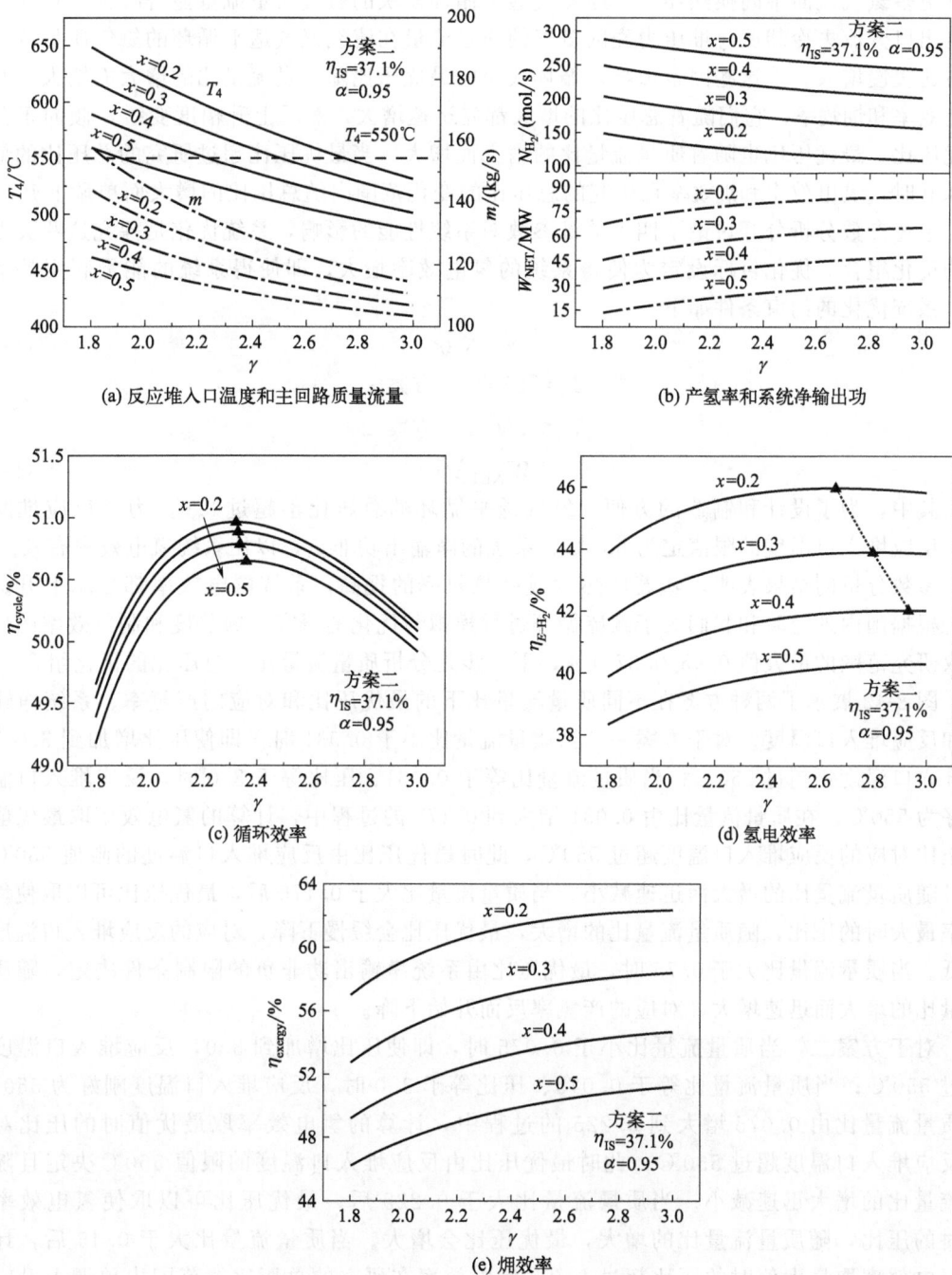

(a) 反应堆入口温度和主回路质量流量

(b) 产氢率和系统净输出功

(c) 循环效率

(d) 氢电效率

(e) 㶲效率

图 8-41 总压比对方案二系统性能的影响

这两方面因素影响下,对于方案一和方案二,循环效率随着总压比的增大都先增大后减小,存在一个最优压比使得循环效率最高。

对于方案一,与循环效率相似,氢电效率和㶲效率也都随着总压比的增大而先增大后减小,存在各自的最优压比。当质量流量比增大时,透平入口温度降低,导致压比变化时氢气透平循环输出功对循环效率的影响减弱。因此,循环效率、氢电效率、㶲效率的最优压比都随着质量流量比的增大而减小。对于方案二,当质量流量比增大时,主回路氦气质量流量减少且更多氦气流向中间换热器，流经氦气透平循环模块的氦气质量流量显著减少，且高压压气机出口分流去冷却反应堆压力壳的氦气的质量流量在流经氦气透平循环的氦气质量流量中的占比缓慢增大。受这些因素影响，循环效率的最优压比随质量流量比的增大而增大。对于氢电效率和㶲效率，它们随着总压比的增大都先迅速增大，然后上升幅度变缓，倾向于存在最优压比，最优压比也随着质量流量比的增大而增大。当最优压比超过研究的总压比的最大值 3.0 时，氢电效率和㶲效率在研究的总压比的变化范围内随总压比的增大而单调上升。

上述参数分析分开讨论了四个关键参数对系统性能的影响，系统优化是探究这些关键参数的优化组合。优化目标设定为使得系统的氢电效率最大，即使得系统的能量利用效率最大。系统优化的约束条件如下：

$$\gamma \leqslant 3.0 \tag{8-32}$$

$$\begin{cases} T_3 \leqslant 550℃ & 方案一 \\ T_4 \leqslant 550℃ & 方案二 \end{cases} \tag{8-33}$$

$$W_{NET} \geqslant 0 \tag{8-34}$$

其中，为了设计和制造的方便，氦气透平循环的总压比不超过 3.0。为了反应堆的安全，反应堆入口温度的限值定为 550℃。系统的净输出功非负，以使系统氢电效率有效。

参数分析的结果表明，随着回热度或制氢效率的提高，系统氢电效率都显示上升。因此，根据国内外经验和我们关于碘硫循环过程模拟与优化的研究，回热度和制氢效率的优化值取研究范围的最大值 0.95 和 37.1%，下一步是分析质量流量比和总压比的优化组合。

图 8-42 展示了两种方案在不同质量流量比下的最优压比和对应的产氢率、系统净输出功和反应堆入口温度。对于方案一，当质量流量比小于 0.031 时，即使压比增加到 3.0，反应堆入口温度仍超过 550℃；当质量流量比等于 0.031、压比等于 3.0 时，反应堆入口温度刚好为 550℃。在质量流量比由 0.031 增大到 0.175 的过程中，计算的氢电效率取最优值时的压比对应的反应堆入口温度超过 550℃，此时最优压比由反应堆入口温度的限值 550℃ 决定且随质量流量比的增大而迅速减小。当质量流量比大于 0.175 后，最优压比可以取使氢电效率最大时的压比，随质量流量比的增大，最优压比会缓慢下降，对应的反应堆入口温度会降低。当质量流量比大于 0.75 时，最优压比由系统净输出功非负的限制条件决定，随质量流量比的增大而迅速增大，对应的产氢率反而开始下降。

对于方案二，当质量流量比小于 0.075 时，即使压比增加到 3.0，反应堆入口温度仍超过 550℃；当质量流量比等于 0.075、压比等于 3.0 时，反应堆入口温度刚好为 550℃。在质量流量比由 0.075 增大到 0.225 的过程中，计算的氢电效率取最优值时的压比对应的反应堆入口温度超过 550℃，此时最优压比由反应堆入口温度的限值 550℃ 决定且随质量流量比的增大迅速减小。当质量流量比大于 0.225 后，最优压比可以取使氢电效率最大时的压比，随质量流量比的增大，最优压比会增大。当质量流量比大于 0.45 后，计算的氢电效率取最大值时的压比超过 3.0，氢电效率在研究的总压比的范围内单调上升，因此最优压比取为 3.0。当质量流量比大于 0.70 后，即使压比增加到 3.0，系统的净输出功会小于 0。

因此，对于方案一和方案二，建议的质量流量比的控制范围分别为 0.031～0.75 和 0.075～0.70。在这个范围内，随着质量流量比的增大，最优压比对应的产氢率增大，系统净输出功减少。建议的质量流量比的控制范围和不同质量流量比下的最优压比可以为两方案获得最佳系统性能提供重要参考。

图 8-42 还展示了两种系统方案在系统优化后产氢率、系统净输出功和反应堆入口温度

的比较。两种方案的产氢率在较小的质量流量比下十分接近，当质量流量比大于 0.225 后，方案二的最优压比可以取使氢电效率最大值时的压比而不受反应堆入口温度的限制，导致方案二的产氢率开始逐渐高于方案一，且两方案产氢率的差异随着质量流量比的增大而更加显著。在建议的质量流量比的变化范围内，方案一和方案二的产氢率分别为 17.4～295.6mol/s 和 42.2～319.6mol/s。方案二可以满足更高产氢率的需要，而方案一可以适用于小规模制氢的场景。另外，两系统的净输出功十分接近。当最优压比不由反应堆入口温度的限值决定时，方案二的反应堆入口温度高于方案一，对反应堆提出了更大的挑战。

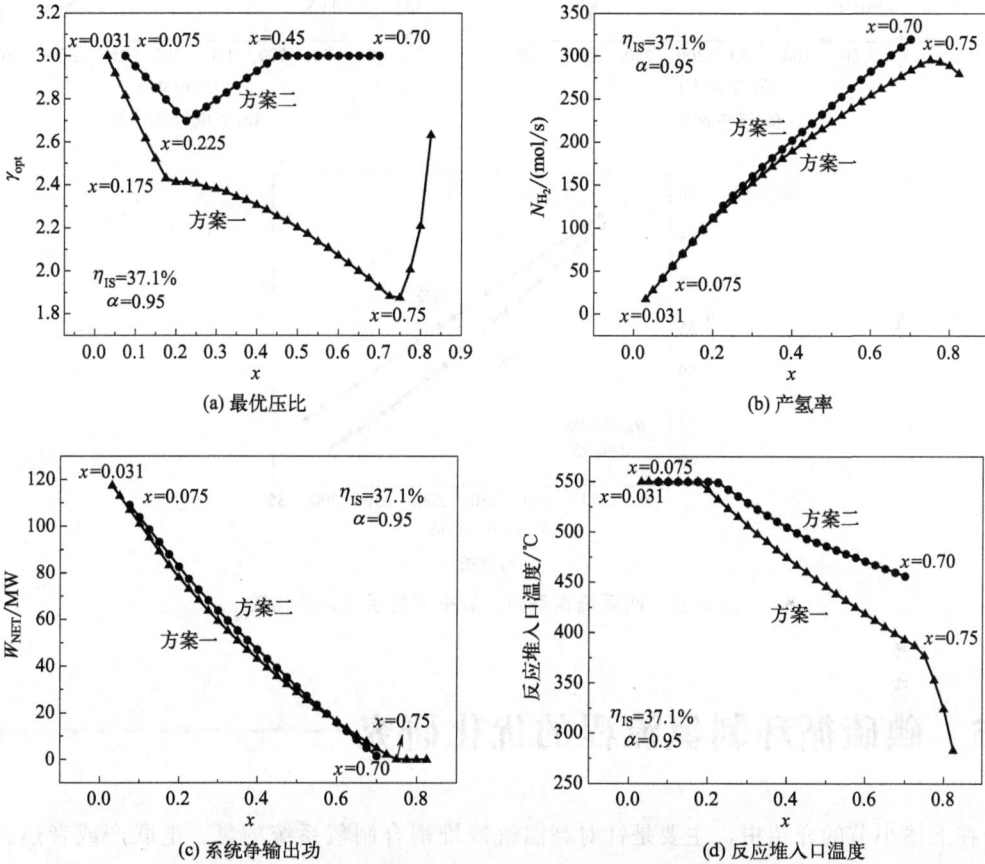

图 8-42　不同质量流量比下的最优压比和对应系统参数

图 8-43 展示了两种方案在系统优化后不同产氢率下的循环效率、氢电效率和㶲效率的比较。对于方案一，当产氢率增大时，透平入口温度降低，循环效率迅速降低，氢电效率和㶲效率也随之降低。对于方案二，当产氢率增大时，透平入口温度保持不变，循环效率变化很小，保持在 50% 左右。由于循环效率显著高于制氢效率 37.1%，氢电效率和㶲效率随着产氢量的增大而减小。

在相同的产氢率下，方案二的氢电效率和㶲效率高于方案一，这是因为方案二的循环效率明显高于方案一。当产氢率增大时，两方案循环效率的差异更加显著，方案二在氢电效率和㶲效率上与方案一相比优势更大。当产氢率为 150mol/s 时，方案一的循环效率、氢电效率和㶲效率分别为 45.5%、41.4% 和 55.1%，而方案二的循环效率、氢电效率和㶲效率分别为 50.5%、44.4% 和 59.0%。

(a) 循环效率

(b) 氢电效率

(c) 㶲效率

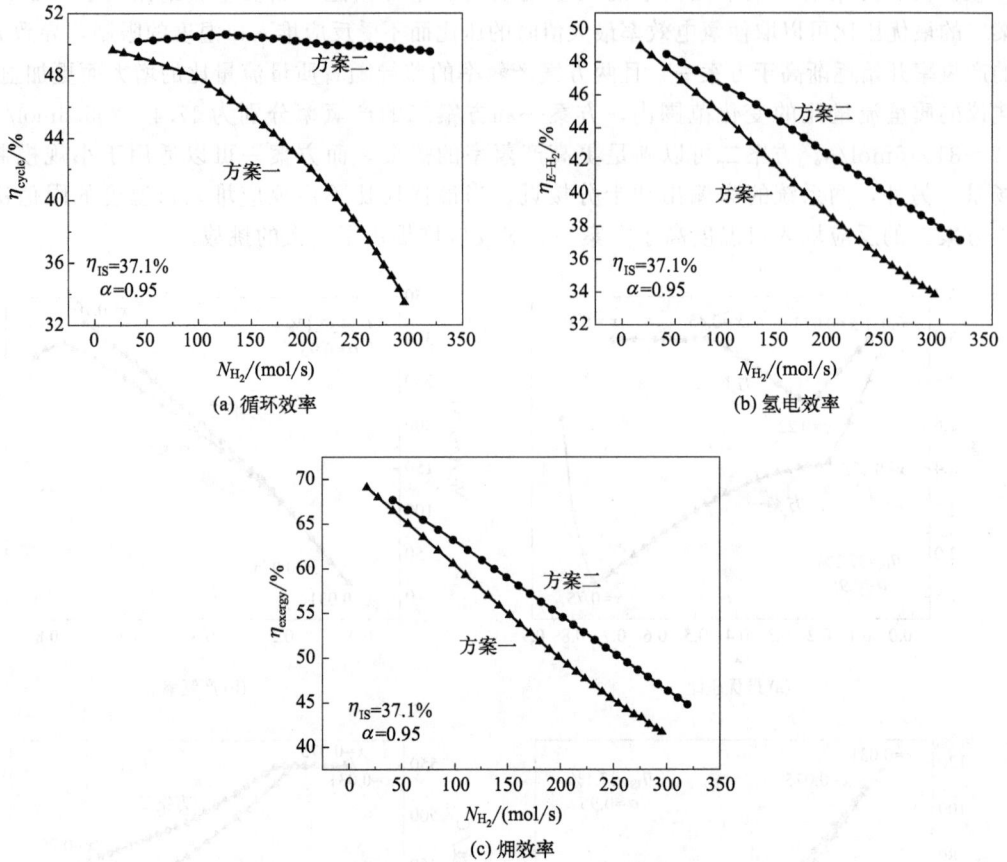

图 8-43 两系统在不同产氢率下的系统性能比较

8.5 碘硫循环制氢流程的优化研究

在上述小节的介绍中，主要是针对高温气冷堆耦合制氢系统的氢、电联产或者热、电、氢联产系统进行整体的热力学分析。其中可以发现，制氢单元中涉及能量的传递和物质的转化，是整个系统中最关键的单元，该部分中包含很多的换热过程以及化学反应过程，对该部分开展流程的优化分析，对整个系统的效率提高具有重要意义。因此，本小节对制氢单元的流程的优化研究进行分析和介绍。

在碘硫循环制氢流程中，部分物流需要热量输入，部分物流会输出热量，在这种情况下，如果为制氢流程设计内部换热网络，则可以通过流程内部冷、热物流之间的充分换热减少外部能量输入，从而有效地提升系统热效率。

在碘硫循环制氢系统中，Bunsen 反应放热且自发进行，Bunsen 反应器释放的热量被认为直接排放到环境中，而不像换热器释放的热量可以考虑回收利用[4]。另外，Bunsen 段的混合和分离过程能量消耗很小，因此整个 Bunsen 段的能量消耗可以忽略[9]。Wang 等[4]的研究也表明碘硫循环过程超过 99％的能量消耗是源自硫酸段与氢碘酸段。因此，本小节主要基于硫酸段与氢碘酸段的流程和能量消耗，讨论分析制氢热效率，设计内部换热网络。

图 8-44～图 8-46 给出了碘硫循环中各过程的系统流程图。

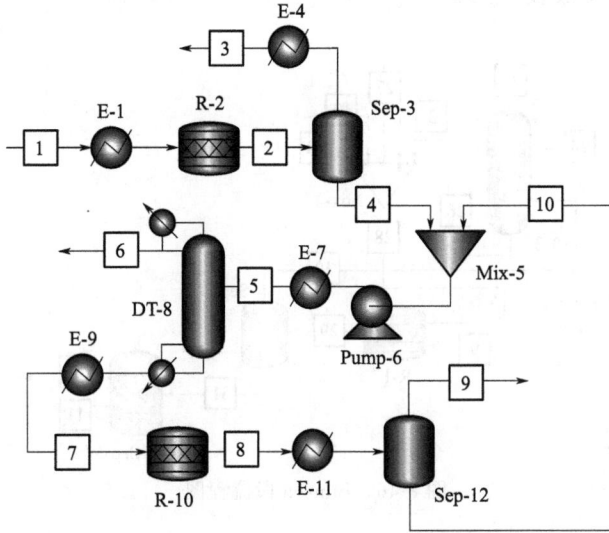

图 8-44　硫酸段流程图（图中序号表示物流编号，下同）
E—Exchanger（换热器）；R—Reactor（反应器）；Sep—Separator（气液分离器）；
Mix—Mixer（混合器）；DT—Distillation tower（精馏塔）

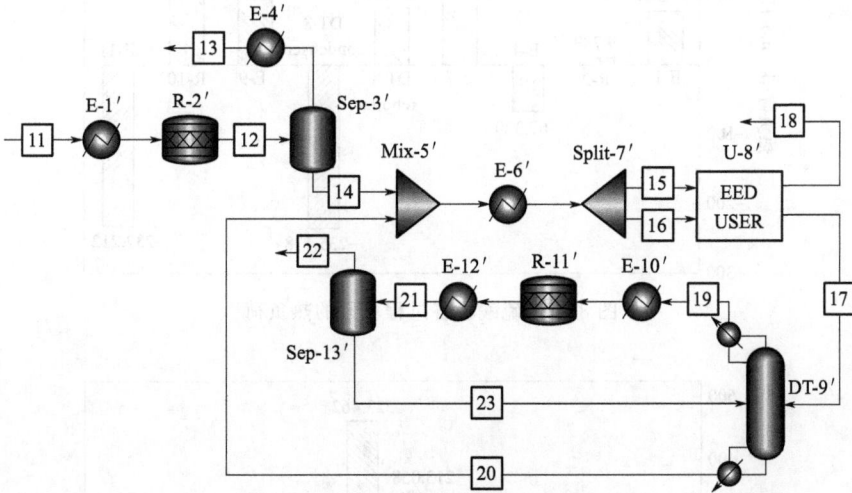

图 8-45　氢碘酸段流程图
EED—electrodialysis（电渗析）；USER—用户；Split—分流器；U—User-defined（用户自定义）

　　硫酸段与氢碘酸段每个过程单元的热负荷如图 8-47 和图 8-48 所示，负号代表放热，正号代表吸热。碘硫循环整体的能耗情况如图 8-49 所示。需要说明的是，硫酸段泵（Pump-6）计算的电能消耗仅为 0.065kJ/mol H_2，与 EED 消耗的电能相比太小，故可以忽略。在 Goldstein 等[10] 的研究中，泵功也只占总负荷的 0.35%。

　　对于硫酸段，精馏塔与硫酸分解器前的两个预热器（E-7 和 E-9）需要大量的热量输入，而精馏塔冷凝器（DT-8 condenser）和硫酸分解器后的冷凝器（E-11）释放较多热量。对于氢碘酸段，与其他耗能单元需要热量输入不同，EED 电渗析单元需要电能输入。精馏塔再沸器（DT-9′reboiler）在氢碘酸段消耗的能量最多，而 EED 前和氢碘酸分解器后的两个冷凝器（E-6′和 E-12′）释放较多热量。

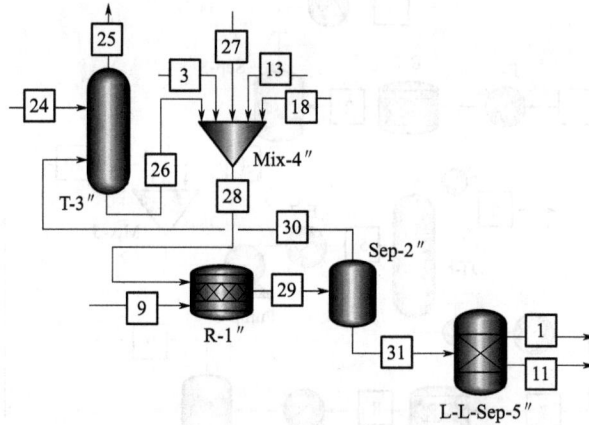

图 8-46　Bunsen 段流程图

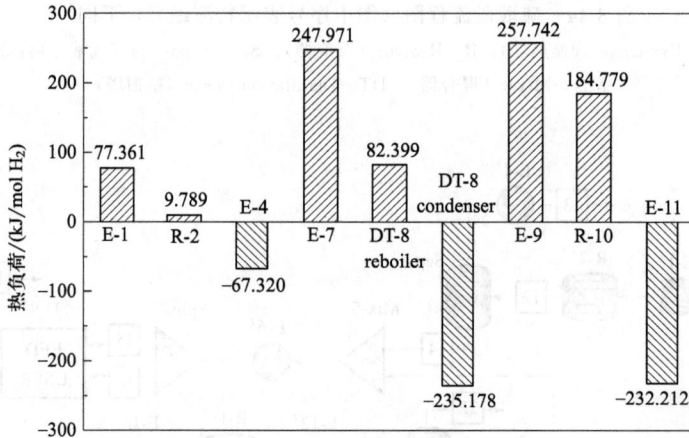

图 8-47　硫酸段各过程单元的热负荷

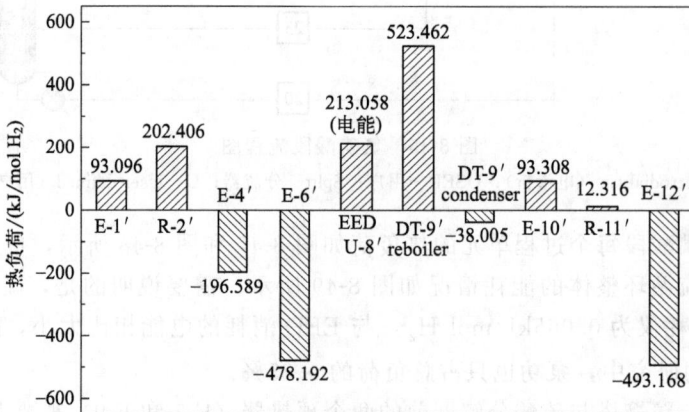

图 8-48　氢碘酸段各过程单元的热负荷

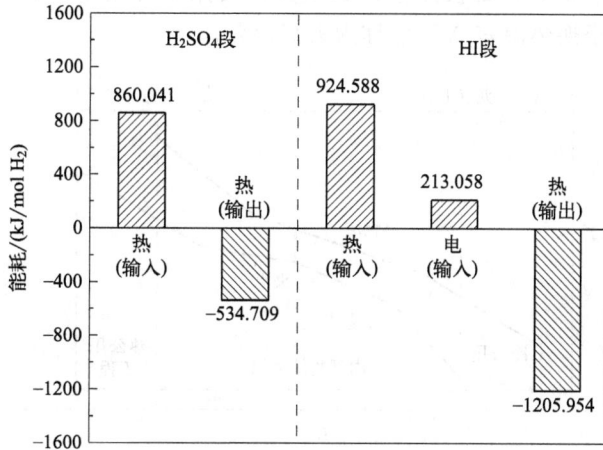

图 8-49　碘硫循环整体的能耗情况

制氢热效率的一般定义式为：

$$\eta_{H_2} = \frac{\Delta H_{HHV}}{Q_{heat} + \dfrac{W_{elec}}{\eta_E}} \tag{8-35}$$

式中，ΔH_{HHV} 表示氢气的高位热值，286kJ/mol H$_2$；Q_{heat} 表示硫酸段与氢碘酸段需要的输入热负荷总和；W_{elec} 表示碘硫循环过程的电能需求；η_E 表示发电效率，参照 HTR-PM 示范电站的设计参数将发电效率取为 42%[3]。

碘硫循环过程在需要能量输入的同时，也会对外输出较多热量，这部分热量可以考虑直接用在制氢过程内部，也可以考虑与其他工艺相结合用作其他工艺的热输入。因此，有必要充分考虑这部分输出热量的回收和利用。如果假设硫酸段与氢碘酸段所有换热器释放的热量可以 100% 回收并用在制氢过程内部，制氢过程的热效率计算式为：

$$\eta_{H_2} = \frac{\Delta H_{HHV}}{Q_{heat} + \dfrac{W_{elec}}{\eta_E} - \overline{Q}_{heat}} \tag{8-36}$$

式中，$\overline{Q}_{heat}$ 表示硫酸段与氢碘酸段回收利用的热量。尽管所有换热器释放的热量100% 回收利用存在困难，但是可以帮助确定制氢热效率的理论上限。基于当前过程模拟计算的制氢热效率上限为 51.9%，这表明碘硫循环具有很大的潜力可以实现高效制氢。

制氢效率上限的确定说明了对流程中输出热量进行回收利用的重要性，那么更为实际的考虑是先设计内部换热网络进行内部物流的充分换热，然后参考文献的报道考虑部分低温余热的回收利用，基于此得到的制氢热效率会更加实际中肯一些。

内部换热网络设计是减少外部热量输入，提升制氢热效率的一种有效方法。夹点分析法是内部换热网络设计的一种重要方法，它以热力学为基础，分析过程中能量流沿温度的分布，然后进行能量优化。夹点分析法的示意图如图 8-50 所示。在化工工艺流程中存在多股冷、热物流，它们之间的内部换热和公用工程消耗量可以在温-焓（T-H）图中表示。具体来说，多股冷、热物流可在温-焓图中合并形成冷、热物流复合曲线，两曲线在 H 轴上投影的重叠部分表示内部物流的换热，非重叠部分表示用于加热和冷却的公用工程的消耗量。物流曲线的左右平移不影响物流的温度品位和热量。当在水平方向上，两曲线相互靠近达到最

小允许换热温差 ΔT_{min} 时，内部换热量达到最大而公用工程用量最小，这时两曲线最靠近的地方称为夹点，最小换热温差 ΔT_{min} 称为夹点温差。

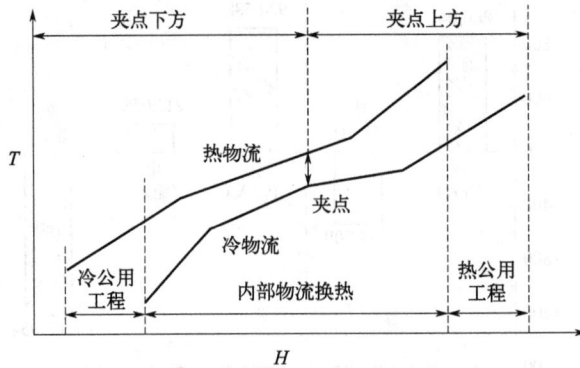

图 8-50　夹点分析法示意图

在使用夹点分析法设计内部换热网络时有三条基本原则和两条经验规则需要遵循[11,12]。三条基本原则是：

① 不应有跨越夹点的传热。

② 夹点上方尽量避免引入公用设施冷却物流，但可引入加热设施。

③ 夹点下方尽量避免引入公用设施加热物流，但可引入冷却设施。

两条经验规则是：

① 冷热物流匹配换热时，选择物流中热负荷较小者为换热器的热负荷，以保证经过一次换热，可以使一个物流达到规定目标温度。

② 尽量选择热容率相近的冷、热流体进行匹配换热，使得换热器在结构上相对合理。

运用 Aspen Energy Analyzer 软件基于夹点分析法设计硫酸段与氢碘酸段的换热网络。首先确定硫酸段与氢碘酸段中进行内部换热的冷、热物流，提取物流的相关信息。然后设定夹点温差，为了探究分析夹点温差对换热网络性能的影响，将夹点温差 ΔT_{min} 设定为 5℃、10℃、15℃、20℃，运用 Aspen Energy Analyzer 软件计算得到不同夹点温差下对应的夹点温度和最小能量目标。接着根据计算的夹点温度和上述夹点设计的原则与经验，绘制换热网络图并设计内部换热网络，实现计算的最小能量目标。

硫酸段和氢碘酸段的冷、热物流分别如表 8-10 和表 8-11 所示。经过换热器放热的物流为热物流，经过换热器吸热的物流为冷物流。

表 8-10　硫酸段的热物流与冷物流

	换热器	$T_{in}/℃$	$T_{out}/℃$
热物流	E-4	130	93
	E-11	850	60
	DT-8 condenser	116.0	96.8
冷物流	E-1	80	130
	E-7	114.7	211.3
	E-9	220.8	850
	DT-8reboiler	195.7	220.8

表 8-11　氢碘酸段的热物流与冷物流

换热器		$T_{in}/℃$	$T_{out}/℃$
热物流	E-4′	120	86.2
	E-6′	123.3	65
	E-12′	450	40
	DT-9′condenser	119.2	117.2
冷物流	E-1′	80	120
	E-10′	117.2	450
	DT-9′reboiler	124.8	125.6

硫酸段在不同夹点温差下设计的内部换热网络如图 8-51 所示。当夹点温差为 5℃、10℃、15℃时，设计的内部换热网络相同，需要增加四个新换热器（HE1～HE4）。当夹点温差为 20℃时，由于计算的热端夹点温度 134.7℃超过换热器 E-4 的入口物流温度（130℃），换热网络会稍有变化，只需要增加三个新换热器（HE1～HE3）。另外，在图 8-51 中，H1～H3 和 Reboiler 是需要公用工程加热的换热器，C1、C2 和 Condenser 是需要公用工程冷却的换热器。

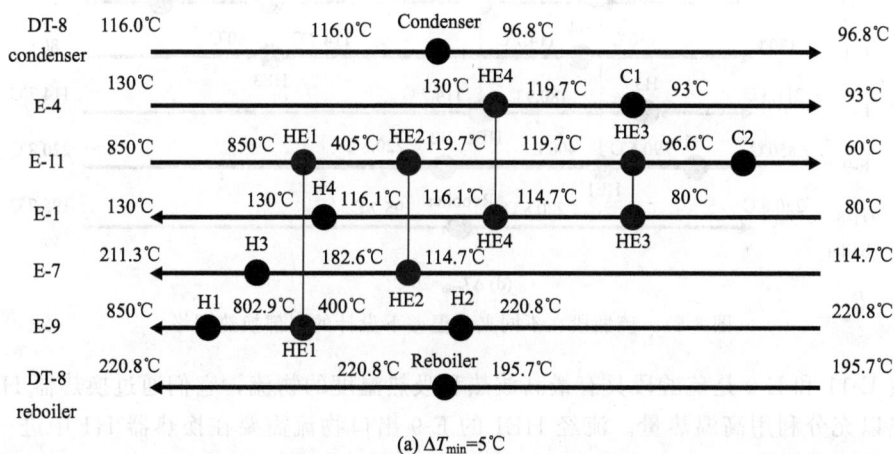

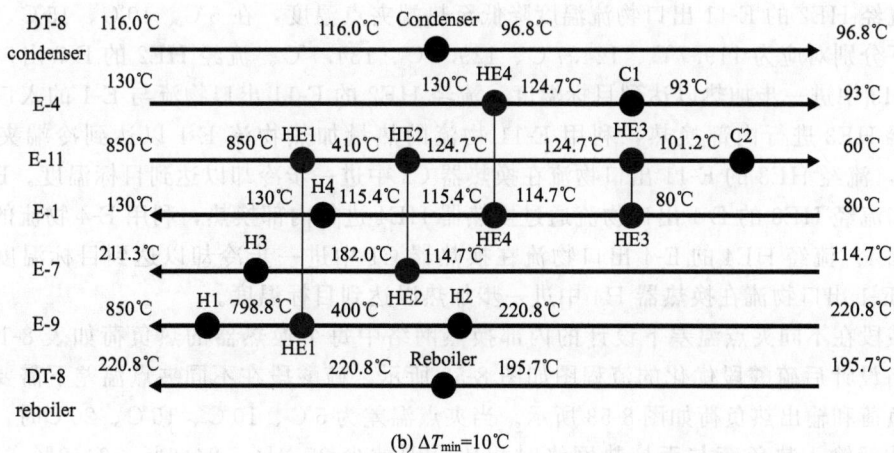

(a) $\Delta T_{min}=5℃$

(b) $\Delta T_{min}=10℃$

图 8-51

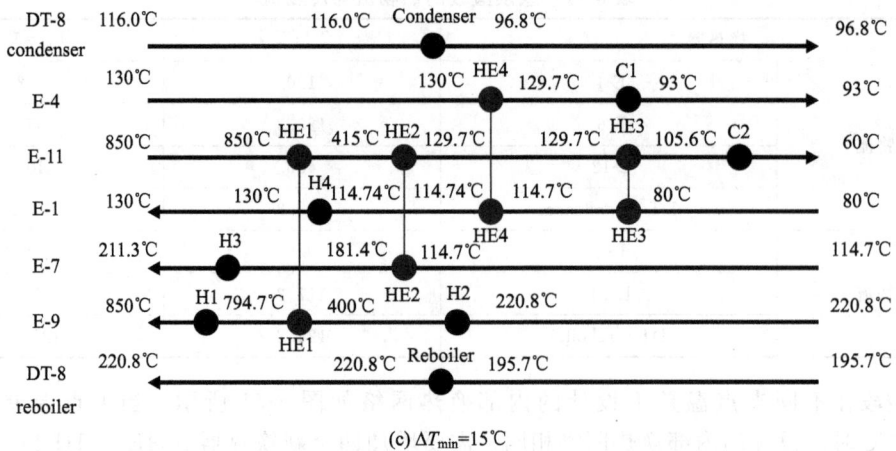

(c) ΔT_{min}=15℃

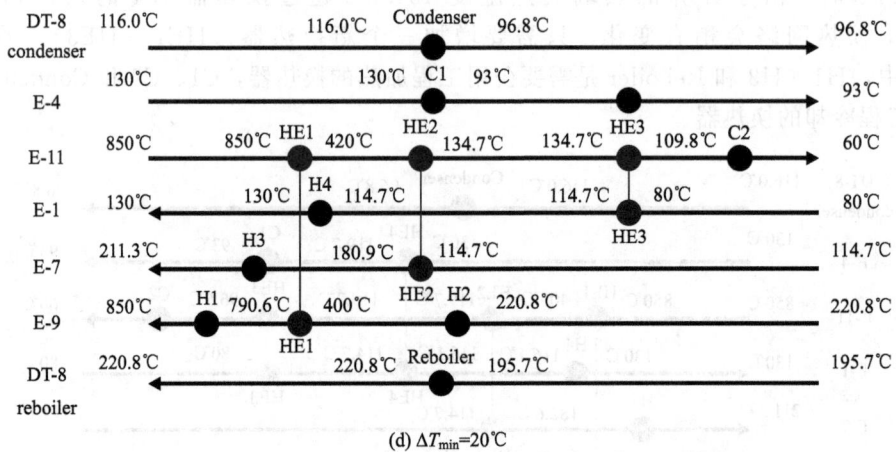

(d) ΔT_{min}=20℃

图 8-51　硫酸段在不同夹点温差下设计的内部换热网络

物流 E-11 和 E-9 是硫酸段具有最高放热和吸热温度的物流，它们通过换热器 HE1 进行内部换热以充分利用高温热量。流经 HE1 的 E-9 出口物流需要在换热器 H1 中进一步加热以达到目标温度。流经 HE1 的 E-11 出口物流与 E-7 的入口物流通过换热器 HE2 进行内部换热，流经 HE2 的 E-11 出口物流温度降低至热端夹点温度，在 5℃、10℃、15℃、20℃夹点温差下分别对应为 119.7℃、124.7℃、129.7℃、134.7℃。流经 HE2 的 E-7 出口物流在换热器 H3 中进一步加热以达到目标温度。流经 HE2 的 E-11 出口物流与 E-1 的入口物流通过换热器 HE3 进行内部换热，利用 E-11 物流的热量加热物流 E-1 以达到冷端夹点温度 114.7℃，流经 HE3 的 E-11 出口物流在换热器 C2 中进一步冷却以达到目标温度。E-4 的入口物流和流经 HE3 的 E-1 出口物流通过换热器 HE4 进行内部换热，利用 E-4 物流的热量加热物流 E-1。流经 HE4 的 E-4 出口物流在换热器 C1 中进一步冷却以达到目标温度，流经 HE4 的 E-1 出口物流在换热器 H4 中进一步加热以达到目标温度。

硫酸段在不同夹点温差下设计的内部换热网络中每个换热器的热负荷如表 8-12 所示。换热网络设计后硫酸段优化的流程图如图 8-52 所示。硫酸段在不同夹点温差下需要的外部输入热负荷和输出热负荷如图 8-53 所示。当夹点温差为 5℃、10℃、15℃、20℃时，硫酸段需要的外部输入热负荷与无换热网络时相比分别减少 25.0%、24.6%、24.2%、23.9%，这表明冷、热物流的内部换热显著减少了外部热量输入。不同夹点温差下，硫酸段的输入和输出热负荷十分接近，这是因为当夹点温差增大时，新增加的四个换热器（HE1～HE4）的热负荷仅稍许减小，因此夹点温差对硫酸段换热网络性能的影响较小。

表 8-12 硫酸段换热网络中各换热器的热负荷

换热器	热负荷 $Q/(\text{kJ/mol H}_2)$			
	$\Delta T_{min}=5℃$	$\Delta T_{min}=10℃$	$\Delta T_{min}=15℃$	$\Delta T_{min}=20℃$
HE1	75.12	74.33	73.53	72.74
HE2	124.86	122.82	120.90	119.09
HE3	14.07	14.07	14.07	14.07
HE4	0.57	0.29	0.018	—
H1	9.11	9.90	10.69	11.48
H2	173.59	173.59	173.59	173.59
H3	122.95	125.04	127.10	128.82
H4	62.72	63.01	63.29	63.31
C1	66.75	67.03	67.30	67.32
C2	18.16	21.00	23.72	26.31
Condenser(冷凝器)	235.18	235.18	235.18	235.18
Reboiler(再沸器)	82.40	82.40	82.40	82.40

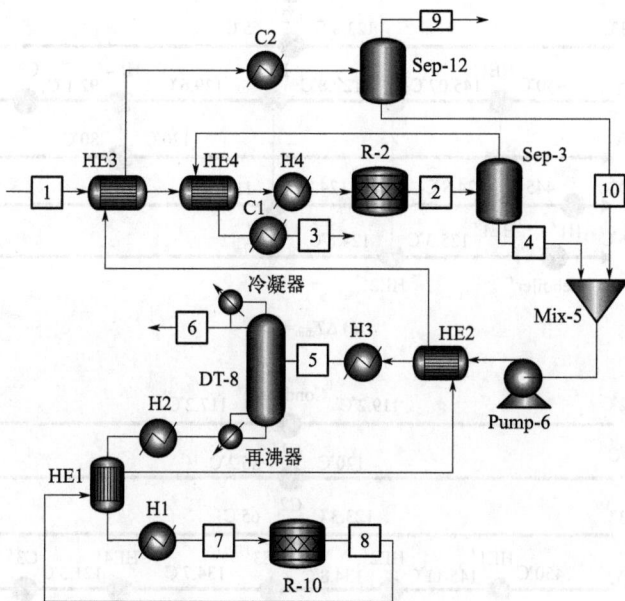

图 8-52 硫酸段优化的流程图

氢碘酸段在不同夹点温差下设计的内部换热网络如图 8-54 所示。当夹点温差为 5℃、10℃、15℃、20℃时，设计的内部换热网络相同，需要增加四个新换热器（HE1′～HE4′）。对于其他换热器，H1′和 Reboiler′需要公用工程加热，C1′～C3′和 Condenser′需要公用工程冷却。

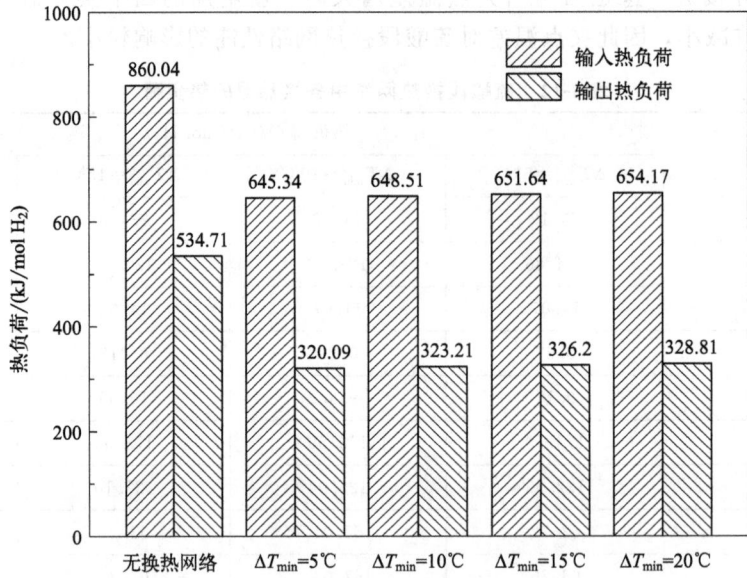

图 8-53 硫酸段的输入和输出热负荷

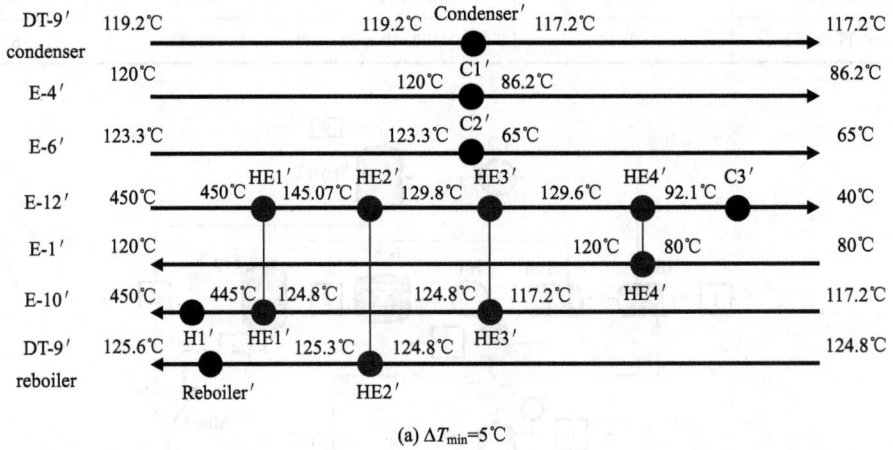

(a) $\Delta T_{min}=5℃$

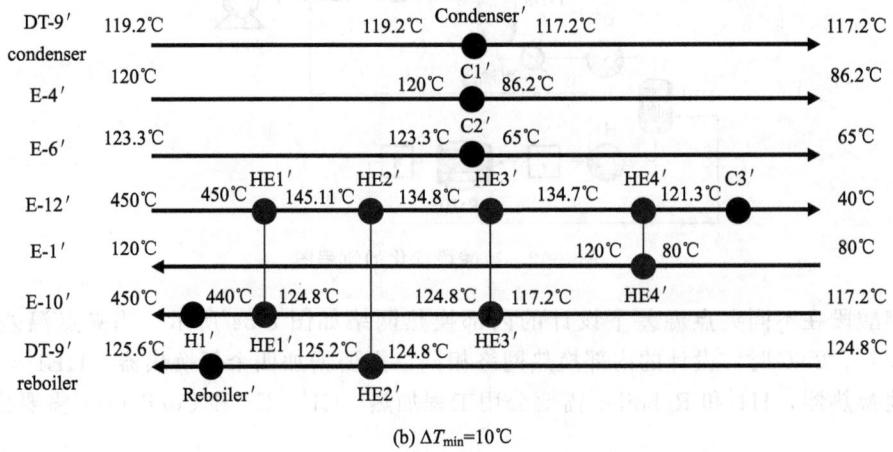

(b) $\Delta T_{min}=10℃$

DT-9′ condenser　119.2℃　　　　119.2℃ Condenser′ 117.2℃　　　　117.2℃

E-4′　120℃　　　　120℃ C1′ 86.2℃　　　　86.2℃

E-6′　123.3℃　　　　123.3℃ C2′ 65℃　　　　65℃

E-12′　450℃　450℃ HE1′ 148.3℃ HE2′ 139.8℃ HE3′ 139.76℃ HE4′ 134.1℃ C3′ 40℃

E-1′　120℃　　　　120℃ 80℃ HE4′ 80℃

E-10′　450℃　435℃ HE1′ 124.8℃　124.8℃ HE3′ 117.2℃ HE4′ 117.2℃

DT-9′ reboiler　125.6℃ H1′ HE1′ 125.1℃　124.8℃ HE2′ HE3′ 124.8℃

(c) $\Delta T_{min}=15℃$

DT-9′ condenser　119.2℃　　　　119.2℃ Condenser′ 117.2℃　　　　117.2℃

E-4′　120℃　　　　120℃ C1′ 86.2℃　　　　86.2℃

E-6′　123.3℃　　　　123.3℃ C2′ 65℃　　　　65℃

E-12′　450℃　450℃ HE1′ 153.5℃ HE2′ 144.8℃ HE3′ 144.77℃ HE4′ 141.7℃ C3′ 40℃

E-1′　120℃　　　　120℃ 80℃ 80℃

E-10′　450℃　430℃ HE1′ 124.8℃　124.8℃ HE3′ 117.2℃ HE4′ 117.2℃

DT-9′ reboiler　125.6℃ H1′ HE1′ 124.9℃　124.8℃ HE2′ HE3′ 124.8℃

(d) $\Delta T_{min}=20℃$

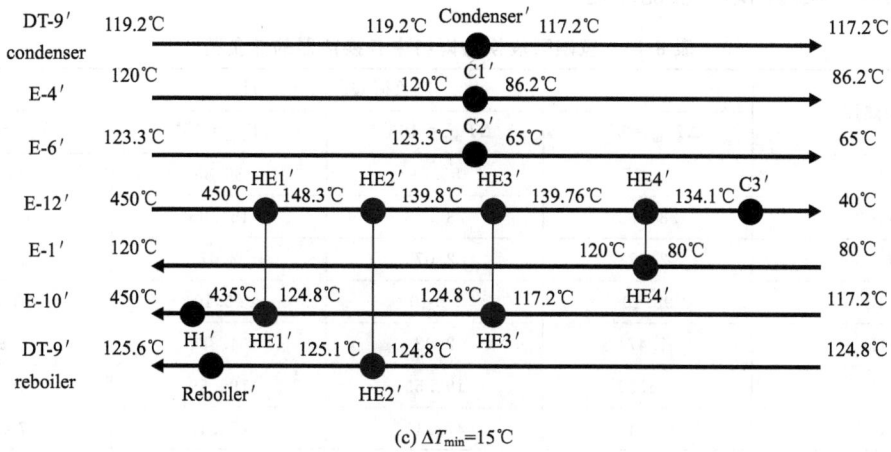

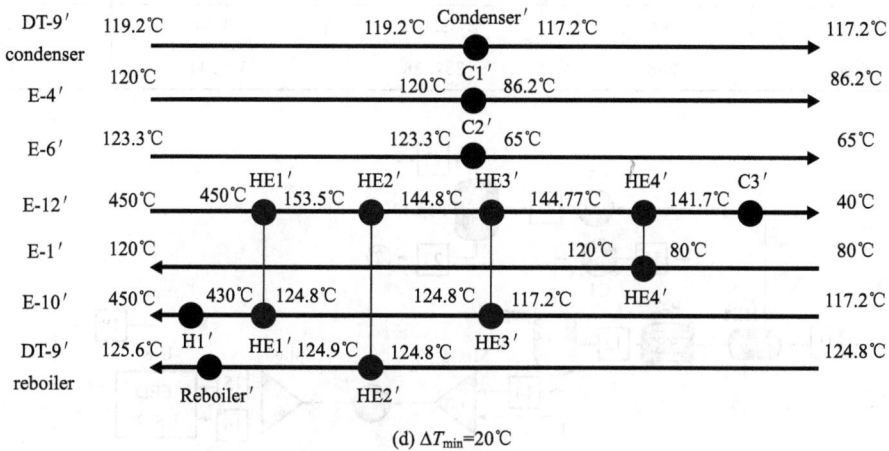

图 8-54　氢碘酸段在不同夹点温差下设计的内部换热网络

物流 E-12′ 和 E-10′ 是氢碘酸段具有最高放热和吸热温度的物流，它们通过换热器 HE1′ 进行内部换热以充分利用高温热量。流经 HE1′ 的 E-10′ 出口物流需要在换热器 H1′ 中进一步加热以达到目标温度。流经 HE1′ 的 E-12′ 出口物流与 DT-9′reboiler 的入口物流通过换热器 HE2′ 进行内部换热，流经 HE2′ 的 E-12′ 出口物流温度降低至热端夹点温度，在 5℃、10℃、15℃、20℃ 夹点温差下分别对应为 129.8℃、134.8℃、139.8℃、144.8℃，该物流接着与 E-10′ 的入口物流通过换热器 HE3′ 进行内部换热，利用 E-12′ 物流的热量加热物流 E-10′ 以达到冷端夹点温度 124.8℃。流经 HE3′ 的 E-12′ 出口物流与 E-1′ 的入口物流通过换热器 HE4′ 进行内部换热，利用 E-12′ 物流的热量加热物流 E-1′ 达到目标温度 120℃。流经 HE4′ 的 E-12′ 出口物流在换热器 C3′ 中进一步冷却以达到目标温度。

氢碘酸段在不同夹点温差下设计的内部换热网络中每个换热器的热负荷如表 8-13 所示，换热网络设计后氢碘酸段优化的流程图如图 8-55 所示，氢碘酸段在不同夹点温差下需要的外部输入热负荷和输出热负荷如图 8-56 所示。当夹点温差为 5℃、10℃、15℃、20℃ 时，氢碘酸段需要的外部输入热负荷与无换热网络时相比分别减少 50.8%、45.3%、36.0%、20.8%。夹点温差越小时，允许的内部换热程度越大，需要的外部输入热负荷越少。具体来说，E-12′ 物流的放热过程对温度很敏感，当夹点温差增大时，如表 8-13 所示，新增加的换热器 HE2′ 热负荷显著减少，所以 Reboiler′ 需要更多的外部热量输入，因此夹点温差增大时，氢碘酸段换热网络的性能恶化。

表 8-13　氢碘酸段换热网络中各换热器的热负荷

换热器	热负荷 $Q/(kJ/mol\ H_2)$			
	$\Delta T_{min}=5℃$	$\Delta T_{min}=10℃$	$\Delta T_{min}=15℃$	$\Delta T_{min}=20℃$
HE1′	89.77	88.31	86.85	85.39
HE2′	284.60	235.58	151.05	11.94
HE3′	2.07	2.07	2.07	2.07
HE4′	93.10	93.10	93.10	93.10
H1′	1.47	2.93	4.38	5.84
C1′	196.59	196.59	196.59	196.59
C2′	478.19	478.19	478.19	478.19
C3′	23.62	74.12	160.11	300.66
Condenser′	38.01	38.01	38.01	38.01
Reboiler′	238.86	287.88	372.41	511.52

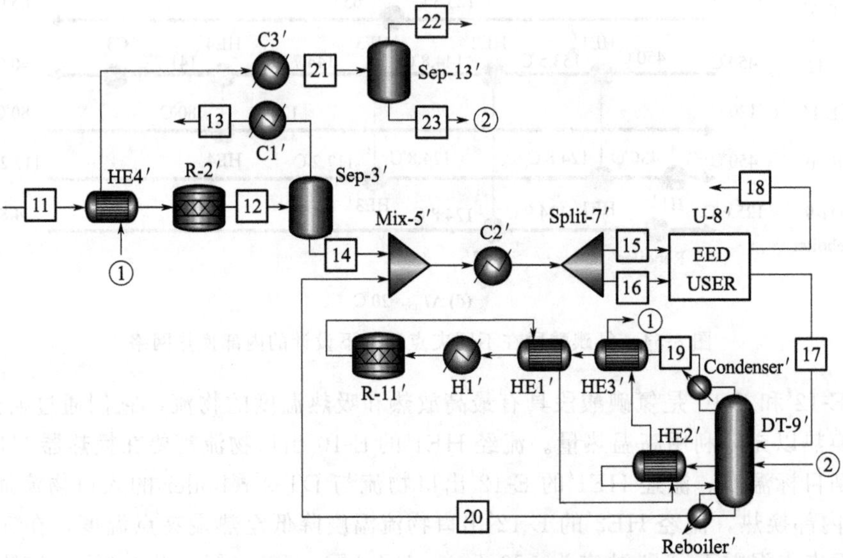

图 8-55　氢碘酸段优化的流程图

在内部换热网络设计完成后，本小节基于文献中的报道和假设考虑部分物流释放的废热的回收利用。Goldstein 等[10] 和 Wang 等[13] 都假设精馏塔冷凝器释放的热量可以全部回收利用，一些研究[14-16] 还提到温度高于 313K 的废热可以 15% 的比例转化为 EED 需要的电能。

表 8-12 和表 8-13 中，硫酸段的冷凝器 Condenser 和氢碘酸段的换热器 C2′ 是各自换热网络中释放热量最多的换热器，如果假设这部分热量可以完全回收利用，其他废热以 15% 的比例转化为电，则不同夹点温差下碘硫循环过程的能量消耗和制氢热效率如表 8-14 所示。当夹点温差为 5℃、10℃、15℃、20℃ 时，计算的制氢热效率分别为 37.1%、35.5%、33.1%、30.0%。因此，对于碘硫循环过程，30.0%～37.1% 的制氢热效率是更为实际中肯的，下一步提升制氢热效率的重要方向是发展低温余热的回收和利用技术。

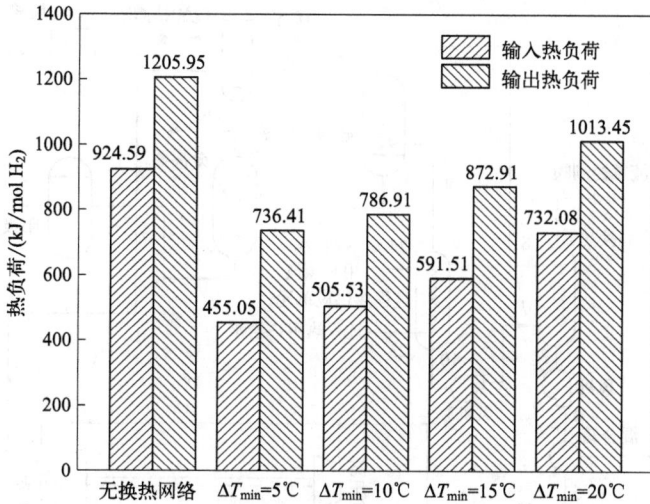

图 8-56　氢碘酸的输入热负荷和输出热负荷

表 8-14　不同夹点温差下碘硫循环过程的能量消耗和制氢热效率

项目		$\Delta T_{min}=5℃$	$\Delta T_{min}=10℃$	$\Delta T_{min}=15℃$	$\Delta T_{min}=20℃$
能量消耗 /(kJ/mol H₂)	热	387.022	440.672	529.782	672.412
	电	161.589	153.545	140.198	118.564
热效率/%		37.1	35.5	33.1	30.0

8.6　超高温气冷堆与混合硫循环制氢系统耦合方案研究——

在上述小节介绍的超高温气冷堆与制氢系统耦合研究以及制氢流程的优化研究中，制氢工艺都采用碘硫循环。除碘硫循环外，其他热化学循环分解水制氢也可以考虑和超高温气冷堆耦合进行核能制氢，混合硫循环便是筛选出的另一种有工业应用前景的制氢流程[17]。

混合硫循环最早由美国西屋电气公司提出，是热化学循环分解水中最简单的一种循环，仅包括硫酸分解和 SO_2 去极化电解两步反应过程。混合硫循环同时利用高温热和电，效率显著高于常规电解，还可以避免纯高温热过程带来的材料和工程问题[18,19]。此外，混合硫循环过程中只涉及流体物料，不存在固体物质堵塞管路的问题，易于工程放大以实现大规模制氢[20,21]。因此，混合硫循环具有很好的发展前景且适合与超高温气冷堆耦合，研究超高温气冷堆与混合硫循环制氢系统的耦合特性也具有重要意义，本小节对此进行分析和介绍。

本小节提出了两种超高温气冷堆耦合混合硫循环的热、电、氢联产系统方案，如图 8-57 和图 8-58 所示。两系统都由一回路、中间换热器二次侧回路、发电回路和混合硫循环制氢模块组成。两系统一回路的布局相同，都由超高温气冷堆、中间换热器、蒸汽发生器、混合箱、风机和风机 2 组成。超高温气冷堆出口的氦气分为两股分支：一股流向中间换热器，将热量传递给二次侧回路，然后流经风机到达混合箱；另一股直接流向混合箱。两股分支的分流比决定一回路向中间换热器二次侧回路传递的热量，从而决定产氢率。两股分支在混合箱中混合，然后流向蒸汽发生器。蒸汽发生器加热给水产生主蒸汽用于发电回路，蒸汽发生器一次侧出口氦气流经风机 3 到达超高温气冷堆入口以继续上述过程。

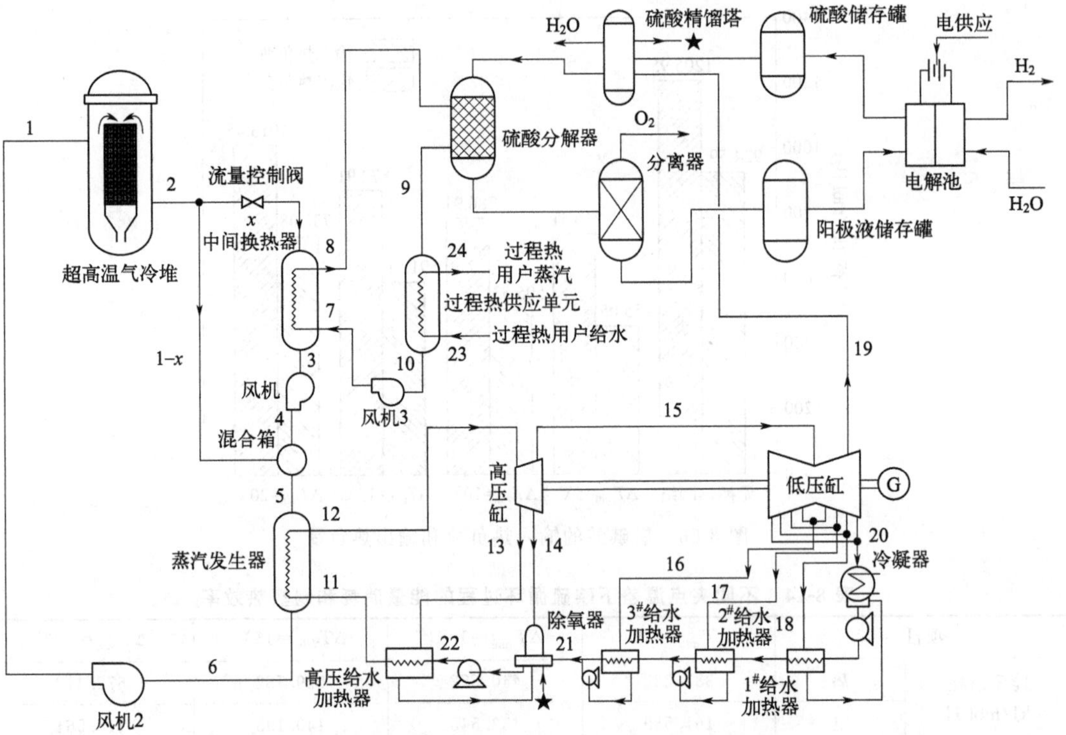

图 8-57　超高温气冷堆耦合混合硫循环的热、电、氢联产系统方案一示意图

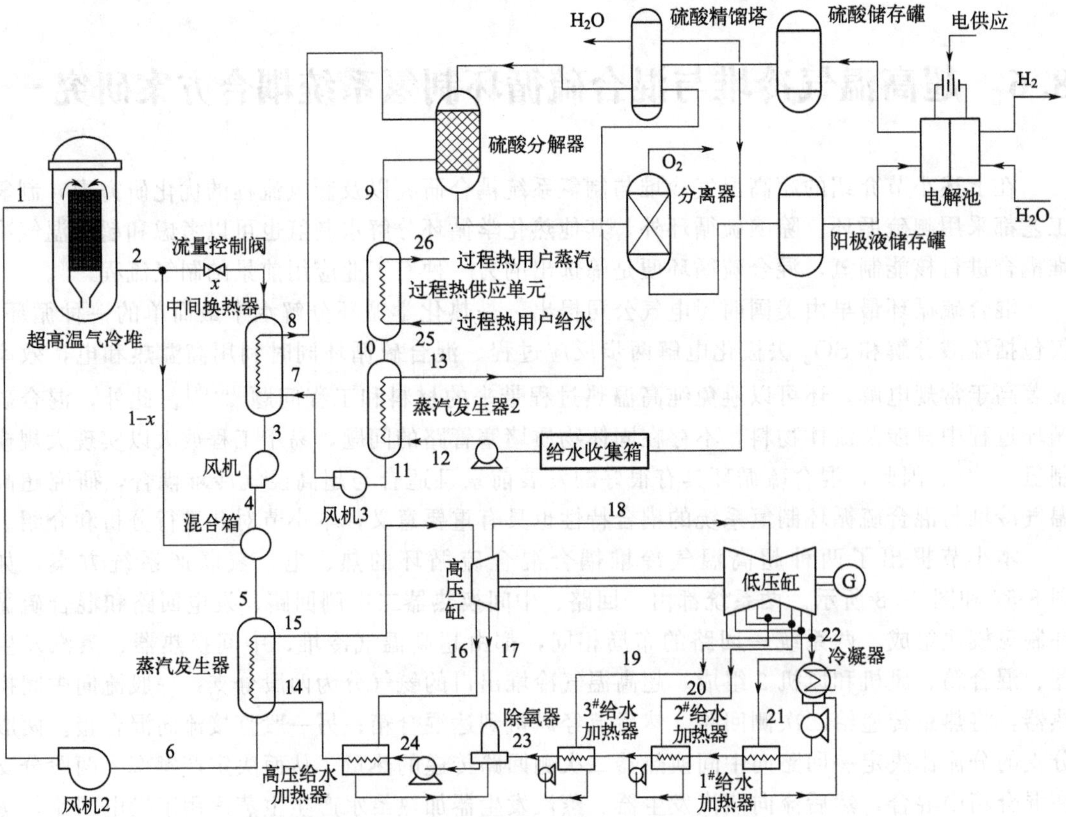

图 8-58　超高温气冷堆耦合混合硫循环的热、电、氢联产系统方案二示意图

混合硫循环制氢模块主要包括电解池、硫酸储存罐、硫酸精馏塔、硫酸分解器、分离器、阳极液储存罐。在硫酸分解器中，H_2SO_4 被分解产生 SO_2、O_2 和水，产物在分离器中分离，O_2 作为副产品被收集，其余流经阳极液储存罐，然后和额外的水一起进入电解池。电解池的阳极和阴极分别发生如下半电池反应：

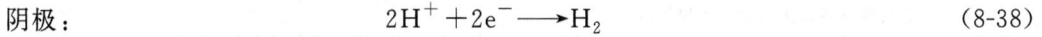

阳极： $$SO_2 + 2H_2O \longrightarrow H_2SO_4 + 2H^+ + 2e^- \tag{8-37}$$

阴极： $$2H^+ + 2e^- \longrightarrow H_2 \tag{8-38}$$

在阳极，SO_2 被氧化形成 H_2SO_4、质子和电子，质子迁移到阴极与通过外部电路到达阴极的电子结合产生 H_2。H_2SO_4 流经硫酸储存罐，然后输送到硫酸精馏塔进行加浓，最后送往硫酸分解器进行进一步分解。

对于混合硫循环，硫酸分解器需要高品位热量，可由中间换热器二次侧出口氦气提供；电解池需要电能，可由发电回路产生提供；硫酸精馏塔需要低品位热量，两系统方案的核心区别在于硫酸精馏塔的供热方式。在方案一中，制氢模块与发电回路耦合，硫酸精馏塔需要的低品位热量由发电回路的低压汽轮机抽汽提供。在方案二中，制氢模块与发电回路相独立，硫酸精馏塔需要的低品位热量由额外的布置在中间换热器二次侧回路的蒸汽发生器 2 产生蒸汽提供。方案一的设计更为简单，因为直接从低压汽轮机抽汽，而方案二的设计相对来说更为复杂，因为增加了额外的蒸汽发生器 2，但是方案二中制氢模块与发电回路的相互独立对系统的安全运行更有益。

两系统的中间换热器二次侧回路都布置了一个过程热供应单元（PHSU）。中间换热器二次侧的氦气在流经硫酸分解器后，仍具有较高温度，可以流经过程热供应单元加热来自过程热用户的给水，为过程热用户提供高温蒸汽。

两系统的发电回路都采用亚临界朗肯循环，蒸汽在高压汽轮机和低压汽轮机中膨胀。发电回路也设计了 $1^\#$ ~ $3^\#$ 给水加热器、除氧器和高压给水加热器五级热回收过程。

两系统的主要设计参数如表 8-15 所示。超高温堆的热功率和入口温度参照 HTR-PM 高温堆核电站设为 250MW 和 250℃[3]，反应堆出口温度为 950℃[4]。中间换热器二次侧入口温度和出口温度设为 350℃ 和 880℃[4]，硫酸分解器的氦气出口温度设为 800℃。蒸汽发生器的二次侧给水温度设为 206℃，主蒸汽压力设为 13.9MPa。过程热供应单元的用户侧给水压力和工艺蒸汽压力为 7.89MPa 和 7.5MPa[22]，工艺蒸汽温度比热端氦气入口温度低 30℃[22]，给水温度设为 200℃。本小节的研究中，过程热供应单元用户侧参数的设定是为了计算和分析，在实际中，用户侧参数可根据过程热用户的需要来确定。

中间换热器一次侧氦气出口温度和蒸汽发生器二次侧的主蒸汽温度是两个重要的系统参数，它们的设计基准值如表 8-15 中所示为 400℃ 和 571℃。本小节后面会研究这两个参数对系统性能的影响，表 8-16 展示了它们的研究值。主蒸汽温度的最大研究值设为 600℃，主蒸汽温度与蒸汽发生器一次侧氦气入口温度的最小温差限值设为 30℃[22]。

表 8-15 两种超高温气冷堆耦合混合硫循环的热、电、氢联产系统的主要设计参数

参数	符号	单位	值
反应堆热功率	Q_R	MW	250
反应堆入口温度	T_1	℃	250
反应堆入口压力	p_1	MPa	7.3
反应堆出口温度	T_2	℃	950
反应堆出口压力	p_2	MPa	7.2

参数	符号	单位	值
中间换热器一次侧氦气出口温度	T_3	℃	400[④]
中间换热器一次侧氦气出口压力	p_3	MPa	7.1
蒸汽发生器一次侧氦气出口压力	p_6	MPa	7.1
中间换热器二次侧氦气入口温度	T_7	℃	350
中间换热器二次侧氦气入口压力	p_7	MPa	7.4
中间换热器二次侧氦气出口温度	T_8	℃	880
中间换热器二次侧氦气出口压力	p_8	MPa	7.3
硫酸分解器氦气出口温度	T_9	℃	800
硫酸分解器氦气出口压力	p_9	MPa	7.2
过程热供应单元氦气出口压力	p_{10}	MPa	7.1
蒸汽发生器2一次侧氦气出口压力[①]	p_{11}	MPa	7.0
蒸汽发生器2二次侧给水温度[①]	T_{12}	℃	140
蒸汽发生器2二次侧给水压力[①]	p_{12}	MPa	0.4
蒸汽发生器2二次侧蒸汽温度[①]	T_{13}	℃	180
蒸汽发生器2二次侧蒸汽压力[①]	p_{13}	MPa	0.3
蒸汽发生器二次侧给水温度	T_{11}/T_{14}[②]	℃	206
蒸汽发生器二次侧给水压力	p_{11}/p_{14}[②]	MPa	14.9
蒸汽发生器二次侧主蒸汽温度	T_{12}/T_{15}[②]	℃	571[④]
蒸汽发生器二次侧主蒸汽压力	p_{12}/p_{15}[②]	MPa	13.9
高压给水加热器抽汽压力	p_{13}/p_{16}[②]	MPa	2.15
高压汽轮机排汽压力	$p_{14},p_{15}/p_{17},p_{18}$[②]	MPa	1
3#给水加热器抽汽压力	p_{16}/p_{19}[②]	MPa	0.75
2#给水加热器抽汽压力	p_{17}/p_{20}[②]	MPa	0.6
1#给水加热器抽汽压力	p_{18}/p_{21}[②]	MPa	0.3
硫酸精馏塔抽汽温度[③]	T_{19}	℃	133.5
硫酸精馏塔抽汽压力[③]	p_{19}	MPa	0.3
低压汽轮机排汽压力	p_{20}/p_{22}[②]	MPa	0.0075
过程热供应单元用户侧给水温度	T_{23}/T_{25}[②]	℃	200
过程热供应单元用户侧给水压力	p_{23}/p_{25}[②]	MPa	7.89
过程热供应单元用户侧蒸汽温度	T_{24}/T_{26}[②]	℃	770
过程热供应单元用户侧蒸汽压力	p_{24}/p_{26}[②]	MPa	7.5
汽轮机等熵效率	η_T	%	88
泵等熵效率	η_P	%	85
风机等熵效率	η_C	%	88
发电机效率	η_G	%	98

① 这些参数为方案二系统参数。
② 前者为方案一参数符号,后者为方案二参数符号。
③ 这些参数为方案一系统参数。
④ 该值为参数的设计基准值。

表 8-16　系统关键参数及研究值

关键参数	符号	研究值（范围）
中间换热器一次侧氦气出口温度	T_3	400℃，450℃，500℃，550℃
蒸汽发生器二次侧主蒸汽温度	T_{12}/T_{15} ①	541℃，556℃，571℃，586℃，600℃
分流比	x	0~1

① 前者为方案一参数符号，后者为方案二参数符号。

蒸汽发生器一次侧氦气入口温度受分流比的影响。分流比定义为流向中间换热器的氦气的质量流量与超高温气冷堆出口处总的氦气质量流量之比，表示如下：

$$x = \frac{m_3}{m_2} \tag{8-39}$$

表 8-17 展示了基于 Gorensek 等[23]文献研究报道的混合硫循环的能耗。混合硫循环的制氢效率计算如下：

$$\eta_{HyS} = \frac{N_{H_2} \Delta HHV_{H_2}}{Q_{HyS} + \dfrac{W_{HyS}}{\eta_E}} \tag{8-40}$$

式中，N_{H_2} 表示产氢率；ΔHHV_{H_2} 表示氢气的高位热值，$286 kJ/mol\ H_2$；Q_{HyS} 和 W_{HyS} 分别代表混合硫循环过程消耗的热量和电能；η_E 表示发电效率。如果 η_E 取 45%，混合硫循环的制氢效率计算为 41.7%[23]。

表 8-17　混合硫循环能耗

部件	能量需求	能耗/(kJ/mol H_2)
硫酸分解器	高温热	340.3
硫酸精馏塔	低温热	75.5
电解池	电能	120.9

本小节通过能量分析和㶲分析来建立热力学模型以分析系统热力学性能，计算能量转换效率，揭示系统的薄弱环节。为了降低建模复杂性并简化模型，采用了一些合理的假设[23,24]：两系统在稳态下运行；重力势能和动能的变化可以忽略；普通管线和混合箱的压降可以忽略；除了冷凝器外其他换热器向外界环境释放的热量可以忽略；在方案一中，从低压汽轮机抽取的用于加热硫酸精馏塔的蒸汽在硫酸精馏塔出口变为饱和水。

① 能量分析模型如下。

以方案一为例，一回路和中间换热器二次侧回路的能量守恒方程如下：

$$Q_R + W_{C,1} + W_{C,2} = Q_{IHX} + Q_{SG} \tag{8-41}$$

$$Q_{IHX} + W_{C,3} = Q_{SAR} + Q_{PHSU} \tag{8-42}$$

式中，Q_{IHX}、Q_{SG} 和 Q_{PHSU} 分别为中间换热器、蒸汽发生器和过程热供应单元的热功率；$W_{C,1}$、$W_{C,2}$ 和 $W_{C,3}$ 分别为风机、风机 2、风机 3 消耗的电能；Q_R 为反应堆热功率；Q_{SAR} 为硫酸分解器热功率。

对于中间换热器、蒸汽发生器、过程热供应单元等换热器，它们的能量守恒方程可统一表示为：

$$Q_{HE} = m_{hf}(h_{hf,inlet} - h_{hf,outlet}) = m_{cf}(h_{cf,outlet} - h_{cf,inlet}) \tag{8-43}$$

式中，h 表示比焓，下标 hf 和 cf 分别表示热流体与冷流体。

系统的净输出电能计算为：

$$E_{net} = (W_{HP} + W_{LP})\eta_G - W_{CP} - W_{FP} - W_{C,1} - W_{C,2} - W_{C,3} - W_{HyS} \tag{8-44}$$

式中，W_{HP} 和 W_{LP} 分别为高压汽轮机和低压汽轮机产生的机械功；W_{CP} 和 W_{FP} 分别为发电回路冷凝泵和给水泵消耗的电能；η_G 为发电机发电效率；W_{HyS} 为混合硫制氢过程消耗的电能。

对于产生机械功的部件 j（高压汽轮机和低压汽轮机）和消耗电能的部件 k（冷凝泵、给水泵、风机、风机 2 和风机 3），能量守恒方程可以统一表示为：

$$W_j = m_j(h_{inlet} - h_{outlet}) = m_j(h_{inlet} - h_{outlet,is})\eta_{j,is} \tag{8-45}$$

$$W_k = m_k(h_{outlet} - h_{inlet}) = m_k(h_{outlet,is} - h_{inlet})/\eta_{k,is} \tag{8-46}$$

发电回路的发电效率定义为：

$$\eta_E = \frac{(W_{HP} + W_{LP})\eta_G - W_{CP} - W_{FP}}{Q_{SG}} \tag{8-47}$$

系统的能量利用效率定义为：

$$\eta_{E\text{-}H_2\text{-}Q} = \frac{N_{H_2}\Delta HHV_{H_2} + E_{net} + Q_{PHSU}}{Q_R} \tag{8-48}$$

② 系统的㶲分析模型如下。

对于系统中每个部件，㶲守恒方程一般可表示为：

$$Ex_Q + Ex_W + Ex_{h,inlet} - Ex_{h,outlet} = Ex_l \tag{8-49}$$

式中，Ex_Q、Ex_W 和 Ex_h 分别代表热量㶲、功量㶲和焓㶲，它们的概念和计算式已在 7.3 节中介绍；Ex_l 表示㶲损失。

对于任一部件 i，它的㶲损失系数和㶲效率分别为：

$$\varepsilon_{loss,i} = \frac{Ex_{l,i}}{Ex_{Q,VHTR}} \tag{8-50}$$

$$\eta_{ex,i} = \frac{Ex_{output,i}}{Ex_{input,i}} \tag{8-51}$$

式中，$Ex_{output,i}$ 和 $Ex_{input,i}$ 分别表示输出㶲和输入㶲。

本小节㶲分析的研究中考虑的主要部件包括换热器（中间换热器、蒸汽发生器、蒸汽发生器 2、过程热供应单元、$1^\#\sim3^\#$ 给水加热器、除氧器和高压给水加热器）、机械功产生部件（高压汽轮机和低压汽轮机）和混合硫循环。表 8-18 和表 8-19 分别展示了这些部件的㶲损失和㶲效率的具体计算式。

系统的㶲效率定义为：

$$\eta_{exergy} = \frac{N_{H_2}ex_{ch,H_2} + E_{net} + Ex_{Q,PHSU}}{Ex_{Q,VHTR}} \tag{8-52}$$

式中，ex_{ch,H_2} 表示氢气的标准化学㶲（236.1kJ/mol H₂）；$Ex_{Q,PHSU}$ 和 $Ex_{Q,VHTR}$ 表示过程热供应单元和超高温气冷堆的输出热量㶲。

表 8-18　系统主要部件㶲损失的计算式

部件	㶲损失计算式
IHX,SG,SG2,PHSU 1#～3#,DEA,HFH	$\mathrm{Ex}_{1,i}=m_{\mathrm{hf},i}(\mathrm{ex}_{\mathrm{hf,inlet},i}-\mathrm{ex}_{\mathrm{hf,outlet},i})-m_{\mathrm{cf},i}(\mathrm{ex}_{\mathrm{cf,outlet},i}-\mathrm{ex}_{\mathrm{cf,inlet},i})$
HP,LP	$\mathrm{Ex}_{1,i}=m_i(\mathrm{ex}_{\mathrm{inlet},i}-\mathrm{ex}_{\mathrm{outlet},i})-W_i$
HyS cycle	$\mathrm{Ex}_{1,\mathrm{HyS}}=\mathrm{Ex}_{Q,\mathrm{HyS}}+W_{\mathrm{HyS}}-N_{\mathrm{H}_2}\mathrm{ex}_{\mathrm{ch},\mathrm{H}_2}$

注：IHX——中间换热器；SG——蒸汽发生器；SG2——蒸汽发生器 2；PHSU——过程热供应单元；1#～3#——低压给水加热器；DEA——除氧器；HFH——高压给水加热器；HP——高压汽轮机；LP——低压汽轮机；HyS cycle——混合硫循环。

表 8-19　系统主要部件㶲效率的计算式

部件	㶲效率计算式
IHX,SG,SG2,PHSU 1#～3#,DEA,HFH	$\eta_{\mathrm{ex},i}=\dfrac{m_{\mathrm{cf},i}(\mathrm{ex}_{\mathrm{cf,outlet},i}-\mathrm{ex}_{\mathrm{cf,inlet},i})}{m_{\mathrm{hf},i}(\mathrm{ex}_{\mathrm{hf,inlet},i}-\mathrm{ex}_{\mathrm{hf,outlet},i})}$
HP,LP	$\eta_{\mathrm{ex},i}=\dfrac{W_i}{m_i(\mathrm{ex}_{\mathrm{inlet},i}-\mathrm{ex}_{\mathrm{outlet},i})}$
HyS cycle	$\eta_{\mathrm{ex},\mathrm{HyS}}=\dfrac{N_{\mathrm{H}_2}\times\mathrm{ex}_{\mathrm{ch},\mathrm{H}_2}}{\mathrm{Ex}_{Q,\mathrm{HyS}}+W_{\mathrm{HyS}}}$

　　基于上述系统描述和建立的热力学模型，对两系统进行热力学分析，首先比较两系统的热力学性能，并通过㶲分析揭示系统的薄弱环节，然后分析中间换热器一次侧氦气出口温度和蒸汽发生器二次侧主蒸汽温度这两个关键参数对系统性能的影响。

　　当分析和比较两系统的热力学性能时，中间换热器一次侧氦气出口温度和蒸汽发生器二次侧主蒸汽温度取它们的设计基准值 400℃和 571℃。图 8-59 展示了两系统在不同分流比下的蒸汽发生器一次侧氦气入口温度。在固定分流比下，方案一和方案二有相同的蒸汽发生器一次侧氦气入口温度，因为它们的反应堆出口温度和中间换热器一次侧氦气出口温度相同。随着分流比的增加，超高温堆出口更多比例的氦气流向中间换热器而不直接流向混合箱，导致蒸汽发生器一次侧氦气入口温度线性减小。当分流比增加到 0.6395 时，蒸汽发生器一次侧氦气入口温度降低到 601℃，达到比主蒸汽温度高 30℃的限值。因此，分流比在设计基准工况下建议的变化范围是 0～0.6395。

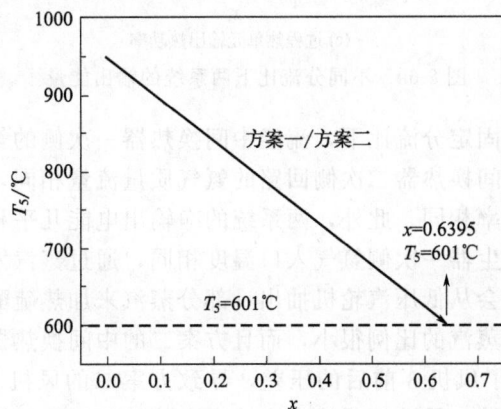

图 8-59　不同分流比下的蒸汽发生器一次侧氦气入口温度

图 8-60 展示了两系统在不同分流比下的输出能量，包括产氢率、净输出电能和过程热单元的输出热功率。随着分流比的增加，流经中间换热器一次侧的氦气质量流量线性增加，中间换热器的热功率线性增加，中间换热器二次侧回路的氦气质量流量也线性增加。因此，硫酸分解器和过程热单元的热功率也线性增加，导致产氢率和过程热单元的输出热功率线性增加。此外，随着分流比的增大，蒸汽发生器的热功率由于其一次侧氦气入口温度的线性降低而线性减少，而电解池消耗的电能由于产氢率的增加而线性增大。因此，两系统的净输出电能线性减少。

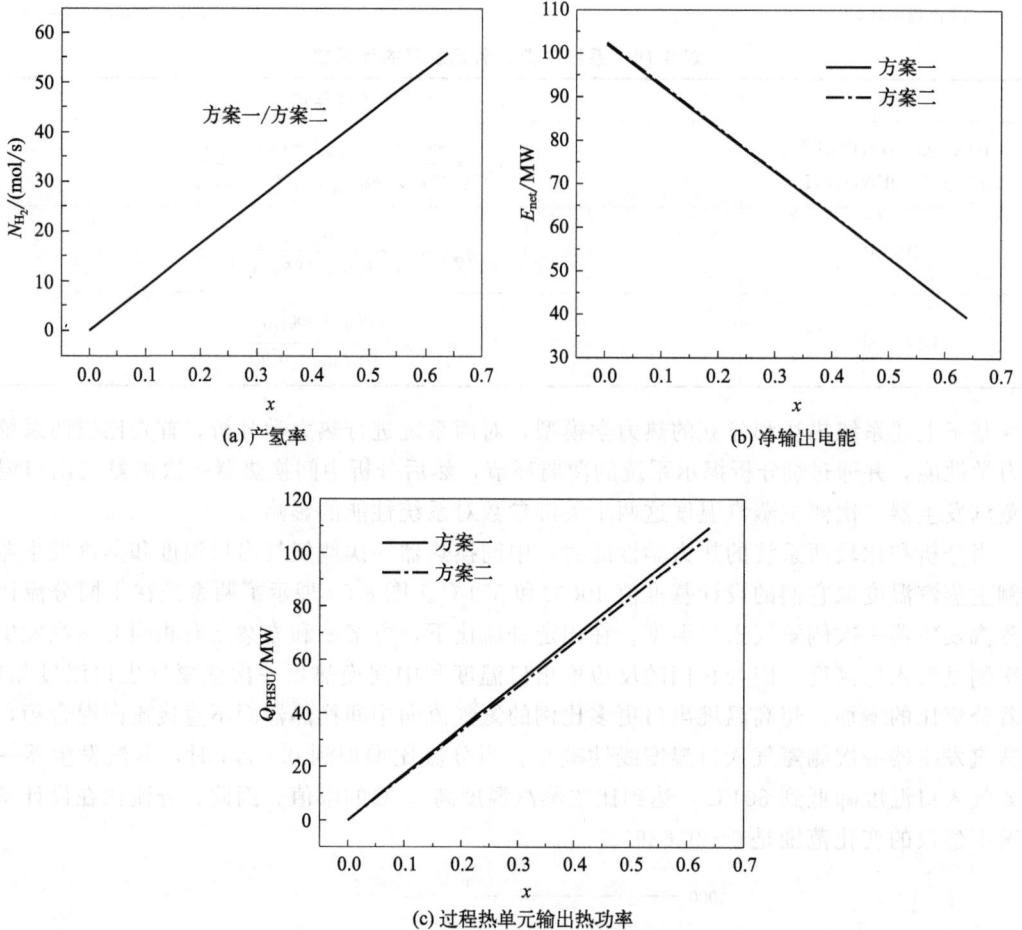

(a) 产氢率

(b) 净输出电能

(c) 过程热单元输出热功率

图 8-60　不同分流比下两系统的输出能量

对于两系统，在一个固定分流比下，流经中间换热器一次侧的氦气质量流量相同，中间换热器的热功率相同，中间换热器二次侧回路的氦气质量流量相同，硫酸分解器的热功率相同。因此，两系统的产氢率相同。此外，两系统的净输出电能几乎相同。这是因为在固定分流比下，两系统的蒸汽发生器一次侧氦气入口温度相同，通过蒸汽发生器传递给发电回路的热功率相同。虽然方案一会从低压汽轮机抽出一部分蒸汽来加热硫酸精馏塔，但是硫酸精馏塔的热功率很小，抽取的蒸汽的比例很小，而且方案二的中间换热器二次侧回路额外布置了蒸汽发生器 2，稍稍增加了风机 3 前后的压差，导致方案二的风机 3 消耗稍微更多的电能。因此，两方面因素互相抵消，导致两系统的净输出电能几乎没有差异。方案一中过程热供应单元的输出热功率稍大于方案二中过程热供应单元的输出热功率，尤其在更大的分流比下。

这是因为两系统通过中间换热器传递给二次侧回路的热功率是相同的，但是方案二中部分中间换热器二次侧回路的热量传递给蒸汽发生器2以产生蒸汽用于加热硫酸精馏塔。随着分流比的增加，硫酸精馏塔的热功率随着产氢率的增加而增加，中间换热器传递更多热量给蒸汽发生器2以产生更多蒸汽，导致两系统的过程热供应单元输出的热功率出现更大的差异。

图8-61展示了两系统在不同分流比下的热力学性能比较，包括发电效率、能量利用效率和㶲效率。在方案一中，小部分蒸汽从低压汽轮机中抽出以加热硫酸精馏塔。随着分流比的增加，产氢率增加，硫酸精馏塔的热功率增加，需要从低压汽轮机抽取更多的蒸汽，因此发电效率降低。在方案二中，发电回路和混合硫循环制氢模块互相独立，发电效率不受分流比影响而保持不变。因此，方案二比方案一有更高的发电效率。

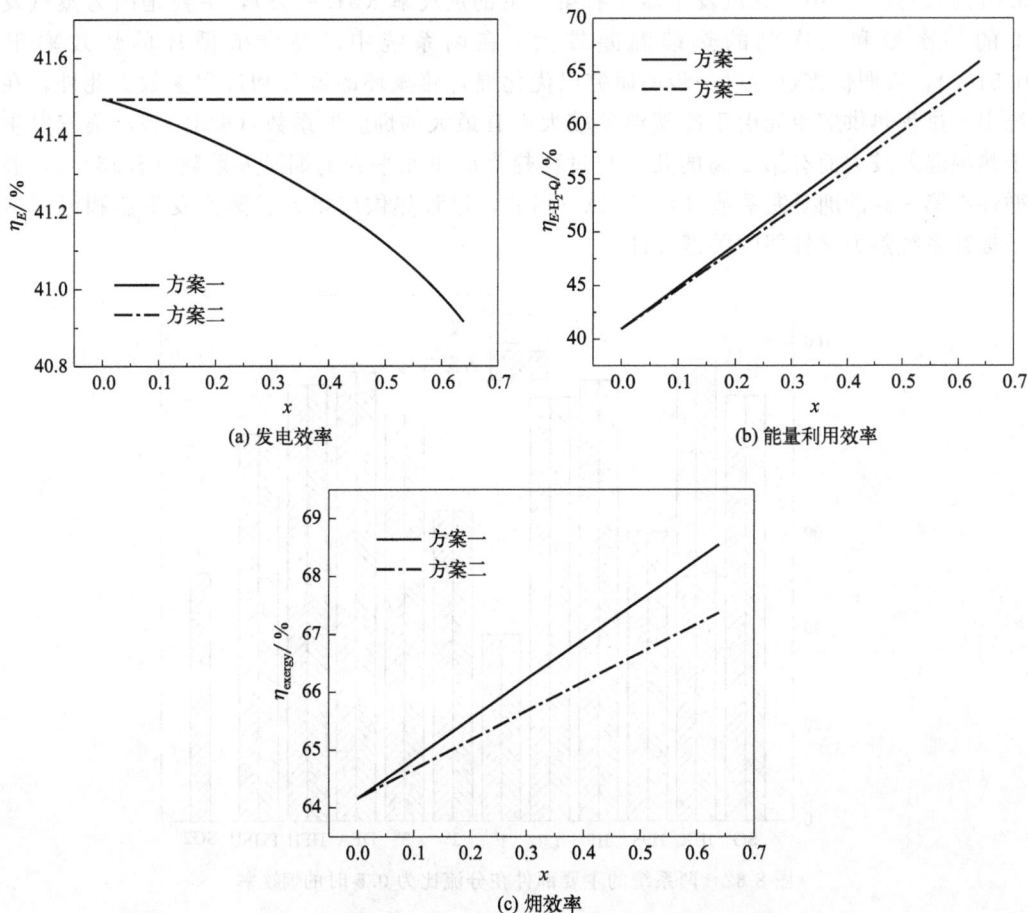

(a) 发电效率

(b) 能量利用效率

(c) 㶲效率

图 8-61 不同分流比下两系统的热力学性能比较

随着分流比增加，虽然净输出电能线性减少，但是产氢率和过程热供应单元的输出热功率都线性增加，因此两系统的能量利用效率线性上升。方案一展现出比方案二更高的能量利用效率，尤其在更大的分流比时。这主要有两方面原因：第一是在方案一中，小部分蒸汽从低压汽轮机中抽取以加热硫酸精馏塔而不是直接流向冷凝器，这有效利用了这部分蒸汽并减少了热阱损失。相比之下，方案二没有从低压汽轮机抽取蒸汽加热硫酸精馏塔，更大比例的排汽流向冷凝器，增加了热阱损失。第二是方案一可以通过过程热供应单元输出更多中间换热器二次侧的热量给过程热用户，而方案二需要传递部分中间换热器二次侧回路的热量给蒸汽发生器 2 以产生蒸汽加热硫酸精馏塔。

　　两系统的㶲效率都随分流比的增加而线性增加。方案一比方案二有更高的㶲效率，两系统㶲效率的差异在更大的分流比下更加显著。这是因为方案一中从低压汽轮机抽取的加热硫酸精馏塔的蒸汽已经在低压汽轮机中做过功，它的品质已经降低。利用低品质蒸汽来为硫酸精馏塔供热而不通过蒸汽发生器 2 利用来自中间换热器二次侧回路相对品位更高的热量以产生蒸汽为硫酸精馏塔供热有利于提高系统的㶲效率。㶲分析的结果可以进一步阐释原因。图 8-62 和图 8-63 展示了分流比为 0.5 时的主要部件的㶲效率和㶲损失系数。两系统的相同部件的㶲效率和㶲损失系数几乎相同，但是方案二中额外布置了蒸汽发生器 2 产生了更多的㶲损失。因此，方案二的㶲效率低于方案一。在两系统中，1# 给水加热器的㶲效率最低（39.07%）。方案二中，蒸汽发生器 2 有第二低的㶲效率（51.99%），主要是因为蒸汽发生器 2 的一次侧和二次侧的热端温差较大。在两系统中，混合硫循环的㶲效率很低（60.51%），表明仍需进行进一步的研究以优化混合硫循环的流程和过程参数。此外，在两系统中，过程热供应单元由于冷端温差较大而有最大的㶲损失系数（6.32%），蒸汽发生器由于热端温差较大而有第二高的几乎与过程热供应单元平齐的㶲损失系数（6.26%），混合硫循环有第三高的㶲损失系数（4.21%）。因此，过程热供应单元、蒸汽发生器和混合硫循环是提升系统热力学性能的关键部件。

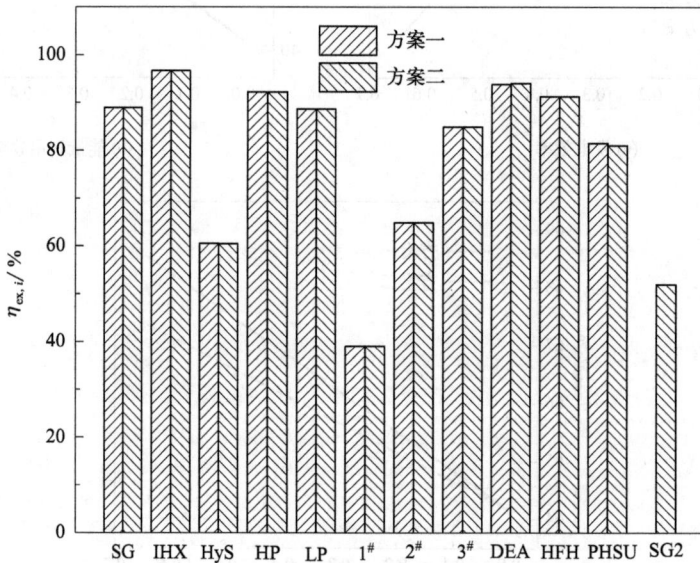

图 8-62　两系统的主要部件在分流比为 0.5 时的㶲效率

　　图 8-64 展示了两系统中具有较大㶲损失系数的关键部件在不同分流比下㶲损失系数的变化。当分流比变化时，蒸汽发生器、过程热供应单元和混合硫循环是㶲损失系数变化最大的三个单元。随着分流比的增加，过程热供应单元的输出热功率和产氢率都增加，导致过程热供应单元和混合硫循环的㶲损失系数都增加。但是，蒸汽发生器的㶲损失系数由于其热端温差的减少而降低得更多，导致两系统的㶲效率都增加。

　　当分流比达到建议的变化范围的最大值 0.6395 时，方案一的发电效率、能量利用效率和㶲效率分别是 40.92%、65.91% 和 68.55%，方案二的发电效率、能量利用效率和㶲效率分别是 41.49%、64.53% 和 67.36%。

　　根据上述分析，除了发电效率外，方案一和方案二的其他性能参数（输出能量、能量利

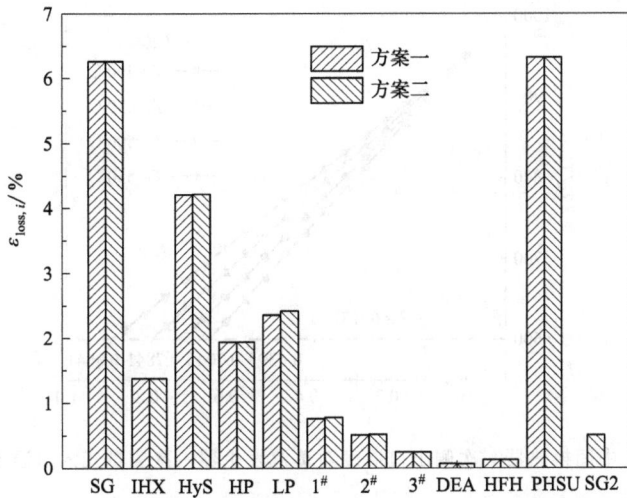

图 8-63　两系统的主要部件在分流比为 0.5 时的㶲损失系数

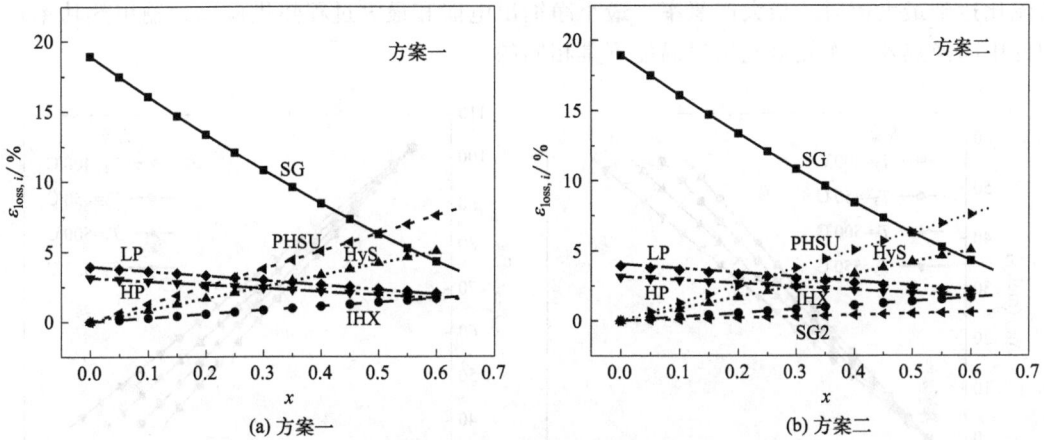

(a) 方案一　　　　　　　　　　(b) 方案二

图 8-64　两系统的关键部件在不同分流比下的㶲损失系数

用效率和㶲效率）随着分流比的变化有着相似的变化趋势。因此，本小节以方案一为例分析中间换热器一次侧氦气出口温度对系统性能的影响，主蒸汽温度取其设计基准值 571℃。

图 8-65 展示了在四个中间换热器一次侧氦气出口温度和不同分流比下的蒸汽发生器一次侧氦气入口温度。在一个固定的分流比下，更高的中间换热器一次侧氦气出口温度带来更高的蒸汽发生器一次侧氦气入口温度。因此，对于更高的中间换热器一次侧氦气出口温度，蒸汽发生器一次侧氦气入口温度只有在更大的分流比下才达到比主蒸汽温度高 30℃ 的限值，建议的分流比的变化范围可以更大。对于 400℃、450℃、500℃、550℃ 四个中间换热器一次侧氦气出口温度的情况，建议的分流比的变化范围分别是 0～0.6395、0～0.7045、0～0.7841、0～0.8841。

图 8-66 展示了在四个中间换热器一次侧氦气出口温度和不同的分流比下系统的输出能量。在一个固定的分流比下，随着中间换热器一次侧氦气出口温度的增加，中间换热器热功率减小，中间换热器二次侧回路的氦气的质量流量减少，导致产氢率和过程热供应单元的输出热功率减小。与中间换热器热功率减小相对的是蒸汽发生器的热功率增加，导致更多给水被加热以产生更多蒸汽用于发电回路，所以系统的净输出电能增加。此外，对于不同中间换

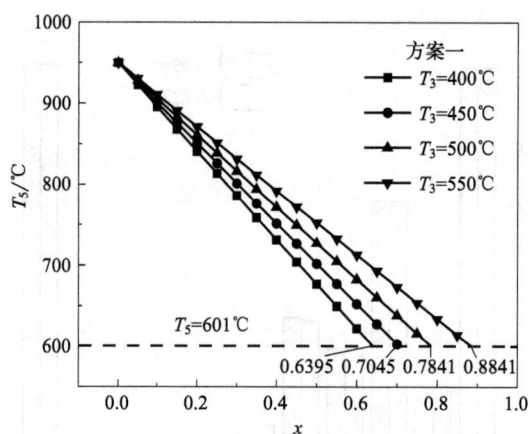

图 8-65　中间换热器一次侧出口温度对蒸汽发生器一次侧氦气入口温度的影响

热器一次侧氦气出口温度的情况，当分流比达到对应的变化范围的最大值时，蒸汽发生器一次侧氦气入口温度相同，中间换热器的热功率相同，蒸汽发生器的热功率也相同。因此，当分流比达到最大值时，最大产氢率、最小净输出电能和最大过程热供应单元输出热功率在不同的中间换热器一次侧氦气出口温度下是相同的。

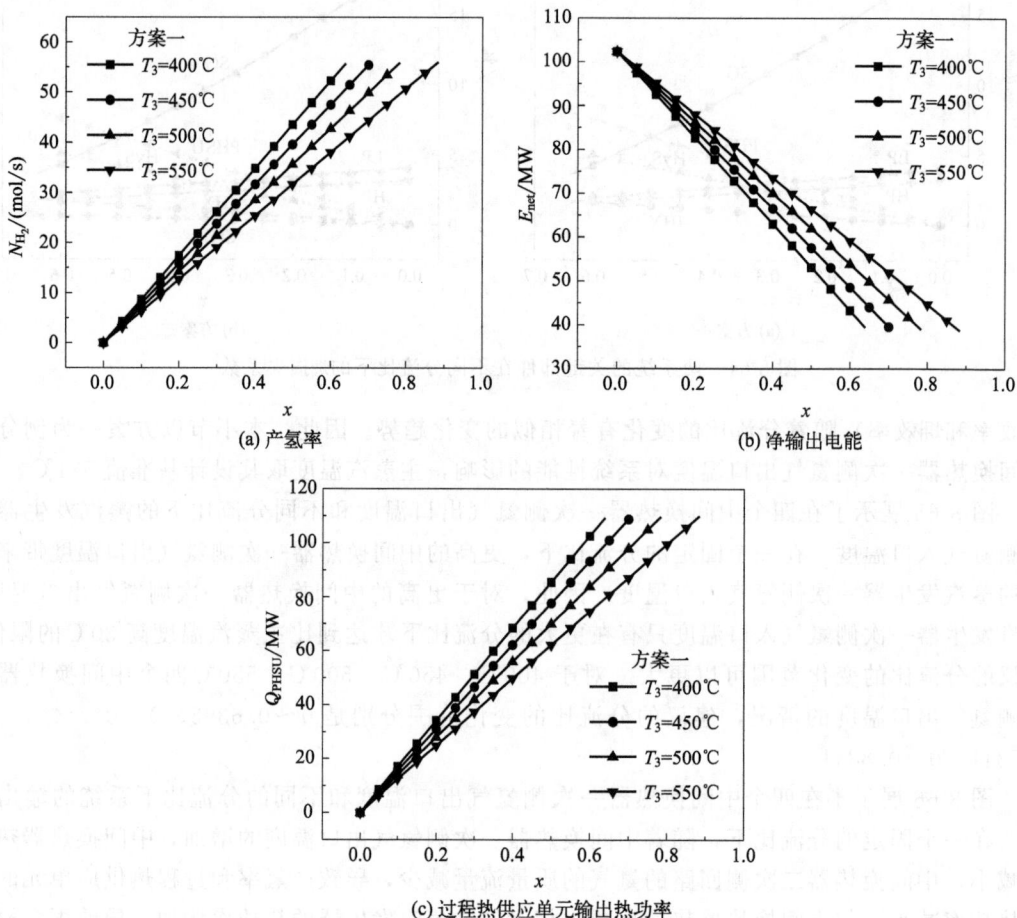

(a) 产氢率

(b) 净输出电能

(c) 过程热供应单元输出热功率

图 8-66　中间换热器一次侧氦气出口温度对系统输出能量的影响

图 8-67 展示了在四个中间换热器一次侧氦气出口温度和不同的分流比下系统的发电效率、能量利用效率和㶲效率。在一个固定的分流比下，随着中间换热器一次侧氦气出口温度的增加，产氢率减少，低压汽轮机抽取的用于加热硫酸精馏塔的蒸汽的比例减少，发电效率提高。需要注意的是，方案一和方案二仅在发电效率上展现了不同的变化趋势。对于方案二来说，由于混合硫循环制氢模块和发电回路的相互独立，中间换热器一次侧氦气出口温度对发电效率没有影响，发电效率保持不变。在一个固定的分流比下，随着中间换热器一次侧氦气出口温度的增加，尽管净输出电能增加，但是产氢率和过程热供应单元输出的热功率都减少，导致系统能量利用效率的降低。在一个固定的分流比下，随着中间换热器一次侧氦气出口温度的升高，蒸汽发生器一次侧氦气出口温度升高，它的热端温差相应增大，导致蒸汽发生器的㶲损失系数更高且㶲效率更低，因此系统的㶲效率降低。此外，当分流比达到对应的变化范围的最大值时，最小发电效率、最大能量利用效率和最大㶲效率在不同的中间换热器一次侧氦气出口温度下是相同的。

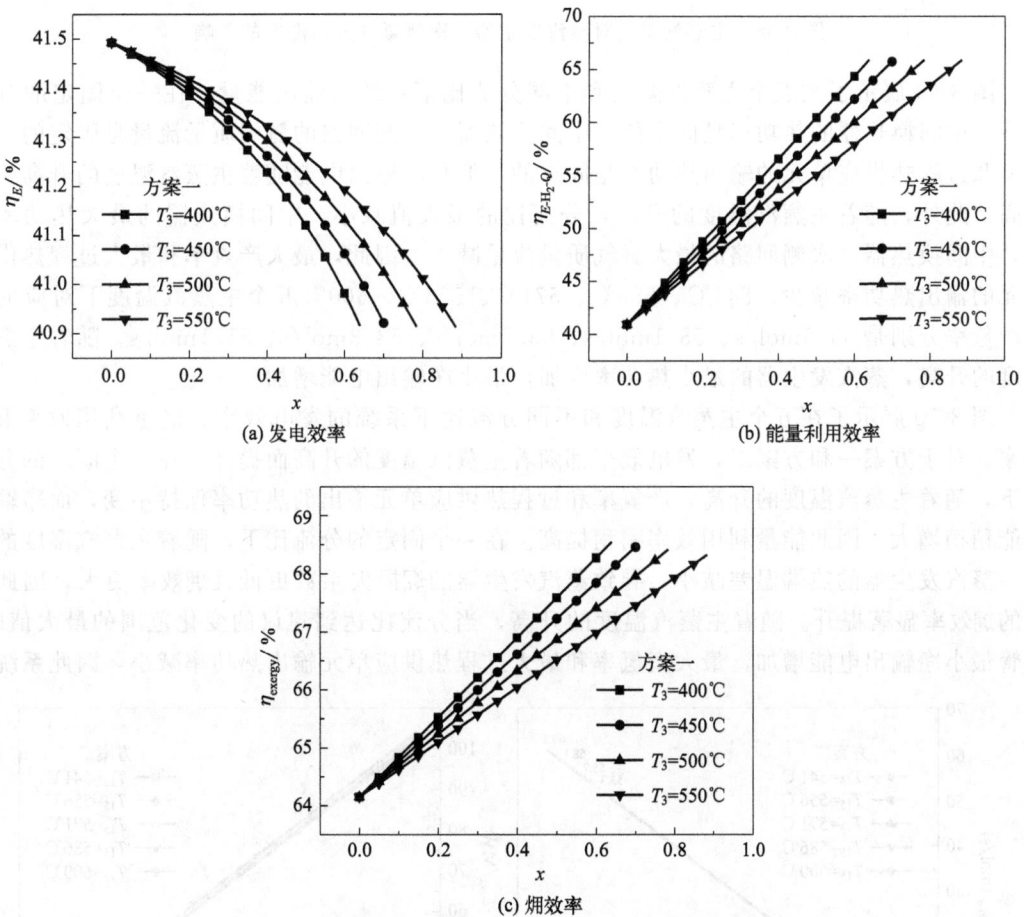

图 8-67　中间换热器一次侧氦气出口温度对系统性能的影响

接下来以方案二为例分析主蒸汽温度对系统性能的影响，中间换热器一次侧氦气出口温度取其设计基准值400℃。图 8-68 展示了在五个主蒸汽温度和不同分流比下的蒸汽发生器一次侧氦气入口温度。随着主蒸汽温度的升高，蒸汽发生器一次侧氦气入口温度在更小的分流比下达到比主蒸汽温度高 30℃ 的限值，分流比建议的变化范围变小。对于 541℃、556℃、

571℃、586℃、600℃五个主蒸汽温度的情况，建议的分流比的变化范围分别是 0～0.6945、0～0.6670、0～0.6395、0～0.6120、0～0.5863。

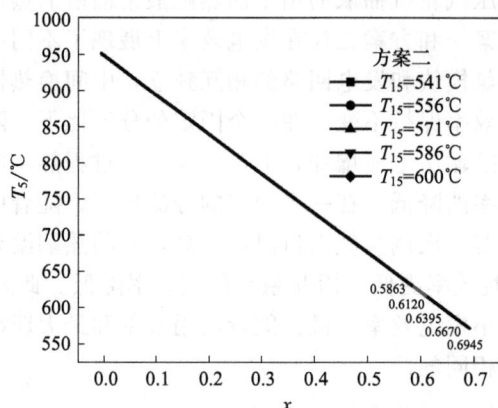

图 8-68　主蒸汽温度对蒸汽发生器一次侧氦气入口温度的影响

图 8-69 展示了在五个主蒸汽温度和不同分流比下系统的输出能量。在一个固定的分流比下，中间换热器的热功率是固定的，中间换热器二次侧回路的氦气质量流量是固定的，产氢率和过程热供应单元的输出热功率是固定的，但是净输出电能随着主蒸汽温度的升高稍稍提高。此外，随着主蒸汽温度的升高，分流比的最大值减小，中间换热器的最大热功率减少，中间换热器二次侧回路的最大氦气质量流量减少。因此，最大产氢率和最大过程热供应单元的输出热功率减少。541℃、556℃、571℃、586℃、600℃五个主蒸汽温度下对应的最大产氢率分别是 60.5mol/s、58.1mol/s、55.7mol/s、53.3mol/s、51.1mol/s。随着主蒸汽温度的升高，蒸汽发生器的最小热功率增加，最小净输出电能增加。

图 8-70 展示了在五个主蒸汽温度和不同分流比下系统的发电效率、能量利用效率和㶲效率。对于方案一和方案二，发电效率都随着主蒸汽温度的升高而提高。在一个固定的分流比下，随着主蒸汽温度的升高，产氢率和过程热供应单元输出的热功率保持不变，而净输出电能稍稍增大，因此能量利用效率稍稍提高。在一个固定的分流比下，随着主蒸汽温度的升高，蒸汽发生器的热端温差减小，导致蒸汽发生器的㶲损失系数更低且㶲效率更大，因此系统的㶲效率显著提升。随着主蒸汽温度的升高，当分流比达到建议的变化范围的最大值时，尽管最小净输出电能增加，最大产氢率和最大过程热供应单元输出热功率减小，因此系统的

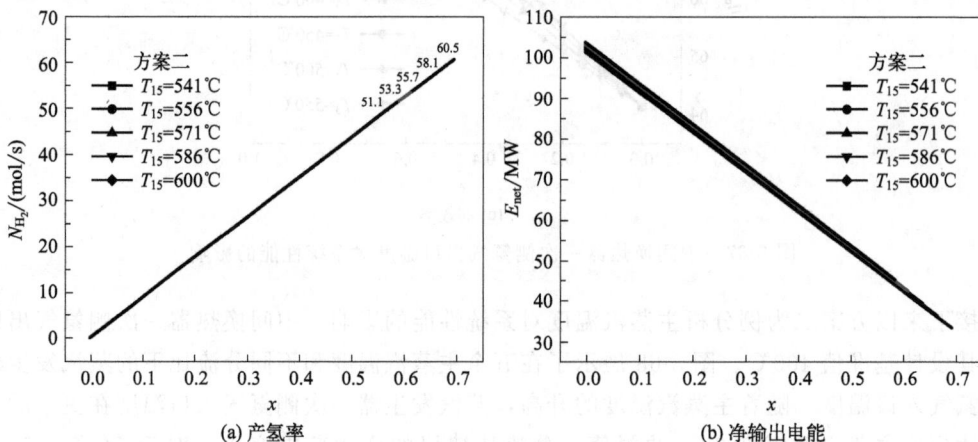

(a) 产氢率　　　　　　　　　　　　　　(b) 净输出电能

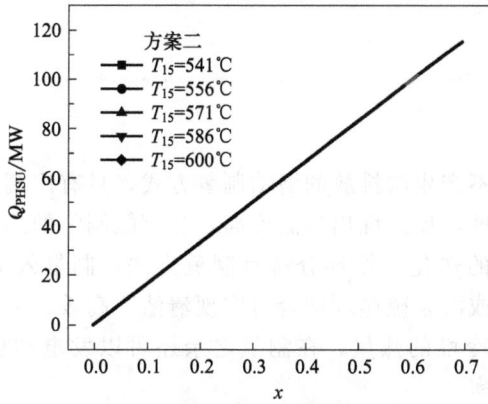

(c) 过程热供应单元输出热功率

图 8-69　主蒸汽温度对系统输出能量的影响

最大能量利用效率降低。另外，当分流比达到最大值时，蒸汽发生器的热端温差是 30℃，当主蒸汽温度更高时，蒸汽发生器的㶲损失系数更大。但是，对于更高的主蒸汽温度，混合硫循环和过程热供应单元的㶲损失系数由于最大产氢率和最大过程热供应单元输出热功率的降低而减小。两方面因素相互抵消，导致在不同主蒸汽温度下系统在最大分流比时的最大㶲效率十分接近。

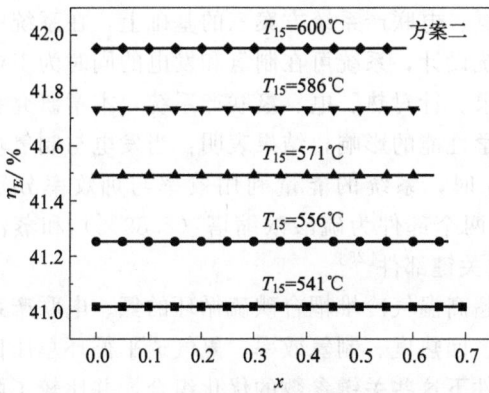

(a) 发电效率

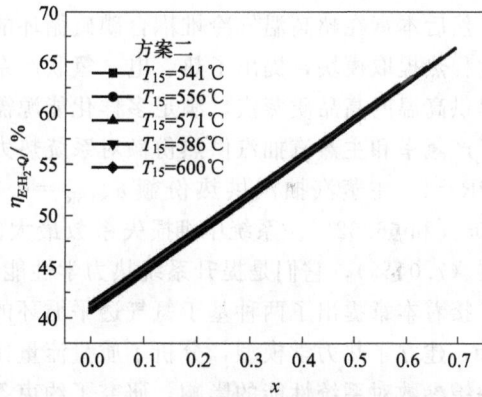

(b) 能量利用效率

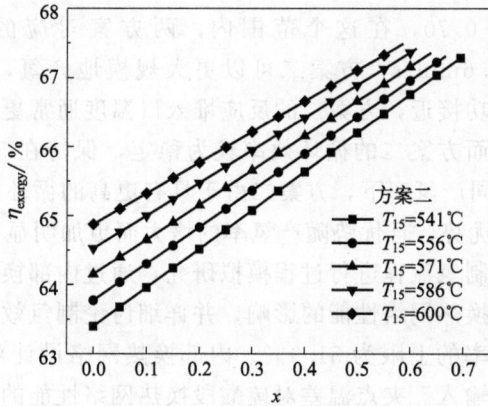

(c) 㶲效率

图 8-70　主蒸汽温度对系统性能的影响

8.7　小结

核能制氢是一种几乎不产生碳排放的清洁制氢方式，具有广阔的发展前景。超高温气冷堆是先进的第四代核反应堆，反应堆出口温度高，是核能制氢的理想堆型。碘硫循环和混合硫循环分解水制氢是先进的热化学循环分解水制氢方法，制氢效率高且适合与超高温堆耦合。超高温堆与碘硫循环或混合硫循环耦合可实现清洁、高效、大规模制氢，是核能制氢重要的发展方向。超高温气冷堆的热量，在制氢之余还可以发电和供热，实现热、电、氢联产，提高能量综合利用效率。

本章首先对高温气冷堆与制氢系统耦合进行整体介绍，并介绍了耦合的能量梯级利用原理。接着本章基于能量梯级利用的原理，提出了三种基于蒸汽透平循环的超高温气冷堆耦合碘硫循环的氢、电联产系统设计。方案一中制氢回路和发电回路相互独立，方案二和方案三中制氢回路和发电回路相耦合，方案一和方案二中蒸汽发生器与中间换热器和超高温气冷堆相连位于一回路，主蒸汽采用亚临界参数，方案三中蒸汽发生器位于中间换热器二次侧回路，可采用超临界参数发电，发电回路设计为超临界再热循环以提升发电效率。对三个系统进行热力学分析和比较，结果表明在相同产氢率下，方案三的氢电效率和㶲效率最大，因此方案三的系统性能最佳。

然后本章在超高温气冷堆耦合碘硫循环的氢、电联产系统方案三的基础上，在系统中增加过程热提取模块，提出了热、电、氢联产系统设计，系统可在制氢和发电的同时为工业用户提供高温的高品质蒸汽，满足多样化能源需求。针对热、电、氢联产系统，本章研究和分析了产氢率和主蒸汽抽汽供热份额对系统热力学性能的影响，结果表明：当发电与制氢功率比 PR=1，主蒸汽抽汽供热份额 $\alpha_{STSR} = 0.15$ 时，系统的能量利用效率与㶲效率分别为 51.05% 和 66.62%。系统中㶲损失系数最大的两个部件为硫酸浓缩塔（8.89%）和蒸汽发生器（7.04%），它们是提升系统热力学性能的关键部件[25]。

接着本章提出了两种基于氦气透平循环的超高温气冷堆耦合碘硫循环的氢、电联产系统设计，建立了热力学模型，分析了质量流量比、回热度、制氢效率、氦气透平循环总压比四个关键参数对系统性能的影响，研究了约束条件下这些关键参数的优化组合，并比较了两系统在优化参数组合下的热力学性能。结果表明：两方案建议的质量流量比的控制范围分别为 0.031～0.75 和 0.075～0.70，在这个范围内，两方案对应的产氢率分别为 17.4～295.6mol/s 和 42.2～319.6mol/s，方案二可以更大规模地产氢，方案一可用于小规模制氢。两方案的系统净输出功接近，方案二的反应堆入口温度通常更高。产氢率增大时，方案一的循环效率迅速降低，而方案二的循环效率较为稳定，保持在50%左右，两方案的氢电效率和㶲效率都降低。相同产氢率下，方案二由于具有更高的循环效率，因而在氢电效率和㶲效率上与方案一相比有优势，且优势随产氢率的增大而更加明显[26]。

接着本章对碘硫循环制氢流程进行过程模拟研究，通过内部换热网络设计对制氢流程进行优化，分析夹点温差对换热网络性能的影响，并详细讨论制氢效率。结果表明基于当前模拟计算的碘硫循环制氢效率的上限为51.9%。内部换热网络设计可以通过内部物流的充分换热，显著减少外部热量输入。夹点温差对硫酸段换热网络性能的影响较小，对氢碘酸段换热网络性能的影响较大。当夹点温差为 5～20℃ 时，硫酸段需要的外部输入热负荷减少 23.9%～25.0%，氢碘酸段需要的外部输入热负荷减少 20.8%～50.8%。在内部换热网络设计完成后，考虑部分低品位废热的回收和利用，可得出制氢效率更现实的估计为 30.0%～37.1%，下一步提升制氢热效率的方向为发展低温余热的回收利用技术[27]。

最后本章提出了两种超高温气冷堆耦合混合硫循环的新型热、电、氢联产系统设计，建立了能量分析和㶲分析的热力学模型，比较了两系统的热力学性能，分析了中间换热器一次侧氦气出口温度和主蒸汽温度两个关键参数对系统性能的影响。结果表明：在固定分流比下，方案一和方案二有着相同的产氢率和几乎相同的净输出电能，方案一相比方案二能通过过程热供应单元输出更多热功率且具有更高的能量利用效率和㶲效率。过程热供应单元、蒸汽发生器和混合硫循环是提升系统性能的关键部件。在设计基准工况下，两方案建议的分流比的变化范围是 0～0.6395，对应的产氢率是 0～55.7mol/s。方案一在 55.7mol/s 的产氢率下的能量利用效率和㶲效率是 65.91% 和 68.55%，而方案二则为 64.53% 和 67.36%。随着中间换热器一次侧氦气出口温度的升高，分流比的变化范围变得更大，但是当分流比达到最大值时，系统性能参数保持不变。随着主蒸汽温度的升高，分流比的变化范围变得更小，当分流比达到最大值时，最大产氢率和最大能量利用效率都减小[28]。

参 考 文 献

[1] Park J，Cho J H，Jung H，et al. Exergy analysis of a simulation of the sulfuric acid decomposition process of the S-I cycle for nuclear hydrogen production [J]. International Journal of Hydrogen Energy，2014，39（1）：54-61.

[2] Zhang Z，Ye P，Yang X T，et al. Supercritical steam generator design and thermal analysis based on HTR-PM [J]. Annals of Nuclear Energy，2019，132：311-321.

[3] Zhang Z，Wu Z，Wang D，et al. Current status and technical description of Chinese 2×250 MWth HTR-PM demonstration plant [J]. Nuclear Engineering and Design，2009，239（7）：1212-1219.

[4] Wang Q，Liu C，Li D，et al. Optimization and comparison of two improved very high temperature gas-cooled reactor-based hydrogen and electricity cogeneration systems using iodine-sulfur cycle [J]. International Journal of Hydrogen Energy，2022，47（33）：14777-14798.

[5] Qu X，Zhao G，Wang J. Thermodynamic evaluation of hydrogen and electricity cogeneration coupled with very high temperature gas-cooled reactors [J]. International Journal of Hydrogen Energy，2021，46（57）：29065-29075.

[6] Zhang C，Wang Y，Zheng C，et al. Exergy cost analysis of a coal fired power plant based on structural theory of thermoeconomics [J]. Energy Conversion and Management，2006，47（7-8）：817-843.

[7] 曲新鹤，杨小勇，王捷. 商用高温气冷堆氦气透平循环发电热力学参数分析和优化 [J]. 清华大学学报（自然科学版），2017，57（10）：1114-1120.

[8] Wang J，Gu Y. Parametric studies on different gas turbine cycles for a high temperature gas-cooled reactor [J]. Nuclear Engineering and Design，2005，235（16）：1761-1772.

[9] Ying Z，Wang Y，Zheng X，et al. Experimental study and development of an improved sulfur-iodine cycle integrated with HI electrolysis for hydrogen production [J]. International Journal of Hydrogen Energy，2020，45（24）：13176-13188.

[10] Goldstein S，Borgard J M，Vitart X. Upper bound and best estimate of the efficiency of the iodine sulfur cycle [J]. International Journal of Hydrogen Energy，2005，30（6）：619-626.

[11] Di Pretoro A，Manenti F. Pinch technology [M] //Non-conventional Unit Operations. Springer，Cham，2020：3-11.

[12] Dimian A C，Bildea C S，Kiss A A. Pinch point analysis [M] //Computer aided chemical engineering. Elsevier，2014，35：525-564.

[13] Wang Q，Macián-Juan R. Design and analysis of an iodine-sulfur thermochemical cycle-based hydrogen production system with an internal heat exchange network [J]. International Journal of Energy Research，2022，46（9）：11849-11866.

[14] Kasahara S，Hwang G J，Nakajima H，et al. Effects of process parameters of the I-S process on total thermal efficiency to produce hydrogen from water [J]. Journal of chemical engineering of Japan，2003，36（7）：887-899.

[15] Ying Z，Zheng X，Zhang Y，et al. Development of a novel flowsheet for sulfur-iodine cycle based on the electrochemical

Bunsen reaction for hydrogen production [J]. International Journal of Hydrogen Energy, 2017, 42 (43): 26586-26596.

[16] Ying Z, Yang J, Zheng X, et al. Energy and exergy analyses of a novel sulfur-iodine cycle assembled with HI-I$_2$-H$_2$O electrolysis for hydrogen production [J]. International Journal of Hydrogen Energy, 2021, 46 (45): 23139-23148.

[17] 张平, 徐景明, 石磊, 等. 中国高温气冷堆制氢发展战略研究 [J]. 中国工程科学, 2019, 21 (1): 20-28.

[18] Ying Z, Yang J, Zheng X, et al. Modeling and numerical study of SO$_2$-depolarized electrolysis for hydrogen production in the hybrid sulfur cycle [J]. Journal of Cleaner Production, 2022, 334: 130179.

[19] Gorensek M B. Hybrid sulfur cycle flowsheets for hydrogen production using high-temperature gas-cooled reactors [J]. International journal of hydrogen energy, 2011, 36 (20): 12725-12741.

[20] Ding X, Chen S, Xiao P, et al. SO$_2$-depolarized electrolysis using porous graphite felt as diffusion layer in proton exchange membrane electrolyzer [J]. International Journal of HydrogenEnergy, 2022, 47 (4): 2200-2207.

[21] 薛璐璐. 核能经混合硫循环制氢技术中 SO$_2$ 去极化电解研究 [D]. 北京: 清华大学, 2015.

[22] Wang Q, Macián-Juan R. Thermodynamic analysis of two novel very high temperature gas-cooled reactor-based hydrogen-electricity cogeneration systems using sulfur-iodine cycle and gas-steam combined cycle [J]. Energy, 2022, 256: 124671.

[23] Gorensek M B, Summers W A. Hybrid sulfur flowsheets using PEM electrolysis and a bayonet decomposition reactor [J]. International Journal of Hydrogen Energy, 2009, 34 (9): 4097-4114.

[24] Wang Q, Liu C, Luo R, et al. Thermo-economic analysis and optimization of the very high temperature gas-cooled reactor-based nuclear hydrogen production system using copper-chlorine cycle [J]. International Journal of Hydrogen Energy, 2021, 46 (62): 31563-31585.

[25] Ni H, Peng W, Qu X, et al. Thermodynamic analysis of a novel hydrogen-electricity-heat polygeneration system based on a very high-temperature gas-cooled reactor [J]. Energy, 2022, 249: 123695.

[26] Ni H, Qu X, Peng W, et al. Study of two innovative hydrogen and electricity co-production systems based on very-high-temperature gas-cooled reactors [J]. Energy, 2023, 273: 127206.

[27] Ni H, Qu X, Peng W, et al. Analysis of internal heat exchange network and hydrogen production efficiency of iodine-sulfur cycle for nuclear hydrogen production [J]. International Journal of Energy Research, 2022, 46 (11): 15665-15682.

[28] Ni H, Qu X, Zhao G, et al. Research on two novel hydrogen-electricity-heat polygeneration systems using very-high-temperature gas-cooled reactor and hybrid-sulfur cycle [J]. Energy, 2024, 290: 130187.

第9章
高温堆制氢安全特性分析

9.1 概述

9.1.1 氢能及核能的安全应用

人们对以氢为基础的清洁能源系统已进行了广泛研究。虽然目前氢在能源供应系统中所占的份额很小，但预计在不久的将来，氢在各个领域中的利用比例会有很大的增长，包括交通领域作为燃料电池汽车的燃料、清洁钢铁生产过程中的铁矿石还原、石油精炼、氨的生产等。目前氢主要还是通过煤和天然气等化石燃料重整生产，会造成大量的 CO_2 排放。核能是目前最成熟的非化石燃料能源，如果利用核能实现大规模制氢，可以不依赖化石燃料，显著减少制氢过程中的温室气体排放。

氢气的燃烧热值高，是易燃易爆气体；其着火点较低（只有 560℃），点燃需要的能量少，爆炸极限为 4.0%～75.6%（体积浓度）。因此，尽管在工业中已经有很多年的应用历史，但一直按照危险化学品进行管理，公众对其安全性也存在较大疑虑。但实际上因为氢气很轻，具有易扩散的特点，所以在非密闭空间中，氢气几乎不可能达到 4% 的浓度。在燃料爆炸性方面，氢的扩散速度是汽油的 12 倍，能很快扩散。对于氢相关的基础安全问题，包括氢的泄漏和扩散、氢火灾及爆炸、氢与材料的相容性、氢风险评估、氢安全仪器等都已经进行了广泛的研究，对氢的制取、储运、应用及基础设施等环节的安全问题都提出了相应的对策。

核电的应用已经有半个多世纪的历史，虽然曾发生过包括三哩岛、切尔诺贝利以及福岛等核事故，核电仍然有非常好的运行历史和经验。随着核电技术不断进步、各国对核领域监管的不断加强，现代核电已被认为是一种安全、可靠、清洁和经济的能源。除发电外，核能很有可能在工业部门实现氢、电、汽、热的综合供应和利用，为"双碳"目标的实现提供重要技术支持。此外，核能可用于大规模制备氢气及液体燃料，减少人们对化石燃料的进口依赖，保障国家能源安全。高温气冷堆（HTGR）是氦气冷却、石墨慢化的热中子谱反应堆，冷却剂氦气的出口温度可达 950℃ 以上，其固有安全特性使得反应堆可以与工业设施同址建设，减少热在输送中的能量损失，在核能制氢方面具有独特优势。

9.1.2　核设施与制氢设施耦合的安全

核能制氢、发电、供热以及联产系统在工业中应用的前提之一是保证高安全性和可靠性。在满足这些需要的同时，还要具有现实可行性。例如，如果让制氢厂远离核反应堆，由于输送热管道的延长，热损失会增加，降低整体热利用效率，并显著提高成本。

另外，虽然核设施和制氢厂共同的安全目标是使对人和环境的危害最小，但两者的安全观点具有本质差别，这是由工厂内造成危害物质（放射性、毒性与可燃性物质）的性质决定的。核设施安全目标是把放射性物质限制在核设施之内，不向环境释放放射性，但制氢厂需要设计为开放系统，避免在事故状态下易燃易爆物质和有害化学物质积累对操作人员造成风险。因此，在进行核能制氢厂设计时需要从源头考虑其本质安全特性。

由于核能制氢为新兴技术，可参考的安全法规有限，尤其是对于反应堆与制氢厂耦合产生的安全问题，需要展开系统研究，辨识安全问题，并提出相应的安全措施。

国内外对核电厂的安全已经有成熟的法规、导则及经验，核能制氢厂的设计和运行必须在遵守现有法规的基础上展开。根据两者的特点及工业相关要求，对核电厂与制氢厂耦合的基本要求是[1]：

a. 在制氢厂发生任何假想事件的情况下都必须保证核反应堆系统的安全。

b. 制备的氢气产物中的氚浓度要低于国家制定的法规所规定的限值，从而保证产物无放射性。

c. 为使该技术具有经济竞争性，制氢厂应该作为非核设施进行建设和运行。

对于核能供热与制氢系统的安全问题，国际上开展了一些研究，包括德国利用核热进行煤气化制氢的 PNP 项目，美国的下一代核电站项目（NGNP），日本的高温堆氢电联产（GTHTC-300C），中国的高温气冷堆制氢安全特性分析等。

9.2　核工艺热应用和核能制氢系统的安全要求————

9.2.1　核工艺热用于工业领域的一般要求

工业领域对能源供应需要有安全性和经济性要求，以保证其正常运行。在"双碳"目标的大背景下，通过转化一次能源载体来保证能源安全供应的同时，需要减少整体过程的碳排放及对环境的影响。因此，无论是利用核反应堆发电，还是作为工艺热或蒸汽的供应来源，都需要对反应堆系统的设计及安全开展更深入的研发。

利用核能为工业领域供应能源具有以下要求：

a. 可靠性。大规模的工业用户对可靠性要求特别高，因为能源供应的中断或波动会带来巨大的损失，必须利用高度可靠的能源满足这种要求，而且这些热源必须有足够裕量。在用核能发电的情形下，可以比较容易地从反应堆中提取蒸汽作为热源。

b. 灵活性。利用核能为工业设施供能的另一个要求是灵活性，因为许多工业部门对蒸汽、电力和高温蒸汽的需求都是在一定范围内变化的。需要根据工业热市场的不同应用来灵活调整。设计容量必须能满足蒸汽、电力和高温蒸汽的满负荷供应，也能接受零蒸汽需求、零电力需求和零高温蒸汽需求的情况，还要能应对同时需要蒸汽、电力和高温蒸汽的情况[2]。

c. 冗余性、可靠性和裕量。根据工业设施的规模，将 2～6 个小功率核单元进行模块化布置是可行的，降低每个单元的容量对满足上述三方面要求都是有利的。可以是布置多个同样的模块，也可以布置功率不同的若干模块。较小功率的模块具有较高的安全性，因此可使系统简化，鲁棒性能更好。小功率模块反应堆对欠发达电网也是有利的，可以在需要的时候，很快切换为供应工业热[3]。

d. 多面性。与电力生产不同，工业用户对工艺热的需要和要求是多方面的，包括功率、温度、瞬态容量、可用性和灵活性，也经常要求以满足不同技术过程要求的蒸汽形式提供工艺热。要求蒸汽参数的范围相当大，是由特定的工业过程所决定的[4]。核电厂能够在供应工艺热和供应电力之间进行切换，而且核电产出可以在合理范围内变化。在正常运行和事故条件下，要求采用常用的控制策略使反应堆的瞬态容量与工业过程的瞬态负荷相匹配，并能够提供缓冲容量。

e. 标准化和多用途。这是核能供热具备经济竞争性的基本条件。还要考虑核设施和工业设施寿期的差别，核电厂的寿期一般为 60 年，而工业设施的寿期大约为 20 年。由于核电厂的寿期要长得多，因此不能以服务于单一的工业应用为唯一目的，而要考虑在其寿期范围内为多种用途服务[5]。

此外，还必须保证核能供热在任何情况下都不能有放射性物质进入工业过程，并进入最终产品影响消费者。这方面潜在的风险来自具有强迁移能力的氚，以及来自一回路系统的放射性物质，有可能通过热交换器与气体净化厂进入热应用环节[6]。但因为目前的核设施设计中，在一回路流体和热交换流体之间设置有隔离装置和分离设备，实际上氚污染的风险是非常小的。出于安全考虑，监管部门对反应堆和工业利用设施之间的安全距离作了规定，会对核系统和耦合系统的设计造成影响。

9.2.2 核工艺热供应系统的一般安全策略与应对措施

在进行核供热/制氢系统与利用系统的耦合时，需要根据两者的特性进行参数匹配和调整。与用于发电的核设施相比，在供应工艺热或蒸汽时需要做如下改进：

a. 为补偿较高的堆芯出口温度，要降低功率密度；

b. 为与压力相对较低的二回路和三回路的化学过程相匹配，应适度降低一回路压力；

c. 大型球床堆的球床中，形成双燃料区以使堆芯中发生的热/冷气体损失最小；

d. 由于温度高，用陶瓷（石墨）内衬取代金属内衬。

用于供热和制氢的核系统，最终安全目标是在所有的正常和不正常运行情况下都能够持留所有的放射性。即使在极端事故条件下也能够把放射性完全限制在核电站的范围内，而不会造成泄漏到厂外的严重后果。为此提出了不同角度的解决办法，如不必排除发生堆芯熔化的可能，但随着衰变热排出系统的改进，可以减少堆芯熔化发生的概率。可以利用堆芯捕集器和冷却装置，限制对反应堆建筑造成的后果。也可以利用自然特性来排除堆芯熔化的可能，如低功率密度、衰变热被动排出、设置防止裂变产物释放的屏障等。根据不同要求原则，提出了相应的安全需求和设计概念，并互相反馈，如图 9-1 所示。可接受的安全水平处于动态变化中，需要不断改进[7]。

为了防止将使用核热源的普通工业领域的建造和运行置于核法规管理范围，并减少投资费用，必须使连接到反应堆的工艺热/蒸汽利用系统按照非核级系统的要求来设计。核反应堆与工业系统耦合可能发生的危险事件有：

a. 氚从堆芯迁移到产品氢和后续产品中；

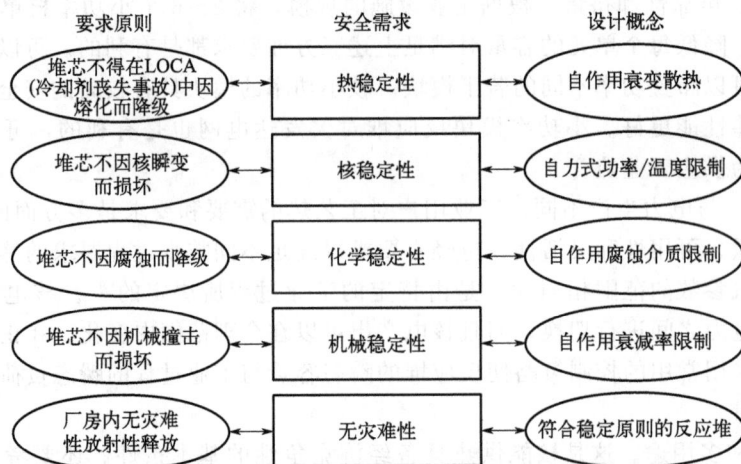

图 9-1　总体安全要求

 b. 由制氢系统非稳态运行引发的热扰动影响反应堆运行；

 c. 系统中存在的工艺气体的可燃混合物起火和爆炸；

 d. 有毒物质的释放。

 对于一回路中氚的迁移问题，一般通过氦气净化设施可以除去大部分氚。同时，在反应堆与工业设施之间设置中间热交换器（仍然是核系统的一部分），将反应堆一回路与热利用回路隔离，也可以防止一回路冷却剂中的放射性物质迁移到工业过程中；制氢过程中作为工艺热交换器的氦加热反应器也会起到隔离作用。最终产物中氚的含量需要根据模拟计算和实验结果进行评估。

 在非正常运行状态下遇到的问题主要是由热源丢失（核反应堆停车）或工业设施不能有效利用热造成的一次侧和二次侧参数的迅速改变，因此要求工业设施非正常运行不能影响核工厂的安全性和稳定性。最重要的防范理念和措施是不能以工艺系统的安全功能取代核系统的安全功能，必须依靠反应堆冷却系统。例如，应用侧负荷的非正常丧失不应造成反应堆停车[8]。根据安全法规，核电厂要利用水或空气来散热，而不是将其转化为电或化学能。

 还有一些措施能够使耦合系统中核设施和工业设施的风险最小，如将反应堆建筑置于地下或将核控制室置于任何工业事故都不会造成严重后果（例如冲击波、有毒气体能够散开）的地方，或者使工业设施内的有害物质的数量最少[9]。如在核能供氢或蒸汽用于石油炼制过程的情况下，主要安全问题是火灾和爆炸，因此，应将核设施放在远离工业区的区域内，并且应该独立于工业区运行。在核能发电的应用场景中，对设施选址的限制是针对核反应堆进行的，限制包括原料、燃料和其他资源的供应等，并不包含与核反应堆相连的工业设施。

 在热化学碘硫循环分解水制氢系统中，有大量有毒有害的化学物质作为循环介质存在，如二氧化硫、三氧化硫、硫酸和氢碘酸，要保护反应堆控制室操作人员在事故状态下免受这些毒性物质的伤害，系统在所有状态下都能安全运行。当有毒物质释放并向反应堆扩散时，可能通过通风系统进入控制室；为保证控制室处于或者回到安全状态，要采取适当的措施把其中有毒物质浓度降到安全限值之下。可采取的措施一般是利用气体探测器检测进入通风系统的有毒物质浓度，如果超过可接受的限值，则启动控制室的再循环过滤系统，将有毒气体的浓度降低到可接受的水平。有毒气体浓度的上限在许多国家都有规定，但具体数值有所不同，可据此来确定控制室内的浓度限值。例如由美国国家职业安全与健康研究所

（NIOSH）发布的 US-NRC 法规就提出了对生命和健康造成危险（IDLH）的上限值。

为防止或减轻可燃气体爆炸、有毒气体扩散等事故引起的危害，一个常规的做法是设置核设施与工业设施间的安全距离。它一方面要考虑所要求的有害物质泄漏点与保护对象之间的距离；另一方面要考虑可燃和爆炸环境下形成的压力和热浪的冲击，以及可能产生的碎片和抛射物。安全距离的确定要基于物理标准，即热辐射量和峰值压力，这些量都是释放的氢和其他有害物质数量的函数。可以利用屏障来减小所要求的安全距离，因为考虑到热损失和经济性，需要设置最小安全距离。将高温热输送给工业设施需要利用管线、热交换器、保温和高温系统、泵与压缩机等设备，所需要的投资、热损失、系统维护和能量输送都要求将输热距离限制在一定范围之内。同时，从经济性的角度看，为了使热损失最小、保持高温流体的温度和减少输热的能量损失，热源（核设施）和终端用户之间的输送距离应该尽可能短。

9.3　高温堆制氢的安全特性

高温堆制氢的安全特性研究主要包括四个方面：反应堆与制氢厂在非稳态操作或事故状态下的相互影响研究，可燃气体的扩散研究，有害气体的扩散及影响研究，氚的产生、迁移与影响评价等。

9.3.1　反应堆与制氢厂在事故状态下的相互影响

在高温气冷堆工艺热利用的情形下，要设置中间换热器（IHX）将高温工艺热传递到热应用回路。IHX 是一回路压力边界，对其完整性有严格要求，一定要排除该部件发生破裂的可能性，这样在一回路内发生泄漏的情况下，才可以将放射性流体留在安全壳之内。可以采用保持压力梯度的方法防止冷却剂从一回路向二回路的泄漏；设置二回路的压力低于一回路，即可将放射性保持在一回路之内，并通过关闭快速响应截止阀来防止冷却剂从安全壳向外泄漏。

与 HTGR 耦合的吸热型化学反应器在热力学上与核反应堆有很大差别，在日本的 HTTR 的堆芯中，冷却剂的温度不是由其流量控制，而主要是由反应堆功率控制，因为核热交换给氦气时反应堆功率和氦气温度之间为线性关系。另外，在发生吸热反应的化学反应器内，需要输入热来引起反应；随着温度升高，反应速度加快，二者之间遵从 Arrhenius 关系。温度的波动会传递到核电厂并可能影响其运行；跟正常值比冷却剂温度变化超过 15℃ 反应堆就要停车。为了保持核反应堆与化学反应器之间在热力学上的平衡，需要发展很好的整体系统运行控制技术。

9.3.1.1　HTTR 加蒸汽甲烷重整系统

一般来说，在制氢工艺侧发生故障或失效的可能性要高于发电侧，为了使制氢系统的故障或失效不会造成反应堆的紧急停堆，要求有安全手段。进入蒸汽重整器的原料气和水的流量变化会引起重整反应输入热量的变化，进而造成重整器氦气出口温度扰动。如果返回到 IHX 的氦气温度超过允许限值，反应堆就要紧急停堆。对这个事件的安全要求是将 IHX 入口二次氦气的温度变化限制在 ±15℃ 以内，以防止反应堆紧急停堆。控制目标是在制氢工艺侧发生事故的情况下，HTTR 能通过正常的运行程序停堆而不必紧急停堆。在这种情况下，氦气热量要通过蒸汽发生器带走，这样可以限制氦气温度的波动。因此，通过选择 HTTR 蒸汽发生器的设计和布置，使出口温度最大允许变化为 10℃，可以满足控制功能的要求。

启动和停车的操作程序一样，但过程相反。在反应堆启动之前先通入 2.2MPa 氮气，再启动 HTTR。当二次氦被加热到 500℃、蒸汽发生器压力被控制到 5.0MPa 的额定压力时，逐步向系统通入蒸汽并通过切换气流管线使氮气与蒸汽一起释入环境。将蒸汽流量保持在额定条件，蒸汽发生器入口氦气温度提高到 700℃，将甲烷供入系统。在低速启动系统的操作中，以 10% 的幅度逐步提高原料气的流量，可保持 IHX 入口氦气温度的稳定。在 60h 之后，氦气温度达到 950℃，整个系统可以自动运行。

如果甲烷供应系统由于断电或控制系统故障停车，蒸汽发生器出口氦气温度会提高。在二回路中蒸汽发生器设置在蒸汽重整器之后，如图 9-2 所示。氦气会冷下来，达到蒸汽的饱和温度。由于热阱容量大，蒸汽重整器的任何扰动都能实现稳定控制，从而防止反应堆紧急停堆。但是如果原料水供应中断，蒸汽发生器就不能继续运行，将产生的蒸汽在冷凝器内冷凝后用作原料水可防止此类事故发生。

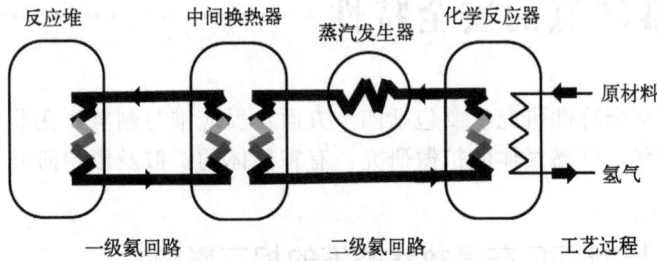

图 9-2 在 HTTR 系统中蒸汽发生器的布置

蒸汽重整系统是一个三次冷却系统，送入蒸汽重整器的原料气或水的流量发生变化，都会引发重整器出口氦气温度的扰动，这是因为输入重整反应的热量发生变化。如果返回 IHX 的氦气温度超过了允许限值，反应堆就会紧急停堆。

为了防止 HTTR 由于失去原料水而紧急停堆，将热氦气冷却，让蒸汽发生器产生的蒸汽流入与其相连的自然通风的冷却池，随后把冷凝水作为原料水供给重整器。蒸汽发生器可以保持其正常运行所需的水量。如果在冷却系统中测出由管道失效或阀门故障造成的压力下降，而由于原料水断流，蒸汽发生器的水位降低，就要关闭蒸汽管线的阀门，并通过空气自动供应系统被动开启冷凝器蒸汽供应管线。产生的蒸汽被供给自然对流型的冷凝器，在此冷却下来。冷凝水作为原料水再循环回到蒸汽发生器，该系统不需要供电和供原料水。

JAEA 在反应堆外实验设施中开展了综合性试验，以检查系统在启动、停车和非正常状态下制氢的能力和可控能力。为根据氦气温度和压力确定甲烷原料和蒸汽的最佳流量，在多种蒸汽-甲烷比下，对温度和压力的波动进行了研究。为考察在工艺气体线中的故障（包括临时停车）和事故序列，进行了安全相关的试验。通过模拟丢失化学反应的事故情景进行了系统可控性的试验，在该情景中设计中断甲烷原料供应，这是关于二回路氦温度波动的最糟糕的情况，要考察制氢系统的瞬态行为和蒸汽发生器的温度波动。与此同时，利用试验数据进行了模型适用性分析[10]。模型设施的试验启动程序如图 9-3 所示。

设计的模型厂包括所有关键部件，在系统可控性试验中甲烷、蒸汽、氮气的流速和产氢速率如图 9-4 所示，在系统可控性试验中的反应器参数如图 9-5 所示。在实验中甲烷的正常流量为 12g/s，蒸汽流量 47g/s，在图示的时间 0 点，甲烷原料和产品氢都关掉，在 12h 以后，蒸汽重整器出口氦气温度从 632℃ 升高到 837℃。与此同时，入口温度从 531℃ 升高到 762℃。在此情况下观察到蒸汽发生器出口氦气温度（正常温度为 263℃）波动不超过 −5.5～

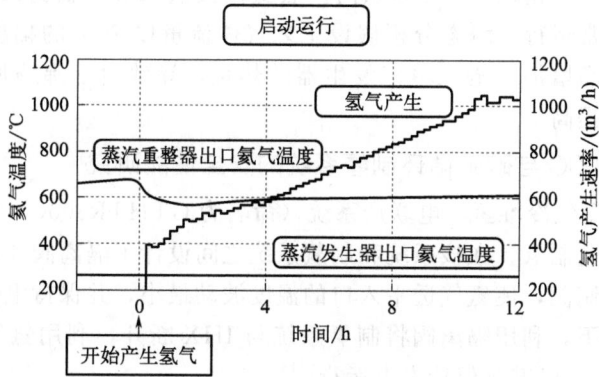

图 9-3 模型设施的试验启动程序

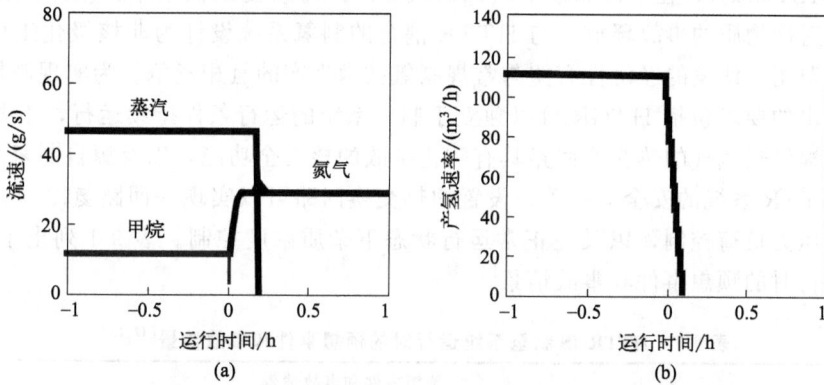

图 9-4 在系统可控性试验中甲烷、蒸汽、氮气的流速（a）和产氢速率（b）

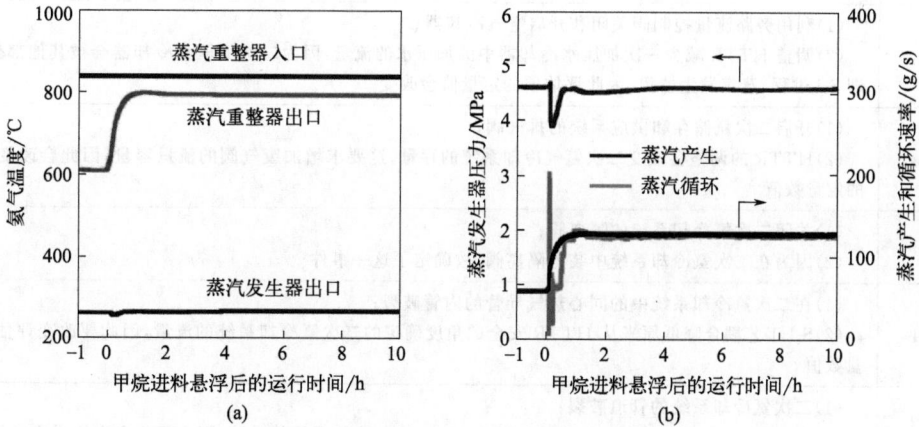

图 9-5 在系统可控性试验中的反应器参数

＋4.0K，处于 HTTR/SMR 运行所要求的 －10～＋10K 的范围之内。该实验证明在 HTTR-SMR 系统中，蒸汽发生器可以有效用作热吸收器来保证在化学侧的温度波动最小，能使以氮气温度或压力波动形式表现的化学反应器的热扰动最小，可以满足蒸汽发生器温度变化在 ±10℃ 之内的目标要求。

对蒸汽发生器的冷却能力进行了计算，结果表明原料气减少会相应改变重整器出口温度,蒸汽发生器把温度变化减少到 5℃ 以内。热氦气被蒸汽发生器持续冷却,使 HTTR 蒸汽重整系统能继续正常运行。瞬态分析假设工艺气体流量以 20% 的幅度逐步减少,结果表明入口氦气温度的提高增加了输入蒸汽发生器的热量,导致由于沸腾形成的饱和蒸汽量增加,而蒸汽温度不会提高。

9.3.1.2　GTHTR300C 与碘硫循环制氢系统的安全性能研究

JAEA 设计的高温气冷堆氢、电联产系统(命名为 GTHTR300C)中,采用氦气透平发电,采用碘硫循环工艺制氢。在核系统和制氢系统之间设计了隔离阀和中间换热器。计划在一回路中安装三个控制阀,使氦气透平入口的温度波动最小,并保持电机的转速恒定。在二回路压力丢失的情况下,利用隔离阀将制氢系统与 IHX 断开,利用氦气供应系统恢复隔离阀和 IHX 的氦气压力,以继续保持发电运行[11]。

在 GTHTR300C 的设计理念中,提出在运行状态下公众受到的辐照合理、可行、尽可能低(ALARA 原则);在事故状态下,辐射风险保持可接受的低水平,采用纵深防御的概念来防止放射性物质的事故释放。与 HTTR 耦合的制氢系统设计为非核级化工厂,以减少建设与维护费用,使氢的经济性有望与常规制氢技术生产的氢相竞争。为实现制氢系统非核级目标,提出的要求包括 HTGR 可以独立于制氢系统的运行条件持续运行,不要求从 IHX 向制氢系统提供热氦气的热交换回路具有防止事故的核安全功能,以及源自制氢系统的事件不会影响 HTTR 系统的安全运行等。设置的热交换回路可以实现一回路氦冷却、IHX 热交换器管道的压力负荷控制,以及在正常运行状态下杂质浓度控制。表 9-1 列出了 HTTR-IS 制氢系统运行时的预想事件和事故情景[12,13]。

表 9-1　HTTR-IS 制氢系统运行时的预想事件和事故情景[12,13]

事故分类	预想事件和事故情景
AOO-1	(1)提高 IHX 一回路的氦气循环风机转速; (2)S-I 的耦合会改变二次侧原来从 HTTR 安全角度要求的运行条件,因此会改变评估项的定量数值
AOO-2,3	(1)利用旁路流量控制阀关闭和开启空气冷却器; (2)调整 HTTR 减少一次加压水冷却器中的加压水的流量,因为二次加压水冷却器会被其他部件取代,即 S-I 过程、蒸汽发生器等,因此评估项的定量值会改变
AOO-4	(1)开启二次氦储存和供应系统的排气阀; (2)HTTR 的调整会改变二次氦气冷却系统的存量,这要求增加废气阀的流量容量,因此会改变评估项的定量数值
AOO-5	(1)关闭二次氦冷却系统的隔离阀; (2)因为在二次氦冷却系统中装入隔离阀,故确定了这一事件
ACD-1	(1)在二次氦冷却系统中的同心热气导管的内管破裂; (2)S-I 工艺耦合降低原来从 HTTR 安全的角度确定的二次氦冷却系统的流量,因此要改变评估项的定量数值
ACD-2	(1)二次氦冷却系统的管道破裂; (2)为了给 S-I 过程供热,HTTR 调整要求改变二次氦冷却系统的设计,因此要改变评估项的定量数值
ACD-3	(1)IHX 热交换器管道破裂; (2)HTTR 的调整要求在二次氦冷却系统中安装隔离阀,因为二次氦冷却系统要求调整进入压力壳和反应堆监护,以便为 S-I 过程供热,因此会改变情景
ACD-4	(1)S-I 工艺边界破坏; (2)S-I 工艺边界的破坏会造成可燃的有毒气体的泄漏,使运行人员中毒,应该利用合适的参数将其作为外部事件进行评估

注:AOO 指预期运行事件;ACD 指事故。

在氢的生产及其处理过程中，需要对可燃材料如甲烷、氢和一氧化碳等的泄漏可能造成的火灾与爆炸后果进行评估，因为爆燃甚至爆炸都可能对安全部件造成重大的伤害，因此这些部件都应该按照最高的安全标准来设计。

在事故情况下，因为工艺气体大多比较轻而且是热气体，因此会立即上浮，并不会形成爆炸气体云，但会对压力壳的气氛造成扰动，气体混合物中的惰性成分可以减少点火的机会，可以降低火焰的速度和过压。

9.3.1.3 碘硫循环制氢厂与高温堆相互影响研究

清华大学核研院针对高温堆耦合碘硫循环制氢系统耦合的相互影响进行了深入研究。设定场景为超高温气冷堆提供高温工艺热，经中间换热器与碘硫循环分解水过程耦合实现制氢。假设反应堆和制氢厂都存在开车、试运行、停车、故障排除等非稳态运行模式，在这些场景下核系统与制氢系统会相互影响，可能产生如下问题：

a. 碘硫循环制氢厂开车过程中，需要提供的热量由少到多，要求反应堆输出功率从低功率逐步增加到满功率。

b. 碘硫循环制氢厂停车过程中，所需热量由多到少，相应地要求反应堆输出功率或者输入制氢系统的功率需要从满负荷到低功率，甚至不输入制氢系统。

c. 碘硫循环制氢厂在故障条件下，需要立即停止热源供应，该条件下反应堆输出的热量需要有效移出，不造成反应堆紧急停堆。

d. 碘硫循环制氢过程为多反应、多过程耦合的化工过程，相对反应堆而言，出现故障、过程波动的可能性较大，在这些条件下保持反应堆运行不受影响，或可按计划停堆。

e. 反应堆故障条件下，可以保障化工厂稳定运行或者安全停车。

针对这些可能的问题，开展了方法研究，为在反应堆和碘硫循环制氢厂不同阶段的设计中对这些问题的应对方案提供基本参考。

(1) 超高温气冷堆与碘硫循环制氢厂耦合基本方案

设定超高温气冷堆出口温度为950℃，采用中间换热器的换热温差为50℃，高温热输送过程中温降50℃，达到碘硫循环制氢厂要求的硫酸分解器（同时起到工艺热交换器的作用）的温度约850℃。为提高热利用效率，提高产品供应的灵活性，根据用户需求提供氢气和电力产品，同时提高在制氢厂故障条件下的热量移出及利用的便利性，一般高温堆制氢总体设计采取氢、电联产设计，概念流程如图9-6所示[14]。

950℃高温工艺热经中间换热器换出部分热量，再经过蒸汽发生器产生高温蒸汽，驱动透平发电。由于碘硫循环中只有硫酸分解部分需要850℃以上的热量，氢碘酸分解需要500～600℃的热量，其他部分可用120～200℃的蒸汽加热，蒸汽可用蒸发器产生或者从发电系统的透平中抽取，因此整个制氢过程所需要的能量均可以由高温气冷堆提供。

(2) 反应堆与制氢厂耦合相互影响的研究方法

研究主要开展了定性分析，其方法和结果为将来核能制氢方案设计与实施提供必要参考。采用风险与安全分析（HAZOP分析），分别进行反应堆侧参数变化对制氢厂的影响分析和制氢厂侧参数变化对反应堆的影响分析。由于反应堆与制氢厂之间有IHX和蒸汽发生器（SG）实现能量利用分隔和物理分隔，两者之间不会产生直接的物质和能量交换。反应堆非稳态操作引起的参数变化主要体现为一回路高温氦气的参数的变化，进而影响到为制氢厂供热的氦气回路（称为"二回路"）中氦气参数的变化。反之，制氢厂非稳态操作对反应堆的影响也主要通过对二回路氦气参数的变化影响到一回路氦气参数。因此，开展耦合相互影响评价以IHX和SG为边界，主要分析讨论两个方面：一是二回路氦气参数变化对制氢

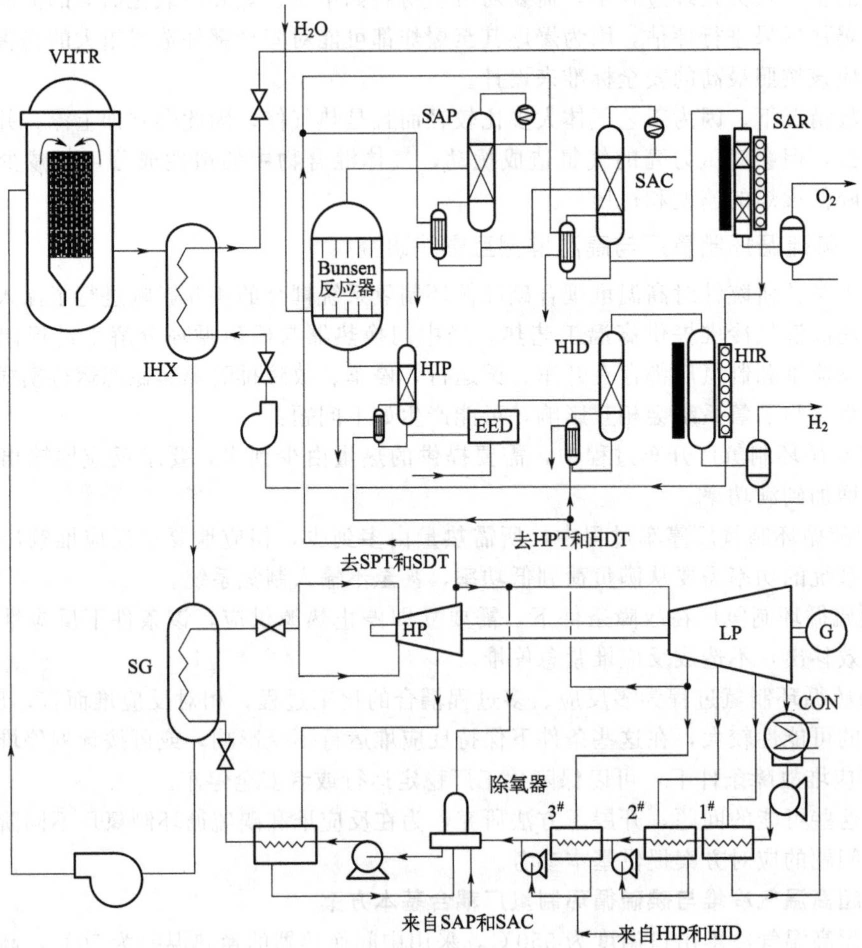

图 9-6　高温堆-碘硫循环制氢耦合概念流程[14]

厂中利用高温氦气和蒸汽加热的设备操作参数的影响；二是制氢厂非稳态操作条件下各设备参数波动对二回路氦气参数的影响。在分析影响结果基础上提出需要采取的措施，为将来的设计提供参考。另外，氦回路中部分设备操作参数的变化或故障也可能引起氦气参数的变化，在本分析中不再加以区分。

（3）高温堆非稳态操作条件对制氢厂的影响

从图 9-6 所示的高温堆经 IHX 与碘硫循环制氢系统耦合示意图可见，中间氦气换热回路中来自 IHX 的高温氦气分别流经硫酸分解器（SAD）、氢碘酸分解器（HID）以及蒸汽发生器换热，低温氦气再返回 IHX 吸收来自高温堆的热量。氦气参数（流量、温度、压力）变化将影响制氢回路中这三个设备的操作与安全，并可能影响到制氢循环工艺参数和操作稳定性。

利用 HAZOP 分析工具对氦气流量、温度和压力三个参数的影响进行了分析。在 HAZOP 分析中这些参数的变化采用和稳态操作参数的偏差表达。温度和压力的偏差包括"过高"和"过低"，流量偏差除这两种外还包括"无流量"。分析了氦回路参数变化的可能原因、参数变化对制氢厂设备和工艺的影响等，提出了应该具备的应对措施和建议，结果列入表 9-2。

表 9-2　中间换热器出口氦气参数变化对制氢厂影响分析

参数	偏差	偏差描述	原因关注	后果	现有措施	建议措施
流量	过高	He 供气管道	He 风机故障停	①易导致 SAD 碳化硅管温度偏高,可能损坏密封圈或碳化硅管,引起物料泄漏或高压高温氦气进入工艺侧,导致发生严重爆炸或泄漏事故; ②易导致 HID 温度偏高,可能损坏法兰密封,超过反应器设计温度,引起物料泄漏或高压高温氦气进入工艺侧,导致发生严重爆炸或泄漏事故; ③两个分解器 He 出口温度升高,超温损坏; ④导致 HI 分解率随温度的升高而升高,出口物料组成变化,工艺流程受影响; ⑤导致催化剂失活,HI 分解产氢率降低,出口物料组成变化,工艺流程受影响; ⑥反应器产物物流温度升高,冷却失效,夹带增多,下游设备及管线损坏; ⑦SG 超过设计温度、内部压力升高,SG 产生的蒸汽温度升高,造成该蒸汽供热的 HI$_x$ 纯化塔、HI$_x$ 精馏塔、硫酸纯化塔、硫酸精馏塔温度升高	①He 回路流量具备上限报警; ②He 回路安装温度传感器; ③He 回路设定压力上限报警(高报/高高报),与物料输送泵连锁; ④分解反应器工艺管路上设有爆破片及泄压缓冲罐; ⑤分解反应器内设有多点温度监控; ⑥蒸发器内设有多点温度监控; ⑦分解反应器、蒸发器温度数据提供给 He 回路控制系统; ⑧He 回路/He 风机设有停机/切断连锁	①设置备用 He 风机或应急 He 风机; ②SG 配置压力控制阀
	过低或无流量	He 供气管道	①He 风机故障停; ②He 管路破裂或泄漏	①分解器热量不足,导致反应器内部物料液位过高,催化剂淹没失效; ②反应器后续罐体液位升高、管道充液; ③两个分解器 He 出口温度降低,导致硫酸、HI 分解率随温度的降低而降低,出口物料组成变化,工艺流程受影响; ④反应器产物物流温度降低,产物冷却器冷却效果难以确定; ⑤进入 SG 的 He 温度降低,所产生的蒸汽量减少; ⑥SG 产生的蒸汽温度、压力降低,导致该蒸汽供热的 HI$_x$ 纯化塔、HI$_x$ 精馏塔、硫酸纯化塔、硫酸精馏塔的温度降低	①He 回路流量具备下限报警; ②He 回路安装温度传感器; ③分解反应器设有多点温度监控; ④蒸发器内设有多点温度监控; ⑤将分解反应器、蒸发器温度数据提供给 He 回路控制系统	①设置备用 He 风机或应急 He 风机; ②为反应器增加排液装置/措施,避免催化剂被液相物料淹没

参数	偏差	偏差描述	原因关注	后果	现有措施	建议措施
压力	过高	He供气管道	①He风机故障; ②SAD/HID/SG壳程阻力过大; ③SAD/HID/SG热负荷减少; ④SG故障,移热不足	①反应器过载,超过设计压力,外壳破裂; ②反应器内管程瞬间超压,管道破裂,He进入物料管道; ③上下游管道和设备超压、污染; ④上下游管道、设备的密封被破坏	①He回路设定压力上限报警(高报/高高报),与物料输送泵连锁; ②He回路/He风机设有停机/切断连锁; ③He回路配备泄压阀; ④He回路、反应器管路设有爆破片及缓冲罐	SG配置压力控制阀
	过低	He供气管道	①He风机故障停机; ②He管路破裂或泄漏; ③SAD/HID/SG密封失效,壳程破裂; ④SG故障,移热过量	①分解器热量不足,导致反应器内部物料液位过高,催化剂淹没失效; ②反应器后续罐体液位升高、管道充液; ③两个分解器He出口温度降低; ④导致硫酸、HI分解率随温度的降低而降低,出口物料组成变化,工艺流程受影响; ⑤反应器产物物流温度降低,产物冷却器的冷却效果难以预测; ⑥进入SG的He载热量不足,产生蒸汽量减少; ⑦SG产生蒸汽的温度和压力降低,导致蒸汽供热的HI$_x$纯化塔、HI$_x$精馏塔、硫酸纯化塔、硫酸精馏塔温度降低	①He回路具备压力传感器,设定下限报警; ②分解反应器内设有多点温度监控; ③蒸发器内设有多点温度监控; ④将分解反应器、蒸发器温度数据提供给He回路控制系统	
温度	过高	He供气管道	①反应堆故障、中间换热器故障; ②He风机故障,流量降低;	①易导致SAD碳化硅管温度偏高,可能损坏密封圈,引起物料泄漏或高压高温氦气进入工艺侧,导致发生严重爆炸或泄漏事故; ②易导致HID温度偏高,可能损坏法兰密封,超过反应器设计温度,引起物料泄漏或高压高温氦气进入工艺侧,导致发生严重爆炸或泄漏事故; ③两个分解器He出口温度升高; ④导致HI分解率随温度的升高而升高,出口物料组成变化,工艺流程受影响; ⑤导致催化剂失活,HI分解产氢率降低,出口物料组成变化,工艺流程受影响;	①He回路具备温度传感器,设定上限; ②分解反应器内设有多点温度监控; ③蒸发器设有多点温度监控; ④分解反应器、蒸发器温度数据提供给He回路控制系统;	①设置备用He风机或应急He风机; ②SG配置压力控制阀

参数	偏差	偏差描述	原因关注	后果	现有措施	建议措施
温度	过高	He供气管道	③分解器移热量不足；④SG故障，移热不足	⑥反应器产物物流温度升高，冷却失效，夹带增多，下游设备及管线损坏；⑦SG超过设计温度、内部压力升高；⑧SG产生的蒸汽温度升高，导致蒸汽供热的HI_x纯化塔、HI_x精馏塔、硫酸纯化塔、硫酸精馏塔温度升高	⑤He回路/He风机设有停机/切断连锁；⑥He回路设定温度上限报警（高报/高高报），与物料输送泵连锁	①设置备用He风机或应急He风机；②SG配置压力控制阀
	过低	He供气管道	①反应堆故障、中间换热器故障；②He风机故障；③He管路破裂或泄漏；④分解反应器、SG故障，过量移热	①分解器温度低，导致反应器内部物料液位过高，催化剂淹没失效；②反应器后续罐体液位升高、管道充液；③两个分解器He出口温度降低；④导致硫酸、HI分解率随温度的降低而降低，出口物料组成变化，工艺流程受影响；⑤反应器产物物流温度降低，产物冷却器的冷却效果难以预测，进入SG的He温度低，产生蒸汽量减少；⑥SG产生的蒸汽温度、压力降低，导致蒸汽供热的HI_x纯化塔、HI_x精馏塔、硫酸纯化塔、硫酸精馏塔温度降低	①He回路具备温度传感器，设定下限报警；②分解反应器设有多点温度监控；③蒸发器设有多点温度监控；④将分解反应器、蒸发器温度数据提供给He回路控制系统	

由表 9-2 可见，IHX 出口氦气流量、压力、温度三个参数变化的主要原因可归为反应堆操作参数变化、IHX 故障、氦风机故障、氦管破裂或泄漏、蒸发器故障等来自主氦回路或制氢换热回路的故障，温度偏差的原因还与制氢回路中吸收热的关键设备（硫酸分解器和氢碘酸分解器）的故障有关。造成的事故可分为如下几类：

a. 对工艺流程的影响：参数变化引起分解率、物料组成、催化剂性能、产氢率、液位等工艺参数或性质变化，严重的情况下工艺无法稳定运行。

b. 对设备或系统密封性的损坏：流量与温度过高可能损坏密封材料，导致氦气泄漏或物料泄漏。

c. 对关键设备本体的损坏：严重的情况下硫酸分解器、氢碘酸分解器的压力边界会遭到损坏，造成设备损坏、腐蚀性物料泄漏、高压氦气进入工艺侧损坏工艺系统等严重事故。

d. 其他影响：如增加氦回路中冷凝器热负荷；在氢、电联产的设计中可能还会影响到发电系统。

安全性是核能发展最重要的前提之一，所以虽然非稳态或故障引起的后果很严重，但实际上在堆的安全设计中这些故障都被考虑到并进行了排除。氦回路本身也有足够的安全设施来防止氦供热回路的关键参数出现正偏差。现有设计方面的安全措施主要包括：

a. 氦回路流量具备上下限报警，设有温度、压力传感器；设定压力上限报警并与物料输送泵连锁；氦风机具有停机/切断连锁，氦回路设有爆破片及缓冲罐等。

b. 蒸发器、反应器等直接利用氦加热的设备设有多点温度监控，并将结果反馈给具有连锁功能的氦回路控制系统。

c. 在必要条件下设置备用或应急氦风机，同时蒸发器配置压力控制阀。

反应堆操作引起的参数波动或应对措施与目前用于发电的要求并无二致，在反应堆的安全审查中已有足够的考虑，此处不再赘述。

反应堆或中间换热回路的非稳态运行引起的参数负偏差也会影响制氢厂运行，但主要结果是提供的热量不足或供热氦气参数较低，可能会引起制氢系统工艺参数变化，如各个设备温度降低、产氢率低于设计值、物料组成变化等，不会引起安全方面的后果。可采取的监测和条件措施与参数正偏差时基本相同，可保证及时监测并反馈、调节，使之恢复正常。

(4) 制氢厂非稳态操作条件对反应堆侧的影响

制氢厂的非稳态操作包括开车、停车、运行故障、运行波动、事故状态等情形。在如图 9-6 所示的耦合方案中，高温气冷堆经中间换热器与制氢厂耦合，将热能输送到制氢厂作为热源，经热化学循环实现水分解制氢。在中间换热回路中，低温氦气在中间换热器中与反应堆一回路的氦气换热升温，然后依次通过硫酸分解器、氢碘酸分解器和蒸汽发生器，温度降低，再进入中间换热器，如此循环往复，实现利用高温气冷堆的工艺热制氢的目的。

在制氢回路中与耦合过程相关的设备主要包括硫酸分解器和氢碘酸分解器。为调节中间换热回路氦气的温度，同时产生蒸汽为碘硫循环中的硫酸纯化、精馏和氢碘酸纯化、精馏等过程提供蒸汽，拟在中间换热回路中配置蒸汽发生器。由于中间换热器将反应堆一回路与制氢回路分隔开来，制氢厂中利用氦气直接加热设施（硫酸分解器和氢碘酸分解器）的非稳态操作的影响会通过中间换热器氦气参数的变化传导到一回路；利用蒸汽发生器产生的蒸汽加热设施（硫酸纯化、浓缩设施以及氢碘酸纯化和精馏设施）的非稳态操作主要引起蒸发器参数变化，进而引起氦回路参数变化。因此可认为，碘硫循环制氢厂非稳态操作对反应堆侧的影响可以通过分析 IHX 氦气参数变化对反应堆侧的影响来确定。

利用 HAZOP 分析方法对制氢系统氦气加热回路中的三个关键设备对氦气参数的影响进行了分析。根据如前所述的高温堆与制氢厂耦合概念设计，在制氢回路中利用氦气加热的设备包括硫酸分解器（SAD）、氢碘酸分解器（HID）和蒸汽发生器（SG）。本部分的 HAZOP 分析主要针对这三个设备参数的偏差对氦回路中氦气参数的影响进行分析。分析的设备参数包括流量、压力、温度、液位和腐蚀性，这些参数的波动会导致氦回路参数的变化，进而可能影响到反应堆一回路的参数。分析过程与上节类似，对要点总结如下：

a. 流量偏差的原因主要是物料输送泵、阀门等故障，会引起相关设备或管道热平衡破坏，导致氦回路中氦气温度波动，严重时会导致设备损坏。由于目前设计的控制系统中会配置参数监控、连锁控制与报警等手段，同时会对关键点设置备用泵或阀门，所以不会产生严重后果。

b. 压力偏差的原因包括氦风机故障、进料输送泵故障、分解器阻力增加、密封失效、管路破裂、阀门失效等，这些故障对氦回路的影响仍然表现为对热平衡的影响，即引起氦气温度变化以及对蒸发器运行产生影响。目前设计中会设置流量监控、连锁、报警，在氦回路中配备泄压阀、爆破片及缓冲罐，蒸发器内设置多点参数监测报警等。这些措施已可以保障在非稳态操作或事故状态下氦回路的安全。

c. 温度偏差的原因包括氦风机故障、进料输送泵故障、反应器破管、蒸发器故障等，这些故障对氦回路的影响大部分也表现为热平衡破坏。同样，目前的设计措施基本都会涵盖这些问题，并保证非稳态操作或事故状态下氦回路的安全。

d. 腐蚀/冲蚀是碘硫循环制氢系统较为特殊的危险源，可由高温浓硫酸、高温氢碘酸和高温高压蒸汽引起，可能引起反应器内部过流部件破管、密封部件失效、氦回路温度压力变化等严重事故。在设计中需要充分考虑腐蚀余量，同时可设置氦回路与风机连锁、多部位探测、爆破片和缓冲罐等措施或装置，可以有效防范风险，保证事故状态下氦回路安全。

总体来说，制氢厂非稳态操作或事故状态下参数变化主要引起热平衡破坏，即对热量的需求不稳定。较多的情况可能是制氢厂无法吸收加热用氦气的热量，需要采取其他措施移出多余的热。通过氢、电、热联产联供，并设置裕量足够的蒸发器，可以在非稳态操作条件下调配热的需求，并按照需求调整不同产品的产额，提高热利用效率。

综述，针对高温堆氢、电联产的概念设计，进行了反应堆与制氢厂非稳态操作条件下的相互影响分析研究。以中间换热器作为反应堆与制氢厂的边界，采用 HAZOP 分析，首先分析了中间换热回路出口氦气参数如流量、压力、温度等变化对制氢厂的安全影响，辨析了参数发生偏差的原因，重点分析了各参数的正负偏差对制氢厂中利用氦气加热的设备（包括硫酸分解器、氢碘酸分解器以及制氢厂选配蒸汽发生器）在操作和安全方面的影响；分析了现有措施对安全问题应对的有效性，并提出了在氦回路中需要增加的措施。其次分析了制氢厂非稳态操作对氦回路参数的影响，讨论了制氢厂中几个关键设备的流量、压力、温度、腐蚀等条件的变化对氦回路的影响，重点同样集中于原因识别和后果分析，讨论了现有措施的有效性等。

分析结果表明，采用上述高温堆氢、电联产设计方案，可以有效缓解反应堆和制氢厂非稳态操作的相互影响。目前反应堆和化工厂设计中采用的常规测量、监控、联锁和报警等手段可以及时有效地识别和监测到系统参数变化，进而采取措施有效应对可能出现的安全问题。

9.3.2　可燃工艺气体泄漏与扩散对反应堆的影响

9.3.2.1　可燃气体氢气的扩散及爆炸的影响

在核能制氢的安全性问题研究中，可燃气体氢气的泄漏、扩散及其对反应堆的影响是受到广泛关注和研究的问题。

在反应堆建筑内发生的火灾和爆炸事件会对核安全系统造成严重破坏，因此要求可燃性气体进入反应堆建筑和在建筑内点燃的可能性要低到不足以造成任何燃烧和爆炸的事件。因为在系统内设置了多个装置实现安全措施，一般情况下都不会发生可燃气体进入反应堆建筑的情况。只有在发生强烈地震或其他超出设计的情况下，设置的多个部件才可能同时失效，为此氦气加热管道都应该按照最高级别的可靠性和地震安全水平来设计。此外，还要在氦气管线中用多种快速切断阀、在工艺原料线中用事故关断阀等来切断与化学单元的联系并限制泄漏量。另一个措施是在装有二回路管道的反应堆建筑中设置惰性区，采用隔离系统和管段作为高压氦的缓冲，还防止放射性核素向外扩散。

清华大学核研院针对大空间尺度下的碘硫循环制氢系统的安全性问题进行研究[15]，通过数值模拟的方法对不同风速、不同泄漏位置、不同泄漏尺寸等诸多因素进行分析，得到可燃氢云的扩散距离，在此基础上进行爆炸冲击波的伤害叠加，得到最终的安全评估距离。同时，为了减少建设成本，提高经济性，考虑了障碍物的布置以加速氢气的稀释，进而提高安全性，缩短安全距离，计算结果可以为储氢罐的工程设计提供参考。相关结论总结如下：

a. 氢气的泄漏射流和风向一致时，即顺风的时候，氢气扩散距离较远；氢气的泄漏高度较低的时候，即近地面泄漏时，氢气扩散距离较远；风速较大时，氢气的扩散距离较远。

b. 氢气的爆燃冲击计算采用多能法相对更加保守，以10kPa的峰值超压作为安全标准，近地面、大破口尺寸、顺风的组合工况最为危险，此时的总安全评估距离约为280m。

c. 通过在反应堆和制氢厂之间布置障碍物可以缩短安全距离。障碍物布置考虑了与破口之间的距离、宽度和高度等因素；模拟结果表明障碍物一定可以缩短安全距离，但距离较远和高度较高的布置方式不如宽度较大的方式更有效果；通过调整障碍物的迎风面积，可以将安全距离缩短至100m以下。

因为氢气的泄漏、扩散及其危害问题的重要性，清华大学核研院开展了深入研究，本书第10章对其进行了专门论述。

9.3.2.2 应对可燃气体扩散风险的一些实践

(1) 德国 PNP 项目中的安全研究

在德国PNP项目的核煤气化系统中，计划将核反应堆与气化厂分开布置，二者之间用多条100m长的工艺气管线相连。任何产品气在送给消费者之前都要进行放射性检验，安全概念厂基于假想的两端开口的热交换器的加热管。因为二回路压力（约0.1MPa）高于一回路，因此在失效情况下工艺气体将进入一回路。只有在压力平衡之后，一回路氦气中的放射性才可能会释放到工艺气体系统中。在核蒸汽煤气化厂中，只有IHX管道和中间回路的二次管道同时失效，工艺气体才能进入反应堆建筑。通过采取有效的设计，如在二回路中设置合适的关断阀迅速断开管道，或采用气体缓冲罐等，可以实现反应堆蒸汽供应系统与气化厂的隔离。

反应堆建筑内的工艺气体管线采用套管结构，利用同心内管和外管，使之能够承受工艺气体压力并在环形空间内充惰性气体（氮气）。通过对管线进行常规检查，气体回路设置监控，以及连续监测放射性活度、压力和气体组成等措施，可以迅速确定事故的发生。

管道的设计通常基于"泄漏先于破裂"的原则进行，一般不会发生管道完全失效的情况。泄漏先于破裂的标准一般用于核领域，在发生泄漏的情况下一回路侧的安全措施是反应堆停堆，并关闭一回路循环风机和隔离阀。设计上可以允许工艺气体进入反应堆建筑，但必须与氦气混合使之浓度较低才行。压力壳内部结构应能避免影响工艺气体与氦气混合，防止局部浓度升高。

PNP项目中研究了一种氢气泄漏情况下的安全问题。在核能辅助蒸汽煤气化采用浸没式热交换器的情况下，假设工艺气体以13cm² 的开口声速释放，泄漏探测需要15s的时间，其间有80kg气体混合物（工艺气体加蒸汽）进入一回路室。煤气化厂的工艺气体混合物组成通常是可燃组分 CH_4、CO、H_2、C_2H_6 和惰性组分 CO_2、N_2，以及一定温度和压力条件下的水蒸气。在将重整器作为一回路部件的蒸汽重整系统中，管道破裂会使工艺气体进入堆芯，使燃料元件基质和其他石墨结构受到腐蚀并产生可燃性气体。采取的防止措施是利用自动阀限制进入堆芯的工艺气体的量，蒸汽重整器采用卸载系统，通过安全阀和一回路净化系统来限制石墨腐蚀。蒸汽重整器的管道断裂会造成80cm² 的泄漏面，假设在8s之后关闭工艺气体管道隔离阀，进入堆芯的混合气体的量将达到600kg[16]。从PNP安全计划的试验中已经获取了由 CO、水气、惰性气体（He、N_2、H_2O）和空气组成的混合气体可燃范围的信息，与压力、温度和最大允许的燃料含量与惰性气体最高含量有关。观察到火焰熄灭效应的次序是 $H_2O > He > N_2$。确定的混合物关系与试验数据符合得很好，因此可用来计算可燃范围[17]。加入水对可燃极限的影响没有确定，但可以假设与 CO_2 和 N_2 没有重大的差别；石墨粉尘对可燃范围的影响还需要考察。整体置入安全壳可以防止点火事件的发生，但会使维修工作大为复杂。

（2）日本 HTTR 核蒸汽重整系统的安全设计

在反应堆建筑内发生的火灾和爆炸事件可能会造成核安全系统的严重损伤，因此要求将可燃性气体在反应堆建筑内泄漏的可能性减少到足以防止任何火灾和爆炸事件发生。在 HTTR 与蒸汽重整系统连接的情况下，蒸汽重整器是布置在反应堆建筑之外的二回路内的部件，系统内含有原料气和产品气，因此应尽可能远离反应堆系统。只有压力壳内的二回路氦管道和压力壳外的制氢厂的重整器管道同时失效才有可能造成可燃性气体进入反应堆建筑的后果，如图 9-7 所示。为了使在反应堆建筑内部发生爆炸的可能性最小，氦气管道和化学反应器应该按照抗极端事件地震的最高水平的可靠性设计和布置。此外，还计划采取在氦气管道上安隔离阀并在工艺原料线中安装应急关断阀的设计。

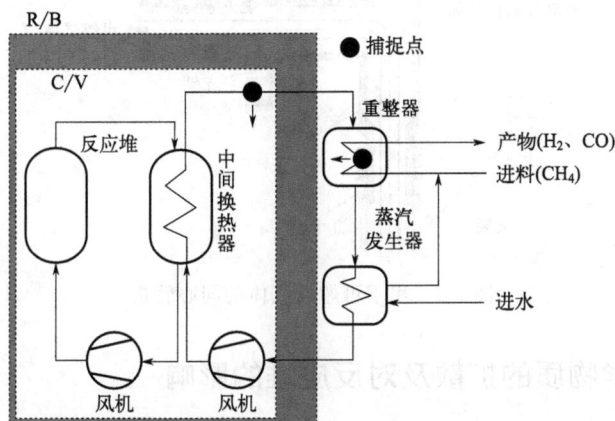

图 9-7　在 HTTR-SMR 系统中的可燃性气体进入反应堆压力壳的示意图
R/B—反应堆厂房；C/V—安全壳

在日本 HTTR 耦合甲烷蒸汽重整制氢的系统设计中，蒸汽重整系统是作为非核设施来布置的，基本上不增加新安全系统。爆炸事件形成的热负荷和过压冲击波可能会造成压力壳的损坏，因此要防止在邻近反应堆建筑的地方发生可燃性气体大量泄漏的事件。

JAEA 的设计中，在二次氦冷却系统中安装压力壳隔离阀（CIV）和反应堆建筑隔离阀（RIV），可以成为防止 IHX 管道破裂事故造成放射性释放的屏障，也可以在制氢厂设备事故失效时防止化学品和可燃气体进入一次系统。此外，安装碘硫循环工艺隔离阀（ISIV）就可以在制氢厂发生不正常事件时将化学过程与二次氦冷却系统隔离开（图 9-8）[12]。

在 HTTR 蒸汽重整系统中采用了双层管道设计，作为防范爆炸的措施，已经发展了可燃性气体同心管道的设计，以降低管道破裂的可能性，如图 9-9 所示。同心管道是由供可燃气体流动的内管和防止在内管破裂的情况下可燃气体泄漏到环境中的充有氮气的外管组成，可以通过氮气的压力降来探测外管是否失效，也可以防止生成氢以保证安全[18]。

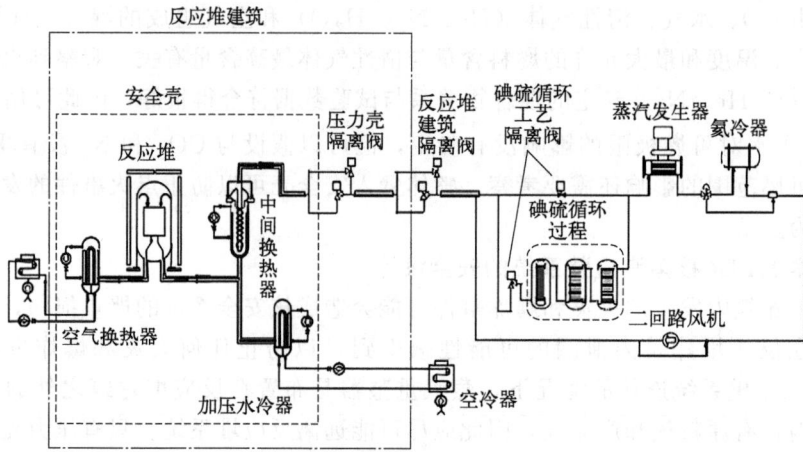

图 9-8 在 HTTR-IS 系统中与压力壳的隔离阀（CIV）、反应堆建筑的隔离阀（RIV）和
S-I 过程的隔离阀（ISIV）

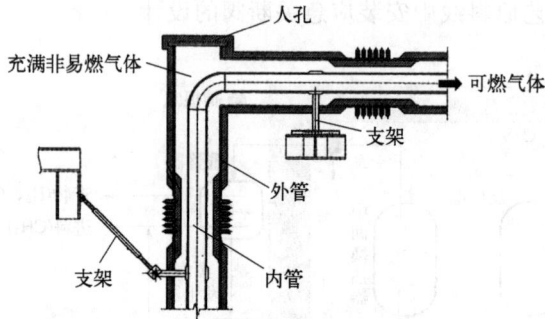

图 9-9 用于可燃性气体的同心管道

9.3.3 有害化学物质的扩散及对反应堆的影响

碘硫循环制氢为高温热化学过程，涉及有毒有害化学物质如碘、氢碘酸、硫酸、SO_3、SO_2 等的利用。正常情况下，这些物质都在制氢工艺内部循环使用，也可能同常规化工厂操作一样有少量物质泄漏。在制氢厂设计时会按照环保法规要求，对有害物质的泄漏、排放等给出相应要求并采取相应措施。在某些极端事故状态如爆炸、储罐或管道破裂等条件下，可能会发生有毒有害化学物质大量泄漏的情况。一般来说，高温堆热化学循环制氢系统的总体安排中，由于考虑可能存在的氢气扩散和爆炸对反应堆的影响，会将反应堆和化学制氢厂隔离较远的距离（如 100m 或更远）。在这种条件下，固液形态的有毒有害化学物质不会发生扩散或迁移影响到反应堆，所以在本分析中不考虑固液化学物质的影响。有害气体可能发生流动、扩散或迁移，在某些条件下可能进入反应堆控制室，对操作人员的健康造成影响。为此需要对相关布置和设计进行评估，如通风和空调系统。同时对毒性气体对反应堆的影响进行评估，进行毒性气体扩散模拟、风险分析与评估。本分析以碘硫循环制氢厂中 SO_2 为例，对其扩散迁移过程进行模拟分析。

9.3.3.1 碘硫循环制氢厂的有害化学物质及其安全限值

为保证在所有状态下反应堆都能安全运行，在考虑有害化学物质影响时，需要确保其不会对反应堆控制室产生影响。在特殊条件下，应考虑采取有效措施降低控制室中有害气体浓度，使之低于可接受的极限。当气体浓度高于限值时，应关闭通风系统，将控制室与外部空气隔离开，同时保证控制室中的再循环空气过滤系统打开。

有毒气体对人体健康的影响上限在多个法规中都有规定。表 9-3 给出了《中华人民共和国国家职业卫生标准》（GBZ 2.1—2019）中规定的碘硫循环工艺用到的几种物质在工作场所的有害因素职业接触限值。

表 9-3　碘、硫酸、SO_3、SO_2 工作场所有害因素职业接触限值

No	中文名 （CAS 号）	英文名	最高容许 浓度/(mg/m³)	时间加权平均容许浓度 (8h)/(mg/m³)	短时间接触容许浓度 (15min)/(mg/m³)
35	碘 (7553-56-2)	Iodine	1	—	—
81	二氧化硫 (7446-09-5)	Sulfur dioxide	—	5	10
158	硫酸及三氧化硫 (7664-93-9)	Sulfuric acid and sulfur trioxide	—	1	2

美国核管会（US-NRC）规定了有毒气体的上限值（即对生命和健康造成危险的值，IDLH），IDLH 的限值是在环境中暴露 30min 不会造成死亡和对健康有永久性伤害的气体浓度值。IAEA 的安全要求是控制室内的有害气体浓度足够低，允许暴露时间为 60min。此外，美国工业健康组织（AIHI）的"应急响应和计划导则（EPRG）"和美国环保署（EPA）沿用的"伤害性暴露的规定水平"都有对这些有害物质的浓度限值要求。日本原子力机构（JAEA）也给出了相关要求。表 9-4 给出了这些机构对碘硫循环中涉及的有毒有害物质的浓度限值。

表 9-4　国外不同机构对碘硫循环有毒有害物质的浓度限值　　　　单位：mg/m³

化学品	IDLH	JAEA	EPRG-1(1h)	EPRG-2(1h)	EPRG-3(1h)	AECL-2(1h)	AECL-1(8h)
SO_2	262	520	0.9	8.6	25.7	—	0.5
SO_3	15	15	2	10	30	8.7	0.2
H_2SO_4	15	15	2	10	30	8.7	0.2
HI	—	225				115	5.2
I_2	21	20	—	5.2			

注：IDLH 即马上危及生命和健康（NRC）；EPRG 即应急响应和计划导则（美国工业安全协会）；AECL 即美国环保署。

根据毒物浓度伤害准则的 EPRG 规定及备选层次结构，将危害区域作如下划分：

a. EPRG-1：人员暴露于有毒气体环境中约 1h，除了短暂的不良健康效应或不当的气味之外，不会有其他不良影响的最大容许浓度。在此范围之内应视为冷区，监测或估算数值低于毒性化学物质浓度 EPRG-1 或未达危害浓度时，不进行疏散动作。

b. EPRG-2：人员暴露于有毒气体环境中约 1h，而不致使身体造成不可恢复的伤害的最大容许浓度。在此范围之内应视为暖区，监测或估算数值超过毒性化学物质浓度 EPRG-2，则发布警戒管制区及疏散警报，或做适当的就地避难；当监测或估算数值介于毒性化学物质浓度 EPRG-1 与 EPRG-2 之间时则发布警戒管制区及就地避难警报；管制区范围严格限制、禁止民众进入并进行居家避难或疏散撤离。

c. EPRG-3：人员暴露于有毒气体环境中约 1h，而不致对生命造成威胁的最大容许浓

度。在此范围之内应视为热区、禁区，监测或估算数值超过毒性化学物质浓度 EPRG-3，则发布疏散警报，并执行必要的强制疏散，并执行出入管制。

9.3.3.2 碘硫循环制氢厂有害气体扩散的国际相关研究

(1) IAEA 的研究

采用重气体扩散模型 SLAB 确定了与有毒气体释放地点相隔的距离，该模型考虑的是释放气体的密度影响。计算的方法是高度保守的，假设释放的有毒气体数量是 1000kg，组成为 $H_2SO_4/SO_2/SO_3 = 0.4/0.25/0.35$，分析离开释放点的有毒气体云载带的危险浓度。距离释放点 227m（满足设计限制的最小距离）处的有毒气体的浓度见图 9-10(a)。高气体浓度持续 20min，在控制室的换气率 $0.06h^{-1}$（低泄漏结构和拥有自动隔离系统）的条件下，对控制室气体浓度进行了评估。分析结果在图 9-10(b) 中以实线画出。硫酸混合气体的最高浓度为 $9.3mg/m^3$，低于 EPRG-2。但是如果不采取措施，就会在这样高的水平下持续超过 60min。

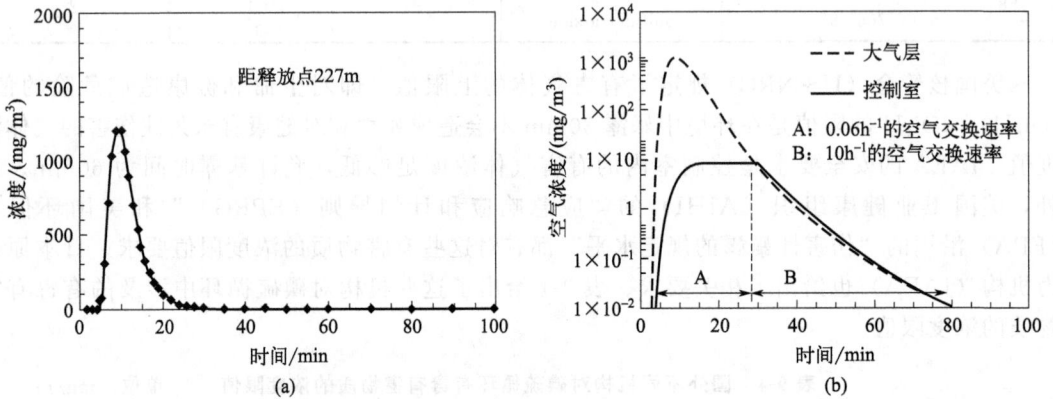

图 9-10　在有毒气体扩散时距离释放点 227m 处的瞬态浓度（a）和控制室中的气体浓度（b）[19]

为了减少高毒性气体在控制室内浓度水平的持续时间，应考虑在控制室外气体浓度水平较低之后，向控制室送入新鲜空气。在 30min 之后，环境中有毒气体的浓度下降到 $10mg/m^3$，随后脱离隔离系统以将新鲜空气送入控制室。40min 之后，控制室内的气体浓度下降到 EPRG-1 的水平，60min 之后，下降到 AEGL-1 的水平。在浓度为 $1.6mg/m^3$ 到 $9.4mg/m^3$ 范围内的气体混合物中暴露大约 35min，可以让运行者在控制室内采取措施，不会有任何严重的健康影响。227m 的距离对于碘硫循环制氢工艺的硫酸分解工段释放的 1000kg 有毒气体来说是足够的。

场地中的气体浓度取决于地理条件，而控制室内的气体浓度取决于控制室换气率，安全距离则取决于对各种条件的综合分析与评价。

(2) JAEA 的研究

JAEA 对有害物质泄漏及其对反应堆的影响进行了较为深入的研究，提出了 600MWt 的 HTGR 与碘硫热化学循环制氢厂耦合的安全要求和设计考虑，目的是实现大规模核氢生产。进行了对氢在大气中的释放、弥散式输送和氢云爆炸以及有害物质在制氢厂的释放与向反应堆控制室迁移的研究。表 9-5 给出了分析所用的条件[13]。

为了作出更现实的评价，用单一毒性气体的数量表示在制氢系统中的保有量，将数量假设为 3969kg HI、1094kg I_2、288kg H_2SO_4、933kg SO_3 和 431kg SO_2。

表 9-5　JAEA 研究中毒性气体浓度的分析条件

项目	数值
释放量（HI-I₂-H₂SO₄-SO₂-SO₃）/kg	3969-1094-288-933-431
释放点的高度/m	2.3（HI、I）；3.7（H₂SO₄、SO₂、SO₃）
释放模式	突然释放的气体@0.1MPa
风速/（m/s）	1
大气稳定性类别	稳定
距 NPP 控制室的距离/m	250（距 HI 工艺段）；100（距 H₂SO₄ 工艺段）
控制室通风的进气高度/m	22.3
控制室换气速度/h⁻¹	0.06
控制室隔离时间/s	10

假设在大气环境中发生气体的瞬间释放，控制室内毒性气体的浓度由质量平衡得出，要考虑通风系统吸入的气体浓度、通风流量和控制室的泄漏率。单一毒性气体浓度的计算结果见图 9-11。由于压力高的气体的瞬间释放，喷入环境中的毒性气体云的直径也在瞬间增大，控制室中的 HI 和 I_2 的浓度立刻增加到 $19.3mg/m^3$，这是在非常短的时间内控制室内所达到的浓度。与之相反，H_2SO_4 的浓度在图中未画出，因为它到达控制室的数量是可忽略的。而 SO_3 和 SO_2 气体云只有在经过通风系统的隔离之后才到达反应堆建筑（假设在测定之后10s，其浓度是很低的）。

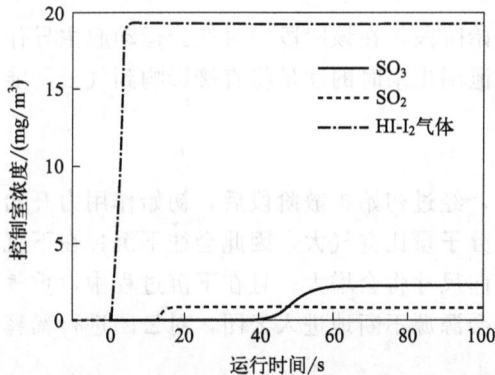

图 9-11　控制室内由制氢厂泄漏的有毒化学品的浓度估算结果

假设从碘硫循环制氢厂同时释放出所有有毒化学品，将评估的标志量定义为每种气体组分的计算浓度与毒性限值之比的加和。评估值为 0.81，低于限值 1（该数值＞1 说明暴露的环境浓度高于允许浓度）。主要的危险化学品是 SO_3 和 I_2，分别占了评价指标的 15％ 和75％。评估结果表明，采用适当的安全设计就能保证应对危险化学品的泄漏。

9.3.3.3　清华大学关于有害化学品泄漏及扩散的模拟——以 SO_2 为例

碘硫循环系统中的硫酸分解器存在有毒气体 SO_2 的泄漏风险，没有爆炸风险，但会对人体造成较大伤害，因此需要对其浓度分布进行模拟以评估安全性。由于真实的硫酸分解器出现泄漏事故的情况十分复杂，这里采用虚拟储罐的方式进行研究，按照中试规模制氢厂150m³（标）/h 的气体产量计算，一般的气体检测器很快能够发现泄漏事故并做出响应，采用保守的一小时产量作为泄漏总量，虚拟储罐的体积利用状态方程反推设置。模拟讨论了泄漏位置和泄漏尺寸的影响，主要研究了 SO_2 浓度的标准、重气扩散过程及影响因素。假设的计算条件如表 9-6 所示。

表 9-6　计算初始条件及浓度极限

项目	数值	标准	数值
SO_2 总量	295kg	IDLH	$262mg/m^3$
泄漏初压	0.33MPa	JAEA 标准	$520mg/m^3$
泄漏初温	20℃	EPRG-1	$0.9mg/m^3$
储气罐直径	2m	EPRG-2	$8.6mg/m^3$
储气罐高度	10m	EPRG-3	$25.7mg/m^3$

SO_2 的密度大于空气，该类物质的扩散都具有重气效应，具体可概括为三个阶段，即初始扩散阶段、重力沉降阶段和被动扩散阶段，如图 9-12 所示。

图 9-12　重气扩散过程示意图

(1) 初始扩散阶段

为重气泄漏扩散的初始阶段，在该阶段中对气云运动起主导作用的是气体发生泄漏后的初始速度，重气从容器中泄漏出来时的动量将直接影响到气云所能上升的最大高度或者最远距离。

(2) 重力沉降阶段

当重气从泄漏口喷出，经过初始扩散阶段后，初始作用力开始消失，重力开始在扩散阶段起主导作用。由于重气分子量比空气大，因此会往下沉；在下沉过程中，伴随着气团形状变化其厚度将会降低，径向尺寸将会增大；且在下沉过程中，重气团本身会因为骤降而发生空气卷吸作用，周边空气会源源不断地进入云团，对云团进行稀释。

(3) 被动扩散阶段

在重力沉降阶段后，泄漏的重气会逐渐被稀释，其密度大小会逐渐接近外界空气。当两者密度几乎相等时，重力效应消失，重气扩散转变为非重气扩散，此时气云的扩散主要受室内风场环境影响。

影响重气扩散的具体因素包括初始状态、空间风场、障碍物布局等。初始状态包括泄漏初始速度、泄漏位置和角度等，泄漏速度决定了扩散距离，泄漏位置和角度决定了不同空间区域的浓度分布。空间风场主要指空气的流通速度和方向，空气的流通速度直接决定了重气被卷吸和稀释的速度，流动方向则影响到气体扩散方向。布置障碍物会直接改变气体浓度和扩散方向，障碍物会使得重气在其周围黏附堆积，形成高浓度区域，同时还会起到分流作用。此外，空气湿度和温度对气体扩散也有一定的影响，湿度将影响重气密度和热量交换，温度将影响其与重气之间的热量交换速度。

进行了一种恶劣工况下的模拟计算，即泄漏位置位于罐体上部，距离地面 9m，顺风条件，风速 15m/s，泄漏口径 100mm，泄漏方向与地面平行。

图 9-13 展示了三种不同的危险浓度下气体在大空间中的存有质量的变化，由于重气扩散过程复杂且不规律，同时出于计算成本的考虑，在合理范围内尽可能选取较大时间步长进行计算，因此得到的数据点会出现一定程度的波动。由图可见，随着时间的增加，三种浓度气体的质量都有一个激增的过程，然后在一段时间内在某个水平线附近波动，最后逐渐消散。由于 SO_2 扩散之初的扩散范围较大，因此会反向积聚到罐体周围的很大区域内，并出现强力的附着，随着时间的延长，这部分气体在最后阶段快速消散，因此出现了后期的质量骤降。

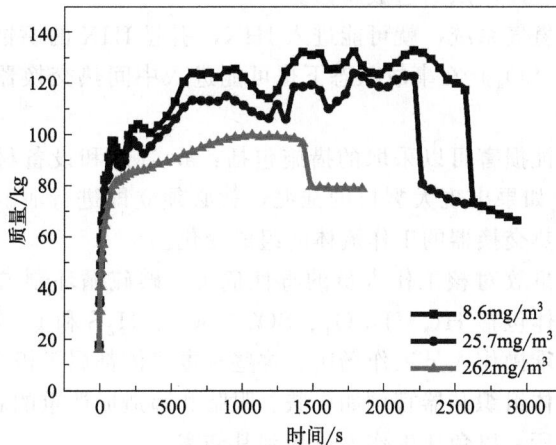

图 9-13　存有质量随时间的变化

图 9-14 展示了三种浓度下移动距离的变化，从左到右浓度依次为 $8.6mg/m^3$、$25.7mg/m^3$ 和 $262mg/m^3$。由于 $8.6mg/m^3$、$25.7mg/m^3$ 条件下的抵抗时间为 3600s，因此虚线代表 1h 之内仍有危险的分界线。计算结果显示，在 $8.6mg/m^3$ 的浓度下，$140\sim420m$ 之内有危险；$25.7mg/m^3$ 的浓度下，$150\sim400m$ 之内有危险；$262mg/m^3$ 的浓度下，400m 之内都有危险。

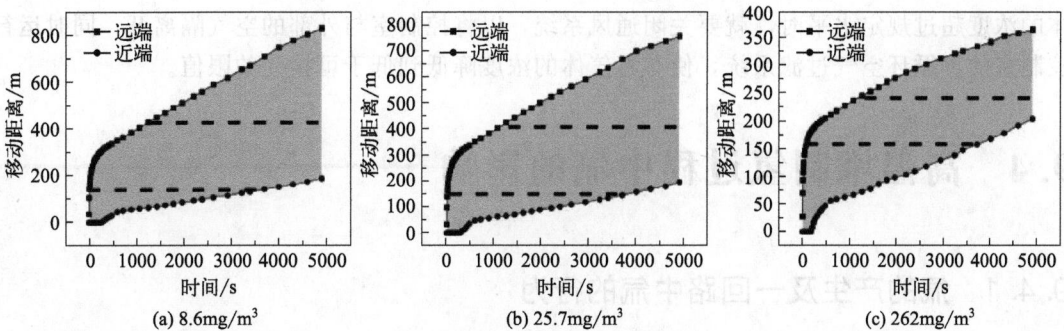

图 9-14　移动距离随时间的变化

现有的核电站都没有设计成向邻近的化工厂开放，即不考虑化工厂事故对核设施的影响。核电站的装置和部件，例如阀门、连接件、仪表、管道和容器都只针对核系统的工作流体和环境空气设计；对工作人员和工作环境，没有设想由热化学制氢厂造成的危害。如果要把核反应堆与化学制氢厂连接，如果泄漏的有害物质通过中间换热器进入核部件，或者通过空气扩散到核电站工作区（特别是在发生重大化学事故的情况下），就会使核装置、部件和工作人员有遭受化学危害的危险。

化学事故都是在未尝预料和未加控制的情况下意外发生的一种或多种有害物质的释放，

包括火灾、爆炸、泄漏和有毒或有害物质的释放，可能造成核硬件的不可靠或失效，人员的疾病、受伤、残废和死亡。在对核硬件造成的损伤和对核设施工作人员造成的伤害分析基础上，提出防止造成损伤和伤害的措施。

首先，考虑化学事故对核硬件造成的腐蚀性伤害。如果核系统与碘硫热化学制氢厂相连接，作为中间产物的酸性物质包括 HI、H_2SO_4、SO_2、SO_3、H_2S 等；在制氢厂发生事故时，有些物质可能与由风载带的水蒸气结合形成酸雾，扩散到核电站。酸性气体和酸雾可能沉积到核硬件和部件的表面，从而造成腐蚀。

如果酸性气体进入氦气系统，就可能进入 IHX，引起 IHX 的腐蚀损坏。除了酸性气体之外，液体酸（例如 H_2SO_4）在事故状态下也可能进入中间热交换器，还可能进入核冷却剂并流过堆芯。

针对以上可能的腐蚀损害可以采取的措施包括：a. 管道和设备材料应能抗热化学循环中产生的酸的腐蚀；b. 如果出现大裂口的征兆，就必须立即进行泄漏探测，探测包括金属裂口、裂缝和流过中间热交换器的工作流体的组成变化。

其次，分析制氢厂事故对核工作人员的毒性危害。碘硫循环制氢厂在发生事故的情况下，其中含有的有毒气体包括 HI、H_2SO_4、SO_2、SO_3、H_2S 和 I_2 等可能发生泄漏进入空气，并随后扩散到反应堆操作人员工作场所。这些有毒气体都属于极毒性物质，都可能立即引起毒性效应，并对人体组织和器官例如皮肤、眼睛和肺造成严重的腐蚀。因此，必须绝对防止它们进入核工作场所，以免使工作人员受到其伤害。

当核反应堆与常规设计的制氢厂耦合时，通过提出一系列符合法规要求的安全要求和适当设计，可以保证核反应堆与制氢厂的安全运行。还需要确定反应堆建筑控制室和制氢厂之间的适当相隔距离，以及防止可燃性气体与毒性气体泄漏引起的危害。

另外，为了保证在所有运行状态下的安全运行，将对 HTGR 的控制室进行保护，以防止受到碘硫循环制氢系统中有毒气体可能释放的影响。为了使控制室保持在安全状态或恢复安全状态，应该采取适当措施将控制室内有毒气体的浓度降低到低于可接受水平。当有毒气体的浓度超过规定水平时，就要关闭通风系统，以将控制室与外部的空气隔离开，同时运行控制室的再循环空气过滤系统，使有毒气体的浓度降低到低于可接受的限值。

9.4 高温堆制氢过程中氚的影响

9.4.1 氚的产生及一回路中氚的行为

氚是一个弱 β 体，半衰期 12.3 年，通常以氚水（HTO）形式存在。

氚平衡是所有核工厂规划、运行和退役中的一个重要概念，反应堆在工艺热或制氢应用中要考虑的相关问题是氚通过热交换器管向二回路的渗透，而且可能通过这种方式进入最终产品，对人和环境造成危害。这意味着供给工业应用或个人用户的产品（如蒸汽或氢）中将含有少量的氚。为满足相关法规要求，核能制氢工厂产品气中氚浓度必须低于法律规定的水平。

正常操作条件下高温气冷堆堆芯中的氚有三个来源：

a. 铀三分裂。形成 3 个裂变碎片的三分裂即使在低能中子引发的裂变中也很少见，三分裂和二分裂的比例为 0.2%。在三分裂中，有大约 6% 的产物是氚，因此在所有裂变产物中，产生的氚浓度大约是 120×10^{-6}。一座 600MWt 的反应堆（如 NGNP）运行一天产生的三分裂裂变产物总量大约是 9.7Ci（360GBq），如果 TRISO 颗粒不失效，氚就会密封在燃料内。三级裂变产生的氚一般占总氚量的 50%。

b. 活化。在燃料外层和反应堆堆芯内的石墨慢化剂中铍和锂（特别是^{6}Li）的活化会产生微量的氚，以及石墨部件和控制棒（和可燃毒物）中的微量杂质比如 Li[^{6}Li(n,α)T]和 B[^{10}B(n,2α)T]的活化产物，其余的氚还可能来自其他反应如[^{10}B(n,α)^{7}Li]→[^{7}Li(n,nα)T]，[^{12}C(n,α)^{9}Be]→[^{9}Be(n,α)^{6}He]，这些反应占了总氚量的大约 35%。通过对原料的严格控制可以使这些杂质的含量很低。

c. 氦。天然氦中含有大约 137×10^{-6} 的^{3}He，^{3}He(n,p)T 的反应截面是 5330barn（1barn $= 10^{-28}$ m^2），假设在一回路中的氦的总量是 3500m^3（600kg），则^{3}He 完全转化为^{3}H 的数量大约为 820Ci（30.4TBq），活化的时间常数大约为 1 年。在反应堆中的实际产氚量取决于氦的泄漏率和补加的天然氦的数量。^{3}He 活化产生的氚约占总氚量的 15%。

HTGR 裂变产生的氚会基本完全持留在 TRISO 包覆燃料颗粒中，只有很少量的氚会从包覆层破裂的燃料颗粒释放入冷却剂，或者是堆芯石墨上沾污的铀进入冷却剂。假设来自硼的氚会完全进入冷却剂，由石墨中的杂质锂产生的氚会迅速通过石墨部件扩散进入冷却剂。利用气体净化系统可以有效除去氦冷却剂中的氚，这是从一回路中去除氚的有效手段。

氚具有高度扩散性，可能会通过 IHX 从反应堆扩散到制氢厂，结果是放射性物质进入产品氢中。图 9-15 给出了氚从反应堆到氢产物中的迁移示意图。为使制氢厂按非核标准设计，必须清楚氚的产生及在反应堆、中间换热器以及制氢厂中的迁移过程，并了解目前已有的氚处理措施是否可保证产物氢气中氚的浓度低于可参考的国家标准。

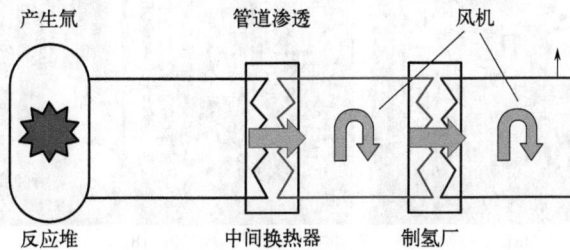

图 9-15　氚从反应堆到氢产物中的迁移示意图

9.4.2　氚（和氢）通过金属壁的渗透及在反应堆各回路中的迁移研究

在 HTGR 运行条件下，一回路中产生的氚可以比较容易地渗透穿过金属壁。同时，工艺侧的氢也可以渗透通过管壁进入一回路，引发对石墨结构件的腐蚀反应。核蒸汽重整器中的氚可以渗透通过分流管壁进入工艺气体中，并且通过蒸汽发生器的管壁进入重整工艺使用的蒸汽中，随后再通过 CO 转化、净化、低温分离、原料气处理等诸工艺段进入产品气中。

通过金属壁的渗透过程是一个热活化过程，它始于双原子气体 H$_2$、HT 和 T$_2$ 在壁表面的解离，作为原子迁移穿过管壁并在出口处再度结合。发生吸收、渗透、扩散和吸附过程的程度取决于材料、表面效应以及温度与压力等条件。

在核工艺热厂中，热交换器器壁处的气体会与金属反应形成氧化层。研究表明，在一定温度范围内（$T > 600℃$），所形成的氧化层能够大大减少氚通过金属壁的渗透，屏障效应取决于工艺气体的组成、压力、温度和材料性能。保护层的形成只有在强氧化气氛下的工艺侧才会发生，而在氢气侧形成的氧化层疏松且不稳定。对减少渗透最重要的因素不是保护层的厚度，而是其致密性和均匀性。在蒸汽重整器的工作条件下，氧化物层会在管壁迅速发展。

氧化物保护层的缺点是在温度循环中的稳定性差，有控制地加入水蒸气能够促进氧化物层的形成并能修复它。

另一种减轻氚或氢扩散的措施是对热交换器器壁进行喷涂处理，包括管道的内表面和外表面，可选择的喷涂材料为 SiC 或 Y 稳定的 ZrO_2，可以采用离子束混合或者等离子体热喷射技术，但喷涂材料、工艺、热力学循环过程中喷涂层的稳定性都需要进一步研究。

关于氚的迁移特性，德国于利希研究中心（FZJ）和日本原子力机构（JAEA）曾进行过大量实验研究，并建立了氚扩散行为的模型。

(1) 德国于利希研究中心（FZJ）的研究

于利希研究中心在 20 世纪 70 年代对蒸汽发生器材料在模拟 HTGR 运行条件下开展了氚渗透试验研究，涉及净化系统设计、碳在气体侧的沉积、金属腐蚀导致的蒸汽侧氢渗透等。在氢渗透率测量时考察的参数包括壁温、材料类型、壁厚和氢分压等。蒸汽会影响到工艺侧金属壁表面氧化物层的形成，导致氢渗透率出现峰值和不规则变化。

在 PNP 工艺热项目中对氢通过高温金属制成的重整器壁的渗透过程进行了研究。如图 9-16 所示的渗透研究实验装置进行了 1000~3000h 的长时间运行，温度达到 1000℃，压力为 3.2MPa，考察了壁温度、气体组成、材料氧化物层和瞬时温度等因素对渗透率的影响。结果表明，形成的氧化物层在温度高于 650℃时具有良好的阻碍渗透性能，渗透率随温度的升高而下降，说明升温加速了氧化层的形成。Cr_2O_3 的形成对于防止渗透具有决定性作用。

图 9-16　FZJ 用于测量氢渗透率的试验设施

在煤气化条件下的典型试验结果如图 9-17 所示，考察了 Incoloy 800H 制作的样品管的氢渗透通量[20]，测试压力范围 0.5~1MPa，温度范围 450~950℃，氧化物层的形成使渗透率迅速下降；之后渗透率随着温度的下降而升高，说明氧化物层的保护作用下降，但还能恢复。还考察了氢分压对通过 Incoloy 800 渗透率的影响，认为渗透率随 H_2 分压和温度的升高而提高[21]。

图 9-18 给出了氢通过预先腐蚀处理的 Incoloy 800 试样的渗透性能，表明渗透率随温度的升高迅速下降。对预先受过腐蚀的合金试样，保护效果并没有表现出来。

假设在一回路中有过剩氢可用，而二回路侧的氚的数量可以忽略，总渗透率与氢分压平方根成正比，与氚相关的渗透率随分压比 p_{HT}/p_{H_2} 的升高而下降[22]。因为渗透率与原子质量的平方根成反比，因此氚的渗透率是氢的 $3^{-1/2}$（约 0.577）倍。

定义氢的抑制因子为氢气通过光亮材料与氧化后材料的渗透量之比，测量得到 900℃下高温合金抑制因子约为 2000；研发的 Hastelloy X 合金结果特别好，利用铬-锰尖晶石喷涂，可观察到均匀致密的铬氧化物层；铁素体钢的抑制因子较低，约为 100。在核蒸汽煤气化厂

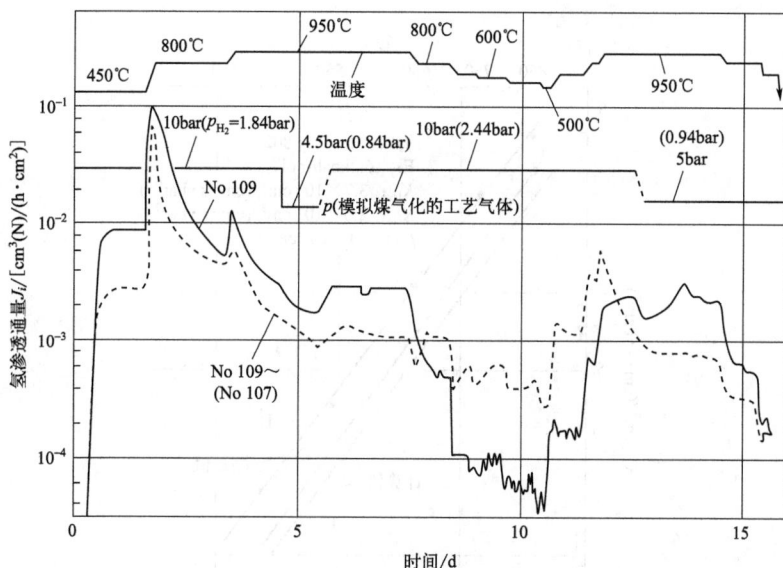

图 9-17 用两个 Incoloy 800H 试样所做的氢渗透率测量

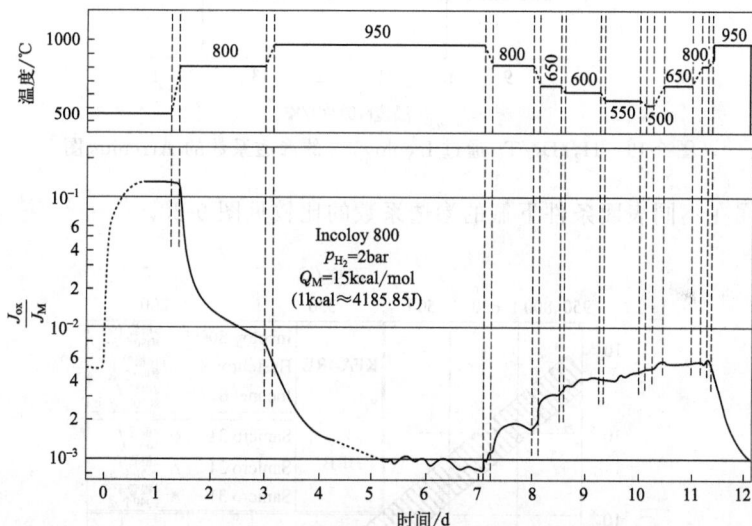

图 9-18 氢通过预先腐蚀处理的 Incoloy 800 试样的渗透性能 (在 1MPa 下)

中测得抑制因子约为 520。铁素体钢制成的 AVR 蒸汽发生器试验得到抑制因子约为 50，如果在原料水中加入氧，就可以把数值提高到 600，但是这个过程可能会对奥氏体钢造成腐蚀。对于铁素体钢的设计值最终固定在 20。

研究了在典型的蒸汽重整器应用中氢的迁移过程，在 900℃ 下测得的迁移量约为 50mL/$(m^2 \cdot h)$，但使用双层壁的分流管进行的试验结果表明实际上并没有氢迁移到氦气系统。在工艺侧温度 830℃ 和氢分压 1.3MPa 条件下测得的氢迁移率为 13mL/$(m^2 \cdot h)$，这个数量的氢很容易在净化环节除去。

由于二回路氢分压（1.5MPa）与一回路氦分压（约 10^{-4} Pa）差别巨大，氚的渗透预测非常困难。PNP 项目专门设计了氚渗透持续测量的试验设施（TRIPERM），同时用于氢渗透试验研究。实验中用氘代替氚，对构建的两个回路的气氛和浓度变化单独测量，根据试验数据得出的氢和氘通过 Incoloy802 的渗透系数见图 9-19。

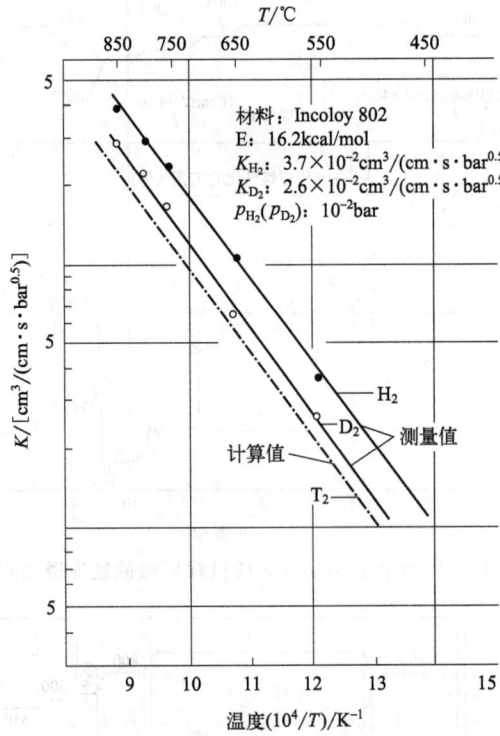

图 9-19　$H_2/D_2/T_2$ 通过 Incoloy802 的渗透系数的 Arrenius 图

与不同金属在不同表面条件下氚的渗透系数的比较见图 9-20。

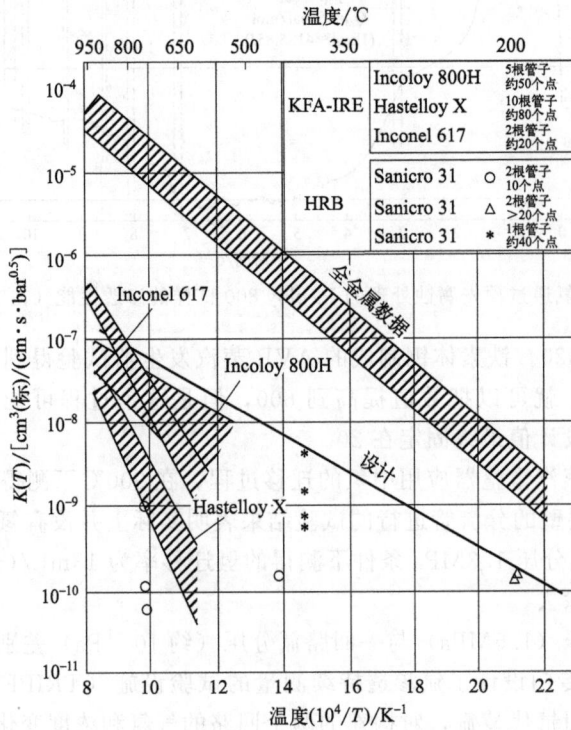

图 9-20　氚渗透通过清洁和氧化表面的有效渗透系数的 Arrenius 图

假设在 PNP 项目中反应堆的 IHX 中有气体净化系统，估计氚释放速率低于 $0.2GBq(5\times10^{-3}Ci)/MWt$，进入产品氢的沾污小于 $0.37Bq(10pCi)/g\ H_2$，放射性沾污水平在许可值以下。

除以上基础研究外，德国还在 AVR 中进行了氚行为的试验研究。

为了对燃料元件基质石墨表面的化学吸附作用进行研究，将石墨球在含氚浓度 $0.56GBq/m^3$ 的氦气氛中经过 100h 加热到 $600\,^{\circ}\mathrm{C}$，测得球内氚浓度范围为 10^5（球表面）～ $4\times10^4Bq/g$（球中心）[21]。蒸汽回路中氚浓度通常较低，在 AVR 和 HTR-300 的蒸汽回路中测得的浓度在 $10^4\sim10^5Bq/kg$，见表 9-7。与美国的柱状堆相比，来自硼的氚相当少，因为必须由吸收球补偿的过剩反应性低。由于氚在石墨中的迁移和释放行为复杂，技术不确定性较大，需要进一步发展适用和有效的模型。

表 9-7　1975 年中期测量和计算的 AVR 中的氚的比活性

氚	计算值	测量值
石墨球/(Bq/g)	7500000	600000～7400000
氦冷却剂/(Bq/cm³)	10	4～40037[1]
主蒸汽/(Bq/g)	160	150～260

[1] 950℃下稳定运行的平均值。

在反应堆长期运行之后氚的浓度水平升高，图 9-21 给出了 AVR 运行约六个满功率年之后卸出燃料球中测出的氚浓度[23]，在燃料球接近表面处观测到相当高的平均比活度和很快的活度衰减。在慢化剂球中也发现了同样浓度的氚，由此得出结论：由三裂变产生的氚实际上持留在包覆颗粒的内部，而且不会释放出来。

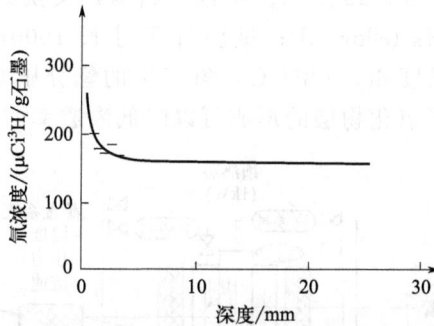

图 9-21　1975 年年中从 AVR 卸出的燃料球中的氚浓度

净化系统对氚的去除非常有效。随着燃料球的卸出，大量的氚从系统中除去。氚的渗透对释放仅有很小的贡献，这主要是蒸汽发生器管道金属表面形成氧化物层的作用。表 9-8 给出了 AVR 运行的前 10 年所释放的氚测量结果。原来估计在反应堆运行初始阶段氚释放率会比较高，但表中数据显示并非如此，原因在于大量石墨的贮存效应。虽然中子剂量低，但石墨类型对 AVR 氚存量的贡献很显著。

表 9-8　AVR 释放的氚的测量结果

年份	热能生产/MW·d	氦出口温度/℃	氚释放/Ci[1]			
			氦净化系统	渗透到二回路	卸出燃料球	总计
1968	6581	700	80	30	20	130
1969	10103	740	70	40	20	130

年份	热能生产/MW·d	氦出口温度/℃	氚释放/Ci[①]			
			氦净化系统	渗透到二回路	卸出燃料球	总计
1970	13108	725	865	50	100	1015
1971	13045	780	2015	80	160	2255
1972	12936	820	1110	70	270	1450
1973	15167	825	380	90	300	770
1974	11980	900	1030	100	380	1510
1975	14725	910	1590	70	800	2460
1976	15595	925	1005	80	700	1785
1977	8722	840	280	40	420	740
1978(1~3月)	5278	925	260	25	380	665
正常运行总计Σ			8885	675	3550	13110
事故释放 1978(4~5月)	583	930	4970		2900	7870

① 1Ci=37GBq。

应该注意的是，AVR 的氚数据对于后来以工艺热应用为目标的高温堆来说并不典型，因为后来使用的石墨材料的纯度要比 AVR 高得多。

(2) 日本原子力机构（JAEA）的研究

① 氢和氚（代替氚）扩散性能研究　JAEA 开展了氢和氚（代替氚）对 IHX 材料渗透能力的研究，实验设施如图 9-22 所示。所选材料为热交换器管与蒸汽重整器管使用的高温合金 Hastelloy X 和 Hsatelloy XR；试验件尺寸长 1000mm，外径 31.8mm，壁厚 3.5mm，试验条件为管道温度 600~850℃，氦气中的氢分压 0.1~4kPa，混合气体流量 0.1L(标)/min，试验确认了氧化物层的形成可以降低渗透率[24]。

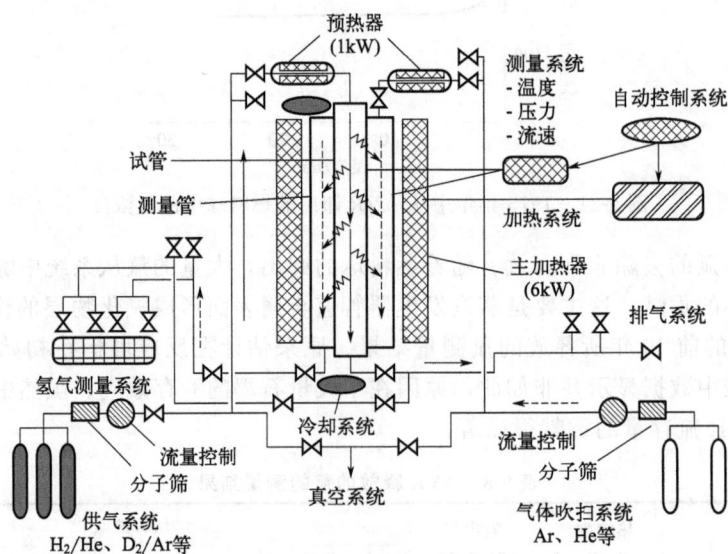

图 9-22　JAEA 的氢渗透试验设施

对氚（模拟氚）和氢的逆渗透即在外部有氢存在时对渗透的影响进行了研究。实验所用管道材料为 Inconel 600，内径 7mm，厚度 1.2mm，氩和氢、氚的混合气体以恒定流量和压力流过试验管及其外部的测量管（内径 50mm），氘从试验管道内流过，氢从试验管道外流过。试验发现，在氘分压<100Pa 时，如果氢分压>10kPa，氘向外部管道的渗透率会下降，这是因为在管道表面解离氢原子达到饱和。在 HTTR 与蒸汽甲烷重整耦合实际系统中，催化剂管道中氢分压约为 2MPa，因此从一回路迁移到制氢系统中的氘数量非常少。

实验进一步证实了氧化膜的存在可以降低渗透，测定的抑制因子为 100~1000。在 670℃下，氢与氘的渗透能力之比为 1.32，且随温度升高而减小。此外，还开展了 Alloy 800 和 Alloy 617 的氧化对渗透影响的研究，如图 9-23 所示，结果表明渗透率降低了两个数量级。

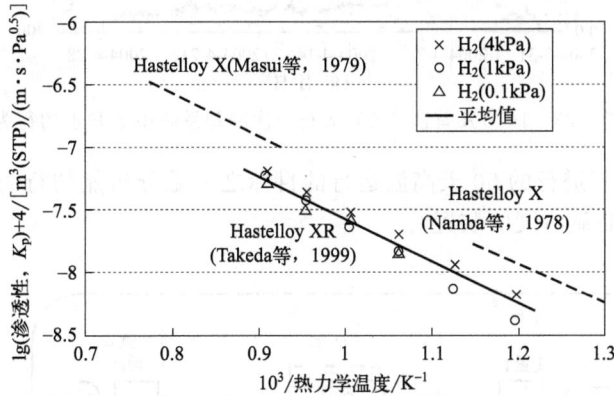

图 9-23　Hastelloy X 和 Hastelloy XR 的氢渗透系数（Takeda 1999）

假设渗透能力符合 Arrenius 关系，从文献获取高温合金的活化能和指前因子的数据，对 Hastelloy XR 的氢渗透能力进行评估，结果如图 9-24 所示。结果表明与以前工作中对在 IHX 管道表面形成氧化物层对渗透能力影响的假设相比，渗透能力有一定下降[25]。

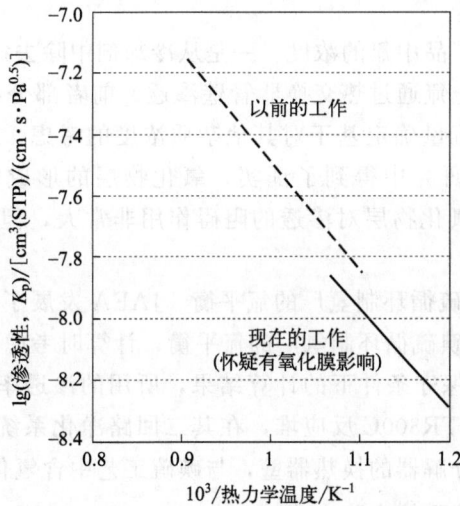

图 9-24　氢在 Hasterlloy XR 上的渗透结果对比

在 HTTR 运行过程中研究了氚的迁移。从 950℃下运行的 HTTR 取得的第一个经验与氢在堆芯中的行为相关[26]。一回路中氢来自石墨堆芯中水分的氧化，二回路中的氢则来自绝热材料释放的水。因为后者在生产时含水浓度较高，所以氢从二回路向一回路迁移。图 9-25 给出了 HTTR 首次 950℃运行时氢和水的行为。

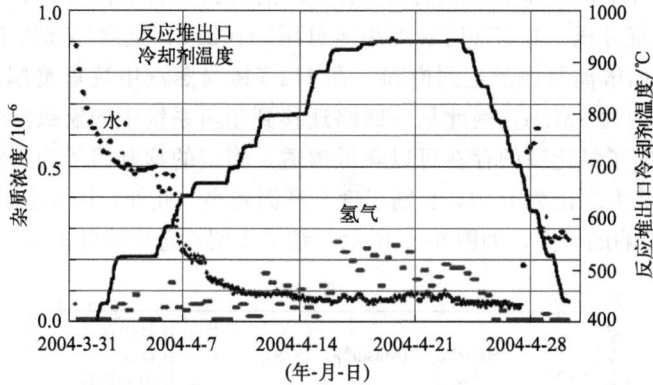

图 9-25　HTTR 首次 950℃运行一次冷却系统中氢和水的行为

HTTR 在 2010 年进行的 50 天高温运行的目标之一是分析氚的行为，图 9-26 示意了分析 HTTR 冷却剂样品氚活度的装置[27]。

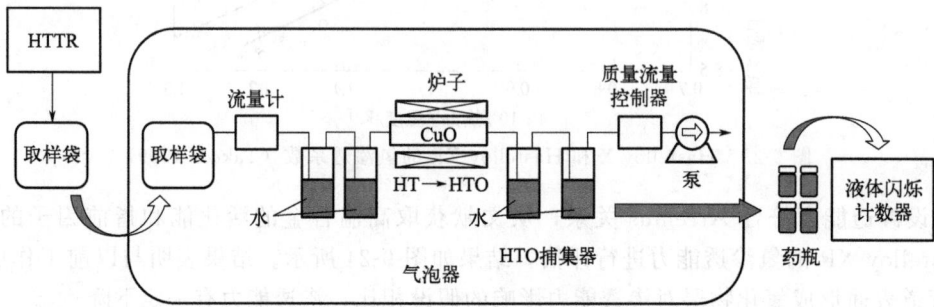

图 9-26　在 HTTR 中的氚的测量[27]

可采取两个措施降低产品中氚的浓度：一是从冷却剂中除去氚和其他杂质；二是利用氧化物层或特别喷涂层来防止氚通过热交换器管壁渗透。前者部分有效，因为在 HTTR 中净化系统安装在旁路中，其流量确定基于对其他杂质浓度的考虑。而后者的有效性在德国和日本对高温合金氢渗透的研究中得到了证实，氧化物层的形成可将渗透率降低几个数量级；温度在 650℃以上时氧化物层对渗透的阻碍作用非常大，但在较低温度下效果存在不确定性。

② GTHTR300C 和碘硫循环制氢厂的氚平衡　JAEA 发展了动态模拟模型 THYTAN，用于计算 GTHTR300C 和碘硫循环制氢厂的氚平衡，计算时考虑了氚的来源、迁移和释放/去除过程，图 9-27 给出了保守条件下的计算结果，所用的渗透率是没有氧化物保护层金属材料的渗透率。对于 GTHTR300C 反应堆，在其二回路净化系统中没有捕获到氚，氚会渗透通过 SO_3 分解器和 HI 分解器的换热器壁，与碘硫工艺中含氢化合物混合，并积累达到平衡。最后产品氢中的氚将从系统中除去[28]。

(3) 美国 Idaho 国家实验室的 NGNP 项目中氚扩散的研究[29]

美国 Idaho 国家实验室与 JAEA 合作开展了氚在高温堆核能制氢系统中迁移的研究。以美国 NGNP 系统作为反应堆原型，针对高温蒸汽电解和碘硫循环两种制氢技术，基于较详细的流程设计，建立了氚产生及扩散模型（THYTAN）；计算了氚从堆芯产生、扩散到制氢厂产物的整个过程中氚的分布。

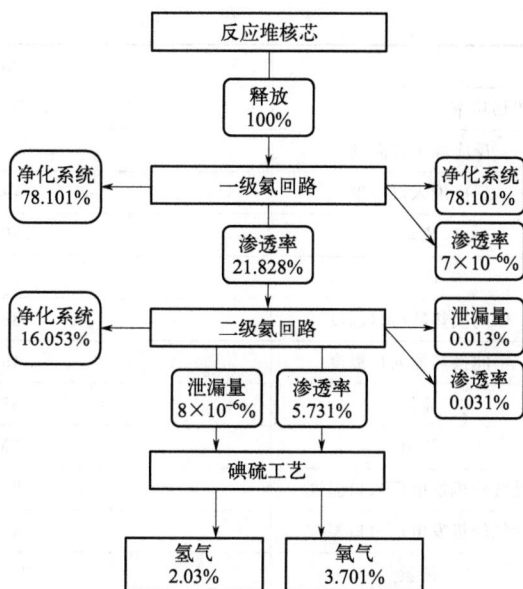

图 9-27　GTHTR300C 和碘硫循环制氢厂氚释放评价

　　NGNP 与高温电解制氢厂耦合流程如图 9-28 所示，反应堆与制氢厂的主要设计参数如表 9-9 所示。

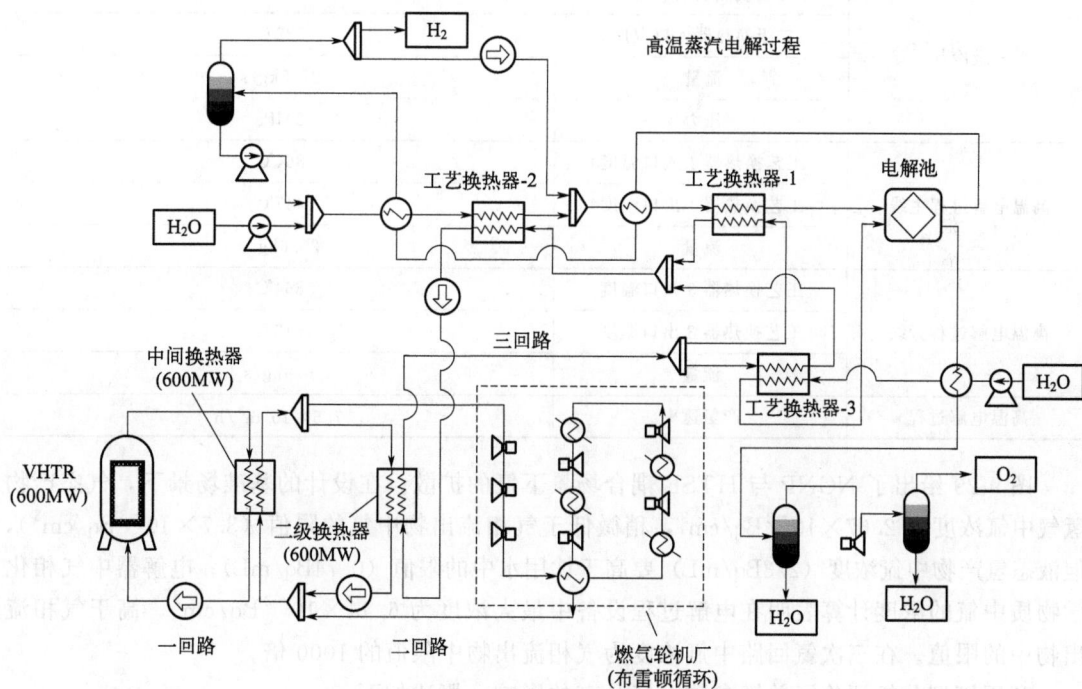

图 9-28　NGNP 与高温电解制氢厂耦合流程图

表 9-9　反应堆与制氢厂主要设计参数

项目	数值
反应堆功率	600MW
中间换热器传热功率	600MW

项目		数值
二级换热器传热功率		50MW
一级冷却	反应堆出口温度	900℃
	反应堆入口温度	495℃
	流量	289kg/s
	压力	7MPa
二级冷却	中间换热器出口温度	885℃
	中间换热器入口温度	480℃
	流量	289kg/s
	压力	7MPa
燃气轮机发电厂	燃气轮机发电厂入口温度	885℃
	燃气轮机发电厂出口温度	467℃
	流量	257kg/s
二级换热器	二级换热器入口温度	885℃
	二级换热器出口温度	580℃
	流量	32kg/s
三级冷却	二级换热器出口温度	875℃
	二级换热器入口温度	522℃
	流量	27.5kg/s
	压力	2MPa
高温电解过程主线	工艺换热器1入口温度	864℃
	工艺换热器1出口温度	447℃
	流量	20.6kg/s
高温电解过程旁线	工艺换热器3入口温度	864℃
	工艺换热器3出口温度	612℃
	流量	6.9kg/s
高温电解过程	产氢速率	$7.5\times10^4 m^3/h$

图 9-29 给出了 NGNP 与 HTSE 耦合场景下氚的扩散。在设计的基准场景下，气态产物氢气中氚浓度为 $2.67\times10^{-3}Bq/cm^3$，稍微低于气相流出物中氚的限值（$3.7\times10^{-3}Bq/cm^3$），但液态氢产物中氚浓度（2.3Bq/mL）要高于饮用水中的限值（0.74Bq/mL）。电解器中气相化学物质中氚的浓度计算表明在电解过程设备中最大浓度为 $6.44\times10^{-3}Bq/cm^3$，高于气相流出物中的限值。在三次氦回路中氚浓度为气相流出物中限值的 1000 倍。

利用模型分析评价了关键参数对氚分布的影响，概述如下。

氚浓度随氚向主回路释放速率的降低成比例降低，因此控制氚的释放速率非常重要。在氚释放速率低于基准值 0.3 倍和 0.6 倍时，氢气产物和气相化学物质中氚含量可以低于饮用水和气相流出物中的限值。要将三回路中氚含量降低到气相流出物限值之下，需要将氚释放速率降低到 8×10^{-4} 倍。

二级热交换器（SHX）渗透性降低比 IHX 和 PHX 更有效。通过将 SHX 渗透性降低到

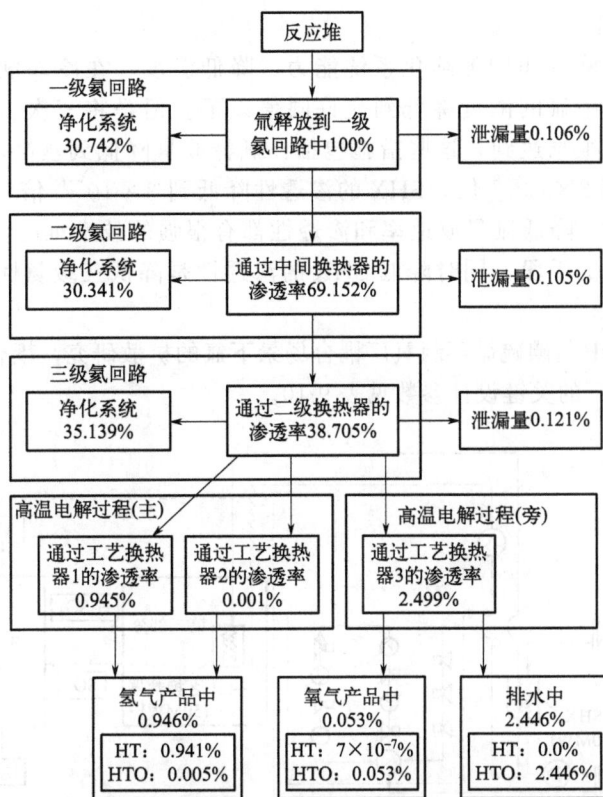

图 9-29 NGNP 与高温电解制氢厂耦合场景下氚的扩散

基准场景的 0.08 倍和 0.3 倍，可以将产物氢和气相过程物质中氚浓度降低到饮用水和气相流出物中限值之下。但要将三回路中氚含量降低到气相流出物中限值之下，需要 SHX 的渗透性有显著降低（3×10^{-6} 倍）。

对于纯化系统的氦流速，各个回路之间没有明显差别。增加所有纯化系统的氦气流速比增加单个纯化系统的流速更加有效。但纯化系统中氦流速增大到 $0.6h^{-1}$ 和 $0.3h^{-1}$（氦流速与氦储量之比）条件下，氢产物和气态化学物质中氚浓度可以降低到饮用水和气相流出物中限值之下。在基准场景下为 $0.12h^{-1}$，因此可以采取多种方法改变纯化系统中氦气流速来降低氚浓度。但是要将三回路氦气中氚浓度降低到气相流出物中限值之下，那么纯化系统中氦气流速需要增加到 $60h^{-1}$。

三回路中氦气压力的影响不显著。在压力低于 0.3MPa 时，气态化学物流中氚的浓度会低于气相流出物中的限值。在评估的压力范围（0.1～10MPa）内产物氢气和三回路氦中氚的浓度都高于饮用水中限值和气态流出物中限值。

在反应堆出口温度低于 990K 和 1070K 时，产物氢气和气态化学物流中氚的浓度都低于饮用水中限值和气态流出物中限值。但通过改变反应堆出口温度很难使三回路氦中氚的浓度低于气态流出物中限值。

在氦冷却剂中尤其是主氦回路和二回路中加入氢可以显著降低产物氢气和气态化学物流中氚的浓度；将这些条件下氚浓度降低到限值所需的氢气注入速率与氢气产生量的比值分别为 0.002％ 和 5×10^{-4}％。同样在合理的氢注入速率条件下，不可能将三回路氦中氚的浓度降低到气态流出物中限值之下。

三回路存在与否对氢产物中氚浓度没有明显影响。通过采用三回路，HTSE 过程中的氚可以降低到 0.64 倍。

同时采用控制措施（如增加纯化系统能力、降低温度、在冷却剂中掺氢等）可将产物氢和气态化学物流中氚的浓度降低到允许限值以下。但是将三次氚中的氚浓度降低到允许限值之下的条件很难达到，这些措施包括：氚释放量降低到基准场景的 8×10^{-4} 倍，IHX 的渗透性降低到 2×10^{-8} 倍，SHX 的渗透性降低到 3×10^{-6} 倍，所有氚纯化系统的氚流速增加到 $60 \mathrm{h}^{-1}$。降低氚释放速率和渗透性都有很强的技术难度。增加纯化系统的能力是一个经济上可行的手段，同时降低 SHX 的渗透性是降低三级氚回路中氚浓度的最合理的措施。

同时开展了 NGNP 与碘硫循环制氢厂耦合场景下氚的扩散研究，耦合基本方案如图 9-30 所示，反应堆和制氢厂的关键设计参数见表 9-10。

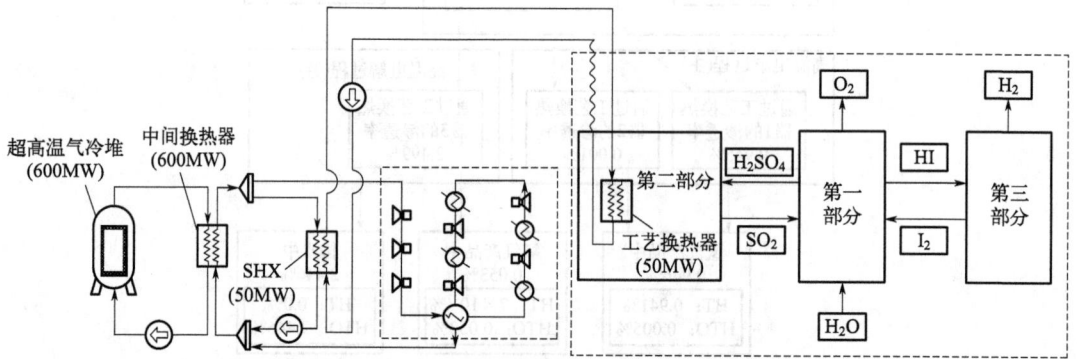

图 9-30　NGNP 项目中反应堆与制氢技术耦合的基本方案

表 9-10　反应堆和制氢厂的关键设计参数

项目		数值
反应堆功率		600MW
中间换热器传热功率		600MW
二级换热器传热功率		50MW
一级冷却	反应堆出口温度	900℃
	反应堆入口温度	495℃
	流量	289kg/s
	压力	7MPa
二级冷却	中间换热器出口温度	885℃
	中间换热器入口温度	480℃
	流量	289kg/s
	压力	7MPa
燃气轮机发电厂	燃气轮机发电厂入口温度	885℃
	燃气轮机发电厂出口温度	467℃
	流量	257kg/s
二级换热器	二级换热器入口温度	885℃
	二级换热器出口温度	580℃
	流量	32kg/s

项目		数值
三级冷却	二级换热器出口温度	875℃
	二级换热器入口温度	522℃
	流量	27.5kg/s
	压力	2MPa
碘硫过程	产氢速率	$1.1 \times 10^4 m^3/h$

与利用 HTSE 耦合 NGNP 相比，碘硫制氢厂氢气产物和过程化学物质中的氚浓度要高得多，这是因为碘硫过程主要用到工艺热，相应的 PHX 要更大；而 HTSE 过程主要利用电能实现水分解。对于利用碘硫循环过程的 NGNP，有三个重要参数尚待确定，包括 HT 和 H_2SO_4 间同位素交换反应平衡常数、PHX 的渗透性以及氦冷却剂中氢浓度。

利用模型模拟计算得到的氚在 NGNP 耦合碘硫循环制氢过程中的分布见图 9-31，并对高温堆与碘硫循环耦合过程中关键参数对氚分布的影响进行了评价。

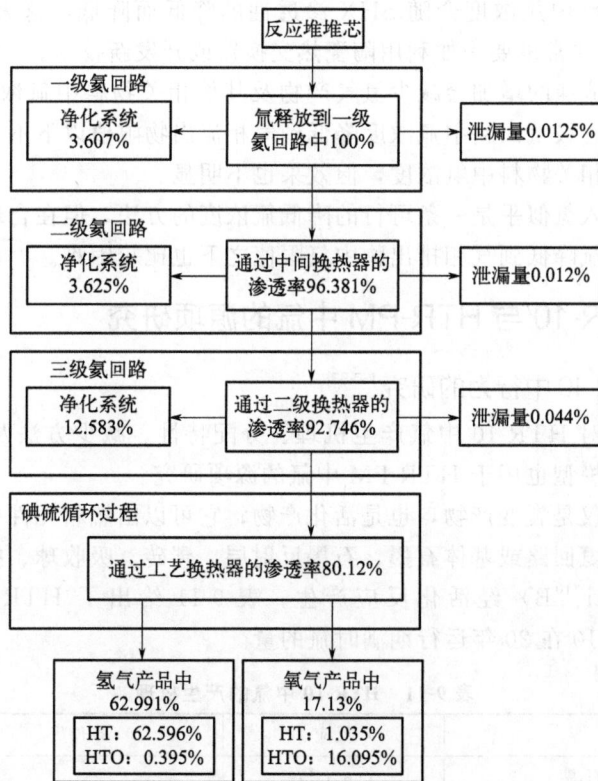

图 9-31 NGNP 与碘硫循环制氢厂耦合场景下氚的扩散

虽然产物氢气和氦冷却剂中氚浓度与同位素交换反应的平衡常数没有关系，但在硫酸单元的某些设备中气态和液态化学物质中氚浓度会随同位素交换反应的增加而增大。因此，HT 和 H_2SO_4 间同位素交换反应平衡常数对评价碘硫过程设备中氚累积量非常重要。

目前工艺热交换器（PHX，即氦气加热的硫酸分解器）采用 SiC 陶瓷材料，氚通过该材料的渗透性数据仍然缺乏，因此 PHX 的渗透性不确定。但 PHX 渗透性对氢气和气液态过程物质中氚浓度的影响并不显著，不会超过基准物质（如 Incoloy 800）的 1/100。由于三回路中氚浓度随 PHX 渗透性的降低而增加，因此不可能通过降低 PHX 的渗透性将三级氦回路中氚浓度降低到气态流出物限值以下。

由于氢的存在会抑制氚渗透，所以氦冷却剂中氢浓度会显著影响产物氢气及过程化学物质中氚的浓度。以美国桃花谷（Peach Bottom）试验堆为例，其主氦回路中含有 10×10^{-6} 氢，产物氢中氚浓度为主氦回路中没有氢情形下的 0.25 倍和 2×10^{-3} 倍（在 PHX 渗透率为 1 和 1×10^{-3} 条件下）。因此，评价氦冷却剂中氢浓度的影响非常重要。但是，即使在主氦回路中氢浓度达到 1000×10^{-6} 的条件下，三级氦回路中氚的浓度比气相流出物限值仍要高两个数量级。

此外，评价了其他参数（如氚向主氦回路的释放速率、IHX 和 SHX 的渗透性、HPS 中氦的流速以及三回路压力）的影响。在氢气产物以及过程化学物质中的氚浓度随着氚向主氦回路释放速率的降低成比例降低，意味着氚产生和释放速率（氚在堆芯石墨上的化学吸附）的评价非常重要。从主氦回路到 IHX，再到 SHX 的物流中将氚除去，具有和降低氚释放速率相同的效果。

与 PHX 渗透性相比，IHX 渗透性对氚浓度的影响并不显著。但是在氢气产物、过程化学物质以及三级氦回路中氚浓度会随 SHX 渗透性的降低而降低，这表明开发降低氚通过 SHX 渗透速率的技术非常重要，如利用陶瓷热交换器或开发新技术。

氦纯化系统中氦流速的增加会减少氢气产物及其他相关物料中氚浓度，但影响不明显；在合理的氦流速下将三级氦回路中氚浓度降低到气相流出物限值以下不可能。三回路压力也会减少氢产物及其他相关物料中氚浓度，但效果也不明显。

在氦冷却剂中加入氢似乎是一条可行的降低氚浓度的方法，但在合理的氢气注入速率条件下将三次氦回路中氚降低到气相排出物中氚限值之下也比较困难。

9.4.3 基于 HTR-10 与 HTR-PM 中氚的源项研究

9.4.3.1 氚在 HTR-10 中行为的研究[30-33]

清华大学核研院对 HTR-10 中氚产生机理、分配特性、减少方法及释放类型利用理论模型进行了研究，该模型也用于 HTR-PM 中氚的源项研究。

如前所述，氚不仅是裂变产物，也是活化产物；它可以由燃料元件中的重核的三级裂变反应产生，也可由主氦回路或基体石墨、石墨反射层、碳砖、吸收球、控制棒等部件中所含的轻核（^3He、^6Li、^7Li、^{10}B）经活化反应产生。表 9-11 给出了 HTR-10 中氚产生机理，表 9-12 给出了 HTR-10 在 20 年运行期满时氚的量。

表 9-11 HTR-10 中氚的产生机理

区域	反应	条件	截面积/barn
燃料芯与基体石墨	$X(n,f)^3\text{H}$	—	—
堆芯中主回路冷却剂	$^3\text{He}(n,p)^3\text{H}$	热中子	5330
基体石墨、石墨反射层、碳砖	$^6\text{Li}(n,\alpha)^3\text{H}$	热中子	942
基体石墨、石墨反射层、吸收器、控制棒、碳砖	$^7\text{Li}(n,n\alpha)^3\text{H}$	快中子（>0.18MeV）	0.15
吸收器、控制棒、碳砖	$^{10}\text{B}(n,2\alpha)^3\text{H}$	快中子（>0.18MeV）	0.05
吸收器、控制棒、碳砖	$^{10}\text{B}(n,\alpha)^7\text{Li}$	热中子	3838

注：$1\text{barn} = 10^{-28}\text{m}^2$，barn 是核截面积的常用单位。

表 9-12　HTR-10 运行 20 年末期后氚的量

来源	反应堆堆芯中		一回路中	
	活度/Bq	比例	活度/Bq	比例
三次裂变反应	3.14×10^{13}	39.99%	2.51×10^{10}	0.21%
氦气中 ^{3}He 活化反应	6.47×10^{12}	8.26%	6.47×10^{12}	53.20%
燃料元件中 ^{6}Li 活化反应	8.51×10^{11}	1.08%	8.51×10^{11}	6.99%
石墨反射层中 ^{6}Li 活化反应	1.61×10^{13}	20.48%	4.82×10^{12}	39.60%
碳砖中 ^{6}Li 活化反应	1.41×10^{12}	1.80%	—	—
吸收球中 ^{10}B 活化反应	2.48×10^5	3.16×10^{-9}	—	—
控制棒中 ^{10}B 活化反应	1.69×10^{13}	21.54%	—	—
碳砖中 ^{10}B 活化反应	5.36×10^{12}	6.84%	—	—

图 9-32 示意了 HTR-10 中氚源项的平衡分布图，并给出了年产率、废物类型、数量以及排放量。由图可见，燃料元件中 ^{235}U 的三级裂变、石墨反射层中 ^{6}Li 的活化反应以及控制棒中 ^{10}B 的活化反应是 HTR-10 中 ^{3}H 的三个主要贡献者。目前从 HTR 得到的结果与日本 HTTR 的分析结果吻合良好，说明无论在柱状堆还是球床堆中来自三级裂变的 ^{3}H 都是氚最主要的来源。

反应堆产生的氚只有一部分可以进入氦气回路，包括燃料元件中未包裹在球形颗粒中的可裂变同位素产生的部分以及氦气回路中 ^{3}He 燃料元件和石墨反射层中的 ^{6}Li 和 ^{7}Li 活化产生的 ^{3}H。氦气一回路中存留的 ^{3}H 可以用如下方程表达。

$$\frac{dN_{^3H}^{\text{Primary-coolant}}}{dt} = \varepsilon \sum_F \frac{dN_{^3H}^{F}}{dt} + \frac{dN_{^3H}^{^3He}}{dt} + \frac{dN_{^3H}^{F-^6Li}}{dt}$$
$$+ \frac{dN_{^3H}^{F-^7Li}}{dt} + \kappa \left(\frac{dN_{^3H}^{R-^6Li}}{dt} + \frac{dN_{^3H}^{R-^7Li}}{dt} \right)$$
$$- (L + P_1 + \lambda + P_2) N_{^3H}^{\text{Primary-coolant}} \tag{9-1}$$

图 9-32 给出了 HTR-10 满功率运行时氦气回路中平衡态下 ^{3}H 的活度，从中可见主氦回路中 ^{3}He 和石墨反射层中 ^{6}Li 的活化反应是主氦回路中 ^{3}H 的主要来源。主氦回路中 ^{3}H 的活度会显著影响后续氚水和气体废物的量，进而影响 HTR-10 的 ^{3}H 排放量。

9.4.3.2　氚在 HTR-10 中的实验研究[34]

在 HTR-10 上进行的 ^{3}H 源项有关的实验研究包括：辐照后堆芯石墨球中 ^{3}H 比活度及其分布，主氦回路中 ^{3}H 的活度测量，HPS 中分子筛吸附剂再生过程中 ^{3}H 的活度测量，以及气态流出物中 ^{3}H 的释放量等。HTR-10 一回路中 ^{3}H 的采样点如图 9-33 所示。

图 9-34 给出了四个辐照后石墨球的 ^{3}H 的比活度，实验平均值分别为 7857Bq/g、96Bq/g、125Bq/g、0.52Bq/g。与之对照，由基体石墨材料中 ^{6}Li 和 ^{10}B 的中子活化反应贡献的 ^{3}H 活度分别为 1262Bq/g 和 188Bq/g。在辐照石墨球内部 ^{3}H 基本均匀分布，表面的比活度高于球体内部，说明 ^{3}H 的吸附发生在石墨和冷却剂的界面。这一现象与在德国 AVR 上观察到的结果非常相似。^{3}H 和石墨的相互作用较强，石墨的吸收和释放会影响主回路和石墨中 ^{3}H 的比活度。

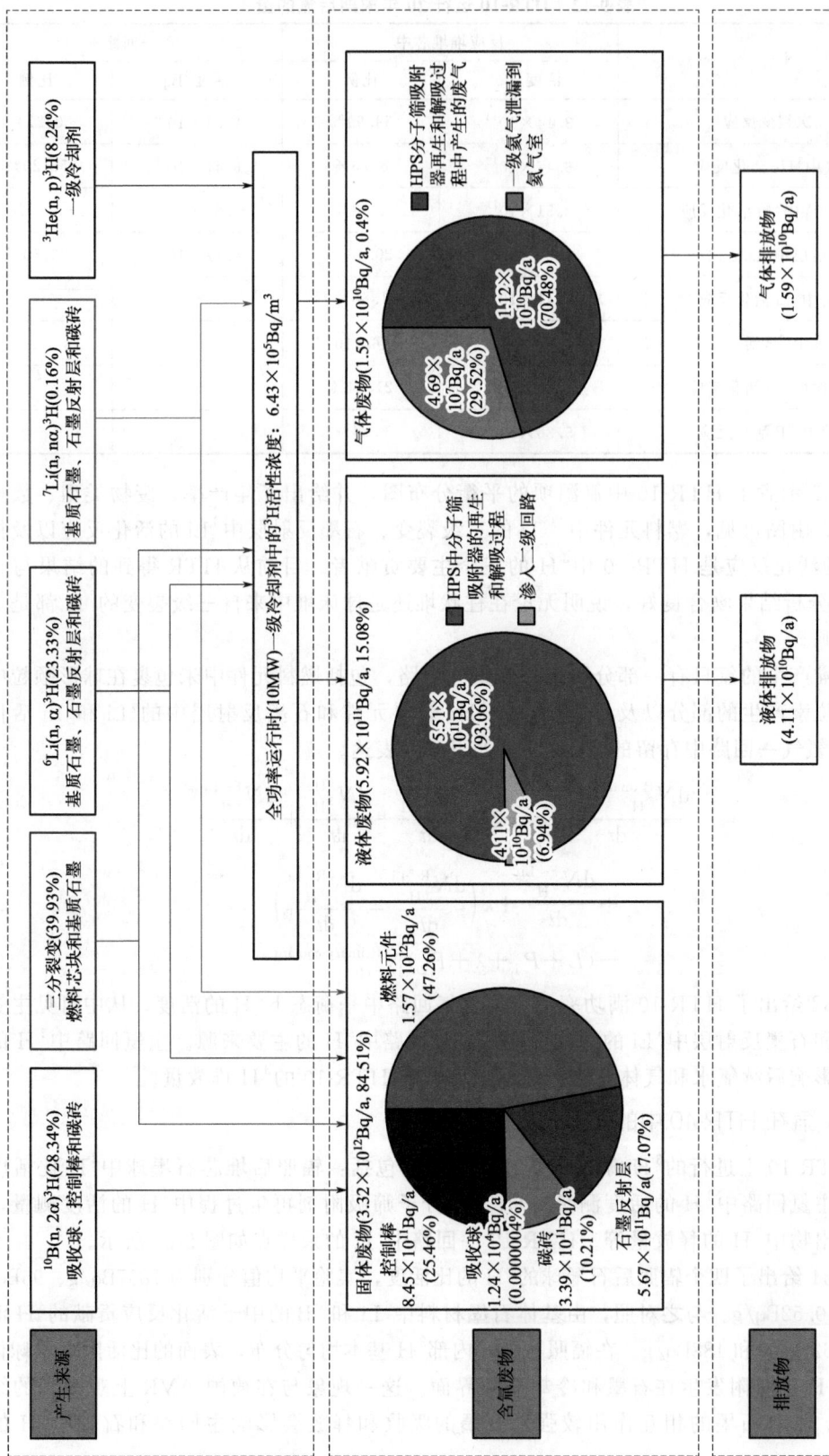

图 9-32　HTR-10 中氚源项的平衡分布图

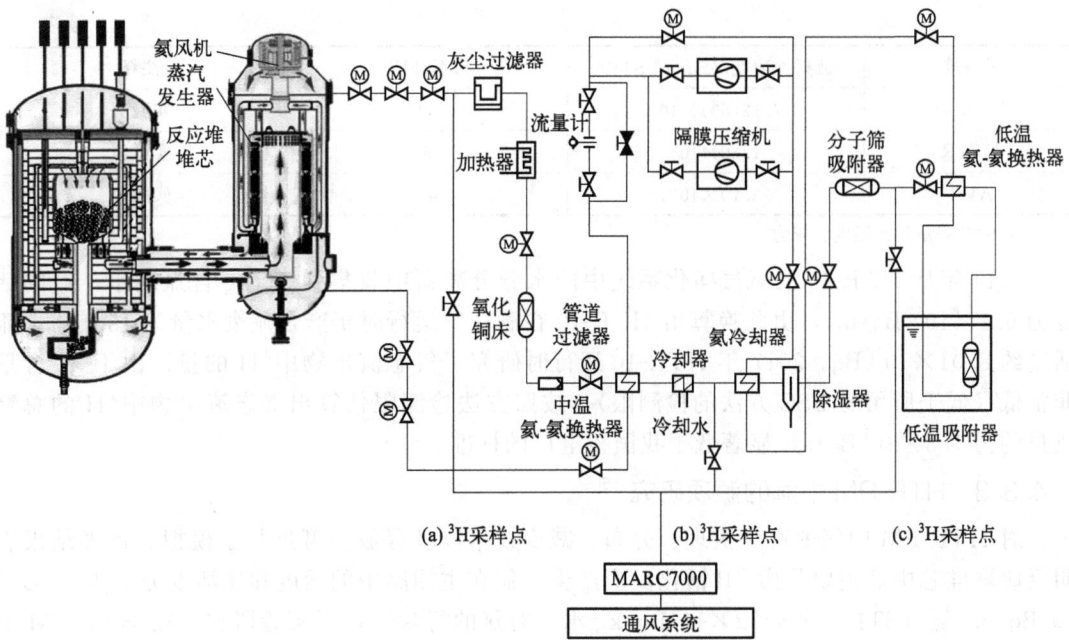

图 9-33 HTR-10 上氚的实验研究采样点

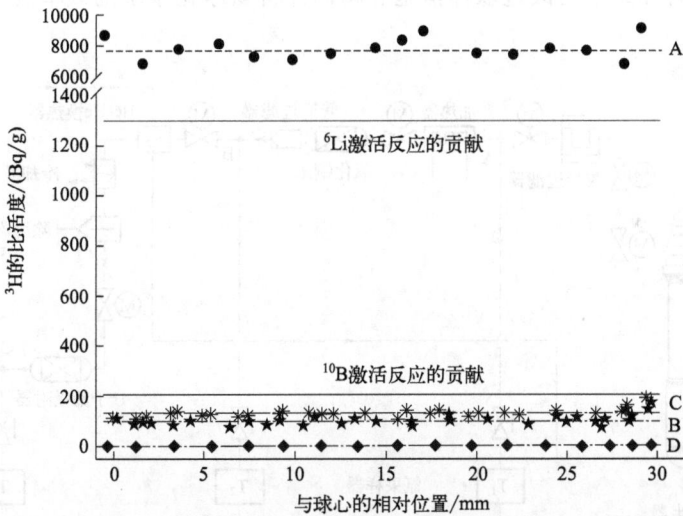

图 9-34 HTR-10 辐照后石墨球 ^{3}H 平均比活度分布试验与理论值对比

表 9-13 给出了 HTR-10 氦气主回路中 ^{3}H 的活度测量和理论分析结果，并与 AVR 和 HTTR 进行了对比。HTR-10 主回路中 ^{3}H 的活度约为 $(851 \pm 60) \mathrm{Bq/m^3}$（标）和 $(712 \pm 50) \mathrm{Bq/m^3}$（标）。

表 9-13 HTR-10、AVR 和 HTTR 中主回路氚活度值比较

反应堆	放射性浓度/(Bq/m³ STP)	功率/MW	注释
HTR-10	$1.09(10) \times 10^4$	2.9	实验值
	2.31×10^5	2.9	理论值
	6.43×10^5	10	理论值
	$8.51(60) \times 10^2$	3.0	实验值

反应堆	放射性浓度/(Bq/m³ STP)	功率/MW	注释
HTR-10	$7.12(50)\times10^2$	3.0	实验值
HTTR	1.60×10^5	30	实验值
AVR	3.70×10^7	46	实验值

注：STP表示标准温度、压力。

2014年从HTR-10的氦气净化系统中的水分分离器中收集到8.1kg含氚废水，氚的活度为6.1×10^{12}Bq/m³，由此换算出HTR-10在满功率运行时年产含氚废水量为13.14L，氚活度约8.01×10^{10}Bq。2017年HTR-10运行时研究了气态流出物中^{3}H的量。由于^{3}H含量非常低（低于所用的LSC方法的检测限），按照方法检测限估算出气态流出物中^{3}H的总释放量约为1.3×10^7Bq/a，显著低于我国核电厂的标准。

9.4.3.3　HTR-PM中氚的源项研究[35]

对HTR-PM中氚的产生机理、分布、减少技术以及释放类型进行了模拟。计算结果表明反应堆堆芯中氚主要是由^{10}B活化反应产生。氚在主回路中的活度和比活度分别为3.69×10^6Bq/m³氦（STP）和4.22×10^4Bq/kg水。对氚的行为进行了实验研究，在HTR-PM上设计了多个氚采样点，包括主冷却剂回路、废液储罐、次级冷却剂、液相和气相流出物等，如图9-35所示。研究结果对改进取样措施和精确评价氦净化系统的效率具有重要参考价值。

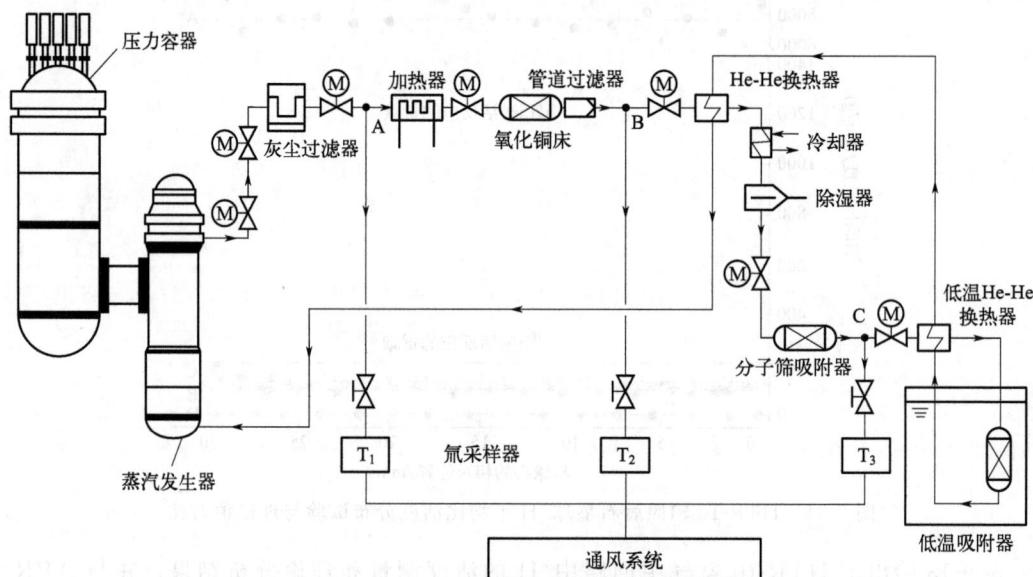

图9-35　HTR-PM上氦气净化系统和氚采样位置示意图
（注：A、B、C表示3个取样点的位置；T_1、T_2、T_3分别表示在3个取样点处取到的氚样品；M表示电动阀）

HTR-PM堆芯中不同来源的氚所占份额如图9-36所示。由图可见，绝大部分氚由堆芯中^{10}B活化产生，但会保留在控制棒、吸收球和碳砖中。主氦回路中氚主要由基体石墨中的^{6}Li活化和氦气中的^{3}He活化产生。在HTR-PM初试启动阶段，主回路中氚活度会迅速增加到最大值（2.83×10^7Bq/m³ STP），并在约15年达到平衡值（3.69×10^6Bq/m³ STP）。二回路中氚比活度在40年运行期结束时为4.22×10^4Bq/kg水。在气相和液相流出物中氚的量保守估计为2.11×10^{12}Bq/a和6.97×10^{11}Bq/a，可以满足国家标准要求。

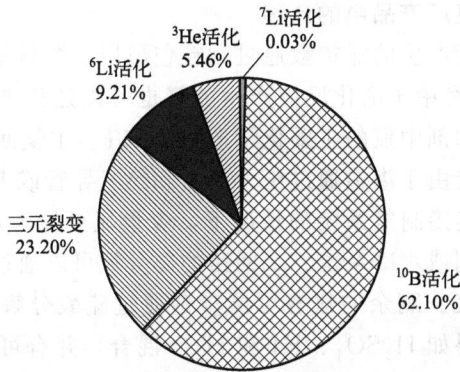

图 9-36　HTR-PM 堆芯中不同来源的氚所占份额

9.4.3.4　与碘硫循环制氢厂耦合条件下氚的迁移评价讨论

(1) 氚的产生与减量

氚的减量方法包括 ^{3}H 自衰变、氦净化系统（HPS）去除、^{3}H 的泄漏、^{3}H 渗透通过热交换器等。图 9-37 给出了 HTR-10 主氦回路中的 ^{3}H 活度随运行年限的变化。包括氚在内的氦气冷却剂中绝大部分杂质可以由一回路中 HPS 去除。

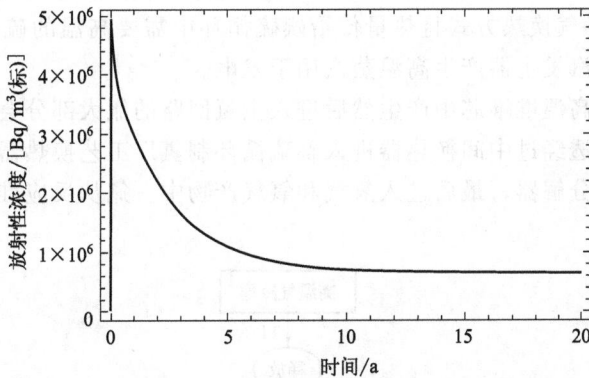

图 9-37　HTR-10 的主氦回路中氚活度随运行时间的变化

20 年运行期结束时 HTR-10 中 ^{3}H 的产率如表 9-14 所示；表 9-15 比较了 HTR-10 和 AVR 一回路中氚浓度。

表 9-14　运行 20 年后 HTR-10 一回路中 ^{3}H 的减少量

项目	主氦回路泄漏	HPS 净化	^{3}H 衰变	渗透到二回路
活度/Bq	9.37×10^{10}	1.12×10^{13}	1.45×10^9	8.21×10^{11}
比例	0.77%	92.47%	0.01%	6.75%

表 9-15　HTR-10 和 AVR 一回路中氚浓度

项目	比活度/[Bq/m³（标）]
HTR-10	6.43×10^5（最大 4.94×10^6）
HTR-10 最终安全分析报告	6.48×10^6
AVR 的操作状态下	3.70×10^7

（2）氚从反应堆到制氢厂产品中的迁移

燃料颗粒中由三级裂变产生的氚扩散通过颗粒包覆层、燃料基体和石墨层后进入氦气主回路，此外由 ^{10}B、^{6}Li、^{7}Li 经中子活化反应产生的氚也可以迁移进入氦气回路。由于发生同位素交换，反应堆氦气冷却剂中氚的主要化学形态为 HT。主氦回路中大部分氚可以通过氦气净化系统去除，部分可能由于渗透通过压力容器和热气导管或者氦气泄漏而进入环境。在经中间换热器（IHX）并连接制氢系统的情况下，少量氚可能渗透通过 IHX 的热交换管和预热器，进入二回路冷却剂或水冷系统。二回路的部分氚可以通过净化系统除去，也同样有一部分随氦气泄漏进入大气。剩余的氚有可能渗透通过硫酸分解器和氢碘酸分解器的换热管，与碘硫过程的化学物料如 H_2SO_4、HI 和 H_2O 混合，并有可能发生同位素交换反应产生 HTO、$HTSO_4$、TI 等。这些物质在碘硫过程中循环，并在液态物料中积累，直到进入和离开碘硫过程氚的输入和输出速率达到平衡。剩余氚以 HT 和 HTO 形式存在，可能进入氢气或者氧气产物中。

（3）基于超高温气冷堆（VHTR）经碘硫循环制氢过程中氚的迁移

清华大学核研院关于超高温气冷堆碘硫循环制氢的耦合方案与概念设计如第 8 章所述，为有效利用不同品位的高温工艺热，提高热效率，采用了氢、电联产方案。来自 VHTR 的高品位热首先用于制氢系统，较低品位的热用于发电。联产系统中设置了中间换热器和蒸汽发生器，分别用于将高温工艺热供给制氢系统和发电系统。在梯级利用方案中，高温工艺热先经过 IHX，采用气-气换热方式将热量传给碘硫循环中需要高温的硫酸分解器和氢碘酸分解器，然后再经过蒸汽发生器产生高温蒸汽用于发电。

在整个过程中，高温堆堆芯中产生然后进入主氦回路的氚大部分会由反应堆氦气纯化系统去除，少量氚会渗透经过中间换热器进入碘硫循环制氢厂工艺换热器氦气回路，进而进入硫酸分解器和氢碘酸分解器，最后进入氢气和氧气产物中。氚从反应堆进入产物过程的路线如图 9-38 所示。

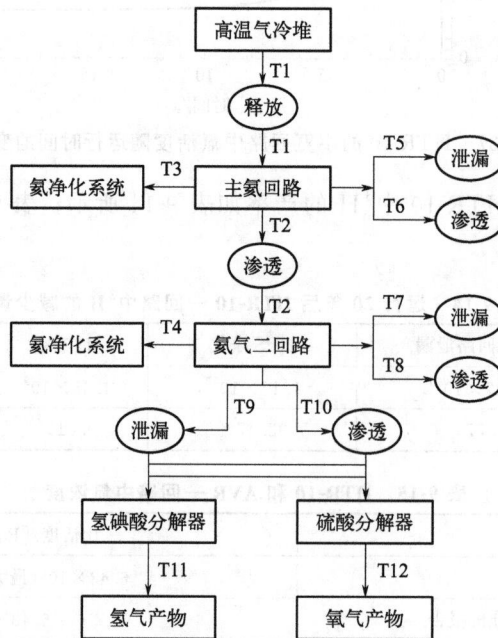

图 9-38　高温气冷堆碘硫循环制氢过程氚产生与渗透过程示意图

表 9-16 总结了 JAEA 和美国 NGNP 项目中高温堆碘硫循环制氢过程中氚的分布。

表 9-16　氚物流流向及所占份额

氚物流序号	氚物流流向	JAEA	NGNP
T1	反应堆产生的氚进入主氦回路	100%	100%
T3	主氦回路净化	78.1%	3.61%
T2	主氦回路进入氦气二回路	21.8%	96.38%
T4	氦气二回路净化	16.05%	3.62% 12.58%（设置三回路净化）
T5	主氦回路泄漏到环境	0.076%	0.0125%
T6	主氦回路渗透到环境	7×10^{-6}%	
T7	氦二回路泄漏到环境	0.013%	0.012%
T8	氦二回路渗透到环境	0.031%	0.044%（三回路）
T9	氦二回路泄漏进入碘硫循环	8×10^{-6}%	80.12%
T10	氦二回路渗透进入碘硫循环	5.73%	
T11	碘硫循环进入氢气产物	2.03%	62.99%
T12	碘硫循环进入氧气产物	3.07%	17.13%

比较以上模拟数据可见，两个机构的研究结果中最后进入产物的氚比例差别很大，其主要原因在于氚净化效果。JAEA 数据中，主氦回路氚和二级氦回路的氚净化系统分别除去 78.1% 和 16.05% 的氚，两级纯化系统共去除约 94% 的氚；而 NGNP 模拟数据中主氦回路、二级氦回路的净化系统分别除去 3.61%、3.62% 的氚。与 JAEA 换热流程不同的是，NGNP 项目中还设置了三级氦回路及除氚系统，氚去除率为 12.58%，三级纯化系统共除去约 20% 的氚。

在 JAEA 设计的超高温气冷堆碘硫循环产氢系统中，估算反应堆（600MWt GTHTR300）的氚产率为 4.4×10^{15}Bq/a，大约是 HTTR 的 50 倍，产物氢中氚的浓度显著依赖于一些尚未确定的参数，包括氚在 SiC 硫酸蒸发器和 SO$_3$ 分解器的渗透系数。保守分析条件下估算的氢产物中氚浓度范围为 3.4×10^{-3}Bq/cm^3（STP，38Bq/g H$_2$）到 0.18Bq/cm^3（STP，2000Bq/g H$_2$）。

为估算堆芯石墨对氚的保留效果，以及 IHX 和 HI 分解器传热管上的氧化膜对氚渗透的减弱效果，估算了在最优分析条件（即将每个保守的分析条件下氚的释放速率和渗透率减弱为 0.056 倍和 0.30 倍）下氢气产物中氚的含量范围，为 3.3×10^{-5}Bq/cm^3 @ STP（0.36Bq/g H$_2$）到 5.6×10^{-3}Bq/cm^3@STP（63Bq/g H$_2$）。这个值比在保守条件下计算的要小，为其 3.2×10^{-2} 倍到 9.6×10^{-3} 倍。分析可知，影响最大的参数为氚释放到主氦回路的释放速率，因此需要对 VHTR 堆芯中氚的迁移行为进行重点研究。

基于两种高温气冷堆的实验堆和商用堆发表的有关数据，我们推测并比较了以之为基础经热化学碘硫循环制氢过程制备的氢气和氧气产物中氚的含量，如表 9-17 所示。

表 9-17 高温堆热化学碘硫循环技术制备氢气中氚含量的比较

项目	HTTR-IS	GTHTRC300-IS	HTR-10	HTR-PM
热功率/MW	30	600	10	500
主氦回路中氚浓度/(Bq/m³ 标)	1.6×10^5		$8.5 \times 10^2 \sim 6.4 \times 10^5$	3.69×10^6
氦净化系统除氚率/%	78%	78%	92%	92%
二级氦回路中氚浓度/(Bq/m³ 标)	3.5×10^5		3.2×10^4	
氦净化系统除氚率/%	16%	16%	7.2%	7.2%
二级氦回路中氚进入制氢系统的含量	5.7%		2.8%	2.8%
氢气产物中氚所占百分数/%	2.0%	2.0%	1.1%	1.1%
氢气产物中氚含量/(Bq/m³ 标)	3.2×10^3 ($36Bg/g\ H_2$)	$3.4 \times 10^6 \sim 1.8 \times 10^8$		
氧气产物中氚所占百分数/%	3.7%	3.7%	1.7%	1.7%
氧气产物中总氚含量/(Bq/m³ 标)	5.9×10^3			

9.4.4 氚的限值标准及碘硫循环制氢厂产物中氚含量评价

目前尚没有氢气中氚含量的统一标准，根据有关国家或机构要求或研究成果进行比较和讨论。

德国在实施 PNP 项目过程中对核热处理的化石燃料中氚含量进行了讨论，后来在德国防辐射保护条例中提出利用核热处理的化石燃料的氚含量不能高于 5000Bq/kg[36]，这一要求参考天然气放射性含量提出。2001 年的新条例中，将总放射性限值从 3MBq 提高到 1GBq，比放射性限值提高到了 1MBq/g。

日本利用核能生产氢技术中提出产物氢中氚含量目标是低于 $11.8Bq/g\ H_2$。这一上限值给消费者造成的辐射 <10mSv/a，是天然放射性辐射的 1%。

美国对氚的管制限值见表 9-18。

表 9-18 美国对氚的管制限值

项目	管制标准	年度辐射剂量		流出物浓度			
				空气		水	
		/mrem	/mSv	/(μCi/mL)	/(Bq/mL)	/(μCi/mL)	/(Bq/mL)
限值	CFR 20.1301(a)	100	1	—	—	—	—
	CFR 20,附录 B 到 10 之表 2	50	0.5	1×10^7	3.7×10^3	1×10^{-3}	37
标准	10 CFR 20.1301(e)	25	0.25	(5×10^8)①	(1.85×10^{-3})①	(5×10^{-4})①	(18.5)①
ALARA	CFR 50 之附录 1-10	15	0.15	(3×10^{-8})①	(1.11×10^{-3})①	—	—
		3	0.03	—	—	(6×10^5)①	(2.22)①
饮用水	EPA 标准	4	0.04	—	—	2×10^{-5}	0.74

① 计算时假定年吸收剂量在 50mrem 和 10CFR20 附录 B 表 2 中的值为线性关系
注：1. ALARA 为合理最低剂量；CFR 为联邦管制代码；EPA 为美国环境保护署。
2. 1rem＝0.01Sv。

我国尚未提出或制定氢气产品中氚的国家标准，在国标 GBZ 119—2006（《放射性发光涂料卫生防护标准》）中规定了公众对空气中氚浓度的限值为 $4 \times 10^3 Bq/m^3$（相当于 3100Bq/kg，即 3Bq/g 空气）。考虑到氢气主要作为工业原料或未来车用燃料，不会像空气那样被直接吸入，可认为日本制定的 11.8Bq/g H_2 的要求是合理的。

9.4.5 核能制氢过程关于氚问题需要进一步开展的研究工作

由以上分析可见，高温堆制氢过程中产生的氚从堆芯扩散到最终产物的过程非常复杂，虽然进行了很多理论模拟和实验研究工作，但远不足以对整个过程中氚的分布进行准确预测和描述，仍有许多工作需要开展，包括：

a. 氢气产物和制氢厂的不同设备和环节中可接受的氚浓度限值需要确定，以确保氢气产物的用户可接受性，符合法规要求，并采取合适的氚控制设施。例如，前述分析指出三回路中氚的浓度，如果有大量冷却剂泄漏时是一个潜在的氚泄漏故障点，为避免在该情况下氚泄漏超过气态流出物的限值，需要采取合适的控制方法，确保冷却剂中氚浓度低于该限值。

b. 研究关键工程材料（如高温合金和陶瓷）在操作工况下的氚渗透性。

c. 对氚从反应堆堆芯材料的释放过程机理开展研究，尤其是氚扩散速率随时间的变化。因为控制产物氢气中氚含量的最好方法首先是减少堆芯中氚的产生量和释放量，因此对不同堆芯材料和操作条件下的释放速率的了解至关重要，进而可以采取并形成合适的控制策略。

d. 测定 HT 和硫酸间同位素交换反应的平衡常数。

e. 研究确定氚与石墨间的化学吸附机理和化学平衡行为。

f. 对氢气产物、制氢厂设备和氦气三回路中氚的去除方法进行深入研究。目前设想将制氢厂置于核管制范围之外，因此必须有能力和措施将这些区域的氚浓度降低到允许的限值之下，为此需要展开更多研究实现该目标。

g. 开发合适的检查和测量方法，对制氢厂过程物流中含氚物质浓度进行测定。

h. 进一步研制更先进的模型，将研究数据整合并改进模型计算能力。

对高温堆经碘硫循环制氢过程中氚的产生、扩散、分布以及产物中氚含量等问题总结如下：

a. 核能制氢过程中由 ^{235}U 的三级裂变反应、主氦回路或基体石墨、石墨反射层、碳砖、吸收球、控制棒等部件中所含的轻核（^3He、^6Li、^7Li、^{10}B）活化反应产生的氚，因其穿透性强，会渗透扩散经过中间换热器、管道壁、工艺换热器等，最终有部分进入产物氢和氧中。

b. 为实现热化学碘硫循环制氢厂非核设计目的，利用高温堆核热驱动的核能制氢工艺得到的产物中氚放射性必须低于相关国家标准。

c. 从堆芯进入氦回路的氚大部分可以被主氦回路、二级氦回路中氦气净化系统有效去除；其余会在阻隔、渗透、同位素交换、泄漏等因素作用下在各个环节分布。具有典型性的结果是进入主氦回路的氚最终有 2% 进入氢气产物中。

d. 目前缺乏氢气产物中允许氚浓度的国家标准，参考德国和日本的项目讨论结果和规范，模拟计算得到的氢产物中的氚浓度基本可以满足要求。

e. 若要准确计算过程中氚的分布和产物中氚浓度，仍有大量研发工作需要开展，包括确定可接受的氚浓度限值、关键工程材料中氚渗透性、氚释放速率、同位素交换反应常数、氚与石墨间化学吸附机理与平衡行为、氚净化方法、氚浓度测定方法等。

9.5 不同工艺的核能制氢厂的实践及安全问题——————

9.5.1 核能辅助的煤气化制氢项目

德国 PNP 项目确认了利用高温堆供热的连续煤气化的技术可行性，并具备取得许可证的能力，核热的引入可以节省 35%～40% 的煤资源。但在 20 世纪 90 年代初的经济条件下，核工艺的经济性无法与常规工艺竞争，加上政治因素，PNP 工厂的建设被取消，但项目仍然取得了很多宝贵的结果，总结如下：

a. 通过高温热交换部件与热传送部件的制造和在模拟核条件下的成功运行，获得了具有高价值的工业规模高温氦工厂实践经验。

b. 在 KVK 和其他相关实验设施中开展的实验证明了所制造的 IHX 部件在 10MW 功率水平、稳态与瞬态条件下可以成功运行，最高氦气温度分别达到 950℃（一回路）和 900℃（二回路）；螺旋管束换热器运行时间超过 5000h，U 形管束换热器运行时间超过 4000h。积累的经验和数据可以支持设计功率 170MW、950℃ 下运行 14000h 的 IHX 的设计和研发，但方法和材料在核领域的利用需要更多认证工作。

c. 在 NFE 项目内的全面试验证明了两台功率大约 6MW、分别由 30 根和 18 根管组成的氦加热蒸汽重整器运行成功，重整器管尺寸、设计数据和催化剂都与核热利用条件相同。加热重整器的氦气最高温度是 900℃（4MPa），在 800℃、4MPa 和 $H_2O/CH_4=4$ 条件下，可达到的反应空速为 $10m^3$（标）$/(m^3$ 催化剂·h），运行时间超过 6000h。

d. 催化剂在运行 1000h 之内性能没有衰减，也没有碳沉积。对氦加热重整工艺开展了大规模试验，可以从 EVA-2 厂放大大约 10 倍，即将氦加热的重整器与 170～200MW 的高温堆模块相连接。在功率更大时，需要用多个重整器回路与反应堆相连。

e. 对用氢载带能量的 EVA/ADAM 化学能输送系统进行了验证，甲烷转化率为 65%，几乎达到热力学平衡。

f. 在蒸汽重整器应用研究中发现氢渗透问题可以解决，对于利用 IHX 的工艺，只要热交换器没有损伤，氢渗透量可以减少更多。即使按照保守假设与通过渗透而导致的氚浓度相比，在二次侧的放射性也是很少的，在 PR-500 的任何运行状态下，都不超过 5Bq/g 的限值。

g. 高温金属材料认证项目中确认，蒸汽重整器和 IHX 材料都可以达到 100000h 以上的寿命要求；试验部件获得的特性数据与计划用于核加热条件要求的数据非常相似。在 KVK 设施中气体温度、压力和材料使用温度与核设计的条件相同。试验确认了热交换器的热力学数据，结果表明可以实现 $40kW/m^2$ 的平均热通量，且压力降可接受。

煤气化生产合成天然气或液体燃料可以在一定条件下得到经济利用，在合适的地点、煤价和产品条件下，其经济性可以与天然气、石油相竞争。核热引入可以节省约 35% 的煤资源，增加 SNG 的产出，减少了二氧化碳和其他污染物向大气的排放。

高温堆工艺热利用的研究为未来相关研发提供了宝贵经验，将来可以根据技术成熟度和市场条件进行再评估，并根据具体工业实践、市场需求选择优先利用方向，并实现更好的安全特性和高度的可靠性。

9.5.2 核辅助的甲烷蒸汽重整制氢方法的安全问题

从核热辅助的蒸汽重整研发中总结出相关的安全问题，如下：

① 核蒸汽甲烷重整中的危险物质是工艺气体和产品气。原料气甲烷或天然气比空气轻，易向上释放并通过扩散与空气混合。由于浮力适中，其扩散速度要比氢低得多。甲烷分散到非可燃浓度的速度较慢，因此甲烷云消散所用时间较长。

甲烷和天然气都是高度可燃的气体，并可以与氧化剂或卤化剂激烈反应。在与空气的混合物中，甲烷浓度在 4.4% ~16.5%（体积分数）的范围内就会爆炸，浓度为 9.4%（体积分数）的混合物会释放出最大能量。甲烷燃烧的热辐射比氢更强烈，意味着与氢相比要求更远的安全距离，火灾可能会把火焰引回液化天然气池，并将其点燃，池中的残余物中主要是重碳氢化合物。

② 液态甲烷在 112K 时蒸发，形成重于空气的蒸气云，贴近地面。随后甲烷气体的温度升高大约 50℃，直到在环境空气中的浮力为正。与氢相比，每单位体积的液态甲烷蒸发要求从环境空气中吸收更多热（为 296MJ/m³，而氢为 32MJ/m³），从储存罐发生的事故释放就会形成沸腾液体并在地面上散开。

低温罐的危险主要源自系统迅速的机械变化，例如输送管道破裂甚至储存罐自身失效，会造成可燃物高速逸出，如果点火会造成冲击波。LNG 蒸发造成"老化"或"风化"效应，燃料中的甲烷将先于其他较重的碳氢组分沸腾蒸发。"翻转"是在 LNG 储存罐中发生的现象，即在重新灌料之后，由于蒸汽产生率的增加可能造成热分层现象，相关的保护系统包括温度传感器和环绕泵混合装置。LNG 容器灾难性的失效或爆炸是非常不希望发生的事件，只有在减压设备或系统完全失效，或者隔离失效导致非同寻常的高速蒸发，或者某些通气或减压系统破坏，以及蒸汽流出阻碍等事件联合发生的情况下才会导致这种事件。

③ 在核热交换器如蒸汽重整器或汽轮机中，氚可能通过管壁进入产品气中；反之亦然，氢可能从二次侧进入堆芯。在二次侧产生并在重整工艺中使用的蒸汽中含有氚化水（HTO），产品气中也会有。在间接循环厂中的工艺蒸汽可以通过蒸汽转化器来传送，这就提供了防止氚迁移的另一个有效屏障。

9.5.3 核热碘硫热化学循环的安全问题

包括碘硫循环在内的热化学循环分解水制氢技术在与高温堆耦合时可能产生的安全问题总结如下。

a. 在水裂解制氢系统中，H_2 和 O_2 两种气体是在不同的工艺段产生的，因此可以把不同工艺段布置在不同地点，即保持足够的隔离距离。在设计中要加入处理氢的标准安全措施。在布置工厂时必须考虑在可能的泄漏点附近发生喷射火灾和蒸汽云爆炸的可能性。

b. 由于产品气氢在纯化和压缩过程中的事故释放而提高了 O_2 中可燃性物质含量，可能造成氢-空气云着火和爆炸。所有暴露在氧浓度高于 25% 的环境中的管道系统、配件和设备，在启动前都必须清除氧。在制造厂进行了氧清除的配件在运输时必须密封。要最大限度地限制与富氧物流接触的软材料和润滑剂的使用。含氟化合物例如聚四氟乙烯和氟橡胶常常用于密封，而全氟化的材料用于润滑。将氧压缩机置于屏障物内以在发生火灾的时候保护建筑和人员是普遍的工业实践。在进行厂房布置的时候，应该考虑这类设备可能发生火灾的概率。

c. 循环中存在的多种化学品具有腐蚀性和毒性，可能造成危险。

d. 由于在高温、高压下运行以及受流体流动速度与浓度的影响，金属抗酸性环境腐蚀的能力会下降。为了确保人员安全和保护环境，需要保证在发生管道意外破裂、系统发生物料流失和泄漏事故时释放的有害物数量最少。

e. 由于氦气热交换器的泄漏和酸腐蚀，硫酸分解器中高压氦气的丢失可能造成氦物流的污染，为了在发生泄漏事件时使泄漏量最少，要使氦气压力保持高于分解器压力。

f. 在容器破裂的情况下，高温、高压的浓 H_2SO_4 会发生喷射式释放，工艺采用的高压有可能使距离泄漏点很远的人员接触到液体。

g. 高于环境压力的 SO_2 的意外释放会形成高毒性的喷射释放，其处理可以借鉴利用 H_2S 制造硫元素的工厂。

h. 氚渗透进入第三循环后可以与含工艺化学品的氢发生反应，通过同位素交换反应形成氚化合物，例如 $HTSO_4$ 和 TI。

9.5.4 核热辅助的高温蒸汽电解工艺的安全问题

高温蒸汽电解过程在利用核热时可能产生的安全问题相对简单，主要是因为最终产物是可燃性的氢和助燃的纯氧，两者混合可能会发生爆炸。具体情况包括：如果生产地点相互很接近，无意中让二者混合（例如由于管道破裂或冷却水系统失效）；部件、零件腐蚀等原因造成 H_2 与 O_2 释放并混合；在管道中由于运行温度提高腐蚀加剧，引起混合等。气态 HT 可能随氢气产品一起从系统流出，剩余的液体 HTO 会在循环中积累并随污水排出。引发事件的典型的原因是腐蚀、偶然性的断电而部件未能及时关断或人为错误造成的部件失效。

此外，其他核能制氢工艺中提及的由氢气和氧气的存储、输送，利用中间热交换器导出核热引起的安全问题在高温电解工艺中也同样存在。

9.6 核能制氢厂非核设计的对策研究

9.6.1 核能制氢厂非核设计的原因

核能制氢具有高效、无排放、可实现大规模制氢等优点。从该技术对应用场景适应性、经济性、安全性及监管等要求考虑，制氢厂必须作为非核设施设计、运行和管理。首先，非核设计的制氢厂可以由氢的大规模用户如石油精炼企业、气体公司、钢铁联合企业等运营管理，打开通向非核工业的大门。其次，作为非核设计的制氢厂可以遵从已有大量应用的化工厂的各种规范，不需要作为核设施监管，降低监管要求。最后，从经济性考虑，制氢厂非核设计可以显著降低投资和运维成本，降低氢气成本。图 9-39 比较了部分材料在制氢厂作为核设施和非核设施设计时的价格，可以看到采用非核设计时大部分材料的价格显著降低[37]。

另外，如前所述，大多数化工厂的安全策略与核电站的安全策略有根本区别。对于化工厂来说，对许多风险如氢泄漏的处理方法是让其尽快扩散，使其浓度低于氢在空气中发生爆炸的浓度范围。虽然在密闭的空间内少量氢就有爆炸的危险，但是当有大量氢在室外释放的时候，危害反而较小。正因为如此，大部分化工厂都建在室外，在事故条件下可以迅速用空气稀释化学品。另外，从安全出发，考虑化工厂内必须控制化学品的存量，对工厂进行合理的布局，在工艺设施和储存设施之间保持一定距离，以防止小事故变成大事故。而核电站的安全策略却相反，安全目标是包容放射性核素，使之不发生扩散，因为稀释并不能消除其危

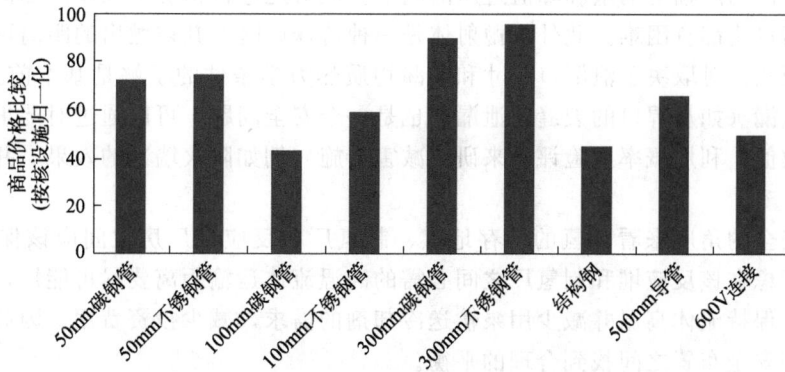

图 9-39　作为核设施和非核设施设计的部分材料的价格比较（按核设施归一化）

害。因为这些安全策略和目标方面的差异，如果不将化工厂作为非核设施设计，将给监管带来极大的难度，也带来较多的安全隐患。

对核能制氢系统的安全已经进行了很多研究，美国 NRC 对与核设施耦合的制氢厂的安全相关现象进行了确认[38]，日本 JAEA 提出不按照核电站法规而按照工业法规（即高压气体安全法案）建设核能制氢厂的设计原则。

要使利用高温气冷堆的核能制氢厂作为非核设施设计，需要满足以下基本标准：

a. 保证核设施的基本安全目标不发生改变。即在可靠性与传统化工厂相同的条件下，制氢厂发生假想事件时，核设施的安全也可以得到确保。

b. 使制氢厂产物中氚浓度低于国家相应法规的规定限值，从而保证制氢厂中无放射性。

c. 在核设施中，与安全相关的结构、系统和组件（SSC）具有执行预防事故或减轻事故后果的功能，制氢厂无须执行以上功能。

在不采取任何应对措施的情况下，核能制氢厂可执行以下安全功能：在正常操作条件下实现二级氦回路的冷却，维持主氦回路和二级氦回路间的系统压力边界，保存放射性材料。要满足前两条要求，需要在温度和压力波动条件下能维持核设施的正常操作；后者则需要将制氢厂中氚的浓度减小到可允许的水平。

对于和核设施同址建设的工业设施，具有如下安全要求：在制氢厂划归为非核设施条件下，可燃气体和有害化学物质的泄漏被视作外部人因事件。而应对外部人因事件的安全需求均已包含在了已有核设施的安全设计中。如在日本关于核能厂的新管制要求（NRA）中提出，"对于核设施设计中应对外部人因事件的共同技术需求：具有安全功能的 SSC 需要被合适的、能够应对假想的偶然外部人因事件的方式保护"，以及"在核仪表和控制系统中的独立系统如控制室的设计需要能够应对火灾，使得现场人员可以进入或停留其中，在事故状态下进行必要的操作"。因此，要求确保 SSC 功能的正常，防止和减轻事故后果，维持控制室的可居住性。

9.6.2　安全隔离距离选择及各国法规要求与实践

对核实施与工业设施的安全距离或相隔距离有很多规定，主要取决于所在国家相关文件的规定[39]。按照一般理解，安全距离是要求与可能的危害源之间的最小距离，如可燃性气体的泄漏点和要进行保护免受外部影响的敏感目标之间的距离。相隔距离一般与使用或保存的氢的量有关，可表达为氢数量的函数（数量-距离关系）。可以基于可信事件和物理量规定标准来确定，例如热辐射剂量和峰值过压的阈值。但对此进行精确定义以及如何选择适当方法把相隔距离量化都有困难。此外，抛射体是一种特殊风险，其被抛出的距离可能会远于冲击波的安全距离。对取决于泄漏口尺寸和泄漏物质热力学条件的了解是基本前提，小规模、很难定量的泄漏（如从焊口的裂缝的泄漏）也是一个安全问题，可以通过对严重事故条件的设想来确定数值，利用概率风险评价来研究减害措施（例如防火墙）的效果，并对危害进行适当的量化。

从保证安全的角度来看，氢的储存地点、制氢厂和反应堆厂房之间应该保持一定的距离，但还要考虑在核反应堆和制氢厂之间必需的高温流体运输距离要尽可能短，以降低温度和热量损失；保持流体高温并减少用泵输送冷却剂的需求，减少投资费用。因此，需要在经济效益分析和安全布置之间找到合理的平衡。

安全距离导则常常被简化处理，但是不能用于建筑物的限制和拥堵可能会加速火焰的情况，也不能用于非计量泄漏，即焊口裂缝处的泄漏。

曾进行了液氢汽化和在液氢池上方氢气-空气蒸汽云的点火研究[40]，之后提出了氢的质量与安全距离的关系建议，如图 9-40 所示。图中的阶梯函数基于液氢储罐释放总量为 45t（即 640m³）并点火的假设，实线表示估算的距离。热辐射量达到约 84kJ/m² 预期会形成燃烧和可燃物质点火。并比较了空气中湿度不同时的情况，最严重的是蒸汽含量为零的情况。

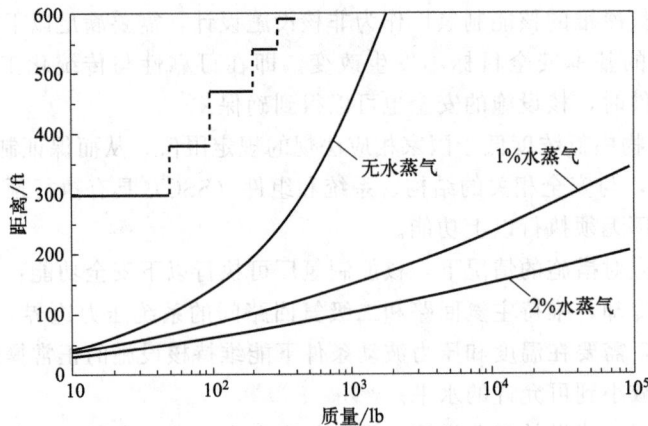

图 9-40　液氢质量与安全距离的关系

对于泄漏造成的安全分析，需要了解泄漏口大小和泄漏物质的热力学条件；对于非定量泄漏，如从焊口裂口的泄漏，因情形差异导致准确分析困难。此外，还与试验区和储存区的条件有关。美国对氢、LNG 和汽油的工业储存标准见图 9-41[41]。

按照美国相关要求，氢和液氢储存设施的设计和运行要遵从职业安全和健康管理局的规定。对于数量大于 425m³（标）的气态氢，提出设施和人或物品之间的最小安全距离为 15.3m（50ft）。对于数量大于 2.27m³ 的液氢，相应最小距离为 23m[42]。图 9-42 给出了不同组织和国家对液氢储存系统与人居建筑间最小安全距离的比较[43]。

根据如下的质量-距离公式计算 NPP 与爆炸物质运输或处理的地点之间的安全距离：

$$R = kM^{1/3}$$

式中，R 为安全距离，m；M 为可燃物质数量，kg；k 为修正因子，根据建筑类型和可燃性物质的类型进行确定。按照德国的建议，对于工作楼，$k = 2.5 \sim 8$，而对于居民楼，$k = 22$；无损则为 200。如果有保护措施，如有防护墙或地面覆盖，可通过衰减参数来进行修正。

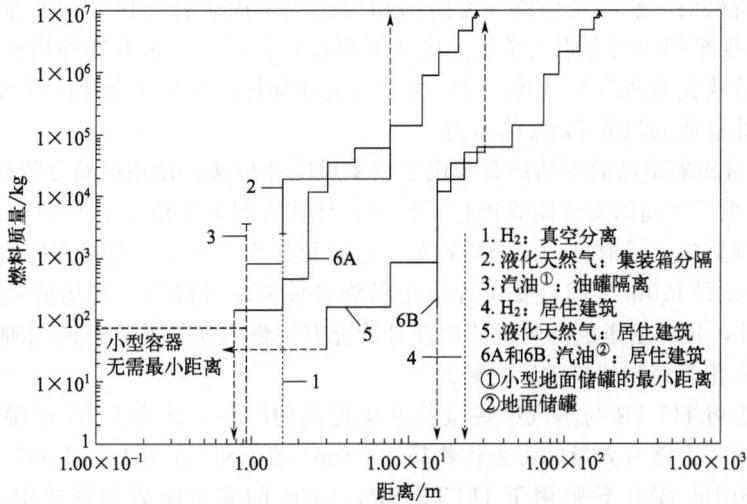

图 9-41　美国对氢、LNG 和汽油的工业储存标准

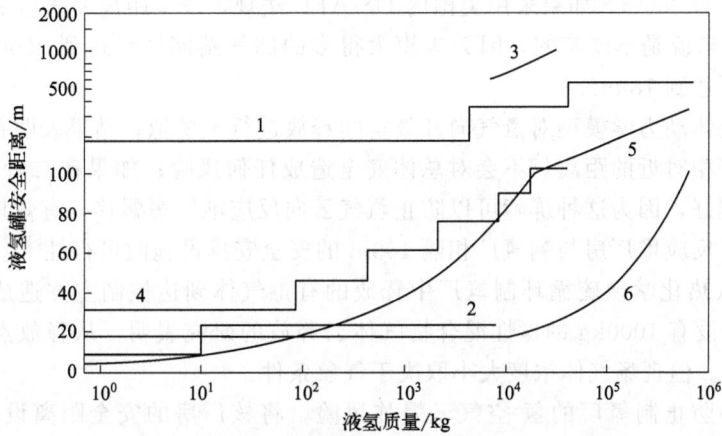

图 9-42　安全距离（请注意纵坐标数值的变化）[43]

（曲线 1、3、4 为美国，2 和 6 为日本，5 为德国）

图 9-43 给出了德国 BMI 导则和美国 US-NRC 导则中质量与最小安全距离的关系。德国提出的安全距离至少为 100m，相关规定适用于核电厂附近处理的爆炸性物质，例如生产

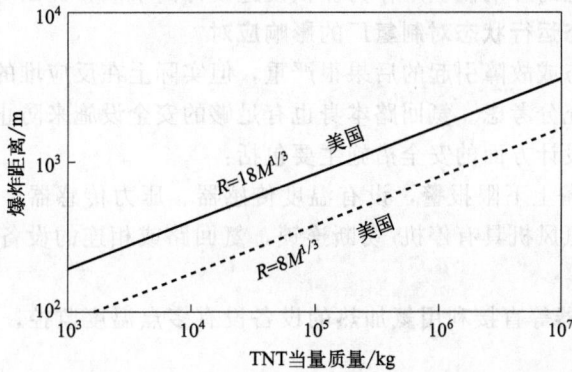

图 9-43　德国 BMI 导则和美国 US-NRC 导则中质量与最小安全距离的关系

厂、水路和运货码头、铁路及公路。美国的相应法规采用了更加保守的安全距离（k 值用 18 而非 8）。如果采用的安全距离满足上述计算要求，就不需要采取额外措施，否则需要利用概率风险评价法证明风险足够低。对结构、系统和部件的安全和设计进行判断的重要依据是能抵抗由爆炸造成的最低 7kPa 的压力。

美国 INL 对相隔距离的评估研究采用了概率风险评价法，使用风险分析模型 SAPHIRE 对 NGNP 和制氢厂之间的安全距离进行了评价，计算表明如果距离小于 110m，就需要考虑法规要求的管理措施。采取被动的障碍物如土墙就可以大大减小堆芯损伤的概率。对安全距离的建议是 60m 到 120m 之间，要设置防止爆炸事件的缓冲障碍。现场的氢的质量要限制在 100kg。另外，建议输送氢的管线使用在外管充有惰性气体（氮气）的同轴管，核电厂控制室的选址应在化学释放的扩散区之外。

日本在考虑将 HTTR 与蒸汽甲烷重整系统连接的时候，认为 LNG 储罐对核反应堆有最大风险，因为其中储有大量的可燃性物质。400m^3 的 LNG 即为 169t LNG，其 TNT 当量为 1859t。将德国的 BMI 导则用于 HTTR-SR，LNG 的安全距离关系式中的 k 因子应为 3.7m/kg$^{1/3}$，计算得到的安全距离要求为 205m。实际规划确定的反应堆建筑与 LNG 储罐之间的距离至少为 300m。如果采用美国的 US-AEC 法规，安全距离要长达 2.2km。这对于 HTTR-SR 系统来说是不现实的，因为规模大得多的储气站储气量达到 200000m^3，按此计算的安全距离要达到 18km。

使用计算流体动力学模型对氢气向开放空间释放进行了模拟，结果表明在反应堆厂房与制氢厂之间保持相对近的距离，不会对总体安全造成任何风险；如果在二者之间设置障碍，防护效果会特别好，因为这种屏障可以防止氢气云向反应堆厂房飘移，有效地使之向大气扩散。已评价了将反应堆厂房与制氢厂相隔 100m 的安全安排设施的可行性[1]。

对于可能从热化学碘硫循环制氢厂中释放的有毒气体到达控制室并造成人员中毒的事件，JAEA 对假设有 1000kg 的毒性混合物气体云释放的研究表明，从释放点到控制室的距离为 227m 即可。但现场气体浓度大小取决于气象条件。

法国建议为防止制氢厂的氢-空气云爆炸风险，将核厂房的安全距离设定为 500m[44]。假设的释放量为 1500kg 氢，转换为 k 因子大约为 44，与德国（$k=8$）和美国（$k=18$）相比，这是非常保守的。对非均匀的和垂直延伸的氢蒸汽云的 TNT 当量的假设也是非常保守的。

9.6.3 核能制氢厂非核设计的应对策略

针对上述分析假想的影响制氢厂作为非核设施设计的事故，提出应对策略，讨论如下。

(1) 反应堆非稳态运行状态对制氢厂的影响应对

虽然反应堆非稳态或故障引起的后果很严重，但实际上在反应堆的安全设计中这些故障及其应对措施都已被充分考虑。氦回路本身也有足够的安全设施来防止氦供热回路的关键参数出现正偏差。现有设计方面的安全措施主要包括：

a. 氦回路流量具备上下限报警，设有温度传感器、压力传感器；设定压力上限报警并与物料输送泵连锁；氦风机具有停机/切断连锁，氦回路或相连的设备上设有爆破片及缓冲罐等。

b. 蒸发器、反应器等直接利用氦加热的设备设有多点温度监控，并反馈给与氦回路相连的控制系统。

c. 在必要条件下设置备用或应急氦风机，同时蒸发器配置压力控制阀。

反应堆操作引起的参数波动或应对措施与目前用于发电的要求并无二致，在反应堆的安全审查中也已有足够的考虑。

反应堆或中间换热回路的非稳态运行引起的参数负偏差会对制氢厂操作产生影响，但温度、压力和流量的负偏差导致的主要结果是供热不足或供热氦气参数较低，会引起制氢系统工艺参数变化，如各个设备的温度降低、产氢率低于设计值、物料组成变化等，不会引起安全方面的后果。可采取的监测和条件措施与参数正偏差基本相同，可保证在参数发生偏差时及时监测并反馈、调节，使之正常。

（2）制氢厂非稳态运行状态对反应堆的影响应对

总体来说，制氢厂非稳态操作或事故状态下参数变化主要引起热平衡破坏，即对热量的需求不稳定。较多的情况可能是制氢厂无法吸收中间换热器回路的热量，需要采取其他措施移出多余的热。出于安全性和提高热效率的考虑，氢、电、热联产联供可能是更合理的方案，既可以按照需求调整不同产品的产额，又可以在非稳态操作条件下调配热的需求，并提高热效率。

在制氢厂划归为非核设施的条件下，可燃气体和有害化学物质的泄漏被视作反应堆设计的外部人因事件。而应对外部人因事件的安全需求均已包含在了已有的核设施的安全设计中，法规要求对具有安全功能的结构、系统、控制设施等进行保护，以能够应对设想的偶然外部人因事件。同时，还要求在核仪表和控制系统中具有独立系统，使得现场人员可以进入或停留其中，在事故状态下进行必要的操作。因此，不再对这一类外部人因事故的应对措施进行详细讨论，视为现有对反应堆的设计标准或应对措施可涵盖所有情况。在具体项目设计时，制氢厂和反应堆设计人员应对这些事故和措施进行对照检查。

作为参考，给出 JAEA 提出的应对温度、压力参数波动的设计方案：

a. 在外部事件引起温度升高的情况下，在压缩机出口引入低温氦气使温度增加值不超过 3℃，通过安装控制阀以维持反应堆的连续操作。

b. 控制二回路氦气流速使得在 2000s 内功率输出可以降低，发电波动减小到 3% 以内。

c. 监测二回路气体流速，确保维持主回路压力高于二回路。

d. 在反应堆与制氢厂的两个回路之间增加隔离阀，作为二者的物理边界，防止冷却剂将放射性释放到化学系统中，也防止可燃性气体进入核建筑物的屏障内。隔离阀按照能耐 900℃ 以上的高温设计。

（3）氢气泄漏与爆炸对反应堆的影响应对

对于核能制氢系统来说，设计的制氢厂一般生产规模大，会存储较大量的氢气；氢-空气云的火灾和爆炸是氢释放造成的最重大的事故，前面已分析模拟了在不同条件下氢气扩散、爆炸的风险，并初步评估了其风险。如果隔离适当距离，氢从制氢设施的释放就不会对反应堆造成重大危害，因为氢气在发生释放时会迅速上升并扩散，很难形成大爆炸的条件。另外，氢的燃烧不会产生能够损坏附近设备的强热流。化学工业对氢事故有丰厚的知识基础，可根据实际情况对危害进行量化并采取相应措施，这方面已有大量的实验基础。

一般来说，应对氢气扩散对反应堆影响的措施主要有：

a. 根据工业厂房安全设计的法规的要求，应该配置泄漏探测器和隔断阀门，以尽可能快地进行氢泄漏探测并阻止其泄漏。

b. 保持反应堆与制氢厂中产氢设备、氢气储罐间足够的安全距离，以排除二次失效的发生。要保护的建筑应距离氢生产/储存设施足够远，使喷射的火焰不能伤害任何与核安全有关的系统。具体的安全距离取决于制氢规模和厂址条件等因素。

（4）有害化学物质的影响应对

在利用热化学循环工艺制氢的情况下，对于各种化学品的危害和如何使这些危害最小化，化学工业有丰厚的知识基础和详细的管理法规，为反应堆与化工厂耦合时保证反应堆安全所要求的条件提供了详尽的信息；在一些利用核电站生产蒸汽进行工业利用的国家，也有一定的经验。化工厂的特点、所提出的厂区布置和化学品的最大存量，都可以作为进行评价的出发点。

有害化学物质的泄漏和应对措施可参考常规的类似化工厂的应对措施。其控制方式包括源头控制、沿有害化学物质移动路线进行控制、在工作人员所在处和工作场所进行控制等。最理想的措施就是源头控制，使产生的腐蚀性物质和有害物质最少；将泄漏的腐蚀性气体和毒性气体限制在制氢厂内或者引向其他区域，防止其进入核区。

当核反应堆与常规设计的制氢厂耦合时，需要确定反应堆建筑控制室和制氢厂之间适当的相隔距离，以及防止可燃性气体与毒性气体的泄漏，并通过提出符合法规要求的安全要求和适当的设计，保证核能制氢系统的安全运行。

为了保证在所有运行状态下的安全运行，将对反应堆的控制室进行保护，以防止受到基于碘硫热化学循环的制氢系统中有毒气体 SO_2、SO_3、H_2SO_4 和 HI 可能释放的影响。为了使控制室保持在安全状态或恢复安全状态，应该采取适当措施将其中的有毒气体浓度降低到低于可接受水平。当有毒气体浓度超过规定水平时，就要关闭通风系统，以将控制室与外部空气隔离开，同时运行控制室的再循环空气过滤系统，使有毒气体的浓度降低到低于可接受的限值。

（5）产物中氚的浓度的影响应对

产物中氚的浓度低于法规要求是未来核能制氢厂产品的重要标准之一，也是制氢厂作为非核设施设计的重要条件之一。根据对氚的产生、扩散、去除等进行的分析总结，提出应对措施如下：

a. 参考有关国家标准、规范、准则等，如民用天然气中允许的放射性浓度、空气中允许的氚可吸入浓度等，制定合理的氢气中可允许氚浓度标准。

b. 目前高温气冷堆中已有的气体净化系统可以把氦冷却剂中的大部分氚有效除去；通过纯化系统的冗余设计，以及在二级氦回路中的纯化系统，使产物中氚的含量满足有关要求。

c. 要准确计算氚从反应堆产生到氢气产物中的扩散过程、氚的分布和产物中氚浓度，仍有大量研发工作需要开展，包括确定可接受的氚浓度限值、关键工程材料的氚渗透性、氚释放速率、同位素交换反应常数、氚与石墨间化学吸附机理与平衡行为、氚净化方法、氚浓度测定方法等。

以上研究表明，和高温气冷堆相连的热化学循环制氢厂作为非核设施设计不仅是必要的，也是可能的。

参 考 文 献

[1] Verfondern K，Yan X，Nishihara T，et al. Safety concept of nuclear cogeneration of hydrogen and electricity [J]. International Journal of Hydrogen Energy，2017，42（11）：7551-7559.

[2] Demick L E. HTGR industrial application functional and operational requirements [R]. United States，2010.

[3] Hittner D，De Groot S，Griffay G，et al. A new impetus for developing industrial process heat applications of HTR in europe [C]. Proceedings of the Fourth International Topical Meeting on High Temperature Reactor Technology，2008.

［4］ Konishi T, Kononov S, Kupitz J, et al. Market potential for non-electric applications of nuclear energy ［J］. American Nuclear Society Ans La Grange Park, 2002.

［5］ Hittner D, Bogusch E, Fütterer M, et al. High and very high temperature reactor research for multipurpose energy applications ［J］. Nuclear Engineering and Design, 2011, 241 (9)：3490-3504.

［6］ Verfondern K. Hydrogen production using nuclear energy ［M］. Vienna：International Atomic Energy Agency, 2013.

［7］ Schulten R, Kugeler K, Phlippen P-W. Zur technischen Gestaltung von passiv sicheren Hochtemperaturreaktoren ［R］. Jülich：Forschungszentrum Jülich GmbH Zentralbibliothek, Verlag, 1990.

［8］ Yan X L, Hino R. Nuclear hydrogen production handbook ［M］. Boca Raton, FL：Taylor&Francis, 2011.

［9］ Wang Z, Secnik E, Naterer G F. Safety and risk management in nuclear-based hydrogen production with thermal water splitting ［C］//International Conference on Hydrogen Safety 2013：Institution of Gas Engineers and Managers (IGEM), 2013

［10］ Ohashi K, Nishihara T, Kunitomi K. Fundamental philosophy on the safety design of the HTTR-IS hydrogen production system ［J］. Atomic Energy Society of Japan, 2007, 6：46-57.

［11］ Kunitomi K, Yan X L, Nishihara T, et al. Jaea's vhtr for hydrogen and electricity cogeneration：Gthtr300C ［J］. Nuclear Engineering and Technology, 2007, 39：9-20.

［12］ Sato H, Ohashi H, Tazawa Y, et al. Safety evaluation of the HTTR-IS nuclear hydrogen production system ［J］. Journal of Engineering for Gas Turbines and Power, 2010, 133 (2)：022092.

［13］ Sato H, Ohashi H, Nakagawa S, et al. Safety design consideration for HTGR coupling with hydrogen production plant ［J］. Progress in Nuclear Energy, 2015, 82：46-52.

［14］ Ni H, Qu X H, Peng W, et al. Study of two innovative hydrogen and electricity co-production systems based on very-high-temperature gas-cooled reactors ［J］. Energy, 2023, 273：127206.

［15］ Gao Q X, Wang L J, Peng W, et al. Safety analysis of leakage in a nuclear hydrogen production system ［J］. International Journal of Hydrogen Energy, 2022, 47 (7)：4916-4931.

［16］ Singh Y. Safety aspects of HTR-Module for process heat under considerations of burnable gases ［J］. Proc. Soviet/German Seminar on Extraction and Utilization of High Temperature Heat from HTR, Research Center Jülich, 1990：265-278.

［17］ Kumar R K, Koroll G W, Heitsch M, et al. Carbon monoxide-hydrogen combustion characteristics in severe accident containment conditions ［R］. Paris：NEA, 2000.

［18］ Inagaki Y, Ohashi H, Inaba Y, et al. Research and development on system integration technology for connection of hydrogen production system to an HTGR ［J］. Nuclear Technology, 2007, 157 (2)：111-119.

［19］ IAEA (Coporate Author), IAEA (Corporate Editor). Advances in nuclear power process heat applications ［M］. International Atomic Energy Agency, 2012.

［20］ Sato H, Ohashi H, Nakagawa S, et al. Safety design consideration for HTGR coupling with hydrogen production plant ［J］. Progress in Nuclear Energy, 2015, 82：46-52.

［21］ Buchkremer H P, Cordewiner H J, Diehl W, et al. Überblick über die neueren Arbeiten auf dem Gebiet des Wasserstoff-und Tritiumverhaltens in Hochtemperaturreaktoren ［R］. Jülich：Kernforschungsanlage Jülich, Verlag, 1978.

［22］ Gainey B W. Review of tritium behavior in HTGR systems ［R］. United States, 1976.

［23］ Steinwarz W, Röhrig H D, Nieder R. Tritium behaviour in an HTR-system based on AVR-experience ［C］// Specialists meeting on coolant chemistry, plate-out and decontamination in gas-cooled reactors：International Atomic Energy Agency (IAEA), 1981

［24］ Takeda T, Inagaki Y, Ogawa M, et al. Study on tritium/hydrogen permeation in the HTTR hydrogen production system ［M］. Japan：Japan Society of Mechanical Engineers, Tokyo (Japan), 1999.

［25］ Sakaba N, Matsuzawa T, Hirayama Y, et al. Evaluation of permeated hydrogen through heat transfer pipes of the intermediate heat exchanger during the initial 950℃ operation of the HTTR ［C］//Proc. Int. Congress on Advances in Nuclear Power Plants ICAPP. 2005, 5.

［26］ Sakaba N. Helium chemistry in high-temperature gas-cooled reactors ［J］. Chemistry control for avoiding Hastelloy XR corrosion in the HTTR-IS system, 2005.

［27］ Richards M. Utilization of the JAEA HTTR to support the NGNP project ［R］. Meeting on High Temperature Reactor

Technology HTR2010, Prague, 2010.

[28] Ohashi H, Sakaba N, Nishihara T, et al. Analysis of tritium behavior in very high temperature gas-cooled reactor coupled with thermochemical iodine-sulfur process for hydrogen production [J]. Journal of Nuclear Science and Technology, 2008, 45 (11): 1215-1227.

[29] Ohashi H, Sherman S R. Tritium movement and accumulation in the NGNP system interface and hydrogen plant [J]. Nuclear Technology, 2007.

[30] Liu X, Peng W, Xie F, et al. Summary of tritium source term study in 10 MW high temperature gas-cooled test reactor [J]. Fusion Science and Technology, 2020, 76 (4): 513-525.

[31] Xu Y, Li H, Xie F, et al. Source term analysis of tritium in HTR-10 [J]. Fusion Science and Technology, 2017, 71 (4): 671-678.

[32] Xie F, Cao J Z, Feng X G, et al. Experimental research on the radioactive dust in the primary loop of HTR-10 [J]. Nuclear Engineering and Design, 2017, 324: 372-378.

[33] 叶萍, 杨小勇. 高温气冷堆闭式布雷顿间接循环中氚的来源及其影响 [J]. 原子能科学技术, 2009, 43 (S2): 367-370.

[34] Xie F, Cao J Z, Feng X G, et al. Study of tritium in the primary loop of HTR-10: Experiment and theoretical calculations [J]. Progress in Nuclear Energy, 2018, 105: 99-105.

[35] Cao J Z, Zhang L G, Xie F, et al. Source term study on tritium in HTR-PM: Theoretical calculations and experimental design [J]. Science and Technology of Nuclear Installations, 2017, 3586723.

[36] Genehmigungen Z, Abschnitt F. Verordnung über den Schutz vor Schäden durch ionisierende Strahlen [R], Bonn, 1989.

[37] The Economic Modeling Working Group of the Generation IV international Forum. Costestimating guidelines for generation IV nuclear energy systems, Rev. 3 [R]. November 30, 2006, GIF/EMWG/2006/003, www. gen-4. org.

[38] NRC U S. Evaluating the habitability of a nuclear power plant control room during a postulated hazardous chemical release [J]. Reg Guide, 2001, 1.

[39] Marangon A, Carcassi M, Engebø A, et al. Safety distances: Definition and values [J]. International Journal of Hydrogen Energy, 2007, 32 (13): 2192-2197.

[40] Zabetakis M G, Burgess D S. Research on the hazards associated with the production and handling of liquid hydrogen. Period covered: January 1958 to December 1959 [R]. United States, 1959.

[41] Raj P K. Clean air program: Use of hydrogen to power the advanced technology transit bus (ATTB): An assessment [R]. USA, 1997.

[42] Verfondern K. Hydrogen as energy carrier and its production by nuclear power [J]. Report, IAEATECDOC-108, Vienna, 1999.

[43] Verfondern K, Yan X, Nishihara T, et al. Safety concept of nuclear cogeneration of hydrogen and electricity [J]. International Journal of Hydrogen Energy, 2016, 42 (11): 7551-7559.

[44] Sochet. I, Viossat A L, Rouyer J L, et. al. Safe hydrogen generation by nuclear HTR [C] //ICAPP' 04: 2004 international congress on advances in nuclear power plants, 2004: 2338.

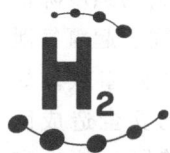

第10章
核能制氢系统中氢气的泄漏扩散

10.1　引言

在核能制氢系统的长期运行过程中，采用不锈钢打造的输氢管道会在吸收氢气后表现出脆性和易碎性，这种现象被称为氢脆，会对材料的强度和韧性造成严重影响，有可能导致材料的腐蚀和断裂，进而出现氢气的泄漏事故。高压储氢罐作为制氢化工厂的关键组件，承担储存氢气和运输供应等重要任务，但输氢管道与高压储氢罐的连接部分通常通过焊接完成，氢脆出现的可能性高。如果出现管道断裂，高压氢气将在短时间内迅速泄漏至大气环境中并随风扩散，由于氢气的易燃易爆性质和宽范围的爆炸极限，有可能对核电站造成安全风险。因此，针对核能制氢系统的氢气泄漏扩散规律开展研究具有重要意义。

核能制氢系统具有大规模持续制氢能力，氢气储量大且纯度高，一旦发生泄漏事故，可燃氢气在开放环境中的扩散距离可达上百米，如果叠加环境风速等因素的影响，扩散距离可达数百米。与以往研究的加氢站、设备车间、地下车库等小型场景的泄漏相比，核能制氢系统泄漏事故具有大空间尺度的突出特点。探究核能制氢系统泄漏扩散规律与机理，掌握氢气扩散浓度分布规律可以为评估事故风险后果和设计厂址布局提供理论指导。

10.2　反应堆与制氢厂的相互影响

核能制氢系统总体结构图如图 10-1 所示，主要由制氢化工厂、储气罐、核电站三部分组成。以高温气冷堆耦合热化学分解水制氢为例，核电站和制氢化工厂之间通过热量输送管道相连，由于运输过程中存在不可避免的热量损失，到达化工厂用于制氢的热量和介质温度相比核电站出口也会有所降低，为了达到制氢过程的温度标准，传输管道长度不能过长，即核电站与化工厂之间的距离不能过长。另外，制取的氢气短时间内无法全部投入工业消耗，从而需要利用化工厂内的高压储氢罐进行保存，虽然通常情况下氢气没有腐蚀性，但是在特定的压力和温度条件下，氢气分子可以扩散到钢铁和其他金属中，从而使得材料的强度降低和脆化，产生氢脆现象。氢脆可导致储氢罐、输气管道和阀门等装置失效，从而引起氢气泄漏。再加上氢气的特殊理化性质，氢气的泄漏容易造成燃烧、爆炸、爆轰等危险事故。如果核电站与制氢化工厂之间的距离过短，一旦发生泄漏事故，将对核电站的安全造成巨大风险。因此，核电站与制氢化工厂之间存在一个较佳的设计距离来同时兼顾经济性和安全性。

图 10-1　核能制氢系统总体结构示意图

10.3　氢气扩散

10.3.1　氢气泄漏扩散的原理

在氢气泄漏的研究中，气体泄漏口处的压力与外界环境压力通常存在一定差异，从而会根据两者的压力之比区分出三种流动状态：当上游压力较低时，气体在出口处已经充分膨胀，且流速低于当地声速，属于亚声速泄漏；当上游压力增大到临界压力时，气体在出口处刚好膨胀，且流速与当地声速相等，处于临界状态；当上游压力大于临界压力时，气体在出口处未达到充分膨胀状态，尽管出口处达到当地声速，但离开出口后的气流会进一步膨胀加速，达到超声速状态，这种射流类型常被称为高压欠膨胀射流。

对于亚声速泄漏射流而言，Froude 数通常被用来描述射流过程中惯性力与浮力的比例关系，Froude 数的定义式为[1]：

$$Fr = \frac{v}{\sqrt{gd_e(\rho_\infty - \rho)/\rho}} \tag{10-1}$$

式中，v 为泄漏口气体流速；g 为重力加速度；d_e 为泄漏口直径；ρ 为泄漏气体在泄漏口截面处的密度；ρ_∞ 为环境空气密度。

当 $Fr > 1000$ 时，流动的初始惯性力较强，初始动量主导泄漏。当 $1000 \geqslant Fr \geqslant 10$ 时，泄漏主要由初始动量和浮力决定。当 $Fr < 10$ 时，由于局部气体密度变化，泄漏主要受浮力影响。氢气泄漏射流形式如图 10-2 所示。

核能制氢系统中高压储氢罐的内部压力一般远高于大气压力，储罐内滞止压力为 p_0，外界大气压力为 p_∞，泄漏口截面位置压力为 p_e，可以根据以下关系式判断是否形成欠膨胀射流。

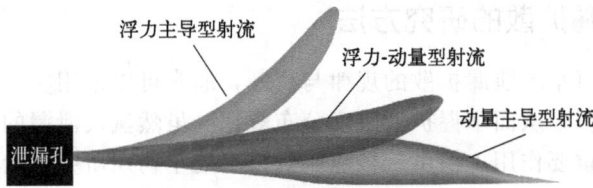

图 10-2　氢气泄漏射流形式

$$\eta_c = \left(\frac{2}{\gamma+1}\right)^{\frac{\gamma}{\gamma-1}} \tag{10-2}$$

$$\eta_0 = \frac{p_\infty}{p_0}, \eta_e = \frac{p_\infty}{p_e} \tag{10-3}$$

式中，η_c 是氢气的临界压比，γ 是氢气的绝热指数（一般取 1.4），进而可以计算出临界压比约为 0.528。若 η_0 低于临界压比，则可形成欠膨胀射流。另外，多数实验研究采用渐缩喷嘴模拟泄漏口，此时需保证 η_e 小于 $1^{[2]}$。

图 10-3 展示了高压欠膨胀射流的基本结构[3]。当高压气体通过泄漏口进入大气时，其最初以超声速和高于大气压的压力向前推进。在距离泄漏口的毫米量级范围内，存在一系列复杂的冲击波导致射流气体快速降压，直到其与大气压达到平衡。该平衡点所在位置被称为马赫盘，此时气体膨胀导致压力低于大气压，温度低于储氢罐内温度，流速与当地声速相当。受到泄漏口边界的普朗克-迈耶膨胀波群（Prandtl-Meyer Expansion Fan）影响，马赫数（Ma）直径会大于泄漏口直径，且直径大小与储氢罐内的压力相关。泄漏口与马赫盘之间的区域被划定为近场区，该区域范围较小且激波结构复杂。射流核心区内的马赫数远大于1，气体在核心区内的流动形式为等熵流动。包裹在核心区外围的混合边界层内部气体会发生剧烈的湍流流动，大部分射流气体浓度的稀释都依赖于其与空气之间的强烈卷吸。

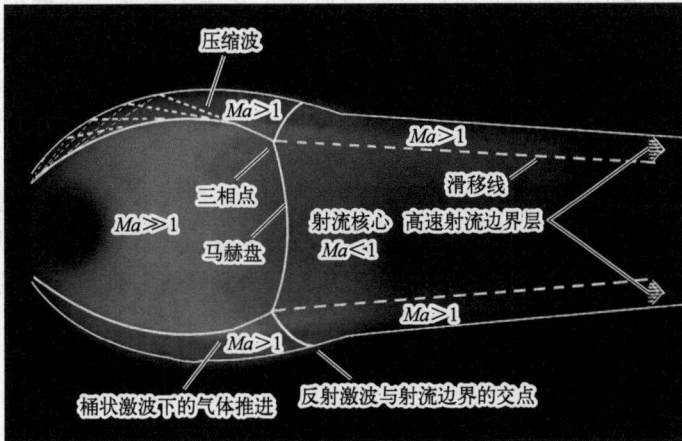

图 10-3　高压欠膨胀射流结构示意图

通过马赫盘后的气体压力迅速升高且流速降至亚声速，混合边界层不断向内扩展直至占据射流主体，气体浓度稀释仍依赖于混合边界层的卷吸，气体掺混趋于均匀，该区域被称为过渡区。随后，气体逐渐实现完全膨胀和充分发展，气体的各项物理性质和射流结构与常压泄漏基本类似，该区域被称为远场区。由于激波区域相比扩散距离极短，在研究分析中仍重点关注下游的亚声速泄漏阶段。

10.3.2　氢气泄漏扩散的研究方法

为了探究核能制氢系统泄漏扩散的规律与机理，通常可以采用实验研究和数值模拟的方法分析氢气泄漏的过程，从而掌握扩散浓度分布规律。虽然氢气泄漏的研究在核能制氢系统的安全分析中发挥着重要作用，但由于核能制氢技术处于初期研究阶段，基于此背景下的研究较少，大多数研究集中在其他工业领域。例如，Li 等[4-6]对氢燃料电池船舶进行了瞬态泄漏扩散的计算，得到了不同工况下船舱内的氢气分布。Yu 等[7]计算了氢气在氢燃料电池汽车中泄漏的四种场景，分析了在环境风影响下的各个场景的风险状况。Vendra 等[8]对储存氢气的 ISO（国际标准化组织）集装箱的泄漏进行了研究，预测了初始压力上升节点和第一个峰值超压。Pitts 等[9]在两车位住宅车库内进行了氢气释放和点燃的实验，对火焰速度和超压等参数进行了监控。Bie 等[10]研究了不同通风条件下海底隧道内的氢气释放和可燃氢气云的大小。Han 等[11]研究了氢充电平台发生泄漏事故的安全性，并考虑了通风对降低风险的作用。Prabhakar 等[12]在圆柱形外壳内进行了氢气和氦气的释放模拟，发现两者计算结果基本一致。Nagase 等[13]提出了泄漏事故下高压管道内质量流量和压力分布的预测模型。Lee 等[14]评估了密封系统发生泄漏时的通风需求。

在氢气泄漏的研究中，实验研究由于具有一定的安全风险，因此数值模拟被许多学者采用。Rigas 等[15]利用 CFX 对储氢系统的泄漏进行了计算，发现液态氢的破坏大于高压气态氢。Schmidt 等[16]利用 Fluent 对氢气在建筑物间的扩散行为进行了模拟。Olvera 等[17]利用 STAR-CD 模拟了立方体建筑附近的氢气扩散。Choi 等[18]利用 STAR-CCM 研究了燃料电池车的泄漏，发现通风设备可以有效延缓氢气的积聚。Liang 等[19]利用 FLACS 对可再生加氢站储氢系统的泄漏进行模拟，计算了不同场景的伤害区域面积。Bauwens 等[20]利用 OpenFOAM 对大型设施内的氢气扩散进行了模拟，并对建模性能进行了验证研究。同时，Keenan 等[21]也利用该软件研究了高压氢气的射流行为。

综上所述，已开展的实验研究和数值模拟研究主要集中于氢气泄漏的小空间尺度的场景，例如加氢站、车库和燃料舱。氢气的泄漏扩散容易受到受限空间边界的制约。而对于核能制氢系统，其具有大规模制氢特性且储氢罐基本暴露在开放大空间中，发生氢气泄漏事故具有大空间尺度、大口径泄漏的无约束泄漏扩散问题特征，目前对该方面研究较少，同时缺乏此类事故下的安全性评估方法和安全性提升方案。

总体来说，开展大空间尺度的氢气泄漏实验来完全还原真实场景存在诸多困难，不仅还原成本很高，且存在众多安全性隐患，因此需要对实验结构进行模化缩比设计以及选择合适的实验工质来开展研究。另外，数值模拟是开展大空间氢气泄漏扩散研究的有效手段。本章主要介绍这两方面的研究成果。

10.4　氢气扩散机理实验研究

由于氢气自身存在一定的安全风险，需要选择一种稳定的替代品进行实验。氦气是已知气体中物理性质最接近氢气的气体，性质稳定且安全可靠。表 10-1 展示了氢气和氦气的主要物理特性，其中两者密度接近，可以有效还原泄漏扩散后期的浮力效应。在现有研究中，氦气也经常被用作替代工质来模拟氢气的行为。Swain 等[22]开展了氢气和氦气在相同工况下的实验和模拟，结果表明同一时刻的氢气和氦气泄漏行为非常相似，浓度大小非常接近。

Barley 和 Gawlik[23]在有限空间内开展氢气和氦气的泄漏实验，重点关注两者在浮力上的差别，结果表明扩散高度较小时，两者浓度几乎无差别，扩散高度接近空间顶部时，两者浓度差别不超过 0.2%。因此，采用氦气作为工质进行实验是比较理想的选择。

表 10-1　氢气和氦气的主要物理性质比较

气体种类	摩尔质量/(g/mol)	比热容/[kJ/(kg·K)]	绝热指数	密度/(kg/m³)
氢气	2.016	14.197	1.4	0.0899
氦气	4.003	5.193	1.6	0.1786

在工业实际事故中，氢气从储气罐破口处泄漏出来后，将在周围大空间中进行扩散。为了获得高压氢气突然释放到开放空间中的浓度分布规律，本研究设计了一套高压氦气释放系统，通过测量氦气扩散浓度分布规律来模拟高压氢气的泄放特征，如图 10-4 所示。该系统主要分为两个部分，分别是氦气释放模块和浓度检测模块。氦气释放模块的主要作用是将储气罐内 15MPa 的高压氦气通过减压阀降至合适压力，并以一定的流量释放到大气环境中，通过氦气浓度检测模块可以测量不同泄放流量的氦气在开放空间中的射流浓度分布规律。

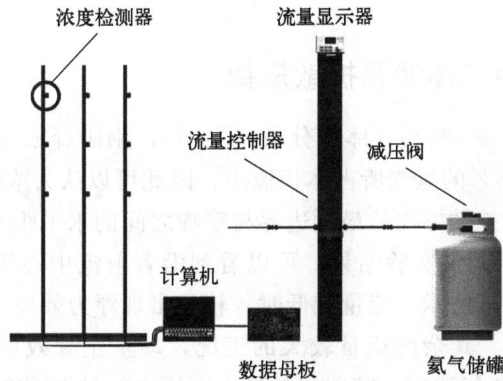

图 10-4　开放空间实验工况

在实际工程中，环境的风速是影响氢气泄漏的重要因素，因此在上述开放空间实验系统基础上，进一步在风洞中对气体泄漏进行研究，从而可以获得在稳定的环境风速下气体扩散浓度的变化规律，如图 10-5 所示。

上述第一类实验明确了无约束条件下的氦气扩散基本规律，第二类实验研究了存在风速

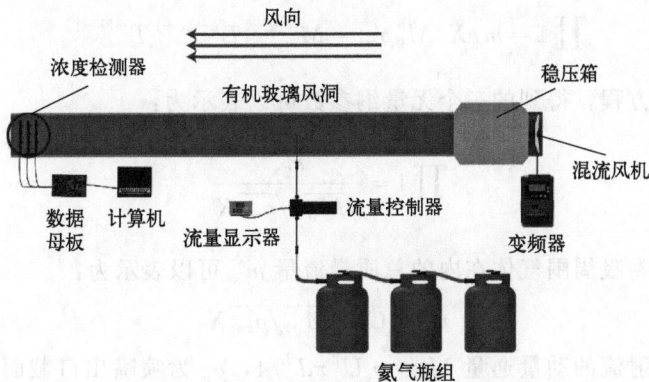

图 10-5　风洞内部泄漏实验平台

约束的条件下，氢气射流的扩散特点。基于前述两类实验结果和工程实际设计需求，本节结合障碍物抑制氢气扩散的思想，设计了不同类型的障碍物并开展无风和有风条件下的氢气浓度分布测量以探究障碍物对泄漏扩散的影响，如图 10-6 所示。

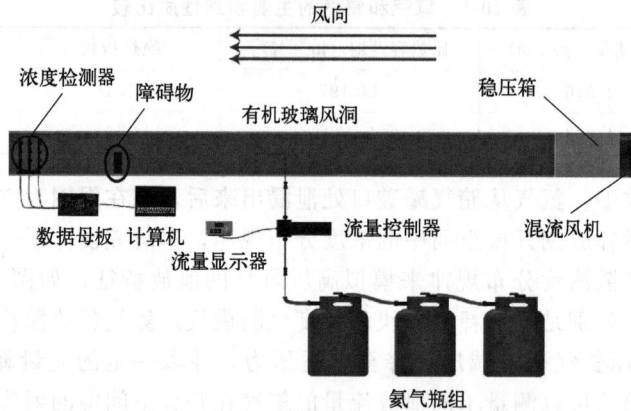

图 10-6　障碍物实验平台

10.4.1　开放空间中气体泄漏扩散规律

氢气的爆炸极限是 $4\%\sim75\%$（体积分数，下同），刚刚释放到环境中的氢气，其浓度衰减得极快，浓度高于 75% 的氢气所占体积极小，因此可以认为浓度大于 4% 的气体为可燃气体或可燃云团，其沿着扩散方向的最远边界与喷嘴之间的水平距离被认为是扩散距离。

图 10-7 展示了开放空间的实验结果。可以看到沿着射流中心线，氢气浓度呈现双曲线规律的递减，如图 10-7(a) 所示。流量较低时，较早出现浮力效应，因此氢气的轴向扩散在距离喷嘴 0.5m 左右结束。其余的流量较大的工况，动量主导效应明显增强，在距离喷嘴 1m 左右的位置仍可测得氢气浓度。随着流量的不断增大，扩散距离也增加。

在射流过程中包含四个主要物理参数，分别是总质量流量 m_x、与喷嘴的距离 X、喷嘴处射流的动量通量 M_0 和环境空气的密度 ρ_∞，涉及的变量总数为 4，基本维度数为 3（$M=[\text{kg}]$，$L=[\text{m}]$，$T=[\text{s}]$）。四个物理参数的维度可以表示为 $[m_x]=[M^1L^0T^{-1}]$，$[X]=[M^0L^1T^0]$，$[M_0]=[M^1L^1T^{-2}]$，$[\rho_\infty]=[M^1L^{-3}T^0]$，根据 Buckingham Ⅱ 定理，可以得到一个独立的无量纲量Ⅱ1，如下：

$$\prod 1 = m_x X^a M_0^b \rho_\infty^c = M^{b+c+1} L^{a-3c+1} T^{-2b-1} \tag{10-4}$$

通过求解指数方程，得到的一个无量纲参数可以表示为：

$$\prod 1 = \frac{m_x}{\sqrt{M_0}\sqrt{\rho_\infty}X} \tag{10-5}$$

进而包含射流卷吸周围气体在内的总质量流量 m_x 可以表示为：

$$m_x = C_1 \sqrt{M_0}\sqrt{\rho_\infty}X \tag{10-6}$$

式中，喷嘴处射流的动量通量 $M_0 = \rho_e U^2 \pi d_e^2/4$，$\rho_e$ 为喷嘴出口截面处的氢气密度，U 为喷嘴截面处的流速；C_1 被定义为浓度衰减率，进而氢气质量分数的倒数可以表示为：

$$\frac{1}{Y}=\frac{m_\mathrm{x}}{m_\mathrm{N}}=C_1\frac{X}{d_\mathrm{e}}\sqrt{\frac{\rho_\infty}{\rho_\mathrm{e}}} \tag{10-7}$$

式中，m_N 为射流中氦气的质量流量，为了体现气体种类对浓度衰减的影响，普遍以无量纲轴向距离 (X/D^*) 为横坐标，以射流气体的质量分数的倒数 $(1/Y)$ 为纵坐标进行分析。定义特征射流出口直径 D^* 如下：

$$D^*=d_\mathrm{e}\sqrt{\frac{\rho_\mathrm{e}}{\rho_\infty}} \tag{10-8}$$

图 10-7(b) 展示了质量分数随无量纲轴向距离的衰减规律。可以看到不同流量下的浓度测量数据基本可以归纳到一条直线上，通过对全部数据进行线性拟合，可以得到质量分数与空间位置、喷嘴直径、射流种类等参数之间的关系。关系式中的斜率被认为是浓度衰减率，在开放空间中测得的结果约为 0.177。

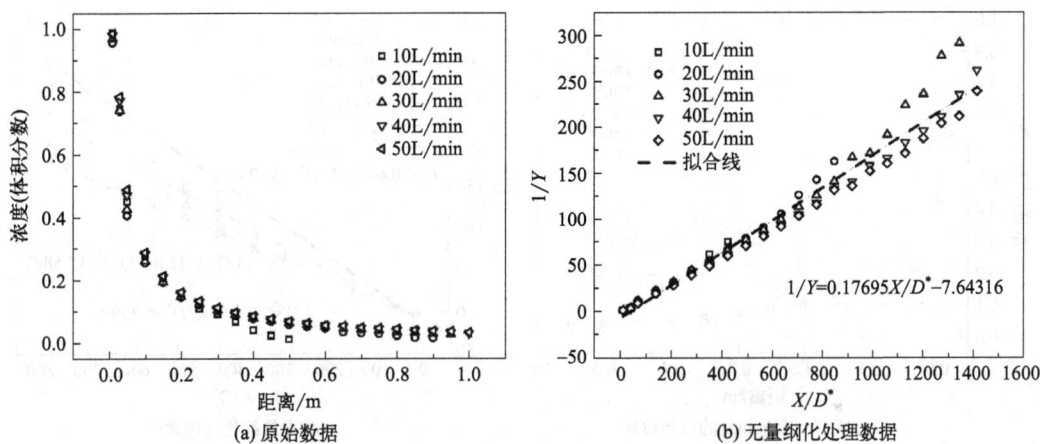

(a) 原始数据　　　　　　　　(b) 无量纲化处理数据

图 10-7　开放空间实验中射流中心线的浓度分布

10.4.2　风洞实验中气体泄漏扩散规律

图 10-8 展示了风速对氦气泄漏扩散的影响效果。由于风速的存在对氦气射流提供了动能补充，所以氦气在设计工况下基本保持动量主导，从而获得的测量数据主要集中于射流中心线上。在相同的流量下，随着风速的不断增大，射流中心线上的浓度衰减趋势与开放空间的结果类似，这说明风速对射流中心线方向上的浓度影响可以忽略。图 10-8(d) 对上述工况中由动量主导的数据进行处理，同样可以得到类似的线性关系。进一步对这些数据形成的上边界和下边界进行最小二乘法拟合，发现衰减率介于 0.239 和 0.403 之间，平均衰减率为 0.313。

10.4.3　风洞实验中设置障碍物时气体泄漏扩散规律

图 10-9 展示了在气体泄漏的下游区域设置障碍物的效果。对于立方体障碍物，迎风侧面积越大，浓度高于 4% 的范围越小。这是由于氦气在更大的障碍物遮挡作用下，射流动能的损耗增大，增加了浓度稀释的时间，从而有效降低了扩散距离。当迎风侧面积相同时，半圆柱面障碍物与立方体障碍物相比，氦气的分布范围更集中于高度方向，轴向扩散程度明显

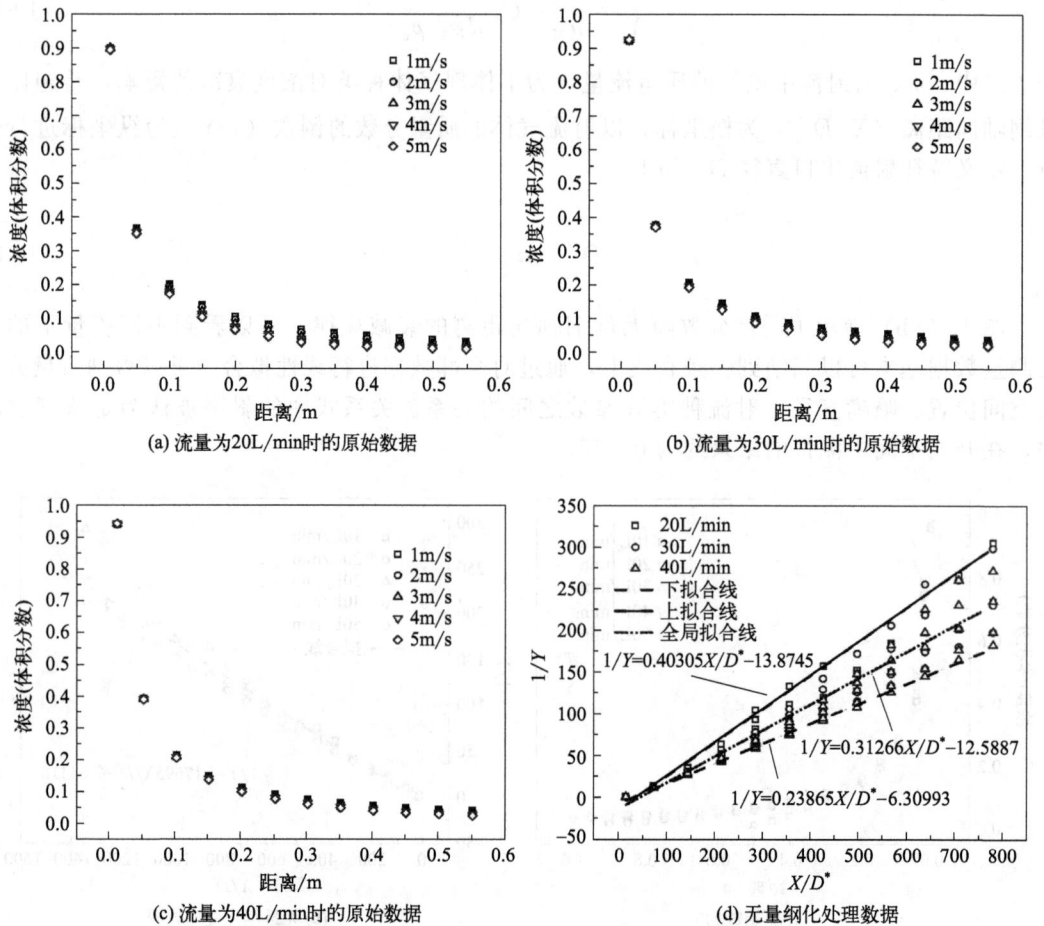

(a) 流量为20L/min时的原始数据

(b) 流量为30L/min时的原始数据

(c) 流量为40L/min时的原始数据

(d) 无量纲化处理数据

图10-8 风洞内部实验中射流中心线的浓度分布

降低，这是因为半圆柱面障碍物本身具备积聚氢气的特殊结构，高度方向上的扩散阻力更小，增加了高度方向上扩散的可能性。尽管在当前的工况下，半圆柱面障碍物与立方体障碍物的扩散距离相差不多，并没有体现出明显优势，但半圆柱面障碍物的加工用料明显更少，具有一定的成本优势。

气体泄放喷嘴与障碍物之间的距离同样对扩散距离有重要影响，如图10-10所示。无论是立方体障碍物还是半圆柱面障碍物，喷嘴与障碍物之间的距离增加都会明显导致扩散距离的增加。由于小型立方体障碍物的迎风侧面积小，遮挡作用不足，喷嘴与障碍物之间的距离为20cm和30cm时的扩散距离与喷嘴与障碍物之间的距离为10cm时相比至少增加了50cm。中型立方体障碍物具有更大的遮挡面积，氢气经过障碍物的分流稀释，在障碍物后方几乎检测不到浓度高于4%的氢气云团的存在，说明中型立方体障碍物足以满足提升安全性的需要。此外，还对比了迎风侧面积相同的半圆柱面障碍物与小型立方体障碍物的性能，在同样遮挡作用不足的情况下，半圆柱面障碍物能够将更多氢气积聚，喷嘴与障碍物之间的距离为20cm时的扩散距离与喷嘴与障碍物之间的距离为10cm时相比至少缩短了15cm，喷嘴与障碍物之间的距离为30cm时的扩散距离与喷嘴与障碍物之间的距离为10cm时差别不大，但氢气云团范围明显缩小。

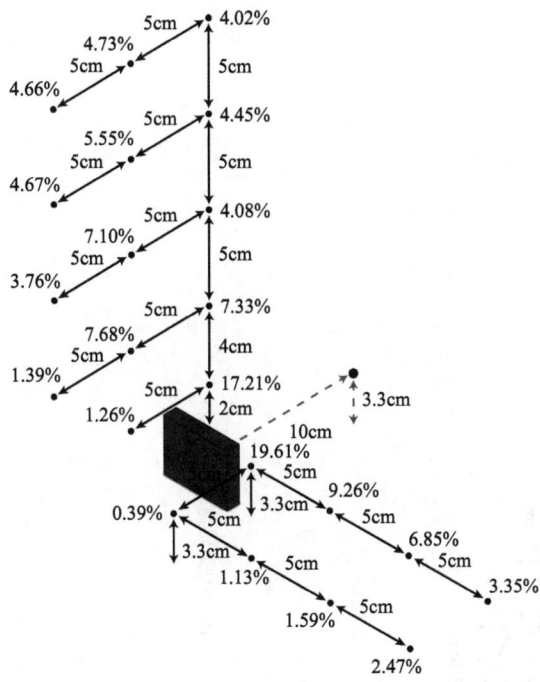

(a) 小型障碍物

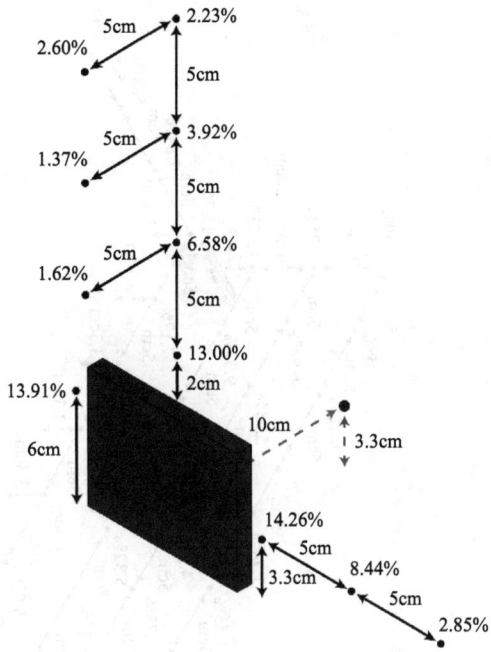

(b) 中型障碍物

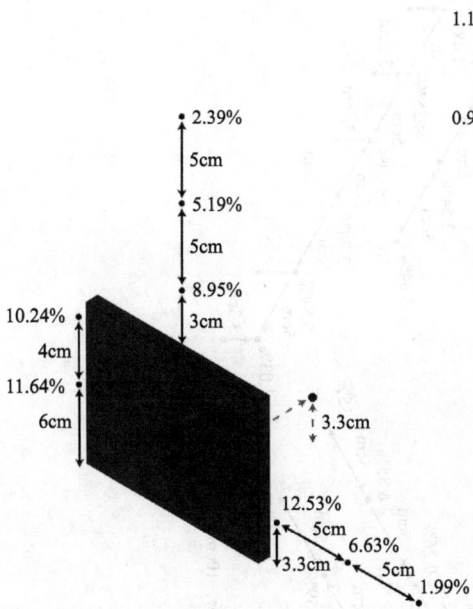

(c) 大型障碍物

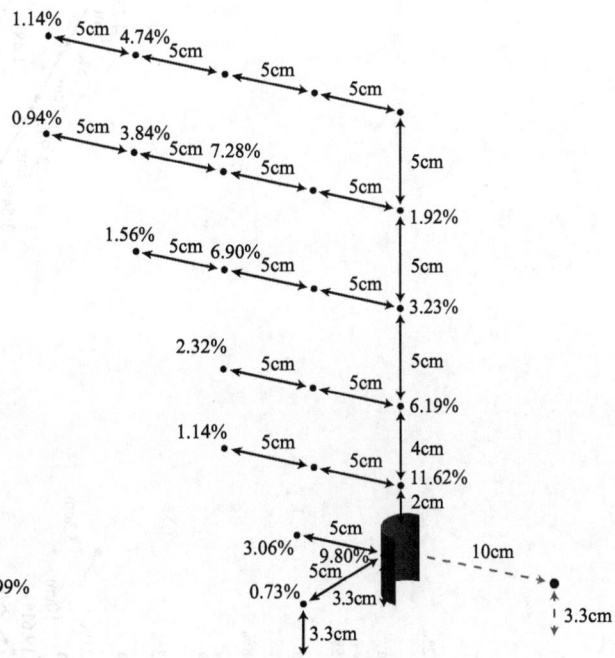

(d) 半圆柱面障碍物

图 10-9 障碍物类型的影响

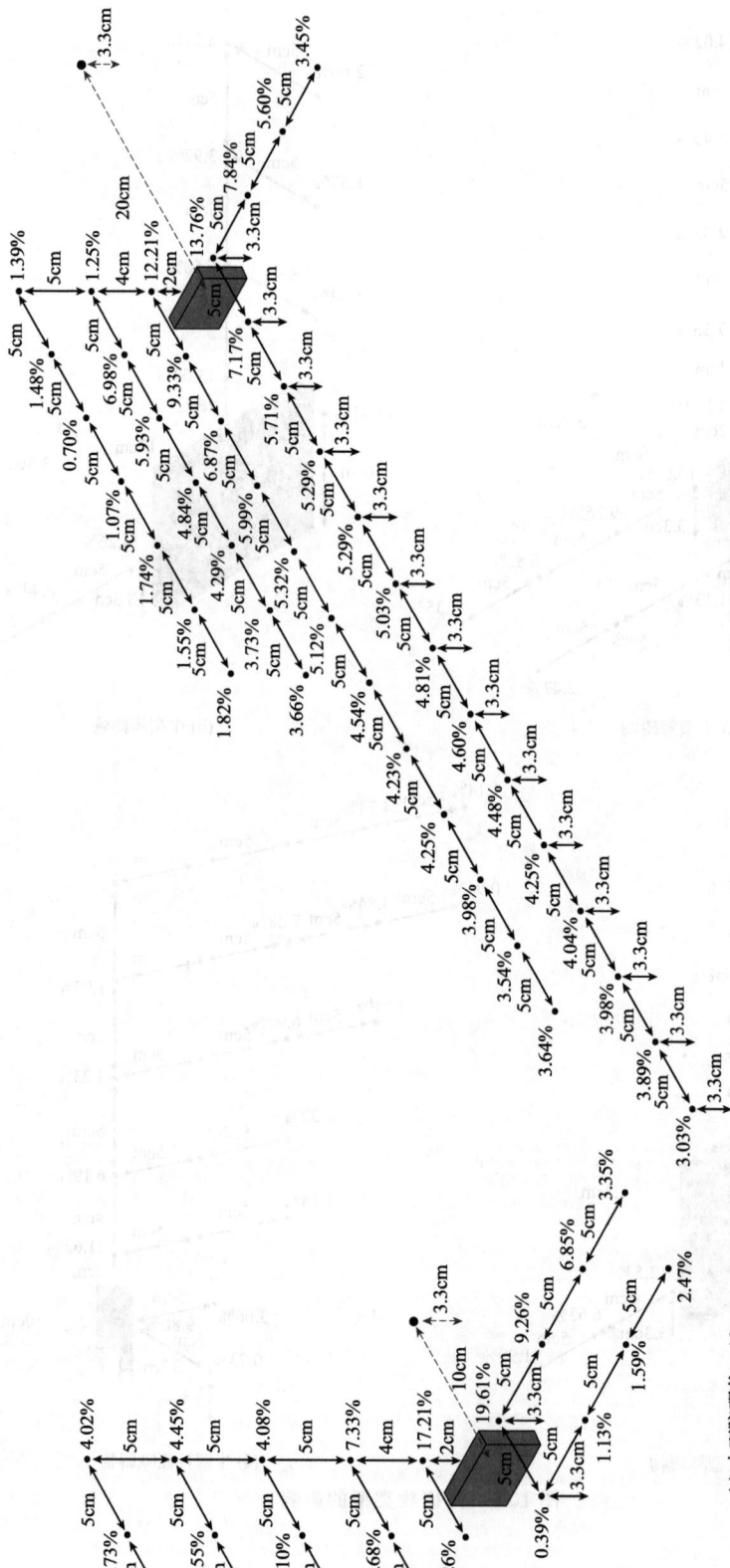

(a) 小型障碍物，10cm

(b) 小型障碍物，20cm

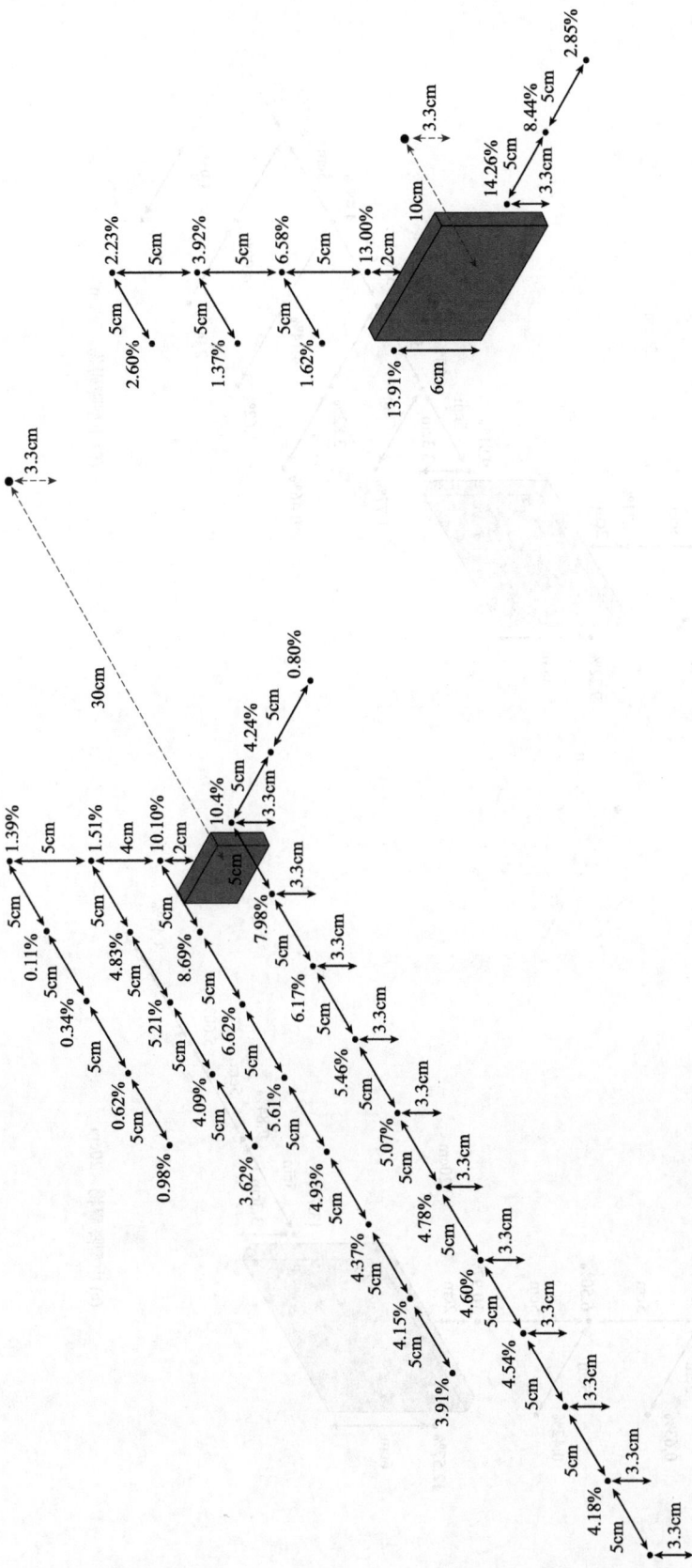

(c) 小型障碍物，30cm

(d) 中型障碍物，10cm

图 10-10

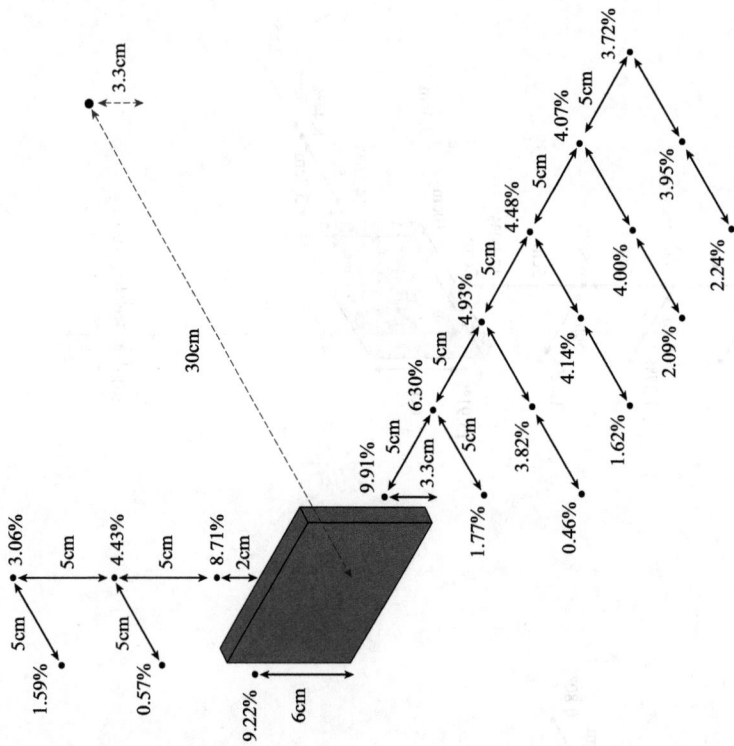

(f) 中型障碍物，30cm

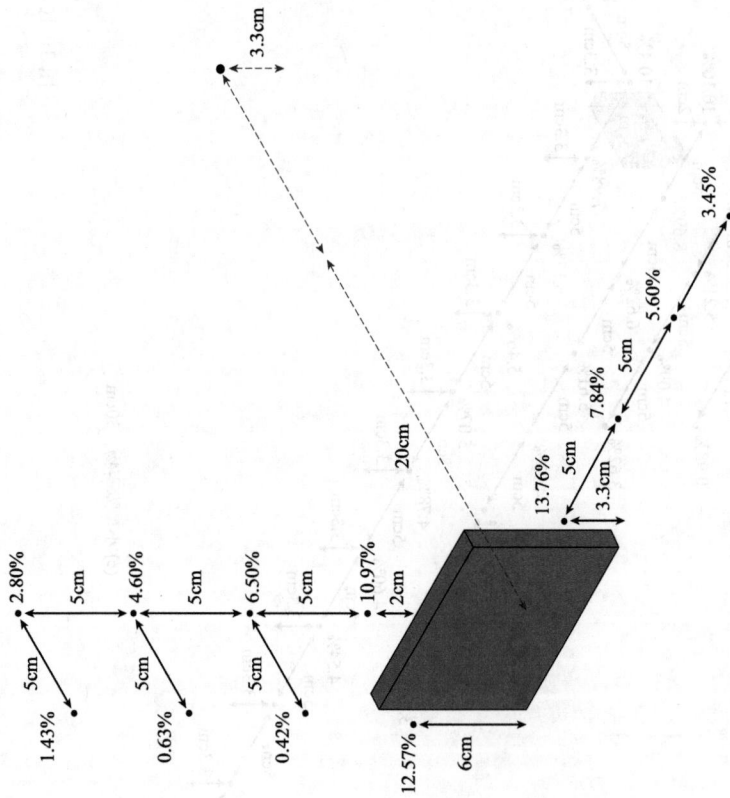

(e) 中型障碍物，20cm

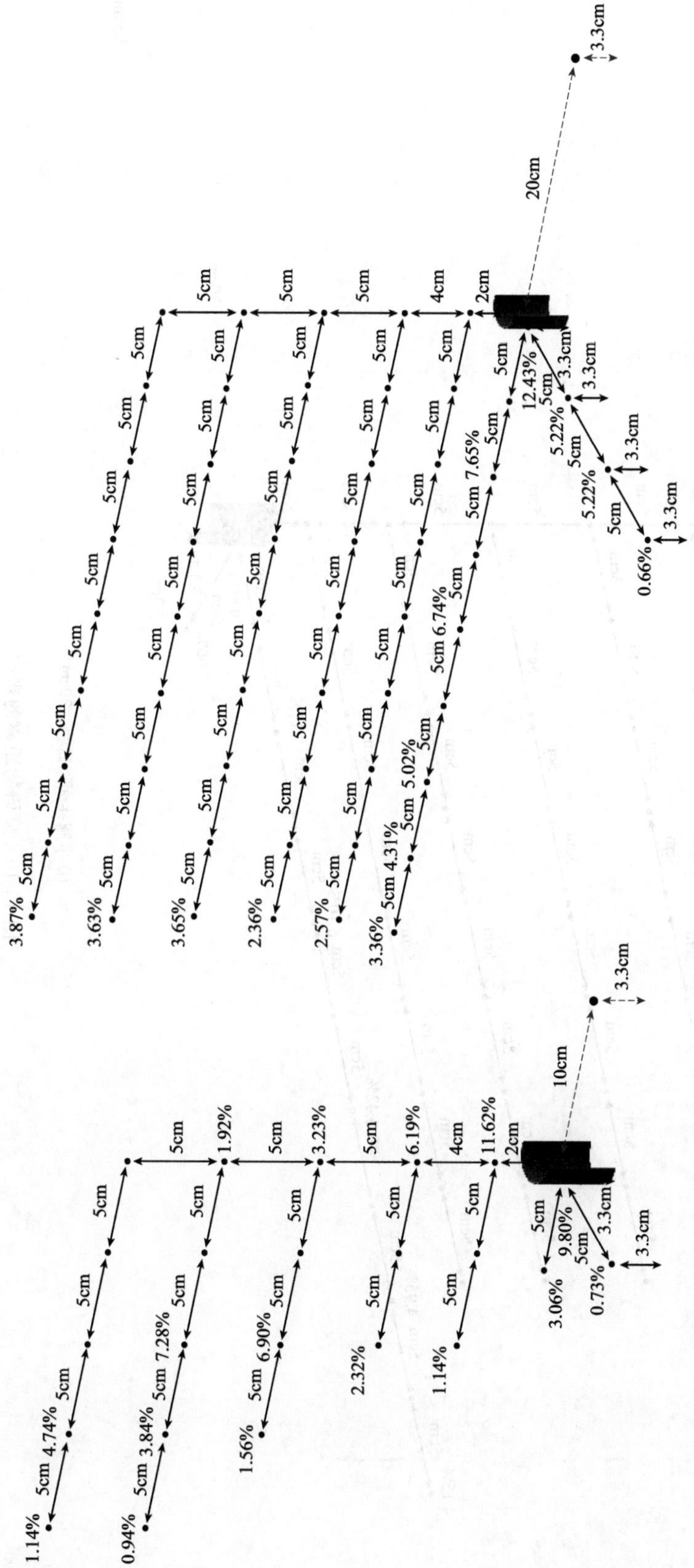

(g) 半圆柱面障碍物，10cm

(h) 半圆柱面障碍物，20cm

图 10-10

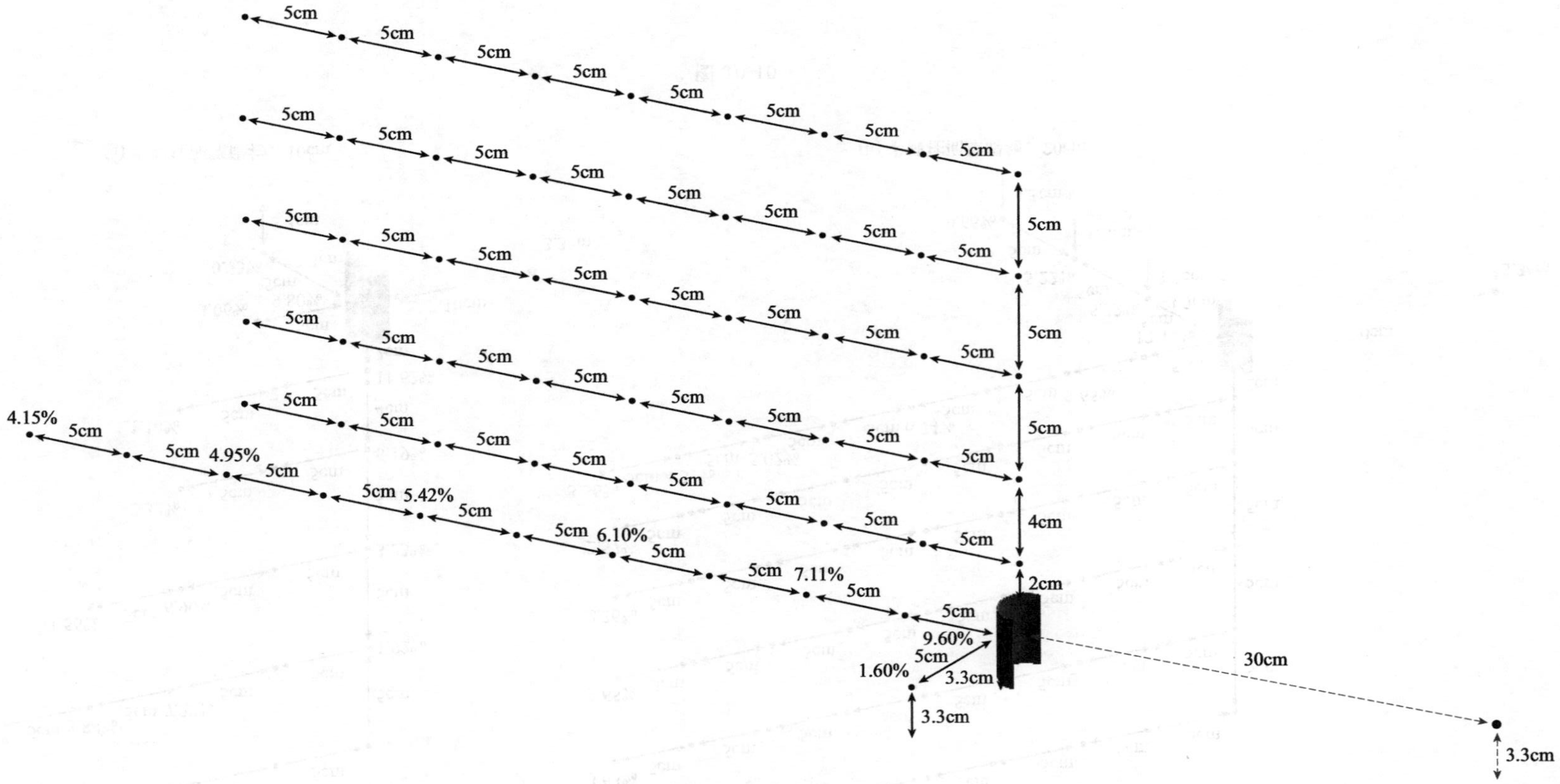

图 10-10 障碍物距离的影响

(i) 半圆柱面障碍物，30cm

10.5 氢气扩散数值模拟研究

通过上述缩比实验研究可以获得氢气释放的一些基本特征。相比实验研究，数值模拟可以在相对更短的时间内再现所关注的物理过程，并且可以实现对工程实际大空间尺寸的模拟，以更低的成本获得工况参数变化时的预测结果，还可以揭示实验过程难以测量和捕捉的具体细节，从而可以为解决工程问题提供参考和指导。

氢气的泄漏扩散风险评估主要与氢气泄漏条件和局部环境条件相关。一方面，储气罐自身的泄漏孔径、泄漏压力、泄漏位置等因素会造成明显的影响。另一方面，风速、风向、大气稳定度和地面粗糙度等环境因素也不可忽视。在实际的氢气泄漏事故中，可燃氢气云的扩散距离往往取决于诸多因素。本节主要针对核能制氢系统的氢气泄漏扩散进行数值模拟研究，分析了风速、泄漏方向、泄漏孔径、泄漏高度和泄漏角度的影响。在此基础上，对分析得到的恶劣工况进行瞬态计算，得到了相应的最远扩散距离。最后，结合氢气爆燃的模型，保守计算了全过程的分离距离，可以为核能制氢的安全性评估提供参考。

真实的核能制氢系统主要由核电站和制氢化工厂组成，制取的氢气通常被储存在制氢化工厂周围的高压储氢罐中，制氢化工厂、储氢罐和核电站一般排布于一条直线上，如图 10-11 所示。氢脆现象最容易发生在储氢罐与管道的连接位置，因此可以认为泄漏口出现在高压储氢罐罐体上。此外，氢气泄漏扩散甚至被点燃所产生的影响主要针对核电站，被点燃的氢气产生的爆炸冲击波是否超过核电站本身的耐受极限，或者说如何控制核电站与储氢罐之间的距离（分离距离）才能有效保证核电站的安全是本研究关注的重点，因此本节主要讨论泄漏射流方向正对核电站的事故工况。

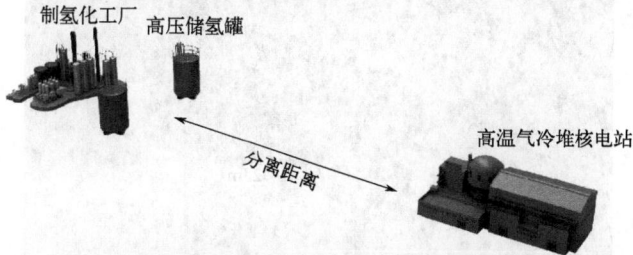

图 10-11　真实核能制氢系统示意图

图 10-12 展示了简化后的计算区域的几何模型示意图，高压储氢罐高 8m，直径 2.5m。由于核能制氢的氢气储量较大，一旦发生泄漏，可燃氢云的扩散距离可达数百米，同时在浮

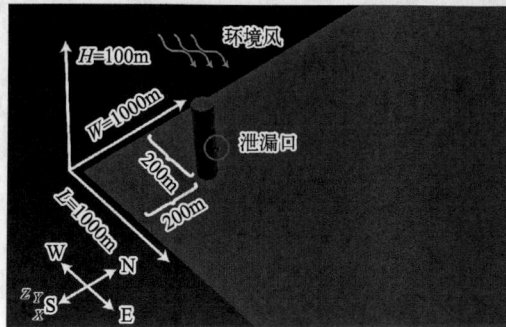

图 10-12　几何模型三维示意图

力效应的作用下，氢气会向高空飘散，为了保证计算区域完全涵盖可燃氢云所在空间，设置了长宽均为1000m、高为100m的计算区域。此外，为了讨论风速和风向对泄漏扩散的影响，因此储氢罐被放置在距离南边界和西边界均为200m的位置，以保证各种工况下的可燃氢云边界均不会超出计算区域。计算条件如表10-2所示。

表10-2 大空间尺度泄漏计算条件

参数	取值
压力/MPa	8
泄漏直径/mm	10、30、50、70、90
泄漏高度/m	1、2、3、4、5、6、7
风速/(m/s)	0、1、3、5、7、9、11、13、15
射流角度/(°)	−60、−30、0、30、60
环境温度/℃	25

10.5.1 风速和风向的影响

图10-13展示了三种不同顺风风速下浓度为4%（体积分数，下同）的氢气云的扩散情况。泄漏口的高度为4m，泄漏直径为50mm。虽然浓度高于75.6%的氢气云不在可燃区间内，但这部分高浓度的氢气云一般出现在泄漏口附近且占据空间很小。因此本节将浓度为4%的氢气云看作一个临界标准，其扩散距离代表了可燃氢气云的安全风险距离。可以看到风速较小时，氢气的扩散距离略小，同时在浮力的作用下，高度方向上还有20m左右的扩散距离。随着风速的不断增大，扩散距离也逐渐增大，当风速达到15m/s时，扩散距离最大。

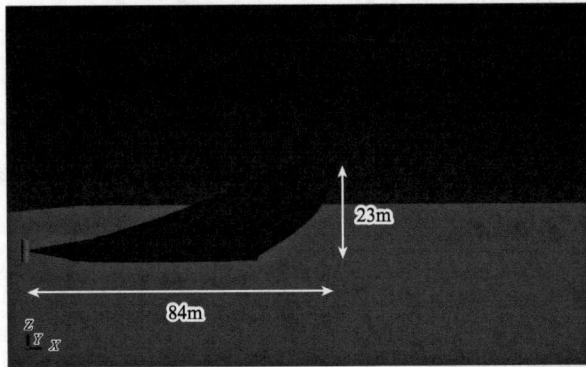

(a) 风速1m/s

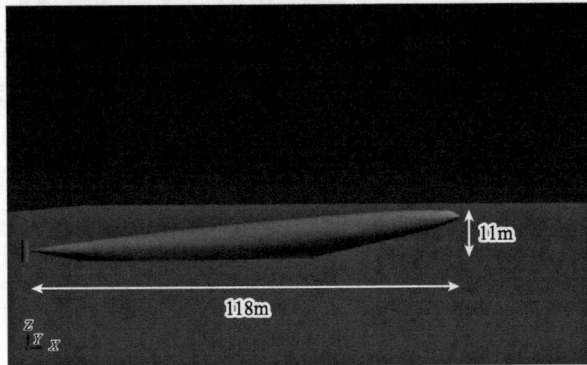

(b) 风速7m/s

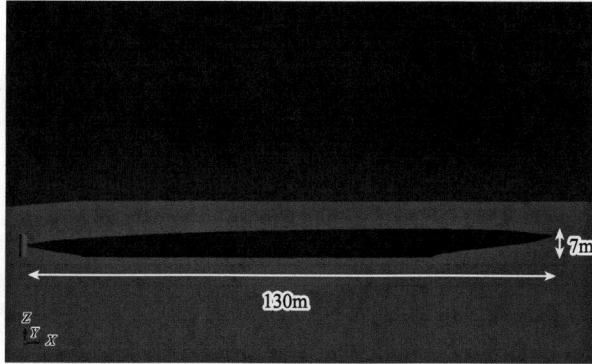

(c) 风速15m/s

图 10-13　顺风条件下浓度为 4％的氢气云空间分布

图 10-14 展示了风向与泄漏方向垂直时可燃氢气云的分布情况。由于氢气在刚脱离泄漏口时的动能最大，对氢气的扩散距离的增加作用最强，因此起初沿着泄漏方向的扩散距离最远。但随着风速的不断增大，沿着风向的氢气动能也不断增大，从而扩散距离不断增加。相比于顺风条件，相同的风速下的扩散距离是明显减小的，这是因为氢气自身的动能对增加扩散距离的贡献较小。

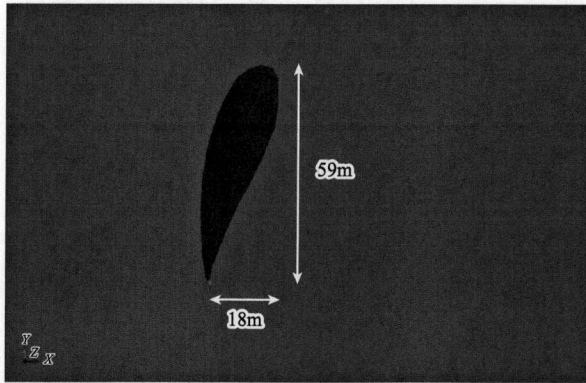

(a) 风速1m/s

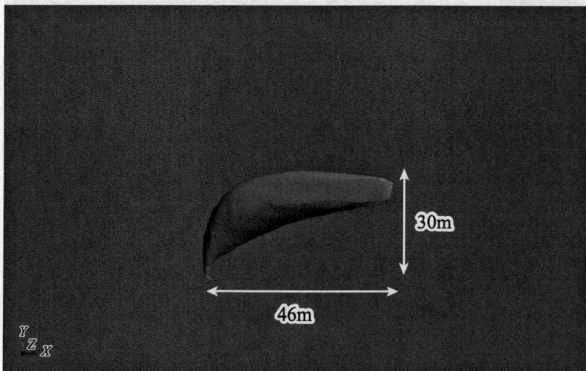

(b) 风速7m/s

图 10-14

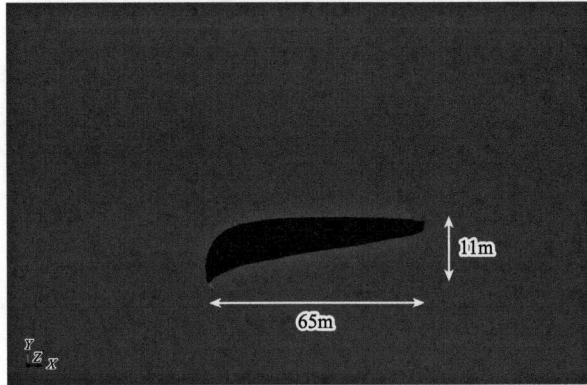

(c) 风速15m/s

图 10-14 浓度为 4% 的氢气云在垂直风向的空间分布

图 10-15 展示了逆风条件下可燃氢气云的分布情况。由于空气的流动方向与氢气泄漏方向相反，一方面氢气的动能削减会加快，另一方面气流的掺混更加剧烈，扩散距离和可燃氢气云的体积都会明显减小，从而降低了安全性风险。可以看出，在空气流动的方向上，扩散距离先向储气罐左侧增加，然后逐渐减小。当风速增大到 15m/s 时，部分氢气随风扩散到储气罐右侧。

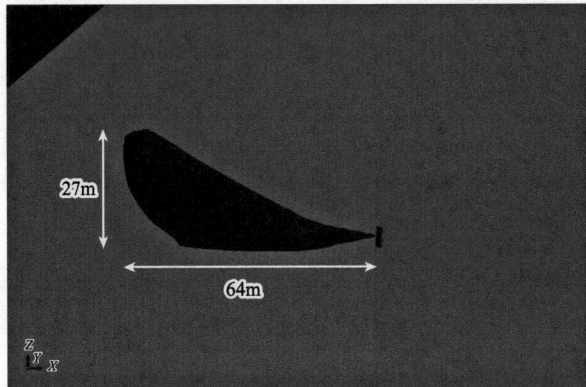

(a) 风速1m/s

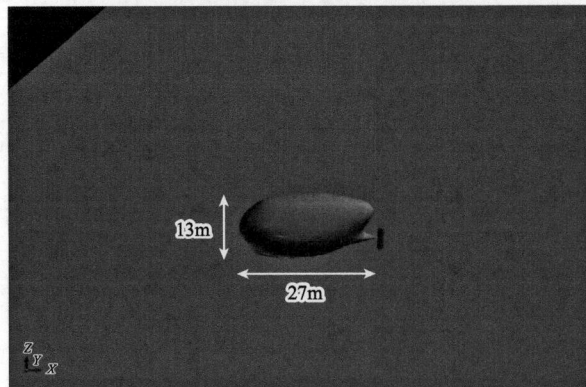

(b) 风速7m/s

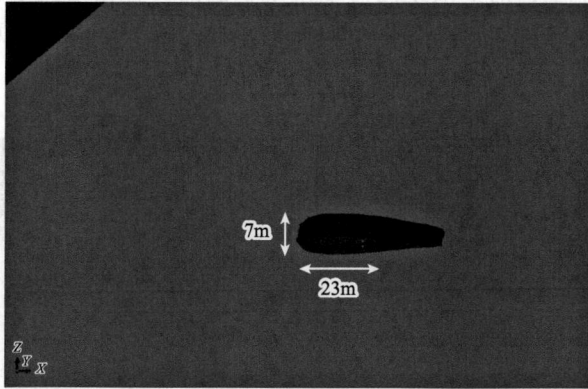

(c) 风速15m/s

图 10-15　逆风条件下浓度为 4% 的氢气云的空间分布

图 10-16 展示了不同风速下可燃氢气云的扩散距离。风速的增大会造成扩散距离的增大，当风速低于 9m/s 时，扩散距离随风速的增加很快，这是由于流动的空气会给高速射流的氢气提供一定的动能补充，从而使其扩散得更远。但风速高于 9m/s 时，扩散距离变化不大，说明动能的补充已经到达了临界，在当前的计算条件下，高风速导致的最远的扩散距离在 130m 左右。

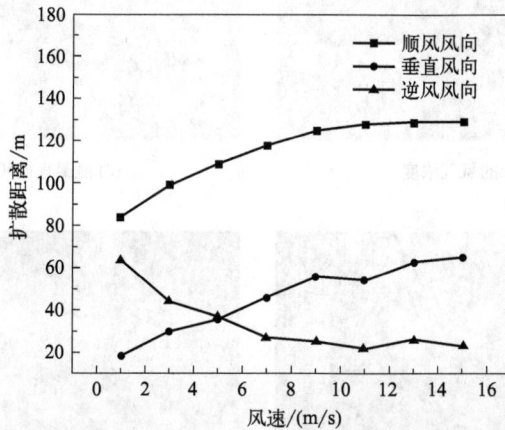

图 10-16　扩散距离随风速的变化曲线

10.5.2　泄漏口直径的影响

以泄漏口距离地面的高度为 4m、泄漏口直径为 50mm 为基准，研究不同泄漏口直径对泄漏扩散的影响。图 10-17 展示了无风条件下的三种泄漏口直径对应的可燃氢云的分布情况，这里展示了射流中心面上体积分数为 0～4% 的氢气云团分布。可以看到泄漏口直径的增大会使得氢气云团的体积不断增大。由于没有环境风速的影响，泄漏后期的浮力效应都会显现，从而使得氢气向高空流动。当泄漏口直径为 10mm 时，可燃氢云未与地面接触，可以更快被外界空气稀释。但当泄漏口直径逐渐增大时，可燃氢云开始出现贴近地面扩散的现象，受到地面摩擦力的影响，氢气的稀释速度会减慢，从而增大了下游方向的扩散距离。因此，可燃氢云的体积和扩散距离都随着泄漏口直径的增大而增大。对比泄漏口直径为 50mm

和 90mm 条件下的可燃氢云的扩散距离可以发现，泄漏口直径增大不到两倍，但扩散距离增大了两倍，说明了泄漏口直径对安全性的重要影响，应该尽可能注意规避大口径的泄漏事故。

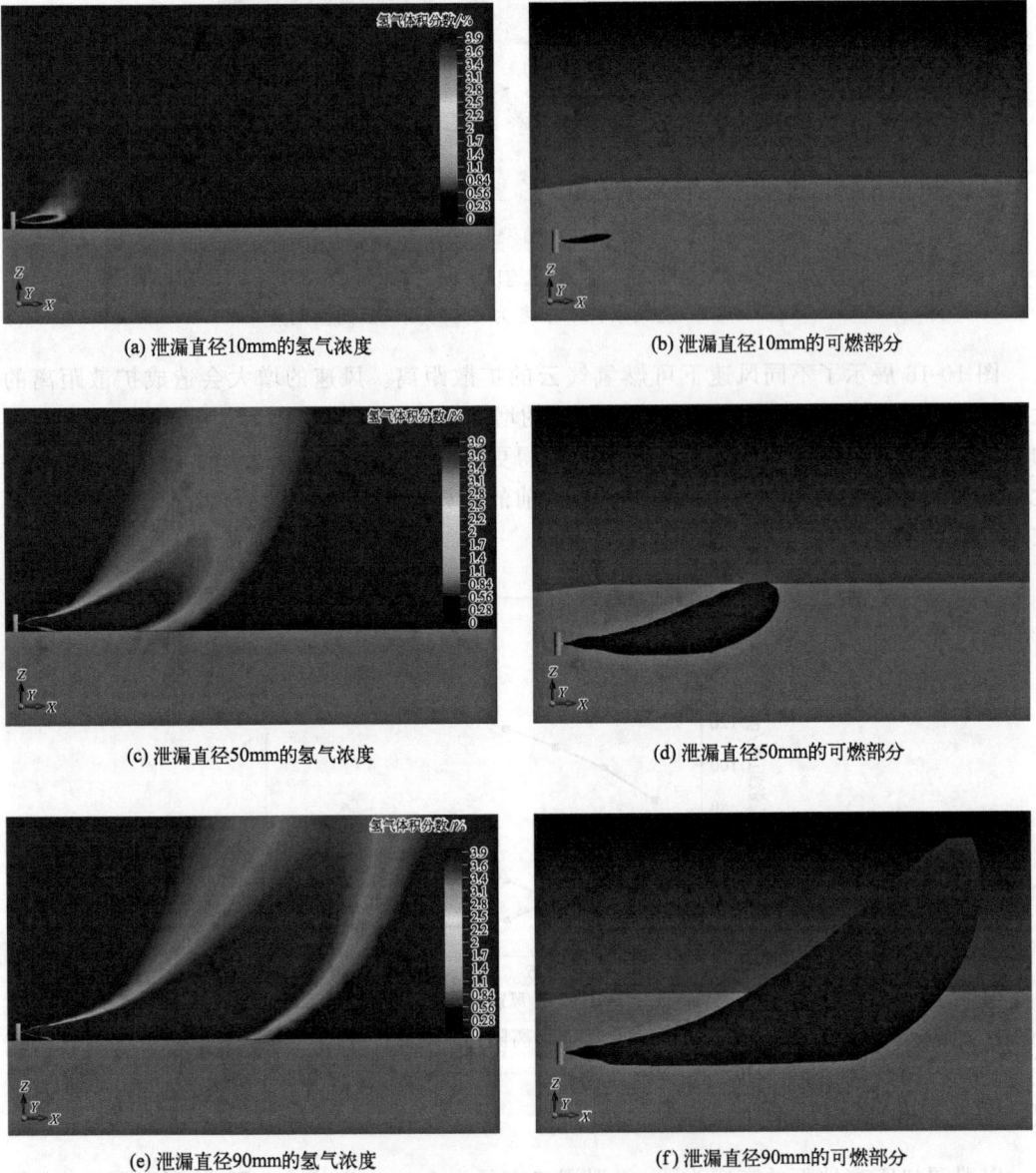

(a) 泄漏直径10mm的氢气浓度

(b) 泄漏直径10mm的可燃部分

(c) 泄漏直径50mm的氢气浓度

(d) 泄漏直径50mm的可燃部分

(e) 泄漏直径90mm的氢气浓度

(f) 泄漏直径90mm的可燃部分

图 10-17　不同直径下的氢气浓度分布和可燃面积分布

图 10-18 展示了可燃氢云的扩散距离随着泄漏直径的变化。可以看到泄漏直径从 10mm 增大到 90mm，可燃氢云的扩散距离几乎呈线性增加，并没有出现增长放缓的趋势，这也意味着泄漏口的尺寸对安全性的影响极大。如果在大口径泄漏的泄漏事故工况下同时存在风速的影响，可燃氢云的扩散距离有可能进一步增大，从而带来更大的风险。由于储气罐和外界设备的连接管道的位置相对容易发生泄漏，因此采用小尺寸的连接管道可能会降低安全风险。

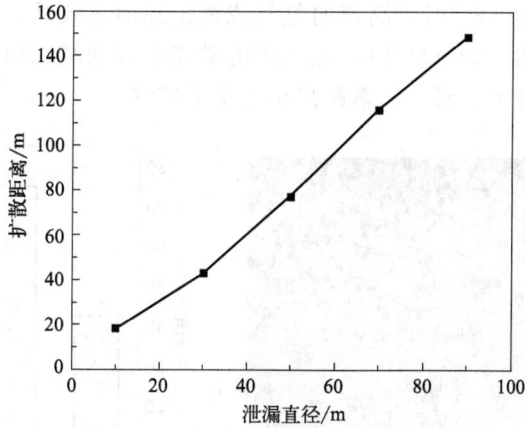

图 10-18　扩散距离随泄漏直径的变化曲线

10.5.3　泄漏排放口高度和角度的影响

图 10-19 展示了无风条件下的三种高度的泄漏情况。当泄漏排放口高度相对较低时，扩散距离相对较远。泄漏高度位于储气罐半高和罐顶时，扩散距离差别不大。这从侧面反映了氢气在近地面附近泄漏具有更大的安全风险。由于氢气贴近地面泄漏容易受到地面摩擦的影响，进而产生一定范围内的积聚，不利于浓度的降低，从而具有更大的扩散距离。在高处位置扩散的氢气没有能够黏附的物体，从而容易稀释，扩散距离有所减小。

图 10-20 展示了无风速、小风速和大风速条件下泄漏位置对扩散距离的影响。在本小节的计算条件下，泄漏高度为 1m 和 2m（近地面泄漏）时，扩散距离明显高于其他泄漏高度时，这说明近地面泄漏不利于安全性。当泄漏高度大于 3m 时，氢气流远离地面，黏附效应不产生作用，扩散距离的变化不再明显。相比于无风速和小风速，大风速下的近地面效应更加明显，因此连接储气罐的管道可以通过提高安装高度来降低风险。

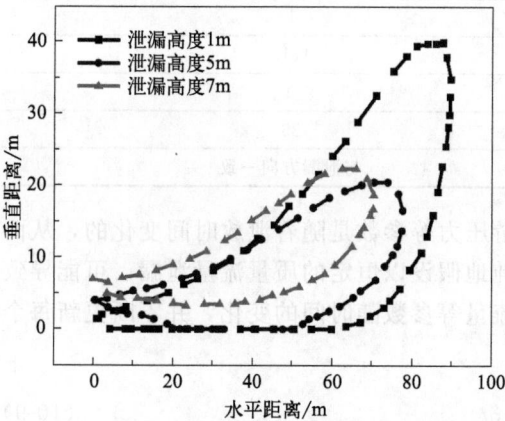

图 10-19　不同泄漏高度下可燃氢气云的空间分布

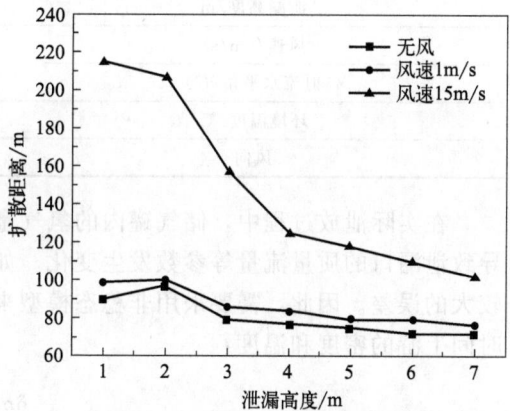

图 10-20　扩散距离随泄漏位置的变化曲线

图 10-21 展示了五种不同的泄漏角度，可以看到五个喷射方向将一个 180° 的平角平分成 6 份，即每个角度均为 30°，其中水平方向设置为 0°。图 10-22 展示了五个泄漏角度的扩散距离，可知水平扩散是最具危险性的。当扩散角度为 30° 和 60° 时，氢气流的动能一部分被用于高度方向的扩散，从而削减了水平方向的扩散距离，且没有其他壁面的黏附，扩散距离

逐渐减小。当扩散角度为−60°时，高速的氢气流撞击地面导致动能大幅减少，从而难以维持氢气的扩散。当扩散角度为−30°时，氢气流的动能仍被削减，但削减份额有所减少，且氢气在地面的黏附效应开始显现，扩散距离接近水平扩散。

图 10-21 不同泄漏角度示意图

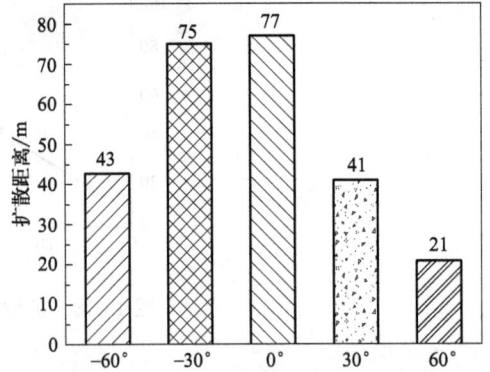

图 10-22 不同泄漏角度的扩散距离

10.5.4 危险条件的安全评估

通过前述的影响扩散距离的因素的分析，可以大致确定顺风条件、高风速、大泄漏直径、近地面泄漏和水平泄漏扩散等条件会增大扩散距离。为了确定可燃氢气云在不同时刻的分离距离，本节对最恶劣工况的泄漏扩散进行了非稳态计算，相关条件如表 10-3 所示。

表 10-3　最恶劣工况非稳态计算条件

参数	取值
氢气释放量/kg	253
压力/MPa	8
泄漏直径/mm	100
泄漏高度/m	1
风速/(m/s)	1、15
射流水平角/(°)	0
环境温度/℃	25
风向	与泄漏方向一致

在实际泄放过程中，储气罐内的氢气量、上游压力等参数是随着泄放时间变化的，从而导致泄漏口的质量流量等参数发生变化。如果单纯地假设以恒定的质量流量泄漏，可能导致较大的误差。因此，需要采用非稳态模型来计算流量等参数随时间的变化，并不断更新每个时间上游的密度和温度：

$$\delta\rho = -\frac{q}{V}\delta t \tag{10-9}$$

$$\delta T = -\frac{P}{\rho^2 C_V}\delta\rho \tag{10-10}$$

式中，V 为存量，m^3；q 为质量流量，kg/s；C_V 为比定压热容，J/(kg·K)。

在计算出温度和密度变化后，理想气体假设可用于推导下一时间步长的上游压力。根据新压力与临界压力比之间的关系，计算出泄漏点附近的质量流量，如图 10-23 所示。

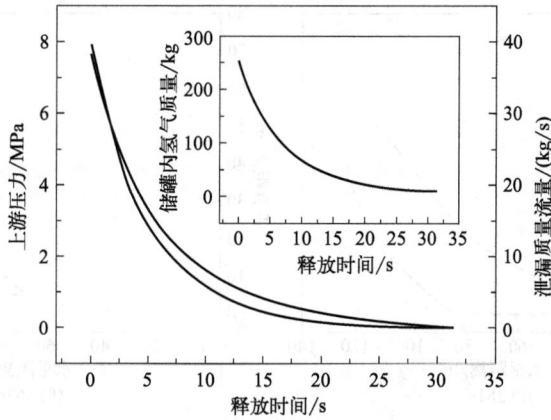

图 10-23　上游压力、质量流量和存量的瞬时变化

在恶劣工况的计算中，风速的条件选取了 1m/s 和 15m/s，其目的是衡量扩散距离和可燃氢气云的质量对最终危险距离的影响。当风速较大时，氢气的扩散距离会随之增加，但氢气流的浓度也会被逐渐稀释，因此选取了两种极端的风速来确定最恶劣的工况。

当风速为 1m/s 时，不同时刻的可燃氢气云的扩散情况如图 10-24 所示。氢气泄漏的初始阶段，由于氢气流的动能很大，属于动量主导型的扩散，但随着氢气流的动能衰减，浮力的作用逐渐显现，高度方向的扩散距离不断增加，扩散形式逐渐转变为浮力主导型。由于风速较小，空气对氢气的稀释速度较慢，可燃氢气云约在泄漏后 367s 大部分消失，最远的扩散距离约为 136m。

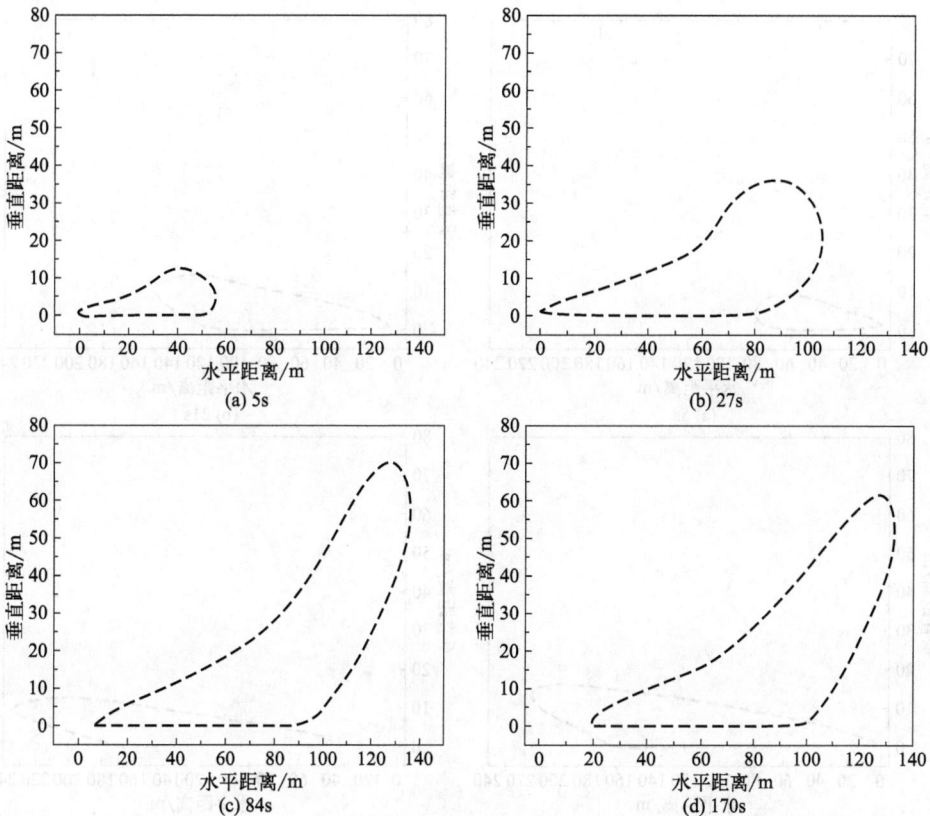

(a) 5s

(b) 27s

(c) 84s

(d) 170s

图 10-24

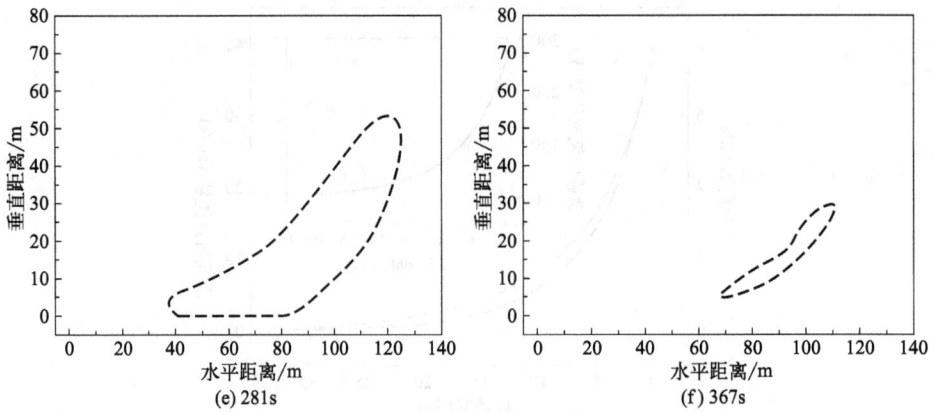

(e) 281s

(f) 367s

图 10-24　风速为 1m/s 时可燃氢气云的扩散

　　当风速为 15m/s 时，可燃氢气云的扩散随时间的变化如图 10-25 所示。氢气泄漏的初始阶段与图 10-24 类似，但随着氢气动能的衰减，扩散的情况出现明显不同。一方面，由于空气流动的加快，氢气流的动能始终会得到补充，从而增加了扩散距离。另一方面，空气的稀释作用加强，可燃氢气云的体积会以更快的速率减小，从而缩短了消逝的时间。最终的可燃氢气云扩散的总时间约为 154s，扩散距离约为 237m。

　　不同风速下可燃氢气云的扩散距离随时间的变化如图 10-26 所示。无论风速大小，起初随着时间的增加，扩散距离会不断增加。当空气和氢气之间的搅混达到稳定时，扩散距离也随之稳定。然后可燃氢气云不断被稀释，扩散距离逐渐缓慢减小，最终完全消失。但风速为

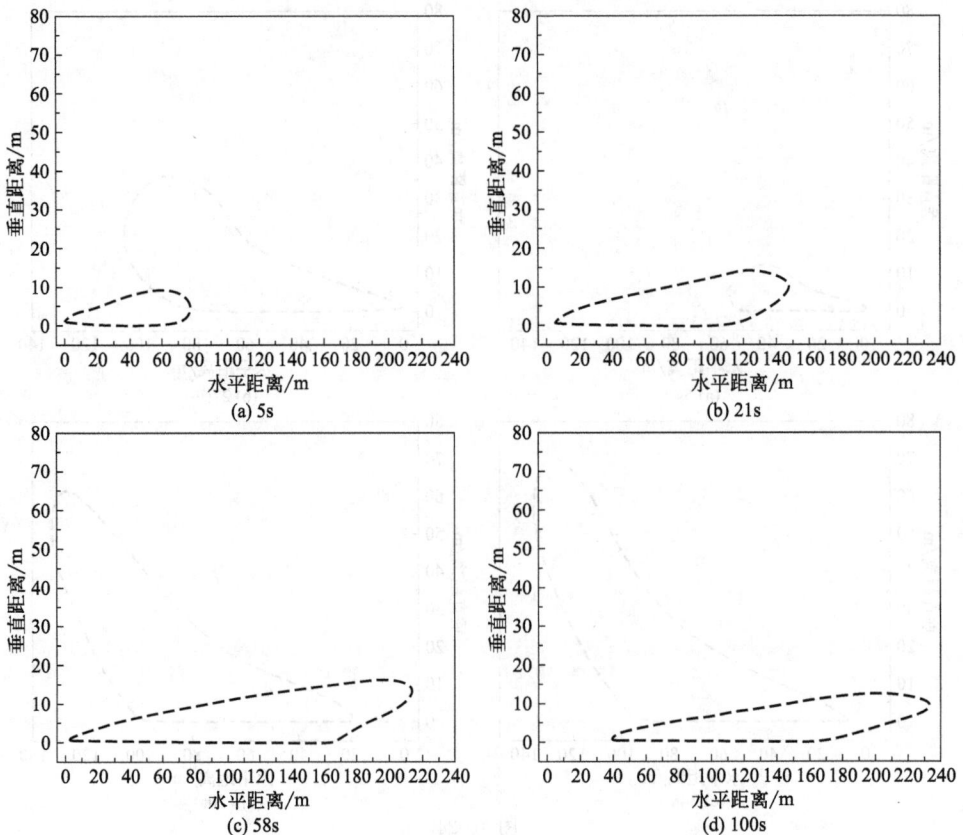

(a) 5s

(b) 21s

(c) 58s

(d) 100s

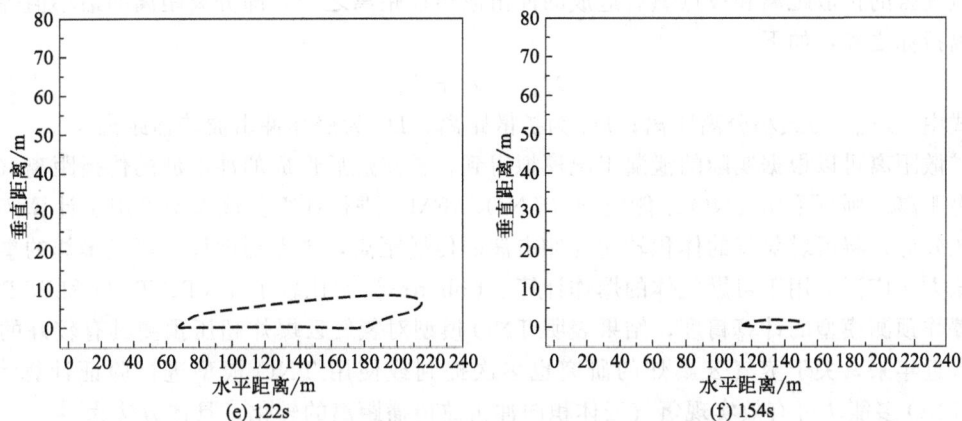

图 10-25　风速为 15m/s 时可燃氢气云的扩散

15m/s 的情况明显具有更远的扩散距离，说明快速流动的空气对氢气的扩散起到了促进作用。同时，由于高速空气流与氢气之间的剧烈搅混，可燃氢气云的稀释速度加快，最远扩散距离的保持仅为 20s 左右，随后扩散距离便迅速降低。当风速分别为 1m/s 和 15m/s 时，最远的扩散距离可达 136m 和 237m。

不同风速下可燃氢气云的质量随时间的变化如图 10-27 所示。由于泄漏口接近地面，黏附在地面上的氢气不易消散，当风速为 1m/s 时，氢气的稀释基本只能靠自身的扩散来驱动，因此可燃氢气云的质量在短时间内急剧升高，最高达到了 215kg。而风速为 15m/s 时，氢气的稀释速度大幅加快，可燃氢气云的质量被控制在 150kg 以内。这说明在较大的风速范围内，空间中体积分数为 4% 的可燃氢气云的质量至少占据了氢气总质量的 1/2 以上。

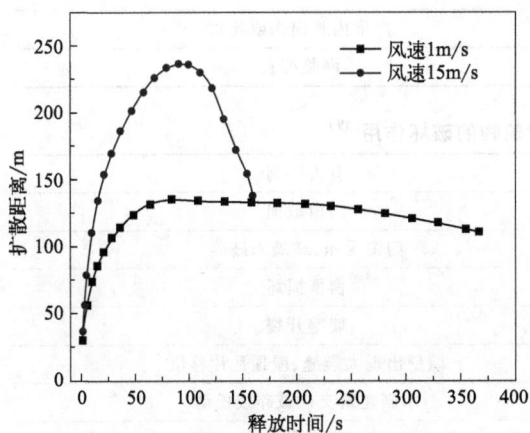

图 10-26　不同风速下可燃氢气云的
扩散距离随时间的变化

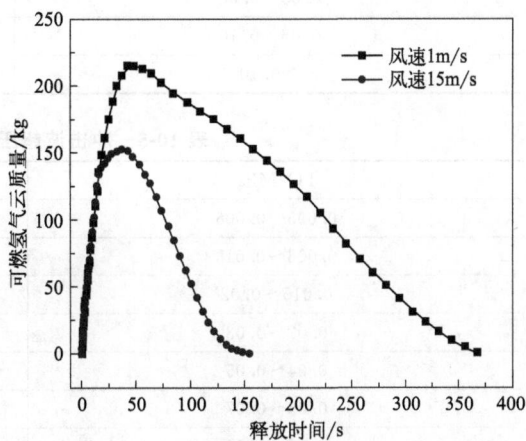

图 10-27　不同风速下可燃氢气云的
质量随时间的变化

随着泄漏过程中可燃氢气云体积的增大，氢气一旦被点燃，点火源附近的压力急剧升高所形成的冲击波会对系统建设或人身安全造成危害。因此，工程设计中应考虑可燃氢气云的扩散距离和被点燃后造成的冲击波传播距离的双重影响。

如果定义储氢罐与核电站之间的距离为分离距离，该距离应保证在最恶劣工况下发生泄漏事故且氢气被点燃时，核电站建筑本体的安全性不受影响，进而可推知分离距离应不小于可燃氢气云的扩散距离和被点燃后造成的冲击波传播距离之和，即分离距离的最小值等于两个距离指标之和，如下：

$$D_{min} = D_d + D_e \tag{10-11}$$

式中，D_{min} 为最小分离距离；D_d 为扩散距离；D_e 为爆炸冲击波传播距离。

扩散距离可以根据实际的泄漏工况模拟得到，被点燃后形成的冲击波的传播距离（简称为爆燃距离）则可采用 TNO 多能模型（TNO MEM）进行计算。该模型可用于计算氢气爆炸超压效应，将可燃氢气的体积转化为冲击波的传播距离，进而辅助评估氢气爆炸的事故后果。该方法广泛应用于可燃气体的爆炸计算。Lobato 等[24] 比较了 TNT、TNO 和 BST 三种经典爆炸预测模型的计算精度，结果表明 TNO 模型对氢气云爆炸超压预测具有较好的参考意义。近年来，关于蒸气云爆炸的研究也多次提到或使用 TNO 模型进行验证计算[25-27]。采用 TNO 多能法可有效实现氢气云体积向冲击波传播距离的转化，具体方法为[28]：

$$p_s = p_0 p' \tag{10-12}$$

$$D_e = R' \left(\frac{E}{p_0} \right)^{\frac{1}{3}} \tag{10-13}$$

式中，p_s 为实际峰值超压；p_0 为当地大气压力；p' 为缩放峰值侧向超压；R' 为燃烧能量尺度距离；E 为爆炸源燃烧能。

对于具有一定几何结构的建筑物而言，峰值超压的上限对爆燃距离的确定具有重要意义。表 10-4 和表 10-5 分别展示了峰值超压（PO）对人体和建筑物的影响[29]。

表 10-4　冲击波超压对人体的破坏作用[29]

PO/MPa	有害影响
0.02~0.03	轻伤
0.03~0.05	听力损伤或骨折
0.05~0.10	严重内脏损伤或死亡
>0.10	濒临死亡

表 10-5　冲击波超压对建筑物的破坏作用[29]

PO/MPa	有害影响
0.005~0.006	门窗破损
0.006~0.015	门窗受压、玻璃未破碎
0.015~0.02	窗框损坏
0.02~0.03	墙壁开裂
0.04~0.05	墙壁出现大裂缝、屋顶瓦片移位
0.06~0.07	木制建筑支柱破碎或松动
0.07~0.10	砖墙倒塌
0.10~0.20	抗震钢筋混凝土受损、小型房屋倒塌
0.20~0.30	大型钢框架结构失效

目前世界各国对核电站的结构峰值超压都有具体的规定。例如，俄罗斯规定核电站所能承受的冲击波的限值为 30kPa，日本的相关工业规范要求对公众不会造成重大伤害的限值为 10kPa。TNO 多能模型将爆炸等级分为 10 个等级，1 级的爆炸强度最弱，10 级的爆炸强度最强。有研究表明，制氢系统的爆炸等级一般在 5 级至 7 级之间[30]。本小节保守采用 7 级和实际峰值超压 10kPa。假设爆炸冲击波以爆炸源为中心呈球状传播，爆炸源与可燃氢气云

距离泄漏口最远点重合，燃烧能为 $3.5 \times 10^6 \mathrm{J/m^3}$。

图 10-28 展示了两种不同风速下的分离距离。当风速为 1m/s 时，分离距离最远可达 267m，其中爆燃距离占据了约 50%，说明低风速下的风险除了来自氢气自身的扩散外，还有近地面的氢气的积聚。当风速为 15m/s 时，分离距离最远可达 338m，其中爆燃距离占据了约 30%，说明高风速有效稀释了氢气的浓度，但其对氢气流的动能补充仍使得分离距离大大增加。同时也说明了大空间尺度氢气泄漏时，风速越大，安全风险越大，进而可以根据表 10-5 确定以 15m/s 的风速为条件的最恶劣工况。

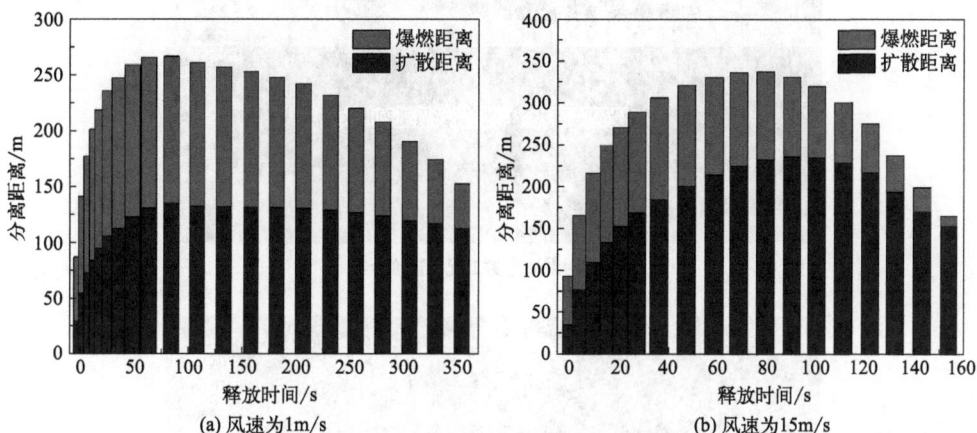

图 10-28　超压 10kPa 时的分离距离

10.6　抑制氢气泄漏扩散的方案研究

由前述实验研究结果可知，高压氢气射流具有较大的初始动能，进而产生了较长的扩散距离。通过在合理位置放置不同形状的障碍物，有望有效阻断氢气的泄漏扩散，降低系统的安全风险，因此分析不同障碍物形状对氢气泄漏扩散的影响具有重要意义。

本节以核能制氢系统为背景，重点针对大储量氢气在数百米范围内的泄漏扩散行为进行研究，分析了障碍物对高速氢气射流的阻断机理，并计算了平板、半球形、球形、圆锥形、环形等障碍物形状对扩散距离的影响。最后采用经典的 TNO 模型计算了障碍物布置前后的分离距离差异，其可以为核能制氢系统的安全性设计提供参考。

10.6.1　障碍物抑制氢气扩散的作用机理

图 10-29(a) 展示了设置简单立方体障碍物前后的射流中心面上的氢气浓度分布，可以看到合理设置障碍物可以快速降低可燃氢气云总质量，进而降低总体平均氢气浓度，进一步对可燃氢气的扩散距离进行统计，发现设置障碍物后，扩散距离可由 350m 缩短至 144m。

针对造成这个结果的原因进行分析，一方面是因为在氢气扩散的路径上设置障碍物可以将极高的氢气流动速度尽快降低至接近环境风速，有效缩短扩散距离。图 10-29(b) 和（c）展示了障碍物对降低氢气射流动能的影响。在障碍物附近可以看到涡流，其可以增加空气卷吸能力并稀释氢气。设置障碍物后，氢气射流的动能迅速衰减，氢气的扩散受到抑制。另一方面，合理设置障碍物还可以有效实现氢气分流，快速稀释整体浓度，从而减小可燃氢气的扩散距离，如图 10-29（d）所示。可以看到障碍物的空间位置和迎风面积是影响分流的关键因素，只有当障碍物迎风面积大于可燃氢气云的横截面积时才会发生分流，分流股线的数量由障碍物的结构尺寸和形状决定。

(a) 无约束最恶劣工况下速度分布

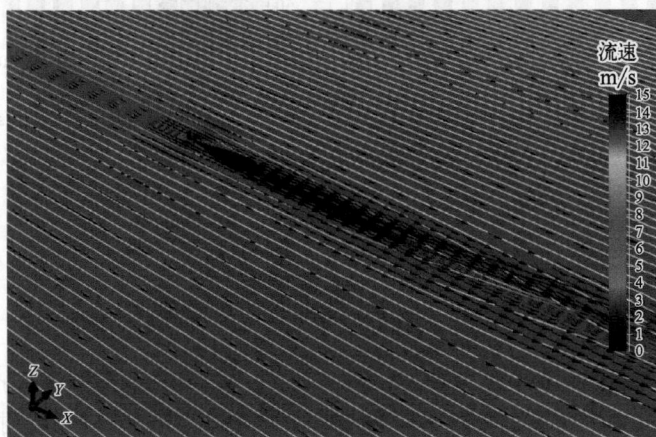

(b) 布置障碍物后最恶劣工况下速度分布

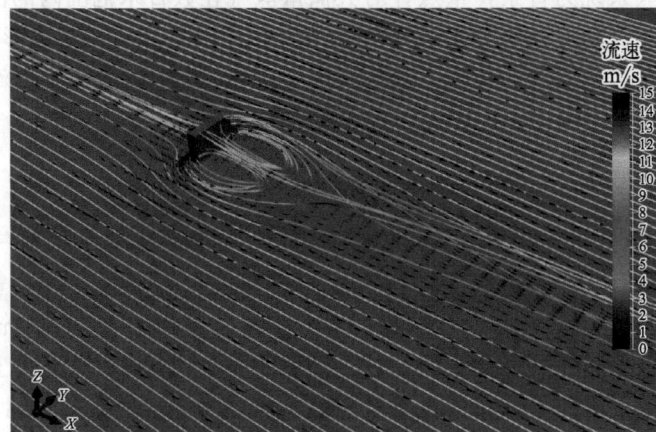

(c) 无约束/布置障碍物后最恶劣工况下可燃氢气云浓度分布

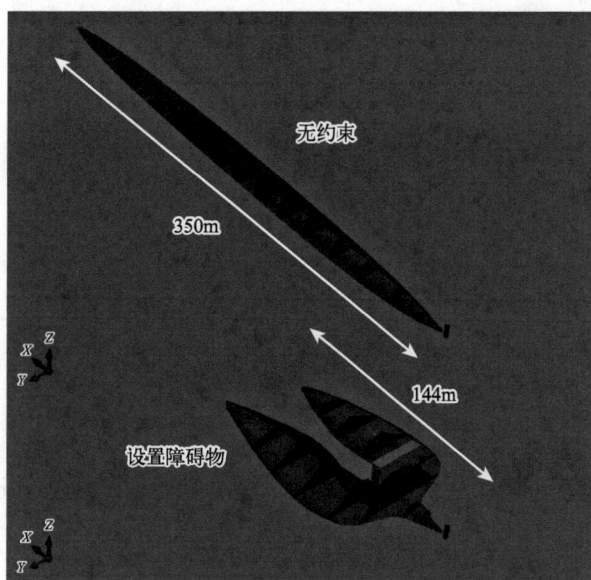

(d) 无约束/布置障碍物后最恶劣工况下可燃氢气云横截面

图 10-29 障碍物阻滞机理分析

综上，障碍物阻滞氢气扩散的机理在于两方面：其一是降低扩散至下游的氢气射流的动能，进而缩短扩散距离；其二是将氢气射流分离为多股射流，进而将整体浓度稀释至爆炸极限以下。

10.6.2 立方体障碍物的作用规律

本节主要讨论较为常见的立方体障碍物的性能。对于立方体障碍物，影响扩散距离的自变量主要有空间参数和结构参数，分别是障碍物与泄漏口之间的距离（简称放置距离）、立方体的宽度、立方体的高度和立方体的厚度。通过控制变量的方式逐一对每个因素进行分析，计算条件如表 10-6 所示。

表 10-6 立方体障碍物方案计算条件

参数	取值
放置距离/m	10、30、50、70、90
宽度/m	5、10、15、20、25
高度/m	5、10、15、20、25
厚度/m	1、2、3、4、5

在研究放置距离的影响时，立方体的宽度、高度和厚度分别保持在 15m、15m 和 3m。在研究障碍物宽度的影响时，放置距离、高度和厚度分别保持在 50m、15m 和 3m。在研究障碍物高度的影响时，放置距离、宽度和厚度分别保持在 50m、15m 和 3m。在研究障碍物厚度的影响时，放置距离、宽度和高度分别保持在 50m、15m 和 15m。各变量下扩散距离的变化如图 10-30 所示。在目前的 20 个案例中，厚度对扩散距离的影响并不明显，而宽度和高度在最大值时都表现出更好的阻滞效果，放置距离则是在取值范围区

间内效果更好。

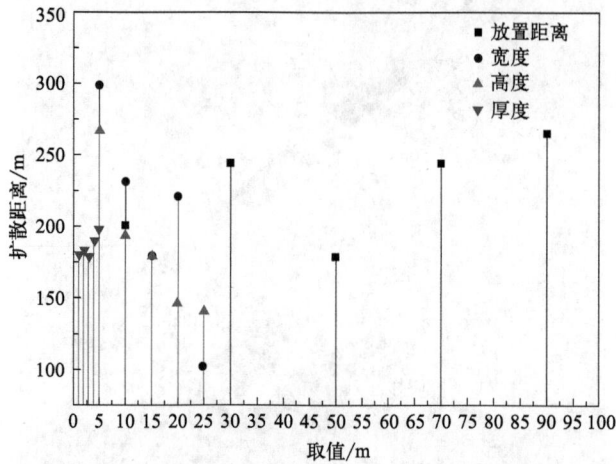

图 10-30　立方体障碍物参数对扩散距离的影响

由于立方体障碍物的影响参数有四个，每个参数有五种取值，若进行排列组合的计算，需要完成 625 个案例计算，为了提高计算效率，在有限的计算资源内发现各变量的规律，本节采用响应面法[31]分析四个自变量的影响。响应面法是一种通过多项式函数逼近实数表达式来建立自变量和因变量之间关系的方法。该方法广泛应用于各个工业领域的生产设计和优化[32-34]。Box-Behnken 设计（BBD）在响应面方法的实验策略中更具主导性和效率，适用于因子水平较少的实验，在任何方向上都具有相等的预测方差[35,36]。当前的模型可以通过检验，满足准确性和可靠性要求。

图 10-31 展示了四个因素分别单独变化时的影响。图 10-31（a）中，可以看到障碍物与泄漏口之间的距离大于 50m 时，最小扩散距离变化趋势比较明显，即随着放置距离的增加而增加。这是因为远离泄漏口的位置，可燃氢气云的截面较大，障碍物尺寸难以覆盖相应截面，阻碍作用被削弱，造成了扩散距离的增加。但当障碍物与泄漏口之间的距离小于 50m 时，最小扩散距离的变化不明显。在这个距离范围内，障碍物越靠近泄漏口，氢气动能削减得越早，也容易产生分流，但障碍物和泄漏口之间会产生氢气积聚现象，不容易消散。障碍物逐渐远离泄漏口时，障碍物削减动能和分流的作用受限，但氢气的流动空间范围增大，卷吸空气的能力更强，容易消散。因此，在这个距离范围内，扩散距离的变化不容易确定，需要进一步讨论。

障碍物的宽度和高度对扩散距离的影响几乎是单调变化的，如图 10-31（b）和（c）所示。当障碍物宽度增大时，障碍物的迎风侧面积增大，分流效果更明显，同时氢气有更长的时间在同一水平距离上削减动能，从而缩短了扩散距离。当障碍物高度增加时，氢气沿着障碍物高度方向扩散的比例增加，分散了水平方向扩散的氢气占比，降低了扩散距离。但高度较大时，最小扩散距离仍有少许波动变化。从图 10-31（d）中可以发现障碍物的厚度对最小扩散距离的影响较小，说明该因素不是主导因素。

通过对四个因素的分析，大致确定了每个因素的影响规律。但由于障碍物与泄漏口之间的距离在 10～50m 的范围内时对扩散距离的影响不确定，障碍物高度较大时也如此。最初需要完成的 625 个案例可以进行大幅度的缩减，如表 10-7 所示。

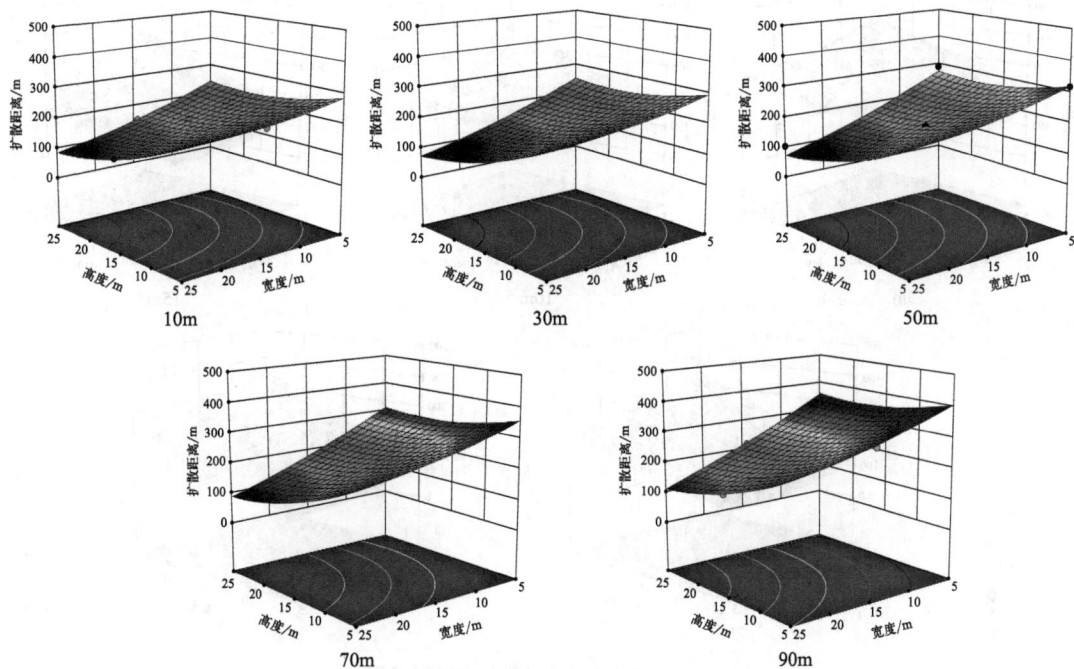

(a) 障碍物放置距离对最小扩散距离的影响

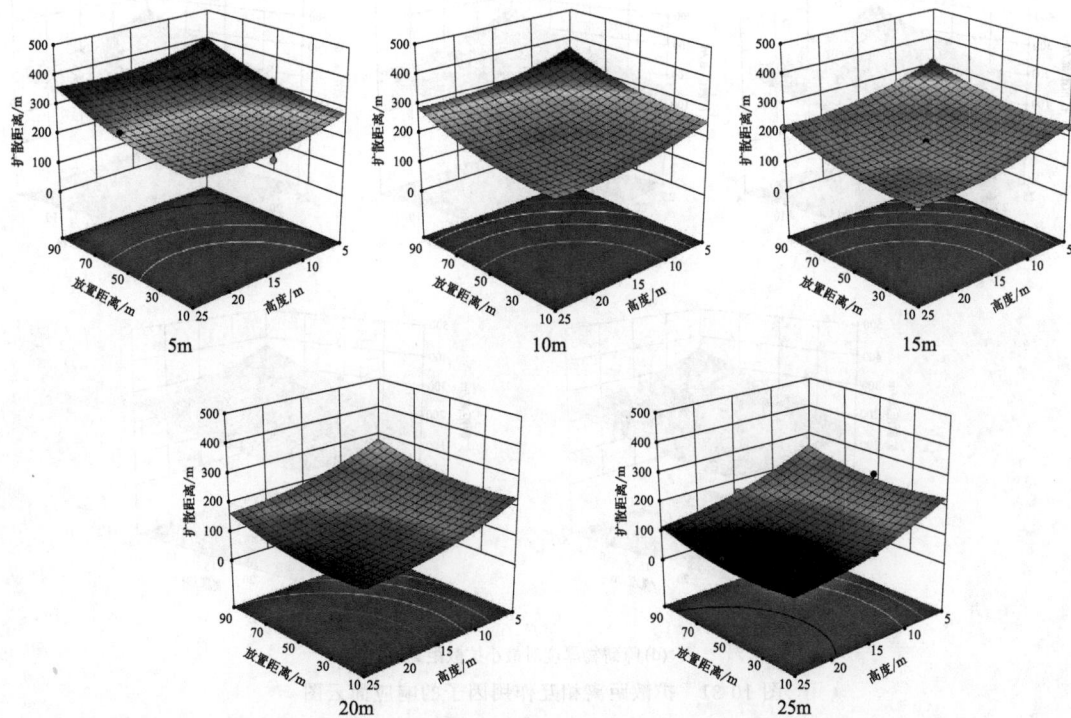

(b) 障碍物宽度对最小扩散距离的影响

图 10-31

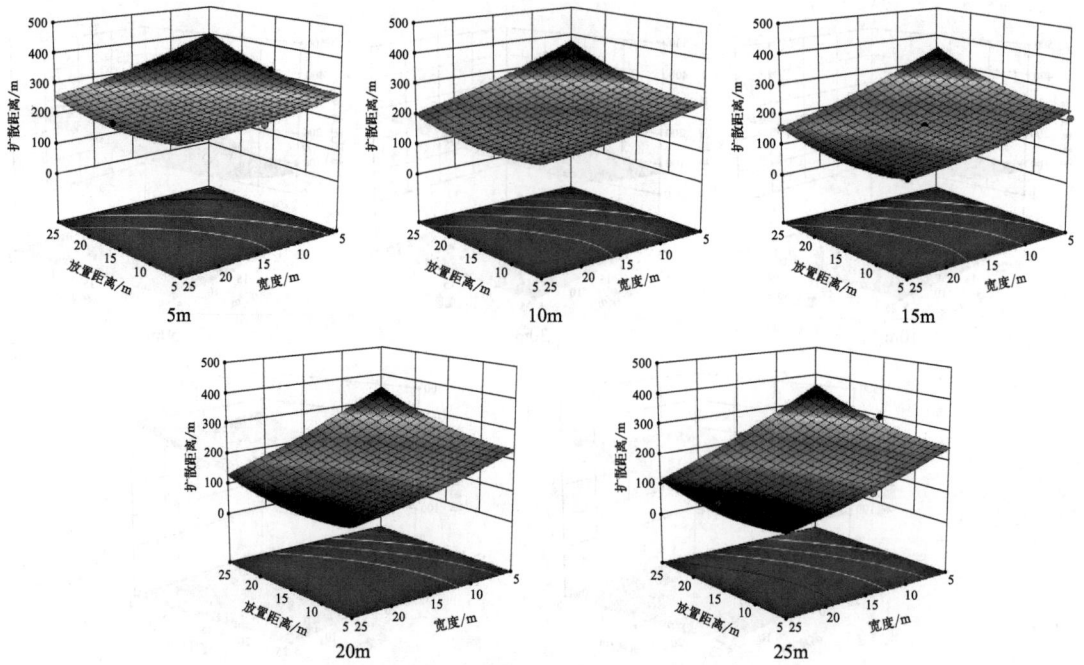

(c) 障碍物高度对最小扩散距离的影响

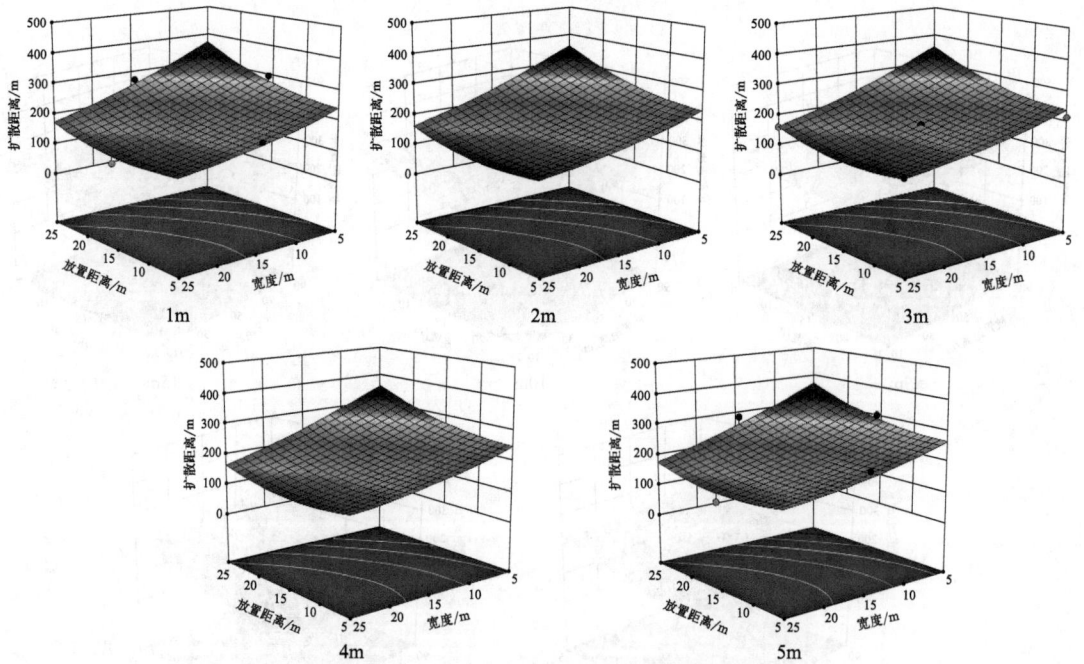

(d) 障碍物厚度对最小扩散距离的影响

图 10-31　扩散距离相互作用因子的响应面云图

表 10-7　响应面法优化后的立方体障碍物方案计算条件

参数	取值
放置距离/m	10、30、50

参数	取值
宽度/m	25
高度/m	15、20、25
厚度/m	1

图 10-32 展示了根据表 10-7 的计算条件排列组合而成的 9 个案例的计算结果。当障碍物与泄漏口的距离为 50m，障碍物的宽度、高度和厚度分别为 25m、15m 和 1m 时，扩散距离为 101m，这是所有计算条件下的最小扩散距离。经过以上计算，可以初步确定立方体障碍物的最优布置方式。

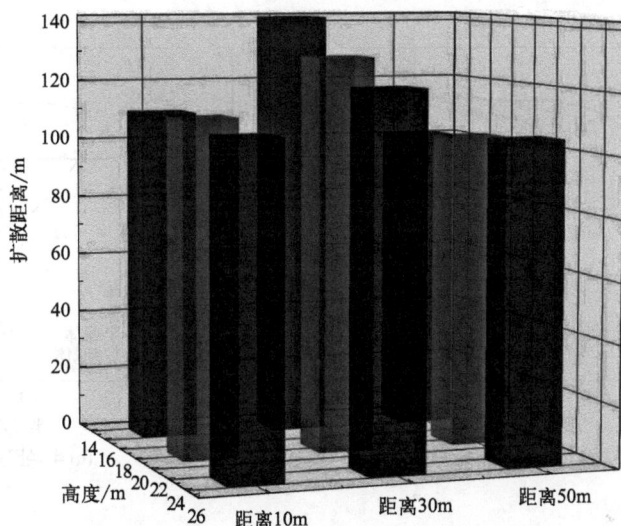

图 10-32　基于响应面优化的扩散距离计算

10.6.3　类球体和圆锥体障碍物的作用规律

具有光滑过渡曲面的障碍物可以减少氢气在障碍物附近的积聚，同时曲面设计也可以减少氢气在壁面上的黏附。本节讨论了球体、半球体、空心半球体、空心 1/4 球体和圆锥体对泄漏扩散的影响。对于与球体相关的形状，主要有放置距离和半径两个指标。对于圆锥体，还要增加一个高度指标。具体的计算条件如表 10-8 所示。

表 10-8　响应面法优化后的立方体障碍物方案计算条件

形状	放置距离/m	半径/m	高度/m
球体	10、30、50、70、90	1、2、3、4、5	—
半球体	10、30、50、70、90	1、2、3、4、5	—
空心半球体	10、30、50、70、90	1、2、3、4、5	—
空心 1/4 球体	10、30、50、70、90	1、2、3、4、5	—
圆锥体	10、30、50、70、90	1、2、3、4、5	5、10、15、20、25

图 10-33 展示了对各类球体和圆锥体相关障碍物的参数分析。在研究每个参数的时候都

进行了其他变量的控制。从图 10-33（a）中可以看到，放置距离呈现单调性影响，其与立方体的规律有所差别。由于此处讨论的五种障碍物的迎风侧都存在曲面，不利于氢气的积聚，所以障碍物放置越远，扩散距离也越大。同时，也是因为迎风侧的曲面结构削弱了障碍物效应，扩散距离普遍较大，空心半球体的性能相对较好。图 10-33（b）展示了障碍物半径的影响。此处的半径类似立方体的宽度，它决定了障碍物的迎风侧面积，大半径的障碍物会产生更好的动能削减和分流作用，利于缩短扩散距离。相比其他形状，空心半球体仍表现出更好的性能。但大半径的球体障碍物出现了一点反常，因为它在一定程度上维持了氢气层的厚度，造成了扩散距离的反弹。圆锥体障碍物的高度被单独讨论，可以发现其对扩散距离影响不大，如图 10-33（c）所示。圆锥体的结构特殊，靠近顶端区域的迎风侧截面积较小，无法起到良好的分流作用，而中部以下区域则对分流影响较大。

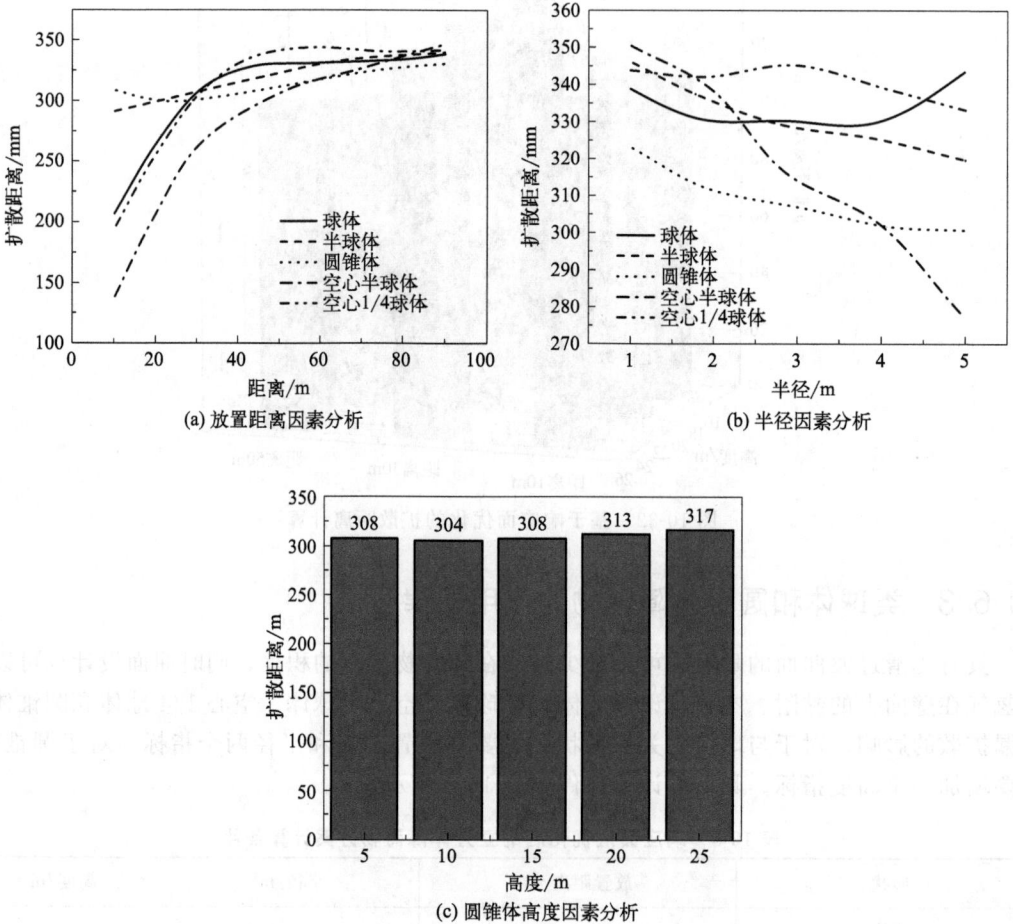

图 10-33　类球体和圆锥体障碍物参数对扩散距离的影响

在以上五种的障碍物类型中，空心半球体的障碍物效应更明显。图 10-34 展示了气流在空心半球体障碍物附近的流线。空心半球体可以将一定质量的氢气聚拢，延长氢气的停留时间，而在这段时间内可燃氢气的动能被进一步削弱，浓度被进一步稀释，从而可以有效缩短扩散距离。由于空心半球体的结构参数对扩散距离的影响都是单调的，进一步计算了放置距离为 10m、半径为 10m 的工况，结果表明最小扩散距离可达 99m。

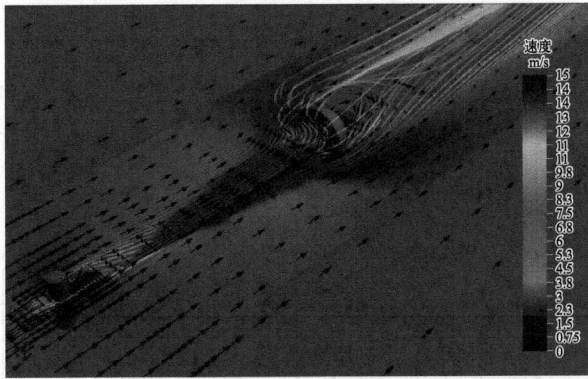

图 10-34　空心半球体障碍物附近的流线分布

10.6.4　圆柱面障碍物的作用规律

根据空心半球体的启发,期望通过增加停留时间来达到预期效果。采用圆柱面类型的障碍物设置,可以更大限度地聚拢氢气,还具有更好的放置稳定性。本节主要讨论了正圆柱面、反圆柱面、1/4 正圆柱面和 3/4 正圆柱面的影响。表 10-9 展示了该类障碍物的计算条件。

表 10-9　圆柱面障碍物方案计算条件

形状	放置距离/m	半径/m	高度/m
正圆柱面	10、30、50、70、90	2、4、6、8、10	5、10、15、20、25
反圆柱面	10、30、50、70、90	2、4、6、8、10	5、10、15、20、25
1/4 正圆柱面	10、30、50、70、90	2、4、6、8、10	5、10、15、20、25
3/4 正圆柱面	10、30、50、70、90	2、4、6、8、10	5、10、15、20、25

图 10-35 展示了三个参数对扩散距离的影响。从参数本身出发,障碍物距离泄漏口越近,半径越大,阻碍效果越明显。当障碍物高度达到 15m 以上后,扩散距离的减小梯度不再明显。从形状本身出发,反圆柱面和 1/4 正圆柱面的效果不如另外两种,因为它们的迎风

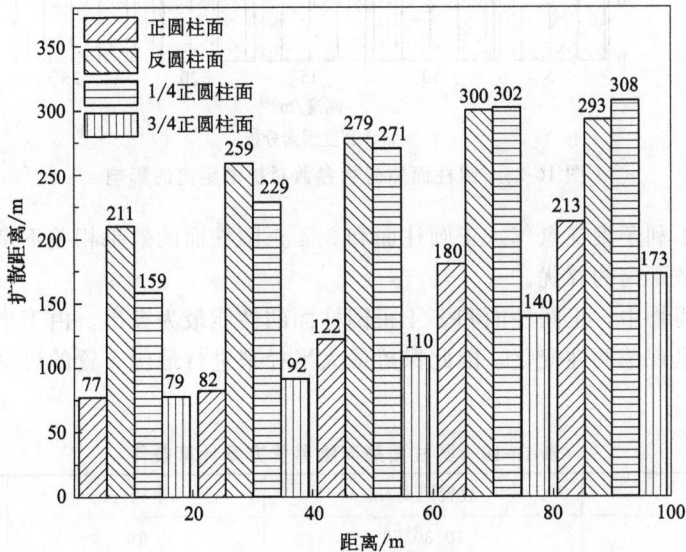

(a) 放置距离因素分析

图 10-35

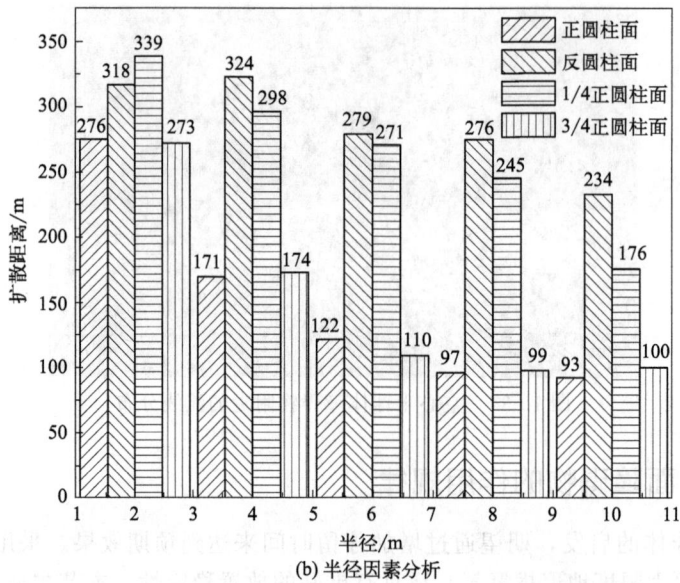

(b) 半径因素分析

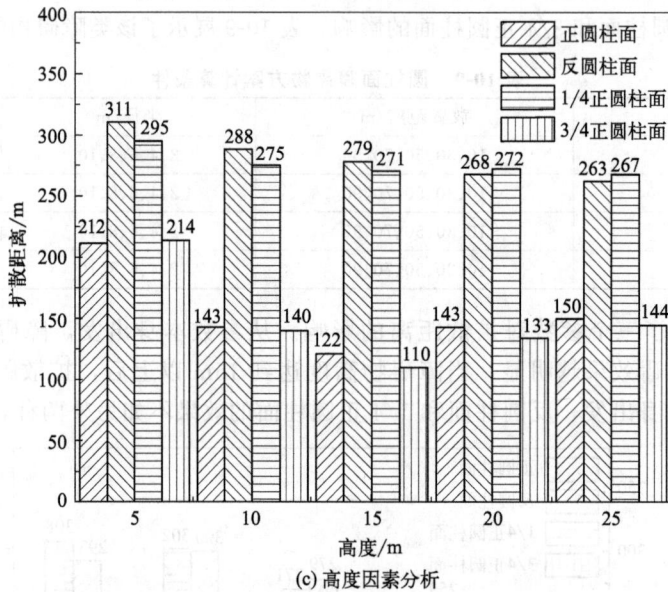

(c) 高度因素分析

图 10-35　圆柱面障碍物参数对扩散距离的影响

侧截面积不足或不利于聚拢氢气。正圆柱面和 3/4 正圆柱面的效果相差不多，因此针对这两种障碍物进行扩散距离的寻优。

在圆柱面障碍物中，正圆柱面和 3/4 正圆柱面的性能最为突出。由于半径对扩散距离的影响最明显，且呈现单调性变化，因此保持最大半径来进行最优布置的讨论。具体计算条件如表 10-10 所示。

表 10-10　圆柱面障碍物寻优方案计算条件

形状	放置距离/m	半径/m	高度/m
正圆柱面	10、30、50	10	15、20、25
3/4 正圆柱面	10、30、50	10	15、20、25

图 10-36 展示了正圆柱面和 3/4 正圆柱面在不同优化设置下的结果。可以看到两种类型的障碍物都有望将扩散距离控制在 70m 之内。其中，放置距离 10m、半径 10m、高度 20m 的正圆柱面和放置距离 30m、半径 10m、高度 25m 的 3/4 正圆柱面效果最好，对应的扩散距离均为 66m。

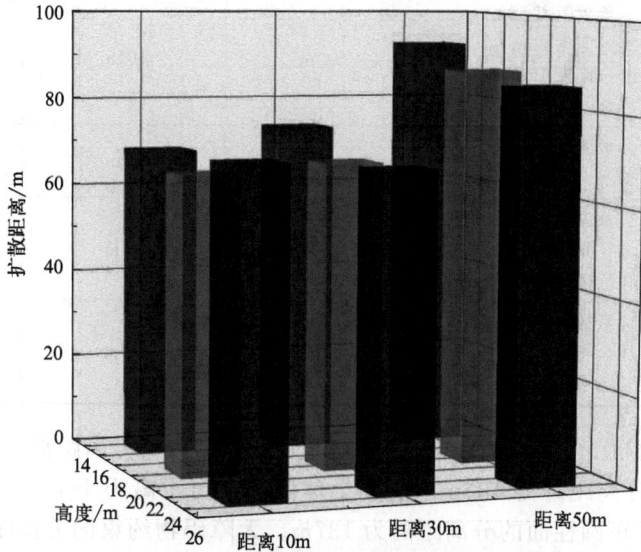

(a) 正圆柱面布置方案计算

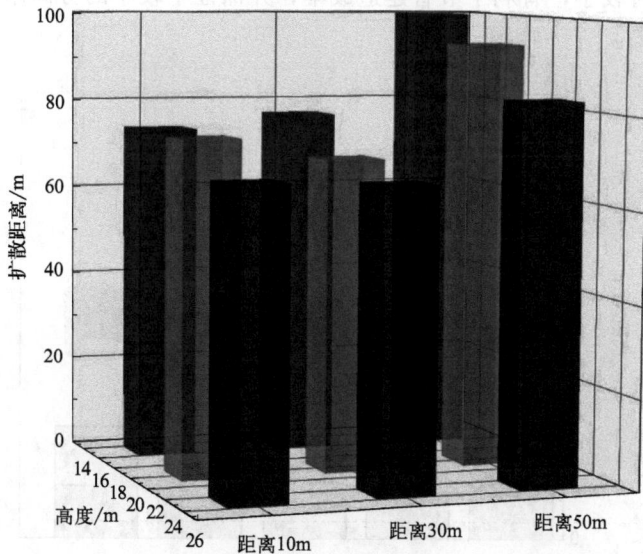

(b) 3/4 正圆柱面布置方案计算

图 10-36　圆柱面障碍物参数对扩散距离的影响

10.6.5　方案效果比较

为了最大限度地提升安全性，一般在工程实际中保证核电站与核能制氢化工厂的距离大于计算得到的分离距离。而本研究设计的多种障碍物布置方案的目的是尽可能减小分离距离。表 10-11 总结了前述讨论的几种具有突出性能的障碍物方案，并整理了对应的扩散距离和可燃氢气体积。

表 10-11   不同类型障碍物的性能比较

形状	设计工况	表面积	扩散距离	可燃氢气体积
—	无约束	—	350m	57644.254m^3
立方体	放置距离50m， 宽度25m， 高度15m， 厚度1m	805m^2	101m	15514.670m^3
空心半球体	放置距离10m， 半径10m	628m^2	99m	18235.916m^3
正圆柱面	放置距离10m， 半径10m， 高度20m	628m^2	66m	11313.395m^3
3/4 正圆柱面	放置距离30m， 半径10m， 高度25m	1178m^2	66m	9658.463m^3

图 10-37 展示了最恶劣工况下不同障碍物布置方案对应的分离距离。四个表现良好的障碍物中，正方体的分离距离为 184m，空心半球体的分离距离为 187m，正圆柱面的分离距离为 141m，而 3/4 正圆柱面的分离距离为 137m。无障碍物约束的分离距离为 479m。与没有障碍物相比，任何类型的障碍物都能显著缩短扩散距离和爆燃距离，从而提高安全性。正圆柱面的表面积相对较小，有利于节省建造成本，并保证了较小的分离距离，在众多障碍物类型中具有明显优势。

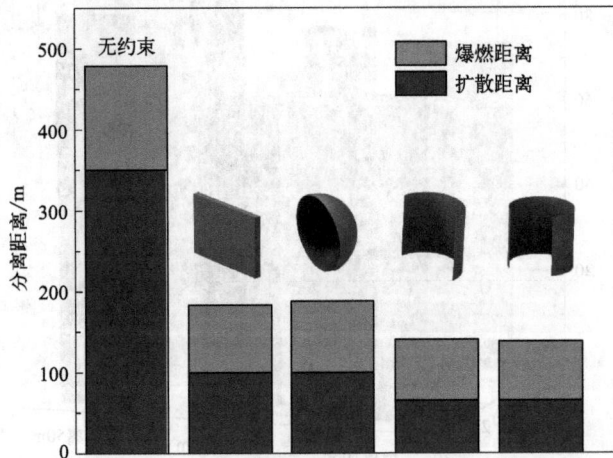

图 10-37   不同类型障碍物的分离距离

10.7   小结

本章重点关注核能制氢系统的安全性问题，通过建立氢气泄漏扩散的实验平台，研究了开放空间、风洞中以及存在障碍物遮挡时的氢气泄漏扩散特性。通过数值模拟的方法计算了工程实际中核能制氢系统泄漏事故的全过程，重点研究了环境风速、环境风向、泄漏口直径、泄漏高度和泄漏角度对可燃氢气扩散距离的影响，进而确定了复杂条件下的最恶劣组合工况，并计算了该工况下的扩散距离和爆燃距离。基于设计的最恶劣工况，采用被动式障碍物阻滞方案，通过分析障碍物阻滞机理，研究了不同类型的障碍物的效果，并确定了最优布置方案。本章的主要结论包括：

① 通过开放空间的泄漏扩散实验研究了泄漏流量对射流中心线浓度的影响，结果表明，随着流量的不断增大，扩散距离也增加。Fr 为 172.36 的工况出现了明显的浮力效应，展现出浮力主导射流的特性，而 Fr 大于 344.72 的工况虽处于浮力和动量共同主导的区间，但浓度衰减特性已非常接近动量主导。经过无量纲化线性处理后，浓度衰减数据具有良好的线性关系，且氢气浓度衰减率约为 0.177。

② 通过风洞实验研究了环境风速对射流中心线浓度的影响，结果表明，在相同的泄漏流量下，风速的增大并未造成射流中心线浓度的明显变化，当流量增大时，这种差异化将变得更小，说明增大风速对射流中心线上浓度的影响可以忽略。经过无量纲化线性处理后，浓度衰减数据仍具有良好的线性关系，且浓度衰减率约为 0.313。

③ 通过布置障碍物的泄漏扩散实验研究了障碍物自身结构和空间位置等因素对浓度分布的影响，结果表明，对于障碍物类型而言，具有更大迎风面积的立方体障碍物表现出更好的浓度稀释效果，当立方体障碍物和半圆柱面障碍物的表面积相同时，半圆柱面因其突出的积聚气流的特征而具有更好的浓度稀释效果。对于喷嘴距离风洞底面的高度而言，其主要影响了高度方向的扩散，高度的增加会引导更多气流向上方扩散，减少了水平和径向方向的扩散。对于障碍物与喷嘴之间的距离而言，随着距离的增大，扩散距离增加，中型立方体障碍物和半圆柱面障碍物在相同的距离下，比小型立方体障碍物的性能更好。对于风洞中的气流速度而言，风速的卷吸作用明显缩短了扩散距离，同时减少了氢气云团的体积，且风速越大，稀释作用越明显。

④ 通过对实际工况开展稳态模拟，发现环境条件和储罐条件对泄漏扩散有重要影响。对于风速和风向，当泄漏方向与风向越一致时，氢气补充的动能越强。此时若风速更大，氢气就会扩散得更远。对于泄漏直径，泄漏直径越大，初始泄漏动量越大，因此扩散距离也会越大。对于泄漏高度和泄漏角度，当泄漏高度较低且泄漏方向趋于水平时，氢气更容易积聚在地面附近，进而增加扩散距离。

⑤ 通过对最恶劣组合工况开展瞬态模拟，考虑了罐内压力变化后，当泄漏孔为 100mm 时，罐内氢气于发生泄漏后 32s 内全部排放到环境中。在顺风条件、大口径泄漏、低泄漏高度和水平扩散相组合的恶劣条件下，最远扩散距离和最高可燃氢气云质量分别可达 237m 和 215kg。在高风速的恶劣条件下，能够保证核反应堆不受影响的最小分离距离为 338m，其中 30% 的距离来自爆炸产生的冲击波的传播。当氢气泄漏 80s 左右时，扩散距离与爆燃距离之和最大，此时安全风险最高。

⑥ 通过数值模拟的方法揭示了设置障碍物可以有效阻滞氢气扩散的机理：其一是障碍物能够有效降低氢气射流的动能，从而缩短可燃氢气的扩散距离；其二是合理设置障碍物可以将一股高浓度氢气射流分离为多股射流，进而加快整体浓度的稀释。

⑦ 针对立方体、类球体和圆柱面障碍物的阻滞氢气性能开展研究，发现在最优设置条件下，立方体障碍物可以将分离距离缩短至 101m。对于类球体和圆锥体障碍物，空心半球体的迎风侧通过积聚氢气实现对氢气的动能削减和浓度稀释，从而具有更好的阻碍作用，可以将扩散距离缩短至 99m。对于圆柱面障碍物，通过改变圆柱面的开合程度和摆放角度，

发现正圆柱面和 3/4 正圆柱面可以将扩散距离进一步缩短至 66m。

⑧ 综合立方体、空心半球体、正圆柱面和 3/4 正圆柱面等一系列被动式障碍物阻滞方案的分析表明,正圆柱面障碍物的性能最优,原因在于正圆柱面可以在较小的建造表面积下实现分离距离的大幅缩短,且这种障碍物具有更好的建筑稳定性,更适用于工程实际。

参 考 文 献

[1] Qian J, Li X, Gao Z, et al. A numerical study of unintended hydrogen release in a hydrogen refueling station [J]. International Journal of Hydrogen Energy, 2020, 45 (38): 20142-20152.

[2] Franquet E, Perrier V, Gibout S, et al. Free underexpanded jets in a quiescent medium: A review [J]. Progress in Aerospace Sciences, 2015, 77: 25-53.

[3] Wilkes Inman J, Danehy P, Nowak R, et al. Fluorescence imaging study of impinging underexpanded jets [C] // 46th AIAA Aerospace Sciences Meeting and Exhibit. 2008: 619.

[4] Li F, Yuan Y, Yan X, et al. A study on numerical simulation of hydrogen leakage in cabin of fuel cell ship [J]. Journal of Transport Information and Safety, 2017, 35 (6): 60-66.

[5] Li F, Yuan Y, Yan X, et al. A study on a numerical simulation of the leakage and diffusion of hydrogen in a fuel cell ship [J]. Renewable & Sustainable Energy Reviews, 2018, 97: 177-185.

[6] Mao X, Ying R, Yuan Y, et al. Simulation and analysis of hydrogen leakage and explosion behaviors in various compartments on a hydrogen fuel cell ship [J]. International Journal of Hydrogen Energy, 2020. https://doi.org/10.1016/j.ijhydene.2020.11.158.

[7] Yu X, Wang C, He Q. Numerical study of hydrogen dispersion in a fuel cell vehicle under the effect of ambient wind [J]. International Journal of Hydrogen Energy, 2019, 44 (40): 22671-22680.

[8] Vendra C M R, Wen J X. Numerical modelling of vented lean hydrogen deflagrations in an ISO container [J]. International Journal of Hydrogen Energy, 2019, 44 (17): 8767-8779.

[9] Pitts W M, Yang J C, Blais M, et al. Dispersion and burning behavior of hydrogen released in a full-scale residential garage in the presence and absence of conventional automobiles [J]. International journal of hydrogen energy, 2012, 37 (22): 17457-17469.

[10] Bie H, Hao Z. Simulation analysis on the risk of hydrogen releases and combustion in subsea tunnels [J]. International Journal of Hydrogen Energy, 2017, 42 (11): 7617-7624.

[11] Han U, Oh J, Lee H. Safety investigation of hydrogen charging platform package with CFD simulation [J]. International Journal of Hydrogen Energy, 2018, 43 (29): 13687-13699.

[12] Prabhakar A, Agrawal N, Raghavan V, et al. Numerical modelling of isothermal release and distribution of helium and hydrogen gases inside the AIHMS cylindrical enclosure [J]. International Journal of Hydrogen Energy, 2017, 42 (22): 15435-15447.

[13] Nagase Y, Sugiyama Y, Kubota S, et al. Prediction model of the flow properties inside a tube during hydrogen leakage [J]. Journal of Loss Prevention in the Process Industries, 2019, 62: 103955.

[14] Lee J, Cho S, Park C, et al. Numerical analysis of hydrogen ventilation in a confined facility with various opening sizes, positions and leak quantities [J]. Computer Aided Chemical Engineering: Elsevier, 2017: 559-564.

[15] Rigas F, Sklavounos S. Evaluation of hazards associated with hydrogen storage facilities [J]. International Journal of Hydrogen Energy, 2005, 30 (13-14): 1501-1510.

[16] Schmidt D, Krause U, Schmidtchen U. Numerical simulation of hydrogen gas releases between buildings [J]. International journal of hydrogen energy, 1999, 24 (5): 479-488.

[17] Olvera H A, Choudhuri A R. Numerical simulation of hydrogen dispersion in the vicinity of a cubical building in stable stratified atmospheres [J]. International Journal of Hydrogen Energy, 2006, 31 (15): 2356-2369.

[18] Choi J, Hur N, Kang S, et al. A CFD simulation of hydrogen dispersion for the hydrogen leakage from a fuel cell vehicle in an underground parking garage [J]. International Journal of Hydrogen Energy, 2013, 38 (19): 8084-8091.

[19] Liang Y, Pan X, Zhang C, et al. The simulation and analysis of leakage and explosion at a renewable hydrogen refuelling station [J]. International Journal of Hydrogen Energy, 2019, 44 (40): 22608-22619.

[20] Bauwens C R, Dorofeev S B. CFD modeling and consequence analysis of an accidental hydrogen release in a large scale

facility [J]. International Journal of Hydrogen Energy, 2014, 39 (35): 20447-20454.

[21] Keenan J J, Makarov D V, Molkov V V. Modelling and simulation of high-pressure hydrogen jets using notional nozzle theory and open source code OpenFOAM [J]. International Journal of Hydrogen Energy, 2017, 42 (11): 7447-7456.

[22] Swain M R, Grilliot E S, Swain M N. Experimental verification of a hydrogen risk assessment method [J]. Chemical Health & Safety, 1999, 6 (3): 28-32.

[23] Barley C D, Gawlik K. Buoyancy-driven ventilation of hydrogen from buildings: Laboratory test and model validation [J]. International Journal of Hydrogen Energy, 2009, 34 (13): 5592-5603.

[24] Lobato J, Cañizares P, Rodrigo M A, et al. A comparison of hydrogen cloud explosion models and the study of the vulnerability of the damage caused by an explosion of H_2 [J]. International Journal of Hydrogen Energy, 2006, 31 (12): 1780-1790.

[25] Zhang S, Zhang Q. Influence of geometrical shapes on unconfined vapor cloud explosion [J]. Journal of Loss Prevention in the Process Industries, 2018, 52: 29-39.

[26] Ahumada C B, Papadakis-Wood F I, Krishnan P, et al. Comparison of explosion models for detonation onset estimation in large-scale unconfined vapor clouds [J]. Journal of Loss Prevention in the Process Industries, 2020, 66: 104165.

[27] Mueschke N J, Joyce A. Measurement of gas detonation blast loads in semiconfined geometry [J]. Journal of Loss Prevention in the Process Industries, 2020, 63: 104004.

[28] Berg A C, Wingerden C J M. Vapour cloud explosions: experimental investigation of key parameters and blast modelling [J]. Process Safety and Environmental Protection, 1991, 69: 139-148.

[29] Liu C, Liao Y, Yang W, et al. Estimation of explosion overpressure associated with background leakage in natural gas pipelines [J]. Journal of Natural Gas Science and Engineering, 2021, 89: 103883.

[30] Verfondern K, Yan X, Nishihara T, et al. Safety concept of nuclear cogeneration of hydrogen and electricity [J]. International Journal of Hydrogen Energy, 2017, 42 (11): 7551-7559.

[31] Box G E, Wilson K B. On the experimental attainment of optimum conditions [J]. Breakthroughs in statistics: Springer, 1992: 270-310.

[32] Myers R H, Montgomery D C, Anderson-Cook C M. Response surface methodology: Process and product optimization using designed experiments [J]. John Wiley & Sons, 2016.

[33] Kuś P, Jerković I, Jakovljević M, et al. Extraction of bioactive phenolics from black poplar (Populus nigra L.) buds by supercritical CO_2 and its optimization by response surface methodology [J]. Journal of pharmaceutical and biomedical analysis, 2018, 152: 128-136.

[34] Sun X, Yoon J Y. Multi-objective optimization of a gas cyclone separator using genetic algorithm and computational fluid dynamics [J]. Powder Technology, 2018, 325: 347-360.

[35] Ferreira S C, Bruns R, Ferreira H S, et al. Box-Behnken design: An alternative for the optimization of analytical methods [J]. Analytica chimica acta, 2007, 597: 179-186.

[36] Karmoker J R, Hasan I, Ahmed N, et al. Development and optimization of acyclovir loaded mucoadhesive microspheres by box-behnken design [J]. Dhaka University Journal of Pharmaceutical Sciences, 2019, 18: 1-12.

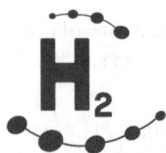

第11章
核能制氢在煤液化和氢冶金领域的应用

11.1 概述

核能制氢可以实现氢气的高效、无碳排放、稳定制备，为未来氢气的大规模供应提供了一种重要的解决方案。因此，核能制氢技术的发展对支撑未来绿色氢能的发展具有重要战略意义。从长远发展的角度来看，终端用户是核能制氢技术发展路线中必须考虑的要素之一。只有与合适的终端用户相匹配，才能打通"用氢"这一氢能产业链上的关键环节，将上游的核能制氢过程与下游的用氢场景更好地衔接，从而将制取的氢气进行多种产品和形式的输出，最终拓宽核能制氢在工业领域的应用前景。从核能制氢技术的特点来看，具有大规模清洁氢气需求的工业领域如煤液化、氢冶金、石油精炼、合成氨、生物质精炼等是较合适的核能制氢的终端用户[1]。核能制氢技术应用于这些工业领域还可以充分发挥高温气冷堆的优势，在大规模提供氢气的同时提供电能和高品位热量，从而可以通过能量的综合利用提高能源利用率。因此，这些工业领域可以作为高温气冷堆核能制氢技术未来应用的重要方向。

一些研究学者对核能制氢技术在这些工业领域的应用进行了初步探索性研究，其中煤液化和氢冶金炼钢是较受研究关注的两个核能制氢技术的工业应用领域。在煤液化的研究方面，美国爱达荷实验室的 Gandrik 和 Wood[2] 将高温气冷堆耦合高温蒸汽电解的核能制氢技术整合到煤液化制油工艺中，并与传统的煤制油工艺相比较，结果发现核能制氢技术的引入可以减少约 65% 的煤炭消耗和 95% 的二氧化碳排放。清华大学核能与新能源技术研究院的赵冉[3] 对高温气冷堆在煤制油领域的应用开展了研究，提出了基于高温气冷堆液化干气重整制氢的煤制油方案（HTGR-DGR 方案）和基于高温气冷堆煤气化制氢的煤制油方案（HTGR-ECCG 方案），两方案均依靠高温气冷堆所特有的工艺热完成制氢反应，并利用核能提供整个工艺中所需的热能和电力，初步估算的结果表明两方案可使吨油产量的煤炭总消耗下降 25% 且实现温室气体减排约 60%。因此，基于高温气冷堆的核能制氢技术在煤液化制油领域的应用经济可行，具有显著的节能减排效果。

在氢冶金炼钢的研究方面，Yan 等[4]提出并评价了一种基于高温气冷堆耦合碘硫循环的核能炼钢系统，炼钢厂采用传统的熔炉，但用氢气和氧气代替碳氢化合物作为反应物和燃料。系统的能量和物料平衡计算结果表明 1MW 的核热可以年产略高于 1000t 的钢铁，钢铁的生产成本是具有竞争力的，而过程中的二氧化碳排放量仅相当于传统工艺的 1%。这种核能炼钢系统使用已经经过验证的技术作为基础，且具有可持续性、良好的经济性和卓越的安全性，因此被认为适合在近期进行部署应用。Germeshuizen 和 Blom[5]提出利用高温气冷堆耦合混合硫循环生产氢气和氧气，并用氢气代替碳作为炼钢过程的还原剂。技术经济评估的结果表明，当氢气代替碳作为还原剂时，二氧化碳排放量可减少约 63%。如果氢气成本按 3.00 美元/kg 计算，生产成本将增加 12.8% 左右。Salimy 等[6]对高温气冷堆耦合碘硫循环的核能制氢技术在钢铁行业的应用进行了评价，结果表明当超高温气冷堆热功率为 200MW 时，核能制氢过程每天可产生 $5 \times 10^5 m^3$ 氢气，每年可实现炼钢 210000t，而当超高温气冷堆热功率为 600MW 时，日氢气产量可提升至 $1.48 \times 10^6 m^3$，年炼钢量为 630000t。Liu 等[7]介绍了不同的制氢技术，这些技术可以为钢铁行业提供氢气或富氢气体，然后详细介绍了氢气在高炉生产工艺、直接还原铁工艺和冶炼还原铁工艺中的应用，并讨论了氢或富氢气体作为燃料的作用，最后对我国钢铁行业未来的发展提出了建议和展望。Vogl 等[8]提出并评估了一种基于氢气直接还原铁矿石的炼钢工艺设计，结果表明氢直接还原炼钢工艺的能源需求与传统炼钢工艺相似，但是不使用煤和焦炭，而是使用电力，每炼就 1t 钢需要消耗 3.48MW 的电能，而每吨钢材的生产成本在 361~640 欧元的范围内。在电力和碳排放相对价格有利的条件下，氢直接还原炼钢工艺的经济前景会更好。

从上述文献综述可以看出，基于高温气冷堆的核能制氢技术在煤液化制油和氢冶金炼钢等工业领域可以发挥重要作用，可以满足煤液化过程或炼钢工艺的能源需求，显著减少化石燃料使用量和二氧化碳排放量，对煤的清洁利用和炼钢工艺的绿色脱碳化发展具有重要意义。本章重点聚焦煤液化和氢冶金这两个核能制氢技术未来重要的工业应用方向，首先介绍核能制氢在煤液化中的应用，对传统的煤液化制油过程和基于核能制氢的新型煤液化制油过程进行比较和评估，然后介绍核能制氢在氢冶金中的应用，提出基于高温气冷堆核能制氢的炼钢系统方案，开展多联产能源系统研究，分析碘硫循环制氢效率、发电模块和制氢模块的功率比、直接还原铁比例对系统性能的影响以及系统的碳排放情况，研究结果可以为更好地实现核能制氢技术在煤液化制油和氢冶金炼钢领域的应用提供参考和借鉴。

11.2　核能制氢在煤液化中的应用

煤液化是指把固体的煤通过化学加工的方法，使其中的有机质转化为液体燃料、化工原料等产品[9]。煤与石油的分子结构不同，在化学组成上存在明显的差别，主要体现为煤中氢含量低、氧含量高，即 H/C 原子比低、O/C 原子比高。实现煤的液化，首先要将其大的分子裂解为较小的分子，然后要增加 H 原子或减少 C 原子来提高 H/C 原子比并降低 O/C，煤液化的实质是在适当的温度、压力条件下，通过溶剂和催化剂作用，提高煤的 H/C 原子比，使固体煤转化为液体油[10]。下面分别对传统煤液化过程和基于核能制氢的新型煤液化过程进行介绍。

11.2.1 传统煤液化过程

传统煤液化过程的流程示意图如图 11-1 所示。流程中包含空气分离、煤炭磨粉和干燥、煤气化、合成气清洁和调节、硫回收、二氧化碳压缩/液化、费托合成（F-T 合成）、产品升级和精炼、电力生产、冷却塔和水处理等单元操作。下面简要介绍每个单元的操作。

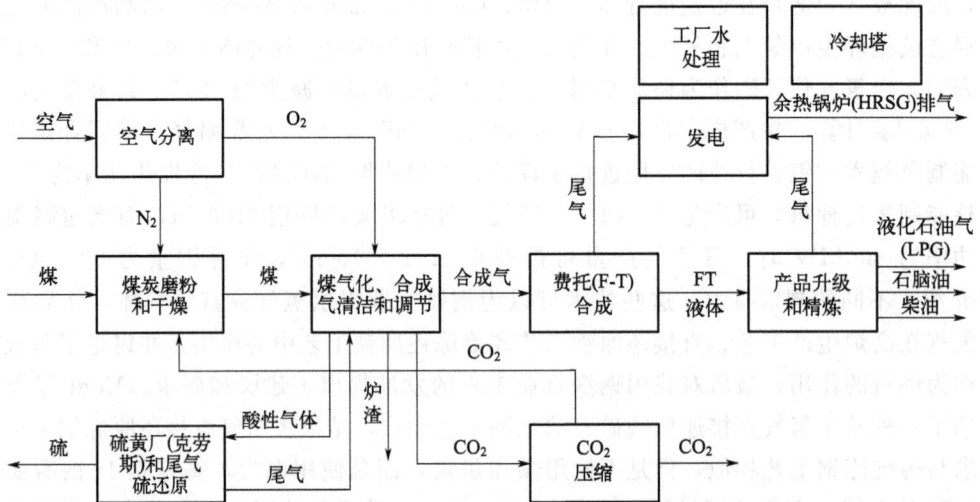

图 11-1　传统煤液化过程的流程示意图[2]

在空气分离单元中，氧气通过标准低温林德型空气分离装置产生，该装置利用两个精馏塔与冷箱进行热交换。氧气用于气化过程，为了减少合成气中的惰性成分，氧气的纯度要求为 99.5%，纯度稍低的氧气可能会增加燃料合成回路的稀释氮气。空气分离装置产生的氮气副产品可用于煤炭干燥和运输，并作为惰性气体在整个装置中使用。来自空气分离装置的废气流是富氧气流。一部分富氧气流被用作硫回收装置的进料以代替空气。

在煤炭磨粉和干燥单元中，采用辊磨机将煤粉碎至 $90\mu m$ 以下，以确保高效气化。干燥是使用加热的惰性气流（来自空气分离装置的氮气）完成的。气流在将煤粉扫过内部分类器以收集在袋式除尘器中时，会去除蒸发的水。煤被烘干到含 6% 的水分。氮气也被用作将煤从袋式除尘器输送到料斗的输送气体。然后，使用来自低温甲醇洗装置的加压二氧化碳将干燥的、大小合适的煤输送到气化炉。

在煤气化单元中，干煤在大约 1500℃ 的温度下在干式进料、夹带流气化器中气化。尽管一些热量在气化器的膜壁中回收，但大部分热量回收是在气化器下游的合成气冷却器中完成的，合成气冷却器产生用于该工艺的其他区域的蒸汽。合成气通过水骤冷进一步冷却。一部分骤冷的合成气返回到气化器的顶部，以将含有颗粒的气体冷却至灰分软化点以下。

在合成气清洁和调节单元中，一部分合成气在气化后通过酸性变换反应器，然后与未变换的合成气重新混合，为使用钴催化剂的 F-T 反应器提供最佳的 H_2：CO 比例；大约二比一的比率（H_2：CO）。蒸汽被添加到合成气流中，以保持水煤气变换反应所需的水浓度。合成气在吸收器中用冷冻甲醇进一步处理，冷冻甲醇充当物理溶剂，用于去除 CO_2、H_2S 和 COS（羰基硫），即选择性低温甲醇洗工艺。由于费托（F-T）催化剂对硫极度不耐受，因此采用了保护床作为防止中毒的附加措施。一部分合成气被送往变压吸收装置（PSA），在该装置中产生纯氢气流，用于炼油厂的加氢裂化和加氢处理，以及硫还原装置，以将硫化

合物还原为 H_2S。

在硫回收单元中,硫的回收是基于 Claus 工艺。来自 Claus 装置的尾气在催化剂上氢化,将剩余的硫物质转化为 H_2S,并将该物流再循环至低温甲醇洗装置,以最大限度地提高硫回收率。一小股清洁合成气用于燃烧和预热进入硫还原装置的原料气。

在二氧化碳压缩单元中,二氧化碳在低温甲醇洗工艺中从合成气中去除。通过合理设计溶剂再生方案,可以产生纯净的二氧化碳流。然后,所产生的二氧化碳流与煤炭运输中回收的二氧化碳一起被压缩,并在被泵送到所需压力之前进行液化,以用于提高石油采收率或封存。

在费托合成单元中,利用钴催化剂将合成气在浆态鼓泡塔反应器中转化为液态合成原油。放热的 F-T 反应会产生蒸汽。所得产物主要是链烷烃,但也含有一些烯烃和含氧化合物。产品流中的碳链长度从 1(甲烷)到 100 以上不等,因此,进行分离,以将产品分馏成轻质气体、粗石脑油、中间馏分和熔融蜡。为了提高转化率,采用了轻质气体循环。两级浆态鼓泡塔反应器相比单级反应器可以提高转化率并减少回收的轻质气体的量。

在产品升级和精炼单元中,对中间馏分产物进行加氢处理以使烯键饱和。加氢处理产品通过加压和真空蒸馏的组合精炼成石脑油和柴油产品。将真空蒸馏的塔底产物和熔融蜡流进行加氢裂化,以提高柴油和石脑油馏分的总收率。目前,还没有尝试精炼石脑油馏分。

在电力生产环节中,来自费托合成和精炼区域的轻质气体被用来发电。为了提高发电量,采用了联合循环。燃气轮机排出的热废气被输送到热回收蒸汽发生器以产生过热蒸汽。这种蒸汽用于传统的凝汽式涡轮机以产生额外的电力。为了进一步最大限度地提高发电量,整个工厂产生的蒸汽被输送到发电区,在那里它们通过三个饱和蒸汽轮机。来自汽轮机出口的冷凝蒸汽与从工厂返回的冷凝水混合,并添加补给水,为锅炉给水泵提供必要的流量。向除氧器中添加蒸汽以达到适当的温度。

11.2.2 基于核能制氢的新型煤液化过程

基于高温气冷堆核能制氢的新型煤液化过程的流程示意图如图 11-2 所示。该新型过程包括与传统煤液化过程相同的过程单元,但有以下区别:低温空气分离装置和水煤气变换反应器被高温蒸汽电解取代,以为该新型过程提供氧气和氢气。将空气分离装置和水煤气变换反应器从流程中移除后,用于煤炭干燥、运输和供给的惰性气体出现短缺。为了解决这个问题,在煤炭干燥和运输中选择使用空气替代氮气。

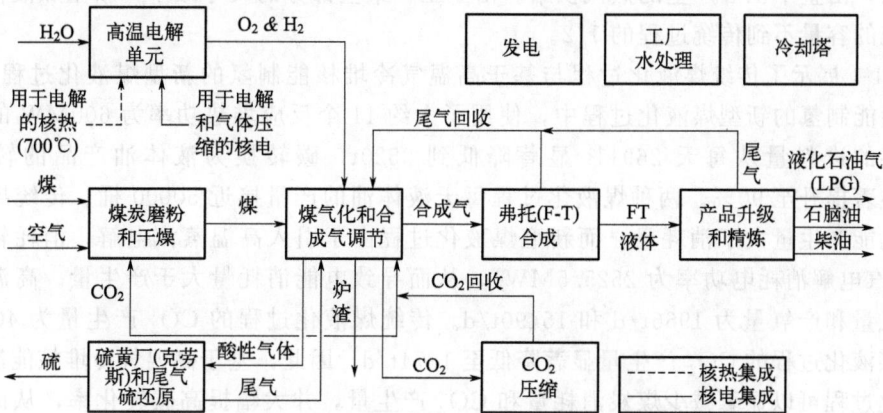

图 11-2 基于核能制氢的新型煤液化过程的流程示意图[2]

下面简要介绍基于高温气冷堆核能制氢的新型煤液化流程中的每个过程单元。由于大多数过程单元在传统煤液化过程的流程图中也存在，因此重点介绍同一过程单元在两种流程中的差异。

在电解单元中，利用高温电解装置将水转化为氢气和氧气。热氦气用于将水转化为蒸汽并提高温度，而从燃烧式加热器回收的热量用于提供较高品位的热量，将蒸汽温度提高到800℃进行电解。高温蒸汽电解装置需要的电能由高温气冷堆核能发电提供。产生的氧气用于 Claus 和硫还原装置的气化和空气富集，氢气用于调节 F-T 合成反应器的氢气与一氧化碳的比例，以代替酸变换反应器。

对于煤炭磨粉和干燥单元，由于不容易在新型煤液化过程中获得氮气，因此采用空气完成煤炭干燥。空气也用作煤粉的运输气体。尽管空气在工业上用于煤炭干燥和运输，但与使用惰性气体相比，它会带来额外的可燃性问题，因此必须严格控制。另外，煤被从低温甲醇洗装置中回收的二氧化碳输送到气化炉中，整个过程中回收的热量可以加热用于干燥的空气。

对于煤气化单元，由于氢气是从电解槽外部供应的，而不是转移合成气，因此煤气化单元的吞吐量减少到传统设计的 35%，以生产相同数量的液体燃料产品。

对于合成气清洗和调节单元，新型煤液化过程由于不需要水煤气变换反应器，因此大大简化了合成气的清洗过程。来自电解槽的氢气被添加到合成气中，以实现 F-T 反应在使用钴催化剂下的最佳 H_2：CO 比例。与传统流程相比，新型煤液化流程中低温甲醇清洗容量减少了 1/2 以上。

对于硫回收单元，新型煤液化过程与传统过程类似，但是和气化单元一样，装置的容量不到传统过程中单元的 1/2。

对于二氧化碳压缩单元，由于没有水煤气变换反应器，压缩单元的容量显著减少。此外，最后一步的压缩操作被取消，原因在于所有的二氧化碳都被回收到气化炉中，这一措施有助于提高碳转化为液体产品的转化率。

对于费托合成单元以及产品升级和精炼单元，新型煤液化过程与传统过程类似。但是，电解槽中所需最高热量是由升级部分的燃烧加热器块提供的，该燃烧式加热器可能位于高温蒸汽电解单元。

对于电力生产环节，新型煤液化过程中燃气轮机系统被移除，轻质气体被回收到气化炉中，因此，不再有高温尾气用于生产过热蒸汽，以供凝汽式蒸汽轮机使用。只有饱和汽轮机仍然存在，由整个工厂产生的蒸汽供给。由于工厂某些部分的尺寸减小，新型煤液化过程的蒸汽系统的容量不到传统过程的 1/2。

表 11-1 展示了传统煤液化过程与基于高温气冷堆核能制氢的新型煤液化过程的比较。在基于核能制氢的新型煤液化过程中，使用了大约 11 个反应堆热功率为 600MW 的高温气冷堆，煤的进料量从每天 26911t 显著降低到 9520t，碳转换为液体油产品的转化率由31.8% 显著提升至 90%。两种煤液化过程每天液体油的产量接近 50000 桶。传统煤液化过程每天电能产生量大于消耗量，而新型煤液化过程由于引入高温蒸汽电解，消耗较多电能（高温蒸汽电解消耗电功率为 2525.5MW），从而导致电能消耗量大于产生量。高温蒸汽电解的产氢量和产氧量为 1966t/d 和 15490t/d。传统煤液化过程的 CO_2 产生量为 40008t/d，而新型煤液化过程的 CO_2 产生量显著降低至 1874t/d。因此，基于高温气冷堆核能制氢的新型煤液化过程可以显著减少煤炭消耗量和 CO_2 产生量，并大幅提高碳转化率，从而具有良好的节能减排效果。

表 11-1　传统煤液化过程与基于核能制氢的新型煤液化过程的比较[2]

	项目	传统煤液化过程	新型煤液化过程
输入	煤的进料量/(t/d)	26911	9520
	碳转化率/%	31.8	90.0
	高温气冷堆（热功率为 600MW）	—	10.87
输出	总液体产品/(桶/d)	49992	49998
	柴油/(桶/d)	35455	35007
	石脑油/(桶/d)	12571	12189
	液化石油气/(桶/d)	1976	2802
电能	净产生电能/MW	252.9	−2323.6
	电能消耗/MW	−719.6	−2727
	电能产生/MW	972.5	403.4
	总 CO_2 产生量/(t/d)	40008	1874
核能制氢部分	高温蒸汽电解消耗电能/MW		2525.5
	高温蒸汽电解消耗热量/MW		762.2
	总产氢量/(t/d)		1966
	总产氧量/(t/d)		15490

11.3　核能制氢在氢冶金中的应用

　　美国早期针对核能制氢过程与炼钢工艺的结合开展了部分研究[11,12]，但主要的研究集中在日本。日本于 1968 年成立了钢铁学会核能利用委员会[13]；1971 年，日本原子能委员会在超高温气冷堆圆桌会议编写的报告中指出，推进核能炼钢的全面研究和开发非常重要，这将对炼焦煤的依赖转变为对能源安全的稳定维护。1973 年，核能炼钢研究开发被列为日本国家级研发项目。1973 年至 1980 年，日本工业联合企业核能炼钢工程研究协会推动了这一研发计划。1979 年，Shimokawa[14]提出了如图 11-3 所示的基于高温气冷堆的炼钢系统设计：以高温气冷堆为热源，选用炼油副产品减压渣油为原料，基于蒸汽重整生产还原气，还原气在加热器中加热到 800～850℃，然后直接进入竖炉（shaft furnace，SF）。Shimokawa 还设计了 50MW 热功率的高温气冷堆核能炼钢系统 FM-50，每天可还原铁 130t。Tsuruoka 等[15]将核能炼钢系统划分为 4 个子系统，即核反应堆、高温热交换系统、还原气生产系统和还原铁生产系统，并对子系统之间的耦合进行了动态仿真和控制研究。与此同时，日本在 20 世纪 80 年代开展了用于核能炼钢的合金研究[16,17]。

　　由于日本自 1970 年以来没有出现炼焦煤短缺，因此核能炼钢的研究和开发尚未进入下一阶段。然而，为应对全球环境问题，钢铁行业在减少 CO_2 排放方面面临着艰巨的任务。2008 年以来，日本虽然在炼钢过程中采用了一些创新技术，但减排效果仍不符合要求。因此，氢气直接还原炼钢被认为是从根本上减少 CO_2 排放的关键技术。Inagaki 等[13]进行核氢炼钢系统的系统设计和技术可行性论证，将超高温气冷堆与炼钢系统耦合，设计了全部核能制氢炼钢系统和部分核能制氢炼钢系统，并进行了比较；通过物质和能量平衡分析系统热输入和 CO_2

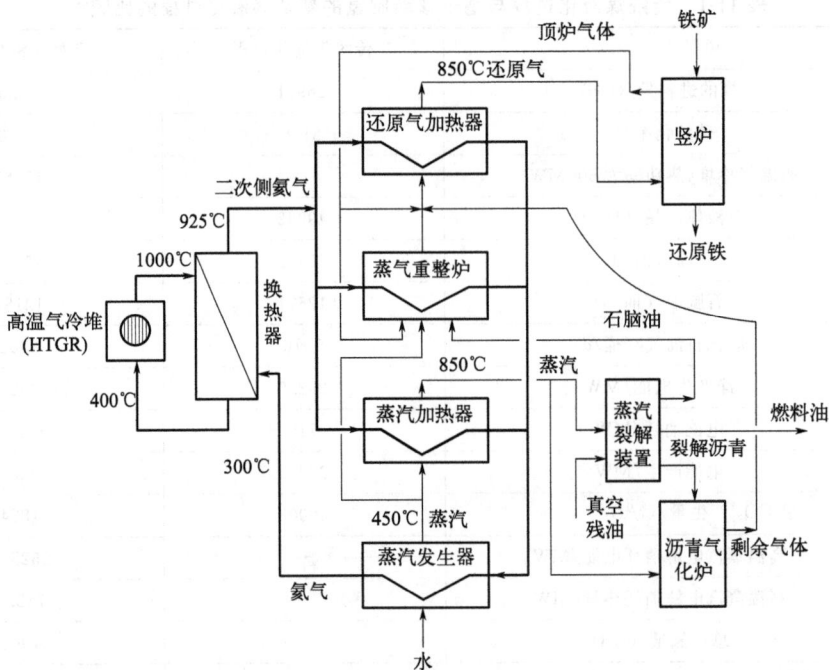

图 11-3　日本早期的核能炼钢方案[14]

排放[18]。Kasahara 等[19]研究了不同的热输入方式对炼钢过程和碘硫循环制氢热效率的影响，并比较了不同还原氢气加热方法下的 CO_2 排放量；他们还将 SF 炼钢与高炉炼钢进行了比较。研究表明，虽然 CO_2 排放量增加，但燃煤预热氢气可有效减少热量输入；如果核反应堆离炼钢厂的位置被公众接受，则通过核热直接预热也是可以接受的方案，不会增加 CO_2 排放。

本小节的设计方案基于我国的高温气冷堆技术发展，建立了多联产耦合的方案，同时给出了各个模块的建模和计算方法，并开展了多联产能源系统研究。

11.3.1　基于高温气冷堆的炼钢系统描述

钢铁生产有 2 种工艺流程，如图 11-4 所示，一种是高炉-转炉流程，另一种是直接还原（或熔融还原）-电炉流程[20]。前者是传统的工艺流程，也称为长流程；后者是后兴起的流程，称为短流程。目前长流程仍是主要流程，据统计超过 90% 的钢铁是由高炉-转炉流程炼出的。但是高炉炼铁必须使用块状矿石，需要经过烧结、造块等流程，同时高炉炼铁离不开质量优良的焦炭；高炉冶炼和烧结、炼焦过程产生的废气、粉尘及污水如果处理不好，会造成严重的环境污染，长流程面临着严峻的能源和环境问题。短流程中的直接还原工艺使用天然或人造富铁矿石，用天然气或煤做还原剂，得到固态的海绵铁，然后在电炉里炼钢。熔融还原工艺得到液态铁水，再入转炉或电炉炼钢。这种工艺最大的特点是不需要焦炭并舍弃了庞大的高炉，整个生产流程缩短，节约能源。但是短流程需要天然气资源，后续电炉需要消耗大量电力。

采用高温气冷堆制氢与炼钢工艺耦合，可为炼铁提供还原氢，同时可为电炉炼钢提供电能，这有助于解决传统炼钢工艺面临的能源和环境问题。本研究设计了基于高温气冷堆制氢的 SF-电弧炉（electric arc furnace，EAF）炼钢方案，如图 11-5[21]所示。系统整体包括 5 个子模块：反应堆模块、反应堆中间回路模块、制氢模块、发电模块和炼钢模块。反应堆模

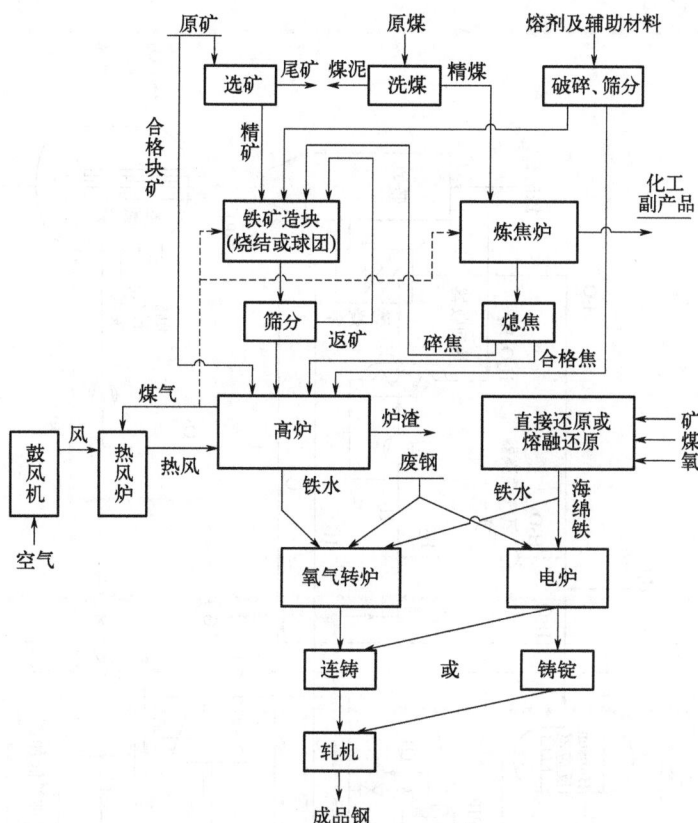

图 11-4 钢铁生产工艺流程[20]

块采用 2 个热功率为 250MW 的模块式高温气冷堆并联作为热源，每个高温气冷堆其反应堆出口温度为 950℃，反应堆入口温度为 250℃，采用氦气作为工质，循环流量为 68.8kg/s。在反应堆中间回路模块，高温气冷堆通过中间换热器向碘硫循环制氢模块和发电模块提供热量，其中高品位的热量供给碘硫循环制氢模块，低品位的热量供给发电模块。碘硫循环制氢模块为 SF 炼铁提供用于直接还原的氢气，为燃烧室提供燃料氢气和氧气，同时为 EAF 炼钢提供氧气。发电模块为碘硫循环和 EAF 提供电能，多余的电可以输出到外电网。来自碘硫循环的用于直接还原的氢气依次经过余热回收换热器和燃烧室的加热，然后进入 SF。SF内未发生还原反应的氢气和反应生成的水蒸气一起进入余热回收换热器加热氢气，然后进入氢气洗涤器。分离得到的氢气和水分别被回收利用。SF 内铁矿石被氢气还原，得到直接还原铁（DRI）；未经冷却的 DRI 直接进入 EAF，经高温冶炼得到产品钢。

其中，关于高温气冷堆制氢系统的流程和分析可见本课题组的研究[22-24]。高温气冷堆反应堆出口温度高，单纯用于发电不能充分利用其高品质的能量。根据能量梯级利用的原理，将高温气冷堆的高品位热能用于制氢，低品位热能用于发电（或供热），可实现多能量的高效利用和多种产品的同时输出。本研究提出的高温气冷堆炼钢系统中一回路设置中间换热器（intermediate heat exchanger，IHX）将高温热量传递给二回路氦气。碘硫循环中硫酸分解反应器（SAR）和氢碘酸分解反应器（HIR）需要的能量品位高，由二回路氦气供热；其余耗热部件［硫酸浓缩塔（SAD）、硫酸纯化塔（SAP）、氢碘酸浓缩塔（HID）、氢碘酸纯化塔（HIP）和氢碘酸预热器（PHIR）］需要的热量品位低，由发电回路抽汽供应。发电回路采用蒸汽循环发电，可同时对碘硫循环电渗析（EED）单元、EAF 和外电网输电。

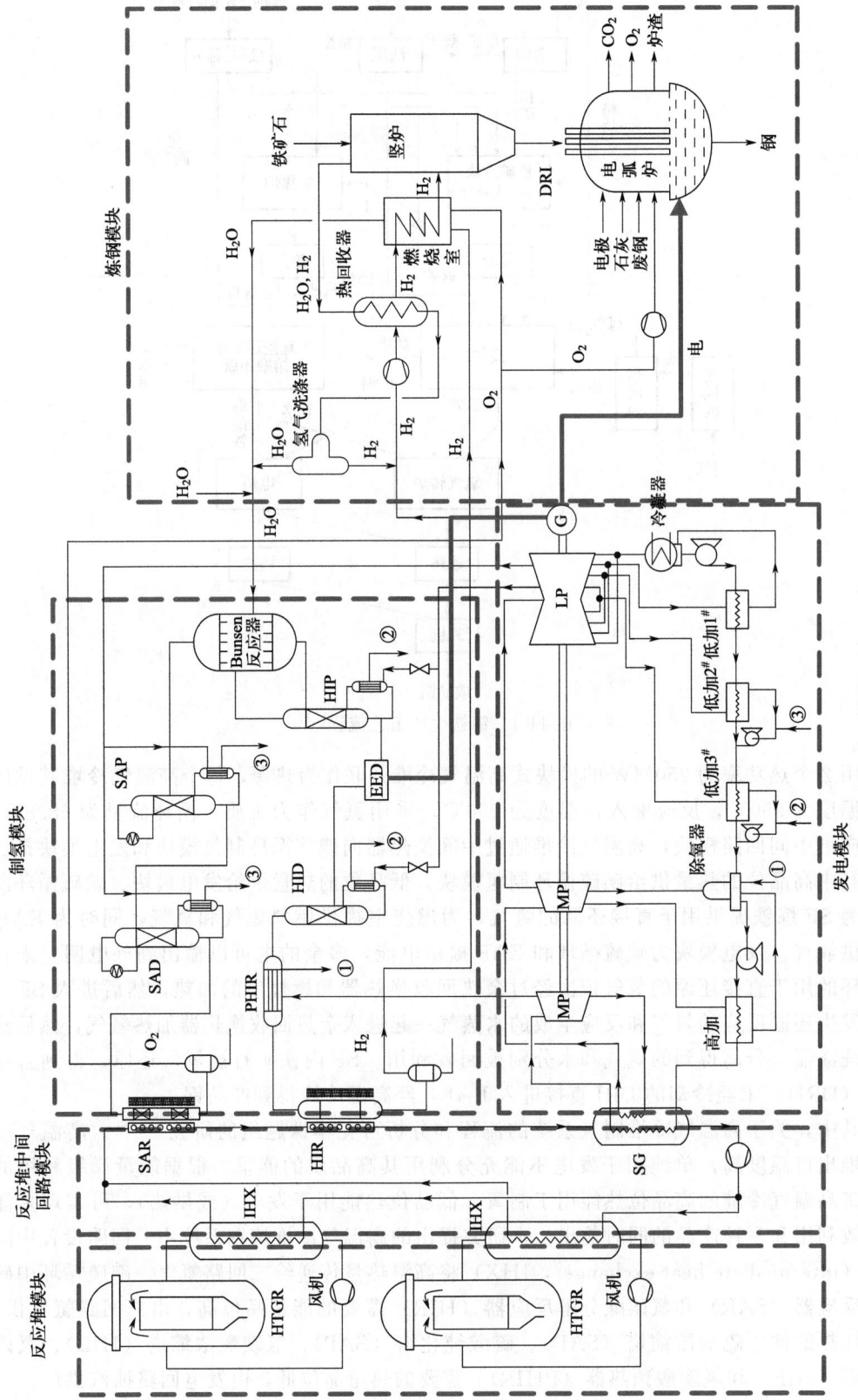

图 11-5 高温气冷堆炼钢系统方案流程图[21]

11.3.2 计算模型

11.3.2.1 物质平衡计算

高温气冷堆炼钢系统包括 5 个子模块，反应堆模块、反应堆中间回路模块、制氢模块和发电模块的物质平衡分析可见本课题组研究成果[23,24]。炼钢模块的物质平衡计算基于系统中每一种元素的平衡，如式(11-1)～式(11-3) 所示。

氢元素：

$$n_{H_2,red}+n_{H_2,com}+n_{H_2O,ore}=n_{H_2O,sep}+n_{H_2O,com} \tag{11-1}$$

铁元素：

$$n_{Fe,ore}+n_{Fe,scrap}=n_{Fe,steel}+n_{Fe,oxide}+n_{Fe,slag} \tag{11-2}$$

碳元素：

$$n_{C,ore}+n_{C,scrap}=n_{C,steel}+n_{C,CO_2} \tag{11-3}$$

式中，n 为物质的量，mol；下标 red 为还原，com 为燃烧，sep 为氢气分离器，ore 为铁矿石，scrap 为废料，steel 为钢，slag 为炉渣，oxide 为铁氧化物。

从热力学角度，还原 1t DRI 所需氢气量 V 可用下式计算[24]：

$$V=\left(\frac{M_{Fe}}{56}\times22.4\times10^3\right)/\eta_{H_2} \tag{11-4}$$

式中，M_{Fe} 为 DRI 中金属铁含量；V 为所需氢气量，m^3（标）；η_{H_2} 为氢气利用率。

实际生产中还原气入口温度通常控制在 800～1000℃ 范围内，温度太低，反应速率会大幅降低，温度过高则容易使铁矿石软熔黏结，不利于还原气顺行。在此温度范围内，还原气的热利用率 η_{H_2} 可用下式计算[25]：

$$\eta_{H_2}=\frac{K_{3,H_2}}{1+K_{3,H_2}} \tag{11-5}$$

$$\lg K_{3,H_2}=\frac{-1223.68}{T}+0.84 \tag{11-6}$$

式中，K_{3,H_2} 为氢气第三个还原阶段的平衡常数；T 为氢气第三个还原阶段的温度，K。

11.3.2.2 能量平衡模块

(1) 反应堆模块、发电模块和制氢模块

高温气冷堆一回路的能量平衡方程为：

$$Q_R+W_{C,1}=Q_{IHX}+Q_{SG}+Q_{loss,1} \tag{11-7}$$

二回路的能量平衡方程为：

$$Q_{IHX}+W_{C,2}=Q_{HIR}+Q_{SAR}+Q_{loss,2} \tag{11-8}$$

发电回路的能量平衡方程为：

$$Q_{SG}=Q_{SG,G}+\sum_i Q_{SG,IS,i}+Q_{loss,3} \tag{11-9}$$

式中，下标 R 为反应堆；C 为风机；SG，G 为发电回路中用于发电的部分；SG，IS 为发电回路中从汽轮机抽汽用于碘硫循环的部分。

碘硫循环效率的计算式为：

$$\eta_{IS} = \frac{\Delta H_{HHV}}{\left(Q_{IS} + \dfrac{W_{IS}}{\eta_E}\right)/N_{H_2}} \tag{11-10}$$

$$Q_{IS} = Q_{HIR} + Q_{SAR} + \sum_i Q_{SG,IS,i} \tag{11-11}$$

式中，ΔH_{HHV} 为氢气的高位热值，$\Delta H_{HHV} = 285.83 \times 10^3 \, kJ/mol$；$\eta_E$ 是发电模块效率；i 分别代表 SAD、SAP、HID、HIP 和 PHIR。

本节碘硫循环的能耗和效率数据是基于本课题组前期的研究结果[23]，碘硫循环效率 $\eta_{IS} = 37.8\%$，每生成 1mol 氢气，热消耗 $Q_{IS} = 620.7kJ$，电消耗 $W_{IS} = 56.9kJ$。

（2）SF

直接还原是在低于铁矿石熔点温度下进行还原得到固态金属铁的炼铁工艺，得到的直接还原铁因其呈多孔海绵状，通常称为海绵铁，同时由于是低温还原，得到的直接还原铁未能充分渗碳，含碳量较低（小于 2%）。在以氢气为还原气体的气基 SF 中，氧化铁的还原路径随反应温度而变化：当温度低于 570℃时，主要按反应（11-12）进行；当温度高于 570℃时，按反应（11-13）进行[26]。

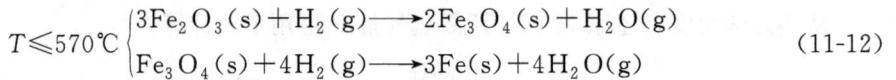

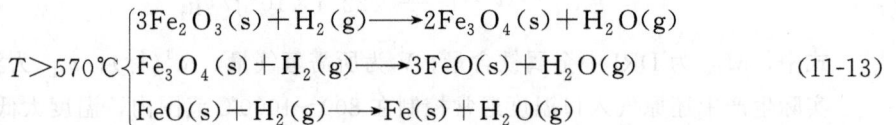

$$T \leqslant 570℃ \begin{cases} 3Fe_2O_3(s) + H_2(g) \longrightarrow 2Fe_3O_4(s) + H_2O(g) \\ Fe_3O_4(s) + 4H_2(g) \longrightarrow 3Fe(s) + 4H_2O(g) \end{cases} \tag{11-12}$$

$$T > 570℃ \begin{cases} 3Fe_2O_3(s) + H_2(g) \longrightarrow 2Fe_3O_4(s) + H_2O(g) \\ Fe_3O_4(s) + H_2(g) \longrightarrow 3FeO(s) + H_2O(g) \\ FeO(s) + H_2(g) \longrightarrow Fe(s) + H_2O(g) \end{cases} \tag{11-13}$$

在还原反应中，氢气既是还原剂又是热载体。氢气的需求量是一个关键参数，它受 3 个主要因素的影响：热力学条件、动力学条件和平衡条件。在温度较高的情况下，高温氢气从 SF 底部进入，自下而上依次还原氧化铁，经历 3 个阶段：$Fe_2O_3 \to Fe_3O_4 \to FeO \to Fe$[25]。与其他 2 个还原阶段相比，最后阶段 $FeO \to Fe$ 的还原最困难，SF 中混合气体中有效还原气体的需求量最高。因此，$FeO \to Fe$ 阶段的还原决定了对还原气体的需求。

SF 内的热量输入包括氢气和固体原料的显热（$Q_{g,in}$ 和 $Q_{s,in}$），热量支出包括反应吸热（Q_r）、炉顶气体带走的热量（$Q_{g,out}$）、DRI 带走的热量（$Q_{s,out}$）、固体物料中水分的蒸发热（Q_{vapour}）和热损失（Q_{loss}）。根据热平衡，可以得到以下关系式：

$$Q_{g,in} + Q_{s,in} = Q_r + Q_{g,out} + Q_{s,out} + Q_{vapour} + Q_{loss} \tag{11-14}$$

式（11-14）中各部分的计算方法如下：

$$Q_{g,in} = \frac{V_{g,in}}{22.4 \times 10^{-3}} C_{p,H_2} \times (T_{g,in} - 298) \tag{11-15}$$

$$Q_{s,in} = \sum_j x_j C_{p,j} \frac{m_{ore}}{M_j} (T_{g,out} - 298) \tag{11-16}$$

$$Q_{g,out} = \sum_k y_k C_{p,k} \frac{V_{g,out}}{22.4 \times 10^{-3}} (T_{g,out} - 298) \tag{11-17}$$

$$Q_r = \frac{m_{O,1}}{M_{O_2}} \Delta_r H_{(Fe_2O_3 \to FeO)} + \frac{m_{O,2}}{M_{O_2}} \Delta_r H_{(FeO \to Fe)} \tag{11-18}$$

$$Q_{vapour} = \frac{\gamma_{H_2O} m_{ore} x_{H_2O}}{M_{H_2O}} \tag{11-19}$$

以上各式中，C_p 为相应成分的定压比热容，J/(mol·K)；M 为物质的摩尔质量，g/mol；m_{ore} 为铁矿石质量，g；x_j 为铁矿石中各成分的质量分数；y_k 为炉顶出口气体中各成分的体积分数；$m_{O,1}$ 为反应 $Fe_2O_3 \rightarrow FeO$ 的失氧量，g；$m_{O,2}$ 为反应 $FeO \rightarrow Fe$ 的失氧质量，g；$\Delta_r H$ 为反应热焓，J/mol；γ_{H_2O} 为水的汽化潜热，J/(mol·K)；x_{H_2O} 为铁矿石中 H_2O 的质量分数。本节计算所用几种物质的定压比热容如表 11-2 所示。

表 11-2　计算中所需的几种物质的定压比热容[21]

温度/℃	定压比热容/[J/(mol·K)]							
	H_2	H_2O	Fe	FeO	CaO	MgO	SiO_2	Al_2O_3
350	29.443	36.758	—	—	—	—	—	—
850	—	—	44.224	60.211	54.145	51.571	86.680	127.003
900	31.145	—	—	—	—	—	—	—

竖炉内的计算需要先分别根据热力学还原和热平衡计算需要的还原气量 V_1 和 V_2，对两者进行比较确定最小还原气量，然后分别基于最小还原气量进行物料平衡和热平衡计算，计算方法如图 11-6 所示。

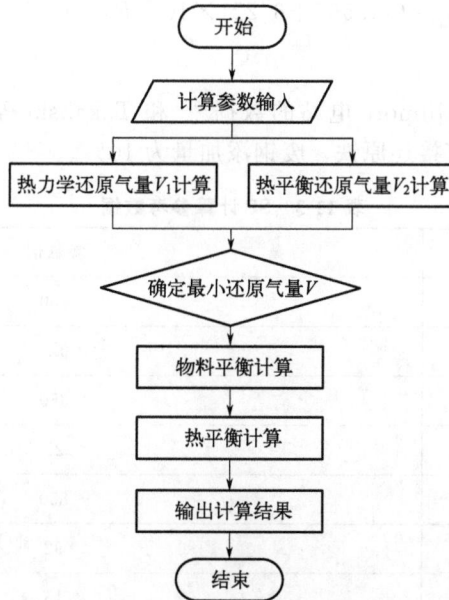

图 11-6　竖炉计算方法

(3) EAF

电弧炼钢是靠电极和炉料间放电产生的电弧，使电能在弧光中转化为热能，并借助辐射和电弧的直接作用加热并熔化金属和炉渣，炼出各种成分的钢和合金的一种炼钢方法。现代电弧炉工艺包括补料、装料、熔化期和出钢 4 个阶段。因为熔化期就对炉内进行吹氧，因此熔化期与氧化期已无明显区别[27]。EAF 炼钢常用的含铁原料包括废钢、生铁、直接还原铁和铁水。使用直接还原铁作为 EAF 炼钢的原料有很多优点，然而，由于炉渣中的 FeO 与碳发生吸热反应会释放 3.59kW·h/kg C 的能量，如式(11-20) 所示，因此会增加电消耗。此外，EAF 炼钢需要一些氧气和石灰分别作为氧化剂和助溶剂。

$$FeO + C \longrightarrow Fe + CO \tag{11-20}$$

EAF 中原料的消耗很大程度上受来料中 DRI 和废钢比例的影响。当部分废钢被直接还原铁替代时，海绵铁中残存的氧化铁和脉石会增加电消耗。EAF 其他原料的需求量也受到 DRI 比例的影响，需求量可以采用以下各式计算。首先，DRI 比例的计算式为：

$$R_{DRI} = \frac{M_{DRI}}{M_{DRI} + M_{scrap}} \times 100 \tag{11-21}$$

采用冷 DRI 时消耗的电能，可以使用式（11-22）计算，以 $kW \cdot h/t$ 钢为单位[25]；采用热 DRI（HDRI）作为原材料，每吨钢可以节省 $70 kW \cdot h$ 的电能[4]。

$$W_E = 477.4 + 1.19 R_{DRI} \tag{11-22}$$

氧气消耗量可以使用式（11-23）计算，以 m^3（标）/t 钢为单位[26]。此外，由喷枪操作不精确导致的氧气损失约为 20%，即 $\eta_{O_2} = 80\%$[28]。

$$V_{O_2} = 28.16 + 0.046 R_{DRI} \tag{11-23}$$

电极和石灰的消耗量（kg/t 钢）可以分别用式（11-24）和式（11-25）计算；炉渣中的氧化亚铁含量可以使用式（11-26）计算[29]。

$$M_{Ele} = 3.075 + 0.0125 R_{DRI} \tag{11-24}$$

$$M_{Lime} = 21.636 + 0.247 R_{DRI} \tag{11-25}$$

$$x_{FeO} = (11.567 + 6.221 \times 10^{-2} R_{DRI}) \times 10^{-2} \tag{11-26}$$

11.3.2.3 计算条件

SF 的计算条件可参考 Gilmore 电站的数据[30]和 Takahshi 等的研究[31]，如表 11-3 所示。EAF 的原材料主要是直接还原铁，废钢添加量为 10%。

表 11-3　SF 计算参考数据

参数名	参数值
氢气入口温度/℃	900
氢气入口压力/MPa	0.5
炉顶气体出口温度/℃	350
固体原料入口温度/℃	25
DRI 出口温度/℃	850
DRI 金属化率/%	92
热损失率/%	15

系统中主要材料的化学成分如表 11-4 所示。硫和磷通常存在于铁矿石中，但它们不会显著影响主流程的结果，故计算中不做考虑。

表 11-4　炼钢过程主要原料的化学组成（质量分数）

原料	C	Fe_2O_3	FeO	Fe	Al_2O_3	SiO_2	Si	CaO	$CaCO_3$	MgO	H_2O
铁矿石	—	0.9553	0.0013	—	0.0027	0.01609	—	0.0124	—	0.0014	0.0100
废钢	0.0020	—	—	0.9620	0.0050	0.0210	0.0010	0.0050	—	0.0040	—
钢	0.0004	—	0.0004	0.9992	—	—	—	—	—	—	—
石灰	—	0.0010	—	—	0.0020	0.0040	—	—	0.988	0.0050	—

11.3.3 结果与讨论

(1) 产能分析

基于建立的物质平衡、能量平衡模型，计算得到高温气冷堆炼钢系统的设计参数如图 11-7 和表 11-5 所示。发电模块与制氢模块的功率比为 1：1，即 $R_{Power}=50\%$，碘硫循环的制氢效率为 37.8%。EAF 的主要原料是 SF 得到的 HDRI，占 EAF 原料的 90%，即 $R_{DRI}=90\%$，其余 10% 为添加的废钢。

计算结果表明，生产 1.0t 钢需要 1.35t 铁矿石和 1809m^3（标）氢气。计算得出的 SF 中的氢利用率为 29.95%。燃烧室中需要的氢气量和氧气量分别为 191.0m^3（标）和 95.5m^3（标）。该系统可向电网输出 4.97GJ/t 钢的电能和 203m^3（标）/t 钢的氧气。产钢率为 45.6t/h。表 11-6 给出了计算得到的 HDRI 和炉渣的成分，其中 HDRI 的金属铁含量为 85.8%。此外，因为 SF 中使用氢气作为还原剂，系统的 CO_2 排放量非常低，仅由 EAF 中添加剂电极、废钢和石灰产生。生产 1t 钢，排放 17.2m^3（标）（33.8kg）的 CO_2。

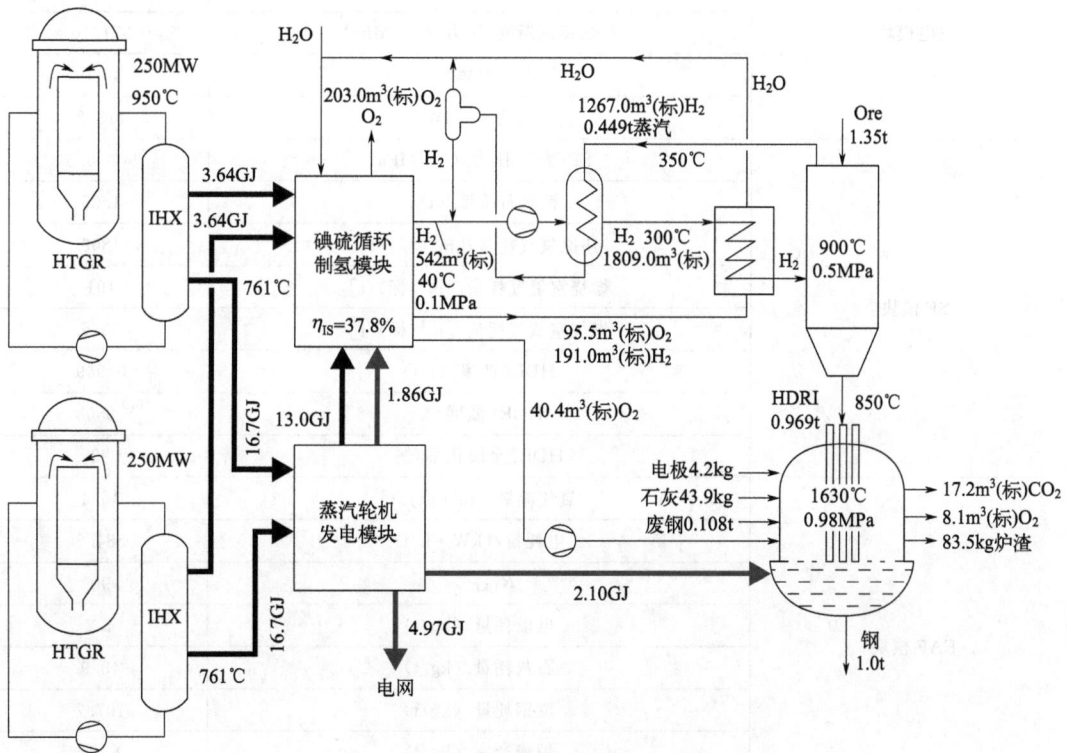

图 11-7　高温气冷堆炼钢系统主要设计参数

表 11-5　高温气冷堆炼钢系统关键参数

模块	参数名称	参数值
反应堆一回路	一个反应堆功率/MW	250
	反应堆出口温度/℃	950
	反应堆入口温度/℃	250
	单个回路氦气质量流量/(kg/s)	68.8

模块	参数名称	参数值
中间换热器二回路	中间换热器二次侧氦气质量流量/(kg/s)	74.6
	中间换热器二次侧氦气出口温度/℃	880
	中间换热器二次侧氦气入口温度/℃	228.4
基于碘硫循环的产氢模块	热输入/MW	257.2
	电输入/MW	23.6
	制氢效率/%	37.8
	氢气产率/(mol/s)	414.3
	氧气产率/(mol/s)	207.1
	氢气温度/压力/(℃/MPa)	40/0.1
	氧气温度/压力/(℃/MPa)	60/0.1
发电模块	蒸汽发生器功率/MW	422.1
	主蒸汽温度/压力/(℃/MPa)	571/24
	再热蒸汽温度/压力/(℃/MPa)	571/10
	发电效率/%	44.0
	电功率/MW	113.2
SF 模块	SF 温度/压力/(℃/MPa)	900/0.5
	铁矿石质量/(t/t)	1.35
	还原氢气耗量/[m^3(标)/t]	1809
	燃烧室氢气耗量/[m^3(标)/t]	191
	燃烧室氧气耗量/[m^3(标)/t]	95.5
	HDRI 产率/(t/t)	0.969
	HDRI 温度/℃	850
	HDRI 金属化率/%	92
EAF 模块	氧气耗量/[m^3(标)/t]	40.4
	电耗量/(kW·h/t)	584.5
	R_{DRI}/%	90
	电极耗量/(kg/t)	4.2
	石灰耗量/(kg/t)	43.9
	废钢耗量/(kg/t)	107.7
	炉渣产率/(kg/t)	83.5
	CO_2 排放量/[m^3(标)/t]	17.2
整体参数	钢产率/(t/h)	45.6
	电网输电量/(kW·h/t)	1381.5

表 11-6 计算得到的直接还原铁和炉渣的组成（质量分数）

项目	FeO	Fe	Al_2O_3	SiO_2	CaO	MgO
DRI	0.09590	0.85800	0.00376	0.02350	0.01730	0.00195
炉渣	0.11600		0.051100	0.30500	0.49800	0.03040

（2）关键参数分析

图 11-8 所示的系统参数基于碘硫循环效率（η_{IS}）37.8％、发电模块功率占比（R_{Power}）50％和 DRI 占比（R_{DRI}）90％。由于这 3 个参数对系统产能的影响很大，因此研究中对这 3 个参数进行了进一步的分析。

当碘硫循环效率为 37.8％，发电模块功率占比在 30％～75％范围内时，系统输出到电网的电功率在 0.8～140.8MW 范围内，产钢率在 22.8～63.8t/h 范围内，如图 11-8 所示。当发电模块的功率占比小于 30％时，系统没有多余的电输出到电网。

图 11-9 和图 11-10 分别显示了碘硫循环效率对输出电功率和产钢率的影响。研究针对 3 组碘硫循环效率 37.8％、36.8％和 32.9％[23] 的情况进行了比较分析。在 R_{Power} 为 50％时，如碘硫循环效率从 32.9％提高到 37.8％时，系统输出电功率从 103.3MW 降低到 63.0MW，产钢率从 35.6t/h 提高到 45.6t/h。其主要原因是当碘硫循环效率提高时，制氢率增大，碘硫循环的耗电量也增大，从而减少了系统对外的输出电功率。

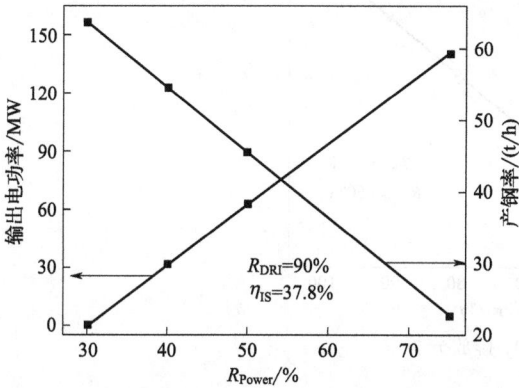

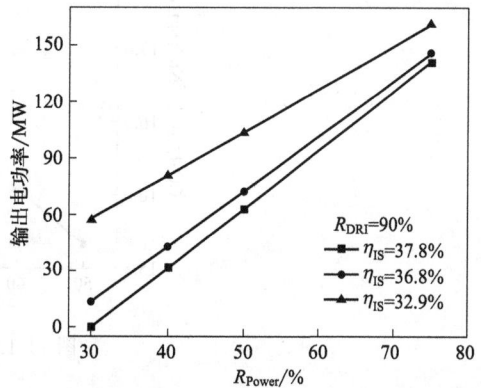

图 11-8　发电模块功率占比（R_{Power}）对系统性能的影响　图 11-9　碘硫循环效率对系统输出电功率的影响

DRI 占比对系统产能有很大影响。因为 DRI 来自 SF 直接还原铁，故 DRI 占比越低，生产 1t 钢所需的还原氢气量越少；但是 DRI 中 Fe 元素的总含量为 85.8％（见表 11-6），废钢中 Fe 的含量为 96.2％（如表 11-4 所示），故 DRI 占比越低，系统产钢率越高。但是，DRI 占比越低，EAF 内 1t 钢的电能消耗越低，如式(11-23)所示，故生产 1t 钢对电网输电（以 kW·h 计）越多；但与此同时，生产 1t 钢所需的时间减少，综合导致的结果是系统对电网的输电功率（以 MW 计）降低，如图 11-11 所示。

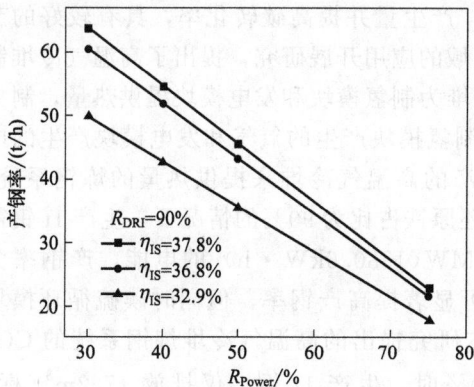

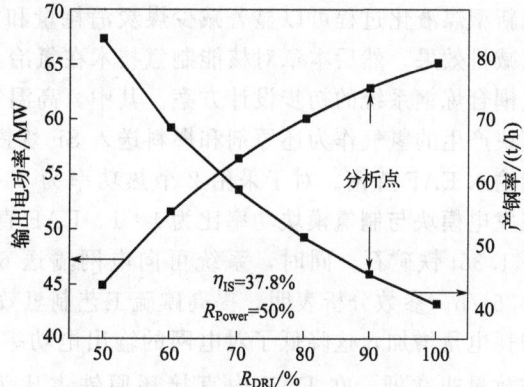

图 11-10　碘硫循环效率对系统产钢率的影响　　图 11-11　EAF 原料中 R_{DRI} 对系统性能的影响

（3）CO₂排放分析

高温气冷堆炼钢系统在 SF 中使用氢气作为直接还原剂和燃料，氢气是来自碘硫循环制氢过程的"绿色氢气"。从 SF 中获得的 DRI 作为 EAF 的主要原料。因此，该系统的 CO_2 排放量非常低，仅来自铁矿石以及添加到 EAF 中的废钢、电极和石灰。当 DRI 占比为 90％时，每吨钢的 CO_2 排放量为 $17.2m^3$（标）（33.8kg/t 钢）。传统焦炭—高炉—转炉炼钢工艺的 CO_2 排放量约为 $916m^3$（标）/t 钢（1.8t/t 钢）[32]。因此，相比而言高温气冷堆炼钢系统的 CO_2 排放量可以忽略不计。图 11-12 显示了系统在不同 DRI 占比下的 CO_2 排放量。当 DRI 占比从 50％增加到 100％时，CO_2 排放量从 $15.7m^3$（标）/t 钢增加到 $17.6m^3$（标）/t 钢。当 DRI 占比增加时，废钢中的碳含量降低，但电极和石灰中的碳含量增加，因此，CO_2 排放量略有增加。

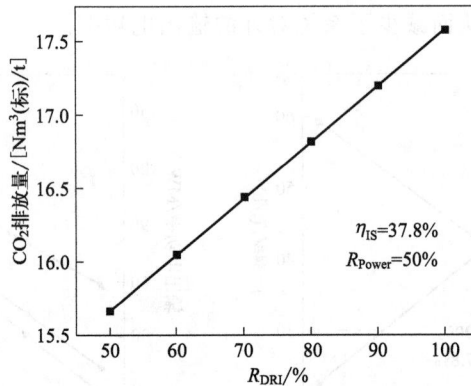

图 11-12　CO_2 排放分析

11.4　小结

核能制氢技术可以高效、大规模、无碳排放地制氢，在煤液化、氢冶金、石油精炼、合成氨、生物质精炼等具有大规模清洁氢气需求的工业领域具有良好的应用前景。本章重点聚焦煤液化和氢冶金这两个核能制氢技术未来重要的工业应用方向，首先介绍了核能制氢技术在煤液化中的应用，对传统煤液化过程和基于核能制氢的新型煤液化过程进行比较，结果发现新型煤液化过程可以显著减少煤炭消耗量和 CO_2 产生量并提高碳转化率，具有较好的节能减排效果。然后本章对核能制氢技术在氢冶金领域的应用开展研究，提出了高温气冷堆制氢耦合炼钢系统的初步设计方案。其中，高温气冷堆为制氢模块和发电模块提供热量，制氢模块产生的氢气作为还原剂和燃料送入 SF 炼铁，制氢模块产生的氧气和发电模块产生的电能输入 EAF 炼钢。对于采用 2 个热功率为 250MW 的高温气冷堆来提供热量的炼钢系统，在发电模块与制氢模块功率比为 1∶1、EAF 直接还原铁占比为 90％的情况下，生产 1t 钢需要 1.35t 铁矿石。同时，系统可向电网输送 63.0MW（1380.6kW·h）的电能，产钢率为45.6t/h。参数分析表明，提高碘硫工艺制氢效率可显著提高产钢率，但同时碘硫循环模块的耗电量增加，这降低了对电网的输出电功率。本研究提出的高温气冷堆炼钢系统的 CO_2 排放量非常低。在 EAF 内直接还原铁占比为 90％时，生产 1t 钢，仅排放 $17.2m^3$（标）（33.8kg）的 CO_2。因此，将高温气冷堆与炼钢系统耦合，能很大限度地减少炼钢行业的

CO_2 排放，而且消除了对焦炭的依赖，具有很好的应用潜力。

参 考 文 献

[1] 张平，徐景明，石磊，等.中国高温气冷堆制氢发展战略研究[J].中国工程科学，2019，21（1）：20-28.

[2] Gandrik A M, Wood R A. HTGR-integrated coal to liquids production analysis [R]. Idaho National Lab (INL), Idaho Falls, ID (United States), 2010.

[3] 赵冉.高温气冷堆在煤制油领域的应用研究[D].北京：清华大学，2012.

[4] Yan X L, Kasahara S, Tachibana Y, et al. Study of a nuclear energy supplied steelmaking system for near-term application [J]. Energy, 2012, 39 (1)：154-165.

[5] Germeshuizen L M, Blom P W E. A techno-economic evaluation of the use of hydrogen in a steel production process, utilizing nuclear process heat [J]. International journal of hydrogen energy, 2013, 38 (25)：10671-10682.

[6] Salimy D H, Priambodo D, Hafid A, et al. The assessment of nuclear hydrogen cogeneration system application for steel industry [C] //AIP Conference Proceedings. AIP Publishing, 2019, 2180 (1) .

[7] Liu W, Zuo H, Wang J, et al. The production and application of hydrogen in steel industry [J]. International Journal of Hydrogen Energy, 2021, 46 (17)：10548-10569.

[8] Vogl V, Åhman M, Nilsson L J. Assessment of hydrogen direct reduction for fossil-free steelmaking [J]. Journal of cleaner production, 2018, 203：736-745.

[9] 王春萍.我国煤液化概况[J].化学工程师，2005（12）：40-41.

[10] 高晋生，张德祥.煤液化技术[M].北京：化学工业出版社，2005.

[11] Blickwede D J, Barnhart T F. Use of nuclear energy in steelmaking：Prospects and plans [C] //Proceedings of the First National Topical Meeting on Nuclear Process Heat Applications. Los Alamos, New Mexico：Los Alamos Scientific Lab. , USA, October 1-3, 1974.

[12] Vrable D L. High temperature heat exchange：Nuclear process heat applications [R]. San Diego：General Atomic Co, 1980.

[13] Inagaki Y, Kasahara S, Ogawa M. Merit assessment of nuclear hydrogen steelmaking with very high temperature reactor [J]. ISIJ International, 2012, 52 (8)：1420-1426.

[14] Shimokawa K. Present status of research and development of nuclear steelmaking in Japan [J]. Transactions of the Iron and Steel Institute of Japan, 1979, 19 (5)：291-300.

[15] Tsuruoka K, Inatani T, Miyasugi T, et al. Design study of nuclear steelmaking system [J]. Transactions of the Iron and Steel Institute of Japan, 1983, 23 (12)：1091-1101.

[16] Tanaka R, Matsuo T. Development of superalloys for intermediate heat exchanger tubes in national research and development program of nuclear steelmaking [J]. Tetsu-to-Hagane, 1982, 68 (2)：226-235.

[17] Abe F, Araki H, Yoshida H, et al. Corrosion behavior of nickel base heat resisting alloys for nuclear steelmaking system in high-temperature steam [J]. Transactions of the Iron and Steel Institute of Japan, 1985, 25 (5)：424-432.

[18] Kasahara S, Inagaki Y, Ogawa M. Flow sheet model evaluation of nuclear hydrogen steelmaking processes with VHTR-IS (very high temperature reactor and iodine-sulfur process) [J]. ISIJ International, 2012, 52 (8)：1409-1419.

[19] Kasahara S, Inagaki Y, Ogawa M. Process flow sheet evaluation of a nuclear hydrogen steelmaking plant applying very high temperature reactors for efficient steel production with less CO_2 emissions [J]. Nuclear Engineering and Design, 2014, 271：11-19.

[20] 那树人.炼铁工艺学[M].北京：冶金工业出版社，2014.

[21] 曲新鹤，胡庆祥，倪航，等.基于高温气冷堆的制氢耦合炼钢系统初步设计和能量分析[J].清华大学学报（自然科学版），2023，63（8）：1236-1245.

[22] 曲新鹤，赵钢，王捷，等.基于核能制氢的氢电联产系统能量梯级利用研究[J].原子能科学技术，2021，55（S1）：37-44.

[23] Ni H, Peng W, Qu X H, et al. Thermodynamic analysis of a novel hydrogen-electricity-heat polygeneration system based on a very high-temperature gas-cooled reactor [J]. Energy, 2022, 249：123695.

[24] Ni H, Qu X H, Peng W, et al. Analysis of internal heat exchange network and hydrogen production efficiency of iodine-sulfur cycle for nuclear hydrogen production [J]. International Journal of Energy Research, 2022, 46 (11): 15665-15682.

[25] 任素波，白明华，龙鹄，等. 气基竖炉直接还原技术及仿真 [M]. 北京：冶金工业出版社，2018.

[26] Wagner D. Étude expérimentale et modélisation de la réduction du minerai de fer par l'hydrogène [D]. France: Nancy-Université, 2008.

[27] Shen C F. Electric arc furnace steelmaking: Technology and equipment [M]. Beijing: Metallurgical Industry Press, 2001: 12-29.

[28] Kirschen M, Badr K, Pfeifer H. Influence of direct reduced iron on the energy balance of the electric arc furnace in steel industry [J]. Energy, 2011, 36 (10): 6146-6155.

[29] Meraikib M. Effects of sponge iron on the electric arc furnace operation [J]. ISIJ International, 1993, 33 (11): 1174-1181.

[30] Parisi D R, Laborde M A. Modeling of counter current moving bed gas-solid reactor used in direct reduction of iron ore [J]. Chemical Engineering Journal, 2004, 104 (1-3): 35-43.

[31] Takahashi R, Kurozu S I, Takahashi Y. Reduction rates of iron oxide pellet with mixtures of hydrogen and carbon monoxide at high pressures [J]. Tetsu-to-Hagane, 1980, 66 (3): 336-345.

[32] Holappa L. A general vision for reduction of energy consumption and CO_2 emissions from the steel industry [J]. Metals, 2020, 10 (9): 1117.

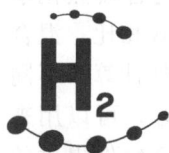

第12章
核能制氢经济性初步评价

12.1 概述

目前针对高温气冷堆耦合碘硫循环制氢的技术性研究较多，而经济性分析相对较少。经济性也是制氢工艺关注的重要方面，从经济性角度对核能制氢系统进行分析评估对进一步的技术研究和工程建设都具有重要指导意义。

近些年来，随着"氢经济"概念受到越来越广泛的关注，一些国家和机构已经开始进行氢气生产和成本评估研究，并开发了相关模型或程序。美国能源部基于 Excel 电子表格开发了一种 Hydrogen Analysis（H2A）氢分析生产模型，其中的 H2A 生产模型可用于估算氢气生产成本，H2A 交付模型可用于估算氢气运输和配送成本[1]。美国爱达荷国家实验室使用 H2A 生产模型对高温气冷堆驱动的高温蒸汽电解制氢进行了制氢成本分析，结果表明由高温气冷堆核电站驱动的高温蒸汽电解制氢装置可以以具有竞争力的成本产氢[2]。第四代核能国际论坛（GIF）的经济建模工作组也基于 Excel 电子表格开发了核能经济性评估程序 G4-ECONS，以计算核电的平准化发电成本（LUEC）或其他非电力产品的平准化成本（LUPC）[3]。Samalova 等[4]采用 G4-ECONS 程序对熔盐堆和先进压水堆进行了经济性分析比较，结果表明熔盐堆可以具有与先进压水堆相似的能源成本结构。Mukaida 等[5]使用 G4-ECONS 程序和日本原子力机构（JAEA）自己开发的经济性模型对钠冷快堆的经济性进行评价，发现两种方法的计算结果在不考虑现值时非常一致。

虽然 H2A 和 G4-ECONS 在开发后受到了一些学者的研究关注，但是它们并不是专门用于核能制氢的经济性分析程序，H2A 更侧重于氢气生产和输送的后端环节，G4-ECONS 则更侧重于前端的核反应堆。相比之下，国际原子能机构（IAEA）开发的 HEEP（Hydrogen Economy Evaluation Program，HEEP）是一款专门用于核能制氢经济性分析评估的软件，它可以更好地将前端核反应堆与后端氢气生产和输送环节衔接起来，因而在开发后受到了越来越多研究学者的青睐。

Khamis 和 Malshe[1]首次指出 HEEP 软件可以作为氢经济分析评价的新工具，介绍了 HEEP 的组织结构和重要特征，并报道了 HEEP 的初步基准测试结果。后来 Khamis[6]又对 HEEP 软件进行了详细介绍，并用 HEEP 软件计算了高温气冷堆耦合碘硫循环制氢的经济性，计算结果与文献中的报道十分接近。Ozcan 等[7] 使用 HEEP 软件分析了混合硫热化学循环和高温蒸汽电解两种制氢方式的经济性，结果表明，与高温蒸汽电解的方式相比，混合硫热化学循环的氢气平准化成本降低了约 20%。El-Emam 等[8] 使用 HEEP 软件计算了不同储存和运输工况下的氢气经济性成本，并总结认为 HEEP 软件对用户十分友好，可以用来方便地估算各种工厂配置下的氢气成本。El-Emam 和 Khamis 等[9,10] 对 HEEP 软件提供的5 个参考案例和几个其他案例进行经济性分析，并将 HEEP 软件的计算结果与 G4-ECONS、H2A 等经济性分析程序的计算结果进行比较，结果具有较好的一致性。Sorgulu 和 Dincer[11] 使用 HEEP 软件对计划在土耳其建造的两座核电站进行了氢气生产和成本评估，给出了氢气成本的参考变化范围。李智勇等[12] 基于 HEEP 软件并以先进压水堆为例分析了不同参数对制氢成本的影响，结果表明核电厂热效率、氢气产量、核电厂运行寿命等关键性能指标对核能制氢成本会产生重要影响。李智勇等[13] 还运用 HEEP 软件对不同制氢方法与产氢速率的核能制氢工艺进行经济性研究，结果表明：与压水堆加常规电解的制氢方式相比，采用高温气冷堆加高温蒸汽电解或碘硫循环的核能制氢工艺具有更好的经济性。代智文等[14] 基于 HEEP 软件计算分析了百万千瓦快堆（CFR1000）耦合常规电解和热化学循环制氢的成本，并使用 G4-ECONS 软件对 HEEP 软件的计算结果进行验证，结果发现两者的相对误差很小，因而可以验证 HEEP 在制氢经济性分析中的准确性。

从上述文献综述可以看出，HEEP 软件作为核能制氢经济性分析评价的专用软件具有良好的适用性，可以对采用不同核反应堆型和不同制氢方法的核能制氢工艺进行经济性分析计算，并且计算结果与其他经济性分析模型和程序的计算结果差异较小，具有一定的可靠性。因此，本章运用 HEEP 软件对高温气冷堆耦合碘硫循环的核能制氢工艺进行经济性分析研究，首先介绍 HEEP 软件的特点、功能与计算原理，然后分析了制氢厂能量供应方式、制氢效率等技术参数以及核电厂运行时间、资本成本、贴现率、借款利率等时间和经济参数对高温气冷堆耦合碘硫循环的核能制氢工艺的经济性的影响，最后将高温气冷堆耦合碘硫循环的核能制氢工艺的经济性与其他如煤气化制氢、甲烷蒸汽重整制氢、生物质能制氢、水电解制氢等制氢工艺的经济性进行初步比较，研究结果可以为提升高温气冷堆耦合碘硫循环的核能制氢工艺的经济性提供参考和借鉴。

12.2 评价模型与方法

12.2.1 HEEP 软件简介

HEEP 软件由三个模块组成，即提供数据的预处理模块、估算经济性成本的执行模块和查看计算结果的后处理模块，三个模块整合在一起作为基于单一窗口的应用程序工作[1]。

HEEP 软件将核能制氢全过程分为四个环节，即核电厂、制氢厂、储存氢和运输氢，以评估计算氢气从生产到分配再到最终用户的全过程的经济性成本[12]。对于核电厂环节，HEEP 软件可以考虑多种核反应堆的概念，包括用于较低温度范围的压水堆和重水堆，用于中等温度范围的超临界水堆，用于高温范围的超高温气冷堆、快中子堆和熔盐堆。对于制氢厂环节，HEEP 软件可以考虑多种制氢方法，如甲烷蒸汽重整制氢、常规电解、高温蒸汽电解、铜氯循环制氢、碘硫循环制氢、混合硫循环制氢等[6]。在 HEEP 软件中，核电厂和制氢厂可位于同一地点，也可相隔一定距离。核电厂可为制氢厂单独提供热或电，也可热、电联供，制氢厂还可从外部电网获取电能。

HEEP 软件中四个环节需要输入的参数和变量如图 12-1 所示，可分为三个不同类别：技术参数、成本参数、时间和经济参数[15]。HEEP 软件中各个环节主要的技术参数如表 12-1 所示[9]，软件提供了包含几个参考案例的数据库，一些技术参数如果不重新输入则采用其默认值。HEEP 软件主要的成本参数如图 12-2 所示，可分为资本成本、运行成本、退役成本三类[9]。资本成本是所有设计、加工、建造、初始装备和年度补给费用的总和。运行成本包括运营、维护、翻新、工资和其他费用。燃料成本是运行成本中的一项，主要是指核电站的燃料成本，包括前端成本和后端成本，前端成本取决于年燃料供应量和燃料种数，后端成本取决于燃料的直接处理或后处理方案。退役成本也是成本参数中的重要因素，尤其是核电站的退役成本对最终计算出的制氢成本有很大的贡献和影响。时间参数是指在整个生命周期中不同活动经历的时间，包括建设时间、运行时间、退役时间等；经济参数包括贴现率、通货膨胀率、资产负债比、借款利率、折旧年限等。

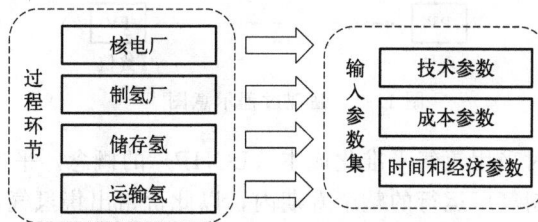

图 12-1　HEEP 软件的输入参数集分类[9]

表 12-1　HEEP 软件输入的主要技术参数[9]

核电厂	制氢厂	储存氢	运输氢
反应堆类型、	制氢技术、	储存方式 （压缩、液化、金属氢化物）、	运输方式 （管道、交通工具）、
热功率、	产氢速率、	储存容量、	运输距离、
供给制氢厂热功率、	制氢厂位置、	电量需求、	运输容量、
电功率、	热量消耗、	冷却水需求、	交通工具速度、
热效率、	电量消耗、	压缩功率	路途准备、
机组数、	机组数、		管道输送压力、
容量因子、	可利用系数、		管道摩擦
可利用系数	辅助电量消耗		

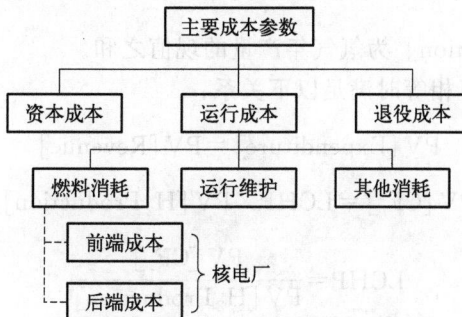

图 12-2　HEEP 软件的主要成本参数[9]

12.2.2 HEEP 软件的计算原理

HEEP 软件进行经济性计算时采用现金流量贴现法[8]。核电厂的运行寿命一般较长，而收益和支出在不同的时间点发生，因此有必要考虑资金的时间价值，给定贴现率，将不同时期发生的收益和支出相对于指定参考年进行现金流量的贴现。图 12-3[16] 为贴现过程的示意图，从现在起第 i 年发生的收入或支出终值 FV 与现值 PV 之间的计算关系如下，其中 d 代表贴现率。

$$PV = \frac{FV}{(1+d)^i} \tag{12-1}$$

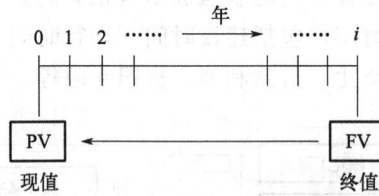

图 12-3　贴现过程示意图[16]

HEEP 软件在计算时采用氢气平准化成本（LCHP）的概念。平准化成本是一个恒定不变的价格，在核电厂和制氢厂运行的整个寿期内，以此价格出售氢气，获得的收益现值与所有支出的现值相等。当出售氢气的价格高于平准化成本时，则可获取利润。因此，计算出的氢气平准化成本越低，盈利空间越大，经济性越好。

图 12-4 为生命周期内现金流入和流出的简化示意图。任意现金流量 CF_i 从其起始时间 t_{start} 到终止时间 t_{end} 相对于参考时间 t_0 的现值 PV 计算为：

$$PV[CF_i] = \sum_{t_{start}}^{t_{end}} \frac{CF_i}{(1+d)^{t-t_0}} \tag{12-2}$$

支出方面要计算资本成本、运行成本、退役成本等所有支出的现值之和：

$$PV[Expenditure] = PV[CF_i] \tag{12-3}$$

当以平准化成本的价格销售氢气时，获得的收入现值计算为：

$$PV[Revenue] = \sum_{t=t_{start}}^{t_{end}} \frac{LCHP \times H_2 Production}{(1+d)^{t-t_0}} = LCHP \times \sum_{t=t_{start}}^{t_{end}} \frac{H_2 Production}{(1+d)^{t-t_0}}$$
$$= LCHP \times PV[H_2 Production] \tag{12-4}$$

式中，$PV[H_2 Production]$ 为氢气年产量的现值之和。

当收入现值与支出现值相等时满足以下关系：

$$PV[Expenditure] = PV[Revenue] \tag{12-5}$$

$$PV[CF_i] = LCHP \times PV[H_2 Production] \tag{12-6}$$

$$LCHP = \frac{PV[CF_i]}{PV[H_2 Production]} \tag{12-7}$$

当将支出现值按核电厂、制氢厂、储存氢和运输氢 4 个环节划分时，氢气平准化成本可表示为：

$$LCHP = \frac{E_{NPP} + E_{H_2GP} + E_{H_2S} + E_{H_2T}}{PV[H_2 Production]} \tag{12-8}$$

式中，E_{NPP}、E_{H_2GP}、E_{H_2S}、E_{H_2T}分别为核电厂、制氢厂、储存氢、运输氢环节在寿期的支出现值之和。

根据不同制氢方式的需要，核电厂会为制氢厂供热或供电，HEEP 软件在计算时还考虑了能量成本的概念，先计算单位能量成本，然后基于制氢厂的耗热量或耗电量计算核电厂提供给制氢厂的输入能量成本。

核电厂如果只提供热能，当产生净热能为 E_{th}，总支出为 C_{th} 时，单位热能成本计算为：

$$C_{kWth} = \frac{C_{th}}{E_{th}} \tag{12-9}$$

当核电厂既提供热能也提供电能时，若总支出为 C_2，产生热能为 E_2，产生电能为 W_e，则单位电能成本计算为：

$$C_{ele} = \frac{C_2 - E_2 C_{kWth}}{W_e} \tag{12-10}$$

关于税率、借款利率、资产负债比等其他经济参数，Antony 等[16]给出了详细的计算模型和公式。

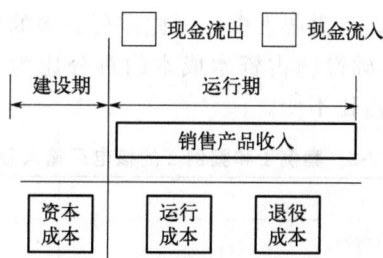

图 12-4　生命周期内现金流入和流出示意图[16]

12.3　核能制氢经济性分析结果

HEEP 软件内置有压水堆加常规电解、高温气冷堆加高温蒸汽电解、高温气冷堆加碘硫循环制氢的参考案例，这些参考案例已经在 El-Emam 和 Khamis[9]以及李智勇等[13]的研究中报道并进行了针对性分析，参考案例的 HEEP 软件计算结果也通过了与其他经济性分析模型或程序的计算结果的一致性比较，具有较好的可靠性。

本章对高温气冷堆耦合碘硫循环制氢的经济性进行研究，以 HEEP 内置的高温气冷堆加碘硫循环制氢的参考案例为基础，通过改变输入参数分析相关因素对高温气冷堆耦合碘硫循环的核能制氢工艺的经济性的影响。在本章的经济性分析中，核电厂与制氢厂位于同一地点，暂不考虑氢气的储存和运输环节。

12.3.1　制氢厂能量供应方式的影响

本章首先研究制氢厂能量供应方式对经济性的影响，如图 12-5 所示设置了两个案例，两个案例的设置方案以及参数说明如下。

案例 1 为 HEEP 的高温气冷堆耦合碘硫循环制氢的参考案例，核电厂采用 $2 \times$ 630.7MWth 的高温气冷堆，制氢厂的氢气年产量为 $1.26 \times 10^8 kg$，即制氢速率为 4kg/s。核电厂两台机组只产生热量且全部提供给制氢厂，制氢厂需要的电由外部电网提供，因此需考虑外部能源使用成本。

案例 2 在案例 1 的基础上增加了核电厂机组数量，核电厂为制氢厂既提供热能也提供电能，在满足制氢厂能量供应的同时实现氢、电联产。核电厂发电的热效率参照目前高温气冷堆可达到的热效率，设置为 $42\%^{[17]}$。

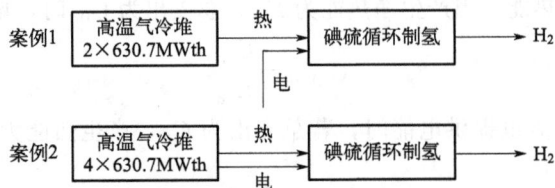

图 12-5 案例 1 和案例 2 设计

案例 1 和案例 2 的核电厂详细参数如表 12-2 所示，制氢厂输入参数如表 12-3 所示，案例计算时采用如表 12-4 所列的 HEEP 默认的时间和经济参数。案例 1 中核电厂不发电，发电基础设施占资本成本的百分比为 0。案例 2 中假设核电厂每个机组产生的热能与电能相同。考虑到核电厂机组数增加，且需要发电，因此需要更多的核电设备，所以假设每台机组的资本成本增加 25%，发电基础设施占资本成本的百分比为 $25\%^{[12]}$。另外，假设燃料成本、运行成本占比、退役成本占比不变。

表 12-2　案例 1 和案例 2 的核电厂输入参数

参数	案例 1	案例 2
机组数/台	2	4
容量因子/%	90	90
可利用系数/%	100	100
热功率/(MWth/台机组)	630.7	630.7
制氢厂供热/(MWth/台机组)	630.7	330.7
电功率/(MWe/台机组)	0	126
初始燃料装载/(kg/台机组)	$18000^{[9]}$	$18000^{[9]}$
年燃料供给/(kg/台机组)	$6000^{[9]}$	$6000^{[9]}$
资本成本/(美元/台机组)	$6.05 \times 10^{8[9]}$	7.56×10^8
发电基础设施占资本成本的百分比/%	0	25
燃料成本/(美元/kg)	$5535^{[9]}$	$5535^{[9]}$
运行成本占资本成本的百分比/%	$5.75^{[13]}$	$5.75^{[13]}$
退役成本占资本成本的百分比/%	$10^{[13]}$	$10^{[13]}$

以案例 1 为比较基准，设案例 1 的相对氢气平准化成本为 1，案例 2 的相对氢气平准化成本和各案例中制氢厂与核电厂成本比重如图 12-6 所示。采用高温气冷堆氢、电联产，核电厂为制氢厂联供热、电时，削减了制氢厂的外部能源使用成本，制氢厂的成本下降，总的氢气平准化成本降低。案例 2 核电厂热效率为 42% 时，核电厂热、电联供与核电厂只供热相比，氢气平准化成本降低 5.0%。

表 12-3　案例 1 和案例 2 的制氢厂输入参数		
参数	案例 1	案例 2
机组数/台	1	1
容量因子/%	90	90
可利用系数/%	100	100
氢气年产量/(kg/台机组)	1.26×10^8	1.26×10^8
耗热量/(MWth/台机组)	1261.4	1261.4
耗电量/(MWe/台机组)	42.8	42.8
资本成本/(美元/台机组)	$6.66 \times 10^{8[9]}$	$6.66 \times 10^{8[9]}$
外部能源使用成本/美元	$2.7 \times 10^{7[9]}$	0
运行成本占资本成本的百分比/%	6.68[13]	6.68[13]
退役成本占资本成本的百分比/%	10[13]	10[13]

表 12-4　时间和经济参数	
参数	数值
建设时间/a	3
运行时间/a	40
贴现率/%	5[9]
通货膨胀率/%	1[9]
股权负债比/%	70：30[9]
借款利率/%	10[9]
税率/%	10[9]
折旧年限/a	20[9]

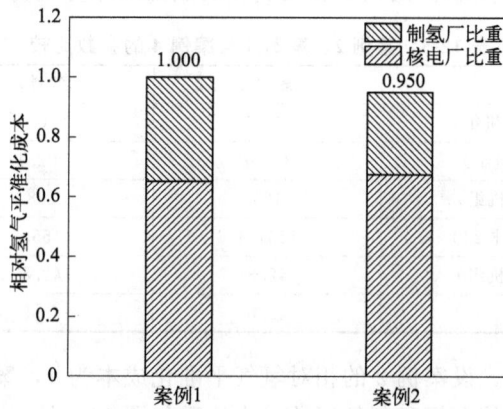

图 12-6　案例 1 和案例 2 的相对氢气平准化成本比较

12.3.2　碘硫循环制氢效率的影响

碘硫循环制氢效率的一般定义为：

$$制氢效率 = \frac{氢气生产速率 \times 氢气热值}{制氢耗热 + \dfrac{制氢耗电}{电厂热效率}} \tag{12-11}$$

在案例 2 中，氢气生产速率为 4kg/s，氢气热值为 $1.43 \times 10^8 J/kg$，制氢耗热量为 1261.4MWth，耗电量为 42.8MWe，核电厂发电热效率为 42%，计算的制氢效率为 42.0%。Yan 等[18] 在对高温气冷堆耦合碘硫循环制氢炼钢项目进行研究分析时，碘硫循环制氢效率也估算为 42.0%。日本原子能机构提出了高温气冷堆耦合碘硫循环进行氢、电联产的商业反应堆 GTHTR300C 的概念设计，其中碘硫循环制氢效率取为 45.5%[19]。张平等[20] 在对我国高温堆制氢发展进行战略研究时指出碘硫循环预期制氢效率可达 50%以上。

为分析碘硫循环制氢效率对经济性的影响，在案例 2 的基础上，本章假定可通过优化碘硫循环制氢流程的热交换网络降低制氢工艺的耗热量，提高制氢效率，如图 12-7 所示设置了制氢耗热量更低的案例 3 和案例 4，并在案例 3 和案例 4 中根据制氢厂的耗热量略微调整核电厂给制氢厂的供热和核电厂电功率。

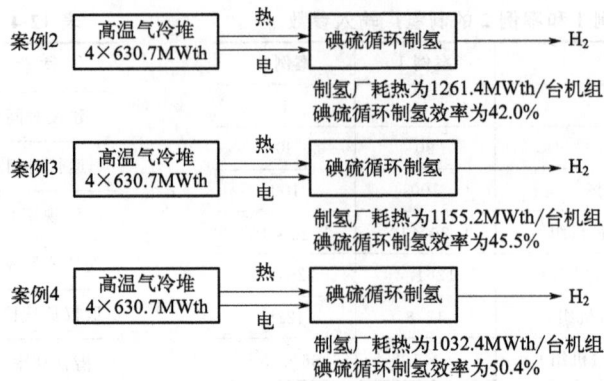

图 12-7　案例 2、案例 3 与案例 4 设计

案例 3 和案例 4 中，核电厂热效率和制氢速率与案例 2 相同，分别为 42.0％和 4kg/s，其他参数也与案例 2 保持一致，核电厂与制氢厂的能量参数和计算的制氢效率以及这些参数与案例 2 的比较如表 12-5 所示。案例 3 和案例 4 的制氢效率分别为 45.5％和 50.4％。

表 12-5　案例 2、案例 3 与案例 4 的参数比较

参数	案例 2	案例 3	案例 4
核电厂热功率/(MWth/台机组)	630.7	630.7	630.7
制氢厂供热/(MWth/台机组)	330.7	302.1	280.7
核电厂电功率/(MWe/台机组)	126	138	147
制氢厂耗热量/(MWth/台机组)	1261.4	1155.2	1032.4
制氢厂耗电量/(MWe/台机组)	42.8	42.8	42.8
制氢效率/%	42.0	45.5	50.4

以案例 2 为比较基准，设案例 2 的相对氢气平准化成本为 1，案例 3 和案例 4 的相对氢气平准化成本与各案例中核电厂和制氢厂的成本比重如图 12-8 所示。当制氢厂耗热量减少，碘硫循环制氢效率提升时，核电厂可减少向制氢厂的供热，核电厂输入给制氢厂的能量成本降低，氢气平准化成本显著降低。当碘硫循环制氢效率由 42.0％提升到 50.4％时，氢气平准化成本降低 12.0％，因此有必要深入研究碘硫循环制氢工艺流程，设计和优化热交换网络，以提高制氢效率和降低氢气的平准化成本。

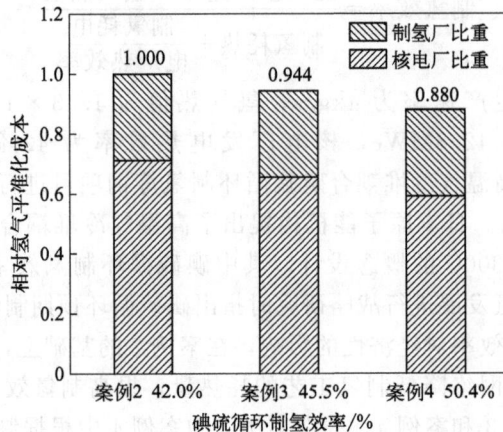

图 12-8　案例 2、案例 3 和案例 4 的相对氢气平准化成本比较

12.3.3 时间和经济参数的影响

核电厂运行时间是一个重要的时间参数，案例 2 中核电厂运行时间为 40 年，以案例 2 为基准，相对氢气平准化成本为 1，研究核电厂运行时间对经济性的影响，计算结果如图 12-9 所示。核电厂运行时间越长，相对氢气平准化成本越低，在较长核电厂运行时间水平下，继续延长核电厂的运行时间，氢气平准化成本降低的幅度会显著减小。

核电厂和制氢厂的资本成本在核能制氢项目的支出中占较大比重，对经济性有较大影响，以案例 2 为基准对核电厂和制氢厂的资本成本进行灵敏度分析，计算结果如图 12-10 所示。相对氢气平准化成本随核电厂和制氢厂资本成本的增加都基本呈线性上升的趋势，核电厂资本成本对氢气平准化成本的影响会更大一些，因此降低核电厂和制氢厂的资本成本对提高经济性具有重要作用。

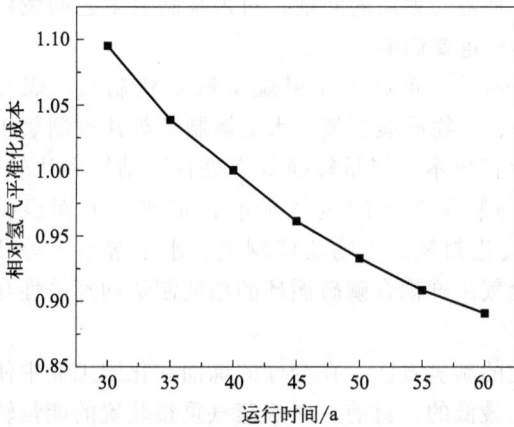

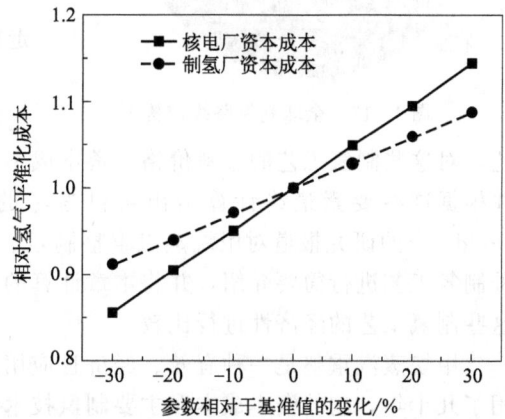

图 12-9　不同核电厂运行时间下的相对氢气平准化成本　　图 12-10　核电厂和制氢厂资本成本的灵敏度分析

贴现率和借款利率是两个重要的经济参数，以案例 2 为基准计算不同贴现率和借款利率水平下的相对氢气平准化成本，结果分别如图 12-11 和图 12-12 所示，氢气平准化成本随贴现率和借款利率的增加而上升。贴现率较低时，氢气平准化成本上升较缓，而当贴现率较大时，氢气平准化成本随贴现率的增加而较快上升。氢气平准化成本随借款利率的增加基本呈线性上升的趋势。当贴现率和借款利率在较低水平时，高温气冷堆耦合碘硫循环制氢项目的经济性更好。

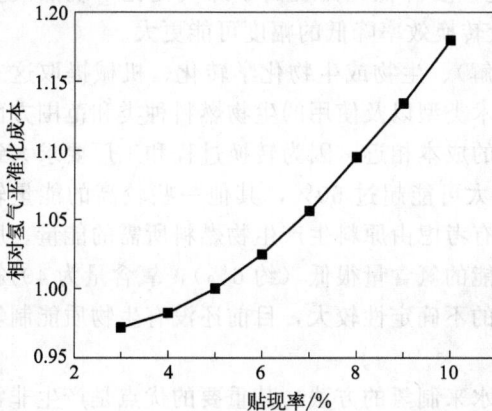

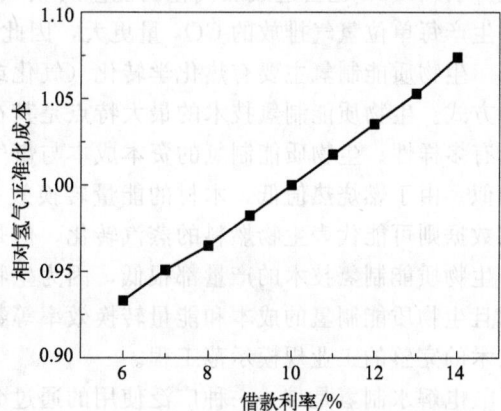

图 12-11　不同贴现率下的相对氢气平准化成本　　图 12-12　不同借款利率下的相对氢气平准化成本

12.3.4　不同制氢工艺经济性的比较

目前在全球范围内氢气主要由化石燃料制取，占比高达96%；如图12-13所示，生产的氢气48%来自天然气，30%来自石油，18%来自煤，其余4%来自电解水[21,22]。化石燃料制氢不仅会消耗大量化石能源，而且还会排放温室气体和污染物质，电解水制氢成本可能较高，因此需要寻求清洁、高效、经济可行的大规模制氢方法以满足当前和未来的氢气供应需求。近些年来，以核能制氢为代表的清洁制氢方法受到了广泛的关注，取得了长足的发展与进步。不同制氢工艺之间的经济性比较也是备受关注的问题，对未来制氢工艺的发展走向具有重要影响。

Dodds[23]重点关注甲烷蒸汽重整制氢、煤气化制氢、生物质能制氢、水电解制氢等几种制氢工艺，对这些制氢工艺的燃料价格、资本成本、运行成本、能量转换效率进行了估算和比较，并根据这些要素最终计算给出可供参考的各种制氢工艺的氢气平准化成本。下面根据Dodds[23]的研究报道对甲烷蒸汽重整制氢、煤气化制氢、生物质能制氢、水电解制氢等几种制氢工艺进行简要介绍，并将本章计算的高温气冷堆耦合碘硫循环的核能制氢的经济性与这些制氢工艺的经济性进行比较。

甲烷蒸汽重整是一种有效、经济且应用广泛的制氢方法，在全球的炼油和化肥工业中使用了几十年，它的资本成本在主要制氢技术中是最低的。目前，甲烷蒸汽重整装置的能量转换效率在60%~80%之间，规模较大的装置效率更高。原料成本是甲烷蒸汽重整最重要的经济因素，如果考虑对CO_2排放征税，经济成本还会在未来进一步显著上升。碳捕集技术（CCS）将削弱CO_2排放税的影响，但是建造成本更高，而且会降低装置的能源转换效率，降低的程度将取决于捕获、压缩和运输二氧化碳到地下储存地点所需的能量。

煤气化技术十分成熟，且原料成本较低，但是不如甲烷蒸汽重整使用得更多、更加广泛，这是因为其能源转换效率较低，资本成本投资较高且变化较大。煤气化的能量转换效率从50%到80%不等，变化范围较大既有技术差异的因素，也与不同类型煤炭质量的差异有关。引入CCS也会造成煤气化的能量转换效率进一步降低，而且由于煤气化比甲烷蒸汽重整生产每单位氢气排放的CO_2量更大，因此能量转换效率降低的幅度可能更大。

生物质能制氢主要有热化学转化（气化或热解）、生物或生物化学转化、机械提取这三种方式。生物质能制氢技术的最大特点是其在技术类型以及使用的生物燃料种类和范围方面具有多样性。生物质能制氢的资本成本与煤气化的成本相近，因为转换过程和工厂要求大致相似。由于燃烧热值低，木材的能量转换效率不太可能超过50%，其他一些较高的能量转换数据则可能代表生物燃料的蒸汽转化，但是没有考虑由原料生产生物燃料所需的能量。所有生物质能制氢技术的产量都很低，因为生物质能的氢含量很低（约6%），氧含量为40%，而且生物质能制氢的成本和能量转换效率等数据的不确定性较大，目前还没有生物质能制氢技术的完整的工业规模示范工程。

电解水制氢是唯一一种广泛使用的通过分解水来制氢的方法，其重要的优点是产生非常纯的氢气，且不产生CO_2排放，但是主要缺点是电力成本相对其他原料高。碱性电解自18

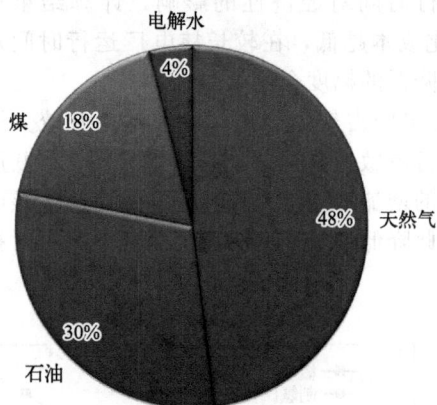
图12-13　全球制氢路线结构图

电解水　4%
煤　18%
天然气　48%
石油　30%

世纪以来一直用于制氢，是大多数商业上可用的电解槽的基础，但是成本较高。低温聚合物电解质膜（PEM）电解槽和高温固体氧化物电解槽（SOE）被认为可能是更高效、更灵活的技术，PEM 电解槽适用于小规模制氢和不同负荷，而 SOE 可以通过使用高温热量来减少电力需求。电解水制氢系统的资本成本有较大的变化范围，且小型系统的成本可能特别高，但是通过技术突破有望在未来大幅降低系统的成本。电解槽通常可以实现 58%～72% 的能量转换效率，通过技术创新也有望进一步提高能量转换效率。

本章前述内容主要针对高温气冷堆耦合碘硫循环的核能制氢方式进行经济性分析，在本章计算的不同核能制氢案例中，案例 4 的经济性最好，案例 1 的经济性最差[24]。将本章计算的高温气冷堆耦合碘硫循环制氢案例 1 与案例 4 的氢气平准化成本与 Dodds[23] 计算的其他制氢工艺的氢气平准化成本进行比较，以本章的案例 4 为比较基准，令其相对氢气平准化成本为 1，不同制氢工艺的经济性比较结果如图 12-14 所示。

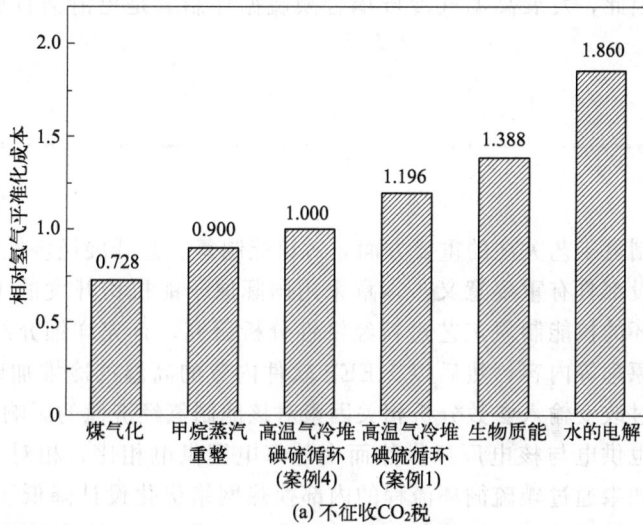

(a) 不征收 CO_2 税

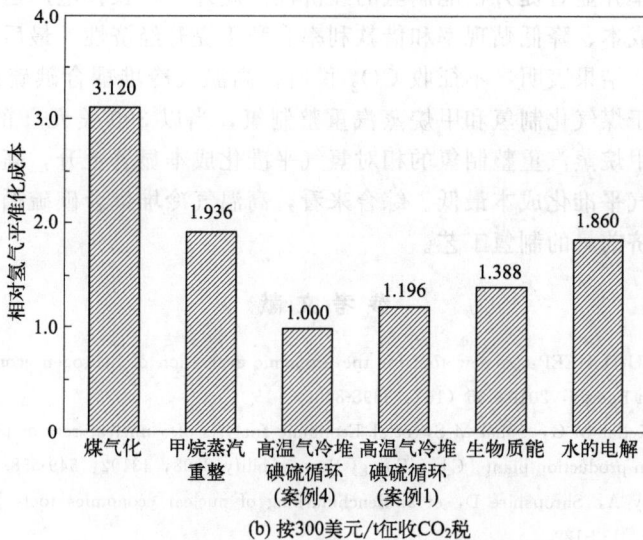

(b) 按 300 美元/t 征收 CO_2 税

图 12-14 不同制氢工艺的相对氢气平准化成本比较

当不考虑征收 CO_2 税时，煤气化和甲烷蒸汽重整制氢的相对氢气平准化成本低于高温气冷堆耦合碘硫循环制氢，生物质能制氢和水电解制氢的相对氢气平准化成本高于高温气冷堆耦合碘硫循环制氢，这主要是因为煤气化制氢和甲烷蒸汽重整制氢的技术发展较为成熟，生物质能制氢作为新兴制氢技术还有待进一步发展，水电解制氢效率较低且消耗电能过多。

在全球能源转型的背景和"碳中和"愿景下，未来政府可能考虑通过征收 CO_2 税将 CO_2 排放带来的环境成本转化为生产经营成本，以促进绿色低碳能源的发展。Dodds[23] 在研究中指出，CO_2 税在 2050 年可能增加到 300 美元/t，以充分减少经济合作与发展组织（OECD）经济体的碳排放，实现减排目标。当以 300 美元/t 的价格征收 CO_2 税时，煤气化制氢和甲烷蒸汽重整制氢的相对氢气平准化成本会显著上升。高温气冷堆耦合碘硫循环制氢和水电解制氢几乎不排放 CO_2，生物质能制氢过程中释放的 CO_2 通过光合作用被吸收，可以认为是碳中和的，因此这三种制氢工艺的相对氢气平准化成本不受 CO_2 税的影响。当以 300 美元/t 的价格征收 CO_2 税时，高温气冷堆耦合碘硫循环制氢的相对氢气平准化成本最低，经济性最好。因此，发展高温气冷堆耦合碘硫循环制氢是更清洁且更具有经济前景的选择。

12.4　小结

经济性是核能制氢工艺关注的重要方面，对核能制氢工艺开展经济性分析对进一步的技术性研究和工程建设都具有重要意义。本章采用国际原子能机构开发的 HEEP 软件对高温气冷堆耦合碘硫循环的核能制氢工艺进行经济性分析研究，首先详细介绍了 HEEP 软件的特点、功能与计算原理等内容，然后以 HEEP 软件内置的高温气冷堆加碘硫循环制氢的参考案例为基础，通过改变输入参数分析相关因素对核能制氢经济性的影响。结果表明：核电厂为制氢厂既供热也供电与核电厂只供热而由外部电网供电相比，相对氢气平准化成本更低，经济性更好。如果通过碘硫循环流程的内部换热网络优化设计降低制氢厂的热量消耗，则可以提升制氢效率并显著提升核能制氢的经济性。此外，延长核电厂运行时间、降低核电厂和制氢厂的资本成本、降低贴现率和借款利率有利于提升经济性。最后，本章比较了几种制氢工艺的经济性，结果表明：不征收 CO_2 税时，高温气冷堆耦合碘硫循环制氢的相对氢气平准化成本仅次于煤气化制氢和甲烷蒸汽重整制氢，当以 300 美元/t 的价格征收 CO_2 税时，煤气化制氢和甲烷蒸汽重整制氢的相对氢气平准化成本显著上升，高温气冷堆耦合碘硫循环制氢的相对氢气平准化成本最低。综合来看，高温气冷堆耦合碘硫循环的核能制氢工艺是较清洁且具有经济前景的制氢工艺。

参 考 文 献

[1]　Khamis I, Malshe U D. HEEP: A new tool for the economic evaluation of hydrogen economy [J]. International Journal of Hydrogen Energy, 2010, 35 (16): 8398-8406.

[2]　Harvego E A, McKellar M G, Sohal M S, et al. Economic analysis of a nuclear reactor powered high-temperature electrolysis hydrogen production plant [C] //Energy Sustainability. 2008, 43192: 549-558.

[3]　Moore M, Korinny A, Shropshire D, et al. Benchmarking of nuclear economics tools [J]. Annals of Nuclear Energy, 2017, 103: 122-129.

[4]　Samalova L, Chvala O, Maldonado G I. Comparative economic analysis of the Integral Molten Salt Reactor and an advanced PWR using the G4-ECONS methodology [J]. Annals of Nuclear Energy, 2017, 99: 258-265.

[5]　Mukaida K, Katoh A, Shiotani H, et al. Benchmarking of economic evaluation models for an advanced loop-type

sodium cooled fast reactor [J]. Nuclear Engineering and Design, 2017, 324: 35-44.

[6]　Khamis I. An overview of the IAEA HEEP software and international programmes on hydrogen production using nuclear energy [J]. International journal of hydrogen energy, 2011, 36 (6): 4125-4129.

[7]　Ozcan H, El-Emam R S, Dincer I. Comparative assessment of nuclear based hybrid sulfur cycle and high temperature steam electrolysis systems using HEEP [J]. Progress in Sustainable Energy Technologies: Generating Renewable Energy, 2014: 165-180.

[8]　El-Emam R S, Ozcan H, Dincer I. Comparative cost evaluation of nuclear hydrogen production methods with the Hydrogen Economy Evaluation Program (HEEP) [J]. International journal of hydrogen energy, 2015, 40 (34): 11168-11177.

[9]　El-Emam R S, Khamis I. International collaboration in the IAEA nuclear hydrogen production program for benchmarking of HEEP [J]. International Journal of Hydrogen Energy, 2017, 42 (6): 3566-3571.

[10]　El-Emam R S, Khamis I. Advances in nuclear hydrogen production: Results from an IAEA international collaborative research project [J]. International Journal of Hydrogen Energy, 2019, 44 (35): 19080-19088.

[11]　Sorgulu F, Dincer I. Cost evaluation of two potential nuclear power plants for hydrogen production [J]. International Journal of Hydrogen Energy, 2018, 43 (23): 10522-10529.

[12]　李智勇, 郑保军, 张一凡. 基于 HEEP 的核能制氢经济性研究 [C] //2020 年工业建筑学术交流会论文集（下册）. 2020: 1750-1753.

[13]　李智勇, 张一凡, 李文安, 等. 核能制氢不同工艺与速率的经济性研究 [J]. 现代化工, 2021, 41 (7): 29-34.

[14]　代智文, 张东辉, 王松平, 等. 钠冷快堆制氢工艺及经济性研究 [J/OL]. 原子能科学技术: 1-8 [2024-01-21].

[15]　Dincer I, Colpan C O, Kizilkan O, et al. Progress in clean energy [M] //Novel Systems and Applications. Switzerland: Springer, 2015, 2.

[16]　Antony A, Maheshwari N K, Rao A R. A generic methodology to evaluate economics of hydrogen production using energy from nuclear power plants [J]. International Journal of Hydrogen Energy, 2017, 42 (41): 25813-25823.

[17]　Zhang Z, Wu Z, Wang D, et al. Current status and technical description of Chinese 2×250 MWth HTR-PM demonstration plant [J]. Nuclear Engineering and Design, 2009, 239 (7): 1212-1219.

[18]　Yan X L, Kasahara S, Tachibana Y, et al. Study of a nuclear energy supplied steelmaking system for near-term application [J]. Energy, 2012, 39 (1): 154-165.

[19]　Kunitomi K, Yan X, Nishihara T, et al. JAEA's VHTR for hydrogen and electricity cogeneration: GTHTR300C [J]. Nuclear Engineering and Technology, 2007, 39 (1): 9-20.

[20]　张平, 徐景明, 石磊, 等. 中国高温气冷堆制氢发展战略研究 [J]. 中国工程科学, 2019, 21 (1): 20-28.

[21]　Ewan B C R, Allen R W K. A figure of merit assessment of the routes to hydrogen [J]. International Journal of Hydrogen Energy, 2005, 30 (8): 809-819.

[22]　Kowalczyk T, Badur J, Bryk M. Energy and exergy analysis of hydrogen production combined with electric energy generation in a nuclear cogeneration cycle [J]. Energy Conversion and Management, 2019, 198: 111805.

[23]　Dodds P E. Economics of hydrogen production [M] //Compendium of hydrogen energy. Woodhead Publishing, 2015: 63-79.

[24]　倪航, 曲新鹤, 彭威, 等. 高温气冷堆耦合碘硫循环制氢的经济性研究 [J]. 原子能科学技术, 2022, 56 (12): 2554-2563.

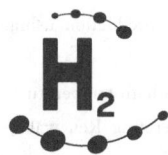

第13章
核能制氢技术生命周期评价

13.1 概述

　　能源问题是关乎人类生存和发展，关乎国家安全和国民生计的关键性问题。目前，世界各国依然严重依赖化石能源，以化石燃料为主的能源生产和消费体系引起巨大的环境污染问题。近年来，酸雨、水体富营养化、雾和霾、光化学烟雾等问题频繁发生，全球气候变暖呈加速趋势；推动能源革命和产业转型升级，寻求高效、清洁、可再生能源以实现我国"碳达峰、碳中和"的目标势在必行。氢能具有清洁、可再生、可存储、用途广泛等优点，有望在减少温室气体排放方面发挥重要作用。氢气的低位热值为 $120MJ/kg$[1]，作为清洁能源具有高热值的特点，在合成氨、石油精炼、煤化工等领域已广泛应用，在氢燃料电池等新兴领域的应用也不断扩大。

　　氢能作为一种清洁能源已经被许多研究者进行了研究，Acar 等[2]讨论了环境友好和可持续的制氢技术，并根据应用和驱动源对制氢技术进行了分类。Karaca 等[3]通过生命周期评价（LCA）技术对五种不同的核能制氢方案的环境影响进行了比较评估，特别是不同方法对温室效应的影响，并介绍了用高温气冷堆耦合热化学碘硫循环分解水制氢方法的生命周期评估。Zhang 等[4]研究了光伏发电耦合质子交换膜（PEM）电解水、光热耦合 PEM 电解水、太阳能光热发电耦合碘硫循环等三种不同太阳能制氢方法的全生命周期评价，结果表明碘硫循环耦合太阳能光热技术最有优势，其全球变暖潜力为 $1.02kg\ CO_2/kg\ H_2$。Lattin 等[5]研究了使用高温气冷堆耦合碘硫循环制氢的生命周期评估，结果表明该系统的全球升温潜能值约为天然气蒸汽重整制氢的 1/6，与风力或水力传统电解制氢相当。Khan[6]对二代、三代和四代核电厂制氢方案进行了理论和经济评估，结果表明高温气冷堆制氢是最经济可行的制氢方案。面对化石燃料消耗和工业过程造成的温室气体排放问题，无碳或低碳氢能的使用是一种有效的解决方案。尽管核能制氢不像化石燃料那样产生大量的温室气体和污染物排放，但由于整个生产链涉及材料和能源投入，可能会造成其他的碳排放。通过评估和分析氢气生产过程全生命周期中的投入和产生的环境负担，可以更客观地评价不同制氢技术的环境效益。

　　核能制氢技术包括核能发电制氢技术、核工艺热制氢技术以及核热与核电联合制氢技术。核能发电制氢技术主要包括传统碱性电解水制氢技术、阴离子交换膜电解水制氢技术、质子交换膜电解水制氢技术等。核工艺热能应用制氢是指将用于冷却反应堆的热量用于高温制氢技术中，即将核反应堆作为高温制氢的热源。用核反应堆作为热源的制氢技术[7]主要包括化石燃料制氢（煤制氢、甲烷蒸汽重整制氢）和热化学循环制氢。核能制氢技术划分如图 13-1 所示。

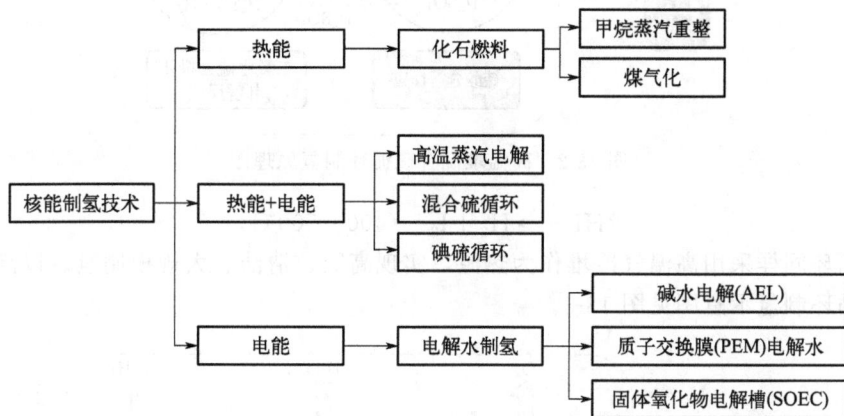

图 13-1　核能制氢技术划分

本章主要开展了以清华大学核能与新能源技术研究院研发的模块式高温气冷堆（HTR-PM）[8]为基础，通过混合硫循环和碘硫循环[9]两种工艺制氢的生命周期评价。进行了中试规模［制氢能力为 $1000\,m^3$（标）/h］的碘硫循环与混合硫循环两种制氢工艺和超临界发电系统耦合的概念设计；根据两种工艺分别对不同品位热量的需求特点，建立了"核-电-氢"系统集成流程。通过对核反应堆不同品位的热量利用，实现与制氢工艺中热量需求的有效匹配。对高温气冷堆耦合碘硫/混合硫循环制氢过程的输入和输出清单进行了梳理，并分析了整个生命周期的环境影响。研究结果将为我国发展高温气冷堆制氢决策提供环境影响评价方面的依据和参考。

13.1.1　高温堆混合硫循环制氢

高温堆混合硫循环制氢采用高温气冷堆作为热源，该制氢工艺仅有两个反应：其中一个为热化学反应——硫酸分解反应[10]；而另一个反应是电化学反应，即二氧化硫去极化电解反应。上述两个反应的化学方程式如下：

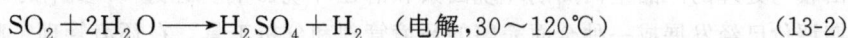

$$H_2SO_4 \longrightarrow H_2O + SO_2 + \frac{1}{2}O_2 \quad (800 \sim 900℃) \tag{13-1}$$

$$SO_2 + 2H_2O \longrightarrow H_2SO_4 + H_2 \quad (电解, 30 \sim 120℃) \tag{13-2}$$

硫酸分解反应需要在 800℃以上的高温下进行，对热品位要求很高，可采用太阳能集热、高温气冷堆等作为一次能源。本研究以高温气冷堆作为热能供热，反应原理如图 13-2 所示。

13.1.2　高温气冷堆碘硫循环制氢

如前面章节所述，碘硫循环制氢通过如下所示的三个化学反应将水分解为氢气和氧气：

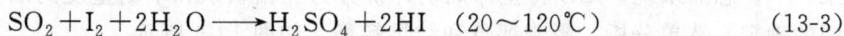

$$SO_2 + I_2 + 2H_2O \longrightarrow H_2SO_4 + 2HI \quad (20 \sim 120℃) \tag{13-3}$$

$$H_2SO_4 \longrightarrow SO_2 + 1/2O_2 + H_2O \quad (800 \sim 900℃) \tag{13-4}$$

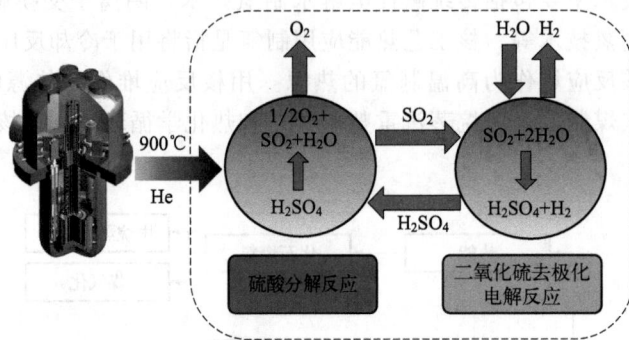

图 13-2　高温堆混合硫循环制氢原理图

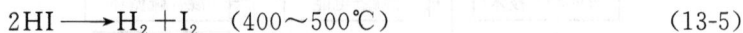

$$2HI \longrightarrow H_2 + I_2 \quad (400 \sim 500℃) \tag{13-5}$$

碘硫循环同样采用高温气冷堆作为热源，实现高效、清洁、大规模制氢。以高温堆为热源的碘硫循环制氢示意图见图 13-3。

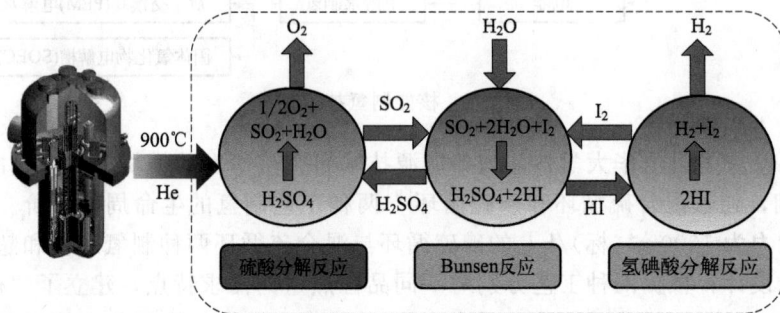

图 13-3　以高温堆为热源的碘硫循环制氢原理图

13.2　生命周期评价概念

13.2.1　概念与内涵

生命周期评价工作最早起源于 20 世纪 60～70 年代初，它是评价一种产品或一类设施"从摇篮到坟墓"全过程总体环境影响的手段，包括原料获取、生产、使用和产品生命末期回收与处理的产品生命周期环境因素和潜在环境影响。经过 50 多年的研究与发展，生命周期评价已经发展成一种全面完整的环境管理和分析工具，在环境管理、政策与规划中的应用发展迅速。

1990 年，国际环境毒理学与化学学会（SETCA）首次提出生命周期评价的定义，并于 1993 年制定了生命周期评价大纲，将生命周期评价的技术框架归纳为目标与范围的确定、清单分析、影响评价和改善评价，如图 13-4 所示。2006 年，国际标准化组织（ISO）在原来的框架基础上做了一些改动，出台了 ISO 14040《环境管理-生命周期评价-原则与框架》[11]。总的来说，ISO 将生命周期评价分为互相联系和不断重复的四个步骤，即目标与范围的确定、清单分析、影响评价和结果解释，如图 13-5 所示。

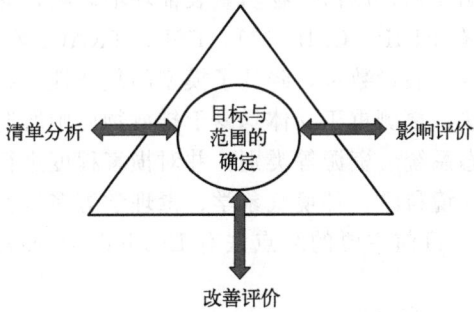

图 13-4　SETAC 生命周期评价框架

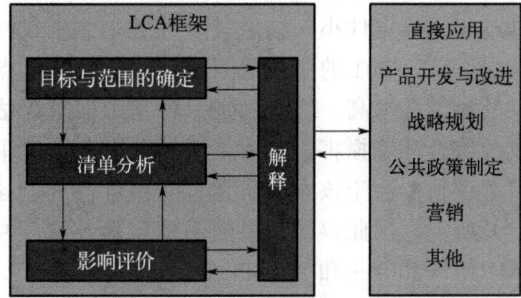

图 13-5　ISO 14040 生命周期评价框架

(1) 目标与范围的确定

目标与范围的确定是生命周期评价的第一步，它是清单分析、影响评价和结果解释所依赖的出发点与立足点，决定了后续阶段的进行和 LCA 评价结果，直接影响到整个评价工作程序和最终研究结论[12]。既要明确提出 LCA 分析的目的、背景、理由，还要指出分析中涉及的假设条件、约束条件。在界定边界时要求产品生命周期的所有过程均包含于系统的边界内，从而进一步确定 LCA 要考虑的工艺过程、系统的输入与输出等。功能单位是对产品系统输出功能的量度，其基本作用是为有关输入和输出提供参照基准，以保证 LCA 结果的可比性。在清单分析过程中，收集的所有数据都必须换算为功能单位，从而实现对产品系统的输入与输出的标准化。

(2) 清单分析

生命周期清单分析（LCI）是对所研究产品系统生命周期的输入、输出进行收集、汇编和量化的阶段，建立在研究系统的物质流和能量流平衡的基础上。清单分析的核心是建立以产品功能单位表达的产品系统输入和输出清单。通常系统输入为原材料和能源，输出为产品和向空气、水体及土壤等排放的废弃物（如废气、废水、废渣等）。清单分析的步骤包括数据收集的准备、数据收集、计算程序和清单分析中的分配方法以及清单分析结果等。

(3) 影响评价

生命周期影响评价是把清单分析得到的数据进行定性或定量排序的一个过程。影响评价包括分类、特征化和标准化。分类是将从清单分析中得到的数据归入不同的环境影响类型，影响类型通常包括资源耗竭、生态影响和人类健康三大类。特征化即按照影响类型建立清单数据模型，它是分析与定量中的一步。标准化即加权，是确定不同环境影响类型的相对贡献大小或权重，以得到总的环境影响水平的过程。

(4) 结果解释

生命周期结果解释是根据确定目的和范围对清单分析和影响评价的结果进行综合考虑评估的阶段，需要与确定的目的与范围保持一致，以形成结论，对局限性评价理论做出解释，并提出建议和最终报告。

13.2.2　评价方法

根据目的的不同，生命周期评价方法分为两类：中点法和终点法。中点法又称问题导向法，主要关注产品在整个生命周期中排放的物质对环境本身可能造成的影响，其环境影响机理主要涉及排放物在环境中向空气、水、土壤等介质的迁移转化规律[13]。中点法将清单分析结果划分为气候变化、酸化、富营养化等环境影响类别，以污染物当量表征环境影响，计算过程不确定性小，结果科学性强，主要的中点法有 EDIP、CML2001、ESP、TRACI 等。其中 CML 2001 的应用范围较为广泛，其优点是减少了假设数量，降低了模型的复杂性，结果的科学性较高。终点法是一种基于损害评估的方法，更侧重于受体暴露于排放物质中所造成的综合环境损害，将清单结果纳入人类健康、生态系统、资源等类别，并对损害程度进行模型评估。由于该方法研究时间相对较短，且涉及环境科学、环境气象学、毒理学等多学科交叉研究，因此评估结果的不确定性略高于中点法。目前主要的终点法有 Eco-indicator99、IMPACT2002＋和 ReCiPe 等。

13.2.3　影响类别

生命周期评价是公认的对某种产品或系统在其生命周期内的环境排放进行量化分析和评估的重要方法，将清单分析得到的全部数据进一步分类，得到不同的环境影响类型，如资源消耗、人类健康和生态环境影响等。大的环境影响类型又可以细分成小的环境影响类型，比如全球变暖、水体富营养化、光化学烟雾和臭氧层消耗等。不同的生命周期评价体系有不同的环境影响类型分类，大多数常见的环境影响类型如下所述。

(1) 全球变暖

全球变暖是过去一到两个世纪地球表面平均气温升高的现象。自 20 世纪中叶以来，气候科学家收集了对各种天气现象（如温度、降水和风暴）和气候相关影响（如洋流和大气的化学成分）的详细观测结果。这些数据表明，自地质时间开始以来，地球气候几乎在每个可以想象的时间尺度上都发生了变化。至少自工业革命开始以来，人类活动对气候变化的速度和程度的影响越来越大。政府间气候变化专门委员会（IPCC）由世界气象组织（WMO）和联合国环境规划署（UNEP）于 1988 年成立，表达了大多数科学界日益增长的对气候问题的关注。IPCC 于 2023 年发布的第六次评估报告（AR6）指出，2011～2020 年平均温升相比工业化前（1850～1900 年）增高了 1.09℃，2001～2020 年较工业化前增暖 0.99℃。可见，气候正在迅速变暖，而且这种增暖是全球性的。对 1850 年至 2019 年全球平均地表温度上升的最佳估计为 1.07℃。在 2018 年发布的一份特别报告指出，自前工业化时代以来，人类活动是全球平均气温上升 0.8℃至 1.2℃的原因，20 世纪下半叶的变暖可主要归因于人类活动[14]。

全球变暖的直接原因是温室气体排放造成的温室效应，是由 CO_2、甲烷、一氧化二氮和其他温室气体存在引起的地球表面和低层大气变暖的现象。为了能对全球气候变暖影响进行汇总，以 CO_2 为参照物（CO_2 的系数为 1）来测算各种物质对全球变暖的影响，采用 CO_2 当量来表示各种温室气体对气候变暖的影响。

(2) 酸化

酸化是指 SO_2、NO_x 等酸性气体排入高空，被雨水冲刷形成酸雾、酸雨等腐蚀性物质扩散到土壤、湖泊等，导致土壤、湖泊等酸化，对植物、动物、建筑以及人体健康造成损害。目前，对酸化的影响因子是以 SO_2 为参照物（SO_2 的系数为 1），测算各种物质与酸化的相关性。通常以 SO_2 当量作为基准。

(3) 富营养化

富营养化是一种氮、磷等营养元素过多从而引起水质污染的现象。在人类活动影响下，生物所需的氮、磷等营养物质大量进入湖泊、河口、海湾等缓流水体，引起藻类及其他浮游生物迅速繁殖，水体溶解氧量下降，水质恶化，鱼类及其他生物大量死亡，破坏了水体的平衡。对富营养化的影响因子是以 PO_4^{3-} 为参照物（PO_4^{3-} 的系数为 1），测算各种物质对富营养化的相关性。富营养化以 PO_4^{3-} 当量作为基准。

（4）臭氧层破坏

臭氧层是大气平流层中臭氧浓度高的层次，被誉为地球上生物生存繁衍的保护伞，它能吸收 90% 以上的紫外线辐射。臭氧层损耗是指大气平流层中臭氧浓度大量减少。近半个世纪以来，工农业高速发展，人为活动产生大量氮氧化物排入大气，超声速飞机在臭氧层高度内飞行、宇航飞行器的不断发射都排出大量氮氧化物和其他气体进入臭氧层。此外，人类大量生产氯氟烃化合物（即氟利昂），如 $CFCl_3$（氟利昂-11）、CF_2Cl_2（氟利昂-12）、CCl_2FCClF_2（氟利昂-113）等，用作致冷剂、除臭剂、头发喷雾剂等。普遍认为氟氯碳（CFC）是造成臭氧层破坏的主要因素，目前，对臭氧层破坏的影响因子是以 CFC-11 为参照物（CFC-11 的系数为 1），测算各种物质对臭氧层破坏的相关性。通常采用 CFC-11 当量来表示对臭氧层破坏的影响。

（5）人体毒性

人体暴露毒性影响用于评价化合物通过暴露途径对人体的毒性影响，通常采用美国政府工业卫生专家会议（ACGIH）制定的车间空气中有害物质的容许浓度数据，即阈限值来衡量。在该浓度下人体不会有直接的毒性反应，但长期的表皮暴露和呼吸将会对人体造成慢性毒性影响。对人体毒性潜值的影响因子是以 1,4-二氯苯为参照物（1,4-DB 的系数为 1），测算各种物质对人体毒性的相关性。人体毒性潜值以 1,4-二氯苯为基准进行计算。

（6）光化学烟雾

光化学烟雾是指对流层大气中氮氧化物和非甲烷碳氢化合物等在紫外线照射下发生光化学反应，产生氧化性很强的二次污染物，如臭氧（O_3）（占反应产物的 90% 以上）、过氧乙酰硝酸酯（PAN，约占反应产物的 9%）、过氧化氢（H_2O_2）、醛（RCHO）、高活性自由基、有机酸和无机酸（HNO_3）等二次污染物形成的混合污染，通常把参与光化学反应过程的一次污染物和二次污染物的混合物（其中包括气体污染物、气溶胶）所形成的烟雾污染现象统称为光化学烟雾[15]。

光化学烟雾在不利于扩散的气象条件下会积聚不散，使人眼和呼吸道受刺激或诱发各种呼吸道炎症，危害人体健康。在许多空气污染物中，臭氧被认为是植物最重要的污染物，而其对植物的伤害也是臭氧对周围环境危害研究中最早被关注的问题。光化学烟雾还会使植物的正常生长受到抑制，使农作物受损，降低植物对病虫害的抵抗能力。对光化学烟雾的影响因子是以 C_2H_4 为参照物（C_2H_4 的系数为 1），测算各种物质对光化学烟雾的相关性。光化学烟雾一般采用乙烯（C_2H_4）当量作为基准。

13.2.4 特征化

在得到所有污染物排放数据之后，需要对数据进行环境影响的量化评价，此时就需要根据需求选择生命周期评价方法。在这一过程中，通过将不同污染物数据采用特征化因子，即可得到转换为统一单位的某一环境影响的大小。在决定特征化之前需要先确定模型，特征化模型分为两类：当量模型和负荷模型。当量模型是通过当量系数汇总清单数据，并评定潜在环境影响的模型，当量模型示例见表 13-1。在生命周期评价中对数据进行归一化、加权的步骤含有较大主观因素，对评价结果产生直接影响。为了保证分析结果的客观性，影响评价只考虑到特征化这个阶段。

表 13-1　当量模型示例

环境影响	排放物质	当量系数	特征化单位
全球变暖潜值（GWP）	CO_2	1	kg CO_2 eq
	CH_4	28	
	N_2O	265	
酸化潜值（AP）	SO_2	1	kg SO_2 eq
	H_2S	1.6	
	NH_3	1.6	
富营养化潜值（EP）	PO_4^{3-}	1	kg PO_4^{3-} eq
	NH_3	0.35	
	C_2H_5OH	0.0459	
臭氧层破坏潜值（ODP）	CFC-11	1	kg CFC-11 eq
	CCl_4	1.09	
	1,1,1-$CHCl_3$	0.11	
人体毒性潜值（HTP）	NH_3	0.1	kg 1,4-DB eq
	SO_2	0.096	
	NO_x	1.2	
光化学烟雾潜值（POCP）	CO	0.027	kg C_2H_4 eq
	CH_4	0.006	
	NO_2	0.028	

13.3　高温气冷堆混合硫循环制氢技术生命周期评价——

13.3.1　目标与范围

本研究主要目标是对核能耦合制氢系统的环境影响进行界定和评价，特别针对高温气冷堆混合硫循环制氢技术的生命周期环境影响。核能制氢方法进行的氢气生产 LCA 范围为从燃料元件制造到得到氢气产品，不考虑氢气液化、储存和分配，因为这些操作独立于生产方法，并取决于产品的预期用途，氢气的最终用途也被排除在研究之外。该 LCA 将制氢系统的边界定义为从核反应堆产生高温氦气到混合硫循环制氢以及电站单元，包含核燃料元件的建造，功能单元为 1kg 氢气，如图 13-6 所示。

13.3.1.1　分配方法

本研究提出的高温气冷堆耦合混合硫制氢集成发电系统产出的产品为氢气和电，是一种多产品产出系统。探究生命周期核算规则应着重考虑投入与产出在多种产品之间的分配。因此，本研究采用能量分配方法，根据矩阵运算计算生产一个产品相对应产生的环境影响。定义高温堆、电厂和制氢厂为线性系统，如图 13-7 所示。其中有三个单元过程，输入计为负值；U 是燃料元器件的投入量，X_U 为相对应的环境影响；Q_1、Q_2 分别为高温堆提供给电站和制氢厂的热量，X_Q 为相对应的环境影响；E_1、E_2 分别为电站提供给高温堆和制氢厂

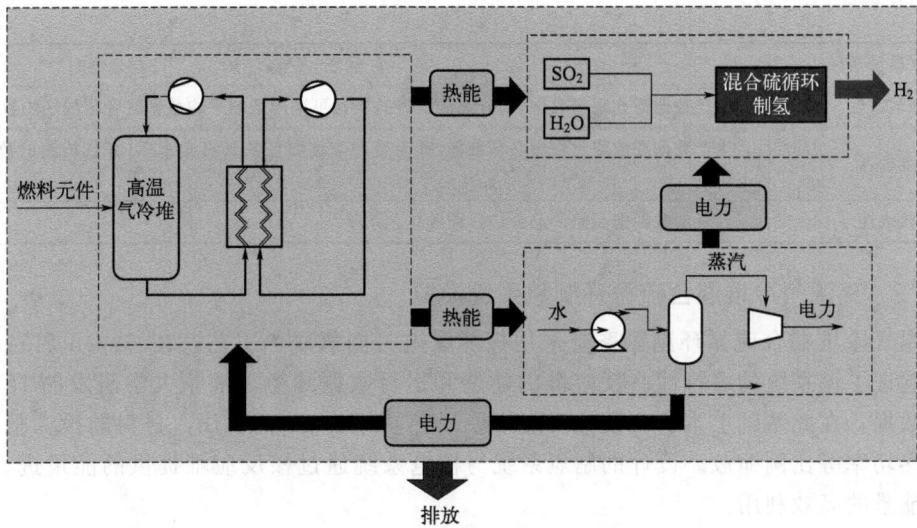

图 13-6   系统的边界（包括核反应堆单元、制氢厂单元和电厂单元）

的电力，E_3 为电站的电力产出；H 为制氢厂产生的氢气的量，X_H 为相对应的环境影响。计算公式如下所示：

$$-UX_U-E_1X_E+(Q_1+Q_2)X_Q+0\times X_H=0 \tag{13-6}$$

$$-0\times UX_U-(E_1+E_2+E_3)X_E-Q_1X_Q+0\times X_H=0 \tag{13-7}$$

$$-0\times UX_U-E_2X_E-Q_2X_Q+H\times X_H=0 \tag{13-8}$$

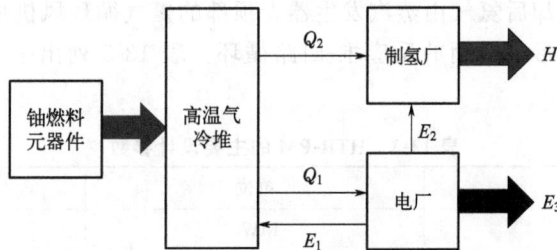

图 13-7   基于矩阵运算的系统分配方法

矩阵运算如下所示：

$$\begin{bmatrix} Q_1+Q_2 & -E_1 & 0 \\ -Q_1 & E_1+E_2+E_3 & 0 \\ -Q_2 & -E_2 & H \end{bmatrix} \begin{bmatrix} X_{Q_i} \\ X_{E_i} \\ X_{H_i} \end{bmatrix} = \begin{bmatrix} UX_U \\ 0 \\ 0 \end{bmatrix}$$

13. 3. 1. 2   数据质量要求

数据质量决定了生命周期评价结果的准确性及可靠性，因此需要对核能制氢系统中数据收集过程进行一定的规范。分别从以下四个方面做出要求：时间跨度、地域跨度、准确性和代表性。核能制氢产品 LCA 分析数据质量要求如表 13-2 所示。

表 13-2   核能制氢产品 LCA 分析数据质量要求

数据质量指标	标准
时间跨度	所收集数据必须为一年或一年以上的平均数据

数据质量指标	标准
地域跨度	生产数据需在现场收集,部分无法获得的数据可采用区域平均数据或者全国平均数据
准确性	生产数据在收集过程中必须准确,其中生产数据要反映其真实水平,并且检测的数据误差不超过5%
代表性	收集的数据能反映产品系统目前的工艺水平

13.3.1.3 高温气冷堆混合硫循环制氢系统模拟

高温气冷堆混合硫循环制氢系统采用核能发电与制氢联产工艺,在 Aspen Plus 中进行模拟,验证了该系统的可行性。反应堆的建造和运行数据参考了清华大学研发的 HTR-PM 反应堆数据,在此基础上本研究设计反应堆模块热功率为 200MWth,材料的投入根据反应堆模块热功率等比例缩放。设计的制氢系统与核电系统通过核反应堆提供的能量进行耦合,实现了能量的高效利用。

(1) HTR-PM 反应堆[16]

高温气冷堆数据参考清华大学研发的 HTR-PM 数据。HTR-PM 是在 10MW 高温气冷实验堆 (HTR-10) 的基础上进行研发的,反应堆堆体由压力容器、金属堆内构件、石墨和碳砖堆内构件、铀燃料元器件等构成。由两台球床高温气冷堆模块与一台 210MW 的汽轮机相连构成核电站。每个反应堆模块包括一个反应堆压力容器 (RPV)、石墨、碳和金属反应堆内部构件、蒸汽发生器、主氦气鼓风机以及再热器。采用氦气作为冷却剂,氦气从反应堆顶部流过堆芯,然后通过内衬保温材料的同轴双层连接结构,流入和反应堆肩并肩布置的蒸汽发生器进行换热。冷却后氦气由蒸汽发生器壳顶部的氦气循环风机加压后通过同轴连接结构的外层流回反应堆,形成封闭的反应堆-回路循环。表 13-3 列出了 HTR-PM 的主要设计参数。

表 13-3 HTR-PM 的主要设计参数

参数	单位	数值
额定功率	MWe	210
模块数	个	2
反应堆模块热功率	MWth	250
有效堆直径/高	m	3/11
一次氦气压力	MPa	7
燃料元件直径	mm	60
每个燃料元件重金属负载	g	7
一个堆芯中的燃料元件数量	个	420000

(2) 制氢系统工艺流程

整体系统由制氢单元、高温堆单元和发电单元构成,工艺如图 13-8 所示,利用 Aspen Plus 流程模拟软件进行了模拟。设计的高温堆氢、电联产系统通过换热器实现与电站和制氢子系统的能量耦合。由于制氢子系统中硫酸分解工段需要 800℃ 以上的高温,首先将出口氦气通过一级换热器将 900℃ 的高温热量输送给制氢子系统中的硫酸分解器,实现高温堆与制氢工艺的耦合。发电工段需要的中位热量通过二级、三级换热器(分别作为蒸汽发生器和高温再热器)获得,实现中位热源与发电子系统的耦合。制氢工艺除上述硫酸分解外的其他热量由第四级换热器提供，实现低位热源的利用。

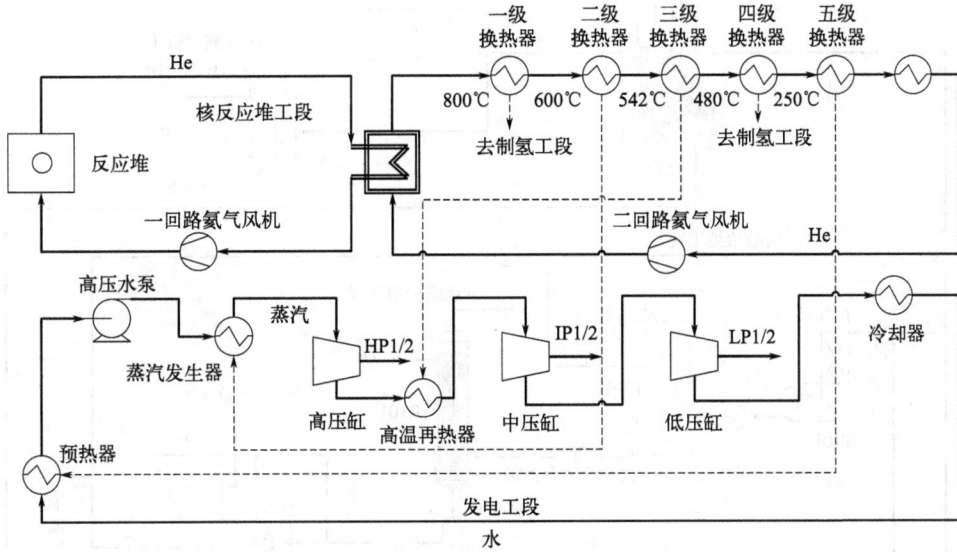

图 13-8　核反应堆单元和发电单元工艺流程

蒸汽动力循环子系统主要包括汽轮机本体及其热力系统。汽轮机是电站机组的关键部件，其性能基本决定了机组的能效情况。首先，温度为 571℃、压力为 25MPa 的过热蒸汽进入高压缸做功，得到电能，温度及压力降低。蒸汽进入高温再热器温度上升到 569℃，之后进入中压缸做功发电；温度、压力下降，变为低压蒸汽后进入低压缸做功，进一步发电；最后蒸汽进入冷凝器得到水。各级汽轮机模拟结果如表 13-4 所示，模拟结果汽轮机输出总发电量为 33.071MW·h。

制氢单元主要设计参数见表 13-5，混合硫循环工艺流程如图 13-9 所示。制氢单元包括电解工段、硫酸浓缩工段、硫酸分解工段、SO_2 回收工段、氢气净化工段和阴极液回收工段。首先是硫酸和水通过液体泵进入 SDE 电解器，在阴极产生 H_2、H_2S，H_2 和 H_2S 进入氢气净化工段得到纯净的氢气，剩余的水、硫化氢等物质通过阴极液出料泵进入阴极液回收工段。SDE 阳极液中含有大量的硫酸，进入硫酸浓缩工段，硫酸浓缩工段由精馏塔及附属加热器组成（T101、T201），最终得到浓硫酸。随后进入硫酸分解工段，该液体通过液相泵进入硫酸分解器（R101），反应温度为 850℃，通过高温氦气换热，生产水、二氧化硫和氧气。氧气进入净化工段得到较为纯净的氧气，二氧化硫进入吸收工段得到阳极液，通过液泵返回到阳极，实现了闭环。

表 13-4　发电工段各级汽轮机模拟结果

设备号	输出电量/MWh
HP1	7.664
HP2	3.399
IP1	4.882
IP2	5.309
LP1	6.019
LP2	5.798

表 13-5　混合硫循环过程模拟主要设计参数

操作单元和参数	数值
SDE 电解器温度	75℃
SDE 电解器压力	5bar
硫酸浓缩塔温度	247℃
硫酸浓缩塔压力	0.5bar
硫酸分解反应器温度	850℃
阴极液脱气塔温度	180℃
阴极液脱气塔压力	10bar

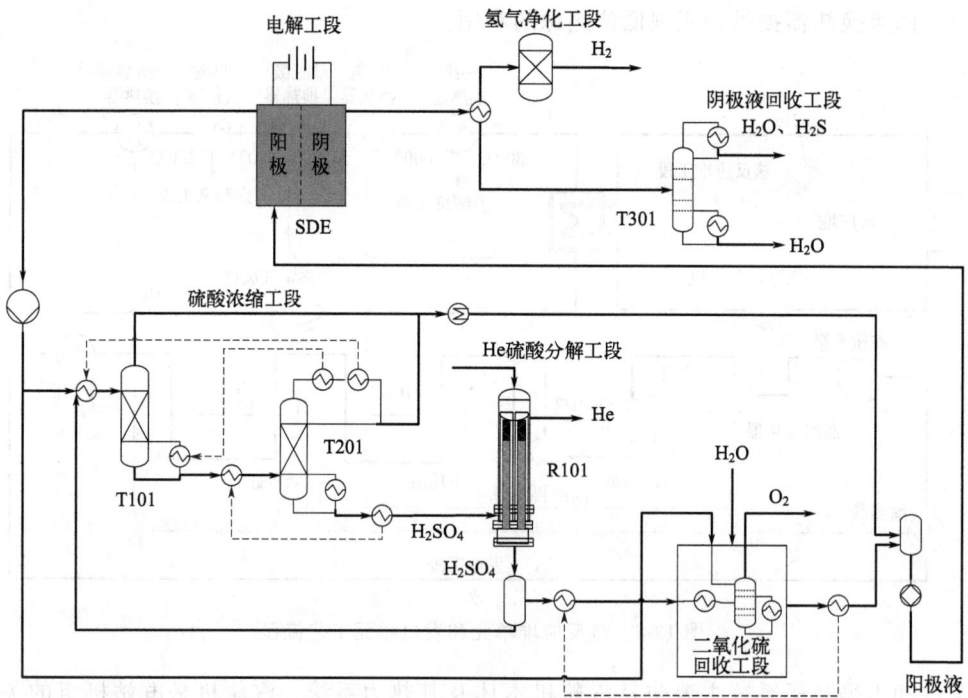

图 13-9 高温气冷堆混合硫循环制氢子系统工艺流程

（3）高温气冷堆混合硫循环制氢物流和能流分析

高温气冷堆混合硫循环制氢系统物质流和能量流分析如图 13-10 所示，以生产 1kg 氢气产品为功能单元进行缩放。首先是 1755.19kg/h 的硫酸和水混合物进入制氢工段，经过 SDE 电解器产生氢气，该过程需要消耗 26.93kW·h 电能。制氢子系统消耗的电能均由发

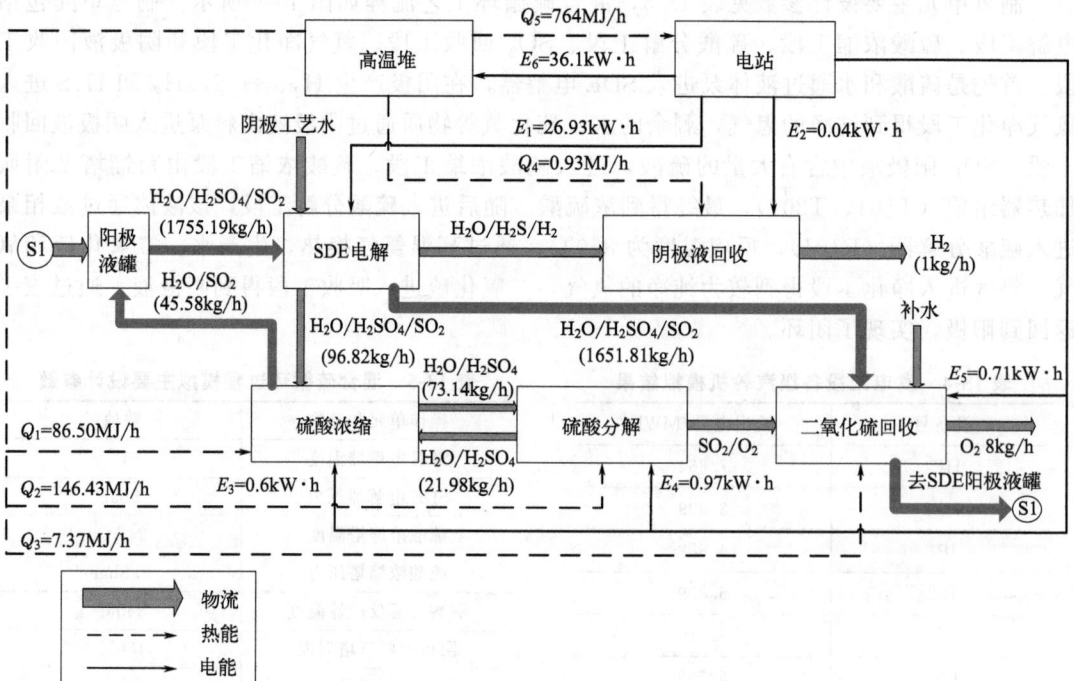

图 13-10 高温气冷堆混合硫循环制氢系统主要物质流和能量流

电子系统提供。接下来部分水和氢气进入阴极液回收工段，通过阴极液脱气塔分离出，副反应产生的 H_2S 采用30％的氢氧化钠吸收。SDE 阳极液主要是含有少量 SO_2 的稀硫酸，其大部分（1651.8kg/h）进入 SO_2 回收工段，作为吸收液回收硫酸分解得到的氧气中的 SO_2，剩余的96.82kg/h的稀硫酸通过酸泵进入硫酸浓缩工段，该工段采用两级浓缩装置得到质量分数为90.5％的浓硫酸。这个过程消耗的热量为86.5MJ/h，各种水泵运行的电耗为0.6kW·h。随后73.14kg/h的浓硫酸进入硫酸分解工段，该反应条件为850℃、5bar。该工段需要大量热量和电能，分别为146.43MJ/h 和0.97kW·h。最后为二氧化硫回收工段，该工段消耗的热量为7.37MJ/h。SDE 电解单元和硫酸分解单元分别为电能和热能需求最大的两个单元，如表13-6所示，主要为 SDE 电解器和硫酸分解器造成的能源消耗。

表 13-6　混合硫循环过程模拟生产 1kg 氢气的详细的能源消耗

工段	设备号	设备名称	循环水消耗量/(m³/h)	加热负荷/(kJ/h)	总电耗/kW·h
电解工段	SDE	电解器			2.66×10^1
	P101	阳极液出料泵			9.13×10^{-2}
	E101	氢气冷却器			2.24×10^{-1}
硫酸浓缩工段	T101	一级浓缩塔	2.12×10^{-2}		1.13×10^{-1}
	T102	二级浓缩塔		8.25×10^4	0.00
	E201	真空冷却器			4.66×10^{-1}
	P201	真空循环泵			6.37×10^{-3}
	P202	水泵			8.55×10^{-3}
	E202	一级浓缩冷却器	1.16×10^{-3}		6.18×10^{-3}
	P203	酸水泵			4.14×10^{-3}
硫酸分解工段	P301	硫酸产物泵			7.81×10^{-3}
	E301	硫酸分解器		1.46×10^5	0.00
	P302	循环吸收泵			2.78×10^{-3}
	P303	压缩前液泵			3.04×10^{-3}
	C301	气体压缩机			7.37×10^{-1}
	P304	中段循环吸收泵			5.74×10^{-2}
SO_2 回收工段	P401	富液泵			9.53×10^{-3}
	T401	SO_2 解析塔		7.37×10^3	0.00
	P402	液泵			1.78×10^{-4}
	P403	解析出料泵			7.01×10^{-3}
	E401	一级冷却器	1.17×10^{-3}		6.24×10^{-3}
	E402	二级冷却器			6.77×10^{-2}
	E403	深度冷凝器			4.17×10^{-1}
阴极液回收工段	T501	阴极液脱气塔	6.42×10^{-4}	9.33×10^2	3.43×10^{-3}
	P501	回水泵			3.34×10^{-5}
	P502	废液泵			3.34×10^{-5}

13.3.1.4 环境影响类别和评估方法

采用 Simapro v9.1 软件工具来评估环境影响，采用了 CML2001 方法，选择 Ecoinvent 数据库（V2.0）作为背景数据库。CML 2001 应用范围广泛，这种方法的优点是减少了假设的数量，降低了模型的复杂性，结果的科学性较高。本研究重点关注制氢工艺整个过程的碳足迹以及酸化潜值，结合制氢工艺中广泛关注的环境影响选择了以下六个类别作为这项工作的环境特征：全球变暖潜值（GWP）、酸化潜值（AP）、富营养化潜值（EP）、臭氧层破坏潜值（ODP）、人体毒性潜值（HTP）以及光化学烟雾潜值（POCP）。

13.3.2 清单分析

清单分析是生命周期评价的重要组成，清单数据决定了制氢系统的环境影响结果。根据系统的边界所示，本研究将高温气冷堆混合硫循环制氢系统分为核反应堆单元、制氢厂单元、电站单元。其中，核反应堆单元包括燃料元器件制造；制氢厂单元包括电解工段、硫酸浓缩工段、硫酸分解工段、SO_2 回收工段和阴极液回收工段，该单元清单数据通过模拟得到。最后对每个单元运行过程中资源、能源与原材料的消耗量进行数据的统计。

13.3.2.1 球形燃料元件清单结果

HTR-PM 采用球形燃料元件，元件由燃料区和非燃料区组成。每个燃料球重 208g，含有约 7g 铀，石墨质量约占 97%。一个 250MWth 堆芯中燃料元件数量为 420000 个，单个元件制造过程中各种材料输入量如表 13-7[17] 所示。其中铀燃料获取过程包括铀矿开采、铀转化和铀浓缩工段。铀矿采冶数据来自 Simapro 软件中的 Ecoivent 数据库，不考虑铀矿冶炼单位的建设材料消耗。铀转化是从精制 UO_2 转化到 UF_4 和 UF_6 的生产，铀浓缩采用气体离心技术。

石墨在反应堆中作为防护材料和中子减速剂具有广泛应用。核反应堆用的石墨材料经过原料开采、粉碎、磨矿、粗选、精选、再磨块等工段得到，1kg 石墨生产清单如表 13-8[17] 所示。

表 13-7 球形燃料元件清单[17]

球形燃料投入	数值/(g/个)
石墨	201
铀	7

表 13-8 1kg 石墨生产清单[17]

石墨生产投入	数值/kg
原煤	4.32
天然气	3.17×10^{-2}
原油	2.14×10^{-1}
水	4.10×10^1
石墨矿	1.96×10^1

13.3.2.2 制氢系统原料投入以及运行能耗清单

高温气冷堆耦合混合硫制氢集成发电系统包括三个单元，分别为核反应堆单元、制氢厂单元和电厂单元。最核心的制氢厂单元包括以下工段：SDE 电解工段、硫酸浓缩工段、硫酸分解工段、二氧化硫回收工段和阴极液回收工段。电解工段通过二氧化硫和水反应生产氢气，该过程中水的消耗为 14.2kg/kg H_2。二氧化硫回收工段有部分硫酸的消耗，为 1.67×10^{-4} kg/kg H_2。制氢系统电能和热能的消耗分别为 29.3kW·h 和 237MJ，根据能量耦合分别由电厂单元和核反应堆单元提供。制氢设备运行单元的物料和能源投入如表 13-9 所示。

表 13-9　生产 1kg 氢气的材料和能源投入

原料投入	数值	原料投入	数值
H_2SO_4	$1.67\times10^{-4}kg$	NaOH	$1.36\times10^{-4}kg$
水	1.42×10^1kg	电能	$2.93\times10^1kW\cdot h$
循环水	4.34×10^1kg	热能	2.37×10^5kJ

13.3.3　环境影响评价

高温气冷堆混合硫循环制氢的六类环境类别的影响结果如表 13-10 所示，每生产 1kg 氢气造成的全球变暖潜值为 $31.3g\ CO_2\ eq$，远低于化石原料制氢技术。

表 13-10　高温气冷堆混合硫循环制氢与化石能源制氢的环境影响评价分析结果

环境类别	单位	混合硫循环制氢	化石能源制氢
全球变暖	kg CO_2 eq	3.13×10^{-2}	1.398×10^1
酸化	kg SO_2 eq	2.06×10^{-3}	—
富营养化	kg PO_4^{3-} eq	1.66×10^{-3}	—
臭氧层损耗	kg CFC-11 eq	4.06×10^{-6}	—
人体毒性	kg 1,4-DB eq	3.19	—
光化学氧化	kg C_2H_4 eq	9.19×10^{-5}	—

高温气冷堆混合硫循环制氢物料投入对六个环境影响的贡献如图 13-11 所示。

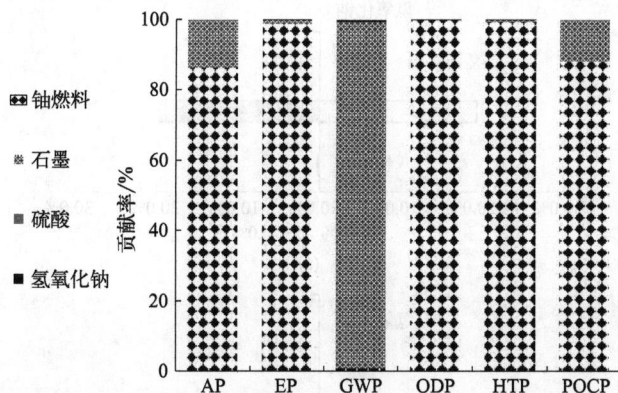

图 13-11　高温气冷堆混合硫循环制氢物料投入对六个环境影响的贡献

对上述六种类别的环境影响评价分析说明如下。对 AP 的贡献主要在铀燃料的消耗，贡献值为 86.50%，造成该现象的原因是铀燃料开采和转化消耗大量电力，间接造成 AP 的增加。此外，石墨的消耗不可忽视，占了整体的 13.41%。硫酸和氢氧化钠消耗的贡献值分别为 0.05% 和 0.04%。对 EP 的贡献主要体现在铀燃料消耗，贡献值为 98.86%，造成该现象的原因是铀燃料开采和转化消耗大量电力，电力生产会向空气中排放 NO_x，间接造成水体富营养化。同时，铀燃料的消耗对 ODP、HTP 和 POCP 的贡献起到了决定性作用。对 GWP 的贡献主要由石墨的消耗造成，占混合硫循环制氢耦合发电系统 GWP 的 98.32%，造成这种现象的原因是石墨生产过程中有大量煤炭的消耗，以及石墨在煅烧过程中会有大量的 CO_2 排放。

13.3.4 结果与解释

13.3.4.1 敏感性分析

研究不同过程参数对混合硫循环制氢 GWP 和 AP 的影响，对铀燃料消耗量、石墨消耗量、硫酸消耗量、氢氧化钠消耗量四个主要参数进行敏感性分析，从而确定混合硫循环制氢整个生命周期过程中敏感性因子。本节敏感性分析是通过设置某一参数的变化量为原来的±20%，在保持其他参数不变的情况下计算研究对象的 GWP 和 AP，再依次改变不同参数的取值得到相应的 GWP 和 AP 变化结果，从而找出整个生命周期中的敏感性因子的过程。

对混合硫循环制氢系统进行了敏感性分析，GWP 和 AP 的敏感性分析结果见图 13-12。从对温室效应的敏感性分析可知，燃料元器件中的石墨消耗量的变化对 GWP 有很大影响，数值的变化范围在−19.7%到 19.7%之间，最为突出。其次是燃料元器件中铀燃料的消耗，该变量对 GWP 的敏感性比较突出，在−0.2%到 0.2%之间。制氢过程中硫酸的损耗和氢氧化钠消耗在基线正负 20%上下的变化范围不到 0.1%，可忽略不计。铀燃料消耗对 AP 的影响贡献最突出，变化范围在−17.3%到 17.3%之间，减少铀燃料消耗能够有效减少制氢系统对酸化潜值的影响。经上述分析可知，在所有考察参数中，GWP 和 AP 对铀燃料消耗量和石墨消耗量的变化较敏感，所以这两个参数是混合硫循环制氢生命周期过程中的敏感性因子。铀燃料和石墨为核燃料元器件中的主要组分，因此增加燃料元器件的能量利用率能够有效减少该系统的环境影响；或者设置能量回收装置在一定程度上优化整个工艺系统，减少制氢子系统的电力消耗和热能消耗，从而减少整个系统的环境影响。

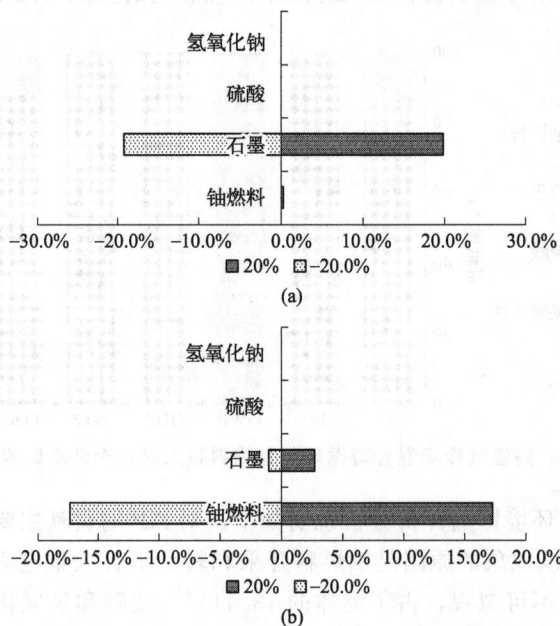

图 13-12 不同条件变化下的温室效应潜值（a）和酸化潜值（b）的敏感性

13.3.4.2 结论

以上分析计算得到了高温气冷堆混合硫循环制氢耦合发电工艺的生命周期负荷，包括酸化、富营养化、全球变暖、臭氧层损耗、人体毒性和光化学氧化六个环境影响指标。在能量分配方法下，每生产 1kg 氢气对酸化、富营养化、全球变暖、臭氧层损耗、人体毒性和光化学氧化的贡献分别为 $2.06 \times 10^{-3} kg\ SO_2\ eq$、$1.66 \times 10^{-3} kg\ PO_4^{3-}\ eq$、$3.13 \times 10^{-2} kg\ CO_2\ eq$、$4.06 \times 10^{-6} kg\ CFC\text{-}11\ eq$、$3.19 kg\ 1,4\text{-}DB\ eq$ 和 $9.19 \times 10^{-5} kg\ C_2H_4\ eq$。对于全球升温潜能值这个备受关注的指标，基于核能的技术对环境的影响比基于化石燃料的技术低 2～3 个数量级。考虑到环境和生态保护，核能制氢是一个很好的选择。对混合硫循环制氢耦合发电系统的敏感性分析表明，GWP 和 AP 对设备运行铀燃料消耗量和石墨消耗量的变化较敏感，增加核燃料元器件的热能利用效率能够有效减小制氢系统的 AP 和 GWP，实现节能减排的目标。

13.4　高温气冷堆碘硫循环制氢技术生命周期评价——

13.4.1　目标与范围

通过定量计算我国高温气冷堆碘硫循环制氢技术相关的环境排放，包括原料获取、上游建设、产品生产等过程中直接和间接的资源、能源消耗，强调评估整个过程的生命周期环境影响。本研究采用莱顿大学环境科学中心科学家于 2001 年开发的 CML 2001 方法进行相应的生命周期评价研究。其中，我们选择了六种备受关注的环境影响类型进行评估和分析，这六种环境影响分别为：全球变暖潜值（GWP）、酸化潜值（AP）、富营养化潜值（EP）、臭氧层破坏潜值（ODP）、人体毒性潜值（HTP）以及光化学烟雾潜值（POCP）。

13.4.1.1　研究范围

系统的边界选取与前文提到的高温堆混合硫制氢系统一致，边界为"从摇篮到大门"，关注的重点在于氢气的生产，不考虑氢气产品的液化、储存、分配和使用。该 LCA 将制氢系统的边界定义为核反应堆单元、制氢厂单元和电站单元，如图 13-13 所示。高温气冷堆碘硫循环制氢系统采用核反应堆热能耦合到制氢厂与电站。氢气工厂、电站和核反应堆三个子系统之间的接口由中间换热器和传热介质（氦气）组成的传热回路构成。

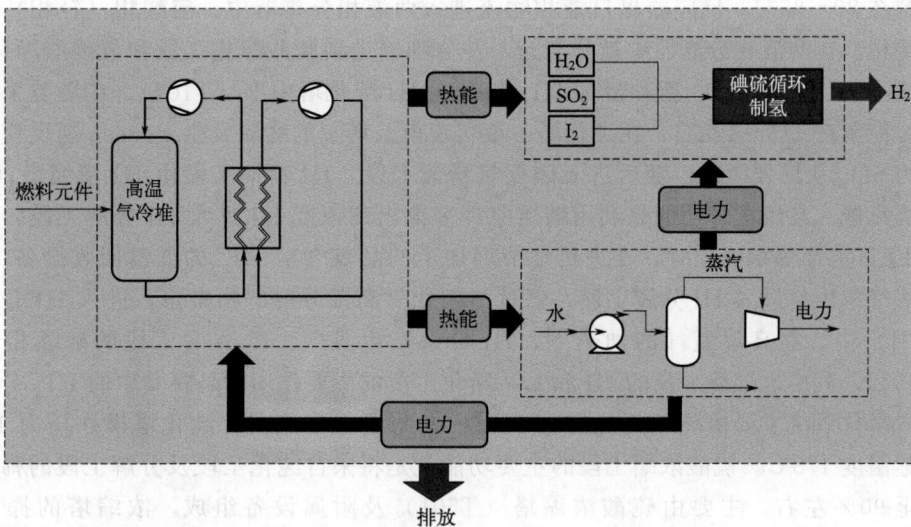

图 13-13　系统的边界（包括核反应堆单元、制氢厂单元和电站单元）

本研究氢气产品系统的边界内容过程具体包括：

① 核燃料元器件建造，包括铀燃料以及石墨的消耗。

② 氢气的生产过程，包括本生（Bunsen）反应、碘化氢净化、碘化氢精馏、碘化氢分解、硫酸净化、硫酸浓缩、硫酸分解等过程。

③ 原料及化学品消耗，如氢气生产过程中水的消耗以及化学品（硫酸、碘）的消耗。

④ 能源消耗，包括整个制氢过程消耗的电力、蒸汽等能源。

13.4.1.2 功能单位

功能单位的选择，结合以往国内外关于核能制氢 LCA 相关的研究案例，最终选择 1kg 氢气为功能单位，既可以满足研究系统的要求，又方便与前文所述的混合硫工艺在同一功能单位下比较。

13.4.1.3 分配原则

高温气冷堆碘硫循环制氢系统与混合硫制氢系统一致，包括采用高温堆核能耦合电站和制氢单元，产品为氢气和电力。探究生命周期核算规则应着重考虑投入与产出在多种产品之间的分配。因此，本研究同样采用能量分配方法，根据矩阵运算计算生产每个产品相对应产生的环境影响，如图 13-7 所示。

13.4.1.4 数据质量要求

对高温气冷堆碘硫循环制氢 LCA 分析中数据质量的要求与高温气冷堆混合硫循环制氢相同，同样需要满足时间跨度、地域广度、准确性、代表性方面的规定，如表 13-2 所示。

13.4.1.5 高温气冷堆碘硫循环制氢系统工业模拟

高温气冷堆碘硫循环制氢系统与混合硫制氢系统一样采用核能发电系统和核能制氢系统相结合的工艺，并在 Aspen Plus 中进行工业化模拟，验证了该系统的可行性。反应堆功率与前文一致均为 200MWth，主要的区别在于制氢子系统的不同。过程模拟的主要设计参数见表 13-11。碘硫循环制氢子系统的工艺流程如图 13-14 所示。首先发生的是 Bunsen 反应，温度控制在 80～85℃，反应器出口液相物流进入两液相分离器中。硫酸相（轻相）和氢碘酸相（重相）在两液相分离器中被分离开，并分别输送到硫酸净化工段和氢碘酸净化工段。来自 Bunsen 反应工段 HI_x 暂存罐的 HI_x 相进入 HI 纯化塔中部（T101），在塔釜采用再沸器加热，控制在 115～125℃，在纯化塔中填料表面及塔釜的物流发生 Bunsen 逆反应，将硫酸转换为 SO_2 从塔顶脱出。随后进入碘化氢精馏工段，HI 精馏工段由 HI 精馏塔（T201）及附属换热器、泵组成，功能是利用精馏原理分离出高浓度 HI 进入 HI 分解工段，塔釜稀液体回 EED 前面储槽；同时，在进料环节增加了产品氢气中 HI_x 的低温回收设备。HI 精馏塔顶部气相出料进入 HI 分解工段，经过与碘化氢高温分解产物换热，进入 HI 分解反应器（R201）中，在高温氦气的加热下，HI 分解产生氢气。Bunsen 工段的硫酸相含硫酸 50%～55%，其中也溶解少量的 HI 和 I_2，净化工段的主要作用就是将其中的 HI_x 分解和去除。硫酸净化系统主要由硫酸纯化塔（T401）及附属设备组成，纯化塔操作压力 1.6bar，对应塔釜温度 178℃。硫酸浓缩工段的主要功能就是将来自纯化工段及分解工段的稀硫酸溶液浓缩至 90% 左右，主要由硫酸浓缩塔（T501）及附属设备组成，浓缩塔的操作压力 1.6bar，对应塔釜温度 188℃。硫酸浓缩塔塔釜出料进入分解工段，在 800℃ 及催化剂作用下硫酸分解，反应器加热介质为来自反应堆的高温氦气。

表 13-11　碘硫循环制氢过程模拟主要设计参数

操作单元和参数	数值
本生反应器温度	80℃
HI 纯化塔温度	120℃
HI 精馏塔温度	140℃
HI 分解反应器温度	450℃
硫酸纯化塔温度	178℃
硫酸纯化塔压力	1.6bar
硫酸浓缩塔温度	188℃
硫酸浓缩塔压力	1.6bar
硫酸分解回收器温度	320℃
硫酸分解反应器温度	800℃

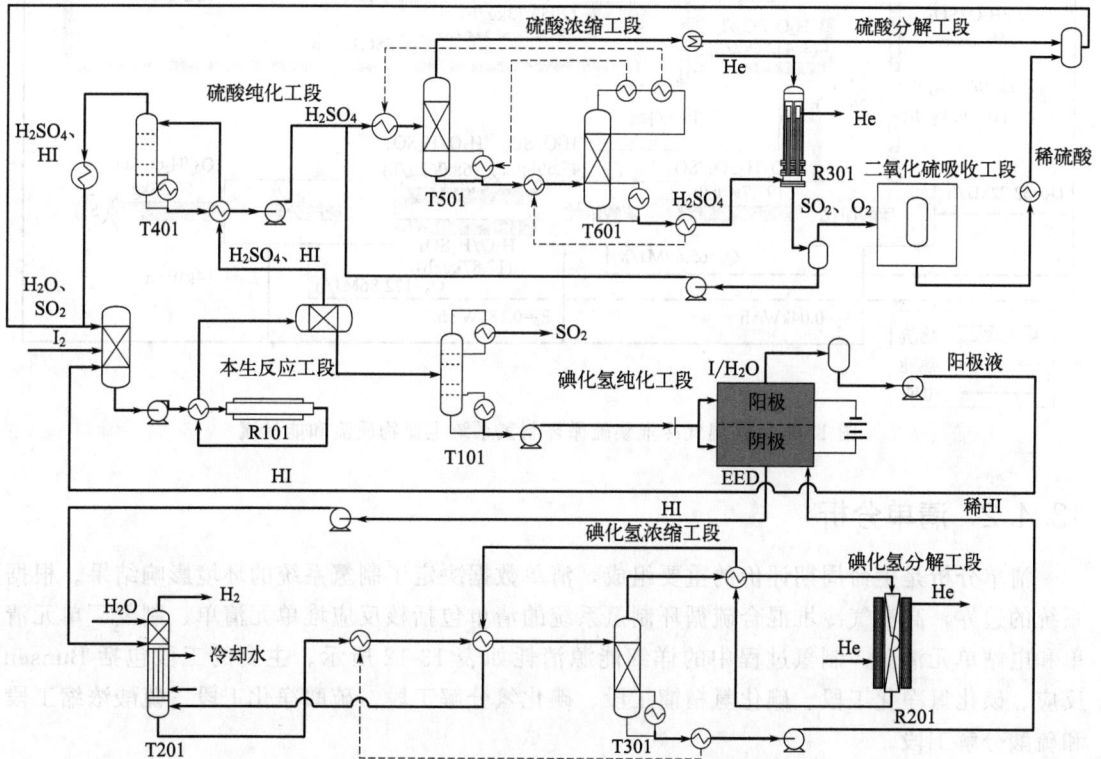

图 13-14　高温气冷堆碘硫循环制氢子系统工艺流程

13.4.1.6　高温气冷堆碘硫循环制氢系统物质流和能量流分析

高温气冷堆碘硫循环制氢系统物质流和能量流分析如图 13-15 所示，以生产 1kg 氢气为基准。在本生反应工段，2243.88kg/h 的物流（水、碘和二氧化硫）进入反应器，该反应温度为 85℃。本生反应的产物经过出料泵和液液分离器分成两股进入碘化氢净化工段（2197.31kg/h）和硫酸净化工段（106.05kg/h）。净化后的碘化氢相进入精馏工段，以 2639.21kg/h 的恒定流量进入精馏塔中。HI-H_2O-I_2 属于三元复杂共沸体系，为了提高 HI 分解浓度，因此全塔在共沸点（HI）浓度之上操作，塔顶采用气相出料模式，该工段消耗的热能为 294.04MJ/h。T301 塔顶 586.1kg/h 的高浓度碘化氢气体进入碘化氢分解工段（反应条件 450℃、1bar），分解产生 1kg/h 氢气，该工段所需电耗为 0.57kW·h，由发电子系统提供。97.79kg/h 的硫酸溶液通过净化工段去除碘化氢后进入硫酸浓缩工段，将稀硫酸溶液浓缩至 90% 以上，浓缩塔操作压力 1.6bar，对应塔釜温度 188℃。塔顶出的混有少量 SO_2 的水（47.59kg）通过冷凝后返回 Bunsen 反应工段作为原料，塔釜出硫酸浓缩冷却后进入分解工段。硫酸分解在高温下进行，需要的热量为 172.86MJ/h，分解产生的氧气及二氧化硫的气相返回 Bunsen 反应工段，实现闭环。

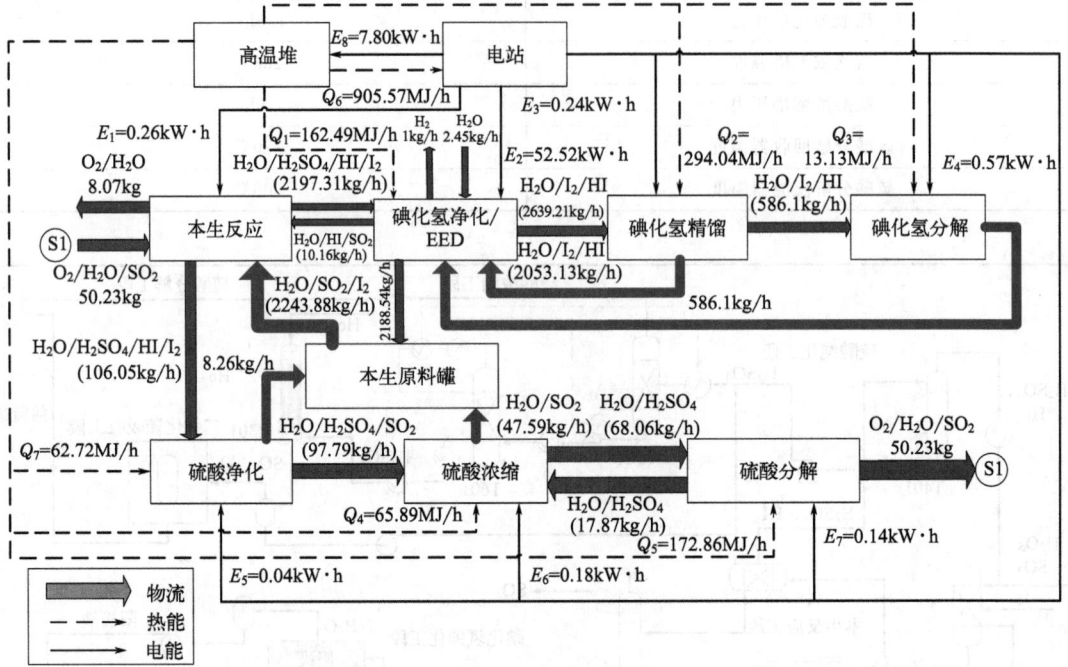

图 13-15　高温气冷堆碘硫循环制氢系统主要物质流和能量流

13.4.2　清单分析

　　清单分析是生命周期评价的重要组成，清单数据决定了制氢系统的环境影响结果。根据系统的边界，高温气冷堆混合硫循环制氢系统的清单包括核反应堆单元清单、制氢厂单元清单和电站单元清单。制氢过程中的详细能源消耗如表 13-12 所示。主要的工段包括 Bunsen 反应、碘化氢净化工段、碘化氢精馏工段、碘化氢分解工段、硫酸净化工段、硫酸浓缩工段和硫酸分解工段。

表 13-12　模拟过程中生产 1kg 氢气的详细的能源消耗

阶段	设备号	设备名称	加热负荷/kJ	循环水消耗量/(m³/h)	总电耗/kW·h
Bunsen 反应	R101	管式反应器			
	P101	循环出料泵			1.27×10^{-1}
	P102	HI_x 出料泵			1.19×10^{-1}
	P103	硫酸出料泵			1.53×10^{-2}
HI_x 净化工段	T201	HI_x 纯化塔	1.35×10^5	9.57×10^{-3}	5.11×10^{-2}
	E201	HI_x 纯化再沸器	2.74×10^4		

阶段	设备号	设备名称	加热负荷/kJ	循环水消耗量/(m³/h)	总电耗/kW·h
HI$_x$ 净化工段	R201	电渗析 EED			5.08×10^1
	P201	去阴极泵			1.34×10^{-1}
	P202	去阳极泵			1.19×10^{-1}
	E202	换热器		4.20×10^{-2}	3.43×10^{-1}
	E203	多级冷凝器		3.06×10^{-2}	1.63×10^{-1}
	E204	多级冷凝器		7.63×10^{-2}	4.07×10^{-1}
	E205	多级冷凝器			2.47×10^{-1}
	E206	多级冷凝器			4.70×10^{-3}
	P203	阳极液泵			1.15×10^{-1}
	P204	阴极液泵			1.53×10^{-1}
HI 精馏工段	T301	HI 精馏塔	2.94×10^5	4.53×10^{-2}	2.42×10^{-1}
HI$_x$ 分解工段	R401	分解反应器	1.31×10^4		
	E401	分解冷却器		9.93×10^{-4}	5.30×10^{-3}
	E402	分解分相罐		9.95×10^{-2}	5.31×10^{-1}
	P401	稀 HI 返回泵			3.80×10^{-2}
硫酸净化工段	E501	纯化再沸器	6.27×10^4		
	E502	冷凝器		3.02×10^{-4}	1.61×10^{-3}
	E503	冷凝器		2.46×10^{-3}	1.31×10^{-2}
	E504	冷凝器		6.74×10^{-4}	3.60×10^{-3}
	P501	纯化塔釜泵			6.07×10^{-3}
	P502	纯化酸泵			1.48×10^{-2}
硫酸浓缩工段	T601	浓缩塔	6.59×10^4		
	E602	浓酸冷却器		2.73×10^{-2}	1.46×10^{-1}
	P601	浓酸泵			9.66×10^{-3}
	P602	分解进料泵			2.13×10^{-3}
硫酸分解工段	E603	稀酸冷却器		3.82×10^{-3}	2.04×10^{-2}
	R701	分解反应器	1.73×10^5		
	E701	分解冷凝器		5.64×10^{-3}	3.01×10^{-2}

13.4.3 环境影响评价

高温气冷堆碘硫循环制氢的六类环境类别的影响结果如表 13-13 所示。每生产 1kg 的氢气造成的全球变暖潜值和酸化潜值分别为 58.4g CO$_2$ eq、3.87×10^{-3} g SO$_2$，远低于化石原料制氢技术。高温堆碘硫循环制氢技术物料投入的环境影响指标如图 13-16 所示。对酸化潜值的贡献主要体现在燃料元器件中的铀燃料消耗，铀燃料消耗对酸化潜值的贡献为 86.57%，其次是燃料元器件中的石墨消耗，对整体酸化潜值的贡献为 13.43%，其余过程的影响相对较小。对 EP、ODP、HTP 和 POCP 的贡献，铀燃料消耗为主要因素，分别占整体环境影响的 98.88%、99.99%、99.50% 和 88.41%。对 GWP 的贡献，主要是石墨消耗造成的,占整体 GWP 的 98.81%;其次是铀燃料的消耗,贡献了 1.19% 的 GWP;硫酸和碘的消耗对 GWP 的贡献不到 0.1%,可忽略不计。

表 13-13　高温气冷堆碘硫循环制氢环境影响评价分析结果

环境类别	单位	总计
全球变暖	kg CO_2 eq	5.84×10^{-2}
酸化	kg SO_2 eq	3.87×10^{-3}
富营养化	kg PO_4^{3-} eq	3.12×10^{-3}
臭氧层破坏	kg CFC-11 eq	7.62×10^{-6}
人体毒性	kg 1,4-DB eq	5.99
光化学烟雾	kg C_2H_4 eq	1.72×10^{-4}

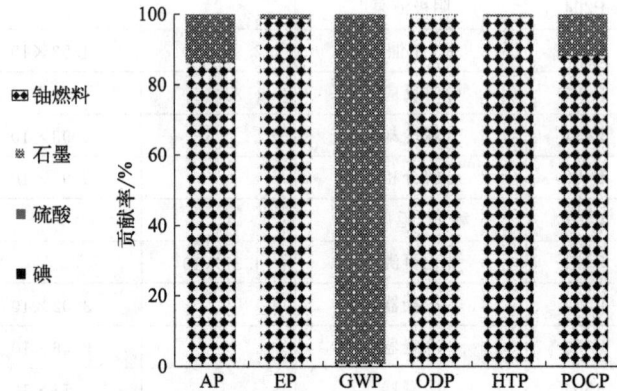

图 13-16　高温气冷堆碘硫循环制氢物料投入对六个环境影响的贡献

13.4.4　结果与解释

由前面叙述的结果可知,氢气生产生命周期能耗与环境影响和生产工艺过程密切相关。为了进一步考察生产过程相关参数对制氢生命周期的影响,此处对碘硫循环制氢系统进行了敏感性分析,选取目前大家比较关注的两个环境指标(温室效应和酸化)进行敏感性分析,如图 13-17 所示。敏感性分析选取的参数分别为石墨消耗、硫酸消耗、碘消耗和铀燃料消耗,变化范围为以这些生产因素为基准的正负 20% 浮动范围。石墨消耗量的变化对 GWP 有很大影响,数值的变化范围在 -19.76% 到 19.76% 之间,最为突出。然而,制氢过程中硫酸和碘的消耗在基线正负 20% 上下的变化范围不到 1%,可忽略不计。制氢过程中铀燃料的消耗在基线上下的变化范围为 -0.24%~0.24% 之间,提高铀燃料元器件产生的核能利用效率能有效减小 GWP。从对酸化潜值的敏感性分析可知,铀燃料消耗对 AP 的影响贡献最突出,变化范围在 -17.3% 到 17.3% 之间。其次是石墨的消耗,在基线正负 20% 上下的变化范围为 -2.7% 到 2.7% 之间,不容忽视。然而,铀燃料和石墨是构成反应堆燃料元器件的重要组成,因此延长燃料元器件的使用寿命能够从根本上减少碘硫循环制氢系统的 GWP 和 AP。

根据本研究的结果,从环境的角度来看,高温气冷堆碘硫循环制氢技术采用核能与制氢厂、电站耦合的模式,与其他制氢工艺相比,核能作为一种大规模的氢气能量供应者,能够作为缓解温室气体的一种措施,在未来具有很强竞争力。最后,要强调的是,虽然在拟议的

(a)

(b)

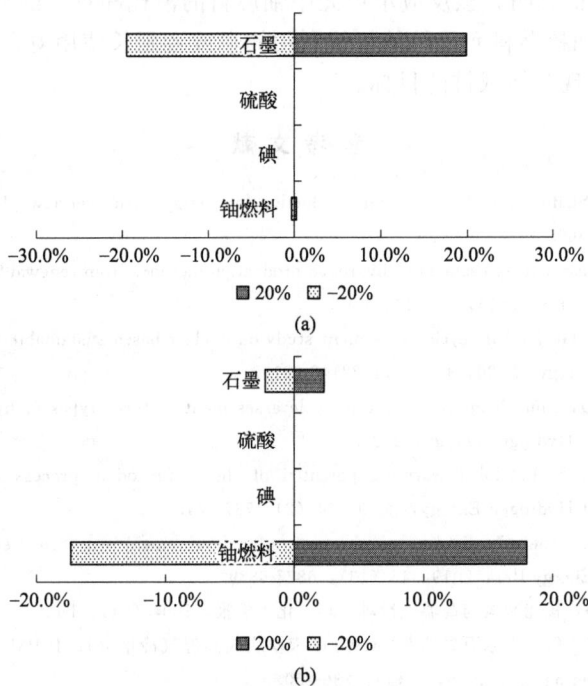

图 13-17　不同条件变化下的温室效应潜值（a）和酸化潜值（b）的敏感性

情况下高温气冷堆碘硫循环制氢工艺的环境影响与化石燃料制氢工艺有大幅度减小，但核能中的辐射成分可能会使其他相关环境负荷有所增加，如人体毒性。因此，必须进一步研究放射性废物管理对核能制氢的影响。

13.5　小结

　　本章以核能制氢为研究基础，设计了两种核能制氢技术路线——高温气冷堆混合硫循环制氢技术和高温气冷堆碘硫循环制氢技术。将生命周期评价方法应用于核能制氢行业，展开了系统的生命周期评价分析，为我国高温堆制氢工艺的环境评价的开展提供了技术支持和研究基础。通过生命周期评价方法确定了反应堆燃料建设单元、制氢厂单元和电站单元这一完整的系统边界，并确定了功能单位为 1kg 气态氢气。在 CML 2001 这一环境影响评价方法的指导下，利用 Simapro 软件对上述系统进行了整体环境效益分析以及全局优化解释，并对生产过程中的主要影响因素进行了敏感性分析。

　　在前期数据收集阶段，为保证数据的完整性和准确性，分别从行业会议、领域专家和优秀学术文章中开展了数据的收集工作。对完整的数据列表进行梳理并列出数据清单，利用 Simapro 软件实施了生命周期评价方法的分析。在这个过程中分析论证了两种制氢技术路线的优缺点以及对环境的影响。全章节的重要结论总结如下：

　　① 两种制氢技术路线的环境影响量化结果显示，环境影响类型关注度最大的两类是全球变暖潜值和酸化潜值。混合硫循环技术路线全球变暖潜值为 31.3g CO_2 eq/kg H_2，酸化潜值为 $2.06×10^{-3}$ kg SO_2 eq/kg H_2；碘硫循环制氢技术路线全球变暖潜值为 58.4g CO_2 eq/kgH_2，酸化潜值为 $3.87×10^{-3}$ kg SO_2 eq/kg H_2。

② 通过敏感性分析表明，核反应堆单元中铀燃料的消耗和石墨的消耗对 GWP 和 AP 贡献的敏感性最大，增加核燃料元器件的热能利用效率或者延长使用寿命能够有效减少制氢系统的 AP 和 GWP，实现节能减排的目标。

参 考 文 献

[1] Dawood F，Anda M，Shafiullah G M. Hydrogen production for energy：An overview [J]．Int J Hydrogen Energy，2020，45（7）：3847-3869.

[2] Acar C，Dincer I. Comparative assessment of hydrogen production methods from renewable and non-renewable sources [J]．Int J Hydrogen Energy，2014，39（1）：1-12.

[3] Karaca A E，Dincer I，Gu J J. Life cycle assessment study on nuclear based sustainable hydrogen production options [J]．Int J Hydrogen Energy，2020，45（41）：22148-22159.

[4] Zhang Jinxu，He Yong，Zhu Yanqun，et al. Life cycle assessment of three types of hydrogen production methods using solar energy [J]．Hydrogen energy，2022.

[5] Lattin W C，Utgikar V P. Global warming potential of the sulfur-iodine process using life cycle assessment methodology [J]．Int J Hydrogen Energy，2009，34（2）：737-744.

[6] Khan S U D. Using next generation nuclear power reactors for development of a techno-economic model for hydrogen production [J]．Int J Energy Res，2019，43（13）：6827-6839.

[7] 张平，于波，陈靖，等．核能制氢与高温气冷堆 [J]．化工学报，2004（S1）：1-6.

[8] 张作义，董玉杰，李富，等．山东石岛湾 200MWe 球床模块式高温气冷堆（HTR-PM）核电站示范工程的工程和技术创新 [J]．Engineering-Prc，2016，2（1）：236-250.

[9] 郝庆菊．碘硫循环制氢过程模拟优化和换热设计 [D]．北京：中国石油大学（北京），2016.

[10] 张平，徐景明，石磊，等．中国高温气冷堆制氢发展战略研究 [J]．中国工程科学，2019，21（1）：20-28.

[11] GB/T 24040—2008 环境管理生命周期评价 原则与框架．

[12] 郑秀君，胡彬．我国生命周期评价（LCA）文献综述及国外最新研究进展 [J]．科技进步与对策，2013，30（6）：155-160.

[13] 段宁，程胜高．生命周期评价方法体系及其对比分析 [J]．安徽农业科学，2008，36（32）：13923-13925，14049.

[14] 刘尊文．生命周期评价与Ⅲ型环境标志认证 [J]．北京：中国质检出版社，2014.

[15] 靳卫齐．光化学烟雾的形成机制及其防治措施 [D]．西安：长安大学，2008.

[16] Zhang Z Y，Dong Y J，Li F，et al. The Shandong Shidao Bay 200 MWe high-temperature gas-cooled reactor pebble-bed module（HTR-PM）demonstration power plant：An engineering and technological innovation [J]．Engineering-Prc，2016，2（1）：112-118.

[17] Ji M D，Shi M J，Wang J L. Life cycle assessment of nuclear hydrogen production processes based on high temperature gas-cooled reactor [J]．Int J Hydrogen Energy，2023，48（58）：22302-22318.